Mehrfachregelungen

Grundlagen einer Systemtheorie

Von

Dr.-Ing. Helmut Schwarz

**Wissenschaftlicher Rat
und Professor an der Technischen Universität Hannover**

Zweiter Band

Mit 193 Abbildungen und 12 Tafeln

Springer-Verlag Berlin · Heidelberg · New York 1971

ISBN-13: 978-3-642-93005-8   e-ISBN-13: 978-3-642-93004-1
DOI: 10.1007/978-3-642-93004-1

Vorwort

In dem nun vorliegenden zweiten Band werden die im ersten Band schon angekündigten Analyse- und Synthesemethoden für Mehrfachregelsysteme behandelt, die wesentlich auf dem Begriff des Zustandsmodells beruhen. Dieser Band erscheint durch einen USA-Aufenthalt des Verfassers bedingt zwar später als geplant, doch diese Verzögerung brachte den Vorteil, daß neuere, in der Literatur bekanntgewordene Ergebnisse zu dem noch in Entwicklung befindlichen Gebiet eingearbeitet werden konnten. So fand beispielsweise das vom Verfasser geleitete „IFAC Symposium über Mehrgrößenregelungen" 1968 (Düsseldorf) statt, wo erstmalig eine zusammenfassende Diskussion der mit Mehrgrößenregelproblemen verknüpften Probleme ermöglicht wurde.

Inzwischen hat sich eine weitere Klärung der mit den Mehrgrößenregelungen zusammenhängenden Fragen ergeben, so daß die hier vorgelegte Auswahl aus den vorhandenen systemtheoretischen Ideen und Methoden wohl den Anspruch erheben darf, dem in der Forschung und bei der Lösung praktischer Aufgaben Tätigen eine Hilfe zu bieten. Es erscheint mir aber angebracht, an dieser Stelle noch einmal auszusprechen, daß in der mit dem vorliegenden Band vorläufig abgeschlossenen Darstellung systemtheoretischer Fragen der Mehrfachregelungen nur grundsätzlich zur Verfügung stehende Hilfsmittel zur Lösung praktischer Aufgaben beschrieben werden sollten. An einer Reihe durchaus „akademisch" zu nennender Beispiele werden zwar wesentliche Eigenschaften der Methoden erläutert; bei dem vorgegebenen Umfang des Buches konnten aber spezielle Probleme einzelner technischer Disziplinen nicht vollständig durchgerechnet werden.

Der Stoff dieses Buches ist — in Fortsetzung des ersten Bandes — in die vier Kapitel VI bis IX gegliedert. In Kapitel VI werden die Grundlagen der Zustandsraumdarstellung eingeführt, wobei die Einfachsysteme zunächst im Vordergrund stehen, um das prinzipiell Neue und Wichtige klarer darstellen zu können. Neben den linearen kontinuierlichen Systemen werden nun auch die zeitdiskreten Systeme behandelt. Denn es zeigen sich vornehmlich bei den Zustandsmodellen kontinuierlicher und zeitdiskreter Systeme sehr viele nützliche analoge Gesetzmäßigkeiten. Darüber hinaus ist für den Bearbeiter von Mehrgrößenregelproblemen bei dem nahezu immer notwendigen Einsatz digitaler oder hybrider Rechenmaschinen die Kenntnis der wichtigsten Eigenschaften zeitdiskreter Systeme zwingend. Schließlich ist abzusehen, daß die zeitdiskreten Systeme mit der weiteren Einführung von Prozeßrechnern in Mehrgrößensystemen zunehmende Bedeutung erlangen.

In Kapitel VII werden mathematische Begriffe und Gesetzmäßigkeiten der linearen Algebra, insbesondere für lineare Vektorräume und Matrizenfunktionen, in gezielter Auswahl zusammengestellt. Dieses Kapitel, das inhaltlich eine Fortsetzung des Kapitels II darstellt, enthält die mathematischen Hilfsmittel, die zum Verständnis der nachfolgenden systemtheoretischen Fragen notwendig sind. Bei einem ersten Studium kann dieses mehr zum Nachschlagen gedachte Kapitel erst einmal übergangen werden.

Einen Schwerpunkt dieses Buches stellt das Kapitel VIII dar, in dem spezielle Analyse- und Synthesemethoden für Mehrgrößenregelsysteme ausführlicher dargestellt sind. Der erste Abschnitt bringt eine gezielte Auswahl einiger Ideen der klassischen Mechanik, die ihren Niederschlag in der „modernen" Systemtheorie der Zustandsmodelle gefunden haben. So läßt sich hier ein interessanter Zusammenhang zu den Begriffen der Steuerbarkeit und Beobachtbarkeit eines Systems aufzeigen, die ich im nächsten Abschnitt ausführlicher und wohl auch genauer eingeführt habe, als es in vergleichbaren Darstellungen getan wird. Bei den dann folgenden Fragen der mathematischen Realisierungen von Übertragungsfunktionen ergibt sich eine große Zahl reizvoller und z. T. wohl auch schwieriger Probleme. Die mathematischen Realisierungen schlagen eine notwendige Brücke zu den im 1. Band beschriebenen Verfahren. Neben einer ausführlichen Darstellung der für die praktischen Anwendungen so wichtigen „Zustandsbeobachter" werden dann die Stabilitätsfragen bei Mehrgrößenregelsystemen noch einmal aufgegriffen und von einem übergeordneten Gesichtspunkt betrachtet.

Das Kapitel IX bringt eine Einführung in die nicht einfachen Probleme der Synthese optimaler Regelkreise, denn bei der Bearbeitung praktischer Aufgaben wird wohl immer auch die Frage nach der optimalen Lösung gestellt werden, wobei dann von Fall zu Fall geeignete Beurteilungskriterien zu definieren sind. Der Stoff dieses Kapitels wurde während meines von der Deutschen Forschungsgemeinschaft finanzierten USA-Aufenthaltes erarbeitet, wobei ich wertvolle Anregungen von Herrn Professor GENE F. FRANKLIN, Stanford University, erhielt. Bei der allgemeinen Behandlung optimaler Systeme sind zunächst die nichtlinearen Systeme eingeschlossen, doch stehen auch hier die linearen Systeme im Mittelpunkt des Interesses. Das am Schluß behandelte KALMAN-BUCY-Filter stellt als ein duales Problem zu dem des optimalen Regelsystems eine interessante Ergänzung des in Kapitel IV behandelten Stoffes dar.

Für eine erfolgreiche Arbeit mit diesem Buch werden bestimmte mathematische Vorkenntnisse beim Leser vorausgesetzt. Hervorzuheben ist vor allem, daß ein gewisses Verständnis für algebraische Probleme erwartet wird. Ich habe mich aber bemüht, bei der Darstellung des systemtheoretisch relevanten Stoffes die wesentlich erscheinenden mathematischen Gesetzmäßigkeiten und Voraussetzungen aufzuführen.

Eine gegenüber der Darstellung im 1. Band wesentliche Änderung ist darin zu sehen, daß notwendige Voraussetzungen und wichtige Gesetzmäßigkeiten in die äußere Form von „Definitionen" und „Sätzen" gefaßt wurden. Soweit diese Ergebnisse aus der einschlägigen mathematischen Literatur übernommen wurden, sind sie ohne Beweise nur zitiert, da sie nur als Hilfsmittel zur Erhellung der physikalischen und technischen Zusammenhänge herangezogen werden.

Zwar wurde das System der Gleichungs- und Abbildungsnummern vom ersten Band übernommen, doch wurden die Gleichungsnummern aus Gründen der Übersichtlichkeit und des vereinfachten Satzes in verkürzter Form notiert.

Statt z. B. (VIII.6.5) für die 5. Gleichung im Abschnitt 6 des Kapitels VIII ist an der betreffenden Gleichung nun nur (5) gesetzt. Im jeweiligen Abschnitt werden die Gleichungen auch nur mit dieser Nummer, z. B. (5), zitiert. Schließlich ist in diesem Zusammenhang noch zu bemerken, daß die diesem Band beigegebene Zusammenstellung der Formelzeichen auch die wichtigsten im ersten Band verwendeten umfaßt.

Dieses Vorwort möchte ich mit einem herzlichen Dank an all diejenigen beschließen, die zum Gelingen meiner Arbeit beitrugen.

Zunächst sind die Studenten meiner Vorlesungen an der TU Hannover zu nennen, die durch zahlreiche Diskussionsbemerkungen und Korrekturwünsche an Vorlesungsskripten, die einzelnen Kapiteln dieses Buches zu Grunde liegen, zur Klärung der Darstellung beitrugen. Wertvolle Impulse erhielt ich durch Gespräche mit meinen Kollegen und Mitarbeitern am hiesigen Institut. Der Deutschen Forschungsgemeinschaft danke ich für die finanzielle Unterstützung der Forschungsvorhaben, deren Ergebnisse in diesem Band ihren Niederschlag fanden. Den Herren Dipl.-Ing. K. HEYM und cand. el. I. LUDEWIG schulde ich besonderen Dank für ihre Hilfe bei der Durchsicht und Korrektur. Dem Verlag, der auch bei diesem Band verständnisvoll auf meine Wünsche einging und dieses Buch vorzüglich ausstattete, bin ich sehr verbunden.

Hannover, im Herbst 1970

Helmut Schwarz

Inhaltsverzeichnis

Bezeichnungen und Formelzeichen

$A = [A_{kl}]$	Systemmatrix
A_{BB}	nur beobachtbarer Teil der Systemmatrix
A_{GG}	beobachtbarer und steuerbarer Teil der Systemmatrix
A_{NN}	weder beobachtbarer noch steuerbarer Teil der Systemmatrix
A_{SS}	nur steuerbarer Teil der Systemmatrix
$_1A$	Systemmatrix des Teilsystems 1
$\bar{A}$	konjugiert komplexe Matrix
A^T	transponierte Matrix
A^*	konjugiert komplexe transponierte Matrix
$A^{-1} = \dfrac{[\,|A_{kl}|\,]}{|A|}$	inverse Matrix
$A_{\mathrm{adj}} = [\,|A_{kl}|\,]$	adjungierte Matrix
$|A| = \Delta$	Determinante einer Matrix
B	Steuermatrix
B_{GG}	Steuermatrix des beobachtbaren und steuerbaren Systemteils
B_{SS}	Steuermatrix des nur steuerbaren Systemteils
$_2B$	Steuermatrix des Teilsystems 2
C	Ausgangsmatrix
C_{BB}	Ausgangsmatrix des nur beobachtbaren Systemteils
C_{GG}	Ausgangsmatrix des beobachtbaren und steuerbaren Systemteils
$C(s)$	charakteristisches Polynom
$C(s) = 1s - A$	charakteristische Matrix
D	Durchgangsmatrix
$E(\lambda)$	Elementarteiler
$e_{v,i}$	Elementarteilerexponent
$E_p^T = [1_p\ 0_p\ \ldots\ 0_p]$	p, pr-Blockmatrix
$E[\cdot]$	Erwartungswert
F	FROBENIUS-Matrix
$f(x)$	skalares Funktional
$f(x)$	Vektorfunktion
$f_x(x) = \left[\dfrac{\partial}{\partial x_1} f \ldots \dfrac{\partial}{\partial x_n} f\right]^T$	Gradientenvektor
$f_x(x) = \left[\dfrac{\partial}{\partial x_k} f_l\right]$	JACOBI-Matrix
$F(s)$	komplexe Übertragungsfunktion
$F(s) = [F_{kl}(s)]$	komplexe Übertragungsmatrix
$G(t)$	Gewichtsfunktion (Impulsantwort)
$G(t)$	Gewichtsmatrix
H	HANKEL-Matrix
$H = H^*$	HERMITEsche Matrix
$H = x^* H x$	HERMITEsche Form
$H(s)$	Hauptnenner
$J(u, y, t)$	Kostenfunktional
J	JORDAN-Matrix
$K(s)$	Korrekturnetzwerk
K_k	elementare Transformationsmatrix zur Multiplikation der k-Zeile (Spalte) mit einer Konstanten
$K_{kl}(\lambda)$	elementare Transformationsmatrix
$L(s)$	Polynommatrix
$L(u(t), y(t), t)$	LAGRANGE-Funktional
$M(u(t), t)$	MEYER-Funktional
M_k	MARKOFF-Parameter
$M(\lambda)$	Minimalpolynom
m_i	Vielfachheit der i-ten Wurzel in $M(\lambda)$
$m_x(t)$	Mittelwert
$M(s)$	McMILLAN-Normalform
N	Normalform
$N(s)$	Nennerpolynom
$N(s)$	SMITHsche Normalform
P	Beobachtbarkeitsmatrix zeitinvarianter Systeme
$P(s)$	Übertragungsmatrix der P-Struktur

$P(\lambda)$	Polynom
$\boldsymbol{P}(\lambda)$	linksseitige Transformationsmatrix
p_i	Vielfachheiten der Wurzeln von $C(s)$
$Q = \boldsymbol{x}^T \boldsymbol{Q}\, \boldsymbol{x}$	quadratische Form
$\boldsymbol{Q}$	z-Steuerbarkeitsmatrix zeitinvarianter Systeme
$\boldsymbol{Q}(\lambda)$	rechtsseitige Transformationsmatrix
$R(s)$	Übertragungsfunktion eines Reglers
$\boldsymbol{R}(s)$	ROSENBROCK-Normalform
$\boldsymbol{R}(\lambda)$	Ersatzpolynom
$\mathbf{R}_n$	Vektorraum der Dimension n
$\boldsymbol{S}$	u-Steuerbarkeitsmatrix
$S(s)$	Übertragungsfunktion einer Regelstrecke
$\boldsymbol{S}(s)$	Übertragungsmatrix einer Regelstrecke
$S_{xx}(\omega)$	Wirkleistungsspektrum
$S_{xy}(\omega)$	Kreuzleistungsspektrum
$\boldsymbol{S}_{xx}(\omega)$	Wirkleistungsmatrix
t	Zeitvariable
$\boldsymbol{T}$	Matrix der Ähnlichkeitstransformation
$u_i(t)$	Zustandsvariable
$\boldsymbol{u}(t)$	Zustandsvektor der Dimension n
$\mathbf{U}_m$	m-dimensionaler Unterraum von $\mathbf{R}_n$
$\boldsymbol{v}(t)$	Vergleichsvariable
$\boldsymbol{V}(t)$	Variable der Matrix RICCATI-Gleichung
$w(t)$	Führungsgröße
$w(x)$	Verteilungsdichtefunktion
$W(x)$	Verteilungsfunktion
$w(x \mid \varkappa)$	bedingte Verteilungsfunktion
$x(t)$	Regelgröße
$x_i(t)$	Ausgangssignal
$\boldsymbol{x}(t)$	Ausgangssignalvektor mit p Komponenten
$X(s)$	LAPLACE-transformierte Regelgröße
$y(t)$	Stellgröße
$\boldsymbol{y}(t)$	Stellvektor mit q Komponenten
$Y(s)$	LAPLACE-transformierte Stellgröße

$z(t)$	Störgröße
$Z(s)$	Zählerpolynom
$\boldsymbol{\alpha}(s)$	Vektor zur Ermittlung der KALMAN-Realisierung
$\boldsymbol{\beta}(s)$	Vektor zur Ermittlung der KALMAN-Realisierung
$\Gamma_{xx}(t_1, t_2)$	Kovarianzfunktion
$\boldsymbol{\Gamma}_{xx}(t_1, t_2)$	Kovarianzmatrix
$\delta(t - t_0)$	DIRACsche Deltafunktion
δ_{kl} oder $\delta(k, l)$	KRONECKER-Delta
$\delta(P(s))$	Grad eines Polynoms
$\delta(\boldsymbol{F}(s))$	Grad einer rationalen Matrix
$\varepsilon(t)$	Fehlersignal
λ_i	Eigenwert
$\boldsymbol{\mu}(t)$	adjungierter Vektor
$\boldsymbol{\varphi}(t)$	Lösung einer homogenen Differentialgleichung
$\boldsymbol{\varphi}_y(t)$	Lösung einer Differentialgleichung
$\Phi_{xx}(t_1, t_2)$, $\Phi_{xx}(\tau)$	Autokorrelationsfunktion
$\Phi_{xy}(t_1, t_2)$, $\Phi_{xy}(\tau)$	Korrelationsmatrix
$\Psi(\omega)$	Phasenminimumfunktion
$1(t)$	Einheitssprungfunktion
$\boldsymbol{1}_n$	n-zeilige Einheitsmatrix
$[t_1, t_2]$	geschlossenes Intervall
(t_1, t_2)	offenes Intervall
$[t_1, t_2)$	rechtsseitig offenes Intervall
$\Rightarrow$	ergibt
$\Leftrightarrow$	impliziert
C^i	Klasse der Funktionen mit i stetigen Ableitungen
$\supset$	enthält
$\subset$	ist enthalten in
$\cap$	Durchschnitt
$\cup$	Vereinigungsmenge
$\in$	ist ein Element von
$\times$	topologisches Produkt
$f^{\smile}(t)$	Wert einer getasteten Zeitfunktion
$F^{\smile}(s)$	diskrete LAPLACE-Transformierte
$L\{\cdot\}$	lineare Transformation
$\mathfrak{F}\{\cdot\}$	FOURIER-Transformation
$\mathfrak{F}^{-1}\{\cdot\}$	inverse FOURIER-Transformation
$\mathfrak{L}\{\cdot\}$	LAPLACE-Transformation
$\mathfrak{L}^{-1}\{\cdot\}$	inverse LAPLACE-Transformation
$\mathfrak{Z}\{\cdot\}$	z-Transformation
$\langle \boldsymbol{x}, \boldsymbol{y}\rangle$	inneres (oder skalares) Produkt zweier Vektoren
$\|\boldsymbol{x}\| = \langle \boldsymbol{x}, \boldsymbol{x}\rangle$	Norm eines Vektors
$\boldsymbol{x} \perp \boldsymbol{y}$	orthogonale Vektoren

Berichtigungen zu Band I

S. 122 Zeile nach (II.2.36) statt $v = (-1)^{k+l}$ **lies:** $v = -1$

S. 150 Gl. (III.4.4) **lies:** $x_k(t) = \int\limits_0 G_{k1}(\tau)\, y_1(t-\tau)\, d\tau +$

$$+ \int\limits_0^t G_{k2}(\tau)\, y_2(t-\tau)\, d\tau + \cdots + \int\limits_0^t G_{km}(\tau)\, y_m(t-\tau)\, d\tau$$

Gl. (III.4.5) **lies:** $x_k(t) = \sum\limits_{l=1}^{m} \int\limits_0^t G_{kl}(\tau)\, y_l(t-\tau)\, d\tau = \sum\limits_{l=1}^{m} G_{kl}(t) * y_l(t), \quad k = 1.2,\ldots n$

S. 151 In Gl. (III.4.7): statt $y(t)$ **lies** $\boldsymbol{y}(t)$

S. 157 21. Zeile v. o.: statt nichtsingulär **lies** singulär

S. 277 In Gl. (III.9.3a): statt $1 + F_{01}(s)$ **lies** $1 - F_{01}(s)$

S. 379 21. Zeile v. o. **lies:** ... Gln. (V.1.8), (V.1.9) und (V.1.10) ...

S. 383 Gl. (V.2.9) **lies:** $N_{|P_{kl}|}(s) = \prod\limits_{r=1}^{n} \prod\limits_{s=1}^{n} N_{rs}(s) \qquad \begin{cases} r \neq k \\ s \neq l \end{cases}$

In Gl. (V.2.11): $r \neq l$ statt $r \neq k$

VI. Grundlagen zur Zustandsraumdarstellung dynamischer Systeme

1 Einführung der Zustandsvariablen

1.1 Einleitung

Jede wirkungsvolle Beschreibung der Arbeitsweise physikalischer und technischer Systeme erfolgt durch eine geeignete mathematische Systemrepräsentation. Wir nennen solche mathematischen Beziehungen auch *mathematische Modelle* eines Systems. Dabei muß man streng zwischen dem System selbst und seinen Modellen unterscheiden, da letztere immer nur eine mehr oder minder gute Beschreibung des „wahren" Systemverhaltens liefern können. In Abb. VI.1.1 ist dies schematisch angedeutet. Ein mathematisches Systemmodell wird dem Physiker und Ingenieur um so bessere Dienste für seine Arbeit leisten, je „genauer" und je „einfacher" es das zu untersuchende System beschreibt; zwei Aspekte, die sich in der Praxis vielfach gegenseitig ausschließen. So sind die in der vorliegenden Schrift vorwiegend behandelten linearen Systemmodelle zwar vom mathematischen und vom praktischen Standpunkt her gesehen „einfache" Modelle, doch

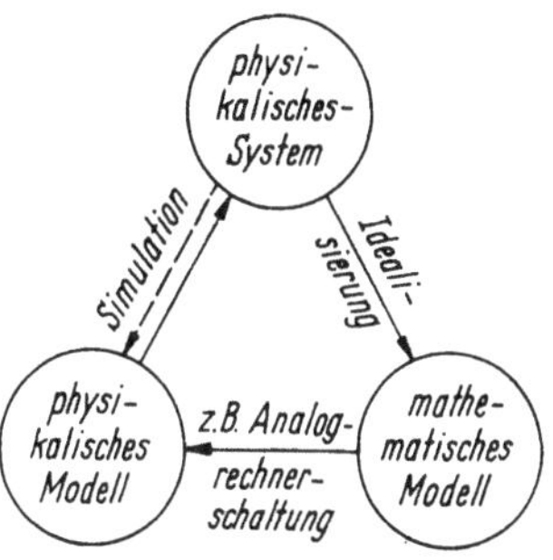

Abb. VI.1.1 Schematische Darstellung der Modellformen eines physikalischen Systems

beschreiben sie die letztlich immer nichtlinearen Phänomene physikalischer Systeme nur näherungsweise und häufig auch ungenügend.

In Band I (S. 29, 146 ff.) wurde schon ausführlicher dargelegt, daß die Aufstellung eines das dynamische Verhalten eines Systems beschreibenden mathematischen Modells unter verschiedenen Gesichtspunkten erfolgen kann. Die Beschreibung des dynamischen Verhaltens von Signalübertragungs- und Regelungssystemen erfolgte in Band I vorzugsweise auf der Basis des Klemmenübertragungsverhaltens. Dieser Betrachtungsweise liegt wesentlich die Vorstellung des „schwarzen Kastens" zugrunde, bei dem nur danach gefragt wird,

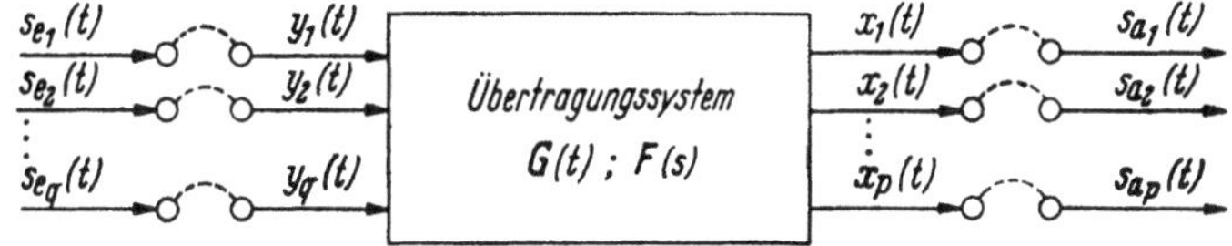

Abb. VI.1.2 Zum Begriff des empirischen Systemmodells

welche Wirkungen am Systemausgang durch Ursachen am Systemeingang hervorgerufen werden (Abb. VI.1.2). Bei dieser Vorgehensweise, die sich vor allem auf die Untersuchung der Signalübertragungseigenschaften abstützt, interessiert dabei das Geschehen im „Inneren" des Systems erst in zweiter Linie. Wir hatten gezeigt, wie Systemmodelle mittels Eingangs- und Ausgangsklemmen verknüpfenden Differentialgleichungen, Gewichtsfunktion und -matrizen bzw. Übertragungsfunktion und -matrizen aufgestellt werden können. Die das Klemmenverhalten beschreibenden Modelle muß man dabei immer dann heranziehen, wenn über das Systeminnere nur ungenügende Informationen vorliegen und vor allem auch dann, wenn das Systemverhalten durch äußere Messungen — z. B. Bestimmung der Übergangsfunktion, Frequenzmessungen u. ä. — ermittelt werden muß. Mit KALMAN [VI.2] wollen wir diese Art von Modellen deshalb auch *empirische Modelle* nennen.

Diesen empirischen Modellen sollen hier nun die *axiomatischen Modelle* gegenübergestellt werden. Auch diese Modelle genügen dem NEWTONschen Kausalitätsprinzip, sie geben also eine Ursache-Wirkungs-Beziehung wieder, doch wird hier das System „von innen heraus" durch konsequente Notierung der als bekannt vorausgesetzten oder unterstellten axiomatischen Gesetze der Physik analog der NEWTONschen Mechanik entwickelt. Bei den axiomatischen Systemmodellen geht man vor allem von vorher vereinbarten Axiomen aus (Abschn. VI.1.3), denen ein abstraktes Systemmodell genügen muß, ohne zunächst Rücksicht auf eine wirklichkeitsgetreue Modellbildung eines physikalischen Problems zu nehmen. Die axiomatischen Modelle, die eng mit den weiter unten ausführlicher zu behandelnden Begriffen *Zustandsvariable* und *Zustandsraum* verknüpft sind, bestehen dabei in erster Linie aus Systemen von Differentialgleichungen (vorzugsweise solchen erster Ordnung) und/oder algebraischen Gleichungen. Dies deshalb, da nahezu alle physikalischen Gesetze in die Form von Differentialgleichungen 1. Ordnung, verbunden durch algebraische Beziehungen, gefaßt werden können. Denn selbstverständlich hat man die Axiome dieser abstrakten Systemmodelle so formuliert, daß man einmal eine geschlossene Theorie aufbauen kann, andererseits aber mit diesen Modellen eine möglichst große Zahl praktischer Probleme behandeln kann. Die axiomatischen Modelle sind zunächst Modelle im Zeitbereich. Darin liegt ihre besondere Stärke, denn mit ihrer Hilfe können nun auch in bequemer Weise zeitvariable und/oder nichtlineare Systeme beschrieben werden, anders als bei den mit der LAPLACE- und FOURIER-Transformation verknüpften empirischen Modellen, die zwangsläufig auf lineare Systeme beschränkt sind, die zeitinvariant bzw. in sehr spezieller Weise zeitvariabel (mit Polynomen der unabhängigen Variablen als Koeffizienten) sein müssen.

Die Anfang der 50er Jahre in die Regelungstechnik zunächst zur Lösung von nichtlinearen Problemen und von Aufgaben der optimalen Systeme eingeführten axiomatischen Modelle und Zustandsvariablenbeschreibungen beruhen auf altbekannten Denkvorstellungen und Methoden, die für die Physik und dabei speziell die Mechanik im Laufe des 19. Jahrhunderts entwickelt wurden, ja in den frühen Anfängen auch in der Regelungstechnik schon durchaus gebräuchlich waren. Es ist deshalb kaum berechtigt — wie es häufig geschieht —, die mit den empirischen Modellen verknüpften Methoden als „klassisch" und die axiomatische Modelle behandelnden Methoden als „modern" zu charakterisieren, auch wenn einige Zeit lang die das Klemmenübertragungsverhalten von Systemen untersuchenden Verfahren im Vordergrund des Interesses vor allem in der praktischen

Anwendung standen. Es hat sich aber gezeigt, daß die Methoden der Zustandsraumbeschreibung Phänomene in komplexen Regelungssystemen darstellbar machen, die bei den empirischen Methoden der Klemmenverhaltensbeschreibungen nicht erfaßt werden können. Hierzu gehören vor allem die von KALMAN [VIII.4] für die Regelungstechnik geprägten — in der Netzwerktheorie aber prinzipiell bekannten — Begriffe *Beobachtbarkeit* und *Steuerbarkeit* eines Systems. Eine besondere Stärke der Zustandsraummodelle liegt aber auch darin, daß sie die Bearbeitung von praktischen Problemen mittels analoger und digitaler Rechenmaschinen wesentlich erleichtern, ja zum Teil überhaupt erst möglich machen. Nicht zuletzt können zur Lösung von Aufgaben der optimalen Regelungssysteme und Optimalfilter die in Physik und Mathematik erarbeiteten Methoden der Variationsrechnung direkt auf die durch Zustandsvariable beschriebenen Systeme der Regelungstechnik angewendet werden. Als wesentlicher Nachteil der hier in diesem Band behandelten Methoden der Zustandsraumdarstellung ist dagegen nur zu nennen, daß sie vielfach formal und einer physikalischen Interpretation nicht immer leicht zugänglich sind. Dies ist aber im allgemeinen nicht gravierend, da unter gewissen, in der Praxis häufig erfüllten Voraussetzungen, aus Übertragungsmodellen Zustandsmodelle und umgekehrt gewonnen werden können.

1.2 Definition der Zustandsvariablen eines Systems

In der mathematisch orientierten Systemtheorie (z. B. bei ZADEH-DESOER [VI.4]) werden die Zustandsgrößen eines Systems und damit das mathematische Modell eines physikalischen Systems formal und axiomatisch eingeführt. Wir wollen hier zunächst diese Begriffe mehr intuitiv und vom physikalischen Standpunkt aus behandeln. Dazu betrachten wir Abb. VI.1.3a und definieren.

Definition 1. Der Zustand eines dynamischen Systems ist die Anzahl von Zahlen u_i, die zum Zeitpunkt $t = t_0$ bekannt sein muß, um das zukünftige Verhalten des Systems für jeden Zeitpunkt $t \geqq t_0$ und für alle Eingangssignale $y_k(t)$, $t > t_0$ vorausbestimmen zu können.

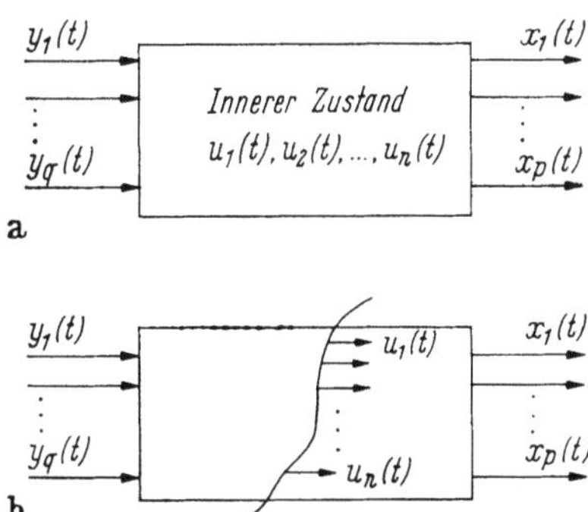

Abb. VI.1.3 Zur Definition des Zustandes eines dynamischen Systems

Es werden jetzt also neben dem q-tupel von Eingangsgrößen $y_k(t)$ und dem p-tupel der Ausgangsgrößen $x_l(t)$ noch „interne" Variable $u_i(t)$ eingeführt. Diese Art der Systemkennzeichnung, die in der Systemtheorie auf M. TURING zurückgeht, ist, wie oben bereits angedeutet, im Prinzip nicht neu, sondern mindestens so alt wie die NEWTONsche Mechanik. Nehmen wir zur Verdeutlichung des Zustandsbegriffes ein Beispiel aus eben dieser Mechanik, ein System von bewegten Massen. Die Bewegung dieser Teile in der Zukunft ist vollständig und eindeutig durch die Kenntnis des gegenwärtigen Zustandes, d. h., durch die Lage und die Bewegungsgrößen der Teilchen, determiniert. An diesem physikalischen

Beispiel ist ferner zu erkennen, daß der Begriff des Systemzustandes bei dynamischen Systemen sehr eng mit den Begriffen der *Arbeit* und der *Energie* verknüpft ist. Auf diesen Gesichtspunkt werden wir in Abschn. VIII.1 noch ausführlicher zurückkommen. Bei der Systemanalyse mittels Zustandsvariablen ist, anders als bei der im Band I behandelten empirischen Analyse, nicht mehr das *Signal*, sondern die *Energie* der übergeordnete Begriff bei der Untersuchung technischer Systeme. Hierdurch gewinnt die „moderne "Systemtheorie einen engen Anschluß an die „klassische" Physik. Mit [VI.5] definieren wir:

Definition 2. *Arbeit* ist das Maß der Zustandsänderung eines physikalischen Systems.

Leistung ist die zeitliche Änderung der Arbeit.

Energie ist das Vermögen, Arbeit zu verrichten.

Will man einen ersten gedanklichen Anschluß an den Begriff des schwarzen Kastens herstellen, so kann man sich, wie in Abb. VI.1.3b angedeutet, einen Schnitt durch das Übertragungssystem vorstellen. Dabei werden an diesem Schnitt Zustandsvariablen $u_i(t)$ so definiert, daß die $u_i(t)$ den gesamten Systemzustand beschreiben und nur voneinander, von den *Anfangsbedingungen* $u_i(t)|_{t=t_0}$ und den Eingangssignalen $y_k(t)$ abhängen. Dagegen hängen dann die Ausgangsgrößen $x_l(t)$ von den Zustandsgrößen $u_i(t)$ und (nur in Ausnahmefällen) auch von den Eingangsgrößen $y_k(t)$ direkt ab. Die Zustandsvariablen $u_i(t)$ können dabei in sehr weiten Grenzen frei gewählt werden. Doch hängt der mathematische Aufwand, der bei der ingenieurmäßigen Bearbeitung technischer Probleme geleistet werden muß, von einer geschickten Variablenwahl ab. Wir werden sehen, daß die Zustandsvariablen einen endlich- oder auch unendlich-dimensionalen Raum aufspannen und daß die Systemmodelle weitgehend von den gewählten Basiskoordinaten in diesem Raum abhängen. Bei der Analyse technischer Systeme erweist es sich im allgemeinen als zweckmäßig, zunächst jedem Energiespeicher im System eine Zustandsvariable $u_i(t)$ zuzuordnen, um den Zustand des Systems zu kennzeichnen.

Wir fassen nun die einzelnen oben eingeführten Variablen zu Spaltenmatrizen oder Vektoren[1] zusammen:

$$\boldsymbol{y}(t) = \begin{bmatrix} y_1(t) \\ y_2(t) \\ \vdots \\ y_q(t) \end{bmatrix}; \quad \boldsymbol{u}(t) = \begin{bmatrix} u_1(t) \\ u_2(t) \\ \vdots \\ u_n(t) \end{bmatrix}; \quad \boldsymbol{x}(t) = \begin{bmatrix} x_1(t) \\ x_2(t) \\ \vdots \\ x_p(t) \end{bmatrix}. \tag{1}$$

Der Vektor $\boldsymbol{y}(t)$ heißt der *Eingangsvektor*, $\boldsymbol{u}(t)$ der *Zustandsvektor* und $\boldsymbol{x}(t)$ der *Ausgangsvektor*.

Damit können wir das kontinuierliche System in Abb. VI.1.3 zunächst so allgemein beschreiben:

$$\dot{\boldsymbol{u}}(t) = \boldsymbol{f}\big(t, \boldsymbol{u}(\tau), \boldsymbol{y}(t)\big), \quad t \geqq t_0, \quad \alpha \leqq \tau \leqq t, \tag{2a}$$

$$\boldsymbol{x}(t) = \boldsymbol{g}\big(t, \boldsymbol{u}(t), \boldsymbol{y}(t)\big), \quad \alpha = \text{const.} \tag{2b}$$

---

[1] Wir wollen den Vektorbegriff der Kürze halber und in Anlehnung an den mathematischen Sprachgebrauch (s. auch Kap. VII) von nun an durchweg benützen.

Die erste Gleichung charakterisiert den zukünftigen Systemzustand, wobei $f = [f_1, f_2, \ldots, f_n]^T$ eine abgekürzte Schreibweise ist und die f_i VOLTERRAsche Funktionale[1] sind.

Die Form der Gl. (2a) beschränkt sich nicht auf Systeme mit konzentrierten Energiespeichern, sondern in dieser Form können (wegen des gegebenenfalls verzögerten Arguments in den Komponenten $u_i(\tau)$ des Zustandsvektors) auch Systeme mit homogener Energiespeicherung (Totzeitsysteme) erfaßt werden (Abschn. VI.6). Die Gl. (2b) stellt die Abhängigkeit der Systemausgänge von den Zustandsvariablen und den Eingangsgrößen dar.

Wir werden uns auch in diesem Band weitgehend mit linearen Systemen und hier und in den nächsten Abschnitten ausschließlich mit kontinuierlichen totzeitfreien Systemen befassen, womit dann die Gln. (2) diese Form erhalten:

$$\dot{u}(t) = A(t)\,u(t) + B(t)\,y(t), \qquad u_0 = u(t)\big|_{t=t_0}, \quad \left.\begin{array}{l} \\ \\ \end{array}\right\} \; t \geqq t_0. \tag{3a}$$
$$x(t) = C(t)\,u(t) + D(t)\,y(t), \tag{3b}$$

Definition 3. a) Ein System heiße linear, wenn es durch ein lineares Gleichungssystem beschrieben wird.

b) Ein System heiße kontinuierlich, wenn alle seine Systemkenngrößen, seine Zustandsvariablen und seine Ein- und Ausgangsgrößen kontinuierliche Funktionen der Zeit t im betrachteten Intervall $t \in [t_0, t_1] \subset \mathfrak{T}$ sind. $\mathfrak{T}$ ist die geordnete Menge aller reellen Zahlen und repräsentiert in physikalischen Systemen die Zeit.

Wir nennen $A(t)$ die *Systemmatrix* und wir werden sehen, daß sie die Dynamik des Systems wesentlich charakterisiert. $B(t)$ ist die *Eingangsmatrix*, $C(t)$ die *Ausgangsmatrix* und $D(t)$ die *Durchgangsmatrix*. Es wird sich zeigen, daß bei den meisten technischen Systemen $D(t)$ die Nullmatrix ist, also keine direkten Verbindungen von den Eingangsklemmen zu den Ausgangsklemmen existieren.

Die Gl. (3a) kann man auch so interpretieren, daß die linke Seite das zukünftige Verhalten auf Grund des gegenwärtigen Systemzustandes $u(t)$ und der gegenwärtig einwirkenden Eingangserregung $y(t)$ angibt; oder: der Zustandsvektor trennt für das System die Zukunft von der Vergangenheit, da er den gegenwärtigen Zustand als Folge der vergangenen Systemzustände repräsentiert.

Beschränkt man sich auf lineare kontinuierliche zeitinvariante Systeme mit konzentrierten Energiespeichern, dann vereinfachen sich die Systemgleichungen weiter zu:

$$u(t) = A\,u(t) + B\,y(t), \qquad u_0 = u(t)\big|_{t=t_0}, \quad \left.\begin{array}{l} \\ \\ \end{array}\right\} \; t \geqq t_0. \tag{4a}$$
$$x(t) = C\,u(t) + D\,y(t), \tag{4b}$$

Die axiomatischen Systemmodelle zu technisch-physikalischen Systemen werden bei der Analyse vor allem aus den physikalischen Grundregeln gewonnen. In Tafel VI.1 sind einige wesentliche Größen und Beziehungen so zusammengestellt, daß nützliche Analogien erkennbar werden. In Abschn. VI.2 soll das Aufstellen

---

[1] MESCHKOWSKI [VI.7] definiert: Ein Funktional ist die Abbildung einer beliebigen Menge M in eine Menge von reellen oder komplexen Zahlen. Die Elemente von M können z. B. Vektoren, Punkte, Polynome usw. sein. — Oberflächlicher kann man sagen, ein Funktional ist die Funktion einer oder mehrerer Funktionen.

von Systemmodellen an einigen Beispielen erläutert werden. Darüber hinaus bestehen aber äußerst interessante Zusammenhänge zwischen den axiomatischen und den empirischen Systemmodellen, mit denen wir uns noch ausführlich auseinandersetzen werden. Zunächst sollen im nächsten Abschnitt aber einige weitere formale Definitionen und Axiome zu den Zustandsvariablen-Modellen zusammengestellt werden.

1.3 Axiome und Definitionen zur Zustandsdarstellung eines Systems

Die vorstehend vom physikalischen Standpunkt her eingeführten System-modelle mittels Zustandsvariablen sollen nun der Vollständigkeit halber durch einen axiomatischen Modellbegriff ergänzt und unterstützt werden. Für die ingenieurmäßige Systembehandlung ist dieser abstrakte Systembegriff vielfach nicht erforderlich und der mehr an praktikablen Ergebnissen interessierte Leser möge diesen sowie einige weitere hierauf aufbauende (näher bezeichnete) Ab-schnitte zunächst auslassen.

Wir folgen hier weitgehend der durch KALMAN [VI.2 u. VI.8] eingeführten Axiomatik.

Definition 4. (Axiomatisches Systemmodell.) Unter einem dynamischen System wird eine mathematische Struktur verstanden, die durch das Quintett $(\mathbf{U}, \mathbf{T}, \mathbf{Y}, \mathbf{X}, \varphi)$ beschreibbar ist. Es gilt im einzelnen:

1. $\mathbf{U}$ ist ein abstrakter gegebener topologischer Raum, der Zustandsraum, und $\mathbf{T}$ eine Menge von Werten der Zeit, für die das Systemverhalten definiert ist. $\mathbf{T}$ ist eine geordnete Untermenge der reellen Zahlen in der üblichen Ordnung mit $t_2 \geq t_1 \geq t_0$, wenn $t_2, t_1, t_0 \in \mathbf{T}$.

2. $\mathbf{Y}$ ist ein abstrakter Raum der zulässigen Eingangsfunktion $y = \{y(t)\colon \mathbf{T} \to \mathbf{Y}\}$.

3. Für jeden Anfangszeitpunkt $t_0 \in \mathbf{T}$, jeden Anfangszustand $u_0 \in \mathbf{U}$ und jede Eingangsfunktion $y(t) \in \mathbf{Y}$, die für $t \geq t_0$ definiert ist, sind die System-zustände in der Zukunft $(t \geq t_0)$ durch eine gegebene Übergangsfunktion $\varphi\colon \mathbf{Y} \times \mathbf{T} \times \mathbf{T} \times \mathbf{U} \to \mathbf{U}$ determiniert. Die Übergangsfunktion wird ausführlich geschrieben zu $\varphi_y(t; u_0, t_0).$[1]

4. Jede Ausgangsfunktion des Systems zur Zeit t ist eine Funktion $x(t) \in \{\mathbf{X}\colon \mathbf{U} \times \mathbf{T} \times \mathbf{T} \times \mathbf{Y} \to \mathbf{R}\}$, worin $\mathbf{R}$ die Menge der reellen Zahlen bedeutet.

5. Die Funktionen φ und x sind stetig in bezug auf geeignet definierte topo-logische Räume $\mathbf{U}, \mathbf{T}, \mathbf{Y}, \mathbf{X}$, dem Körper $\mathbf{K}$ der komplexen Zahlen bzw. $\mathbf{R}$ dem Körper der reellen Zahlen und die definierten Produkträume.

Definition 5. Die Übergangsfunktion $\varphi_y(t; u_0, t_0)$ soll diese Eigenschaften haben:

1. $\varphi_y(t; u_0, t_0) = u(t)$ für alle $y \in \mathbf{Y}, t \in \mathbf{T}$ und $u \in \mathbf{U}$. $\hfill (5\,\mathrm{a})$

2. $\varphi_y(t_0; u_0, t_0) = u_0.$ $\hfill (5\,\mathrm{b})$

3. $\varphi_y(t_2; u_0, t_0) = \varphi_y(t_2; \varphi_y(t_1; u_0, t_0), t_1).$ $\hfill (5\,\mathrm{c})$

---

[1] Der Index y soll hier andeuten, daß die Übergangsfunktion von dem Eingangssignal $y(t)$ abhängt.

Definition 6. Das durch die Definitionen 3 und 4 festgelegte dynamische System soll nicht-antizipierend sein, d. h., es soll nur auf vergangene und gegenwärtige Erregungen reagieren, nicht aber zukünftige vorwegnehmen. Wenn $y(t)$, $z(t) \in \mathbf{Y}$ und $y(t) \equiv z(t)$ für $t \in [t_0, t_1] \subset \mathbf{T}$ dann soll sein:

$$\varphi_y(t; u_0, t_0) \equiv \varphi_z(t; u_0, t_0). \tag{6}$$

An dieser Stelle muß noch einmal betont werden, daß die vorstehenden Axiome mathematische Strukturen und keine physikalischen Systeme definieren. Andererseits kann das Verhalten komplexer Systeme, die den Gesetzen der klassischen Physik gehorchen, normalerweise durch solche Modelle beschrieben werden, die diesen Axiomen genügen. Ein wesentlicher Vorteil der auf diesen Axiomen aufgebauten Systemmodelle besteht dann vor allem darin, daß man einen sicheren Anschluß an die mathematischen Methoden gewinnt. Viele interessante Gesetzmäßigkeiten, die für die moderne Systemtheorie und dabei speziell die Regelungstheorie gefunden wurden und die wir weiter unten ausführlicher darstellen werden, konnten direkt aus in der Mathematik bereits zur Verfügung stehenden Ergebnissen abgeleitet bzw. übernommen werden. So hat vor allem die konsequente Übernahme algebraischer Methoden (und damit auch deren Symbole und Notierungen) die Einsicht in das Verhalten komplexer dynamischer Systeme wesentlich vertieft.

Beschränkt man sich auf eine spezielle Unterklasse der dynamischen Systeme, die hier vorwiegend behandelt wird, nämlich die Klasse der endlich-dimensionalen, kontinuierlichen linearen Systeme, dann genügen diese Systeme folgenden Definitionen:

Definition 7. Das lineare endlich-dimensionale kontinuierliche System hat diese Eigenschaften:

1. Der Zustandsraum $\mathbf{U}$ ist der n-dimensionale Euklidische Raum $\mathbf{R}_n$.

2. *Kontinuierlich* bedeutet, daß die Systemvariablen φ und $\mathbf{X}$ zu jedem Zeitpunkt $t \in \mathbf{T}$ beliebige definite Werte annehmen können.

3. *Linear* bedeutet, daß x linear in $u(t)$ und $y(t)$ bzw. φ linear in $u(t)$ und $y(t)$ ist.[1]

Das so definierte dynamische System hat eine Übergangsfunktion $\varphi(t)$, die die Lösung der Vektordifferentialgleichung

$$\frac{d}{dt} u = \dot{u}(t) = A(t)\, u(t) + B(t)\, y(t); \quad u_0 = u(t)\big|_{t = t_0} \tag{7}$$

ist. Ergänzen wir diese Gleichung noch durch die „Ausgangs"- oder „Beobachtungs"-Gleichung:

$$x(t) = C(t)\, u(t) + D(t)\, y(t), \tag{8}$$

dann haben wir wieder die dynamischen Gleichungen, die im vorstehenden Abschnitt mehr aus physikalischer Sicht eingeführt wurden. Wenn im weiteren Verlauf dieser Darstellung nicht anders vereinbart, sollen die Elemente der Matrizen $A(t)$, $B(t)$, $C(t)$ und $D(t)$, die reelle Zeitfunktionen sind, immer der

---

[1] Hierzu Definition der Linearität in Abschn. I.1.2.

Klasse der Funktionen C^∞ angehören, sie sollen also stetig und beliebig oft stetig nach der Zeit differenzierbar sein.

Die Lösungsfunktionen φ der Gl. (7), die Übergangsfunktionen des linearen dynamischen Systems, werden in anderem Zusammenhang in Abschn. VI.4.3 und VI.4.5 noch im einzelnen besprochen.

1.4 Anmerkungen zur Zustandsraumdarstellung dynamischer Systeme

Wir stellen nun kurz einige Punkte heraus, die besondere Bedeutung für die axiomatischen Systemmodelle bzw. die Zustandsraummodelle und deren praktische Anwendung haben.

1. Die Analyse geht von den Grundgesetzen der Physik aus, dadurch wird die „innere" Systemstruktur auch im mathematischen Modell erkennbar. Auch bei der Gewinnung von Zustandsraummodellen aus empirischen Systemmodellen, die uns weiter unten noch ausführlicher beschäftigen werden, muß zwangsläufig der Systemstruktur und den damit zusammenhängenden Fragen besondere Aufmerksamkeit gelten.

2. Die in den dynamischen Gleichungen linearer Systeme [Gln. (3) u. (4)] auftretenden Koeffizientenmatrizen haben jeweils eine spezielle Bedeutung für das System, so daß die Systemeigenschaften leichter zu durchschauen sind:

a) Die Systemmatrix $A(t)$ bzw. A bestimmt alleine die „innere" Dynamik des Systems, seine Eigenbewegungen.

Die Matrix A ist quadratisch von der Ordnung n. Die Zahl n ist bei Beachtung der Minimalrealisierung (s. Abschn. VIII.3) auch gleich der Anzahl der linear unabhängigen Energiespeicher im zugehörigen physikalischen System.

b) Die n,q-Eingangsmatrix $B(t)$ bzw. B bestimmt die Art der Ansteuerung des Systems.

c) Die q,n-Ausgangsmatrix $C(t)$ bzw. C legt den Einfluß der Zustandsvariablen auf die Systemausgänge fest.

d) Die p,q-Durchgangsmatrix $D(t)$ bzw. D gibt gegebenenfalls an, wie Eingangsgrößen direkt (ohne Energiespeicherung) auf den Ausgang wirken. Bei technisch-physikalischen Systemen wird man normalerweise aber immer $D = 0$ antreffen. Nur bei gewissen Idealisierungen in der Regelungstheorie (Abschn. VI.3) kann eine Hinzunahme der Durchgangsmatrix von Interesse sein.

3. Da die axiomatischen Modelle zunächst immer im Zeitbereich aufgestellt werden, können auch nichtlineare Systeme exakt beschrieben werden. Insbesondere sind statische und dynamische Nichtlinearitäten leicht zu trennen. Bei einer großen Zahl technischer Systeme, bei denen statische Nichtlinearitäten im System-eingang und/oder Systemausgang alleine vorkommen, kann die innere Dynamik, die für die Stabilität des Systems oft alleine maßgebend ist, mit den Methoden für lineare Systeme behandelt werden.

4. Im Falle des linearen zeitinvarianten Systems mit konzentrierten Energie-speichern [Gl. (4)] werden die Systemeigenschaften durch Koeffizientenmatrizen mit vorwiegend reellen Elementen beschrieben. Dadurch wird die Programmierung solcher Systeme für die rechnerische Behandlung mittels Analog- und besonders Digitalrechner wesentlich vereinfacht.

5. Die dynamischen Gleichungen eines linearen zeitinvarianten Systems beschreiben dieses vollständig und richtig auch dann, wenn die empirischen Modelle mittels die Ein- und Ausgänge verknüpfender Differentialgleichungen, komplexer Übertragungsfunktionen oder Matrizen keine ausreichende Beschreibung mehr liefern (s. Abschn. VIII.2).

6. Wesentliche theoretische Vorteile der Zustandsraumdarstellung resultieren aus der Deutung der Zustandsvariablen $u_i(t)$ als Komponenten des Zustandsvektors $u(t)$, der einen endlich- (oder unendlich-) dimensionalen Raum aufspannt. Damit werden wesentliche Gesetzmäßigkeiten der Lehre von den Vektorräumen (Kap. VII) und manche geometrische Interpretation für die Systemtheorie anwendbar, auch wenn die Bahnkurve. die Trajektorie, des Zustandsvektors nur noch für die Dimension $n = 3$ anschaulich darstellbar ist (Abb. VI.1.4).

7. Eine beachtliche Besonderheit des axiomatischen Modells ist, daß es koordinatenabhängig ist,[1] während das empirische Modell koordinatenfrei ist.

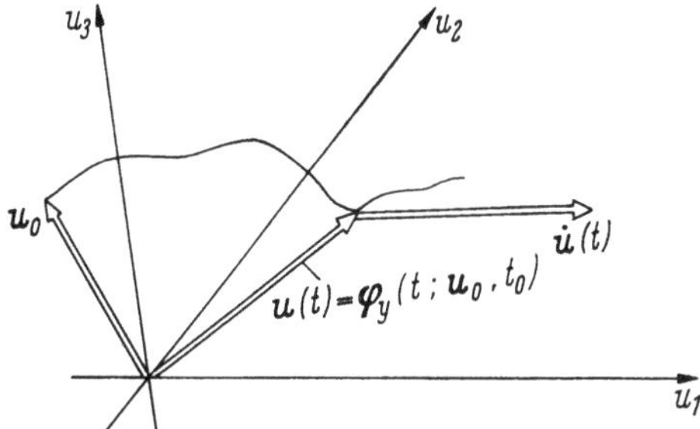

Abb. VI.1.4 Darstellung der Trajektorie des Zustandsvektors $u(t)$ eines linearen Systems mit 3 Energiespeichern

8. Bei den axiomatischen Modellen besteht zunächst kein wesentlicher Unterschied zwischen den Einfach- und den Mehrfachsystemen, da auch das System mit einem Ein- und einem Ausgang durch Matrizen beschrieben wird. Hierdurch wird ein guter Teil der Theorie, insbesondere die später zu besprechende der Optimierung, einheitlich. Andererseits täuscht diese einheitliche Notierung durchaus über die wesentlich größere Komplexität der Mehrfachregelungssysteme hinweg, die in Band I schon ausführlicher behandelt wurde.

2 Beispiele von Zustandsmodellen technischer Systeme

2.1 Vorbemerkung

In diesem Abschnitt soll anhand einiger recht einfacher Beispiele technischer Systeme gezeigt werden, wie, ausgehend von dem apparativen Wirkbild durch Anwendung physikalischer Gesetze, ein Zustandsvariablenmodell des Systems gefunden werden kann. Zwar habe ich mir auch in diesem Band nicht die Aufgabe gestellt, Lösungen praktischer Probleme zu geben, sondern eine möglichst durchsichtige Darstellung wesentlich erscheinender systemtheoretischer Gesetzmäßigkeiten zu bringen, die dann zur Lösung spezieller Probleme herangezogen werden mögen. Doch erscheint es mir wichtig, auch anhand der folgenden Beispiele ausdrücklich darauf hinzuweisen, daß man bei einer erfolgversprechenden Analyse komplexer technischer Systeme alle nur irgend zur Verfügung stehenden Informationen über diese Systeme zur Aufstellung der mathematischen Modelle auch heranziehen sollte. Zugunsten der einfacher erscheinenden Problemformu-

---

[1] Zwar ist die Wahl des Bezugskoordinatensystems beliebig, doch sind die Zahlenwerte bzw. die Funktionen des Zustandsmodells von der Basiswahl abhängig.

lierung wurden in der Vergangenheit oft auch dann empirische Systemmodelle (z. B. Frequenzgangfunktionen) zur Systembeschreibung herangezogen, wenn dies durchaus unnötig war, da genügend Informationen über das tatsächliche Geschehen im Systeminneren vorlagen. Sicherlich gibt es eine große Zahl von Systemen, die man, wenn überhaupt, nur durch aus äußeren Messungen ermittelte Systemmodelle hinreichend einfach beschreiben kann. Deshalb wird weiter unten auch der Gewinnung von Zustandsraummodellen aus komplexen Übertragungsfunktionen und -matrizen noch einige Aufmerksamkeit gewidmet. Doch wäre es falsch, würde der Eindruck gewonnen, wie es aus manchen Darstellungen der Zustandsraummethoden möglich ist, daß Zustandsraummodelle vorwiegend aus empirischen Modellen zu gewinnen seien; der genau entgegengesetzte Weg ist der, der nach Möglichkeit einzuschlagen ist.

2.2 Flüssigkeitsstandregelung

In Abb. 2.1a ist in Anlehnung an [VI.12] das Prinzip einer Flüssigkeitsstandregelstrecke skizziert. Das Verzögerungsverhalten der beiden Transmitter sei

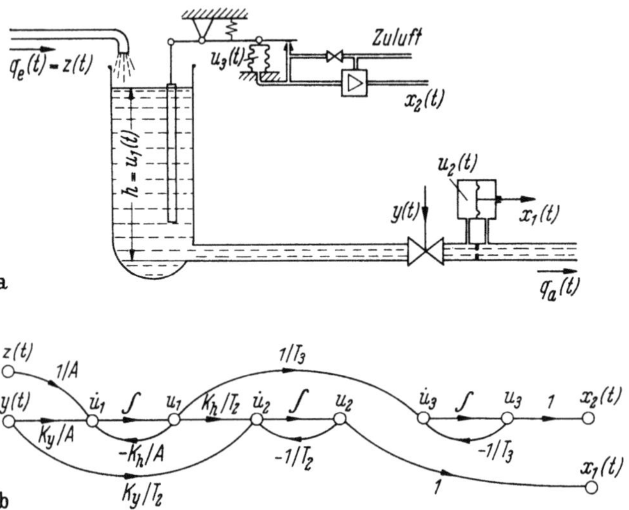

Abb. VI.2.1a u. b a) Schema einer Wasserstandsregelstrecke; b) Signalflußdiagramm hierzu

jeweils durch ein System 1. Ordnung wiederzugeben. Mit den aus der Abbildung ablesbaren Bezeichnungen gelten dann folgende Beziehungen nach geeigneter Linearisierung:

$$\dot{u}_1(t) = \frac{1}{A}\big(z(t) - q_a(t)\big); \quad q_a(t) = K_y\, y(t) + K_h\, u_1(t),$$

$$\dot{u}_2(t) = -\frac{1}{T_2}\, u_2(t) + \frac{1}{T_2}\, q_a(t),$$

$$\dot{u}_3(t) = -\frac{1}{T_3}\, u_3(t) + \frac{1}{T_3}\, u_1(t),$$

$$x_1(t) = u_2(t),$$

$$x_2(t) = u_3(t).$$

In diesen Gleichungen ist A der Anlaufwert und K_h bzw. K_y sind Konstanten, die die als linear angenommene Abhängigkeit der Ausflußmenge $q_a(t)$ von der Ventilstellung und von der Flüssigkeitshöhe kennzeichnen. Die vorstehenden Gleichungen lassen sich sodann zu diesem dynamischen Gleichungssystem zusammenfassen:

$$\begin{bmatrix} \dot{u}_1(t) \\ \dot{u}_2(t) \\ \dot{u}_3(t) \end{bmatrix} = \begin{bmatrix} -\dfrac{K_h}{A} & 0 & 0 \\ \dfrac{K_h}{T_2} & -\dfrac{1}{T_2} & 0 \\ \dfrac{1}{T_3} & 0 & -\dfrac{1}{T_3} \end{bmatrix} \begin{bmatrix} u_1(t) \\ u_2(t) \\ u_3(t) \end{bmatrix} + \begin{bmatrix} -\dfrac{K_y}{A} & \dfrac{1}{A} \\ \dfrac{K_y}{T_2} & 0 \\ 0 & 0 \end{bmatrix} \begin{bmatrix} y(t) \\ z(t) \end{bmatrix},$$

$$\begin{bmatrix} x_1(t) \\ x_2(t) \end{bmatrix} = \begin{bmatrix} 0 & 1 & 0 \\ 0 & 0 & 1 \end{bmatrix} u(t).$$

In Abb. VI.2.1b ist ein Signalflußdiagramm zur Veranschaulichung dieser Gleichungen angegeben.

2.3 Elektrisches Netzwerk

In [VI.2] ist das in Abb. VI.2.2 skizzierte Netzwerk behandelt, auf das wir in Abschn. VIII.2 noch einmal zurückgreifen werden. Die zeitvariable Induktivität $L(t)$ und Kapazität $C(t)$ seien so gegeben, daß gilt:

$$\frac{L(t)}{C(t)} = R^2 = 1; \quad (L(t), C(t)) > 0.$$

Es seien ferner $x_1(t)$ der Strom durch die Induktivität und $x_2(t)$ die Spannung am Kondensator als die Zustandsvariablen des Systems (wieder willkürlich) definiert, dann gilt zunächst für den Zusammenhang zwischen der Generator-

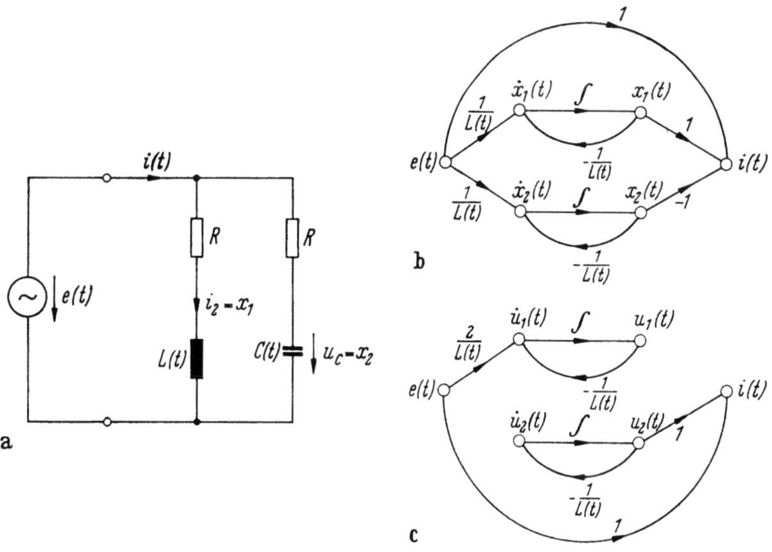

Abb. VI.2.2 Zeitvariables elektrisches Netzwerk

spannung $e(t)$ und dem Strom $i(t)$ in das Netzwerk:

$$\dot{x}_1(t) = -\frac{R}{L(t)}\,x_1(t) \qquad\qquad + \frac{1}{L(t)}\,e(t),$$

$$\dot{x}_2(t) = \qquad\qquad \frac{-1}{RC(t)}\,x_2(t) + \frac{1}{RC(t)}\,e(t),$$

$$i(t) = \quad x_1(t) \quad - \frac{1}{R}\,x_2(t) + \frac{1}{R}\,e(t)$$

oder nach Auswertung der Beziehung $\dfrac{L(t)}{C(t)} = R^2 = 1$ in Matrizenschreibweise:

$$\begin{bmatrix} \dot{x}_1(t) \\ \dot{x}_2(t) \end{bmatrix} = \frac{1}{L(t)}\begin{bmatrix} -1 & 0 \\ 0 & -1 \end{bmatrix}\begin{bmatrix} x_1(t) \\ x_2(t) \end{bmatrix} + \frac{1}{L(t)}\begin{bmatrix} 1 \\ 1 \end{bmatrix}e(t),$$

$$i(t) = \begin{bmatrix} 1 & -1 \end{bmatrix}\boldsymbol{x}(t) + e(t).$$

Hierzu kann man das Signalflußdiagramm Abb. VI.2.2b zeichnen. Die Koordinatentransformation $u_1(t) = x_1(t) + x_2(t)$ und $u_2(t) = x_1(t) - x_2(t)$ ergibt

$$\dot{\boldsymbol{u}}(t) = \frac{1}{L(t)}\begin{bmatrix} -1 & 0 \\ 0 & -1 \end{bmatrix}\boldsymbol{u}(t) + \begin{bmatrix} \dfrac{2}{L(t)} \\ 0 \end{bmatrix}e(t),$$

$$i(t) = \begin{bmatrix} 0 & 1 \end{bmatrix}\boldsymbol{u}(t) + e(t),$$

wozu man das Diagramm Abb. VI.2.2c zeichnen kann. Hieran ist nun eine eigentümliche Tatsache zu erkennen, die später noch ausführlicher zu diskutieren ist: die Zustandsvariable $u_1(t)$ ist nur steuerbar, aber nicht beobachtbar, während umgekehrt $u_2(t)$ nicht steuerbar, aber beobachtbar ist.

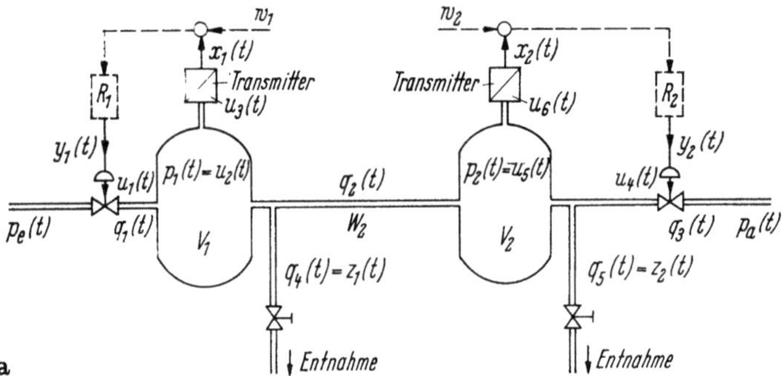

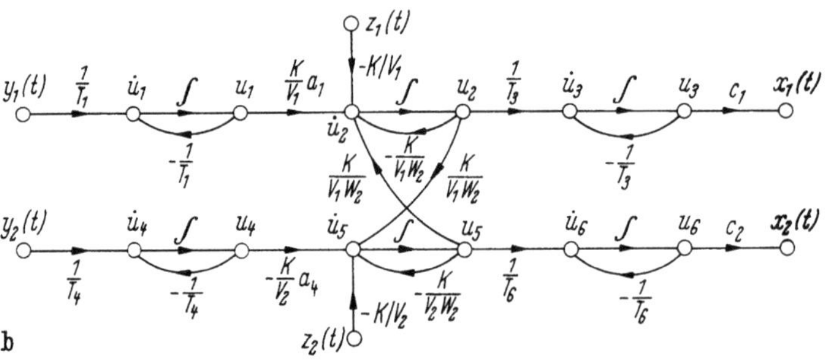

Abb. VI.2.3a u. b a) Schema einer Doppelreduzierstation; b) zugehöriges Signalflußdiagramm

2.4 Doppelreduzierstation

In Abb. VI.2.3 ist das Prinzip einer Doppelreduzierstation skizziert, die z. B. auch in [V.10] behandelt ist. Die Reduzierstation hat die Aufgabe, in zwei Gas- oder Dampfnetzen unterschiedliche Drücke $p_1(t)$ und $p_2(t)$ durch Entspannung des unter hohem Druck $p_e(t)$ stehenden Mediums konstant zu halten. Unter den idealisierenden Annahmen, daß das dynamische Verhalten der Stellventile und der Transmitter jeweils durch lineare Differentialgleichungen 1. Ordnung beschreibbar ist und für die Stellventile ein linearer Zusammenhang zwischen Ventilstellungen und durchströmenden Mengen für kleine Änderungen um die Arbeitspunkte besteht, erhalten wir zunächst dieses Gleichungssystem für die Zweigrößenregelstrecke für Änderungen um die hier unterdrückten Arbeitspunkte:

$$T_1\,\dot{u}_1(t) + u_1(t) = y_1(t), \qquad\qquad T_4\,\dot{u}_4(t) + u_4(t) = y_2(t),$$
$$q_1(t) = a_1\,u_1(t), \qquad\qquad\qquad q_3(t) = a_4\,u_4(t),$$
$$\dot{p}_1(t) = \frac{K}{V_1}\big(q_1(t) - q_2(t) - q_4(t)\big), \qquad \dot{p}_2(t) = \frac{K}{V_2}\big(q_2(t) - q_3(t) - q_5(t)\big),$$
$$T_3\,\dot{u}_3(t) + u_3(t) = p_1(t), \qquad\qquad T_6\,\dot{u}_6(t) + u_6(t) = p_2(t),$$
$$q_2(t) = \frac{1}{W_2}\big(p_1(t) - p_2(t)\big)$$

oder mit $p_1(t) = u_2(t)$, $p_2(t) = u_5(t)$, $q_4(t) = z_1(t)$, $q_5(t) = z_2(t)$, $x_1(t) = c_1\,u_3(t)$ und $x_2(t) = c_2\,u_5(t)$ auch:

$$\dot{u}(t) = \begin{bmatrix} -\dfrac{1}{T_1} & 0 & 0 & 0 & 0 & 0 \\[2mm] \dfrac{K}{V_1}a_1 & -\dfrac{K}{V_1 W_2} & 0 & 0 & \dfrac{K}{V_1 W_2} & 0 \\[2mm] 0 & \dfrac{1}{T_3} & -\dfrac{1}{T_3} & 0 & 0 & 0 \\[2mm] 0 & 0 & 0 & -\dfrac{1}{T_4} & 0 & 0 \\[2mm] 0 & \dfrac{K}{V_2 W_2} & 0 & -\dfrac{K}{V_2}a_4 & -\dfrac{K}{V_2 W_2} & 0 \\[2mm] 0 & 0 & 0 & 0 & \dfrac{1}{T_6} & -\dfrac{1}{T_6} \end{bmatrix} u(t) +$$

$$+ \begin{bmatrix} \dfrac{1}{T_4} & 0 & 0 & 0 \\[2mm] 0 & -\dfrac{K}{V_1} & 0 & 0 \\[2mm] 0 & 0 & 0 & 0 \\[2mm] 0 & 0 & 0 & \dfrac{1}{T_4} \\[2mm] 0 & 0 & -\dfrac{K}{V_2} & 0 \\[2mm] 0 & 0 & 0 & 0 \end{bmatrix} \begin{bmatrix} y_1(t) \\[2mm] z_1(t) \\[2mm] z_2(t) \\[2mm] y_2(t) \end{bmatrix},$$

$$\begin{bmatrix} x_1(t) \\[1mm] x_2(t) \end{bmatrix} = \begin{bmatrix} 0 & 0 & c_1 & 0 & 0 & 0 \\ 0 & 0 & 0 & 0 & 0 & c_2 \end{bmatrix} u(t).$$

Hierzu kann dann wieder leicht das Signalflußdiagramm in Abb. VI.2.3b gefunden werden, das einleuchtend die V-Struktur der Strecke ohne Stelltrieb und Transmitter erkennen läßt.

3 Lineare, zeitinvariante kontinuierliche Systeme

3.1 Das dynamische Gleichungssystem und seine Laplace-Transformierte

Die linearen zeitinvarianten kontinuierlichen Systeme mit konzentrierten Energiespeichern haben als Modelle physikalischer Systeme eine besondere Bedeutung, die vor allem in ihrem relativ einfachen Aufbau und der zu ihrer Behandlung vorhandenen geschlossenen Theorie begründet liegt. Diese Systeme werden durch diesen dynamischen Gleichungssatz beschrieben:

$$\dot{u}(t) = A\,u(t) + B\,y(t); \quad u_0 = u(t)|_{t=t_0}, \tag{1}$$

$$x(t) = C\,u(t) + D\,y(t). \tag{2}$$

Geht man von den physikalischen Grundgesetzen zur Verknüpfung der Variablen eines dynamischen Systems aus — wesentliche physikalische Größen sind in Tafel VI.1 zusammengestellt — dann sind alle Elemente in der n,n-Matrix A, in der n,q-Matrix B, in der p,n-Matrix C und in der p,q-Matrix D reelle Konstanten. Für bestimmte Fragen muß man allerdings auch komplexe Elemente in diesen Matrizen zulassen, z. B. dann, wenn das dynamische System mit auf JORDAN-kanonische Form seiner Eigenwerte transformierten Systemmatrix A weiterbehandelt werden soll (s. auch Abschn. VII.4.4 u. VII.4.5). Selbstverständlich bleibt auch dann, wie in Abschn. VI.1.3 axiomatisch festgelegt wurde, der Raum $\mathbf{Y}$ der Eingangssignalvektoren $y(t)$ und der Raum $\mathbf{X}$ der Aussgangssignale $x(t)$ jeweils der der reellen Zeitfunktionen.

Das aus den Gln. (1) und (2) bestehende mathematische Modell eines physikalischen Systems kann durch ein Blockschaltbild (Abb. VI.3.1) veranschaulicht werden, wobei hier die für das Matrixblockschaltbild in den Abschn. III.5.5

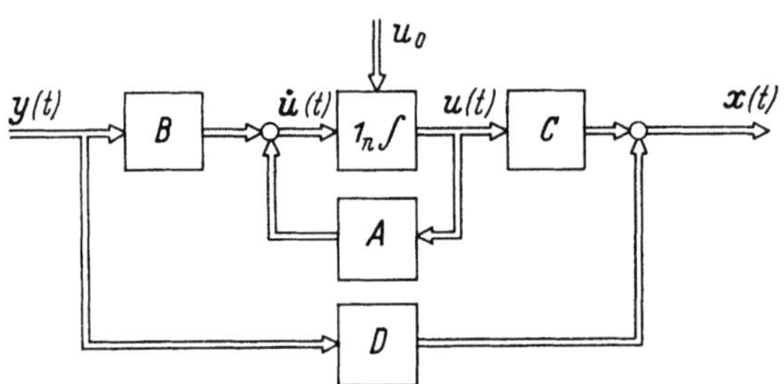

Abb. VI.3.1 Matrixblockschaltbild des dynamischen Gleichungssystems Gln. (1) und (2)

und III.6.1 eingeführten Bezeichnungen und Regeln verwendet wurden. Bemerkenswert an dem Blockschaltbild VI.3.1 ist, daß nur ein Block dynamische Elemente enthält. Es ist dies der durch das Integralzeichen gekennzeichnete, in dem n Energiespeicher enthalten sind. Alle anderen Blöcke enthalten nur Konstanten. Abb. VI.3.1 enthält z. B. direkt eine Anweisung zum Aufstellen einer Analogrechenschaltung. Dann sind die n Energiespeicher tatsächlich Integrierer eines Analogrechners, die mit den n Anfangsbedingungen $u_0 = [u_{01}, \ldots, u_{0n}]^T$

Tafel VI.1. *Zusammenstellung einiger analoger physikalischer Größen*

Allgemeine Größen / Physikalischer Bereich	Mechanisch		Elektrisch	Flüssigkeit	Gas	Thermisch	Chemische Konzentration
	Translation	Rotation					
Kraft $k(t)$	Kraft [kp]	Drehmoment $[\mathrm{m}\cdot\mathrm{kp}]$	Spannung [V]	Gefälle [m]	Druck $\left[\dfrac{\mathrm{kp}}{\mathrm{m}^2}\right]$	Temperatur [°C]	Konzentrationsgefälle $\left[\dfrac{\mathrm{mol}}{\mathrm{m}^3}\right]$
Fluß $f(t)$	Geschwindigkeit $\left[\dfrac{\mathrm{m}}{\mathrm{sec}}\right]$	Winkelgeschwindigkeit $\left[\dfrac{\mathrm{rad}}{\mathrm{sec}}\right]$	Strom [A]	Durchfluß $\left[\dfrac{\mathrm{m}^3}{\mathrm{sec}}\right]$	Mengenstrom $\left[\dfrac{\mathrm{kg}}{\mathrm{sec}}\right]$	Wärmestrom $\left[\dfrac{\mathrm{kcal}}{\mathrm{sec}}\right]$	Diffusionsstrom $\left[\dfrac{\mathrm{mol}}{\mathrm{sec}}\right]$
Widerstand $\dfrac{k(t)}{f(t)}$	Reibung $\left[\dfrac{\mathrm{kp}\cdot\mathrm{sec}}{\mathrm{m}}\right]$	Reibung $\left[\dfrac{\mathrm{m}\cdot\mathrm{kp}\cdot\mathrm{sec}}{\mathrm{rad}}\right]$	Widerstand [Ohm]	Strömungswiderstand $\left[\dfrac{\mathrm{m}}{\mathrm{m}^3/\mathrm{sec}}\right]$	Strömungswiderstand $\left[\dfrac{\mathrm{kp}\cdot\mathrm{sec}}{\mathrm{kg}\cdot\mathrm{m}^2}\right]$	Wärmewiderstand $\left[\dfrac{°\mathrm{C}\cdot\mathrm{sec}}{\mathrm{kcal}}\right]$	Diffusionswiderstand $\left[\dfrac{\mathrm{sec}}{\mathrm{m}^3}\right]$
Speicher für potentielle Energie $\dfrac{f(t)}{\dot k(t)}$	Feder $\left[\dfrac{\mathrm{m}}{\mathrm{kp}}\right]$	Torsionsfeder $\left[\dfrac{\mathrm{rad}}{\mathrm{m}\cdot\mathrm{kp}}\right]$	Kapazität [Farad]	$[\mathrm{m}^2]$	$\left[\dfrac{\mathrm{kg}\cdot\mathrm{m}^2}{\mathrm{kp}}\right]$	$\left[\dfrac{\mathrm{kcal}}{°\mathrm{C}}\right]$	$[\mathrm{m}^3]$
Speicher für kinetische Energie $\dfrac{k(t)}{\dot f(t)}$	Träge Masse $\left[\dfrac{\mathrm{kp}\cdot\mathrm{sec}^2}{\mathrm{m}}\right]$	Trägheitsmoment $\left[\dfrac{\mathrm{m}\cdot\mathrm{kp}\cdot\mathrm{sec}^2}{\mathrm{rad}}\right]$	Induktivität [Henry]	$\left[\dfrac{\mathrm{sec}^2}{\mathrm{m}^2}\right]$	$\left[\dfrac{\mathrm{kp}\cdot\mathrm{sec}^2}{\mathrm{m}^2}\right]$		
Energie $\displaystyle\int_0^t f(\tau)\,k(\tau)\,d\tau$	$[\mathrm{kp}\cdot\mathrm{m}]$	$[\mathrm{m}\cdot\mathrm{kp}\cdot\mathrm{rad}]$	$[\mathrm{Watt}\cdot\mathrm{sec}]$	$[\mathrm{m}^4]\approx[\mathrm{kp}\cdot\mathrm{m}]$	$\left[\dfrac{\mathrm{kp}\cdot\mathrm{kg}}{\mathrm{m}^2}\right]$	$[\mathrm{kcal}\cdot°\mathrm{C}]$	
Menge $\displaystyle\int_0^t f(\tau)\,d\tau$	Auslenkung [m]	Winkelausschlag [rad]	Ladung [Coulomb]	Volumen $[\mathrm{m}^3]$	Masse [kg]	Wärmemenge [kcal]	Anzahl der Mole [mol]

zu versehen und gemäß den in den Matrizen A, B, C und D angegebenen Koeffizientenpotentiometern und Summierverstärkern zu beschalten sind. Dabei ist selbstverständlich, daß die vor dem Integriererblock durch die Summenstelle vorgeschriebene Summierung der Teilsignale in der Analogrechenpraxis zum größten Teil direkt an den Integrierern ausgeführt wird.

Die Gl. (1) ist als Vektordifferentialgleichung 1. Ordnung nur die kurzgefaßte Notierung eines Systems von n linearen Differentialgleichungen 1. Ordnung mit konstanten Koeffizienten. Dazu kommen dann noch p algebraische Gleichungen, die durch Gl. (2) zusammengefaßt werden:

$$
\left.
\begin{aligned}
\dot{u}_1(t) &= A_{11}\,u_1(t) + \cdots + A_{1n}\,u_n(t) + B_{11}\,y_1(t) + \cdots + B_{1q}\,y_q(t);\\
\dot{u}_2(t) &= A_{21}\,u_1(t) + \cdots + A_{2n}\,u_n(t) + B_{21}\,y_1(t) + \cdots + B_{2q}\,y_q(t);\\
&\;\;\vdots\\
\dot{u}_n(t) &= A_{n1}\,u_1(t) + \cdots + A_{nn}\,u_n(t) + B_{n1}\,y_1(t) + \cdots + B_{nq}\,y_q(t);\\
& \hspace{6em} u_{10} = u_1(t)\big|_{t=t_0},\\
& \hspace{6em} u_{20} = u_2(t)\big|_{t=t_0}\\
& \hspace{7em} \vdots\\
& \hspace{6em} u_{n0} = u_n(t)\big|_{t=t_0}.
\end{aligned}
\right\} \tag{3}
$$

$$
\left.
\begin{aligned}
x_1(t) &= C_{11}\,u_1(t) + \cdots + C_{1n}\,u_n(t) + D_{11}\,y_1(t) + \cdots + D_{1q}\,y_q(t),\\
x_2(t) &= C_{21}\,u_1(t) + \cdots + C_{2n}\,u_n(t) + D_{21}\,y_1(t) + \cdots + D_{2q}\,y_q(t)\\
&\;\;\vdots\\
x_p(t) &= C_{p1}\,u_1(t) + \cdots + C_{pn}\,u_n(t) + D_{p1}\,y_1(t) + \cdots + D_{pq}\,y_q(t).
\end{aligned}
\right\} \tag{4}
$$

Algebraisiert man diese Gleichungen, oder auch Gln. (1) und (2) direkt mit Hilfe der LAPLACE-Transformation, erhält man die dynamischen Gleichungen in der Form:

$$
s\,U(s) - u_0 = A\,U(s) + B\,Y(s); \qquad (u_0 = \lim_{t \to +t_0} u(t)), \tag{5}
$$

$$
X(s) = C\,U(s) + D\,Y(s). \tag{6}
$$

Elimination des LAPLACE-transformierten Zustandsvektors ergibt schließlich:

$$
X(s) = [C \cdot (1s - A)^{-1} B + D]\,Y(s) + C \cdot (1s - A)^{-1} u_0. \tag{7}
$$

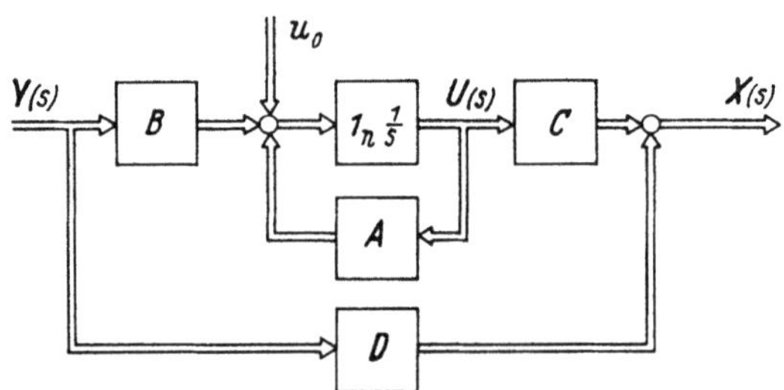

Abb. VI.3.2 Matrixblockschaltbild zu Gl. (7)

An dieser Gleichung ist die, die Eingangs- mit den Ausgangsklemmen verbindende, komplexe Übertragungsmatrix $F(s)$ abzulesen zu:

$$
\begin{aligned}
F(s) &= C \cdot (1s - A)^{-1} B + D\\
&= |1s - A|^{-1} C \cdot (1s - A)_{\text{adj.}}\, B + D.
\end{aligned} \tag{8}
$$

Schließlich ergibt die LAPLACE-Rücktransformation die Gewichtsmatrix:

$$G(t) = \mathfrak{L}^{-1}\{F(s)\} = \mathfrak{L}^{-1}\{C(1s - A)^{-1}B + D\}. \tag{9}$$

Tiefergehende Zusammenhänge zwischen der Übertragungsmatrix $F(s)$ bzw. der Gewichtsmatrix $G(t)$ und der Übergangsmatrix $\varphi_y(t; u_0, t_0)$, der Lösung der dynamischen Systemgleichungen, werden weiter unten noch Gegenstand ausführlicher Diskussionen sein. In Abb. VI.3.2 ist schließlich noch ein Blockschaltbild zur Veranschaulichung von Gl. (7) angegeben.

3.2 Dynamische Gleichungen der Einfachsysteme mit $F(s) = \dfrac{1}{N(s)}$

In den folgenden drei Abschnitten wird dargestellt, wie zu den komplexen Übertragungsfunktionen $F(s)$ von Übertragungssystemen mit einem Ein- und einem Ausgang (Abb. VI.3.3) dynamische Gleichungssysteme gefunden werden können.

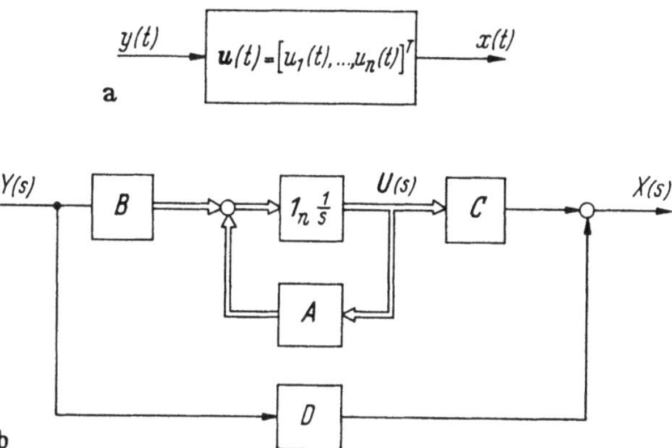

Abb. VI.3.3 Das Übertragungssystem mit einem Ein- und einem Ausgang

Die Beschränkung auf die Einfachsysteme an dieser Stelle hat den Grund, daß bei diesen Systemen noch ohne großen theoretischen Aufwand einfache Vorschriften angegeben werden können, während bei den Mehrfachsystemen weitergehende Überlegungen, die mit dem Begriff der Minimalrealisierung zusammenhängen, angestellt werden müssen (Abschn. VIII.3 und VIII.5). Es wird sich zeigen, daß die Systemmatrizen A bei den hier gezeigten Verfahren jeweils in typischen kanonischen Formen erscheinen, die es gestatten, auch an den zunächst unanschaulich erscheinenden Matrizen die Kenngrößen wiederzufinden, die dem Regelungstechniker geläufig sind [VI.11].

Es erweist sich als zweckmäßig, einige Spezialfälle für eine übersichtlichere Darstellung zu unterscheiden. In diesem Abschnitt behandeln wir als erstes den Fall, bei dem für ein System entsprechend Abb. VI.3.3a die komplexe Übertragungsfunktion gegeben ist zu:

$$F(s) = \frac{1}{N(s)} = \frac{V}{1 + \alpha_1 s + \alpha_2 s^2 + \cdots + \alpha_n s^n} = \frac{b_1}{a_1 + a_2 s + \cdots + a_n s^{n-1} + s^n} . \tag{10}$$

Dazu werden die Koeffizienten der Matrizen des zugehörigen dynamischen Gleichungssystems

$$\begin{bmatrix} \dot{u}_1(t) \\ \vdots \\ \dot{u}_n(t) \end{bmatrix} = \begin{bmatrix} A_{11} \cdots A_{1n} \\ \vdots \quad \ddots \quad \vdots \\ A_{n1} \cdots A_{nn} \end{bmatrix} \cdot \begin{bmatrix} u_1(t) \\ \vdots \\ u_n(t) \end{bmatrix} + \begin{bmatrix} B_1 \\ \vdots \\ B_n \end{bmatrix} y(t),$$

$$x(t) = [\, C_1 \; \cdots \; C_n \,] \cdot u(t) + D\, y(t) \tag{11}$$

gesucht.

Geht man von der zu $F(s)$ gehörenden Differentialgleichung des Systems aus

$$\overset{(n)}{x}(t) + a_n \overset{(n-1)}{x}(t) + \cdots + a_2 \dot{x}(t) + a_1 x(t) = b_1 y(t) \tag{12}$$

und substituiert

$$x(t) = u_1(t), \quad \dot{x}(t) = u_2(t) = \dot{u}_1(t), \ldots, \; \overset{(n-1)}{x}(t) = u_n(t) = \dot{u}_{n-1}(t), \quad \overset{(n)}{x}(t) = \dot{u}_n(t),$$

dann realisiert man leicht, daß die dynamischen Gleichungen die Form haben:

$$\dot{u}(t) = \begin{bmatrix} 0 & 1 & 0 & 0 & \ldots & 0 & 0 \\ 0 & 0 & 1 & 0 & \ldots & 0 & 0 \\ \cdots & \cdots & \cdots & \cdots & \cdots & \cdots & \cdots \\ 0 & 0 & 0 & 0 & \ldots & 0 & 1 \\ -a_1 & -a_2 & -a_3 & -a_4 & \cdots & & -a_n \end{bmatrix} u(t) + \begin{bmatrix} 0 \\ 0 \\ \cdot \\ 0 \\ b_1 \end{bmatrix} y(t),$$

$$x(t) = \begin{bmatrix} 1 & 0 & 0 & 0 & \ldots & 0 & 0 \end{bmatrix} u(t). \tag{13}$$

Die Systemmatrix A erscheint in der sogenannten FROBENIUS-kanonischen Form[1], an der die Koeffizienten des Nennerpolynoms von $F(s)$ direkt abgelesen werden können. Da alle Systemmatrizen A, B und C Koeffizientenmatrizen sind, ändern sie sich auch nicht, wenn man Gl. (13) der LAPLACE-Transformation unterwirft:

$$s\, U(s) = \begin{bmatrix} 0 & 1 & 0 & 0 & \ldots & 0 \\ 0 & 0 & 1 & 0 & \ldots & 0 \\ \cdots & \cdots & \cdots & \cdots & \cdots & \cdots \\ -a_1 & -a_2 & -a_3 & -a_4 & \ldots & -a_n \end{bmatrix} U(s) + \begin{bmatrix} 0 \\ 0 \\ \cdot \\ b_1 \end{bmatrix} Y(s),$$

$$X(s) = \begin{bmatrix} 1 & 0 & \ldots & 0 \end{bmatrix} U(s). \tag{14}$$

In Abb. VI.3.4 ist ein die Gln. (13) bzw. (14) repräsentierendes Signalflußdiagramm gezeigt. Da lineare Systeme untersucht werden, darf der die Verstärkung der

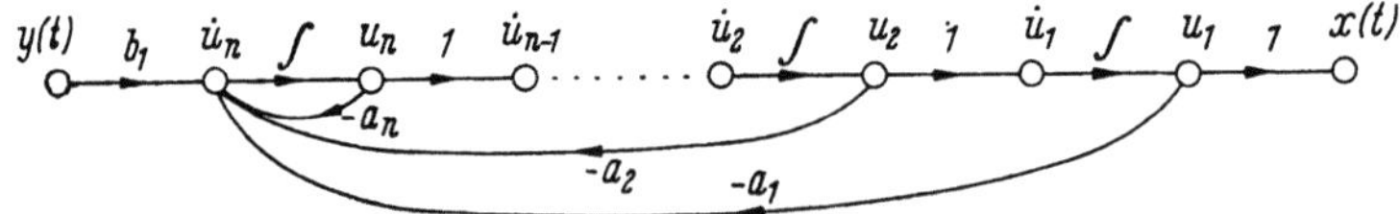

Abb. VI.3.4 Signalflußdiagramm zu Gl. (13)

Systeme maßgebend bestimmende Koeffizient b_1 auch in der Matrix C untergebracht werden. Vielfach ist es dann auch übersichtlicher, die Elemente B_n

---

[1] In der Literatur wird manchmal auch die transponierte Matrix A^T als FROBENIUS- oder Begleitmatrix bezeichnet.

und C_1 gleich 1 zu nehmen und den Koeffizienten b_1 als Faktor vor die B- oder die C-Reihenmatrix zu schreiben.

Integriert man die Differentialgleichung (12) n-mal und substituiert wie in (15) angegeben:

$$u_n(t) = x(t)$$

$$= \int\limits_0^t [-a_n\, x(\tau) + \int\limits_0^t [-a_{n-1}\, x(\tau) + \cdots + \int\limits_0^t [-a_2\, x(\tau) + \underbrace{\int\limits_0^t [b_1\, y(\tau) - a_1\, x(\tau)]\, d\tau}_{\dot{u}_1(t)}] \ldots]\, d\tau$$

$$\underbrace{}_{\dot{u}_2(t)} \tag{15}$$

$$\underbrace{\phantom{\int\limits_0^t [-a_{n-1}\, x(\tau) + \cdots + \int\limits_0^t [b_1\, y(\tau) - a_1\, x(\tau)]\, d\tau]}}_{\dot{u}_{n-1}(t)}$$

$$\underbrace{}_{\dot{u}_n(t),}$$

dann erhalten die Matrizen A, B und C diese Form:

$$A = \begin{bmatrix} 0 & 0 & \ldots & 0 & -a_1 \\ 1 & 0 & \ldots & 0 & -a_2 \\ 0 & 1 & \ldots & 0 & -a_3 \\ \vdots & \vdots & & \vdots & \vdots \\ 0 & 0 & \ldots & 1 & -a_n \end{bmatrix}; \quad B = \begin{bmatrix} b_1 \\ 0 \\ \vdots \\ \vdots \\ 0 \end{bmatrix}; \quad C^T = \begin{bmatrix} 0 \\ 0 \\ \vdots \\ \vdots \\ 1 \end{bmatrix}. \tag{16}$$

Diesen Matrizen in dem dynamischen Gleichungssystem (11), bei denen die Matrix A gegenüber der in Gl. (13) in transponierter Form erscheint — A ist auch hier von FROBENIUS-Form — entspricht das Signalflußdiagramm in Abb. VI.3.5.

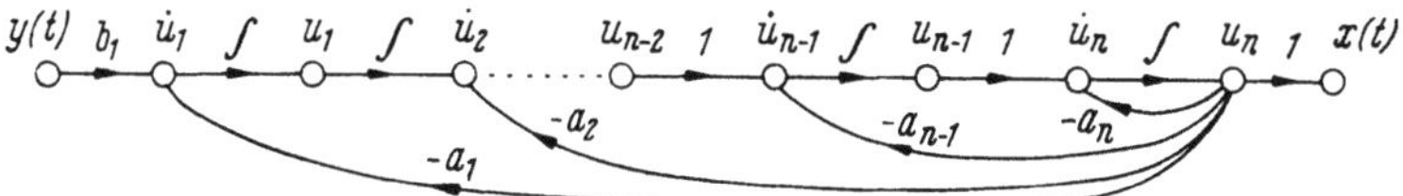

Abb. VI.3.5 Signalflußdiagramm zu den Matrizen der Gl. (16)

Als nächstes behandeln wir den Fall, bei dem das Nennerpolynom $N(s)$ von $F(s)$ als Produkt der Wurzellinearfaktoren gegeben ist:

$$F(s) = K \prod_{r=1}^{n} (s - s_r)^{-1}. \tag{17}$$

Hierzu kann man zwei wesentliche, verschiedene Wege zum Auffinden eines dynamischen Gleichungssystems angeben: a) die Reihendarstellung, b) die Paralleldarstellung. Bei der Reihendarstellung werden n integrierende Elemente in

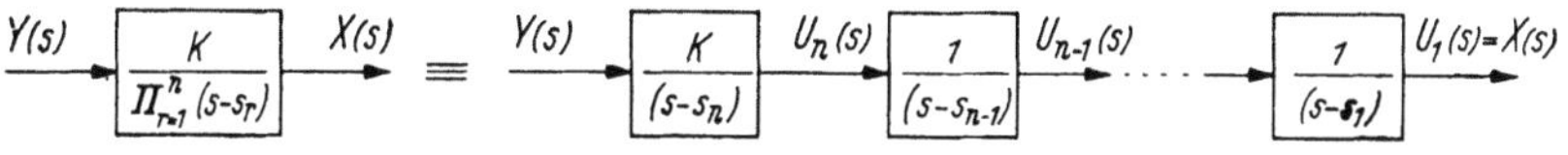

Abb. VI.3.6 Zur Reihendarstellung eines Systems

Reihe geschaltet. Es wird das System zu Gl. (17) als eine Reihenschaltung von Systemen 1. Ordnung betrachtet (Abb. VI.3.6). Dann kann man sogleich die dynamischen Gleichungen notieren zu:

$$s\,U(s) = \begin{bmatrix} s_1 & 1 & 0 & \ldots\ldots\ldots & 0 \\ 0 & s_2 & 1 & 0 & \ldots\ldots & 0 \\ 0 & 0 & s_3 & 1 & \ldots\ldots & 0 \\ & & \ldots\ldots\ldots\ldots\ldots \\ 0 & 0 & \ldots\ldots\ldots & s_{n-1} & 1 \\ 0 & 0 & \ldots\ldots & 0 & s_n \end{bmatrix} U(s) + \begin{bmatrix} 0 \\ 0 \\ \vdots \\ \vdots \\ 1 \end{bmatrix} Y(s),$$
(18)

$$X(s) = K[1 \quad 0 \;\ldots\ldots\; 0 \quad 0]\,U(s),$$

wozu das Signalflußdiagramm in Abb. VI.3.7 gehört. Die 1-Elemente in der Nebendiagonalen der Matrix A können als „Kopplungs"- oder „Verstärkungs"-Faktoren

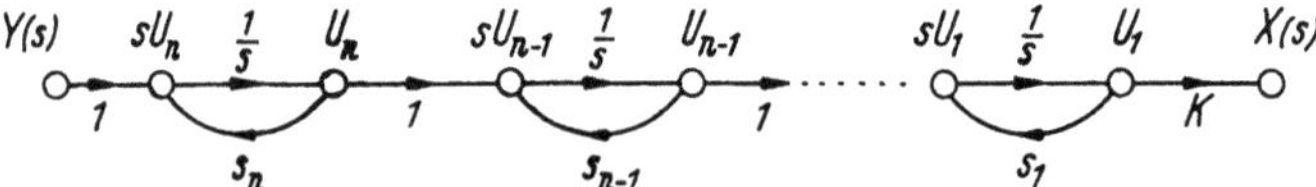

Abb. VI.3.7 Signalflußdiagramm zu Gl. (18)

zwischen den Teilsystemen 1. Ordnung gedeutet werden (s. hierzu auch Abschn. VI.3.5). So einfach diese Systemform zu finden und auch entsprechend einfach (solange alle s_i reell sind) für den Analogrechner zu programmieren ist, so ist die Matrix A in Gl. (18) aber nicht in einer mathematisch kanonischen Form, obwohl sie bei oberflächlicher Betrachtung einer JORDAN-Matrix ähnlich sieht.

Auf eine mathematische Normalform, die JORDAN-kanonische Form, werden wir bei der *Paralleldarstellung* des Systems $F(s)$ geführt. Zu diesem Zweck wird zur Gl. (17) eine Partialbruchentwicklung gesucht. Wir müssen nun zwei Fälle unterscheiden: i) die Wurzeln s_i des Polynoms $N(s)$ sind durchweg verschieden, ii) einzelne Wurzeln s_i treten mehrfach auf.

i) Partialbruchentwicklung für einfache Wurzeln s_i: Gl. (17) wird umgeformt in

$$F(s) = K\prod_{r=1}^{n}(s - s_r)^{-1} = \sum_{r=1}^{n} C_r(s - s_r)^{-1}$$
(19)

mit

$$C_r = \operatorname*{Res}_{s=s_r} F(s) = \lim_{s \to s_r}(s - s_r)\,F(s), \quad r = 1, 2, \ldots, n.$$
(20)

Zur Gewinnung der dynamischen Gleichungen des Systems ordnen wir jedem Teilsystem mit dem Pol s_r eine Zustandsvariable zu und erhalten im Bildbereich:

$$s\,U(s) = \begin{bmatrix} s_1 & 0 & 0 & \ldots\ldots & 0 \\ 0 & s_2 & 0 & \ldots\ldots & 0 \\ 0 & 0 & s_3 & \ldots\ldots & 0 \\ & & \ldots\ldots\ldots\ldots \\ 0 & \ldots\ldots\ldots & 0 & s_n \end{bmatrix} U(s) + \begin{bmatrix} 1 \\ 1 \\ 1 \\ \cdot \\ 1 \end{bmatrix} Y(s),$$
(21)

$$X(s) = [C_1 \quad C_2 \quad C_3 \;\ldots\ldots\; C_n]\,U(s),$$

wozu das Signalflußdiagramm in Abb. VI.3.8 gehört. Die Systemmatrix A hat JORDAN-Normalform für ein System mit durchweg verschiedenen Eigenwerten. Die Partialbruchkoeffizienten können gegebenenfalls auch in der Matrix B oder gemischt in B und C untergebracht werden.

ii) Partialbruchdarstellung für mehrfache Wurzeln s_i: Sind Mehrfachpole s_i mit den jeweiligen Vielfachheiten k_i vorhanden, dann lautet zu (17) die Partialbruchentwicklung:

$$F(s) = K \prod_{i=1}^{n} (s - s_i)^{-1} = K \prod_{i=1}^{r} \prod_{j=1}^{k_i} (s - s_i)^{-1}$$

$$= \sum_{i=1}^{r} \sum_{j=1}^{k_i} C_{ij} (s - s_i)^{-j}; \quad \sum_{i=1}^{r} k_i = n. \quad (22)$$

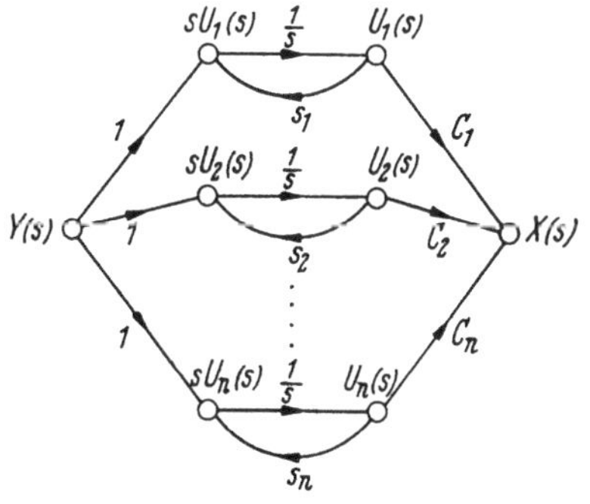

Abb. VI.3.8 Signalflußdiagramm zu Gl. (21)

Die Partialbruchkoeffizienten werden bestimmt zu:

$$C_{ij} = \operatorname*{Res}_{s=s_r} F(s) = \lim_{s \to s_i} \frac{1}{(k_i - j)!} \frac{d^{k_i-j}}{ds^{k_i-j}} (s - s_i)^{k_i} F(s), \quad \begin{array}{l} i = 1, 2, \ldots, r, \\ j = 1, 2, \ldots, k_i. \end{array} \quad (23)$$

Zu einer komplexen Übertragungsfunktion mit n Polen gehört ein System mit n Energiespeichern. Ordnete man allen Teilausdrücken der vorstehenden Partialbruchentwicklung ein Übertragungssystem der Paralleldarstellung zu, würde man ein System mit insgesamt l Energiespeichern erhalten:

$$l = \sum_{i=1}^{r} \sum_{j=1}^{k_i} j. \quad (24)$$

Die $l - n = \sum_{i=1}^{r} \sum_{j=1}^{k_i - 1} j$ überzähligen Speicher muß man vermeiden, indem für jeden k_i-fachen Pol nur eine Reihendarstellung gewählt wird. Diese r Reihensysteme werden dann jeweils wieder parallelgeschaltet, womit man dann Systemgleichungen findet zu:

$$s\,U(s) = \left. \begin{array}{l} k_1\text{-fach} \end{array} \right\{ \begin{bmatrix} s_1 & 1 & 0 & 0 \ldots 0 & & & & \\ 0 & s_1 & 1 & 0 \ldots 0 & & & & \\ \cdots\cdots\cdots & & & 0 & & \\ \mathbf{0} & & 1 & 0 & & & \\ & & s_1 & 0 & & & \\ & & & s_2 & 1 & 0\ldots0 & & \\ & & & & s_2 & 1\ldots0 & & \\ & & & & \cdots\cdots & & \\ & & & \mathbf{0} & & 1 & & \\ & & & & & s_2 & & \\ & & & & & & s_3 \cdots & \\ \mathbf{0} & & & & & & & s_r \end{bmatrix} U(s) + \begin{bmatrix} 0 \\ \vdots \\ 0 \\ 1 \\ 0 \\ \vdots \\ 0 \\ 1 \\ 0 \\ \vdots \\ 0 \\ 1 \end{bmatrix} Y(s)$$

$$\quad (25)$$

$$X(s) = \left[C_{1k_1} \ldots\ldots\ldots C_{11} \mid C_{2k_2} \ldots\ldots C_{21} \mid \ldots\ldots C_{r1} \right] U(s).$$

Hierzu gehört im Zeitbereich das Signalflußdiagramm in Abb. VI.3.9.

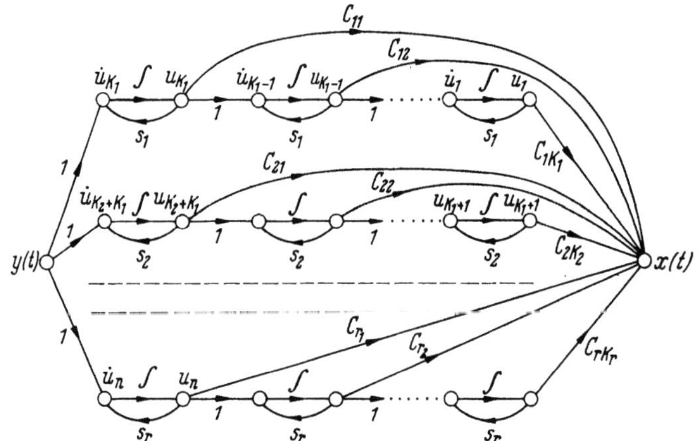

Abb. VI.3.9 Signalflußdiagramm zu Gl. (25)

Beispiel: Gegeben ist $F(s) = \dfrac{1}{(1-s)(1+0{,}5s)^3}$. Gesucht sind dynamische Gleichungssysteme in Reihen- und Paralleldarstellung. Zunächst wird $F(s)$ auf mathematische Normalform gebracht:

$$F(s) = \frac{-8}{(s-1)(s+2)^3}.$$

Die Reihendarstellung lautet mit Gl. (18)

$$s\,U(s) = \begin{bmatrix} 1 & 1 & 0 & 0 \\ 0 & -2 & 1 & 0 \\ 0 & 0 & -2 & 1 \\ 0 & 0 & 0 & -2 \end{bmatrix} U(s) + \begin{bmatrix} 0 \\ 0 \\ 0 \\ 1 \end{bmatrix} Y(s),$$

$$x(s) = -8\,[1 \quad 0 \quad 0 \quad 0]\,U(s),$$

wozu Abb. VI.3.10a gehört.

Für die Paralleldarstellung finden wir mit den Gln. (22 u. 23)

$$F(s) = \frac{-8}{(s-1)(s+2)^3} = \frac{C_{11}}{(s-1)} + \frac{C_{21}}{(s+2)} + \frac{C_{22}}{(s+2)^2} + \frac{C_{23}}{(s+2)^3},$$

$$C_{11} = (s-1)\,F(s)\Big|_{s=1} = -\frac{8}{27},$$

$$C_{23} = \frac{1}{0!}\frac{d^0}{ds^0}(s+2)^3\,F(s)\Big|_{s=-2} = \frac{8}{3},$$

$$C_{22} = \frac{1}{1!}\frac{d}{ds}\frac{-8}{(s-1)}\Big|_{s=-2} = \frac{8}{9},$$

$$C_{21} = \frac{1}{2!}\frac{d^2}{ds^2}\frac{-8}{(s-1)}\Big|_{s=-2} = \frac{8}{27}.$$

Mit Gl. (25) erhält man hieraus die dynamischen Gleichungen für die Paralleldarstellung:

$$s\,U(s) = \begin{bmatrix} 1 & 0 & 0 & 0 \\ 0 & -2 & 1 & 0 \\ 0 & 0 & -2 & 1 \\ 0 & 0 & 0 & -2 \end{bmatrix} U(s) + \begin{bmatrix} 1 \\ 0 \\ 0 \\ 1 \end{bmatrix} Y(s),$$

$$X(s) = \begin{bmatrix} -\dfrac{8}{27} & \dfrac{8}{3} & \dfrac{8}{9} & \dfrac{8}{27} \end{bmatrix} U(s)$$

und das zugehörige Signalflußdiagramm Abb. VI.3.10b. Hätte man alle Teilausdrücke der Partialbruchentwicklung direkt in ein Signalflußdiagramm übersetzt, wäre man auf Abb. VI.3.10c und

$$s\,U(s) = \begin{bmatrix} 1 & 0 & 0 & 0 & 0 & 0 & 0 \\ 0 & -2 & 0 & 0 & 0 & 0 & 0 \\ 0 & 0 & -2 & 1 & 0 & 0 & 0 \\ 0 & 0 & 0 & -2 & 0 & 0 & 0 \\ 0 & 0 & 0 & 0 & -2 & 1 & 0 \\ 0 & 0 & 0 & 0 & 0 & -2 & 1 \\ 0 & 0 & 0 & 0 & 0 & 0 & -2 \end{bmatrix} U(s) + \begin{bmatrix} 1 \\ 1 \\ 0 \\ 1 \\ 0 \\ 0 \\ 1 \end{bmatrix} Y(s),$$

$$X(s) = \begin{bmatrix} -\dfrac{8}{27} & \dfrac{8}{27} & \dfrac{8}{9} & 0 & \dfrac{8}{3} & 0 & 0 \end{bmatrix} U(s)$$

mit drei überzähligen Speichern bzw. Eigenwerten geführt worden.

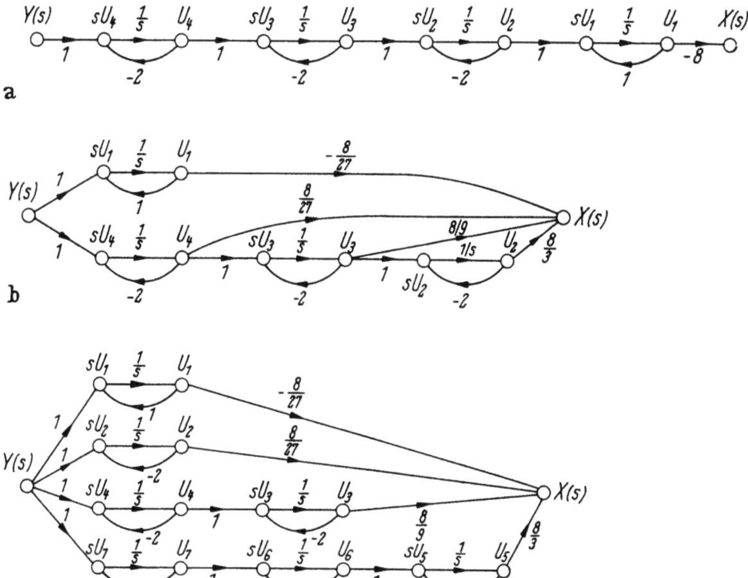

Abb. VI.3.10 Signalflußdiagramm zu einem Beispiel

3.3 Dynamische Gleichungssysteme für $F(s) = \dfrac{Z(s)}{N(s)}$

Als nächstes behandeln wir Systeme, deren komplexe Übertragungsfunktionen auch Nullstellen im Endlichen haben und deren Zähler- und Nennerpolynome durch deren Polynomkoeffizienten gegeben sind:

$$F(s) = \frac{Z(s)}{N(s)} = \frac{b_1 + b_2\,s + \cdots + b_m\,s^{m-1} + s^m}{a_1 + a_2\,s + \cdots + a_n\,s^{n-1} + s^n}\,, \qquad m \leqq n. \tag{26}$$

Für physikalisch reale Systeme gilt normalerweise, daß $m < n$ ist, und wir wollen zunächst diesen Fall betrachten. Ein $F(s)$ repräsentierendes dynamisches Gleichungssystem findet man z. B. dadurch, daß man, von $F(s)$ ausgehend, die

$X(s)$ und $Y(s)$ verknüpfende Gleichung

$$s^n X(s) + a_n s^{n-1} X(s) + \cdots + a_2 s X(s) + a_1 X(s)$$
$$= b_1 Y(s) + b_2 s Y(s) + \cdots + s^m Y(s), \quad m < n \qquad (27)$$

aufstellt. Werden nun Zustandsvariable $U_i(s)$ so eingeführt, daß gilt:

$$s\,U_n(s) + a_n U_n(s) + \cdots + a_m U_m(s) + \cdots + a_2 U_2(s) + a_1 U_1(s) = Y(s),$$
$$X(s) = b_1 U_1(s) + b_2 U_2(s) + \cdots + b_m U_m(s) + U_{m+1}(s)$$

und

$$s\,U_1(s) = U_2(s)$$
$$s\,U_2(s) = U_3(s)$$
$$\cdots\cdots\cdots\cdots\cdots$$
$$sU_{n-1}(s) = U_n(s),$$

dann findet man leicht ein dynamisches Gleichungssystem in der Form:

$$s\,U(s) = \begin{bmatrix} 0 & 1 & 0 & \ldots & 0 & 0 & \ldots & 0 \\ 0 & 0 & 1 & \ldots & 0 & 0 & \ldots & 0 \\ \multicolumn{8}{c}{\cdots\cdots\cdots\cdots\cdots\cdots\cdots\cdots\cdots} \\ 0 & 0 & 0 & \ldots & 0 & 0 & \ldots & 1 \\ -a_1 & -a_2 & -a_3 & \ldots & -a_m & -a_{m+1} & \ldots & -a_n \end{bmatrix} U(s) + \begin{bmatrix} 0 \\ 0 \\ \cdot \\ 0 \\ 1 \end{bmatrix} Y(s), \qquad (28)$$

$$X(s) = [b_1 \quad b_2 \quad b_3 \quad \ldots \quad b_m \quad 1 \quad 0 \quad \ldots \quad 0]\,U(s),$$

zu dem dann ein Signalflußdiagramm entsprechend Abb. VI.3.11 aufzustellen ist. Es ist beachtenswert, daß die Polynomkoeffizienten a_k und b_l direkt in den Matrizen A bzw. C wiedergefunden werden können. Die Matrix A hat wieder FROBENIUS-Form und die Eigenwerte λ_i von A sind gleich den Polen von $F(s)$.

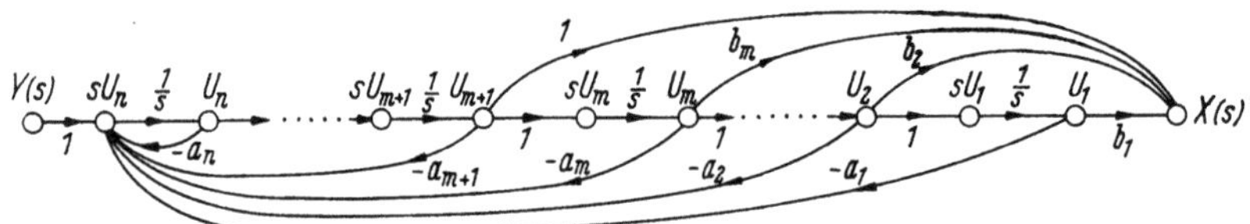

Abb. VI.3.11 Signalflußdiagramm zu Gl. (28)

Sucht man zu Gl. (27) die zugehörige Differentialgleichung auf und substituiert die Zustandsvariablen $u_i(t)$ wie folgt:

$$x(t) = u_n(t) =$$
$$= \int_0^t [-a_n x(\tau) + \cdots + \int_0^t [y(\tau) - a_{m+1} x(\tau) + \cdots + \int_0^t [b_2 y(\tau) - a_2 x(\tau) + \int_0^t [b_1 y(\tau) - a_1 x(\tau)]\,d\tau \ldots]\,d\tau$$

$$\underbrace{}_{\dot{u}_1(t)}$$
$$\underbrace{}_{\dot{u}_2(t)}$$
$$\underbrace{}_{\dot{u}_{m+1}(t)}$$
$$\underbrace{}_{\dot{u}_n(t),}$$

dann findet man die dynamischen Gleichungen (nun im Zeitbereich) zu:

$$\dot{\boldsymbol{u}}(t) = \begin{bmatrix} 0 & 0 & 0 & \ldots & 0 & -a_1 \\ 1 & 0 & 0 & \ldots & 0 & -a_2 \\ 0 & 1 & 0 & \ldots & 0 & -a_3 \\ \multicolumn{6}{c}{\dotfill} \\ 0 & 0 & 0 & \ldots & 0 & -a_m \\ 0 & 0 & 0 & \ldots & 0 & -a_{m+1} \\ \multicolumn{6}{c}{\dotfill} \\ \multicolumn{6}{c}{\dotfill} \\ 0 & 0 & 0 & \ldots & 1 & -a_n \end{bmatrix} \boldsymbol{u}(t) + \begin{bmatrix} b_1 \\ b_2 \\ b_3 \\ . \\ b_m \\ 1 \\ 0 \\ . \\ . \\ 0 \end{bmatrix} y(t), \tag{29}$$

$$x(t) = \begin{bmatrix} 0 & 0 & \ldots\ldots & 0 & 1 \end{bmatrix} \boldsymbol{u}(t),$$

mit der zugehörigen Abb. VI.3.12. Hier liegt $\boldsymbol{A}$ wieder in transponierter FROBENIUS-Form vor.

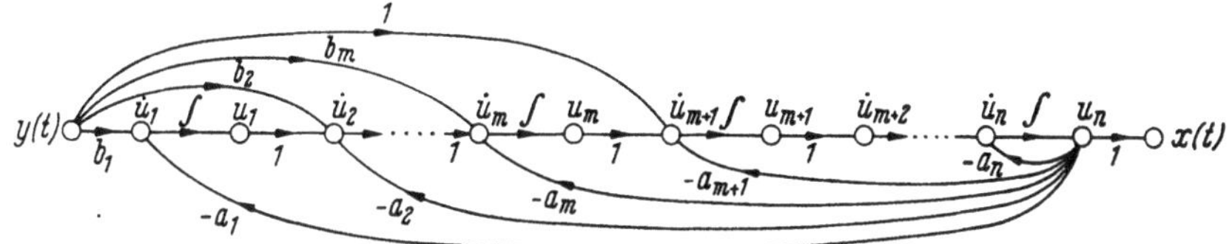

Abb. VI.3.12 Signalflußdiagramm zu Gl. (29)

Für den Fall, daß $m = n$ ist, also $F(s)$ ebensoviele Nullstellen wie Pole hat, ist $F(s)$ eine unecht gebrochen rationale Funktion. Dividiert man den Zähler $Z(s)$ durch den Nenner $N(s)$ und führt man für die dann vorliegende echt gebrochen rationale Funktion wieder Zustandsvariable entsprechend dem vorstehend diskutierten Fall ein, so findet man dann das zugehörige dynamische Gleichungssystem zu:

$$\boldsymbol{u}(t) = \begin{bmatrix} 0 & 1 & 0 & \ldots\ldots & 0 \\ 0 & 0 & 1 & \ldots\ldots & 0 \\ \multicolumn{5}{c}{\dotfill} \\ \multicolumn{5}{c}{\dotfill} \\ 0 & 0 & \ldots\ldots & & 1 \\ -a_1 & -a_2 & \ldots\ldots & & -a_n \end{bmatrix} \boldsymbol{u}(t) + \begin{bmatrix} 0 \\ 0 \\ . \\ . \\ 0 \\ 1 \end{bmatrix} y(t), \tag{30}$$

$$x(t) = \begin{bmatrix} b_1 - a_1 & b_2 - a_2 & \ldots\ldots & b_n - a_n \end{bmatrix} \boldsymbol{u}(t) + y(t),$$

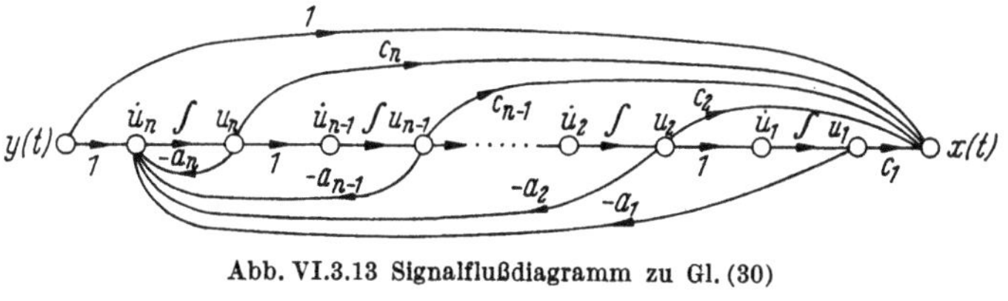

Abb. VI.3.13 Signalflußdiagramm zu Gl. (30)

mit der Abb. VI.3.13. Die Koeffizienten b_i des Zählerpolynoms $Z(s)$ sind nun nicht mehr direkt aus den Elementen $c_i = b_i - a_i$ abzulesen, doch lassen sie sich leicht mittels der bekannten a_i in $\boldsymbol{A}$ aus den c_i bestimmen.

Sind die Nullstellen s_{N_k} und die Pole s_{P_l} der komplexen Übertragungsfunktion explizit gegeben:

$$F(s) = K \prod_{k=1}^{m} (s - s_{N_k}) \prod_{l=1}^{n} (s - s_{P_l})^{-1}, \quad m \leqq n \tag{31}$$

dann kann, ähnlich wie im vorstehenden Abschnitt erläutert, diesem System eine Reihen- oder eine Paralleldarstellung zugeordnet werden. Die Reihendarstellung hat eine relativ umfangreiche Systemmatrix A, doch sind an ihr die Pol- und Nullstellen direkt abzulesen bzw. leicht zu bestimmen.

a) Reihendarstellung von Gl. (31) für $m < n$ (Abb. VI.3.14):

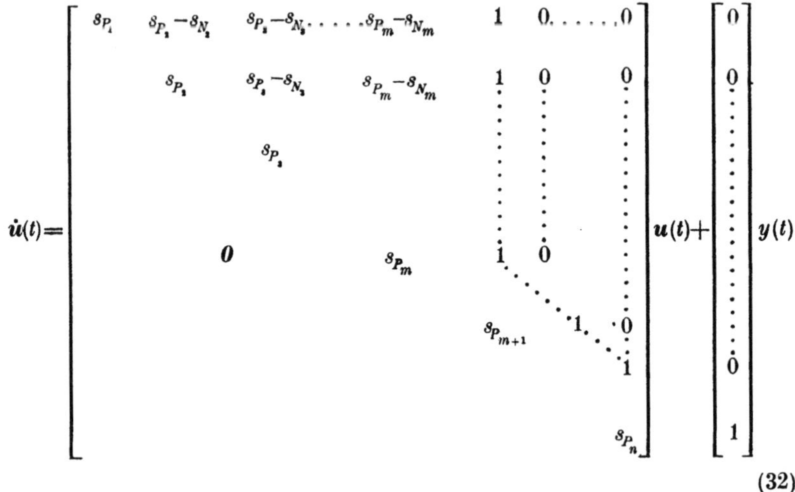

$$(32)$$

$$x(t) = K \left[s_{P_1} - s_{N_1}, \; s_{P_2} - s_{N_2}, \; s_{P_3} - s_{N_3} \ldots s_{P_m} - s_{N_m} \quad 1 \quad 0 \ldots 0 \right] u(t).$$

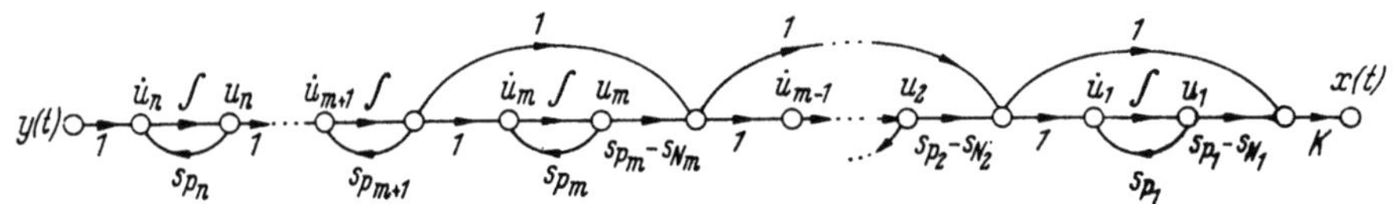

Abb. VI.3.14 Signalflußdiagramm zu Gl. (32)

b) Reihendarstellung von Gl. (31) für $m = n$ (Abb. VI.3.15):

$$(33)$$

$$x(t) = K \left[s_{P_1} - s_{N_1}, \; s_{P_2} - s_{N_2}, \; s_{P_3} - s_{N_3} \ldots \ldots s_{P_n} - s_{N_n} \right] u(t) + K \, y(t).$$

Auf eine kanonische Systemmatrix A (in JORDAN-kanonischer Form) wird man geführt, wenn eine Paralleldarstellung mittels Partialbruchentwicklung

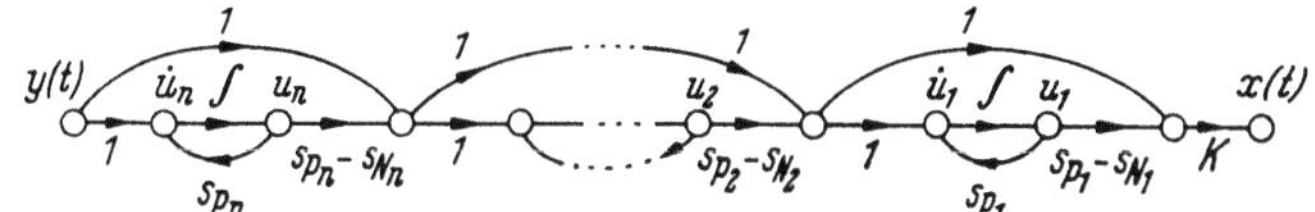

Abb. VI.3.15 Signalflußdiagramm der Reihendarstellung eines Systems mit n Polen s_{P_i} und n Nullstellen s_{N_k} Gl. (33)

vorgenommen wird. Für $m < n$ wird genauso vorgegangen, wie es in dem vorstehenden Abschnitt für Systeme mit $Z(s) = 1$ geschildert wurde. An den so zu gewinnenden dynamischen Systemgleichungen sind aber nur noch die Polstellen direkt abzulesen, während die Zahlenwerte der Nullstellen in unübersichtlicher, nicht auswertbarer Form in den Partialbruchkoeffizienten enthalten sind. Ist $m = n$, $F(s)$ also eine unecht gebrochen rationale Funktion, dann ist die Gewinnung einer Paralleldarstellung relativ umständlich. Denn durch jeweiliges Ausmultiplizieren der Wurzellinearfaktoren von $Z(s)$ und $N(s)$ müssen diese auf „normale" Polynomform gebracht werden. Dann ist $Z(s)$ durch $N(s)$ zu dividieren, um eine echt gebrochen rationale Funktion zu gewinnen. Da $Z(s)$ und $N(s)$ die Form eines Hauptpolynoms haben, bei den höchsten Potenzen s^n im Zähler und im Nenner stand jeweils eine 1, ist der wesentliche Unterschied der hier zu gewinnenden dynamischen Systemgleichungen gegenüber Gl. (25) der, daß zwischen $y(t)$ und $x(t)$ eine direkte Verbindung vom Betrag K [Gl. (31)] besteht. Die im Fall des Systems mit einem Ein- und einem Ausgang zu einem Skalar entartete Matrix D in (2) hat also den Wert K.

An dieser Stelle merken wir uns den

Satz 1. Die in Systemgleichungen (1) und (2) auftretende Matrix D ist im Fall des Einfachsystems ein Skalar und nur dann ungleich Null, wenn die zugehörige komplexe Übertragungsfunktion $F(s)$ ebensoviele Nullstellen wie Pole hat

$$m = n.$$

3.4 Reelle Systemformen schwingungsfähiger Einfachsysteme

Hat die komplexe Übertragungsfunktion $F(s)$ eines Systems mit einem Ein- und einem Ausgang komplexe Pol- und/oder Nullstellenpaare, ist das System also schwingungsfähig, dann kann zwar prinzipiell in der gleichen Weise vorgegangen werden, wie es in den vorstehenden beiden Abschnitten geschildert wurde, um dynamische Systemgleichungen zu finden. Sind alle Pol- und Nullstellen bekannt und will man dann eine Paralleldarstellung aufsuchen, dann treten aber in der Systemmatrix A und den Matrizen B und/oder C komplexe Elemente auf. Vom systemtheoretischen Standpunkt aus ist dies unerheblich, und wir haben in den axiomatischen Systemdefinitionen in Abschn. VI.1.3 diese Fälle auch eingeschlossen. Für die rechentechnische Praxis am Analog- oder Digitalrechner sind komplexe Parameter aber unbequem. In diesem Abschnitt soll deshalb kurz auf dynamische Systemgleichungen in kanonischer reeller Form eingegangen werden. Der zum Auffinden solcher Gleichungen einzuschlagende

Weg besteht darin, die jeweils auftretenden konjugiert komplexen Wurzelpaare zu Polynomen 2. Ordnung zusammenzufassen.

In $F(s)$ sei ein komplexes Polpaar enthalten:

$$\begin{aligned} s_{P_k} &= \sigma + i\,\omega, \\ s_{P_{k+1}} &= \sigma - i\,\omega, \end{aligned} \tag{34}$$

dann ist diesem Polpaar ein schwingungsfähiges Teilsystem

$$F_k(s) = \frac{1}{s^2 + 2\sigma s + (\sigma^2 + \omega^2)} \tag{35}$$

zuzuordnen, und die gesamte Übertragungsfunktion hat die Form

$$F(s) = F_k(s) \cdot F'(s). \tag{36}$$

Ist $F'(s)$ z. B. von der Form

$$F'(s) = \frac{1}{a_1' + a_2' s + \cdots + a_n' s^{n-1} + s^n},$$

dann erhält das dynamische Gleichungssystem diese Form (s. auch Abschn. VI.3.5):

$$s\,U(s) = \left[\begin{array}{cccccc} 0 & 1 & \vdots & 0 & & \\ -(\sigma^2 + \omega^2) & -2\sigma & \vdots & 1 & & \mathbf{0} \\ \hline & & \vdots & 0 & 1\ 0\ \dots\ 0 \\ & \mathbf{0} & \vdots & \dots\dots\dots\dots \\ & & \vdots & -a_1'\ -a_2'\ \dots\ -a_n' \end{array}\right] U(s) + \left[\begin{array}{c} 0 \\ \cdot \\ \cdot \\ \cdot \\ 0 \\ 1 \end{array}\right] Y(s), \tag{37}$$

$$X(s) = [\quad 1 \qquad 0 \qquad \dots\dots\dots\dots\dots 0]\,U(s).$$

In Abb. VI.3.16 ist ein Signalflußdiagramm hierzu angegeben. In den Fällen, bei denen mehrfache komplexe Pole oder auch komplexe Nullstellen auftreten, ist entsprechend zu verfahren.

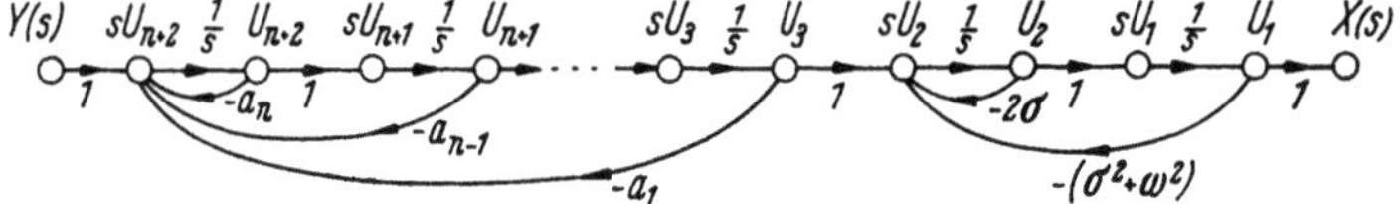

Abb. VI.3.16 Signalflußdiagramm zu Gl. (37)

Ein anderes Problem ergibt sich, wenn alle Pole von $F(s)$ bekannt sind, also $N(s)$ als Produkt der Wurzellinearfaktoren vorliegt und dann eine reelle Paralleldarstellung gewünscht wird. Es ist jetzt für die komplexen Polpaare von einer Partialbruchentwicklung zweiter Art auszugehen. Dies kann z. B. dadurch geschehen, daß zunächst eine Partialbruchentwicklung gemäß den Gln. (22) und (23) angesetzt wird. Dann werden die komplexen Polpaare und die zugehörigen komplexen Partialbruchkoeffizienten zu reellen Ausdrücken zusammengefaßt, z. B. für einen Teilausdruck

$$\begin{aligned} F_k(s) &= \frac{c_{k_1}}{s - \sigma_k - i\,\omega_k} + \frac{c_{k_1}^{*}}{s - \sigma_k + i\,\omega_k} \\ &= \frac{c_k - i\,\gamma_k}{s - \sigma_k - i\,\omega_k} + \frac{c_k + i\,\gamma_k}{s - \sigma_k - i\,\omega_k} = \frac{b_{k_1} + b_{k_2} s}{s^2 + a_2 s + a_1}. \end{aligned} \tag{38}$$

Der vorstehend aufgezeigte Weg zur Gewinnung von Systemmodellen mit reellen
Koeffizienten bei vorhandenen komplexen Polen und/oder Nullstellen eignet
sich besonders für den Entwurf von Analogrechenschaltungen. Aus systemtheoretischen Gründen können aber auch Systemmodelle größerer Symmetrie

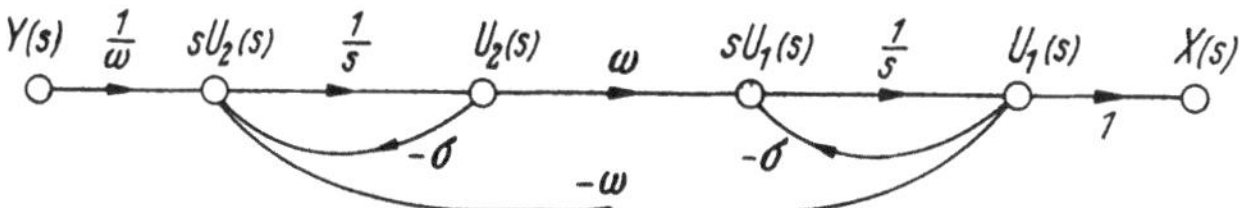

Abb. VI.3.17
Signalflußdiagramm eines Schwingers 2. Ordnung mit symmetrisch angeordneten reellen Koeffizienten

interessieren. Einem Übertragungsblock der Gl. (35) wird dann ein dynamisches
Gleichungssystem dieser Form zugeordnet (Abb. VI.3.17):

$$s\,\boldsymbol{U}(s) = \begin{bmatrix} -\sigma & \omega \\ -\omega & -\sigma \end{bmatrix} \boldsymbol{U}(s) + \begin{bmatrix} 0 \\ \omega^{-1} \end{bmatrix} Y(s),$$

$$X(s) = \begin{bmatrix} 1 & 0 \end{bmatrix} \boldsymbol{U}(s). \tag{39}$$

In den Tafeln VI.2, VI.3 und VI.4 sind neben einer Reihe anderer regelungs-
technisch wichtiger Systeme vor allem auch Allpaßsysteme 2. Ordnung und
deren dynamische Gleichungssysteme gezeigt, bei denen von den vorstehend
beschriebenen Möglichkeiten der Systemrepräsentation Gebrauch gemacht wurde.

3.5 Zusammengesetzte Systeme

In den vorstehenden drei Abschnitten wurde gezeigt, wie zu gegebenen
komplexen Übertragungsfunktionen $F(s)$ von Einfachsystemen zugehörige,
diese Systeme repräsentierende, dynamische Gleichungen gefunden werden
können. Dabei soll hier noch einmal daran erinnert werden, daß die Definition
geeigneter Zustandsvariablen in weiten Grenzen willkürlich ist und deshalb die
oben angegebenen Systemmatrizen nicht eindeutig sind. Weiter unten wird uns
die Suche nach eindeutigen, ein System im Zustandsraum repräsentierenden,
Merkmalen noch beschäftigen. In Theorie und Praxis der Regelungstechnik
setzen sich die zu untersuchenden Systeme häufig aus Teilsystemen zusammen.

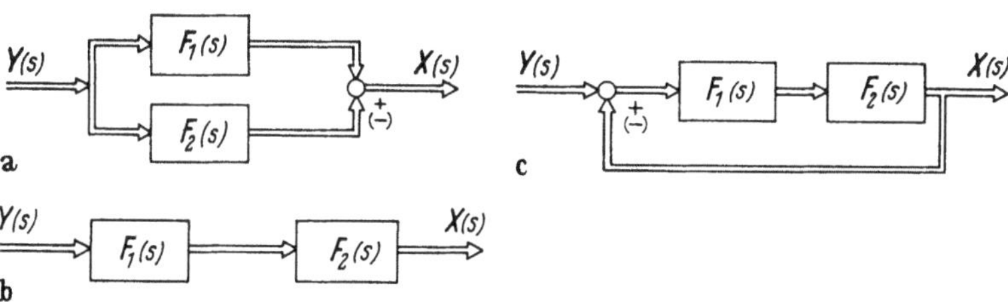

Abb. VI.3.18 a) Parallelschaltung, b) Reihenschaltung und c) Rückkopplung von Mehrgrößenteilsystemen

Es ist hier z. B. die Reihenschaltung von Regelstrecke und Regler und die Rückkopplung zu nennen. Es entsteht deshalb die Frage: wie sind die dynamischen
Gleichungen von Systemen, die nun wieder Mehrfachsysteme mit mehreren Ein-
und/oder mehreren Ausgängen sein sollen, aus den dynamischen Gleichungen
von a) parallelgeschalteten, b) reihengeschalteten und c) rückgekoppelten Systemen
zu finden (Abb. VI.3.18).

Tafel VI.2. *Dynamische Gleichungen und*

Nr.	Bez.	Übertragungsfunktion $F_{(s)}$	Dynamische Systemgleichungen
1a	Verzögerungsglied	$$\dfrac{1}{a_1 + a_1 s + \cdots + a_n s^{n-1} + s^n}$$	$$\dot{\mathbf{u}}(t) = \begin{bmatrix} 0 & 1 & 0 & \dots & 0 \\ 0 & 0 & 1 & \dots & 0 \\ \multicolumn{5}{c}{\dotfill} \\ -a_1 & -a_2 & -a_3 & \dots & -a_n \end{bmatrix} \mathbf{u}(t) + \begin{bmatrix} 0 \\ 0 \\ \vdots \\ 1 \end{bmatrix} y(t)$$ $$x(t) = [\ \ 1 \quad 0 \quad 0 \ \dots\ 0\ ]\,\mathbf{u}(t)$$
1b		$$\dfrac{K}{(s + \sigma_1)(s + \sigma_2)\dots(s + \sigma_n)}$$	$$\dot{\mathbf{u}}(t) = \begin{bmatrix} -\sigma_1 & 0 & 0 & \dots & 0 \\ 0 & -\sigma_2 & 0 & \dots & 0 \\ 0 & 0 & -\sigma_3 & \dots & 0 \\ \multicolumn{5}{c}{\dotfill} \\ 0 & 0 & 0 & \dots & -\sigma_n \end{bmatrix} \mathbf{u}(t) + \begin{bmatrix} 1 \\ 1 \\ 1 \\ \vdots \\ 1 \end{bmatrix} y(t)$$ $$x(t) = [\ \ c_1 \quad c_2 \quad c_3 \dots c_n]\,\mathbf{u}(t)$$
2a	Schwinger 2. Ordnung		$$\dot{\mathbf{u}}(t) = \begin{bmatrix} 0 & 1 \\ -(\sigma_0^2 + \omega_0^2) & -2\sigma_0 \end{bmatrix} \mathbf{u}(t) + \begin{bmatrix} 0 \\ 1 \end{bmatrix} y(t)$$ $$x(t) = [\ \ K \quad\quad 0\ ]\,\mathbf{u}(t)$$
2b		$$\dfrac{K}{s^2 + 2\sigma_0 s + \sigma_0^2 + \omega_0^2}$$	$$\dot{\mathbf{u}}(t) = \begin{bmatrix} -\sigma_0 & -\omega_0 \\ -\omega_0 & -\sigma_0 \end{bmatrix} \mathbf{u}(t) + \begin{bmatrix} 0 \\ \omega_0^{-1} \end{bmatrix} y(t)$$ $$x(t) = [\ \ K \quad 0\ ]\,\mathbf{u}(t)$$
2c		$$\dfrac{b_1 + s}{s^2 + 2\sigma_0 s + \sigma_0^2 + \omega_0^2}$$	$$\dot{\mathbf{u}}(t) = \begin{bmatrix} 0 & 1 \\ -(\sigma_0^2 + \omega_0^2) & -2\sigma_0 \end{bmatrix} \mathbf{u}(t) + \begin{bmatrix} 0 \\ 1 \end{bmatrix} (yt)$$ $$x(t) = [\ \ b_1 \quad\quad 1\ \ ]\,\mathbf{u}(t)$$
3	S. m. reellen Pol- und Nullstellen	$$\dfrac{b_1 + b_2 s + \cdots + b_m s^{m-1} + s^m}{a_1 + a_2 s + \cdots + a_n s^{n-1} + s^n}$$	$$\mathbf{u}(t) = \begin{bmatrix} 0 & 1 & 0 & \dots & 0 & 0 & \dots & 0 \\ 0 & 0 & 1 & \dots & 0 & 0 & \dots & 0 \\ \multicolumn{8}{c}{\dotfill} \\ -a_1 & -a_2 & -a_3 & \dots & -a_m & -a_{m+1} & \dots & -a_n \end{bmatrix} \mathbf{u}(t) + \begin{bmatrix} 0 \\ 0 \\ \vdots \\ 1 \end{bmatrix} y(t)$$ $$x(t) = [\ \ b_1 \quad b_2 \quad b_3 \dots b_m \quad 1 \ \dots\ 0\ ]\,\mathbf{u}(t)$$

Die axiomatischen Modelle von Übertragungssystemen sind im Prinzip Modelle im Zeitbereich, auch wenn wir, wie oben, die linearen Vektordifferentialgleichungen 1. Ordnung hin und wieder der LAPLACE-Transformation unterwerfen. Man könnte deshalb annehmen, daß bei der Zustandsraumdarstellung zusammengesetzter Systeme ähnliche Schwierigkeiten auftreten, wie sie im Zeitbereich der Übertragungsfunktionen durch die Notwendigkeit, dort Faltungsprodukte zu verwenden, entstehen. Dies ist aber nicht der Fall, sondern an dieser Stelle zeigt sich ein weiterer wesentlicher Vorteil der Systemmodelle im Zustandsraum. Denn die Gesamtsysteme setzen sich nach einem einfachen Sortierprozeß aus den Systemmatrizen der einzelnen Systeme in übersichtlicher Weise zusammen. Dies wird im folgenden für a) die Parallelschaltung, b) die Serienschaltung, c) die

Signalflußdiagramme von Phasenminimumsystemen

Pol-Nullstellen-Diagramm	Signalflußdiagramm
$-\sigma_n$, $-\sigma_1$ (reelle Pole)	$y(t)\ \overset{1}{\to}\ \dot u_n\ \int\ u_n\ \overset{1}{\to}\ \cdots\ \dot u_1\ \int\ u_1\ \overset{1}{\to}\ x(t)$; Rückführungen $-a_n$, $-a_1$
$-\sigma_n$, $-\sigma_2$, $-\sigma_1$	Parallelstruktur: $\dot u_1\ \int\ u_1$ ($-\sigma_1$), c_1; $\dot u_2\ \int\ u_2$ ($-\sigma_2$), c_2; $\dot u_n\ \int\ u_n$ ($-\sigma_n$), c_n; von $y(t)$ mit 1 nach $x(t)$
$-\sigma_0$, $\pm\omega_0$ (konjugiert komplexe Pole)	$y(t)\ \overset{1}{\to}\ \dot u_2\ \int\ u_2\ \overset{1}{\to}\ \dot u_1\ \int\ u_1\ \overset{k}{\to}\ x(t)$; Rückführungen $-2\sigma_0$, $-(\sigma_0^2+\omega_0^2)$
	$y(t)\ \overset{\omega_0^{-1}}{\to}\ \dot u_2\ \int\ u_2\ \overset{\omega_0}{\to}\ \dot u_1\ \int\ u_1\ \overset{k}{\to}\ x(t)$; Rückführungen $-\sigma_0$, $-\sigma_0$, $-\omega_0$
$-\beta_1$, $-\sigma_0$, $\pm\omega_0$	$y(t)\ \overset{1}{\to}\ \dot u_2\ \int\ u_2\ \overset{1}{\to}\ \dot u_1\ \int\ u_1\ \to\ x(t)$; 1; $-2\sigma_0$; b_1; $-(\sigma_0^2+\omega_0^2)$
$-\beta_2$, $-\beta_1$, $-\alpha_2$, $-\alpha_1$	$y(t)\ \overset{1}{\to}\ \dot u_n\ \int\ u_n\ \overset{1}{\to}\ \int\ \cdots\ \int\ \dot u_m\ u_m\ u_2\ \dot u_1\ u_1\ \to\ x(t)$; 1; b_m; b_1; $-a_n$; $-a_m$; $-a_1$

Rückkopplung der Ausgänge und d) die Rückkopplung der Zustandsvariablen
besprochen.

a) Parallelgeschaltete Systeme

Zu dem in Abb. VI.3.19 gezeigten System gehören im Zeitbereich zunächst
diese Gleichungen:

$$\dot{\boldsymbol u}_n(t) = {}_1\boldsymbol A\,\boldsymbol u_n(t) + {}_1\boldsymbol B\,\boldsymbol y_q(t),\qquad \boldsymbol v_m(t) = {}_2\boldsymbol A\,\boldsymbol v_m(t) + {}_2\boldsymbol B\,\boldsymbol y_q(t),$$

$$\boldsymbol x_p(t) = {}_1\boldsymbol C\,\boldsymbol u_n(t) + {}_1\boldsymbol D\,\boldsymbol y_q(t),\qquad \boldsymbol x_p(t) = {}_2\boldsymbol C\,\boldsymbol v_m(t) + {}_2\boldsymbol D\,\boldsymbol y_q(t).$$

In diesen Gleichungen und in der Abbildung deuten die links stehenden Indizes
bei den Matrizen auf die Systemnummer, und die Indizes bei den Vektoren geben

Tafel VI.3. *Dynamische Gleichungen und Signalflußdiagramme von Allpässen*

Nr.	Bez.	Übertragungsfunktion $F_{(s)}$	Pol-Nullstellen-Diagramm	Dynamische Systemgleichungen	Signalflußdiagramm
1	Allpaß 1. Ordnung	$\dfrac{s - \sigma_1}{s + \sigma_1}$	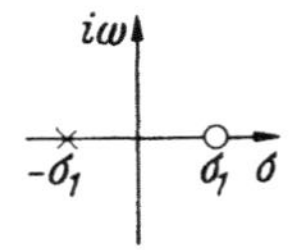	$\begin{aligned}\dot{u}_1(t) &= -\sigma_1 u_1(t) + y(t)\\ x(t) &= -2\sigma_1 u_1(t) + y(t)\end{aligned}$	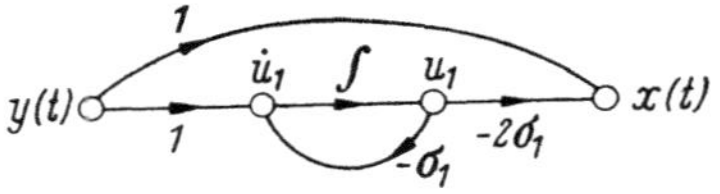
2a	Allpaß 2. Ordnung	$\dfrac{(s - \sigma_1)(s - \sigma_2)}{(s + \sigma_1)(s + \sigma_2)}$	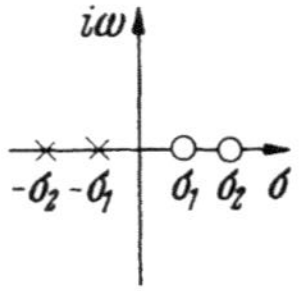	$\dot{\mathbf{u}}(t) = \begin{bmatrix} -\sigma_1 & -2\sigma_2 \\ 0 & -\sigma_2 \end{bmatrix} \mathbf{u}(t) = \begin{bmatrix} 1 \\ 1 \end{bmatrix} y(t)$ $x(t) = [-2\sigma_1 \;\; -2\sigma_2]\, \mathbf{u}(t) + y(t)$	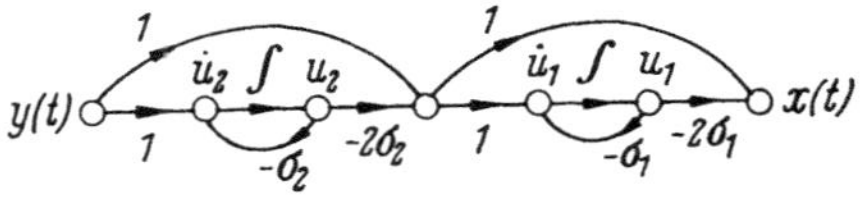
2b		$\dfrac{s^2 - 2\sigma_1 s + \sigma_1^2 + \omega_1^2}{s^2 + 2\sigma_1 s + \sigma_1^2 + \omega_1^2}$	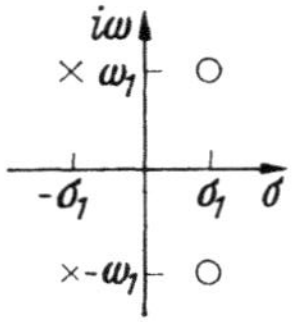	$\dot{\mathbf{u}}(t) = \begin{bmatrix} 0 & 1 \\ -(\sigma_1^2 + \omega_1^2) & -2\sigma_1 \end{bmatrix} \mathbf{u}(t) + \begin{bmatrix} 0 \\ 1 \end{bmatrix} y(t)$ $x(t) = [\;\;0 \quad -4\sigma_1\,]\, \mathbf{u}(t) + y(t)$	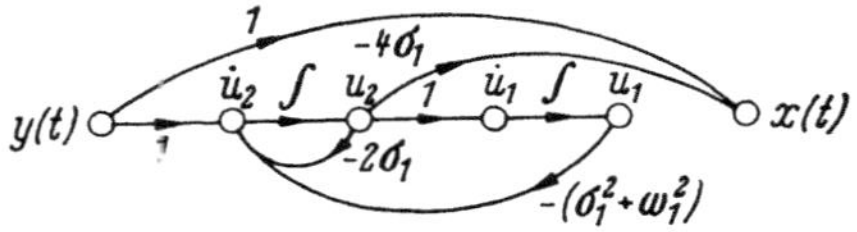

Tafel VI.4. *Dynamische Gleichungen und Signalflußdiagramme von Reglergliedern*

Nr.	Bez.	Übertragungsfunktion $F_{(s)}$	Pol-Nullstellen-Diagramm	Dynamische Systemgleichungen	Signalflußdiagramm
1	P	V		$y(t) = V\,x(t)$	
2	D[1]	$\dfrac{s\,T_v}{1 + s\,T}$	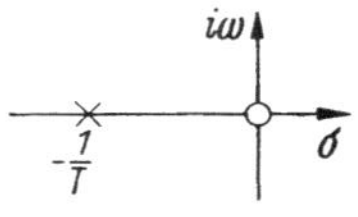	$\dot{u}_1(t) = -\dfrac{1}{T}\,u_1(t) + x(t)$ $y(t) = -\dfrac{T_v}{T^2}\,u_1(t) + \dfrac{T_v}{T}\,x(t)$	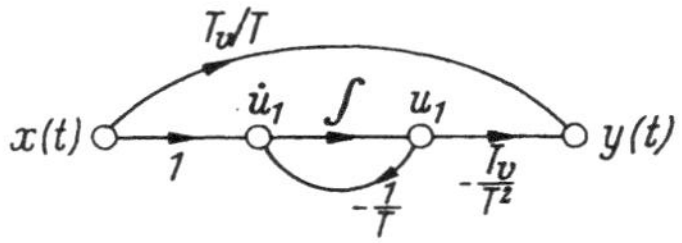
3	PD[1]	$\dfrac{V(1 + s\,T_v)}{1 + s\,T}$	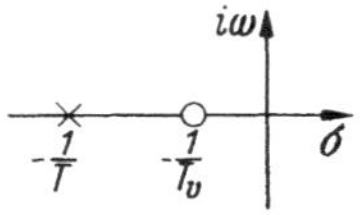	$\dot{u}_1(t) = -\dfrac{1}{T}\,u_1(t) + x(t)$ $y(t) = \dfrac{V}{T}\left[\left(1 - \dfrac{T_v}{T}\right)u_1(t) + T_v\,x(t)\right]$	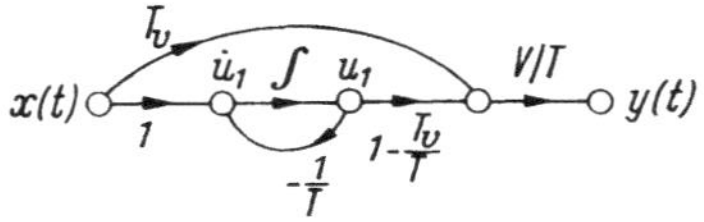
4	PI	$\dfrac{V}{T_n}\,\dfrac{1 + s\,T_n}{s}$	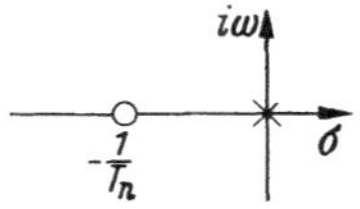	$\dot{u}_1(t) = x(t)$ $y(t) = \dfrac{V}{T_n}\,u_1(t) + V\,x(t)$	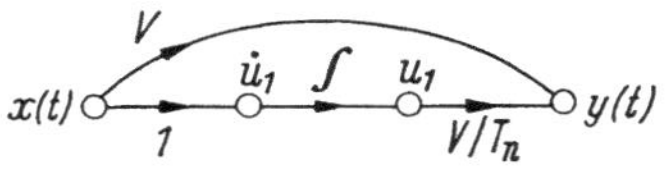
5	PID[1]	$\dfrac{V(1 + s\,T_1)\,(1 + s\,T_2)}{T_1\,s(1 + s\,T)}$	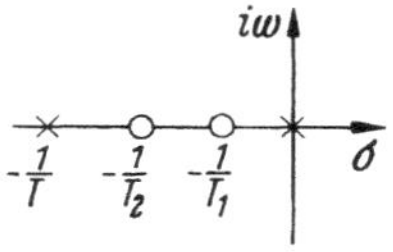	$\dot{\mathbf{u}}(t) = \begin{bmatrix} 0 & \dfrac{T - T_2}{T^2} \\ 0 & -\dfrac{1}{T} \end{bmatrix}\mathbf{u}(t) + \begin{bmatrix} 1 \\ 1 \end{bmatrix}x(t)$ $y(t) = V\left[\dfrac{1}{T_1} \quad \dfrac{T - T_2}{T^2}\right]\mathbf{u}(t) + V\,x(t)$	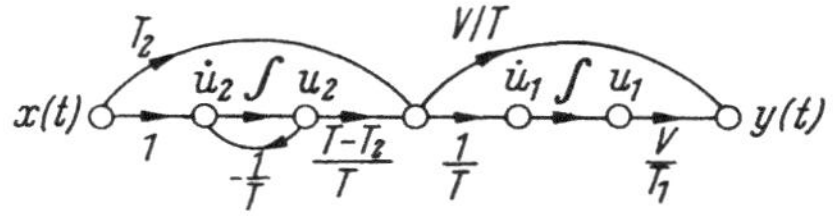

[1] Damit die Systeme nach der hier verwendeten Definition realisierbar sind, wurde ein Verzögerungspol zugefügt.

deren Komponentenzahl an. Schreibt man diese Gleichungen einfach entsprechend untereinander, erhält man mit den in Kap. II angegebenen Regeln für das Matrizenprodukt:

$$
\begin{bmatrix} \dot{\boldsymbol{u}}_n(t) \\ \hline \dot{\boldsymbol{v}}_m(t) \end{bmatrix} = \begin{bmatrix} {}_1\boldsymbol{A} & 0 \\ \hline 0 & {}_2\boldsymbol{A} \end{bmatrix} \cdot \begin{bmatrix} \boldsymbol{u}_n(t) \\ \hline \boldsymbol{v}_m(t) \end{bmatrix} + \begin{bmatrix} {}_1\boldsymbol{B} \\ {}_2\boldsymbol{B} \end{bmatrix} \boldsymbol{y}_q(t),
$$

$$
\boldsymbol{x}_p(t) = [\, {}_1\boldsymbol{C} \quad {}_2\boldsymbol{C} \,] \begin{bmatrix} \boldsymbol{u}_n(t) \\ \hline \boldsymbol{v}(t_m) \end{bmatrix} + [{}_1\boldsymbol{D} + {}_2\boldsymbol{D}] \, \boldsymbol{y}_q(t),
$$

$$(40)$$

oder zusammengefaßt, indem man substituiert: $v_1(t) = u_{n+1}(t)$, $v_2(t) = u_{n+2}(t)$, ... :

$$
\dot{\boldsymbol{u}}_{n+m}(t) = \boldsymbol{A}\,\boldsymbol{u}_{n+m}(t) + \boldsymbol{B}\,\boldsymbol{y}_q(t),
$$
$$
\boldsymbol{x}_p(t) \;\;= \boldsymbol{C}\,\boldsymbol{u}_{n+m}(t) + \boldsymbol{D}\,\boldsymbol{y}_q(t).
$$

$$(40\,\text{a})$$

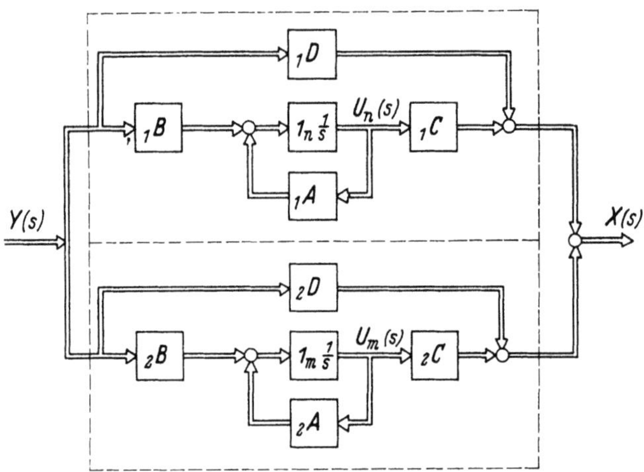

Abb. VI.3.19 Parallelgeschaltete Systeme

b) Reihenschaltung zweier Systeme

Aus Abb. VI.3.20a liest man zunächst diese Gleichungen für den Zeitbereich ab:

$$
\dot{\boldsymbol{u}}_n(t) = {}_1\boldsymbol{A}\,\boldsymbol{u}_n(t) + {}_1\boldsymbol{B}\,{}_1\boldsymbol{x}_r(t), \qquad \dot{\boldsymbol{v}}_m(t) = {}_2\boldsymbol{A}\,\boldsymbol{v}_m(t) + {}_2\boldsymbol{B}\,\boldsymbol{y}_q(t),
$$
$$
\boldsymbol{x}_p(t) = {}_1\boldsymbol{C}\,\boldsymbol{u}_n(t) + {}_1\boldsymbol{D}\,{}_1\boldsymbol{x}_r(t), \qquad {}_1\boldsymbol{x}_r(t) = {}_2\boldsymbol{C}\,\boldsymbol{v}_m(t) + {}_2\boldsymbol{D}\,\boldsymbol{y}_q(t).
$$

Nach Elimination von ${}_1\boldsymbol{x}_r(t)$ wird hieraus:

$$
\dot{\boldsymbol{u}}_n(t) = {}_1\boldsymbol{A}\,\boldsymbol{u}_n(t) + {}_1\boldsymbol{B}\,{}_2\boldsymbol{C}\,\boldsymbol{v}_m(t) + {}_1\boldsymbol{B}\,{}_2\boldsymbol{D}\,\boldsymbol{y}_q(t),
$$
$$
\dot{\boldsymbol{v}}_m(t) = \qquad\qquad {}_2\boldsymbol{A}\,\boldsymbol{v}_m(t) \qquad + {}_2\boldsymbol{B}\,\boldsymbol{y}_q(t),
$$
$$
\boldsymbol{x}_p(t) = {}_1\boldsymbol{C}\,\boldsymbol{u}_n(t) + {}_1\boldsymbol{D}\,{}_2\boldsymbol{C}\,\boldsymbol{v}_m(t) + {}_1\boldsymbol{D}\,{}_2\boldsymbol{D}\,\boldsymbol{y}_q(t),
$$

bzw.

$$
\dot{\boldsymbol{u}}_{n+m}(t) = \begin{bmatrix} {}_1\boldsymbol{A} & {}_1\boldsymbol{B}\,{}_2\boldsymbol{C} \\ \hline 0 & {}_2\boldsymbol{A} \end{bmatrix} \boldsymbol{u}_{n+m}(t) + \begin{bmatrix} {}_1\boldsymbol{B}\,{}_2\boldsymbol{D} \\ {}_2\boldsymbol{B} \end{bmatrix} \boldsymbol{y}_q(t),
$$

$$(41)$$

$$
\boldsymbol{x}_p(t) = [\, {}_1\boldsymbol{C} \quad {}_1\boldsymbol{D}\,{}_2\boldsymbol{C} \,] \, \boldsymbol{u}_{n+m}(t) + {}_1\boldsymbol{D}\,{}_2\boldsymbol{D}\,\boldsymbol{y}_q(t).
$$

In diesen dynamischen Gleichungen der Reihenschaltung ist besonders der Koppelfaktor $_1B\,_2C$ in der neuen Systemmatrix A zu beachten, während die Elemente $_1B\,_2D$, $_1D\,_2C$ mit $_1D = _2D = 0$ normalerweise gleich der Nullmatrix

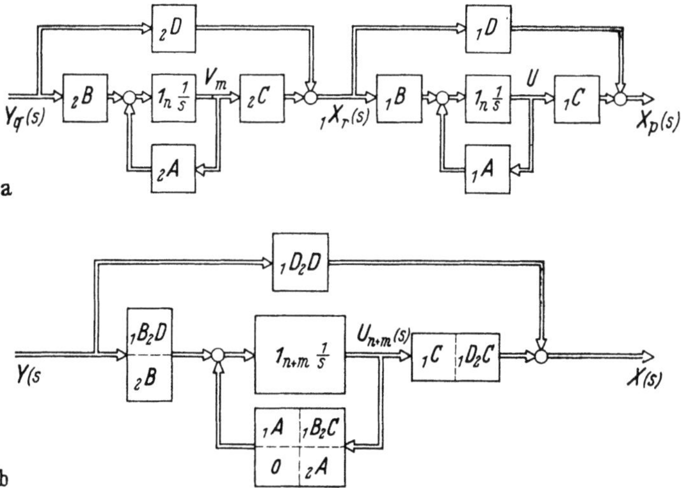

Abb. VI.3.20 Zur Reihenschaltung zweier Systeme

sind, da wir bei den meisten Systemen der Praxis keinen direkten Durchgang von den Ein- zu den Ausgängen finden. Für die Reihenschaltung von Einfachsystemen, deren Zählerpolynome kleineren Grad als die zugehörigen Nennerpolynome haben und die *beide* in *Reihendarstellung* vorliegen, erhalten wir dann

$$\dot{u}_{n+m}(t) = \left[\begin{array}{c|c} _1A & \begin{matrix}0\\ \vdots \\ K\ldots 0\end{matrix} \\ \hline & \\ 0 & _2A \end{array}\right] u_{n+m}(t) + \left[\begin{array}{c} 0 \\ -- \\ 0 \\ \vdots \\ _2B \end{array}\right] y(t), \tag{42}$$

$$x(t) = [\,_1C, 0\ldots 0 \mid \quad 0 \quad]\,u_{n+m}(t).$$

In dieser Gleichung ist $K = _1B\,_2C$ das Produkt der bei der Reihendarstellung jeweils einzigen von Null verschiedenen Koeffizienten in den Reihenmatrizen $_1B$ bzw. $_2C$ (Abb. VI.3.21).

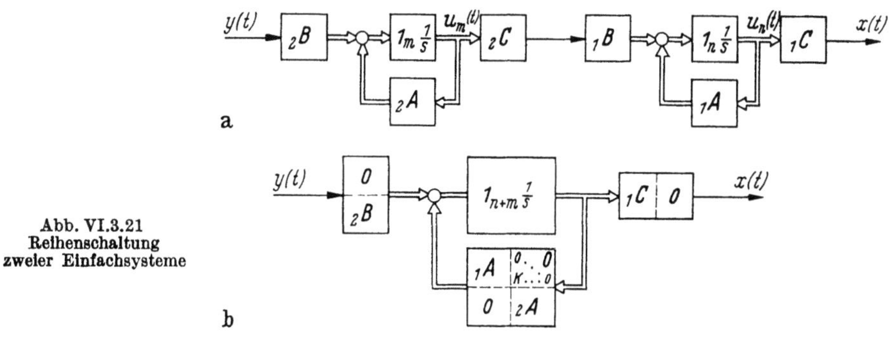

Abb. VI.3.21
Reihenschaltung
zweier Einfachsysteme

c) Rückkopplung der Ausgänge

Wir nehmen der Einfachheit halber an, daß die Rückkopplung über ein dynamikfreies Koppelelement K mit reellen konstanten Koeffizienten erfolgt (Abb. VI.3.22). In komplizierteren Fällen, bei denen die Rückkopplung z. B.

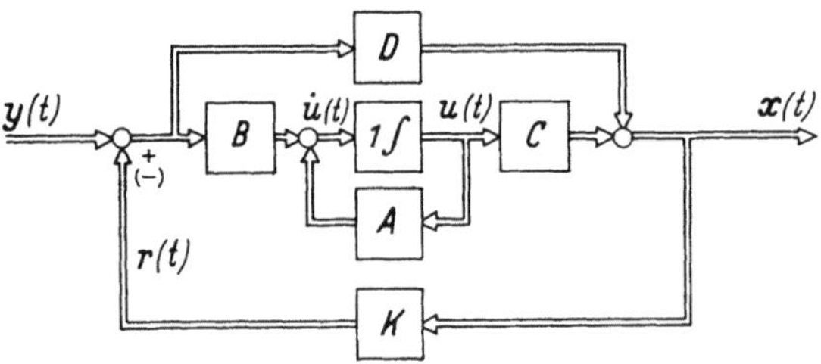

Abb. VI.3.22 Zur proportionalen Rückkopplung der Ausgangssignale

über einen Mehrgrößenregler erfolgt, der selbst Energiespeicher enthält, wird man zuerst die unter b) vorgeführte Reihenschaltung aus Regler und Regelstrecke bestimmen und dann die hier zu besprechende proportionale Rückkopplung anwenden.

Zu Abb. VI.3.22 gehören diese Systemgleichungen

$$\dot{u}(t) = A\,u(t) + B\big(y(t) \underset{(-)}{\overset{+}{}} r(t)\big),$$
$$x(t) = C\,u(t) + D\big(y(t) \underset{(-)}{\overset{+}{}} r(t)\big),$$
$$r(t) = K\,x(t).$$

Daraus wird durch Elimination von $r(t)$ und unter der Voraussetzung, daß die Matrix $(1 \underset{(+)}{\overset{-}{}} D\,K)$ nichtsingulär ist:

$$|1 \underset{(+)}{\overset{-}{}} D\,K| \neq 0 \tag{43}$$

dieses System der dynamischen Gleichungen:

$$\dot{u}(t) = [A \underset{(-)}{\overset{+}{}} B\,K(1 \underset{(+)}{\overset{-}{}} D\,K)^{-1}C]\,u(t) + [B \underset{(-)}{\overset{+}{}} B\,K(1 \underset{(+)}{\overset{-}{}} D\,K)^{-1}D]\,y(t),$$
$$x(t) = (1 \underset{(+)}{\overset{-}{}} D\,K)^{-1}C\,u(t) \qquad\qquad + (1 \underset{(+)}{\overset{-}{}} D\,K)^{-1}D\,y(t). \tag{44}$$

Für den häufig vorkommenden Fall, bei dem $D = 0$ ist, entsteht hieraus die wesentlich durchsichtigere Beziehung

$$\dot{u}(t) = [A \underset{(-)}{\overset{+}{}} B\,K\,C]\,u(t) + B\,y(t),$$
$$x(t) = \qquad\quad C\,u(t). \tag{44a}$$

Ist das mit einer proportionalen Rückkopplung zu versehende System eine Einfachstrecke, deren Systemmatrix in FROBENIUS-kanonischer Form vorliegt, dann ist K nur ein Skalar und man erhält mit Gl. (28) aus Gl. (44a):

$$\dot{u}(t) =$$

$$= \begin{bmatrix} 0 & 1 & 0 \ldots 0 & 0 & 0 \ldots\ldots 0 \\ 0 & 0 \ldots\ldots 1 \ldots 0 & 0 & 0 & 0 \\ \cdots\cdots\cdots\cdots\cdots\cdots\cdots\cdots\cdots\cdots\cdots\cdots\cdots\cdots\cdots\cdots\cdots\cdots\cdots \\ 0 & 0 \ldots\ldots 0 \ldots 0 & 0 & 0 \ldots\ldots 1 \\ (-a_1 \underset{(-)}{\overset{+}{}} K\,b_1), & (-a_2 \underset{(-)}{\overset{+}{}} K\,b_2), \ldots, (-a_m \underset{(-)}{\overset{+}{}} K\,b_m), & (-a_{m+1} \underset{(-)}{\overset{+}{}} K), & -a_{m+2}\ldots -a_n \end{bmatrix} u(t) + \begin{bmatrix} 0 \\ 0 \\ \vdots \\ 0 \\ 1 \end{bmatrix} y(t),$$

$$x(t) = [b_1 \quad b_2 \quad , \quad , \quad b_m \quad 1 \quad 0 \ldots\ldots 0]\,u(t). \tag{45}$$

An dieser Gleichung ist deutlich die Rückkopplungsstruktur des Systems zu erkennen, dessen Vorwärtskanal der komplexen Übertragungsfunktion

$$F(s) = \frac{b_1 + b_2\,s + \cdots + b_m\,s^{m-1} + s^m}{a_1 + a_2\,s + \cdots + a_n\,s^{n-1} + s^n}, \quad m < n \tag{46}$$

genügt (Abb. VI.3.23).

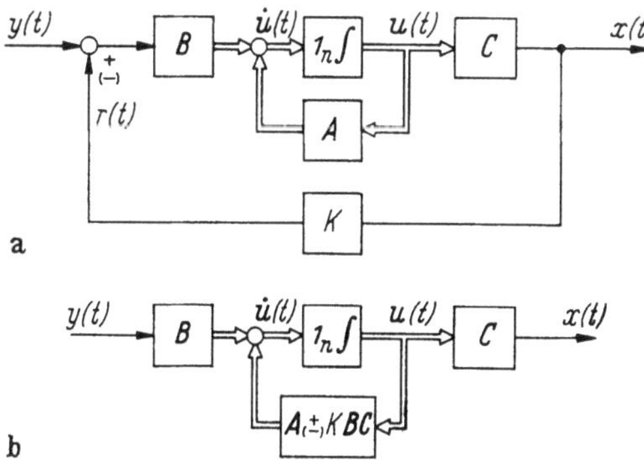

Abb. VI.3.23 Rückkopplung des Systems mit einem Ein- und einem Ausgang

d) Rückkopplung der Zustandsvariablen

Bei der Behandlung optimaler Regelungssysteme und optimaler Filter in Kap. IX werden wir auch auf Systeme der in Abb. VI.3.24 gezeigten Struktur stoßen, die diesen Gleichungen genügen:

$$\dot{u}(t) = A\,u(t) + B\big(y(t)\,{}^{+}_{(-)}\,r(t)\big),$$
$$x(t) = C\,u(t) + D\big(y(t)\,{}^{+}_{(-)}\,r(t)\big),$$
$$r(t) = K\,u(t),$$

oder

$$\dot{u}(t) = [A\,{}^{+}_{(-)}\,B\,K]\,u(t) + B\,y(t),$$
$$x(t) = [C\,{}^{+}_{(-)}\,D\,K]\,u(t) + D\,y(t). \tag{47}$$

Hierbei wird vorausgesetzt, daß alle Zustandsvariablen $u_i(t)$ mit $i = 1, 2, \ldots, n$ von außen zugänglich sind. In Abschn. VIII.6 wird noch gezeigt werden, wie

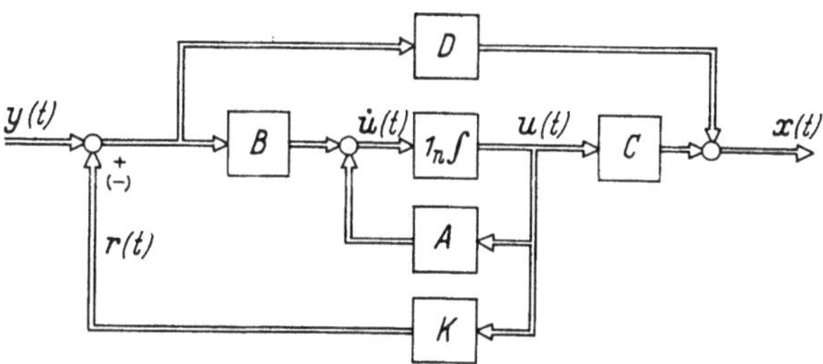

Abb. VI.3.24 Rückkopplung der Zustandsgrößen

durch geeignete Netzwerke (Beobachtungssysteme) auch in den Fällen näherungsweise die $u_i(t)$ zu finden sind, wenn diese nicht direkt — wie häufig in der regelungstechnischen Praxis — von außen meßbar sind.

Im Falle des Einfachsystems entartet die q,n-Koppelmatrix zu einer $1n$-Zeilenmatrix, und wir erhalten für ein System mit $F(s)$ entsprechend Gl. (46) aus Gl. (47) mit dem dyadischen Produkt (Abschn. II.2.4) $\boldsymbol{B}\,\boldsymbol{K}$:

$$\dot{\boldsymbol{u}}(t) = \begin{bmatrix} 0 & 1 \ldots\ldots 0 & 0 \ldots\ldots 0 \\ 0 & 0\ 1\ldots\ldots 0 & 0 \ldots\ldots 0 \\ \cdots\cdots\cdots\cdots\cdots\cdots\cdots\cdots\cdots\cdots\cdots\cdots\cdots\cdots \\ 0 & 0 \ldots\ldots 0 & 0 \ldots\ldots 1 \\ a_{1\,(\overset{+}{-})}k_1, & a_{2\,(\overset{+}{-})}k_2, \ldots, a_{m\,(\overset{+}{-})}k_m, & a_{m+1\,(\overset{+}{-})}k_{m+1}, \ldots, a_{n\,(\overset{+}{-})}k_n \end{bmatrix} \boldsymbol{u}(t) + \begin{bmatrix} 0 \\ 0 \\ \vdots \\ 0 \\ 1 \end{bmatrix} y(t),$$

$$x(t) = \begin{bmatrix} b_1 & b_2 & \ldots\ldots & b_m & 1 & \ldots\ldots & 0 \end{bmatrix} \boldsymbol{u}(t). \tag{48}$$

In Abb. VI.3.25 ist die Struktur dieses Systems zu erkennen.

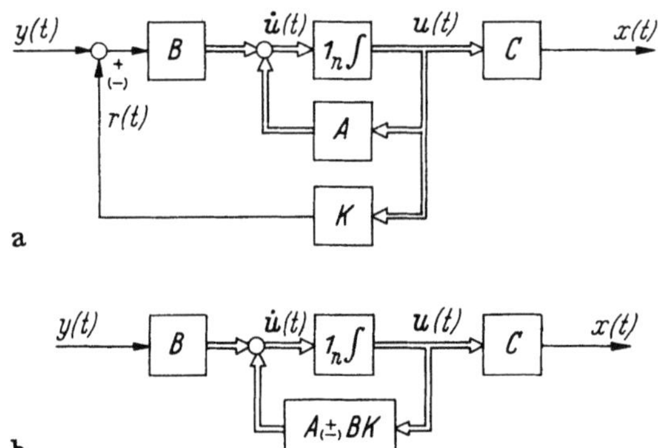

Abb. VI.3.25 Rückkopplung der Zustandsvariablen beim Einfachsystem

4 Dynamik linearer kontinuierlicher Systeme

4.1 Vorbemerkungen

In den vorstehenden Abschnitten haben wir aufgezeigt, daß gewöhnliche Vektordifferentialgleichungen ein geeignetes mathematisches Hilfsmittel darstellen, dynamischen Systemen und den uns speziell interessierenden Mehrfachsystemen der Regelungstechnik als Modell zu dienen. In den folgenden Abschnitten werden wesentliche Ergebnisse zur Dynamik und zum Übertragungsverhalten linearer kontinuierlicher Systeme zusammengestellt, die weitgehend im Verlaufe der weiteren Darstellung noch benötigt werden. Die hier zu schildernden Gesetzmäßigkeiten basieren dabei in erster Linie auf den Eigenschaften der Lösungen gewöhnlicher Differentialgleichungen. Soweit wir die von der Mathematik bereitgestellten Ergebnisse direkt benötigen, werden wir sie z. T. als Definitionen und Sätze nur zitieren, ohne die Beweise den Sätzen zuzufügen. Dieser Verzicht, der einer durchsichtigen Darstellung der systemtheoretisch wichtigen Ergebnisse sicherlich zugute kommt, fällt dabei um so leichter, da alle aus der Mathematik für die ingenieurmäßige Arbeit als Hilfsmittel ausgeliehenen Resultate im mathematischen Schrifttum hinreichend begründet und bewiesen sind. Der an weiteren mathematischen Details interessierte Leser sei insbesondere auf [VI.13 und VI.14] verwiesen, wo auch der im nächsten Abschnitt zitierte Existenz- und Eindeutigkeitssatz bewiesen ist.

4.2 Existenz und Eindeutigkeit von Lösungen gewöhnlicher Differentialgleichungen

Wir betrachten die gewöhnliche Vektordifferentialgleichung 1. Ordnung:

$$\dot{\boldsymbol{u}}(t) = \boldsymbol{f}(\boldsymbol{u}(t), \boldsymbol{y}(t), t), \tag{1a}$$

oder ausgeschrieben

$$u_i(t) = f_i\big(u_1(t), \ldots, u_n(t), y_1(t), \ldots, y_q(t), t\big), \quad i = 1, 2, \ldots, n. \tag{1b}$$

Definition 1. $\boldsymbol{f}\big(\boldsymbol{u}(t), \boldsymbol{y}(t), t\big)$ heiße stetig, wenn $\boldsymbol{f}$ eine stetige Funktion in dem topologischen Produktraum $\mathsf{U}_n \times \mathsf{Y}_q \times [t_1, t_2]$ bezüglich der Variablen $\boldsymbol{u}, \boldsymbol{y}, t$ ist, wobei $[t_1, t_2] \subset \mathsf{T}$ und $\mathsf{T} = \mathsf{R}_1$ die relle Zeitachse ist.

Definition 2. $\boldsymbol{f}\big(\boldsymbol{u}(t), t\big)$ sei definiert im Raum $\mathsf{U} \times [t_1, t_2]$ mit $[t_1, t_2] \subset \mathsf{T}$, und es sei $(\boldsymbol{u}_0, t_0)$ ein Punkt in $\mathsf{U} \times [t_1, t_2]$, dann heißen $(\boldsymbol{u}_0, t_0)$ ein Anfangspunkt und die Zahlen $u_{10}, u_{20}, \ldots, u_{n0}$ Anfangswerte.

Definition 3. a) Die Funktion $\boldsymbol{\varphi}\big(t, \boldsymbol{y}(t)\big) = [\varphi_1\big(t, \boldsymbol{y}(t)\big), \ldots, \varphi_n\big(t, \boldsymbol{y}(t)\big)]^T$ heißt eine Lösung von (1), wenn

$$\frac{d}{dt}\, \boldsymbol{\varphi}\big(t, \boldsymbol{y}(t)\big) = \boldsymbol{f}\big(\boldsymbol{\varphi}\big(t, \boldsymbol{y}(t)\big), \boldsymbol{y}(t), t\big) \tag{2}$$

ist.

b) Ferner läuft $\boldsymbol{\varphi}(t)$ durch den Anfangspunkt, wenn gilt:

$$\boldsymbol{\varphi}(t_0) = \boldsymbol{u}_0. \tag{3}$$

Mit diesen vorstehenden Definitionen kann nun der für gewöhnliche Differentialgleichungen fundamentale Existenz- und Eindeutigkeitssatz notiert werden:

Satz 1. Es seien:

a) U_n ein Gebiet in $\boldsymbol{K}_n$, (t_1, t_2) ein offenes Intervall $(t_1, t_2) \subset \mathsf{T}$ und Y_q ein Gebiet in R_q.

b) $f_1(\boldsymbol{u}, \boldsymbol{y}, t), f_2(\boldsymbol{u}, \boldsymbol{y}, t), \ldots, f_n(\boldsymbol{u}, \boldsymbol{y}, t)$ stetige Funktionen von $\mathsf{U}_n \times \mathsf{Y}_q \times (t_1, t_2)$ nach R_1.

c) Alle partiellen Ableitungen $\dfrac{\partial}{\partial u_k}\, f_l(\boldsymbol{u}, \boldsymbol{y}, t)$ mit $k, l = 1, 2, \ldots, n$ stetige Funktionen von $\mathsf{U}_n \times \mathsf{Y}_q \times (t_1, t_2)$ nach R_1.

d) $(\boldsymbol{u}_0, t_0)$ ein Element in $\mathsf{U}_n \times (t_1, t_2)$.

e) $\boldsymbol{y}(\tau)$ eine stückweise stetige Funktion von (t_1, t_2) nach Y_q.

Dann existiert eine Funktion $\boldsymbol{\varphi}(t)$ von (t_1, t_2) nach $\boldsymbol{K}_n$ mit den Komponenten $\varphi_1(t), \varphi_2(t), \ldots, \varphi_n(t)$ derart, daß gilt:

$\alpha)$ $\boldsymbol{\varphi}(t)$ ist stetig in (t_1, t_2), $\boldsymbol{\varphi}(t) \in \mathsf{U}_n$ und $t \in (t_1, t_2)$.

$\beta)$ $\boldsymbol{\varphi}(t_0) = \boldsymbol{u}_0$.

$\gamma)$ $\boldsymbol{\varphi}(t)$ ist eine Lösung von (1).

$\delta)$ Falls eine Funktion $\boldsymbol{\xi}(t)$ die Bedingungen $\alpha)$, $\beta)$ und $\gamma)$ für ein Intervall (τ_1, τ_2), das t_0 enthält, erfüllt, dann ist

$$\boldsymbol{\varphi}(t) = \boldsymbol{\xi}(t) \quad \text{für} \quad t \in (\tau_1, \tau_2) \cap (t_1, t_2).$$

Dieser, z. B. in [VI.13 und VI.14] bewiesene, Satz hat die große Bedeutung, daß die Existenz und auch die Eindeutigkeit einer Lösung eines Anfangswertproblems für die gewöhnlichen Differentialgleichungen der Form (1) sichergestellt sind, solange die Voraussetzungen erfüllt sind. Da dies für die hier als axiomatische Modelle im Vordergrund stehenden linearen Differentialgleichungen immer erfüllt ist, begründet dieser Satz die für die Systemtheorie wichtigen, das dynamische Verhalten von Systemen beschreibenden Ergebnisse, die im folgenden besprochen werden. Stark vereinfacht besagt der Satz: Solange die Voraussetzungen erfüllt sind, kann durch jeden als Anfangspunkt gewählten Punkt in $\mathbf{U}_n$, dem Zustandsraum, eine und nur eine Trajektorie gelegt werden. Es sei noch die Bemerkung hinzugefügt, daß die Bedingung c) in Satz VI.4.1 strenger ist, als unbedingt erforderlich. In der Literatur [VI.14] findet man hier die sogenannte LIPSCHITZ-Bedingung, die schwächere Anforderungen an die $f_i(\boldsymbol{u}(t), \boldsymbol{y}(t), t)$ stellt, auf die weiter einzugehen bei dem hier gesetzten Rahmen aber zu weit abführen würde.

4.3 Lineare homogene Vektordifferentialgleichungen 1. Ordnung

Wir betrachten nun die homogene lineare Vektordifferentialgleichung 1. Ordnung:

$$\dot{\boldsymbol{u}}(t) = \boldsymbol{A}(t)\,\boldsymbol{u}(t), \tag{4}$$

$$\boldsymbol{u}_0 = \boldsymbol{u}(t)\big|_{t=t_0}. \tag{4a}$$

Satz 2. Es sei $\boldsymbol{A}(t)$ eine n,n Matrix der in dem Intervall (t_1, t_2) stetigen Funktionen $A_{kl}(t)$ mit $k, l = 1, 2, \ldots, n$ und $t_0 \in (t_1, t_2)$, dann existiert eine Vektorfunktion $\boldsymbol{\varphi}(t) = [\varphi_1(t), \ldots, \varphi_n(t)]^T$ mit diesen Eigenschaften:

a) $\boldsymbol{\varphi}(t)$ ist eine stetige Funktion von (t_1, t_2) nach $\mathbf{K}_n$.

b) $\boldsymbol{\varphi}(t_0) = \boldsymbol{u}_0$.

c) $\boldsymbol{\varphi}(t)$ ist eine Lösung der Gl. (4), d. h.

$$\dot{\boldsymbol{\varphi}}(t) = \boldsymbol{A}(t)\,\boldsymbol{\varphi}(t). \tag{5}$$

d) $\boldsymbol{\varphi}(t)$ ist eine eindeutige Lösung, d. h., jede Funktion, die die Punkte a), b) und c) erfüllt, stimmt mit $\boldsymbol{\varphi}(t)$ überein.

Der Beweis dieses Satzes folgt direkt aus Satz 1, wenn man dort $\boldsymbol{f}(\boldsymbol{u}(t), t) = \boldsymbol{A}(t)\,\boldsymbol{u}(t)$ einsetzt. In [VI.15] ist darüber hinaus folgender Satz bewiesen:

Satz 3. Die Menge aller Lösungen der Gl. (4) bildet einen n-dimensionalen Vektorraum[1], d. h. zu der Gl. (4) existieren nur n linear unabhängige Lösungen.

Definition 4. a) Ein System von n linear unabhängigen Lösungen $\boldsymbol{\varphi}_i(t)$ der Gl. (4) heißt eine *Basis* oder ein *Fundamentalsystem* der Lösungen zu Gl. (4).

b) Ist $\boldsymbol{\Phi}(t, t_0)$ eine n,n-Matrix, deren n Spalten n linear unabhängige Lösungen $\boldsymbol{\varphi}_i(t)$ von (4) sind, dann heißt $\boldsymbol{\Phi}$ eine Fundamentalmatrix zu (4).

Die Matrix $\boldsymbol{\Phi}(t, t_0)$ erfüllt also die Matrizengleichung

$$\dot{\boldsymbol{\Phi}}(t, t_0) = \boldsymbol{A}(t)\,\boldsymbol{\Phi}(t, t_0), \qquad t_0, t \in \mathbf{T} \tag{6}$$

---

[1] s. hierzu Kap. VII.

und ist eine Lösung des Problems

$$\dot{X} = A(t) \cdot X, \qquad t \in \mathbf{T}, \tag{7}$$

wobei X eine n,n-Matrix ist.

Aus [VI.15] entnehmen wir weiter diesen Satz:

Satz 4. Eine notwendige und hinreichende Bedingung dafür, daß eine Lösungsmatrix $\boldsymbol{\Phi}(t, t_0)$ der Gl. (7) eine Fundamentalmatrix zu (4) darstellt, ist

$$|\boldsymbol{\Phi}(t, t_0)| \neq 0, \qquad \forall t_0, t \in (t_1, t_2) \cap \mathbf{T}. \tag{8}$$

Mit der so definierten Fundamentalmatrix $\boldsymbol{\Phi}(t, t_0)$ kann nun die Lösung des homogenen Anfangswertproblems (4) ausgeschrieben werden zu:

$$\begin{aligned}
\boldsymbol{\varphi}(t\,;\boldsymbol{u}_0, t_0) &= \boldsymbol{\Phi}(t, t_0)\,\boldsymbol{u}_0, \\
\boldsymbol{\Phi}(t_0, t_0) &= \boldsymbol{1}_n.
\end{aligned} \tag{9}$$

Die Matrix $\boldsymbol{\Phi}(t, t_0)$ bestimmt das Verhalten der Zustandsvariablen $u_i(t)$, $i = 1, 2, \ldots, n$ in jedem Zeitpunkt $t \geq t_0$ ausgehend von den Anfangsbedingungen $\boldsymbol{u}_0$. Die Fundamentalmatrix $\boldsymbol{\Phi}(t, t_0)$ bestimmt in anderen Worten also, wie der Systemzustand t_0 in einen solchen zur „Zeit t" übergeht. Aus dieser Interpretation heraus stammt auch der Name *Übergangsmatrix* für die Fundamentalmatrix $\boldsymbol{\Phi}(t, t_0)$.

Bevor im nächsten Abschnitt wesentliche Eigenschaften der Fundamentalmatrix zusammengestellt werden, soll noch folgendes festgehalten werden. Im Vorstehenden war immer streng zwischen der Lösung $\boldsymbol{\varphi}(t\,;\boldsymbol{u}_0, t_0)$ der Differentialgleichung (4) und der Variablen $\boldsymbol{u}(t)$ in dieser Gleichung unterschieden worden. Im Verlauf der weiteren Darstellung der systemtheoretischen Ergebnisse werden wir aber häufig großzügiger mit der strengen Definition umgehen und die Lösung zu (4) auch vor allem aus schreibtechnischen Gründen anschreiben zu:

$$\boldsymbol{u}(t\,;\boldsymbol{u}_0, t_0) = \boldsymbol{\Phi}(t, t_0)\,\boldsymbol{u}_0. \tag{10}$$

4.4 Eigenschaften der Fundamentalmatrix $\boldsymbol{\Phi}(t, t_0)$

Vor allem in [VI.15] sind wesentliche Eigenschaften der Fundamentalmatrix bewiesen, die hier in knapper Form zusammengefaßt sind:

Satz 5. Die Fundamentalmatrix $\boldsymbol{\Phi}(t, t_0)$ hat diese Eigenschaften:

a) $\quad |\boldsymbol{\Phi}(t, t_0)| \neq 0 \quad$ für $\quad t \in \mathbf{T},$ $\qquad\qquad$ (11)

b) $\quad \boldsymbol{\Phi}(t_0, t_0) = \boldsymbol{1},$ $\qquad\qquad$ (12)

c) $\quad \boldsymbol{\Phi}^{-1}(t_1, t_2) = \boldsymbol{\Phi}(t_2, t_1),$ $\qquad\qquad$ (13)

d) $\quad \boldsymbol{\Phi}(t_0, t_2) = \boldsymbol{\Phi}(t_0, t_1) \cdot \boldsymbol{\Phi}(t_1, t_2),$ $\qquad\qquad$ (14)

e) Wenn $\boldsymbol{\Phi}(t, t_0)$ eine Fundamentalmatrix ist, ist auch $\hat{\boldsymbol{\Phi}}(t, t_0)$ eine solche:

$$\hat{\boldsymbol{\Phi}}(t, t_0) = \boldsymbol{\Phi}(t, t_0)\,C, \tag{15}$$

$$|C| \neq 0.$$

In Abb. VI.4.1 ist die Übergangseigenschaft [d) des vorstehenden Satzes] der Fundamentalmatrix für ein System mit drei Energiespeichern veranschaulicht.

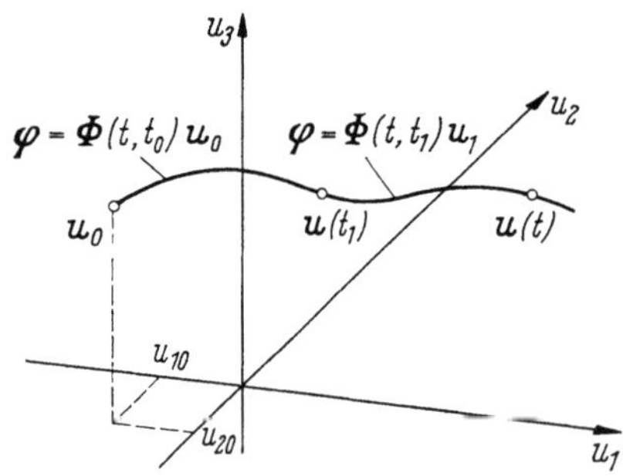

Abb. VI.4.1 Zur Übertragungseigenschaft der Fundamentalmatrix

In der Literatur, z. B. [VI.8], ist auch diese Notierung für die Fundamentalmatrix zu finden

$$\Phi(t, t_0) = \Theta(t)\,\Theta^{-1}(t_0).\qquad(16)$$

Darin ist $\Theta(t)$ eine spezielle Lösung der Matrixdifferentialgleichung

$$\dot{X} = A(t)\,X$$

mit der „Anfangsbedingung", der Matrix, $X(t_0) = K$. Die Elemente in K sind Konstanten derart, daß K nichtsingulär ist.

So bedeutsam die Fundamentalmatrix für theoretische Überlegungen vor allem auch wegen der durch sie ermöglichten prägnanten Notierung für viele Probleme ist, so ist sie in den meisten praktischen Anwendungsfällen zur expliziten Lösung zeitvariabler linearer Differentialgleichungen nicht analytisch darstellbar. Eine wesentliche Ausnahme bildet die lineare Vektordifferentialgleichung mit konstanten Koeffizienten, die wir weiter unten noch kurz behandeln wollen. Für die praktische Auswertung von $\Phi(t, t_0)$ für zeitvariable Probleme kommt im Allgemeinen eine näherungsweise Berechnung mittels Digitalrechner über eine geeignete Reihenentwicklung oder ein Iterationsverfahren in Frage.

Ist die Systemmatrix $A(t)$ in dem interessierenden Intervall (t_0, t) stetig und beliebig oft stetig nach t differenzierbar, und ist ferner $A(t)$ in eine für (t_0, t) konvergente Potenzreihe entwickelbar:

$$A(t) = A_0 + A_1 t + A_2 t^2 + \cdots,^1\qquad(17)$$

dann führt der Reihenansatz

$$u(t) = a_0 + a_1 t + a_2 t^2 + \cdots\qquad(18)$$

über

$$\dot{u}(t) = a_1 + 2a_2 t + 3a_3 t^2 + \cdots$$

auf diese Gleichungen

$$\left.\begin{aligned}A_0\,a_0 &= a_1, \\ A_0\,a_1 + A_1\,a_0 &= 2a_2, \\ A_0\,a_2 + A_1\,a_1 + A_2\,a_0 &= 3a_3, \\ \dots\dots\dots\dots\dots\dots\dots\dots\dots\end{aligned}\right\}\qquad(19)$$

Aus diesen Gleichungen lassen sich die Vektoren a_i, ausgehend von der Anfangsbedingung $a_0 = u_0 = u(t_0)$, der Reihe nach berechnen. In [VI.24] sind weitere numerische Verfahren zur Ermittlung der Lösung von (4) und auch zur numerischen Ermittlung von $\Phi(t, t_0)$ zu finden.

Für den in der Regelungstechnik durchaus wichtigen Spezialfall des linearen Systems mit konstanten Koeffizienten hat die Fundamentalmatrix diese interessante und wichtige Form

$$\Phi(t, t_0) = \Phi(t - t_0) = e^{A(t-t_0)}.\qquad(20)$$

---

[1] s. auch Abschn. VII.3.

Man zeigt leicht, daß diese Fundamentalmatrix alle in Satz 5 aufgezeigten Eigenschaften hat und eine Lösung der Gl. (7) darstellt

$$\dot{X} = A\,X,$$
$$\frac{d}{dt}\,e^{A(t-t_0)} = A\,e^{A(t-t_0)}.$$

In Abschn. VII.3.5 werden wir im Rahmen der Behandlung von Matrizenfunktionen noch etwas ausführlicher auf die Funktion e^{At} zu sprechen kommen. An dieser Stelle sei schon gesagt, daß über die Reihe

$$e^{At} = 1 + A\,t + A^2\,\frac{t^2}{2!} + A^3\,\frac{t^3}{3!} + \cdots + \tag{21}$$

und ihre Konvergenzeigenschaften leicht Aussagen zu machen sind und daß bei vorgegebener Matrix A die Fundamentalmatrix (20) analytisch angegeben werden kann.

4.5 Lösung der linearen inhomogenen Vektordifferentialgleichung

Als nächstes betrachten wir diese Gleichung:

$$\dot{u}(t) = A(t)\,u(t) + B(t)\,y(t), \qquad u_0 = u(t_0). \tag{22}$$

Die Lösung hierzu wird nach der Methode der unbestimmten Koeffizienten gesucht. Wir setzen mit dem zunächst noch unbekannten Parameter $p(t) =$ $= [p_1(t), p_2(t), \ldots, p_n(t)]^T$ die Lösung $\varphi_y(t; u_0, t_0)$ zu Gl. (22) mit Hilfe der Fundamentalmatrix an:

$$\varphi_y(t; u_0, t_0) = \Phi(t, t_0)\,p(t), \qquad \text{für} \quad u_0 = 0. \tag{23}$$

Der Index y weist nun darauf hin, daß φ_y eine Lösung der inhomogenen Gleichung unter dem Einfluß der Störfunktion $y(t)$ ist.

Differentiation nach t ergibt:

$$\dot{\varphi}_y(t; u_0, t_0) = \dot{\Phi}(t, t_0)\,p(t) + \Phi(t, t_0)\,\dot{p}(t),$$

und mit Gl. (6)

$$\dot{\varphi}_y = A(t)\,\Phi(t, t_0)\,p(t) + \Phi(t, t_0)\,\dot{p}(t).$$

Hieraus wird schließlich mit (23) und dann (22), da φ_y ja letztere gerade erfüllen soll:

$$\dot{\varphi}_y = A(t)\,\varphi_y + \Phi(t, t_0)\,\dot{p}(t),$$
$$A(t)\,\varphi_y + B(t)\,y(t) = A(t)\,\varphi_y + \Phi(t, t_0)\,\dot{p}(t),$$
$$\dot{p}(t) = \Phi^{-1}(t, t_0)\,B(t)\,y(t). \tag{24}$$

Diese Gleichung kann unter den oben gemachten Voraussetzungen über $\Phi(t, t_0)$, $B(t)$ und $y(t)$ [insbesondere $y(t)$ soll immer mindestens stückweise stetig sein] integriert werden zu:

$$p(t) = \int\limits_{t_0}^{t} \Phi^{-1}(\tau, t_0)\,B(\tau)\,y(\tau)\,d\tau. \tag{25}$$

Einsetzen dieser Beziehung in (23) und Überlagerung der Lösung für die Anfangsbedingung $u_0 \neq 0$ — dies ist bei linearen Gleichungen immer erlaubt —

ergibt schließlich die gesuchte Lösung der inhomogenen Differentialgleichung (22)

$$\boldsymbol{\varphi}_y(t;\boldsymbol{u}_0,t_0) = \boldsymbol{\Phi}(t,t_0)\,\boldsymbol{u}_0 + \boldsymbol{\Phi}(t,t_0)\int_{t_0}^{t}\boldsymbol{\Phi}^{-1}(\tau,t_0)\,\boldsymbol{B}(\tau)\,\boldsymbol{y}(\tau)\,d\tau$$

$$= \boldsymbol{\Phi}(t,t_0)\,\boldsymbol{u}_0 + \int_{t_0}^{t}\boldsymbol{\Phi}(t,\tau)\,\boldsymbol{B}(\tau)\,\boldsymbol{y}(\tau)\,d\tau. \tag{26}$$

Für den Fall der linearen Vektordifferentialgleichung mit konstanten Koeffizienten

$$\dot{\boldsymbol{u}}(t) = \boldsymbol{A}\,\boldsymbol{u}(t) + \boldsymbol{B}\,\boldsymbol{y}(t);\quad \boldsymbol{u}_0 = \boldsymbol{u}(t_0) \tag{27}$$

vereinfacht sich (26) mit (20) zu:

$$\boldsymbol{\varphi}_y(t;\boldsymbol{u}_0,t_0) = e^{\boldsymbol{A}(t-t_0)}\,\boldsymbol{u}_0 + e^{\boldsymbol{A}(t-t_0)}\int_{t_0}^{t}e^{\boldsymbol{A}(t_0-\tau)}\,\boldsymbol{B}\,\boldsymbol{y}(\tau)\,d\tau$$

$$= e^{\boldsymbol{A}(t-t_0)}\,\boldsymbol{u}_0 + \int_{t_0}^{t}e^{\boldsymbol{A}(t-\tau)}\,\boldsymbol{B}\,\boldsymbol{y}(\tau)\,d\tau. \tag{28}$$

4.6 Zusammenhang zwischen den Klemmenübertragungsfunktionen und $\boldsymbol{\Phi}(t,t_0)$

Wir kehren nun wieder zu dem uns wesentlichen Problem der Analyse linearer dynamischer Systeme zurück. Das lineare dynamische kontinuierliche System war durch diesen Gleichungssatz charakterisiert:

$$\begin{aligned}\dot{\boldsymbol{u}}(t) &= \boldsymbol{A}(t)\,\boldsymbol{u}(t) + \boldsymbol{B}(t)\,\boldsymbol{y}(t),\\ \boldsymbol{x}(t) &= \boldsymbol{C}(t)\,\boldsymbol{u}(t) + \boldsymbol{D}(t)\,\boldsymbol{y}(t).\end{aligned} \tag{29}$$

Die Systemantwort $\boldsymbol{x}(t)$ ist mit Hilfe von (26) nun leicht anzuschreiben zu:

$$\boldsymbol{x}(t) = \boldsymbol{C}(t)\,\boldsymbol{\Phi}(t,t_0)\,\boldsymbol{u}_0 + \boldsymbol{C}(t)\int_{t_0}^{t}\boldsymbol{\Phi}(t,\tau)\,\boldsymbol{B}(\tau)\,\boldsymbol{y}(\tau)\,d\tau + \boldsymbol{D}\,\boldsymbol{y}(t). \tag{30}$$

Diese Gleichung kann so interpretiert werden: Der erste Summand des Systemausgangssignals ist die Antwort auf die Anfangsbedingung, d. h. die Ladung der Energiespeicher im System, zum Zeitpunkt $t = t_0$; der zweite und der dritte Summand sind der Anteil des Systemausgangssignals der von dem Eingangssignal $\boldsymbol{y}(t)$ nach dem Zeitpunkt t_0 hervorgerufen wird.

Wir wollen nun einen Zusammenhang zwischen der für die Systemdynamik wesentlichen Fundamentalmatrix $\boldsymbol{\Phi}(t,t_0)$ und den das Klemmenverhalten linearer Systeme charakterisierenden Kenngrößen herstellen. Als erstes betrachten wir die Matrix der Impulsantworten $\boldsymbol{G}(t,t_0)$. Dabei wollen wir hier, anders als im ersten Band, auch den Fall einbeziehen, bei dem das dynamische System zeitvariabel ist. Die Matrix der Gewichtsfunktionen bzw. ihre Elemente $G_{kl}(t,t_0)$ sind deshalb Funktionen der Zeit t und des Zeitpunktes t_0, zu welchem ein DIRACscher Deltaimpuls einwirkt.

Läßt man auf den l-ten Eingang eines Übertragungssystems (Abb. VI.4.2) eine DIRACsche Deltafunktion wirken, ist also

$$y(t) = \delta(t - t_1) \begin{bmatrix} 0 \\ \vdots \\ 0 \\ 1 \\ 0 \\ \vdots \\ 0 \end{bmatrix}, \qquad (31)$$

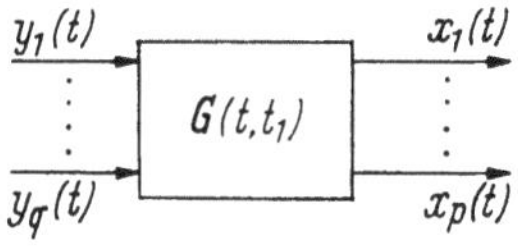

Abb. VI.4.2 Zur Definition der Impulsantwort

dann wird aus (30) für $u_0 = 0$

$$x_l(t) = \int_{t_0}^{t} C(t)\, \Phi(t, \tau)\, B_l(\tau)\, \delta(\tau - t_1)\, d\tau + D_l(t)\, \delta(t - t_1), \quad \begin{matrix} t_1 > t_0, \\ l = 1, 2, \ldots, q, \end{matrix} \qquad (32)$$

worin $x_l(t)$ den Ausgangssignalvektor bei Erregung des l-ten Eingangs des Systems, $B_l(\tau)$ und $D_l(t)$ jeweils die l-ten Spalten dieser Matrizen bedeuten. Mit der Ausblendeigenschaft der Deltafunktion (I.2.5) wird aus (32)

$$\begin{aligned} x_l(t, t_1) &= C(t)\, \Phi(t, t_1)\, B_l(t_1) + D_l(t)\, \delta(t - t_1) \quad \forall\, t \geqq t_1, \\ &= G_l(t, t_1) = [G_{1l}, \ldots, G_{pl}]^T. \qquad l = 1, 2, \ldots, q. \end{aligned} \qquad (33)$$

Die p,q-Matrix

$$\begin{aligned} G(t, t_1) &= [G_{kl}(t, t_1)] & k &= 1, 2, \ldots, p, \\ &= C(t)\, \Phi(t, t_1)\, B(t_1) + D(t)\, \delta(t - t_1), & l &= 1, 2, \ldots, q \end{aligned} \qquad (34)$$

wollen wir die *Matrix der Impulsantworten* oder abgekürzt auch häufig einfach *Impulsantwort* des linearen Mehrfachsystems nennen. Mit Hilfe der Impulsantwort des Systems kann in einfacher Weise die Systemantwort auf andere Zeitsignale unter Verwendung des Superpositionsintegrals notiert werden zu

$$\begin{aligned} x(t) &= C(t)\, \Phi(t, t_0)\, u_0 + \int_{t_1}^{t} G(\tau, t_1)\, y(t - \tau)\, d\tau \\ &= C(t)\, \Phi(t, t_0)\, u_0 + G(\tau, t_1) * y(t), \quad t_1 > t_0. \end{aligned} \qquad (35)$$

Im Falle des linearen zeitinvarianten Systems mit konzentrierten Energiespeichern erhalten wir aus (34) mit (20) die Matrix der Gewichtsfunktionen

$$G(t) = C\, \Phi(t)\, B + D\, \delta(t) = C\, e^{At}\, B + D\, \delta(t). \qquad (36)$$

Diese Gewichtsfunktion des linearen zeitinvarianten Systems kann der LAPLACE-Transformation unterworfen werden, womit wir die wesentliche, das Klemmenübertragungsverhalten eines Systems charakterisierende Kennfunktion, die komplexe Übertragungsmatrix $F(s)$, in einer anderen Notierung erhalten:

$$\begin{aligned} F(s) &= \mathfrak{L}\{G(t)\} = \mathfrak{L}\{C\, \Phi(t)\, B + D\, \delta(t)\} \\ &= C\, \mathfrak{L}\{\Phi(t)\}\, B + D. \end{aligned} \qquad (37)$$

Ein Koeffizientenvergleich zwischen den Gln. (VI.3.8) und (VI.4.36 und VI.4.37) ergibt den interessanten und wichtigen Zusammenhang:

$$\mathfrak{L}\{\Phi(t)\} = \mathfrak{L}\{e^{At}\} = (1s - A)^{-1} = C^{-1}(s) = \frac{1}{|1s - A|}\, C(s)_{\text{adj.}} = \frac{C(s)_{\text{adj.}}}{C(s)}. \qquad (38)$$

Wir wollen die Matrix $C(s) = (1s - A)$ die *charakteristische Matrix* des dynamischen Systems und

$$C(s) = |C(s)|, \tag{39}$$

die Determinante der charakteristischen Matrix, das *charakteristische Polynom* des Systems nennen.

Entsprechend gilt für die Rücktransformation:

$$G(t) = \mathfrak{L}^{-1}\{F(s)\} = C\,\mathfrak{L}^{-1}\{C^{-1}(s)\}\,B + D\,\delta(t), \tag{40}$$

$$\Phi(t) = \mathfrak{L}^{-1}\{C^{-1}(s)\}. \tag{41}$$

Die Diskussion der Eigenschaften von $C(s)$ und speziell ihrer, das System wesentlich mitbestimmenden, Struktur wird uns in den Abschn. VII.3 und VII.4 und VIII.2 noch beschäftigen. An dieser Stelle wollen wir aber schon festhalten, daß im Falle des vollständig beobachtbaren und steuerbaren Einfachsystems $C(s)$ gleich dem Nennerpolynom der zugehörigen komplexen Übertragungsfunktion ist:

$$F(s) = \frac{Z(s)}{N(s)} = \frac{C\,C(s)_{\text{adj.}}\,B}{C(s)} + D. \tag{42}$$

Damit lautet die Gewichtsfunktion $G(t)$ des Einfachsystems auch

$$G(t) = \mathfrak{L}^{-1}\{F(s)\} = C\,\mathfrak{L}^{-1}\left\{\frac{C(s)_{\text{adj.}}}{C(s)}\right\}B + D\,\delta(t). \tag{43}$$

Das Skalar D in (42) bzw. (43) ist dann ungleich Null, wenn der Grad des Zählerpolynoms von $F(s)$ gleich dem des Nennerpolynoms ist.

Mit der aus (13) folgenden Eigenschaft der Fundamentalmatrix des linearen zeitinvarianten Systems

$$\Phi^{-1}(t) = \Phi(-t) \tag{44}$$

erhalten wir schließlich noch

$$\Phi(-t) = [\mathfrak{L}^{-1}\{C^{-1}(s)\}]^{-1}. \tag{45}$$

Hierbei ist zu beachten, daß im allgemeinen die lineare LAPLACE-Transformation nicht mit der Operation der Inversion vertauscht werden darf.

5 Diskrete Systeme

5.1 Einleitung

Bisher wurden, die Darstellung im 1. Band eingeschlossen, nur lineare kontinuierliche Systeme behandelt. Kontinuierliche Systeme haben Variable (Eingangs-, Zustands- und Ausgangsvariable), die alle kontinuierliche Zeitfunktionen sind, d. h., die Werte dieser Funktionen sind für jeden Zeitpunkt $t \in \mathbf{T}$ bestimmt. Im folgenden sollen Systeme behandelt werden, deren Verhalten nur zu bestimmten *diskreten* Zeitpunkten interessiert oder bekannt ist. Solche Systeme liegen z. B. dann vor, wenn die Eingangs- und/oder Ausgangssignale abgetastet werden und am Systemein- und/oder -ausgang nur zu bestimmten Zeiten zur Verfügung stehen (Abb. VI.5.1). Ist das System selbst ein kontinuierliches System, das durch lineare Differentialgleichungen beschrieben und im Falle der Zeitinvarianz dann auch durch die komplexe Übertragungsfunktion $F(s)$ bzw. die Gewichtsfunktion $G(t)$ charakterisiert wird, dann wollen wir von einem kontinuierlichen abgetasteten System oder kurz Abtastsystem sprechen.

Diskrete Systeme können aber auch in vollständig anderer Form auftreten, nämlich dann, wenn die Werte der Eingangs-, Ausgangs- *und* Zustandsvariablen nur für bestimmte Zeitpunkte vorliegen bzw. berechnet werden. Diese Art von Systemen liegt immer dann vor, wenn Systeme oder Teile davon mit Hilfe digitaler Bausteine oder digitaler Rechenautomaten realisiert werden, z. B. bei der Prozeßregelung mittels digitaler Prozeßrechner. Wir werden weiter unten noch ausführlicher darauf eingehen, doch soll hier schon festgehalten werden,

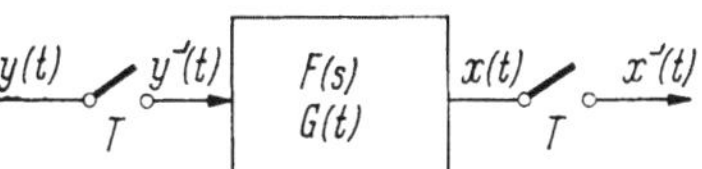

Abb. VI.5.1 Lineares kontinuierliches Einfachsystem mit abgetasteten Ein- und Ausgangssignalen

daß bei den beiden vorstehend skizzierten Systemen, den kontinuierlichen Abtastsystemen und den diskreten Rechnersystemen, ein prinzipieller physikalischer Unterschied besteht. So sind z. B. die mittels eines Digitalrechners realisierten Systeme nicht nur zeitlich diskret, sondern auch quantisiert, d. h., die Variablen können zu diskreten Zeitpunkten nur diskrete Werte annehmen (Abschn. VI.5.2). Allerdings zeigt sich, daß die mathematische Behandlung diskreter Systeme unterschiedlicher Art in weiten Grenzen mit den gleichen Hilfsmitteln erfolgen kann und daß insbesondere im Falle linearer Systeme ein enger Zusammenhang zwischen den abgetasteten kontinuierlichen Systemen und den durch Differenzengleichungen bzw. Rekursionsformeln beschreibbaren Systemen besteht.

Die im folgenden gebrachte kurze Einführung in die Darstellung und Behandlung diskreter Systeme kann und soll ausführlichere Darstellungen, z. B. [VI.21, VI.22 oder VI.25], nicht ersetzen. Doch hat sich einmal gezeigt, daß die durchweg komplexen Probleme der Mehrfachsysteme und Mehrgrößenregelungen vielfach mit Hilfe digitaler Großrechenanlagen bearbeitet werden müssen, wodurch auch kontinuierliche Systeme zwangsläufig zu diskreten werden. Darüber hinaus ist die Darstellung und Behandlung diskreter Systeme mittels Zustandsvariablen in weiten Grenzen so ähnlich der der kontinuierlichen Systeme, daß die Einbeziehung der linearen diskreten Systeme in dieser systemtheoretischen Darstellung angebracht erscheint.

5.2 Grundbegriffe zu diskreten Systemen

Wir beginnen mit der Darstellung einiger Grundbegriffe, die zur Beschreibung der diskreten Systeme wichtig sind.

Definition 1. Ein kontinuierliches Signal ist eine Zeitfunktion, die zu *jedem* Zeitpunkt $t \in \mathbf{T}$ beliebige definite Werte annehmen kann:

$$y = y(t) \in \mathbf{R_1}, \quad t \in \mathbf{T}. \tag{1}$$

Man beachte, daß diese Definition nichts über die Stetigkeitseigenschaften der Funktion $y(t)$ selbst aussagt, sondern daß sie nur besagt, daß diese Zeitfunktionen Funktionen einer stetigen Variablen, der Zeit t, sind (Abb. VI.5.2a).

Definition 2. Ein diskretes Zeitsignal wird durch eine Funktion eines diskreten Arguments beschrieben:

$$y = y(t_k), \quad t_k \in \mathbf{T}, \quad k = 1, 2, \ldots \tag{2}$$

Diskrete Systeme nehmen ihre Werte an oder ändern sie nur zu diskreten Zeitpunkten (Abb. VI.5.2). Diese Zeitpunkte mögen äquidistant bei einem periodisch abgetasteten Signal, anderweitig determiniert oder auch stochastisch auf der Zeitachse verteilt sein. In anderen Worten werden diskrete Signale durch endliche oder unendliche Zahlenfolgen charakterisiert. In der Literatur wird dies vielfach durch das Symbol

$$\{y(t_k)\}$$

gekennzeichnet, doch wollen wir hier darauf verzichten und unter $y(t_k)$ oder $y(kT)$ immer eine unendliche Folge verstehen, wenn nichts anderes über den Index k ausgesagt ist. Wichtig ist ferner, daß die Signale zu diesen Zeitpunkten jeden Wert annehmen bzw. sich um beliebig kleine Werte ändern können. In den zeitlichen Zwischenräumen können diese Signale unbestimmt sein, oder z. B. auch jeweils einen konstanten, z. B. einen beim letzten diskreten Zeitpunkt aufgetretenen Wert haben. Gegenüber den diskreten Signalen müssen die quantisierten Signale unterschieden werden:

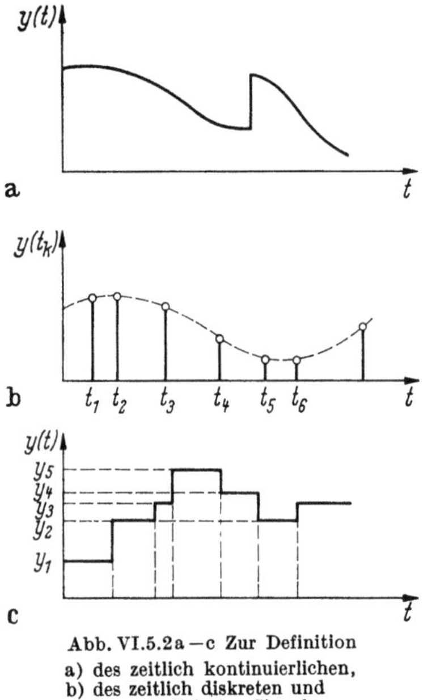

Abb. VI.5.2 a—c Zur Definition
a) des zeitlich kontinuierlichen,
b) des zeitlich diskreten und
c) des quantisierten Signals

Definition 3. Ein quantisiertes Signal kann nur eine endliche Anzahl unterschiedlicher Werte annehmen. Die Änderung dieser Werte kann zu jedem Zeitpunkt erfolgen:

$$y = y_k(t), \quad t \in \mathbf{T}, \quad k = 1, 2, \ldots, n. \tag{3}$$

In Abb. VI.5.2c ist der typische Verlauf eines quantisierten Signals, das nur bestimmte Werte annehmen kann, angedeutet. Bei vielen Systemen der Physik, Technik und der Biologie tritt auch die Kombination des diskreten und quantisierten Signals auf. Ein typisches Beispiel ist der digitale Rechenautomat, bei dem nur zu (durch den Takt der Maschine) bestimmten Zeitpunkten die Signale repräsentierende Zahlenwerte mit einer endlichen Stellenzahl („Genauigkeit") verfügbar sind. Im weiteren Verlauf dieser Darstellung wird aber auf die durch die Quantisierung hervorgerufenen Effekte nicht eingegangen, sondern jeweils vorausgesetzt, daß das „Auflösungsvermögen" so groß oder die Quantisierung so fein ist, daß die Signale mit hinreichender Genauigkeit den Definitionen 1 und 2 genügen.

Die vorstehend definierten Signale sind zunächst nur Skalare. Wir werden die definierten Eigenschaften auch auf Signalvektoren übertragen, also von einem kontinuierlichen Signal $\mathbf{y}(t)$ oder einem diskreten Signal $\mathbf{y}(t_k)$ sprechen, wenn jede Komponente des Signalvektors der jeweiligen Definition genügt.

Definition 4. In einem kontinuierlichen System sind die Eingangs- und Ausgangssignale sowie die Zustandsvariablen kontinuierliche Zeitfunktionen. Das dynamische Verhalten wird durch Differentialgleichungen beschrieben.

Definition 5. Bei einem kontinuierlichen Abtastsystem sind die Zustandsvariablen kontinuierliche Zeitfunktionen, die Eingangs- und/oder Ausgangssignale diskrete Signale.

Definition 6. Bei einem diskreten System sind die Eingangs-, Ausgangs- *und* die Zustandsvariablen diskrete Zeitfunktionen.

Ausgehend von diesen Definitionen sollen nun die mathematischen Modelle linearer diskreter und linearer Abtastsysteme besprochen werden. Dabei werden wir hier die oben axiomatisch genannte Systembeschreibung durch Zustandsvariablenmodelle in den Vordergrund stellen und darüber hinaus das dynamische Verhalten dieser Systeme zunächst nur im Zeitbereich betrachten.

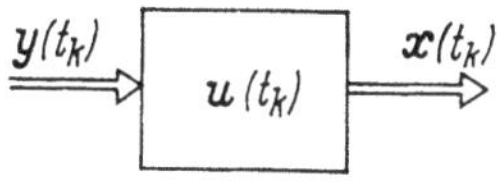

Ein diskretes System (Abb. VI.5.3) genüge diesen Vektordifferenzengleichungen:

Abb. VI.5.3
Zeitdiskretes System

$$u(t_{k+1}) = f(t_k, u(t_k), y(t_k)), \qquad u_0 = u(t_k)\big|_{k = k_0},$$
$$x(t_k) = g(t_k, u(t_k), y(t_k)), \qquad \begin{aligned} t_k &\in \mathbf{T}, \\ k &= 0, 1, 2, \dots \end{aligned} \tag{4}$$

dabei ist analog zu den kontinuierlichen Systemen

$$u(t_k) = \begin{bmatrix} u_1(t_k) \\ u_2(t_k) \\ \vdots \\ u_n(t_k) \end{bmatrix}; \quad y(t_k) = \begin{bmatrix} y_1(t_k) \\ y_2(t_k) \\ \vdots \\ y_q(t_k) \end{bmatrix}; \quad x(t_k) = \begin{bmatrix} x_1(t_k) \\ x_2(t_k) \\ \vdots \\ x_p(t_k) \end{bmatrix}. \tag{5}$$

Die Gl. (4) beschreibt das Verhalten des Systemzustandes $u(t_k)$ im zukünftigen Zeitpunkt t_{k+1} auf Grund des Zustandes und des Wertes des Eingangssignalvektors zum Zeitpunkt t_k. Der Systemausgang $x(t_k)$ zum Zeitpunkt t_k wird durch den Systemzustand und das Eingangssignal zu eben diesem gleichen Zeitpunkt bestimmt. Auch im Falle der diskreten Systeme tritt eine direkte Abhängigkeit der Ausgangsgrößen nur dann auf, wenn direkte speicher-freie Verbindungen zwischen Systemein- und -ausgängen bestehen.

In der Praxis, vor allem bei dem Einsatz von Digitalrechnern zur Simulation dynamischer Systeme, wird es vielfach der Fall sein, daß die Abstände zwischen den diskreten Zeitereignissen äquidistant mit dem Intervall T auftreten. Selbst dann, wenn dies nicht der Fall sein sollte, wird man dies häufig, wie auch im folgenden immer, annehmen, da hierdurch die mathematische Behandlung der diskreten Systeme beachtlich erleichtert wird. Damit kann dann Gl. (4) vereinfacht angeschrieben werden zu

$$u((k+1)T) = f(kT, u(kT), y(kT)), \qquad u_0 = u(kT)\big|_{k = 0},$$
$$x(kT) = g(kT, u(kT), y(kT)), \qquad k = 0, 1, 2, \dots \tag{6}$$

und wenn man, wie häufig auch in dieser Darstellung, $T = 1$ normiert

$$u(k+1) = f(k, u(k), y(k)), \qquad u_0 = u(k)\big|_{k = 0},$$
$$x(k) = g(k, u(k), y(k)), \qquad k = 1, 2, \dots \tag{7}$$

5.3 Lineare diskrete Systeme

Ausgehend von den Definitionen des linearen kontinuierlichen Systems und Gl. (7) wird das lineare diskrete System durch das lineare zeitvariable Differenzengleichungssystem

$$u(k+1) = A(k)\,u(k) + B(k)\,y(k), \qquad u_0 = u(k)\big|_{k=k_0} \qquad (8)$$
$$x(k) \quad\;\; = C(k)\,u(k) + D(k)\,y(k),$$

beschrieben. Auch dieses Gleichungssystem, bzw. das hierdurch repräsentierte physikalische System, kann durch ein Matrixblockschaltbild ähnlich dem für lineare kontinuierliche Systeme veranschaulicht werden (Abb. VI.5.4). Dabei

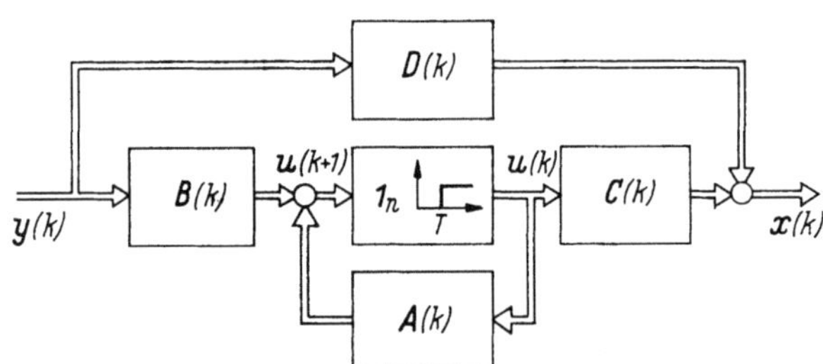

Abb. VI.5.4 Matrixblockschaltbild eines diskreten linearen Systems

bedeutet der die Variablen $u(k+1)$ und $u(k)$ verbindende Block, genauer das darin eingetragene Symbol der *Einheitsverschiebung*, daß hier n Glieder, die jeweils eine Einheitszeitverschiebung um den Betrag $T = 1$ bewirken, enthalten sind. Diese Einheitsverschiebungen oder die Einheitsverschiebungsoperatoren treten bei den diskreten Systemen an die Stelle der Integrierer bei kontinuierlichen Systemen. In der Praxis kann man diese Operatoren durch digitale Schieberegister oder durch ideale Totzeitglieder mit der Totzeit $T = 1$ realisieren. Für die rechnerische Praxis ist Gl. (8) aber vor allem als Rekursionsformel oder als Algorithmus zu deuten, mit dessen Hilfe ein diskreter Punkt der Trajektorie $u(k)$ im Zustandsraum $\mathbf{K}_n$ nach dem anderen in Abhängigkeit von den Anfangsbedingungen, dem Eingangssignal und den zeitvariablen Matrizen $A(k)$ und $B(k)$ berechnet wird.

Für das lineare zeitinvariante diskrete System gehen wieder, analog zu den Verhältnissen beim kontinuierlichen System, die Gln. (8) über in

$$u(k+1) = A\,u(k) + B\,y(k), \qquad u_0 = u(k)\big|_{k=0}, \qquad (9)$$
$$x(k) \quad\;\; = C\,u(k) + D\,y(k),$$

worin nun A, B, C und D konstante Matrizen sind und deshalb der Anfangszeitpunkt gleich Null genommen werden kann.

Setzt sich ein diskretes System aus mehreren Teilsystemen in Parallel-, Reihenoder Rückkopplungsschaltung so zusammen, daß diese Teilsysteme jeweils durch Differenzengleichungssysteme entsprechend Gl. (9) beschrieben werden, dann gelten die in Abschn. VI.3.5 für kontinuierliche Systeme besprochenen Gesetzmäßigkeiten analog, d. h., das Gesamtsystem hat eine Systemmatrix A, eine

Eingangsmatrix $\boldsymbol{B}$, eine Ausgangsmatrix $\boldsymbol{C}$ und eine Durchgangsmatrix $\boldsymbol{D}$, die sich aus denen der Teilsysteme in der gleichen oben besprochenen Weise zusammensetzen.

Die ein diskretes System beschreibende Differenzengleichung muß nicht immer gleich in der Normalform der Vektordifferenzengleichung 1. Ordnung vorliegen, sondern das zu behandelnde technische System kann durch ein Differenzengleichungssystem höherer Ordnung oder auch (im Falle des linearen Systems) durch die komplexe Übertragungsfunktion bzw. Matrix (Abschn. VI.5.9) beschrieben sein. Auch hier gelten dann die gleichen Regeln zur Gewinnung von Zustandsvariablenmodellen, die wir oben für Einfachsysteme schon besprochen haben bzw. in den Kap. VIII.3 und VIII.5 noch besprechen werden. Im Zeitbereich tritt als wesentliche Besonderheit nur auf, daß durchweg der Integrationsprozeß durch die Einheitsverschiebung ersetzt wird. Eine analoge Besonderheit für den Bildbereich wird in Abschn. VI.5.9 behandelt.

Das vorstehend Dargelegte soll für das Einfachsystem weiter ausgeführt werden. Wir betrachten die skalare Differenzengleichung n-ter Ordnung:

$$x\big((k+n)T\big)+a_n x\big((k+n-1)T\big)+\cdots+a_2 x\big((k+1)T\big)+a_1 x(kT)=b_1 y(kT), \quad (10)$$

$$k=0,1,2,\ldots$$

die das diskrete Einfachsystem in Abb. VI.5.5a beschreiben möge. Mit $T=1$ erhalten wir diese Gleichung auch in der hier durchweg benützten Notierung:

$$x(k+n)+a_n x(k+n-1)+\cdots+a_2 x(k+1)+a_1 x(k)=b_1 y(k); \quad k=0,1,2,\ldots$$

$$(10\,\mathrm{a})$$

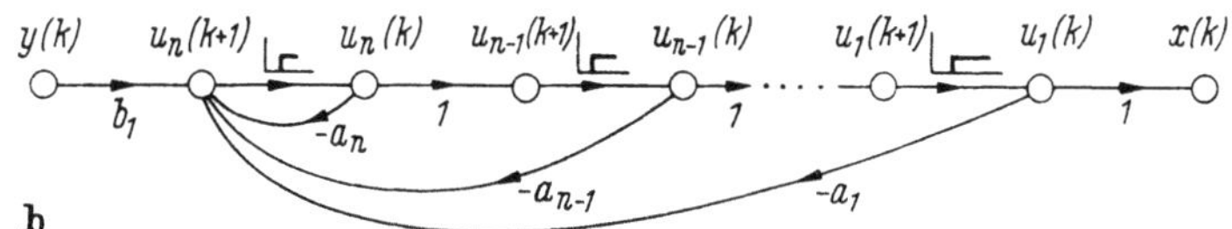

Abb. VI.5.5 Zur Ermittlung eines Zustandsvariablenmodells eines diskreten Übertragungssystems
a) Übertragungssystem; b) Signalflußdiagramm zu Gl. (11)

Substituieren wir in dieser Gleichung analog zu Gl. (VI.3.12) in dieser Weise

$$
\begin{aligned}
x(k) &= u_1(k),\\
x(k+1) &= u_2(k) = u_1(k+1),\\
x(k+2) &= u_3(k) = u_2(k+1),\\
&\cdots\cdots\cdots\cdots\cdots\cdots\cdots\cdots\\
x(k+n-1) &= u_n(k) = u_{n-1}(k+1),\\
x(k+n) &= u_n(k+1),
\end{aligned}
$$

dann findet man sogleich die zu Gl. (10) zugehörige Normalform der Vektordifferenzengleichung:

$$\begin{bmatrix} u_1(k+1) \\ u_2(k+1) \\ \vdots \\ u_{n-1}(k+1) \\ u_n(k+1) \end{bmatrix} = \begin{bmatrix} 0 & 1 & 0 & 0 & \ldots & 0 \\ 0 & 0 & 1 & 0 & \ldots & 0 \\ \multicolumn{6}{c}{\cdots\cdots\cdots\cdots\cdots\cdots\cdots} \\ 0 & 0 & 0 & 0 & \ldots & 1 \\ -a_1 & -a_2 & -a_3 & -a_4 & \ldots & -a_n \end{bmatrix} \begin{bmatrix} u_1(k) \\ u_2(k) \\ \vdots \\ u_{n-1}(k) \\ u_n(k) \end{bmatrix} + \begin{bmatrix} 0 \\ 0 \\ \vdots \\ 0 \\ b_1 \end{bmatrix} y(k),$$

$$x(k) = \begin{bmatrix} 1 & 0 & 0 & 0 & \ldots & 0 \end{bmatrix} \, u(k), \tag{11}$$

bei der auch die Systemmatrix wieder in FROBENIUS-kanonischer Form vorliegt. Unter Verwendung des Einheitsverschiebungsoperators läßt sich diese Gleichung auch durch ein Signalflußdiagramm (Abb. VI.5.5b) veranschaulichen. An diesem Beispiel sollte die Vorgehensweise deutlich geworden sein. Für kompliziertere Fälle können alle in den Abschn. VI.3.2, VI.3.3 und VI.3.4 besprochenen Methoden analog herangezogen werden, wenn man die in Abschn. VI.5.9 zu besprechenden Besonderheiten bei der Arbeit mit den komplexen Übertragungsfunktionen der Variablen z (Z-Transformierten) beachtet.

Vektordifferenzengleichungen der Form Gl. (9) treten auch dann auf, wenn die Eingangs- und Ausgangssignale kontinuierlicher Systeme mittels Impulsfolgen abgetastet werden. In Abschn. VI.5.10 werden wir bei der Behandlung solcher Systeme dann auch einen interessanten Zusammenhang zwischen den Koeffizientenmatrizen des kontinuierlichen und denen des abgetasteten Systems kennenlernen. Schließlich sei darauf hingewiesen, daß bei der näherungsweisen numerischen Behandlung gewöhnlicher Differentialgleichungen Differenzengleichungen der vorstehend betrachteten Form auftreten können. Ersetzt man in der Vektordifferentialgleichung 1. Ordnung

$$\dot{u}(t) = A\,u(t) + B\,y(t), \quad u_0 = u(t_0) \tag{12}$$

$\dot{u}(t)$ näherungsweise durch diese Differenz

$$\dot{u}(t) = \frac{u(t+T) - u(t)}{T},$$

dann kann für Gl. (12) näherungsweise geschrieben werden

$$u(t+T) = T\,A\,u(t) + u(t) + T\,B\,y(t).$$

Für kleine T und für die an den diskreten, um jeweils T auseinanderliegenden, Stellen t_k des Arguments t erhalten wir schließlich:

$$u((k+1)\,T) = [T\,A + 1]\,u(k\,T) + T\,B\,y(k\,T), \quad \begin{matrix} u_0 = u(k\,T)|_{k=0}, \\ k = 0, 1, \ldots \end{matrix} \tag{13}$$

als näherungsweise Lösung der Gl. (12).

Wenn dieser Weg, die Lösung einer gewöhnlichen Differentialgleichung näherungsweise numerisch zu bestimmen, auch gangbar ist, so ist doch darauf hinzuweisen, daß von der numerischen Mathematik wirksamere Integrationsverfahren bereitgestellt werden [VI.24].

5.4 Lösung der linearen Vektordifferenzengleichung

Wir betrachten zunächst die lineare homogene zeitvariable Vektordifferenzengleichung

$$u(k+1) = A(k)\,u(k); \quad \begin{matrix} u_0 = u(k_0), \\ k = k_0, k_0 + 1, k_0 + 2, \ldots; \quad k_0\text{: ganze Zahl} \end{matrix} \tag{14}$$

mit

$$u(k) = [u_1(k), \ldots, u_n(k)]^T.$$

In der einschlägigen mathematischen Literatur, z. B. [VI.26], wird gezeigt und bewiesen, daß diese Gleichung analog zu dem Fall der linearen gewöhnlichen Vektordifferentialgleichung n linear unabhängige Lösungen besitzt, die ein Fundamentalsystem oder die Spalten einer Fundamentalmatrix $\boldsymbol{\Phi}(k, k_0)$ bilden. Die Fundamentalmatrix ist die Lösung der Matrixdifferenzengleichung

$$X(k + 1) = A(k) X(k), \tag{15}$$

es ist also

$$\boldsymbol{\Phi}(k + 1, k_0) = A(k) \boldsymbol{\Phi}(k, k_0). \tag{16}$$

Diese Fundamentalmatrix $\boldsymbol{\Phi}$, der wir das gleiche Symbol wie der für kontinuierliche Systeme geben, was aber wegen der unterschiedlichen Argumente nicht zu Verwechslungen führen dürfte, hat diese Eigenschaften, die vollständig analog zu denen der Fundamentalmatrix $\boldsymbol{\Phi}(t, t_0)$ sind:

$$\boldsymbol{\Phi}(k, h) \neq \boldsymbol{0} \quad \text{für} \quad \text{alle} \ k, h = 1, 2, \ldots, \tag{17}$$

$$\boldsymbol{\Phi}(k, k) = \boldsymbol{1}, \tag{18}$$

$$\boldsymbol{\Phi}(k_1, k_2) = \boldsymbol{\Phi}^{-1}(k_2, k_1), \tag{19}$$

$$\boldsymbol{\Phi}(k_2, k_0) = \boldsymbol{\Phi}(k_2, k_1) \boldsymbol{\Phi}(k_1, k_0). \tag{20}$$

Aus den Gln. (16) und (18) folgt ferner diese Rekursionsbeziehung

$$\left.\begin{aligned}
\boldsymbol{\Phi}(k_0 + 1, k_0) &= A(k_0), \\
\boldsymbol{\Phi}(k_0 + 2, k_0) &= A(k_0 + 1) \boldsymbol{\Phi}(k_0 + 1, k_0) = A(k_0 + 1) A(k_0), \\
&\cdots\cdots\cdots\cdots\cdots\cdots\cdots\cdots\cdots\cdots\cdots\cdots\cdots\cdots \\
\boldsymbol{\Phi}(k, k_0) &= A(k - 1) A(k - 2) \ldots A(k_0 + 1) A(k_0).
\end{aligned}\right\} \tag{21}$$

Unter Benützung der Fundamentalmatrix lautet die Lösung des Anfangswertproblems für die homogene lineare Differenzengleichung (14):

$$\boldsymbol{\varphi}(k, u_0, k_0) = \boldsymbol{\Phi}(k, k_0) u_0, \quad k > k_0, \tag{22}$$

$$\boldsymbol{\varphi}(k, u_0, k_0) = A(k - 1) A(k - 2) \ldots A(k_0 + 1) A(k_0) u_0, \quad k > k_0. \tag{22a}$$

Insbesondere an der ausführlichen Darstellung der Lösung ist zu erkennen, daß auch dies eine Rekursionsformel ist, mit deren Hilfe, ausgehend von dem Anfangszustand u_0 zum Zeitpunkt k_0 (oder genauer $k_0 T$, wenn T nicht gleich 1 gesetzt ist), nacheinander die Werte des Zustandsvektors $u(k)$ für $k = k_0$, $k_0 + 1, k_0 + 2, \ldots$ numerisch berechnet werden können.

Im Falle des zeitinvarianten Systems

$$u(k + 1) = A u(k), \quad u_0 = u(k)|_{k=0} \tag{23}$$

lautet dann mit $A(k) = A$ für alle $k = 0, 1, 2, \ldots$ die aus (22) abgeleitete Lösung:

$$\boldsymbol{\varphi}(k, u_0, 0) = A^k u_0. \tag{24}$$

Als nächstes behandeln wir die inhomogene lineare Differenzengleichung:

$$u(k + 1) = A(k) u(k) + B(k) y(k), \quad \begin{aligned} u_0 &= u(k_0), \\ k &= k_0, k_0 + 1, k_0 + 2, \ldots \end{aligned} \tag{25}$$

Nachdem wir oben sahen, daß die Lösung der homogenen Gleichung durch Rekursion zu finden war, wird hier dieser Weg direkt versucht:

$$u(k_0 + 1) = A(k_0)\, u_0 + B(k_0)\, y(k_0),$$

$$u(k_0 + 2) = A(k_0 + 1)\, u(k_0 + 1) + B(k_0 + 1)\, y(k_0 + 1),$$

$$= A(k_0+1)\, A(k_0)\, u_0 + A(k_0+1)\, B(k_0)\, y(k_0) + B(k_0+1)\, y(k_0+1),$$

$$u(k_0 + 3) = A(k_0 + 2)\, A(k_0+1)\, A(k_0)\, u_0 + A(k_0+2)\, A(k_0+1)\, B(k_0)\, y(k_0) +$$

$$+ A(k_0+2)\, B(k_0+1)\, y(k_0+1) + B(k_0+2)\, y(k_0+2),$$

. . . .

Schreibt man z. B. $u(k_0 + 3)$ mit Hilfe der Fundamentalmatrix $\boldsymbol{\Phi}(k, k_0)$ unter Verwendung von (21):

$$u(k_0 + 3) = \boldsymbol{\Phi}(k_0+3, k_0)\, u_0 + \boldsymbol{\Phi}(k_0+3, k_0)\, \boldsymbol{\Phi}^{-1}(k_0+1, k_0)\, B(k_0)\, y(k_0) +$$

$$+ \boldsymbol{\Phi}(k_0+3, k_0)\, \boldsymbol{\Phi}^{-1}(k_0+2, k_0)\, B(k_0+1)\, y(k_0+1) +$$

$$+ \boldsymbol{\Phi}(k_0+3, k_0)\, \boldsymbol{\Phi}^{-1}(k_0+3, k_0)\, B(k_0+2)\, y(k_0+2),$$

dann gewinnt man hieraus die Lösung für den Zeitpunkt k durch Induktion:

$$\varphi_y(k, u_0, k_0) = \boldsymbol{\Phi}(k, k_0)\, u_0 + \boldsymbol{\Phi}(k, k_0) \sum_{l=k_0}^{k-1} \boldsymbol{\Phi}^{-1}(l+1, k_0)\, B(l)\, y(l), \quad k > k_0. \quad (26)$$

Auch hier soll der Index y bei φ genau wie bei kontinuierlichen Systemen auf die Inhomogenität der der Lösung zugrunde liegenden Gleichung hindeuten.

Mit den Eigenschaften (19) und (20) läßt sich diese Gleichung noch vereinfachen zu

$$\varphi_y(k, u_0, k_0) = \boldsymbol{\Phi}(k, k_0)\, u_0 + \sum_{l=k_0}^{k-1} \boldsymbol{\Phi}(k, l+1)\, B(l)\, y(l), \quad k > k_0. \quad (27)$$

Für die zeitinvariante inhomogene Differenzengleichung

$$u(k + 1) = A\, u(k) + B\, y(k), \quad u_0 = u(o) \quad (28)$$

folgt aus (27) die Lösung:

$$\varphi_y(k, u_0, o) = \boldsymbol{\Phi}(k, o)\, u_0 + \sum_{l=0}^{k-1} \boldsymbol{\Phi}(k, l+1)\, B\, y(l)$$

$$= A^k\, u_0 + \sum_{l=0}^{k-1} A^{(k-l-1)}\, B\, y(l), \qquad k > 0. \quad (29)$$

Mit den vorstehend dargestellten Lösungen für die Bestimmung des Zustandsvektors erhält man schließlich den Wert des Systemausgangssignals eines diskreten Übertragungssystems für den Zeitpunkt k (für $T = 1$) aus (8) zu:

$$x(k) = C(k)\, \boldsymbol{\Phi}(k, k_0)\, u_0 + \sum_{l=k_0}^{k-1} C(k)\, \boldsymbol{\Phi}(k, l+1)\, B(l)\, y(l) + D(k)\, y(k), \quad k > k_0 \quad (30)$$

für das zeitvariable und aus (9) für das zeitinvariante System:

$$x(k) = C\, A^k\, u_0 + \sum_{l=0}^{k-1} C\, A^{(k-l-1)}\, B\, y(l) + D\, y(k). \quad (31)$$

Ein Vergleich der hier gefundenen Ergebnisse mit denen für die linearen kontinuierlichen Systeme zeigt die große Analogie, die es gestattet, viele interessante

Ergebnisse der Systemtheorie der kontinuierlichen Systeme auch auf die diskreten Systeme zu übertragen.

5.5 Kontinuierliche Systeme mit getasteten Eingangssignalen

In diesem und den folgenden Abschnitten sollen einige wesentliche Ergebnisse der Theorie der abgetasteten Signale und Systeme kurz so dargestellt werden, daß wesentliche Zusammenhänge mit der Systemtheorie kontinuierlicher Systeme erkennbar werden. Ausführlichere und tiefergehende Darstellungen zur Theorie der Abtastung findet man z. B. in [VI.21, VI.22 und VI.27].

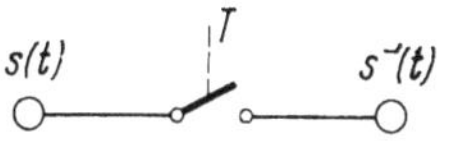

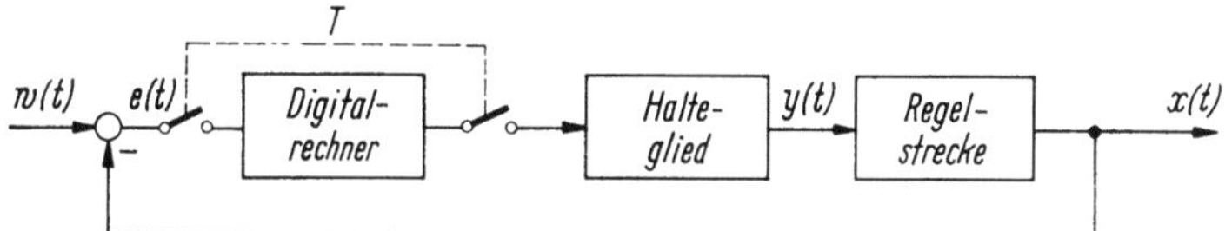

Abb. VI.5.6 Symbol des idealen Signalabtasters

Wir beschränken uns auf den einfachsten Fall der Abtasttheorie, den idealen periodischen Abtaster (Abb. VI.5.6). Dieser Abtaster verbindet alle T Sekunden die Klemmen 1 und 2 für eine im Grenzfall gegen Null strebende kurze Zeitspanne und erzeugt aus dem Signal $s(t)$ das Signal $s^{\prime}(t)$. Wenn bei technischen Abtastern der Schalter tatsächlich auch immer eine endliche Schließzeit hat, so bringt die Idealisierung doch beachtliche Vorteile bei der mathematischen Behandlung. Bei vielen technischen Systemen kann auch erreicht werden, daß die Schließzeit tatsächlich sehr klein gegenüber der Tastperiode T ist. Abtastungen, wie sie hier behandelt werden, treten z. B. in Regelungssystemen auf, bei denen Teile des Regelkreises (vorwiegend die Regler) mittels digitaler Rechenanlagen realisiert werden. In Abb. VI.5.7 ist das Prinzip einer digitalen Prozeßregelung skizziert. Das Fehlersignal $e(t)$ wird abgetastet z. B. allein schon durch

Abb. VI.5.7 Prinzip einer digitalen Prozeßregelung

den Takt der Rechenmaschine, normalerweise aber durch Meßstellenschalter, da ein Digitalrechner viele Regelkreise nacheinander bedienen wird. Aus dem abgetasteten Fehlersignal berechnet der Rechner eine Stellgröße, die periodisch einem Halteglied über einen zweiten Abtaster, der mit dem ersten synchron laufend angenommen wird, zugeführt wird. Das Halteglied, z. B. ein Servokreis, ein analoges Register o. ä., speichert die vom Rechner für den Abtastzeitpunkt berechnete Stellgröße über eine Periode T.

Abtastsysteme treten aber auch an anderer Stelle und aus anderen Gründen auf, z. B. bei Multiplexverfahren, bei denen Nachrichtenkanäle besser ausgenützt werden sollen, oder auch zur Verbesserung der Regeleigenschaften bzw. der Wirtschaftlichkeit von Regelungssystemen.

Tastet der ideale Abtaster eine kontinuierliche Zeitfunktion $s(t)$, beginnend zur Zeit $t = 0$ mit der Periode T, dann erzeugt er eine diskrete Folge (Abb. VI.5.8)

$$s^{\prime}(t_k^+) = s(k\,T), \quad k = 0, 1, 2, \ldots, \infty, \tag{32a}$$

die wir mit Hilfe der DIRACschen Deltafunktion symbolisch notieren wollen

$$s^{\smile}(t) = \sum_{k=0}^{\infty} s(t)\,\delta(t - k\,T^{+}), \quad k = 0, 1, 2, \ldots, \tag{32b}$$

da mit den Ausblendeigenschaften der Deltafunktion gilt:

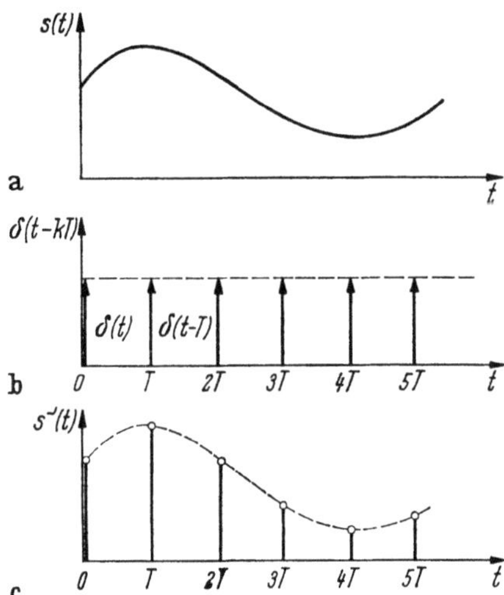

$$s(k\,T) = \int_{-\infty}^{\infty} s(t)\,\delta(t - k\,T)\,dt. \tag{33}$$

Das Pluszeichen t_k^{+} in Gl. (32) soll besagen, daß wir den Schaltpunkt als den rechtsseitigen Grenzwert betrachten wollen.

Wir benützen hier, in Abweichung von vielfach benützten Darstellungen in der Literatur, die sich ausschließlich mit Abtastsystemen befassen, ein anderes Symbol $\smile$ für die getasteten Signale, da die sonst übliche Kennzeichnung durch einen hochgestellten Stern hier für konjugiert transponierte Matrizen verwendet wurde. Das diskrete Signal $s^{\smile}(t)$ kann mehr physikalisch auch unter Berücksichtigung von (33) als Impulsmodulation, also als Modulation eines

Abb. VI.5.8 Symbolische Darstellung eines durch Abtastung aus einem kontinuierlichen Signal erzeugten diskreten Signals als Impulsmodulation mittels Deltaimpulses

aus Deltaimpulsen bestehenden Trägers durch die kontinuierliche Zeitfunktion $s(t)$, gedeutet werden (Abb. VI.5.8). Genauer muß man sagen, daß es sich hier um eine Impulsflächenmodulation handelt, da die mit (I.2.4) auf 1 normierte „Fläche" des Deltaimpulses mit dem Wert der Amplitude der Zeitfunktion $s(t)$ an der Stelle $t = kT$ multipliziert wird.

Den vorstehend für das Einfachsignal erklärten idealen Abtaster wollen wir auch für Signalvektoren verwenden (Abb. VI.5.9), wobei — wieder idealisiert —

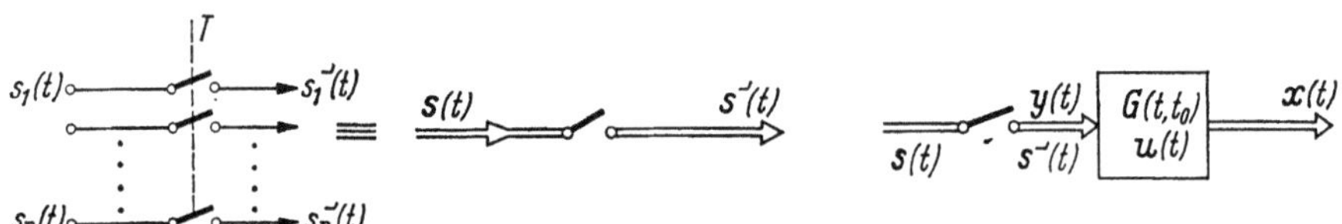

Abb. VI.5.9 Zur Definition des idealen Abtasters eines Signalvektors

Abb. VI.5.10 Mehrfachsystem mit getastetem Eingangssignalvektor

angenommen wird, daß in jedem der durch den Signalvektor $\mathbf{s}(t)$ zusammengefaßten Teilsignale ideale Abtaster vorhanden sind, die alle genau zum gleichen Zeitpunkt schalten. Dies ist für die Praxis eine beachtliche weitere Idealisierung, da dort normalerweise eine Abtastung in Mehrgrößensystemen immer nacheinander im Multiplexprinzip erfolgt. Diese Idealisierung ist aber wegen der großen theoretischen Vereinfachung angebracht, da dann der abgetastete Signalvektor in einfacher Erweiterung von Gl. (33) notiert werden kann zu:

$$\boldsymbol{s}^{\smallsmile}(t) = \begin{bmatrix} s_1^{\smallsmile}(t) \\ \vdots \\ s_p^{\smallsmile}(t) \end{bmatrix} = \sum_{k=0}^{\infty} \delta(t - k\,T^+)\,\boldsymbol{s}(t), \quad k = 0, 1, 2, \ldots \tag{34}$$

Wird einem kontinuierlichen linearen Übertragungssystem (Abb. VI.5.10), das durch seine dynamischen Gleichungen

$$\dot{\boldsymbol{u}}(t) = \boldsymbol{\Lambda}(t)\,\boldsymbol{u}(t) + \boldsymbol{B}(t)\,\boldsymbol{y}(t), \quad \boldsymbol{u}_0 = \boldsymbol{u}(t_0),$$
$$\boldsymbol{x}(t) = \boldsymbol{C}(t)\,\boldsymbol{u}(t) + \boldsymbol{D}(t)\,\boldsymbol{y}(t), \tag{35}$$

beschrieben wird, ein durch (32b) beschreibbares abgetastetes Eingangssignal zugeführt, dann kann die Trajektorie des Zustandsvektors $\boldsymbol{u}(t)$ und auch der Systemausgang mittels der Gln. (VI.4.26) bzw. (VI.4.30) beschrieben werden zu:

$$\boldsymbol{u}(t; \boldsymbol{u}_0, t_0) = \boldsymbol{\Phi}(t, t_0)\,\boldsymbol{u}_0 + \sum_{k=0}^{\infty} \int_{t_0}^{t} \boldsymbol{\Phi}(t, \tau)\,\boldsymbol{B}(\tau)\,\boldsymbol{y}(\tau)\,\delta(\tau - t_0 - k\,T)\,d\tau, \tag{36}$$
$$k = 0, 1, 2, \ldots,$$

$$\boldsymbol{x}(t) = \boldsymbol{C}(t)\,\boldsymbol{\Phi}(t, t_0)\,\boldsymbol{u}_0 + \sum_{k=0}^{\infty} \int_{t_0}^{t} \boldsymbol{C}(t)\,\boldsymbol{\Phi}(t, \tau)\,\boldsymbol{B}(\tau)\,\boldsymbol{y}(\tau)\,\delta(\tau - t_0\,k\,T)\,d\tau +$$
$$+ \sum_{k=0}^{\infty} \boldsymbol{D}(t)\,\delta(t - t_0 - k\,T)\,\boldsymbol{y}(t), \quad k = 0, 1, 2, \ldots \tag{37}$$

Die Auswertung solcher Ausdrücke ist wenig praktikabel, selbst für den Fall des zeitinvarianten Systems. Die Verhältnisse werden wesentlich übersichtlicher, wenn man sich nicht für den Verlauf von $\boldsymbol{u}(t)$ bzw. $\boldsymbol{x}(t)$ für beliebige Zeiten interessiert, sondern die Werte von $\boldsymbol{u}$ und $\boldsymbol{x}$ nur noch für die diskreten Zeitpunkte t_k, an denen die Eingangssignale getastet werden, betrachtet. Ferner soll und muß im folgenden vorausgesetzt werden, daß die Durchgangsmatrix $\boldsymbol{D}(t) \equiv \boldsymbol{0}$ ist, d. h., es soll keine direkte energiespeicherfreie Verbindung zwischen den Ein- und den Ausgangsklemmen des kontinuierlichen Systems bestehen.

Für die Lösung der dynamischen Gleichung, also für die Änderung des Zustandsvektors vom Zeitpunkt $k\,T^+$ zum Zeitpunkt $k\,T + T^-$, erhalten wir aus (36):

$$\boldsymbol{u}(k\,T + T^-; \boldsymbol{u}_k, k\,T^+) = \boldsymbol{\Phi}(k\,T^+ + T^-, k\,T^+)\,\boldsymbol{u}(k\,T^+) +$$
$$+ \int_{k\,T^+}^{k\,T + T^-} \boldsymbol{\Phi}(k\,T^+ + T^-, \tau)\,\boldsymbol{B}(\tau)\,\boldsymbol{s}(\tau)\,\delta(\tau - k\,T^+)\,d\tau, \quad k = 1, 2, \ldots \tag{38}$$

Mit Hilfe der Ausblendeigenschaft der Deltafunktion (I.2.5) und wenn wir zur vereinfachten Schreibweise $T = 1$ setzen wird hieraus

$$\boldsymbol{u}(k + 1) = \boldsymbol{\Phi}(k + 1, k)\,\boldsymbol{u}(k) + \boldsymbol{\Phi}(k + 1, k)\,\boldsymbol{B}(k)\,\boldsymbol{s}(k^+); \quad \begin{matrix} \boldsymbol{u}(k) = \boldsymbol{u}(t)\big|_{k\,T} \\ k = 0, 1, 2, \ldots \end{matrix} \tag{39}$$

Die vorstehend entwickelte Differenzengleichung erlaubt also, den Wert des Zustandsvektors für einen um die Periodendauer T späteren Zeitpunkt $k\,T + T$ zu bestimmen, wenn $\boldsymbol{u}(t)$ und $\boldsymbol{y}(t)$ für $t = k\,T$ und die Fundamentalmatrix $\boldsymbol{\Phi}(t, t_0)$ bekannt waren. In Gl. (38) deuten die $+$- bzw. $-$-Zeichen bei den diskreten Argumenten darauf hin, daß zum Zeitpunkt $k\,T$ der Deltaimpuls gerade aufgetreten war, aber zum um T späteren Zeitpunkt noch nicht auftrat. In Abb. VI.5.11 sind die Verhältnisse für die i-te Komponente von $\boldsymbol{u}$ und die j-te von $\boldsymbol{s}$ veranschaulicht.

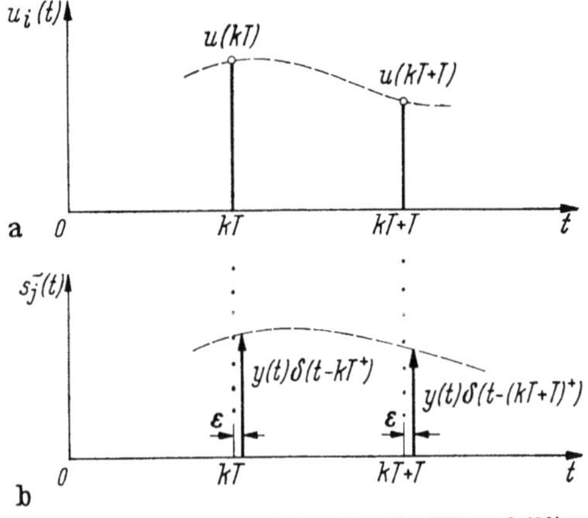

Abb. VI.5.11 Zur Interpretation der Gln. (38) und (39)

Für das Ausgangssignal eines kontinuierlichen Systems zum Zeitpunkt kT erhalten wir aus (37) und (39):

$$x(k) = C(k)\, u(k)$$

oder

$$x(k) = C(k)\, \boldsymbol{\Phi}(k, k-1)\, u(k-1) + C(k)\, \boldsymbol{\Phi}(k, k-1)\, y(k-1),$$
$$k = 1, 2, \ldots \quad (40)$$

Die Gln. (39) und (40) sind lineare Differenzengleichungen, die so interpretiert werden können, wie es in Abb. VI.5.12 angedeutet ist. Die Zustandsvariablen und die Ausgangssignale werden über fiktive, mit dem tatsächlich vorhandenen Eingangsabtaster synchron laufende Abtaster beobachtet.

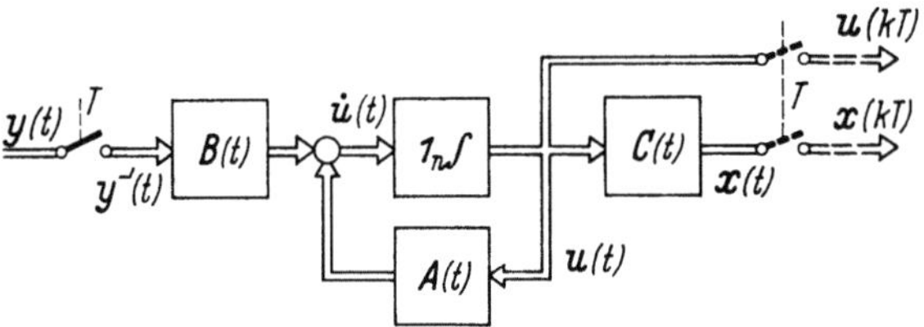

Abb. VI.5.12 Interpretation der diskretisierten Zustandsvariablen und Systemausgänge eines kontinuierlichen Systems mit getastetem Eingangssignalvektor

Für die Lösung praktischer Aufgaben ist es häufig interessanter, ein kontinuierliches Signal nicht nur abzutasten, sondern das abgetastete Signal zunächst einem Impulsformer oder Interpolator zuzuleiten, bevor es das nachgeschaltete kontinuierliche System erreicht (Abb. VI.5.13).

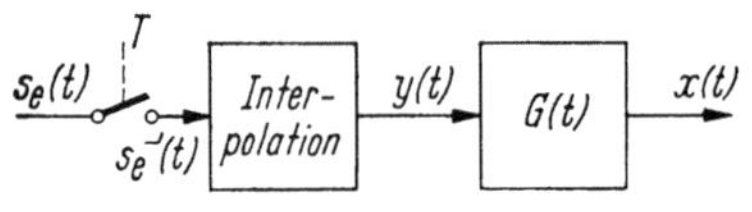

Abb. VI.5.13 Einfachsystem $G(t)$ mit abgetastetem Eingangssignal und nachgeschaltetem Interpolator

Dieser Interpolator dient dazu, aus dem abgetasteten Signal $s_e^{\sim}(t)$ das ursprüngliche Signal $s_c(t)$ näherungsweise wieder zu gewinnen. Dies u. a., um dem System $G(t)$ ein Eingangssignal $y(t)$ anzubieten, das $s_e(t)$ möglichst ähnlich ist, und um die am Eingang eines technischen Systems immer vorhandenen Stelleinrichtungen nicht zu stark durch die kurzen energiereichen Impulse $s_e^{\sim}(t)$ zu belasten.

Der einfachste und deshalb am häufigsten benützte Interpolator ist das *Halteglied nullter Ordnung*, das zum Zeitpunkt kT den Wert $s(kT)$ annimmt und bis zum Zeitpunkt $kT + T$ konstant hält oder speichert. Das Ausgangssignal dieses Haltegliedes ist also gekennzeichnet durch

$$y(t) = s_e(kT), \quad \text{für} \quad kT \leq t < kT = T. \quad (41)$$

In Abb. VI.5.14 ist die Wirkungsweise des Haltegliedes 0-ter Ordnung veranschaulicht. Betrachtet man jeweils einen Rechteckimpuls zwischen zwei Tastpunkten, dann kann man dieses Halteglied auch analytisch unter Verwendung der Einheitsschaltfunktion (I.2.2) beschreiben zu:

$$y(t) = s_e(k\,T)\,[1\,(t - k\,T) - 1\,(t - k\,T - T)], \qquad k = 0, 1, 2, \ldots \tag{42}$$

Das Halteglied 1. Ordnung erzeugt Rampenfunktionen mit einer Steigung, die proportional dem Signalwert zum Abtastpunkt kT ist. Im Prinzip sind beliebig komplizierte Halte- oder Interpolationsglieder denkbar, die ausgehend vom letzten Signalwert $s(kT)$ (oder den letzten Signalwerten) ein Signal erzeugen, das dem Signal $s(t)$ zum nächsten Schaltpunkt $kT + T$ so nahe wie möglich kommt.

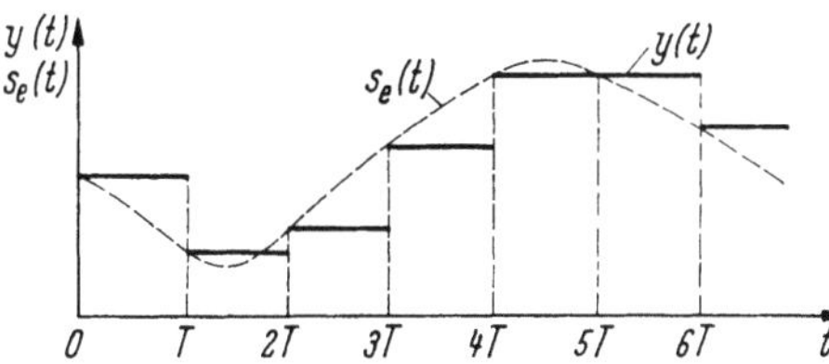

Abb. VI.5.14 Zur Wirkungsweise des Haltegliedes 0-ter Ordnung

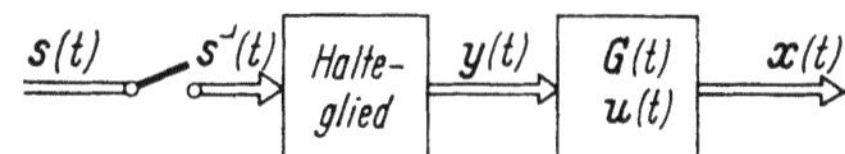

Abb. VI.5.15 Kontinuierliches System mit getastetem und gehaltenem Eingangssignal

Wir wollen uns hier auf das technisch mit Hilfe von Analogregistern oder Pulsformstufen leicht realisierbare Halteglied 0-ter Ordnung beschränken und von nun an nur vom Halteglied schlechthin sprechen. Enthält jede Komponente eines Signalvektors $s(t)$ ein Halteglied, dann können die Gln. (41) und (42) erweitert werden zu:

$$\boldsymbol{y}(t) = \boldsymbol{s}(k\,T) \quad \text{für} \quad k\,T \leqq t < k\,T + T, \tag{43}$$

$$\boldsymbol{y}(t) = \boldsymbol{s}(k\,T)\,[1\,(t - k\,T) - 1\,(t - k\,T - T)]. \tag{44}$$

Wir betrachten nun das kontinuierliche System mit getastetem und gehaltenem Eingangssignal (Abb. VI.5.15). Geht man analog vor, wie wir es oben für das System mit nur getastetem Eingangssignal taten, erhalten wir für den Zustandsvektor mit Gl. (4.30):

$$\boldsymbol{u}(t) = \boldsymbol{\Phi}(t, k\,T)\,\boldsymbol{u}(k\,T) + \int_{t_0}^{t} \boldsymbol{\Phi}(t, \tau)\,\boldsymbol{B}(\tau)\,\boldsymbol{s}(t_0 + k\,T)\,d\tau, \quad k\,T \leq t \leq (k+1)\,T.$$
$$k = 1, 2, \ldots \tag{45}$$

Interessieren wir uns wieder nur für den Wert $\boldsymbol{u}(t)$ zu dem Zeitpunkt $t = (k+1)\,T$, wenn $\boldsymbol{u}(t)$ für $t = k$ bekannt war, dann gilt, wenn wieder $T = 1$ gesetzt wird:

$$\boldsymbol{u}(k+1) = \boldsymbol{\Phi}(k+1, k)\,\boldsymbol{u}(k) + \int_{k}^{k+1} \boldsymbol{\Phi}(k+1, \tau)\,\boldsymbol{B}(\tau)\,d\tau\,\boldsymbol{s}(k)$$
$$= \boldsymbol{\Phi}(k+1, k)\,\boldsymbol{u}(k) + \boldsymbol{\Gamma}(k)\,\boldsymbol{s}(k), \qquad k = 0, 1, 2, \ldots \tag{46}$$

Für den diskretisierten Ausgang ist analog

$$\boldsymbol{x}(k) = \boldsymbol{C}(k)\,\boldsymbol{u}(k)$$

oder

$$\boldsymbol{x}(k) = \boldsymbol{C}(k)\,\boldsymbol{\Phi}(k, k-1)\,\boldsymbol{u}(k-1) + \boldsymbol{C}(k)\,\boldsymbol{\Gamma}(k-1)\,s(k-1), \quad k = 1, 2, \ldots \tag{47}$$

Die Beziehungen (46) und (47) geben z. B. auch an, welchen Satz von Differenzengleichungen man auf einem Digitalrechner programmieren muß, wenn das diskrete System einem kontinuierlichen System mit getastetem *und* gehaltenem Eingangssignal für die Tastzeitpunkte dynamisch äquivalent sein soll (Abb. VI.5.16).

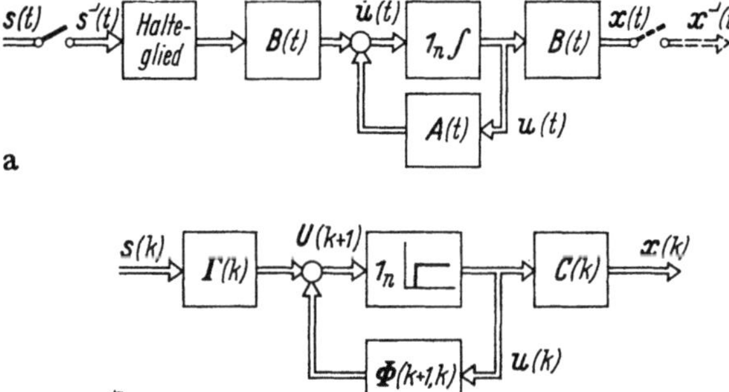

Abb. VI.5.16 Zur Äquivalenz eines getasteten kontinuierlichen Systems a) zu einem diskreten System b)

Von besonderem Interesse, da dann analytisch leichter auswertbar, sind die Gln. (46) und (47) für das zeitinvariante System:

$$\boldsymbol{u}(k\,T + T) = \boldsymbol{\Phi}(k\,T + T, k\,T)\,\boldsymbol{u}(k\,T) + \int\limits_{k\,T}^{k\,T + T} \boldsymbol{\Phi}(k\,T + T, \tau)\,\boldsymbol{B}\,\boldsymbol{s}(k\,T)\,d\tau$$

$$= e^{A(k\,T + T - k\,T)}\,\boldsymbol{u}(k\,T) + \int\limits_{k\,T}^{k\,T + T} e^{A(k\,T + T - \tau)}\,d\tau\,\boldsymbol{B}\,\boldsymbol{s}(k\,T),$$
$$k = 0, 1, 2, \ldots$$

Mit der Variablen $\tilde{\tau} = kT + T - \tau$ wird hieraus auch

$$\boldsymbol{u}(k\,T + T) = e^{A\,T}\,\boldsymbol{u}(k\,T) + \int\limits_{0}^{T} e^{A\,\tilde{\tau}}\,d\tilde{\tau}\,\boldsymbol{B}\,\boldsymbol{s}(k\,T), \quad k = 0, 1, 2, \ldots$$

$$= e^{A\,T}\,\boldsymbol{u}(k\,T) + \boldsymbol{M}\,\boldsymbol{B}\,\boldsymbol{s}(k\,T). \tag{48}$$

Da $e^{A\,T}$ und auch die Matrix $\int\limits_{0}^{T} e^{A\,\tau}\,d\tau$ Konstantenmatrizen sind, deren Elemente wesentlich nur von der jeweils gewählten Abtastperiode T abhängen, kann Gl. (48) in die gewohnte Form der zeitinvarianten Differenzengleichung geschrie-

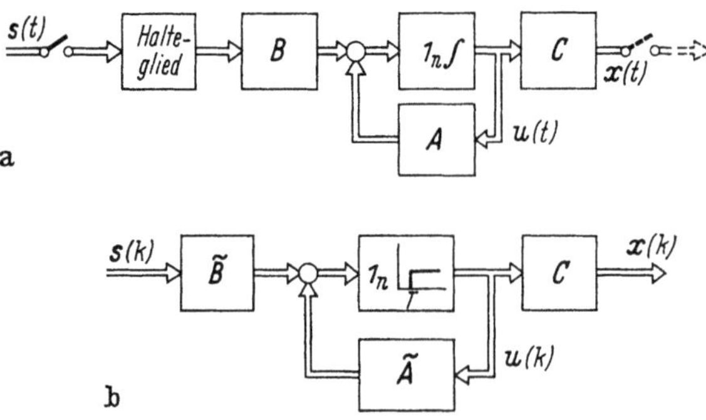

Abb. VI.5.17 Äquivalente zeitinvariante Systeme

ben und zusammen mit der Gleichung für den Systemausgang angeschrieben werden zu

$$u((k+1)\,T) = \tilde{A}\,u(k\,T) + \tilde{B}\,s(k\,T), \quad k = 0,1,2,\ldots, \tag{49}$$
$$x(k\,T) \qquad = C\,u(k\,T),$$

womit das äquivalente diskrete System zum kontinuierlichen zeitinvarianten System mit getastetem und gehaltenem Eingangssignal eine besonders übersichtliche Form hat (Abb. VI.5.17).

An einem einfachen Beispiel soll das vorstehende noch etwas mehr veranschaulicht werden. In Abb. VI.5.18a ist ein Einfachsystem mit der komplexen Übertragungsfunktion $F(s) = \dfrac{1}{s(s+1)}$ gezeigt, dessen Eingang mit der Periode T sec getastet und dann jeweils für die Periodendauer gespeichert — gehalten — wird. Gesucht ist eine äquivalente Differenzengleichung, die das Verhalten des Systems für die Tastzeitpunkte kT exakt beschreibt. Mit

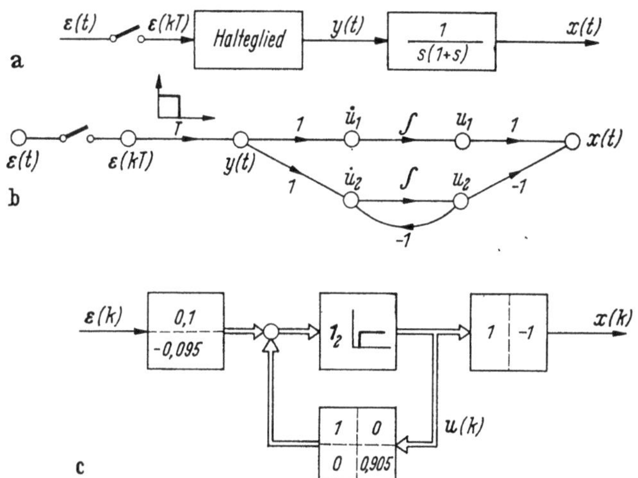

Abb. VI.5.18 Beispiel zur Ermittlung eines äquivalenten diskreten Systems für $T = 0,1$ sec

Hilfe der in Abschn. VI.3.2 behandelten Methoden lautet ein dynamisches Gleichungssystem im Zeitbereich für das kontinuierliche System in Paralleldarstellung:

$$\begin{bmatrix} \dot{u}_1(t) \\ \dot{u}_2(t) \end{bmatrix} = \begin{bmatrix} 0 & 0 \\ 0 & -1 \end{bmatrix} \begin{bmatrix} u_1(t) \\ u_2(t) \end{bmatrix} + \begin{bmatrix} 1 \\ 1 \end{bmatrix} y(t),$$
$$x(t) = \begin{bmatrix} 1 & -1 \end{bmatrix}\,u(t).$$

Dazu ist in Abb. VI.5.18b ein Signalflußdiagramm angegeben, in das symbolisch auch der Abtaster und das Halteglied eingetragen sind. Die Fundamentalmatrix $\boldsymbol{\Phi}(t - t_0)$ des kontinuierlichen Teilsystems, dessen Systemmatrix A als Diagonalmatrix vorliegt, lautet mit den in Abschn. VII.3.5 zu besprechenden Gesetzmäßigkeiten und wenn $t_0 = 0$ ist:

$$\boldsymbol{\Phi}(t - t_0) = e^{At} = \begin{bmatrix} e^{0t} & 0 \\ 0 & e^{-1t} \end{bmatrix} = \begin{bmatrix} 1 & 0 \\ 0 & e^{-t} \end{bmatrix}.$$

Damit kann die Matrix $\tilde{A}$ des äquivalenten diskreten Systems gemäß Gl. (48) bestimmt werden zu

$$\tilde{A} = \boldsymbol{\Phi}(T) = e^{AT} = \begin{bmatrix} 1 & 0 \\ 0 & e^{-T} \end{bmatrix}.$$

Der Wert der Elemente dieser Matrix — hier in dem sehr einfachen Beispiel des Elements $\Phi_{22}(t)$ — hängt nun nur noch von der Wahl der Abtastperiode T ab. Wählt man z. B.

$T = 0,1$ sec, dann bestimmt man mit dem Rechenschieber oder einem Tafelwerk $e^{-0,1} \sim 0,905$, also

$$e^{A\,0,1} = \begin{bmatrix} 1 & 0 \\ 0 & 0,905 \end{bmatrix}.$$

Für die Matrix M in (48) erhalten wir

$$M = \int\limits_0^T e^{A\tau}\,d\tau = \begin{bmatrix} \int\limits_0^{0,1} 1\,d\tau & 0 \\ 0 & \int\limits_0^{0,1} e^{-\tau}\,d\tau \end{bmatrix} = \begin{bmatrix} 0,1 & 0 \\ 0 & 0,095 \end{bmatrix}.$$

Mit $B = \begin{bmatrix} 1 \\ 1 \end{bmatrix}$ wird $MB = \begin{bmatrix} 0,1 \\ 0,095 \end{bmatrix}$.

Damit ist das äquivalente diskrete System ermittelt zu

$$u(k+1) = \begin{bmatrix} 1 & 0 \\ 0 & 0,905 \end{bmatrix} u(k) + \begin{bmatrix} 0,1 \\ 0,095 \end{bmatrix} y(k),$$

$$x(k) = [\,1 \quad -1\,]\,u(k),$$

das in Abb. VI.5.18c als Matrixblockschaltbild skizziert ist.

Ändert man die Abtastzeit T, dann erhält man entsprechend andere äquivalente Systeme. Da die hier vorzunehmenden Rechenoperationen recht einfacher Natur sind — auch die Fundamentalmatrix kann selbst dann leicht numerisch ermittelt werden, wenn die Systemmatrix A nicht in Diagonalform vorliegt — können einfache Rechenprozeduren für den Digitalrechner aufgestellt werden. Läßt man dann äquivalente Systeme für verschiedene Werte T berechnen, dann kann der Bearbeiter eines praktischen Problems entweder eine günstige Abtastperiode für eine Rechnerregelung auswählen oder er wählt T so, daß die weitere Analyse eines tatsächlich vollständig kontinuierlichen Systems mit Hilfe des Digitalrechners Ergebnisse liefert, die hinreichend genau sind; d. h. zum Beispiel, daß die Eigenwerte des diskreten Systems nahe genug denen des untersuchten kontinuierlichen liegen.

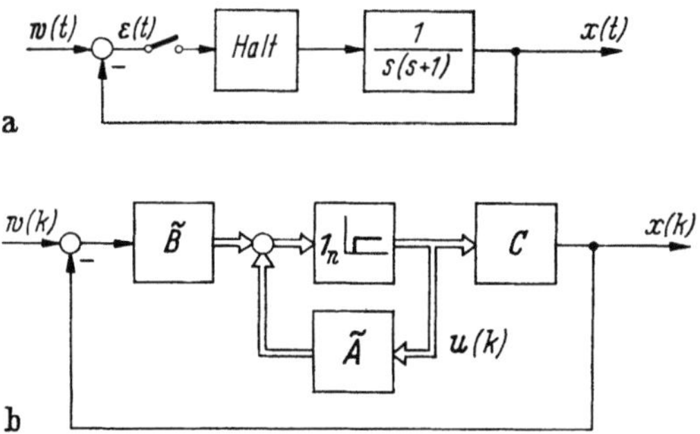

Abb. VI.5.19 Beispiel zur Ermittlung eines äquivalenten Systems

Ergänzt man das System des vorstehenden Beispiels durch eine Einheitsrückkopplung, wie es in Abb. VI.5.19 angedeutet ist, dann lauten die Differenzengleichungen des äquivalenten Systems

$$u(k+1) = \tilde{A}\,u(k) + \tilde{B}[w(k) - x(k)],$$

$$x(k) = C\,u(k),$$

$$u(k+1) = (\tilde{A} - \tilde{B}\,C)\,u(k) + \tilde{B}\,w(k),$$

$$x(k) = C\,u(k).$$

Mit den oben für $T = 0{,}1$ berechneten Matrizen $\tilde{A}$ und $\tilde{B} = M\,B$ erhalten wir die Differenzengleichung des rückgekoppelten Systems

$$\boldsymbol{u}(k+1) = \begin{bmatrix} 0{,}9 & 0{,}1 \\ -0{,}095 & 1 \end{bmatrix} \cdot \boldsymbol{u}(k) + \begin{bmatrix} 0{,}1 \\ 0{,}095 \end{bmatrix} w(k),$$

$$x(k) \quad = [\ \ 1 \quad -1\ ] \cdot \boldsymbol{u}(k),$$

die für eine Tastperiode von $T = 0{,}1$ das ursprüngliche Problem äquivalent beschreibt.

5.6 Die Übertragungsmatrix des diskreten Systems

Bei den linearen diskreten, durch Differenzengleichungen beschriebenen Systemen existiert eine, der Gewichtsfunktion $G(t)$ bzw. der Matrix $\boldsymbol{G}(t)$ dieser Funktionen für kontinuierliche Systeme analoge Kenngröße, die das Klemmenverhalten im Zeitbereich charakterisiert und die dann in einer Superpositionsbeziehung ähnlich dem Superpositionsintegral Verwendung finden kann.

Wir führen als erstes eine neue Einheitsfunktion, die diskrete Einheitsimpulsfunktion $\delta(k - l)$ ein, die wie folgt definiert wird:

$$\delta(k - l) = \begin{cases} 0 & \text{für} \quad k \neq l, \\ 1 & \text{für} \quad k = l, \end{cases} \quad k, l = \ldots, -1, 0, 1, 2, \ldots \quad (50)$$

Diese Funktion ist nichts anderes als der KRONECKERsche Deltaoperator in einer etwas anderen Notierung, als sie sonst vielfach üblich ist. In Abb. VI.5.20 ist diese Funktion als Signal veranschaulicht. Mit Hilfe dieses Deltaoperators können weitere Analogiebeziehungen zwischen den kontinuierlichen und den diskreten Systemen hergestellt werden, doch darf der Operator $\delta(k - l)$ keinesfalls mit der DIRACschen Deltafunktion $\delta(t - \tau)$ verwechselt werden, die als Distribution in Abschn. I.2.2 eingeführt war und oben auch zur Beschreibung des Abtastvorganges herangezogen wurde. Mit

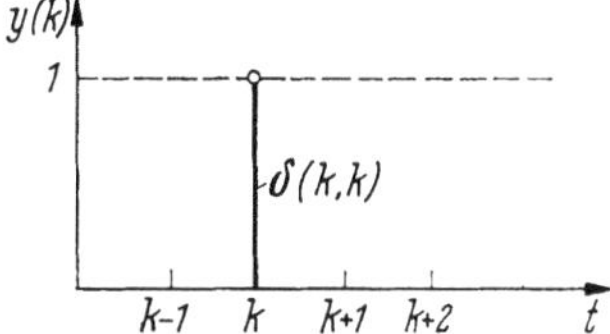

Abb. VI.5.20 Zur Definition der diskreten Einheitsimpulsfunktion $\delta(k - l)$

Gl. (50) läßt sich eine diskrete Zeitfunktion $f(k)$ — also eine Zahlenfolge — in der geschlossenen Form einer unendlichen Reihe notieren, die weiter unten noch nützlich ist:

$$\{f(k)\} = \ldots f(-1)\,\delta(k+1) + f(o)\,\delta(k) + f(1)\,\delta(k-1) + \cdots$$

$$= \sum_{l=-\infty}^{\infty} f(l)\,\delta(k-l), \quad k = \ldots, -1, 0, 1, 2, \ldots \quad (51)$$

Als nächstes betrachten wir das lineare zeitinvariante Einfachsystem, das in Abb. VI.5.21 als Blockschaltbild dargestellt ist. Erregen wir das in Ruhe befindliche System zum Zeitpunkt $k = 0$ mit einem Einheitsimpuls:

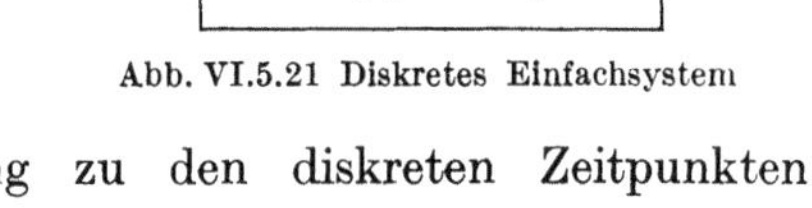

$$y(k) = \delta(k-0) = \begin{cases} 1 & \text{für} \quad k = 0, \\ 0 & \text{für} \quad k \neq 0, \end{cases}$$

Abb. VI.5.21 Diskretes Einfachsystem

dann beobachten wir am Systemausgang zu den diskreten Zeitpunkten $k = 1, 2, \ldots, n$ die Ausgangsfunktionswerte

$$x(k) = G(k), \quad k = 1, 2, \ldots, n, \quad (52)$$

die wir als *Einheitsimpulsantwort* des diskreten Systems bezeichnen und die zur Gewichtsfunktion $G(t)$ eines kontinuierlichen Systems eine analoge Rolle spielt. In Gl. (52) ist durch den mit 1 beginnenden Index angedeutet, daß das System keine direkten Verbindungen vom Ein- zum Ausgang hat. Es kann also frühestens zu einem um T späteren Zeitpunkt $k = 1$ eine Reaktion zeigen. Wegen der vorausgesetzten Linearität und Homogenität des Systems ist für einen beliebig großen Impuls im Zeitpunkt $k = 0$, also $y(0) = c\,\delta(k - 0)$ das Ausgangssignal des Systems die mit $y(0)$ multiplizierte Impulsantwort:

$$x(k) = G(k) \cdot y(0) = G(k) \cdot c, \quad k = 1, 2, 3, \ldots \tag{53}$$

Wirkt ein Impuls zum Zeitpunkt $k = 1$, also $y(1) = c\,\delta(k - 1)$, dann ist

$$x(k) = G(k - 1) \cdot y(1), \quad k = 2, 3, 4, \ldots$$

oder für einen zum Zeitpunkt l einwirkenden Impuls

$$x(k) = G(k - l) \cdot y(l), \quad k = l + 1, l + 2, \ldots \tag{54}$$

Die diskrete Funktion $G(k - l)$ gibt also an, welchen Wert das Ausgangssignal zum Zeitpunkt k hat, wenn ein Impuls der Höhe $y(e)$ zum Zeitpunkt l das System erregte. Da das System, wie alle hier betrachteten, nicht antizipierend sein soll, muß immer gelten

$$G(k - l) = 0 \quad \text{für} \quad k < l + 1. \tag{55}$$

Wirkt auf das System eine Impulsfolge am Eingang ein

$$y(l) = \sum_{m=0}^{\infty} y(m)\,\delta(l - m), \quad l = 1, 2, \ldots, \infty,$$

dann überlagern sich die Teilwirkungen am Ausgang zu

$$x(k) = \sum_{l=0}^{k-1} G(k - l)\,y(l), \quad k = 1, 2, \ldots, \infty \tag{56}$$

oder mit Gl. (51)

$$\{x(k)\} = \sum_{r=0}^{\infty} \sum_{l=0}^{k-1} G(k - l)\,y(r)\,\delta(l - r). \tag{57}$$

Diese Gleichungen stellen in zwei verschiedenen Notierungen die Faltungssummation für diskrete Systeme dar, die anstelle des Faltungsintegrals für kontinuierliche Systeme tritt. Substituiert man $r = k - l$ in (56), dann erhält man auch diese Form

$$x(k) = \sum_{r=1}^{k} G(r)\,y(k - r) = \sum_{r=-\infty}^{k} G(r)\,y(k - r), \quad k = 1, 2, \ldots, \tag{58}$$

wobei (55) verwendet wurde.

Interessant ist auch, die Zahlenfolgen der letzten Gleichung als Matrizengleichung zu schreiben:

$$\begin{bmatrix} x(1) \\ x(2) \\ x(3) \\ \vdots \\ x(k) \end{bmatrix} = \begin{bmatrix} G(1) & 0 & 0 & 0 & \ldots & 0 \\ G(2) & G(1) & 0 & 0 & \ldots & 0 \\ G(3) & G(2) & G(1) & 0 & \ldots & 0 \\ \cdots & \cdots & \cdots & \cdots & \cdots & \cdots \\ G(k) & \cdots & \cdots & \cdots & \cdots & G(1) \end{bmatrix} \begin{bmatrix} y(0) \\ y(1) \\ y(2) \\ \vdots \\ y(k - 1) \end{bmatrix}. \tag{59}$$

Diese mit $k \to \infty$ unendlich dimensionale Matrix $\tilde{G}(k) = [G(k)]$ wird auch als Übergangsmatrix des diskreten Einfachsystems bezeichnet. Es ist hierbei zu beachten, daß bei den diskreten Systemen auch bei den Systemen mit nur einem Ein- und einem Ausgang die das Übertragungsverhalten wesentlich charakterisierende Funktion [die Zahlenfolge $G'(k)$] eine Matrix ist, deren Elemente Glieder einer im Grenzfall unendlichen Zahlenfolge darstellen. Im Falle des diskreten Mehrgrößensystems (Abb. VI.5.22) kann man zwischen jedem Eingang $y_j(k)$ und jedem Ausgang $x_i(k)$ eine Einheitsimpuls- antwort finden bzw. definieren, wenn man jeweils auf einen Eingang die Einheits- impulsfunktion $y_j(k) = \delta(k - 0)$ wirken läßt und dann alle p Ausgänge $x_i(k)$ beob-

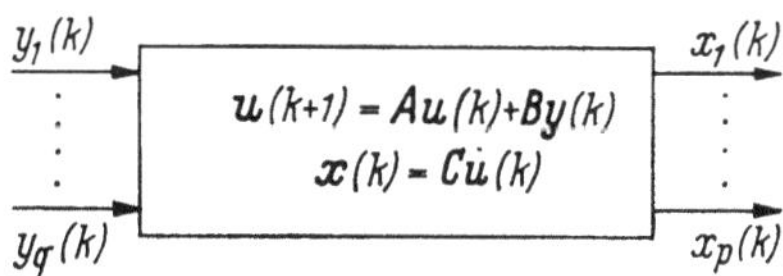

Abb. VI.5.22 Diskretes Mehrfachsystem

achtet bzw. berechnet, also die Impulsantwortfunktion $G_{ij}(k)$ gewinnt. Damit lautet dann die Superpositionssumme für eine beliebige Eingangsfunktion $y_j(k)$ und den Ausgang $x_i(k)$ mit Gl. (58):

$$x_{ij}(k) = \sum_{r=1}^{k} G_{ij}(r)\, y_j(k - r), \qquad \left\{ \begin{array}{l} k = 1, 2, \dots\dots, \\ i = 1, 2, \dots, p, \\ j = 1, 2, \dots, q. \end{array} \right. \qquad (60)^1$$

Wir wollen hier nun, genau wie für das Superpositionsintegral bzw. das Fal- tungsprodukt, für die Faltungssumme eine symbolische Abkürzung einführen, mit der dann (60) abgekürzt geschrieben wird zu

$$x_{ij}(k) = G_{ij}(k) * y_j(k), \qquad \begin{array}{l} i = 1, 2, \dots, p, \\ j = 1, 2, \dots, q. \end{array} \qquad (61)$$

Auch hier ist bei der analogen Notierung der Unterschied zu den kontinuier- lichen Systemen nur an dem anderen Argument zu erkennen, da verabredet ist, daß das Argument k eine Abkürzung für die diskreten Zeitpunkte t_k im Falle der äquidistanten Verteilung mit der Periode T bedeutet, während im Falle der kontinuierlichen Systeme das dort verwendete Argument t kontinuierlich alle Werte der reellen Zahlen annehmen kann. Wirken Eingangssignale an allen q Eingängen, dann liefert (61):

$$x_i(l) = \sum_{j=1}^{q} x_{ij}(l) = \sum_{j=1}^{q} G_{ij}(k) * y_j(l). \qquad (62)$$

Faßt man nun wieder die Signalkomponenten zu Vektoren und die Einheits- impulsantworten zu einer Matrix zusammen, dann wird aus (62)

$$\boldsymbol{x}(k) = \boldsymbol{G}(k) * \boldsymbol{y}(k), \qquad (62\,\mathrm{a})$$

eine Beziehung, die der in (III.4.7) entspricht. Schreibt man diese Gleichung bzw. Gl. (60) aber ausführlich, dann sieht man, daß mit $k \to \infty$ auch $\boldsymbol{G}(k)$ einer unendlich-dimensionalen Übergangsmatrix $\tilde{G}(k)$, ähnlich der beim Einfach- system nur noch umfangreicher, entspricht. Denn wenn man die Zahlenfolgen der diskreten Eingangssignale $y_j(k)$ und die Ausgangsvektoren $x_i(k)$ zu k-dimen-

---

[1] x_{ij} bedeutet das i-te Ausgangssignal unter dem Einfluß eines am j-ten Eingang wir- kenden Signals.

sionalen Vektoren zusammenfaßt, erhält man analog zu Gl. 59 des Einfachsystems für (62) ausgeschrieben:

$$
\begin{bmatrix} x_1(1) \\ x_1(2) \\ \vdots \\ x_1(k) \\ x_2(1) \\ x_2(2) \\ \vdots \\ x_p(k) \end{bmatrix} = \begin{bmatrix} G_{11}(1) & 0 & \dots\dots & 0 & G_{12}(1) & \dots & 0 \\ G_{11}(2) & G_{11}(1) & \dots\dots & 0 \\ \dots\dots\dots\dots\dots\dots\dots\dots\dots\dots\dots\dots \\ G_{11}(k) & \dots\dots\dots\dots & G_{11}(1) & G_{12}(k) & \dots & G_{1q}(1) \\ G_{21}(1) & 0 & \dots\dots & 0 \\ G_{21}(2) & G_{21}(1) & \dots\dots & 0 \\ G_{p1}(k) & \dots\dots\dots\dots & G_{p1}(1) & \dots\dots\dots\dots & G_{pq}(1) \end{bmatrix} \begin{bmatrix} y_1(0) \\ y_1(1) \\ \vdots \\ y_1(k-1) \\ \vdots \\ \vdots \\ y_q(k-1) \end{bmatrix} \quad (63)
$$

Die Matrix $\widetilde{G}(k)$ setzt sich also aus Dreiecksmatrizen $\widetilde{G}_{ij}(k)$ als Elemente zusammen

$$
\widetilde{G}_{ij}(k) = \begin{bmatrix} G_{ij}(1) & 0 & 0 & \dots\dots & 0 \\ G_{ij}(2) & G_{ij}(1) & 0 & \dots\dots & 0 \\ G_{ij}(3) & G_{ij}(2) & G_{ij}(1) & \dots\dots & 0 \\ \dots\dots\dots\dots\dots\dots\dots\dots\dots\dots\dots \\ G_{ij}(k) & \dots\dots\dots\dots\dots & G_{ij}(1) \end{bmatrix}, \quad (64)
$$

$$
\widetilde{G}(k) = \begin{bmatrix} \widetilde{G}_{11}(k) & \widetilde{G}_{12}(k) & \dots & \widetilde{G}_{1q}(k) \\ \dots\dots\dots\dots\dots\dots\dots\dots \\ \widetilde{G}_{p1}(k) & \widetilde{G}_{p2}(k) & \dots & \widetilde{G}_{pq}(k) \end{bmatrix}. \quad (63\text{a})
$$

Ähnlich wie oben für die zeitvarianten kontinuierlichen Systeme die zeitabhängi-
gen Gewichtsfunktionen $G(t, t_1)$ bzw. die Matrizen $G(t, t_1)$ als die Systemantworten zur Zeit t als Reaktionen auf zur Zeit t_1 wirkende Einheits- (DIRAC-)
Impulse definiert wurden, werden für die linearen diskreten zeitvarianten Systeme
die Einheitsimpulsantworten $G(k, k_0)$ bzw. $G(k, k_0)$ definiert, womit dann aus
(58) bzw. (60) wird:

$$
x(k) = \sum_{l=k_0}^{k} G(l, k_0)\, y(k - l), \qquad k = k_0 + 1, k_0 + 2, \dots, \quad (65)
$$

$$
x_i(k) = \sum_{l=k_0}^{k} G_{ij}(l, k_0)\, y_j(k - l), \qquad \left.\begin{array}{l} k = k_0 + 1, k_0 + 2, \dots, \\ i = 1, 2, \dots, p, \\ j = 1, 2, \dots, q. \end{array}\right\} \quad (66)
$$

Für die durch ideale periodische Abtastung aus kontinuierlichen Systemen entstandenen diskreten Systeme besteht ein einfacher Zusammenhang zwischen der
Gewichtsfunktion $G(t, t_1)$ bzw. Gewichtsmatrix $G(t, t_1)$ des kontinuierlichen
Systemteils und der Einheitsimpulsantwort des diskreten Gesamtsystems. Für
die Systeme in Abb. VI.5.23a bzw. VI.5.23b gilt

$$
x(k) = G(k, k_0)\, s(k_0) \quad \text{für} \quad s(k_0) = \delta(k - k_0), \quad k = k_0 + 1, k_0 + 2, \dots \quad (67)
$$

bzw.

$$
x_i(k) = G_{ij}(k, k_0)\, s_j(k_0), \quad \text{für} \quad s_j(k_0) = \delta(k - k_0),
$$
$$
l = k_0 + 1, k_0 + 2, \dots, \quad (68)
$$

mit

$$G(k, k_0) = G(t, t_0)\big|_{\substack{t_0 = k_0 \\ t = k_0 + k}} \qquad (69)$$

bzw.

$$\boldsymbol{G}(k, k_0) = [G_{ij}(k, k_0)] = [G_{ij}(t, t_0)]\big|_{\substack{t_0 = k_0 \\ t = k_0 + k}}. \qquad (70)$$

In Abb. VI.5.24 ist als einfaches Beispiel die Einheitsimpulsantwort $G(k)$ des abgetasteten kontinuierlichen Systems 1. Ordnung gezeigt, das die Gewichtsfunktion $G(t) = 1(t)\, e^{-t}$ hat.

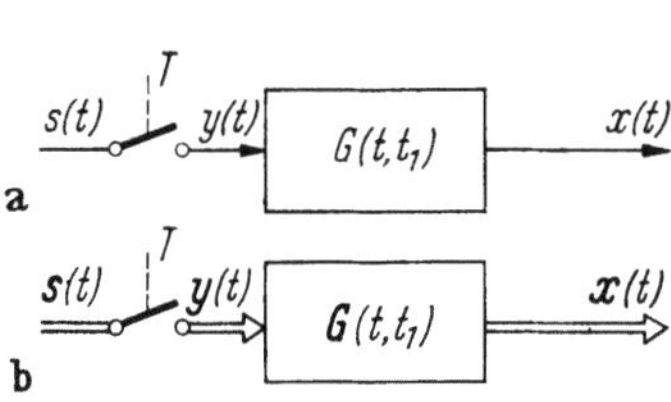

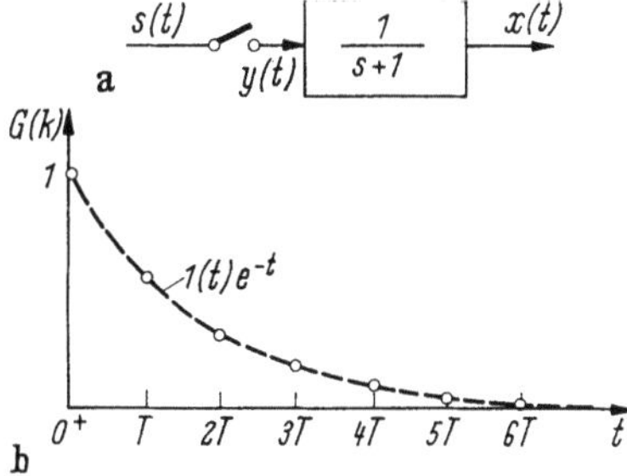

Abb. VI.5.23 Zur Einheitsimpulsantwort der getasteten kontinuierlichen Systeme

Abb. VI.5.24 Einheitsimpulsantwort $G(k)$ des abgetasteten kontinuierlichen Einfachsystems 1. Ordnung

5.7 Einführung der z-Transformation

In den vorstehenden Abschnitten wurde dargestellt, wie diskrete lineare Systeme im Zeitbereich analysiert werden können. Insbesondere bei der Benützung von Zustandsvariablenmodellen zeigte sich eine beachtliche Analogie zwischen den für lineare kontinuierliche Systeme geltenden Beziehungen und Kenngrößen und denen für die diskreten Systeme. In den letzten Jahren hat sich gezeigt, daß diese, auf den Zustandsraummodellen aufbauenden Methoden, vor allem im Zeitbereich für die numerische Behandlung mittels Rechenmaschinen ganz besonders geeignet sind. Dadurch haben auf der anderen Seite die Transformationsmethoden, wie z. B. die LAPLACE- und die FOURIER-Transformation, an Bedeutung etwas verloren, da sie für die numerische Auswertung vor allem mittels Digitalrechner erhebliche Schwierigkeiten bereiten. Für die meisten zeitvariablen linearen wie auch für alle nichtlinearen Systeme sind sie ohnehin nicht anwendbar. Die Behandlung der linearen zeitinvarianten Systeme mittels, durch Transformationen gewonnenen, komplexen Signal- und Systemkenngrößen erlaubt allerdings, einige wichtige, in der Nachrichtentechnik entwickelte, Analyse- und Syntheseverfahren auf Regelungssysteme anzuwenden. Besonders sind die für zusammengeschaltete Systeme geltenden Regeln der Blockschaltbildalgebra vielfach sehr nützlich. Aus diesen Gründen, vor allem aber, um die auch für die transformierten Systeme geltenden engen Analogien aufzuzeigen, sollen im folgenden wesentliche Eigenschaften der für diskrete Systeme entwickelten Methoden der Transformation in den Bildbereich der komplexen Variablen dargestellt werden. Diese unter dem Namen z-Transformation bekannten Methoden sind z. B. in der Literatur [VI.5, VI.21, VI.25 und VI.27] über lineare Abtastsysteme ausführlicher behandelt, als es hier aus Gründen des zur Verfügung stehenden Platzes und des in diesem Band gesetzten Zieles möglich ist.

Die Einführung einer Transformation für diskrete Zeitfunktionen und dann auch für lineare zeitinvariante diskrete Systeme erfolgt aus den gleichen Gründen, aus denen die LAPLACE-Transformation für kontinuierliche Systeme eingeführt wurde. Mit Hilfe der z-Transformation werden die lineare diskrete Systeme beschreibenden Differenzengleichungen in lineare algebraische Gleichungen umgeformt, die häufig einfacher in geschlossener Form behandelt werden können als die ersteren. Zum anderen gibt eine Untersuchung der dann entstehenden rationalen Funktionen oft einen besseren Einblick in das Systemverhalten. Die z-Transformation kann dabei einmal axiomatisch als Transformation zur Behandlung diskreter Zeitfunktionen eingeführt werden. Ein anderer Weg, der häufig in der regelungstechnischen Literatur begangen wird, besteht darin, die z-Transformation über die LAPLACE-Transformation zu gewinnen. Dies wird besonders dann gerne getan, wenn durch komplexe Übertragungsfunktionen beschriebene kontinuierliche Systeme Teile eines Abtastsystems sind. Da wir in diesem Band das Gewicht mehr auf die Behandlung von Regelungssystemen im Zeitbereich legen, wird hier die z-Transformation über die diskreten Zeitfunktionen eingeführt und dann erst weiter unten in Beziehung zur LAPLACE-Transformation gesetzt.

Die z-Transformation eines diskreten Zeitsignals $f(kT)$ ist als unendliche Potenzreihe in der komplexen Variablen z^{-1} erklärt: Die Koeffizienten dieser Reihe sind die Werte der Zeitfunktion:

$$F(z) = \mathfrak{Z}\{f(kT)\} = \sum_{k=0}^{\infty} f(kT)\, z^{-k}, \quad z = u + iv. \tag{71}$$

Im folgenden werden wir auch häufig wieder $T = 1$ setzen und erhalten die äquivalente Form

$$F(z) = \mathfrak{Z}\{f(k)\} = \sum_{k=0}^{\infty} f(k)\, z^{-k}. \tag{71a}$$

In der mathematischen Literatur z. B. über stochastische Prozesse spricht man bei einer solchen Darstellung einer diskreten Funktion mittels unendlicher Potenzreihen auch von erzeugenden Funktionen. Solche Funktionen sind durchaus nicht auf positive Werte des Arguments k oder auf Zeitfunktionen beschränkt. Wenn bei der Behandlung diskreter stochastischer Signale diese Signale auch für negative Zeitpunkte k betrachtet werden müssen, wollen wir uns hier aus Gründen einer einfacheren und übersichtlicheren Darstellung auf solche Zeitfunktionen beschränken, für die

$$f(k) = 0, \quad k < 0 \tag{72}$$

gilt. Diese Funktionen sind für die Regelungstechnik besonders wichtig und reichen auch aus, die uns wesentlich interessierenden komplexen Übertragungsfunktionen diskreter Systeme abzuleiten.

Eine Potenzreihe ist für die praktische Auswertung nur dann von Interesse, wenn sie für interessierende Werte des Arguments konvergiert. In der mathematischen Literatur, z. B. [VI.29], ist dieser Satz über die Konvergenz von Potenzreihen bewiesen:

Satz 1. Die Potenzreihe $F(z) = \sum\limits_{k=0}^{\infty} f(k)\, z^{-k}$ konvergiert absolut für

$$\varrho = |z| > r,$$

wenn gilt:

a) $\qquad\qquad |f(k)| < \infty \qquad$ für alle $\quad 0 < k < \infty,$

b) $\qquad\qquad |f(k)| < M\, r^k \quad$ für $\quad k > N,$

wobei M, N und r konstante positive Zahlen sind.

Definition 7. Die kleinste Zahl r, für die $F(z)$ absolut mit $\varrho = |z| > r$ konvergiert, heißt Konvergenzradius.

Der Konvergenzradius r ist mittels des Kriteriums von CAUCHY und HADAMARD [VI.29] zu bestimmen, wobei im Falle mehrerer existierender Grenzwerte der größte zu nehmen ist:

Satz 2. Der Konvergenzradius r wird bestimmt durch die Formel

$$r = \lim_{k \to \infty} \sup |f(k)|^{1/k}. \tag{73}$$

In Abb. VI.5.25 ist das durch die vorstehend aufgeführten Definitionen und Sätze festgelegte Konvergenzgebiet schraffiert angedeutet. Beachtenswert ist, daß über die Werte von z, die direkt auf dem Konvergenzradius liegen, nichts ausgesagt ist; gegebenenfalls müssen hierfür jeweils getrennte Untersuchungen vorgenommen werden. Aus der Definition der z-Transformation als Potenzreihe folgt noch dieser Satz:

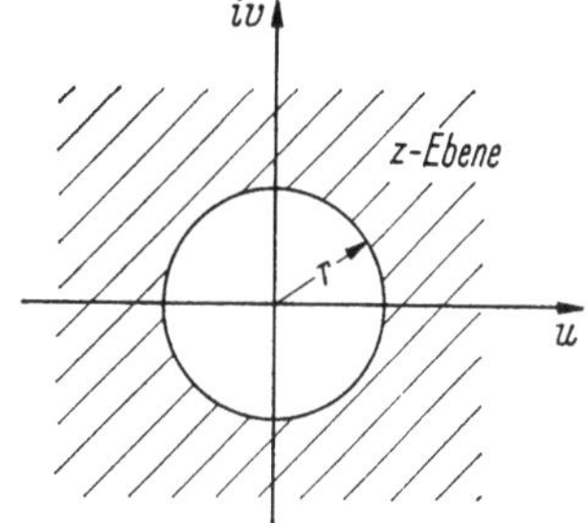

Abb. VI.5.25
Zur Definition des Konvergenzradiuses der z-Transformation

Satz 3. $F(z)$ ist für das Gebiet $|z| > r$ analytisch, wenn $F(z)$ für $|z| > r$ absolut konvergiert.

Die wesentliche Folgerung hieraus ist die, daß dann, wenn $F(z)$ Singularitäten hat, diese innerhalb oder auf dem Kreis mit dem Radius r um den Ursprung der z-Ebene liegen müssen.

Die Potenzreihe (71) hat die für die praktische Anwendung wichtige Eigenschaft, daß für viele interessante diskrete Zeitfunktionen geschlossene analytische Ausdrücke angegeben werden können. In Tafel VI.5 sind die Korrespondenzen einiger Zeitfunktionen, die wichtige Signale beschreiben, zusammengestellt. Neben der Zeitfunktion $f(kT)$ und der zugehörigen Transformierten $F(z)$ wurde auch die LAPLACE-Transformierte $F(s)$ des analogen kontinuierlichen Systems mitaufgeführt. An dieser Stelle sei aber auf eine wichtige Reihe hingewiesen, die der Ableitung vieler anderer Korrespondenzen zugrunde liegt: Für $f(kT) = a^{kT}$ ergibt (71)

$$F(z) = \sum_{k=0}^{\infty} a^{kT}\, z^{-k}. \tag{74}$$

Die geometrische Reihe r^k hat die Summe $S = \sum\limits_{l=0}^{k} r^l = \dfrac{1 - r^k}{1 - r}$. Setzt man hierin $r = a^T z^{-1}$ ein und läßt $k \to \infty$ gehen, findet man den geschlossenen Ausdruck

$$F(z) = \frac{1}{1 - a^T z^{-1}} \quad \text{für} \quad |z| > |a^T|, \tag{74a}$$

oder auch mit $T = 1$

$$F(z) = \frac{1}{1 - a\,z^{-1}},$$

woraus dann auch mit $a = 1$ die Korrespondenz für die Einheitsfolge $1\,(k)$, dem Analogon der Einheitssprungfunktion für kontinuierliche Signale, folgt

$$1\,(k) = \begin{cases} 0 & \text{für} \quad k < 0, \\ 1 & \text{für} \quad k = 0, 1, 2, \ldots, \end{cases} \tag{75}$$

$$F(z) = \mathfrak{Z}\{1\,(k)\} = \frac{1}{1 - z^{-1}}. \tag{76}$$

Bevor im nächsten Abschnitt wichtige Eigenschaften der z-Transformation zusammengestellt werden, soll nun noch kurz die inverse Transformation besprochen werden, mit der einer Potenzreihe in z^{-1} eine diskrete Zeitfunktion, d. h. eine diskrete Folge $f(k)$, zugeordnet wird:

$$f(k) = \mathfrak{Z}^{-1}\{F(z)\} = \mathfrak{Z}^{-1}\left\{ \sum_{k=0}^{\infty} f(k)\,z^{-k} \right\}. \tag{77}$$

Ein einfacher Weg, für ein $F(z)$ das zugehörige $f(k)$ zu finden, ist im zweiten Teil der vorstehenden Definition der inversen Transformation schon angedeutet, nämlich die Entwicklung von $F(z)$ in eine Potenzreihe in z^{-1}. Die dann auftretenden Koeffizienten $f(k)$ sind die Werte der gesuchten Zahlenfolge $f(k)$.

Ist $F(z)$ eine gebrochen rationale Funktion der Form

$$F(z) = \frac{Z(z)}{N(z)}, \tag{78}$$

dann kann man $F(z)$ z. B. durch fortgesetzte Division des Zählers durch den Nenner in die gewünschte Potenzreihe entwickeln.

Beispiel:

$$F(z) = \frac{-z + 4z^2}{-1 - z + 2z^2}.$$

Erweiterung mit $\dfrac{z^{-2}}{z^{-2}}$ ergibt $F(z) = \dfrac{4 - z^{-1}}{2 - z^{-1} - z^{-2}}$. Führt man nun die Division aus, erhält man den Anfang der unendlichen Reihe:

$$F(z) = 2 + 0{,}5z^{-1} + 1{,}25z^{-2} + 0{,}875z^{-3} + \cdots.$$

Eine geschlossene und elegante Formel für die Rücktransformierte folgt aus der Tatsache, daß $F(z)$ in (74) eine LAURENT-Reihe ist. Die Entwicklungskoeffizienten einer komplexen Funktion in eine solche Reihe sind gegeben durch

$$f(k) = \frac{1}{2\pi i} \oint_C F(z)\,z^{k-1}\,dz. \tag{79}$$

Der geschlossene Integrationsweg C ist so zu legen, daß alle Singularitäten des Integranden $F(z)\,z^{k-1}$ umschlossen werden. Dann kann Gl. (79) mittels der Residuenrechnung ausgewertet werden, so daß wir auch schreiben können

$$f(k) = \sum_{\nu} \operatorname*{Res}_{z\,-\,z_\nu} F(z)\,z^{k-1}. \tag{79a}$$

Tafel VI.5. *z-Transformierte einiger Signale*

Bez.	Diskrete Zeitfunktion $f(kT)$		$F(z)$	$F(s)$
Diskrete Einheits-impulsfunktion	$\delta(kT)$ $k = 0$	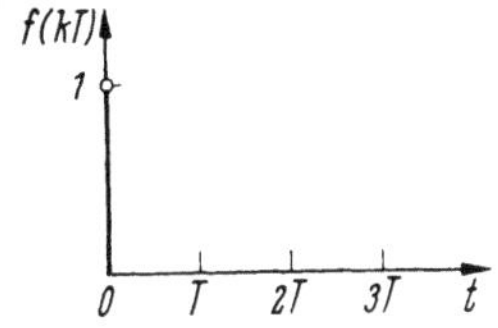	z^{-0}	1
Diskrete Einheits-impulsfunktion	$\delta(kT - lT)$ $k = l$	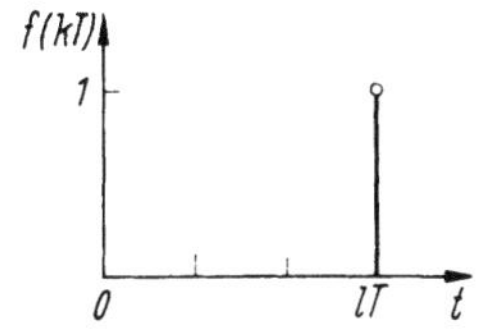	z^{-1}	e^{-kTs}
Einheitsimpulsfolge (diskreter Einheits-sprung)	$1(kT)$ $k = 0, 1, \ldots$	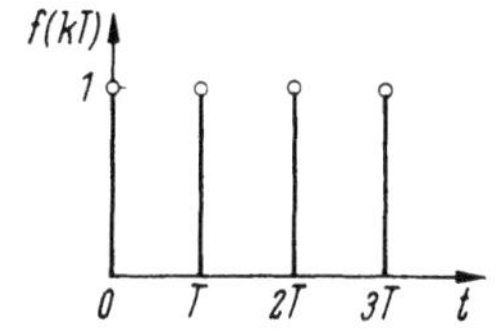	$\dfrac{1}{1 - z^{-l}}$	$\dfrac{1}{s}$
Diskrete Rampen-funktion	kT	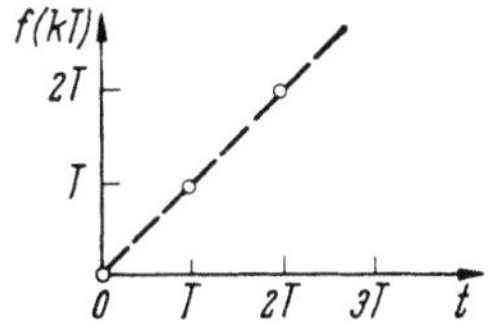	$\dfrac{T\,z^{-1}}{(1 - z^{-1})^2}$	$\dfrac{1}{s^2}$
Potenzfunktion	a^{kT}	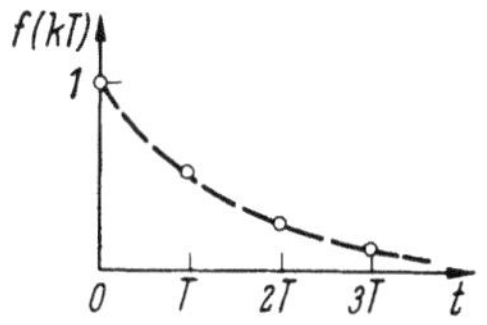	$\dfrac{1}{1 - a^T z^{-1}}$	$\dfrac{1 - e^s}{s(a - e^s)}$
Exponent.-Funktion	e^{-akT}	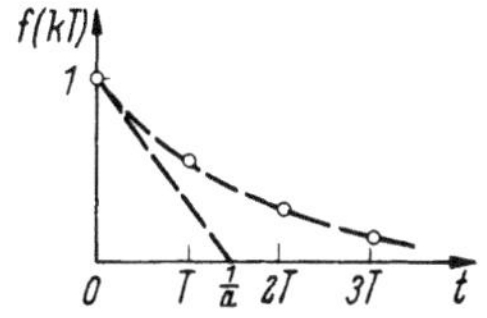	$\dfrac{1}{1 - e^{-aT} z^{-1}}$	$\dfrac{1}{s + a}$
Harmonische Erregung	$\sin\omega\, kT$	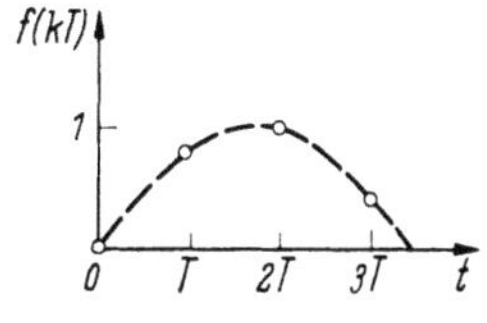	$\dfrac{1 - z^{-1}\cos\omega\, T}{1 - z^{-1}\, 2\cos\omega\, T + z^{-2}}$	$\dfrac{\omega}{s^2 + \omega^2}$

5.8 Einige Eigenschaften der z-Transformation

Wir wollen nun kurz einige der wichtigsten Eigenschaften der z-Transformation besprechen, die in Tafel VI.6 zusammengestellt sind.

a) Linearität

Wenn $F_1(z) = \mathfrak{Z}\{f_1(k)\}$ und $F_2(z) = \mathfrak{Z}\{f_2(k)\}$ ist, dann folgt aus der Definition der z-Transformation

$$\mathfrak{Z}\{a\,f_1(k) + b\,f_2(k)\} = \sum_{k=0}^{\infty} [a\,f_1(k) + b\,f_2(k)]\,z^{-k} = a\,F_1(z) + b\,F_2(z). \tag{80}$$

b) Translation

Für die Behandlung von Differenzengleichungen ist die Bestimmung der z-Transformierten einer zunächst um eine Zeiteinheit T vorwärts verschobenen diskreten Zeitfunktion von großer praktischer Bedeutung. Die in Tafel VI.6 unter Nr. 4 angegebene Beziehung erhält man in diesen Schritten:

$$\mathfrak{Z}\{f(k+1)\} = \sum_{k=0}^{\infty} f(k+1)\,z^{-k} = z \sum_{k=0}^{\infty} f(k+1)\,z^{-(k+1)}$$

$$= z \left[\sum_{k=0}^{\infty} f(k)\,z^{-k} - f(0) \right] = z\,F(z) - z\,f(0). \tag{81}$$

Mit (72) folgt analog für die um T rückwärts verschobene Funktion (Nr. 5 in Tafel VI.6):

$$\mathfrak{Z}\{f(k-1)\} = \sum_{k=0}^{\infty} f(k-1)\,z^{-k} = z^{-1} \sum_{k=0}^{\infty} f(k-1)\,z^{-(k-1)}$$

$$= z^{-1} \sum_{k=0}^{\infty} f(k)\,z^{-k} = z^{-1}\,F(z). \tag{82}$$

Mit diesen Beziehungen können nun die in Abschn. VI.5.5 eingeführten Signalflußdiagramme für lineare diskrete Systeme, z. B. Abb. VI.5.5 b, auch (einfacher) im Bildbereich dargestellt werden, indem der Einheitsverschiebungsoperator nun durch z^{-1} repräsentiert wird (Abb. VI.5.26). Wird eine Funktion $f(k)$ um kT Einheiten vor- oder zurückverschoben, dann können die vorstehend gezeigten Ableitungen entsprechend wiederholt werden, und man gelangt durch Induktion zu den unter Nr. 6 und 7 in Tafel VI.6 angegebenen Beziehungen.

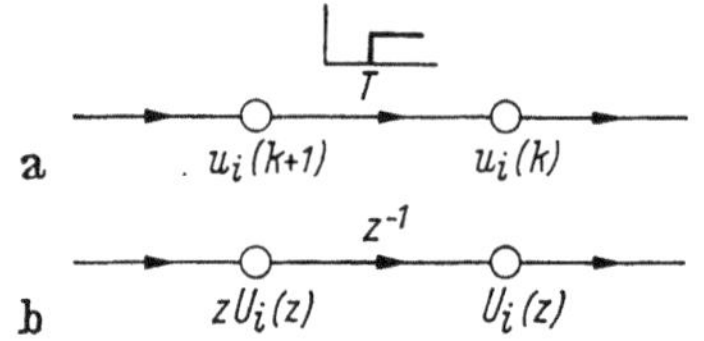

Abb. VI.5.26
Zur Darstellung des Einheitsverschiebungsoperators im Signalflußdiagramm
a) im Zeitbereich; b) im Bildbereich

c) Differenzenoperatoren

In der der Behandlung von Differenzengleichungen gewidmeten Literatur sind der Vorwärts-Differenzenoperator Δ bzw. der Rückwärts-Differenzenoperator ∇ definiert zu

$$\Delta f(k) = f(k+1) - f(k) \tag{83}$$

bzw.

$$\nabla f(k) = f(k) - f(k-1). \tag{84}$$

Mit Hilfe von (81) und (82) entwickelt man leicht die z-Transformierten dieser Operatoren zu

$$\mathfrak{Z}\{\Delta f(k)\} = (z-1)\,F(z) - z\,f(0), \tag{85}$$

$$\mathfrak{Z}\{\nabla f(k)\} = (1 - z^{-1})\,F(z). \tag{86}$$

Tafel VI.6. *Definitionen und Eigenschaften der z-Transformation*

Nr.	$f(kT)$ abgekürzt: $f(k)$	$F(z)$
1	$f(k)$	$\mathfrak{Z}\{f(k)\} = \sum\limits_{k=0}^{\infty} f(k)\, z^{-k}$
2	$\mathfrak{Z}^{-1}\{F(z)\} = \dfrac{1}{2\pi i} \oint F(z)\, z^{k-1}\, dz$	$F(z)$
3	$a\, f_1(k) \pm b\, f_2(k)$	$a\, F_1(z) \pm b\, F_2(z)$
4	$f(k+1)$	$z\, F(z) - z\, f(0)$
5	$f(k-1)$	$z^{-1}\, F(z)$
6	$f(k+1)$	$z^l\, F(z) - z^l \sum\limits_{i=0}^{l=0} f(i)\, z^{-i}$
7	$f(k-1)$	$z^{-l}\, F(z)$
8	$f(a\, k)$	$F(z^{1/a})$
9	$a^k\, f(k)$	$F(a^{-1}\, z)$
10	$k^l\, f(k)$	$(-z)^l\, \dfrac{dz^l}{d^l}\, F(z)$
11	$f(k) = \sum\limits_{l=1}^{k} f_1(k-l)\, f_2(l)$	$F(z) = F_1(z)\, F_2(z)$
12	$f_1(k)\, f_2(k)$	$\dfrac{1}{2\pi i} \oint \xi^{-1}\, F_1(\xi)\, F_2(\xi^{-1} z)\, d\xi$
13	Parsevalsches Theorem: $\sum\limits_{k=0}^{\infty} f_1(k)\, f_2(k) = \dfrac{1}{2\pi i} \oint z^{-1}\, F_1(z)\, F_2(z^{-1})\, dz$	
14	$f(0) = \lim\limits_{z\to\infty} F(z)$	
15	$f(\infty) = \lim\limits_{z\to 1} (1 - z^{-1})\, F(z)$	

d) Faltungssummation

Die unter Nr. 11 in Tafel VI.6 angegebene wichtige Beziehung für die Faltungssummation kann so abgeleitet werden, daß zunächst beide Seiten von

$$f(k) = \sum_{l=0}^{k} f_1(k-l)\, f_2(l)$$ der z-Transformation unterworfen werden:

$$\mathfrak{Z}\{f(k)\} = \mathfrak{Z}\left\{ \sum_{l=0}^{\infty} f_1(k-l)\, f_2(l) \right\} = \mathfrak{Z}\{f_1(k) * f_2(k)\},$$

$$F(z) = \sum_{k=0}^{\infty} z^{-k} \sum_{l=0}^{k} f_1(k-l)\, f_2(l) = \sum_{k=0}^{\infty} z^{-k} \sum_{l=0}^{\infty} f_1(k-l)\, f_2(l).$$

Da eine Potenzreihe, die absolut konvergiert auch gleichmäßig konvergiert, darf die Reihenfolge der Summationen in der vorstehenden Beziehung vertauscht werden:

$$F(z) = \sum_{l=0}^{\infty} f_2(l) \sum_{k=0}^{\infty} f_1(k-l)\, z^{-k}.$$

Substituiert man nun $k - l = i$, dann ist auch $k = l + i$ bzw. für $k = 0$ ist $i = -l$, womit wir erhalten

$$F(z) = \sum_{l=0}^{\infty} f_2(l)\, z^{-l} \sum_{i=-l}^{\infty} f_1(i)\, z^{-i},$$

oder, da wegen (72) $f(k) = 0$ für $k < 0$ sein soll, schließlich

$$F(z) = \sum_{l=0}^{\infty} f_2(l)\, z^{-l} \sum_{i=0}^{\infty} f_1(i)\, z^{-i} = F_1(z)\, F_2(z). \tag{87}$$

e) Beziehung zwischen der z-Transformation und der Laplace-Transformation

Mit den bisher dargestellten Gesetzmäßigkeiten für diskrete Zeitfunktionen und der für sie definierten z-Transformation kann nun relativ einfach der gewünschte und für die Untersuchung linearer Übertragungssysteme wichtige Zusammenhang zwischen der z-Transformation und der LAPLACE-Transformation hergestellt werden. Deutet man, wie oben in Abschn. VI.5.5, eine diskrete Zeitfunktion $f(kT)$ symbolisch als Modulationsergebnis — Impulsflächenmodulation — eines mit $f(t)$ modulierten Trägers, der eine unendliche Folge von DIRAC-schen Deltafunktionen ist, dann kann man für $f(kT)$ auch schreiben

$$f^{\prime}(t) = \sum_{k=0}^{\infty} f(t)\, \delta(t - kT). \tag{88}$$

Wird diese Gleichung der LAPLACE-Transformation unterworfen, erhält man

$$F^{\prime}(s) = \mathfrak{L}\{f^{\prime}(t)\} = \int_0^{\infty} \sum_{k=0}^{\infty} f((t)\, \delta(t - kT)\, e^{-st}\, dt = \sum_{k=0}^{\infty} \int_0^{\infty} f(t)\, \delta(t - kT)\, e^{-st}\, dt$$

und schließlich mit der Ausblendeigenschaft der DIRACschen Deltafunktion

$$F^{\prime}(s) = \sum_{k=0}^{\infty} f(kT)\, e^{-skT}. \tag{89}$$

Die so erhaltene komplexe Funktion $F^{\prime}(s)$ ist in der Literatur [VI.30] auch als *diskrete Laplace-Transformierte* bezeichnet, und man schreibt auch

$$F^{\prime}(s) = \mathfrak{D}\{f(kT)\} = \sum_{k=0}^{\infty} f(kT)\, e^{-skT}. \tag{89a}$$

Auch die diskrete LAPLACE-Transformation ordnet einer diskreten Zeitfunktion eine unendliche Potenzreihe — nun aber in e^{-sT} — zu, wobei aber wieder für die Existenz dieser Transformation vorausgesetzt werden muß, daß diese Reihe für interessierende Werte von s konvergiert. Da, wenn $F^{\prime}(s)$ konvergiert, dies in der rechten s-Halbebene sein wird und da $F^{\prime}(s)$ mit $e^{-skT} = e^{-kT}\left(s + \dfrac{2\pi}{T}\, i\right)$ die Periode $2\pi i$ hat, braucht für die Konvergenz nur der Streifen $-i\dfrac{\pi}{T} \leqq i\omega \leqq i\dfrac{\pi}{T}$ in der $s = \sigma + i\omega$-Ebene rechts von der Konvergenzgeraden σ_1 untersucht werden (Abb. VI.5.27a). Da in (89) $F^{\prime}(s)$ immer eine Funktion von e^{sT} und nicht direkt von s ist, liegt diese Substitution nahe:

$$e^{sT} = z. \tag{90}$$

Daraus ergibt sich aus (89) die z-Transformierte der diskreten Zeitfunktion zu

$$F(z) = F^{\backslash}\left(\frac{\ln z}{T}\right) = \sum_{k=0}^{\infty} f(k\,T)\, z^{-k} \tag{91}$$

oder

$$F^{\backslash}(s) = F(e^{s\,T}). \tag{91a}$$

Die Funktionen $F(z)$ und $F^{\backslash}(s)$ müssen sorgfältig unterschieden werden, was hier durch das Symbol $\backslash$ des Tasters geschieht. Die diskrete LAPLACE-Transformierte einer diskreten Zeitfunktion ist eine Funktion der komplexen Variablen s dagegen $F(z)$ eine Funktion von z, wobei beide Argumente über Gl. (90) miteinander verknüpft sind. Diese Gl. (90) beschreibt auch die Abbildung der s- in die z-Ebene. Dieser Unterschied kommt auch in einer unterschiedlichen physikalischen Deutung zum Ausdruck. Bei der LAPLACE-Transformation einer diskreten Zeitfunktion wird von einer kontinuierlichen Zeitfunktion $f(t)$ Gl. (88) ausgegangen, aus der über eine Impulsflächenmodulation eine diskrete Folge dieser, die (unendlich schmalen) Flächen repräsentierenden, Zahlen entsteht. Die z-Transformation geht von diskreten Zahlenfolgen direkt aus und ordnet diesen eine erzeugende Funktion zu. Physikalisch kann man sich die bei der z-Transformation auftretenden Zahlen $f(k\,T)$ auch aus einer kontinuierlichen Zeitfunktion entstanden denken, doch sind dies dann *Amplituden*werte eines mit der Zeitfunktion *amplituden*modulierten Trägers aus einer *diskreten* Einheitsimpulsfolge. Diese Einheitsimpulsfolge besteht nun aber aus den mittels des KRONECKER-Symbols $\delta(k-l)$ beschriebenen Impulses der *Höhe* 1. In Abb. VI.5.27 ist skizziert, wie der Konvergenzstreifen rechts von σ_1 in der s-Ebene in das Äußere des Kreises mit dem Konvergenzradius R der z-Ebene abgebildet wird.

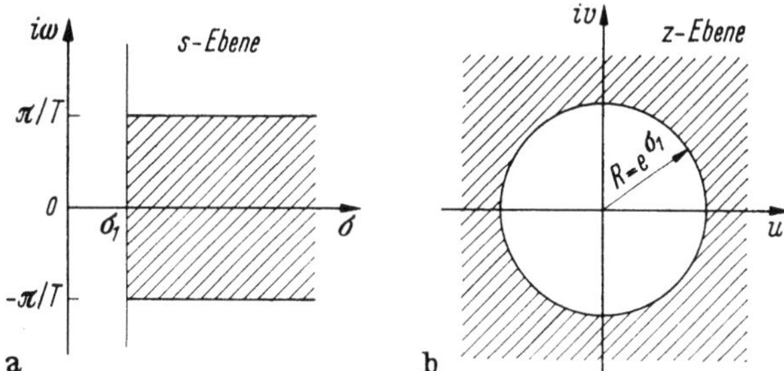

Abb. VI.5.27 Zur Konvergenz a) der diskreten LAPLACE-Transformation, b) der z-Transformation

Die oben angegebenen Gesetzmäßigkeiten und Eigenschaften der z-Transformation gelten analog für die diskrete LAPLACE-Transformation. Umgekehrt kann die LAPLACE-Transformation oft bequemer herangezogen werden, wenn man Korrespondenzen der z-Transformation oder auch die unten zu besprechenden Regeln der Blockschaltbildalgebra für diskrete Systeme ableiten will (Abschn. 5.10). Werden Systeme mittels der LAPLACE-Transformation beschrieben, wobei auch die diskrete Form eingeschlossen ist, dann gelten alle Regeln der auf der komplexen Übertragungsform aufbauenden Blockschaltbildalgebra unverändert. Insbesondere kann die Gesamtübertragungsfunktion eines Systems, das kontinuierliche und diskrete Teilsysteme enthält, einfach gefunden werden, wenn die Teilsysteme durch ihre diskreten LAPLACE-Transformierten charakterisiert sind. *Keinesfalls* dürfen die algebraischen Regeln aber auf Systeme angewendet werden, deren Teilsysteme durch komplexe Übertragungsfunktionen teils in der Variablen s und teils in der Variablen z vorliegen. In Abschn. VI.5.10 wird dann noch gezeigt werden, wie in diesen Fällen vorzugehen ist.

Wir wollen hier noch das Halteglied 0-ter Ordnung besprechen, das in Abschn. VI.5.5 eingeführt wurde. Dieses Halte- oder Pulsverlängerungsglied dient dazu, aus einer diskreten Zeitfunktion eine Treppenfunktion zu erzeugen (Abb. VI.5.28). Das Halteglied soll also in anderen Worten auf einen Einheitsimpuls am Eingang mit einem Rechteck-

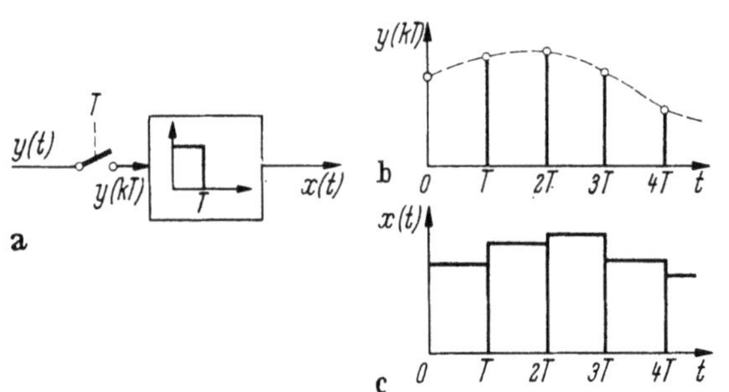

Abb. VI.5.28 Zur Erzeugung einer Treppenfunktion aus einer diskreten Zeitfolge mittels Haltegliedes 0-ter Ordnung

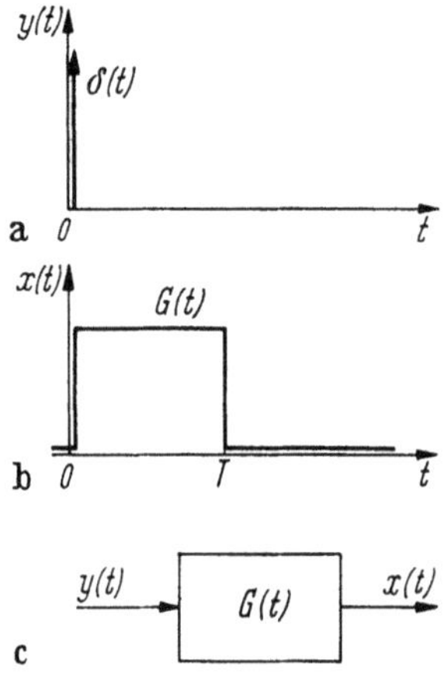

Abb. VI.5.29 Zur Gewichtsfunktion des Haltegliedes 0-ter Ordnung

impuls der Höhe 1 und der Länge T antworten, es hat also diese Impulsantwort als Gewichtsfunktion $G(t)$ (Abb. VI.5.29):

$$G(t) = 1(t) - 1(t - T). \qquad (92)$$

Diese Gewichtsfunktion können wir der LAPLACE-Transformation unterwerfen und erhalten so die komplexe Übertragungsfunktion des Haltegliedes 0-ter Ordnung

$$H(s) = \frac{1}{s} - \frac{1}{s}\, e^{-sT} = \frac{1 - e^{-sT}}{s}. \qquad (93)$$

Das Ausgangssignal $X(s)$ eines, einem idealen Taster nachgeschalteten, Haltegliedes 0-ter Ordnung (Abb. VI.5.28a) ist im Bildbereich der LAPLACE-Transformation leicht anzugeben zu

$$X(s) = H(s)\, Y^{\neg}(s) \qquad (94)$$

oder mit Gln. (89) und (93)

$$X(s) = \frac{1 - e^{-sT}}{s} \sum_{k=0}^{\infty} y(k\,T)\, e^{-skT}, \qquad (94a)$$

An dieser Stelle werden also die LAPLACE-transformierten Größen $H(s)$ und $Y^{\neg}(s)$ direkt über die Produktregel miteinander verknüpft. Die Ausgangssignalgröße $X(s)$ beschreibt das zugehörige Zeitsignal *kontinuierlich* für alle $t > 0$. Interessierte man sich nur für diskrete Punkte $x(kT)$, müßte man tatsächlich oder nur im Gedankenexperiment dem kontinuierlichen System einen synchron laufenden idealen Taster nachschalten, womit man dann auf die z-Transformation übergehen kann (Abschn. VI.5.10).

War $y(kT)$ z. B. die Einheitsimpulsfolge $1(kT)$, bzw. $y(t)$ der Einheitssprung $1(t)$, dann ist mit der Korrespondenz Nr. 3 in Tafel VI.5, wenn man berücksichtigt, daß in dieser Tafel $T = 1$ normiert ist,

$$X(s) = \frac{1 - e^{-sT}}{s} \; \frac{1}{1 - e^{-sT}} = \frac{1}{s}. \tag{95}$$

Dieses Ergebnis ist einleuchtend, denn das Halteglied wurde ja so eingeführt, daß die durch den Taster aus der Einheitssprungfunktion $1(t)$ erzeugte diskrete Einheitsimpulsfunktion wieder zur Einheitssprungfunktion zusammengesetzt wird. Im allgemeinen wird man das LAPLACE-transformierte Ausgangssignal bei beliebigen Zeitfunktionen $y(t)$ und anderen, dem Halteglied oder auch dem Taster nachgeschalteten kontinuierlichen Systemen, als Funktionen von e^s *und* s erhalten.

5.9 Die komplexe Übertragungsfunktion für diskrete Systeme

Wendet man die vorstehend erläuterten Eigenschaften der z- bzw. auch der diskreten LAPLACE-Transformation für die Analyse linearer zeitinvarianter Systeme an, findet man im Bildbereich Beziehungen, die denen für kontinuierliche Systeme analog sind. Ist $G(kT)$ die diskrete Gewichtsfunktion eines diskreten Einfachübertragungssystems (Abb. VI.5.30), dann kann die Systemantwort $x(kT)$ auf ein Eingangssignal $y(kT)$ mittels der Faltungssummation (56) bestimmt werden zu

$$x(kT) = \sum_{l=0}^{k-1} G(kT - lT)\, y(lT). \tag{96}$$

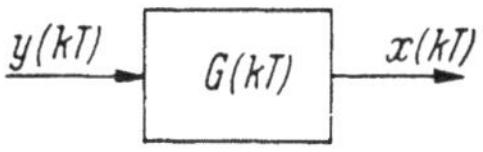

Abb. VI.5.30 Diskretes lineares zeitinvariantes Einfachsystem

Wendet man hierauf die z-Transformation an und definiert

$$F(z) = \mathfrak{Z}\{G(kT)\} \tag{97}$$

als die komplexe z-Übertragungsfunktion, oder auch komplexe Übertragungsfunktion des diskreten Systems, dann erhält man mit der Regel 11 in Tafel VI.6 für Gl. (96) die entsprechende Beziehung im Bildbereich der komplexen Variablen z:

$$X(z) = F(z)\, Y(z). \tag{98}$$

Die komplexe z-Übertragungsfunktion eines Systems erlaubt nun, komplexe Systeme, deren Teilsysteme *alle* durch komplexe Übertragungsfunktionen beschrieben sind, ganz analog zu den kontinuierlichen Systemen zu analysieren. Es gelten vor allem die gleichen Regeln der Blockschaltbildalgebra, wie sie in Abschn. I.7.5 für Einfachsysteme beschrieben sind. Eine weitere Analogie ist die, daß man $F(z)$ auch als das Verhältnis der Ausgangssignal- und Eingangssignaltransformierten gewinnen kann:

$$F(z) = \frac{X(z)}{Y(z)} = \frac{\sum\limits_{k=0}^{\infty} x(k)\, z^{-k}}{\sum\limits_{k=0}^{\infty} y(k)\, z^{-k}}, \tag{99}$$

worauf wir weiter unten noch näher eingehen werden. Ferner ist dann, wenn das System durch eine lineare Differenzengleichung mit konstanten Koeffizienten beschrieben wird, $F(z)$ eine gebrochen rationale Funktion in z und das System kann z.B. mit all den Methoden auf Stabilität geprüft werden, die für die komplexen Übertragungsfunktionen kontinuierlicher Systeme existieren.

Ist $G(kT)$ die Matrix der diskreten Gewichtsfunktionen $G_{ij}(kT)$ eines Mehrgrößen-Übertragungssystems, dann können alle vorstehenden Beziehungen auf diese Systeme erweitert werden:

$$F(z) = \mathfrak{Z}\{G(kT)\}, \tag{100}$$

$$X(z) = F(z)\,Y(z). \tag{101}$$

Für die Blockschaltbildalgebra der diskreten Mehrgrößensysteme gelten nun auch die in III.6 besprochenen Regeln für kontinuierliche Systeme, wobei besonders wieder darauf zu achten ist, daß bei der Reihenschaltung von Mehrfachsystemen das Matrizenprodukt nicht kommutativ ist.

Wir leiten nun die komplexe Übertragungsfunktion bzw. Matrix dieser Funktion ausgehend von den Zustandsvariablenmodellen der linearen zeitinvarianten diskreten System ab. Diese Systeme genügen der Gl. (9):

$$u(k+1) = A\,u(k) + B\,y(k), \qquad u(0) = u(k)|_{k-0},$$
$$x(k) \quad\;\; = C\,u(k) + D\,y(k).$$

Wenden wir hierauf die z-Transformation an, dann folgt insbesondere aus den Regeln 3 und 4 in Tafel VI.6:

$$z\,U(z) - z\,u(0) = A\,U(z) + B\,Y(z),$$
$$X(z) = C\,U(z) + D\,Y(z). \tag{102}$$

Löst man die erste Gleichung nach $U(z)$ auf und setzt dann $U(z)$ auch in die zweite ein, folgt

$$U(z) = (1z - A)^{-1}\,z\,u(0) + (1z - A)^{-1}\,B\,Y(z),$$
$$X(z) = C\,(1z - A)^{-1}\,z\,u(0) + [C\,(1z - A)^{-1}\,B + D]\,Y(z). \tag{103}$$

Ein Koeffizientenvergleich in den Gln. (101) und (103) führt auf den gewünschten Zusammenhang der das Zustandsvariablenmodell bestimmenden Matrizen mit der komplexen z-Übertragungsmatrix:

$$F(z) = C\,(1z - A)^{-1}\,B + D. \tag{104}$$

Im Falle des Einfachsystems mit einem Ein- und einem Ausgang ist D ein Skalar, C eine Zeilen- und B eine Spaltenmatrix und damit $F(z)$ ein Skalar, eben die komplexe z-Übertragungsfunktion $F(z)$ des Einfachsystems.

Unterwirft man die Systemantwort $x(kT)$ des Systems im Zeitbereich [Gl. 31)]

$$x(k) = C\,\Phi(k-0)\,u(0) + \sum_{l=0}^{k-1} C\,\Phi(k-l-1)\,B\,y(l) + D\,y(k)$$
$$= C\,A^k\,u(0) + \sum_{l=0}^{k-1} C\,A^{k-l-1}\,B\,y(l) + D\,y(k) \tag{105}$$

der z-Transformation und bezeichnet mit $[\mathfrak{Z}\{\Phi(k)\}]^{-1} = C(z)$ die charakteristische Matrix des diskreten Systems, dann erhalten wir

$$X(z) = C\,C^{-1}(z)\,u(0) + C\,C^{-1}(z)\,z^{-1}\,B\,Y(z) + D\,Y(z), \tag{106}$$

wobei die Regeln 5 und 11 in Tafel VI.6 benützt wurden, da in Gl. (106) $\boldsymbol{\Phi}(k)$ durch eine Faltungssummation mit um 1 rückwärtsverschobenem Argument mit der Eingangsgröße $\boldsymbol{y}(k)$ verknüpft ist. Ein Vergleich der Gln. (103) und (106) führt auf diese Zusammenhänge:

$$\boldsymbol{C}(z) = [\mathfrak{Z}\{\boldsymbol{\Phi}(k)\}]^{-1} = [\mathfrak{Z}\{A^k\}]^{-1} = (\boldsymbol{1}z - \boldsymbol{A})\,z^{-1} = (\boldsymbol{1} - \boldsymbol{A}\,z^{-1}), \qquad (107)$$

die auch direkt über die Definition der z-Transformation zu erhalten sind:

$$\mathfrak{Z}\{A^k\} = \sum_{k=0}^{\infty} A^k\,z^{-k} = [\boldsymbol{1} - \boldsymbol{A}\,z^{-1}]^{-1}. \qquad (107\,\text{a})$$

Diese Gleichung ist die Matrizenanalogie zu Gl. (74). In Tafel VI.7 sind die analogen Beziehungen für kontinuierliche und diskrete Systeme einander gegenübergestellt. Weitere Berechnungsmethoden für die Fundamentalmatrizen e^{At} und A^k bzw. deren Transformierte $\boldsymbol{C}(s)$ und $\boldsymbol{C}(z)$ werden wir in Abschn. VII.3.5 noch kennenlernen.

Es sei hier noch einmal ausdrücklich darauf hingewiesen, daß die vorstehend eingeführte komplexe z-Übertragungsfunktion eines Systems die diskreten Eingangs- mit den diskreten Ausgangssignalen verknüpft. Die Rücktransformation liefert also nur das Systemverhalten für

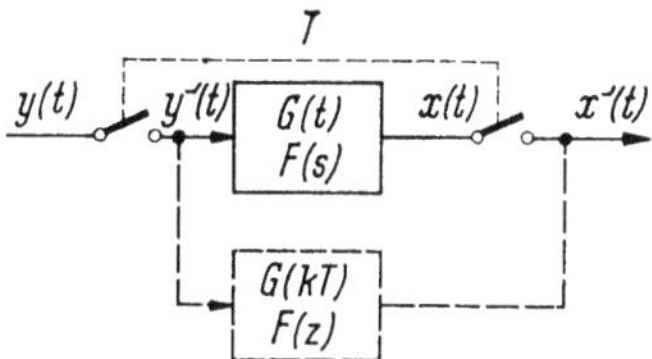

Abb. VI.5.31 Deutung der komplexen z-Übertragungsfunktion eines kontinuierlichen linearen Systems

diskrete Zeitpunkte $G(kT)$. Ist $G(kT)$ aus der Gewichtsfunktion $G(t)$ eines kontinuierlichen Systems gewonnen, wie es in Tafel VI.7 angedeutet ist, dann ist tatsächlich oder in Gedanken dem System ein synchroner Taster nachgeschaltet (Abb. VI.5.31).

Tafel VI.7. *Analoge Beziehungen für lineare zeitinvariante Systeme*

Bezeichnung	Kontinuierliche Systeme $(t \in \mathbf{T})$	Zeitdiskrete Systeme $(t_k = kT \in \mathbf{T};\ k = 0, 1, 2, \ldots)$
Gewichtsfunktion	$G(t) = \boldsymbol{C}\,\boldsymbol{\Phi}(t)\,\boldsymbol{B} + \boldsymbol{D}\,\delta(t)$ $\boldsymbol{C} = [C_1 \ldots C_n]$ $\boldsymbol{B} = [B_1 \ldots B_n]^T$	$G(kT) = G(t)\vert_{kT}$ $= \begin{cases} \boldsymbol{C}\,\boldsymbol{\Phi}(kT)\,\boldsymbol{B}, & k \geqq 1 \\ D, & k = 0 \end{cases}$
Gewichtsmatrix	$\boldsymbol{G}(t) = [G_{ij}(t)] = \boldsymbol{C}\,\boldsymbol{\Phi}(t)\,\boldsymbol{B} + \boldsymbol{D}\,\delta(t)$	$\boldsymbol{G}(kT) = [G_{ij}(t)]_{t=kT}$ $= \begin{cases} \boldsymbol{C}\,\boldsymbol{\Phi}(kT)\,\boldsymbol{B}, & k \geqq 1 \\ \boldsymbol{D}, & k = 0 \end{cases}$
Fundamentalmatrix	$\boldsymbol{\Phi}(t) = e^{At}$	$\boldsymbol{\Phi}(kT) = A^{kT}$
Charakteristische Matrix	$\boldsymbol{C}(s) = [\mathfrak{L}\{\boldsymbol{\Phi}(t)\}]^{-1} = [\boldsymbol{1}s - \boldsymbol{A}]$	$\boldsymbol{C}(z) = [\mathfrak{Z}\{\boldsymbol{\Phi}(kT)\}]^{-1}$ $= [\boldsymbol{1} - \boldsymbol{A}\,z^{-1}]$
Komplexe Übertragungsmatrix	$\boldsymbol{F}(s) = \mathfrak{L}\{\boldsymbol{G}(t)\}$ $= \boldsymbol{C}[\boldsymbol{1}s - \boldsymbol{A}]^{-1}\boldsymbol{B} + \boldsymbol{D}$	$\boldsymbol{F}(z) = \mathfrak{Z}\{\boldsymbol{G}(kT)\}$ $= \boldsymbol{C}[\boldsymbol{1}z - \boldsymbol{A}]^{-1}\boldsymbol{B} + \boldsymbol{D}$

5.10 Die transformierten Gleichungen getasteter kontinuierlicher Systeme

Die oben in Abschn. VI.5.5 im Zeitbereich dargestellten linearen kontinuierlichen Systeme mit getasteten Ein- und/oder Ausgangssignalen sollen nun im Bildbereich der LAPLACE- und der z-Transformation ausführlicher behandelt werden, als es bei der allgemein gehaltenen Darstellung diskreter Systeme in den vorstehenden Abschnitten geschah. Hier wird uns nun besonders der für einzelne Spezialfälle bestehende Zusammenhang zwischen den komplexen Übertragungsfunktionen in den beiden verschiedenen Bildbereichen interessieren. Wir wollen uns auf die Einfachsysteme beschränken, da die hier aufzuzeigenden Gesetzmäßigkeiten nur bei diesen für die Anwendungen wesentlich interessieren, während es bei Mehrgrößensystemen wohl immer angebracht ist, diese Systeme im Zeitbereich mittels Digitalrechner zu bearbeiten. Darüber hinaus lassen sich aber die hier zu findenden Ergebnisse leicht auf komplexe Übertragungsmatrizen übertragen.

Wir beginnen mit der Darstellung der LAPLACE-Transformierten einer durch einen idealen Taster getasteten LAPLACE-transformierbaren Funktion $f(t)$. Wir wissen, daß die durch die periodische Abtastung entstehende Zahlenfolge $f(kT)$ mit Hilfe der DIRACschen Deltafunktion beschrieben werden kann zu

$$f^{\prime}(t) = f(t) \sum_{k=0}^{\infty} \delta(t - kT). \tag{108}$$

Anders als in Abschn. VI.5.8, wo wir durch Ausnützung der Ausblendeigenschaft der Deltafunktion über die LAPLACE-Transformation zur diskreten LAPLACE-Transformation kamen und eine Beziehung zwischen dieser und der z-Transformation herstellten, soll nun die Deltafunktionenfolge als Zeitfunktion behandelt werden. Dazu wenden wir das komplexe Faltungsintegral der LAPLACE-Transformation an:

$$\mathfrak{L}\{f_1(t) \cdot f_2(t)\} = \frac{1}{2\pi i} \int_{c-i\infty}^{c+i\infty} F_1(u)\, F_2(s - u)\, du \tag{109}$$

mit

$$F_1(s) = \mathfrak{L}\{f_1(t)\} \quad \text{und} \quad F_2(s) = \mathfrak{L}\{f_2(t)\},$$

worin $\sigma_1 \leqq c \leqq \sigma_2$ und σ_1, σ_2 die Konvergenzabszissen der LAPLACE-Transformierten $F_1(s)$ bzw. $F_2(s)$ sind. Durch dieses Vorgehen werden wir dann zu geschlossenen analytischen Ausdrücken für die z-Transformierten geführt werden. Mit $F_1(s) = \mathfrak{L}\{f_1(t)\}$ und

$$F_2(s) = \mathfrak{L}\left\{ \sum_{k=0}^{\infty} \delta(t - kT) \right\} = \sum_{k=0}^{\infty} e^{-skT} = \frac{1}{1 - e^{-sT}}$$

erhalten wir

$$\mathfrak{L}\{f^{\prime}(t)\} = \frac{1}{2\pi i} \int_{c-i\infty}^{c+i\infty} F(u)\, \frac{1}{1 - e^{T(u-s)}}\, du. \tag{110}$$

Dieses komplexe Integral wird wie üblich über die Residuenrechnung, also mit Hilfe des CAUCHYschen Satzes, ausgewertet, indem ein geeigneter geschlossener Integrationsweg in die u-Ebene gelegt wird. Da $F(u)$ normalerweise für technisch interessierende Fälle eine endliche Polzahl, der Teilausdruck $\dfrac{1}{1-e^{T(u-s)}}$ in Gl. (110) wegen der Periodizität der Exponentialfunktion

$$e^{-sT} = e^{-T\left(s \pm \frac{2\pi i l}{T}\right)}, \quad l = 1, 2, \ldots$$

aber unendlich viele Pole hat, wird man vorwiegend den Integrationsweg so legen, daß die Pole dieser Teilausdrücke getrennt werden (Abb. VI.5.32). Der Integrationsweg besteht also aus zwei Teilen C_1 und C_2: $C = C_1 + C_2$. Dabei ist C_1 die Parallele zur $i\omega$-Achse durch die Konvergenzabszisse c und C_2 der Halbkreis mit dem Radius $R \to \infty$, der die linke s-Halbebene umfaßt. Damit kann Gl. (109) umgeschrieben werden zu

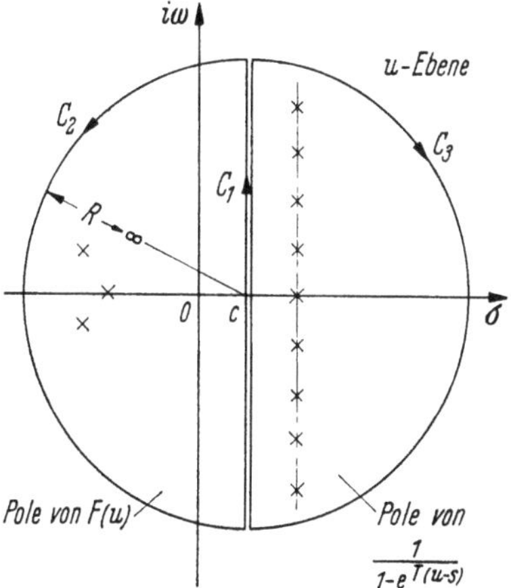

Abb. VI.5.32 Zur Erläuterung der Auswertung von Gl. (109)

$$\mathfrak{L}\{f^{\smallfrown}(t)\} =$$
$$= \frac{1}{2\pi i}\left[\oint_C \frac{F(u)\,du}{1-e^{T(u-s)}} - \int_{C_2} \frac{F(u)\,du}{1-e^{T(u-s)}}\right]$$
$$= \sum_{u_\nu}\operatorname{Res} \frac{F(u)}{1-e^{T(u-s)}} - \frac{f(0+)}{2}. \tag{111}$$

Die Residuen sind für die ν-Pole u_ν von $F(u)$ zu bestimmen.

Die Integration entlang dem Halbkreis C_2 liefert als Folgerung aus den Grenzwertsätzen der LAPLACE-Transformation den halben rechtsseitigen Grenzwert $f(0+) = \lim\limits_{t\to+0} f(t)$ zuviel. Bei vielen technischen Anwendungsfällen, insbesondere, wenn $f(t)$ die Gewichtsfunktion eines kausalen nichtantizipierenden Systems ist, ist $f(0+) = 0$ und tritt bei der Auswertung von (111) nicht auf.

Wählt man einen Integrationsweg $C = C_1 + C_3$, der die rechte Halbebene mit den Polen von

$$\frac{1}{1-e^{T(u-s)}} \quad \text{bei} \quad u_l = s \pm \frac{2\pi i l}{T}, \quad l = 0, 1, 2, \ldots, \infty \tag{112}$$

umfaßt, dann erhält man bei Umfahrung dieses Integrationsweges im Uhrzeigersinn einen gleichwertigen Ausdruck für Gl. (110):

$$\mathfrak{L}\{f^{\smallfrown}(t)\} - \frac{f(0+)}{2} = -\sum_{u_l}\operatorname{Res} \frac{F(u)}{1-e^{T(u-s)}}$$
$$= -\sum \left.\frac{F(u)}{\dfrac{d}{du}\left(1-e^{T(u-s)}\right)}\right|_{u=u_l},$$
$$\mathfrak{L}\{f^{\smallfrown}(t)\} = \frac{1}{T}\sum_{l=-\infty}^{\infty} F\left(s + \frac{2\pi i l}{T}\right) + \frac{f(0+)}{2}. \tag{113}$$

Die vorstehend entwickelten Formeln sind von besonderem Interesse, wenn die komplexen z-Übertragungsfunktionen von am Ein- und Ausgang getasteten kontinuierlichen Systemen bestimmt werden sollen (Abb. VI.5.31). Die diskrete

Gewichtsfunktion $G(kT)$ kann dann mit Hilfe von Gl. (108) geschrieben werden zu:

$$G^{\smallsmile}(t) = \sum_{k=0}^{\infty} G(t)\, \delta(t - k\,T).\tag{114}$$

Damit finden wir für die LAPLACE-transformierte diskrete Gewichtsfunktion nach Einführung von $e^{sT} = z$ aus (110) mit $F(s) = \mathfrak{L}\{G(t)\}$

$$F(z) = \mathfrak{L}\{G^{\smallsmile}(t)\}\Big|_{e^{sT}=z} = \frac{1}{2\pi i} \int_{c-i\infty}^{c+i\infty} \frac{F(u)}{1 - z^{-1}\,e^{Tu}}\,du,\tag{115}$$

oder mit (111)

$$F(z) = \sum_{u_\nu} \operatorname{Res} \frac{F(u)}{1 - z^{-1}\,e^{Tu}} \quad \text{an den Polen } u_\nu \text{ für } F(u).\tag{115a}$$

In dieser Gleichung wurde berücksichtigt, daß bei technisch realen Systemen immer $G(0+) = 0$ gelten soll. Die vorstehenden Gleichungen können nun, um im weiteren Verlauf eine übersichtliche Notierung zu haben, symbolisch so geschrieben werden:

$$F(z) = \mathfrak{Z}^*\{F(s)\} = \mathfrak{Z}\big\{[\mathfrak{L}^{-1}\{F(s)\}]^{\smallsmile}\big\},\tag{116}$$

dabei deutet der Stern bei dem Transformationssymbol $\mathfrak{Z}^*$ an, daß die Transformation auf die LAPLACE-transformierten Zeitfunktionen anzuwenden ist, während ja die Definition der z-Transformation $\mathfrak{Z}\{\cdot\}$ auf diskrete Zeitfunktionen beschränkt ist [Gl. (VI.5.71)].

An dieser Stelle ist auf eine Besonderheit für die Fälle hinzuweisen, bei denen einem kontinuierlichen System ein Halteglied 0-ter Ordnung vorgeschaltet ist. Mit der komplexen Übertragungsfunktion $H(s) = \dfrac{1 - e^{-sT}}{s} = \dfrac{1 - z^{-1}}{s}$ des Haltegliedes [Gl. (93)] und $F_1(s)$ des nachgeschalteten kontinuierlichen Systems ergibt Gl. (115) für $F(s) = H(s)\,F_1(s)$ nur richtige Ergebnisse, wenn man die Transformation wie folgt anwendet:

$$F(z) = (1 - z^{-1})\,\mathfrak{Z}\{U(kT)\},\tag{117}$$

wobei $U(t)$ die Sprungantwort des Systems, also $U(t) = \mathfrak{L}^{-1}\left\{\dfrac{F(s)}{s}\right\}$ ist. Das hängt damit zusammen, daß in all diesen Fällen der Term $\dfrac{f(0+)}{2}$, der den Beitrag der Integration entlang den Halbkreisbögen C_2 bzw. C_3 in den Gln. (111) bzw. (113) beschreibt, nicht verschwindet, wenn der Teilintegrand die Form $\dfrac{1 - e^{-sT}}{s}\,F_1(s)$ hat. In diesem Sinne sind die verkürzten Gln. (115) und (117) nur als Rechenregeln aufzufassen, die für die in technischen Systemen normalerweise vorkommenden komplexen Übertragungsfunktionen richtige Ergebnisse liefern. Im Zweifelsfall muß man Gl. (111) anwenden oder, besser noch, die komplexe z-Übertragungsfunktion über das entsprechende Zustandsvariablenmodell direkt aus dem Zeitbereich ableiten.

An einfachen Beispielen sei die Anwendung von Gl. (115) erläutert.

Beispiel 1. Gesucht ist $F(z)$ für das System 1. Ordnung $F(s) = \dfrac{1}{s+a}$. $F(s)$ hat einen Pol bei $-a$, womit wir aus Gl. (115) erhalten:

$$F(z) = \frac{1}{1 - e^{-aT}\,z^{-1}}.\tag{118}$$

Beispiel 2. Gesucht ist $F(z)$ für $F(s) = \dfrac{1}{s(s+a)}$. Mit $s_{p_1} = 0$ und $s_{p_2} = -a$ erhält man aus Gl. (115):

$$F(z) = \frac{1}{u+a}\ \frac{1}{1-e^{Tu}\,z^{-1}}\bigg|_{u=0} + \frac{1}{u}\ \frac{1}{1-e^{Tu}\,z^{-1}}\bigg|_{u=-a}$$

$$= \frac{1}{a(1-z^{-1})} - \frac{1}{a(1-e^{-aT}z^{-1})} = \frac{(1-e^{-aT})\,z^{-1}}{a(1-z^{-1})(1-e^{-aT}z^{-1})}\ . \tag{119}$$

Beispiel 3. Gesucht ist $F(z)$ für die Reihenschaltung eines Systems 1. Ordnung mit $F_1(s) = \dfrac{1}{s+a}$ und des Haltegliedes 0-ter Ordnung mit $H(s) = \dfrac{1-e^{-sT}}{s}$ (Abb. VI.5.33.)

Es ist $F(s) = H(s)\,F_1(s) = \dfrac{1-e^{-sT}}{s}\ \dfrac{1}{s+a} = (1-z^{-1})\,\dfrac{1}{s(s+a)}$, woraus mit Gln. (117) und (119) $F(z)$ zu erhalten ist zu:

$$F(z) = (1-z^{-1})\,\frac{(1-e^{-aT})\,z^{-1}}{a(1-z^{-1})(1-e^{-aT}z^{-1})} = \frac{(1-e^{-aT})\,z^{-1}}{a(1-e^{-aT}z^{-1})}\ . \tag{120}$$

Wir zeigen nun noch, wie dieses Ergebnis aus dem Zustandsmodell ohne komplexe Integration im Prinzip einfacher zu erhalten ist. Zu dem Einfachsystem mit $F_1(s) = \dfrac{1}{s+a}$ gehört dieses dynamische Gleichungssystem:

$$\dot{u}(t) = -a\,u(t) + y(t), \qquad u(0) = 0,$$
$$x(t) = u(t).$$

Mit den in Abschn. VI.5.5 angegebenen Methoden und mit Gl. (48) erhalten wir die dynamischen Gleichungen des zu dem System in Abb. VI.5.33 äquivalenten diskreten Systems zu:

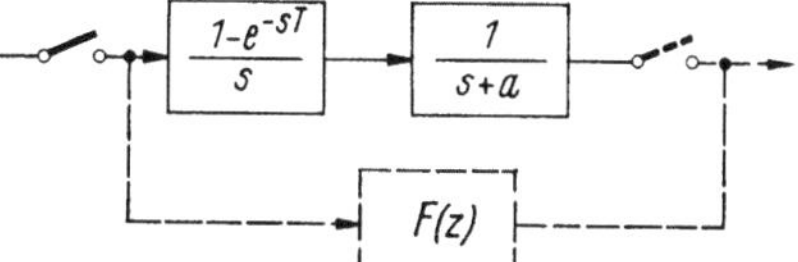

Abb. VI.5.33 Blockschaltbild zu Beispiel 3

$$u(k+1) = e^{-aT}\,u(k) + \int_0^T e^{-a\tau}\,d\tau\,y(k),$$
$$x(k) = u(k)$$

oder

$$u(k+1) = e^{-aT}\,u(k) + \frac{1}{a}\,(1-e^{-aT})\,y(k),$$
$$x(k) = u(k).$$

Einsetzen der gegebenen Stücke in Gl. (104) ergibt die gewünschte komplexe z-Übertragungsfunktion:

$$F(z) = (1z - e^{-aT})^{-1}\,\frac{(1-e^{-aT})}{a} = \frac{1}{a}\ \frac{(1-e^{-aT})\,z^{-1}}{(1-e^{-aT}z^{-1})}\ .$$

In Tafel VI.8 sind die Korrespondenzen für die Gewichtsfunktionen einiger wichtiger Systeme der Regelungstechnik zusammengestellt, die mit den vorstehend besonders an den Beispielen gezeigten Methoden gefunden werden können. Kompliziertere Fälle können mit Hilfe einer Korrespondenztafel der Laplace-Transformation über die Zeitfunktion oder durch Partialbruchentwicklung, wie es teilweise in der Tafel angedeutet ist, gewonnen werden.

Die bisher abgeleiteten Ergebnisse für getastete kontinuierliche Systeme werden nun noch anhand einiger Spezialfälle (Tafel VI.9) zusammengefaßt. Dabei ist für die Analyse von Systemen, die sich aus kontinuierlichen und diskreten Systemen zusammensetzen, darunter fallen auch die getasteten kontinuierlichen Systeme, zunächst wichtig zu unterscheiden, ob das Systemausgangssignal für alle kontinuierlich verteilten Zeitpunkte oder nur für diskrete Zeitpunkte interessiert. Bei der Behandlung mittels komplexer Funktionen *muß* im *ersten Fall* die Laplace-Transformation und *kann* im *zweiten* die z-Transformation herangezogen werden. Die Gewinnung kontinuierlicher Zeitfunktionen am Ausgang

Tafel VI.8. *Korrespondenzen zu einigen Gewichtsfunktionen*

Nr.	$G(t),\ t>0$; $G(t)=0,\ t\leqq 0$	$G(kT)$	$F(s)$	$F(z)$
1	1	$1(kT)$	$\dfrac{1}{s}$	$\dfrac{1}{1-z^{-1}}$
2	t	kT	$\dfrac{1}{s^2}$	$\dfrac{T\,z^{-1}}{(1-z^{-1})^2}$
3	e^{-at}	e^{-akT}	$\dfrac{1}{s+a}$	$\dfrac{1}{1-e^{-aT}z^{-1}}$
4	$t\,e^{-at}$	$kT\,e^{-akT}$	$\dfrac{1}{(s+a)^2}$	$\dfrac{T\,e^{-aT}z^{-1}}{(1-e^{-aT}z^{-1})^2}$
5	$\tfrac{1}{2}t^2 e^{-at}$	$\tfrac{1}{2}(kT)^2 e^{-akT}$	$\dfrac{1}{(s+a)^3}$	$\dfrac{T^2 e^{-aT}z^{-1}(1+e^{-aT}z^{-1})}{2(1-e^{-aT}z^{-1})^3}$
6	$a^{-1}(1-e^{-at})$	$a^{-1}(1(kT)-e^{-akT})$	$\dfrac{1}{s(s+a)}$	$\dfrac{(1-e^{-aT})z^{-1}}{a(1-z^{-1})(1-e^{-aT}z^{-1})}$
7	$a^{-2}(at-1+e^{-at})$	$a^{-2}(akT-1(kT)+e^{-akT})$	$\dfrac{1}{s^2(s+a)}$	$\dfrac{T\,z^{-1}}{a(1-z^{-1})^2}-\dfrac{1}{a^2(1-z^{-1})}+\dfrac{1}{a^2(1-e^{-aT}z^{-1})}$
8	$e^{-at}-e^{-bt}$	$e^{-akT}-e^{bkT}$	$\dfrac{b-a}{(s+a)(s+b)}$	$\dfrac{1}{1-e^{-aT}z^{-1}}-\dfrac{1}{1-e^{-bT}z^{-1}}$
9	$(1-at)e^{-at}$	$(1(kT)-akT)e^{-akT}$	$\dfrac{s}{(s+a)^2}$	$\dfrac{1}{1-e^{-aT}z^{-1}}-\dfrac{a\,T\,e^{-aT}z^{-1}}{(1-e^{-aT}z^{-1})^2}$
10	$1-e^{-at}-at\,e^{-at}$	$1(kT)-e^{-akT}-akT\,e^{-akT}$	$\dfrac{a^2}{s(s+a)^2}$	$\dfrac{1}{1-z^{-1}}-\dfrac{1}{1-e^{-aT}z^{-1}}+\dfrac{T\,e^{-aT}z^{-1}}{(1-e^{-aT}z^{-1})^2}$
11	$b\,e^{-bt}-a\,e^{-at}$	$b\,e^{-bkT}-a\,e^{-akT}$	$\dfrac{(b-a)s}{(s+a)(s+b)}$	$\dfrac{b}{1-e^{-bT}z^{-1}}-\dfrac{a}{(1-e^{-aT}z^{-1})}$
12	$\left(t-\dfrac{a}{2}t^2\right)e^{-at}$	$\left(kT-\dfrac{a}{2}(kT)^2\right)e^{-akT}$	$\dfrac{s}{(s+a)^3}$	$\dfrac{T\,e^{-aT}z^{-1}}{(1-e^{-aT}z^{-1})^2}-\dfrac{a\,T^2 e^{-aT}z^{-1}(1+e^{-aT}z^{-1})}{2(1-e^{-aT}z^{-1})^3}$

eines gemischten Systems mittels der komplexen Übertragungsfunktion des Systems bereitet dabei im allgemeinen mehr Schwierigkeiten, da die Funktionen dieser Systeme weder rational in s noch in $z=e^{sT}$ sind, sondern beide Argumente enthalten. Aus diesem Grunde wird man sich auch in den Fällen, bei denen das letzte System vor dem Ausgang kontinuierlich ist und ein kontinuierliches Ausgangssignal für das Gesamtsystem liefert, häufig nur für das diskrete (durch einen fiktiven Taster erzeugte) Signal interessieren, da man dann normalerweise nur noch rationale Funktionen in e^{sT} zu untersuchen hat. Andererseits ist aber zu bedenken, daß die diskreten Funktionen durchaus nicht das System-

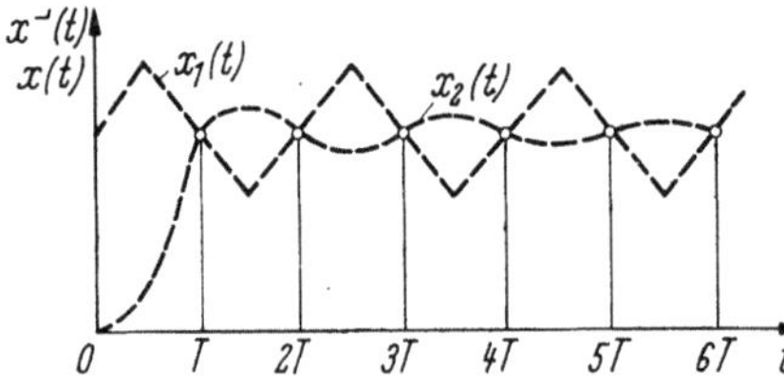

Abb. VI.5.34 Beispiel zweier getasteter Signale $x_1(t)$ und $x_2(t)$, die beide die gleiche diskrete Zeitfunktion $x^{\dashv}(t)=x(kT)$ haben

verhalten und insbesondere das Einschwingverhalten ausführlich genug wiederzugeben brauchen, wie es in Abb. VI.5.34 für zwei getastete kontinuierliche Signale
gezeigt ist, die beide die gleiche diskrete Zeitfunktion $f(kT) = x^{\smile}(t)$ haben. Die
im folgenden behandelten Systeme sind kontinuierliche Systeme, die an den in
den Überschriften gekennzeichneten Stellen Taster bzw. Halteglieder enthalten.

a) Taster am Eingang

Das Ausgangssignal des in Abb. VI.5.35 dargestellten Systems hat diese Form
im Bildbereich

$$X(s) = F(s)\, Y^{\smile}(s) \tag{121}$$

und im Zeitbereich

$$x(t) = G(t) * y^{\smile}(t) = G(t) * \left[y(t) \sum_{k=0}^{\infty} \delta(t - kT) \right]$$

$$= \int_0^t G(t-\tau)\, y(\tau) \sum_{k=0}^{\infty} \delta(\tau - kT)\, d\tau$$

$$= \sum_{k=0}^{\infty} G(t - kT)\, y(kT). \tag{122}$$

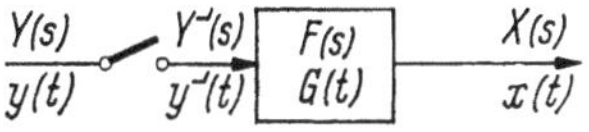

Abb. VI.5.35 Kontinuierliches System mit Taster am Eingang

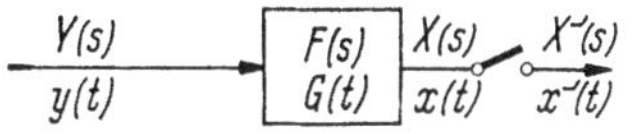

Abb. VI.5.36 System mit getastetem Ausgangssignal

b) Taster am Ausgang

Für das System in Abb. VI.5.36 gilt

$$X^{\smile}(s) = [F(s)\, Y(s)]^{\smile} = \frac{1}{2\pi i} \int_{c-i\infty}^{c+i\infty} \frac{F(u)\, Y(u)\, du}{1 - e^{T(u-s)}} \tag{123}$$

bzw.

$$x^{\smile}(t) = [G(t) * y(t)] \sum_{k=0}^{\infty} \delta(t - kT)$$

$$= \sum_{k=0}^{\infty} \int_0^{kT} G(kT - \tau)\, y(\tau)\, d\tau\, \delta(t - kT). \tag{124}$$

Das Tastzeichen $^{\smile}$ an der eckigen Klammer in (123) deutet an, daß das Produkt $F(s)\, Y(s)$ insgesamt der Tastoperation unterworfen werden muß.

c) Taster vor und hinter dem System

Aus Abb. VI.5.37 liest man diese Beziehungen
ab:

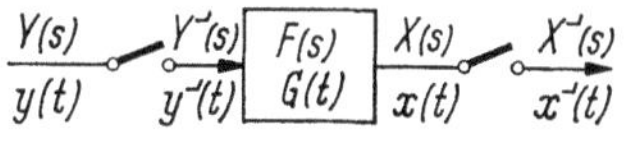

Abb. VI.5.37 Durch Abtastung vor und hinter dem kontinuierlichen System entstandenes diskretes System

$$X(s) = F(s)\, Y^{\smile}(s),$$

$$X^{\smile}(s) = [F(s)\, Y^{\smile}(s)]^{\smile} = F^{\smile}(s)\, Y^{\smile}(s). \tag{125}$$

Diese Gleichungen beschreiben ein diskretes System, und wir können nun auch
die z-Transformation heranziehen:

$$X(z) = F(z)\, Y(z)$$

$$= \sum_{k=0}^{\infty} x(kT)\, z^{-kT} = \sum_{k=0}^{\infty} G(kT)\, z^{-kT} \sum_{k=0}^{\infty} y(kT)\, z^{-kT}. \tag{125a}$$

Für den Zeitbereich haben wir die Faltungssummation [Gl. (56)]

$$x(k\,T) = \sum_{l=0}^{\infty} G(k\,T - l\,T)\, y(l\,T)\,. \tag{126}$$

d) Taster und Halteglied am Eingang

Mit den in Abschn. VI.5.8 gebrachten Ergebnissen für das Halteglied wird das System in Abb. VI.5.38 beschrieben durch:

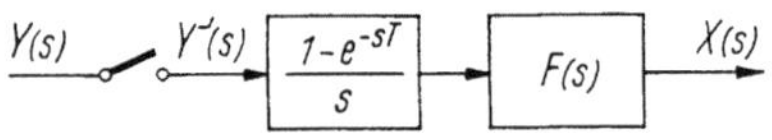

Abb. VI.5.38 Taster mit Halteglied 0-ter Ordnung im Eingang

$$\begin{aligned} X(s) &= F(s)\, H(s)\, Y^{\lrcorner}(s) \\ &= F(s)\,\frac{1 - e^{-sT}}{s}\, Y^{\lrcorner}(s) \\ &= \left[\frac{F(s)}{s} - \frac{e^{-sT}\, F(s)}{s}\right] Y^{\lrcorner}(s)\,. \end{aligned} \tag{127}$$

Der Ausdruck $F(s)/s$ ist die LAPLACE-Transformierte der Sprungantwort $U(t)$ des Systems, und wir erhalten zusammen mit dem Verschiebungssatz der LAPLACE-Transformation (I.3.59)

$$\begin{aligned} x(t) &= \big(U(t) - U(t - T)\big) * y^{\lrcorner}(t) \\ &= \int_0^t [U(t - \tau) - U(t - \tau - T)]\, y(\tau) \sum_{k=0}^{\infty} \delta(\tau - k\,T)\, d\tau \\ &= \sum_{k=0}^{\infty} [U(t - k\,T) - U\big(t - (k + 1)\,T\big)]\, y(k\,T)\,. \end{aligned} \tag{128}$$

e) Taster mit Halteglied am Eingang und Taster am Ausgang

Das System in Abb. VI.5.39 genügt diesen Beziehungen im Bildbereich der LAPLACE- bzw. der z-Transformation:

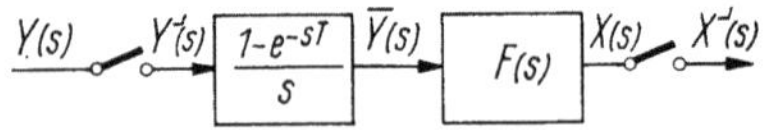

Abb. VI.5.39 Taster mit Halteglied am Eingang und Taster am Ausgang

$$X^{\lrcorner}(s) = [H(s)\, F(s)]^{\lrcorner}\, Y^{\lrcorner}(s)\,, \tag{129}$$

$$\begin{aligned} X(z) &= (1 - z^{-T})\, \mathfrak{Z}^* \left\{\frac{F(s)}{s}\right\} Y(z) \\ &= (1 - z^{-T}) \sum_{k=0}^{\infty} U(kT)\, z^{-kT}\, Y(z)\,, \end{aligned} \tag{130}$$

und im Zeitbereich

$$\begin{aligned} x^{\lrcorner}(t) &= x(t) \sum_{k=0}^{\infty} \delta(t - k\,T) \\ &= \sum_{k=0}^{\infty} [U(t - k\,T) - U\big(t - (k + 1)\,T\big)]\, y(kT) \sum_{k=0}^{\infty} \delta(t - k\,T)\,. \end{aligned} \tag{131}$$

f) Taster mit Haltegliedern am Ein- und Ausgang

Aus Abb. VI.5.40 liest man ab:

$$\begin{aligned} X(s) &= \frac{1 - e^{-sT}}{s}\, F(s)\, Y^{\lrcorner}(s) = R(s)\, Y^{\lrcorner}(s)\,, \\ X^{\lrcorner}(s) &= R^{\lrcorner}(s)\, Y^{\lrcorner}(s)\,, \\ \bar{X}(s) &= X^{\lrcorner}(s)\,\frac{1 - e^{-sT}}{s} = R^{\lrcorner}(s)\,\frac{1 - e^{-sT}}{s}\, Y^{\lrcorner}(s) = R^{\lrcorner}(s)\, \bar{Y}(s)\,, \end{aligned} \tag{132}$$

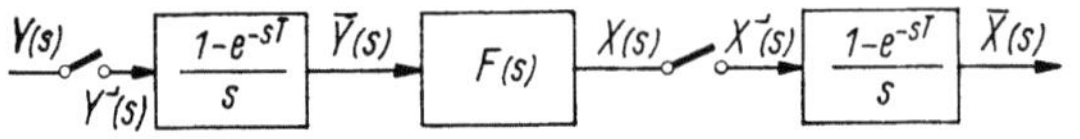

Abb. VI.5.40 Taster mit Haltegliedern am Ein- und Ausgang

wobei $R^{\smallsmile}(s)$ als die komplexe Übertragungsfunktion für die „geglätteten" Signale $\bar{X}(s)$ und $\bar{Y}(s)$ gedeutet werden kann. Für den Zeitbereich erhalten wir

$$\bar{x}(t) = \mathfrak{L}^{-1}\{R^{\smallsmile}(s)\} * \bar{y}(t) = [U(t) - U(t-T)]^{\smallsmile} * \bar{y}(t)$$

$$= [U(t) - U(t-T)]^{\smallsmile} * y(k.T)\,[1(t-kT) - 1(t-(k+1)T)]$$

$$= \sum_{l=0}^{k} [U((k-l)T) - U((k-l-1)T)]\, y(lT) \quad \text{für } kT \leqq t < (k+1)T. \tag{133}$$

g) Taster zwischen zwei Netzwerken

Aus Abb. VI.5.41 lassen sich diese Beziehungen ablesen:

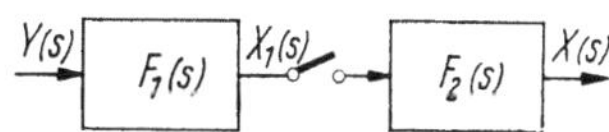

Abb. VI.5.41 Taster zwischen zwei kontinuierlichen Netzwerken

$$X(s) = F_2(s)\, X_1^{\smallsmile}(s) = F_2(s)\, [F_1(s)\, Y(s)]^{\smallsmile} \tag{134}$$

und nach Rücktransformation in den Zeitbereich:

$$x(t) = G_2(t) * [G_1(t) * y(t)] \sum_{k=0}^{\infty} \delta(t-kT)$$

$$= \int_0^t G_2(t-u) \left[\int_0^u G_1(u-\tau)\, y(\tau)\, d\tau \right] \sum_{k=0}^{\infty} \delta(u-kT)\, du$$

$$= \sum_{k=0}^{\infty} G_2(t-kT) \int_0^{kT} G_1(kT-\tau)\, y(\tau)\, d\tau. \tag{135}$$

h) Taster in Rückkopplungssystemen

Für das in Abb. VI.5.42 dargestellte Regelungssystem mit Taster vor dem Regler gilt zunächst:

$$X(s) = R(s)\, S(s)\, [W^{\smallsmile}(s) + X^{\smallsmile}(s)]. \tag{136}$$

Diese Gleichung beschreibt das Systemverhalten für alle kontinuierlichen Zeitpunkte exakt, doch ist eine geschlossene Auswertung nicht immer ohne weiteres möglich. Zu einer geschickteren Systembeschreibung gelangt man, wenn man von dem getasteten Signal ausgeht:

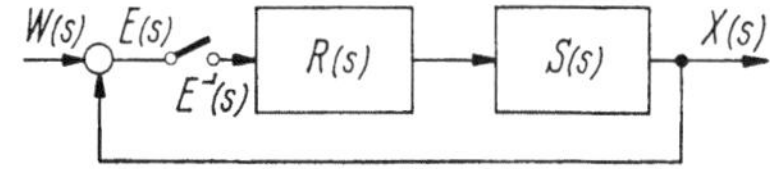

Abb. VI.5.42 Taster im Regelungssystem vor dem Regler

$$E(s) = W(s) + R(s)\, S(s)\, E^{\smallsmile}(s).$$

Wendet man auf beiden Seiten formal den Tastoperator an, erhält man

$$E^{\smallsmile}(s) = W^{\smallsmile}(s) + [R(s)\, S(s)]^{\smallsmile}\, E^{\smallsmile}(s) = \frac{W^{\smallsmile}(s)}{1 - [R(s)\, S(s)]^{\smallsmile}}$$

und für das Ausgangssignal $X(s)$

$$X(s) = R(s)\, S(s)\, E^{\smallsmile}(s) = \frac{R(s)\, S(s)}{1 - [R(s)\, S(s)]^{\smallsmile}}\, W^{\smallsmile}(s). \tag{137}$$

Interessiert man sich nun nur für diskrete Werte des Ausgangssignals $X^{\smallsmile}(s)$, so erhält man eine Systemgleichung, die nur noch rational in $e^{sT} = z$ ist:

$$X^{\smallsmile}(s) = \frac{[R(s)\, S(s)]^{\smallsmile}}{1 - [R(s)\, S(s)]^{\smallsmile}}\, W^{\smallsmile}(s), \tag{138}$$

$$X(z) = \frac{[RS](z)}{1 - [RS](z)}\, W(z). \tag{138a}$$

In dieser Gleichung steht $[RS](z)$ für $\mathfrak{Z}\{\mathfrak{L}^{-1}\{R(s)\, S(s)\}\}$.

Die Reihe von Spezialfällen läßt sich weiter verlängern. Doch sind insbesondere die in Tafel VI.9 mit aufgenommenen Rückkopplungssysteme leicht aus den vorstehenden Fällen abzuleiten. In dieser Tafel ist neben $X(s)$ auch die z-Transformierte $X(z) = \mathfrak{Z}\{x^{\smallsmile}(t)\}$ angegeben, wobei dann immer am Ausgang des Systems ein zusätzlicher Taster gedacht werden muß.

Tafel IV.9. *Transformierte Ausgangsgrößen einiger getasteter Systeme*

Nr.	System	$X(s)$	$X(z) = \mathfrak{Z}\{x^{\smallsmile}(t)\}$
1		$Y^{\smallsmile}(s)$	$Y(z)$
2		$F(s)\,Y^{\smallsmile}(s)$	$F(z)\,Y(z)$
3		$[F(s)\,Y(s)]^{\smallsmile}$	$[F(s)\,Y(s)]\,(z)$
4		$F_1(s)\,F_2(s)\,Y^{\smallsmile}(s)$	$[F_1(s)\,F_2(s)]\,(z)\,Y(z)$
5		$F_2(s)\,F_1(s)^{\smallsmile}\,Y^{\smallsmile}(s)$	$F_2(z)\,F_1(z)\,Y(z)$
6		$\dfrac{S^{\smallsmile}(s)}{1 \underset{(+)}{-} S^{\smallsmile}(s)\,R^{\smallsmile}(s)}\,Y^{\smallsmile}(s)$	$\dfrac{S(z)}{1 \underset{(+)}{-} S(z)\,R(z)}\,Y(z)$
7		$\dfrac{R(s)\,S(s)}{1 \underset{(+)}{-} [R(s)\,S(s)]^{\smallsmile}}\,Y^{\smallsmile}(s)$	$\dfrac{[R(s)\,S(s)]\,(z)}{1 \underset{(+)}{-} [R(s)\,S(s)]\,(z)}\,Y(z)$
8		$\dfrac{S_2(s)\,[S_1(s)\,Y(s)]^{\smallsmile}}{1 \underset{(+)}{-} [S_1(s)\,S_2(s)\,R(s)]^{\smallsmile}}$	$\dfrac{S_2(z)\,[S_1(s)\,Y(s)]\,(z)}{1 \underset{(+)}{-} [S_1(s)\,S_2(s)\,R(s)]\,(z)}$

6 Lineare Systeme mit Totzeit

6.1 Vorbemerkung

Bei den bisher behandelten linearen kontinuierlichen Systemen war immer vorausgesetzt worden, daß die bei ihnen beobachtbaren Verzögerungen im Signalübertragungsverhalten durch konzentrierte Energiespeicher verursacht wurden. Diese Systeme wurden deshalb durch gewöhnliche Differentialgleichungen mit konstanten oder zeitvariablen Koeffizienten beschrieben, wobei wir für die Zustandsmodelle solcher Systeme diese Gleichungen in der Form der Vektordifferentialgleichung 1. Ordnung behandelten.

Bei Signalübertragungs- und Regelungssystemen kann sich aber auch eine mit dem Begriff Totzeit umschriebene Verzögerung im Signalübertragungsverhalten bemerkbar machen (Abschn. I.6). Diese Totzeiteffekte in einem Übertragungssystem werden durch homogene Energie- und/oder Stofftransportvorgänge hervorgerufen. Zur vollständigen Charakterisierung dieser Vorgänge müßten dann partielle Differentialgleichungen herangezogen werden. Vielfach reicht es aber aus, das Klemmenübertragungsverhalten solcher totzeitbehafteten Systeme alleine zu betrachten, so daß dann gewöhnliche Differenzendifferentialgleichungen als mathematische Modelle solcher Systeme ausreichen. Eigenschaften dieser Gleichungen und ihrer Lösungen sind in [VI.31, VI.32, VI.33, VI.34 und VI.35] ausführlich behandelt. Im folgenden wird, ausgehend von der komplexen Übertragungsfunktion von totzeitbehafteten Einfachsystemen, gezeigt, wie Zustandsmodelle für lineare Systeme mit Totzeit aufzustellen sind, die große Ähnlichkeit zu den bisher betrachteten Modellen haben. Daran anschließend werden die Lösungsformen der hier interessierenden Differenzendifferentialgleichungen nur insoweit aufgezeigt, daß einmal auch hier eine Analogie zu den durch gewöhnliche Differentialgleichungen beschriebenen Systemen und dann der Zusammenhang mit den in Band 1 behandelten Methoden des Frequenz- und Bildbereichs erkennbar werden.

6.2 Zustandsmodelle linearer Systeme mit Totzeit

Wir beginnen mit dem Einfachsystem, dessen Übertragungsverhalten durch diese komplexe Übertragungsfunktion beschrieben wird:

$$F(s) = \frac{Z(s)}{N(s)}\, e^{-s\,T_t} = K\frac{\prod\limits_{k=1}^{m}(s - s_{N_k})}{\prod\limits_{l=1}^{n}(s - s_{P_l})}\, e^{-s\,T_t}, \quad m \leqq n. \tag{1}$$

Auf solche Übertragungsfunktionen wird man z. B. ausgehend von Frequenzgangmessungen und dann näherungsweiser Ermittlung der rationalen Funktion $F_1(s) = \dfrac{Z(s)}{N(s)}$ mittels BODE-Diagramm geführt. Fassen wir das durch Gl. (1) beschriebene System als Reihenschaltung eines Systems $F_1(s)$ mit nur konzentrierten Energiespeichern und einem idealen Tot-

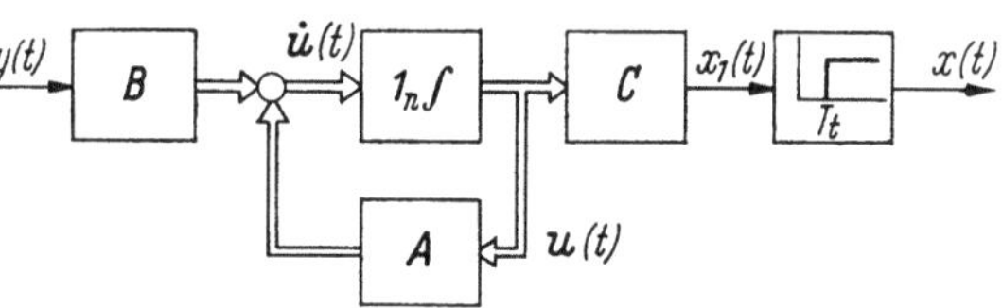

Abb. VI.6.1 Blockschaltbild eines Einfachsystems mit Totzeit

zeitglied auf, dann kann das in Abb. VI.6.1 gezeigte Blockschaltbild und das zugehörige Zustandsmodell im Zeitbereich angegeben werden:

$$\left.\begin{aligned}\dot{u}(t) &= A\,u(t) + B\,y(t),\\ x_1(t) &= C \cdot u(t),\\ x(t) &= x_1(t - T_t).\end{aligned}\right\} \tag{2}$$

Die ersten beiden Gleichungen dieses Zustandsmodells können leicht mittels der in Abschn. VI.3 angegebenen Verfahren gefunden werden. Kombiniert man noch die dritte mit der zweiten Gleichung, erhält man diese Form des Systemmodells:

$$\begin{aligned}\dot{u}(t) &= A\,u(t) + B\,y(t),\\ x(t) &= C\,u(t - T_t).\end{aligned} \tag{2a}$$

Ermittelt man ein Systemmodell nicht aus dem Klemmenverhalten, sondern von „innen heraus" durch Analyse der physikalischen Gesetzmäßigkeiten im

System, wird man auf die allgemeinere Form eines Zustandsmodells für Systeme
mit zunächst nur einer Totzeitkonstanten T_t geführt:

$$\dot{u}(t) = A\,u(t) + A_1\,u(t - T_t) + B\,y(t), \tag{3a}$$

$$x(t) = C\,u(t) + C_1\,u(t - T_t) + D\,y(t), \tag{3b}$$

das die tatsächliche Systemstruktur besser widergeben mag (Abb. VI.6.2).

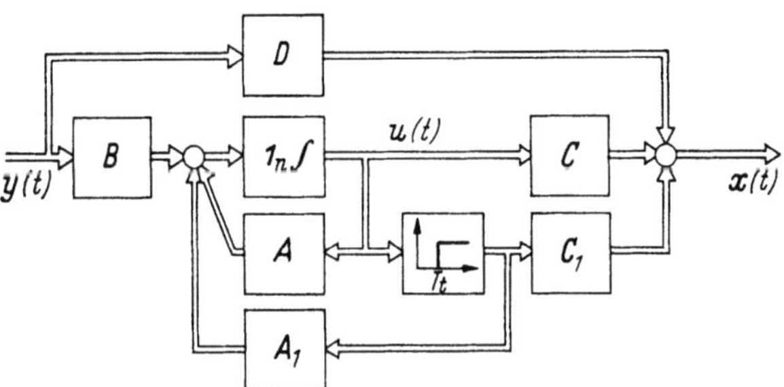

Abb. VI.6.2 Zustandsmodell des Mehrgrößensystems mit nur einer (internen) Totzeitkonstanten

Das Zustandsmodell wird auch jetzt wieder wie beim System mit konzentrierten Energiespeichern aus zwei Matrizengleichungen gebildet. Die erste beschreibt die Dynamik des Systems, sie ist also die Systemgleichung, die den
Systemzustand $u(t)$ bestimmt, und die zweite gibt an, wie der Systemzustand
auf die Ausgangsklemmen einwirkt. Der wesentliche systemtheoretische Unterschied, der auch bei der mathematischen Analyse des Modells ausschlaggebend
ist, liegt darin, daß nun der Zustandsvektor des Systems $u(t)$ nicht mehr die
Vergangenheit von der Zukunft trennt. Der zukünftige Systemzustand, der
durch die linke Seite von Gl. (3a), also durch $\dot{u}(t)$, repräsentiert wird, hängt
von dem gegenwärtigen Systemzustand $u(t)$ und der Vorgeschichte des Systems
ab, die ihren Niederschlag in $u(t - T_t)$, also dem Systemzustand T_t sec vor
dem Beobachtungszeitpunkt t, findet.

Differentialgleichungen der Form (3a) sind in der einschlägigen mathematischen Literatur als gewöhnliche Differentialgleichungen mit nacheilendem
Argument oder als Differenzendifferentialgleichungen bezeichnet. Sind in einem
System nicht nur eine Totzeitkonstante T_t, sondern r solcher Totzeiten enthalten, dann gelangt man zu einer weiteren Verallgemeinerung der Zustandsmodelle linearer kontinuierlicher zeitinvarianter Systeme mit Totzeit

$$\dot{u}(t) = \sum_{i=0}^{r} A_i\,u_i(t - T_i) + B\,y(t), \quad T_0 = 0,$$

$$x(t) = \sum_{i=0}^{r} C_i\,u_i(t - T_i) + D\,y(t). \tag{4}$$

Wir wollen uns auf diesen Spezialfall hier beschränken und nur darauf hinweisen,
daß — wie z. B. in [VI.32 und VI.33] gezeigt ist — die vorstehende Systemgleichung ein Sonderfall dieser gewöhnlichen Differentialgleichung mit nacheilendem Argument ist:

$$\dot{u}(t) = f\big(t,\,u(t - \alpha(t))\big), \quad \alpha(t) \geqq 0. \tag{5}$$

Auf Gleichungen der Form (3) bzw. (4) wird man z. B. schon dann geführt, wenn ein System, dessen Vorwärtskanal aus der Reihenschaltung eines Systems mit konzentrierten Speichern und einem idealen Totzeitsystem besteht, rückgekoppelt

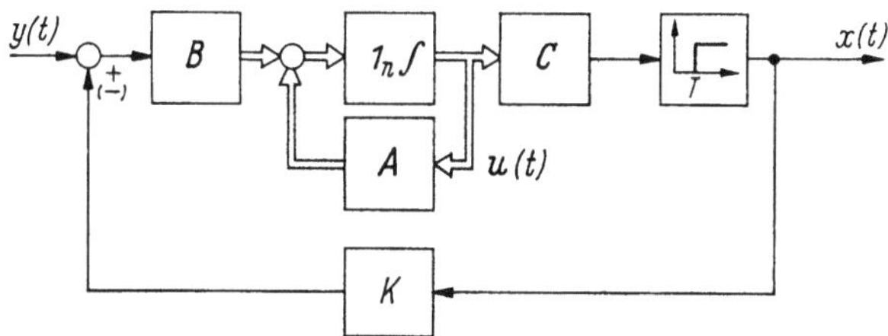

Abb. VI.6.3 Blockschaltbild eines rückgekoppelten Einfachsystems mit Totzeit

wird. Am Beispiel des Einfachsystems, das den Gln. (1) und (2) genügt, sei dies gezeigt. In Abb. VI.6.3 ist das Blockschaltbild dieses Systems gegeben, an dem diese Gleichungen abzulesen sind:

$$\dot{u}(t) = A\,u(t) + B\big(y(t)\,\underset{(-)}{\overset{+}{}}\,K\,x(t)\big),$$
$$x(t) = C\,u(t - T),$$

die umgeformt werden zu:

$$\dot{u}(t) = A\,u(t)\,\underset{(-)}{\overset{+}{}}\,K\,B\,C\,u(t - T) + B\,y(t),$$
$$x(t) = C\,u(t - T).$$

Ein Vergleich dieser Gleichung mit (4) ergibt, daß $A_0 = A$ mit $T_0 = 0$, $A_1 = K\,B\,C^T$ mit $T_1 = T$, sowie $C_0 = 0$ und $C_1 = C^T$ ist.

6.3 Lösungen der Differentialgleichungen mit nacheilendem Argument

Wir betrachten hier die lineare Vektor-Differenzendifferentialgleichung 1. Ordnung mit konstanten Koeffizientenmatrizen und konstanten Argumentverschiebungen T_i:

$$\dot{u}(t) + \sum_{i=0}^{r} A_i\,u(t - T_i) = f(t), \qquad T_i \geqq 0, \tag{6}$$

zu der die wesentlichsten Lösungseigenschaften angegeben werden sollen. Interessiert man sich für eine Lösung $\varphi(t)$ mit $t > t_0$ für diese Gleichung, wobei wieder t_0 der Anfangszeitpunkt ist, dann tritt an dieser Stelle die erste wesentliche Besonderheit gegenüber den gewöhnlichen Differentialgleichungen auf. Es genügt jetzt nicht mehr, den Zustandsvektor für $t = t_0$ vorzuschreiben, sondern anstelle der Anfangsbedingungen u_0 treten nun Anfangsfunktionen $u_0(t)$ auf, d. h., für jede Komponente $u_i(t)$ des Zustandsvektors $u(t)$ muß für das jeweilige Intervall $(t_0 - T_i) \leqq t \leqq t_0$ der Verlauf vorgeschrieben werden:

$$u_j(t) = u_{j0}(t), \qquad \begin{array}{l} t_0 - T_j \leqq t \leqq t_0, \\ j = 1, 2, \ldots, n \end{array} \tag{7}$$

(Abb. VI.6.4). Dies ist deshalb notwendig, damit in (6) die dort auftretenden Terme

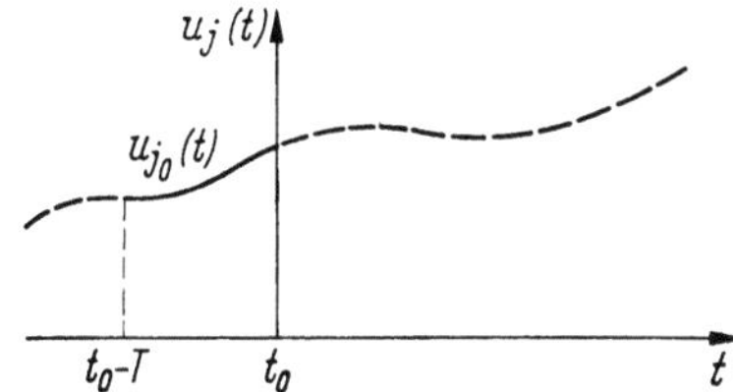

Abb. VI.6.4 Zur Erläuterung der Bedeutung der Anfangsfunktionen bei Totzeitsystemen

mit verzögerten Argumenten in dem jeweils ersten Totzeitintervall nach dem Anfangspunkt

$$t_0 \leqq t \leqq t_0 + T_j$$

eindeutig definiert sind. Bei der Behandlung technischer Systeme wird man häufig das System vollständig energiefrei und damit die $u_{j\,0}(t) = 0$ annehmen. Eine weitere Möglichkeit ist dadurch gegeben, daß man zwar für die in der Beschreibung durch Gl. (6) enthaltenen konzentrierten Energiespeicher Anfangsladungen zum Zeitpunkt $t = t_0$ verschreibt, im übrigen aber annimmt, daß das System für Zeiten $t < t_0$ in Ruhe war:

$$u_{j\,0}(t) = \begin{cases} 0 & \text{für} \quad t_0 - T_j \leqq t < t_0, \\ u_{j\,0} & \text{für} \quad t = t_0, \end{cases} \qquad j = 1, 2, \ldots, n. \qquad (8)$$

Nach diesen Vorbemerkungen ist der folgende nur zitierte, z. B. in [VI.31] bewiesene, Existenz- und Eindeutigkeitssatz für Differenzendifferentialgleichungen der Form (6) zu verstehen.

Satz 1. Es werde die Vektor-Differenzendifferentialgleichung

$$\dot{\boldsymbol{u}}(t) + \sum_{i=0}^{r} A_i \, \boldsymbol{u}(t - T_i) = \boldsymbol{f}(t) \qquad (9\,\text{a})$$

mit

$$0 = T_0 < T_1 < T_2 \ldots < T_r, \qquad (9\,\text{b})$$

sowie der Anfangsfunktion

$$\boldsymbol{u}_0(t) = \boldsymbol{g}(t), \quad \text{für} \quad t_0 - T_r \leqq t \leqq t_0 \qquad (9\,\text{c})$$

betrachtet. Die Störfunktion $\boldsymbol{f}(t)$ gehöre zur Klasse C^0 für $t \in [t_0, \infty)$, sei also stetig und $\boldsymbol{g}(t)$ gehöre ebenfalls zu C^0 für $t \in [t_0 - T_r, t_0]$. Dann existiert eine und nur eine Funktion $\boldsymbol{\varphi}(t)$ für $t \geqq t_0 - T_r$, die für $t \geqq T_r$ kontinuierlich ist und Gl. (9c) sowie Gl. (9a) für $t \geqq t_0$ erfüllt. Darüberhinaus ist $\boldsymbol{\varphi}(t)$ für $t > t_0$ stetig und stetig differenzierbar, gehört also zur Klasse C^1.

Dieser Satz stellt also sicher, daß eine und nur eine Lösungsfunktion $\boldsymbol{\varphi}(t) = [\varphi_1(t), \varphi_2(t), \ldots, \varphi_n(t)]^T$ existiert, die die obige Gl. (9a) und die Anfangsbedingungen (9c) erfüllt. Zur vereinfachten Darstellung wurde hier vorausgesetzt, daß die Komponenten der Anfangsfunktion $\boldsymbol{u}_0(t)$ für das durch die größte Totzeit T_r festgelegte Intervall $[t_0 - T_r, T_0)$ vorgegeben sind. Dies bedeutet keine Einschränkung, da für alle die Komponenten u_j mit Totzeiten $T_j < T_r$ die „zuviel" vorgegebenen Anfangsverläufe ohne jeden Einfluß auf den Lösungsverlauf sind.

Für den Anwendungsfall kann man die Lösung $\boldsymbol{\varphi}(t)$ auf verschiedenen Wegen gewinnen. Einer besteht darin, daß man die Lösung intervallweise bestimmt, wobei die Totzeiten diese Intervalle festlegen, was dann empfehlenswert sein mag, wenn die Lösung nur für ein bestimmtes Zeitintervall interessiert. Dies sei an einem einfachen Beispiel erläutert.

Beispiel. Gegeben sei

$$\dot{u}(t) = -u(t - 1)$$

und

$$u(t) = g(t) = 1, \quad \text{für} \quad -1 \leqq t \leqq 0.$$

Gesucht ist die Lösung für ein endliches Intervall $[0, t_1]$.

Integration der Differentialgleichung und Berücksichtigung der Anfangsbedingung ergibt für das Intervall [0, 1]

$$u(t) = -(t - 1), \quad \text{für} \quad 0 \leqq t \leqq 1.$$

Für das nächste Intervall erhält man

$$\dot{u}(t) = -u(t - 1) = t - 2, \quad \text{für} \quad 1 \leqq t \leqq 2,$$

und nach Integration und Berücksichtigung, daß die Lösungsstücke kontinuierlich anschließen sollen, für $t = 1$ also $u(t) = 0$ sein muß:

$$u(t) = \frac{t^2}{2} - 2t + \frac{3}{2}, \quad \text{für} \quad 1 \leqq t \leqq 2.$$

In dieser Weise läßt sich fortfahren, bis die Lösung für den interessierenden Bereich der Variablen t gefunden ist.

Ähnlich wie bei den gewöhnlichen linearen Differentialgleichungen, kann bei den hier betrachteten linearen Differenzendifferentialgleichungen die Lösung mittels der LAPLACE-Transformation gesucht werden. Im folgenden wird für eine übersichtlichere Darstellung $t_0 = T_r$ gesetzt und die Lösung der Gl. (9a) für $t \geqq T_r$ gesucht, so daß die Anfangsfunktion $g(t)$ für $0 \leqq t \leqq T_r$ vorgegeben, werden muß. Ferner sollen $f(t)$ und $g(t)$ in den betrachteten Intervallen stetig differenzierbar sein. Auch sollen zu $f(t)$ und $g(t)$ LAPLACE-Transformierte existieren. Unterwirft man Gl. (9a) der LAPLACE-Transformation für die untere Grenze $t = T_r$, dann erhält man zunächst

$$\int\limits_{T_r}^{\infty} \dot{u}(t)\, e^{-st}\, dt + \int\limits_{T_r}^{\infty} \sum_{i=0}^{r} A_i\, u(t - T_i)\, e^{-st}\, dt = \int\limits_{T_r}^{\infty} f(t)\, e^{-st}\, dt. \tag{10}$$

Die einzelnen Summanden ergeben:

$$\int\limits_{T_r}^{\infty} \frac{d}{dt} u(t)\, e^{-st}\, dt = -u(T_r)\, e^{-s\, T_r} + s \int\limits_{T_r}^{\infty} u(t)\, e^{-st}\, dt$$

$$= -u(T_r)\, e^{-s\, T_r} + s\, U(s) - s \int\limits_{0}^{T_r} g(t)\, e^{-st}\, dt,$$

$$\int\limits_{T_r}^{\infty} A_i\, u(t - T_i)\, e^{-st}\, dt = e^{-s\, T_i} A_i \int\limits_{T_r - T_i}^{\infty} u(t)\, e^{-st}\, dt$$

$$= e^{-s\, T_i} A_i\, U(s) - e^{-s\, T_i} A_i \int\limits_{0}^{T_r - T_i} u(t)\, e^{-st}\, dt = e^{-s\, T_i} A_i\, U(s).$$

Wir dürfen hier den Teilausdruck $A_i \int\limits_{0}^{T_r - T_i} u(t)\, e^{-st}\, dt$ zu Null ansetzen, da in der Lösung $\varphi(t)$ für die Gl. (9a) die Zustände, die vor dem Zeitpunkt $T_r - T_i$ bestanden, für $t \geqq T_r$ nicht mehr wirksam sind (Abb. VI.6.5). Mit

$$F(s) = \int\limits_{T_r}^{\infty} f(t)\, e^{-st}\, dt$$

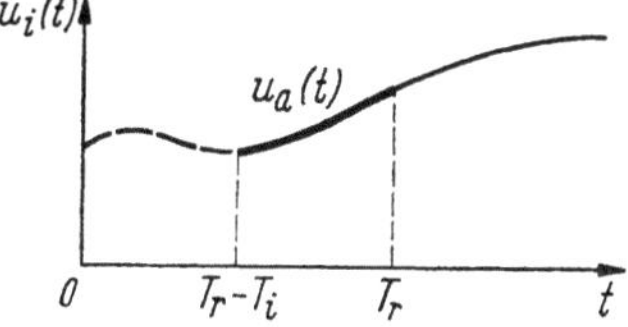

Abb. VI.6.5 Zum Beitrag der Anfangsfunktion für $t < T_r - T_i$

und Einsetzen der vorstehenden Beziehungen erhalten wir aus (10):

$$\left[s \cdot \boldsymbol{1} + \boldsymbol{A} + \sum_{i=1}^{r} \boldsymbol{A}_i \, e^{-sT_i} \right] \boldsymbol{U}(s) = \boldsymbol{u}(T_r) \, e^{-s\,T_r} + s \int_0^{T_r} \boldsymbol{g}(t) \, e^{-st} \, dt + \boldsymbol{F}(s), \quad (11)$$

$$\boldsymbol{U}(s) = \boldsymbol{C}^{-1}(s) \, [\boldsymbol{H}(s) + \boldsymbol{F}(s)]. \quad (11\,\mathrm{a})$$

Hierin bedeutet $\boldsymbol{C}(s)$ die charakteristische Matrix des Systems:

$$\boldsymbol{C}(s) = \boldsymbol{1} s + \boldsymbol{A} + \sum_{i=1}^{r} \boldsymbol{A}_i \, e^{-sT_i}, \quad (12)$$

wobei mit (9b) $\boldsymbol{A}_0 = \boldsymbol{A}$ gesetzt wurde, um die Analogie zu den totzeitfreien Systemen zu zeigen. In Gl. (11a) ist also deutlich zu erkennen, daß die Lösung der Differentialgleichung (9a) wesentlich von $\boldsymbol{C}(s)$ bestimmt wird und sowohl von den Anfangsbedingungen als auch von der Störfunktion $\boldsymbol{f}(t)$ bzw. $\boldsymbol{F}(s)$ abhängt. Dabei ist beachtenswert, daß bei den Totzeitsystemen die Anfangsbedingungen im Bildbereich durch eine komplexe Funktion $\boldsymbol{H}(s)$, oder genauer durch eine Matrix, deren Elemente komplexe Funktionen sind, wiedergegeben werden. Formal kann man nun die gesuchte Lösung $\boldsymbol{\varphi}(t) = \boldsymbol{u}(t)$ durch die inverse LAPLACE-Transformation finden zu

$$\boldsymbol{\varphi}(t) = \mathfrak{L}^{-1}\{\boldsymbol{U}(s)\} = \int_{-i\infty}^{+i\infty} \boldsymbol{C}^{-1}(s) \, [\boldsymbol{H}(s) + \boldsymbol{F}(s)] \, e^{st} \, ds, \quad t \geq T_r. \quad (13)$$

Dieses Umkehrintegral läßt sich aber praktisch kaum auswerten, da bei den Totzeitsystemen die charakteristische Gleichung des Systems:

$$C(s) = |\boldsymbol{C}(s)| = \left| \boldsymbol{1} s + \boldsymbol{A} + \sum_{i=1}^{r} \boldsymbol{A}_i \, e^{-sT_i} \right| \quad (14)$$

eine transzendente Gleichung ist, die unendlich viele Nullstellen hat, womit z. B. bei Anwendung der Residuenrechnung zur Auswertung von (13) die Residuen für unendlich viele Pole zu bestimmen wären.

In [VI.31] ist u. a. gezeigt, daß die Wurzeln von $C(s)$ alle links von einer bestimmten Abszisse σ_1 liegen. Damit ist dann einmal sichergestellt, daß das Umkehrintegral (13) existiert, wenn $\boldsymbol{H}(s)$ und $C(s)$ existieren. Zum anderen können aber daraus auch Verfahren abgeleitet werden, mit denen das Stabilitätsverhalten des Systems abgeschätzt werden kann [VI.31].

7 Zustandsmodelle nichtlinearer Systeme

7.1 Einleitung

In Band I und in den vorstehenden Abschnitten wurden bisher nur lineare Systeme behandelt. Die vorstehend eingeführten mathematischen Modelle der Zustandsbeschreibung dynamischer Systeme im Zeitbereich eignen sich neben der Beschreibung zeitvariabler Effekte auch vor allem für nichtlineare Systeme. Dazu kommt, daß die Zustandsmodelle der Problembearbeitung mittels analoger und digitaler Rechenmaschinen besonders wenig Schwierigkeiten bieten. Vor allem für den Digitalrechner hängt dies mit dem einfachen Aufbau der das dynamische System wesentlich kennzeichnenden Systemmatrizen zusammen, der

der seriellen Informationsverarbeitung in diesen Rechnern entgegenkommt. Da umfangreiche Mehrgrößenanlagen in der weitaus größten Zahl mittels Rechenmaschinen untersucht werden müssen und da andererseits häufig auch das nichtlineare Verhalten in technischen Systemen berücksichtigt werden muß, wird im folgenden eine Zustandsmodelldarstellung nichtlinearer Systeme eingeführt, die geeignet ist, einen leichten Übergang von den linearen zu den nichtlinearen Systemen herzustellen und die darüber hinaus besonders für die Bearbeitung mittels Digitalrechner zugeschnitten ist. Diese spezielle Repräsentation wurde von SCHEEL [VI 36] angegeben, und wir folgen weitgehend seiner Darstellung.

7.2 Aufstellung des Zustandsmodells

Das in Abb. VI.7.1 als Blockschaltbild dargestellte nichtlineare Übertragungssystem kann durch dieses Gleichungssystem

$$\dot{\boldsymbol{u}}(t) = \boldsymbol{f}\big(\boldsymbol{u}(t), \boldsymbol{y}(t), t\big), \tag{1}$$

$$\boldsymbol{x}(t) = \boldsymbol{g}\big(\boldsymbol{u}(t), \boldsymbol{y}(t), t\big) \tag{2}$$

oder ausführlicher

$$\dot{u}_i(t) = f_i(u_1, \ldots, u_n, y_1, \ldots, y_q, t), \quad i = 1, 2, \ldots, n, \tag{1a}$$

$$x_j(t) = g_j(u_1, \ldots, u_n, y_1, \ldots, y_q, t), \quad j = 1, 2, \ldots, p \tag{2a}$$

in der Form eines Zustandsmodells in Normalform beschrieben werden. Ist das so charakterisierte System in einen linearen und einen nichtlinearen Teil aufgespalten, dann können diese Gleichungen umgeschrieben werden zu:

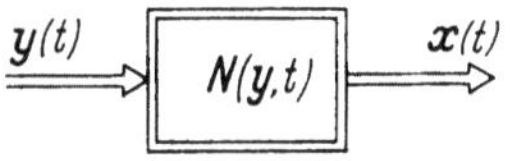

$$\dot{\boldsymbol{u}}(t) = \boldsymbol{A}(t)\,\boldsymbol{u}(t) + \boldsymbol{B}(t)\,\boldsymbol{y}(t) + \boldsymbol{f}_N\big(\boldsymbol{u}(t), \boldsymbol{y}(t), t\big), \tag{3a}$$

$$\boldsymbol{x}(t) = \boldsymbol{C}(t)\,\boldsymbol{u}(t) + \boldsymbol{D}(t)\,\boldsymbol{y}(t) + \boldsymbol{g}_N\big(\boldsymbol{u}(t), \boldsymbol{y}(t), t\big). \tag{3b}$$

Abb. VI.7.1
Blockschaltbild eines nichtlinearen Übertragungssystems

Auf eine solche Form wird man z. B. geführt, wenn man bei einer Systemanalyse mittels der Blockschalttechnik [VI.12] die linearen und die nichtlinearen Teilsysteme jeweils zu einem linearen Block und einem nichtlinearen zusammenfaßt. Ist eine solche Aufspaltung möglich, dann soll sie in der speziellen, durch Abb. VI.7.2 erläuterten Form vorgenommen werden, zu

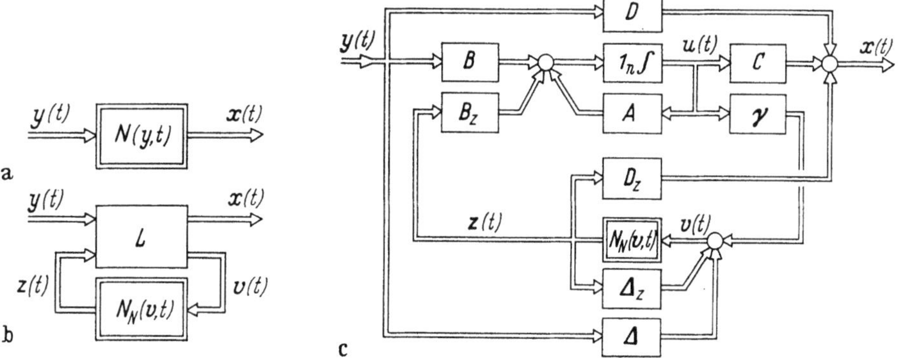

Abb. VI.7.2 Aufspaltung eines nichtlinearen Systems a) in ein lineares und ein nichtlineares System b). In Teilbild c) ist der lineare Systemteil entsprechend Gln. (VI.7.4) aufgegliedert

der dann dieses mathematische Zustandsmodell gehört:

$$\dot{u}(t) = A(t)\,u(t) + B(t)\,y(t) + B_Z(t)\,z(t), \qquad (4\,\mathrm{a})$$

$$x(t) = C(t)\,u(t) + D(t)\,y(t) + D_Z(t)\,z(t), \qquad (4\,\mathrm{b})$$

$$v(t) = \gamma(t)\,u(t) + \Delta(t)\,y(t) + \Delta_Z(t)\,z(t), \qquad (4\,\mathrm{c})$$

$$z(t) = N_N(v, t). \qquad (4\,\mathrm{d})$$

Wesentliche Merkmale dieser Repräsentation sind die Einführung eines zusätzlichen (virtuellen) Eingangssignalvektors $z(t)$, der den linearen Systemteil stört und nichtlinear von einem Hilfsvektor $v(t)$ abhängig ist. Der Hilfsvektor $v(t)$ soll eine Linearkombination des Zustandsvektors $u(t)$, des Eingangssignalvektors $y(t)$ und des Störsignalvektors $z(t)$ sein.

Ein Koeffizientenvergleich zwischen den Gln. (3) und (4) zeigt den Zusammenhang zwischen den Vektorfunktionen $f_N\big(u(t), y(t), t\big)$ bzw. $g_N\big(u(t), y(t), t\big)$ und den neu eingeführten Systemmatrizen und Hilfsvektoren:

$$\begin{aligned}
f_N\big(u(t), y(t), t\big) &= B_Z(t)\,z(t) = B_Z(t)\,N_N\big(v(t), t\big), \\
g_N\big(u(t), y(t), t\big) &= D_Z(t)\,z(t) = D_Z(t)\,N_N\big(v(t), t\big).
\end{aligned} \qquad (5)$$

Die vorstehend eingeführte Systemdarstellung zeigt zunächst eine große formale Ähnlichkeit zu den linearen Systemen. Die so vorgenommene Aufspaltung eignet sich ganz besonders für die Anwendung von Rechenmaschinen. Bei der Systemsimulation am Analogrechner ist eine solche Aufspaltung unumgänglich, da dieser nur lineare (Summierer, Integrierer, Potentiometer) oder nichtlineare (Multiplizierer, Funktionsgeber) Teileelemente besitzt. Aber auch für ein Digitalrechnerprogramm ist es sinnvoll, alle linearen Operationen von den nichtlinearen zu trennen. Das hier betrachtete Systemmodell ist allgemein genug, alle komplexeren, zeitvariablen, nichtlinearen Systeme ohne Laufzeiteffekte zu beschreiben. Auch der Grenzfall, bei dem eine Aufteilung in lineare und nichtlineare Anteile nicht möglich ist, ist, dann durch Verschwinden der Matrizen A, B, C und D in Gl. (4) gekennzeichnet, in diesem Modell enthalten.

7.3 Zusammengesetzte nichtlineare Systeme

Setzt sich ein nichtlineares Mehrfachsystem aus mehreren nichtlinearen Teilsystemen in Reihen-, Parallel- oder Rückkopplungsschaltung zusammen, dann kann, ausgehend von der Zustandsdarstellung (4) eines jeden Teilsystems, eine gleichartige Darstellung des Gesamtsystems angegeben werden. Die einzelnen aus den Teilmatrizen aufgebauten Systemmatrizen des Gesamtsystems haben dabei Formen, die den für zusammengesetzte lineare Systeme in Abschn. VI.3.5 besprochenen weitgehend ähneln. Ganz allgemein sind dabei für die Verknüpfung von Blockschaltbildern mit nichtlinearen Teileelementen diese Regeln anzuwenden:

1. Summationsstellen dürfen nicht über nichtlineare Blöcke hinweg vor- oder rückverlegt werden.

2. Einander folgende lineare und nichtlineare Blöcke dürfen nicht vertauscht werden.

3. Rückkopplungsschleifen mit nichtlinearen Teilsystemen können nicht weiter vereinfacht werden.

4. Für die linearen Teilblöcke gelten weiterhin die Regeln der Blockschaltbild-algebra linearer Systeme, soweit die vorstehenden drei Regeln nicht verletzt werden.

Geht man von der detaillierten Blockschaltbilddarstellung Abb. VI.7.2 der nichtlinearen Systeme aus, leitet man leicht die folgenden Ergebnisse für die drei wesentlichsten Formen zusammengesetzter nichtlinearer Systeme ab, deren Teilsysteme jeweils den durch Index 1 oder 2 ergänzten Gln. (4) genügen.

a) Parallelschaltung zweier Systeme (Abb. VI.7.3):

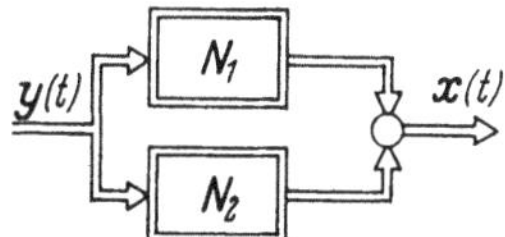

Abb. VI.7.3 Parallelgeschaltete nichtlineare Mehrgrößensysteme

$$A = \begin{bmatrix} A_1 & 0 \\ 0 & A_2 \end{bmatrix}, \quad B = \begin{bmatrix} B_1 \\ B_2 \end{bmatrix}, \quad B_z = \begin{bmatrix} B_{z1} & 0 \\ 0 & B_{z2} \end{bmatrix},$$

$$C = [\, C_1 \quad C_2 \,], \quad D = [\, D_1 + D_2 \,], \quad D_z = [\, D_{z1} \quad D_{z2} \,],$$

$$\gamma = \begin{bmatrix} \gamma_1 & 0 \\ 0 & \gamma_2 \end{bmatrix}, \quad \Delta = \begin{bmatrix} \Delta_1 \\ \Delta_2 \end{bmatrix}, \quad \Delta_z = \begin{bmatrix} \Delta_{z1} & 0 \\ 0 & \Delta_{z2} \end{bmatrix}.$$

b) Reihenschaltung zweier Systeme (Abb. VI.7.4):

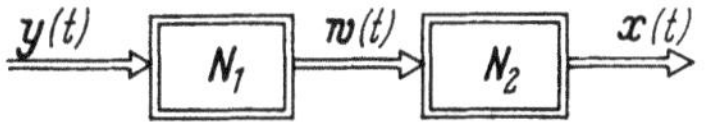

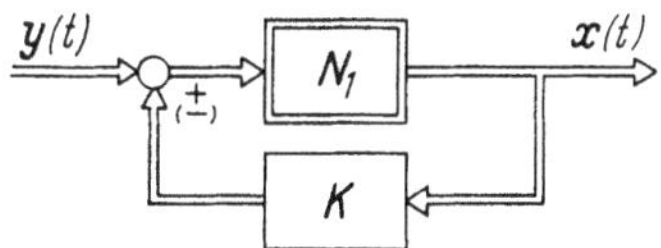

Abb. VI.7.4 Reihenschaltung zweier nichtlinearer Systeme

$$A = \begin{bmatrix} A_1 & 0 \\ B_2 C_1 & A_2 \end{bmatrix}, \quad B = \begin{bmatrix} B_1 \\ B_2 D_1 \end{bmatrix}, \quad B_z = \begin{bmatrix} B_{z1} & 0 \\ B_2 D_{z1} & B_{z2} \end{bmatrix},$$

$$C = [\, D_2 C_1 \quad C_2 \,], \quad D = D_2 D_1, \quad D_z = [\, D_2 D_{z1} \quad D_{z2} \,],$$

$$\gamma = \begin{bmatrix} \gamma_1 & 0 \\ \Delta_2 C_1 & \gamma_2 \end{bmatrix}, \quad \Delta = \begin{bmatrix} \Delta_1 \\ \Delta_2 D_1 \end{bmatrix}, \quad \Delta_z = \begin{bmatrix} \Delta_{z1} & 0 \\ \Delta_2 D_{z1} & \Delta_{z2} \end{bmatrix}.$$

c) Rückkopplung eines Systems (Abb. VI.7.5):

Abb. VI.7.5 Rückkopplungsschaltung eines nichtlinearen Systems

$$A = [A_1 \,\underset{(-)}{\overset{+}{}}\, B_1 K T C_1], \quad B = B_1[1 \,\underset{(-)}{\overset{+}{}}\, K T D_1], \quad B_z = [B_{z1} \,\underset{(-)}{\overset{+}{}}\, B_1 K T D_{z1}],$$

$$C = T C_1, \quad D = T D_1, \quad D_z = T D_{z1},$$

$$\gamma = [\gamma_1 \,\underset{(-)}{\overset{+}{}}\, \Delta_1 K T C_1], \quad \Delta = \Delta_1[1 \,\underset{(-)}{\overset{+}{}}\, K T D_1], \quad \Delta_z = [\Delta_{z1} \,\underset{(-)}{\overset{+}{}}\, \Delta_1 K T D_{z1}],$$

mit $T = [1 \,\underset{(+)}{\overset{-}{}}\, D_1 K]^{-1}$.

VII. Lineare Vektorräume und Matrizenfunktionen

1 Vorbemerkungen

Entsprechend dem mit dieser Darstellung gesetzten Ziel, theoretische Verfahren zur Lösung von Mehrfachregelungsproblemen in einer solchen Form zu beschreiben, daß diese Methoden vor allem für den Ingenieur anwendbar werden, sollen in diesem Kapitel wieder einige mathematische Hilfsmittel zusammengestellt werden, die in den darauffolgenden Abschnitten zur Bearbeitung systemtheoretischer Fragen benötigt werden. Es werden hier wesentliche Gesetzmäßigkeiten der mathematischen Behandlung von Vektoren, Vektorräumen und den damit zusammenhängenden Fragen besprochen. Diese Darstellung ausgewählter Ergebnisse aus dem Bereich der modernen Algebra, der Vektoranalysis und den Matrizenfunktionen schließt sinngemäß an die in Kap. II zusammengestellten Grundbegriffe zum Matrizen- und Determinantenkalkül an. Die hier getroffene Auswahl ist im Sinne der Mathematik unvollständig und kann und soll die einschlägige Spezialliteratur z. B. [VII 1 bis VII.3] nicht ersetzen, um so mehr, als hier nur Definitionen und Sätze ohne deren Herleitungen zitiert werden. Doch zeigt sich immer wieder, daß mathematische Tatbestände, die als Hilfsmittel zur Lösung physikalischer und technischer Probleme verwendet werden sollen, in einer solchen Form aufbereitet werden müssen, daß der interessierte Ingenieur diese Hilfsmittel rationell einsetzen kann, indem er sich unter Beachtung der Voraussetzung auf die einmal bewiesenen Tatbestände verläßt, ohne die jeweiligen, nur den mathematischen Fachmann interessierenden Beweise nachvollziehen zu müssen. In diesem Sinne sind die folgenden Abschnitte wieder weniger zum Studium als zum Nachschlagen und Anwenden gedacht. Um diese Abschnitte möglichst kurz fassen zu können, wird vorausgesetzt, daß der Leser Grundkenntnisse der Vektor- und Matrizenalgebra besitzt.

2 Lineare Vektorräume

2.1 Definitionen zum Vektorbegriff

Abweichend von dem in der Physik durch weitere Eigenschaften gekennzeichneten Vektorbegriff wird dieser in der Mathematik axiomatisch eingeführt[1].

Zuerst soll der Begriff des Vektorraumes definiert werden. Gegeben sei eine Menge $\mathbf{R}$ mit den Elementen a, b, c. Zwischen diesen Elementen werden zwei Operationen folgender Art definiert:

a) Diese Operation ordnet jedem Paar a, b ein Element c mit der symbolischen Schreibweise

$$c = a + b$$

zu.

b) Jedem Element a und jedem Skalar α aus dem Zahlenkörper $\mathbf{K}$ wird durch diese Operation ein Element b zugeordnet. Diese Operation wird mit $b = \alpha a$ bezeichnet.

---

[1] Ein wesentlicher Unterschied besteht darin, daß in der Mathematik ein Vektor nur ein Element oder Objekt (einen Punkt) im Vektorraum repräsentiert, während in der Physik einem Vektor die Eigenschaften des Betrages und einer Richtung in bezug auf ein geeignetes Koordinatensystem im Vektorraum zugeordnet werden.

Betrachten wir z. B. die Menge **E** aller n-tupel von reellen Zahlen. Zwei Elemente dieser Menge seien $a = (a_1, a_2, \ldots, a_n)$ und $b = (b_1, b_2, \ldots, b_n)$; dann sollen die beiden oben beschriebenen Operationen im einzelnen bedeuten

$$a + b = (a_1 + b_1, a_2 + b_2, \ldots, a_n + b_n),$$
$$\alpha a = (\alpha a_1, \alpha a_2, \ldots, \alpha a_n).$$

Definition 1. Genügen die Operationen a) (Vektoraddition) und b) (Multiplikation mit einem Skalar) den folgenden Bedingungen, dann bezeichnet man die Menge **R** als einen (linearen) Vektorraum über dem Körper **K** und die Elemente $a, b, c \ldots$ als Vektoren. Im einzelnen soll gelten

a) Vektoraddition.

1. $a + b = b + a$ (kommutatives Gesetz).
2. $(a + b) + c = a + (b + c)$ (assoziatives Gesetz).
3. Es existiert ein eindeutiger Nullvektor 0 in **R**, so daß gilt:

$$a + 0 = 0 + a = a.$$

4. Zu jedem Vektor a existiert ein Vektor $-a$:

$$a + (-a) = 0.$$

b) Multiplikation mit einem Skalar.

1. $\alpha(\beta a) = (\alpha \beta) a$ (assoziatives Gesetz).
2. $1a = a$.
3. $0a = 0$.
4. $\alpha(a + b) = \alpha a + \alpha b$.
5. $(\alpha + \beta) a = \alpha a + \beta a$ (distributive Gesetze).

Es ist sofort ersichtlich, daß die Menge **E** aller n-tupel von reellen Zahlen ein Vektorraum ist, da die für diese Menge definierten Operationen alle Bedingungen der Definition 1 erfüllen. Weitere Beispiele für Vektorräume sind z. B. die Menge der komplexen Zahlen, wenn man als Vektoraddition die gewöhnliche Addition zweier komplexer Zahlen und als zweite Vektoroperation die Multiplikation einer komplexen Zahl mit einer reellen Zahl definiert. Die Menge der komplexen Zahlen heißt dann ein Vektorraum über dem reellen Zahlenkörper. Betrachten wir die Menge der im Intervall $(0, 1)$ definierten reellen Funktionen f einer reellen Veränderlichen und nehmen wir als Operationen die übliche Summenbildung zweier Funktionen und die übliche Multiplikation einer Funktion f mit einer komplexen Konstanten α, so bildet diese betrachtete Menge einen Vektorraum über dem Körper der komplexen Zahlen.

An diesen wenigen Beispielen ist zu erkennen, wie viel weitgehender der axiomatische Vektorbegriff gegenüber dem insbesondere in der Mechanik benutzten Vektorbegriff ist.

Aus der vorstehenden Definition lassen sich folgende weitere Eigenschaften von Vektorräumen ableiten:

Satz 1. In jedem Vektorraum **R** gilt

1. $a + b = a + c \Rightarrow b = c$.
2. $\alpha a = \alpha b$ und $\alpha \neq 0 \Rightarrow a = b$.
3. $\alpha a = \beta a$ und $a \neq 0 \Rightarrow \alpha = \beta$.
4. $\alpha(a - b) = \alpha a - \alpha b$.

5. $(\alpha - \beta)\,\boldsymbol{a} = \alpha\,\boldsymbol{a} - \beta\,\boldsymbol{a}$.

6. $\alpha \cdot \boldsymbol{0} \quad = \boldsymbol{0}$.

Der vorstehend betrachtete Zahlenkörper $\mathbf{K}$, dem die Skalare $\alpha, \beta, \ldots$ angehören, ist im allgemeinen bei den Anwendungen und auch hier in der weiteren Darstellung der der reellen oder der komplexen Zahlen. Ferner soll ausdrücklich darauf hingewiesen werden, daß durch den einem Vektorraum zugrunde liegenden Zahlenkörper $\mathbf{K}$ keine Aussage über diejenigen Zahlenkörper gemacht ist, dem die noch einzuführenden Komponenten eines Vektors angehören. Um Vektorräume klassifizieren zu können, führen wir folgende wichtigen Begriffe ein:

Definition 2. Vektoren $\boldsymbol{a}_1, \boldsymbol{a}_2, \ldots, \boldsymbol{a}_n$ aus dem Vektorraum $\mathbf{R}$ heißen *linear abhängig*, wenn es Zahlen $\alpha_1, \alpha_2, \ldots, \alpha_n$ aus $\mathbf{K}$ gibt, die nicht alle verschwinden, und dann gilt:

$$\alpha_1\,\boldsymbol{a}_1 + \alpha_2\,\boldsymbol{a}_2 + \cdots + \alpha_n\,\boldsymbol{a}_n = \boldsymbol{0}. \tag{1}$$

Die lineare Abhängigkeit von Vektoren bedeutet, daß aus ihnen bei geeigneter Wahl von Faktoren α_i durch lineare Überlagerung der einzelnen Vektoren $\boldsymbol{a}_1, \boldsymbol{a}_2, \ldots, \boldsymbol{a}_n$ der Nullvektor erzeugt werden kann. Umgekehrt heißen die Vektoren $\boldsymbol{a}_1, \boldsymbol{a}_2, \ldots, \boldsymbol{a}_n$ *linear unabhängig*, wenn Gl. (1) nur durch $\alpha_1 = \alpha_2 = \cdots = \alpha_n = 0$ erfüllt ist.

Definition 3. Ein Vektorraum $\mathbf{R}$ heißt endlichdimensional der Dimension n, wenn es in $\mathbf{R}$ n linear unabhängige Vektoren gibt, aber je $n + 1$ Vektoren linear abhängig sind. Existieren in $\mathbf{R}$ linear unabhängige Systeme beliebig vieler Vektoren, dann heißt $\mathbf{R}$ unendlich dimensional.

Im Verlauf der weiteren Darstellung, vor allem bei der Anwendung der Vektoralgebra und -analysis auf systemtheoretische Probleme der Mehrfachsysteme, werden wir uns wesentlich auf endlich-dimensionale Vektorräume beschränken, die für die Zustandsvektoren die Dimension n, für Eingangssignalvektoren die von q und für Ausgangssignalvektoren die von p haben sollen.

Definition 4. Ein System von n geordneten Vektoren $\boldsymbol{e}_1, \boldsymbol{e}_2, \ldots, \boldsymbol{e}_n$ heißt eine Basis des Vektorraumes $\mathbf{R}_n$, wenn

1. die $\boldsymbol{e}_i$ linear unabhängig sind und
2. jeder Vektor $\boldsymbol{a} \in \mathbf{R}_n$ als lineare Kombination der $\boldsymbol{e}_1$ bis $\boldsymbol{e}_n$ ausgedrückt werden kann:

$$\boldsymbol{a} = \sum_{i=1}^{n} a_i\,\boldsymbol{e}_i. \tag{2}$$

In der vorstehenden Gl. (2) werden die a_i als die Komponenten des Vektors $\boldsymbol{a}$ in bezug auf die Basisvektoren $\boldsymbol{e}_i$ bezeichnet. Die in Definition 4 postulierte lineare Unabhängigkeit der Basisvektoren bedeutet dabei nicht, daß z. B. im uns anschaulichen dreidimensionalen Raum die Basisvektoren ein rechtwinkliges Koordinatensystem bilden müssen, sondern nur, daß

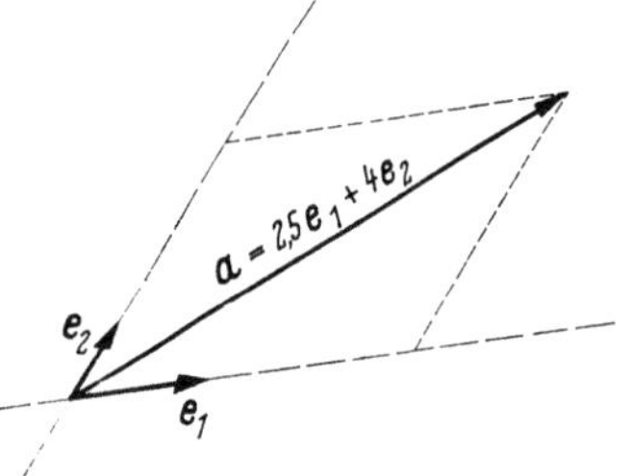

Abb. VII.2.1 Repräsentation eines Vektors mittels Basisvektoren am Beispiel des Vektorraumes $\mathbf{R}_2$

die drei Basisvektoren $\boldsymbol{e}_1$, $\boldsymbol{e}_2$ und $\boldsymbol{e}_3$ nicht in einer Ebene liegen dürfen. In Abb. VII.2.1 ist die Darstellung eines Vektors $\boldsymbol{a}$ in einem schiefwinkligen Koordinatensystem des Vektorraums $\mathbf{R_2}$ skizziert. Allerdings sind auch im n-dimensionalen Vektorraum die weiter unten noch näher betrachteten orthogonalen Basen besonders übersichtlich und interessant.

Die Komponenten a_i eines Vektors $\boldsymbol{a}$ in bezug auf eine vorgegebene Basis werden als Spaltenmatrix notiert: $\boldsymbol{a} = [a_1, a_2, \ldots, a_n]^T$. Die Basisvektoren $\boldsymbol{e}_i$ erscheinen bezüglich sich selbst als die Spalten der Einheitsmatrix:

$$\boldsymbol{e}_1 = \begin{bmatrix} 1 \\ 0 \\ 0 \\ \vdots \\ 0 \end{bmatrix}; \quad \boldsymbol{e}_2 = \begin{bmatrix} 0 \\ 1 \\ 0 \\ \vdots \\ 0 \end{bmatrix}; \ldots; \quad \boldsymbol{e}_n = \begin{bmatrix} 0 \\ 0 \\ \vdots \\ \vdots \\ 1 \end{bmatrix}.$$

Damit folgt aus (2) der Zusammenhang:

$$\boldsymbol{a} = \sum_{i=1}^{n} a_i \, \boldsymbol{e}_i = a_1 \begin{bmatrix} 1 \\ 0 \\ 0 \\ \vdots \\ 0 \end{bmatrix} + a_2 \begin{bmatrix} 0 \\ 1 \\ 0 \\ \vdots \\ 0 \end{bmatrix} + \cdots + a_n \begin{bmatrix} 0 \\ 0 \\ \vdots \\ 0 \\ 1 \end{bmatrix} = \begin{bmatrix} a_1 \\ a_2 \\ \vdots \\ \vdots \\ a_n \end{bmatrix}. \tag{3}$$

Sind $\boldsymbol{a}$ und $\boldsymbol{b}$ zwei Vektoren aus $\mathbf{R}_n$, dann ist mit (2):

$$\boldsymbol{a} = \sum_{i=1}^{n} a_i \, \boldsymbol{e}_i \quad \text{und} \quad \boldsymbol{b} = \sum_{i=1}^{n} b_i \, \boldsymbol{e}_i$$

und dann auch

$$\boldsymbol{a} + \boldsymbol{b} = \sum_{i=1}^{n} (a_i + b_i) \, \boldsymbol{e}_i. \tag{4}$$

Die *Verwendung* des Matrizenkalküls zur *Darstellung* eines Vektors ist für die praktische Handhabung zweckmäßig, aber für das Wesentliche des Vektorbegriffes nicht entscheidend. Es muß deshalb ausdrücklich davor gewarnt werden, die Matrizennotierung und die Anwendung des Matrizenkalküls für die Vektoralgebra und -analyse nicht mit den letzteren zu verwechseln, auch wenn viele Definitionen der Vektor- und der Matrizenalgebra sehr ähnlich lauten. In dieser Darstellung werden wir normalerweise die Vektoren durch kleine Buchstaben und Matrizen durch Großbuchstaben kennzeichnen. Dies läßt sich bei der Darstellung von Übertragungssystemen im Zeitbereich immer konsequent durchführen, doch werden auch die LAPLACE-Transformierten der Vektoren, deren Komponenten Zeitfunktionen sind, mit Großbuchstaben bezeichnet, was normalerweise aber nicht zu Verwechslungen führen sollte, da wir den Signalvektoren vorwiegend die Buchstaben x, y, z, u und w zugeordnet haben. Bevor wir den n-dimensionalen Raum weiter behandeln, sollen noch die Begriffe Unterraum und Produktraum eingeführt werden.

Definition 5. Eine nichtleere Untermenge $\mathbf{U}$ eines Vektorraumes $\mathbf{R}$ heißt ein Unterraum, wenn $\mathbf{U}$ ein Vektorraum entsprechend Definition 1 ist und wenn darüberhinaus gilt:

1. $\qquad\qquad u_1 \in \mathbf{U}, u_2 \in \mathbf{U} \Rightarrow u_1 + u_2 \in \mathbf{U},$

2. $\qquad\qquad \alpha \in \mathbf{K}, \ u \in \mathbf{U} \Rightarrow \alpha\, u \in \mathbf{U}.$

Ein Unterraum enthält also vor allem auch einen Nullvektor. So bildet z. B. der zweidimensionale Vektorraum $\mathbf{R}_2$ (eine Ebene) einen Unterraum des dreidimensionalen Vektorraumes $\mathbf{R}_3$ dann und nur dann, wenn diese Ebene den Koordinatenursprung enthält, denn nur dann genügen Vektoren $a = [a_1, a_2]^T$ und $b = [b_1, b_2]^T$ der Vektordefinition 1 und den zusätzlichen Forderungen in Definition 5. Die Dimension r eines Unterraumes $\mathbf{U}$ des n-dimensionalen Vektorraumes $\mathbf{R}_n$ ist immer kleiner *oder gleich* der des letzteren, $r \leq n$, da der Vektorraum $\mathbf{R}$ selbst der Definition eines Unterraumes genügt.

Als nächstes führen wir die Summe zweier Untermengen $\mathbf{U}$ und $\mathbf{V}$ eines Vektorraumes $\mathbf{R}$ ein.

Definition 6. Die Summe zweier Untermengen $\mathbf{U}$ und $\mathbf{V}$ eines Vektorraumes $\mathbf{R}$ wird mit $\mathbf{U} + \mathbf{V}$ bezeichnet und enthält alle Vektoren $u + v$. Wenn $u \in \mathbf{U}$ und $v \in \mathbf{V}$ ist, dann ist $u + v \in \mathbf{U} + \mathbf{V}$.

In Abb. VII.2.2 wird die vorstehende Definition am Beispiel des zweidimensionalen Vektorraumes $\mathbf{R}_2$ veranschaulicht. Sind $\mathbf{U}$ und $\mathbf{V}$ nicht nur Untermengen, sondern darüber hinaus Unterräume, die der Definition 5 genügen, dann ist auch $\mathbf{U} + \mathbf{V}$ ein Unterraum des Vektorraumes $\mathbf{R}$. Daraus folgt dann ferner, daß die Dimension r eines Unterraumes $\mathbf{U} + \mathbf{V}$ die Dimension n des Raumes $\mathbf{R}$ nicht übersteigen kann: $r \leq n$.

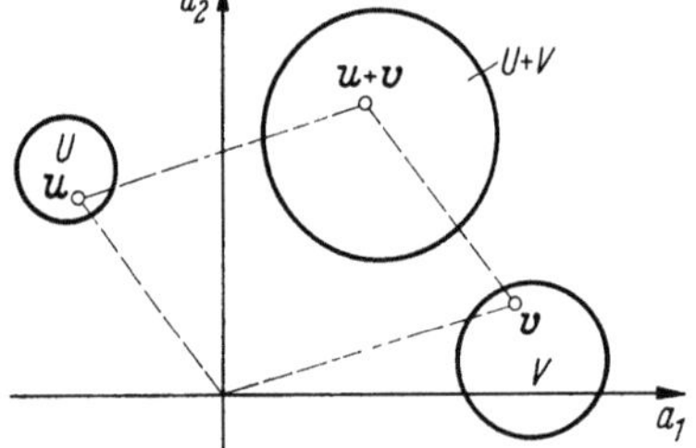

Abb. VII.2.2 Zur Veranschaulichung der Summe zweier Untermengen eines Vektorraumes

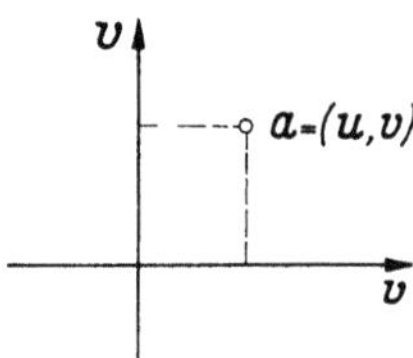

Abb. VII.2.3 Zur Definition des CARTESISCHEN Produkts

Das (Cartesische) Produkt zweier Vektorräume ist wie folgt definiert:

Definition 7. Das Produkt zweier Vektorräume $\mathbf{U}$ und $\mathbf{V}$ wird notiert mit $\mathbf{U} \times \mathbf{V}$ und enthält als Vektoren die geordneten Paare (u, v) aller Vektoren u aus $\mathbf{U}$ und v aus $\mathbf{V}$:

$$\mathbf{U} \times \mathbf{V} = \{(u, v): \quad u \in \mathbf{U} \quad \text{und} \quad v \in \mathbf{V}\}.$$

Ein typisches und bekanntes Beispiel ist der zweidimensionale Vektorraum $\mathbf{R}_2$ (die Ebene durch den Ursprung), der als das Cartesische Produkt der beiden eindimensionalen Vektorräume $\mathbf{U}_1$ und $\mathbf{V}_1$ aufzufassen ist, wobei dann jeder Vektor a in $\mathbf{R}_2$ aus dem geordneten Paar (u, v) der Vektoren in $\mathbf{U}_1$ und $\mathbf{V}_1$ eindeutig festgelegt ist, wie es in Abb. VII.2.3 angedeutet ist. Hat der Vektorraum $\mathbf{U}$ die Dimension n und der Vektorraum $\mathbf{V}$ die Dimension r, dann hat der Vektorproduktraum $\mathbf{U} \times \mathbf{V}$ die Dimension $n + r$.

Generell kann man sich viele Eigenschaften der Vektoren am Beispiel des dreidimensionalen reellen Zahlenraumes verdeutlichen, bei dem die Komponenten a_1, a_2 und a_3 reelle Zahlen sind. Diese Zahlen definieren einen Punkt in $\mathbf{R}_3$, den man sich weiter noch als die Spitze eines von einem Koordinatenursprung ausgehenden Zeigers[1] vorstellen kann. Zahlenräume mit einer Dimension $n > 3$ und auch andere Vektorräume, die alle den obigen Axiomen genügen, entziehen sich dann aber der Vorstellung und müssen rein formal behandelt werden.

2.2 Lineare Transformationen

Als nächstes betrachten wir einen beliebigen Vektor x aus $\mathbf{R}_n$, einen beliebigen Vektor y aus $\mathbf{R}_m$ und einen Transformationsoperator $T\{\cdot\}$, der x in y abbildet:

$$y = T\{x\}, \tag{5}$$

dabei habe x die Basis $e_1, e_2, \ldots, e_n$ und y die Basis $g_1, g_2, \ldots, g_m$. Dieser Operator $T\{\cdot\}$ heißt ein linearer Operator, den wir dann mit A bezeichnen wollen, wenn er diese Definition erfüllt[2]:

Definition 8. Ein Transformationsoperator A, der x aus $\mathbf{R}_n$ in y aus $\mathbf{R}_m$ abbildet, heißt linear, wenn für beliebige x_1 und x_2 aus $\mathbf{R}_n$ und einen beliebigen Skalar α aus $\mathbf{K}$ gilt:

1.
$$A(x_1 + x_2) = A\,x_1 + A\,x_2, \tag{6}$$

2.
$$A\,\alpha\,x \quad\quad = \alpha\,A\,x. \tag{7}$$

Damit können wir für die lineare Transformation von x in y schreiben:

$$y = A\,x = A \sum_{i=1}^{n} x_i\,e_i = \sum_{i=1}^{n} x_i\,A\,e_i. \tag{8}$$

Da e_i ein Vektor aus $\mathbf{R}_n$ ist ($e_i \in \mathbf{R}_n$), wird er durch den Transformationsoperator verabredungsgemäß in einen Vektor aus $\mathbf{R}_m$ abgebildet, muß sich also als Linearkombination der $g_i \in \mathbf{R}_m$ darstellen lassen.

$$A\,e_i = \sum_{k=1}^{m} A_{ki}\,g_k, \quad i = 1, 2, \ldots, n.$$

Wir erhalten mit dieser Beziehung für die Abbildung $y = A\,x$

$$y = \sum_{i=1}^{n} x_i \sum_{k=1}^{m} A_{k,i}\,g_k = \sum_{k=1}^{m} \left(\sum_{i=1}^{n} A_{k,i} \cdot x_i \right) g_k = \sum_{k=1}^{m} y_k\,g_k \tag{9}$$

und hieraus durch Koeffizientenvergleich

$$y_k = \sum_{i=1}^{n} A_{k,i} \cdot x_i \quad \text{für} \quad k = 1, 2, \ldots, m. \tag{10a}$$

---

[1] Es sei aber daran erinnert, daß die Zeiger in der Theorie der Wechselströme zwar den Axiomen eines Vektors genügen, aber keine Vektoren sind. Zum Beispiel ist für die Zeiger eine Division definiert, während dies für Vektoren nicht der Fall ist.

[2] In dieser Darstellung werden Operatoren und die sie repräsentierenden Matrizen durch gleichartige Buchstaben gekennzeichnet, womit wir uns der Darstellung bei ZURMÜHL (VII.2) anschließen und wodurch weitere Buchstabentypen zur Unterscheidung vermieden werden. Normalerweise kann auch keine Verwechslung erfolgen, wenn man sich des Unterschiedes bewußt bleibt, daß lineare Operationen, die auf Vektoren angewendet werden, auch nur für den betreffenden Vektorraum erklärt sind, während Matrizen ein Rechenhilfsmittel z. B. zur Repräsentation linearer Transformationen darstellen.

oder ausführlicher:

$$\left.\begin{aligned}
y_1 &= A_{11}\,x_1 + A_{12}\,x_2 + \cdots + A_{1n}\,x_n, \\
y_2 &= A_{21}\,x_1 + A_{22}\,x_2 + \cdots + A_{2n}\,x_n, \\
&\cdots\cdots\cdots\cdots\cdots\cdots\cdots\cdots\cdots\cdots\cdots\cdots\cdots\cdots \\
y_m &= A_{m1}\,x_1 + A_{m2}\,x_2 + \cdots + A_{mn}\,x_n.
\end{aligned}\right\} \tag{10b}$$

Da die lineare Transformation über ein lineares Gleichungssystem die Komponenten x_i des Vektors $\boldsymbol{x}$ mit den y_j von $\boldsymbol{y}$ verknüpft, können wir den linearen Operator als Matrix behandeln und für die weitere Verknüpfung von linearen Operatoren in Vektorräumen den Matrizenkalkül heranziehen. Auch hier gilt das oben für die Vektoren Gesagte analog: Lineare Operatoren in Vektorräumen sind *keine* Matrizen, sondern werden mit ihrer Hilfe *dargestellt*. Dabei ist festzuhalten, daß eine Matrix $\boldsymbol{A}$ einen Operator immer nur in bezug auf ein vorgegebenes Basissystem $\boldsymbol{e}_1, \boldsymbol{e}_2, \ldots, \boldsymbol{e}_n$ repräsentiert, das das gleiche wie für die Komponenten des Vektors $\boldsymbol{x}$ ist. Ist im weiteren nichts ausdrücklich über die Basis ausgesagt, dann soll diese immer eine Orthonormalbasis sein (Abschnitt VII.2.5).

Für die Summe zweier linearer Operatoren gilt:

$$\boldsymbol{C}\,\boldsymbol{x} = \boldsymbol{A}\,\boldsymbol{x} + \boldsymbol{B}\,\boldsymbol{x} = (\boldsymbol{A} + \boldsymbol{B})\,\boldsymbol{x} \tag{11}$$

und für zwei hintereinandergeschaltete lineare Operatoren $\boldsymbol{A}$ und $\boldsymbol{B}$, mit denen $\mathbf{R}_n$ in $\mathbf{R}_m$ und dann in $\mathbf{R}_q$ abgebildet wird:

$$\mathbf{R}_n \xrightarrow{A} \mathbf{R}_m \xrightarrow{B} \mathbf{R}_q$$

gilt das Produkt:

$$\boldsymbol{C}\,\boldsymbol{x} = \boldsymbol{A}\,(\boldsymbol{B}\,\boldsymbol{x}) = \boldsymbol{A}\,\boldsymbol{B}\,\boldsymbol{x}, \tag{12}$$

wobei der Operator $\boldsymbol{C}$ Vektoren aus $\mathbf{R}_n$ in solche aus $\mathbf{R}_q$ abbildet:

$$\mathbf{R}_n \xrightarrow{C\,=\,AB} \mathbf{R}_q.$$

Werden die Operatoren durch Matrizen repräsentiert, dann wird die Summe bzw. das Produkt zweier Operatoren durch die Matrizensumme bzw. das Matrizenprodukt dargestellt (Kap. II).

Als nächstes wenden wir uns dem linearen Operator $\boldsymbol{A}$ zu, der einen Vektor $\boldsymbol{x}$ aus $\mathbf{R}_n$ in einen Vektor $\boldsymbol{y}$ abbildet, der auch in $\mathbf{R}_n$ liegt. Die den Operator repräsentierende Matrix ist dann also eine n,n-Matrix, und bezüglich der gegebenen Basis $\boldsymbol{e}_1, \boldsymbol{e}_2, \ldots, \boldsymbol{e}_n$ die für $\boldsymbol{y}$ und $\boldsymbol{x}$ identisch ist, gilt:

$$\boldsymbol{y} = \boldsymbol{A}\,\boldsymbol{x} = [A_{kl}]_1^n\,\boldsymbol{x}. \tag{13}$$

Wir fragen nun danach, was mit dem Operator $\boldsymbol{A}$ geschieht, wenn wir $\boldsymbol{y}$ und $\boldsymbol{x}$ nun bezüglich einer neuen Basis $\boldsymbol{e}_1', \boldsymbol{e}_2', \ldots, \boldsymbol{e}_n'$ betrachten und dabei voraussetzen, daß der Zusammenhang zwischen den $\boldsymbol{e}_i$ und den $\boldsymbol{e}_i'$ gegeben ist zu:

$$\boldsymbol{e}_i' = \sum_{k=1}^{n} T_{ki}\,\boldsymbol{e}_k, \quad k = 1, 2, \ldots, n, \tag{14}$$

wobei die Transformationsmatrix $\boldsymbol{T} = [T_{kl}]$ regulär sei.

Bezeichnen wir die Komponenten von $\boldsymbol{x}$ und $\boldsymbol{y}$ bezüglich der neuen Basis $\boldsymbol{e}_1', \boldsymbol{e}_2', \ldots, \boldsymbol{e}_n'$ mit x_i' bzw. y_i' und kennzeichnen auch die mit der neuen Basis festgelegten Vektoren gleichermaßen:

$$x' = \begin{bmatrix} x_1' \\ x_2 \\ \vdots \\ x_n' \end{bmatrix} \; ; \quad y' = \begin{bmatrix} y_1' \\ y_2' \\ \vdots \\ y_n' \end{bmatrix}, \tag{15}$$

dann zeigt man in analoger Weise zu (8), daß zwischen den Vektoren x und y bezüglich der Basis e' folgende Beziehung gilt:

$$x = T\,x', \tag{16}$$

$$y = T\,y'. \tag{17}$$

Die gesuchte Abbildungsgleichung zwischen x' und y' ergibt sich durch Einsetzen von (16) und (17) in (13) zu

$$T\,y' = A\,T\,x'$$

und wegen der Nichtsingularität von T ergibt sich

$$y' = T^{-1}A\,T\,x'.$$

Der lineare Operator A erscheint bezüglich der neuen Basis $e_1', \ldots, e_n'$ als

$$B = T^{-1}A\,T. \tag{18}$$

Es ist dies die Ähnlichkeitsbeziehung zweier linearer Operatoren bzw. zweier sie darstellenden Matrizen, und wir definieren:

Definition 9. Zwei quadratische n, n Matrizen A und B werden ähnlich genannt, wenn eine nichtsinguläre Transformationsmatrix T existiert, mit der gilt

$$B = T^{-1}A\,T.$$

In den Abschn. VII.4 und VIII.7 werden wir Ähnlichkeitstransformationen und explizite Formen dieser Transformationsmatrizen für wichtige Matrizen noch ausführlicher besprechen.

Gehört x zu $\mathbf{R}_n$ mit den Basisvektoren e_i und y zu $\mathbf{R}_m$ mit den Basisvektoren g_j, dann ergibt ein Basiswechsel von e_i zu e_i' und g_j zu g_j' mit den nichtsingulären Transformationsmatrizen Q und S:

$$x = Q\,x',$$

$$y = S\,y'$$

und Einsetzen in Gl. (10):

$$S\,y' = A\,Q\,x',$$

$$y' = S^{-1}A\,Q\,x' = P\,A\,Q\,x' \quad \text{mit} \quad P = S^{-1}. \tag{19}$$

Dies ist die Grundlage der Äquivalenzdefinition zweier Matrizen:

Definition 10. Zwei m, n Matrizen A und B heißen äquivalent, wenn zwei nichtsinguläre Matrizen P und Q existieren und gilt:

$$B = P\,A\,Q. \tag{20}$$

2.3 Eigenwerte und Eigenvektoren

Bei der algebraischen Beschreibung dynamischer Systeme mittels Vektoren in Vektorräumen — vorzugsweise dem Zustandsraum und den Räumen der Eingangs- und Ausgangssignalvektoren — spielen die *Strukturen* der linearen

Transformationen A in $\mathbf{R}_n$ und damit auch der sie beschreibenden Matrizen eine hervorragende Rolle. Das Strukturproblem insbesondere von Systemmatrizen wird in Abschn. VII.4 noch ausführlich besprochen. Hier werden jetzt zunächst die die Struktur eines Operators A wesentlich bestimmenden Vektoren x untersucht, die diese Beziehung befriedigen:

$$A\,x = \lambda\,x. \tag{21}$$

Mit dieser Gleichung wird danach gefragt, ob in $\mathbf{R}_n$ Vektoren existieren, die durch die Transformation A in ein λ_i-faches ihrer selbst überführt werden. Die Vektoren x_i in Gl. (21) heißen Eigenvektoren und die mit ihnen verknüpften „Proportionalitätsfaktoren" λ_i die charakteristischen Wurzeln oder Eigenwerte des Operators A.

Zur Untersuchung der Eigenwerte und Eigenvektoren in Gl. (21) wählen wir zur Darstellung von x und $\lambda\,x$ die Basis $e_1, e_2, \ldots, e_n$ in $\mathbf{R}_n$:

$$x = \sum_{i=1}^{n} x_i\,e_i; \tag{22}$$

der untersuchte Operator A in $\mathbf{R}_n$ ist also für diese Basis definiert. Einsetzen von (22) in (21) führt auf ein lineares Gleichungssystem:

$$\left.\begin{aligned}
A_{11}\,x_1 + A_{12}\,x_2 + \cdots + A_{1n}\,x_n &= \lambda\,x_1, \\
\cdots\cdots\cdots\cdots\cdots\cdots\cdots\cdots\cdots\cdots\cdots \\
A_{n1}\,x_1 + A_{n2}\,x_2 + \cdots + A_{nn}\,x_n &= \lambda\,x_n,
\end{aligned}\right\} \tag{23}$$

das homogen ist und umgeschrieben werden kann zu

$$\left.\begin{aligned}
(A_{11} - \lambda)\,x_1 + \quad A_{12}\,x_2 \quad + \cdots + \quad A_{1n}\,x_n \;\;&= 0, \\
A_{21}\,x_1 + (A_{22} - \lambda)\,x_2 + \cdots + \quad A_{2n}\,x_n \;\;&= 0, \\
\cdots\cdots\cdots\cdots\cdots\cdots\cdots\cdots\cdots\cdots\cdots\cdots\cdots \\
A_{n1}\,x_1 + \quad A_{n2}\,x_2 \quad + \cdots + (A_{nn} - \lambda)\,x_n &= 0,
\end{aligned}\right\} \tag{24}$$

oder als Matrizengleichung:

$$(A - \lambda \cdot 1)\,x = 0. \tag{24a}$$

Der gesuchte Vektor ist nach Voraussetzung nicht der Nullvektor, und die homogene Gl. (24) besitzt genau dann eine nichttriviale Lösung $x \neq 0$, wenn die Determinante der *charakteristischen* Matrix $C(\lambda) = (A - \lambda \cdot 1)$ (Abschn. II.3.5) verschwindet:

$$C(\lambda) = |C(\lambda)| = |A - \lambda \cdot 1| = 0. \tag{25}$$

Die charakteristische Determinante $C(\lambda)$ hängt von dem Parameter λ ab, genauer ist eine algebraische Gleichung n-ten Grades in λ. Ihre Koeffizienten gehören dem gleichen Zahlenkörper $\mathbf{K}$ an, dem auch die A_{ij} angehören. Die charakteristischen Wurzeln oder Eigenwerte λ des Operators A sind die Lösungen der *charakteristischen* Gleichung (25) oder des charakteristischen Polynoms $C(\lambda)$, das man durch Entwicklung daraus erhält:

$$\begin{aligned}
C(\lambda) &= |A - \lambda \cdot 1| \\
&= (-\lambda)^n + c_1(-\lambda)^{n-1} + c_2(-\lambda)^{n-2} + \cdots + c_{n-1}(-\lambda) + c_n = 0. \tag{26}
\end{aligned}$$

Hierin sind die c_i die Summe der Hauptminoren i-ter Ordnung; so ist z. B.

$$c_1 = \sum_{i=1}^{n} A_{ii},$$

$$c_2 = \sum_{i=1}^{n} \begin{vmatrix} A_{ii} & A_{i,i+1} \\ A_{i+1,i} & A_{i+1,i+1} \end{vmatrix},$$

$$\dots\dots\dots\dots\dots\dots\dots$$

$$c_n = |A|.$$

Zu jeder der n Wurzeln $\lambda: \lambda_1, \lambda_2, \dots, \lambda_n$ von $C(\lambda)$ gehört eine nichttriviale Lösung $x_1, x_2, \dots, x_n$ in Gl. (24), d. h. jeder Zahl λ_j ist ein Eigenvektor

$$x_j = \sum_{i=1}^{n} x_{ij}\, e_i \tag{27}$$

zugeordnet. Da die charakteristische Gleichung ein Polynom n-ten Grades ist, folgt, daß der Operator A höchstens *n verschiedene* Eigenwerte hat, die mit jeweils einem zugehörigen Eigenvektor verknüpft sind, so daß weiter in $\mathbf{R}_n$ auch höchstens n verschiedene Eigenvektoren existieren.

Ist B die Matrix, die dem Operator A bei einer anderen Basis $e_1', e_2', \dots, e_n'$ entspricht

$$B = T^{-1} A T,$$

dann gilt für die der Matrix A ähnliche Matrix B:

$$B - \lambda \cdot 1 = T^{-1} A T - \lambda \cdot 1 = T^{-1}(A - \lambda \cdot 1) T = 0$$

und

$$|B - 1\lambda| = |T^{-1}(A - \lambda \cdot 1) T| = |T^{-1}| \, |A - \lambda \cdot 1| \, |T| = |A - \lambda \cdot 1| = 0, \tag{28}$$

was diesen Satz begründet:

Satz 2. Matrizen, die den gleichen Operator im Vektorraum $\mathbf{R}_n$ beschreiben (ähnliche Matrizen), haben die gleichen Eigenwerte λ_j und die gleichen Eigenvektoren.

Hat man aus (26) einen Eigenwert λ_j und damit einen zugehörigen Eigenvektor x_j bestimmt, der (24) erfüllt, dann zeigt man leicht, daß auch alle Vektoren $c \cdot x_j$ Gl. (27) erfüllen:

$$A c x_j = \lambda_j c x_j,$$

$$(A - \lambda_j \cdot 1) c x_j = 0.$$

Jeder Eigenvektor bestimmt im Vektorraum $\mathbf{R}_n$ also nur eine *Eigenrichtung*.

Beispiel. In dem zweidimensionalen Raum $\mathbf{R}_2$ ist die Basis e_1, e_2 gegeben (Abb. VII.2.4), und bezüglich dieser Basis sei ein Operator durch diese Matrix charakterisiert:

$$A = \begin{bmatrix} 6 & -5 \\ 4 & -3 \end{bmatrix}.$$

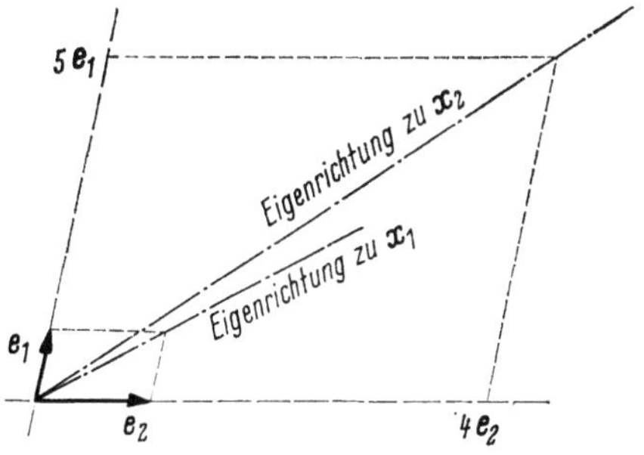

Abb. VII.2.4 Die Eigenrichtungen des Operators $A = \begin{bmatrix} 6 & -5 \\ 4 & -3 \end{bmatrix}$ mit der Basis e_1, e_2 im zweidimensionalen Raum $\mathbf{R}_2$

Das charakteristische Polynom $C(\lambda)$ dieses Operators lautet:

$$C(\lambda) = |C(\lambda)| = |A - \lambda \cdot 1| = \begin{vmatrix} 6 - \lambda & -5 \\ 4 & -3 - \lambda \end{vmatrix} = \lambda^2 - 3\lambda + 2$$

und $C(\lambda)$ hat die Wurzeln $\lambda_1 = 1$ und $\lambda_2 = 2$. Die zu λ_1 und λ_2 gehörigen Eigenvektoren x_1 und x_2 haben in bezug auf die Basis e_1, e_2 die Komponenten

$$x_1 = \begin{bmatrix} x_{11} \\ x_{21} \end{bmatrix}, \quad x_2 = \begin{bmatrix} x_{21} \\ x_{22} \end{bmatrix}.$$

Gl. (24) liefert für den zu $\lambda_1 = 1$ gehörenden Eigenvektor x_1 ausgeschrieben:

$$(6 - 1)\, x_{11} \qquad - 5 x_{12} = 0 \qquad\qquad 5 x_{11} - 5 x_{12} = 0$$
$$\text{oder}$$
$$4 x_{11} (-3 - 1)\, x_{12} = 0 \qquad\qquad 4 x_{11} - 4 x_{12} = 0.$$

Diese beiden homogenen Gleichungen sind linear abhängig [λ wurde ja gerade so bestimmt, daß die charakteristische Determinante verschwindet oder gleichbedeutend, die charakteristische Matrix $C(\lambda)$ einen Rangverlust $d > 0$ erhielt] und liefern nur das Verhältnis:

$$\frac{x_{11}}{x_{12}} = \frac{1}{1}\,.$$

Entsprechend gilt für x_2 nach Einsetzen von x_{21}, x_{22} und λ_2 in (24)

$$\frac{x_{21}}{x_{22}} = \frac{5}{4}\,.$$

Damit lassen sich dann die zu x_1 und x_2 zugehörigen Eigenrichtungen in Abb. VII.2.4 einzeichnen.

Man kann zeigen [VII.1 und VII.2], daß Eigenvektoren, die zu verschiedenen Eigenwerten gehören, immer linear unabhängig sind:

Satz 3. Ein Operator im n-dimensionalen Vektorraum $\mathbf{R}_n$ hat mindestens einen und höchstens n linear unabhängige Eigenvektoren; zu verschiedenen Eigenwerten λ_i gehören linear unabhängige Eigenvektoren x_i.

Der zweite Teil der Aussage des Satzes 3 ist hier nur hinreichend, d. h. unter bestimmten Voraussetzungen können auch dann, wenn einige der λ_i mehrfach vorkommen, n linear unabhängige Eigenvektoren existieren. Die s linear unabhängigen Eigenvektoren $s \leq n$ spannen einen Unterraum $\mathbf{R}_s$, den sogenannten *Eigenraum* in $\mathbf{R}_n$ auf: $\mathbf{R}_s \subset \mathbf{R}_n$. Die Zahl der linear unabhängigen Eigenvektoren ist ein wesentliches Merkmal der Struktur eines linearen Operators (oder einer Matrix), und wir werden uns weiter unten damit noch ausführlicher beschäftigen.

Definition 11. Ein Operator A heißt ein *Operator einfacher Struktur*, wenn im n-dimensionalen Vektorraum $\mathbf{R}_n$ genau n linear unabhängige Eigenvektoren existieren.

Die Struktur einer Matrix A wird neben den Eigenwerten λ_i wesentlich von dem Rangverlust d_i bestimmt, den die charakteristische Matrix $C(\lambda) = A - \lambda \cdot 1$ an der Stelle λ_i erleidet, und es gilt:

$$d_i = n - r_i; \qquad r_i = \operatorname{Rang} C(\lambda)\big|_{\lambda = \lambda_i} \geq 0\,. \tag{29}$$

Sind die n Eigenwerte von A durchweg verschieden, existieren mit Satz 3 also n linear unabhängige Eigenvektoren, dann ist immer $d = 1$. Für einen k_i-fachen Eigenwert λ_i hat $C(\lambda)\big|_{\lambda = \lambda_i}$ einen Rangabfall, der in diesen Grenzen liegt

$$1 \leq d_i \leq k_i\,. \tag{30}$$

Hat $C(\lambda)$ zu diesem k_i-fachen Eigenwert λ_i den vollen Rangabfall $d_i = k_i$, dann gehören zu diesem Eigenwert d_i linear unabhängige Eigenvektoren oder, in anderen Worten, es existiert ein d_i-dimensionaler Eigenunterraum. Liegt der Rangabfall zwischen den in Gl. (30) angegebenen Grenzen, kann ohne genauere Untersuchung keine Aussage über die Zahl der linear unabhängigen Eigenvektoren zu den betreffenden λ_i gemacht werden.

Satz 4. Ein Operator A hat eine einfache Struktur, wenn die zugehörige charakteristische Matrix $C(\lambda)$ für alle $s \leq n$ k_i-fachen Eigenwerte λ_i $\left(\text{mit} \sum_{i=1}^{s} k_i = n\right)$ jeweils den vollen Rangabfall $d_i = k_i$ hat.

Die Operatoren einfacher Struktur sind einer Diagonalmatrix ihrer Eigenwerte ähnlich, lassen sich also auf eine JORDAN-Matrix in der speziellen Form einer reinen Diagonalmatrix durch Ähnlichkeitstransformation transformieren (s. auch Abschn. VII.4.5):

$$T^{-1} A T = J_d = \begin{bmatrix} \lambda_1 & 0 \dots\dots\dots 0 \\ 0 & \lambda_2 \\ & & \ddots & \\ & & & 0 \\ 0 \dots\dots\dots 0 & \ddots \lambda_n \end{bmatrix}, \tag{31}$$

wobei auch einzelne (oder alle) der λ_i gleich sein können.

2.4 Inneres Produkt und Vektornorm

Das innere Produkt (auch skalares Produkt) zweier Vektoren ordnet diesen einen Skalar zu. Wir bezeichnen das innere Produkt mit $k = \langle x, y \rangle$ und definieren:

Definition 12. Ein inneres Produkt zweier Vektoren $x \in \mathbf{R}$ und $y \in \mathbf{R}$ ist ein komplexes Skalar mit diesen Eigenschaften für alle x, y in $\mathbf{R}$ und allen komplexen Zahlen α und β:

$$1. \qquad \langle x, y \rangle = \overline{\langle y, x \rangle} = \langle y, x \rangle^*. \tag{32a}$$

$$2. \qquad \langle \alpha x, y \rangle = \alpha \langle x, y \rangle = \langle x, \bar{\alpha} y \rangle. \tag{32b}$$

$$3. \quad \langle x_1 + x_2, y_1 + y_2 \rangle = \langle x_1, y_1 \rangle + \langle x_1, y_2 \rangle + \langle x_2, y_1 \rangle + \langle x_2, y_2 \rangle. \tag{32c}$$

$$4. \quad \langle x, x \rangle > 0 \quad \text{für alle} \quad x \neq 0. \tag{32d}$$

In der vorstehenden Definition bedeuten die Überstreichungen einer Zahl deren konjugiert komplexer Wert und der Stern, wie in Kap. II verabredet, eine konjugiert transponierte Matrix. Hierbei ist in (32a) die Transponierung unwesentlich, da das innere Produkt ein Skalar und identisch seiner Transponierten ist.

Es gibt beliebig viele Rechenvorschriften, die den vorstehenden Axiomen genügen. So genügt z. B. das Funktional

$$k = \int_0^t x^T(\tau) \, y(\tau) \, d\tau$$

den Axiomen eines inneren Produkts. Auch die quadratische Form (Abschn. VII.2.7) $x^T Q x$ sowie die später in Kap. IX auftretenden Kostenfunktionale der Optimierungstheorie sind innere (oder skalare) Produkte. Wir werden im folgenden immer das in (32) verwendete Symbol benützen, wenn die explizite Rechenvorschrift offen bleibt, sonst aber die Rechenvorschrift angeben. Ein häufig auftretendes inneres Produkt hat die Form:

$$\langle x, y \rangle = x^T y = \sum_{i=1}^{n} x_i y_i, \tag{33}$$

das mit dem in Abschn. II.2.4 eingeführten skalaren Matrizenprodukt übereinstimmt.

Das innere Produkt eines Vektors x mit sich selbst $\langle x, x \rangle$ wird als Norm bezeichnet, wobei die Norm als verallgemeinerter Begriff der „*Länge*" eines Vektors und bei der Definition von Abständen in einem Vektorraum eine wesentliche Bedeutung hat. Für die Norm wird dieses kürzere Symbol verwendet:

$$\| x \| = \langle x, x \rangle. \tag{34}$$

Ähnlich wie beim allgemeinen inneren Produkt existieren eine Reihe wichtiger Normen, die zum Teil weiter unten noch behandelt werden. Eine häufig benützte Norm ist die EUKLIDische:

$$\| x \| = \sqrt{x^T x} = \left(\sum_{i=1}^{n} x_i^2 \right)^{1/2}, \tag{35}$$

die mit der in der Physik eingeführten *Länge* eines Vektors zusammenhängt. Vor allem aus der Definition des inneren Produkts folgend sind die Eigenschaften der Norm eines Vektors so definiert:

Definition 13. Die Vektornorm $\| x \|$ ist eine reelle Zahl, die dem Vektor x zugeordnet ist und diese Eigenschaften hat:

1. $\qquad \| x \| \geqq 0 \quad$ für alle $\quad x \neq 0 \quad$ und $\quad x \in \mathbf{R}_n,$

$\qquad\qquad \| x \| = 0 \Leftrightarrow x = 0,$ $\tag{36a}$

2. $\qquad \| \alpha\, x \| = |\alpha|\, \| x \| \quad$ für alle Skalare $\quad \alpha \in \mathbf{K},$ $\tag{36b}$

3. $\qquad \| x + y \| \leqq \| x \| + \| y \| \quad$ für alle $\quad x, y \in \mathbf{R}_n,$ $\tag{36c}$

4. $\qquad |\langle x, y \rangle| \leqq \| x \| \cdot \| y \| \quad$ für alle $\quad x, y \in \mathbf{R}_n.$ $\tag{36d}$

In (36b) und (36d) bedeuten die senkrechten Striche bei Skalaren wie üblich den Betrag dieser Skalare. Die Eigenschaft 3 ist in der Literatur auch unter der Bezeichnung Dreiecksungleichung und die Eigenschaft 4 als SCHWARZsche Ungleichung bekannt. Außer der oben schon aufgeführten EUKLIDischen Norm sind diese Vektornormen noch von speziellem Interesse:

$$\| x \| = \text{Max}\, |x_i| \quad \text{mit} \quad x = [x_1, x_2, \ldots, x_i, \ldots, x_n]^T \in \mathbf{R}_n, \tag{37a}$$

$$\| x \| = \sum_{i=1}^{n} |x_i|, \tag{37b}$$

$$\| x \| = [(T\, x)^*\, T\, x]^{\frac{1}{2}} = [x^*\, T^*\, T\, x]^{\frac{1}{2}} = [x^*\, Q\, x]^{\frac{1}{2}}. \tag{37c}$$

Solange im folgenden aber nichts anderes gesagt ist, ist unter $\| x \|$ immer die häufig gebrauchte EUKLIDische Norm gemeint.

Der Normbegriff zur Definition einer Größe, hier zunächst der verallgemeinerten „Länge" eines Vektors, kann auch auf lineare Transformationen dieser

Vektoren und damit auf Matrizen, die diese Transformationen repräsentieren, erweitert werden. Die Matrizennorm $\|A\|$ ist dabei ein Größenmaß, das u. a. bei der numerischen Behandlung von Eigenwertproblemen eine Rolle spielt [VII.2]. Eine Matrizennorm $\|A\|$ soll diesen Axiomen genügen:

Definition 14. Die Matrizennorm $\|A\|$ ordnet einer linearen Transformation (einer n,n-Matrix A) einen Skalar zu und hat diese Eigenschaften:

$$\text{1.} \qquad \|A\| > 0 \quad \text{für alle} \quad A \neq 0,$$
$$\|A\| = 0 \qquad \Leftrightarrow \qquad A = 0, \tag{38a}$$

$$\text{2.} \qquad \|c\,A\| = |c|\,\|A\|, \tag{38b}$$

$$\text{3.} \qquad \|A + B\| \leqq \|A\| + \|B\|, \tag{38c}$$

$$\text{4.} \qquad \|A \cdot B\| \leqq \|A\| \cdot \|B\|. \tag{38d}$$

Typische in den Anwendungen auftretende Matrizennormen sind:

$$\|A\| = n\,a = n\,\max|A_{ij}| \qquad \text{(Gesamtnorm),}$$

$$\|A\| = \max_i \sum_{j=1}^{n} |A_{ij}| \qquad \text{(Zeilennorm),}$$

$$\|A\| = \max_j \sum_{i=1}^{n} |A_{ij}| \qquad \text{(Spaltennorm),}$$

$$\|A\| = [\operatorname{sp} A^* A]^{\frac{1}{2}} = [\operatorname{sp} B]^{\frac{1}{2}} = \left[\sum_{i=1}^{n} B_{ii}\right]^{\frac{1}{2}} \qquad \text{(EUKLIDische Norm).}$$

2.5 Orthogonalität und orthogonale Projektion

Wir stellen nun einige wesentliche weitere Eigenschaften von Vektorräumen zusammen. In diesen Räumen sei ein inneres Produkt (Definition 12) und eine Norm (Definition 13) erklärt.

Definition 15. Ein Vektorraum $\mathbf{R}_n$, in dem ein inneres Produkt definiert ist, heißt ein metrischer Raum, oder man sagt auch, dieser Vektorraum habe eine *Hermitesche Metrik.*

Die HERMITEsche Metrik ist *positiv semidefinite,* wenn für die Norm in $\mathbf{R}_n$ gilt

$$\|x\| \geqq 0 \tag{39}$$

und *positiv definite* mit

$$\|x\| > 0, \quad x \neq 0. \tag{40}$$

Ein Vektorraum mit positiv definiter Metrik heißt ein *unitärer* Raum.

Verschwindet für zwei Vektoren x und y aus $\mathbf{R}_n$ das innere Produkt

$$\langle x, y \rangle = 0, \tag{41}$$

dann sagt man, in Analogie zu der Geometrie des dreidimensionalen EUKLIDischen Raums, daß diese Vektoren *orthogonal* zueinander sind. So sind z. B. diese **drei** Vektoren aus $\mathbf{R}_3$ paarweise orthogonal unter dem inneren Produkt $\langle x, y \rangle = x^T y$:

$$x_1 = \begin{bmatrix} 0 \\ 1 \\ 0 \end{bmatrix}, \quad x_2 = \begin{bmatrix} 1 \\ 0 \\ -1 \end{bmatrix}, \quad x_3 = \begin{bmatrix} 1 \\ 0 \\ 1 \end{bmatrix}.$$

Für orthogonale Vektoren folgt aus (32c), (36) und (41)

$$\langle x + y, x + y \rangle = \langle x, x \rangle + \langle y, y \rangle$$

der verallgemeinerte Satz von PYTHAGORAS:

$$\| x + y \|^2 = \| x \|^2 + \| y \|^2. \tag{42}$$

Ein System von n linear unabhängigen Vektoren $x_1, x_2, \ldots, x_n$ im n-dimensionalen Vektorraum bildet bekanntlich eine Basis für $\mathbf{R}_n$. Sind diese Vektoren darüber hinaus paarweise orthogonal:

$$\langle x_i, x_j \rangle = 0 \quad \text{für} \quad i \neq j,$$

dann bilden sie eine orthogonale Basis. Diese Basisvektoren können beliebige mathematische Objekte sein; z. B. seien die x_i komplexe Zeitfunktionen $f_i(t)$ und das innere Produkt sei definiert zu

$$\langle f_i(t), f_j(t) \rangle = \int\limits_0^{t_1} f_i^T(t)\, \bar{f}_j(t)\, dt.$$

Besondere Bedeutung haben aber die Basisvektoren $e_1, e_2, \ldots, e_n$ in $\mathbf{R}_n$, für die gilt:

$$e_1 = \begin{bmatrix} 1 \\ 0 \\ \vdots \\ \vdots \\ 0 \end{bmatrix}, \quad e_2 = \begin{bmatrix} 0 \\ 1 \\ 0 \\ \vdots \\ 0 \end{bmatrix}, \ldots, e_n = \begin{bmatrix} 0 \\ \vdots \\ \vdots \\ 0 \\ 1 \end{bmatrix}.$$

Diese Vektoren bilden eine *orthonormale* Basis bezüglich des inneren Produktes $\langle x, y \rangle = x^T y$. Sie sind mit (41) orthogonal und ihre „Längen" sind auf 1 normiert. Wir fassen dies zusammen in

Definition 16. Ein System von m Vektoren $m \leq n$ in $\mathbf{R}_n$ heißt orthonormiert, wenn gilt

$$e_i^T e_j = \langle e_i, e_j \rangle = \delta_{ij} = \begin{cases} 1 & \text{für} \quad i = j \\ 0 & \text{für} \quad i \neq j \end{cases} \quad i, j = 1, 2, \ldots, m. \tag{43}$$

Ist $m = n$, dann bilden die e_i eine orthonormale Basis für $\mathbf{R}_n$.

Lineare Operationen und Matrizen zu ihrer Darstellung haben eine besondere Bedeutung, wenn sie die Metrik des Vektorraumes erhalten. Wir definieren:

Definition 17. Ein linearer Operator A heißt ein unitärer Operator, wenn für beliebige Vektoren x und y in $\mathbf{R}_n$, die durch $y = A x$ verknüpft sind, gilt:

$$\langle y, y \rangle = \langle A x, A x \rangle = \langle x, A^* A x \rangle = \langle x, A^{-1} A x \rangle = \langle x, x \rangle.$$

Die unitären Operatoren (oder Matrizen) haben also die wesentliche Eigenschaft:

$$A^* = A^{-1}. \tag{44}$$

Entsprechend nennt man A einen orthogonalen Operator, wenn gilt:

$$\langle x, x \rangle = \langle A y, A y \rangle = \langle y, A^T A y \rangle = \langle y, A^{-1} A y \rangle = \langle y, y \rangle,$$

woraus als wesentliche Eigenschaft folgt:

$$A^T = A^{-1}. \tag{45}$$

In [VII.1] ist dieser Satz bewiesen

Satz 4. Die Vektoren $x_1, x_2, \ldots, x_n$ sind dann und nur dann linear unabhängig, wenn ihre GRAMsche Determinante nicht verschwindet:

$$G = |G| = \begin{vmatrix} \langle x_1, x_1 \rangle \langle x_1, x_2 \rangle \ldots \langle x_1, x_n \rangle \\ \langle x_2, x_1 \rangle \langle x_2, x_2 \rangle \ldots \langle x_2, x_n \rangle \\ \cdots\cdots\cdots\cdots\cdots\cdots\cdots\cdots \\ \langle x_n, x_1 \rangle \langle x_n, x_2 \rangle \ldots \langle x_n, x_n \rangle \end{vmatrix} \neq 0. \tag{46}$$

Die GRAMsche Determinante hat eine gewisse Bedeutung bei der nun zu besprechenden Orthogonalisierung und der orthogonalen Projektion in einem Vektorraum. Bei dem Problem der Orthogonalisierung handelt es sich darum, durch eine geeignete Transformation ein vorgegebenes System von r linear unabhängigen n-dimensionalen Vektoren $a_1, a_2, \ldots, a_r$ in ein System $e_1, e_2, \ldots, e_r$ zu überführen, dessen Vektoren paarweise orthogonal sind:

$$e_i^T e_j = \delta_{ij}, \quad i, j = 1, 2, \ldots, r. \tag{47}$$

Dazu kann man z. B. wie folgt vorgehen [VII.2]: Die Vektoren a_i werden zu einer Matrix A zusammengefaßt:

$$A = [a_1 \mid a_2 \mid \ldots \mid a_r], \quad r \leqq n.$$

Aus (47) folgt mit $E = [e_1 \mid e_2 \mid \cdots \mid e_r]$

$$E^T E = 1_r, \quad r \leqq n.$$

Dann wird aus A die r-reihige nichtsinguläre symmetrische Matrix N gebildet, was immer möglich ist, da voraussetzungsgemäß die r Vektoren $a_1, a_2, \ldots, a_r$ linear unabhängig sind:

$$N = A^T A.$$

Mit dem Orthogonalisierungsansatz

$$A = E C$$

erhält man

$$N = A^T A = C^T E^T E C = C^T C,$$

worin C eine obere Dreiecksmatrix sein soll, für die in [VII.2] gezeigt ist, daß sie immer aus einer symmetrischen positiv definiten Matrix N gewonnen werden kann.

Ein weiteres für die moderne Optimierungs- und Filtertheorie wichtiges Verfahren ist das SCHMIDsche Orthogonalisierungsverfahren. Dieses Verfahren ist ein Algorithmus, bei dem nacheinander die Vektoren e_i der gesuchten Basis aus den vorgegebenen Vektoren a_i über jeweils eine Zwischenstufe z_i berechnet werden

$$\begin{aligned} z_1 &= a_1 & e_1 &= \frac{z_1}{\|z_1\|}, \\[2mm] z_2 &= a_2 - \langle e_1, a_2 \rangle e_1 & e_2 &= \frac{z_2}{\|z_2\|}, \\[2mm] z_3 &= a_3 - \langle e_1, a_3 \rangle e_1 - \langle e_2, a_3 \rangle e_2 & e_3 &= \frac{z_3}{\|z_3\|}, \\[2mm] &\cdots\cdots\cdots\cdots\cdots\cdots\cdots\cdots\cdots \\[2mm] z_r &= a_r - \sum_{k=1}^{r-1} \langle e_k, a_r \rangle e_k & e_r &= \frac{z_r}{\|z_r\|}. \end{aligned} \tag{48}$$

Für den dreidimensionalen Raum $\mathbf{R}_3$ ist in Abb. VII.2.5 die SCHMIDsche Prozedur verdeutlicht.

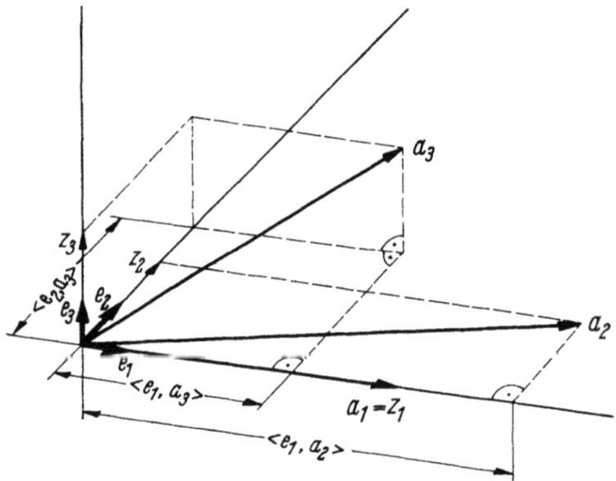

Abb. VII.2.5 Zur Erläuterung des SCHMIDschen Orthogonalisierungsverfahrens

In [VII.1] ist der Beweis dieses wichtigen Satzes gebracht, der auch mit Hilfe des SCHMIDschen Orthogonalisierungsverfahrens bewiesen werden kann:

Satz 5. Ist $\mathbf{U}_m$ ein m-dimensionaler Unterraum des Vektorraums $\mathbf{R}_n$, $\mathbf{U}_m \subset \mathbf{R}_n$ mit $m \leq n$, und x ein Vektor in $\mathbf{R}_n$, aber nicht in $\mathbf{U}_m$:

$$x \in \mathbf{R}_n; \quad x \notin \mathbf{U}_m,$$

dann existiert eine und nur eine Zerlegung

$$x = u_0 + n_0 \tag{49}$$

mit $u_0 \in \mathbf{U}_m$ und $\langle u_0, n_0\rangle = 0$.

Ferner ist

$$\|n_0\| = \|x - u_0\| \leq \|x - u\|. \tag{50}$$

Der Vektor u_0 heißt die orthogonale Projektion des Vektors x auf den Unterraum $\mathbf{U}_m$ und n_0 der projizierende Vektor. Der Vektor n_0 ist orthogonal zu allen Vektoren $u \in \mathbf{U}$ und hat die kleinste Norm aller Differenzvektoren zwischen x und dem Unterraum $\mathbf{U}$. Das in Satz 5 ausgesprochene Projektionstheorem ist von fundamentaler Bedeutung für die modernen Optimierungsverfahren in der Regelungs- und Filtertheorie, und wir werden auf diesen Satz bei den entsprechenden Abschnitten in Kap. IX noch zurückgreifen.

Im Zusammenhang mit orthogonalen Basen und der orthogonalen Projektion führen wir nun den Begriff des adjungierten Operators ein, der auch bei der Behandlung von optimalen Regelungssystemen in Kap. IX auftauchen und sich als wichtig erweisen wird.

Definition 18. Ein linearer Operator $B = A^*$ heißt der *adjungierte Operator* zu einem beliebigen linearen Operator A im Vektorraum $\mathbf{R}_n$, wenn für beliebige Vektoren x und y aus $\mathbf{R}_n$ die Gleichung

$$\langle A x, y\rangle = \langle x, B y\rangle \tag{51}$$

erfüllt ist.

Man kann zeigen [VII.1], daß zu jedem linearen Operator A ein eindeutig bestimmter adjungierter Operator $B = \bar{A}^T = A^*$ existiert, der diese Eigenschaften hat:

$$1. \qquad A^* = \bar{A}^T \quad \text{oder} \quad A_{ij} = \bar{A}_{ji}, \quad i, j = 1, 2, \ldots, n; \qquad (52\,a)$$

$$2. \qquad (A + B)^* = A^* + B^*; \qquad (52\,b)$$

$$3. \qquad (\alpha\, A)^* = \bar{\alpha}\, A^* \quad (\alpha \text{ ist ein Skalar}); \qquad (52\,c)$$

$$4. \qquad (A\, B)^* = B^*\, A^*. \qquad (52\,d)$$

Die einen adjungierten Operator repräsentierende Matrix A^* ist also gleich der konjugiert transponierten Matrix A (Abschn. II.4).

Ist nun U wieder ein Unterraum von R_n: $\mathsf{U} \subset \mathsf{R}_n$ und N der Unterraum aller Vektoren $n \in \mathsf{N}$, die orthogonal zu den Vektoren $u \in \mathsf{U}$ sind, dann ist jeder Vektor $x \in \mathsf{R}$ darstellbar als:

$$x = u + n,$$

und es ist

$$\mathsf{R}_n = \mathsf{U} + \mathsf{N} \quad \text{und} \quad \mathsf{U} \perp \mathsf{N}.$$

Man sagt, daß N das *orthogonale* Komplement zu U oder U das zu N sei. Die adjungierten Operatoren haben diese wichtige Eigenschaft:

Satz 6. Ist ein Unterraum $\mathsf{U} \subset \mathsf{R}_n$ invariant bezüglich eines Operators A, dann ist sein orthogonales Komplement N invariant bezüglich des adjungierten Operators A^*.

Wenn A ein Operator einfacher Struktur ist (Definition 4), dann ist auch A^* ein Operator einfacher Struktur; ferner sind die Systeme von Eigenvektoren $x_1, x_2, \ldots, x_n$ bzw. $y_1, y_2, \ldots, y_n$, die die beiden Gleichungen

$$A\, x = \lambda\, x \quad \text{und} \quad A^*\, y = \mu\, y$$

erfüllen, *biorthonormiert*, d. h. es gilt:

$$\langle x_i, y_j \rangle = K\, \delta_{ij}; \quad i, j = 1, 2, \ldots, n. \qquad (53)$$

Haben die Operatoren A und A^* einzelne Eigenvektoren gemeinsam, gilt also für bestimmte i die Beziehung $x_i = y_i$, dann sind die zugehörigen Eigenwerte λ_i und μ_i zueinander konjugiert komplex.

Schließlich gilt noch dieser wichtige Zusammenhang, der direkt aus der Definition des adjungierten Operators folgt:

$$\mathrm{Rang}\, A = \mathrm{Rang}\, A^*. \qquad (54)$$

Innerhalb der adjungierten Operatoren (bzw. der sie repräsentierenden Matrizen) existieren diese Spezialfälle:

Definition 19. a) Ein linearer Operator A heißt *normal*, wenn er mit seinem adjungierten Operator vertauschbar ist:

$$A\, A^* = A^*\, A. \qquad (55)$$

(Diese Matrizen heißen auch *selbstadjungiert*.)

b) Ein linearer Operator H heißt *hermitisch*, wenn er mit seinem adjungierten Operator übereinstimmt:

$$H = H^*. \qquad (56)$$

c) Ein linearer Operator U heißt *unitär*, wenn er mit dem inversen adjungierten Operator übereinstimmt:

$$U = U^{*-1}; \quad U U^* = 1. \tag{57}$$

2.6 Lineare Gleichungssysteme und die Pseudoinverse

Mit den im vorstehenden Abschnitt eingeführten Begriffen der Orthogonalität und der orthogonalen Projektion hängt die im folgenden zu besprechende *Pseudoinverse* oder verallgemeinerte Inverse einer linearen Transformation eng zusammen. Zuvor führen wir noch einige damit zusammenhängende Gesetzmäßigkeiten der Lösungen linearer inhomogener Gleichungssysteme ein, die in Abschn. II.3.5 nicht besprochen waren. Wir betrachten das lineare Gleichungssystem mit der n,n-Matrix A:

$$A x = b, \tag{58}$$

bei dem b einen Vektor in $\mathbf{R}_n$, also $b \in \mathbf{R}_n$, und A eine lineare Transformation in $\mathbf{R}_n$ repräsentieren sollen. In [VII.2] ist dieser Satz bewiesen:

Satz 7. Das lineare Gleichungssystem (58) hat dann und nur dann

a) eine *eindeutige* Lösung, wenn A nichtsingulär, also $|A| \neq 0$ oder Rang $A = n$, ist;

b) eine Lösung, d. h., die durch (58) repräsentierten n Gleichungen sind miteinander verträglich, wenn b orthogonal zu allen Lösungen y der Gleichung

$$A^* y = 0 \tag{59}$$

ist, wenn also gilt:

$$b \perp y \Leftrightarrow b^T y = 0. \tag{60}$$

Im Teil b) dieses Satzes wird die Lösung des Problems (58) in Beziehung zu den Lösungen des homogenen Gleichungssystems mit der adjungierten Matrix A^* gesetzt.

Es sei daran erinnert, daß für (59) nur so viel linear unabhängige Lösungen existieren, wie der Rangdefekt $d = n - r$ angibt, wobei mit (54) A und A^* gleichen Rang und damit gleichen Rangdefekt haben. Ferner ist für $d > 0$ die Lösung nicht eindeutig, sondern enthält d willkürlich wählbare Konstanten.

Das Ergebnis des Satzes 7 läßt sich auch so interpretieren, daß das Problem (58) nur dann eine Lösung hat, wenn $b \in \mathbf{U}_r$ ist, wobei $\mathbf{U}_r$ der r-dimensionale Unterraum $\mathbf{U}_r \subset \mathbf{R}_n$ ist, in dem die r linear unabhängigen Spaltenvektoren von A eine Basis bilden.

Hat A den vollen Rang, also Rang $A = r = n$, dann existiert wegen der eindeutigen Lösung des Problems

$$y = A x, \tag{61}$$

bei dem y ein beliebiger Vektor $y \in \mathbf{R}_n$ sein darf, auch die Lösung des inversen Problems:

$$x = A^{-1} y,$$

wo die inverse Matrix diese bekannte Eigenschaft hat:

$$A A^{-1} = A^{-1} A = 1_n. \tag{62}$$

Ist die Matrix A vom Rang $r < n$, wird von PENROSE [VII.8] vorgeschlagen, nicht mehr (61) zu lösen, sondern ein analoges Problem so zu formulieren, daß auch für $y \notin U_r$ eine Lösung und für $y \in U_r$ eine eindeutige Lösung gefunden werden kann:

Gegeben eine lineare Transformationsmatrix A mit dem Rang $r \leq n$ und ein Vektor $y \in R_n$, gesucht ist der Vektor $x_0 \in R_n$ mit der kleinsten Norm $\|x\| = x^T x$, der den Ausdruck $\|A x - y\|$ minimiert:

$$\|A x_0 - y\| = \min_{x \in R_n} \|A x - y\|. \tag{63}$$

Diese Fragestellung läßt sich geometrisch so interpretieren, daß der Vektor y in den Unterraum U_r orthogonal projiziert wird. Seine Projektion in U_r sei y_0, dann gilt mit (49) zunächst:

$$y = y_0 + n_0 \quad \text{mit} \quad y_0 \perp n_0,$$

womit die gesuchte eindeutige Lösung zu (63) lautet:

$$A x_0 = y_0. \tag{64}$$

Die hier vorliegende Problemstellung ist identisch mit der Frage nach einer Lösung für Gl. (61) mit dem kleinsten quadratischen Fehler. Man kann zeigen, daß der Vektor n_0 die kleinste Norm $\|n_0\| = n_0^T n_0 = [n_{01}^2 + n_{02}^2 + \cdots + n_{0d}^2]$ hat. Hierin liegt u. a. die große Bedeutung des Projektionstheorems für die auf algebraische Methoden abgestützte moderne Optimierungs- und Filtertheorie, bei der vielfach der quadratische Fehler das zugrundeliegende Fehlermaß ist.

Nun hat PENROSE [VII.8] auch gezeigt, daß zwischen der Lösung x_0 des modifizierten Problems (63) und den Vektoren y eine lineare Beziehung besteht:

$$x_0 = A^\dagger y, \tag{65}$$

worin $A^\dagger$ die *Pseudoinverse* zur linearen Transformation A genannt wird. Ist A nichtsingulär, dann ist offensichtlich $A^\dagger = A^{-1}$. Hiervon ausgehend definieren wir die Pseudoinverse wie folgt:

Definition 20. Die Matrix A repräsentiere eine lineare Transformation in R_n, dann sollen für die Pseudoinverse $A^\dagger$ zu A diese Axiome gelten:

$$1. \qquad A^\dagger A x = x \quad \text{für alle} \quad x \in U_r, \tag{66}$$

$$2. \qquad A^\dagger n = 0 \quad \text{für alle} \quad n \in N_d \quad \text{und} \quad N_d \perp U_r, \tag{67}$$

$$3. \qquad A^\dagger(x + n) = A^\dagger x + A^\dagger n \quad \text{für alle} \quad x \in U_r \quad \text{und} \quad n \in N_d. \tag{68}$$

In Gl. (66) ist U_r ein Unterraum zu R_n und die Dimension r gleich dem Rang der Matrix A, während in (67) N_d das orthogonale Komplement zu U_r bedeutet. Es kann gezeigt werden, daß aus den Axiomen 1, 2 und 3 in Definition 20 noch diese weiteren Eigenschaften der Pseudoinversen folgen:

$$a) \qquad A A^\dagger A = A; \qquad A^\dagger A A^\dagger = A^\dagger, \tag{69a}$$

$$b) \qquad (A^\dagger A)^* = A^\dagger A; \qquad (A A^\dagger)^* = A A^\dagger. \tag{69b}$$

Ist A z. B. eine singuläre Diagonalmatrix mit $D_{ii} \neq 0$ für $i \leq r$ und $D_{ii} = 0$ für $r < i \leq n$, dann ist die Pseudoinverse $D^\dagger$ zu D von der Form:

$$D^\dagger = \begin{bmatrix} D_{11} & 0 & 0 \dots\dots\dots 0 \\ 0 & D_{22} & 0 \dots\dots\dots 0 \\ \vdots & & & \vdots \\ & & D_{rr} & \vdots \\ & & & 0 & \vdots \\ \vdots & & & \vdots \\ 0 \dots\dots\dots\dots\dots 0 \end{bmatrix}^\dagger = \begin{bmatrix} D_{11}^{-1} & 0 & 0 \dots\dots\dots 0 \\ 0 & D_{22}^{-1} & 0 \dots\dots\dots \vdots \\ \vdots & & & \vdots \\ & & D_{rr}^{-1} & \vdots \\ & & & 0 & \vdots \\ \vdots & & & \vdots \\ 0 \dots\dots\dots\dots\dots 0 \end{bmatrix} \qquad (70)$$

Die Berechnung einer Pseudoinversen zu A kann auf diesem Wege erfolgen. Zunächst wird eine HERMITEsche Matrix H wie folgt aus A gebildet:

$$H = A^* A. \qquad (71)$$

Bildung der Pseudoinversen auf beiden Seiten ergibt

$$H^\dagger = (A^* A)^\dagger = A^\dagger (A^*)^\dagger$$

und Multiplikation beider Seiten mit A^* von rechts schließlich

$$A^\dagger = H^\dagger A^*. \qquad (72)$$

Damit ist die Berechnung der Pseudoinversen einer beliebigen n,n-Matrix A auf die Berechnung der Pseudoinversen einer nichtnegativ definiten HERMITE-schen Matrix zurückgeführt, für die folgendes gilt:

Jede HERMITEsche Matrix H kann durch eine unitäre Transformation auf die Diagonalform ihrer reellen Eigenwerte transformiert werden [VII.1 und VII.2], wobei bei einer nichtnegativ definiten (oder gleichbedeutend positiv semidefiniten) HERMITEschen Matrix die Eigenwerte alle nichtnegativ sind (Abschn. VII.4.7): $\lambda_i \geq 0$. Es gilt also

$$H = U^* D U \qquad (73)$$

mit

$$U^* = U^{-1}. \qquad (73\,\mathrm{a})$$

Die Pseudoinverse zu H lautet damit:

$$H^\dagger = (U^* D U)^\dagger = U^\dagger D^\dagger U^{*\dagger} =$$
$$= U^{-1} D^\dagger U^{*-1} = U^* D^\dagger U. \qquad (74)$$

Die zweite Zeile in (74) folgt daraus, daß eine unitäre Matrix niemals singulär ist und damit ihre Inverse gleich der Pseudoinversen ist. Die Pseudoinverse einer Diagonalmatrix wurde oben schon angegeben (70).

Beispiel. An einem sehr einfachen Beispiel sei die Ermittlung der Pseudoinversen erläutert. Gegeben sei die singuläre Matrix

$$A = \begin{bmatrix} 2 & 0 & 0 \\ 0 & 1 & 0 \\ 0 & 1 & 0 \end{bmatrix}.$$

Daraus wird H bestimmt zu

$$H = A^* A = \begin{bmatrix} 2 & 0 & 0 \\ 0 & 1 & 1 \\ 0 & 0 & 0 \end{bmatrix} \begin{bmatrix} 2 & 0 & 0 \\ 0 & 1 & 0 \\ 0 & 1 & 0 \end{bmatrix} = \begin{bmatrix} 4 & 0 & 0 \\ 0 & 2 & 0 \\ 0 & 0 & 0 \end{bmatrix}.$$

Hier in diesem einfachen Beispiel ist H schon eine Diagonalmatrix, so daß wir mit (72) für die Pseudoinverse A erhalten

$$A^\dagger = \begin{bmatrix} \tfrac{1}{4} & 0 & 0 \\ 0 & \tfrac{1}{2} & 0 \\ 0 & 0 & 0 \end{bmatrix} \begin{bmatrix} 2 & 0 & 0 \\ 0 & 1 & 1 \\ 0 & 0 & 0 \end{bmatrix} = \begin{bmatrix} \tfrac{1}{2} & 0 & 0 \\ 0 & \tfrac{1}{2} & \tfrac{1}{2} \\ 0 & 0 & 0 \end{bmatrix}.$$

2.7 Quadratische Formen

Innerhalb der Vektorfunktionen spielen die quadratischen Formen für die Anwendungen eine hervorragende Rolle, und wir definieren wie folgt:

Definition 21. Eine quadratische Form ist ein reelles homogenes Polynom zweiten Grades in den n Veränderlichen $x_1, x_2, \ldots, x_n$ von der Form

$$Q = x^T A x = x^T A^T x = \sum_{i,j=1}^{n} A_{ij} x_i x_j; \tag{75}$$
$$(A_{ij} = A_{ji}, \; i, j = 1, 2, \ldots, n)$$
$$x_i, A_{ij} \text{ sind reellwertig.}$$

Die quadratischen Formen sind zwar für beliebige Variable $x_1, x_2, \ldots, x_n$ definiert, doch haben wir uns in (75) auf den uns hier wesentlich interessierenden Fall beschränkt, bei dem die x_i Komponenten eines Vektors x in $\mathbf{R}_n$ in bezug auf eine Basis $e_1, e_2, \ldots, e_n$ sind und die Matrix A eine lineare Transformation bezüglich der gleichen Basis repräsentiert. Damit kann die quadratische Form als eine spezielle Rechenvorschrift eines inneren (skalaren) Vektorprodukts aufgefaßt werden. Die Matrix A ist eine symmetrische Matrix

$$A = A^T, \tag{76}$$

und wenn alle ihre Elemente A_{ij} reell sind, nennen wir die quadratische Form (75) reell. Man kann zeigen, daß bei beliebigen quadratischen n,n-Matrizen nur der jeweilige symmetrische Anteil in der quadratischen Form zum Tragen kommt. Jede quadratische n,n-Matrix kann so aufgespalten werden:

$$A = A_{sy} + A_{ss},$$

worin A_{sy} eine symmetrische Matrix: $A_{sy} = \dfrac{A + A^T}{2}$ und A_{ss} eine schief-symmetrische Matrix ist: $A_{ss} = \dfrac{A - A^T}{2}$. Damit kann anstelle von (75) auch geschrieben werden:

$$x^T A x = x^T A_{sy} x + x^T A_{ss} x = x^T A_{sy} x,$$

da

$$x^T A_{ss} x = \frac{x^T A x}{2} - \frac{x^T A^T x}{2} = \frac{x^T A x}{2} - \frac{x^T A x}{2} = 0$$

ist. Deshalb kann ohne Verlust an Allgemeingültigkeit bei einer quadratischen Form immer eine symmetrische Matrix A vorausgesetzt werden.

Sind einzelne oder alle Elemente von A und auch die x_i komplex, dann muß, in Erweiterung der Definition 21, A eine HERMITEsche Matrix sein:

$$A = \overline{A}^T = A^*, \tag{77}$$

und die zugehörige quadratische Form heißt eine HERMITEsche Form, für die gilt:

$$Q = \langle x, A\,x \rangle = \langle x\,A^*, x \rangle = x^* A\,x = (\overline{x^* A\,x})^T = x^* A^*\,x = (x^T \overline{A}\,\overline{x})^T. \tag{78}$$

Die Determinante $|A|$ einer symmetrischen (oder HERMITEschen) Matrix in Gln. (75) bzw. (78) heißt die *Diskriminante* der quadratischen Form, und die Form Q heißt singulär, wenn die Diskriminante verschwindet:

$$|A| = 0.$$

Neben den quadratischen Formen haben die *bilinearen* noch Bedeutung, bei denen allgemein ein n-Vektor x und ein m-Vektor y über eine n,m-Matrix A verknüpft sind

$$x^T A\,y = \sum_{i=1}^{n} \sum_{j=1}^{m} A_{ij}\,x_i\,y_j. \tag{79}$$

Gehören x und y dem gleichen Vektorraum $\mathbf{R}_n$ an, dann geht diese Gleichung über in

$$x^T A\,y = \sum_{j,\,i=1}^{n} A_{ij}\,x_i\,y_j, \tag{79a}$$

und wir können sagen, daß jeder quadratischen Form eine Bilinearform mit der gleichen Formmatrix A entspricht.

Geht man von der vorgegebenen Basis $e_1, e_2, \ldots, e_n$ auf die Basis $e_1', e_2', \ldots, e_n'$ mit $x = T\,x'$ über, dann wird auch die Formmatrix A in eine solche der Form

$$A = T^T A\,T \tag{80}$$

transformiert, was durch Einsetzen von $x = T\,x'$ in (75) leicht nachgeprüft wird:

$$x^T A\,x = x'^T T^T A\,T\,x'.$$

Außer für mathematische Fragestellungen ist vor allem für die Systemtheorie und dabei speziell für Stabilitäts- und Optimierungsprobleme folgende Einteilung der quadratischen bzw. HERMITEschen Formen und der in ihnen enthaltenen Formmatrizen A von großem Interesse.

Definition 22. Eine quadratische Form mit einer reellen symmetrischen Matrix A (oder eine HERMITEsche Form mit einer HERMITEschen Matrix H) heißt

a) positiv definite, wenn

$$Q = x^T A\,x > 0 \quad (Q = x^* H\,x > 0) \quad \text{für} \quad x \neq 0, \tag{81a}$$

b) positiv semidefinite, wenn

$$Q = x^T A\,x \geq 0 \quad (Q = x^* H\,x \geq 0) \quad \text{für} \quad x \neq 0, \tag{81b}$$

c) negativ definite, wenn

$$Q = x^T A\,x < 0 \quad (Q = x^* H\,x < 0) \quad \text{für} \quad x \neq 0, \tag{81c}$$

d) negativ semidefinite, wenn

$$Q = x^T A\,x \leq 0 \quad (Q = x^* H\,x \leq 0) \quad \text{für} \quad x \neq 0 \tag{81d}$$

ist.

Wird z. B. von einer positiv definiten Matrix gesprochen, dann ist die Matrix gemeint, die als Formmatrix in einer quadratischen Form diese Eigenschaft der Form verleiht.

In Abschn. VII.4.7 sind explizite Kriterien für Matrizen dafür angegeben, wann die vorstehenden Fälle a) bis d) vorliegen. Ist das Vorzeichen von Q unbestimmt, heißt die quadratische Form indefinite.

Für die praktische Anwendung der quadratischen Formen ist noch interessant, daß diese auf die Summen von Quadraten transformiert werden können, was gleichbedeutend damit ist, daß die Formmatrix A auf eine geeignete Diagonalform transformiert wird (Abschn. VII.4).

2.8 Bezeichnungen wichtiger Vektorfunktionen

In diesem Abschnitt werden einige Begriffe der Vektoranalysis mit der wesentlichen Absicht zusammengestellt, die Nomenklatur festzulegen, auf die bei der Betrachtung systemtheoretischer Fragen in den nächsten Kapiteln Bezug genommen wird. Da der Physiker und Ingenieur während seiner mathematischen Ausbildung hinreichend mit der Analysis und auch der der Vektoren — zumindest für den dreidimensionalen Vektorraum — vertraut gemacht wurde, werden wir uns hier ganz besonders kurz fassen. Gegebenenfalls ist in allen einführenden Mathematikbüchern und z. B. in [VII.9] eine weitergehende Darstellung zu finden.

In den vorstehenden Abschnitten wurden wesentliche Begriffe der Vektoralgebra aufgeführt, bei der die Vektoren beliebige Objekte sein konnten, die den Axiomen eines Vektors genügen. Wesentliche Operationen der Vektoralgebra waren die Addition (Subtraktion) und die verschiedenen Multiplikationen. Aus der beliebigen Zahl der linearen Vektorräume interessieren für die hier im Vordergrund stehende Systemtheorie im wesentlichen die, deren Vektoren reellwertige Zeitfunktionen sind. Dazu kommen einige wenige Begriffe aus der Vektoranalysis, die analytische Operationen wie vor allem die Differentiation oder Integration von Vektorfeldern behandelt.

Definition 23. Ein *Vektorfeld* ist ein Vektorraum, dessen Elemente Funktionen von Vektoren sind.

Funktionen, die über einen Vektorraum definiert sind, heißen auch Funktionale. Insbesondere versteht man unter einem linearen Funktional $l(x)$ ein solches, für das diese Linearitätsbeziehung gilt:

$$l(\alpha\,x + \beta\,y) = \alpha\,l(x) + \beta\,l(y),\tag{82}$$

worin $x, y \in \mathbf{R}_n$ sind.

Vektorfelder können z. B. von der Form

$$f(t) = [f_1(t), f_2(t), \ldots, f_n(t)]^T\tag{83}$$

sein, wo $\mathbf{F}_n = \{f(t): t \in \mathbf{R}_1 \to \mathbf{R}_n\}$ der Vektorraum aller Funktionen ist, die die reelle Zeitachse oder Intervalle hiervon als eindimensionalen Vektorraum $\mathbf{R}_1$ in den n-dimensionalen Raum $\mathbf{R}_n$ abbilden.

Definition 24. Eine reellwertige Vektorfunktion $f(t): \mathbf{R}_1 \to \mathbf{R}_n$ mit

$$f(t) = [f_1(t), f_2(t), \ldots, f_n(t)]^T$$

heißt stetig (stetig differenzierbar), wenn jede ihrer Komponenten $f_i(t)$ stetig (stetig differenzierbar) ist.

Genügt eine Funktion $f(t)$ der Definition 24, dann ist die zeitliche Ableitung der Vektorfunktion erklärt zu:

$$\frac{d}{dt} f(t) = \dot{f}(t) = \left[\frac{d}{dt} f_1(t), \frac{d}{dt} f_2(t), \ldots, \frac{d}{dt} f_n(t) \right]^T. \tag{84}$$

Innerhalb der durch Definition 23 erklärten Funktionale nehmen die skalaren Felder $f(x)$ eine für Anwendungen wichtige Position ein. Das Funktional $f(x)$ ist eine reellwertige Funktion über dem n-dimensionalen Vektorraum $\mathbf{R}_n$, durch welche jedem Vektor x ein Skalar zugeordnet ist, $\mathbf{R}_n \to \mathbf{R}_1$. Zu dem skalaren Feld $f(x)$ bildet der *Gradient* ein Vektorfeld, das wir unter der vorausgesetzten Existenz der partiellen Ableitungen so notieren:

$$\operatorname{Grad} f(x) = f_x(x) = \begin{bmatrix} \dfrac{\partial}{\partial x_1} f(x) \\ \dfrac{\partial}{\partial x_2} f(x) \\ \vdots \\ \dfrac{\partial}{\partial x_n} f(x) \end{bmatrix}. \tag{85}$$

Ist $f(x)$ eine explizite Funktion von x, aber nicht von t, während x das Vektorfeld $x(t)$ ist, kann die zeitliche Ableitung $\dot{f}(x)$ mittels des Gradienten angeschrieben werden zu:

$$\dot{f}(x) = \frac{d}{dt} f(x) = \sum_{i=1}^{n} \frac{\partial}{\partial x_i} f(x) \frac{d x_i(t)}{dt} = f_x^T(x) \, \dot{x}. \tag{86}$$

Ein wichtiger Spezialfall zu (85) ist der Gradient der quadratischen Form Q:

$$Q = x^T A x, \tag{87}$$

von der gezeigt werden kann, daß gilt:

$$Q_x = \frac{\partial}{\partial x} x^T A x = 2A x. \tag{88}$$

Das Funktional $f(x)$ hat ausführlich geschrieben diese Form:

$$f(x) = \begin{bmatrix} f_1(x) \\ f_2(x) \\ \vdots \\ f_m(x) \end{bmatrix} = \begin{bmatrix} f_1(x_1, x_2, \ldots, x_n) \\ f_2(x_1, x_2, \ldots, x_n) \\ \ldots \ldots \ldots \ldots \ldots \\ f_m(x_1, x_2, \ldots, x_n) \end{bmatrix}. \tag{89}$$

Es bildet also $\mathbf{R}_n$ in den Vektorraum $\mathbf{R}_m$ ab: $\mathbf{R}_n \to \mathbf{R}_m$. Ist nun $f(x) \in \mathbf{R}_m$ für jedes $x \in \mathbf{R}_n$ differenzierbar, dann wird unter der Abkürzung $f_x(x)$ ausgeschrieben dies verstanden:

$$f_x(x) = \frac{\partial}{\partial x} f(x) = \frac{\partial}{\partial x} \begin{bmatrix} f_1(x_1, x_2, \ldots, x_n) \\ f_2(x_1, x_2, \ldots, x_n) \\ \cdots\cdots\cdots\cdots \\ f_m(x_1, x_2, \ldots, x_n) \end{bmatrix} =$$

$$= \begin{bmatrix} \dfrac{\partial}{\partial x_1} f_1 & \dfrac{\partial}{\partial x_2} f_1 & \cdots & \dfrac{\partial}{\partial x_n} f_1 \\ \dfrac{\partial}{\partial x_1} f_2 & \dfrac{\partial}{\partial x_2} f_2 & \cdots & \dfrac{\partial}{\partial x_n} f_2 \\ \cdots\cdots\cdots\cdots\cdots\cdots \\ \dfrac{\partial}{\partial x_1} f_m & \dfrac{\partial}{\partial x_2} f_m & \cdots & \dfrac{\partial}{\partial x_n} f_m \end{bmatrix}. \tag{90}$$

Die Matrix $f_x(x)$ heißt die JACOBI-Matrix.

Entsprechend der Definition für die zeitliche Ableitung einer Vektorfunktion, versteht man unter dem Integral über $f(t)$:

$$\int_{t_1}^{t_2} f(\tau)\, d\tau = \left[\int_{t_1}^{t_2} f_1(\tau)\, d\tau, \int_{t_1}^{t_2} f_2(\tau)\, d\tau, \ldots, \int_{t_1}^{t_2} f_n(\tau)\, d\tau \right]^T. \tag{91}$$

Sind P und Q konstante Matrizen, dann ist ferner analog zu dem skalaren Fall:

$$\int_{t_1}^{t_2} P f(\tau)\, Q\, d\tau = P \int_{t_1}^{t_2} f(\tau)\, d\tau\, Q. \tag{92}$$

2.9 Bezeichnungen einiger linearer Vektorräume

Hier fassen wir nun einige Begriffe und Beziehungen zusammen, die zwar im weiteren Verlauf für die systemtheoretische Behandlung von Mehrfachsystemen nicht wesentlich sind, andererseits aber in der mathematischen Literatur und vielfach auch in den neueren angelsächsischen Büchern der „modernen" Regelungstheorie verwendet werden.

In Abschn. VII.2.1 war ein *linearer Vektorraum* definiert worden. Die dort behandelten Axiome beschreiben allein die Eigenschaften solcher Räume. Dagegen war über die *topologische Struktur* eines linearen Vektorraums zunächst nichts ausgesagt.

Ist für einen linearen Vektorraum eine Norm definiert (Abschn. 2.4), dann spricht man von einem normierten Vektorraum, und existiert darüber hinaus ein inneres Produkt in diesem Raum, das zwei Elementen ein Skalar (ihre „Entfernung") zuordnet, dann haben wir es mit einem metrischen Raum zu tun.

Ein *Euklidischer* Raum ist ein linearer normierter Vektorraum mit der EUKLIDISchen Norm

$$\| x \| = (x^T x)^{1/2}.$$

In der Analysis ist der Begriff der Konvergenz wesentlich und die Vektornorm wiederum ist wesentlich zur Definition der Konvergenz.

Definition 25. In einem normierten Raum heißt eine Folge $\{x_i\}$ von Vektoren konvergent gegen den Vektor x, wenn gilt:

$$\lim_{i \to \infty} \| x_i - x \| = 0. \tag{93}$$

Diese Definition bedeutet, daß es eine Folge $\{x_i\}$ von Vektoren x_i gibt, deren „Abstand", der durch die Norm definiert ist, im Grenzfall gleich Null wird. Gl. (93) impliziert ferner die gleichmäßige Konvergenz der Folge $\{x_i\}$ im Vektorraum $\mathbf{R}_n$.

Definition 26. Unter einer CAUCHY-Folge versteht man eine Folge $\{x_i\}$ von Vektoren x_i im Raum $\mathbf{R}_n$ mit der Eigenschaft:

Zu jedem $\varepsilon > 0$ gibt es eine Zahl $N(\varepsilon)$ so, daß

$$\|x_i - x_j\| < \varepsilon, \quad \text{für} \quad i,j \geqq N(\varepsilon). \tag{94}$$

Ist der Grenzwert x einer jeden CAUCHYschen Folge in einem Vektorraum $\mathbf{R}_n$ wieder ein Element dieses Raumes $x \in \mathbf{R}_n$, dann heißt dieser Vektorraum ein abgeschlossener normierter linearer Vektorraum, für den auch die Bezeichnung *Banach-Raum* gebräuchlich ist.

Ist in einem BANACH-Raum darüberhinaus noch ein inneres Produkt definiert, dann heißt dieser Raum ein HILBERT-Raum. Ein HILBERT-Raum ist also ein abgeschlossener normierter linearer innerer-Produkt-Vektor-Raum.

3 Matrizenfunktionen und Polynome

3.1 Definitionen zu Polynommatrizen

Bei der Untersuchung der Struktur linearer Operatoren und Matrizen sind das charakteristische und das Minimalpolynom sowie die Elementarteiler von Polynommatrizen von ausgezeichneter Bedeutung (Abschn. VII.4). Diese, einem linearen Operator zugeordneten, skalaren Polynome wiederum stehen in einem engen Zusammenhang zu den Polynomen mit Matrizenkoeffizienten, von denen nun einige wichtige Definitionen und Gesetzmäßigkeiten zusammengestellt werden.

Unter einer Polynommatrix $A(\lambda)$ wird eine ganze rationale Funktion dieser Form verstanden:

$$A(\lambda) = A_0 + A_1 \lambda + A_2 \lambda^2 + \cdots + A_m \lambda^m, \tag{1}$$

bei der die Polynomkoeffizienten A_i n,n-Matrizen $A_i = [_iA_{kl}]_1^n$ aus einem Zahlenkörper $\mathbf{K}$ (hier wieder normalerweise der Körper der reellen oder auch der der komplexen Zahlen) sind.

Definition 1. Die Polynommatrix $A(\lambda)$ hat die Ordnung n, wenn die Koeffizientenmatrizen n,n-Matrizen sind, und den Grad m, wenn $A_m \neq 0$ und $A_p = 0$ für $p > m$ ist. Das Polynom $A(\lambda)$ heißt *eigentlich*, wenn $|A_m| \neq 0$.

Eine Polynommatrix $A(\lambda)$ kann alternativ zu (1) auch so dargestellt werden:

$$A(\lambda) = [A_{kl}(\lambda)]_1^n = [_0A_{kl} + {}_1A_{kl}\lambda + \cdots + {}_mA_{kl}\lambda^m]_1^n, \tag{2}$$

in jedem Fall ist eine Polynommatrix eine Matrix, deren Elemente Polynome in einem Skalar sind. Dieses Beispiel verdeutlicht die Äquivalenz der beiden Notierungen (1) und (2):

$$A(\lambda) = \begin{bmatrix} 3\lambda^2 + \lambda^3; & 1 + 4\lambda + 2\lambda^3 \\ 2\lambda + \lambda^2; & 4 + \lambda + 2\lambda^2 + 3\lambda^3 \end{bmatrix}$$

$$= \begin{bmatrix} 0 & 1 \\ 0 & 4 \end{bmatrix} + \begin{bmatrix} 0 & 4 \\ 2 & 1 \end{bmatrix} \lambda + \begin{bmatrix} 3 & 0 \\ 1 & 2 \end{bmatrix} \lambda^2 + \begin{bmatrix} 1 & 2 \\ 0 & 3 \end{bmatrix} \lambda^3.$$

Gegenüber den Polynommatrizen wollen wir skalare Polynome solche Polynome nennen, deren Koeffizienten Skalare sind. Die Polynome mit skalaren Koeffizienten und Matrizenargument werden wir im nächsten Abschnitt als Sonderfall der Matrizenfunktionen ausführlicher besprechen.

Definition 2. Unter der Addition (Subtraktion) zweier Polynommatrizen gleicher Ordnung n

$$A(\lambda) = A_0 + A_1 \lambda + A_2 \lambda^2 + \cdots + A_m \lambda^m,$$
$$B(\lambda) = B_0 + B_1 \lambda + B_2 \lambda^2 + \cdots + B_m \lambda^m$$

verstehen wir die Matrix $C(\lambda) = A(\lambda) + B(\lambda)$:

$$C(\lambda) = (A_0 + B_0) + (A_1 + B_1)\lambda + \cdots + (A_m + B_m)\lambda^m. \tag{3}$$

Der in (3) auftretende Grad m ist der größte tatsächlich auftretende in $A(\lambda)$ und/oder $B(\lambda)$. Gegebenenfalls können einige der Koeffizienten von $A(\lambda)$ oder $B(\lambda)$ Nullmatrizen sein, jedenfalls kann der Grad m der Summe (Differenz) den höchsten Grad von $A(\lambda)$ oder $B(\lambda)$ nicht übersteigen.

Entsprechend zur Summe zweier Polynommatrizen ist deren Produkt definiert:

Definition 3. Das Produkt zweier Polynommatrizen der Ordnung n und vom Grade m bzw. p:

$$A(\lambda) = A_0 + A_1 \lambda + A_2 \lambda^2 + \cdots + A_m \lambda^m, \quad A_m \neq 0,$$
$$B(\lambda) = B_0 + B_1 \lambda + B_2 \lambda^2 + \cdots + B_p \lambda^p, \quad B_p \neq 0$$

lautet

$$C(\lambda) = A(\lambda)\,B(\lambda) = A_0 B_0 + (A_0 B_1 + A_1 B_0)\lambda +$$
$$+ (A_0 B_2 + A_1 B_1 + A_2 B_0)\lambda^2 + \cdots + A_m B_p \lambda^{(m+p)}. \tag{4}$$

Im allgemeinen ist das Produkt $A(\lambda)\,B(\lambda)$ verschieden von $B(\lambda)\,A(\lambda)$. Der Grad des Produkts $C(\lambda) = A(\lambda)\,B(\lambda)$ ist kleiner oder gleich $m + p$, da, anders als bei skalaren Polynomen, das Produkt zweier Koeffizienten (-Matrizen) gleich Null werden kann. Das Produkt $A(\lambda)\,B(\lambda)$ bzw. $B(\lambda)\,A(\lambda)$ hat genau dann den Grad $m + p$, wenn wenigstens ein Faktor $A(\lambda)$ oder $B(\lambda)$ ein eigentliches Polynom ist.

Definition 4. Für die Polynommatrizen $A(\lambda)$ und $B(\lambda)$ gleicher Ordnung n

$$A(\lambda) = A_0 + A_1 \lambda + \cdots + A_m \lambda^m, \quad A_m \neq 0,$$
$$B(\lambda) = B_0 + B_1 \lambda + \cdots + B_p \lambda^p, \quad |B_p| \neq 0,$$

mit $p \leq m$ ist dann und nur dann, wenn $B(\lambda)$ ein eigentliches Polynom ist ($|B_p| \neq 0$), eine rechte Division:

$$A(\lambda) = Q(\lambda)\,B(\lambda) + R(\lambda) \tag{5a}$$

bzw. eine linke Division

$$A(\lambda) = B(\lambda)\,Q(\lambda) + R(\lambda) \tag{5b}$$

erklärt. In (5a) ist $Q(\lambda)$ der *rechte Quotient* und $R(\lambda)$ der *rechte Rest* und analog in (5b) $Q(\lambda)$ der linke Quotient und $R(\lambda)$ der linke Rest.

In dieser Definition sind selbstverständlich der Quotient $Q(\lambda)$ und der Rest $R(\lambda)$ auch wieder Polynommatrizen. Darüber hinaus ist der Grad des Restes kleiner dem von $B(\lambda)$: $\delta\big(R(\lambda)\big) < \delta\big(B(\lambda)\big)$.

Während für die Polynommatrizen mit skalarem Argument gilt:

$$F(\lambda) = F_0 + F_1\,\lambda + \cdots + F_m\,\lambda^m = F_0 + \lambda\,F_1 + \cdots + \lambda^m\,F_m \qquad (6\,\mathrm{a})$$

muß für die Matrizenpolynome mit Matrizenargumenten $F(A)$, die durch Ersetzen von λ durch A in $F(\lambda)$ entstehen, zwischen einem rechten Wert

$$F(A) = F_0 + F_1\,A + \cdots + F_m\,A^m \qquad (6\,\mathrm{b})$$

bzw. einem linken Wert

$$\hat{F}(A) = F_0 + A\,F_1 + \cdots + A^m\,F_m \qquad (6\,\mathrm{c})$$

unterschieden werden. In (6) wird unter einer Matrizenpotenz A^r analog zur Potenz eines Skalars verstanden:

$$A^r = \underbrace{A\,A\ldots A}_{r\text{-mal}}. \qquad (7)$$

Im Zusammenhang mit der Matrizendivision existiert dieser bedeutsame, in [VII.1] bewiesene, Satz:

Satz 1 (Verallgemeinerter BEZOUTscher Satz). Wird das Polynom $F(\lambda)$ von rechts (bzw. links) durch das Binom $(1\,\lambda - A)$ dividiert, erhält man als rechten (bzw. linken) Rest $F(A)$ $\big($bzw. $\hat{F}(A)\big)$. Das Binom $(1\,\lambda - A)$ teilt das Polynom $F(\lambda)$ dann und nur dann ohne Rest, wenn $F(A) = \hat{F}(A) = 0$ gilt.

3.2 Charakteristisches und Minimalpolynom

Als nächstes wird die oben bei der Darstellung der Eigenvektoren eines linearen Operators schon eingeführte *charakteristische Matrix* $C(\lambda)$ weiter betrachtet:

$$C(\lambda) = 1\,\lambda - A, \qquad (8)$$

deren Determinante das (skalare) *charakteristische Polynom* ist:

$$C(\lambda) = |C(\lambda)| = |1\,\lambda - A| = |[\delta_{kl}\lambda - A_{kl}]_1^n| = \sum_{i=0}^{n} C_i\,\lambda^i. \qquad (9)$$

Im Zusammenhang mit den Matrizenpolynomen existiert dieser bedeutsame, über Satz 1 beweisbare, Satz:

Satz 2 (CAYLEY-HAMILTON). Ist $C(\lambda) = |1\,\lambda - A|$ die charakteristische Gleichung der Matrix A, dann gilt:

$$C(A) = \sum_{i=0}^{n} C_i\,A^i = 0, \qquad (10)$$

d. h., jede Matrix genügt ihrer eigenen charakteristischen Gleichung.

Jede n,n-Matrix A hat n Eigenwerte, die die n Wurzeln λ_i des charakteristischen Polynoms $C(\lambda)$ sind, so daß $C(\lambda)$ auch in der Normalform der Linearfaktoren angeschrieben werden kann zu

$$C(\lambda) = (\lambda - \lambda_1)\,(\lambda - \lambda_2)\ldots(\lambda - \lambda_n), \qquad (9\,\mathrm{a})$$

worin einige λ_i entsprechend ihren Vielfachheiten mehrfach auftreten können. Hat die Matrix A nur reelle Elemente A_{kl}, dann treten eventuell vorhandene komplexe Eigenwerte immer paarweise konjugiert komplex auf. Ist λ_i ein Eigenwert von A, dann gilt für die Eigenvektoren:

$$A\, x_i = \lambda_i\, x_i,$$

und nach Multiplikation mit A:

$$A^2\, x_i = \lambda_i\, A\, x_i = \lambda_i^2\, x_i,$$

d. h., allgemein hat die Matrizenpotenz A^r die gleichen Eigenwerte λ_i wie A, aber in der entsprechenden Potenz r. Analog kann man leicht die Gültigkeit dieses Satzes beweisen:

Satz 3. Die n, n-Matrix A habe die Eigenwerte $\lambda_1, \lambda_2, \ldots, \lambda_n$. Ist $G(\lambda)$ ein skalares Polynom

$$G(\lambda) = \sum_{l=0}^{r} G_l\, \lambda^l, \tag{11a}$$

dann hat das zugehörige Matrizenpolynom $G(A) = \sum_{l=0}^{r} G_l\, A^l$ die charakteristischen Wurzeln

$$G(\lambda_1), G(\lambda_2), \ldots, G(\lambda_n).$$

Jede Wurzel $G(\lambda_i)$ ist von der Form:

$$G(\lambda_i) = \sum_{l=0}^{r} G_l\, \lambda_i^l. \tag{11b}$$

Definition 5. Ein skalares Polynom $G(\lambda)$ heißt ein *annullierendes* Polynom der quadratischen Matrix A, wenn gilt

$$G(A) = 0. \tag{12}$$

Nach dem Satz von CAYLEY-HAMILTON ist also z. B. das charakteristische Polynom $C(\lambda) = |1\lambda - A|$ zur Matrix A ein annullierendes Polynom, doch gibt es deren beliebig viele, da, wenn $C(A) = 0$ gilt, sicher auch $S(A)\, C(A) = 0$ ist, wobei $S(\lambda)$ ein beliebiges Polynom sein kann.

Definition 6. Ein annullierendes Hauptpolynom, dessen Grad minimal ist, heißt ein Minimalpolynom $M(\lambda)$ zu A.

Hierin bedeutet *Haupt*polynom, daß der Koeffizient bei der höchsten Potenz auf 1 normiert sein soll:

$$M(\lambda) = \lambda^m + \sum_{l=0}^{m-1} M_l\, \lambda^l. \tag{13}$$

Da sowohl das charakteristische Polynom $C(\lambda)$ als auch das Minimalpolynom $M(\lambda)$ annulierende Polynome sind, folgt

Satz 4. Das Minimalpolynom teilt jedes annullierende Polynom ohne Rest; insbesondere gilt für das charakteristische Polynom

$$C(\lambda) = M(\lambda)\, D_{n-1}(\lambda). \tag{14}$$

$C(\lambda)$ und $M(\lambda)$ haben, abgesehen von eventuell verschiedenen Vielfachheiten, die gleichen Wurzeln λ_i.

Man kann zeigen [VII.1], daß der Divisor $D_{n-1}(\lambda)$ der größte gemeinsame Teiler aller Elemente der zu $C(\lambda)$ adjungierten Matrix ist:

$$(C(\lambda))_{\text{adj.}} = (1\lambda - A)_{\text{adj.}} = [B_{kl}(\lambda)]_1^n. \tag{15}$$

Die Elemente $B_{kl}(\lambda)$ sind in bekannter Weise (Abschn. II.2.5) die algebraischen Komplemente zu $C(\lambda)$, also die Minoren $(n-1)$-ter Ordnung der charakteristischen Determinante $|C(\lambda)| = |1\lambda - A|$ in transponierter Anordnung. Der Index $n-1$ in (14) bezieht sich dabei auf diese Minoren $(n-1)$-ter Ordnung, da wir den Teiler $D_{n-1}(\lambda)$ von anderen Determinantenteilern unterscheiden müssen (Abschn. VII.4.3). Aus Satz 4 folgt die wichtige Eigenschaft der Operatoren einfacher Struktur mit durchweg verschiedenen Eigenwerten, daß hier das Minimalpolynom gleich dem charakteristischen Polynom ist. (Es sei vermerkt, daß auch Operatoren einfacher Struktur mit mehrfachen Eigenwerten existieren.)

3.3 Matrizenfunktionen

In der Form der Matrizenpolynome [z. B. Gl. (VII.3.6)] wurden oben schon spezielle Matrizenfunktionen eingeführt. Analog zu den gewöhnlichen (reellen und komplexen) Zahlen entstehen auch bei den Matrizen aus den vier Grundrechenarten[1] die rationalen Funktionen. Außer den besprochenen Matrizenpolynomen (die ganze rationale Funktionen sind) kann durch Multiplikation eines Matrizenpolynoms $Z(A)$ mit der Kehrmatrix eines weiteren nichtsingulären Matrizenpolynoms $N(A)$ eine gebrochen rationale Funktion gebildet werden:

$$F(A) = N^{-1}(A)\, Z(A) = \left[\sum_{k=0}^{s} N_k\, A^k\right]^{-1} \sum_{l=0}^{r} Z_l\, A^l. \tag{16}$$

Wird das Matrizenpolynom zur unendlichen Matrizenpotenzreihe erweitert, wird man zu den *transzendenten* Funktionen, einschließlich solcher Funktionen wie e^A, $\sqrt{A}$ oder $\ln A$, geführt. In diesem und in dem nächsten Abschnitt werden wesentliche Eigenschaften der Matrizenfunktionen vor allem im Hinblick auf die Funktion e^A besprochen, die als Fundamentalmatrix linearer Vektordifferentialgleichungen 1. Ordnung von großer Bedeutung ist und bei der Analyse dynamischer Systeme in Abschn. VI.4 schon eingeführt wurde.

Die Matrizenfunktionen $F(A)$ haben die für die Anwendung bedeutsame Eigentümlichkeit, daß sie mit Hilfe des charakteristischen, bzw. genauer, des Minimalpolynoms der Matrix A als Matrizenpolynom immer dann darstellbar sind, wenn $F(A)$ eine konvergierende unendliche Matrizenpotenzreihe ist oder sich als solche darstellen läßt.

Die Matrix A habe ein Minimalpolynom $M(\lambda)$ vom Grade m:

$$M(\lambda) = \lambda^m + \sum_{l=0}^{m-1} M_l\, \lambda^l = \prod_{i=1}^{r} (\lambda - \lambda_i)^{m_i}; \quad m = \sum_{i=1}^{r} m_i, \tag{17}$$

mit den r verschiedenen Wurzeln (Eigenwerten zu A) λ_i der jeweiligen Vielfachheit m_i. Betrachten wir als erstes ein Polynom $F(\lambda)$ vom Grade $f \geq m$, dann ergibt die Division von $F(\lambda)$ durch $M(\lambda)$:

$$F(\lambda) = M(\lambda)\, Q(\lambda) + R(\lambda), \tag{18}$$

---

[1] Hier ist zu beachten, daß beim Matrizenkalkül die Operation der Division durch die Multiplikation mit der inversen Matrix ersetzt ist.

worin der Divisionsrest $R(\lambda)$ ein Polynom vom Grade $r \leqq m - 1$ ist. Betrachtet man nun das Matrizenpolynom $F(A)$, das durch Substitution des skalaren Arguments λ durch die Matrix A aus $F(\lambda)$ entsteht, dann folgt mit dem Satz 2 und den Definitionen 5 und 6 wegen $M(A) = 0$ aus Gl. (18):

$$F(A) = R(A). \tag{19}$$

Das bedeutet, daß ein beliebiges Matrizenpolynom vom Grade $f \geqq m$ durch ein *Ersatz*polynom $R(A)$ vom Grade $r \leqq m - 1$ eindeutig bestimmt ist; die Matrizen $B = F(A)$ und $R(A)$ sind identisch. Mit (17) folgt für $\lambda = \lambda_i$, es ist dann $M(\lambda_i) = 0$, $M'(\lambda_i) = 0, \ldots, M^{(m_i - 1)}(\lambda_i) = 0$, aus (18) auch

$$
\begin{aligned}
F(\lambda_i) &= R(\lambda_i) \\
\frac{d}{d\lambda} F(\lambda)\Big|_{\lambda = \lambda_i} &= \frac{d}{d\lambda} R(\lambda)\Big|_{\lambda = \lambda_i} \\
&\cdots\cdots\cdots\cdots\cdots \\
\frac{d^{m_i-1}}{d\lambda^{m_i}} F(\lambda)\Big|_{\lambda = \lambda_i} &= \frac{d^{m-1}}{d\lambda^{m_i-1}} R(\lambda)\Big|_{\lambda = \lambda_i}.
\end{aligned}
\tag{20}
$$

Man sagt, die beiden Funktionen $F(\lambda)$ und $R(\lambda)$ stimmen auf dem Spektrum der Matrix A überein oder auch: $F(\lambda) \equiv R(\lambda) \ \big(\mathrm{mod}\, M(\lambda)\big)$.

Selbstverständlich ist die Übereinstimmung zweier Polynome auf dem Spektrum einer Matrix A nicht nur für ein Polynom $R(\lambda)$ vom Grade $r \leqq m - 1$ gegeben, denn hätte man in (18) statt des Minimalpolynoms $M(\lambda)$ das zugehörige charakteristische Polynom $C(\lambda)$ oder ein Polynom $S(\lambda) M(\lambda)$ mit beliebigem Polynom $S(\lambda)$ gewählt, hätte sich an dem Ergebnis der Gl. (20) nichts geändert, außer, daß der Grad von $R(\lambda)$ eventuell höher als $m - 1$ wird. Unter allen Polynomen $R(\lambda)$, die auf dem Spektrum der Matrix A mit einer Funktion $F(\lambda)$ übereinstimmen, die also Gl. (20) erfüllen, existiert genau ein Hauptpolynom vom Grade $r \leqq m - 1$ [VII.1].

Definition 7. Ein Polynom $R(\lambda)$, das mit einer (beliebigen — auch transzendenten —) Funktion $F(\lambda)$ auf dem Spektrum einer Matrix A übereinstimmt (20), heißt ein *Ersatzpolynom* für $F(\lambda)$ *und* die Matrix A. Das Ersatzpolynom vom Grade $r \leqq m - 1$ heißt das LANGRANGE-SYLVESTERsche Interpolationspolynom.

Hat das Minimalpolynom $M(\lambda)$ zu A nur einfache Nullstellen, sind also in (17) alle $m_i = 1$, dann ist (19), also $F(A)$, erklärt, wenn $F(\lambda)$ mit $R(\lambda)$ an den Stellen $\lambda = \lambda_i$ mit $i = 1, 2, \ldots, m$ übereinstimmt. Hat $M(\lambda)$ mehrfache Wurzeln, dann müssen auch entsprechend (20) die Ableitungen von $F(\lambda)$ und $R(\lambda)$ übereinstimmen.

Im Zusammenhang mit dem Ersatzpolynom $R(A)$ zu einer Matrizenfunktion $F(A)$ ist diese Eigenschaft für systemtheoretische Fragen in den späteren Kapiteln noch interessant. Für die zu A ähnliche Matrix

$$B = T^{-1} A\, T \tag{21}$$

hat das Ersatzpolynom $R(B)$ diese Form, wenn $R(A)$ das Ersatzpolynom für $F(A)$ ist:

$$R(B) = T^{-1} R(A)\, T, \tag{22}$$

da B und A das gleiche Minimalpolynom haben. Damit ist aber auch

$$F(B) = T^{-1} F(A) T. \tag{22a}$$

Diese Beziehung ist für die Fundamentalmatrix e^{At} einer linearen zeitinvarianten Vektordifferentialgleichung 1. Ordnung bei der weiteren Behandlung der Systemanalyse von großem Interesse, denn mit Gl. (22a) gilt

$$e^{Bt} = T^{-1} e^{At} T = e^{T^{-1}ATt}. \tag{23}$$

3.4 Lagrange-Sylvestersche Interpolationspolynome

Im folgenden werden explizite Formeln zur Ermittlung des LAGRANGE-SYLVESTERschen Interpolationspolynoms, das wir der Kürze wegen nun einfach Ersatzpolynom nennen werden, für vorgegebene Matrizenfunktionen $F(A)$ angegeben, die entweder rationale Funktionen sind oder als unendliche Matrizenpotenzreihen darstellbar sind.

Unendliche Matrizenpotenzreihen der Form:

$$B = P(A) = P_0 \cdot 1 + P_1 A + P_2 A^2 + \cdots \tag{24}$$

treten zur Darstellung transzendenter Matrizenfunktionen, wie z. B. e^A, $\ln A$ usw., oder bei Iterationsprozessen zur näherungsweisen Lösung numerischer Probleme auf. In [VII.1 und VII.2] sind solche Reihen genauer untersucht, und wir teilen hier nur die wichtigsten Eigenschaften mit, die für die Systemtheorie von Bedeutung sind.

Definition 8. Eine Matrizenreihe heißt genau dann konvergent, wenn die Folge der Teilsummen mit zunehmender Gliedzahl konvergiert.

Dies ist analog zu dem Konvergenzbegriff gewöhnlicher Reihen (mit skalarem Argument). So lautet z. B. die Konvergenzdefinition einer gewöhnlichen Potenzreihe, daß die Reihe konvergiert, wenn dieser Grenzwert existiert:

$$P(\lambda) = \lim_{q \to \infty} \sum_{l=0}^{q} P_l \lambda^l. \tag{25}$$

Nun braucht aber die Konvergenz einer jeden in der Anwendung auftretenden Matrizenreihe nicht explizite untersucht zu werden, denn es gilt dieser bedeutsame Satz:

Satz 5. a) Eine Matrizenreihe $F_q(A)$ konvergiert dann und nur dann für $q \to \infty$, wenn die zugehörige skalare Reihe $F_q(\lambda)$ auf dem Spektrum der Matrix A konvergiert.

b) Hat die Matrix A die Eigenwerte λ_i und das zugehörige Minimalpolynom $M(\lambda)$ die jeweiligen Vielfachheiten m_i, dann konvergiert $F_q(A)$ für $q \to \infty$ dann und nur dann, wenn die gewöhnliche Reihe

$$\frac{d^{m_i-1}}{d\lambda^{m-1}} F_q(\lambda) \quad \text{für alle} \quad \lambda_i \text{ mit } q \to \infty$$

konvergiert.

Der Teilsatz b) ist hierin nur eine explizitere Aussage des Teilsatzes a). Für die ingenieurmäßige Praxis bedeutet dieser Satz nun einfach, daß man zur Darstellung einer gewünschten Matrizenfunktion $F(A)$ durch eine unendliche Potenzreihe in der einschlägigen mathematischen Literatur einmal solche gewöhnlichen Potenzreihen $P(x)$ aussucht, die für alle endlichen x konvergieren. Stehen für ein spezielles Problem nur Reihen zur Verfügung, die nur für bestimmte Wertebereiche von x konvergieren, dann braucht man auch dann nur die Schranken für den größten und den kleinsten Eigenwert von A zu kennen, um prüfen zu können, ob die ausgewählte Reihe $P(x)$ für $P(A)$ konvergiert. Diese Eigenwertschranken sind aber relativ einfach (einfacher als die genaue Lage aller Eigenwerte) numerisch zu ermitteln [VII.2 und VII.10]. So konvergieren z. B. die Reihen

$$e^A = P(A) = 1 + A + \frac{1}{2!}A^2 + \frac{1}{3!}A^3 + \cdots \tag{26}$$

$$\sin A = A - \frac{1}{3!}A^3 + \frac{1}{5!}A^5 - \frac{1}{7!}A^7 + - \cdots \tag{27}$$

$$\cos A = 1 - \frac{1}{2!}A^2 + \frac{1}{4!}A^4 - \frac{1}{6!}A^6 + - \cdots \tag{28}$$

für alle Eigenwerte λ_i der Matrix A: $|\lambda_i| < \infty$, $i = 1, 2, \ldots, n$. Dagegen existieren beispielsweise für diese Funktionen Beschränkungen für die λ_i:

$$\ln A = (A - 1) - \frac{(A - 1)^2}{2!} + \frac{(A - 1)^3}{3!} - + \quad \begin{array}{l} \text{für} \quad 0 < \lambda_i \leqq 2 \\ i = 1, 2, \ldots, n, \end{array} \tag{29}$$

$$(1 \pm A)^m = 1 \pm m A + \frac{m(m - 1)}{2!}A^2 \pm \frac{m(m - 1)(m - 2)}{3!}A^3 + \pm \cdots \tag{30}$$
$$\text{für} \quad m > 0 \quad \text{und} \quad |\lambda_i| \leqq 1; \quad i = 1, 2, \ldots, n.$$

Die in der Systemtheorie auftretenden Matrizenfunktionen $F(A)$ können nun einmal durch numerische Berechnung der zugehörigen Reihen näherungsweise berechnet werden, wenn man eine hinreichend große Anzahl der Glieder berücksichtigt. Dies ist heute für die Anwendung eines Digitalrechenautomaten durchaus ein gebräuchlicher Weg, da die wesentlich interessierenden Reihen gleichmäßig konvergieren und eine Rechenmaschine automatisch so viele Glieder berücksichtigt, wie durch die vorzugebenden Genauigkeitsschranken festgelegt ist. Der wesentliche Vorteil ist hierbei, daß keine Eigenwertermittlung für A erforderlich ist, da bei größerer Ordnung n der n,n-Matrix A die Eigenwertermittlung durchaus ein Problem darstellt. Schlimmstenfalls muß man Eigenwertschranken ermitteln. Andererseits kann durchaus der Fall auftreten, daß der Vorteil einer einfachen Rechenroutine durch unangemessen lange Rechenzeiten aufgehoben wird, so daß dann doch andere Wege zur Ermittlung einer Matrizenfunktion gewählt werden müssen. Deshalb kann es durchaus auch von Interesse sein, vor allem wenn die Eigenwerte λ_i von A und ihre Vielfachheit m_i im Minimalpolynom bzw. p_i im charakteristischen Polynom $C(\lambda)$ bekannt sind, was z. B. bei der Analyse eines aus einfachen Teilsystemen zusammengesetzten komplexen Systems der Fall sein kann, das Ersatzpolynom $R(A)$ zu der vorgegebenen Funktion $Q(A)$ analytisch zu ermitteln. Wir unterscheiden hierzu die beiden Fälle a) $M(\lambda)$ hat nur einfache Wurzeln, was gleichbedeutend damit ist, daß A

nur lineare Elementarteiler hat (Abschn. VII.4.3), und b) $M(\lambda)$ hat mehrfache Wurzeln und damit A nichtlineare Elementarteiler.

a) Lineare Elementarteiler

Hier ist das Minimalpolynom von der Form

$$M(\lambda) = (\lambda - \lambda_1)(\lambda - \lambda_2) \ldots (\lambda - \lambda_m); \quad \begin{array}{l} \lambda_i \neq \lambda_j \quad \text{für} \quad i \neq j \\ i, j = 1, 2, \ldots, m. \end{array} \tag{31}$$

Die Linearität aller Elementarteiler bedeutet hier aber nicht, daß auch die Wurzeln im zugehörigen charakteristischen Polynom alle einfach sein müssen, sondern nur, daß die zugehörige Matrix A einer Diagonalmatrix ähnlich ist. Als Grenzfall ist hier durchaus eingeschlossen, daß A n gleiche Wurzeln λ_1 hat, während dann $M(\lambda) = (\lambda - \lambda_1)$ lautet. Dieser Fall tritt z. B. dann auf, wenn das durch die Matrix A charakterisierte dynamische System aus n parallelgeschalteten Systemen 1. Ordnung mit gleicher Zeitkonstante T besteht.

Das die Matrizenfunktion $F(A)$ definierende Ersatzpolynom $R(A)$ lautet für diesen Fall explizite

$$R(A) = \sum_{i=1}^{m} \frac{F_i}{M_i} M_i(A) = \sum_{j=0}^{m-1} T_j A^j. \tag{32}$$

Hierin sind die $M_i(A)$ LAGRANGEsche Interpolationspolynome, die aus dem Minimalpolynom $M(\lambda)$ über $M_i(\lambda)$ so gefunden werden:

$$M_i(\lambda) = \frac{M(\lambda)}{(\lambda - \lambda_i)} = \prod_{\substack{j=1 \\ j \neq i}}^{m} (\lambda - \lambda_j), \quad i = 1, 2, \ldots, m, \tag{33}$$

wenn dann ferner in $M_i(\lambda)$ das Argument λ durch A ersetzt wird. Die $M_i(\lambda)$ sind nichts anderes als das von dem jeweiligen Linearfaktor $(\lambda - \lambda_i)$ befreite Minimalpolynom. Die Koeffizienten F_i und M_i in (32) werden festgelegt durch

$$F_i = F(\lambda)\,|_{\lambda = \lambda_i}, \quad i = 1, 2, \ldots, m, \tag{34}$$

$$M_i = M_i(\lambda)\,|_{\lambda = \lambda_i}, \quad i = 1, 2, \ldots, m. \tag{35}$$

Die Funktion $F(\lambda)$ in (34) ist die, die durch Substitution von A durch λ aus $F(A)$ hervorgeht

b) Nichtlineare Elementarteiler

Hat die Matrix A nichtlineare Elementarteiler, dann lautet das zugehörige Minimalpolynom

$$M(\lambda) = (\lambda - \lambda_1)^{m_1}(\lambda - \lambda_2)^{m_2} \ldots (\lambda - \lambda_r)^{m_r}. \tag{36}$$

Das Ersatzpolynom $R(\lambda)$, das für $\lambda = A$ mit $F(A)$ übereinstimmt, hat nun die wesentlich kompliziertere Form

$$\begin{aligned} R(\lambda) = \sum_{i=1}^{r} \Bigg[&F_i + (\lambda - \lambda_i) F_i' + \frac{1}{2!}(\lambda - \lambda_i)^2 F_i'' + \cdots \\ &\cdots + \frac{1}{(m_i - 1)!}(\lambda - \lambda_i)^{m_i-1} F_i^{(m_i-1)} \Bigg] M_i(\lambda). \end{aligned} \tag{37}$$

Die hierin auftretenden Polynome $M_i(\lambda)$ und Koeffizienten sind nach diesen Vorschriften zu bilden:

$$M_i(\lambda) = \frac{M(\lambda)}{(\lambda - \lambda_i)^{m_i}} = \prod_{\substack{j=1 \\ j \neq i}}^{r} (\lambda - \lambda_j)^{m_j}; \quad i = 1, 2, \ldots, r, \qquad (38)$$

$$\left.\begin{aligned} F_i(\lambda) &= \frac{F(\lambda)}{M_i(\lambda)} \\ F_i'(\lambda) &= \frac{d}{d\lambda} F_i(\lambda) = \frac{M_i(\lambda) F'(\lambda) - M_i'(\lambda) F(\lambda)}{M_i^2(\lambda)} \\ &\cdots\cdots\cdots\cdots\cdots\cdots\cdots\cdots\cdots\cdots\cdots\cdots \\ F_i^{(m_i-1)} &= \frac{d^{m_i-1}}{d\lambda^{m_i-1}} F_i(\lambda) \end{aligned}\right\} \quad i = 1, 2, \ldots, r, \quad (39)$$

$$\left.\begin{aligned} F_i &= F_i(\lambda)\,|_{\lambda=\lambda_i} \\ F_i' &= F_i'(\lambda)\,|_{\lambda=\lambda_i} \\ &\cdots\cdots\cdots\cdots\cdots \\ F_i^{(m_i-1)} &= F_i^{(m_i-1)}(\lambda)\,|_{\lambda=\lambda_i} \end{aligned}\right\} \quad i = 1, 2, \ldots, r. \qquad (40)$$

Treten größere Werte der Vielfachheiten m_i einzelner Wurzeln λ_i auf, dann wird die analytische Bestimmung des Ersatzpolynoms recht aufwendig. Im nächsten Abschnitt werden die vorstehend angegebenen, für beliebige Matrizenfunktionen $F(A)$ geltenden Rechenvorschriften an zwei kleinen Beispielen zur Berechnung der Ersatzpolynome für Fundamentalmatrizen e^{At} etwas mehr erläutert. Hier ist nur zu ergänzen, daß die vorstehenden Beziehungen auch mit Hilfe des charakteristischen Polynoms berechnet werden können, doch wird die Rechnung dann noch umfangreicher, wenn Minimal- und charakteristisches Polynom nicht übereinstimmen.

3.5 Berechnung der Fundamentalmatrix e^{At}

Wesentlicher Bestandteil der Lösung der linearen zeitinvarianten Vektordifferentialgleichung 1. Ordnung ist, wie in Abschn. VI.4 dargestellt wurde, die Fundamentalmatrix $\boldsymbol{\Phi}(t - t_0) = e^{A(t-t_0)}$. Will man eine explizite numerische Lösung $\boldsymbol{u}(t)$ der Differentialgleichung $\dot{\boldsymbol{u}}(t) = \boldsymbol{A}\,\boldsymbol{u}(t) + \boldsymbol{B}\,\boldsymbol{y}(t)$ haben, muß e^{At} als eine quadratische Matrix bestimmt werden. Es bieten sich hierzu vier wesentliche Verfahren an, die hier kurz aufgeführt werden sollen.

a) Transformation auf Jordan-kanonische Form

Hier wird von Gl. (23) Gebrauch gemacht und e^{At} wie folgt berechnet:

$$e^{At} = e^{T^{-1}JTt} = T^{-1} e^{Jt} T. \qquad (41)$$

Es wird also die Systemmatrix $\boldsymbol{A}$ auf die ihr ähnliche Matrix $\boldsymbol{J}$ transformiert (Abschn. VII.4.5). Wesentliche Voraussetzung zum Auffinden der Transformationsmatrix $\boldsymbol{T}$ ist die Kenntnis der Eigenwerte *und* der Struktur von $\boldsymbol{A}$. Die JORDAN-Matrix ist eine Diagonal- bzw. diagonalähnliche Matrix, für die die Funktion e^{Jt} sofort angegeben werden kann, wobei wir hier unterscheiden müssen, ob die Matrix $\boldsymbol{A}$ i) nur lineare oder ii) auch nichtlineare Elementarteiler hat (Abschn. VII.4).

i) Lineare Elementarteiler

Hier ist die JORDAN-Matrix J von der Form

$$J_D = \begin{bmatrix} \lambda_1 & 0 & 0 \dots \dots \dots 0 \\ 0 & \lambda_2 & 0 \\ 0 & 0 & \lambda_3 \\ \vdots & & & \ddots \\ & & & & 0 \\ 0 \dots \dots \dots \dots 0 & & \lambda_n \end{bmatrix}, \tag{42}$$

für die dann ferner gilt:

$$e^{J_D t} = \begin{bmatrix} e^{\lambda_1 t} & 0 \dots \dots \dots \dots 0 \\ 0 & e^{\lambda_2 t} \\ \vdots & & \ddots \\ & & & & 0 \\ 0 \dots \dots \dots 0 & & e^{\lambda_n t} \end{bmatrix}. \tag{43}$$

Multiplikation von links mit T^{-1} und rechts mit T ergibt dann das gesuchte Ergebnis (41). Der Index D in (42) und (43) deutet hier auf die reine Diagonalform der JORDAN-Matrix hin.

ii) Nichtlineare Elementarteiler

Hat die Matrix A nichtlineare Elementarteiler, dann ist die JORDAN-Matrix keine reine Diagonalmatrix der Eigenwerte mehr, sondern eine Diagonalmatrix der JORDAN-Kästchen J_{kl} (vgl. Abschn. 4.4, S. 148):

$$J_D = \begin{bmatrix} \boldsymbol{J_{11}} & \boldsymbol{0} \dots \dots \dots \dots \boldsymbol{0} \\ \boldsymbol{0} & \ddots \\ \vdots & & \ddots \\ & & & \boldsymbol{0} \\ \boldsymbol{0} \dots \dots \dots \boldsymbol{0} & & \boldsymbol{J_{rs}} \end{bmatrix}, \tag{44}$$

wobei jedes Kästchen J_{kl} eine k,k-Untermatrix dieser Form ist:

$$J_{kl} = \begin{bmatrix} \lambda_l & 1 & 0 & 0 \dots \dots 0 \\ 0 & \lambda_l & 1 & 0 \dots \dots 0 \\ \vdots & & \ddots & \ddots \\ & & & & & 1 \\ 0 \dots \dots \dots \dots \dots & & \lambda_l \end{bmatrix}. \tag{45}$$

λ_l ist einer der s Eigenwerte, und der Index k für die jeweilige Zeilenzahl der Matrizen $J_{k\,l}$ hängt von der im nächsten Abschnitt ausführlicher zu besprechenden Struktur der Matrix A ab.

Die Fundamentalmatrix e^{Jt} für die JORDAN-Matrix der Form (44) kann dann so ermittelt werden:

$$e^{Jt} = S(t)\, e^{J_Dt}. \tag{46}$$

Hierin ist $S(t)$ eine Matrix von einer zu (44) und (45) analogen Struktur:

$$S(t) = \begin{bmatrix} S_{11}(t) & & 0 \dots \dots \dots 0 \\ 0 & & \vdots \\ \vdots & & \vdots \\ \vdots & & \vdots \\ 0 \dots \dots \dots \dots \dots & & S_{rs}(t) \end{bmatrix} \tag{46a}$$

$$S_{k\,l}(t) = \begin{bmatrix} 1 & t & \dfrac{t^2}{2!} & \dfrac{t^3}{3!} \cdots \cdots & \dfrac{t^{k-1}}{(k-1)!} \\ 0 & 1 & t & \dfrac{t^2}{2!} \cdots \cdots \cdots & \vdots \\ \vdots & & 1 & t \cdots \cdots \cdots \cdots & \vdots \\ \vdots & & & & t \\ 0 & \cdots \cdots \cdots \cdots \cdots \cdots & & & 1 \end{bmatrix} \tag{46b}$$

Die Matrix e^{At} wird somit schließlich bestimmt mit:

$$e^{At} = T^{-1}\, S(t)\, e^{J_D(t)}\, T. \tag{47}$$

b) Berechnung der Potenzreihe.

Dieses Verfahren geht von (26) aus:

$$e^{At} = 1 + A\,t + \frac{(A\,t)^2}{2!} + \frac{(A\,t)^3}{3!} + \cdots + \frac{(A\,t)^p}{p!} + \cdots \tag{48}$$

oder mit $A\,t = H$:

$$e^{At} = e^{H} = 1 + H + \frac{H}{1!}\,\frac{H}{2} + \frac{H^2}{2!}\,\frac{H}{3} + \frac{H^3}{3!}\,\frac{H}{4} + \cdots + \frac{H^{p-1}}{(p-1)!}\,\frac{H}{p} + \cdots \tag{48a}$$

Hier wurde die Reihe ferner so umgeschrieben, daß der erste Faktor eines jeden Summanden gleich dem vorhergehenden Summand ist, wodurch der übersichtliche Algorithmus zur Ermittlung von e^{At} angedeutet wird. So einfach das Rechenprogramm vor allem wegen der hier entfallenden Eigenwertbestimmung ist, so lange können bei Matrizen höherer Ordnung n die Rechenzeiten werden, da zur Erzielung einer hinreichenden Genauigkeit entsprechend viele Glieder berechnet werden müssen. Ein weiterer Nachteil ist, daß die Lösung $u(t)$, die mit e^{At} nach der letzten Methode bestimmt wird, hier nicht mehr die Struktur des zugrunde liegenden dynamischen Systems erkennen läßt, anders als z. B. beim Verfahren a). Schließlich können Schwierigkeiten dadurch auftreten, daß die Elemente aus dem zur Verfügung stehenden Zahlenbereich (nach unten oder oben) austreten, wodurch unsinnige Ergebnisse entstehen können, wenn nicht besondere Normierungsmaßnahmen getroffen werden.

c) Berechnung mit Hilfe der Laplace-Transformation.

In Abschn. VI.4.6 hatten wir gezeigt, daß dieser Zusammenhang gilt:

$$e^{At} = \mathfrak{L}^{-1}\{(1s - A)^{-1}\}. \tag{49}$$

Zur Auswertung muß zunächst die inverse charakteristische Matrix $C^{-1}(s) = (1s - A)^{-1}$ berechnet werden, was neben anderen Wegen wie folgt geschehen kann.

Wir bezeichnen die Kehrmatrix $C^{-1}(s)$ mit K:

$$K = (1s - A)^{-1},$$

woraus dann auch folgt:

$$sK = KA + 1.$$

Multipliziert man nacheinander beide Seiten m-mal mit $1s - A$, wobei m der Grad des Minimalpolynoms ist, dann erhält man dieses Gleichungssystem:

$$\left.\begin{aligned}
K &= K \\
sK &= KA + 1 \\
s^2 K &= KA^2 + A + 1s \\
s^3 K &= KA^3 + A^2 + As + 1s^2 \\
&\cdots\cdots\cdots\cdots\cdots\cdots\cdots \\
s^m K &= KA^m + A^{m-1} + \cdots + As^{m-2} + 1s^{m-1}.
\end{aligned}\right\} \tag{50}$$

Das Minimalpolynom zu A habe die Form:

$$M(s) = s^m + \sum_{i=0}^{m-1} M_i s^i. \tag{51}$$

Multiplikation der ersten Zeile in (50) mit M_0, der zweiten mit M_1 usw. und Addition des gesamten Systems ergibt:

$$KM(s) = 0 + \sum_{i=1}^{m} M_i A^{i-1} + s \sum_{i=2}^{m} M_i A^{i-2} + s^2 \sum_{i=3}^{m} M_i A^{i-3} + \cdots$$
$$\cdots + s^{m-2} \sum_{i=m-1}^{m} M_i A^{i-m+1} + s^{m-1} \cdot 1. \tag{52}$$

Der erste Summand auf der rechten Seite ist deshalb 0, da das Minimalpolynom per definitionem ein annulierendes Polynom ist und dieser Summand gerade gleich $M(A)$ wird. Löst man diese Gleichung nach $K = C^{-1}(s)$ auf, dann erhält man bei abgekürzter Schreibweise der Summanden:

$$C^{-1}(s) = \frac{\displaystyle\sum_{j=0}^{m-1} s^j \sum_{i=j+1}^{m} M_i A^{i-j-1}}{M(s)}. \tag{53}$$

Daraus kann dann e^{At} mittels der inversen LAPLACE-Transformation z. B. mit Hilfe einer Partialbruchzerlegung nach den Wurzeln des Minimalpolynoms errechnet werden.

Von den in diesem Abschnitt aufzuzeigenden vier Methoden ist die unter c) für die praktische Auswertung wohl eine der umständlichsten, da u. a. auch eine vollständige Eigenwertbestimmung (für die Auswertung des Umkehrintegrals) benötigt wird. Andererseits ist das vorliegende Verfahren aber von besonderem theoretischem Interesse, da es klar erkennen läßt, daß in e^{At} nur die Wurzeln des Minimalpolynoms und nicht die des charakteristischen Polynoms $C(s) = |1s - A|$ einen Beitrag liefern, was bei der formalen Berechnung der inversen charakteristischen Matrix $C(s)$ mit Hilfe der adjungierten Matrix nicht ohne weiteres zu erkennen ist.

d) Ersatzpolynom für e^{At}.

Als letzte Methode erwähnen wir hier die im vorstehenden Abschn. 3.4 besprochene Darstellung einer Matrizenfunktion mittels eines Ersatzpolynoms. Es wird also ein Ersatzpolynom $R(\lambda)$ derart gesucht, daß gilt:

$$\Phi(t - t_0) = e^{A(t - t_0)} = R\big(A \cdot (t - t_0)\big) = \sum_{j=1}^{m-1} R_j A^j. \tag{54}$$

Die Funktion $F(\lambda)$ in (34) bzw. (40) ist hier dann also $e^{\lambda(t - t_0)}$. Die Bestimmung von $R(A \cdot (t - t_0))$ soll nun an zwei einfachen Beispielen erläutert werden.

Beispiel a). Gegeben ist die Matrix A zu

$$A = \begin{bmatrix} 1 & 3 & 3 \\ -3 & 2 & -2 \\ 3 & 0 & 4 \end{bmatrix},$$

gesucht ist e^{At}.

Die charakteristische Matrix zu A lautet

$$C(\lambda) = (1\lambda - A) = \begin{bmatrix} \lambda - 1 & -3 & -3 \\ 3 & \lambda - 2 & 2 \\ -3 & 0 & \lambda - 4 \end{bmatrix}.$$

Daraus errechnet sich das charakteristische Polynom zu

$$C(\lambda) = |C(\lambda)| = (\lambda - 1)(\lambda - 2)(\lambda - 4),$$

und da es nur einfache Wurzeln hat, ist es gleichzeitig das Minimalpolynom $M(\lambda)$. Bezeichnen wir nun mit $\lambda_1 = 1$, $\lambda_2 = 2$ und $\lambda_3 = 4$, dann erhalten wir mit (33)

$$M_1(\lambda) = (\lambda - 2)(\lambda - 4); \quad M_2(\lambda) = (\lambda - 1)(\lambda - 4); \quad M_3(\lambda) = (\lambda - 1)(\lambda - 2).$$

Da hier $F(A) = e^{At}$ ist, sind die F_i aus (34) mit $F(\lambda) = e^{\lambda t}$ zu bilden:

$$F_1 = e^t; \quad F_2 = e^{2t}; \quad F_3 = e^{4t}$$

und

$$M_1 = 3; \quad M_2 = -2; \quad M_3 = 6.$$

Einsetzen aller Teilausdrücke in (32) liefert zunächst:

$$R(\lambda) = \tfrac{1}{3}e^t(\lambda - 2)(\lambda - 4) - \tfrac{1}{2}e^{2t}(\lambda - 1)(\lambda - 4) + \tfrac{1}{6}e^{4t}(\lambda - 1)(\lambda - 2).$$

Formt man dieses Ersatzpolynom so um

$$R(\lambda) = (\tfrac{8}{3}e^t - 2e^{2t} + \tfrac{1}{3}e^{4t})\,\lambda^0 - (2e^t - \tfrac{5}{2}e^{2t} + \tfrac{1}{2}e^{4t})\,\lambda + (\tfrac{1}{3}e^t - \tfrac{1}{2}e^{2t} + \tfrac{1}{6}e^{4t})\,\lambda^2$$
$$= r_0\,\lambda^0 + r_1\,\lambda^1 + r_2\,\lambda^2,$$

und ersetzt λ durch A, erhält man

$$e^{At} = R(A) = (\tfrac{8}{3}e^t - 2e^{2t} + \tfrac{1}{3}e^{4t})\,1 - (2e^t - \tfrac{5}{2}e^{2t} + \tfrac{1}{2}e^{4t})\,A + (\tfrac{1}{3}e^t - \tfrac{1}{2}e^{2t} + \tfrac{1}{6}e^{4t})\,A^2$$
$$= r_0\,A^0 + r_1\,A^1 + r_2\,A^2.$$

Einsetzen der gegebenen Elemente von A ergibt schließlich

$$e^{At} = \begin{bmatrix} e^t & ; & -3e^t + 3e^{2t} & ; & -3e^t + 3e^{2t} \\ e^t - e^{4t}; & -3e + 5\tfrac{1}{2}e^{2t} - 1\tfrac{1}{2}e^{4t}; & -3e^t + 5\tfrac{1}{2}e^{2t} - 2\tfrac{1}{2}e^{4t} \\ -e^t + e^{4t}; & 3e^t - 4\tfrac{1}{2}e^{2t} + 1\tfrac{1}{2}e^{4t}; & 3e^t - 4\tfrac{1}{2}e^{2t} + 2\tfrac{1}{2}e^{4t} \end{bmatrix}.$$

Beispiel b). Gegeben ist die Matrix A jetzt zu

$$A = \begin{bmatrix} 2 & -1 & 1 \\ 0 & 1 & 1 \\ -1 & 1 & 1 \end{bmatrix}.$$

Das zugehörige charakteristische Polynom lautet

$$C(\lambda) = \begin{vmatrix} \lambda - 2 & 1 & -1 \\ 0 & \lambda - 1 & -1 \\ 1 & -1 & \lambda - 1 \end{vmatrix} = (\lambda - 1)^2 (\lambda - 2)$$

und ist, da der größte gemeinsame Teiler aller Minoren 2. Ordnung in $C(\lambda)$ den Wert 1 hat, auch gleichzeitig das Minimalpolynom. Mit $\lambda_1 = 1$ und $\lambda_2 = 2$ erhalten in Gln. (37) bis (40) die Koeffizienten des Ersatzpolynoms $R(\lambda)$ für $F(\lambda) = e^{\lambda t}$ diese Werte:

$$M_1(\lambda) = (\lambda - 2), \qquad M_2(\lambda) = (\lambda - 1)^2,$$

$$F_1 = \frac{F(\lambda)}{M_1(\lambda)}\bigg|_{\lambda = \lambda_1} = \frac{e^{\lambda t}}{\lambda - 2}\bigg|_{\lambda = 1} = -e^t,$$

$$F_1' = \frac{d}{d\lambda} F_1(\lambda)\bigg|_{\lambda = 1} = \frac{t\, e^{\lambda t}}{\lambda - 2} - \frac{e^{\lambda t}}{(\lambda - 2)^2}\bigg|_{\lambda = 1} = -e^t - t\, e^t,$$

$$F_2 = \frac{F(\lambda)}{M_2(\lambda)}\bigg|_{\lambda = \lambda_2} = \frac{e^{\lambda t}}{(\lambda - 1)^2}\bigg|_{\lambda = 2} = e^{2t}.$$

Damit ist das Ersatzpolynom bestimmt zu

$$R(\lambda) = [F_1 + F_1'(\lambda - 1)](\lambda - 2) + F_2(\lambda - 1)^2 =$$
$$= (e^{2t} - 2t\, e^t)\, \lambda^0 + (2e^t + 3t\, e^t - 2e^{2t})\, \lambda + (e^{2t} - e^t - t\, e^t)\, \lambda^2.$$

Substitution von λ durch A führt auf die gesuchte Funktion

$$e^{At} = \begin{bmatrix} e^t + t\, e^t & ; & -t\, e^t & ; & t\, e^t \\ e^t + t\, e^t - e^{2t}; & -t\, e^t + e^{2t}; & t\, e^t \\ e^t - e^{2t} & ; & -e^t + e^{2t}; & e^t \end{bmatrix}.$$

4 Invarianten und Strukturen von Matrizen

Die Strukturen linearer Operatoren in linearen Vektorräumen sind eng mit den Strukturen linearer dynamischer Systeme verknüpft. Wesentliche Ergebnisse der Systemtheorie linearer Systeme können durch Strukturuntersuchungen an diesen Systemen gefunden werden. Dazu gehören z. B. die Probleme der Steuer- und Beobachtbarkeit eines Systems, die wiederum bei der Stabilitäts- und dann bei der Optimierungstheorie und bei der Frage nach einer Minimalrealisierung grundlegende Bedeutung haben. Aus diesen Gründen sind in den nächsten Abschnitten die wesentlichsten Ergebnisse zur Struktur quadratischer Matrizen und einige Methoden zu ihrer Untersuchung zusammengestellt. Kennt man die Struktur einer einen Operator im linearen Vektorraum repräsentierenden Matrix, dann kennt man auch die des Operators und umgekehrt. Aus diesen Gründen wird der prinzipielle Unterschied zwischen Operatoren und ihren Matrizen hier nicht weiter betont, sondern es wird allgemein von Matrizenstrukturen gesprochen werden. In der sehr konzisen Darstellung werden Ergebnisse des Strukturproblems nur so weit behandelt, wie diese in den folgenden systemtheoretischen Untersuchungen benötigt werden. Weitergehende Behandlungen und vor allem die Beweise der hier zusammengestellten Sätze sind bei GANTMACHER [VII.1] und ZURMÜHL [VII.2] — allerdings z. T. in einer wesentlich anderen Reihenfolge — zu finden. Die hier gewählte Form und Reihenfolge ist ganz wesentlich auf die ingenieurmäßige Handhabung bei den Analyse- und Syntheseproblemen der Mehrgrößenregelsysteme zugeschnitten.

4.1 Normalform konstanter Matrizen

Wir beginnen mit einigen Definitionen und Sätzen zur Äquivalenz von gewöhnlichen Zahlenmatrizen. In Definition VII.2.10 war die Äquivalenz zweier Matrizen A und B durch diese Beziehung erklärt:

$$A = P B Q, \tag{1}$$

in der P und Q quadratische nichtsinguläre Transformationsmatrizen sind, während A und B allgemein m,n-Matrizen sein können, doch wird uns hier überwiegend nur der Spezialfall der n,n-Matrizen interessieren.

Satz 1. Jede m,n-Matrix A vom Rang r mit konstanten Elementen aus dem Zahlenkörper der komplexen Zahlen ist der Normalform N äquivalent:

$$N = P A Q = \begin{bmatrix} \mathbf{1}_r & \vdots & \mathbf{0} \\ \cdots & + & \cdots \\ \mathbf{0} & \vdots & \mathbf{0} \end{bmatrix} = \left.\begin{bmatrix} 1 & 0 \ldots \ldots 0 & 0 \ldots \ldots \ldots 0 \\ 0 & 1 & \vdots \\ & & \vdots \\ 0 \ldots \ldots \ldots 1 & 0 \ldots \ldots \ldots 0 \\ 0 \ldots \ldots \ldots 0 & 0 \ldots \ldots 0 \\ & & \vdots \\ 0 \ldots \ldots 0 & 0 \ldots \ldots 0 \end{bmatrix}\right\} \begin{matrix} r \\ \\ m-r \end{matrix} \tag{2}$$

$$\underbrace{}_{r} \quad \underbrace{}_{n-r}$$

Die nichtsingulären Transformationsmatrizen setzen sich aus hintereinandergeschalteten elementaren Reihenumformungen zusammen.

Definition 1. Elementare Zeilen- (Spalten-) Umformungen für *konstante* Matrizen sind

1. Vertauschen zweier Zeilen (Spalten),

2. Multiplikation einer Zeile (Spalte) mit einer Konstanten $c \neq 0$,

3. Addition einer mit $c \neq 0$ multiplizierten Zeile (Spalte) zu einer anderen Zeile (Spalte).

Diese elementaren Umformungen werden durch folgende Umformmatrizen (in der gleichen Reihenfolge wie in der vorstehenden Definition) bewirkt:

1.

$$1_{kl} = \begin{bmatrix} 1 & 0 & \dots\dots\dots & 0 \\ & \dots\dots\dots & & \\ & 0 & \dots & 1 \\ & \vdots & & \vdots \\ & 1 & \dots & 0 \\ & \dots\dots\dots & & \\ 0 & \dots\dots\dots & & 1 \end{bmatrix}. \tag{3}$$

Diese Matrix 1_{kl} ist bis auf die vertauschte k-te und l-te Zeile gleich der Einheitsmatrix 1.

2.

$$K_k = \begin{bmatrix} 1 & \dots\dots\dots & 0 \\ & 1 & \\ & c & \\ & & 1 \\ 0 & \dots\dots\dots & 1 \end{bmatrix} \tag{4}$$

Diese Matrix ist bis auf die Konstante c in der k-ten Zeile gleich der Einheitsmatrix.

3.

$$K_{kl} = \begin{bmatrix} 1 & \dots\dots\dots\dots\dots & 0 \\ & & \\ 0 & \dots\dots 0 & \cdot 1 & 0 & c \dots 0 \\ & & \\ 0 & \dots\dots\dots\dots\dots & 1 \end{bmatrix} \tag{5}$$

Aus der Einheitsmatrix ist diese Matrix durch Ersetzen der Null am kl-ten Platz durch die Konstante c hervorgegangen.

Linksmultiplikation einer Matrix A mit den vorstehenden Umformungen bewirkt die entsprechende Operation an den Zeilen, Rechtsmultiplikation an den Spalten. Insbesondere bewirkt K_{kl} bei Linksmultiplikation ($K_{kl} \cdot A$) eine Addition der c-fachen l-ten Zeile zur k-ten, während Rechtsmultiplikation eine Addition der c-fachen k-ten Spalte zur l-ten bewirkt. Gegebenenfalls kann die Matrix vom Typ K_{kl} erweitert werden, indem in der k-ten Zeile (Spalte) mehr als eine Konstante eingeführt wird. Eine solche Matrix kann so gedeutet werden, daß sie aus hintereinandergeschachtelten Matrizen $K_{kl} \cdot K_{kr} \cdot \ldots \cdot K_{ks}$ hervorgegangen ist.

Die drei Umformmatrizen sind nichtsingulär und haben diese Inversen:

$$1_{kl}^{-1} = 1_{kl}, \tag{6}$$

$$K_k^{-1} = \begin{bmatrix} 1 & \dots\dots\dots\dots\dots & 0 \\ & 1 & \\ & c^{-1} & \\ & 1 & \\ 0 & \dots\dots\dots\dots\dots & 1 \end{bmatrix} \tag{7}$$

$$
K_{kl}^{-1} = \begin{bmatrix} 1 \cdots\cdots\cdots\cdots\cdots\cdots 0 \\ \vdots \qquad\qquad\qquad\qquad \vdots \\ 0\cdots\cdots 0 \ \ 1 \ \ 0 \ \ -c\cdots 0 \\ \vdots \qquad\qquad\qquad\qquad \vdots \\ 0 \cdots\cdots\cdots\cdots\cdots\cdots 1 \end{bmatrix} \tag{8}
$$

Die Äquivalenz zweier Matrizen (1) und (2) darf nicht mit der Ähnlichkeit, die oben in Abschn. VII.2.2 schon eingeführt wurde und weiter unten noch ausführlicher besprochen wird, verwechselt werden. Nur zwei n,n-Matrizen A und B können ähnlich sein, die neben den gleichen Eigenwerten auch die gleiche Struktur haben, während für die Äquivalenz zweier Matrizen nur der gleiche Rang erforderlich ist:

Satz 2. Zwei äquivalente m,n-Matrizen A und B haben den gleichen Rang.

4.2 Smithsche Normalform der Polynommatrizen

Die in Abschn. VII.3.1 eingeführten Polynommatrizen haben diese Form

$$
P(\lambda) = P_0 + P_1 \lambda + P_2 \lambda^2 + \cdots + P_s \lambda^s. \tag{9}
$$

Diese Matrizen treten in der Systemtheorie einmal in der Form der Polynommatrix ersten Grades in λ, der charakteristischen Matrix

$$
C(\lambda) = A - 1\lambda \tag{10}
$$

auf. Zum anderen wird sich zeigen, daß sie eine wesentliche Bedeutung bei der Normalisierung der gebrochen rationalen Übertragungsmatrizen $F(s)$ auf McMillansche Normalform haben. Wir werden im folgenden eine zu (2) analoge Normalform für Polynommatrizen einführen und betrachten und benötigen hierzu noch einige Definitionen.

Definition 2. Zwei Polynommatrizen $A(\lambda)$ und $B(\lambda)$ heißen unimodular äquivalent, wenn es zwei nichtsinguläre unimodulare Matrizen $P(\lambda)$ und $Q(\lambda)$ derart gibt, daß gilt

$$
A(\lambda) = P(\lambda)\,B(\lambda)\,Q(\lambda) \tag{11}
$$

bzw. auch

$$
B(\lambda) = P^{-1}(\lambda)\,A(\lambda)\,Q^{-1}(\lambda). \tag{11a}
$$

Der Begriff unimodulare Matrix in dieser Definition bedeutet, daß diese Matrizen eine von λ unabhängige konstante Determinante haben:

$$
\begin{aligned} |P(\lambda)| &= P \neq 0 \\ |Q(\lambda)| &= Q \neq 0 \end{aligned} \quad \text{für alle } \lambda. \tag{12}
$$

Analog zu (1) und (2) sind die Matrizen $P(\lambda)$ und $Q(\lambda)$ Transformationsmatrizen, die eine endliche Anzahl elementarer Reihenumformungen an den Polynommatrizen $A(\lambda)$ bzw. $B(\lambda)$ bewirken.

Definition 3. Elementare Zeilen- (Spalten-) Umformungen bei Polynommatrizen sind:

1. Vertauschen zweier Zeilen (Spalten),

2. Multiplikation einer Zeile (Spalte) mit einer Konstanten $c \neq 0$,

3. Addition einer mit einem Polynom $C(\lambda)$ multiplizierten Zeile (Spalte) zu einer anderen Zeile (Spalte).

Die elementaren Umwandlungen 1 und 2 sind identisch mit denen bei konstanten Matrizen und werden durch $\mathbf{1}_{kl}$ bzw. $\mathbf{K}_l$ [(3) bzw. (4)] bewirkt. Die Umformung 3 erfolgt mittels einer zu $\mathbf{K}_{kl}$ analogen Matrix $\mathbf{K}_{kl}(\lambda)$ dieser Form:

$$\mathbf{K}_{kl}(\lambda) = \begin{bmatrix} 1 & \cdots\cdots\cdots\cdots\cdots\cdots & 0 \\ \vdots & \ddots & \vdots \\ 0 & \cdots 0 \quad 1 \cdots C(\lambda) \cdots 0 \\ \vdots & \ddots & \vdots \\ 0 & \cdots\cdots\cdots\cdots\cdots\cdots & 1 \end{bmatrix}, \tag{13}$$

die, bis auf das Vorzeichen bei dem Polynom $C(\lambda)$, gleich ihrer Inverse $\mathbf{K}_{kl}^{-1}(\lambda)$ ist. Da $\mathbf{K}_{kl}(\lambda)$ eine Dreiecksmatrix ist, deren Hauptdiagonale nur Elemente vom Betrag 1 enthält, ist die Determinante $|\mathbf{K}_{kl}(\lambda)| = 1$. Wie in Definition 2 verlangt, sind also alle drei Umformmatrizen $\mathbf{1}_{kl}$, $\mathbf{K}_k$ und $\mathbf{K}_{kl}(\lambda)$ unimodulare Matrizen, und damit sind dies auch alle aus ihnen durch mehrmalige Hintereinanderschachtelung entstandenen Transformationsmatrizen.

Für die uns in der Form der charakteristischen Matrizen interessierenden Polynommatrizen 1. Grades in λ existiert noch dieser für die numerische Auswertung wichtige Satz:

Satz 3. Zwei quadratische Polynommatrizen ersten Grades ·

$$A(\lambda) = A_0 + A_1 \lambda,$$

$$B(\lambda) = B_0 + B_1 \lambda$$

mit nichtsingulären A_1 und B_1 sind genau dann äquivalent, wenn es zwei nichtsinguläre *konstante* (von λ unabhängige) Matrizen P und Q derart gibt, daß gilt

$$A(\lambda) = P B(\lambda) Q. \tag{14}$$

Wir kommen nun zu der vor allem für die Strukturuntersuchung an Matrizen wichtigen Normalform für Polynommatrizen.

Satz 4. Jede m, n-Polynommatrix $A(\lambda)$ ist ihrer SMITHschen Normalform unimodular äquivalent

$$N(\lambda) = P(\lambda) A(\lambda) Q(\lambda). \tag{15}$$

Hierin sind $P(\lambda)$ und $Q(\lambda)$ nichtsinguläre unimodulare Transformationsmatrizen, und die SMITHsche Normalform $N(\lambda)$ hat diese Gestalt:

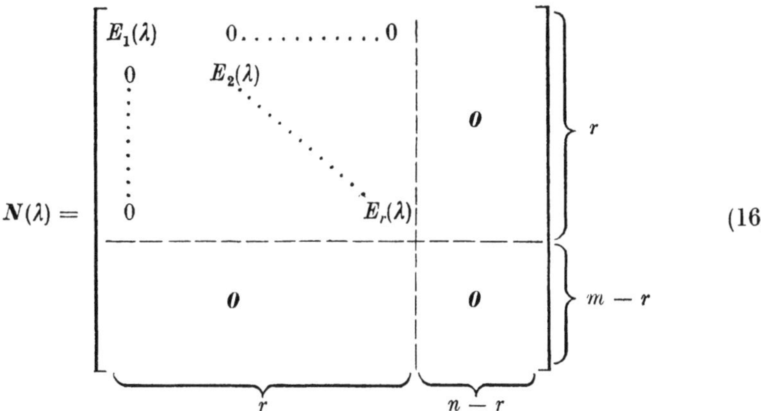

$$N(\lambda) = \begin{bmatrix} E_1(\lambda) & 0 \dots\dots\dots 0 & \\ 0 & E_2(\lambda) & \\ \vdots & \ddots & \boldsymbol{0} \\ 0 & E_r(\lambda) & \\ \boldsymbol{0} & \boldsymbol{0} \end{bmatrix} \begin{matrix} \rbrace\, r \\ \\ \rbrace\, m-r \end{matrix} \tag{16}$$

In der SMITHschen Normalform $N(\lambda)$ teilt das Elementarpolynom $E_1(\lambda)$ das Polynom $E_2(\lambda)$ und dieses wiederum $E_3(\lambda)$ usw., was durch diese Notierung festgehalten wird:

$$E_1(\lambda) \mid E_2(\lambda) \mid E_3(\lambda) \mid \dots \mid E_r(\lambda). \tag{17}$$

Dabei ist $E_{r-1}(\lambda)$ der größte gemeinsame Teiler aller Minoren $(r-1)$-ter Ordnung aller zu $N(\lambda)$ äquivalenten Polynommatrizen $A(\lambda)$, $E_{r-2}(\lambda)$ der größte Teiler der Minoren $(r-2)$-ter Ordnung usw.

Die Polynome $E_i(\lambda)$ werden *Elementarpolynome* (oder auch Invariantenteiler [VII.1]) genannt und haben alle die Form von Hauptpolynomen; bei ihnen ist also der Koeffizient bei der höchsten Potenz in λ jeweils gleich Eins. Selbstverständlich können einige (bis zu $r-1$) der Elementarpolynome auch Polynome 0-ten Grades, also einfach die Zahl 1, sein. Für den wichtigen Sonderfall der quadratischen n,n-Polynommatrix ist die SMITHsche Normalform eine n,n-Diagonalmatrix, bei der so viele Elementarpolynome $\neq 0$ auftreten, wie der Rang r der Matrix beträgt.

Satz 5. Eine n,n-Polynommatrix $A(\lambda)$ ist sicher dann nichtsingulär für fast alle[1] Werte λ, sie hat also den Rang $r=n$, wenn die Koeffizientenmatrix bei der höchsten λ-Potenz nichtsingulär ist:

$$|A(\lambda)| = |A_0 + A_1\lambda + \cdots + A_s\lambda^s| \neq 0 \quad \text{für} \quad |A_s| \neq 0. \tag{18}$$

Die SMITHsche Normalform gibt also nicht nur den Rang der ihr äquivalenten Polynommatrizen an, sondern enthält eine weitere Anzahl für die Struktur der Matrizen wesentlicher Informationen, nämlich die Elementarpolynome. Ist $C(\lambda)$ die charakteristische Matrix $C(\lambda) = 1\lambda - A$ einer konstanten Matrix A, dann gilt diese bedeutsame Abwandlung der Gl. (17):

Satz 6. In der SMITHschen Normalform $N(\lambda)$ der charakteristischen n,n-Matrix $C(\lambda) = 1\lambda - A$ ist das Elementarpolynom $E_n(\lambda)$ des höchsten Grades in λ gleich dem Minimalpolynom $M(\lambda)$ zu A. Das Elementarpolynom $E_1(\lambda)$ ist größter gemeinsamer Teiler aller Elemente $C_{kl}(\lambda)$, $E_1(\lambda)\,E_2(\lambda)$ ist größter gemeinsamer Teiler aller Minoren 2. Ordnung von $C(\lambda)$ usw., schließlich teilen die

---

[1] „fast alle" bedeutet: mit Ausnahme einer endlichen Anzahl spezieller λ, z. B. Wurzeln des Polynoms.

Elementarpolynome einander in dieser Reihenfolge:

$$E_1(\lambda) \mid E_2(\lambda) \mid E_3(\lambda) \mid \ldots \mid E_{n-1}(\lambda) \mid M(\lambda). \tag{19}$$

Hieraus folgt auch, daß das charakteristische Polynom zur Matrix A in dieser Form dargestellt werden kann:

$$C(\lambda) = |\mathbf{1}\lambda - A| = E_1(\lambda)\, E_2(\lambda) \ldots E_{n-1}(\lambda)\, M(\lambda) = \prod_{v=1}^{n} E_v(\lambda). \tag{20}$$

4.3 Elementarteiler charakteristischer Matrizen

Das wesentlichste Ergebnis des vorstehenden Abschnitts fassen wir zusammen:

Satz 7. Zwei Polynommatrizen $A(\lambda)$ und $B(\lambda)$ sind genau dann unimodular äquivalent, wenn sie in allen ihren Elementarpolynomen (ihren invarianten Faktoren) $E_v(\lambda)$ übereinstimmen.

Hiervon ausgehend, untersuchen wir nun die Elementarpolynome von charakteristischen Matrizen, die konstanten Zahlenmatrizen A zugeordnet sind:

$$C(\lambda) = \mathbf{1}\lambda - A.$$

Jede n,n-Matrix A hat bekanntlich n Eigenwerte λ_i, die Wurzeln des charakteristischen Polynoms

$$C(\lambda) = |C(\lambda)| = C_1 + C_2 \lambda + \cdots + C_n \lambda^{n-1} + \lambda^n \tag{21}$$

sind. Haben die s unterschiedlichen Wurzeln λ_i die jeweiligen Vielfachheiten c_i, dann kann (21) in diese Linearfaktorenform umgeschrieben werden

$$C(\lambda) = (\lambda - \lambda_1)^{c_1} (\lambda - \lambda_2)^{c_2} \ldots (\lambda - \lambda_s)^{c_s} \tag{21a}$$

mit

$$n = \sum_{i=1}^{s} c_i. \tag{22}$$

Da, wie wir aus dem vorstehenden Abschnitt wissen, die Elementarpolynome $E_v(\lambda)$ der charakteristischen Matrix $C(\lambda)$ Faktoren des charakteristischen Polynoms $C(\lambda)$ sind, können diese Elementarpolynome in der gleichen Weise zerlegt werden:

$$E_v(\lambda) = (\lambda - \lambda_1)^{e_{v,1}} (\lambda - \lambda_2)^{e_{v,2}} \ldots (\lambda - \lambda_s)^{e_{v,s}}, \quad v = 1, 2, \ldots, n. \tag{23}$$

Es ist zu beachten, daß die n-reihige charakteristische Matrix n Elementarpolynome hat, während es s verschiedene Wurzeln λ_i mit $s \leq n$ gibt. In der Mehrzahl der Fälle haben die meisten (und dann die ersten) Elementarpolynome einfach den Zahlenwert 1.

Für die *Elementarteilerexponenten* $e_{v,i}$ der als *Elementarteiler* bezeichneten Faktoren $(\lambda - \lambda_i)^{e_{v,i}}$ gelten diese Schranken

$$0 \leq e_{v,i} \leq c_i, \quad i = 1, 2, \ldots, s, \tag{24}$$

da die Elementarteiler das charakteristische Polynom teilen. Wegen der Teilbarkeitseigenschaft (17) bzw. (19) der Elementarpolynome gilt für die Elementarteilerexponenten zu den Linearfaktoren einer jeden Wurzel λ_i ferner

$$0 \leq e_{1,i} \leq e_{2,i} \leq \cdots \leq e_{n,i}, \quad i = 1, 2, \ldots, s, \tag{25}$$

$$\sum_{v=1}^{n} e_{v,i} = c_i \quad \text{und} \quad e_{n,i} \neq 0, \quad i = 1, 2, \ldots, s. \tag{26}$$

Für den Zusammenhang zwischen charakteristischem und Minimalpolynom gilt
Gl. (VII.3.14)

$$C(\lambda) = M(\lambda)\, D_{n-1}(\lambda), \tag{27}$$

d. h., das Minimalpolynom teilt das charakteristische Polynom ohne Rest.

Definition 4. Ein Polynom $D_i(\lambda)$ heißt ein Determinantenteiler, wenn es
das Polynom höchsten Grades in λ ist, das alle i-reihigen Minoren einer Polynommatrix teilt.

Hiervon ausgehend, gelten folgende Bezeichnungen für die größten gemeinsamen Teiler aller 1- bis n-reihigen Minoren der charakteristischen Matrix $C(\lambda)$.

Definition 5. Es sei

$D_1(\lambda)$ der größte gemeinsame Teiler aller Elemente $C_{kl}(\lambda)$ von $C(\lambda)$,

$D_2(\lambda)$ der größte gemeinsame Teiler aller 2reihigen Minoren von $C(\lambda)$,

$D_3(\lambda)$ der größte gemeinsame Teiler aller 3reihigen Minoren von $C(\lambda)$,

. . . .

$D_{n-1}(\lambda)$ der größte gemeinsame Teiler aller $(n-1)$-reihigen Minoren von $C(\lambda)$,

$D_n(\lambda) = C(\lambda) = |C(\lambda)| = |\mathbf{1}\,\lambda - \mathbf{A}|$.

Für diese Determinantenteiler gilt ferner diese Teilbarkeitseigenschaft

$$D_1(\lambda)\,|\,D_2(\lambda)\,|\,\ldots\,|\,D_{n-1}(\lambda)\,|\,C(\lambda). \tag{28}$$

Die Determinantenteiler hängen nun sehr eng mit den Elementarpolynomen der
zu $C(\lambda)$ gehörenden SMITHschen Normalform $N(\lambda)$ zusammen (Satz 6):

$$\left.\begin{aligned}
D_1(\lambda) &= E_1(\lambda)\\
D_2(\lambda) &= E_1(\lambda)\,E_2(\lambda)\\
&\cdots\cdots\cdots\cdots\\
D_{n-1}(\lambda) &= E_1(\lambda)\,E_2(\lambda)\ldots E_{n-1}(\lambda) = \frac{C(\lambda)}{E_n(\lambda)} = \frac{C(\lambda)}{M(\lambda)}\\
D_n(\lambda) &= E_1(\lambda)\,E_2(\lambda)\ldots E_n(\lambda) = C(\lambda)
\end{aligned}\right\} \tag{29}$$

oder allgemein

$$D_i(\lambda) = \prod_{v=1}^{i} E_v(\lambda), \quad i = 1, 2, \ldots, n. \tag{29a}$$

Mittels den Gln. (23) und (29) können dann auch Aussagen über den Elementarteileraufbau der Determinantenteiler gemacht werden. Der Elementarteileraufbau
der charakteristischen Determinante ist ein Maß für die Struktur der zugrundeliegenden Koeffizientenmatrix $\mathbf{A}$ und eng mit der Anzahl der linear unabhängigen Eigenvektoren der Matrix $\mathbf{A}$ verknüpft. Ein wesentliches Kriterium für die
Strukturfestlegung ist der Rangdefekt d_i, den die charakteristische Matrix für
den Eigenwert λ_i, also die Wurzel λ_i des zugehörigen charakteristischen Polynoms, erleidet:

$$d_i = n - r_i, \tag{30}$$

$$r_i = \mathrm{Rang}\big(C(\lambda)\,|_{\lambda=\lambda_i}\big). \tag{31}$$

Satz 8. Zu einem c_i-fachen Eigenwert λ_i der Matrix A existieren genau d_i linear unabhängige Eigenvektoren mit:

$$1 \leqq d_i \leqq c_i.$$

Soll nun in der n-reihigen Matrix $C(\lambda)$ der Rangabfall für eine Wurzel λ_i gerade d_i sein, dann müssen alle $(n - d_i + 1)$-reihigen Minoren verschwinden und wenigstens ein $(n - d_i)$-reihiger Minor muß ungleich Null sein. Das bedeutet aber, daß der Determinantenteiler $D_{n-d_i+1}(\lambda)$ den Linearfaktor $(\lambda - \lambda_i)$ enthalten muß.

Wesentliche weitere Ergebnisse, die die Matrizentheorie zu Strukturfragen von konstanten Matrizen bereitstellt, sind hier in einer Reihe von Sätzen zusammengefaßt.

Satz 9. Die Vielfachheit m_i des Minimalpolynoms $M(\lambda)$ zu einem c_i-fachen Eigenwert λ_i einer Matrix A ist gleich dem größten Elementarteilerexponenten $e_{n,i}$ des Elementarpolynoms $E_n(\lambda)$ in der SMITHschen Normalform $N(\lambda)$ der zugehörigen charakteristischen Matrix $C(\lambda) = \mathbf{1}\lambda - A$.

Satz 10. Der Rangabfall d_i zu einer c_i-fachen Wurzel λ_i in $C(\lambda)$ ist gleich der Anzahl der von Null verschiedenen Elementarteilerexponenten $e_{v,i}$ mit $v = 1, 2, \ldots, n$; und es gilt genau dann $d_i = c_i$, wenn sämtliche zu λ_i gehörenden Elementarteiler $(\lambda - \lambda_i)^{e_{v,i}}$ in den Elementarpolynomen $E_v(\lambda)$ linear sind:

$$e_{n,i} = e_{n-1,i} = \cdots = e_{n-c_i+1,i} = 1. \tag{32}$$

Satz 11. Das Minimalpolynom $M(\lambda)$ ist genau dann gleich dem charakteristischen Polynom $C(\lambda)$: $M(\lambda) = C(\lambda)$, wenn für die Elementarpolynome gilt

$$\begin{aligned} E_v(\lambda) &= 1, \quad v = 1, 2, \ldots, n - 1, \\ E_n(\lambda) &= M(\lambda) = C(\lambda). \end{aligned} \tag{33}$$

Der letzte Satz besagt in allgemeinen Worten, daß auch für c_i-fache Wurzeln λ_i in $C(\lambda)$ die zugehörige charakteristische Matrix $C(\lambda)$ an der Stelle $\lambda = \lambda_i$ nur einen Rangdefekt $d_i = 1$ hat. Zu dem c_i-fachen Eigenwert existiert dann nur ein linear unabhängiger Eigenvektor. Dieser Fall ist für systemtheoretische Fragen der Steuer- und Beobachtbarkeit eines Systems von besonderem Interesse, denn es wird sich zeigen, daß nur dann, wenn $M(\lambda) = C(\lambda)$ ist, ein Einfachsystem vollständig steuer- und beobachtbar ist.

Ist zu einem c_i-fachen Eigenwert λ_i der Rangabfall $d_i = n - \operatorname{Rang} C(\lambda_i)$ weder gleich c_i noch gleich 1, gilt also

$$1 < d_i < c_i,$$

dann können ohne weitergehende Untersuchung der Determinantenteiler keine weiteren Angaben über den höchsten Elementarteilerexponenten $e_{n_i} = m_i$ und damit über die Form des zugehörigen Minimalpolynoms gemacht werden.

Die Struktureigenschaften einer Matrix A werden durch die Elementarteilerexponenten der Elementarteiler in den Elementarpolynomen und damit auch in den Determinantenteilern festgehalten. Es wird also die einer Koeffizientenmatrix A zugeordnete Polynommatrix 1. Grades, die charakteristische Matrix $C(\lambda) = \mathbf{1}\lambda - A$, zur Strukturfestlegung herangezogen. In diesem Zusammenhang spricht man dann häufig nicht mehr von den Elementarpolynomen (Invariantenteilern), Elementarteilern oder Elementarteilerexponenten von $C(\lambda)$, sondern ordnet diesen Invarianten Strukturmerkmale der Koeffizientenmatrix A direkt zu. Im nächsten Abschnitt zeigen wir, wie diese Invarianten in geeigneter Form auch durch spezielle (kanonische) Koeffizientenmatrizen repräsentiert werden können. Wir bleiben hier aber zunächst noch bei der, einer Matrix A zugehörigen, charakteristischen Matrix $C(\lambda)$. So kann z. B. die Struktur einer Matrix A durch dieses Schema verdeutlicht werden, bei dem die erste Spalte die Reihenzahl der mit A über $C(\lambda) = 1\lambda - A$ verknüpften Matrix $C(\lambda)$ und ihrer Minoren angibt:

Reihenzahl von $C(\lambda)$ und ihrer Minoren	Eigenwerte		Grad der Determinantenteiler
	1	$2\ \ldots\ldots\ldots s$	
n	$e_{n,1}$	$e_{n,2}\ \ldots\ldots\ e_{n,s}$	$d_n = m = \sum\limits_{i=1}^{s} m_i = \sum\limits_{i=1}^{s} e_{n,i}$
$n-1$	$e_{n-1,1}$	$e_{n-1,2}\ \ldots\ e_{n-1,s}$	$d_{n-1} = \sum\limits_{i=1}^{s} e_{n-1,i}$
$\ldots\ldots$	$\ldots\ldots$	$\ldots\ldots\ldots\ldots$	$\ldots\ldots\ldots\ldots$
1	$e_{1,1}$	$e_{1,2}\ \ldots\ldots\ e_{1,s}$	$d_1 = \sum\limits_{i=1}^{n} e_{1,i}$
	c_1	$c_2 \qquad c_s$	n

In der letzten Zeile sind die c_i die Vielfachheiten der Wurzeln λ_i im charakteristischen Polynom:

$$c_i = \sum_{v=1}^{n} e_{v,i}.$$

Wir kommen nun auf den Fall zurück, bei dem der Rangdefekt d_i für $C(\lambda_i)$ zwischen diesen Grenzen liegt:

$$1 < d_i < c_i, \quad i = 1, 2, \ldots, s, \tag{34}$$

bei dem also aus der Ranguntersuchung für $C(\lambda_i)$ die Struktur der Matrix A noch nicht festgelegt werden kann. Es kann gezeigt werden [VII.2], daß diese genauere Strukturuntersuchung mittels Potenzieren der charakteristischen Matrix erfolgen kann. Hatte die charakteristische Matrix $C(\lambda)$ für $\lambda = \lambda_i$ nicht den vollen Rangdefekt $d_i = c_i$, dann erhöht sich bei jeder Potenzierung der Rangdefekt solange, bis nach τ_i-maliger Potenzierung der volle Rangdefekt erreicht wird. Im einzelnen gelten diese Bezeichnungen

$$\left.\begin{aligned} C(\lambda_i) \quad &\text{hat den Rangdefekt} \quad \alpha_{i,1} = d_i \\ C^2(\lambda_i) \quad &\text{hat den Rangdefekt} \quad \alpha_{i,1} + \alpha_{i,2} \\ &\ldots\ldots\ldots\ldots\ldots\ldots\ldots\ldots\ldots \\ C^{\tau_i}(\lambda_i) \quad &\text{hat den Rangdefekt} \quad \sum_{l=1}^{\tau_i} \alpha_{i,l} = c_i \\ &d_i = \alpha_{i,1} \geqq \alpha_{i,2} \geqq \cdots \geqq \alpha_{i,\tau_i} \end{aligned}\right\} \cdot \quad i = 1, 2, \ldots, s. \tag{35}$$

Der Zusammenhang zwischen den Elementarteilerexponenten $e_{v,i}$ und dem Rangdefekt d_i bzw. dem jeweiligen Zuwachs α_{il} kann bequem durch das WEYERsche Punktschema ermittelt werden. Hierzu werden für den betrachteten Eigenwert λ_i neben den Elementarteilerexponenten in fallender Reihenfolge so viele Punkte untereinander notiert, wie der Rangdefekt bzw. sein Zuwachs in Abhängigkeit von der Potenz τ angibt. Es können wegen Satz 10 nur die Elementarteilerexponenten $e_{v,i}$ für $v = n,\, n-1,\, \ldots,\, n-d_i+1$ von Null verschieden sein.

τ	1	2 ...... τ_i
$e_{n,i}$	•	• ...... •
$e_{n-1,i}$	•	•
$\vdots$	$\vdots$	
$e_{n-d_i,i}$	•	
	α_{i1}	$\alpha_{i2} \;\ldots\; \alpha_{i\tau_i}$

Die Elementarteilerexponenten $e_{v,i}$ sind dann gleich der Summe der in ihrer Zeile stehenden Punkte. Sei beispielsweise für einen 9fachen Eigenwert λ_i der Defekt $d_i = 4$ für $\tau = 1$, der Zuwachs $\alpha_{i,2} = 3$ für $\tau = 2$ und für $\tau = 3$ bzw. $\tau = 4$ der Zuwachs $\alpha_{i3} = \alpha_{i4} = 1$, dann ergeben sich aus nebenstehendem Schema die Elementarteilerexponenten zu:

τ	1	2	3	4	
$e_{n,i}$	•	•	•	•	$e_{n,i} = 4$
$e_{n-1,i}$	•	•			$e_{n-1,i} = 2$
$e_{n-2,i}$	•	•			$e_{n-2,i} = 2$
$e_{n-3,i}$	•				$e_{n-3,i} = 1$
$\alpha_{i,\tau}$	4	3	1	1	

Geht man gegebenenfalls für alle mehrfachen Wurzeln, die keinen vollen Rangabfall in $C(\lambda_i)$ ergeben, analog vor, findet man alle Elementarteilerexponenten und hat damit dann alle Elementarteiler und Determinantenteiler bestimmt.

Der hier wegen der notwendigen Allgemeingültigkeit der Darstellung recht aufwendig erscheinende Prozeß zur Strukturbestimmung mittels Potenzierung der charakteristischen Matrix $C(\lambda_i)$ einer Matrix A wird in der regelungstechnischen Praxis seltener auftreten, da Eigenwerte sehr großer Vielfachheiten bei praktischen Problemen nicht besonders häufig sein dürften. Schließlich sei erwähnt, daß die Elementarpolynome und ihre Elementarteiler nebst Exponenten auch über Gl. (16) gefunden werden können, indem durch elementare Reihenoperationen $C(\lambda) = 1\lambda - A$ auf die SMITHsche Normalform gebracht wird und die dann auftretenden Elementarpolynome, die der Teilbarkeitsbedingung (18) genügen müssen, in Linearfaktoren (Elementarteiler) zerlegt werden.

4.4 Kanonische Koeffizientenmatrizen

Kanonische Matrizen sind solche, die wesentliche Invarianten einer Äquivalenzklasse von Matrizen in übersichtlicher Form und an einem Minimum von Null verschiedener Elemente erkennen lassen. In dieser Schrift werden für unterschiedliche Fragestellungen systemtheoretischer Natur unterschiedliche kanonische Strukturen und Matrizen definiert. Aber auch hier stehen, wie in der mathematischen Matrizentheorie, die Diagonal- und diagonalähnlichen Matrizen im Vordergrund, da sie u. a. für die numerische Auswertung besonders vorteilhaft sind. In Abschn. VII.3.5 war z. B. zu erkennen, daß die Matrix e^{At} für die Fälle besonders einfach anzugeben war, wo A eine Diagonalstruktur hatte. In diesem Abschnitt werden wir vor allem die oben schon einigemal erwähnte JORDAN-kanonische Matrix J ausführlicher besprechen und dazu wesentliche Zusammenhänge zwischen den Strukturmerkmalen der im vorstehenden Abschnitt erläuterten charakteristischen Matrix $C(\lambda)$ und denen kanonischer Koeffizientenmatrizen darstellen.

Wir beginnen mit der 1. Normalform oder der verallgemeinerten FROBENIUS-Matrix F. Einem beliebigen gewöhnlichen (skalaren) Polynom r-ten Grades

$$P(\lambda) = P_1 + P_2 \lambda^1 + \cdots + P_r \lambda^{r-1} + \lambda^r \tag{36}$$

kann eine quadratische Matrix r-ter Ordnung, die FROBENIUS-Begleitmatrix (s. auch Abschn. II.3.6), zugeordnet werden:

$$\boldsymbol{F}_P = \begin{bmatrix} 0 & 1 & 0 \ldots\ldots 0 \\ 0 & 0 & 1 \ldots\ldots 0 \\ \ldots\ldots\ldots\ldots\ldots\ldots \\ 0 & 0 & 0 \ldots\ldots 1 \\ -P_1 & -P_2 & -P_3 \ldots -P_r \end{bmatrix}, \tag{36a}$$

deren charakteristisches Polynom $C(\lambda)$ gerade gleich $P(\lambda)$ ist:

$$P(\lambda) = C(\lambda) = |\boldsymbol{1}\lambda - \boldsymbol{F}_P| = \begin{vmatrix} \lambda & -1 & 0 \ldots\ldots 0 \\ 0 & \lambda & -1 \ldots\ldots 0 \\ \ldots\ldots\ldots\ldots\ldots \\ 0 & 0 & 0 \ldots -1 \\ P_1 & P_2 & P_3 \ldots \lambda + P_r \end{vmatrix}. \tag{36b}$$

Eine vorgegebene Koeffizientenmatrix n-ter Ordnung A habe die t von 1 verschiedenen Elementarpolynome $I_l(\lambda)$ mit $l = 1, 2, \ldots, t$. Gegenüber Gl. (16) wurde für eine bessere Übersichtlichkeit bei der folgenden Darstellung eine Umnummerierung derart vorgenommen, daß $I_1(\lambda) = E_n(\lambda)$, $I_2(\lambda) = E_{n-1}(\lambda)$, $\ldots$, $I_t(\lambda) = E_{n-t+1}(\lambda)$ gilt. Dann hat die SMITHsche Normalform $N(\lambda)$ zur charakteristischen Matrix $C(\lambda) = \boldsymbol{1}\lambda - A$ diese Form:

$$N(\lambda) = \begin{bmatrix} 1 & 0\ldots\ldots\ldots\ldots 0 \\ & 1 & & \vdots \\ & & I_l(\lambda) & \\ & & & \ddots \\ 0, & \ldots\ldots\ldots\ldots & I_1(\lambda) \end{bmatrix} \tag{37}$$

die Teilbarkeitsbedingung lautet

$$I_t(\lambda) \,|\, I_{t-1}(\lambda) \,|\, \ldots \,|\, I_2(\lambda) \,|\, I_1(\lambda)$$

und für die $I_l(\lambda)$ gilt ferner: $\quad I_1(\lambda) = M(\lambda),$

$$\prod_{l=1}^{t} I_l(\lambda) = C(\lambda). \tag{38}$$

Ordnet man jedem dieser Elementarpolynome eine Begleitmatrix $\boldsymbol{F}_l$ der Form (36a) zu, dann ist nachzuweisen, daß diese Ähnlichkeitsbeziehung gilt:

Satz 12. Jede n, n-Matrix A ist durch eine Ähnlichkeitstransformation

$$A = T\,F\,T^{-1}$$

bzw.
$$F = T^{-1} A\,T \tag{39}$$

auf diese verallgemeinerte Diagonalmatrix zu überführen:

$$F = \begin{bmatrix} F_1 & 0 & \cdots\cdots & 0 \\ 0 & F_2 & & \vdots \\ \vdots & & \ddots & \vdots \\ 0 & \cdots\cdots\cdots & & F_t \end{bmatrix}, \tag{40}$$

in der die F_l die FROBENIUS-Matrizen zu den t Elementarpolynomen $I_l(\lambda)$ von A sind.

Aus (38) folgt vor allem die wichtige Eigenschaft, daß das charakteristische Polynom $C_l(\lambda) = |1\lambda - F_l|$ jeder Teilmatrix F_l ein Teiler des vorhergehenden ist. Die Matrix F wird bei von der Struktur eines dynamischen Systems wesentlich abhängenden Problemen (vor allem bei Mehrfachsystemen), wie Steuerbarkeit und Beobachtbarkeit oder Minimalrealisierung, noch wichtig sein.

In der regelungstechnischen wie auch der mathematischen Literatur wird die JORDAN-kanonische Matrix mehr in den Vordergrund gestellt, da sie die Verteilung der Eigenwerte auf die einzelnen Elementarpolynome leichter erkennen läßt. Die JORDAN-Matrix J einer Koeffizientenmatrix A findet man analog zu der Vorgehensweise bei der Aufstellung der verallgemeinerten FROBENIUS-Form. Nur wird nun aber jedem *Elementarteiler* $(\lambda - \lambda_i)^{e_{v,i}}$ (mit $v = 1, 2, \ldots, n$ und $i = 1, 2, \ldots, s$) der s verschiedenen Eigenwerte λ_i eine Matrix $J_{e_{v,i}}$ dieser Form zugeordnet:

$$J_{e_{v,i}} = \begin{bmatrix} \lambda_i & 1 & 0 \ldots 0 & 0 \\ 0 & \lambda_i & 1 \ldots 0 & 0 \\ \vdots & & & \vdots \\ 0 & 0 & 0 \ldots 1 & 0 \\ 0 & 0 & 0 \ldots \lambda_i & 1 \\ 0 & 0 & 0 \ldots 0 & \lambda_i \end{bmatrix} \quad \begin{aligned} v &= 1, 2, \ldots, n, \\ i &= 1, 2, \ldots, s. \end{aligned} \tag{41}$$

Das sogenannte JORDAN-Kästchen $J_{e_{v,i}}$ ist eine $e_{v,i}$-reihige quadratische Matrix, deren charakteristische Matrix $C(\lambda) = 1\lambda - J_{e_{v,i}}$ genau den einen Elementarteiler $(\lambda - \lambda_i)^{e_{v,i}}$ hat. Als nächstes ordnet man nun alle JORDAN-Kästchen aller Elementarteiler $(\lambda - \lambda_i)^{e_{v,i}}$ der gleichen Wurzel λ_i zu einer verallgemeinerten Diagonalmatrix J_i:

$$J_i = \begin{bmatrix} J_{e_{1i}} & 0 & \cdots\cdots & 0 \\ 0 & \ddots & & \vdots \\ \vdots & & \ddots & \vdots \\ 0 & \cdots\cdots & & J_{e_{n i}} \end{bmatrix} \quad i = 1, 2, \ldots, s. \tag{42}$$

In diesem *Jordan-Kasten* J_i sind aber nur Jordan-Kästchen $J_{e_{v,i}}$ für $e_{v,i} \neq 0$ wirklich enthalten, so daß J_i normalerweise wesentlich weniger Reihen als die Matrix A hat. Werden schließlich die s Jordan-Kästen J_i als Diagonalelemente einer weiter verallgemeinerten Diagonalmatrix eingesetzt, dann liegt die Jordan-Normalform der Matrix A vor:

$$J = \begin{bmatrix} J_1 & 0 \dots \dots \dots 0 \\ 0 & J_2 \\ \vdots & \ddots \\ \vdots & \ddots \\ 0 \dots \dots \dots \dots J_s \end{bmatrix}, \tag{43}$$

Diese Matrix ist nun gerade so konstruiert, daß dieser Satz gilt:

Satz 13. Jede quadratische Matrix A n-ter Ordnung ist durch Ähnlichkeitstransformation auf die Jordan-kanonische Form J zu überführen:

$$A = T J T^{-1}$$

bzw.
$$J = T^{-1} A T. \tag{44}$$

Diese Jordan-Matrix J ist bezüglich der Strukturaussage vollständig gleichwertig der Smithschen Normalform $N(\lambda)$ zu $C(\lambda) = 1\lambda - A$ oder auch der verallgemeinerten Frobenius-Matrix. An allen drei Normalformen lassen sich die die Struktur eines linearen Operators (und der ihn beschreibenden Matrix) A bestimmenden Invarianten ablesen. Diese Invarianten sind

a) die s Eigenwerte λ_i mit $s \leq n$ und deren Vielfachheit c_i im charakteristischen Polynom,

b) die n Elementarpolynome $E_v(\lambda)$, von denen einige (oft $n-1$) gleich Eins sind,

c) die r Elementarteiler $(\lambda - \lambda_i)^{e_{v,i}}$ mit $r \leq s$.

Jede dieser Normalformen hat spezifische Vorteile. Die Jordan-Matrix J läßt dabei die Eigenwerte direkt erkennen und ist für Matrizen A aus dem Zahlenkörper der komplexen Zahlen ebenso wie die verallgemeinerte Frobenius-Matrix eine Matrix mit konstanten Elementen aus dem gleichen Zahlenkörper. Darüber hinaus ist J eine verallgemeinerte Diagonalmatrix, deren untere (oder nach Transponierung obere) Dreiecksmatrix nur Nullelemente hat, woraus einige Vorteile bei numerischen Problemen resultieren.

Wir wollen nun zwei wichtige Spezialfälle der Matrizenstrukturen unterscheiden, die bei der weiteren Behandlung systemtheoretischer Probleme immer wieder von Interesse sind.

a) Matrizen mit linearen Elementarteilern.

Hat die Matrix A [bzw. ihre zugehörige charakteristische Matrix $C(\lambda)$] nur lineare Elementarteiler, dann ist die Jordan-Matrix eine reine Diagonalmatrix der Eigenwerte λ_i (unter denen auch einige oder alle gleich sein können)

$$
J = \begin{bmatrix}
\lambda_1 & 0 & 0\ldots\ldots 0 \\
0 & \lambda_2 & 0\ldots\ldots 0 \\
\vdots & & \ddots & \vdots \\
& & & \ddots \\
& & & & \ddots \\
0 & \cdots\cdots\cdots\cdots & \lambda_n
\end{bmatrix} \tag{45}
$$

d. h., die Matrix J enthält genau n einreihige JORDAN-Kästchen $J e_{v_i}$.

Die Linearität der Elementarteiler bedeutet dabei aber *nicht*, daß alle Eigenwerte λ_i verschieden sein *müssen*, sondern nur (wie im vorstehenden Abschnitt festgestellt), daß die charakteristische Matrix $C(\lambda) = 1\lambda - A$ für jeden Eigenwert λ_i den vollen Rangabfall $d_i = c_i$ hat. Im Grenzfall darf eine Matrix A durchaus n gleiche Eigenwerte λ_1 haben, um einer Diagonalmatrix J der Form (45) ähnlich zu sein, nur müssen dann alle ihre Elementarteiler linear sein:

$$
J = \begin{bmatrix}
\lambda_1 & 0\ldots\ldots\ldots 0 \\
0 & \lambda_1 & \ddots & \vdots \\
\vdots & & \ddots \\
\vdots & & & \ddots \\
0 & \cdots\cdots\cdots\cdots & \lambda_1
\end{bmatrix} \Bigg\} n \text{ Reihen.} \tag{46}
$$

Für diesen so ausgezeichneten Fall ist dann das Minimalpolynom $M(\lambda) = (\lambda - \lambda_1)$, während das charakteristische Polynom lautet $C(\lambda) = (\lambda - \lambda_1)^n$. Dieser Fall tritt bei dynamischen Systemen dann auf, wenn n Systeme 1. Ordnung mit der gleichen Zeitkonstanten T *parallel* geschaltet sind. Nur für diesen Fall sind die beiden Normalformen F (40) und J (43) identisch. Die zu (46) zugehörige SMITHsche Normalform hat diese Form:

$$
N(\lambda) = \begin{bmatrix}
(\lambda-\lambda_1) & 0\ldots\ldots\ldots 0 \\
0 & (\lambda-\lambda_1) & & 0 \\
\vdots & & \ddots & \vdots \\
\vdots & & & \ddots \\
0 & \cdots\cdots\cdots & (\lambda-\lambda_1)
\end{bmatrix} . \tag{47}
$$

Sind die n Eigenwerte λ_i einer Matrix A durchweg verschieden[1], dann ist A einer Diagonalmatrix J der Eigenwerte λ_i (45) ähnlich und hat die ausgezeichnete Eigenschaft

$$
M(\lambda) = C(\lambda) = \prod_{i=1}^{n} (\lambda - \lambda_i), \qquad \lambda_i \neq \lambda_j \quad \text{für} \quad i, j = 1, 2, \ldots, n. \tag{48}
$$

---

[1] In der angelsächsischen Literatur spricht man dann von distinct Eigenvalues.

Die Matrix F [Gl. (40)] enthält nur den n-reihigen Block F_1 mit den Koeffizienten von $M(\lambda)$ bzw. $C(\lambda)$. Die SMITHsche Normalform lautet

$$N(\lambda) = \begin{bmatrix} 1 & 0 & 0 \dots 0 \\ 0 & 1 & 0 \dots 0 \\ \vdots & & \vdots \\ 0 & \dots\dots 1 & 0 \\ 0 & \dots\dots 0 & C(\lambda) \end{bmatrix}. \tag{49}$$

b) Matrizen mit nichtlinearen Elementarteilern, aber $M(\lambda) = C(\lambda)$.

In diese Gruppe fallen alle diese Matrizen mit mehrfachen ($c_i > 1$) Eigenwerten λ_i, deren charakteristische Matrizen $C(\lambda)$ aber an der Stelle $\lambda = \lambda_i$ für alle λ_i jeweils den Rangabfall $d_i = 1$ haben. Das bedeutet für die zugehörige JORDAN-Matrix J, daß zu jedem Eigenwert λ_i nur ein JORDAN-Kästchen $J_{e_{v_i}}$ existiert und daß mit $e_{v_i} = c_i$ jedes dieser Kästchen genau c_i Reihen hat. Bei der Betrachtung dynamischer Systeme sind dies die Systeme, bei denen eventuell vorkommende Teilsysteme 1. Ordnung mit gleicher Zeitkonstante T in Reihe geschaltet sind. Die JORDAN-Matrix J hat also die allgemeine Form:

$$J = \begin{bmatrix} \begin{matrix} \lambda_1 & 1 & 0\dots 0 \\ & \lambda_1 & 1 \\ & & \ddots & 1 \\ 0 & & & \lambda_1 \end{matrix} & & & 0 \\ & \begin{matrix} \lambda_2 & 1 \dots\dots 0 \\ 0 & \lambda_2 & 1 \\ & & \ddots & 1 \\ 0 & & & \lambda_2 \end{matrix} & & \\ & & \begin{matrix} \lambda_3 & 1 \\ & \ddots \\ & & 1 \\ & & & \lambda_s \end{matrix} \\ 0 & & & \end{bmatrix}. \tag{50}$$

Außer den vorstehenden Spezialfällen, die letztlich durch den Rangabfall $d_i = c_i$ bzw. $d_i = 1$ ausgezeichnet sind, können keine allgemeinen Aussagen über den Aufbau der JORDAN-Matrizen gemacht werden, die für die Regelungstheorie von speziellem Interesse sind.

Es sei hier nur noch nachgetragen, wie die JORDAN-Kästchen $J_{e_{v_i}}$ mit den Elementarpolynomen $E_v(\lambda)$ der SMITHschen Normalform zusammenhängen:

1. Das Minimalpolynom $E_n(\lambda) = M(\lambda)$ enthält alle Eigenwerte λ_i, und zwar in der Vielfachheit des jeweils größten JORDAN-Kästchens $J_{e_{v_i}}$.

2. Das Elementarpolynom $E_{n-1}(\lambda)$ enthält die Eigenwerte λ_i des jeweils zweitgrößten JORDAN-Kästchens $J_{e_{n-1\,i}}$.
Und so weiter.

An dem Beispiel der JORDAN-Matrix mit den 11 Eigenwerten, von denen nur 3 verschieden sind, sei dies ausgeführt:

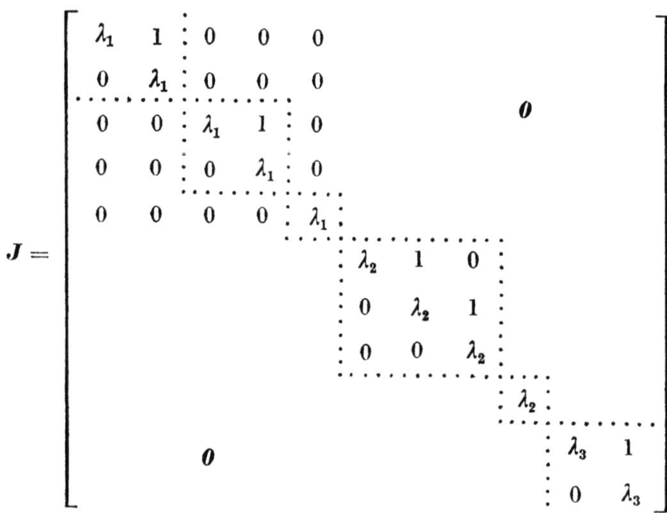

Die zugehörige charakteristische Matrix $C(\lambda) = 1\lambda - A$ hat also
1. das Minimalpolynom $E_{11}(\lambda) = M(\lambda) = (\lambda - \lambda_1)^2\,(\lambda - \lambda_2)^3\,(\lambda - \lambda_3)^2$.
2. Das Elementarpolynom $E_{10}(\lambda)$, das $E_{11}(\lambda)$ teilt, lautet $E_{10}(\lambda) = (\lambda - \lambda_1)^2\,(\lambda - \lambda_2)$.
3. Ferner ist $E_3(\lambda) = (\lambda - \lambda_1)$.

4.5 Transformationen auf Jordan-kanonische Form

Die in den vorstehenden Abschnitten eingeführte JORDAN-Matrix gestattet, die Matrizenstruktur der Klasse aller ihr ähnlichen Matrizen A besonders bequem abzulesen, was für viele systemtheoretische Fragen interessant ist. Oben war schon angedeutet, wie entweder über eine Eigenwertberechnung und Rang-untersuchung der charakteristischen Matrix oder durch Transformation der charakteristischen Matrix auf SMITHsche Normalform der Elementarteiler-aufbau von A und damit die JORDAN-Matrix gefunden werden kann. Bei der Untersuchung der Eigenschaften eines dynamischen Systems und speziell der Regelungssysteme genügt aber die Kenntnis der, einer Matrix A ähnlichen, JORDAN-Matrix J nicht alleine, sondern man muß auch eine Transformations-matrix T kennen, mit der die Ähnlichkeitsbeziehung gilt:

$$J = T^{-1}A\,T. \tag{51}$$

Dies deshalb, weil bei der Koordinatentransformation für A die vollständigen dynamischen Gleichungen eines Systems

$$\dot{u}(t) = A\,u(t) + B\,y(t); \quad u_0 = u(t)\big|_{t=t_0}$$
$$x(t) = C\,u(t) + D\,y(t) \tag{52}$$

mit $u(t) = T\,v(t)$, auf diese äquivalenten Gleichungen transformiert werden:

$$\dot{v}(t) = J\,v(t) + T^{-1}\,B\,y(t); \quad v_0 = T^{-1}\,u_0,$$
$$x(t) = C\,T\,v(t) + D\,y(t).$$

$$(52\,\text{a})$$

Bei der numerischen Behandlung regelungstechnischer Probleme mittels Digitalrechner treten normalerweise Probleme auf, die den Rahmen dieser Darstellung systemtheoretischer Gesetzmäßigkeiten überschreiten und die man nur mit Hilfe einschlägiger Spezialliteratur der numerischen Mathematik lösen kann. Zu diesen Problemen gehört neben der Eigenwert- und Strukturermittlung einer Koeffizientenmatrix A auch das Auffinden einer geeigneten Transformationsmatrix T, die (51) befriedigt. Dennoch sollen in diesem Abschnitt wenigstens einige prinzipielle Wege zur Ermittlung einer Transformationsmatrix dargestellt werden, um einige Zusammenhänge aufzuzeigen, die später noch von Interesse sind.

Ist einer Matrix A auch eindeutig (bis auf die Reihenfolge der Kästchen) eine und nur eine JORDAN-Matrix J zugeordnet, die die Matrizenstruktur erkennen läßt, so ist die Transformationsmatrix T, die die Ähnlichkeitstransformation (51) bewirkt, nicht eindeutig. Hat man eine Matrix T_1 gefunden, dann lassen sich hieraus mittels mit A vertauschbarer Matrizen U beliebig viele weitere Transformationsmatrizen $T = U\,T_1$ gewinnen. Für die Praxis besteht also das Problem darin, möglichst einfach aufgebaute und vor allem auch nichtsinguläre Matrizen T zu finden. Die Prüfung der Nichtsingularität ist vor allem dann wichtig, wenn man T über diese Beziehung

$$A\,T - T\,J = 0 \tag{53}$$

gewinnt. Im folgenden werden wir die Gewinnung von T vor allem mittels dieser Gleichung vorführen, doch sei zunächst noch eine weitere Möglichkeit gezeigt. Hierbei geht man, analog wie oben für die JORDAN-Matrix erwähnt, von der zugehörigen charakteristischen Matrix

$$C(\lambda) = 1\,\lambda - J = P(\lambda)\,(1\,\lambda - A)\,Q(\lambda) \tag{54}$$

aus. Die charakteristische Matrix wird durch elementare Reihenoperationen (Abschn. VII.4.2) auf SMITHsche Normalform gebracht. Dann macht man von diesem in [VII.1] bewiesenen Satz Gebrauch:

Satz 14. Sind A und B zwei ähnliche Matrizen

$$A = T^{-1}\,B\,T,$$

dann kann als Transformationsmatrix T die Matrix

$$T = Q(A) = [\hat{P}(A)]^{-1} \tag{55}$$

gewählt werden. $Q(\lambda)$ und $P(\lambda)$ sind zwei Polynommatrizen, die die Äquivalenzbeziehung (54) erfüllen.

In (55) ist dabei $Q(A)$ der rechte und $\hat{P}(A)$ der linke Wert des Matrizenpolynoms. Hat die Matrix A und damit J eine relativ einfache Struktur, dann kann der vorstehende Weg praktikabel sein. In komplizierten Fällen, wo die Matrizenstruktur nur über Potenzierung der Matrix $C(\lambda_i)$ gefunden werden kann, bietet der durch Gl. (53) angedeutete Weg, der auf die Bestimmung von Eigen- bzw. Hauptvektoren [VII.2] hinausläuft, weniger zusätzliche numerische Schwierigkeiten.

Wir gehen auf Gl. (53) im folgenden etwas ausführlicher ein und unterscheiden hier wieder zwei Fälle a) A hat nur lineare Elementarteiler, b) A hat nichtlineare Elementarteiler. Für den Fall a) unterscheiden wir weiter in i) A hat nur reelle Eigenwerte λ_i, ii) A hat auch komplexe Eigenwerte.

a) Lineare Elementarteiler.

i) Nur reelle Eigenwerte.

Schreibt man die Ähnlichkeitstransformation (51) bzw. (53) um:

$$A\,T = T\,J \tag{56}$$

oder ausgeschrieben

$$\begin{bmatrix} A_{11} \cdots A_{1n} \\ \vdots \quad\ddots\quad \vdots \\ A_{n1} \cdots A_{nn} \end{bmatrix} \cdot \begin{bmatrix} T_{11} \cdots T_{1n} \\ \vdots \quad\ddots\quad \vdots \\ T_{n1} \cdots T_{nn} \end{bmatrix} = \begin{bmatrix} T_{11} \cdots T_{1n} \\ \vdots \quad\ddots\quad \vdots \\ T_{n1} \cdots T_{nn} \end{bmatrix} \cdot \begin{bmatrix} \lambda_1 & 0 \cdots\cdots 0 \\ 0 & \lambda_2 \cdots \\ \vdots & \quad\ddots \\ 0 \cdots\cdots\cdots \lambda_n \end{bmatrix}, \tag{56a}$$

dann erkennt man leicht auch diesen Zusammenhang mit $T_i = [T_{1i}, T_{2i}, \ldots, T_{ni}]^T$

$$A\,T_i = T_i\,\lambda_i, \quad i = 1, 2, \ldots, n. \tag{57}$$

Die Gln. (56) bzw. (57) stellen also ein Gleichungssystem in den n^2 Unbekannten T_{kl} dar, das identisch dem des Eigenwertproblems ist. Oder, in anderen Worten, sind die Spaltenvektoren T_i, die wegen der Diagonalähnlichkeit von A n linear unabhängigen Eigenvektoren des Operators A (Abschn. VII.2.3) gesucht, von denen wir wissen, daß sie nur eine Eigenrichtung definieren. Dies bedeutet wiederum eine Bestätigung der obigen Behauptung, daß die Transformationsmatrix T nicht eindeutig ist, denn jeder Spaltenvektor darf mit einer beliebigen Konstanten multipliziert werden. Wir halten also fest:

Satz 15. Die Spaltenvektoren T_i der Ähnlichkeitstransformationsmatrix T, die eine Matrix A *mit nur linearen* Elementarteilern auf JORDAN-Form transformiert, sind gleich den n Eigenvektoren der Matrix A.

Hat die diagonalähnliche Matrix c_i-fache Eigenwerte λ_i, dann muß $C(\lambda) = 1\lambda - A$ wegen der Diagonalähnlichkeit (oder gleichbedeutend wegen der nur linearen Elementarteiler) auch jeweils den vollen Rangabfall $d_i = c_i$ für diese Eigenwerte haben. Das bedeutet, daß für diesen Eigenwert λ_i auch c_i linear unabhängige Eigenvektoren existieren. Bei der numerischen Berechnung der T_i dürfen dann bei diesen c_i Vektoren jeweils mehrere Konstanten pro Vektor beliebig vorgegeben werden. Es ist dann aber darauf zu achten und es ist zu prüfen, daß durch diese willkürliche Vorgabe die Matrix T nicht singulär wird.

Es ist zu zeigen, daß die Eigenvektoren T_l nicht nur über (57) zu finden sind, sondern daß man die Elemente T_{kl} der Matrix $T = [T_1 \mid T_2 \mid \cdots \mid T_n]$ auch über die Minoren der charakteristischen Matrix $C(\lambda)$ finden kann:

$$T_{kl} = |C_{lk}(\lambda_i)|. \tag{58}$$

Die $C_{lk}(\lambda_i)$ sind die Minoren $(n-1)$-ter Ordnung der charakteristischen Matrix $C(\lambda)$ an der Stelle $\lambda = \lambda_i$ und

$$B(\lambda_i) = [|\,C_{lk}(\lambda_i)\,|]_1^n \qquad (59)$$

ist die adjungierte Matrix zu $C(\lambda_i)$. Im nächsten Abschnitt werden wir einen Algorithmus zitieren, mit dessen Hilfe die Elemente $B_{kl}(\lambda_i)$ leicht ermittelt werden können. Welche Spalte oder Zeile der Matrix $B(\lambda_i)$ als Spaltenvektor T_i der Matrix T gewählt wird, ist hierbei gleichgültig, doch ist darauf zu achten, daß für jede Spalte T_i ein anderer Eigenwert λ_i (mit $i = 1, 2, \ldots, n$) in $C(\lambda)$ und damit $B(\lambda)$ eingesetzt wird. Dennoch kann es auch hier passieren, daß die so gewonnene Matrix T singulär wird. Dieser Mangel kann dann durch Wahl einer anderen willkürlich wählbaren Reihe von $B(\lambda_i)$ behoben werden, denn es ist sichergestellt, daß wenigstens eine Reihe in $B(\lambda_i)$ den gesuchten linear unabhängigen Spaltenvektor T_i liefert.

Beispiel: Gegeben ist diese Matrix

$$A = \begin{bmatrix} 0 & 1 & 0 \\ 2 & -1 & 0 \\ 5 & 0 & -1 \end{bmatrix}$$

mit den Eigenwerten $\lambda_1 = 1$, $\lambda_2 = -1$ und $\lambda_3 = -2$. An den Stellen der Eigenwerte hat die charakteristische Matrix diese Werte:

$$C(\lambda_1) = 1\lambda_1 - A = \begin{bmatrix} 1 & -1 & 0 \\ -2 & 2 & 0 \\ -5 & 0 & 2 \end{bmatrix}; \quad C(\lambda_2) = \begin{bmatrix} -1 & -1 & 0 \\ -2 & 0 & 0 \\ -5 & 0 & 0 \end{bmatrix};$$

$$C(\lambda_3) = \begin{bmatrix} -2 & -1 & 0 \\ -2 & -1 & 0 \\ -5 & 0 & -1 \end{bmatrix}.$$

Bildet man jeweils die erste Spalte $B_1(\lambda_i)$ der Matrix $B(\lambda_i) = C(\lambda_i)_{\text{adj.}}$; erhält man

$$B_1(\lambda_1) = \begin{bmatrix} 4 \\ 4 \\ 10 \end{bmatrix}; \quad B_1(\lambda_2) = \begin{bmatrix} 0 \\ 0 \\ 0 \end{bmatrix}; \quad B_1(\lambda_3) = \begin{bmatrix} 1 \\ -2 \\ -5 \end{bmatrix}.$$

Eine hieraus gebildete Transformationsmatrix wäre wegen der Nullspalte sicherlich singulär. Wählt man für T_2 aber die Spalte $B_3(\lambda_2)$, erhält man diese nichtsinguläre Matrix

$$T = \begin{bmatrix} 4 & 0 & 1 \\ 4 & 0 & -2 \\ 10 & -2 & -5 \end{bmatrix},$$

die die gewünschte Transformation leistet.

Hat die Matrix A durchweg verschiedene Eigenwerte λ_i und liegt A ferner in der FROBENIUS-Normalform vor:

$$F = \begin{bmatrix} 0 & 1 & 0 & \ldots & 0 \\ 0 & 0 & 1 & \ldots & 0 \\ \multicolumn{5}{c}{\cdots\cdots\cdots\cdots\cdots\cdots} \\ 0 & 0 & 0 & \ldots & 1 \\ -c_1 & -c_2 & -c_3 & \ldots & -c_n \end{bmatrix},$$

dann ist eine mögliche Transformationsmatrix T gleich der sogenannten VAN-DERMOND-Matrix:

$$T = V = \begin{bmatrix} 1 & 1 & 1 & \ldots & 1 \\ \lambda_1 & \lambda_2 & \lambda_3 & \ldots & \lambda_n \\ \lambda_1^2 & \lambda_2^2 & \lambda_3^2 & \ldots & \lambda_n^{n-1} \\ \cdots & \cdots & \cdots & \cdots & \cdots \\ \lambda_1^{n-1} & \lambda_2^{n-1} & \lambda_3^{n-1} & \ldots & \lambda_n^{n-1} \end{bmatrix}, \tag{60}$$

was über die VIETAschen Wurzelsätze gezeigt werden kann.

ii) Komplexe Eigenwerte.

Hat eine diagonalähnliche Matrix A mit nur reellen Elementen A_{kl} komplexe Eigenwerte, dann treten diese immer in konjugiert komplexen Paaren in der zugehörigen JORDAN-Matrix J auf. Am vorstehend geschilderten Prinzip zum Auffinden von Ähnlichkeitstransformationsmatrizen ändert sich dann so lange nichts, wie man komplexe Zahlen in der JORDAN-Matrix zuläßt. Aus Kap. VI wissen wir aber, daß Normalformen mit komplexen Elementen z. B. für den Analogrechner ungeeignet sind. Sind die Wurzel λ_r und die zugehörige konjugiert komplexe Wurzel λ_{r+1} von der Form $\lambda_r = \sigma_r + i\,\omega_r$ und $\lambda_{r+1} = \bar{\lambda}_r = \sigma_r - i\,\omega_r$, dann zeigt man leicht, daß die JORDAN-Matrix J durch die Transformation

$$T = \begin{bmatrix} 1 & & & & & & 0 \\ & \ddots & 1 & 0 & 0 & & \\ & & 0 & \frac{1}{2} & -\frac{i}{2} & & \\ & & 0 & \frac{1}{2} & \frac{i}{2} & & \\ & & & & & 1 & \\ 0 & & & & & & 1 \end{bmatrix} \quad \begin{array}{l} r\text{-te Zeile} \\ r+1\text{-te Zeile} \end{array} \tag{61}$$

auf die Matrix

$$J' = T^{-1} J\, T = \begin{bmatrix} \lambda_1 & & & & & & 0 \\ & \ddots & \lambda_{r-1} & 0 & 0 & & \\ & & 0 & \sigma_r & \omega_r & & \\ & & 0 & -\omega_r & \sigma_r & & \\ & & & & & \lambda_{r+2} & \\ 0 & & & & & & \lambda_n \end{bmatrix} \tag{62}$$

gebracht werden kann, die nun nur noch reelle Koeffizienten hat, wenn alle anderen $n - 2$ Wurzeln reell waren. Treten mehrere komplexe Wurzelpaare auf, dann muß die Matrix T in (61) entsprechend um die Blöcke

$$\begin{bmatrix} \frac{1}{2} & -\frac{i}{2} \\ \frac{1}{2} & \frac{i}{2} \end{bmatrix}$$

in der Hauptdiagonale erweitert werden.

b) Nichtlineare Elementarteiler.

Hat die Matrix A nichtlineare Elementarteiler, dann tritt in $C(\lambda)$ für einen c_i-fachen Eigenwert ein Rangabfall d_i in den Grenzen $1 < d_i < c_i$ auf. Die Eigenwertgleichung

$$(1\,\lambda - A)\,x = 0 \tag{63}$$

liefert nun nur noch d_i linear unabhängige Eigenvektoren x_i. Potenzieren der charakteristischen Matrix $C(\lambda_i)$ liefert eine Rangdefektzunahme (s. Abschn. VII.4.3). Die d_i Eigenvektoren ^1x_i zu

$$(1\,\lambda_i - A)^1\,x_i = 0 \tag{64}$$

heißen Hauptvektoren der 1. Stufe, und die Vektoren x_i, die diese Eigenwertgleichung erfüllen

$$(1\,\lambda_i - A)^\tau\,x_i = 0, \tag{65}$$

heißen allgemein Hauptvektoren der Stufe τ. Diese Hauptvektoren der Stufe τ wollen wir mit $^\tau x_i$ bezeichnen. Die höchste Stufe τ ist gleich der Reihenzahl $e_{n,\,i}$ des größten JORDAN-Kästchens $J_{e_{n,\,i}}$ zum Eigenwert λ_i. Die Hauptvektoren jeder Stufe sind auch Hauptvektoren der nächsten Stufe. Solange $\tau_i < e_{n,\,i}$ ist, hat die nächst höhere Stufe (wegen des zusätzlichen Rangabfalls) mehr Hauptvektoren als die vorhergehenden. Aus den Eigenvektoren (den Hauptvektoren 1. Stufe) lassen sich die Hauptvektoren der einzelnen Stufen nach dieser Rekursionsformel ermitteln:

$$(1\,\lambda_i - A)\,{}^\tau x_i = {}^{\tau-1}x_i; \quad \begin{aligned} &\tau = 2, 3, \ldots, e_{v,\,i}, \\ &v = 1, 2, \ldots, n, \\ &i = 1, 2, \ldots, s. \end{aligned} \tag{66}$$

Die τ Vektoren $^1x_i, {}^2x_i, \ldots, {}^\tau x_i$ bilden eine *Hauptvektorkette* und sind linear unabhängig. Die Berechnung der Hauptvektoren und der aus ihnen zu bildenden Hauptvektorketten, die dann die Spaltenvektoren T_l der gesuchten Transformationsmatrix T bilden, geschieht wie folgt:

a) Zu einem c_i-fachen Eigenwert existieren d_i linear unabhängige Eigenvektoren ^1x_i entsprechend der Zahl der JORDAN-Kästchen zu diesem Eigenwert.

b) Einer (ein beliebiger) dieser d_i Eigenvektoren $^1x_{i\,1}$ ist der Rekursionsformel (66) zu unterwerfen. Aus ihm sind also die $e_{n,\,i}$ Vektoren $^1x_{i\,1}, {}^2x_{i\,1}, \ldots,$ $^{e_n i}x_{i\,1}$ zu bilden, wo $e_{n,\,i}$ der höchste Elementarteilerexponent oder gleichbedeutend die Reihenzahl des größten JORDAN-Kästchens zu λ_i ist.

c) Mit einem zweiten der d_i linear unabhängigen Eigenvektoren $^1x_{i\,2}$ ist entsprechend zu b) zu verfahren, doch ist nun $\tau = e_{n-1,\,i}$, also gleich dem nächstkleineren Elementarteilerexponenten e_{n-1} (gleich der Reihenzahl des zweiten JORDAN-Kästchens zu λ_i).

d) Entsprechend b) und c) ist so lange fortzufahren, bis alle d_i Eigenvektoren ^1x_i verarbeitet sind.

e) Gegebenenfalls ist mit anderen Eigenwerten und deren zugehörigen Eigenvektoren entsprechend deren Elementarteileraufbau analog zu verfahren.

Die n nach den vorstehenden Erläuterungen erzeugten Vektoren $^\tau x_{i,\,k_i}$ mit $i = 1, 2, \ldots, s$, $k_i = 1, 2, \ldots, d_i$ und $\tau = 1, 2, \ldots, e_{v_i}$, sind die n Spaltenvektoren T_r mit $r = 1, 2, \ldots, n$ der gesuchten Transformationsmatrix T.

Gegebenenfalls können Elementarteilerexponenten e_{ki} mit $e_{k-1,i}$ gleich sein, was bedeutet, daß JORDAN-Kästchen der gleichen Reihenzahl zu einem Eigenwert λ_i vorhanden sind. Hat die Matrix A tatsächlich eine verwickeltere Struktur, dann ist die vorstehend für den allgemeinen Fall geschilderte Entwicklung einer Transformationsmatrix ein recht mühsamer numerischer Prozeß, der nur bei geeigneter Erfahrung und Konsultation einschlägiger Literatur zu bewältigen ist.

Für die systemtheoretischen Fragen sind die bei praktischen Problemen häufiger auftretenden Matrizen A mit nichtlinearen Elementarteilern von besonderem Interesse, deren Minimalpolynom $M(\lambda)$ gleich dem charakteristischen Polynom ist: $M(\lambda) = C(\lambda)$. Es sind dies die Fälle, bei denen zu jedem Eigenvektor λ_i nur ein linear unabhängiger Eigenvektor existiert, wo also $d_i = 1$ auch bei c_i-fachen Wurzeln ist. Dieser Fall ist ferner dadurch ausgezeichnet, daß jeder JORDAN-Kasten J_i nur ein JORDAN-Kästchen J_{ci} von genau c_i Reihen enthält. Bei diesen Matrizen muß zur Gewinnung von c_i linear unabhängigen Spalten T_k für die Transformationsmatrix die Rekursionsformel (66) für jeden Eigenvektor c_i-mal angewendet werden.

In der Literatur [VII.1] ist gezeigt, daß die Hauptvektorketten auch über die zu $C(\lambda)$ adjungierte Matrix $B(\lambda) = C(\lambda)_{adj.}$ gewonnen werden können. Für den Sonderfall $M(\lambda) = C(\lambda)$ erhält man c_i linear unabhängige Spalten T_k zu einem c_i-fachen Eigenwert nach dieser Beziehung:

$$T_i = x_i = B_k(\lambda_i), \qquad i = 1, 2, \ldots, n,$$

$$T_{i+l} = \frac{1}{l!}\left[\frac{d}{d\lambda}B_k(\lambda)\right]_{\lambda=\lambda_i}, \qquad \begin{matrix} l = 1, 2, \ldots, c_{i-1}, \\ 1 \leq k \leq n, \quad \text{beliebig aber so, daß}\quad T \neq 0. \end{matrix} \qquad (67)$$

Hier wird also von der adjungierten Matrix $B(\lambda) = C(\lambda)_{adj.}$ ausgegangen. Die Spalten B_k dieser Matrix $B(\lambda)$ werden differenziert. In jeder Differentiationsstufe existiert mindestens eine Spalte, die für $\lambda = \lambda_i$ ungleich dem Nullvektor ist. Die Formel (67) ist besonders interessant, wenn die FROBENIUS-Matrix F auf JORDAN-Form zu transformieren ist. Auf die VANDERMOND-Matrix (60) angewendet, erhält man z. B. für eine Matrix mit 6 Eigenwerten, und zwar dreifachem λ_1, zweifachem λ_2 und einfachem λ_3

$$T = \begin{bmatrix} 1 & 0 & 0 & 1 & 0 & 1 \\ \lambda_1 & 1 & 0 & \lambda_2 & 1 & \lambda_3 \\ \lambda_1^2 & 2\lambda_1 & 1 & \lambda_2^2 & 2\lambda_2 & \lambda_3^2 \\ \lambda_1^3 & 3\lambda_1^2 & 3\lambda_1 & \lambda_2^3 & 3\lambda_2^2 & \lambda_3^3 \\ \lambda_1^4 & 4\lambda_1^3 & 6\lambda_1^2 & \lambda_2^4 & 4\lambda_2^3 & \lambda_3^4 \\ \lambda_1^5 & 5\lambda_1^4 & 10\lambda_1^3 & \lambda_2^5 & 5\lambda_2^4 & \lambda_3^5 \end{bmatrix}.$$

4.6 Transformation auf Frobenius-Form

Für die Reihendarstellung linearer Einfachsysteme (Abschn. VI.3) ist die FROBENIUS-Matrix F als Systemmatrix von Interesse. Wir geben hier zunächst das Verfahren von FADDEJEV an, mit dem zu einer Matrix A die Koeffizienten C_i des charakteristischen Polynoms $C(\lambda) = |1\lambda - A|$ sowie die zur charakteristischen Matrix $C(\lambda)$ adjungierte Matrix $B(\lambda) = C(\lambda)_{adj}$, bestimmt werden können.

Für eine übersichtliche Notierung des Algorithmus wird die Spur einer Matrix A benötigt, die definiert ist zu:

$$\mathrm{Sp}\,A = \sum_{k=1}^{n} A_{kk}. \tag{68}$$

Der FADDEJEV-Algorithmus lautet dann:

$$
\begin{array}{l|l|l}
A_1 = A & -C_n = \mathrm{Sp}\,A_1 & B_1 = A_1 + C_n \cdot 1 \\
A_2 = A\,B_1 & -C_{n-1} = \tfrac{1}{2}\,\mathrm{Sp}\,A_2 & B_2 = A_2 + C_{n-1} \cdot 1 \\
A_3 = A\,B_2 & -C_{n-2} = \tfrac{1}{3}\,\mathrm{Sp}\,A_3 & B_3 = A_3 + C_{n-2} \cdot 1 \\
\cdots\cdots\cdots & \cdots\cdots\cdots\cdots & \cdots\cdots\cdots\cdots \\
A_{n-1} = A\,B_{n-2} & -C_2 = \dfrac{1}{n-1}\,\mathrm{Sp}\,A_{n-1} & B_{n-1} = A_{n-1} + C_2 \cdot 1 \\
A_n = A\,B_{n-1} & -C_1 = \dfrac{1}{n}\,\mathrm{Sp}\,A_n & B_n = A_n + C_1 \cdot 1 = 0
\end{array} \tag{69}
$$

Die letzte Gleichung $B_n = 0$, die aus dem CAYLEY-HAMILTONschen Theorem folgt, ist nur eine Kontrollgleichung. Die Polynomkoeffizienten C_i sind so dem charakteristischen Polynom zugeordnet:

$$C(\lambda) = C_1 + C_2\,\lambda^1 + \cdots + C_n\,\lambda^{n-1} + \lambda^n. \tag{70}$$

Die Matrizen B_i sind die Koeffizientenmatrizen der Polynommatrix

$$\boldsymbol{B}(\lambda) = \boldsymbol{C}(\lambda)_{\mathrm{adj.}} = |\lambda\,1 - A|_{\mathrm{adj.}} = 1\,\lambda^{n-1} + B_1\,\lambda^{n-2} + \cdots + B_{n-2}\,\lambda^1 + B_{n-1}. \tag{71}$$

Mit Hilfe der Koeffizienten C_i kann die FROBENIUS-Matrix zum charakteristischen Polynom sofort notiert werden zu

$$\boldsymbol{F} = \begin{bmatrix} 0 & 1 & 0 \ldots\ldots 0 \\ 0 & 0 & 1 \ldots\ldots 0 \\ \multicolumn{3}{c}{\cdots\cdots\cdots\cdots\cdots} \\ -C_1 & -C_2 & \ldots\ldots -C_n \end{bmatrix}. \tag{72}$$

Haben die Elemente von $\boldsymbol{B}(\lambda)$, die ja die Minoren $(n-1)$-ter Ordnung von $\boldsymbol{C}(\lambda)$ sind, keinen gemeinsamen Elementarteiler, was sich oft recht einfach feststellen läßt, dann ist mit $M(\lambda) = C(\lambda)$ Gl. (72) auch schon die FROBENIUS-Normalform zur vorgegebenen Matrix A; in Abschn. VIII.2 wird gezeigt werden, daß dies die Systemmatrizen von vollständig beobachtbaren und steuerbaren Einfachsystemen sind.

Als nächstes geben wir einen Algorithmus an, mit dessen Hilfe ein vollständig beobachtbares und steuerbares[1] Einfachsystem mit beliebiger Systemmatrix A in ein solches mit einer Systemmatrix in FROBENIUS-Form F transformiert werden kann [VII.11]. Das ursprüngliche System ist also gegeben durch

$$
\begin{aligned}
\dot{\boldsymbol{u}}(t) &= \boldsymbol{A}\,\boldsymbol{u}(t) + \boldsymbol{B}\,y(t), \\
x(t) &= \boldsymbol{C}\,\boldsymbol{u}(t),
\end{aligned} \tag{73}
$$

---

[1] Siehe hierzu die Definition in Abschn. VIII.2.

und gesucht ist eine nichtsinguläre Transformationsmatrix T so, daß mit $u = T\,v$ die Systemgleichungen die Form

$$\dot{v}(t) = F\,v(t) + B_0\,y(t),$$
$$x(t) = C_0\,v(t) \tag{74}$$

erhalten, worin gilt:

$$B_0 = T^{-1}\,B, \tag{75a}$$
$$C_0 = C\,T \tag{75b}$$

und

$$F - \begin{bmatrix} 0 & 1 & 0 \dots\dots 0 \\ 0 & 0 & 1 \dots\dots 0 \\ \dots\dots\dots\dots\dots\dots\dots \\ -C_1 & -C_2 & -C_3 \dots -C_n \end{bmatrix}. \tag{75c}$$

Es wird vorausgesetzt, daß F schon bekannt ist, also z. B. mit Hilfe des vorstehenden FADDEJEV-Verfahrens vorher bestimmt wurde. Aus der oben gemachten Voraussetzung der vollständigen Steuerbarkeit und Beobachtbarkeit folgt, daß die Steuermatrix in dieser Form darstellbar ist

$$B_0 = [0 \quad 0 \quad 0 \dots 0 \quad 1]^T. \tag{76}$$

Bezeichnet man mit T_i die Spaltenvektoren der Transformationsmatrix T:

$$T = [T_1 \mid T_2 \mid \dots \mid T_n],$$

dann folgt aus der Ähnlichkeitsbeziehung $A\,T = T\,F$:

$$[A\,T_1 \mid A\,T_2 \mid \dots \mid A\,T_n] = [-C_1 T_n \mid T_1 - C_2 T_n \mid T_2 - C_3 T_n \mid \dots \mid T_{n-1} - C_n T_n]. \tag{77}$$

Aus (76) und (75a) erhält man ferner

$$B = T\,B_0 = [T_1 \mid \dots \mid T_n][0 \quad 0 \dots 0 \quad 1]^T = T_n. \tag{78}$$

Hiermit und durch Koeffizientenvergleich in (77) findet man den gesuchten Algorithmus zur Bestimmung einer Transformationsmatrix T zu:

$$\left.\begin{aligned} T_n &= B \\ T_{n-1} &= A\,T_n + C_n\,T_n \\ T_{n-2} &= A\,T_{n-1} + C_{n-1}\,T_n \\ &\dots\dots\dots\dots\dots\dots\dots \\ T_1 &= A\,T_2 + C_2\,T_n \end{aligned}\right\}. \tag{79}$$

Beispiel. Gegeben sind die Systemmatrix A und die Steuermatrix B zu

$$A = \begin{bmatrix} 1 & 6 & -3 \\ -1 & -1 & 1 \\ -2 & 2 & 0 \end{bmatrix}; \quad B = \begin{bmatrix} 1 \\ 1 \\ 1 \end{bmatrix}.$$

Als erstes ermitteln wir das charakteristische Polynom mittels des FADDEJEV-Verfahrens (69) zu:

$$A_1 = A; \qquad -C_3 = \operatorname{Sp}A_1 = 0; \qquad B_1 = A_1 + 0 \cdot 1 = A_1;$$

$$A_2 = A^2; \qquad -C_2 = \tfrac{1}{2}\operatorname{Sp}A_2 = 3; \qquad B_2 = \begin{bmatrix} -2 & -6 & 3 \\ -2 & -6 & 2 \\ -4 & -14 & 5 \end{bmatrix};$$

$$A_3 = A\,B_2; \qquad -C_1 = \tfrac{1}{3}\operatorname{Sp}A_3 = -2$$

Das zu A gehörende charakteristische Polynom hat also die Form

$$C(\lambda) = \lambda^3 - 3\lambda + 2$$

und damit ist F bestimmt zu

$$F = \begin{bmatrix} 0 & 1 & 0 \\ 0 & 0 & 1 \\ -2 & 3 & 0 \end{bmatrix}.$$

Aus (79) folgt für die gesuchte Transformationsmatrix T:

$$T_3 = B = [1 \quad 1 \quad 1]^T,$$
$$T_2 = A\,T_3 + 0\,T_3 = [\quad 4 \quad -1 \quad\quad 0]^T,$$
$$T_1 = A\,T_2 - 3\,T_3 = [-5 \quad -6 \quad -13]^T.$$

Damit ist die gesuchte Transformationsmatrix bestimmt zu

$$T = \begin{bmatrix} -5 & 4 & 1 \\ -6 & -1 & 1 \\ -13 & 0 & 1 \end{bmatrix}.$$

Abschließend wird nun [VII.1] folgend ein Weg zur Ermittlung der Transformationsmatrix T aufgezeigt für den Fall, daß die vorgebene Matrix A eine beliebige Struktur hat. Diese Struktur wird zunächst festgestellt, indem z. B. die charakteristische Matrix

$$C(\lambda) = 1\lambda - A$$

auf Smithsche Normalform $N(\lambda)$ transformiert wird:

$$N(\lambda) = \begin{bmatrix} E_1(\lambda) & 0 & \dots\dots & 0 \\ 0 & E_2(\lambda) & \dots\dots & 0 \\ \multicolumn{4}{c}{\dots\dots\dots\dots\dots\dots} \\ 0 & \dots\dots\dots\dots & E_n(\lambda) \end{bmatrix} = \begin{bmatrix} I_n(\lambda) & & \mathbf{0} \\ & I_r(\lambda) & \\ \mathbf{0} & & I_1(\lambda) \end{bmatrix}. \tag{80}$$

Man ordnet nun jedem Elementarpolynom eine Begleitmatrix F_i zu. (Die n,n-Matrix A hat $r \leq n$ von Eins verschiedene Elementarpolynome, r ist normalerweise wesentlich kleiner als n und nur dann genau gleich n, wenn jedes Elementarpolynom ein solches ersten Grades ist, also die Matrix A ausschließlich lineare Elementarteiler hat, dann sind die verallgemeinerte FROBENIUS-Matrix und die zugehörige JORDAN-Matrix identisch.) Zur Matrix A gehört also die verallgemeinerte FROBENIUS-Matrix

$$F = \begin{bmatrix} F_r & \mathbf{0} & \dots\dots & \mathbf{0} \\ \mathbf{0} & F_{r-1} & \dots & \mathbf{0} \\ \mathbf{0} & \dots\dots\dots & F_1 \end{bmatrix}, \quad r \leq n. \tag{81}$$

Die gesuchte Transformationsmatrix T für die Ähnlichkeitstransformation $A\,T = T\,F$ kann nun unter Verwendung von Satz 14 ermittelt werden. Es wird also zunächst die Äquivalenzbeziehung der beiden aus A und F gewonnenen Polynommatrizen aufgestellt:

$$1\lambda - F = P(\lambda)\,[1\lambda - A]\,Q(\lambda). \tag{82}$$

Die Transformationsmatrizen $P(\lambda)$ und $Q(\lambda)$ findet man, indem zunächst $(1\lambda - F)$ und $(1\lambda - A)$ auf Smithsche Normalform reduziert werden:

$$N(\lambda) = P_1(\lambda)\,(1\lambda - A)\,Q_1(\lambda),$$
$$N(\lambda) = P_2(\lambda)\,(1\lambda - F)\,Q_2(\lambda). \tag{83}$$

Jede der Matrizen Q_1 und Q_2 ist ein Produkt aus elementaren n,n-Matrizen T_i, die an den Polynommatrizen elementare Zeilen- oder Spaltenoperationen bewirken:

$$Q_1 = T_1 \cdot T_2 \dots T_{q_1}; \quad Q_2 = \Theta_1 \cdot \Theta_2 \dots \Theta_{q_2}.$$

(Wir brauchen hier nur die Matrizen Q, Q_1 und Q_2 zu betrachten, da wegen der Ähnlichkeit der Matrizen F und A für $P(\lambda) = Q^{-1}(\lambda)$ gilt.) Aus (82) und (83) folgt nun:

$$Q(\lambda) = Q_1(\lambda)\, Q_2^{-1}(\lambda) = T_1 \cdot T_2 \dots T_{q_1} \Theta_{q_2}^{-1} \dots \Theta_0^{-1} \cdot \Theta_1^{-1}. \tag{84}$$

Die Matrix $Q(\lambda)$ wird also dadurch gewonnen, daß sukzessive an den Spalten der Einheitsmatrix 1 die Operationen ausgeführt werden, denen die elementaren Matrizen T_i bzw. Θ_j^{-1} entsprechen. Ersetzt man schließlich in der Polynommatrix $Q(\lambda)$ das Argument λ durch das Matrizenargument F, hat man die gesuchte Matrix T der Ähnlichkeitstransformation zwischen A und F bestimmt zu

$$T = Q(F). \tag{85}$$

4.7 Eigenschaften symmetrischer Matrizen

Bei der Analyse und Synthese regelungstechnischer Systeme treten häufig symmetrische Matrizen auf. Hierbei sind in dem Begriff der Symmetrie auch die HERMITEschen Matrizen eingeschlossen. In Band I haben wir z. B. die HERMITEschen Matrizen bei den Spektralmatrizen stochastischer Signale kennengelernt. Eine ausgezeichnete Rolle spielen die symmetrischen Matrizen aber auch als Kernmatrizen der quadratischen und HERMITEschen Formen (Abschn. VII.2.7), die wiederum bei der in Kap. IX behandelten Optimierungstheorie Anwendung finden werden. Im folgenden werden in gedrängter Form wesentliche Eigenschaften zusammengestellt, die bei symmetrischen Matrizen für unsere weitere Darstellung regelungstechnischer Probleme noch wichtig sind.

Satz 16. Die Eigenwerte λ_i einer HERMITEschen Matrix $H = H^*$ sind sämtlich reell, und zwar

a) nur positiv reell, wenn die Matrix H positiv definite[1],

b) nur negativ reell, wenn die Matrix H negativ definite ist,

c) Hat eine semidefinite Matrix H den Rang $r < n$, so tritt der $(d = n - r)$-fache Eigenwert $\lambda = 0$ auf.

Satz 17. a) Jede HERMITEsche (bzw. reell symmetrische) Matrix hat n linear unabhängige Eigenvektoren und

b) zwei zu *verschiedenen* Eigenwerten gehörende Eigenvektoren sind zueinander unitär (bzw. reell orthogonal).

Aus dem Teilsatz a) folgt, daß jede HERMITEsche oder reell symmetrische Matrix einer Diagonalmatrix der n Eigenwerte ähnlich ist. Aus dem Teilsatz b)

---

[1] Siehe auch Definition VII.2.22 S. 120.

folgt ferner, daß die Ähnlichkeitstransformation diese spezielle Form hat

$$H = T\,D\,T^* = T\,D\,T^{-1},$$

$$D = \begin{bmatrix} \lambda_1 & 0 & 0\ldots\ldots\ldots0 \\ 0 & \lambda_2 & 0\ldots\ldots\ldots0 \\ \vdots & & \ddots & \\ \vdots & & & \ddots \\ 0 & \ldots\ldots\ldots\ldots\ldots & \ddots\; \lambda_n \end{bmatrix}. \tag{86}$$

Die Matrix T der Ähnlichkeitstransformation ist also eine unitäre Matrix m t $T^* = T^{-1}$ im Falle der HERMITEschen Matrix und eine orthogonale Matrix mit $T^T = T^{-1}$, wenn H eine reelle symmetrische Matrix ist. Eine Matrix T kann einfach dadurch gefunden werden, daß als Spaltenvektoren T_i dieser Matrix die n Eigenvektoren x_i gewählt werden:

$$T = [T_1 \mid T_2 \mid \ldots \mid T_n] = [x_1 \mid x_2 \mid \ldots \mid x_n]. \tag{87}$$

Die vorstehenden Ergebnisse sind nun von besonderem Interesse für die quadratischen Formen, denn sie gestatten eine allgemein vorgegebene quadratische Form zu diagonalisieren. Das heißt, jede quadratische Form kann als die Summe von Quadraten angeschrieben werden:

$$Q = x^T A\,x = \sum_{i=1}^{n} \sum_{j=1}^{n} A_{ij}\,x_i\,x_j; \quad (A_{ij} = A_{ji}),$$
$$Q = y^T\,T^T A\,T\,y = y^T D\,y = \sum_{i=1}^{n} \lambda_i\,y_1^2, \tag{88}$$

worin als Polynomkoeffizienten die Eigenwerte λ_i der Matrix A auftreten.

Die symmetrischen Matrizen haben aber eine weitere Besonderheit; sie können mit Hilfe einer nichtsingulären Transformation (einer sogenannten Kongruenztransformation) auf eine Diagonalform transformiert werden, deren Diagonalelemente nur die Werte $+1$, -1 oder 0 haben. Das bedeutet für eine quadratische Form, daß neben (88) auch diese normalisierte Form existiert:

$$Q = y^T\,C^T A\,C\,y = y_1^2 + y_2^2 + \cdots + y_p^2 - y_{p+1}^2 - y_{p+2}^2 - \cdots - y_r^2. \tag{89}$$

Die Ableitung dieser Form ist leicht aus der Diagonalform der Eigenwerte D zu erhalten, wenn durch Zeilenvertauschung diese Diagonalmatrix zunächst auf diese Form gebracht wurde

$$D = \begin{bmatrix} \lambda_1 & 0\ldots\ldots\ldots\ldots\ldots\ldots\ldots0 \\ 0 & \lambda_2 \\ & & \lambda_p \\ & & & -\lambda_{p+1} \\ & & & & -\lambda_r \\ & & & & & 0 \\ 0 & \ldots\ldots\ldots\ldots\ldots\ldots\ldots0 \end{bmatrix} \; n \text{ Zeilen.} \tag{90}[1]$$

---

[1] Die Matrix D hat n Eigenwerte, von denen r von Null verschieden sind.

Wählt man die Kongruenztransformation zu

$$C = \begin{bmatrix} |\lambda_1|^{-\frac{1}{2}} & 0 & \cdots\cdots\cdots\cdots & 0 \\ 0 & \ddots & & \vdots \\ \vdots & & |\lambda_r|^{-\frac{1}{2}} & \vdots \\ \vdots & & & 1 \ddots & \vdots \\ 0 & \cdots\cdots\cdots\cdots & & 1 \end{bmatrix}, \tag{91}$$

dann verifiziert man leicht (89). In (90) und (91) ist r gleich dem Rang der Matrix. Führt man außer der Zahl p der positiven Eigenwerte noch die Zahl q der negativen Eigenwerte ein, dann gilt:

$$\begin{aligned} r &= p + q, \\ s &= p - q, \end{aligned} \tag{92}$$

worin s als *Signatur* der quadratischen Form bezeichnet wird. Mit diesen Größen können nun die symmetrischen Matrizen wie folgt unterteilt werden:

$$\left.\begin{array}{llllll} \text{a)} & \text{positiv definite} & \text{Matrizen:} & r = s = p = n; & q = 0, \\ \text{b)} & \text{positiv semidefinite Matrizen:} & r = s = p < n; & q = 0, \\ \text{c)} & \text{negativ definite} & \text{Matrizen:} & r = -s = q = n; & p = 0, \\ \text{d)} & \text{negativ semidefinite Matrizen:} & r = -s = q < n; & p = 0, \\ \text{e)} & \text{indefinite Matrizen:} & p \neq 0; & q \neq 0. \end{array}\right\} \tag{93}$$

Aus dem Vorstehenden folgt nun auch dieser Satz:

Satz 18. Jede positiv definite HERMITEsche Matrix kann mittels einer nichtsingulären Matrix so zerlegt werden, daß gilt

$$\boldsymbol{H} = \boldsymbol{S}^{*}\boldsymbol{S}, \tag{94a}$$

$$\boldsymbol{S}\,\boldsymbol{H}\,\boldsymbol{S}^{*} = \boldsymbol{1}. \tag{94b}$$

Bei der systemtheoretischen Untersuchung von Regelungs- und speziell auch Optimierungsproblemen ist es oft interessant zu wissen, ob eine symmetrische Matrix oder die mit ihr gebildete quadratische Form positiv oder negativ definite ist, ohne daß die Eigenwerte selbst interessieren. Über die Eigenwerte ist diese Frage immer zu entscheiden. Will man die Eigenwertbestimmung umgehen, dann kann die Art der Form mittels des SYLVESTER-Kriteriums geprüft werden:

Satz 19 (SYLVESTER-Kriterium). Eine HERMITEsche Form (und damit auch die reelle quadratische Form) ist dann und nur dann

a) positiv definite, wenn alle ihre n Hauptabschnittsdeterminanten H_i positiv sind:

$$H_1 = H_{11} > 0; \quad H_2 = \begin{vmatrix} H_{11} & H_{12} \\ H_{21} & H_{22} \end{vmatrix} > 0; \quad \ldots H_n = |\boldsymbol{H}| > 0, \tag{95a}$$

b) positiv semidefinite (nicht negativ definite), wenn alle Hauptabschnitts-determinanten nicht negativ sind:

$$H_1 \geqq 0; \quad H_2 \geqq 0 \ldots; \quad H_n \geqq 0, \tag{95b}$$

c) negativ definite, wenn für die Hauptabschnittsdeterminanten gilt:

$$H_1 < 0; H_2 > 0; H_3 < 0; \ldots (-1)^n H_n > 0, \tag{95c}$$

d) negativ semidefinite (nicht positiv definite), wenn gilt:

$$H_1 \leqq 0; H_2 \geqq 0; H_3 \leqq 0; \ldots (-1)^n H_n \geqq 0. \tag{95d}$$

VIII. Spezielle Analyse- und Syntheseprobleme der Mehrgrößenregelsysteme

1 Ermittlung von Zustandsmodellen mittels Lagrange-Funktionalen

1.1 Einleitung

Eingangs des Kap. VI war schon darauf hingewiesen worden, daß die in diesem Band im Vordergrund stehenden, auf den Zustandsmodellen basierenden, Analyse- und Synthesemethoden der Regelungstechnik wesentlich durch Anpassung und Weiterentwicklung von Ideen der klassischen Mechanik der Massenpunkte entstanden sind. In den Abschn. VI.2 waren schon einige einfache Beispiele vorgeführt worden, mit denen die Gewinnung von axiomatischen Zustandsmodellen durch Anwendung einiger elementarer physikalischer Grundgesetze gezeigt wurde. Vor allem in Abschn. VI.3 sind dann aber einige durchaus wichtige Verfahren dargestellt, mit denen aus komplexen Übertragungsfunktionen und -matrizen als mathematische Systemmodelle dann Zustandsvariablenmodelle entwickelt werden können. Da der ganze Band I nur Verfahren für Systemmodelle der Ein- und Mehrgrößensysteme in der Form von Klemmenübertragungsfunktionen behandelt, kann leicht der sicherlich falsche Eindruck entstehen, daß die in diesem Band behandelten Methoden und Verfahren von diesen Klemmenmodellen auszugehen hätten. Dies wird sicherlich noch dadurch verstärkt werden, daß in den folgenden Abschnitten (3 und 4) dieses Kapitels auch wieder einige weitere Gesetzmäßigkeiten der komplexen Übertragungsmatrizen für Mehrgrößensysteme besprochen werden.

Geht man bei der Systemanalyse und Synthese der Übertragungs- und Regelungssysteme von den Klemmenübertragungsfunktionen — sei es im Zeit- oder (bei linearen Systemen) im Bildbereich — aus, hat man den für die praktische Anwendung wesentlichen Schritt zur Gewinnung dieser Gleichungen außer acht gelassen. Sicherlich gibt es eine große Zahl von Problemen, bei denen nur durch Messungen des Übertragungsverhaltens eine Systembeschreibung gewonnen werden kann, die dann zwangsläufig eine solche des Klemmenverhaltens ist. Dem steht aber die nicht minder große Zahl der Systeme gegenüber, deren Klemmenübertragungsverhalten erst indirekt ermittelt werden muß, indem zunächst ein System von Differential-, Integral- und algebraischen Gleichungen zur Beschreibung des physikalischen Verhaltens von Teilsystemen oder gar der einzelnen Systemelemente aufgestellt wird. Erst in einem weiteren Schritt werden dann durch Elimination von „überflüssigen" Variablen die das Klemmenverhalten beschreibenden Gleichungen gewonnen. Dieser zweite Schritt ist aber vielfach überflüssig — ja kann zu physikalisch falschen Ergebnissen führen —. Vor allem hat man hierbei häufig den wesentlichen Nachteil, daß die bei dem Eliminationsprozeß entstehenden Konstanten oder Funktionen oft keine physikalische Bedeutung mehr haben. Zumindest tritt häufig eine unerwünschte Verknüpfung der bei der Analyse und Synthese wesentlichen Parameter auf. Hat man das System von „innen heraus" analysiert, ist es besser, das System durch ein Zustandsvariablenmodell zu beschreiben und dann die für diese Modellform existierenden Methoden heranzuziehen. Dabei kann vielfach das System so weiterbehandelt werden, daß die ursprüngliche Struktur, wenn nicht erhalten, so doch erkennbar bleibt. Die Zustandsvariablen haben dann normalerweise auch direkt eine physikalische Bedeutung, was bei der Gewinnung der Zustandsmodelle aus Klemmenmodellen im allgemeinen nicht mehr der Fall ist.

In der klassischen Mechanik wurde eine formale Vollendung erreicht, die wesentlich mit den Namen LAGRANGE und HAMILTON verknüpft ist. Eine Reihe dieser Ideen lassen sich weiter verallgemeinern und zu Analyse- und auch Syntheseverfahren der Regelungstechnik ausbauen. Besteht eine wesentliche Idee der auf dem Klemmenübertragungsverhalten aufbauenden System- und Regelungstheorie darin, nur das Signal als einen von Energie befreiten Begriff zur Systembeschreibung heranzuziehen, so steht bei den Zustandsmodellen gerade der Energiebegriff im Vordergrund. Insbesondere bei der LAGRANGEschen Betrachtungsweise wird von dem LAGRANGEschen Funktional, das den Energiezustand eines Systems beschreibt, ausgegangen. Diese Ideen werden in den folgenden Abschnitten so weit und dabei sehr kurz gefaßt dargestellt, daß einmal zu erkennen ist, daß diese Methoden ein ausgezeichnetes Werkzeug darstellen, komplexe Systeme, die Teile von Übertragungs- und/oder Regelungssystemen darstellen, zu analysieren. Wir finden hier eine Anleitung zur systematischen Gewinnung von Zustandsmodellen. Zum anderen liegen viele dieser Ideen den modernen Stabilitäts- und Optimierungstheorien zugrunde. Insbesondere die Optimierungstheorie liefert wohl im Augenblick die schlagkräftigsten Syntheseverfahren der Regelungstheorie. In diesem Sinne sind also die folgenden Abschnitte schon als Einleitung für den Abschn. VIII.8, der Stabilitätsfragen behandelt, und für das Kap. IX über die Optimierungstheorie zu verstehen.

1.2 Einführung des Lagrange-Funktionals

Das hier einzuführende LAGRANGEsche Funktional gehört zu den *Zustandsfunktionalen.* Diese wollen wir zunächst wie folgt einführen:

Definition 1. Ein *Zustandsfunktional* ist eine skalare Funktion der Zustandsvariablen (und möglicherweise der Zeit), deren Wert in jedem Moment durch die Zustandsvariablen und die Zeit vollständig bestimmt ist.

Im allgemeinen hat ein Zustandsfunktional also diese Form

$$F = F\big(\boldsymbol{u}(t), t\big). \tag{1}$$

Funktionale dieser Art, die der vorstehenden Definition genügen, werden uns z. B. in der Gestalt von Energiefunktionalen, als Ljapunovsche Funktion und in der Optimierungstheorie noch wiederholt begegnen. Von besonderer Wichtigkeit in dieser Definition ist, daß $F\big(\boldsymbol{u}(t),t\big)$ vollständig und (abgesehen von der Zeit) alleine von den Zustandsvariablen $u_i(t)$ abhängt. Genau wie der Zustand selbst sind die Zustandsfunktionale unabhängig von dem Weg (der Trajektorie), über den der betreffende Zustand(-spunkt) im Zustandsraum erreicht wurde. Diese Funktionale genügen also wesentlich den Axiomen einer Potentialfunktion.

Werden die Zustandsvariablen als physikalische Systemvariable gewählt, d. h. nimmt man trotz der im Prinzip willkürlichen Auswahl die Zustandsvariablen so, daß sie eine unmittelbar physikalische Bedeutung, wie z. B. Weg, Geschwindigkeit, Strom oder Spannung, haben, dann stehen geeignet definierte Zustandsfunktionale häufig auch eng mit physikalisch relevanten Größen in Beziehung. Dies trifft insbesondere für das Lagrangesche Funktional zu:

Definition 2. Das Lagrange-Funktional $L(\boldsymbol{q},\dot{\boldsymbol{q}},t)$ ist definiert als die Differenz der *kinetischen Energie* $T(\boldsymbol{q},\dot{\boldsymbol{q}},t)$ und der *potentiellen Energie* $U(\boldsymbol{q},t)$ in einem System:

$$L(\boldsymbol{q},\dot{\boldsymbol{q}},t) = T(\boldsymbol{q},\dot{\boldsymbol{q}},t) - U(\boldsymbol{q},t). \tag{2}$$

Das mit $L(\boldsymbol{q},\dot{\boldsymbol{q}},t)$ verknüpfte Konzept geht also von dem Energiezustand in dem System aus, in dem der Energieinhalt aller im System vorhandenen Speicher für potentielle und kinetische Energie aufgestellt wird. Ähnlich wie in der Mechanik werden hier zunächst nur Systeme mit einer endlichen Zahl konzentrierter Speicherelemente betrachtet. Beachtenswert ist, daß die Funktionale T und U selbst wieder der Definition eines Zustandsfunktionals genügen.

Die in (2) notierten Argumente $\boldsymbol{q}$ bzw. $\dot{\boldsymbol{q}} = \dfrac{d}{dt}\,\boldsymbol{q}$ wollen wir in weiterer Anlehnung an die Mechanik als *verallgemeinerte Koordinaten* bzw. *verallgemeinerte Geschwindigkeiten* bezeichnen. Der Vektor $\boldsymbol{q}$ der r verallgemeinerten Koordinaten q_i spannt also zunächst einen r-dimensionalen Vektorraum auf, in dem auch wie in der Mechanik jedem Element in diesem Raum eine Position *und* eine Geschwindigkeit zugeordnet wird. Zu dem uns letztlich interessierenden Konzept des abstrakten n-dimensionalen Zustandsraums gelangt man erst dann, wenn man in geeigneter (unten noch zu erläuternder) Weise sowohl jeder Koordinaten- *und* jeder Geschwindigkeitskomponente eine eigene Zustandsvariable zuordnet. In rein mechanischen Systemen erhalten wir dann aus r Koordinaten und den zugehörigen r Geschwindigkeiten genau $n = 2r$ Zustandsvariable $u_j(t)$. In allgemeinen Systemen, die außer mechanischen Speichern auch solche anderer Energiearten enthalten, gehört nicht mehr in jedem Fall zu einer verallgemeinerten Koordinate eine Geschwindigkeit, so daß sich dann die Zahl der Zustandsvariablen in den Grenzen $r \leq n \leq 2r$ bewegt. Bevor wir weiter unten den Begriff der verallgemeinerten Koordinaten vor allem im Hinblick auf nicht allein mechanische Systeme erweitern, sei bei den nachfolgenden Erläuterungen zunächst immer an mechanische Systeme gedacht. Das Verständnis wird weiter erleichtert, wenn man bei einem mechanischen System zunächst nur an Systeme von Massepunkten im dreidimensionalen Raum denkt.

Hat man das Lagrange-Funktional eines Systems aufgestellt, dann lassen sich daraus die das System beschreibenden Differentialgleichungen entwickeln und damit dann die „Bewegung" des Systems angeben. Es ist aber festzuhalten, daß das LAGRANGE-Funktional eine implizite Systembeschreibung darstellt, die zwar die Systemanalyse stark vereinfacht, da formalisiert, die aber eine explizite Lösung der Differentialgleichungen eines Systems zur Ermittlung der Systembewegung nicht umgehbar macht.

An dieser Stelle ist zunächst noch zu erläutern, warum das Funktional T der kinetischen Energie sowohl von $\boldsymbol{q}$ als von $\dot{\boldsymbol{q}}$ abhängt. Sicher ist sofort einleuchtend, daß die potentielle Energie $U(\boldsymbol{q}, t)$ im allgemeinen nur von der Position alleine abhängt und daß die kinetische Energie aufgrund ihrer Definition auf jeden Fall eine Funktion der Geschwindigkeiten ist. Betrachtet man aber das in Abb. VIII.1.1 dargestellte Beispiel eines Doppelpendels, dann erkennt man leicht, daß die kinetische Energie im Gesamtsystem auch explizite von der Position der beiden Massepunkte m_1 und m_2 abhängt.

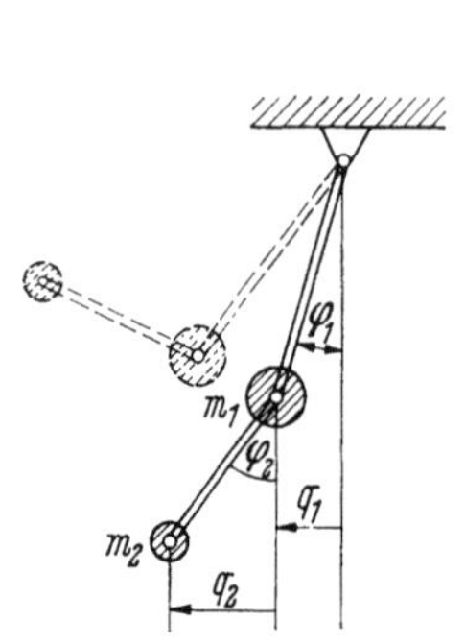

Abb. VIII.1.1 Doppelpendel

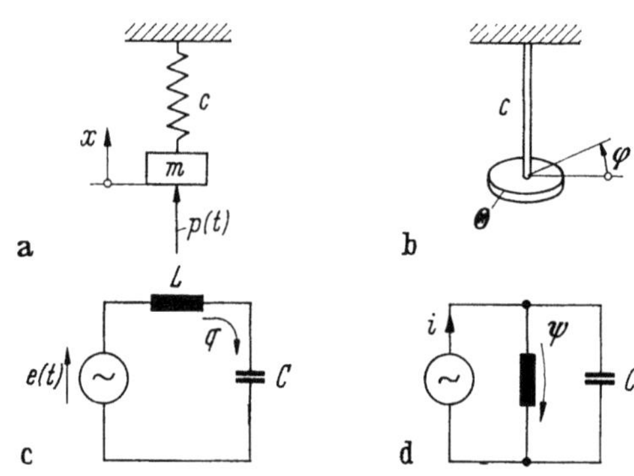

Abb. VIII.1.2a−d Analoge Schwinger. a) mechanische Translation; b) mechanische Rotation; c) elektrische Serie $\left(q = \int\limits_0^t i(\tau)\,d\tau \triangleq \text{Ladung}\right)$;

d) elektrisch parallel $\psi = \int\limits_0^t u(\tau)\,d\tau \triangleq$ Verkettungsfluß

Bevor im nächsten Abschnitt die Energiefunktionale und ihre besonderen Eigenschaften genauer untersucht werden, sollen kurz Möglichkeiten angedeutet werden, wie der Begriff der verallgemeinerten Koordinaten und Geschwindigkeiten auf elektrische Netzwerke ausgedehnt werden kann. Wir betrachten zunächst die vier in Abb. VIII.1.2 abgebildeten Systeme, die jeweils durch diese Differentialgleichungen 2. Ordnung beschrieben werden können:

$$\left.\begin{array}{l}
\text{1. Mechanisches System (Translation) } m\,\ddot{x} + c\,x = p(t) = \text{Kraft.} \\[2mm]
\text{2. Mechanisches System (Rotation) } \Theta\,\ddot{\varphi} + c\,\varphi = m_d(t) = \text{Drehmoment.} \\[2mm]
\text{3. Elektrisches System (Serienschaltung) } L\,\ddot{q} + \dfrac{1}{C}\,q = e(t) = \text{Spannung.} \\[2mm]
\text{4. Elektrisches System (Parallelschaltung) } C\,\ddot{\psi} + \dfrac{1}{L}\,\psi = i(t) = \text{Strom.}
\end{array}\right\} \quad (3)$$

Um einmal eine zum NEWTONschen Gesetz der Mechanik analoge Form zu erhalten und zum anderen, um dann das LAGRANGE-Funktional auf elektrische Systeme in einfacher Form erweitern zu können, wurden als Variablen die

Ladung $q = \int\limits_0^t i(\tau)\,d\tau$ bzw. der Verkettungsfluß $\psi = \int\limits_0^t u(\tau)\,d\tau$ eingeführt. Ausgehend von dem mechanischen System definieren wir als verallgemeinerte Koordinaten die Variablen x, φ, q und ψ. Analogiebetrachtungen veranlassen uns, weiter die kinetische und die potentielle Energie für die vier Fälle zu definieren:

$$T(\dot{\boldsymbol{q}}) = \begin{cases} m\,\dfrac{\dot{x}^2}{2} \\[2ex] \Theta\,\dfrac{\dot{\varphi}^2}{2} \\[2ex] L\,\dfrac{\dot{q}^2}{2} \\[2ex] C\,\dfrac{\dot{\psi}^2}{2} \end{cases}, \qquad U(\boldsymbol{q}) = \begin{cases} c\,\dfrac{x^2}{2} \\[2ex] c\,\dfrac{\varphi^2}{2} \\[2ex] C\,\dfrac{q^2}{2} \\[2ex] L\,\dfrac{\psi^2}{2} \end{cases}.$$

In Tafel VIII.1.1 sind für die hier betrachteten vier Systeme die einander analogen Größen zusammengestellt. Erwähnenswert ist noch, daß die physikalischen Größen Strom $i(t)$ und Spannung $u(t)$ mit $i(t) = \dot{q}(t)$ und $u(t) = \dot{\psi}(t)$ als verallgemeinerte Geschwindigkeiten und nicht als Koordinaten eingeführt wurden. Dies ist deshalb notwendig, um durchweg auf Differentialgleichungen anstelle von Integrodifferentialgleichungen geführt zu werden. Bei der Analyse vermaschter Systeme wird man für den elektrischen Teil sicherlich normalerweise so vorgehen, wie es in der Netzwerktheorie und durch die Kirchhoffschen Gleichungen eingeführt ist. Das heißt, man wird zunächst z. B. Kreisströme ansetzen und dann durch die vorstehend erläuterten einfachen Substitutionen ein übersichtliches Differentialgleichungssystem mit Gleichungen 2. Ordnung erzeugen, das dann weiter durch Einführung eines *verallgemeinerten Impulses* in ein System von Differentialgleichungen 1. Ordnung zerlegt wird.

Tafel VIII.1.1 *Analoge Größen mechanischer und elektrischer Systeme*

System	Verallgemeinerte Koordinaten q	Verallgemeinerte Geschwindigkeiten $\dot{q}$	Kinetische Energie $T(\dot{q}, q)$	Potentielle Energie $U(q)$	Verallgemeinerter Impuls P	Kräfte K
Mechanisch Translation	Position x	Geschwindigkeit $\dot{x} = v$	$\dfrac{1}{2}\,m\,v^2$	$\dfrac{1}{2}\,c\,x^2$	Impuls $m\,v = m\,\dot{x}$	$c\,x$
Mechanisch Rotation	Winkelposition φ	Winkelgeschwindigkeit $\dot{\varphi} = \omega$	$\dfrac{1}{2}\,\Theta\,\omega^2$	$\dfrac{1}{2}\,c\,\varphi^2$	Drehimpuls $\Theta\,\omega = \Theta\,\dot{\varphi}$	$c\,\varphi$
Elektrisch Serie	Ladung q	Strom $\dot{q} = i$	$\dfrac{1}{2}\,L\,i^2$	$\dfrac{1}{2C}\,q^2$	$L\,i = L\,\dot{q}$	$\dfrac{1}{C}\,q$
Elektrisch parallel	Flußverkettung ψ	Spannung $\dot{\psi} = u$	$\dfrac{1}{2}\,C\,u^2$	$\dfrac{1}{2L}\,\psi^2$	$C\,u = C\,\dot{\psi}$	$\dfrac{1}{L}\,\psi$

1.3 Erläuterung der Energiefunktionale

Strenger, als es in Tafel VIII.1.1 angedeutet werden konnte, werden die Energiefunktionale im allgemeinen Fall über diese Integrale definiert:

$$T(\boldsymbol{q}, \dot{\boldsymbol{q}}) = \int_0^{\dot{\boldsymbol{q}}} \boldsymbol{p}^T(\boldsymbol{\varrho}, \dot{\boldsymbol{\varrho}})\, d\dot{\boldsymbol{\varrho}}, \tag{4}$$

$$U(\boldsymbol{q}) = \int_0^{\boldsymbol{q}} \boldsymbol{k}^T(\boldsymbol{\varrho})\, d\boldsymbol{\varrho}. \tag{5}$$

Diese beiden Funktionale, die mit (2) das LAGRANGE-Funktional bestimmen, sollen nun etwas ausführlicher besprochen werden. Wir beginnen mit $T(\boldsymbol{q}, \dot{\boldsymbol{q}})$, wo die kinetische Energie als Integral über den *verallgemeinerten Impulsvektor* $\boldsymbol{p} = [p_1, p_2, \ldots, p_r]^T$ bestimmt wird. Gl. (4) kann zunächst detaillierter angeschrieben werden zu:

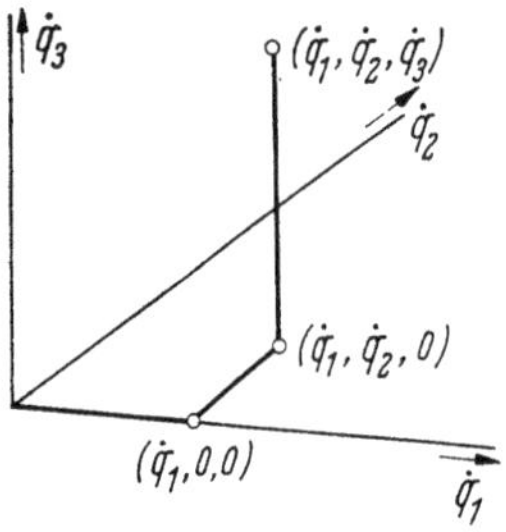

$$T(\boldsymbol{q}, \dot{\boldsymbol{q}}) = \int_0^{\dot{\boldsymbol{q}}} \sum_{i=1}^{r} p_i(\boldsymbol{\varrho}, \dot{\boldsymbol{\varrho}})\, d\dot{\varrho}_i. \tag{4a}$$

Hierin deutet der Vektor $\dot{\boldsymbol{q}}$ als obere Grenze nur an, daß das Integral als Linienintegral zu nehmen ist. Da mit Definition 1 das Funktional T eine Potentialfunktion ist, ist der Wert des Integrals (4) unabhängig von dem speziell gewählten Integrationsweg. Wählt man einen Integrationsweg, der abschnittsweise jeweils parallel einer „Koordinatenachse" führt, wie es in Abb. VIII.1.3 für den dreidimensionalen Fall angedeutet ist, kann für T noch ausführlicher geschrieben werden:

Abb. VIII.1.3 Zur Erläuterung der Gl. (4b)

$$T(\boldsymbol{q}, \dot{\boldsymbol{q}}) = \sum_{i=1}^{r} \int_0^{\dot{q}_i} p_i(\boldsymbol{\varrho}, \dot{\varrho}_1, \dot{\varrho}_2, \ldots, \dot{\varrho}_i, 0, \ldots, 0)\, d\dot{\varrho}_i$$

$$= \int_0^{\dot{q}_1} p_1(\boldsymbol{\varrho}, \dot{\varrho}_1, 0 \ldots 0)\, d\dot{\varrho}_1 + \int_0^{\dot{q}_2} p_2(\boldsymbol{\varrho}, \dot{\varrho}_1, \dot{\varrho}_2, 0 \ldots 0)\, d\dot{\varrho}_2 + \cdots$$

$$\cdots + \int_0^{\dot{q}_r} p_r(\boldsymbol{\varrho}, \dot{\varrho}_1, \ldots, \dot{\varrho}_r)\, d\dot{\varrho}_r. \tag{4b}$$

Aus dem vorstehenden folgt, daß die Komponenten des Impulsvektors $\boldsymbol{p}(\boldsymbol{q}, \dot{\boldsymbol{q}})$ dieser Beziehung genügen müssen, damit das Linienintegral über $\boldsymbol{p}$ von dem speziellen Integrationsweg unabhängig ist:

$$\frac{\partial p_i(\boldsymbol{q}, \dot{\boldsymbol{q}})}{\partial \dot{q}_i} = \frac{\partial p_j(\boldsymbol{q}, \dot{\boldsymbol{q}})}{\partial \dot{q}_j}; \quad i, j = 1, 2, \ldots, r. \tag{6}$$

Als nächstes betrachten wir die potentielle Energie U, die durch ein Linienintegral über den Potentialkraftvektor $\boldsymbol{k}$ bestimmt ist, wobei (5) ausgeschrieben zunächst lautet

$$U(\boldsymbol{q}) = \int_0^{\boldsymbol{q}} \boldsymbol{k}^T(\boldsymbol{\varrho})\, d\boldsymbol{\varrho}$$

$$= \int_0^{\boldsymbol{q}} \sum_{i=1}^{r} k_i(\boldsymbol{\varrho})\, d\varrho_i. \tag{5a}$$

Auch dies ist ein Zustandsfunktional, für das bei (beliebiger) Wahl eines speziellen Integrationswegs geschrieben werden kann

$$U(\boldsymbol{q}) = \int\limits_0^{q_1} k_1(\varrho_1, 0, \ldots, 0)\, d\varrho_1 + \int\limits_0^{q_2} k_2(\varrho_1, \varrho_2, 0 \ldots 0)\, d\varrho_2 + \cdots$$

$$\cdots + \int\limits_0^{q_r} k_r(\varrho_1, \ldots, \varrho_r)\, d\varrho_r. \tag{5b}$$

Auch für den Kraftvektor $\boldsymbol{k}$ muß die Potentialfeldbeziehung gelten:

$$\frac{\partial k_i(\boldsymbol{q})}{\partial q_i} = \frac{\partial k_j(\boldsymbol{q})}{\partial q_j}, \quad i, j = 1, 2, \ldots, r. \tag{7}$$

Kennt man die kinetische und potentielle Energie, dann lassen sich der Impulsvektor und der Kraftvektor als die Gradienten (VII.2.85) der Energiefunktionale wie folgt gewinnen:

$$\boldsymbol{p}(\boldsymbol{q}, \dot{\boldsymbol{q}}) = \operatorname*{grad}_{\dot{\boldsymbol{q}}} T(\boldsymbol{q}, \dot{\boldsymbol{q}}) = T_{\dot{\boldsymbol{q}}}(\boldsymbol{q}, \dot{\boldsymbol{q}}) = \left[\frac{\partial T}{\partial \dot{q}_1}, \frac{\partial T}{\partial \dot{q}_2}, \ldots, \frac{\partial T}{\partial \dot{q}_r}\right]^T, \tag{8}$$

$$\boldsymbol{k}(\boldsymbol{q}) = \operatorname*{grad}_{\boldsymbol{q}} U(\boldsymbol{q}) = U_{\boldsymbol{q}}(\boldsymbol{q}) = \left[\frac{\partial U}{\partial q_1}, \frac{\partial U}{\partial q_2}, \ldots, \frac{\partial U}{\partial q_r}\right]^T. \tag{9}$$

An dem aus [VIII.2] entnommenen Beispiel eines elektromechanischen Systems soll das Vorstehende vertieft werden.

Beispiel. Wir betrachten das in Abb. VIII.1.4 skizzierte elektromechanische System, bei dem vor allem die von der Stellung des Ankers nichtlinear abhängenden Induktivitäten L, L_b und die Gegeninduktivität M_{ab} interessant sind. Wir definieren als verallgemeinerte Koordinate die Auslenkung des Ankers aus der Ruhelage mit q_1 und die Ströme durch die Spulen als verallgemeinerte Geschwindigkeiten $\dot{q}_2$ und $\dot{q}_3$.

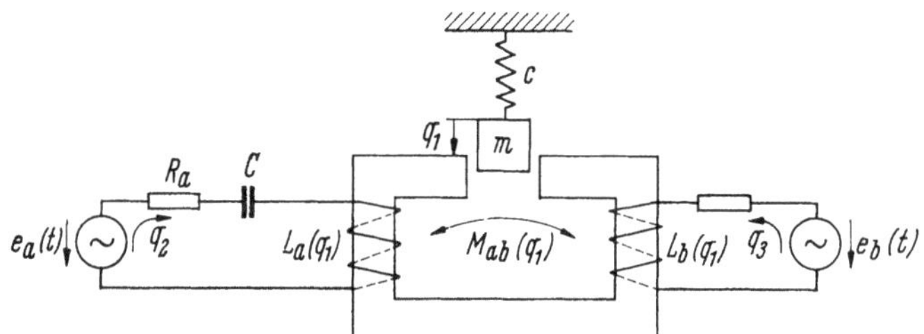

Abb. VIII.1.4 Beispiel zur Aufstellung des LAGRANGE-Funktionals

Die kinetische Energie ist mit den verallgemeinerten Geschwindigkeiten verknüpft. Wir bestimmen mit den eingeführten Koordinaten bei den hier vorliegenden Verhältnissen die Komponenten des verallgemeinerten Impulsvektors. Der Impuls $p_1(\boldsymbol{q}, \dot{\boldsymbol{q}})$ hängt hier nur von der Geschwindigkeit $\dot{q}_1$ des Ankers ab, und wir haben

$$p_1(\boldsymbol{q}, \dot{\boldsymbol{q}}) = m\, \dot{q}_1.$$

Der Impuls p_2 hängt wesentlich von der Geschwindigkeit $\dot{q}_2$ ab und ist gleich dem Verkettungsfluß im Stromkreis mit der Koordinate q_2. Dieser Verkettungsfluß ist aber über die Selbstinduktivität L_a vom Strom $i_a = \dot{q}_2$ und über die Gegeninduktivität M_{ab} vom Strom $i_b = \dot{q}_3$ abhängig, so daß wir für p_2 und dann analog für p_3 erhalten:

$$p_2(\boldsymbol{q}, \dot{\boldsymbol{q}}) = L_a(q_1)\, \dot{q}_2 + M_{ab}(q_1)\, \dot{q}_3,$$
$$p_3(\boldsymbol{q}, \dot{\boldsymbol{q}}) = L_b(q_1)\, \dot{q}_3 + M_{ab}(q_1)\, \dot{q}_2.$$

Hier ist deutlich die Abhängigkeit der kinetischen Energie auch von den „Positions"-Koordinaten zu erkennen, denn mit (4) erhalten wir für die kinetische Energie

$$T(\boldsymbol{q}, \dot{\boldsymbol{q}}) = \int\limits_{0}^{\dot{q}} [p_1, p_2, p_3]\, d\dot{\varrho}$$

$$= \int\limits_{0}^{\dot{q}} [m\,\dot{\varrho}_1 \mid L_a(q_1)\,\dot{\varrho}_2 + M_{ab}(q_1)\,\dot{\varrho}_3 \mid L_b(q_1)\,\dot{\varrho}_3 + M_{ab}(q_1)\,\dot{\varrho}_2]\, d\dot{\varrho}$$

$$= \int\limits_{0}^{\dot{q}_1} m\,\dot{\varrho}_1\, d\dot{\varrho}_1 + \int\limits_{0}^{\dot{q}_2} L_a(q_1)\,\dot{\varrho}_2\, d\dot{\varrho}_2 + \int\limits_{0}^{\dot{q}_3} [L_b(q_1)\,\dot{\varrho}_3 + M_{ab}(q_1)\,\dot{\varrho}_2]\, d\dot{\varrho}_3$$

$$= \frac{m\,\dot{q}_1^2}{2} + \frac{L_a(q_1)\,\dot{q}_2^2}{2} + \frac{L_b(q_1)\,\dot{q}_3^2}{2} + M_{ab}(q_1)\,\dot{q}_2\,\dot{q}_3\,.$$

Die hier noch implizite Abhängigkeit der Induktivitäten von der Ankerlage kann erst dann weiter untersucht werden, wenn Angaben über die geometrischen Anordnungen und das Material bekannt sind. Die potentielle Energie ist in diesem Beispiel nur durch die beiden Speicher der Feder und des Kondensators gegeben, so daß für den Vektor der Potentialkraft gilt:

$$\boldsymbol{k}(\boldsymbol{q}) = \left[c\,q_1 \mid \frac{q_2}{C} \mid 0 \right]^{T},$$

woraus dann mit (5) für die potentielle Energie folgt:

$$U(\boldsymbol{q}) = \int\limits_{0}^{q_1} c\,\varrho_1\, d\varrho_1 + \int\limits_{0}^{q_2} \frac{\varrho_2}{C}\, d\varrho_2 = \frac{c}{2}\,q_1^2 + \frac{1}{2C}\,q_2^2\,.$$

Setzt man die so bestimmten Energieausdrücke in (2) ein, hat man das LAGRANGE-Funktional des Systems aufgestellt.

1.4 Lagrangesche Gleichungen und Newtons Gesetz

Im Folgenden wird der Zusammenhang zwischen dem LAGRANGE-Funktional und den sogenannten LAGRANGEschen Gleichungen und damit ein Zusammenhang zwischen dem ersteren und den NEWTONschen Gleichungen der Mechanik dargestellt. Auch diese Darstellung kann in dem hier gesetzten Rahmen nur eine Vorstellung der auch für die Regelungstechnik wichtigen Ideen geben, ohne daß die zugrundeliegende Theorie bewiesen wird. Für diese Beweise sei gegebenenfalls vor allem auf [VIII.1 und VIII.3] verwiesen. Wir beschränken uns hier ferner wieder auf rein mechanische Systeme und speziell auf Systeme mit r Massenpunkten, da diese Systeme der Vorstellung — zumindest durch Gewöhnung — entgegenkommen, und oben gezeigt wurde, wie durch Analogiebetrachtungen dieses Konzept auf allgemeinere Systeme erweitert werden kann.

Wir betrachten ein System von r Massenpunkten, für die keine Zwangsbedingungen bestehen, d. h., jede dieser Punktmassen soll drei Freiheitsgrade haben (s. hierzu den nächsten Abschnitt). Dann wird in einem dreidimensionalen CARTESischen Koordinatensystem die Position jedes Massenpunktes durch drei Ortskoordinaten beschrieben. Zählen wir für alle r Massenpunkte mit den Massen m_j die Koordinaten x_i fortlaufend durch, dann haben wir $N = 3r$ Koordinaten. Bezeichnet man mit

$$p_i(\dot{\boldsymbol{x}}) = m_i\,\dot{x}_i, \quad i = 1, 2, \ldots, N \tag{10}$$

den Impuls der i-ten Masse in Richtung der i-ten Koordinate, wobei zu berücksichtigen ist, daß wegen der durchgezählten Koordinaten $m_1 = m_2 = m_3$;

$m_4 = m_5 = m_6, \ldots$, gilt, dann liefert das 1. NEWTONsche Gesetz:

$$\frac{d}{dt}\, p_i(\dot{x}) = k_i, \quad i = 1, 2, \ldots, N, \tag{11}$$

worin die k_i die Summe aller auf die i-te Masse in Richtung der Koordinate x_i wirkenden Kräfte ist. Es werden nun neue Koordinaten q mittels einer (linearen oder auch nichtlinearen) Koordinatentransformation eingeführt

$$x = x(q). \tag{12}$$

Mit Hilfe der Kettenregel folgt hieraus dann für $\dot{x}$:

$$\dot{x} = \frac{d}{dt}\, x(q) = \sum_{i=1}^{N} \frac{\partial x}{\partial q_i}\, \frac{dq_i}{dt} = \sum_{i=1}^{N} \frac{\partial x}{\partial q_i}\, \dot{q}_i = \dot{x}(q, \dot{q}), \tag{13}$$

also eine Abhängigkeit der Geschwindigkeit von q und $\dot{q}$.

Für die kinetische Energie $T(\dot{x})$ in den ursprünglichen Koordinaten gilt zunächst

$$T(\dot{x}) = \frac{1}{2} \sum_{i=1}^{N} m_i\, \dot{x}_i^2 \tag{14}$$

und ferner der Zusammenhang mit dem Impulsvektor

$$p(\dot{x}) = T_{\dot{x}}(\dot{x}) = \left[\frac{\partial T}{\partial \dot{x}_1}, \ldots, \frac{\partial T}{\partial \dot{x}_N}\right]^T = [m_1\, \dot{x}_1, \ldots, m_N\, \dot{x}_N]^T. \tag{15}$$

Mit (13) gilt für T also auch $T = T\big(\dot{x}(q, \dot{q})\big)$. Um die gewünschten Beziehungen zu erhalten, werden zunächst die partiellen Ableitungen T_{q_i} und $T_{\dot{q}_i}$ gebildet:

$$T_{q_i} = \frac{\partial T(\dot{x}(q, \dot{q}))}{\partial q_i} = \sum_{l=1}^{N} \frac{\partial T}{\partial \dot{x}_l}\, \frac{\partial \dot{x}_l}{\partial q_i} = [T_{\dot{x}}]^T \dot{x}_{q_i} = p^T(\dot{x})\, \dot{x}_{q_i}, \tag{16}$$

$$T_{\dot{q}_i} = \frac{\partial T}{\partial \dot{q}_i} = p^T(\dot{x})\, \dot{x}_{\dot{q}_i}; \quad i = 1, 2, \ldots, N. \tag{17}$$

Nun gilt aber zunächst

$$\dot{x}_{\dot{q}_i} = \frac{\partial}{\partial \dot{q}_i}\, \dot{x}(q, \dot{q})$$

und mit (13) sowie

$$\frac{\partial \dot{q}_i}{\partial \dot{q}_j} = \begin{cases} 0 & \text{für } i \neq j, \\ 1 & \text{für } i = j, \end{cases}$$

$$\dot{x}_{\dot{q}_i} = \frac{\partial}{\partial \dot{q}_i} \sum_{j=1}^{N} \frac{\partial x}{\partial q_j}\, \dot{q}_j = \frac{\partial}{\partial \dot{q}_i} \sum_{j=1}^{N} x_{q_j}\, \dot{q}_j$$

$$= \frac{\partial}{\partial q_i}\, x = x_{q_i}. \tag{18}$$

Damit erhält man für (17) auch diese Form

$$T_{\dot{q}_i} = p^T(\dot{x})\, x_{q_i}, \quad i = 1, 2, \ldots, N. \tag{17a}$$

In einem nächsten Schritt wird die zeitliche Ableitung hiervon gebildet:

$$\frac{d}{dt}\, T_{\dot{q}_i} = \dot{p}^T(\dot{x})\, x_{q_i} + p^T(\dot{x})\, \dot{x}_{q_i}, \quad i = 1, 2, \ldots, N. \tag{19}$$

Der zweite Summand dieser Gleichung ist mit (16) aber gerade T_{q_i}, so daß die letzte Gleichung auch umgeformt werden kann zu:

$$\frac{d}{dt} T_{\dot{q}_i} - T_{q_i} = \dot{\boldsymbol{p}}^T(\dot{\boldsymbol{x}})\, \boldsymbol{x}_{q_i}, \quad i = 1, 2, \ldots, N. \tag{19a}$$

Bis hierher wurde nur das Funktional für die kinetische Energie umgeformt, ohne daß weitere physikalische Gesetze hinzugezogen wurden. Ein Vergleich der rechten Seite der letzten Gleichung mit (11) zeigt, daß weiter umgeformt werden kann zu

$$\frac{d}{dt} T_{\dot{q}_i} - T_{q_i} = \sum_{j=1}^{N} k_j \frac{\partial x_j}{\partial q_i}, \quad i = 1, 2, \ldots, N. \tag{20}$$

Führt man nun die verallgemeinerten Kräfte

$$Q_i = \sum_{j}^{N} k_j \frac{\partial x_j}{\partial q_i}$$

ein, so liegen die sogenannten *Lagrangeschen Gleichungen zweiter Art* zur Beschreibung des Systems vor:

$$\frac{d}{dt} \frac{\partial}{\partial \dot{q}_i} T(\boldsymbol{q}, \dot{\boldsymbol{q}}) - \frac{\partial}{\partial q_i} T(\boldsymbol{q}, \dot{\boldsymbol{q}}) = Q_i; \quad i = 1, 2, \ldots, N. \tag{21}$$

Diese allgemeine Form der LAGRANGEschen Gleichungen steht bei rein mechanischen Systemen für ein Gleichungssystem in N Differentialgleichungen 2. Ordnung, die die Bewegungen der $r = N/3$ Massenpunkte beschreiben. Die hier eingeführten Koordinaten q sind vollständig allgemein, so daß die LAGRANGEschen Gleichungen auch für nichtlineare Systeme aufgestellt werden können und dann die entsprechenden nichtlinearen gewöhnlichen Differentialgleichungen liefern.

Für die Anwendungen ist es sinnvoll, die allgemeinen Kräfte Q_i in (21) noch in dieser Weise aufzuspalten:

$$Q_i = K_i - P_i - D_i, \quad i = 1, 2, \ldots, N, \tag{22}$$

worin K_i für die von außen auf das System wirkenden äußeren Kräfte, P_i für die Potentialkräfte und D_i für die Dämpfungskräfte steht. Über die äußeren Kräfte ist in diesem Zusammenhang zunächst nichts weiter zu sagen. Die Potentialkräfte stammen aus Energiespeichern für potentielle Energie und können aus der potentiellen Energie $U(\boldsymbol{q})$ bestimmt werden:

$$P_i = \frac{\partial}{\partial q_i} U(\boldsymbol{q}) = U_{q_i}(\boldsymbol{q}) \tag{23}$$

bzw. $\boldsymbol{P} = U_q(\boldsymbol{q})$.

Die Dämpfungskräfte D_i entstehen bei Anwesenheit von energieverbrauchenden Systemelementen. Nimmt man nur viskose Reibung an, was in elektrischen Netzwerken den linearen OHMschen Widerständen entspricht, dann hat die Dämpfungskraft D_i in Richtung der Koordinate q_i diese Form

$$D_i = d_i\, \dot{q}_i, \tag{24}$$

worin die d_i die Dämpfungskoeffizienten sind. Die Dämpfungskräfte können aber auch mittels des RAYLEIGH-Funktionals $D(\dot{\boldsymbol{q}})$, einem weiteren Zustandsfunktional, notiert werden, das die Dämpfungsarbeit beschreibt. Wenn dieses

Funktional definiert wird zu

$$D(\dot{q}) = \frac{1}{2} \sum_{i=1}^{N} d_i \, \dot{q}_i^2 \,, \tag{25}$$

dann gilt auch

$$D_i = \frac{\partial}{\partial \dot{q}_i} D(\dot{q}) = D_{\dot{q}_i}(\dot{q}) \tag{26}$$

bzw. $\boldsymbol{D} = D_{\dot{\boldsymbol{q}}}(\dot{\boldsymbol{q}})$.

Die negativen Vorzeichen bei den Potential- und Dämpfungskräften in (22) sollen direkt andeuten, daß diese Kräfte den äußeren Kräften entgegenwirken. Werden die vorstehend definierten Kräfte in (21) eingeführt, erhält man die LAGRANGEschen Gleichungen in einer für die Anwendung geeigneteren Form zu

$$\frac{d}{dt} T_{\dot{\boldsymbol{q}}} - T_{\boldsymbol{q}} + U_{\boldsymbol{q}} + D_{\dot{\boldsymbol{q}}} = \boldsymbol{K}, \tag{27}$$

wobei hier die N Gleichungen durch die Vektorschreibweise zusammengefaßt wurden. Für theoretische Untersuchungen kann diese Gleichung unter Verwendung des LAGRANGE-Funktionals weiter zusammengefaßt werden. Da die potentielle Energie nicht von $\dot{\boldsymbol{q}}$ abhängt, ist

$$U_{\dot{\boldsymbol{q}}}(\boldsymbol{q}) = \boldsymbol{0},$$

damit ist aber zunächst mit Gl. (2)

$$\frac{d}{dt} L_{\dot{\boldsymbol{q}}}(\boldsymbol{q}, \dot{\boldsymbol{q}}) - L_{\boldsymbol{q}}(\boldsymbol{q}, \dot{\boldsymbol{q}}) = \frac{d}{dt} T_{\dot{\boldsymbol{q}}}(\boldsymbol{q}, \dot{\boldsymbol{q}}) - T_{\boldsymbol{q}}(\boldsymbol{q}, \dot{\boldsymbol{q}}) + U_{\boldsymbol{q}}(\boldsymbol{q}),$$

womit aus (27) ferner folgt

$$\frac{d}{dt} L_{\dot{\boldsymbol{q}}}(\boldsymbol{q}, \dot{\boldsymbol{q}}) - L_{\boldsymbol{q}}(\boldsymbol{q}, \dot{\boldsymbol{q}}) + D_{\dot{\boldsymbol{q}}} = \boldsymbol{K}. \tag{27a}$$

Ist das beschriebene System ein konservatives System, auf das keine äußeren Kräfte einwirken und in dem keine Energie verbraucht wird, dann vereinfacht sich diese Gleichung zu

$$\frac{d}{dt} L_{\dot{\boldsymbol{q}}}(\boldsymbol{q}, \dot{\boldsymbol{q}}) - L_{\boldsymbol{q}}(\boldsymbol{q}, \dot{\boldsymbol{q}}) = \boldsymbol{0}. \tag{27b}$$

Dies ist die einfachste Form der LAGRANGEschen Gleichungen zweiter Art. Dieses Gleichungssystem von Differentialgleichungen 2. Ordnung kann leicht mit Hilfe des verallgemeinerten Impulses $\boldsymbol{p}$ in zwei Gleichungssysteme von Differentialgleichungen 1. Ordnung zerlegt werden:

$$L_{\dot{\boldsymbol{q}}}(\boldsymbol{q}, \dot{\boldsymbol{q}}) = \boldsymbol{p}, \qquad L_{\boldsymbol{q}}(\boldsymbol{q}, \dot{\boldsymbol{q}}) = \dot{\boldsymbol{p}}. \tag{28}$$

In diesem Gleichungssystem kommen $\boldsymbol{q}$ und $\boldsymbol{p}$ unsymmetrisch vor. Es ist zwar $\dot{\boldsymbol{p}}$ explizite ausgedrückt, doch muß $\dot{\boldsymbol{q}}$ erst aus der ersten Gleichung als Funktion $\dot{\boldsymbol{q}}(\boldsymbol{q}, \boldsymbol{p})$ ausgerechnet werden. Man kann nun zu einer symmetrischen Schreibweise gelangen, indem ein weiteres Zustandsfunktional, das HAMILTON-Funktional $H(\boldsymbol{q}, \boldsymbol{p})$, das uns bei der Behandlung der Optimierungstheorie noch beschäftigen wird, so eingeführt wird:

$$H(\boldsymbol{q}, \dot{\boldsymbol{q}}, \boldsymbol{p}, t) = \boldsymbol{p}^T \dot{\boldsymbol{q}} - L(\boldsymbol{q}, \dot{\boldsymbol{q}}, t). \tag{29}$$

Hier wird nun der Vollständigkeit wegen auch eine explizite Zeitabhängigkeit des Systems, also Zeitvarianz, eingeschlossen. Das vollständige Differential der

HAMILTON-Funktion lautet:

$$dH = p^T \, d\,\dot{q} + \dot{q}^T \, dp - [L_q]^T \, d\,q - [L_{\dot{q}}]^T \, d\,\dot{q} - L_t \, dt. \tag{30}$$

Handelt es sich bei dem betrachteten System um ein konservatives, für das die aus den LAGRANGEschen Gleichungen abgeleiteten Gln. (28) gelten, dann ergibt Einsetzen von (28) in (30) die vereinfachte Gleichung:

$$dH = \dot{q}^T \, dp - \dot{p}^T \, d\,q - L_t \, dt. \tag{31}$$

Diese Beziehung kann nun leicht in diese drei Gleichungen zerlegt werden:

$$\left. \begin{aligned} \dot{q} &= H_p = \frac{\partial}{\partial p} H, \\[2mm] \dot{p} &= -H_q = -\frac{\partial}{\partial q} H, \\[2mm] \frac{\partial}{\partial t} L &= -\frac{\partial}{\partial t} H. \end{aligned} \right\} \tag{32}$$

Dies sind die Bewegungsgleichungen in *kanonischer Form*. So elegant die Gln. (27), (28) und (32) z. B. zur Beschreibung konservativer Systeme sind, so liefern sie doch Differentialgleichungssysteme 1. Ordnung, die besonders bei elektrischen Systemen nicht identisch mit den dem Ingenieur geläufigen Gleichungen sind, die über die KIRCHHOFFschen oder — bei mechanischen Systemen — über die NEWTONschen Gesetze abgeleitet wurden. Die Nützlichkeit der hier vorgestellten Gleichungen zeigt sich erst, wenn bei der Behandlung optimaler Regelungssysteme die Variationsrechnung (Abschn. IX.2) herangezogen wird.

1.5 Verallgemeinerte Koordinaten und Zwangsbedingungen

In den vorstehenden Abschnitten war vorausgesetzt, daß die verallgemeinerten Koordinaten eines Systems bekannt sind. Besonders in dem letzten Abschnitt war dabei ferner zunächst einschränkend vorausgesetzt, daß bei einem System mit r Punktmassen jede dieser Punktmassen alle drei Freiheitsgrade hatte, also keine Zwangsbedingungen existierten oder starre Verbindungen zwischen diesen Punkten bestanden. Diese Voraussetzung, daß die Zahl der verallgemeinerten Koordinaten mit der der Freiheitsgrade übereinstimmt, ist für die Gültigkeit der LAGRANGEschen Gleichungen notwendig. So ist bei der Anwendung dieser Gleichungen auf praktische Systeme als erster Schritt erforderlich, die verallgemeinerten Koordinaten entsprechend auszuwählen oder zu definieren.

Hat das zu untersuchende System N Energiespeicher, so müssen zunächst auch N Koordinaten (Zustandsvariable) definiert werden. Häufig wird es aber so sein, daß einzelne dieser Koordinaten nicht unabhängig von anderen sind. Es sei daran erinnert, daß bei der Analyse eines elektrischen Netzwerkes z. B. Kreisströme definiert werden können, die nicht linear unabhängig sind. Um die Netzwerkgleichungen auflösen zu können, müssen überzählige Kreisströme so lange eliminiert werden, bis ein System linear unabhängiger Kreisströme zurückbleibt.

Bei der Systemanalyse werden die von anderen Koordinaten abhängigen Koordinaten durch Beziehungen definiert, die *Zwangsbedingungen* oder *Bin-*

dungen genannt werden. Sind diese Zwangsbedingungen durch algebraische Bedingungen

$$f_i(x_1, x_2, \ldots, x_N) = 0, \quad i = 1, 2, \ldots, N_a \tag{33}$$

oder durch *integrierbare* Differentialgleichungen

$$g_i(\dot{x}_1, \dot{x}_2, \ldots, \dot{x}_N, x_1, \ldots, x_N) = 0, \quad i = 1, 2, \ldots, N_d \tag{34}$$

gegeben, dann spricht man von *holonomen* Bindungen. Nichtholonome Bindungen sind z. B. solche, die durch Ungleichungssysteme der Form

$$f_i(x_1, \ldots, x_N) \leqq 0$$

beschrieben werden. Diese letzteren Zwangsbedingungen, die z. B. Nichtlinearitäten, wie Anschläge, Bruchgrenzen o. ä., in einem System beschreiben, treten letztlich in jedem physikalischen System auf. Weitere nichtholonome Bindungen bestehen aus nichtintegrierbaren Differentialgleichungen, die dann gegebenenfalls mittels unbestimmter LAGRANGEscher Multiplikatoren zu beseitigen sind. In Kap. IX werden wir dies zu besprechen haben. Hat das System N Speicher und existieren $N_z < N$ Zwangsbedingungen, dann heißt die Zahl N_f:

$$N_f = N - N_z, \tag{35}$$

bekanntlich die *Zahl der Freiheitsgrade* im System. Diese Zahl N_f ist genau die Zahl der verallgemeinerten Koordinaten q_i im System, die zur Systembeschreibung und damit für die vorstehend erläuterten LAGRANGEschen Gleichungen benötigt wird. Hier sei schon darauf hingewiesen, daß die Zahl der Freiheitsgrade eines Systems in einer engen Beziehung zu der Zahl der steuerbaren und/oder beobachtbaren Energiespeicher in einem System steht, die wir im folgenden Abschn. VIII.2 ausführlicher besprechen werden.

Die Gl. (35) erlaubt uns zwar, die Zahl der verallgemeinerten Koordinaten zu bestimmen, die zur Systembeschreibung benötigt werden, doch gibt sie keinerlei Hinweis, wie diese Koordinaten in jedem einzelnen Fall zu definieren sind. Wählt man beliebige Koordinaten aus, muß darauf geachtet werden, daß diese linear unabhängig sind, ansonsten hilft nur Erfahrung zu einer für die weitere Systembehandlung geschickten Koordinatenwahl.

Beispiel. An dem in Abb. VIII.1.5 dargestellten Netzwerk soll die Wahl verallgemeinerter Koordinaten demonstriert werden. Wir zählen offensichtlich 3 Energiespeicher, die nicht ohne weiteres zusammengefaßt werden können, da angenommen ist, daß die Induktivität L_1 infolge des durch sie fließenden Stroms ge-

sättigt werden kann. Es ist deshalb naheliegend, zunächst 3 Koordinaten, und zwar wie angedeutet, die Ströme i_1, i_2 und i_3 zu wählen. Es ist aber evident, daß wir hier auch eine holonome Bindung

$$i_1 = i_3$$

haben, weshalb verallgemeinerte Koordinaten bzw. Geschwindigkeiten gewählt werden zu

$$\dot{q}_1 = i_1 \quad \text{und} \quad \dot{q}_2 = i_2.$$

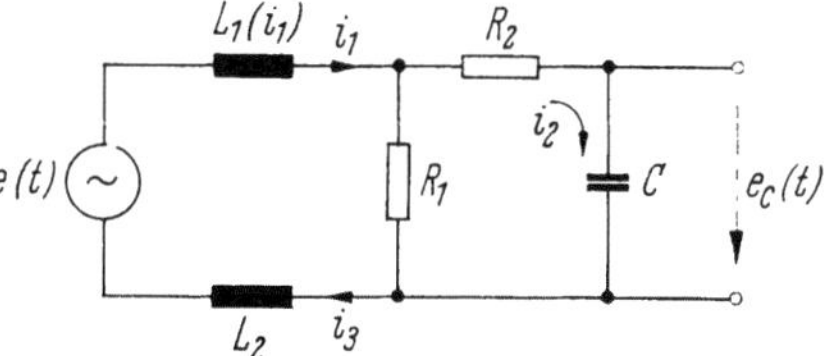

Abb. VIII.1.5 Beispiel zur Festlegung verallgemeinerter Koordinaten

Wir führen dieses Beispiel weiter aus, indem nun mit diesen Koordinaten die LAGRANGEschen Gleichungen bestimmt werden. Der Impulsvektor $\boldsymbol{p}$ hat hier die Form

$$\boldsymbol{p} = \begin{bmatrix} (L_1(\dot{q}_1) + L_2)\,\dot{q}_1 \\ 0 \end{bmatrix},$$

womit die kinetische Energie mit (4) bestimmt ist zu

$$T(\boldsymbol{q}, \dot{\boldsymbol{q}}) = \int\limits_0^{\dot{q}_1} L_1(\dot{\varrho}_1)\, \dot{\varrho}_1\, d\dot{\varrho}_1 + \frac{L_2}{2}\, \dot{q}_1^2.$$

Für die potentielle Energie wird

$$U(\boldsymbol{q}) = \frac{1}{2C}\, q_2^2$$

gefunden; schließlich ist die verbrauchte Energie

$$D(\dot{q}) = \tfrac{1}{2}[R_1(\dot{q}_1 - \dot{q}_2)^2 + R_2\, \dot{q}_2^2].$$

Die einzige äußere Kraft ist $e(t)$. Um nun die LAGRANGESchen Gleichungen 2. Art aufstellen zu können, muß mit (21) zunächst $\dfrac{d}{dt}\, T_{\dot{q}}$ gebildet werden:

$$T_{\dot{q}} = \frac{\partial}{\partial \dot{\boldsymbol{q}}}\, T = \frac{\partial}{\partial \dot{q}_1}\left[\int\limits_0^{\dot{q}_1} L_1(\dot{\varrho}_1)\, \dot{\varrho}_1\, d\dot{\varrho}_1 + \frac{L_2}{2}\, \dot{q}_1^2\right] = [L_1(\dot{q}_1) + L_2]\, \dot{q}_1,$$

$$\frac{d}{dt}\, T_{\dot{q}} = \left[L_1(\dot{q}_1) + \dot{q}_1\, \frac{\partial}{\partial \dot{q}_1}\, L_1(\dot{q}_1) + L_2\right]\ddot{q}_1.$$

Werden nun alle so bestimmten Ausdrücke in (27) eingesetzt, erhält man diese beiden Gleichungen:

$$\frac{d}{dt}\, T_{\dot{q}_1} - T_{q_1} + U_{q_1} + D_{\dot{q}_1} = K_1,$$

$$\frac{d}{dt}\, T_{\dot{q}_2} - T_{q_2} + U_{q_2} + D_{\dot{q}_2} = K_2,$$

und in spezieller Form der gegebenen Stücke

$$\left[L_1(\dot{q}_1) + \dot{q}_1\, \frac{\partial}{\partial \dot{q}_1}\, L_1(\dot{q}_1) + L_2\right]\ddot{q}_1 + R_1(\dot{q}_1 - \dot{q}_2) = e(t),$$

$$(R_1 + R_2)\, \dot{q}_2 - R_1\, \dot{q}_1 + \frac{1}{C}\, q_2 = 0.$$

wozu noch die Gleichung für die Ausgangsgröße $e_c(t)$ gehört:

$$\frac{1}{C}\, q_2 = e_c(t).$$

Dieses nichtlineare Gleichungssystem muß nun weiter untersucht werden. Nimmt man eine Zwangslinearisierung um einen Arbeitspunkt vor und bezeichnet die Steigung an der Induktivitätsfunktion $L_1(\dot{q}_1)$ an dieser Stelle mit L_1, dann kann das System für kleine Abweichungen um diesen Arbeitspunkt als linear angenommen werden.

Werden nun Zustandsvariable $u_1(t)$ und $u_2(t)$ so gewählt:

$$u_1(t) = \dot{q}_1,$$

$$u_2(t) = \frac{q_2}{C} = e_c(t),$$

erhält man ein lineares Zustandsvariablenmodell des Systems in dieser Form:

$$\dot{u}_1 = \frac{1}{L_1 + L_2}\left[-\frac{R_1 R_2}{R_1 + R_2}\, u_1 - \frac{R_1}{R_1 + R_2}\, u_2 + e(t)\right],$$

$$\dot{u}_2 = \frac{R_1}{C(R_1 + R_2)}\, u_1 - \frac{u_2}{C(R_1 + R_2)},$$

$$e_c(t) = u_2.$$

Dieses Ergebnis hätte man im Falle des linearisierten Systems durch Ansatz von Kreisströmen und Definition des Stroms durch die Induktivitäten als eine Zustandsvariable und der Spannung am Kondensator als zweite Zustandsvariable vielleicht schneller erhalten. Hat man aber ein komplizierteres System mit Energiespeichern anderer Energiearten, z. B. ein elektromechanisches System, zu analysieren, dann führt die LAGRANGE-Methode insbesondere bei nichtlinearen Systemen sicherer zum Erfolg.

2 Das Konzept der Steuerbarkeit und Beobachtbarkeit eines Systems

2.1 Einführung

Die nun zu besprechenden Begriffe der Steuerbarkeit und Beobachtbarkeit dynamischer Systeme sind verwandt mit dem im vorigen Abschnitt besprochenen Begriff des Freiheitsgrades in einem mechanischen System. Ausgehend von Problemen der optimalen Regelungstheorie wurde von KALMAN [VIII.4] dieses Konzept in die Regelungstheorie eingeführt. Wir betrachten ein System (Abb. VIII.2.1), das durch diese Gleichungen beschreibbar sei:

$$\dot{\boldsymbol{u}}(t) = \boldsymbol{f}\big(\boldsymbol{u}(t), \boldsymbol{y}(t), t\big),$$
$$\boldsymbol{x}(t) = \boldsymbol{g}\big(\boldsymbol{u}(t), \boldsymbol{y}(t), t\big), \tag{1}$$

mit dem Zustandsvektor $\qquad \boldsymbol{u}(t) = [u_1(t), \ldots, u_n(t)]^T,$

dem Stellgrößenvektor $\qquad \boldsymbol{y}(t) = [y_1(t), \ldots, y_q(t)]^T$

und dem Regelgrößenvektor $\quad \boldsymbol{x}(t) = [x_1(t), \ldots, x_p(t)]^T.$

Es handelt sich also um eine kontinuierliche Mehrfachregelstrecke mit n Energiespeichern. Soll eine solche Regelstrecke geregelt werden, d. h. soll die Dynamik der als gegeben betrachteten Strecke durch Erzeugung geeigneter Stellbefehle in Abhängigkeit des Streckenzustandes und/oder der Regelgrößen nach vorgegebenen Kriterien beeinflußt werden, dann erheben sich zunächst diese für die weitere Systemanalyse fundamentalen Fragen:

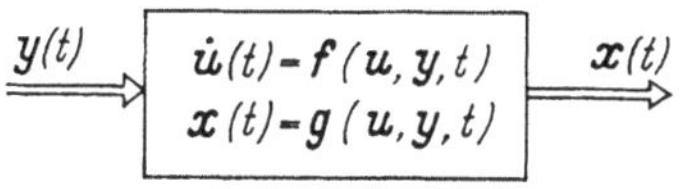

Abb. VIII.2.1
Blockschaltbild eines kontinuierlichen Mehrgrößensystems mit n Speicherelementen

1. a) Kann im System (1) jeder Anfangszustand $\boldsymbol{u}_0 = \boldsymbol{u}(t_0)$ mittels eines geeigneten Stellsignals $\boldsymbol{y}(t)$ zu jedem anderen gewünschten Systemzustand $\boldsymbol{u}(t_0 + T)$ mit $0 \leqq T < \infty$ übergeführt werden?

b) Kann im System (1) bei gegebenem Anfangszustand $\boldsymbol{u}(t_0)$ jeder beliebige Ausgangssignalvektor $\boldsymbol{x}(t_0 + T)$ mit $0 \leqq T < \infty$ erreicht werden?

2. Kann bei dem nichterregten System (1), bei dem also $\boldsymbol{y}(t) \equiv \boldsymbol{0}$ ist, durch Beobachtung des Systemausgangssignalvektors $\boldsymbol{x}(t)$ für $t_0 \leqq t < \infty$ der Anfangszustand $\boldsymbol{u}(t_0)$ des Systems ermittelt werden?

Die Beantwortung dieser Fragen, insbesondere auch für zeitvariable und diskrete Systeme, erweist sich als fundamental für die moderne Regelungstheorie. Tatsächlich ist es so, daß vielfach allein hierdurch schon eine notwendige und manchmal auch hinreichende Bedingung für die Existenz einer Lösung anderer zunächst gar nicht damit zusammenhängender Probleme der Regelungstechnik gegeben ist.

Bevor wir im folgenden zunächst noch präzisere Definitionen zu den Begriffen Steuerbarkeit und Beobachtbarkeit bringen, die dann für verschiedene Systemklassen ausführlicher diskutiert werden, soll doch noch einmal auf folgendes hingewiesen werden. Jede Beschreibung eines physikalischen Systems durch ein mathematisches Modell bedeutet eine beachtliche Abstraktion, insbesondere, wenn man sich auf lineare und dann ferner zeitinvariante Modelle — wie hier in dieser Darstellung durchweg — beschränkt. Dennoch haben die an diesen Modellen beobachtbaren systemtheoretischen Eigenschaften, auch wenn sie zunächst, wie z. B. das hier zu behandelnde Konzept, recht abstrakt anmuten, auch für die praktische Anwendung eine beachtliche Bedeutung, da sie anders nicht deutbare, aber tatsächlich auftretende Phänomene erklären. Dem widerspricht auch nicht die Tatsache, daß im folgenden ein beachtlicher Teil der Problemlösung aus der Untersuchung mathematischer Strukturen und numerischer Invarianten linearer Transformationen in Vektorräumen besteht.

Wir bringen nun einige Definitionen, die das oben Angedeutete präzisieren.

Definition 1. Das System (1) heißt genau dann vollständig z-steuerbar in dem abgeschlossenen Intervall $[t_0, t_e]$, wenn für gegebene t_0 und t_e jeder Anfangszustand $u(t_0) \in U_n$ mittels eines Stellvektors $y(t)$ in jeden beliebigen Endzustand übergeführt werden kann.

In dieser Definition bezieht sich der Ausdruck „Endzustand" und der damit zusammenhängende Index e bei t_e schon auf die in Kap. IX zu besprechenden Optimierungsprobleme. Es ist zu beobachten, daß an den Stellvektor $y(t)$ keinerlei spezielle Anforderungen gestellt werden, insbesondere sollen keine „Amplituden"-oder „Energie"-Beschränkungen existieren. Im folgenden wird bei den kontinuierlichen Systemen allerdings vorausgesetzt werden — wie auch bei der Definition des axiomatischen Modells in Abschn. VI.1 —, daß $y(t)$ eine stückweise stetige Funktion der Zeit sei. Der Ausdruck „*vollständig*" in Definition 1 ist zunächst immer mit dem betrachteten Zeitintervall verknüpft.

Die Abhängigkeit von dem Zeitintervall kann dadurch beseitigt werden, daß die Definition 1 leicht abgewandelt wird:

Definition 1a. Das System (1) heißt genau dann total z-steuerbar, wenn für jedes t_0 jeder Anfangszustand $u(t_0)$ mittels eines Stellvektors $y(t)$ in einen Endzustand $u(t_e)$ mit $t_0 \leq t_e < \infty$ übergeführt werden kann.

Dieser Abschn. VIII.2 wird als ein wesentliches Ergebnis auch zeigen, daß die Beschreibung eines dynamischen Systems durch den Systemzustand vollständiger und umfassender als die durch Klemmenübertragungsfunktionen ist. Andererseits besteht bei vielen praktischen Aufgaben der Regelungstechnik das Problem aber nicht darin, einen bestimmten Systemzustand zu erreichen, sondern den Systemausgängen, den Regelgrößen, vorgegebene Werte (oder Funktionen) zu erteilen. Aus diesem Grund ist auch diese Definition interessant:

Definition 2. Ein System (1) heißt vollständig a-steuerbar im Intervall $[t_0, t_e]$, wenn für jeden Anfangszustand $u(t_0)$ durch einen Stellvektor $y(t)$ jeder endliche Ausgangssignalvektor $x(t_e)$ erreicht werden kann.

Bei den unten zu besprechenden Kriterien, mit denen die durch die vorstehenden Definitionen festgelegten Systemeigenschaften geprüft werden können, wird sich zeigen, daß die Ausgangssteuerbarkeit zwar eng mit der Zustandssteuerbarkeit zusammenhängt, daß aber andererseits diese Eigenschaften sich nicht gegenseitig implizieren.

Definition 3. Ein nichterregtes System (1) $\big($mit $y(t) \equiv 0\big)$ heißt vollständig beobachtbar im Intervall $[t_0, t_e]$, wenn für gegebene t_0 und t_e jeder Systemzustand $u(t_0)$ aus der Kenntnis von $x(t)$ in $[t_0, t_e]$ ermittelt werden kann.

In den nächsten Abschnitten werden die mit den vorstehenden Definitionen zusammenhängenden Systemeigenschaften besprochen. Dabei werden wir uns hier nur mit linearen Systemen beschäftigen und auch vor allem die linearen zeitinvarianten Systeme wegen ihrer großen Bedeutung ausführlich behandeln. Viele Eigenschaften, wie z. B. die für zusammengesetzte Systeme, können dann aber leicht, ausgehend von den hier angegebenen Grundeigenschaften, auch auf diskrete und zeitvariable Systeme übertragen werden. Es sind zwar Bemühungen bekannt, die hier definierten Systemeigenschaften und damit zusammenhängende Kriterien auch für nichtlineare Systeme zu untersuchen bzw. zu entwickeln, doch führt eine Darstellung dieser noch nicht abgeschlossenen Untersuchungen über den von uns gesetzten Rahmen hinaus.

2.2 Ausgangssteuerbarkeit linearer zeitvariabler Systeme

Wir betrachten hier das vorstehend eingeführte Konzept für Systeme, die diesen dynamischen Gleichungen genügen

$$
\begin{aligned}
\dot{u}(t) &= A(t)\,u(t) + B(t)\,y(t), \qquad u_0 = u(t_0), \\
x(t) &= C(t)\,u(t) + D(t)\,y(t).
\end{aligned}
\tag{2}
$$

Mit den Ergebnissen aus Abschn. VI.4 lautet die Lösung der Differentialgleichung des Zustandsvektors

$$
u(t) = \Phi(t, t_0)\,u(t_0) + \int_{t_0}^{t} \Phi(t, \tau)\,B(\tau)\,y(\tau)\,d\tau \,^1,
\tag{3}
$$

die für die folgenden Betrachtungen weiter abgekürzt geschrieben werden soll

$$
u(t) = {}_0u(t) + \int_{t_0}^{t} {}_uH(t, \tau)\,y(\tau)\,d\tau.
\tag{3a}
$$

Für die Ausgangssignale wird damit

$$
x(t) = C(t)\,{}_0u(t) + \int_{t_0}^{t} C(t)\,{}_uH(t, \tau)\,y(\tau)\,d\tau + D(t)\,y(t)
\tag{4}
$$

oder abgekürzt:

$$
x(t) = {}_0x(t) + \int_{t_0}^{t} {}_xH(t, \tau)\,y(\tau)\,d\tau + D(t)\,y(t).
\tag{4a}
$$

Für die weiteren Erläuterungen werden zur Erhöhung der Übersichtlichkeit zwei Fälle unterschieden a) Systeme ohne direkte Verbindungen, dann ist $D(t) \equiv 0$

---

[1] Es wird hier und im folgenden aus Übersichtlichkeitsgründen nicht zwischen der Lösung $\varphi(t, u_0, y(t))$ der Differentialgleichung und deren Variablen $u(t)$ unterschieden, wie es streng genommen sein müßte.

und b) Systeme mit direkten Verbindungen $\boldsymbol{D}(t) \not\equiv \boldsymbol{0}$. Es erweist sich dann ferner als bequemer, anders als in sonst üblichen Darstellungen, in beiden Fällen zunächst die a-Steuerbarkeit eines Systems zu prüfen und dann in einem gesonderten Abschnitt durch Ersetzen von $_x\boldsymbol{H}$ durch $_u\boldsymbol{H}$ auf die Zustandssteuerbarkeit zu schließen und die gegenseitigen Relationen zu diskutieren.

a) $\boldsymbol{D}(t) \equiv \boldsymbol{0}$

Wir betrachten also zunächst dieses System:

$$\boldsymbol{u}(t) = \boldsymbol{A}(t)\,\boldsymbol{u}(t) + \boldsymbol{B}(t)\,\boldsymbol{y}(t), \quad \boldsymbol{u}_0 = \boldsymbol{u}(t_0),$$
$$\boldsymbol{x}(t) = \boldsymbol{C}(t)\,\boldsymbol{u}(t). \tag{5}$$

Um die Verhältnisse noch übersichtlicher zu gestalten, ziehen wir als Anfangsbedingungen nur den Ursprung des p-dimensionalen Vektorraumes $\mathbf{X}_p$ der Ausgangssignalvektoren $\boldsymbol{x}(t) \in \mathbf{X}_p$ in Betracht, was gegebenenfalls nach Einführung dieser Transformation

$$_1\boldsymbol{x}(t) \overset{d}{=} \boldsymbol{x}(t) - {}_0\boldsymbol{x}(t) \tag{6}$$

keine Einschränkung der Allgemeingültigkeit bedeutet, weshalb wir nun den Index 1 wieder fallen lassen. Die Gl. (4a) vereinfacht sich durch die getroffenen Voraussetzungen deshalb zu

$$\boldsymbol{x}(t) = \int\limits_{t_0}^{t} {}_x\boldsymbol{H}(t,\tau)\,\boldsymbol{y}(\tau)\,d\tau. \tag{7}$$

Der Nachweis der vollständigen a-Steuerbarkeit eines Systems, daß also von dem Anfangssignal $\boldsymbol{x}(t_0) = \boldsymbol{0}$ jeder Signalvektor $\boldsymbol{x}(t_e)$ innerhalb eines endlichen Intervalls $[t_0, t_e]$ erreichbar ist, wird nun, wie in der modernen Regelungstheorie häufig, mit algebraischen Methoden durch Untersuchung der in Betracht kommenden Vektorräume, erbracht.

Ein System (5) ist dann und nur dann vollständig a-steuerbar, wenn der Vektor

$$\boldsymbol{x}(t_e) = \int\limits_{t_0}^{t_e} {}_x\boldsymbol{H}(t_e,\tau)\,\boldsymbol{y}(\tau)\,d\tau \tag{7a}$$

vom Ursprung des Vektorraumes $\mathbf{X}_p$ aus erreichbar ist. Dies ist nichts anderes als eine geometrische Interpretation der Definition 2 der a-Steuerbarkeit. Mit anderen Worten heißt dies aber auch, daß der Unterraum $\mathbf{R}_s$ aller erreichbaren Vektoren (Punkte) $\boldsymbol{x}(t_e)$

$$\mathbf{R}_s(0, t_e) = \{\boldsymbol{x} : \boldsymbol{x}(t_e)\} \tag{8}$$

mit dem Vektorraum $\mathbf{X}_p$ übereinstimmen muß, wenn das System der Definition 2 genügen soll. Wegen der Linearität des zugrundeliegenden Systems ist aber $\mathbf{R}_s$ konvex[1]. Damit kann der Nachweis

$$\mathbf{R}_s = \mathbf{X}_p \tag{9}$$

dadurch geführt werden, daß man zeigt, daß $\mathbf{R}_s$ in keiner Richtung in $\mathbf{X}$ beschränkt ist. Dies wiederum heißt, daß das skalare Produkt des Vektors $\boldsymbol{x}(t_e)$

---

[1] In der Algebra der Vektorräume ist ein Vektorraum als konvex definiert, wenn alle Punkte der geradlinigen Verbindung zweier beliebiger Punkte dieses Raumes auch zu diesem Raum gehören.

mit einem beliebigen Vektor $\boldsymbol{\alpha} \neq \boldsymbol{0}$ endlicher Norm ($\boldsymbol{\alpha}^T \boldsymbol{\alpha} \leqq M < \infty$) durch geeignete Wahl der Stellgröße $\boldsymbol{y}(t)$ beliebig groß gemacht werden kann, daß also gilt

$$0 < \boldsymbol{\alpha}^T \boldsymbol{x}(t_e) > N', \; \forall N < \infty. \tag{10}$$

Die folgende Untersuchung kann auch so interpretiert werden, daß geprüft wird, ob es Vektoren $\boldsymbol{\alpha}$ in $\mathbf{X}_p$ gibt, die orthogonal zu Endvektoren $\boldsymbol{x}(t_e)$ sind, d. h. also, ob der Vektorraum $\mathbf{X}_p$ eventuell so in zwei Unterräume aufgeteilt werden kann, daß diese zueinander orthogonal sind. Dieser Gedankengang wird nun weiter vollzogen, indem zunächst das skalare Produkt $\boldsymbol{\alpha}^T \boldsymbol{x}(t_e)$ gebildet wird

$$\boldsymbol{\alpha}^T \boldsymbol{x}(t_e) = \int\limits_{t_0}^{t_e} \boldsymbol{\alpha}^T {}_x\boldsymbol{H}(t_e, \tau) \, \boldsymbol{y}(\tau) \, d\tau = \sum_{i=1}^{p} \alpha_i \, x_i(t_e). \tag{11}$$

Bei vorgegebenem Vektor $\boldsymbol{\alpha}$ kann dieser Skalar nur von der Stellgröße $\boldsymbol{y}(t)$ dadurch verändert werden, daß $\boldsymbol{x}(t_e)$ einen anderen Wert erhält. Nun wird eine Stellfunktion $\boldsymbol{y}(t)$ (willkürlich) gewählt zu:

$$\boldsymbol{y}(t) = k \, {}_x\boldsymbol{H}^T(t_e, t) \, \boldsymbol{\alpha}, \quad k > 0 \text{ und beliebig,} \tag{12}$$

womit aus (11) wird:

$$\boldsymbol{\alpha}^T \boldsymbol{x}(t_e) = k \int\limits_{t_0}^{t_e} [{}_x\boldsymbol{H}^T(t_e, \tau) \, \boldsymbol{\alpha}]^T \, [{}_x\boldsymbol{H}^T(t_e, \tau) \, \boldsymbol{\alpha}] \, d\tau. \tag{13}$$

Hieraus folgt nun zunächst als hinreichende Bedingung für die vollständige a-Steuerbarkeit des Systems im Intervall $[t_0, t_e]$

$$_x\boldsymbol{H}^T(t_e, t) \, \boldsymbol{\alpha} \neq \boldsymbol{0}, \quad \begin{array}{l} \text{für alle} \quad t \in [t_0, t_e] \\ \text{und} \quad \boldsymbol{\alpha} \neq \boldsymbol{0}. \end{array} \tag{14}$$

Denn das Integral in (13) ist positiv für alle $\boldsymbol{\alpha} \neq \boldsymbol{0}$, und das skalare Produkt $\boldsymbol{\alpha}^T \boldsymbol{x}(t_e)$ kann mittels der Konstanten k so lange beliebig groß gewählt werden, wie (14) erfüllt ist. Damit ist auch gleichzeitig die Notwendigkeit von (14) zu sehen, denn nur wenn (14) erfüllt ist, kann $0 < \boldsymbol{\alpha}^T \boldsymbol{x}(t_e) < \infty$ mittels einer willkürlichen Konstante k frei gewählt werden.

Die Bedingung (14) kann aber auch mittels dieser so definierten GRAM-Matrix

$$_x\boldsymbol{G}(t_0, t_e) = \int\limits_{t_0}^{t_e} {}_x\boldsymbol{H}(t_e, \tau) \, {}_x\boldsymbol{H}^T(t_e, \tau) \, d\tau$$

$$= \begin{bmatrix} \int H_1 \, H_1^T \, d\tau, & \int H_1 \, H_2^T \, d\tau \ldots \int H_1 \, H_p^T \, d\tau \\ \int H_2 \, H_1^T \, d\tau, & \int H_2 \, H_2^T \, d\tau \ldots \int H_2 \, H_p^T \, d\tau \\ \vdots & \vdots \qquad\qquad \vdots \\ \int H_p \, H_1^T \, d\tau, & \int H_p \, H_2^T \, d\tau \ldots \int H_p \, H_p^T \, d\tau \end{bmatrix}^1 \tag{15}$$

umformuliert werden zu:

$$_x\boldsymbol{G}(t_0, t_e) = |{}_x\boldsymbol{G}(t_0, t_e)| \neq 0. \tag{16}$$

---

[1] Man beachte, daß hier die $\boldsymbol{H}_i$ als Zeilenvektoren definiert wurden und deshalb das skalare Produkt $\langle H_i, H_j \rangle$ zu H_i, H_j^T notiert werden muß.

Denn die p,q-Matrix $\boldsymbol{H}$ lautet ausgeschrieben

$$_x\boldsymbol{H}(t_e, t) = \begin{bmatrix} H_{11} \cdots H_{1q} \\ \vdots \qquad \vdots \\ \vdots \qquad \vdots \\ \vdots \qquad \vdots \\ H_{p1} \cdots H_{pq} \end{bmatrix} = \begin{bmatrix} \boldsymbol{H}_1 \\ \overline{} \\ \boldsymbol{H}_2 \\ \overline{} \\ \vdots \\ \overline{} \\ \boldsymbol{H}_p \end{bmatrix}, \tag{17}$$

womit (14), ausführlicher geschrieben, diese Form hat

$$[\boldsymbol{H}_1^T \mid \boldsymbol{H}_2^T \mid \ldots \mid \boldsymbol{H}_p^T] \begin{bmatrix} \alpha_1 \\ \alpha_2 \\ \vdots \\ \alpha_p \end{bmatrix} \neq \boldsymbol{0} \qquad \begin{matrix} \text{für alle} \quad t \in [t_0, t_e] \\ \text{und} \quad \boldsymbol{\alpha} \neq \boldsymbol{0} \end{matrix} \tag{14a}$$

und so gedeutet werden kann, daß die p Zeilenvektoren $\boldsymbol{H}_i$ zu keinem Zeitpunkt $t \in [t_0, t_e]$ linear abhängig sein dürfen oder auch, daß nicht *gleichzeitig* alle Zeilenvektoren $\boldsymbol{H}_i$ orthogonal zu $\boldsymbol{\alpha}$ werden dürfen. Die Bedingung (16) stellt dann sicher, daß die p Zeilenvektoren $\boldsymbol{H}_i$ nicht linear voneinander abhängen, denn die GRAMsche Determinante verschwindet dann und nur dann (Satz VII.2.4), wenn Vektoren linear abhängig sind.

Eine weitere Beweismöglichkeit für (16) verfolgt diesen Gedanken. Zuerst wird (13) umgeschrieben zu

$$\boldsymbol{\alpha}^T \boldsymbol{x}(t_e) = k \, \boldsymbol{\alpha}^T \int\limits_{t_0}^{t_e} {}_x\boldsymbol{H}(t_e, \tau) \, {}_x\boldsymbol{H}^T(t_e, \tau) \, d\tau \, \boldsymbol{\alpha} \,,$$

da $\boldsymbol{\alpha}$ nicht von der Integrationsvariablen τ abhängt. Nun ist aber dies nichts anderes als eine spezielle quadratische Form für den Vektor $\boldsymbol{\alpha}$, und die GRAM-Matrix $\boldsymbol{G}(t_0, t_e)$ ist immer positiv semidefinite (nichtnegativ definite). (Dies ist analog zu den quadratischen Formen mit $\boldsymbol{Q} = \boldsymbol{A}^T \boldsymbol{A}$, wo $\boldsymbol{A}$ eine n,m-Matrix ist.) Da nun aber

$$\boldsymbol{\alpha}^T \boldsymbol{x}(t_e) = k \, \boldsymbol{\alpha}^T {}_x\boldsymbol{G}(t_0, t_e) \, \boldsymbol{\alpha} \neq 0 \quad \text{für} \quad \boldsymbol{\alpha} \neq \boldsymbol{0}$$

sein soll, genügt es nicht, daß $_x\boldsymbol{G}(t_0, t_e)$ semidefinite ist, sondern $_x\boldsymbol{G}(t_0, t_e)$ muß positiv definite sein. Eine quadratische Form und damit auch die GRAM-Matrix $_x\boldsymbol{G}(t_0, t_e)$ ist aber dann und nur dann positiv definite, wenn sie nichtsingulär ist [VII.1 und VII.2].

Die vorstehenden Gedanken fassen wir in diesen Satz:

Satz 1. Ein System (5) ohne direkte Verbindungen zwischen Ausgangs- und Eingangsklemmen ist dann und nur dann *vollständig a-steuerbar* im Intervall $[t_0, t_e]$, wenn die Zeilen der Matrix $_x\boldsymbol{H}(t_e, t) = \boldsymbol{C}(t) \, \boldsymbol{\Phi}(t_e, t) \, \boldsymbol{B}(t)$ in diesem Intervall linear unabhängig sind:

$$_x\boldsymbol{H}^T(t_e, t) \, \boldsymbol{\alpha} \neq \boldsymbol{0} \qquad \begin{matrix} \text{für alle} \quad t \in [t_0, t_e] \\ \text{und} \quad \boldsymbol{\alpha} \neq \boldsymbol{0}. \end{matrix} \tag{14}$$

Dieser Satz kann in diese äquivalente Form gefaßt werden:

Satz 1a. Ein System (5) ist dann und nur dann *vollständig a-steuerbar* im Intervall $[t_0, t_e]$, wenn die GRAM-Matrix $_xG(t_0, t_e)$ nicht singulär ist:

$$_xG(t_0, t_e) = |_xG(t_0, t_e)| = \left| \int_{t_0}^{t_e} C(\tau)\, \boldsymbol{\Phi}(t_e, \tau)\, B(\tau)\, B^T(\tau)\, \boldsymbol{\Phi}^T(t_e, \tau)\, C^T(\tau)\, d\tau \right| \neq 0. \tag{18}$$

Die *vollständige* Steuerbarkeit bezieht sich also immer nur auf ein vorgegebenes zu untersuchendes Intervall der Zeitachse, bei dem insbesondere der Anfangszeitpunkt t_0 vorgegeben (und angegeben) werden muß. Das Wort „vollständig" bezieht sich ferner hier auf die Ausgangssignale und meint, daß *jeder* Punkt $x(t_e) \in \mathbf{X}$ erreicht werden kann, was auch heißt, daß *alle* p Komponenten dieses Vektors steuerbar sind. Außer der *vollständigen* a-Steuerbarkeit kann man noch eine strengere Bedingung definieren, die sogenannte *totale* a-Steuerbarkeit. Diese ist dann gegeben, wenn die Bedingungen (14) bzw. (15) nicht nur für *ein* t_0, sondern für *alle* t_0 und *jedes* $t_e > t_0$ erfüllt ist.

Ist ein System nicht vollständig a-steuerbar, dann ist für bestimmte Vektoren $\widetilde{\boldsymbol{\alpha}} \in \mathbf{X}$ die Bedingung (14) verletzt:

$$_xH^T(t_e, t)\, \widetilde{\boldsymbol{\alpha}} = \boldsymbol{0}. \tag{19}$$

Da $_xH$ eine p,q-Matrix (wegen der p Komponenten des Ausgangsvektors x und der q Komponenten des Stellvektors $y(t)$) ist:

$$_xH = \begin{bmatrix} H_{11} \cdots H_{1q} \\ \vdots \qquad \vdots \\ H_{p1} \cdots H_{pq} \end{bmatrix} \tag{20}$$

bedeutet (19) nichts anderes, als daß alle p Zeilenvektoren $_xH_i = [H_{i1} \mid \cdots \mid H_{iq}]$ *orthogonal* (VII.2.41) zu $\widetilde{\boldsymbol{\alpha}}$ sind:

$$_xH_i\, \widetilde{\boldsymbol{\alpha}} = 0 \quad \text{für alle} \quad i = 1, 2, \ldots, p. \tag{19a}$$

Daraus folgern wir, daß in einem nicht vollständig a-steuerbaren System nur die Endpunkte $x(t_e) \in \mathbf{X}_p$ vom Ursprung aus erreicht werden können, die in einem linearen Unterraum $\mathbf{R}_s \subset \mathbf{X}_p$ liegen, der orthogonal zu dem Unterraum $\mathbf{R}_{ns} \subset \mathbf{X}_p$ der nichterreichbaren Vektoren $\widetilde{\boldsymbol{\alpha}} \in \mathbf{R}_{ns}$ ist:

$$\mathbf{R}_s \perp \mathbf{R}_{ns}. \tag{21}$$

Diese Gl. (21) besagt also, daß der Vektorraum $\mathbf{X}$ in einen vollständig a-steuerbaren und einen nicht-a-steuerbaren Unterraum aufgespalten werden kann. Diesen Gedanken werden wir weiter unten bei der Betrachtung der z-Steuerbarkeit eines Systems noch einmal aufgreifen. Hier sei schon darauf hingewiesen, daß die Dimension des vollständig steuerbaren Unterraums $\mathbf{R}_s$ gleich dem Rang der GRAM-Matrix $_xG(t_0, t_e)$ ist.

Für einige Fragestellungen, insbesondere auch bei den zeitinvarianten Systemen, ist diese Definition noch interessant:

Definition 4. Ein System (2) heißt *streng a-steuerbar*, wenn es vollständig a-steuerbar ist und darüber hinaus jeder Ausgangsvektor $x(t_e)$ durch jede der q Stellgrößen $y_i(t)$ mit $i = 1, 2, \ldots, q$ erreichbar ist.

In dieser Definition ist $y_i(t)$ also die i-te Komponente des Stellvektors $\boldsymbol{y}(t) = [y_1(t), \ldots, y_q(t)]^T$. Schreibt man (11) mit Hilfe von Spaltenvektoren $_x\boldsymbol{H}_i = [H_{1i} \ldots H_{pi}]^T$ ausführlicher an:

$$\boldsymbol{\alpha}^T \boldsymbol{x}(t_e) = \int\limits_{t_0}^{t_e} \sum_{i=1}^{q} \boldsymbol{\alpha}^T {}_x\boldsymbol{H}_i(t_e, \tau)\, y_i(\tau)\, d\tau, \tag{22}$$

und werden nun jeweils alle Komponenten $y_i(t)$ des Stellvektors $\boldsymbol{y}(t)$ bis auf eine gleich Null gesetzt, dann ist dieser Satz nach dem gleichen vorstehenden Schema zu beweisen:

Satz 2. Ein System (5) ist dann und nur dann *streng a-steuerbar* im Intervall $[t_0, t_e]$, wenn gilt:

$$_x\boldsymbol{H}_i^T(t_e, t)\, \boldsymbol{\alpha} = [C(t)\, \boldsymbol{\Phi}(t_e, t)\, \boldsymbol{B}_i(t)]^T\, \boldsymbol{\alpha} \neq 0 \quad \text{für alle } \begin{cases} t \in [t_0, t_e], \\ i = 1, 2, \ldots, q, \\ \boldsymbol{\alpha} \neq \boldsymbol{0}. \end{cases} \tag{23}$$

Auch dieser Satz kann mittels der aus $_x\boldsymbol{H}_i$ gebildeten GRAMschen Determinante äquivalent umgeformt werden, wenn anstelle von (23) gesetzt wird:

$$_xG_i = |_x\boldsymbol{G}_i| = \left| \int\limits_{t_0}^{t_e} {}_x\boldsymbol{H}_i(t_e, \tau)\, {}_x\boldsymbol{H}_i^T(t_e, \tau)\, d\tau \right| \neq 0 \quad \text{für alle } \; i = 1, 2, \ldots, q. \tag{24}$$

Bei allen vorstehenden Betrachtungen waren die Elemente von $_x\boldsymbol{H}(t_e, t)$ als beliebige stückweise stetige Funktionen von t_e und t angenommen. Die skalaren Funktionen $_x\boldsymbol{H}_i^T(t_e, t)\, \boldsymbol{\alpha}$, $i = 1, 2, \ldots, q$, können gegebenenfalls an beliebigen Stellen der (t_e, t)-Argumentebene verschwinden. Eine Betrachtung der Bedingungen (14), (16), (23) und (24) zeigt, daß in ihnen der Endzeitpunkt als Parameter erscheint. Das bedeutet, daß, wenn ein System in einem Intervall $[t_0, t_1]$ vollständig a-steuerbar ist, dies für ein größeres Intervall $[t_0, t_e]$ mit $t_e \geq t_1$ nicht mehr der Fall zu sein braucht. Besteht die vollständige a-Steuerbarkeit nur für einen $(s < p)$-dimensionalen Unterraum $\boldsymbol{R}_s$ des Vektorraums $\boldsymbol{X}_p$ in einem vorgegebenen Intervall $[t_0, t_e]$, dann kann die Dimension s dieses Unterraums bei Vergrößerung dieses Zeitintervalls niemals größer, sondern höchstens kleiner werden. Wir fassen dies zusammen in

Satz 3. Der Rang der GRAM-Matrix

$$_x\boldsymbol{G}(t_0, t_e) = \int\limits_{t_0}^{t_e} C(\tau)\, \boldsymbol{\Phi}(t_e, \tau)\, \boldsymbol{B}(\tau)\, \boldsymbol{B}^T(\tau)\, \boldsymbol{\Phi}^T(t_e, \tau)\, C^T(\tau)\, d\tau$$

kann bei Vergrößerung des Intervalls $[t_0, t_e]$ niemals zunehmen:

$$\text{Rang}\,_x\boldsymbol{G}(t_0, t_1) \geq \text{Rang}\,_x\boldsymbol{G}(t_0, t_2), \quad \text{für } \; t_2 > t_1. \tag{25}$$

b) $\boldsymbol{D}(t) \not\equiv \boldsymbol{0}$

Es wird nun noch kurz der Fall betrachtet, bei dem in einem System direkte energiespeicherfreie Verbindungen zwischen dem Eingangsvektor $\boldsymbol{y}(t)$ und dem Ausgangsvektor $\boldsymbol{x}(t)$ bestehen. Mit den oben getroffenen Vereinbarungen, insbesondere (6), lautet die Lösung des Gleichungssystems (2) für einen Endzeitpunkt t_e

$$\boldsymbol{x}(t_e) = \int\limits_{t_0}^{t_e} {}_x\boldsymbol{H}(t_e, \tau)\, \boldsymbol{y}(\tau)\, d\tau + \boldsymbol{D}(t_e)\, \boldsymbol{y}(t_e). \tag{26}$$

Auch hier wird die vollständige a-Steuerbarkeit dadurch nachgewiesen, daß gezeigt wird, daß das skalare Produkt $\boldsymbol{\alpha}^T \boldsymbol{x}(t_e)$ mit $\boldsymbol{\alpha} \neq \boldsymbol{0}$ und $\boldsymbol{\alpha} \in \mathbf{X}$ unbeschränkt ist, woraus dann folgt:

Satz 4. Ein System (2) ist dann und nur dann vollständig a-steuerbar im Intervall $[t_0, t_e]$, wenn für alle $\boldsymbol{\alpha} \neq \boldsymbol{0}$ gilt

$$\left.\begin{array}{l} {}_x\boldsymbol{H}^T(t_e,t) \neq \boldsymbol{0} \\ \text{und/oder } \boldsymbol{D}^T(t_e)\ \boldsymbol{\alpha} \neq \boldsymbol{0} \end{array}\right\} \begin{array}{l} \text{für alle } t \in [t_0, t_e], \\ \boldsymbol{\alpha} \neq \boldsymbol{0}. \end{array} \tag{27}$$

Definieren wir eine GRAM-Matrix ${}_D\boldsymbol{G}$

$$ {}_D\boldsymbol{G}(t_0, t_e) = \int\limits_{t_0}^{t_e} \boldsymbol{C}(\tau)\,\boldsymbol{\Phi}(t_e, \tau)\,\boldsymbol{B}(\tau)\,\boldsymbol{B}^T(\tau)\,\boldsymbol{\Phi}^T(t_e, \tau)\,\boldsymbol{C}^T(\tau)\,d\tau + \boldsymbol{D}(t_e)\,\boldsymbol{D}^T(t_e), \tag{28}$$

dann ist analog zu der oben für $\boldsymbol{D} \equiv \boldsymbol{0}$ dargelegten Beweisführung eine gleichwertige Bedingung zu (27) diese:

Satz 4a. Ein System (2) ist dann und nur dann vollständig a-steuerbar im Intervall $[t_0, t_e]$, wenn die GRAM-Matrix ${}_D\boldsymbol{G}$ positiv definite ist:

$$ |{}_D\boldsymbol{G}| \neq 0. \tag{29}$$

Es muß hier schon darauf hingewiesen werden, daß dann, wenn das System nicht vollständig z-steuerbar und damit nicht vollständig a-steuerbar ist, solange $\boldsymbol{D} \equiv \boldsymbol{0}$ gilt, dieser Mangel durch eine geeignete Matrix $\boldsymbol{D} \neq \boldsymbol{0}$ ausgeglichen werden kann. Andererseits ist diese Möglichkeit weitgehend nur theoretisch, denn dann, wenn das betrachtete System eine Mehrgrößen*regelstrecke* ist, wird es nicht möglich sein, energiespeicherfreie *Signal*verbindungen zwischen Eingangs- und Ausgangsgrößen so herzustellen, daß ein gewünschtes Ausgangssignal erreicht wird. Denn in technischen Anlagen sind diese Signale nur dazu da, den tatsächlichen Betriebszustand der Anlage *anzuzeigen*, während der Betriebszustand selbst nur durch eine Änderung der Energie- und/oder Stoffbilanz verändert werden kann.

2.3 Zustandssteuerbarkeit und Beobachtbarkeit zeitvariabler Systeme

Bei der Zustandssteuerbarkeit wird mit Definition 1 festgelegt, ob im n-dimensionalen Vektorraum $\mathbf{U}_n$ des Zustandsvektors $\boldsymbol{u}(t) \in \mathbf{U}_n$ eines Systems jeder Punkt dieses Raumes, ausgehend von einem Anfangszustand $\boldsymbol{u}(t_0)$, erreicht werden kann.

Kriterien für die z-Steuerbarkeit eines Systems sind nun leicht anzugeben, denn für die entsprechenden Überlegungen und Beweisführungen braucht nun bei den im vorstehenden Abschnitt abgeleiteten Kriterien jeweils nur ${}_x\boldsymbol{H}(t_e, t) = \boldsymbol{C}(t) \cdot \boldsymbol{\Phi}(t_e, t) \cdot \boldsymbol{B}(t)$ durch ${}_u\boldsymbol{H}(t) = \boldsymbol{\Phi}(t_e, t) \cdot \boldsymbol{B}(t)$ ersetzt zu werden. Die wesentlichen Ergebnisse fassen wir hier deshalb nun in diesem Satz zusammen:

Satz 5. Ein System (2) oder (5) ist dann und nur dann vollständig z-steuerbar im Intervall $[t_0, t_e]$, wenn die n Zeilen ${}_u\boldsymbol{H}_i$ der n,q-Matrix ${}_u\boldsymbol{H} = \boldsymbol{\Phi}(t_e, t)\,\boldsymbol{B}(t)$ linear unabhängig sind, wenn also gilt

$$[\boldsymbol{\Phi}(t_e, t)\,\boldsymbol{B}(t)]^T\,\boldsymbol{\alpha} \neq \boldsymbol{0}, \quad \begin{array}{l} t \in [t_0, t_e], \\ \boldsymbol{\alpha} \neq \boldsymbol{0}, \end{array} \tag{30}$$

oder gleichbedeutend:

$$_u G(t_0, t_e) = |_u G(t_0, t_e)| = \left| \int\limits_{t_0}^{t_e} \boldsymbol{\Phi}(t_e, \tau)\, \boldsymbol{B}(\tau)\, \boldsymbol{B}^T(\tau)\, \boldsymbol{\Phi}^T(t_e, \tau)\, d\tau \right| \neq 0 . \tag{31}$$

Wegen der Eigenschaft der Fundamentalmatrix $\boldsymbol{\Phi}(t_e, t) = \boldsymbol{\Phi}(t_e, t_0)\, \boldsymbol{\Phi}(t_0, t)$ und der Nichtsingularität dieser Matrizen gilt zunächst mit $\boldsymbol{\alpha} \neq \boldsymbol{0}$ auch

$$\boldsymbol{\Phi}^T(t_e, t_0)\, \boldsymbol{\alpha} \neq \boldsymbol{0},$$

womit man für (30) die äquivalente Form

$$\boldsymbol{B}^T \boldsymbol{\Phi}^T(t_0, t)\, \tilde{\boldsymbol{\alpha}} \neq \boldsymbol{0} \quad \begin{array}{l} \text{für} \quad t \in [t_0, t_e], \\[4pt] \tilde{\boldsymbol{\alpha}} \neq \boldsymbol{0} \end{array} \tag{30a}$$

erhält, woraus dann auch für (31) diese alternative Form folgt:

$$|_u G(t_0, t_e)| = \left| \int\limits_{t_0}^{t_e} \boldsymbol{\Phi}(t_0, \tau)\, \boldsymbol{B}(\tau)\, \boldsymbol{B}^T(\tau)\, \boldsymbol{\Phi}^T(t_0, \tau)\, d\tau \right| \neq 0 . \tag{31a}$$

Soll ein System streng z-steuerbar sein, d. h., soll jede der q Komponenten $y_i(t)$ des Stellvektors $\boldsymbol{y}(t) = [y_1(t), \ldots, y_q(t)]^T$ alleine genügen, jeden Systemzustand zu erzeugen, dann müssen die in diesem Satz formulierten Kriterien erfüllt sein:

Satz 6. Ein System (2) oder (5) ist dann und nur dann streng z-steuerbar im Intervall $[t_0, t_e]$, wenn es vollständig z-steuerbar ist und für jeden Spaltenvektor $_u\boldsymbol{H}_i$ gilt:

$$\begin{array}{ll} _u\boldsymbol{H}_i^T\, \boldsymbol{\alpha} = [\boldsymbol{\Phi}(t_e, t)\, \boldsymbol{B}_i(t)]^T\, \boldsymbol{\alpha} \neq 0, & t \in [t_0, t_e], \\[6pt] \text{bzw.} \hspace{3.2cm} & \text{für} \quad i = 1, 2, \ldots, q, \\[6pt] \hspace{2.2cm} \boldsymbol{B}_i^T(t)\, \boldsymbol{\Phi}^T(t_0, t)\, \boldsymbol{\alpha} \neq 0 & \boldsymbol{\alpha} \neq \boldsymbol{0} \end{array} \tag{32}$$

oder gleichbedeutend

$$_u G_i(t_0, t_e) = \left| \int\limits_{t_0}^{t_e} \boldsymbol{\Phi}(t_e, \tau)\, \boldsymbol{B}_i(\tau)\, \boldsymbol{B}_i^T(\tau)\, \boldsymbol{\Phi}^T(t_e, \tau)\, d\tau \right| \neq 0, \quad \text{für} \quad i = 1, 2, \ldots, q \tag{33}$$

bzw.

$$_u \tilde{G}_i(t_0, t_e) = \left| \int\limits_{t_0}^{t_e} \boldsymbol{\Phi}(t_0, \tau)\, \boldsymbol{B}_i(\tau)\, \boldsymbol{B}_i^T(\tau)\, \boldsymbol{\Phi}^T(t_0, \tau)\, d\tau \right| \neq 0.$$

Gelten die Bedingungen (30), (31) bzw. (32) und (33) jeweils nicht nur für ein spezielles (vorgegebenes) Intervall $[t_0, t_e]$, sondern für jedes $t_e > t_0$, dann sprechen wir auch hier analog zu den Verhältnissen bei der a-Steuerbarkeit von *totaler z-Steuerbarkeit* bzw. *totaler strenger z-Steuerbarkeit*.

Trotz der formalen Ähnlichkeit der mittels der gleichen Idee beweisbaren Kriterien der a- und der z-Steuerbarkeit existieren doch zunächst einige Unterschiede, die kurz aufgezeigt werden sollen. Wir nehmen als erstes an, daß ein System vollständig z-steuerbar im Intervall $[t_0, t_e]$ sei, aber für ein Unterintervall $[t_0, t_1]$ mit $t_1 < t_e$ für ein bestimmtes $\boldsymbol{\alpha} = \tilde{\boldsymbol{\alpha}}$ gelte

$$\boldsymbol{B}^T(t)\, \boldsymbol{\Phi}^T(t_e, t)\, \tilde{\boldsymbol{\alpha}} = \boldsymbol{0}, \quad \begin{array}{l} \text{für} \quad t \in [t_0, t_1], \\[4pt] \tilde{\boldsymbol{\alpha}} \neq \boldsymbol{0}, \end{array} \tag{34}$$

wogegen wegen der vorausgesetzten vollständigen z-Steuerbarkeit im Intervall $[t_0, t_e]$ gilt

$$B^T(t)\, \Phi^T(t_e, t)\, \tilde{\alpha} \neq 0, \qquad \begin{matrix} \text{für} \quad t \in [t_0, t_e], \\ \alpha \neq 0. \end{matrix} \tag{35}$$

Aus den Eigenschaften der Fundamentalmatrix $\Phi(t_0, t)$ (Abschn. VI.4.4) folgt zunächst

$$\Phi(t_e, t) = \Phi(t_e, t_1)\, \Phi(t_1, t),$$

so daß für (34) auch geschrieben werden kann:

$$B^T(t)\, \Phi^T(t_1, t)\, \Phi^T(t_e, t_1)\, \tilde{\alpha} = 0. \tag{34a}$$

Da die Fundamentalmatrix nichtsingulär und der Vektor $\tilde{\alpha}$ ungleich Null ist, ist auch der Vektor $\hat{\alpha} = \Phi^T(t_e, t_1)\, \tilde{\alpha} \neq 0$, oder in (34a) eingesetzt:

$$B^T\, \Phi^T(t_1, t)\, \hat{\alpha} = 0, \qquad \begin{matrix} \text{für} \quad t \in [t_0, t_1], \\ \hat{\alpha} \neq 0. \end{matrix} \tag{34b}$$

Dieses Ergebnis heißt zunächst, daß das System im Intervall $[t_0, t_1]$ unter der Voraussetzung 34 nicht vollständig z-steuerbar ist. Es bedeutet aber weiter, daß, anders als bei der a-Steuerbarkeit, ein in einem kleineren Intervall nicht vollständig z-steuerbares System sehr wohl für ein größeres Intervall vollständig z-steuerbar sein kann.

Als nächstes betrachten wir ein System, das für $[t_0, t_1]$ vollständig z-steuerbar

$$B^T(t)\, \Phi^T(t_1, t)\, \alpha \neq 0, \qquad \begin{matrix} \text{für} \quad t \in [t_0, t_1], \\ \alpha \neq 0 \end{matrix} \tag{36}$$

und für $[t_1, t_2]$ mit $t_2 > t_1$ *nicht* vollständig z-steuerbar sei:

$$B^T(t)\, \Phi^T(t_2, t)\, \alpha = 0, \qquad \begin{matrix} \text{für} \quad t \in [t_1, t_2], \\ \alpha \neq 0. \end{matrix} \tag{37}$$

Wird $\Phi(t_2, t) = \Phi(t_2, t_1)\, \Phi(t_1, t)$ in (37) eingesetzt,

$$B^T(t)\, \Phi^T(t_1, t)\, \Phi^T(t_2, t_1)\, \alpha = 0, \qquad \text{für} \quad t \in [t_1, t_2]$$

erhält man mit $\Phi^T(t_2, t_1)\, \alpha \neq 0$ [wegen der Nichtsingularität von $\Phi(t_2, t_1)$ und $\alpha \neq 0$] dieses Ergebnis:

Satz 7. Ein in dem Intervall $[t_0, t_1]$ vollständig z-steuerbares System (2) ist auch für das Intervall $[t_0, t_2]$ mit $t_2 > t_1$ vollständig z-steuerbar selbst dann, wenn es im Intervall $[t_1, t_2]$ nicht vollständig z-steuerbar ist.

Dieses wichtige Ergebnis gilt, wie oben schon gesagt, nur für den Zustandsraum $\mathbf{U}_n$, nicht aber für die a-Steuerbarkeit im Ausgangsvektorraum $\mathbf{X}_p$. Dieser Unterschied rührt von der Ausgangsmatrix $C(t)$ in dem Integranden ${}_xH$ der Systemantwort her.

Wird nun $C(t)\, \Phi(t_0, t)\, B(t)$ bzw. $C(t)\, \Phi(t_0, t)\, B_i(t)$ in die Bedingungen (30), (31) bzw. (32), (33) eingesetzt, dann ist leicht zu erkennen, daß ein vollständig z-steuerbares System nur dann auch a-steuerbar sein kann, wenn darüber hinaus gilt:

$$C^T(t)\, \alpha \neq 0, \qquad \begin{matrix} \text{für} \quad \alpha \in \mathbf{X}_p, \\ \alpha \neq 0. \end{matrix} \tag{38}$$

Andererseits kann ein System sehr wohl vollständig a-steuerbar sein, ohne auch vollständig z-steuerbar sein zu müssen (dieser Fall wird an einem Beispiel in Abschn. VIII.2.5 erläutert werden), was bedeutet, daß sich a-Steuerbarkeit und z-Steuerbarkeit *nicht* gegenseitig implizieren.

Als nächstes werden Kriterien für die vollständige Beobachtbarkeit eines Systems gemäß Definition 3 behandelt. Wenn der Stellvektor $\boldsymbol{y}(t) \equiv \boldsymbol{0}$, für $t \geqq t_0$, ist, lautet die Systemantwort des Systems (2):

$$\boldsymbol{u}(t) = \boldsymbol{\Phi}(t, t_0)\, \boldsymbol{u}(t_0), \tag{39a}$$

$$\boldsymbol{x}(t) = \boldsymbol{C}(t)\, \boldsymbol{u}(t) = \boldsymbol{C}(t)\, \boldsymbol{\Phi}(t, t_0)\, \boldsymbol{u}(t_0). \tag{39b}$$

Der Anfangszustand $\boldsymbol{u}(t_0)$ mag von einem Stellvektor $\boldsymbol{y}(t)$ für $t < t_0$ oder auf andere Weise von der Vorgeschichte des Systems herrühren. Soll dieser Anfangszustand $\boldsymbol{u}(t_0)$ vom Systemausgang $\boldsymbol{x}(t)$ her durch Beobachtung während des Intervalls $[t_0, t_e]$ bestimmbar sein, dann folgt als notwendige Bedingung hierzu unmittelbar, daß in (39b) die Spalten der Matrix $\boldsymbol{C}(t)\, \boldsymbol{\Phi}(t, t_0)$ für $t \in [t_0, t_e]$ linear unabhängig sein müssen, was so formuliert wird:

$$\boldsymbol{C}(t)\, \boldsymbol{\Phi}(t, t_0)\, \boldsymbol{\alpha} \neq \boldsymbol{0}, \qquad \begin{array}{l} \text{für} \quad \boldsymbol{\alpha} \in \mathbf{U}_n, \\[4pt] \boldsymbol{\alpha} \neq \boldsymbol{0}, \\[4pt] t \in [t_0, t_e]. \end{array} \tag{40}$$

Diese Bedingung ist auch hinreichend. Um dies zu zeigen, wird (39b) von links mit $\boldsymbol{\Phi}^T(t, t_0)\, \boldsymbol{C}^T(t)$ multipliziert und dann wird auf beiden Seiten von t_0 bis t_e integriert:

$$\int_{t_0}^{t_e} \boldsymbol{\Phi}^T(t, t_0)\, \boldsymbol{C}^T(t)\, \boldsymbol{x}(t)\, dt = \int_{t_0}^{t_e} \boldsymbol{\Phi}^T(t, t_0)\, \boldsymbol{C}^T(t)\, \boldsymbol{C}(t)\, \boldsymbol{\Phi}(t, t_0)\, dt\, \boldsymbol{u}(t_0)$$
$$= \boldsymbol{M}(t_0, t_e)\, \boldsymbol{u}(t_0). \tag{41}$$

Auf der rechten Seite steht nun gerade die GRAM-Matrix $\boldsymbol{M}(t_0, t_e)$, die nur dann nichtsingulär ist, wenn die Spalten der Matrix $\boldsymbol{C}(t)\, \boldsymbol{\Phi}(t, t_0)$ linear unabhängig sind. Ist $\boldsymbol{M}(t_0, t_e)$ nichtsingulär — oder gleichbedeutend positiv definite — dann kann mit der Bezeichnung:

$$\boldsymbol{n}(t_0, t_e) = \int_{t_0}^{t_e} \boldsymbol{\Phi}^T(t, t_0)\, \boldsymbol{C}^T(t)\, \boldsymbol{x}(t)\, dt \tag{42}$$

der gesuchte (beobachtbare) Anfangszustand $\boldsymbol{u}(t_0)$ explizite angegeben werden zu:

$$\boldsymbol{u}(t_0) = \boldsymbol{M}^{-1}(t_0, t_e)\, \boldsymbol{n}(t_0, t_e). \tag{43}$$

Damit ist dieses Kriterium bewiesen:

Satz 8. Ein System (2) ist dann und nur dann vollständig beobachtbar im Intervall $[t_0, t_e]$, wenn die Spalten der Matrix $\boldsymbol{C}(t)\, \boldsymbol{\Phi}(t, t_0)$ linear unabhängig sind:

$$\boldsymbol{C}(t)\, \boldsymbol{\Phi}(t, t_0)\, \boldsymbol{\alpha} \neq \boldsymbol{0}, \qquad \begin{array}{l} \text{für} \quad \boldsymbol{\alpha} \in \mathbf{U}_n, \\[4pt] \boldsymbol{\alpha} \neq \boldsymbol{0}, \\[4pt] t \in [t_0, t_e] \end{array} \tag{40}$$

oder gleichbedeutend die GRAM-Matrix $M(t_0, t_e)$ positiv definite ist:

$$|M(t_0, t_e)| = \left| \int\limits_{t_0}^{t_e} \boldsymbol{\Phi}^T(t, t_0) \, C^T(t) \, C(t) \, \boldsymbol{\Phi}(t, t_0) \, dt \right| \neq 0. \tag{44}$$

Hat die Matrix $M(t_0, t_e)$ einen Rang $M(t_0, t_e) = n_b < n$, dann sind nur n_b Zustände beobachtbar. Oder, anders formuliert, es existieren dann Vektoren $\boldsymbol{\alpha}$, für die (40) verletzt ist und die einen $(n - n_b)$-dimensionalen Unterraum $\mathbf{U}_{n_b} \subset \mathbf{U}_n$ im linearen Vektorraum $\mathbf{U}_n$ der Zustandsvektoren aufspannen, in dem die Zustände des Systems liegen, die in endlicher Zeit nicht beobachtbar sind. Die Unterräume $\mathbf{U}_{n_b}$ und $\mathbf{U}_b$ der nichtbeobachtbaren und der beobachtbaren Zustände bilden als direkte Summe den vollständigen Zustandsraum

$$\mathbf{U}_b + \mathbf{U}_{n_b} = \mathbf{U}_n \tag{45}$$

und sind zueinander orthogonal

$$\mathbf{U}_b \perp \mathbf{U}_{n_b}. \tag{46}$$

Im Falle des nichtvollständig beobachtbaren Systems können die beobachtbaren Zustände $\boldsymbol{u}_b(t)$ mit Hilfe der Pseudoinversen (Abschn. VII.2.6) $M^\dagger(t_0, t_e)$ aus der abgewandelten Gl. (43) bestimmt werden zu:

$$\boldsymbol{u}_b(t_0) = M^\dagger(t_0, t_e) \, \boldsymbol{n}(t_0, t_e). \tag{47}$$

Ist das System (2) für jedes $t > t_0$ vollständig beobachtbar, dann wird von der totalen Beobachtbarkeit des Systems gesprochen, wobei die Einschränkung auf ein vorgegebenes Intervall $[t_0, t_e]$ entfällt.

2.4 Kalman-kanonische Zerlegung und das Dualitätsprinzip

In dem vorstehenden Abschnitt war die z-Steuerbarkeit und die Beobachtbarkeit von Systemen, die diesen Gleichungen genügen

$$\begin{aligned} \dot{\boldsymbol{u}}(t) &= A(t) \, \boldsymbol{u}(t) + B(t) \, \boldsymbol{y}(t), \\ \boldsymbol{x}(t) &= C(t) \, \boldsymbol{u}(t) + D(t) \, \boldsymbol{y}(t), \end{aligned} \tag{48}$$

besprochen worden. Die Zustandsvektoren sind Elemente des n-dimensionalen Zustandsraums $\mathbf{U}_n$, die Stellvektoren $\boldsymbol{y}(t)$ Elemente von $\mathbf{Y}_q$ und die Ausgangsvektoren Elemente aus $\mathbf{X}_p$. Im allgemeinen Fall kann auf Vorschlag von KALMAN [VIII.8] der Zustandsvektor $\boldsymbol{u}(t)$ eines Systems in 4 Teilvektoren zerlegt werden:

$$\dot{\boldsymbol{u}}(t) = \begin{bmatrix} \boldsymbol{u}_S(t) \\ \boldsymbol{u}_G(t) \\ \boldsymbol{u}_N(t) \\ \boldsymbol{u}_B(t) \end{bmatrix}, \tag{49}$$

die die Dimensionen n_S, n_G, n_N und n_B haben, so daß gilt:

$$n = n_S + n_G + n_N + n_B. \tag{50}$$

Der Teilvektor $\boldsymbol{u}_S(t)$ gehört zu dem nur vollständig z-steuerbaren Systemteil, $\boldsymbol{u}_G(t)$ beschreibt den sowohl steuerbaren als beobachtbaren Teil, $\boldsymbol{u}_N(t)$ gehört zu einem Systemteil, der weder steuer- noch beobachtbar ist und schließlich ist

$u_B(t)$ der Teilvektor, der nur beobachtbar ist. Die Dimensionszahlen $n_S + n_G$, und $n_N + n_B$ erhält man aus dem Rang bzw. dem Rangdefekt der GRAM-Matrizen $_uG(t_0, t_e)$, die durch Gl. (31) definiert sind, bzw. aus dem Rang von $M(t_0, t_e)$ mit (41). Im einzelnen gilt

$$\text{und} \qquad \begin{aligned} \text{Rang}\,_uG(t_0, t_e) &= n_S + n_G = n - n_N - n_B \\ \text{Rang}\, M(t_0, t_e) &= n_G + n_B = n - n_N - n_S, \end{aligned} \qquad (51)$$

womit man mit 3 Gleichungen für die 4 Unbekannten eine eindeutige Zuordnung erst dann bekommt, wenn n_G über ein weiteres Kriterium, z. B. das von ROSENBROCK (S. 259), ermittelt wurde.

Das System (48) kann nun so transformiert werden, daß die Teilvektoren jeweils durch entsprechende Teilmatrizen in dieser Form miteinander verknüpft sind:

$$\begin{bmatrix} \dot{u}_S(t) \\ \dot{u}_G(t) \\ \dot{u}_N(t) \\ \dot{u}_B(t) \end{bmatrix} = \begin{bmatrix} A_{SS}(t) & A_{SG}(t) & A_{SN}(t) & A_{SB}(t) \\ 0 & A_{GG}(t) & 0 & A_{GB}(t) \\ 0 & 0 & A_{NN}(t) & A_{NB}(t) \\ 0 & 0 & 0 & A_{BB}(t) \end{bmatrix} \begin{bmatrix} u_S(t) \\ u_G(t) \\ u_N(t) \\ u_B(t) \end{bmatrix} + \begin{bmatrix} B_S(t) \\ B_G(t) \\ 0 \\ 0 \end{bmatrix} y(t), \qquad (52)$$

$$x(t) = [0 \quad C_G(t) \quad 0 \quad C_B(t)]\, u(t) + D(t)\, y(t).$$

Diese Systemrepräsentation soll KALMAN-kanonische Form heißen. Die Indizes der Teilmatrizen sind so gewählt, daß direkt erkennbar ist, wie diese Matrizen die Teilvektoren verknüpfen. Speziell deutet der Index G auf die Tatsache hin, daß nur der vollständig steuerbare *und* vollständig beobachtbare Systemteil durch eine Klemmenübertragungsfunktion, der Gewichtsfunktion $G(t_0, t)$, charakterisiert werden kann, worauf wir bei den zeitinvarianten Systemen noch ausführlicher zurückkommen werden. In Abb. VIII.2.2 ist Gl. (52) durch ein Blockschaltbild erläutert.

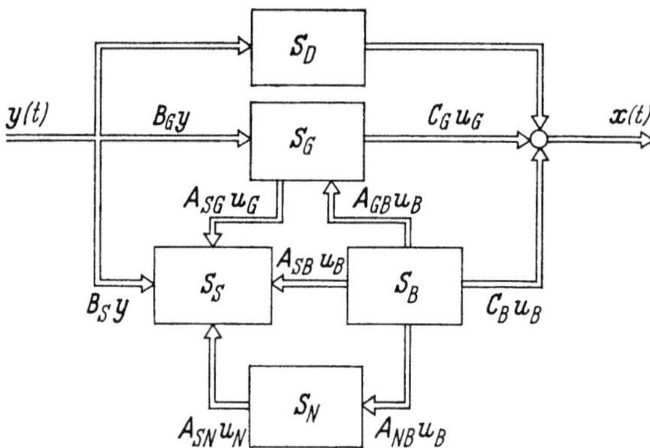

Abb. VIII.2.2 Zur Erläuterung der KALMAN-kanonischen Darstellung eines linearen zeitvariablen Systems

Nun soll noch eine andere Beobachtung, die zuerst KALMAN [VIII.4] machte, besprochen werden. Es ist dies die Beziehung zwischen der Beobachtbarkeit und Steuerbarkeit eines Systems, die KALMAN in Form eines Dualitätsprinzips formuliert hat, das bei der in Kap. IX zu behandelnden Optimierungstheorie sich noch als bedeutsam erweisen wird.

Liegt ein dynamisches System, beschrieben durch diese Gleichungen, vor:

$$\dot{u}(t) = A(t)\,u(t) + B(t)\,y(t),$$
$$x(t) = C(t)\,u(t), \tag{53}$$

dann heißt in der Mathematik zunächst ein System, dessen homogenes Differentialgleichungssystem dieser Gleichung genügt:

$$\dot{\mu}(t) = -A^*(t)\,\mu(t), \tag{54}$$

ein zu

$$\dot{u}(t) = A(t)\,u(t)$$

adjungiertes System. Hier ist, wie immer in dieser Darstellung, $A^*(t)$ die zu A konjugiert transformierte Matrix. Die adjungierten Systeme werden z. B. auch bei der HAMILTON-JACOBI-Theorie in Kap. IX auftreten. Ist die Systemmatrix A eine konstante Matrix, das durch sie beschriebene System also zeitinvariant, dann hat das zugehörige adjungierte System die wesentliche Eigenschaft, daß alle seine Eigenwerte gleich den an der imaginären Achse der λ-Ebene gespiegelten Eigenwerte des Originalsystems sind. Hatte also z. B. A nur „stabile" Eigenwerten — mit Realteilen nur in der linken λ-Halbebene —, dann hat $-A^*$ nur „instabile" Eigenwerte.

Unter Verwendung des adjungierten Systems (54) und der in (53) festgelegten Steuermatrix $B(t)$ und Ausgangsmatrix $C(t)$ heißt dieses System

$$\dot{\mu}(t) = -A^*(t)\,\mu(t) + C^*(t)\,\eta(t),$$
$$\xi(t) = B^*(t)\,\mu(t), \tag{55}$$

das zu (53) duale System. Wir fassen das vorstehende zusammen in

Definition 5. Das zu einem System zugehörige duale System wird erhalten durch
1. Ersatz des freien dynamischen Systems durch das adjungierte,
2. Vertauschung von Eingangs- und Ausgangszwangsbedingungen.

In Abb. VIII.2.3 sind das System (53) und sein duales System als Blockschaltbild dargestellt.

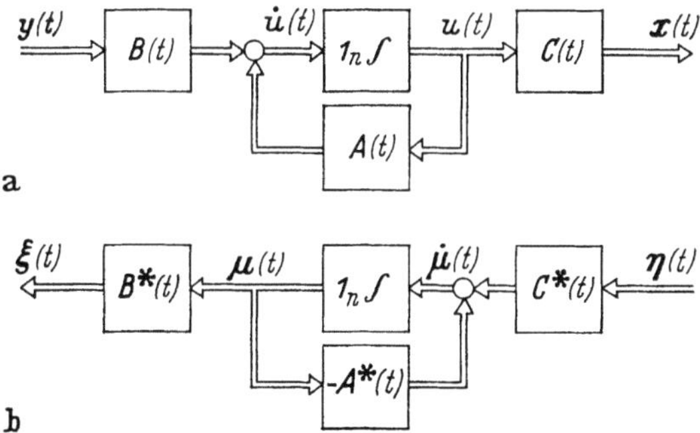

Abb. VIII.2.3a u. b a) Lineares zeitvariables System (53) und b) das dazu duale System (55)

Das Dualitätsprinzip wird nun durch diesen Satz repräsentiert:

Satz 9. Ein dynamisches System (53) ist vollständig z-steuerbar (beobachtbar), wenn sein duales System vollständig beobachtbar (z-steuerbar) ist.

Dieser Satz ist mittels der oben abgeleiteten Kriterien leicht nachzuweisen. Sei $\boldsymbol{\Phi}(t, t_0)$ die Fundamentalmatrix des gegebenen Systems und $\boldsymbol{\Psi}(t, t_0)$ die des dualen Systems, dann ist für die vollständige z-Steuerbarkeit notwendig und hinreichend, daß diese GRAM-Matrix positiv definite ist:

$$\left| \int_{t_0}^{t_e} \boldsymbol{\Phi}(t_0, t)\, \boldsymbol{B}(t)\, \boldsymbol{B}^*(t)\, \boldsymbol{\Phi}^*(t_0, t)\, dt \right| \neq 0; \tag{56}$$

ferner muß für die vollständige Beobachtbarkeit des Systems gelten:

$$\left| \int_{t_0}^{t_e} \boldsymbol{\Phi}^*(t, t_0)\, \boldsymbol{C}^*(t)\, \boldsymbol{C}(t)\, \boldsymbol{\Phi}(t, t_0)\, dt \right| \neq 0. \tag{57}$$

Die analogen Bedingungen für das duale System lauten:

$$\left| \int_{t_e}^{t_\bullet} \boldsymbol{\Psi}(t_0, t)\, \boldsymbol{C}^*(t)\, \boldsymbol{C}(z)\, \boldsymbol{\Psi}^*(t_0, t)\, dt \right| \neq 0, \tag{58}$$

$$\left| \int_{t_e}^{t_0} \boldsymbol{\Psi}^*(t, t_0)\, \boldsymbol{B}(t)\, \boldsymbol{B}^*(t)\, \boldsymbol{\Psi}(t, t_0)\, dt \right| \neq 0. \tag{59}$$

Nun genügen aber die Fundamentalmatrizen $\boldsymbol{\Phi}(t, t_0)$ und $\boldsymbol{\Psi}(t, t_0)$ definitionsgemäß (VI.4) diesen Gleichungen:

$$\frac{d}{dt}\boldsymbol{\Phi}(t, t_0) = \boldsymbol{A}(t)\, \boldsymbol{\Phi}(t, t_0); \qquad \frac{d}{dt}\boldsymbol{\Psi}(t, t_0) = -\boldsymbol{A}^*(t)\, \boldsymbol{\Psi}(t, t_0),$$

so daß mit den Eigenschaften der Fundamentalmatrix

$$\boldsymbol{\Phi}(t, t_0)\ = \boldsymbol{\Phi}(t_0, t)^{-1},$$
$$\boldsymbol{\Phi}(t_0, t_0) = \boldsymbol{1},$$

diese Fundamentalmatrizen $\boldsymbol{\Phi}(t, t_0)$ und $\boldsymbol{\Psi}(t, t_0)$ so zusammenhängen:

$$\boldsymbol{\Phi}(t, t_0) = \boldsymbol{\Psi}^*(t_0, t). \tag{60}$$

Setzt man dies in die Gln. (56) bis (59) jeweils ein, ist die Gültigkeit von Satz 9 leicht nachgewiesen.

Mittels des Dualitätsprinzips kann auf das Konzept der Beobachtbarkeit eines Systems verzichtet werden, wenn diese als die z-Steuerbarkeit des dualen Systems erklärt wird. Wesentlicher ist aber, daß durch dieses Prinzip ein System mit Beschränkungen bei den Ausgangssignalen durch ein duales System mit diesen Beschränkungen bei den Eingangssignalen ersetzt werden kann. So ist z. B. das Problem der Zustandsbeobachtung in minimaler Zeit (Beobachter oder KALMAN-BUCY-Filter in Kap. IX) identisch mit den Problemen der minimalen Zeitsteuerung eines dualen Systems.

Schließlich sei noch diese wichtige Eigenschaft des Konzepts der z-Steuerbarkeit und Beobachtbarkeit angegeben:

Satz 10. Die z-Steuerbarkeit und Beobachtbarkeit eines linearen Systems ist invariant gegenüber nichtsingulären Koordinatentransformationen.

Diese Eigenschaft folgt aus der der linearen Vektorräume, da eine Aufteilung solcher Räume in spezielle Unterräume unabhängig von der jeweiligen Basiskoordinatenwahl ist.

2.5 Steuerbarkeit und Beobachtbarkeit zeitinvarianter kontinuierlicher Systeme

Ausgehend von den in den vorstehenden Abschnitten dargestellten Ergebnissen der Steuerbarkeit und Beobachtbarkeit linearer Systeme, werden nun die zeitinvarianten Systeme noch gesondert und ausführlicher besprochen. Diese, durch die Gleichungen

$$\dot{u}(t) = A\,u(t) + B\,y(t),$$
$$x(t) - C\,u(t) + D\,y(t) \tag{61}$$

beschriebenen Systeme, sind zwar in dem vorstehend behandelten System (2) als Sonderfall enthalten, doch vereinfachen sich viele Ergebnisse und Kriterien für die Systeme (61) beträchtlich. Wegen der allgemeinen Bedeutung der linearen zeitinvarianten Systeme ist es deshalb interessant und wichtig, diese spezielleren Kriterien der Steuer- und Beobachtbarkeit der Systeme (61) zu besprechen.

Wir beginnen mit der vollständigen z-Steuerbarkeit. Das Kriterium (30) in Satz 5 erhält mit der Fundamentalmatrix

$$\boldsymbol{\Phi}(t_e, t) = e^{A(t_e - t)} \tag{62}$$

für das System (61), zusammen mit (30a), die Form

$$[e^{-At}\,B]^T\,\boldsymbol{\alpha} \neq \boldsymbol{0}, \qquad \begin{aligned} &t \in [0, t_e], \\ &\boldsymbol{\alpha} \neq \boldsymbol{0}. \end{aligned} \tag{63}$$

Hierbei konnte wegen der Zeitinvarianz des Systems (61) die Anfangszeit $t_0 = 0$ gewählt werden, ohne die Allgemeingültigkeit zu beschränken. Gl. (63) bedeutet auch hier nichts anderes, als daß die Zeilen der Matrix $e^{-At}\,B$ linear unabhängig sein müssen, wenn das System (61) vollständig z-steuerbar sein soll. Oder, in anderen Worten, in der Matrix $e^{-At}\,B$ müssen n linear unabhängige Spaltenvektoren vorhanden sein, die eine vollständige Basis des n-dimensionalen Zustandsraums U_n bilden. Das Kriterium (63) kann nun mit den in Kap. VII.3 besprochenen LAGRANGE-SYLVESTERschen Ersatzfunktionen in eine für die Anwendung wesentlich günstigere Form gebracht werden. Es sei

$$R(A) = r_0(t) \cdot 1 + r_1(t)\,A + \cdots + r_{m-1}(t)\,A^{m-1} = e^{-At}, \tag{64}$$

das Ersatzpolynom der Fundamentalmatrix e^{-At}, worin m der Grad des Minimalpolynoms von A ist und die $r_i(t)$ die zeitvariablen Polynomkoeffizienten sind[1]. Damit wird aus (63):

$$[r_0(t) \cdot 1B + r_1(t)\,A\,B + \cdots + r_{m-1}(t)\,A^{m-1}\,B]^T\,\boldsymbol{\alpha} \equiv \boldsymbol{0}, \qquad \begin{aligned} &t \in [0, t_e], \\ &\boldsymbol{\alpha} \neq \boldsymbol{0}. \end{aligned} \tag{65}$$

Erinnern wir uns wieder, daß der Zustandsraum U_n und damit die Zustandsvektoren $u(t)$ und schließlich $\boldsymbol{\alpha}$ die Dimension n haben, dann bedeutet die vollständige z-Steuerbarkeit des Systems (61) für ein Zeitintervall $[0, t]$ auch nichts anderes, als daß in der Matrix

$$Q = [B \mid A\,B \mid \ldots \mid A^{m-1}\,B]$$

---

[1] Zeitvariabel sind die $r_j(t)$ deshalb, da die Fundamentalmatrix e^{At} auch von dem Argument der Zeit abhängt.

genau n linear unabhängige Spalten existieren, die eine Basis für $\mathbf{U}_n$ bilden, was wir in diesem Satz zusammenfassen:

Satz 11 (z-Steuerbarkeit). Ein lineares zeitinvariantes System (61) ist dann und nur dann vollständig z-steuerbar, wenn die n,mq-Matrix $\mathbf{Q}$ den Rang n hat:

$$\text{Rang}\,\mathbf{Q} = \text{Rang}[\mathbf{B} \mid \mathbf{A}\,\mathbf{B} \mid \ldots \mid \mathbf{A}^{m-1}\,\mathbf{B}] = n. \tag{66}$$

Darüber hinaus ist das in einem Intervall $T = [0, t_e]$ vollständig z-steuerbare System auch für jedes t mit $t_e < t < \infty$ vollständig z-steuerbar.

Bei den zeitinvarianten Systemen ist also für die vollständige z-Steuerbarkeit nur der Rang einer im allgemeinen rechteckigen Matrix $\mathbf{Q}$ zu prüfen, bei der in der Spaltenzahl $m\,q$ die Zahl q hier verabredungsgemäß die Zahl der Systemeingänge $y_i(t)$ und damit die der Spalten von $\mathbf{B}$ bedeutet. Diese Ranguntersuchung kann mittels des GAUSSschen Algorithmus, für den bei jedem Digitalrechner eine Routine vorhanden ist, sehr einfach durchgeführt werden. An dieser Stelle ist ferner darauf hinzuweisen, daß das Kriterium (66) unabhängig von der Koordinatenwahl im Zustandsraum $\mathbf{U}_n$ ist, was bedeutet, daß bei Übergang auf eine neue Koordinatenbasis mittels der Ähnlichkeitstransformation $\mathbf{T}^{-1}\mathbf{A}\,\mathbf{T}$ (VII.2.18) sich der Rang der Matrix $\mathbf{Q}$ und damit die Eigenschaft der vollständigen z-Steuerbarkeit nicht ändert.

Ist das System (61) ein Einfachsystem, also $\mathbf{B}$ eine Spaltenmatrix und damit $m\,q = m$, dann ergibt eine Prüfung des Kriteriums (66) dieses wichtige Ergebnis:

Satz 12. Ein lineares zeitinvariantes Einfachsystem ist nur dann vollständig z-steuerbar, wenn das Minimalpolynom gleich dem charakteristischen Polynom ist:

$$M(\lambda) = C(\lambda). \tag{67}$$

Denn nur dann, wenn der Grad m des Minimalpolynoms $M(\lambda)$ gleich dem des charakteristischen, also gleich n, ist, kann $\mathbf{Q}$ überhaupt den Rang n bei einer 1 spaltigen Matrix $\mathbf{B}$ haben. Diese Bedingung (67) ist aber nur notwendig und nicht hinreichend, denn die Spaltenmatrix $\mathbf{B}$ kann so vorliegen, daß die notwendige *und* hinreichende Bedingung (66) nicht erfüllt ist.

Beispiel. Gegeben ist ein Einfachsystem in Paralleldarstellung (JORDAN-kanonische Form) zu

$$\dot{\mathbf{u}}(t) = \begin{bmatrix} \lambda_1 & 0 \\ 0 & \lambda_2 \end{bmatrix} \mathbf{u}(t) + \begin{bmatrix} 0 \\ 1 \end{bmatrix} y(t),$$

$$x(t) = V[1 \quad 1]\,\mathbf{u}(t).$$

Für $\lambda_1 \neq \lambda_2$ ist sicherlich $M(\lambda) = C(\lambda) = (\lambda - \lambda_1)(\lambda - \lambda_2)$. Die Matrix $\mathbf{Q}$ lautet aber:

$$\mathbf{Q} = [\mathbf{B} \mid \mathbf{A}\,\mathbf{B}] = \begin{bmatrix} 0 & 0 \\ 1 & \lambda_2 \end{bmatrix}$$

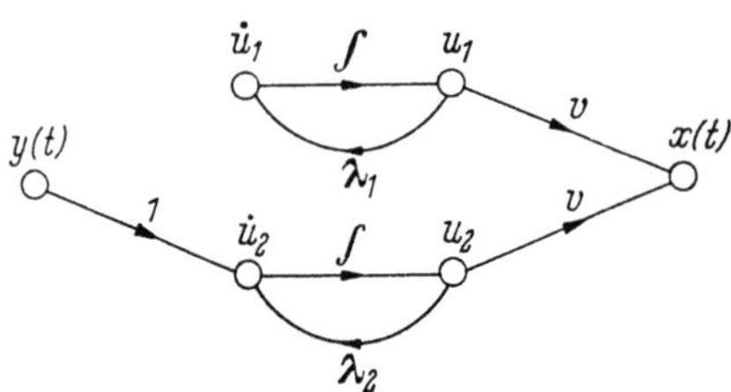

Abb. VIII.2.4
Signalflußdiagramm eines nicht z-steuerbaren
Einfachsystems in Paralleldarstellung

und hat nur den Rang $\mathbf{Q} = 1$, so daß das System nicht vollständig z-steuerbar ist. Ein Signalflußdiagramm des vorstehend gegebenen Systems verdeutlicht die Verhältnisse (Abb. VIII.2.4).

Das im vorstehenden Beispiel gefundene Ergebnis läßt sich verallgemeinern, und wir formulieren:

Satz 13. Ein in JORDAN-kanonischer Form vorliegendes *Einfach*system mit durchweg verschiedenen Eigenwerten λ_i ist dann und nur dann vollständig z-steuerbar, wenn alle Elemente B_i der Spaltenmatrix B ausnahmslos von Null verschieden sind.

Wird in Q die Steuermatrix B eines Mehrfachsystems durch ihre q Spaltenvektoren B_i ersetzt, gelangt man zu dem Kriterium der strengen z-Steuerbarkeit, die analog zu Definition 4 erklärt ist:

Satz 14 (strenge z-Steuerbarkeit). Ein lineares zeitinvariantes System (61) ist dann und nur dann streng z-steuerbar, wenn für die q Matrizen Q_i gilt

$$\operatorname{Rang} Q_i = \operatorname{Rang}[B_i \mid A\,B_i \mid \ldots \mid A^{m-1} B_i] = n, \quad i = 1, 2, \ldots, q. \quad (68)$$

Folgerung aus (68) ist, daß für Einfachsysteme die strenge z-Steuerbarkeit identisch mit der z-Steuerbarkeit ist. Dagegen bedeutet die strenge z-Steuerbarkeit für die Mehrfachsysteme eine wesentlich verschärfte Anforderung an die Struktur der Systemmatrix A, verglichen mit der Strukturforderung bei den nur vollständig z-steuerbaren Mehrfachsystemen. Für die strenge z-Steuerbarkeit eines Mehrfachsystems ist ebenso wie bei den Einfachsystemen notwendig (aber nicht hinreichend), daß das System eine *zyklische* Systemmatrix A hat, d. h., daß das Minimalpolynom gleich dem charakteristischen Polynom ist.

Für die vollständige z-Steuerbarkeit eines Mehrfachsystems sind, wie gesagt, die Strukturanforderungen an die Systemmatrix A wesentlich schwächer. So dürfen bei mehrfachen Eigenwerten λ_i diese durchaus in verschiedenen JORDAN-Kästchen auftreten. Notwendige und hinreichende Bedingungen für die vollständige z-Steuerbarkeit eines Mehrfachsystems mit einer Systemmatrix A in JORDAN-Form sind dann diese:

a) Die „Eingangszeilen" der Matrix B bestehen nicht durchweg aus Nullelementen;

b) Eingangszeilen zu JORDAN-Kästchen mit gleichen Eigenwerten dürfen nicht linear abhängig sein.

Unter „Eingangszeile" ist hier jeweils die Zeile der Eingangsmatrix B gemeint, die auf der Höhe der letzten Zeile (von oben gezählt) eines jeden JORDAN-Kästchens steht. Diese vorstehende Bedingung ist, ebenso wie die anderen in Tafel VIII.2.1 zusammengestellten, leicht aus dem allgemeinen Kriterium (66) abzuleiten [VIII.9 und VIII.10].

Als nächstes wenden wir uns dem expliziten Kriterium für die Beobachtbarkeit linearer zeitinvarianter Systeme zu. Ebenso wie bei der z-Steuerbarkeit folgt dieses Kriterium aus dem oben abgeleiteten für das allgemeine lineare kontinuierliche System [Gl. (40)]. Darüber hinaus könnte es auch mittels des Dualitätsprinzips aus dem vorstehend für die z-Steuerbarkeit besprochenen abgeleitet werden.

Satz 15. Ein lineares zeitinvariantes System (61) ist dann und nur dann vollständig beobachtbar, wenn die $n, m\,p$-Matrix P den Rang n hat:

$$\operatorname{Rang} P = \operatorname{Rang}[C^T \mid A^T C^T \mid \ldots \mid (A^T)^{m-1} C^T] = n. \quad (69)$$

Darüber hinaus ist das in einem Intervall $T = [0, t_e]$ vollständig beobachtbare System auch für jedes t mit $t_e < t < \infty$ vollständig beobachtbar.

Tafel VIII.2.1. *Bedingungen für die vollständige z-Steuerbarkeit zeitinvarianter Systeme mit einer Systemmatrix A in Jordan-kanonischer Form*

A. *Einfachsysteme*

1. Durchweg verschiedene Eigenwerte

$$A = \begin{bmatrix} \lambda_1 & 0 & \dots\dots & 0 \\ 0 & \lambda_2 & & \vdots \\ \vdots & & \ddots & \vdots \\ 0 & \dots\dots\dots & & \lambda_n \end{bmatrix}, \quad B = \begin{bmatrix} B_1 \\ B_2 \\ \vdots \\ B_n \end{bmatrix} \quad \begin{array}{l} B_i \neq 0 \\ \text{für } i = 1, 2, \dots, n. \end{array}$$

2. Nur gleiche Eigenwerte

$$A = \begin{bmatrix} \lambda & 1 & 0 & \dots\dots & 0 \\ 0 & \lambda & 1 & & \vdots \\ \vdots & & \ddots & \ddots & 1 \\ 0 & \dots\dots\dots & & & \lambda \end{bmatrix}, \quad B = \begin{bmatrix} B_1 \\ B_2 \\ \vdots \\ B_n \end{bmatrix} \quad B_n \neq 0.$$

3. $n - r$ verschiedene und r gleiche Eigenwerte

$$A = \begin{bmatrix} \lambda_1 & 0 & \dots\dots\dots\dots & 0 \\ 0 & \lambda_2 & & \vdots \\ \vdots & & \lambda_{n-r} & & \vdots \\ & & & \lambda & 1 & \vdots \\ & & & & \lambda & 1 \\ 0 & \dots\dots\dots\dots & & & & \lambda \end{bmatrix}, \quad B = \begin{bmatrix} B_1 \\ B_2 \\ B_{n-r} \\ \vdots \\ \vdots \\ B_n \end{bmatrix} \quad \begin{array}{l} B_i \neq 0 \\ \text{für } i = 1, 2, \dots, n - r, n. \end{array}$$

B. *Mehrfachsysteme*

1. Durchweg verschiedene Eigenwerte

$$A = \begin{bmatrix} \lambda_1 & 0 & \dots\dots & 0 \\ 0 & \lambda_2 & & \vdots \\ \vdots & & \ddots & \vdots \\ 0 & \dots\dots\dots & & \lambda_n \end{bmatrix}, \quad B = \begin{bmatrix} {}_1B \\ {}_2B \\ \vdots \\ {}_nB \end{bmatrix}^1 \quad \begin{array}{l} {}_iB \neq 0^T \\ \text{für } i = 1, 2, \dots, n. \end{array}$$

2. n gleiche Eigenwerte in v JORDAN-Kästchen zu e_v Zeilen

$$A = \begin{bmatrix} \lambda & 1 & 0 & \dots\dots\dots & 0 \\ 0 & \lambda & \ddots & & \vdots \\ & & & 1 & & \vdots \\ & & & \lambda & & \vdots \\ & & & & \lambda & 1 \\ & & & & & \ddots \\ 0 & \dots\dots\dots\dots & & & & \lambda \end{bmatrix}, \quad B = \begin{bmatrix} {}_1B \\ \vdots \\ e_1B \\ \vdots \\ {}_vB \end{bmatrix} \quad \left.\begin{array}{l} {}_iB \neq 0^T \\ \text{und alle} \\ {}_iB \text{ linear} \\ \text{unabhängig} \end{array}\right\} \begin{array}{l} \text{für } i = \sum_{j=1}^{k} e_j. \\ k = 1, 2, \dots, v \end{array}$$

---

[1] ${}_iB$ bedeutet der i-te *Zeilen*vektor.

Tafel VIII.2.2. *Bedingungen für die vollständige Beobachtbarkeit zeitinvarianter Systeme mit einer Systemmatrix $\boldsymbol{A}$ in Jordan-kanonischer Form*

A. Einfachsysteme

1. Durchweg verschiedene Eigenwerte

$$A = \begin{bmatrix} \lambda_1 & 0 \dots \dots 0 \\ 0 & \lambda_2 \\ \vdots & \ddots \\ \vdots & \ddots \\ 0 \dots \dots \lambda_n \end{bmatrix} \qquad C_i \neq 0 \qquad \text{für } i = 1, 2, \dots, n.$$

2. Nur gleiche Eigenwerte

$$A = \begin{bmatrix} \lambda & 1 \dots \dots 0 \\ 0 & \lambda \\ \vdots & \ddots \\ \vdots & \ddots 1 \\ 0 \dots \dots \lambda \end{bmatrix} \qquad C_1 \neq 0.$$

3. $n - r$ verschiedene und r gleiche Eigenwerte

$$A = \begin{bmatrix} \lambda_1 & 0 \dots \dots \dots 0 \\ 0 & \lambda_2 \\ & & \lambda_{n-r} \\ & & & \lambda & 1 \\ & & & & \ddots 1 \\ 0 \dots \dots \dots \lambda \end{bmatrix} \qquad C_i \neq 0 \qquad \text{für } i=1,2,\dots,n-r,n-r+1.$$

$$C = \begin{bmatrix} C_1 & C_2 . C_{n-r} \dots \dots C_n \end{bmatrix}.$$

B. Mehrfachsysteme

1. Durchweg verschiedene Eigenwerte

$$A = \begin{bmatrix} \lambda_1 & 0 \dots \dots 0 \\ 0 & \lambda_2 \\ \vdots & \ddots \\ 0 \dots \dots \lambda_n \end{bmatrix} \qquad C_i{}^1 \neq 0 \qquad \text{für } i = 1, 2, \dots, n.$$

$$C = \begin{bmatrix} C_1 & C_2 \dots \dots C_n \end{bmatrix}.$$

2. n gleiche Eigenwerte in v JORDAN-Kästchen zu e_v Zeilen

$$A = \begin{bmatrix} \lambda & 1 & 0 \dots \dots 0 \\ 0 & \lambda & 1 \\ & & \lambda & 1 \\ & & & \ddots \\ 0 \dots \dots \dots \lambda \end{bmatrix} \qquad \begin{matrix} C_i \neq 0 \\ \text{und alle} \\ C_i \text{ linear} \\ \text{unabhängig} \end{matrix} \quad \text{für } i = 1, e_1 +, \dots \sum_{j=1}^{v-1} e_j + 1.$$

$$C = \begin{bmatrix} C_1 & C_{e_1} & C_n \end{bmatrix}.$$

---

[1] C_i bedeutet den i-ten Spaltenvektor.

Ganz analog wie bei der z-Steuerbarkeit ist auch hier für die vollständige Beobachtbarkeit eines Einfachsystems notwendig, daß die Systemmatrix A zyklisch ist. Für die in JORDAN-kanonischer Form vorliegenden Systeme lassen sich durch weitere Untersuchungen von (69) die in Tafel VIII.2.2 angegebenen Bedingungen für die vollständige Beobachtbarkeit angeben. Wesentliche Reihen der Ausgangsmatrix C sind dann die „Ausgangsspalten" eines jeden JORDAN-Kästchens; es sind dies die Spalten in C, die jeweils unter der (von links gezählten) *ersten* Spalte eines JORDAN-Kästchens stehen.

Für die vollständige bzw. strenge a-Steuerbarkeit eines Systems existieren dann schließlich noch diese Kriterien, die als Spezialfälle aus (27) bzw. (23) folgen:

Satz 16 (a-Steuerbarkeit). Ein lineares zeitinvariantes System (61) ist dann und nur dann vollständig a-steuerbar, wenn die $(p, (m + 1) q)$-Matrix S einen Rang der Größe p hat:

$$\operatorname{Rang} S = \operatorname{Rang}[C\,B \mid C\,A\,B \mid \ldots \mid C\,A^{m-1}\,B \mid D] = p. \tag{70}$$

Satz 17 (strenge a-Steuerbarkeit). Ein lineares zeitinvariantes System (61) ist ist dann und nur dann streng a-steuerbar, wenn jede der q Matrizen S_i einen Rang der Größe p hat:

$$\operatorname{Rang} S_i = \operatorname{Rang}[C\,B_i \mid C\,A\,B_i \mid \ldots \mid C\,A^{m-1}\,B_i \mid D] = p \tag{71}$$
$$\text{für} \quad i = 1, 2, \ldots, q.$$

Auch bei den zeitinvarianten Systemen gilt das oben für alle linearen Systeme Festgehaltene, daß nämlich die z-Steuerbarkeit und a-Steuerbarkeit eines Systems sich nicht gegenseitig implizieren. Ist ein System vollständig z-steuerbar, dann kann es bei verschwindender Durchgangsmatrix $D = 0$ — dies ist der Normalfall — nur vollständig a-steuerbar sein, wenn die Zeilen der Ausgangsmatrix C linear unabhängig sind. Andererseits kann aber auch unter gewissen Voraussetzungen ein nicht vollständig z-steuerbares System durchaus vollständig a-steuerbar sein. Dies ist der tiefere Grund für die Tatsache, daß in der Regelungstheorie lange Zeit (bis KALMAN [VIII.4] 1960) die in der Netzwerktheorie durchaus bekannte Erscheinung vergessen wurde, daß die Zahl der Eigenwerte eines Systems nicht mit der Zahl der Pole der zugehörigen komplexen Übertragungsfunktion übereinzustimmen braucht.

Beispiele. 1. Gegeben ein Zweifachsystem mit

$$\dot{u}(t) = \begin{bmatrix} -1 & 0 & 0 \\ 0 & 2 & 0 \\ 0 & 0 & 3 \end{bmatrix} u(t) + \begin{bmatrix} 1 & 0 \\ 0 & 1 \\ 1 & 1 \end{bmatrix} y(t),$$

$$x(t) = \begin{bmatrix} 1 & 1 & 1 \\ 2 & 2 & 2 \end{bmatrix} u(t).$$

Ein Vergleich mit Tafel VIII.2.1 (B 1) zeigt, daß das System vollständig z-steuerbar ist, was auch leicht mittels (66) nachzuprüfen ist, denn es ist:

$$\operatorname{Rang} P = \operatorname{Rang} \begin{bmatrix} 1 & 0 & -1 & 0 & 1 & 0 \\ 0 & 1 & 0 & 2 & 0 & 4 \\ 1 & 1 & 3 & 3 & 9 & 9 \end{bmatrix} = 3.$$

(Bekanntlich ist der Rang einer rechteckigen Matrix so definiert, daß er gleich dem Rang der größten nichtsingulären quadratischen Untermatrix ist. In diesem Fall sind schon die ersten drei Spalten von P linear unabhängig.)

Aus (70) errechnen wir zunächst die Matrix S, die die a-Steuerbarkeit bestimmt zu:

$$S = [C\,B \mid C\,A\,B \mid C\,A^2\,B] = \begin{bmatrix} 2 & 2 & 2 & 5 & 10 & 13 \\ 4 & 4 & 4 & 10 & 20 & 26 \end{bmatrix},$$

es ist also wegen der linearen Abhängigkeit der Zeilen in S der Rang $S = 1$, das System also nicht vollständig a-steuerbar.

Um einen Zusammenhang zu den komplexen Übertragungsmatrizen herzustellen, bestimmen wir mit (VI.3.8) aus den LAPLACE-transformierten Systemgleichungen die Übertragungsmatrix $F(s)$:

$$F(s) = C(1s - A)^{-1}B = \begin{bmatrix} 1 & 1 & 1 \\ 2 & 2 & 2 \end{bmatrix} \cdot \begin{bmatrix} s+1 & 0 & 0 \\ 0 & s-2 & 0 \\ 0 & 0 & s-3 \end{bmatrix}^{-1} \cdot \begin{bmatrix} 1 & 0 \\ 0 & 1 \\ 1 & 1 \end{bmatrix}$$

$$= \begin{bmatrix} \dfrac{2(s-1)}{(s+1)(s-3)} & \dfrac{2s-5}{(s-2)(s-3)} \\ \dfrac{4(s-1)}{(s+1)(s-3)} & \dfrac{2(2s-5)}{(s-2)(s-3)} \end{bmatrix}.$$

In Abb. VIII.2.5 ist das System einmal ausgehend von den Systemgleichungen in seiner „Minimalrealisierung" und dann als P-kanonisches System gemäß seiner Übertragungs-

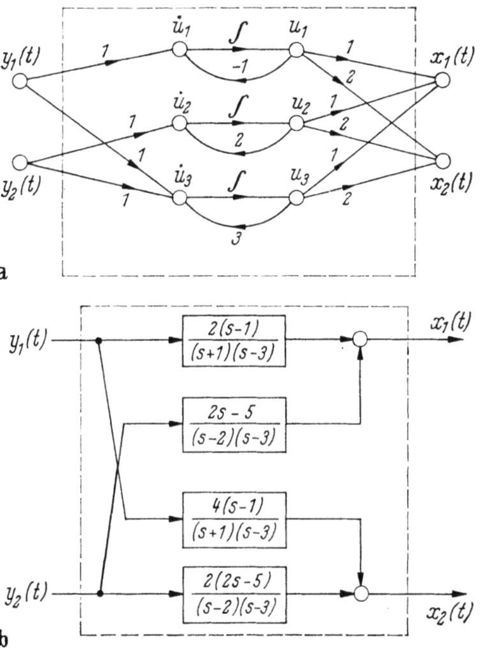

Abb. VIII.2.5a u. b Signalflußdiagramm eines Beispiels, das vollständig z-steuerbar, aber nicht a-steuerbar ist.
a) Signalflußdiagramm des dynamischen Gleichungssystems;
b) Blockschaltbild der Übertragungsmatrix $F(s)$ in P-Struktur

matrix dargestellt, wobei leicht zu erkennen ist, wie die Zahl der Pole aller Teilsysteme hier wesentlich größer als die Zahl der Eigenwerte ist.

Die Erscheinung der Nicht-a-Steuerbarkeit des Systems dagegen ist leicht auch an der Übertragungsmatrix $F(s)$ festzustellen, denn diese ist singulär $|F(s)| = 0$.

2. Gegeben ist ein Zweifachsystem zu:

$$\dot{\boldsymbol{u}}(t) = \begin{bmatrix} a & 1 & 0 \\ 0 & a & 0 \\ 0 & 0 & b \end{bmatrix} \boldsymbol{u}(t) + \begin{bmatrix} 1 & 0 \\ 0 & 0 \\ 0 & 1 \end{bmatrix} \boldsymbol{y}(t),$$

$$\boldsymbol{x}(t) = \begin{bmatrix} 1 & 0 & 1 \\ 0 & 1 & 1 \end{bmatrix} \boldsymbol{u}(t).$$

Wegen der Nullzeile in $\boldsymbol{B}$, die die „Eingangszeile" des JORDAN-Kästchens mit dem Eigenwert $\lambda_1 = a$ ist, ist das System nicht vollständig z-steuerbar, was auch leicht mittels (66) nachzuprüfen ist:

$$\text{Rang } \boldsymbol{P} = \text{Rang}[\boldsymbol{B} \mid \boldsymbol{A}\,\boldsymbol{B} \mid \boldsymbol{A}^2\,\boldsymbol{B}] = \text{Rang} \begin{bmatrix} 1 & 0 & a & 0 & a^2 & 0 \\ 0 & 0 & 0 & 0 & 0 & 0 \\ 0 & 1 & 0 & b & 0 & b^2 \end{bmatrix} = 2 \neq 3.$$

Für die a-Steuerbarkeit erhalten wir aber mit (70)

$$\text{Rang } \boldsymbol{S} = \text{Rang}[\boldsymbol{C}\,\boldsymbol{B} \mid \boldsymbol{C}\,\boldsymbol{A}\,\boldsymbol{B} \mid \boldsymbol{C}\,\boldsymbol{A}^2\,\boldsymbol{B}] = \text{Rang} \begin{bmatrix} 1 & 1 & a & b & a^2 & b^2 \\ 0 & 1 & 0 & b & 0 & b^2 \end{bmatrix} = 2,$$

also die Bestätigung, daß das System vollständig a-steuerbar ist. Die komplexe Übertragungsmatrix lautet in diesem Fall

$$\boldsymbol{F}(s) = \boldsymbol{C}(\boldsymbol{1}s - \boldsymbol{A})^{-1}\boldsymbol{B} = \begin{bmatrix} 1 & 0 & 1 \\ 0 & 1 & 1 \end{bmatrix} \cdot \begin{bmatrix} s-a & -1 & 0 \\ 0 & s-a & 0 \\ 0 & 0 & s-b \end{bmatrix}^{-1} \cdot \begin{bmatrix} 1 & 0 \\ 0 & 0 \\ 0 & 1 \end{bmatrix}$$

$$= \begin{bmatrix} 1 & 0 & 1 \\ 0 & 1 & 1 \end{bmatrix} \begin{bmatrix} \dfrac{1}{s-a} & \dfrac{1}{(s-a)^2} & 0 \\ 0 & \dfrac{1}{s-a} & 0 \\ 0 & 0 & \dfrac{1}{s-b} \end{bmatrix} \begin{bmatrix} 1 & 0 \\ 0 & 0 \\ 0 & 1 \end{bmatrix}$$

$$= \begin{bmatrix} \dfrac{1}{s-a} & \dfrac{1}{s-b} \\ 0 & \dfrac{1}{s-b} \end{bmatrix}.$$

In Abb. VIII.2.6 sind die Signalflußdiagramme zu den dynamischen Gleichungen und zur Übertragungsmatrix des Systems dargestellt.

In diesem Abschnitt über die Steuerbarkeit und Beobachtbarkeit linearer und zeitinvarianter Systeme soll nun noch diese Definition zum Steuerbarkeits- (Beobachtbarkeits-) Index eingeführt werden.

Definition 6. Der Steuerbarkeits- (Beobachtbarkeits-) Index v eines linearen zeitinvarianten Systems (61) ist die Potenz der Systemmatrix $\boldsymbol{A}$, die ausreicht, die vollständige (strenge) z-Steuerbarkeit (Beobachtbarkeit) eines Systems nachzuweisen. Es gilt insbesondere

$$v \leqq m - 1. \tag{72}$$

Diese Definition geht auf eine Beobachtung zurück, die im vorstehenden ersten Beispiel für die z-Steuerbarkeit und im zweiten Beispiel für die a-Steuerbarkeit zu machen war. Im ersten Beispiel war der z-Steuerbarkeitsindex $v = 1$, denn schon in der Teilmatrix $\boldsymbol{P}' = [\boldsymbol{B} \mid \boldsymbol{A}^1\,\boldsymbol{B}]$ des Systems mit $n = 3$ Eigenwerten war zu erkennen, daß $\boldsymbol{P}$ den notwendigen Rang $\boldsymbol{P} = 3$ haben würde, und man hätte an dieser Stelle die Ranguntersuchung schon abbrechen können.

Dies bedeutet auch, daß in der Matrix $\boldsymbol{P}_v = [\boldsymbol{B} \mid \boldsymbol{A}\,\boldsymbol{B} \mid \cdots \mid \boldsymbol{A}^v\,\boldsymbol{B}]$ genau n linear unabhängige Spalten enthalten sind, die eine Basis des Zustandsraums $\boldsymbol{\mathsf{U}}_n$ bilden können. Der Steuerbarkeits- (Beobachtbarkeits-) Index hat darüber hinaus die Bedeutung, daß er ein Maß für den „Regelbarkeitsaufwand" darstellt. Je größer dieser Index ist, um so komplizierter müssen äußere Netzwerke (Regler) aufgebaut sein, wenn das Systemverhalten des gegebenen Systems verändert werden soll.

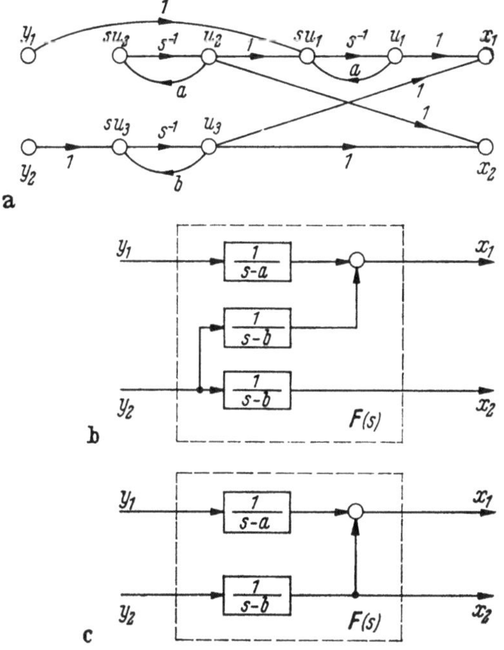

Abb. VIII.2.6a−c Signalflußdiagramme eines Beispiels, das nicht vollständig z-steuerbar, aber vollständig a-steuerbar ist.
a) Signalflußbild der dynamischen Gleichungen;
b) Blockschaltbild der Übertragungsmatrix $\boldsymbol{F}(s)$ in P-Struktur;
c) vereinfachtes Blockschaltbild der Übertragungsmatrix $\boldsymbol{F}(s)$ in P-Struktur

In dem Vorstehenden wurden wesentliche Ergebnisse zur Steuerbarkeit und Beobachtbarkeit linearer zeitinvarianter Systeme behandelt. Diese Ergebnisse gelten dabei für beliebige Strukturen der vorgelegten Systeme, so daß z. B. auch gegebenenfalls aus mehreren Teilsystemen bestehende Systeme — wie z. B. Rückkopplungssysteme — untersucht werden können, wenn diese Gesamtsysteme den vorstehenden Kriterien unterworfen werden. Bei umfangreichen Systemen und besonders bei Syntheseproblemen ist es aber darüber hinaus von großem praktischem Interesse, ausgehend von der Steuerbarkeit und Beobachtbarkeit von Teilsystemen, Kriterien zu haben, die diese Eigenschaften für das Gesamtsystem zu bestimmen gestatten. Auf diese Fragen wird erst in dem Abschn. VIII.3.6 über Minimalrealisierungen eingegangen werden, da es einfacher ist, diese Kriterien für die zeitinvarianten Systeme mittels der rationalen Übertragungsmatrizen und deren Strukturinvarianten zu behandeln.

Ferner sei noch nachgetragen bzw. wiederholt, daß die vorstehenden Kriterien — vor allem (66), (68), (69), (70) und (71) — nicht nur angeben, ob ein

System vollständig steuerbar und/oder beobachtbar ist, sondern sie geben über den gegebenenfalls vorkommenden jeweiligen *Rangdefekt* der Kriteriumsmatrizen auch an, *wieviel* Komponenten des Zustands- oder Ausgangssignalvektors diese Eigenschaften haben. Mit anderen Worten, diese Kriterien geben die Dimension des jeweils interessierenden Vektorraums an, in dem steuerbare oder beobachtbare Vektoren liegen können.

Schließlich halten wir noch dieses aus der Theorie der linearen Vektorräume folgende Ergebnis fest:

Satz 18. Die Eigenschaften der Steuerbarkeit und Beobachtbarkeit linearer Systeme sind invariant gegenüber linearen Koordinatentransformationen.

2.6 Steuerbarkeit und Beobachtbarkeit linearer zeitdiskreter Systeme

Die Eigenschaften der vollständigen z-Steuerbarkeit und Beobachtbarkeit sind nicht auf lineare kontinuierliche Systeme beschränkt, sondern haben die gleiche Bedeutung auch bei den zeitdiskreten Systemen. Um die analogen Beziehungen darzustellen, betrachten wir hier nur die zeitinvarianten Systeme, die durch dieses dynamische Gleichungssystem beschrieben werden (VI.5.9):

$$u(k + 1) = A\,u(k) + B\,y(k),$$
$$x(k) \qquad = C\,u(k) + D\,y(k). \tag{73}$$

Hierin bedeutet das Argument (k) — wie oben in Abschn. VI.5 verabredet — eine Abkürzung für (kT), wo T die Tastperiode für ein periodisch getastetes diskretes System ist. Genau wie bei den kontinuierlichen Systemen ist der Zustandsvektor $u(k)$ ein n-Vektor, die Stellgröße $y(k)$ ist ein q-Vektor, und die Regelgröße $x(k)$ hat die Dimension p. Für die Systeme (73) gelten nun zunächst die gleichen Definitionen zur Steuerbarkeit und Beobachtbarkeit wie bei den kontinuierlichen Systemen. Das heißt im einzelnen, daß ein System dann vollständig z-steuerbar (beobachtbar) genannt wird, wenn jeder Punkt im n-dimensionalen Zustandsraum U_n erreicht (über den Ausgang jeder Anfangszustand ermittelt) werden kann. So lauten für die zeitinvarianten Systeme (73) die expliziten Kriterien genau analog zu denen bei den kontinuierlichen.

Satz 19. (vollständige z-Steuerbarkeit). Das lineare zeitinvariante zeitdiskrete System (73) ist dann und nur dann vollständig z-steuerbar, wenn gilt

$$\operatorname{Rang} Q = \operatorname{Rang}[B \mid A\,B \mid \ldots \mid A^{m-1}\,B] = n. \tag{74}$$

Die Steuerbarkeitsmatrix Q ist auch hier eine n, mq-Matrix, wobei m der Grad des Minimalpolynoms von A ist. Anders formuliert, gibt der Rang von Q an, wieviel linear unabhängige Spaltenvektoren in Q enthalten sind, die eine Basis des Teilraumes des Vektorraumes U_n bilden, der vollständig steuerbar ist.

Die Ableitung des Satzes 19 bzw. des Kriteriums (74) geschieht analog zu den kontinuierlichen Systemen und sei hier nur kurz angedeutet. Die Lösung der inhomogenen Vektordifferenzengleichung in (73) lautet mit (VI.5.29):

$$u(k) = \boldsymbol{\Phi}(k, 0)\,u_0 + \sum_{l=0}^{k-1} \boldsymbol{\Phi}(k, l+1)\,B\,y(l)$$
$$= A^k\,u_0 + \sum_{l=0}^{k-1} A^{k-l-1}\,B\,y(l). \tag{75}$$

Ohne Beschränkung der Allgemeingültigkeit kann auch hier wieder der Anfangszustand u_0 gleich dem Ursprung der (beliebig wählbaren) Koordinatenbasis des vollständig z-steuerbaren (Unter-) Raums des Zustandsvektors gewählt werden. Mit $u_0 = 0$ vereinfacht sich (75) zu

$$u(k) = \sum_{l=0}^{k-1} A^{k-l-1} B \, y(l).$$ (76)

Da jeder Punkt in U_n erreichbar sein soll, wählen wir einen beliebigen Steuervektor zu

$$y(k) = K \, B^T [A^{k-l-1}]^T \, \alpha, \quad K \neq 0 \text{ beliebig und fest,}$$ (77)

worin der „Testvektor" α ein beliebiger Vektor $\alpha \in \mathsf{U}_n$ ist. Ist das System vollständig z-steuerbar, dann muß gelten

$$\langle \alpha, u(k) \rangle = \alpha^T u(k) \neq 0, \quad \text{für alle } \alpha \neq 0.$$

Wird hierin (76) und (77) eingesetzt, gewinnt man die Gram-Matrix $G(k)$ über

$$\alpha^T G(k) \, \alpha = \alpha^T \sum_{l=0}^{k-1} (A^{k-l-1} B \, B^T [A^{k-l-1}]^T) \, \alpha \neq 0, \quad \text{für alle } \alpha \neq 0$$ (78)

und damit zunächst ein weiteres Kriterium für die vollständige z-Steuerbarkeit des Systems (73):

$$\text{Rang} \, G(k) = n.$$ (79)

Die Matrix $G(k)$ kann nun aber ausgeschrieben werden zu

$$G(k) = [B + A \, B + \cdots + A^{k-1} B] \, [B^T + B^T A^T + \cdots + B^T (A^T)^{k-1}].$$ (80)

Die Bedingung (79) ist nun aber nur dann erfüllbar, wenn in den Matrizen $B, A \, B, \ldots, A^{k-1} B$ insgesamt n linear unabhängige Spaltenvektoren existieren. Andererseits folgt aus dem Cayley-Hamilton-Satz (VII.3.2), daß jede Potenz A^i mit $i > m - 1$ (hier ist m der Grad des Minimalpolynoms von A) linear abhängig zu den Potenzen A^j mit $j \leq m - 1$ ist, womit das Kriterium (74) abgeleitet ist.

Eine Eigentümlichkeit der diskreten Systeme ist, aus dem Vorstehenden folgend, diese, daß ein beliebiger Zustand $u(k)$ nicht in einem beliebig kurzen Zeitintervall $\hat{T} = kT$ erreicht werden kann. Umgekehrt folgt aus (75) zusammen mit (74), daß ein vollständig z-steuerbares System (73) jeden vorgegebenen Zustand spätestens nach m Tastschritten erreicht hat. Eine weitere Folgerung aus (74) entspricht der analogen bei kontinuierlichen Systemen, nämlich daß Systeme mit einem Eingang dann und nur dann vollständig z-steuerbar sind, wenn die Matrix A zyklisch ist, d. h. wenn Minimal- und charakteristisches Polynom übereinstimmen. In diesem Zusammenhang ist der oben bei den kontinuierlichen Systemen schon eingeführte Steuerbarkeitsindex v von Interesse, der angibt, nach wievielen Tastschritten k die notwendigen n linear unabhängigen Spaltenvektoren in $Q = [B \mid A \, B \mid \cdots \mid A^{m-1} B]$ erreichbar sind.

Kriterien für die strenge z-Steuerbarkeit, Beobachtbarkeit und a-Steuerbarkeit werden nun nur in Form von Sätzen aufgeführt, deren Beweis nach dem gleichen vorstehend skizzierten Schema erfolgen kann.

Satz 20 (strenge z-Steuerbarkeit). Das System (73) ist dann und nur dann streng z-steuerbar, wenn für alle q Matrizen $\boldsymbol{Q}_i$ gilt:

$$\operatorname{Rang}\boldsymbol{Q}_i = \operatorname{Rang}[\boldsymbol{B}_i \mid \boldsymbol{A}\,\boldsymbol{B}_i \mid \ldots \mid \boldsymbol{A}^{m-1}\,\boldsymbol{B}_i] = n, \quad i = 1, 2, \ldots, q. \tag{81}$$

Satz 21 (Beobachtbarkeit). Das System (73) ist dann und nur dann vollständig beobachtbar, wenn gilt:

$$\operatorname{Rang}\boldsymbol{P} = \operatorname{Rang}[\boldsymbol{C}^T \mid \boldsymbol{A}^T\,\boldsymbol{C}^T \mid \ldots \mid (\boldsymbol{A}^T)^{m-1}\,\boldsymbol{C}^T] = n. \tag{82}$$

Satz 22 (a-Steuerbarkeit). Das System (73) ist dann und nur dann vollständig a-steuerbar, bzw. streng a-steuerbar, wenn gilt:

$$\operatorname{Rang}\boldsymbol{S} = \operatorname{Rang}[\boldsymbol{C}\,\boldsymbol{B} \mid \boldsymbol{C}\,\boldsymbol{A}\,\boldsymbol{B} \mid \ldots \mid \boldsymbol{C}\,\boldsymbol{A}^{m-1}\,\boldsymbol{B} \mid \boldsymbol{D}] = p \tag{83}$$

bzw.

$$\operatorname{Rang}\boldsymbol{S}_i = \operatorname{Rang}[\boldsymbol{C}\,\boldsymbol{B}_i \mid \boldsymbol{C}\,\boldsymbol{A}\,\boldsymbol{B}_i \mid \ldots \mid \boldsymbol{C}\,\boldsymbol{A}^{m-1}\,\boldsymbol{B}_i \mid \boldsymbol{D}] = p, \tag{84}$$
$$\text{für } i = 1, 2, \ldots, q.$$

Wir behandeln nun noch kurz den Fall, bei dem das diskrete System (73) durch Abtastung der Eingangs- und Ausgangssignale eines kontinuierlichen Systems entstand, wobei das getastete Eingangssignal über ein Halteglied 0-ter Ordnung geführt wird (Abschn. VI.5.5), wie es in Abb. VIII.2.7 dargestellt ist.

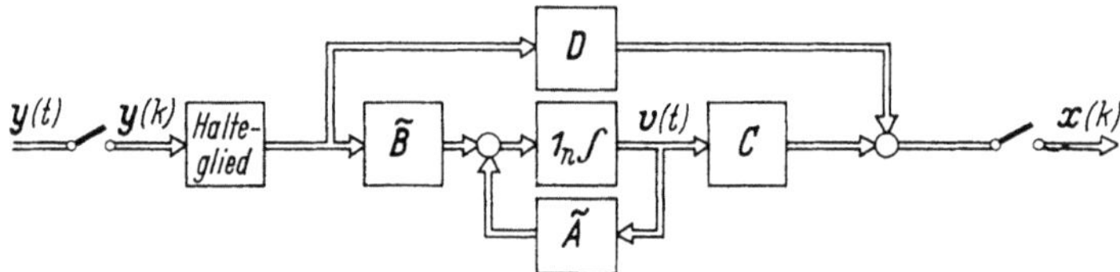

Abb. VIII.2.7 Durch Abtastung eines kontinuierlichen Systems entstandenes „äquivalentes" diskretes System mit $\tilde{\boldsymbol{A}} = e^{\boldsymbol{A}t}$ und $\tilde{\boldsymbol{B}} = \int_0^T e^{\boldsymbol{A}t}\,\boldsymbol{B}\,dt$

Das System genügt bei gleichzeitiger periodischer Abtastung aller Kanäle mit $T = 1$ diesen Gleichungen:

$$\begin{aligned}
\boldsymbol{u}(k+1) &= \tilde{\boldsymbol{A}}\,\boldsymbol{u}(k) + \tilde{\boldsymbol{B}}\,\boldsymbol{y}(k), \\
\boldsymbol{x}(k) &= \boldsymbol{C}\,\boldsymbol{u}(k) + \boldsymbol{D}\,\boldsymbol{y}(k),
\end{aligned} \tag{84a}$$

die mit denen des kontinuierlichen Systems so über die Tastperiode T verknüpft sind:

$$\begin{aligned}
\dot{\boldsymbol{v}}(t) &= \boldsymbol{A}\,\boldsymbol{v}(t) + \boldsymbol{B}\,\boldsymbol{y}(t), \\
\boldsymbol{x}(t) &= \boldsymbol{C}\,\boldsymbol{v}(t) + \boldsymbol{D}\,\boldsymbol{y}(t),
\end{aligned} \tag{84b}$$

$$\tilde{\boldsymbol{A}} = e^{\boldsymbol{A}T},$$

$$\tilde{\boldsymbol{B}} = \int_0^T e^{\boldsymbol{A}t}\,\boldsymbol{B}\,dt. \tag{84c}$$

Es interessieren nun Zusammenhänge z. B. zwischen der z-Steuerbarkeit des kontinuierlichen und des aus ihm durch Abtastung entstandenen diskreten Systems. Für diese Untersuchungen ist es zweckmäßig, die Systemmatrix $\boldsymbol{A}$ des kontinuierlichen Systems in JORDAN-kanonischer Form zu betrachten, auf die ein System ja immer transformiert werden kann. Es sei also

$$A = J = \begin{bmatrix} J_1(\lambda_1) & & & 0 \\ & \ddots & & \\ & & \ddots & \\ 0 & & & J_s(\lambda_s) \end{bmatrix} , \tag{85}$$

worin gegebenenfalls die JORDAN-Blöcke J_i eines Eigenwertes λ_i aus mehreren JORDAN-Kästchen $J_{e_{v_i}}$ (Abschn. VII.4.4) aufgebaut sein können. Hier wollen wir uns aber aus Gründen der Übersichtlichkeit weitgehend auf zyklische Matrizen A beschränken, bei denen das zugehörige Minimalpolynom gleich dem charakteristischen ist. Es werden also vorwiegend diese Fälle betrachtet:

a) Die Matrix A hat n verschiedene Eigenwerte λ_i, und damit hat dann (85) diese Form

$$J = \begin{bmatrix} \lambda_1 & 0 & \dots & \dots & 0 \\ 0 & \lambda_2 & \dots & \dots & 0 \\ \vdots & & & & \vdots \\ \vdots & & & & \vdots \\ \vdots & & & & \vdots \\ 0 & \dots & \dots & 0 & \lambda_n \end{bmatrix} ; \tag{86}$$

b) die Matrix A hat c_i-fache Eigenwerte λ_i, dann hat in (85) der zu diesen Eigenwerten gehörende c_i-reihige JORDAN-Kasten J_i dieses Aussehen:

$$J_i = \begin{bmatrix} \lambda_i & 1 & 0 & \dots & \dots & 0 \\ & \ddots & \ddots & & & \vdots \\ & & \ddots & \ddots & & \vdots \\ 0 & & & \ddots & \ddots & 1 \\ & & & & \ddots & \lambda_i \end{bmatrix} . \tag{87}$$

Für den Fall a) folgt aus (86) und (84c) diese Systemmatrix A des diskreten Systems

$$\tilde{A} = e^{JT} = \begin{bmatrix} e^{\lambda_1 T} & 0 & \dots & \dots & 0 \\ & e^{\lambda_2 T} & & & \vdots \\ & & \ddots & & \vdots \\ 0 & & & & e^{\lambda_n T} \end{bmatrix} , \tag{88}$$

während in der allgemeinen Form

$$\tilde{A} = e^{JT} = \begin{bmatrix} e^{J_1 T} & & & 0 \\ & \ddots & & \\ & & \ddots & \\ 0 & & & e^{J_s T} \end{bmatrix}$$

mit (87) die Teilmatrizen in $\tilde{A}$ diese Gestalt annehmen

$$e^{J_i T} = e^{\lambda_i T} \cdot \begin{bmatrix} 1 & T & \dfrac{T^2}{2} & \dfrac{T^3}{6} \cdots\cdots\cdots \dfrac{T^{c_i-1}}{(c_i-1)!} \\ & 1 & T & \dfrac{T^2}{2} \cdots\cdots\cdots\cdots \\ & & 1 & T \\ & \mathbf{0} & & & & T \\ & & & & & 1 \end{bmatrix}. \tag{89}$$

Aus den Gln. (88) und (89) folgen zwei — auch für den allgemeinen Fall der nichtzyklischen Matrizen geltende — Tatsachen:

i) Die Matrix $\tilde{A}$ ist niemals singulär, auch wenn J mit Eigenwerten $\lambda_i = 0$ singulär ist.

ii) Hat die Matrix A nur reelle Eigenwerte λ_i, dann sind auch die Eigenwerte

$$\tilde{\lambda}_i = e^{\lambda_i T} \tag{90}$$

reell. Zu jedem komplexen Eigenwert $\lambda_i = \sigma_i + i\,\omega_i$ gehört auch mindestens ein komplexer Eigenwert

$$\tilde{\lambda}_i = \tilde{\sigma}_i + i\,\tilde{\omega}_i = e^{\sigma_i T}\,[\cos\omega_i\,T + i\,\sin\omega_i\,T]. \tag{91}$$

Untersucht man nun die allgemeine JORDAN-Form der Matrix A und die zugehörige Matrix $\tilde{A}$ weiter [VIII.11], findet man, daß im Falle nur reeller Eigenwerte λ_i die Matrix A die gleiche *Jordan-Struktur* — natürlich bei unterschiedlichen Eigenwerten $\tilde{\lambda}_i = e^{\lambda_i T}$ — hat. Diese Struktureigenheit, daß also beide Systeme die gleiche Struktur haben, ist leicht durch die Ranguntersuchung der zu $\tilde{A}$ gehörenden charakteristischen Matrix $C(\tilde{\lambda}) = [1\tilde{\lambda} - \tilde{A}]$ nachzuweisen. Im Falle auch komplexer Eigenwerte λ_i, die bei physikalischen zeitinvarianten Systemen immer paarweise konjugiert komplex auftreten, können, aus Gl. (91) folgend, unter gewissen Bedingungen Schwierigkeiten auftreten. Denn infolge der Eigenschaften der Exponentialfunktion können zwei Eigenwerte $\tilde{\lambda}_i$ und $\tilde{\lambda}_j$ gleich werden, wenn bei ungleichen λ_i und λ_j folgende Beziehung gilt:

$$\begin{aligned} \sigma_i &= \sigma_j, \\ \omega_i\,T &= 2r\,\pi + \omega_j\,T, \quad r = \pm 1, \pm 2, \ldots \end{aligned} \tag{92}$$

Wir fassen also zusammen:

Satz 23. Bei einem durch Abtastung aus einem kontinuierlichen System entstandenen diskreten System (84) ist die Struktur der Matrix $\tilde{A}$ dann und nur dann gleich der Struktur A des zugrunde liegenden kontinuierlichen Systems, wenn entweder

a) die Matrix A nur reelle Eigenwerte hat, oder

b) für komplexe Eigenwerte $\lambda_i = \sigma_i + i\,\omega_i$ und $\lambda_j = \sigma_j + i\,\omega_j$ der Matrix A gilt:

$$i \neq j,$$
$$\omega_i\,T \neq 2r\,\pi + \omega_j\,T \quad \text{für}\ \ \sigma_i = \sigma_j, \tag{93}$$
$$r = \pm 1, \pm 2, \ldots$$

Die vorstehende Bedingung (93) besagt also, daß immer dann, wenn die Tastperiode in einem bestimmten Verhältnis zu den „Eigenfrequenzen" des getasteten kontinuierlichen Systems steht, Schwierigkeiten erwartet werden können.

Mit der oben abgeleiteten Bedingung für Systeme mit einem Ein- und einem Ausgang, daß deren Systemmatrix zyklisch sein muß, erhalten wir diese Folgerung aus Satz 23:

Satz 24. Ein getastetes Einfachsystem (mit einem Ein- und einem Ausgang) ist dann und nur dann vollständig z-steuerbar (beobachtbar), wenn

a) das zugrunde liegende kontinuierliche System vollständig steuerbar (beobachtbar) ist *und* wenn

b) für eventuell vorkommende komplexe Eigenwerte $\lambda_i = \sigma_i \pm i\,\omega_i$ und die Tastperiode T die Beziehung (93) gilt.

Der die Beobachtbarkeit betreffende Teil dieses Satzes ist leicht durch Einsetzen der Matrizen $\widetilde{A}$ und C in (82) zu beweisen, da bei den hier vorliegenden Voraussetzungen die Matrix C des zugrunde liegenden kontinuierlichen Systems durch die Abtastung nicht verändert wird. Da C eine Zeilenmatrix ist, ist offensichtlich, daß einmal das System mit der Matrix A vollständig beobachtbar sein muß und daß A und $\widetilde{A}$ die gleiche Struktur haben müssen, und zwar müssen beide zyklisch sein.

Für den Nachweis der vollständigen z-Steuerbarkeit werden nun die Matrizen $\widetilde{A}$ und $\widetilde{B}$ in das entsprechende algebraische Kriterium Gl. (74) eingesetzt. Es ist aber mit (84c)

$$\widetilde{B} = \int\limits_0^T e^{At}\,B\,dt = \boldsymbol{\Theta}(T)\,B,\tag{94}$$

worin $\boldsymbol{\Theta}(T)$ ebenso wie die Fundamentalmatrix e^{At} niemals singulär wird. Aus (74) wird mit (94) und (84c):

$$\operatorname{Rang}Q = \operatorname{Rang}[\boldsymbol{\Theta}(T)\,B \mid e^{At}\,\boldsymbol{\Theta}(T)\,B \mid \ldots \mid (e^{At})^{m-1}\,\boldsymbol{\Theta}(T)\,B].\tag{95}$$

Schließlich folgt aus der Eigenschaft der Nichtsingularität der Matrix $\boldsymbol{\Theta}(T)$ und da $\boldsymbol{\Theta}(T)$ und e^{At} kommutativ sind — es tritt bei der multiplikativen Verknüpfung kein Rangdefekt auf — direkt das im vorstehenden Satz ausgesprochene Ergebnis.

Für Mehrgrößensysteme ist nur Bedingung a) des Satzes 24 notwendig, während Bedingung b) hinreichend, aber nicht notwendig ist, denn die gegenüber dem kontinuierlichen System gegebenenfalls veränderte Struktur des getasteten Systems kann bei Mehrfachsystemen durchaus noch die gewünschten Eigenschaften der Steuer- und Beobachtbarkeit haben, wenn die Systemmatrix $\widetilde{A}$ des diskreten Systems nicht zyklisch ist. Gegebenenfalls kann der durch Abtastung hervorgerufene Verlust der vollständigen Steuer- und/oder Beobachtbarkeit durch eine veränderte Tastfrequenz vermieden werden. Zusammenfassend kann festgestellt werden, daß durch Abtastung kontinuierlicher Systeme die Steuerbarkeit (Beobachtbarkeit) eines Systems niemals verbessert, sondern höchstens verschlechtert werden kann.

3 Rationale Übertragungsmatrizen als Systemmodelle

3.1 Vorbemerkung

In den 5 Kapiteln des Bandes I waren Ein- und Mehrgrößenregelsysteme durch Klemmenübertragungs-Funktionen und -Matrizen charakterisiert worden. Dabei gehörten diese Funktionen und Matrizen vorwiegend dem Spektralbereich der Frequenzgangfunktionen oder der komplexen Übertragungsfunktionen an. Ein wesentlicher Vorteil der im ersten Band geschilderten Analysemethoden für Mehrfachsysteme besteht darin, daß einmal ein leichter Anschluß an das bekannte Wissen der „klassischen" Regelungstheorie des einläufigen Regelkreises herzustellen ist. Zum anderen können die mit dem Klemmenübertragungsverhalten zusammenhängenden Verfahren vielfach direkt als Meßvorschriften aufgefaßt werden. Dies ist in all den durchaus wichtigen Fällen notwendig, bei denen Kenntnisse der Regelstreckendynamik überwiegend nur aus dem Klemmenübertragungsverhalten meßtechnisch beschafft werden können.

Die auf dem Klemmenübertragungsverhalten basierenden Methoden sind aber dann weniger wirksam — ja können zu falschen Schlüssen verleiten —, wenn der Bearbeiter umfangreicherer Mehrgrößenregelsysteme sich in der günstigen Lage befindet, das dynamische Verhalten des Gesamtsystems aus der Kenntnis des Verhaltens der Teilsysteme bestimmen zu können. Sind die physikalischen Zusammenhänge aller dieser Teilsysteme bekannt, dann führen die in diesem Band bis hierher dargestellten, auf den Zustandsmodellen basierenden — auch als axiomatische bezeichneten — Methoden zu einer systemtheoretisch klarerer und für die weitere Problembearbeitung vielfach vorteilhafteren Systemanalyse und vor allem auch Systemsynthese. Besonders für die Synthese kann dann auf Verfahren der Netzwerksynthese oder auch auf der klassischen Variationsrechnung aufgebaut werden, was weiter unten noch Gegenstand dieser Darstellung sein wird.

Um einmal Anschluß an die Netzwerktheorie zu gewinnen und um andererseits die in Band I geschilderten Methoden anwenden zu können, ist es durchaus nützlich, für lineare zeitinvariante kontinuierliche Systeme aus den LAPLACE-transformierten Zustandsmodellen im Zeitbereich rationale Übertragungsmatrizen zur Systembeschreibung zu gewinnen, wie es oben in Abschn. VI.4.6 schon gezeigt wurde. Dabei ist zu beachten, daß durch die Übertragungsfunktionen bei Einfachsystemen bzw. den Übertragungsmatrizen bei Mehrfachsystemen nur die vollständig z-steuerbaren und vollständig beobachtbaren Systemteile erfaßt werden.

Auf der anderen Seite ist aber der umgekehrte Weg, bei dem aus rationalen Übertragungsmatrizen Zustandsmodelle gewonnen werden, ebenso wichtig. In den Abschn. VI.3.2, VI.3.3 und VI.3.4 war schon gezeigt, wie dies für den Sonderfall des Einfachsystems geschehen kann. Die dort geschilderten Methoden können zwar auch auf Übertragungsmatrizen von Mehrfachsystemen angewendet werden, wenn z. B. für jedes Element $P_{kl}(s)$ einer Streckenmatrix $\boldsymbol{P}(s)$ in P-Struktur analog wie beim Einfachsystem verfahren wird. Es zeigt sich aber, daß dann nicht in jedem Falle eine sogenannte *Minimalrealisierung* gefunden wird, was bedeutet, daß das auf diesem Wege gefundene Zustandsmodell nicht unbedingt vollständig z-steuerbar und/oder beobachtbar sein muß.

In den folgenden Abschnitten wird zunächst die McMillan-Normalform einer rationalen Matrix eingeführt. Die Abschn. 3.5, 3.7 und 3.8 stellen dann eine Fortführung bzw. Ergänzung der Abschn. VI.3.2, VI.3.3 und VI.3.4 dar. Der mit Hilfe dieser McMillan-Normalform leicht einzuführende Begriff des Grades einer rationalen Matrix wird dann ferner dazu benützt, die Kriterien für die Steuerbarkeit und Beobachtbarkeit zusammengesetzter Systeme abzuleiten.

3.2 Die McMillan-Normalform

Die im folgenden behandelten Äquivalenztransformationen rationaler Matrizen sind im wesentlichen eine Erweiterung der in Abschn. VII.4 dargestellten Ergebnisse für Polynommatrizen. Wesentliche Eigenschaften der rationalen Matrizen (Matrizen mit rationalen Elementen) wurden von McMillan [VIII.12] untersucht, und die hier weitgehend nur zitierten Ergebnisse sind dort ausführlicher begründet.

Die jetzt zu behandelnden p,q-Matrizen $F(s)$ haben Elemente der Form:

$$F_{kl}(s) = \frac{Z_{kl}(s)}{N_{kl}(s)} = K_{kl} \frac{\prod_{i=1}^{m_{kl}}(s - N_{kl_i})}{\prod_{j=1}^{n_{kl}}(s - P_{kl_j})} \cdot \quad \begin{array}{l} k = 1, 2, \ldots, p, \\ l = 1, 2, \ldots, q. \end{array} \tag{1}$$

Entsprechend den Bezeichnungen in der Netzwerktheorie wird folgendes verabredet:

Definition 1. Eine rationale Matrix $F(s)$ mit Elementen der Form (1) heißt *regulär*, wenn für jedes ihrer Elemente $F_{kl}(s)$ gilt:

$$\lim_{s \to \infty} \left| \frac{Z_{kl}(s)}{N_{kl}(s)} \right| \leq M < \infty, \quad \begin{array}{l} k = 1, 2, \ldots, p, \\ l = 1, 2, \ldots, q \end{array} \tag{2a}$$

und heißt *eigentlich* für

$$\lim_{s \to \infty} \frac{Z_{kl}(s)}{N_{kl}(s)} = 0, \quad \begin{array}{l} k = 1, 2, \ldots, p, \\ l = 1, 2, \ldots, q. \end{array} \tag{2b}$$

Ist (2a) und (2b) nicht erfüllt, dann heiße $F(s)$ irregulär.

In diesem Abschn. VIII.3 werden wir uns zunächst weitgehend mit regulären und in den letzten beiden Abschn. 3.7 und 3.8 speziell mit eigentlichen Matrizen befassen.

Enthalten die $Z_{kl}(s)$ und $N_{kl}(s)$ keine gemeinsamen Faktoren, dann heißen die beiden Polynome relativ prim. Ist darüber hinaus das Nennerpolynom $N_{kl}(s)$ ein Hauptpolynom, wie es in (1) dargestellt ist, dann heißt die Darstellung von $F_{kl}(s)$ auch reduziert. Für rationale Funktionen gilt zunächst folgende Gleichheitsrelation:

$$\frac{Z(s)}{N(s)} = \frac{Z_1(s)}{N_1(s)} \Leftrightarrow Z(s)\, N_1(s) \equiv Z_1(s)\, N(s). \tag{3a}$$

Ist $Z(s)/N(s)$ reduziert, dann sind mit (2) auch alle rationalen Funktionen

$$F_1(s) = \frac{N_1(s)}{Z_1(s)} = \frac{\prod_{i=1}^{r}(s - s_i)\, Z(s)}{\prod_{i=1}^{r}(s - s_i)\, N(s)} \tag{3b}$$

der reduzierten Form gleich, entsprechend (3a). Wir wissen nun aber, daß in der Systemtheorie die Funktion $F_1(s)$ in (3b) ein System mit r zusätzlichen Energiespeichern beschreibt, und in Kap. III wurde bei der Stabilitätsbetrachtung eines Systems festgehalten, daß gekürzte Wurzeln in einer rationalen Funktion Eigenwerte des zugehörigen Systems repräsentieren, die nicht vergessen werden dürfen. Um implizite — oft nicht bemerkbare — Kürzungen durch gemeinsame Wurzeln zweier nicht relativ primer Polynome auszuschließen, wenden wir gegebenenfalls diese verschärfte Äquivalenzrelation für rationale Funktionen bei systemtheoretischen Fragen an:

Definition 2. Zwei rationale Funktionen $F(s) = \dfrac{Z(s)}{N(s)}$ und $F_1(s) = \dfrac{Z_1(s)}{N_1(s)}$ heißen im *systemthcorctischen Sinn* gleich, wenn gilt

$$\frac{Z(s)}{N(s)} \overset{s}{=} \frac{Z_1(s)}{N_1(s)} \Leftrightarrow \begin{cases} Z(s) \equiv Z_1(s), \\ N(s) \equiv N_1(s). \end{cases} \tag{4}$$

Diese Form der Gleichheit zweier rationaler Funktionen wird vor allem dann benötigt, wenn die Determinante $|F(s)|$ einer rationalen Matrix $F(s)$ zu bilden ist. Liegt die betreffende rationale Matrix $F(s)$ nicht in einer durch eine spezielle Struktur ausgezeichneten Form vor, z. B. Dreiecks- oder Diagonalform, dann ist bei der Bildung der Determinante, z. B. mittels des LAPLACEschen Entwicklungssatzes [VII.1], für eine richtige physikalische Interpretation streng darauf zu achten, daß nicht durch eventuell vorhandene gemeinsame Wurzeln der Matrizenelemente und der gerade verwendeten Unterdeterminante gekürzt wird.

Die Bestimmung der Determinante einer quadratisch rationalen p,p-Matrix $F(s)$, ganz allgemein jeder p,p-Matrix, ist dann besonders bequem, wenn diese Matrix $F(s)$ in Diagonal- oder wenigstens Dreiecksform vorliegt, da dann die Determinante gleich dem Produkt der Elemente der Hauptdiagonalen ist. Ein wesentliches Ziel ist es deshalb, zum einen zu zeigen, daß jede rationale Matrix einer zugehörigen ausgezeichneten Form — einer kanonischen Normalform — unimodular äquivalent ist und zum anderen, Algorithmen anzugeben, mit deren Hilfe diese Äquivalenztransformation mit möglichst geringem Aufwand durchzuführen ist.

Gegeben sei eine reguläre p,q-Matrix $F(s)$, deren Elemente $F_{kl}(s) = \dfrac{Z_{kl}(s)}{N_{kl}(s)}$ reduziert seien, d. h. also, daß $Z_{kl}(s)$ und $N_{kl}(s)$ relativ prim sind und $N_{kl}(s)$ ein Hauptpolynom ist. Das kleinste gemeinsame Vielfache aller Nennerpolynome — der Hauptnenner — sei $H(s)$, wobei $H(s)$ die Form eines Hauptpolynoms hat, dann ist $H(s)$ durch $F(s)$ eindeutig bestimmt und wir definieren:

$$L(s) = H(s)\, F(s). \tag{5}$$

Nach den vorstehend getroffenen Voraussetzungen ist $L(s)$ eine Polynommatrix. Für die Polynommatrizen wurde in Abschn. VII.4 das wichtige Ergebnis der Matrizentheorie dargestellt, daß jede dieser Polynommatrizen ihrer zugehörigen SMITHschen Normalform äquivalent ist. An der SMITHschen Normalform $N(\lambda)$ — bzw. bei dem in diesem Abschnitt verwendeten Argument s auch $N(s)$ — können wesentliche Strukturmerkmale wie der Rang und die Elementarpolynome der zugrunde liegenden Polynommatrix abgelesen werden. Ausgehend von (5) entwickelte McMILLAN [VIII.12] eine Normalform, die nach ihm die McMILLAN-

Normalform $M(s)$ heißt und zur SMITHschen Normalform analoge Eigenschaften hat. Wir zitieren hier die Eigenschaften der Normalform $M(s)$ zunächst ohne Beweis:

Satz 1. Jede rationale reguläre p, q-Matrix $F(s)$ mit $p \leq q$ ist ihrer McMILLAN-Normalform $M(s)$ unimodular äquivalent:

$$M(s) = P(s)\, F(s)\, Q(s) = \begin{bmatrix} \dfrac{Z_1(s)}{N_1(s)} & & & & \mathbf{0} \\ & \ddots & & & \\ \mathbf{0} & & \dfrac{Z_r(s)}{N_r(s)} & 0 \dots 0 \\ & & & \mathbf{0} \end{bmatrix} . \tag{6}$$

Die McMILLAN-Matrix $M(s)$, bzw. die Transformationsmatrizen $P(s)$ und $Q(s)$, haben darüber hinaus diese Eigenschaften:

1. Rang $M(s) =$ Rang $F(s) = r$, $\qquad\qquad (7)$
wobei r der Index des letzten nicht verschwindenden Zählerpolynoms der Folge $Z_1(s), Z_2(s), \dots, Z_p(s)$ ist.

2. $Z_i(s)$ und $N_i(s)$ mit $i = 1, 2, \dots, r$ sind relativ prime Hauptpolynome.

3. Es gelten diese Teilbarkeitsrelationen:

$$\left.\begin{array}{l} Z_1(s) \mid Z_2(s) \mid \ \dots \mid Z_r(s) \\ N_r(s) \mid N_{r-1}(s) \mid \dots \mid N_1(s) \end{array}\right\} \ r \leq p. \tag{8}$$

4. Die p,p-Matrix $P(s)$ und die q,q-Matrix $Q(s)$ sind unimodulare Transformationsmatrizen — ihre Determinanten $|P(s)|$ und $|Q(s)|$ sind nichtverschwindende Konstanten für alle s —.

5. $P(s)$ und $Q(s)$ setzen sich jeweils aus einer endlichen Zahl elementarer Transformationsmatrizen der Formen (VII.4.3, VII.4.4 und VII.4.13) zusammen.

6. Das Nennerpolynom $N_1(s)$ ist gleich dem Hauptnenner $H(s)$ von $F(s)$:

$$N_1(s) = H(s). \tag{9}$$

7. $M(s)$ ist wegen 2. und 3. eindeutig durch $F(s)$ bestimmt.

8. Für quadratische p,p-Matrizen $F(s)$ gilt

$$|F(s)| = K\,|M(s)|, \quad K = \text{const.} \tag{10}$$

Der Beweis dieses Satzes kann konstruktiv geführt werden, und wir benützen hierzu den im nächsten Abschnitt besprochenen Algorithmus zur Normalisierung einer gegebenen regulären rationalen Matrix $F(s)$. Satz 1 legt zunächst zwei wesentliche Invarianten einer rationalen Matrix $F(s)$ fest, den Rang r und die durch die „rationalen Elementarfunktionen" $Z_i(s)/N_i(s)$ festgelegte Struktur.

Ein wesentliches, im vorstehenden Satz implizite enthaltenes Ergebnis soll gesondert festgehalten werden:

Satz 2. Die Polstellen[1] einer rationalen Matrix sind gegenüber der Äquivalenztransformation (6) invariant.

---

[1] Vgl. auch Abschn. 3.4.

In der Matrizenliteratur, z. B. [VII.1], wird die Äquivalenz zweier Matrizen A und B durch diese Schreibweise notiert

$$A \sim B,$$

unter deren Benützung soll die McMillan-Transformation abgekürzt geschrieben werden zu

$$M(s) \overset{M}{\sim} F(s). \tag{11}$$

Neben den vorstehend erwähnten Invarianten einer rationalen Matrix unter McMillan-Transformation sind weitere, mit den Elementarfunktionen $Z_i(s)/N_i(s)$ eng verknüpfte Invarianten von Interesse: die Determinantenteiler $\Delta_i(s)$ mit $i = 1, 2, \ldots, p$. Auch die Determinantenteiler $\Delta_i(s)$ sind rationale Funktionen, und zwar ist:

$\Delta_1(s)$ der reduzierte größte gemeinsame Teiler aller Elemente $F_{kl}(s)$ von $F(s)$,

$\Delta_2(s)$ der reduzierte größte gemeinsame Teiler aller zweireihigen Unterdeterminanten von $F(s)$,

$$\ldots\ldots\ldots\ldots\ldots\ldots\ldots\ldots\ldots\ldots\ldots\ldots\ldots\ldots\ldots\ldots\ldots\ldots\ldots\ldots\ldots\ldots\ldots\ldots\ldots$$

$\Delta_p(s)$ der reduzierte größte gemeinsame Teiler aller p-reihigen Unterdeterminanten von $F(s)$.

Der reduzierte größte gemeinsame Teiler von v rationalen Funktionen:

$$\frac{A_1(s)}{B_1(s)}, \frac{A_2(s)}{B_2(s)}, \ldots, \frac{A_v(s)}{B_v(s)} \tag{12}$$

ist folgendermaßen definiert. Zunächst wird mit $H(s)$, dem Hauptnenner (als Hauptpolynom) aller Nennerpolynome $B_j(s)$ $(j = 1, 2, \ldots, v)$, eine eindeutige Darstellung der Form

$$\frac{A_1(s)}{B_1(s)} = \frac{\tilde{A}_1(s)}{H(s)}, \frac{A_2(s)}{B_2(s)} = \frac{\tilde{A}_2(s)}{H(s)}, \ldots, \frac{A_v(s)}{B_v(s)} = \frac{\tilde{A}_v(s)}{H(s)} \tag{13}$$

erzeugt, in der die $\tilde{A}_1(s)$, $\tilde{A}_2(s)$, $\ldots$, $\tilde{A}_v(s)$ zu $H(s)$ relativ prim sind. Ist nun $G(s)$ der größte gemeinsame Teiler der Polynome $\tilde{A}_1(s)$, $\tilde{A}_2(s)$, $\ldots$, $\tilde{A}_v(s)$ (ebenfalls als Hauptpolynom), dann ist der größte gemeinsame Teiler der Funktionen (12) in reduzierter Form $G(s)/H(s)$, wo $G(s)$ und $H(s)$ relativ prim sind. Aus dem Vorstehenden und den Eigenschaften der Elementarteiler von Polynommatrizen folgt dann direkt der Zusammenhang zwischen den Elementarfunktionen $Z_i(s)/N_i(s)$ und den Determinantenteilern einer rationalen Matrix $F(s)$:

$$\frac{\Delta_i(s)}{\Delta_{i-1}(s)} = \frac{Z_i(s)}{N_i(s)}, \qquad \begin{aligned} &i = 1, 2, \ldots, p, \\ &\Delta_0 = 1. \end{aligned} \tag{14}$$

Es soll nun, [VIII.10] folgend, ein weiterer Zusammenhang für die Determinantenteiler festgehalten werden. Es werden hierzu die i-reihigen Unterdeterminanten einer Matrix $F(s)$ betrachtet. Ihr Hauptnenner — das kleinste gemeinsame Vielfache ihrer Nenner — sei $H_i(s)$. Mit $T_i(s)$ ist der i-te Determinantenteiler der Polynommatrix $H(s) F(s)$ bezeichnet, dann gilt

$$\begin{aligned} \Delta_i(s) &= \frac{T_i(s)}{H_i(s)} = \frac{E_i(s)}{H(s)} \cdot \frac{E_{i-1}(s)}{H(s)} \cdot \ldots \cdot \frac{E_1(s)}{H(s)} \\ &= \frac{Z_i(s)}{N_i(s)} \cdot \frac{Z_{i-1}(s)}{N_{i-1}(s)} \cdots \frac{Z_1(s)}{N_1(s)}, \qquad i = 1, 2, \ldots, r. \end{aligned} \tag{15}$$

In dieser Beziehung ist $\dfrac{E_1(s)}{H(s)} = \dfrac{Z_1(s)}{N_1(s)}$ nach der im nächsten Abschnitt näher erläuterten Konstruktion definiert. (Die $E_i(s)$ sind die Elementarteiler der zu $L(s) = H(s)\,F(s)$ zugehörigen SMITHschen Normalform.) Die Zähler- und Nennerpolynome in $\varDelta_i(s)$ sind — mit Ausnahme von $i = 1$ — im allgemeinen nicht mehr relativ prim. Es kann deshalb vorteilhaft sein, die $Z_i(s)$ und $N_i(s)$ ($i = 1, 2, \ldots, r$) als zwei getrennte Sätze numerischer Invarianten der McMILLAN-Transformation zu betrachten. Aus (14) lassen sich dann die $\varDelta_i(s)$ bestimmen zu

$$\varDelta_l(s) = \prod_{i=1}^{l} \frac{Z_i(s)}{N_i(s)}, \qquad l = 1, 2, \ldots, r. \tag{16}$$

In der numerischen Praxis können nun die Pole einer rationalen Matrix $F(s)$ dadurch ermittelt werden, daß, wie vorstehend besprochen, die McMILLAN-Normalform bestimmt oder daß $F(s)$ mittels einer McMILLAN-Transformation nur auf Dreiecksform transformiert wird. Der letztere Weg benötigt bei quadratischen p,p-Matrizen weniger Rechenaufwand, läßt aber nicht die speziellen Besonderheiten der McMILLAN-kanonischen Form, wie z. B. die völlige Entkopplung (vgl. Abschn. VIII.3.4), erkennen.

An einem einfachen Beispiel sei die Ermittlung der McMILLAN-Normalform erläutert.

Beispiel. Gegeben ist die Übertragungsmatrix

$$F(s) = \begin{bmatrix} \dfrac{1}{s(s+1)} & \dfrac{1}{(s+1)} \\[2ex] \dfrac{-1}{s(s+2)^2} & \dfrac{s}{(s+2)} \end{bmatrix}.$$

Gesucht ist die zugehörige McMILLAN-Form $M(s)$. Mit dem Hauptnenner aller Elemente von $F(s)$, $H(s) = s(s+1)(s+2)^2$, ist die zugehörige Polynommatrix $L(s) = H(s)\,F(s)$:

$$L(s) = H(s)\,F(s) = \begin{bmatrix} (s+2)^2 & s(s+2)^2 \\ -(s+1) & s^2(s+1)(s+2) \end{bmatrix}.$$

Die Determinantenteiler $T_1(s)$ — der Elemente — und $T_2(s)$ — der zweireihigen Determinante von $L(s)$ — sind: $T_1(s) = 1$ und $T_2(s) = s(s+1)^3(s+2)^2$. Damit erhält man aus (15) bzw. (14) die rationalen Elementarfunktionen der zugehörigen McMILLAN-Form:

$$\frac{Z_1(s)}{N_1(s)} = \frac{T_1(s)}{H_1(s)} = \frac{T_1(s)}{H(s)} = \frac{1}{s(s+1)(s+2)^2}\,,$$

$$\frac{Z_2(s)}{N_2(s)} = \frac{\varDelta_2(s)}{\varDelta_1(s)} = \frac{T_2(s)}{H_2(s)} \cdot 1 = \frac{s(s+1)^3(s+2)^2}{s(s+1)(s+2)^2} = (s+1)^2.$$

Die McMILLAN-Normalform zu $F(s)$ hat also dieses Aussehen:

$$M(s) = \begin{bmatrix} \dfrac{Z_1(s)}{N_1(s)} & 0 \\[2ex] 0 & \dfrac{Z_2(s)}{N_2(s)} \end{bmatrix} = \begin{bmatrix} \dfrac{1}{s(s+1)(s+2)^2} & 0 \\[2ex] 0 & (s+1)^2 \end{bmatrix},$$

an der auch leicht die Teilbarkeitseigenschaften (8)

$$Z_1(s)\,|\,Z_2(s) \quad \text{und} \quad N_2(s)\,|\,N_1(s)$$

überprüfbar sind.

3.3 Ein Konstruktionsalgorithmus zur McMillan-Form

An dem vorstehenden Beispiel war zu erkennen, wie mittels der Gln. (14) und (15) im Prinzip die zu einer rationalen Matrix $F(s)$ zugehörige McMillan-Form $M(s)$ zu finden ist. Wegen der dabei notwendigen Determinantenteiler von $F(s)$ eignet sich dieses Verfahren aber nur für Systeme mit wenigen Ein- und/oder Ausgängen (etwa 3). Wir geben hier, wieder [VIII.10] folgend, einen allgemeineren Algorithmus an, der besonders für den Einsatz eines Digitalrechners geeignet ist. Darüber hinaus kann dieses Verfahren auch gleichzeitig als konstruktiver Beweis des Satzes 1 dienen.

Für eine möglichst kurze Darstellung werden die im allgemeinen notwendigen Schritte, die in Spezialfällen zum Teil entfallen können, in der Reihenfolge aufgeführt, in der sie gegebenenfalls zu programmieren sind. Wir gehen wieder von einer regulären p,q-Matrix $F(s)$ mit $p \leqq q$ aus, zu der die McMillan-Form $M(s)$ gesucht ist. Die Forderung $p \leqq q$ dient nur einer vereinfachten Notierung und bedeutet keine weitere Einschränkung, da gegebenenfalls nur die transponierte Matrix $F^T(s)$ der zu schildernden Prozedur unterworfen wird. Eine weitere Annahme ist die, daß nicht alle $F_{kl}(s)$ durchweg verschwinden, und schließlich seien alle Zähler und Nenner jeweils relativ prim.

Schritt 1: Bestimmung des Hauptnenners $H(s)$ für alle $F_{kl}(s) = \dfrac{Z_{kl}(s)}{N_{kl}(s)}$. Die Bestimmung von $H(s)$ bedeutet praktisch die Ermittlung aller Wurzeln für die $N_{kl}(s)$, damit aus den zugehörigen Linearfaktoren das kleinste gemeinsame Vielfache als Hauptpolynom ermittelt werden kann. Die Wurzelermittlung kann zwar umgangen werden, wenn durch Euklidische Division aller Nennerpolynome deren gemeinsamer Teiler ermittelt wird, doch ist dieser Weg bei größeren Systemen wenig praktisch.

Schritt 2: Bestimmung der Polynommatrix

$$L(s) = H(s)\,F(s) \tag{17}$$

durch Multiplikation aller Elemente $F_{kl}(s)$ mit $H(s)$ und Kürzen durch die jeweiligen Nennerpolynome.

Schritt 3: Wahl eines Polynoms $L_{kl}(s)$ in $L(s)$ von kleinstem Grad mit der Bezeichnung

$$\operatorname{Grad} L_{kl}(s) = L^0_{kl}. \tag{18}$$

Sind mehrere (oder alle) Elemente von gleichem Grad in s, wählt man ein beliebiges. (Dem Element 0 wird kein Grad zugeordnet.)

Schritt 4: Durch Zeilen- und/oder Spaltenvertauschung mittels elementarer Transformationsmatrizen (VII.4.3) wird das Element $L_{kl}(s)$ kleinsten Grades auf Platz 1,1 gebracht, so daß gilt:

$$L^0_{11} = \min_{k,l} L^0_{kl}, \qquad \begin{aligned} k &= 1,2,\ldots,p, \\ l &= 1,2,\ldots,q. \end{aligned} \tag{19}$$

Schritt 5: Euklidische Division der Elemente der ersten Spalte durch $L_{11}(s)$:

$$L_{k1}(s) = \varphi_k(s)\,L_{11}(s) + \psi_{k1}(s), \qquad k = 1,2,\ldots,p. \tag{20}$$

Schritt 6: Euklidische Division der Elemente der ersten Zeile durch $L_{11}(s)$:

$$L_{1l}(s) = \varrho_l(s)\,L_{11}(s) + \sigma_{1l}(s), \qquad l = 1,2,\ldots,q. \tag{21}$$

Schritt 7: Umwandlung der ersten Spalte. Hierzu wird nacheinander das $-\varphi_k(s)$-fache der ersten Zeile zur k-ten mittels elementarer Operationsmatrizen (VII.4.5) addiert. Dies bedeutet, daß die Elemente $L_{k1}(s)$ durch die Reste $\psi_{k1}(s)$ ersetzt werden.

Schritt 8: Umwandlung der 1-ten Zeile durch Addition des $-\varrho_1$-fachen der 1-ten Spalte zur l-ten ($l = 1, 2, \ldots, q$) Spalte.

Schritt 9: Auswahl eines Polynoms kleineren Grads. Kommt unter den Restpolynomen $\psi_{k1}(s)$ und $\sigma_{1l}(s)$ ein von Null verschiedenes Polynom vor, dann ist dies ein Polynom kleineren Grades als L_{11}^0. Mit diesem Element lassen sich die Schritte von 3 an wiederholen, so lange, bis alle Elemente der 1-ten Zeile und 1-ten Spalte bis auf $L_{11}(s)$ zu Null werden, so daß die Polynommatrix $\boldsymbol{L}(s)$ diese Form erhält:

$$\boldsymbol{L}(s) = \begin{bmatrix} L_{11}(s) & 0 \ldots \ldots 0 \\ 0 & \\ \vdots & \quad \boldsymbol{L}_1(s) \\ 0 & \end{bmatrix}. \tag{22}$$

Schritt 10: EUKLIDische Division der Elemente von $\boldsymbol{L}_1(s)$ in (21) durch $L_{11}(s)$:

$$L_{kl}(s) = \alpha_{kl}(s)\, L_{11}(s) + \beta_{kl}(s), \qquad \begin{matrix} k = 2, 3, \ldots, p, \\ l = 2, 3, \ldots, q. \end{matrix} \tag{23}$$

Schritt 11: Weitere Graderniedrigung. Ist ein Element $\beta_{kl}(s)$ in (23) nicht identisch Null, dann kann durch Addition des $-\alpha_{kl}(s)$-fachen der ersten Zeile von $\boldsymbol{L}(s)$ in (22) zur k-ten Zeile und nachfolgender Addition der ersten Spalte zur l-ten das Element $L_{kl}(s)$ durch $\beta_{kl}(s)$ ersetzt werden. Es gilt dann $\beta_{kl}^0 < L_{11}^0$.

Durch Zeilen- und/oder Spaltenvertauschung wird das Element $\beta_{kl}(s)$ in Position 1,1 gebracht und die entstandene Matrix wieder $\boldsymbol{L}(s)$ genannt.

Schritt 12: Das Verfahren wird ab Schritt 5 so lange wiederholt, bis die Teilbarkeitsrelation

$$L_{11}(s) \mid L_{kl}(s), \qquad \begin{matrix} k = 1, 2, \ldots, p, \\ l = 1, 2, \ldots, q \end{matrix} \tag{24}$$

erfüllt ist. Ist die $p - 1, q - 1$-Teilmatrix $\boldsymbol{L}_1(s)$ eine Nullmatrix — wenn der Rang $\boldsymbol{F}(s) = 1$ ist —, dann folgt Schritt 13. Im anderen Fall wird $\boldsymbol{L}_1(s)$ in $\boldsymbol{L}(s)$ umbenannt und das Verfahren für die Matrix $\boldsymbol{L}_1(s)$ ab Schritt 3 wiederholt. Auf diese Weise entsteht eine Matrix der Form

$$\boldsymbol{L}(s) = \begin{bmatrix} L_{11}(s) & & & & & \\ & L_{22}(s) & & & \boldsymbol{0} & \\ & & \ddots & & & \\ & & & L_{rr}(s) & & \\ & \boldsymbol{0} & & & 0 & \\ & & & & & \ddots \\ & & & & & \quad \cdot 0 \quad 0 \ldots \ldots 0 \end{bmatrix}, \quad r \leqq p, \tag{25}$$

für deren Elemente gilt:

$$L_{11}(s) \mid L_{22}(s) \mid \ldots \mid L_{rr}(s), \quad r \leqq p. \tag{26}$$

Der Index r bedeutet den Rang $L(s)$.

Schritt 13: Normierung der Elemente. Alle von Null verschiedenen Elemente in (25) werden nun auf Hauptpolynome normiert, was durch Multiplikation jedes der Polynome $L_{ii}(s)$ in (25) mit dem reziproken Koeffizienten bei der jeweils höchsten Potenz in s mittels elementarer Operationsmatrizen der Form (VII.4.4) geschieht. Die resultierende Matrix ist die SMITHsche Normalform $N(s)$ zu (17):

$$N(s) = P(s)H(s)F(s)Q(s) = \begin{bmatrix} E_1(s) \\ & E_2(s) \\ & & \ddots & & & \mathbf{0} \\ & & & \ddots \\ & & & & E_r(s) & , & 0 \ldots \ldots 0 \\ & \mathbf{0} \\ & & & & & & \mathbf{0} \end{bmatrix}, \quad r \leqq p \tag{27}$$

worin die $E_i(s)$ der Teilbarkeitsrelation

$$E_1(s) \mid E_2(s) \mid \cdots \mid E_r(s), \quad r \leqq p \tag{28}$$

genügen.

Schritt 14: Bestimmung der rationalen Normalform. Die SMITHsche Normalform $N(s)$ wird nun mit $H^{-1}(s)$ multipliziert, wobei, wie oben verabredet, $H(s)$ der normierte Hauptnenner zu $F(s)$ war. Werden schließlich in (27) die in $E_i(s)$ und $H(s)$ eventuell vorhandenen Linearfaktoren gekürzt, erhält man die gewünschte MCMILLAN-Normalform:

$$M(s) = \begin{bmatrix} \dfrac{Z_1(s)}{N_1(s)} \\ & \ddots & & & & \mathbf{0} \\ & & \ddots \dfrac{Z_r(s)}{N_r(s)} \\ & \mathbf{0} \\ & & & 0 \\ & & & & \ddots 0 & 0 \ldots \ldots 0 \end{bmatrix}, \quad r \leqq p. \tag{29}$$

Durch Überprüfung der vorstehend aufgeführten Teilschritte soll nun noch nachgewiesen werden, daß $M(s)$ in (29) die in Satz 1 festgelegten Eigenschaften 1 bis 8 besitzt, auf die sich die folgende Numerierung bezieht.

1. Der zweite Teil dieser Eigenschaft ist evident. Die Behauptung

$$\text{Rang } M(s) = \text{Rang } F(s)$$

dagegen folgt allgemein aus der Eigenschaft jeder Äquivalenztransformation, nach der der Rang einer Matrix invariant gegenüber solchen Transformationen ist (ZURMÜHL [VII.21]).

2. Diese Eigenschaft folgt aus der Konstruktion, insbesondere aus Schritt 14.

3. Die Teilbarkeitseigenschaften (8) folgen aus (28) und (29), da aus der Folge

$$\frac{E_1(s)}{H(s)},\ \frac{E_2(s)}{H(s)},\ \ldots,\ \frac{E_r(s)}{H(s)},\quad r \leqq p$$

wegen (28) kein Linearfaktor in einem der Polynome $E_i(s)$ gekürzt werden kann, der schon in einem $E_j(s)$ mit $j < i$ vorhanden war und nicht daraus gekürzt wurde.

4. und 5. Diese Eigenschaften der Transformationsmatrizen $P(s)$ und $Q(s)$ in (6) bzw. (27) folgen direkt aus der Konstruktion von $M(s)$ durch den vorstehend erläuterten Algorithmus.

6. $E_1(s)$ ist nach Konstruktion der größte gemeinsame Teiler aller Elemente von $L(s)$ in (17). Angenommen, $E_1(s)$ wäre nicht relativ prim zu $H(s)$, enthielte also einen mit $H(s)$ gemeinsamen Faktor $\pi(s)$, dann enthielten auch alle von Null verschiedenen Elemente von $L(s)$ diesen Faktor $\pi(s)$, und es könnte dann in jedem Element von $F(s) = \dfrac{1}{H(s)} L(s)$ gekürzt werden. Wegen der vorausgesetzten Eigenschaft der Elemente $F_{kl}(s) = \dfrac{Z_{kl}(s)}{N_{kl}(s)}$, daß in ihnen die $Z_{kl}(s)$ und $N_{kl}(s)$ relativ prim sein sollen, führt dies zu einem Widerspruch. Daher können $H(s)$ und $E_1(s)$ keinen gemeinsamen Linearfaktor besitzen, d. h. $E_1(s)$ und $H(s)$ sind relativ prim und damit ist $N_1(s) = H(s)$.

7. Wird in (29) $M(s)$ mit $H(s)$ multipliziert, dann erhält man

$$N(s) = H(s)\,M(s) = P(s)\,H(s)\,F(s)\,Q(s),$$

eine Matrix mit Diagonalelementen der Form

$$H(s)\,\frac{Z_i(s)}{N_i(s)},\quad i = 1, 2, \ldots, p.$$

Dies sind aber Hauptpolynome, und $N(s)$ ist die SMITHsche Normalform der Matrix $L(s) = H(s)\,F(s)$. Diese ist aber wegen Schritt 13 eindeutig bestimmt, womit die Eigenschaft 7 in Satz 1 folgt.

8. Für die Determinante quadratischer Matrizen gilt

$$|A \cdot B| = |A| \cdot |B|.$$

Aus der Konstruktion der Matrix $M(s)$ folgt aber mit $|P(s)| = K_1$ und $|Q(s)| = K_2$:

$$|F(s)| = |P^{-1}(s)|\,|M(s)|\,|Q^{-1}(s)| = [K_1 K_2]^{-1}\,|M(s)| = K\,|M(s)|,$$

womit Behauptung 8 in Satz 1 bewiesen ist.

Für die explizite Berechnung der Transformationsmatrizen $P(s)$ und $Q(s)$, bzw. $P^{-1}(s)$ und $Q^{-1}(s)$, die man bei bestimmten Syntheseverfahren für Mehrgrößenregelsysteme benötigt, empfiehlt es sich, die an der Matrix $L(s) = H(s)\,F(s)$ im obigen Konstruktionsalgorithmus vorgenommenen elementaren Operationen simultan an entsprechenden Einheitsmatrizen vorzunehmen. Linksmultiplikation an $L(s)$ wird zur Erzeugung von $P^{-1}(s)$ als Rechtsmultiplikation an der p-reihigen Einheitsmatrix $\mathbf{1}_p$ und Rechtsmultiplikation als Linksmultiplikation an $\mathbf{1}_q$ vorgenommen, um hier $Q^{-1}(s)$ zu erzeugen, womit man am Ende $P^{-1}(s)$, $M(s)$ und $Q^{-1}(s)$ explizite erhält.

3.4 Der Grad einer rationalen Matrix

In den vorstehenden Abschnitten waren wesentliche Invarianten rationaler Matrizen eingeführt worden, wie z. B. der Rang einer p,q-Matrix $F(s)$, ihre elementaren Funktionen, ihre Determinantenteiler und schließlich die Elementarpolynome der ihr zugeordneten Polynommatrix $L(s) = H(s)\,F(s)$. Es zeigt sich aber, daß noch eine weitere Invariante für viele Analyse- und Syntheseprobleme von großem Interesse ist: der Grad einer rationalen Matrix. Dieser Begriff, der auch bei Polynommatrizen existiert, soll hier nun besprochen werden.

Bei einer p,q-Polynommatrix $L(s)$ ist der Grad m als die Zahl definiert, die gleich dem höchsten Grad in s unter allen p,q-Matrizenelementen, den Polynomen $L_{kl}(s)$, ist. Ausgehend von $L(s) = H(s)\,F(s)$ könnte man einen Grad für die rationale Matrix $F(s)$ entsprechend definieren. Von McMillan [VIII.12] wurde aber eine andere, für uns hier bedeutungsvollere Charakterisierung angegeben, die von den Polen einer regulären rationalen Matrix ausgeht.

Definition 3. Die Zahl s_j wird ein Pol der rationalen Matrix $F(s)$ genannt, wenn eines der Elemente $F_{kl}(s)$ $(k = 1, 2, \ldots, p;\; l = 1, 2, \ldots, q)$ einen Pol bei $s = s_j$ besitzt. Besitzt $F(s)$ keinen Pol bei $s = s_j$, dann heißt $F(s_j)$ endlich oder (vgl. Definition 1) regulär für $s = s_j$.

Wir setzen nun im folgenden wieder Regularität voraus, also, daß für alle Grade $m_{kl} = \delta\big(Z_{kl}(s)\big)$ der Zähler- und $n_{kl} = \delta\big(N_{kl}(s)\big)$ der Nennerpolynome eines jeden Elementes $F_{kl}(s) = Z_{kl}(s)/N_{kl}(s)$ gilt:

$$m_{kl} \leqq n_{kl}, \qquad \begin{aligned} k &= 1, 2, \ldots, p, \\ l &= 1, 2, \ldots, q. \end{aligned} \tag{30}$$

Diese bei der Lösung praktischer Probleme immer erfüllte Voraussetzung bedeutet für unsere Betrachtungen hier, daß $F(s)$ für $s \to \infty$ keinen Pol hat.

Besitzt $F(s)$ für $s = s_j$ einen Pol, dann kann jedes Element $F_{kl}(s)$ in Partialbrüche zerlegt werden. Durch Zusammenfassung aller Terme mit Polstellen bei $s = s_j$ der maximalen Vielfachheit v_j erhält man die Partialbruchzerlegung:

$$F(s) = (s - s_j)^{-v_j}\,F_{v_j} + (s - s_j)^{-(v_j-1)}\,F_{v_j-1} + \cdots + (s - s_j)^{-1}\,F_1 + F_0(s). \tag{31}$$

In dieser Zerlegung ist

$$\lim_{s \to s_j} |\,F_0(s)\,|_{kl} \leqq M < \infty, \qquad \begin{aligned} k &= 1, 2, \ldots, p, \\ l &= 1, 2, \ldots, q, \end{aligned} \tag{32}$$

also endlich, für die F_i $(i = 1, 2, \ldots, v_j)$ gilt: $F_i \neq 0$, und alle Matrizen F_i sind Matrizen mit konstanten Elementen, die durch $F(s)$ eindeutig bestimmt sind.

Definition 4. Für ein $F(s)$, gegeben durch (31), heißt v_j die Ordnung des Poles von $F(s)$ an der Stelle $s = s_j$.

Die Folge aus dieser Definition ist:

a) Mindestens ein nicht identisch verschwindendes Element $F_{kl}(s)$ von $F(s)$ besitzt im Nenner den Linearfaktor $(s - s_j)^{v_j}$.

b) Kein Element $F_{kl}(s)$ hat einen Pol höherer Ordnung als v_j an der Stelle $s = s_j$.

c) Der Faktor $(s - s_j)^{v_j}$ ist ein Teiler des Hauptnenners — des kleinsten gemeinsamen Vielfachen — $H(s)$ von $\boldsymbol{F}(s)$:

$$(s - s_j)^{v_j} \mid H(s). \tag{33}$$

Aus Satz 1 (Eigenschaft 6) über die McMILLAN-Normalform $\boldsymbol{M}(s)$ folgt dann ferner,

d) daß das erste Element $Z_1(s)/N_1(s)$ von $\boldsymbol{M}(s)$ einen Pol v_j-ter Ordnung bei $s = s_j$ hat. Das heißt s_j ist ein Pol der Matrix $\boldsymbol{F}(s)$ von der Ordnung v_j genau dann, wenn s_j ein v_j-facher Pol von $\boldsymbol{M}(s)$ ist.

Ist s_j ein v_j-facher Pol von $\boldsymbol{F}(s)$, dann bezeichnen wir mit $\delta_i(s_j)$ die Ordnung des Pols $s = s_j$ im i-ten Diagonalelement $Z_i(s)/N_i(s)$ der zugehörigen McMILLAN-Normalform $\boldsymbol{M}(s)$. Aus Satz 1 und insbesondere der Teilbarkeitseigenschaft (8) folgt dann:

e)
$$\delta_i(s_j) \geqq \delta_{i+1}(s_j), \quad i = 1, 2, \ldots, r - 1 \tag{34}$$
und
$$\delta_1(s_j) = v_j. \tag{35}$$

f) Schließlich ist die Polvielfachheit $\delta(\boldsymbol{F}, s_j)$ der zur Matrix $\boldsymbol{F}(s)$ zugeordneten Normalform für $s = s_j$

$$\delta(\boldsymbol{F}, s_j) = \sum_{i=1}^{r} \delta_i(s_j). \tag{36}$$

Wir definieren:

Definition 5. Der Grad $\delta(\boldsymbol{F})$ einer rationalen p, q-Matrix $\boldsymbol{F}(s)$ ist die Summe aller Polvielfachheiten aller j verschiedenen Pole aller Elemente $Z_i(s)/N_i(s)$ der zugehörigen McMILLAN-Normalform $\boldsymbol{M}(s)$:

$$\delta(\boldsymbol{F}) = \sum_{j} \delta(\boldsymbol{F}, s_j) = \sum_{j} \sum_{i=1}^{r} \delta_i(s_j). \tag{37}$$

Aus Satz 1 und insbesondere (7) und (8) folgt mit dieser Definition schließlich

$$\delta(\boldsymbol{F}) = \delta(\boldsymbol{M}) = \sum_{i=1}^{r} \operatorname{grad} N_i(s) = \sum_{i=1}^{r} N_i^0. \tag{38}$$

Damit ist eine neue Invariante einer rationalen Matrix $\boldsymbol{F}(s)$ eingeführt, die vor allem invariant gegenüber der McMILLAN-Transformation ist. Wir fassen wesentliche Eigenschaften zum *Grad* einer rationalen Matrix, die von McMILLAN [VIII.12] untersucht wurden und aus dem Vorstehenden folgen, zusammen [VIII.10]:

Satz 4 (McMillan). Für den Grad $\delta(\boldsymbol{F})$ rationaler Matrizen $\boldsymbol{F}(s)$ gilt:

1. $\delta(\boldsymbol{F}(s)) \geqq 0$ und ganzzahlig, $\tag{39}$

2. $\delta\big(\boldsymbol{F}_1(s) + \boldsymbol{F}_2(s)\big) \leqq \delta(\boldsymbol{F}_1(s)) + \delta(\boldsymbol{F}_2(s)). \tag{40}$

3. $\delta\big(\boldsymbol{F}_1(s) \cdot \boldsymbol{F}_2(s)\big) \leqq \delta(\boldsymbol{F}_1(s)) + \delta(\boldsymbol{F}_2(s)). \tag{41}$

4. Für eine Teilmatrix (Untermatrix) $\boldsymbol{F}_1(s)$ einer Matrix $\boldsymbol{F}(s)$ gilt

$$\delta\big(\boldsymbol{F}_1(s)\big) \leqq \delta\big(\boldsymbol{F}(s)\big). \tag{42}$$

5. Für $\boldsymbol{F}(s) = \varphi(s) \boldsymbol{F}_0$, worin $\varphi(s)$ eine rationale skalare Funktion und $\boldsymbol{F}_0$ eine Matrix mit konstanten Elementen ist, gilt

$$\delta\big(\boldsymbol{F}(s)\big) = \Big[\sum_{j} \delta(\varphi, s_j)\Big] \cdot \operatorname{Rang} \boldsymbol{F}_0. \tag{43}[1]$$

---

[1] $\delta(\varphi, s_j)$ bedeutet den Grad von $\varphi(s)$ in bezug auf den Pol s_j.

In (40) gilt das Gleichheitszeichen immer dann, wenn die beiden „parallelgeschalteten" (System-) Matrizen keine gemeinsamen Pole haben. Doch es existieren Fälle, bei denen auch bei gemeinsamen Polen der Teilsysteme das Gleichheitszeichen gilt.

Damit lassen sich rationale p,q-Matrizen charakterisieren durch

a) die Ordnung p bei quadratischen bzw. den Typ p,q bei rechteckigen Matrizen;

b) den Rang r und

c) den Grad δ.

Der Grad einer Matrix $F(s) = [Z_{k\,l}(s)/N_{k\,l}(s)]$ kann immer über die zugehörige McMillan-Normalform ermittelt werden. In den Fällen, in denen die Elemente $F_{k\,l}(s)$ von $F(s)$ jeweils nur einfache Pole besitzen — damit kommen alle Pole s_j auch im Hauptnenner $H(s)$ aller Elemente $F_{k\,l}(s)$ nur einfach vor —, kann der Grad von $F(s)$ auch durch eine Partialbruchdarstellung ermittelt werden. Dazu wird jedes Element $F_{k\,l}(s)$ von $F(s)$ zunächst in Partialbrüche zerlegt, und es werden dann anschließend alle zu einem Pol $s = s_j$ gehörenden Terme mittels konstanter Matrizen gesammelt. Hat die Matrix ϱ verschiedene Pole s_j ($j = 1$, $2, \ldots, \varrho$), dann ist wegen der vorausgesetzten Einfachheit jedes Poles in jedem Element $F_{k\,l}(s)$ auch der Grad des Hauptnenners $H(s)$ von der Größe ϱ und es gilt

$$F(s) = \sum_{j=1}^{\varrho} \frac{1}{(s - s_j)}\, R_j, \quad \text{für} \quad s_j \neq s_i \ (j \neq i), \tag{44}$$

worin die R_j wieder Matrizen mit konstanten (im allgemeinen komplexen) Elementen sind. Die so entstandenen Matrizen R_j werden auch *Residuen*-Matrizen genannt. Aus der Eigenschaft 5 des Satzes 4, also aus Gl. (43), folgt schließlich noch dieses Ergebnis aus (44):

Satz 5. Der Grad $\delta(F)$ einer rationalen Matrix $F(s)$ mit ϱ verschiedenen Polen, deren Elemente $F_{k\,l}(s)$ nur durchweg einfache Pole haben, kann bestimmt werden aus:

$$\delta(F) = \sum_{j=1}^{\varrho} \text{Rang}\, R_l. \tag{45}$$

Beispiel. An einem einfachen Beispiel eines Zweifachsystems soll das Vorstehende näher erläutert werden. Gegeben ist ein System in P-Struktur:

$$P(s) = \begin{bmatrix} \dfrac{1}{s+1} & \dfrac{2}{s+1} \\ \dfrac{-1}{(s+1)(s+3)} & \dfrac{1}{s+3} \end{bmatrix}.$$

Wir ermitteln hierzu eine Partialbruchentwicklung nach den in Abschn. VI.3 erläuterten Regeln für Einfachsysteme und erhalten mit (44) die Darstellung

$$P(s) = (s+1)^{-1} \begin{bmatrix} 1 & 2 \\ -0{,}5 & 0 \end{bmatrix} + (s+3)^{-1} \begin{bmatrix} 0 & 0 \\ 0{,}5 & 1 \end{bmatrix}.$$

Nun ist aber Rang $\begin{bmatrix} 1 & 2 \\ -0{,}5 & 0 \end{bmatrix} = 2$ und Rang $\begin{bmatrix} 0 & 0 \\ 0{,}5 & 1 \end{bmatrix} = 1$, womit aus (45) für den Grad der gegebenen Matrix folgt

$$\delta(P) = 2 + 1 = 3.$$

An dieser Stelle weisen wir schon auf ein wichtiges Ergebnis zur *Minimalrealisierung* eines Systems hin (vgl. Abschn. 3.5), bei dem festgestellt wird, daß der Grad einer Matrix angibt, wieviel Energiespeicher unbedingt erforderlich sind, um eine gegebene Übertragungsmatrix $P(s)$ zu realisieren. Die vorstehende Partialbruchzerlegung zur Gewinnung der Residuenmatrizen ist als (eine) Synthesevorschrift zur Erzeugung einer Minimalrealisierung zu benützen. In Abb. VIII.3.1 sind die Blockschaltbilder bzw. Signalflußdiagramme der

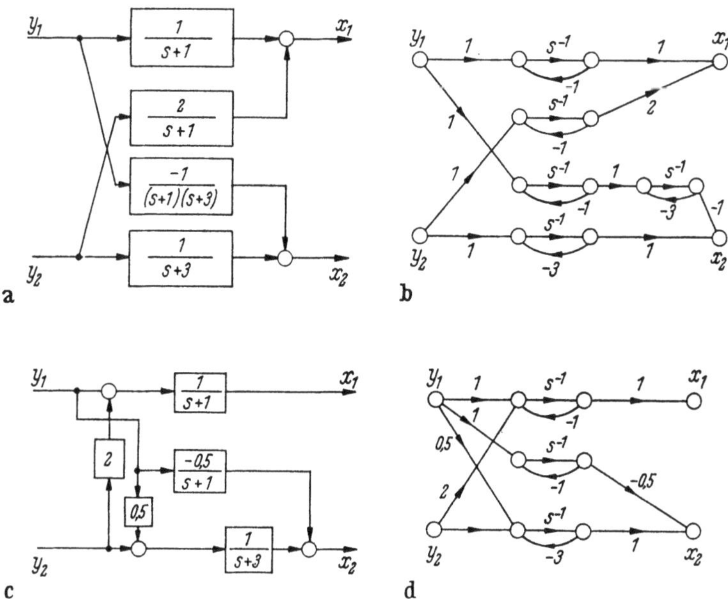

Abb. VIII.3.1 a–d Blockschaltbilder und Signalflußdiagramm zu einem Beispiel
a) und b) P-kanonisches System; c) und d) Minimalrealisierungen

gegebenen P-kanonischen Struktur und der vorstehenden Partialbruchdarstellung einander gegenübergestellt. Im Signalflußdiagramm ist die Systemvereinfachung besonders deutlich erkennbar. Sicherlich wäre bei diesem einfachen Beispiel eine Minimalrealisierung auch noch bequem mittels der Umwandlungsregeln für Blockschaltbilder zu finden gewesen. In komplizierteren Fällen führt aber nur ein systematisches Syntheseverfahren zum Ziel.

Außer über die McMILLAN-Normalform oder — in den zulässigen Fällen — über die Residuenmatrizen kann der Grad einer rationalen Matrix aber auch noch über spezielle rein algebraische Algorithmen gewonnen werden. Diese Methoden werden in den Abschn. 4.3 und 5.5 noch erläutert werden.

3.5 Minimalrealisierungen rationaler Matrizen

Die vorliegenden Ergebnisse werden nun zur weiteren Systemanalyse eines durch reguläre rationale Übertragungsmatrizen beschriebenen Systems herangezogen. Das in Abb. VIII.3.2 dargestellte System genügt zunächst dieser Übertragungsbeziehung

$$X(s) = F(s)\,Y(s), \tag{46}$$

die mittels (6) aber auch notiert werden kann zu

$$X(s) = P^{-1}(s)\,M(s)\,Q^{-1}(s)\,Y(s). \tag{47}$$

Abb. VIII.3.2 Mehrgrößen-übertragungssystem

Hierin sind $P(s)$ und $Q(s)$ wieder unimodulare Transformationsmatrizen, die die Transformation von $F(s)$ auf die äquivalente McMillan-Normalform $M(s)$ leisten.

Definieren wir mittels $P(s)$ und $Q(s)$ neue Signalvektoren

$$\widetilde{X}(s) = P(s)\,X(s),$$
$$\widetilde{Y}(s) = Q^{-1}(s)\,Y(s), \tag{48}$$

erhalten wir eine zu (47) äquivalente Beziehung

$$\widetilde{X}(s) = M(s)\,\widetilde{Y}(s). \tag{49}$$

Diese letzten Beziehungen lassen sich anschaulich in einem Matrixblockschaltbild VIII.3.3 darstellen. Dabei bedeutet diese Äquivalenztransformation eine weitgehende „innere" Entkopplung des Systems mit der gegebenen Übertragungsmatrix $F(s)$, und wir werden zwecks weiterer Deutungen auf diese Eigenschaft der McMillan-Form noch zurückkommen.

Nun gibt es sicherlich beliebig viele Systeme, die der gleichen McMillan-Matrix $M(s)$ äquivalent sind, und wir definieren deshalb:

Definition 6. Zwei durch rationale Übertragungsmatrizen beschriebene dynamische Systeme S_1 und S_2 heißen *dynamisch äquivalent*

$$S_1 \overset{d}{\sim} S_2, \tag{50}$$

wenn die zu diesem System gehörenden Übertragungsmatrizen $F_1(s)$ und $F_2(s)$ derselben McMillan-Normalform äquivalent sind:

$$F_1(s) \overset{M}{\sim} M(s) \overset{M}{\sim} F_2(s). \tag{51}$$

Diese Definition der dynamischen Äquivalenz stellt eine Verallgemeinerung der systemtheoretischen Gleichheit $\overset{s}{=}$ zweier rationaler Funktionen dar, die in Definition 2 erklärt wurde.

An dieser Stelle muß an die in den Abschn. VIII.2.4 und VIII.2.5 dargestellte Eigenschaft erinnert werden, daß eine reguläre rationale Übertragungsmatrix $F(s) = C(1s - A)^{-1}B + D$ nur den sowohl z-steuerbaren als auch beobachtbaren Teil eines Systems beschreibt, das dynamischen Gleichungen — charakterisiert durch das Matrizenquadrupel $\{A, B, C, D\}$ — genügt. So beschreibt also auch insbesondere die McMillan-Normalform $M(s)$ eines Systems nur den sowohl z-steuerbaren als auch beobachtbaren Teil eines Systems. Von dieser Eigenschaft werden wir noch Gebrauch machen, wenn in Abschn. 3.6 die Steuer- und Beobachtbarkeit zusammengesetzter Systeme diskutiert wird.

Die Pole einer rationalen Matrix $F(s)$ erhält man, wie wir aus Abschn. 3.2 wissen, aus der zugehörigen McMillan-Form $M(s)$. Es ergibt sich nun eine bemerkenswerte Eigenschaft für die Mehrfachsysteme mit gleich vielen Ein- und Ausgängen. Die charakteristische Gleichung $|F^{-1}(s)| = 0$ dieser durch quadratische p,p-Matrizen $F(s)$ beschriebenen Systeme ist invariant gegenüber der McMillan-Transformation, wie man durch Vergleich der folgenden, aus (46) und (47) abgeleiteten, Beziehungen sieht. Es sei die charakteristische Gleichung des Systems mit der Übertragungsmatrix $F(s)$ erklärt zu:

$$|F^{-1}(s)| = 0, \tag{52}$$

dann gilt ferner

$$\frac{1}{|\boldsymbol{F}(s)|} = \frac{1}{|\boldsymbol{p}^{-1}(s)|\,|\boldsymbol{M}(s)|\,|\boldsymbol{Q}^{-1}(s)|} = \frac{K}{|\boldsymbol{M}(s)|} = \prod_{i=1}^{p} \frac{N_i(s)}{Z_i(s)} = 0\,. \tag{53}$$

Die Pole der Matrix $\boldsymbol{F}(s)$ ergeben sich also als die Nullstellen von (53).

Als nächstes halten wir noch ein allgemeineres Ergebnis fest:

Satz 6. Dynamisch äquivalente Systeme mit p, q-Übertragungsmatrizen besitzen die gleichen Polstellen.

Dieser Satz folgt direkt aus der Definition 6 und den in Satz 1 festgehaltenen Eigenschaften der McMillan-Transformation. Ein in McMillan-Normalform dargestelltes System (vgl. Abb. VIII.3.3) besitzt also alle wesentlichen dynamischen Eigenschaften der ihm äquivalenten Systeme, aber in einer wesentlich übersichtlicheren Struktur. Denn $\boldsymbol{M}(s)$ stellt ein p-tupel völlig entkoppelter Einfachsysteme dar, deren Übertragungseigenschaften so notiert werden können:

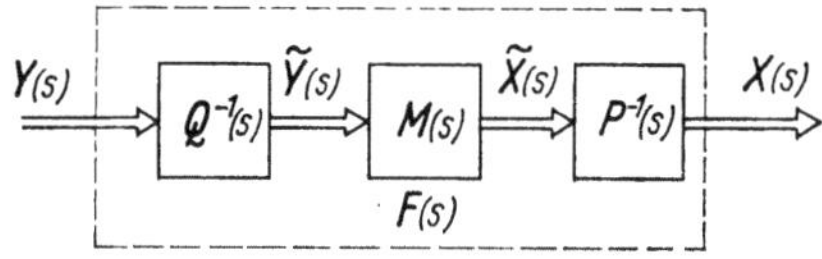

Abb. VIII.3.3 Zur Äquivalenztransformation einer Übertragungsmatrix $\boldsymbol{F}(s)$ auf McMillan-Form $\boldsymbol{M}(s)$

$$\tilde{X}_i(s) = F_i(s)\,\tilde{Y}_i(s) = \frac{Z_i(s)}{N_i(s)}\,\tilde{Y}_i(s)\,, \quad i = 1, 2, \ldots, p. \tag{54}$$

Allerdings haben die $F_i(s)$ in (54), die durch (6) erklärt sind, den gravierenden Nachteil, daß sie in der vorliegenden Form normalerweise nicht technisch realisiert werden können, da in praktischen Fällen von einem Index i ab ($1 \leqq i \leqq p$) der Grad m_i der Zählerpolynome größer als der der zugehörigen Nennerpolynome n_i wird. Dieser Nachteil kann aber nach dem Verfahren von Kalman (VIII.13] umgangen werden, das — dann allerdings nur für *eigentliche* Übertragungsmatrizen gültig — in den Abschn. 3.7 und 3.8 besprochen wird.

Als nächstes wenden wir uns nun der Realisierung bzw. Minimalrealisierung zu und definieren zunächst mit Kalman [VIII.13]:

Definition 7. Das Quadrupel $\{\boldsymbol{A}, \boldsymbol{B}, \boldsymbol{C}, \boldsymbol{D}\}$ der Matrizen eines dynamischen Gleichungssystems

$$\begin{aligned}\dot{\boldsymbol{u}}(t) &= \boldsymbol{A}\,\boldsymbol{u}(t) + \boldsymbol{B}\,\boldsymbol{y}(t),\\ \boldsymbol{x}(t) &= \boldsymbol{C}\,\boldsymbol{u}(t) + \boldsymbol{D}\,\boldsymbol{y}(t)\end{aligned} \tag{55}$$

heißt eine mathematische *Realisierung* der (regulären) Übertragungsmatrix $\boldsymbol{F}(s)$ genau dann, wenn gilt:

$$\boldsymbol{F}(s) = \boldsymbol{C}\,(\boldsymbol{1}s - \boldsymbol{A})^{-1}\boldsymbol{B} + \boldsymbol{D}\,. \tag{56}$$

Hieraus folgt als erstes, daß alle Realisierungen einer regulären Übertragungsmatrix dynamisch äquivalent sind. Unter allen möglichen mathematischen Realisierungen zu $\boldsymbol{F}(s)$ gibt es solche mit der Minimaleigenschaft, daß die zugehörigen n, n-Systemmatrizen $\boldsymbol{A}_{\min}$ von kleinstmöglicher Ordnung $n_{\min}$ sind. Eine solche Realisierung wird Minimalrealisierung genannt. Von McMillan [VIII.12] wurde dieses Ergebnis gefunden und bewiesen.

Satz 7. Für die Ordnung $n_{\min}$ einer Systemmatrix $\boldsymbol{A}_{\min}$ einer mathematischen Minimalrealisierung zu einer Übertragungsmatrix $\boldsymbol{F}(s)$ gilt:

$$n_{\min} = \delta\big(\boldsymbol{F}(s)\big)\,. \tag{57}$$

Das bedeutet, daß der im vorstehenden Abschnitt eingeführte und besprochene Grad einer rationalen Matrix $\delta\left(F(s)\right)$ gleich der minimalen Ordnung einer zugehörigen Realisierung ist. Es erweist sich also $\delta\left(F(s)\right)$ — wie wir aus dem Beispiel in Abschn. VIII.3.4 schon vermuten konnten — als die Zahl der unbedingt erforderlichen Energiespeicher — oder z. B. Integrierer eines Analogrechners — die zur vollständigen Simulation einer Übertragungsmatrix benötigt werden.

Eine Minimalrealisierung heißt auch eine irreduzible Realisierung in dem Sinne, daß die Ordnung n ihrer Systemmatrix A nicht mehr reduziert werden kann, wenn (56) gültig bleiben soll.

Aus (56) und den in Abschn. VI.4 erläuterten Eigenschaften der dynamischen Systeme bzw. ihrer Systemgleichungen folgt zunächst, daß die Pole s_i von $F(s)$ mit den Eigenwerten λ_i der Matrix $A_{\min}$ identisch sind. Hieraus wiederum ist zu schließen, daß alle Minimalrealisierungen vollständig z-steuerbar und beobachtbar und darüber hinaus auch algebraisch ähnlich sind. Denn mit

$$\tilde{A} = T^{-1}\,A_{\min}\,T, \tag{58a}$$

$$\tilde{B} = T^{-1}\,B, \tag{58b}$$

$$\tilde{C} = C\,T, \tag{58c}$$

ist auch $\{\tilde{A}, \tilde{B}, \tilde{C}, D\}$ eine Minimalrealisierung zu $F(s)$, wie man wie folgt zeigt:

$$F(s) = C(1s - A)^{-1}\,B + D = C\,T\,T^{-1}(1s - A)^{-1}\,T\,T^{-1}\,B + D$$
$$= C\,T(1s - T^{-1}\,A\,T)^{-1}\,T^{-1}\,B + D = \tilde{C}(1s - \tilde{A})^{-1}\,\tilde{B} + D. \tag{59}$$

Die algebraische Ähnlichkeit bedeutet also, daß bis auf die Basiswahl im $n_{\min}$-dimensionalen Zustandsraum $\mathbf{R}_{n_{\min}}$ die Minimalrealisierung eindeutig ist. Oder anders, alle Minimalrealisierungen einer gegebenen regulären rationalen Matrix $F(s)$ stellen die gleiche lineare Transformation dar, deren Matrizen von der Basiswahl abhängen, aber durch Ähnlichkeitstransformationen ineinander übergeführt werden können.

Wird eine Übertragungsmatrix $F(s)$ durch ein System realisiert, dessen Systemmatrix A eine Ordnung

$$n > \delta(F)$$

hat, dann enthält das System eine Anzahl von $\left(\delta(F) - n\right)$ überzähliger Energiespeicher, und es ist nicht mehr vollständig z-steuerbar und beobachtbar. Hierin liegt das tatsächliche Problem bei der Analyse und Synthese von Mehrfachregelkreisen. Die in Kap. III angegebenen Verfahren sind und bleiben so lange richtig, wie die — eventuell durch Messungen gewonnene — Übertragungsmatrix $P(s)$ der Regelstrecke das zugrunde liegende System richtig beschreibt. Insbesondere sind auch die mittels der charakteristischen Gleichung $|1 + F_0(s)| = 0$ bestimmten Pole des geschlossenen Regelkreises genau die, auf die es für die Stabilität des Gesamtsystems ankommt. Andererseits können aber dann Schwierigkeiten — wie „Drift"-Probleme, algebraische Schleifen usw. — auftreten, wenn bei einer Analogrechneruntersuchung nicht die zu $F(s)$ gehörende Minimalrealisierung verwendet wurde. Mit anderen Worten darf man nicht von den dynamischen Eigenschaften eines eventuell nicht vollständig z-steuerbaren und beobachtbaren (Analogrechner-) Systems auf die Eigenschaften des durch $F(s)$ beschriebenen, vollständig z-steuerbaren/beobachtbaren Systems schließen.

Aus der McMillan-Normalform $M(s)$ einer regulären Übertragungsmatrix $F(s)$ kann unmittelbar eine Systemmatrix $A_{\min}$ einer Minimalrealisierung angegeben werden. Denn, wie wir wissen, stellen die Nennerpolynome $N_i(s)$ in

$$M(s) = \begin{bmatrix} \dfrac{Z_1(s)}{N_1(s)} & & \mathbf{0} \\ & \ddots & \\ \mathbf{0} & & \dfrac{Z_p(s)}{N_p(s)} \end{bmatrix} \qquad (60)^{[1]}$$

einen Satz Invarianten dar mit den Teilbarkeitseigenschaften:

$$N_p(s) \mid N_{p-1}(s) \mid \cdots \mid N_1(s). \qquad (61)$$

Ferner gilt für $F(s)$ die bekannte Beziehung

$$F(s) = C(\mathbf{1}s - A)^{-1}B + D = C\,\frac{[\mathbf{1}s - A]_{\text{adj.}}}{|\mathbf{1}s - A|}\,B + D$$

$$= C\,\frac{T_{n-1}(s)\,K(s)}{C(s)}\,B + D, \qquad (62)$$

worin $T_{n-1}(s)$ der Determinantenteiler aller $(n-1)$-reihigen Unterdeterminanten der charakteristischen Determinante $C(s) = |C(s)| = |\mathbf{1}s - A|$ ist, mit der Eigenschaft

$$T_{n-1}(s) \mid C(s) = T_{n-1}(s) \mid |\mathbf{1}s - A|. \qquad (63)$$

Wird mit $M(s)$ das Minimalpolynom zur Matrix A bezeichnet, dann erhalten wir durch Kürzen von $T_{n-1}(s)$ aus (62):

$$F(s) = C\,\frac{K(s)}{M(s)}\,B + D. \qquad (64)$$

Hierin ist $M(s)$ auch gleichzeitig der Hauptnenner — das kleinste gemeinsame Vielfache — aller Elemente $F_{kl}(s)$ von $F(s)$, denn $K(s)$ ist gemäß Konstruktion eine Polynommatrix.

Ordnet man nun den „Elementar"-Nennern $N_i(s)$ der McMillan-Matrix Frobenius-Matrizen F_i — also Begleitmatrizen — zu, dann kann die Systemmatrix $A_{\min}$ einer Minimalrealisierung als verallgemeinerte (Frobenius-) Diagonalmatrix gewonnen werden:

$$A_{\min} = \begin{bmatrix} F_1 & & & & \mathbf{0} \\ & F_2 & & & \\ & & \ddots & & \\ & & & \ddots & \\ \mathbf{0} & & & & F_p \end{bmatrix}. \qquad (65)^{[2]}$$

Die F_i sind also Begleitmatrizen zu den Minimalpolynomen $N_i(s)$, wobei im einzelnen gilt:

$$N_i(s) = N_{i,1} + N_{i,2}\,s + \cdots + N_{i,n_i}\,s^{n_i-1} + s^{n_i}, \quad i = 1,2,\ldots,p, \qquad (66)$$

$$F_i = \begin{bmatrix} 0 & 0 & \ldots & 0 & -N_{i,1} \\ 1 & 0 & \ldots & 0 & \vdots \\ 0 & 1 & \ldots & 0 & \vdots \\ \vdots & & \cdots & & \vdots \\ 0 & \ldots & 0 & 1 & -N_{i,n_i} \end{bmatrix}. \qquad (67)$$

---

[1] Wir beschränken uns hier zunächst ohne Verlust an Allgemeingültigkeit auf den Fall einer p, p-Matrix $F(s)$.

[2] Vgl. hierzu Abschn. VII.4.4.

Im einzelnen ist $N_1(s) = M(s)$ das Minimalpolynom zu $A_{\min}$ und gleichzeitig gleich dem Hauptnenner $H(s) = N_1(s)$ aller Elemente $F_{kl}(s)$ von $F(s)$.

Wir fassen die wesentlichen Eigenschaften einer Minimalrealisierung $\{A_{\min}, B, C, D\}$ zu $F(s)$ noch einmal zusammen:

a) $n_{\min} = \delta(F)$.

b) Die Eigenwerte λ_i von $A_{\min}$ stimmen mit den Polen s_i von $F(s)$ überein.

c) Die Minimalpolynome der F_i in $A = \begin{bmatrix} F_1 & & 0 \\ & \ddots & \\ 0 & & F_p \end{bmatrix}$ bilden eine Folge, die

den $N_i(s)$ der Matrix $F(s)$ bzw. $M(s)$ eindeutig zugeordnet sind.

d) $N_1(s) = M(s) = H(s)$.

e) Alle Minimalrealisierungen gehen aus (65) durch Ähnlichkeitstransformation hervor:

$$\tilde{A}_{\min} = T^{-1} A_{\min} T. \tag{68}$$

3.6 Steuerbarkeit und Beobachtbarkeit zusammengesetzter Systeme

Mittels der in den vorstehenden Abschnitten dargestellten Ergebnisse läßt sich nun die noch offene Frage beantworten, unter welchen Bedingungen ein aus mehreren Teilsystemen zusammengesetztes System vollständig z-steuerbar und/ oder beobachtbar ist. Wir betrachten hier die a) parallelgeschalteten, b) seriengeschalteten und c) rückgekoppelten Systeme und setzen dabei jeweils voraus, daß die Teilsysteme die zur Verknüpfung notwendige Anzahl von Ein- und/oder Ausgängen haben.

Zunächst halten wir noch ein Ergebnis fest, das offensichtlich gültig und über die allgemeinen Steuer- und Beobachtbarkeitskriterien, wie sie in Abschn. VIII.2 dargestellt wurden, beweisbar ist.

Satz 8. Für die vollständige z-Steuerbarkeit (Beobachtbarkeit) eines aus Teilsystemen zusammengesetzten Mehrgrößensystems ist notwendig — aber nicht hinreichend —, daß jedes der Teilsysteme vollständig z-steuerbar (beobachtbar) ist.

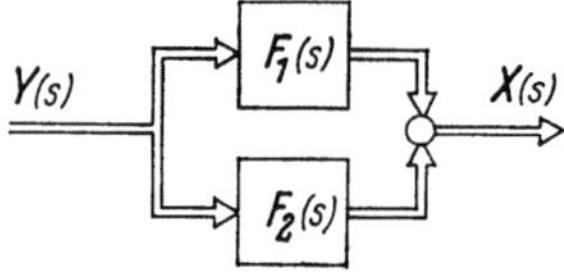

Abb. VIII.3.4 Parallelschaltung zweier p, q-Systeme $F_1(s)$ und $F_2(s)$

a) Parallelschaltung

Als erstes betrachten wir die Parallelschaltung zweier p,q-Systeme $F_1(s)$ und $F_2(s)$, die in Abbildung VIII.3.4 dargestellt ist. Für die Übertragungseigenschaften des Systems gilt:

$$X(s) = [F_1(s) + F_2(s)] Y(s) = F_p(s) Y(s). \tag{69}$$

Für den Grad $\delta(F_p) = \delta(F_1 + F_2)$ gilt dann im allgemeinen (vgl. auch Satz 4):

$$\delta(F_p) \leq \delta(F_1) + \delta(F_2). \tag{70}$$

Satz 9. Notwendig und hinreichend für die vollständige z-Steuerbarkeit und Beobachtbarkeit des aus den Systemen $F_1(s)$ und $F_2(s)$ durch Parallelschaltung hervorgegangenen Systems $F_p(s)$ ist:

$$\delta(F_p) = \delta(F_1) + \delta(F_2). \tag{71}$$

Der Beweis kann wie folgt geführt werden. Man betrachtet die Minimalrealisierungen zu $F_1(s)$ bzw. $F_2(s)$, die die Systemmatrizen $_1A$ der Ordnung $\delta(F_1)$ bzw. $_2A$ der Ordnung $\delta(F_2)$ haben. Dann ist

$$_pA = \begin{bmatrix} _1A & 0 \\ 0 & _2A \end{bmatrix}$$

sicherlich die Systemmatrix einer Realisierung zu $F_p(s)$. Diese Realisierung ist aber genau dann und nur dann vollständig z-steuerbar und beobachtbar, wenn sie eine Minimalrealisierung ist, d. h. wenn keine Matrix $_pA_{min}$ der Ordnung n_{min} derart existiert, daß $n_{min} < \delta(F_1) + \delta(F_2)$ ist. Damit muß in (70) das in (71) postulierte Gleichheitszeichen gelten.

Aus Satz 9 sind diese Folgerungen für wichtige Sonderfälle zu ziehen:

i) Zwei parallelgeschaltete Einfachsysteme mit $F_1(s)$ und $F_2(s)$, die gemeinsame Polstellen besitzen, sind nicht vollständig z-steuerbar und beobachtbar.

ii) Für Mehrfachsysteme ist hinreichend, aber nicht notwendig für die vollständige z-Steuerbarkeit und Beobachtbarkeit, daß $F_1(s)$ und $F_2(s)$ keine gemeinsamen Pole haben.

b) Serienschaltung

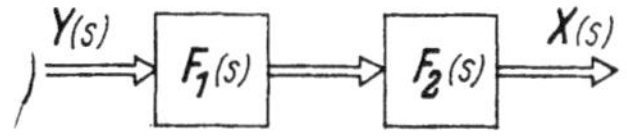

Für das System in Abb. VIII.3.5 gilt

$$X(s) = F_s(s)\, Y(s)$$

mit

$$F_s(s) = F_2(s)\, F_1(s).$$

Abb. VIII.3.5 Serienschaltung eines p, q_1-Systems $F_1(s)$ und eines q_1, p-Systems $F_2(s)$

Für die Reihenschaltung $F_s(s)$ gilt zunächst wieder

$$\delta(F_s) \leqq \delta(F_1) + \delta(F_2) \tag{72}$$

und dann:

Satz 10. Notwendig und hinreichend für die vollständige z-Steuerbarkeit und Beobachtbarkeit von $F_s(s) = F_1(s)\, F_2(s)$ ist:

$$\delta(F_s) = \delta(F_1) + \delta(F_2). \tag{73}$$

Der Beweis kann analog zu dem für Satz 11 geführt werden, wenn man (vgl. Abschn. VI.3.5) eine Realisierung mit der Systemmatrix A

$$_sA = \begin{bmatrix} _1A & _1B\,_2C \\ 0 & _2A \end{bmatrix}$$

untersucht, in der $_1A$ und $_2A$ die Systemmatrizen von Minimalrealisierungen zu $F_1(s)$ und $F_2(s)$ sind.

c) Einheitsrückkopplung

Als nächstes wird der für die Regelungstechnik wichtige Sonderfall der Einheitsrückkopplung eines p,p-Mehrgrößensystems $F(s)$ behandelt (Abb. VIII.3.6). Für dieses System gilt (vgl. Kap. III) die Übertragungsbeziehung

$$X(s) = (1 - F(s))^{-1} F(s)\, Y(s) \tag{74}$$

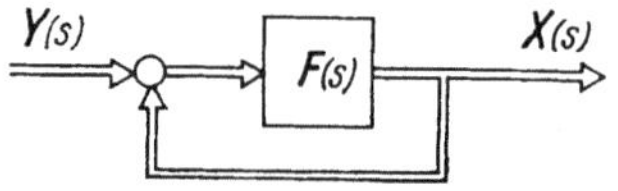

für nichtsinguläre $F(s)$, d. h. für solche $F(s)$, die nicht für jedes s singulär sind, gilt ferner:

$$(1 - F(s))^{-1} F(s) = (F^{-1}(s) - 1)^{-1}. \tag{75}$$

Abb. VIII.3.6 Einheitsrückkopplung eines p, p-Systems $F(s)$

Nun zeigt McMillan [VIII.12], daß für nichtsinguläre $F(s)$ gilt:

$$\delta\big(F(s)\big) = \delta\big(F^{-1}(s)\big). \tag{76}$$

Für das hier betrachtete Rückkopplungssystem folgt hieraus und mit $\delta(1) = 0$ dann über

$$\delta\big((F^{-1}(s) - 1)^{-1}\big) = \delta\big(F^{-1}(s) - 1\big) = \delta\big(F^{-1}(s)\big) = \delta\big((F(s)\big): \tag{77}$$

Satz 11. Ein durch Einheitsrückkopplung aus einem vollständig z-steuerbaren und beobachtbaren p,p-System $F(s)$ hervorgegangenes System bleibt vollständig z-steuerbar und beobachtbar.

Die vorstehend behandelten Fälle reichen nun aus, auch allgemeinere Rückkopplungssysteme, wie sie in Abb. VIII.3.7 und VIII.3.8 dargestellt sind, zu behandeln.

Satz 12. Ein Mehrfachregelkreis mit Vorwärtsregler (Abb. VIII.3.7) ist dann und nur dann vollständig z-steuerbar und beobachtbar, wenn das offene System $F_0(s) = S(s)\,R(s)$ vollständig z-steuerbar und beobachtbar ist.

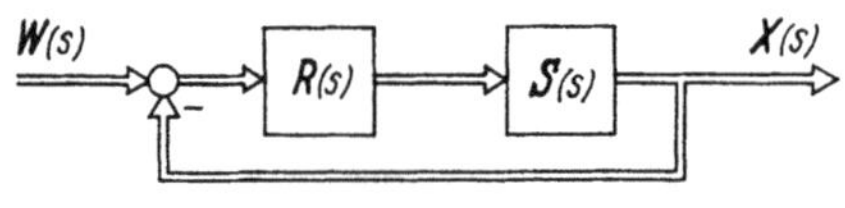

Abb. VIII.3.7
Mehrfachregelkreis mit Vorwärtsreglern

Dieses Ergebnis hat für die praktische Systemuntersuchung zunächst die Bedeutung, daß es genügt, das offene System allein zu prüfen. Da die Struktur des offenen Systems meist beachtlich einfacher ist und oft sogar alle Polstellen aller Elemente $F_{kl}(s)$ von $F_0(s) = S(s)\,R(s)$ bekannt sind, während die Polstellen des Rückkopplungssystems erst ermittelt werden müssen, ist hier eine wesentliche Vereinfachung der Analyse gegeben.

Ein weiteres wichtiges Ergebnis ist aber dies, daß bei der sowohl beim Einfachwie beim Mehrfachregelkreis häufig angewendeten Einstellvorschrift, Nullstellen des Reglers zur Kompensation von Streckenpolen zu benützen, ein nicht mehr vollständig z-steuerbares und beobachtbares Gesamtsystem entsteht.

Für ein System nach Abb. VIII.3.8 erhält man dieses Ergebnis:

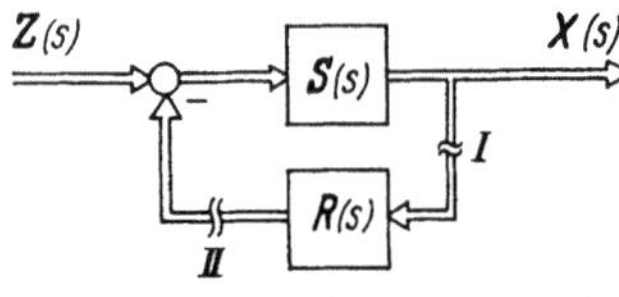

Abb. VIII.3.8 Mehrfachregelkreis mit
Rückwärtsreglern

Satz 13. Ein Rückkopplungssystem mit $S(s)$ im Vorwärtskanal und $R(s)$ im Rückführkanal ist dann und nur dann vollständig z-steuerbar und beobachtbar, wenn das System $F_1(s) = S(s)\,R(s)$ vollständig steuerbar und das System $F_2(s) = R(s)\,S(s)$ vollständig beobachtbar ist.

Diese Bedingung ist leicht abzuleiten, wenn man die in Abb. VIII.3.8 angedeuteten Schnitte I bzw. II einführt und dann jeweils das System als durch Einheitskopplung verändertes System auffaßt.

3.7 Minimalrealisierungen eigentlicher Übertragungsmatrizen

Im folgenden soll nun eine Minimalrealisierung eigentlicher (vgl. hierzu Definition 1) Übertragungsmatrizen behandelt werden, die von Kalman [VIII.13] angegeben wurde und die vor allem auch auf technisch realisierbare Systeme führt. Aus der Beschränkung auf eigentliche Matrizen. also

$$\lim_{s \to \infty} \boldsymbol{F}(s) = \boldsymbol{0} \tag{78}$$

folgt, daß die Realisierung, und speziell die gesuchte Minimalrealisierung, ein Tripel $\{\boldsymbol{A}, \boldsymbol{B}, \boldsymbol{C}\}$ derart ist, daß neben

$$\dot{\boldsymbol{u}}(t) = \boldsymbol{A}\,\boldsymbol{u}(t) + \boldsymbol{B}\,\boldsymbol{y}(t),$$
$$\boldsymbol{x}(t) = \boldsymbol{C}\,\boldsymbol{u}(t)$$

außerdem gilt

$$\boldsymbol{F}(s) = \boldsymbol{C}(\boldsymbol{1}s - \boldsymbol{A})^{-1}\boldsymbol{B}. \tag{79}$$

Die Durchgangsmatrix $\boldsymbol{D}$ ist also identisch $\boldsymbol{0}$. Zunächst gelten die in den vorstehenden Abschnitten über Äquivalenz regulärer rationaler Matrizen zu ihrer McMILLAN-Form $\boldsymbol{M}(s)$ und über die Eigenschaften der letzteren festgestellten Ergebnisse uneingeschränkt. Die Beschränkung auf eigentliche Matrizen, die in der Praxis der Mehrgrößenregelsysteme die weitaus am häufigsten anzutreffenden sind, hat seinen Grund darin, daß KALMAN diesen Satz beweisen konnte, der für die tatsächliche Berechnung einer Minimalrealisierung bedeutsam ist:

Satz 14. Eine rationale Übertragungsmatrix $\boldsymbol{F}(s)$ sei eigentlich, und es gebe ferner eine Aufspaltung mit rationalen eigentlichen Matrizen $\boldsymbol{W}_i(s)$ derart, daß

$$\boldsymbol{F}(s) = \sum_{i=1}^{v} \boldsymbol{W}_i(s) \tag{80}$$

gilt, dann ist eine Realisierung von $\boldsymbol{F}(s)$, also $\{\boldsymbol{A}, \boldsymbol{B}, \boldsymbol{C}\}$, die direkte Summe der Realisierungen $\{\boldsymbol{A}_i, \boldsymbol{B}_i, \boldsymbol{C}_i\}$ zu den $\boldsymbol{W}_i(s)$.

Die Aussage im vorstehenden Satz bedeutet im einzelnen, daß die Realisierung für $\boldsymbol{F}(s)$ dieses Aussehen hat

$$
\boldsymbol{A} =
\begin{bmatrix}
\boldsymbol{A}_1 & & & \boldsymbol{0} \\
& \boldsymbol{A}_2 & & \\
& & \ddots & \\
\boldsymbol{0} & & & \boldsymbol{A}_v
\end{bmatrix}
\quad ; \quad
\boldsymbol{B} =
\begin{bmatrix}
\boldsymbol{B}_1 \\
\boldsymbol{B}_2 \\
\vdots \\
\boldsymbol{B}_v
\end{bmatrix}
\quad ; \quad
\boldsymbol{C} = [\boldsymbol{C}_1, \boldsymbol{C}_2, \ldots, \boldsymbol{C}_v].
$$

Es werden nun die diesem Satz zugrunde liegenden Ideen dargelegt. Zunächst stützt sich KALMAN auf diesen Hilfssatz der modernen Algebra [VIII.15]:

Hilfssatz 1. Es sei $\boldsymbol{F}$ eine n, n-Begleitmatrix (FROBENIUS-Matrix) mit dem charakteristischen Polynom[1]

$$C(s) = |\boldsymbol{1}s - \boldsymbol{F}| = s^n + C_n\,s^{n-1} + \cdots + C_2\,s + C_1,$$

also

$$
\boldsymbol{F} =
\begin{bmatrix}
0 & 1 & 0 & \ldots & 0 \\
0 & 0 & 1 & \ldots & 0 \\
0 & 0 & 0 & \ldots & 1 \\
-C_1 & -C_2 & -C_3 & \ldots & -C_n
\end{bmatrix},
\tag{81}
$$

---

[1] Für die FROBENIUS-Matrix ist bekanntlich (VII.1) das charakteristische Polynom $C(s)$ gleich dem Minimalpolynom $M(s)$.

dann hat die Polynommatrix

$$L(s) = C(s)\,[\mathbf{1}s - F]^{-1} \tag{82}$$

den Rang $L(s)\,(\mathrm{mod}\,C(s)) \equiv 1$ in der Restklassenarithmetik der Polynome, und es gilt ferner

$$L(s) \equiv \boldsymbol{\alpha}(s)\,\boldsymbol{\beta}^T(s) \quad (\mathrm{mod}\,C(s)) \tag{83}$$

mit den Vektoren

$$\boldsymbol{\alpha}^T(s) = [1 \;\; s \ldots s^{n-1}], \tag{83a}$$

und

$$\boldsymbol{\beta}(s) = \begin{bmatrix} s^{n-1} + C_n\,s^{n-2} + C_{n-1}\,s^{n-3} + \cdots + C_2 \\ s^{n-2} + C_n\,s^{n-3} + \cdots + C_3 \\ \cdots\cdots\cdots\cdots\cdots\cdots\cdots\cdots \\ s \;\;\; + C_n \\ 1 \end{bmatrix}. \tag{83b}$$

Der Beweis dieses Hilfssatzes kann so geführt werden. Zunächst gilt

$$\varDelta_n(s) = |\mathbf{1}s - F| = C(s) = M(s),$$
$$\varDelta_n(s) \equiv 0 \quad (\mathrm{mod}\,C(s)). \,^{[1]} \tag{84}$$

Die Äquivalenztransformation der Polynommatrix $[\mathbf{1}s - F]$ auf SMITHsche Normalform $N(s)$ wird in dieser Form notiert:

$$[\mathbf{1}s - F] = P(s)\,N(s)\,Q(s)$$

$$= P(s) \begin{bmatrix} E_1(s) & & & \mathbf{0} \\ & \ddots & & \\ & & \ddots & \\ \mathbf{0} & & & E_n(s) \end{bmatrix} Q(s). \tag{85}$$

Wegen der vorausgesetzten FROBENIUS-Matrix ist aber $E_i(s) = 1$ für $i = 1, 2, \ldots, n-1$ und $E_n(s) = C(s)$ und damit

$$E_n(s) \equiv 0 \quad (\mathrm{mod}\,C(s)).$$

Aus (85) folgt nun ferner

$$L(s) = C(s)\,[\mathbf{1}s - F]^{-1} = C(s)\,Q^{-1}(s)\,N^{-1}(s)\,P^{-1}(s)$$

$$= C(s)\,Q^{-1}(s) \begin{bmatrix} 1 & & & & \mathbf{0} \\ & 1 & & & \\ & & \ddots & & \\ & & & 1 & \\ \mathbf{0} & & & & C^{-1}(s) \end{bmatrix} P^{-1}(s)$$

$^{[1]}$ Diese in der modernen Algebra gebräuchliche Schreibweise (VII.1) bedeutet z. B. für $a(\lambda) \equiv b(\lambda)\,(\mathrm{mod}\,c(\lambda))$, daß die Differenz $d(\lambda) = a(\lambda) - b(\lambda)$ ohne Rest durch $c(\lambda)$ teilbar ist. In anderen Worten ist dies eine abgekürzte Schreibweise für $a(\lambda) = e(\lambda)\,c(\lambda) + b(\lambda)$, wo dann das Polynom $a(\lambda)$ durch das Restpolynom (mod. Divisor) ersetzt wird.

oder

$$L(s) \equiv Q^{-1}(s) \begin{bmatrix} 0 & & & & 0 \\ & 0 & & & \\ & & \ddots & & \\ & & & \ddots 0 & \\ 0 & & & & \\ & & & & 1 \end{bmatrix} P^{-1}(s) \; (\mathrm{mod}\, C(s)). \qquad (86)$$

An (86) ist, wenn man sich an die Rangdefinition bei der SMITHschen Normalform erinnert (vgl. Abschn. VII.4.2), die Gültigkeit von Rang $L(s)\,(\mathrm{mod}\,C(s))=1$ sogleich zu erkennen. Dann kann aber die n,n-Matrix $L(s)$ vom Rang 1 $(\mathrm{mod}\,C(s))$ auch als DYADisches Produkt (83) geschrieben werden. Die Gültigkeit der Form von (83a) und (83b) kann durch Einsetzen in (83) und Vergleich mit (82) nachgewiesen werden:

$$L(s) = C(s)\,[1s - F]^{-1} = [1s - F]_{\mathrm{adj.}}. \qquad (87)$$

Nun wenden wir uns der besonderen Aufgabe zu, eine Minimalrealisierung zu einer eigentlichen rationalen Matrix $F(s)$ zu finden. Dazu wird die McMILLAN-Normalform zu $F(s)$ ausführlich angeschrieben

$$F(s)=P(s)M(s)Q(s)=P(s) \begin{bmatrix} \dfrac{Z_1(s)}{N_1(s)} & & & & & & 0 \\ & \ddots & & & & & \\ & & \dfrac{Z_l(s)}{N_l(s)} & & & & \\ & & & Z_{l+1}(s) & & & \\ & & & & \ddots & & \\ & & & & & Z_r(s) & \\ 0 & & & & & & 0. \\ & & & & & & \;0 \quad 0 \ldots 0 \end{bmatrix} Q(s). \qquad (88)$$

In (88) ist deutlich angezeigt, daß die p,q-Matrix $F(s)$ einen Rang der Größe Rang $F(s) = r$ haben möge. Ferner ist zu erkennen, daß ab dem l-ten Diagonalelement die folgenden Nenner $N_i(s)$ für $i > l$ die Form $N_i(s) = 1$ $(i > l)$ haben. Damit sind die $Z_i(s)/N_i(s)$ spätestens ab $i > l$ nicht mehr *eigentlich*. Es sei nun $P_i(s)$ die i-te Spalte von $P(s)$ und $Q_i^T(s)$ die i-te Zeile von $Q(s)$, dann kann (88) in der Form eines dyadischen Produktes notiert werden:

$$F(s) = \sum_{i=1}^{r} P_i(s)\, \frac{Z_i(s)}{N_i(s)}\, Q_i^T(s) = \sum_{i=1}^{r} F_i(s). \qquad (89)$$

Hierin sind sicherlich einige der rationalen Teilmatrizen $F_i(s)$ nicht mehr eigentlich; tatsächlich sind alle $F_i(s)$ für $i > l$ reine Polynommatrizen.

An dieser Stelle muß nun eine Umformung so durchgeführt werden, daß aus den $F_i(s)$ rationale eigentliche Matrizen $R_i(s)$ gebildet werden, die dann technisch realisierbar sind. Als erstes werden Polynommatrizen $L_i(s)$ zu (89) definiert:

$$L_i(s) = N_i(s)\, F_i(s). \qquad (90)$$

Ferner sei — mit zunächst unbestimmten Polynommatrizen $X_i(s)$ und $Y_i(s)$ —:

$$L_i(s) = N_i(s)\,X_i(s) + Y_i(s) \tag{91a}$$

oder

$$L_i(s) \equiv Y_i(s) \quad \bigl(\mathrm{mod}\,N_i(s)\bigr). \tag{91b}$$

Wegen $N_i(s) = 1$ für $i > l$ ist auch

$$Y_i(s) = 0 \quad \text{für} \quad i > l. \tag{92}$$

Als nächstes definieren wir eigentliche rationale Matrizen $W_i(s)$ so:

$$W_i(s) = N_i^{-1}(s)\,Y_i(s) = F_i(s) - X_i(s). \tag{93}$$

Damit wird aus (89):

$$F(s) = \sum_{i=1}^{r} \bigl(F_i(s) - X_i(s) + X_i(s)\bigr) = \sum_{i=1}^{r} W_i(s) + X_i(s). \tag{94}$$

Dies ist der wesentliche Schritt zur Gewinnung einer (technisch realisierbaren) Minimalrealisierung. Da nun nach Voraussetzung $F(s)$ und auch alle $W_i(s)$ eigentliche Matrizen sind, folgt aus (94):

$$\sum_{i=1}^{r} X_i(s) = 0. \tag{95}$$

Wegen (92) ist auch:

$$W_i(s) = N_i^{-1}(s)\,Y_i(s) = 0 \quad \text{für} \quad i > l$$

und damit und mit (95) folgt schließlich:

$$F(s) = \sum_{i=1}^{l} W_i(s). \tag{96}$$

Die so definierten Teilmatrizen $W_i(s)$ sind nun einmal eigentlich und zum anderen von der denkbar einfachsten Struktur, denn ihr Hauptnenner $N_i(s)$ ist ein Minimalpolynom, dem wir eine Begleitmatrix F_i zuordnen können, so daß wir nun unter Verwendung des Hilfssatzes 1 eine Minimalrealisierung $\{F_i, B_i, C_i\}$ — hier wurde A_i durch F_i ersetzt, um den Charakter der Begleitmatrix deutlich werden zu lassen — zu $W_i(s)$ einfach finden können:

1. F_i ist die Begleitmatrix zu $N_i(s)$.
2. B_i und C_i werden aus diesen Beziehungen bestimmt:

$$P_i(s) \equiv C_i\,\boldsymbol{\alpha}(s) \quad \bigl(\mathrm{mod}\,N_i(s)\bigr), \tag{97}$$

$$X_i(s)\,Q_i^T(s) \equiv \boldsymbol{\beta}^T(s)\,B_i \quad \bigl(\mathrm{mod}\,N_i(s)\bigr). \tag{98}$$

In (97) bzw. (98) sind $\boldsymbol{\alpha}(s)$ bzw. $\boldsymbol{\beta}(s)$ die in (83a) und (83b) definierten Vektoren mit der passenden Anzahl an Komponenten. $P_i(s)$ und $Q_i^T(s)$ sind der i-te Spaltenvektor von $P(s)$ bzw. i-te Zeilenvektor von $Q(s)$ der unimodularen Transformationsmatrizen in (85), die die gegebene Matrix $F(s)$ auf ihre McMILLAN-Form $M(s)$ überführen. Schließlich ist $Z_i(s)$ der Zähler im i-ten Diagonalelement der zu $F(s)$ gehörenden McMILLAN-Matrix $M(s)$.

Mittels des Hilfssatzes findet man zunächst:

$$L_i(s) = P_i(s)\,Z_i(s)\,Q_i^T(s)$$

oder

$$L_i(s) \equiv C_i\,\boldsymbol{\alpha}(s)\,\boldsymbol{\beta}^T(s)\,B_i$$

$$= C_i\,N_i(s)\,(1s - F_i)^{-1}\,B_i \quad \bigl(\mathrm{mod}\,N_i(s)\bigr).$$

Der letzte Ausdruck ist nun das $N_i(s)$-fache einer eigentlichen Matrix, und wir erhalten deshalb mit (91) und (93):

$$W_i(s) = C_i(\mathbf{1}s - F_i)^{-1} B_i,\tag{99}$$

woraus deutlich wird, daß $\{F_i, B_i, C_i\}$ eine Realisierung zu $W_i(s)$ ist. Führt man die Berechnungen der Realisierungen für alle $W_i(s)$ durch und nimmt dann die direkte Summe all dieser Teilrealisierungen, dann ist die Minimalrealisierung der vorgegebenen Matrix $F(s)$ gefunden. Wird mit $\delta(N_i(s))$ der Grad der Nenner-polynome der Elementarfunktionen der McMillan-Matrix $M(s) \overset{M}{\sim} F(s)$ be-zeichnet, dann ist die Dimension n der Realisierung $\{A, B, C\}$ zu $F(s)$:

$$n = \delta(F) = \sum_{i=1}^{r} \delta(N_i(s)),\tag{100}$$

woraus dann die Behauptung von Satz 14 folgt, daß die gefundene Realisierung eine minimale Dimension hat.

An dieser Stelle ist nun noch festzuhalten, daß die in den vorstehenden Ab-schnitten beschriebenen Eigenschaften rationaler Matrizen sowie die angegebenen Prozeduren zur Gewinnung von Minimalrealisierungen nicht nur auf komplexe Übertragungsfunktionen kontinuierlicher Systeme beschränkt sind. In der Tat gelten die gleichen Überlegungen für zeitdiskrete Systeme, deren Übertragungs-verhalten durch rationale Matrizen $F(z)$ mit dem Argument der z-Transforma-tion $z = e^{sT}$ beschrieben werden. Die hierzu gefundenen Realisierungen $\{A, B, C\}$ sind in diesem Fall dann die Matrizen eines Vektordifferenzengleichungssystems 1. Ordnung:

$$\begin{aligned}
u(k + 1) &= A\,u(k) + B\,y(k),\\
x(k) &= C\,u(k).
\end{aligned}$$

Das Problem der Realisierung vorgegebener Übertragungsmatrizen ist so bedeut-sam, daß in Abschn. VIII.5 eine weitere Methode ausführlicher behandelt werden wird.

3.8 Rechenschritte und Beispiele zur Kalman-Realisierung

Wir geben nun kurz die wesentlichen Ideen eines Algorithmus wieder, der von Dewey [VIII.14] angegeben wurde. Es wird hier von den im vorstehenden Abschnitt dargestellten Ergebnissen Gebrauch gemacht. Vor allem in dem ersten Teil besteht eine große Ähnlichkeit zu dem Verfahren in Abschn. 3.3.

Es wird von einer eigentlichen rationalen Matrix

$$F(s) = [F_{kl}(s)] = \left[\frac{Z_{kl}(s)}{N_{kl}(s)}\right], \qquad \begin{aligned} k &= 1, 2, \ldots, p,\\ l &= 1, 2, \ldots, q \end{aligned}\tag{101}$$

ausgegangen.

Schritt 1: Prüfung, ob alle $Z_{kl}(s)$ und die jeweils zugehörigen $N_{kl}(s)$ relativ prim sind.

Liegen die Polynome nicht in der Normalform der Linearfaktoren vor, ist es sinnvoll, bei dem hier zu schildernden Minimalrealisierungsverfahren den

Euklidischen Algorithmus[1] anzuwenden, um gegebenenfalls vorhandene gemeinsame Teiler festzustellen, wodurch die mit viel Mühe verbundene Nullstellensuche aller Polynome vermieden wird.

Schritt 2. Es wird der Hauptnenner $H(s)$ — das kleinste gemeinsame Vielfache — aller $N_{kl}(s)$ bestimmt.

Auch hierzu kann wieder der Euklidische Algorithmus benützt werden, um gemeinsame Teiler aller Polynome zu finden.

Schritt 3. Mit $H(s)$ wird die Polynommatrix

$$\boldsymbol{L}(s) = H(s)\,\boldsymbol{F}(s) = \left[H(s)\,\frac{Z_{kl}(z)}{N_{kl}(z)} \right], \quad \begin{matrix} k = 1, 2, \ldots, p, \\ l = 1, 2, \ldots, q \end{matrix} \tag{102}$$

bestimmt.

Schritt 4. Die Smith-kanonische Form $\boldsymbol{N}(s)$ zu $\boldsymbol{L}(s)$ wird bestimmt:

$$\boldsymbol{L}(s) = \boldsymbol{P}(s)\,\boldsymbol{N}(s)\,\boldsymbol{Q}(s).$$

Dieser Schritt ist der wesentlichste und auch auf dem Digitalrechner der am schwierigsten auszuführende. Bei Benützung des in [VII.1] angegebenen Verfahrens ergeben sich beachtliche Schwierigkeiten, die vor allem die Genauigkeit der Ergebnisse betreffen. Berechnet man die Smithsche Normalform $\boldsymbol{N}(s)$ aber nicht absolut, sondern nur $(\mathrm{mod}\,H(s))$, so sind die dann in $\boldsymbol{N}(s)$ $(\mathrm{mod}\,H(s))$ auftretenden Polynome von wesentlich geringerer Ordnung. Ist der Hauptnenner $H(s)$ vom Grade $\delta\big(H(s)\big) = \mu$, dann hat in den Matrizen $\boldsymbol{P}(s)$, $\boldsymbol{N}(s)$ oder $\boldsymbol{Q}(s)$ $(\mathrm{mod}\,H(s))$ kein Element einen Grad größer $\mu - 1$. Dagegen können die Elementarpolynome $E_i(s)$ in der nach „normalen" Methoden bestimmten Smithschen Normalform einen Grad von $\nu\,\mu$ haben, wenn alle Elemente in $\boldsymbol{L}(s)$ vom Grade μ sind und für ν gilt: $\nu = \min(p, q)$. In $\boldsymbol{N}(s)$ $(\mathrm{mod}\,H(s))$ gilt darüber hinaus für die Elementarpolynome $E_i(s)$

$$E_i(s)\,(\mathrm{mod}\,H(s)) \equiv 0, \quad \text{für} \quad l < i \leq r. \tag{103}$$

Schritt 5. Aus $\boldsymbol{N}(s)$ $(\mathrm{mod}\,H(s))$ werden die größten gemeinsamen Teiler $D_i(s)$ der $E_i(s)$ und $H(s)$ bestimmt, und nach Kürzen durch diese $D_i(s)$ erhält man die $Z_i(s)/N_i(s)$ der McMillan-Form $\boldsymbol{M}(s)$.

Schritt 6. Aus $\boldsymbol{P}(s)$ $(\mathrm{mod}\,H(s))$, $\boldsymbol{Q}(s)$ $(\mathrm{mod}\,H(s))$ und den $Z_i(s)/N_i(s)$ werden die Realisierungen $\{\boldsymbol{F}_i, \boldsymbol{B}_i, \boldsymbol{C}_i\}$ gemäß (97) und (98) errechnet.

---

[1] Der Euklidische Algorithmus besteht bekanntlich (VII.9) aus einer fortgesetzten Division. Es sei ein gemeinsamer Teiler von $Z(s)/N(s)$ festzustellen, dann ist so zu verfahren:

$$\begin{aligned}
Z(s) &= S_1(s)\,N(s) + R_1(s), \\
N(s) &= S_2(s)\,R_1(s) + R_2(s), \\
R_1(s) &= S_3(s)\,R_2(s) + R_3(s), \\
&\cdots\cdots\cdots\cdots\cdots\cdots \\
R_{l-1}(s) &= S_{l+1}(s)\,R_l(s) + R_{l+1}(s), \\
R_l(s) &= S_{l+2}(s)\,R_{l+1}(s) + 0.
\end{aligned}$$

Nachdem zunächst der Dividend durch den Divisor geteilt wurde, wird fortlaufend der Divisor durch den jeweiligen Rest geteilt, bis nach einer endlichen Zahl von Schritten die Kettendivision aufgeht. Es gilt: $R_{l+1}(s) \mid R_l(s) \mid \ldots \mid R_1(s)$, und R_{l+1} ist der größte gemeinsame Teiler von $Z(s)$ und $N(s)$.

Schritt 7. Die Realisierung $\{A, B, C\}$ zu $F(s)$ wird aus der direkten Summe der $\{F_i, B_i, C_i\}$ bestimmt.

Für zeitdiskrete Systeme, die durch eine rationale Übertragungsmatrix der Form

$$F(z) = \left[\frac{Z_{kl}(z)}{N_{kl}(z)}\right], \quad \begin{array}{l} k = 1, 2, \ldots, p, \\ l = 1, 2, \ldots, q \end{array} \tag{104}$$

gekennzeichnet sind, existiert eine übersichtliche Probe für die nach vorstehendem Schema ermittelten Realisierungen. Zunächst wird jedes Element $F_{kl}(z)$ einer Partialbruchentwicklung unterworfen:

$$F_{kl}(z) = \sum_j \frac{A_{klj}}{z + \alpha_{klj}} + \sum_j \frac{B_{klj}}{(z + \alpha_{klj})^2} + \cdots. \tag{105}$$

Für das zugehörige dynamische Gleichungssystem

$$\begin{aligned} u(k+1) &= A\,u(k) + B\,y(k), \\ x(k) &\phantom{{}={}} = C\,u(k) \end{aligned} \tag{106}$$

muß für $u(o) = 0$ gelten:

$$x(1) = C\,B\,y(0). \tag{107}$$

Wird die Systemantwort direkt aus $F(z)$ berechnet und werden die Ergebnisse mit (107) verglichen, findet man:

$$C\,B = G = [G_{kl}], \quad \begin{array}{l} k = 1, 2, \ldots, p, \\ l = 1, 2, \ldots, q \end{array} \tag{108}$$

mit

$$G_{kl} = \sum_j A_{klj}, \tag{108a}$$

die die Summen der Residuen für die Pole der $F_{kl}(z)$ sind. Erinnern wir uns an (101), worin die $N_{kl}(z)$ — das Argument s ist jetzt durch z ersetzt, da im Augenblick ein diskretes System betrachtet wird — Hauptpolynome vom Grade n_{kl} seien. Dann sind die G_{kl} in (108a) gerade gleich den Koeffizienten in $Z_{kl}(z)$ bei der Potenz $z^{n_{kl}-1}$. Damit hat man eine Möglichkeit, die Genauigkeit der berechneten Elemente von $C \cdot B$ zu prüfen. Wegen der in (105) verlangten Partialbruchentwicklung müssen nun bei dieser Probe allerdings doch wieder alle Nennerpolynome $N_{kl}(z)$ einer Nullstellenprozedur unterworfen werden.

So einleuchtend die theoretische Entwicklung der Prozeduren für eine Minimalrealisierung auch sind, so sind die numerischen Probleme doch erheblich. Es zeigt sich auch hier — wie DEWEY angibt —, daß für Systeme, deren Hauptnennerpolynome Grade $\delta\big(H(s)\big) > 10$ haben, die gefundenen Ergebnisse mit äußerstem Vorbehalt zu prüfen sind. Dies deckt sich mit den von uns festgestellten Ergebnissen, daß z. B. auch Nullstellenprozeduren für Polynome vom Grade > 10 selbst bei verdoppelter Stellenzahl höchst ungenaue und teilweise völlig unsinnige Ergebnisse liefern.

An zwei durchsichtigen Beispielen wird die Gewinnung einer Minimalrealisierung nach dem im vorstehenden Abschnitt beschriebenen Verfahren von KALMAN gezeigt.

Beispiel 1. Gegeben ist die eigentliche Übertragungsmatrix eines Systems

$$F(s) = \begin{bmatrix} \dfrac{1}{s(s+1)} & \dfrac{1}{(s+1)} \\ \dfrac{-1}{s(s+2)^2} & \dfrac{1}{(s+2)} \end{bmatrix}.$$

Für diese relativ einfach aufgebaute Matrix läßt sich die zugehörige McMillan-Matrix $M(s)$ noch bequem über die Determinantenteiler der beigeordneten Polynommatrix $L(s)$ bestimmen. Der Hauptnenner der Elemente $F_{kl}(s)$ ist $H(s) = s(s+1)(s+2)^2$, damit ergibt sich

$$L(s) = H(s)\,F(s) = \begin{bmatrix} (s+2)^2 & s(s+2)^2 \\ -(s+1) & s(s+1)(s+2) \end{bmatrix}.$$

Die Determinantenteiler von $L(s)$ sind

$$T_1(s) = 1$$

und

$$T_2(s) = s(s+1)(s+2)^3 + s(s+1)(s+2)^2$$
$$= s(s+1)(s+2)^2(s+3).$$

Damit und mit (14) und (15) erhalten die Elemente $Z_i(s)/N_i(s)$ der Matrix $M(s)$ die Form

$$\frac{Z_1(s)}{N_1(s)} = \frac{T_1(s)}{H(s)} = \frac{1}{s(s+1)(s+2)^2},$$

$$\frac{Z_2(s)}{N_2(s)} = \frac{T_2(s)}{H(s)} = \frac{s(s+1)(s+2)^2(s+3)}{s(s+1)(s+2)^2} = (s+3)$$

und es wird schließlich

$$M(s) = \begin{bmatrix} \dfrac{1}{s(s+1)(s+2)^2} & 0 \\ 0 & (s+3) \end{bmatrix}.$$

Für die Kalman-Realisierung werden nun aber die Matrizen $P(s)$ und $Q(s)$, die die Transformation

$$L(s) = H(s)\,F(s) = P(s)\,N(s)\,Q(s) = P(s) \begin{bmatrix} 1 & 0 \\ 0 & s(s+1)(s+2)^2(s+3) \end{bmatrix} Q(s)$$

leisten, benötigt. Ausgehend von $L(s)$ und zwei Einheitsmatrizen werden $P(s)$ und $Q(s)$ in diesen Schritten ermittelt, wobei jeweils die an $L(s)$ ausgeführte Transformation als „inverse" Transformation an den Einheitsmatrizen ausgeführt wird (vgl. auch Abschn. 3.3), so daß die gerade an $L(s)$ ausgeführte Operation wieder rückgängig gemacht wird.

1.
$$L(s) = \begin{bmatrix} 1 & 0 \\ 0 & 1 \end{bmatrix} \begin{bmatrix} (s+2)^2 & s(s+2)^2 \\ -(s+1) & s(s+1)(s+2) \end{bmatrix} \begin{bmatrix} 1 & 0 \\ 0 & 1 \end{bmatrix}.$$

2. Vertauschen der Zeilen
$$L(s) = \begin{bmatrix} 0 & 1 \\ 1 & 0 \end{bmatrix} \begin{bmatrix} -(s+1) & s(s+1)(s+2) \\ (s+2)^2 & s(s+2)^2 \end{bmatrix} \begin{bmatrix} 1 & 0 \\ 0 & 1 \end{bmatrix}.$$

3. Multiplikation der 1. Spalte mit $s(s+2)$ und Addition zur zweiten
$$L(s) = \begin{bmatrix} 0 & 1 \\ 1 & 0 \end{bmatrix} \begin{bmatrix} -(s+1) & 0 \\ (s+2)^2 & s(s+2)^2(s+3) \end{bmatrix} \begin{bmatrix} 1 & -s(s+2) \\ 0 & 1 \end{bmatrix}.$$

4. Die Euklidische Division des Elementes $(s+2)^2$ durch $(s+1)$ ergibt
$$(s+2)^2 = (s+3)(s+1) + 1 \equiv 1\,(\mathrm{mod}\,(s+1)),$$

deshalb Multiplikation der 1. Zeile mit $(s+3)$ und Addition zur zweiten
$$L(s) = \begin{bmatrix} -(s+3) & 1 \\ 1 & 0 \end{bmatrix} \begin{bmatrix} -(s+1) & 0 \\ 1 & s(s+2)^2(s+3) \end{bmatrix} \begin{bmatrix} 1 & -s(s+2) \\ 0 & 1 \end{bmatrix}.$$

5. Vertauschen der Zeilen

$$L(s) = \begin{bmatrix} 1 & -(s+3) \\ 0 & 1 \end{bmatrix} \begin{bmatrix} 1 & s(s+2)^2(s+3) \\ -(s+1) & 0 \end{bmatrix} \begin{bmatrix} 1 & -s(s+2) \\ 0 & 1 \end{bmatrix}.$$

6. Multiplikation der 1. Zeile mit $(s+1)$ und Addition zur zweiten

$$L(s) = \begin{bmatrix} (s+2)^2 & -(s+3) \\ -(s+1) & 1 \end{bmatrix} \begin{bmatrix} 1 & s(s+2)^2(s+3) \\ 0 & s(s+1)(s+2)^2(s+3) \end{bmatrix} \begin{bmatrix} 1 & -s(s+2) \\ 0 & 1 \end{bmatrix}.$$

7. Multiplikation der 1. Spalte mit $-s(s+2)^2(s+3)$ und Addition zur zweiten

$$L(s) = \begin{bmatrix} (s+2)^2 & -(s+3) \\ -(s+1) & 1 \end{bmatrix} \begin{bmatrix} 1 & 0 \\ 0 & s(s+1)(s+2)^2(s+3) \end{bmatrix} \begin{bmatrix} 1 & s(s+2)(s^2+5s+5) \\ 1 & 1 \end{bmatrix}.$$

Damit sind die Matrizen $P(s)$ und $Q(s)$ bestimmt, mit denen nun auch die McMILLAN Normalform zu $F(s)$ notiert werden kann zu:

$$F(s) = \begin{bmatrix} (s+2)^2 & -(s+3) \\ -(s+1) & 1 \end{bmatrix} \begin{bmatrix} \dfrac{1}{s(s+1)(s+2)^2} & 0 \\ 0 & (s+3) \end{bmatrix} \begin{bmatrix} 1 & s(s+2)(s^2+5s+5) \\ 0 & 1 \end{bmatrix}$$

oder auch

$$F(s) \equiv \begin{bmatrix} (s+2)^2 & -(s+3) \\ -(s+1) & 1 \end{bmatrix} \begin{bmatrix} \dfrac{1}{s(s+1)(s+2)^2} & 0 \\ 0 & (s+3) \end{bmatrix} \begin{bmatrix} 1 & 2s^3+7s^2+6s \\ 0 & 1 \end{bmatrix} \ (\mathrm{mod}\,H(s)).$$

Die Minimalrealisierung nach KALMAN wird nur aus einer Realisierung bestehen, da nur in $Z_1(s)/N_1(s)$ in $M(s)$ ein Nennerpolynom vorkommt. Diesem Hauptnennerpolynom $N_1(s) = s(s+1)(s+2)^2 = s^4 + 5s^3 + 8s^2 + 4s$ wird die Begleitmatrix

$$F_1 = \begin{bmatrix} 0 & 1 & 0 & 0 \\ 0 & 0 & 1 & 0 \\ 0 & 0 & 0 & 1 \\ 0 & -4 & -8 & -5 \end{bmatrix}$$

zugeordnet. Aus (97) folgt für das System mit zwei Ausgängen und vier Zustandsvariablen

$$P_1(s) = C_1\,\alpha(s),$$

$$\begin{bmatrix} (s+2)^2 \\ -(s+1) \end{bmatrix} = \begin{bmatrix} C_{11} & C_{12} & C_{13} & C_{14} \\ C_{21} & C_{22} & C_{23} & C_{24} \end{bmatrix} \begin{bmatrix} 1 \\ s \\ s^2 \\ s^3 \end{bmatrix}.$$

Die Auflösung mittels Koeffizientenvergleichs ergibt

$$C_1 = \begin{bmatrix} 4 & 4 & 1 & 0 \\ -1 & -1 & 0 & 0 \end{bmatrix}.$$

Entsprechend folgt aus (98) mit $Z_1(s) = 1$ und den Koeffizienten von $H(s)$ in (83b)

$$[1;\,2s^3+7s^2+6s] = \begin{bmatrix} s^3+5s^2+8s+4 \\ s^2+5s+8 \\ s+5 \\ 1 \end{bmatrix}^T \begin{bmatrix} B_{11} & B_{12} \\ B_{21} & B_{22} \\ B_{31} & B_{32} \\ B_{41} & B_{42} \end{bmatrix}.$$

Auch hier wird die Lösung durch Koeffizientenvergleich bestimmt zu

$$B = \begin{bmatrix} 0 & 2 \\ 0 & -3 \\ 0 & 5 \\ 1 & -9 \end{bmatrix}.$$

Für die Probe wird in $\boldsymbol{F}(s) = \boldsymbol{C}(\boldsymbol{1}s - \boldsymbol{F})^{-1}\boldsymbol{B}$ eingesetzt:

$$\boldsymbol{F}(s) = \begin{bmatrix} 4 & 4 & 1 & 0 \\ -1 & -1 & 0 & 0 \end{bmatrix} \begin{bmatrix} s & -1 & 0 & 0 \\ 0 & s & -1 & 0 \\ 0 & 0 & s & -1 \\ 0 & 4 & 8 & s+5 \end{bmatrix}^{-1} \begin{bmatrix} 0 & 2 \\ 0 & -3 \\ 0 & 5 \\ 1 & -9 \end{bmatrix}$$

$$= \frac{1}{H(s)} \begin{bmatrix} 4 & 4 & 1 & 0 \\ -1 & -1 & 0 & 0 \end{bmatrix} \begin{bmatrix} (s+1)(s+2)^2; & (s^2+5s+8) & ; & (s+5) & ; & 1 \\ 0 & ; & (s^3+5s^2+8s); & (s^2+5s) & ; & s \\ 0 & ; & -4s & ; & (s^3+5s^2); & s^2 \\ 0 & ; & -4s^2 & ; -(8s^2+4s) & ; & s^3 \end{bmatrix} \begin{bmatrix} 0 & 2 \\ 0 & -3 \\ 0 & 5 \\ 1 & -9 \end{bmatrix}$$

und nach lästiger, aber im Prinzip einfacher, Auswertung die Ausgangsmatrix gefunden. Damit lautet die Minimalrealisierung bzw. die dynamischen Systemgleichungen zu der vorgegebenen Übertragungsmatrix:

$$\dot{\boldsymbol{u}}(t) = \begin{bmatrix} 0 & 1 & 0 & 0 \\ 0 & 0 & 1 & 0 \\ 0 & 0 & 0 & 1 \\ 0 & -4 & -8 & -5 \end{bmatrix} \boldsymbol{u}(t) + \begin{bmatrix} 0 & 2 \\ 0 & -3 \\ 0 & 5 \\ 1 & -9 \end{bmatrix} \begin{bmatrix} y_1(t) \\ y_2(t) \end{bmatrix},$$

$$\begin{bmatrix} x_1(t) \\ x_2(t) \end{bmatrix} = \begin{bmatrix} 4 & 4 & 1 & 0 \\ -1 & -1 & 0 & 0 \end{bmatrix} \boldsymbol{u}(t).$$

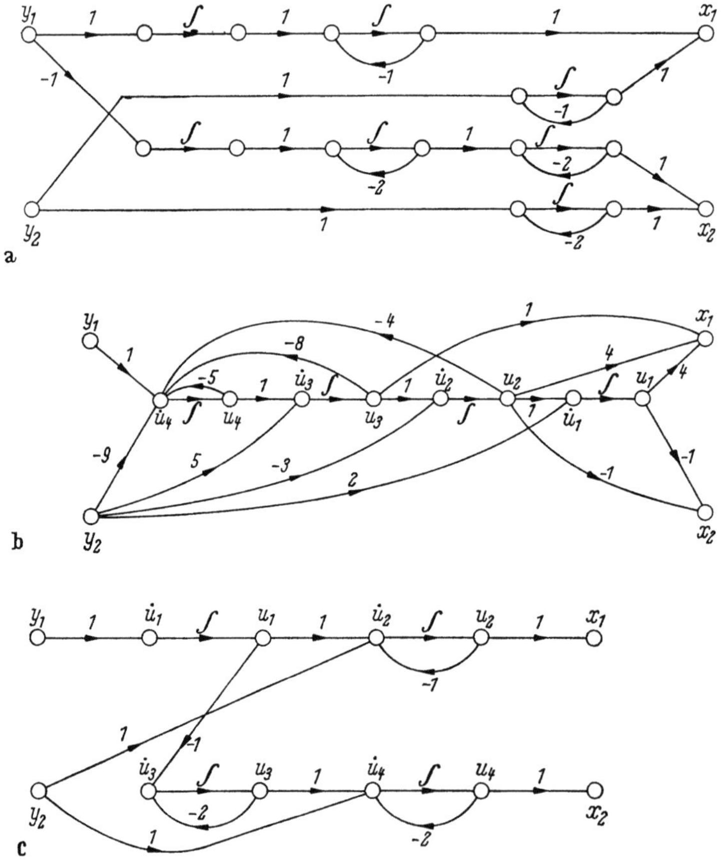

Abb. VIII.3.9a–c Signalflußdiagramme zu Beispiel 1
a) P-kanonisches System;   b) Minimalrealisierung nach KALMAN;
c) Minimalrealisierung durch Diagrammreduktion aus a)

In Abb. VIII.3.9 sind Signalflußdiagramme zu diesem Beispiel dargestellt. Dabei ist deutlich erkennbar, daß in diesem Falle eine Minimalrealisierung ohne Rechnungen wesentlich einfacher durch Umformungen am Signalflußdiagramm der P-kanonischen Struktur zu gewinnen ist. Man wird also von Fall zu Fall zu entscheiden haben, ob der sichere, aber mühsame Weg der KALMANschen Realisierung beschritten werden soll. Vielfach wird ein Kompromiß derart nützlich sein, daß der Grad $\delta(F)$ und damit die Mindestzahl der Energiespeicher ermittelt und dann eine geeignete Signalbildumformung versucht wird. Dies ist besonders in den Fällen erfolgversprechend, in denen alle Elemente $F_{kl}(s)$ der Übertragungsmatrix $F(s)$ reine Verzögerungsglieder von der Form $F_{kl}(s) = \dfrac{1}{N_{kl}(s)}$ sind. Aus Abb. VIII.3.9c kann dieses recht übersichtliche dynamische Gleichungssystem, das durch Ähnlichkeitstransformation in das vorstehende überführt werden kann, abgelesen werden, wenn (willkürlich) die angegebenen Zustandsvariablen definiert werden:

$$\dot{u}(t) = \begin{bmatrix} 0 & 0 & 0 & 0 \\ 1 & -1 & 0 & 0 \\ 1 & 0 & -2 & 0 \\ 0 & 0 & 1 & -2 \end{bmatrix} u(t) + \begin{bmatrix} 1 & 0 \\ 0 & 1 \\ 0 & 0 \\ 0 & 1 \end{bmatrix} y(t),$$

$$x(t) = \begin{bmatrix} 0 & 1 & 0 & 0 \\ 0 & 0 & 0 & 1 \end{bmatrix} u(t).$$

Beispiel 2. Gegeben ist eine Übertragungsmatrix zu

$$F(s) = \begin{bmatrix} \dfrac{1}{(s+1)^2} & -\dfrac{(s-2)}{(s+1)^2} \\[2ex] \dfrac{(s+3)}{(s+1)^2} & \dfrac{2(s+4)}{(s+1)^2} \end{bmatrix}.$$

Der Hauptnenner aller $F_{kl}(s)$ ist $H(s) = (s+1)^2$ und damit:

$$L(s) = H(s)\,F(s) = \begin{bmatrix} 1 & -(s-2) \\ (s+3) & 2(s+4) \end{bmatrix}.$$

Die Umwandlung auf SMITHsche Normalform geschieht in diesen Schritten, ausgehend von:

$$L(s) = \begin{bmatrix} 1 & 0 \\ 0 & 1 \end{bmatrix} \begin{bmatrix} 1 & -(s-2) \\ (s+3) & 2(s+4) \end{bmatrix} \begin{bmatrix} 1 & 0 \\ 0 & 1 \end{bmatrix},$$

1. Multiplikation der 1. Zeile mit $-(s+3)$ und Addition zur zweiten:

$$L(s) = \begin{bmatrix} 1 & 0 \\ (s+3) & 1 \end{bmatrix} \begin{bmatrix} 1 & -(s-2) \\ 0 & (s+1)(s+2) \end{bmatrix} \begin{bmatrix} 1 & 0 \\ 0 & 1 \end{bmatrix}.$$

2. Multiplikation der ersten Spalte mit $(s-2)$ und Addition zur zweiten:

$$L(s) = P(s)\,N(s)\,Q(s) = \begin{bmatrix} 1 & 0 \\ (s+3) & 1 \end{bmatrix} \begin{bmatrix} 1 & 0 \\ 0 & (s+1)(s+2) \end{bmatrix} \begin{bmatrix} 1 & -(s-2) \\ 0 & 1 \end{bmatrix}.$$

Damit erhalten wir die McMILLAN-Form zu $F(s)$:

$$F(s) = H^{-1}(s)\,L(s) = P(s)\,M(s)\,Q(s) = \begin{bmatrix} 1 & 0 \\ s+3 & 1 \end{bmatrix} \begin{bmatrix} \dfrac{1}{(s+1)^2} & 0 \\[2ex] 0 & \dfrac{s+2}{s+1} \end{bmatrix} \begin{bmatrix} 1 & -(s-2) \\ 0 & 1 \end{bmatrix}.$$

Die Minimalrealisierung zu $F(s)$ wird aus zwei Teilrealisierungen, und zwar zu den Termen $N_1(s) = s^2 + 2s + 1$ und $N_2(s) = s + 1$, bestehen. Dem Polynom $N_1(s)$ wird die Begleitmatrix

$$F_1 = \begin{bmatrix} 0 & 1 \\ -1 & -2 \end{bmatrix}$$

zugeordnet. Gl. (97) liefert:

$$\boldsymbol{P}_1(s) \equiv \boldsymbol{C}_1\,\boldsymbol{\alpha}(s) \quad (\mathrm{mod}\ N_1(s)),$$

$$\begin{bmatrix} 1 \\ s+3 \end{bmatrix} = \begin{bmatrix} C_{11} & C_{12} \\ C_{21} & C_{22} \end{bmatrix} \begin{bmatrix} 1 \\ s \end{bmatrix},$$

woraus durch Koeffizientenvergleich folgt:

$$\boldsymbol{C}_1 = \begin{bmatrix} 1 & 0 \\ 3 & 1 \end{bmatrix}.$$

Mit (98) erhalten wir analog:

$$\boldsymbol{Q}_1^T(s) \equiv \boldsymbol{\beta}^T(s)\,\boldsymbol{B}_1 \quad (\mathrm{mod}\ N_1(s)),$$

$$[1 \mid -(s-2)] = [(s+2) \mid 1] \begin{bmatrix} B_{11} & B_{12} \\ B_{21} & B_{22} \end{bmatrix},$$

$$\boldsymbol{B}_1 = \begin{bmatrix} 0 & -1 \\ 1 & 4 \end{bmatrix}.$$

Für $N_2(s) = (s+1)$ lautet die FROBENIUS-Matrix einfach $F_2 = -1$, und (97) liefert:

$$\begin{bmatrix} 0 \\ 1 \end{bmatrix} = \begin{bmatrix} C_{13} \\ C_{23} \end{bmatrix} [1],$$

$$\boldsymbol{C}_2 = \begin{bmatrix} 0 \\ 1 \end{bmatrix}.$$

Mit $Z_2(s)\ (\mathrm{mod}\,N_2(s))$, also $(s+2) = 1$ $(\mathrm{mod}\,(s+1))$, folgt aus (98):

$$1 \cdot [0 \ \ 1] = [1]\,[B_{31} \quad B_{32}],$$

$$\boldsymbol{B}_2 = [0 \ \ 1].$$

Damit ist die Gesamtrealisierung gefunden zu:

$$\boldsymbol{F} = \begin{bmatrix} \boldsymbol{F}_1 & \boldsymbol{0} \\ \boldsymbol{0} & \boldsymbol{F}_2 \end{bmatrix} = \left[\begin{array}{cc:c} 0 & 1 & 0 \\ -1 & -2 & 0 \\ \hdashline 0 & 0 & -1 \end{array}\right],$$

$$\boldsymbol{B} = \begin{bmatrix} \boldsymbol{B}_1 \\ \hline \boldsymbol{B}_2 \end{bmatrix} = \begin{bmatrix} 0 & -1 \\ 1 & 4 \\ 0 & 1 \end{bmatrix},$$

$$\boldsymbol{C} = [\boldsymbol{C}_1 \mid \boldsymbol{C}_2] = \begin{bmatrix} 1 & 0 & 0 \\ 3 & 1 & 1 \end{bmatrix},$$

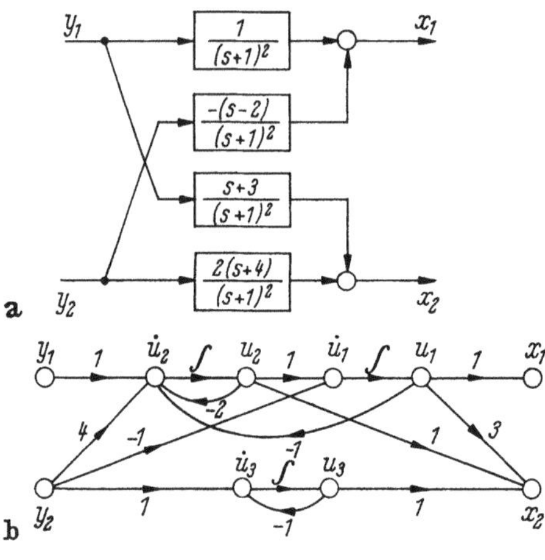

Abb. VIII.3.10a u. b Signalflußbilder zu Beispiel 2
  a) Blockschaltbild der Übertragungsmatrix;
  b) Minimalrealisierung

und damit:

$$\boldsymbol{F}(s) = \begin{bmatrix} 1 & 0 & 0 \\ 3 & 1 & 1 \end{bmatrix} \begin{bmatrix} s & -1 & 0 \\ 1 & s+2 & 0 \\ 0 & 0 & s+1 \end{bmatrix}^{-1} \begin{bmatrix} 0 & -1 \\ 1 & 4 \\ 0 & 1 \end{bmatrix}.$$

Beachtet man, daß $|\boldsymbol{1}s - \boldsymbol{F}| = (s+1)^3$ ist, da in diesem Fall der aus mehreren Teilmatrizen aufgebauten Systemmatrix $\boldsymbol{F}$ für das Hauptnennerpolynom $H(s)$ gilt: $H(s) \neq |\boldsymbol{1}s - \boldsymbol{F}|$, dann prüft man leicht die Gültigkeit der angegebenen Minimalrealisierung, die in Abb.VIII.3.10 als Signalflußdiagramm dargestellt ist.

Bei diesem Beispiel zeigt es sich schon deutlich, daß durch einfache Blockschaltbild-Algebra eine Minimalrealisierung nicht so einfach zu finden ist. Dies ist allgemein der Fall, wenn die Zähler der Elemente von $\boldsymbol{F}(s)$ nicht durchweg gleich 1 sind.

3.9 Minimalrealisierungen spezieller Zweifachsysteme

Die in den vorstehenden Abschnitten angegebenen Methoden zur Gewinnung von Minimalrealisierungen von Übertragungssystemen und auch die noch folgenden Darstellungen sind ganz allgemein gültig. Es besteht jedoch ein Interesse zu wissen, ob bei speziellen Zweifachregelstrecken, die, wie wir aus den Kap. III und V wissen, besondere Schwierigkeiten bereiten, zugehörige spezielle Minimalrealisierungen in einfacher Weise anzugeben sind. Zu den Fällen, die bei der Regelkreissynthese mittels konventioneller PID-Regler unangenehm sind, gehören:

a) $$|F(s)| = 0 \qquad \text{für alle } s, \tag{109}$$

b) $$|F(s)| = F \qquad \text{für alle } s, \tag{110}$$

c) $$|F(s)| = K\, F_{11}(s)\, F_{22}(s), \tag{111}$$

wobei hier $F(s)$ eine 2,2 rationale Übertragungsmatrix dieser Form ist:

$$F(s) = \begin{bmatrix} \dfrac{Z_{11}(s)}{N_{11}(s)} & \dfrac{Z_{12}(s)}{N_{12}(s)} \\[2mm] \dfrac{Z_{21}(s)}{N_{21}(s)} & \dfrac{Z_{22}(s)}{N_{22}(s)} \end{bmatrix}. \tag{112}$$

Wir beginnen mit Fall a). Es sei $H(s) = h_1 + h_2 s + \cdots + h_v s^{v-1} + s^v$ der Hauptnenner aller Elemente, dann gilt neben (112) auch diese alternative Form:

$$F(s) = H^{-1}(s)\, L(s) = H^{-1}(s) \begin{bmatrix} L_{11}(s) & L_{12}(s) \\ L_{21}(s) & L_{22}(s) \end{bmatrix}.$$

Wegen der speziellen Eigenschaft (109) hat die Polynommatrix $L(s)$ diese SMITHsche Normalform $N(s)$ und damit $F(s)$ die entsprechende MCMILLAN-Normalform $M(s)$:

$$F(s) = H^{-1}(s)\, L(s) = H^{-1}(s)\, P(s)\, N(s)\, Q(s) = H^{-1}(s)\, P(s) \begin{bmatrix} E_1(s) & 0 \\ 0 & 0 \end{bmatrix} Q(s)$$

$$= P(s)\, M(s)\, Q(s) = P(s) \begin{bmatrix} \dfrac{E_1(s)}{H(s)} & 0 \\ 0 & 0 \end{bmatrix} Q(s), \tag{113}$$

$$|P(s)| = P; \qquad |Q(s)| = Q.$$

Hierin ist $E_1(s)$ der Teiler aller Elemente von $L(s)$ und bei technischen Problemen sicherlich häufig gleich 1.

Die zu (113) gehörende Minimalrealisierung ist im Prinzip recht einfach aufgebaut. Ist insbesondere $F(s)$ eine eigentliche Matrix $\left(\lim\limits_{s \to \infty} F(s) = 0\right)$, dann besteht bei der KALMAN-Realisierung das System [mit den Gln. (81), (83), (90) und (98)] aus nur einem Teilsystem mit der Systemmatrix A in dieser Form:

$$A = \begin{bmatrix} 0 & 1 & 0 & \dots & 0 \\ 0 & 0 & 1 & \dots & 0 \\ \multicolumn{5}{c}{\dotfill} \\ 0 & 0 & 0 & \dots & 1 \\ -h_1 & -h_2 & -h_3 & \dots & -h_v \end{bmatrix}, \tag{114a}$$

während die Elemente der $2, v$-Matrix C und der $v, 2$-Matrix B aus diesen Beziehungen durch Koeffizientenvergleich zu gewinnen sind:

$$\begin{bmatrix} P_{11}(s) \\ P_{21}(s) \end{bmatrix} \equiv \begin{bmatrix} C_{11} \ldots C_{1v} \\ C_{21} \ldots C_{2v} \end{bmatrix} \begin{bmatrix} 1 \\ s \\ \vdots \\ s^{v-1} \end{bmatrix} (\operatorname{mod} H(s)), \tag{114b}$$

$$E_1(s)[Q_{11}(s)\, Q_{12}(s)] \equiv \begin{bmatrix} s^{v-1} + h_v\, s^{v-2} + \cdots + h_2 \\ s^{v-2} + h_v\, s^{v-3} + \cdots + h_3 \\ \cdots \cdots \cdots \cdots \\ s \quad + h_v \\ 1 \end{bmatrix}^T \begin{bmatrix} B_{11} & B_{12} \\ \vdots & \vdots \\ \vdots & \vdots \\ \vdots & \vdots \\ B_{v1} & B_{v2} \end{bmatrix} (\operatorname{mod} H(s)). \tag{114c}$$

Obwohl wegen (109) auch die zugehörige Minimalrealisierung eine gewisse Symmetrie haben muß, ist diese im allgemeinen Fall nicht ohne weiteres zu erkennen. In dem Sonderfall:

$$F(s) = \begin{bmatrix} \dfrac{a}{N_{11}(s)} & \dfrac{b}{N_{12}(s)} \\ \dfrac{c}{N_{21}(s)} & \dfrac{b\,c}{a}\, \dfrac{1}{N_{22}(s)} \end{bmatrix} \tag{115}$$

mit $H(s) = N_{11}(s)$ und $N_{11}(s)\, N_{22}(s) = N_{12}(s)\, N_{21}(s)$ lassen sich die Koeffizienten der Übertragungsmatrix $F(s)$ in übersichtlicher Weise in (114) wiederfinden. Aus (115) folgt zunächst diese Darstellung mittels einer Polynommatrix:

$$F(s) = H^{-1}(s)\, L(s)$$
$$= N_{11}^{-1}(s) \begin{bmatrix} a & b\, \dfrac{N_{11}(s)}{N_{12}(s)} \\ c\, \dfrac{N_{11}(s)}{N_{21}(s)} & \dfrac{b\,c}{a}\, \dfrac{N_{11}(s)}{N_{22}(s)} \end{bmatrix}. \tag{116}$$

Da $N_{11}(s)$ der Hauptnenner sein soll, teilen $N_{12}(s)$, $N_{21}(s)$ und $N_{22}(s)$ das Polynom $N_{11}(s)$ ohne Rest, so daß trotz der Schreibweise mittels Brüchen in (116) $L(s)$ tatsächlich eine Polynommatrix ist. Die zu (115) zugehörige McMillan-Matrix $M(s)$ hat hier die Form:

$$M(s) = \begin{bmatrix} \dfrac{1}{N_{11}(s)} & 0 \\ 0 & 0 \end{bmatrix} \tag{117a}$$

und man prüft leicht nach, daß $F(s)$ durch diese unimodularen Matrizen auf $M(s)$ zu transformieren ist:

$$P(s) = \begin{bmatrix} a & 0 \\ c\, \dfrac{N_{11}(s)}{N_{21}(s)} & a \end{bmatrix}, \tag{117b}$$

$$Q(s) = \begin{bmatrix} 1 & \dfrac{b}{a}\, \dfrac{N_{11}(s)}{N_{12}(s)} \\ 0 & 1 \end{bmatrix}. \tag{117c}$$

Ist darüber hinaus $N_{11}(s) = N_{22}(s) = N_{12}(s) = N_{21}(s)$, dann vereinfachen sich $P(s)$ und $Q(s)$ zu:

$$P(s) = \begin{bmatrix} a & 0 \\ c & a \end{bmatrix} \quad \text{und} \quad Q(s) = \begin{bmatrix} 1 & \dfrac{b}{a} \\ 0 & 1 \end{bmatrix},$$

womit dann die Matrizen C und B der Minimalrealisierung dieses einfache Aussehen erhalten:

$$C = \begin{bmatrix} a & 0 \dots 0 \\ c & 0 \dots 0 \end{bmatrix}, \quad B = \begin{bmatrix} 0 & 0 \\ \vdots & \vdots \\ \vdots & \vdots \\ 1 & \dfrac{b}{a} \end{bmatrix}.$$

Beispiel 1. Gegeben ist

$$F(s) = \begin{bmatrix} \dfrac{4}{(s+1)^2} & \dfrac{1}{(s+1)} \\ \dfrac{4}{(s+1)(s+2)} & \dfrac{1}{(s+2)} \end{bmatrix} \quad \text{mit} \quad |F(s)| = 0.$$

Der Hauptnenner ist $H(s) = (s+1)^2(s+2) = s^3 + 4s^2 + 5s + 2$. Da $N_{11}(s)$ nicht der Hauptnenner ist, müssen schon in diesem einfachen Fall die allgemeinen Beziehungen (113) und (114) ausgewertet werden. Zunächst ist:

$$F(s) = H^{-1}(s)\,L(s) = H^{-1}(s)\begin{bmatrix} 4(s+2) & (s+1)(s+2) \\ 4(s+1) & (s+1)^2 \end{bmatrix}.$$

Der größte gemeinsame Teiler aller Elemente von $L(s)$ ist 1, und damit ist die Normalform $N(s) = \begin{bmatrix} 1 & 0 \\ 0 & 0 \end{bmatrix}$, die z. B. mit folgenden Matrizen erhalten werden kann:

$$P(s) = \begin{bmatrix} 4(s+2) & 0 \\ 4(s+1) & -\dfrac{4}{s+2} \end{bmatrix} \quad \text{und} \quad Q(s) = \begin{bmatrix} 1 & \tfrac{1}{4}(s+1) \\ 0 & 1 \end{bmatrix}.$$

Damit lautet die KALMAN-Realisierung

$$A = \begin{bmatrix} 0 & 1 & 0 \\ 0 & 0 & 1 \\ -2 & -5 & -4 \end{bmatrix},$$

$$C = \begin{bmatrix} 8 & 4 & 0 \\ 4 & 4 & 0 \end{bmatrix}, \quad B = \begin{bmatrix} 0 & 0 \\ 0 & \tfrac{1}{4} \\ 1 & -\tfrac{3}{4} \end{bmatrix},$$

die in Abb. VIII.3.11 als Signalflußdiagramm dargestellt ist.

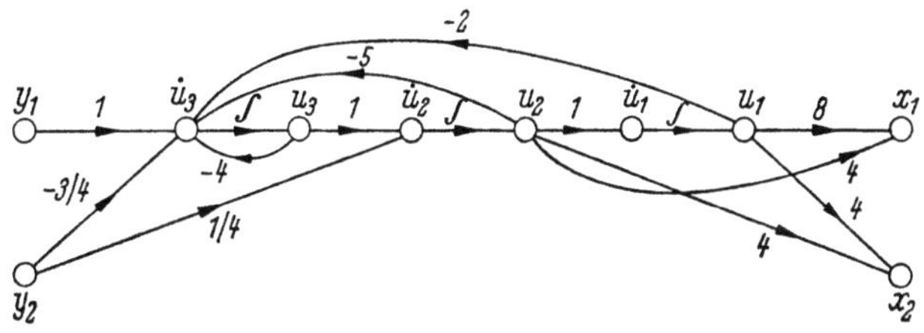

Abb. VIII.3.11 Signalflußdiagramm zu Beispiel 1

Beispiel 2. Die gegenüber Beispiel 1 nur geringfügig veränderte singuläre Übertragungsmatrix laute nun:

$$F(s) = \begin{bmatrix} \dfrac{4}{(s+1)(s+2)} & \dfrac{1}{(s+1)} \\[2mm] \dfrac{4}{(s+1)(s+2)} & \dfrac{1}{(s+1)} \end{bmatrix}.$$

Nun ist $H(s) = N_{11}(s) = s^2 + 3s + 2$, und eine Auswertung von (117) liefert die Realisierung

$$A = \begin{bmatrix} 0 & 1 \\ -2 & -3 \end{bmatrix},$$

$$C = \begin{bmatrix} 4 & 0 \\ 4 & 0 \end{bmatrix}, \quad B = \begin{bmatrix} 0 & \tfrac{1}{4} \\ 1 & -\tfrac{1}{4} \end{bmatrix},$$

die in Abb. VIII.3.12 dargestellt ist.

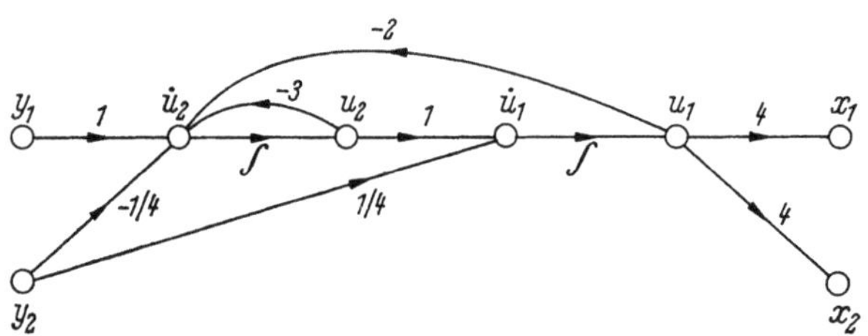

Abb. VIII.3.12 Signalflußdiagramm zu Beispiel 2

Eine wesentliche Eigenschaft der singulären 2,2-Systeme, die aus dem Vorstehenden und vor allem auch aus dem Realisierbarkeitsalgorithmus folgt, fassen wir zusammen in:

Satz 15. Die Systemmatrix A einer Minimalrealisierung eines $2,2$-Systems mit $|F(s)| = 0$ ist nichtderogatorisch; d. h. das charakteristische Polynom der Minimalrealisierungsmatrix A ist gleich dem Hauptnenner $H(s)$ aller Elemente $Z_{ij}(s)/N_{ij}(s)$ $(i, j = 1, 2)$ der zugehörigen Übertragungsmatrix:

$$H(s) = |1s - A|. \tag{118}$$

Nun soll die Struktur der singulären 2,2-Systeme etwas eingehender untersucht werden [VIII.42]. Die Singularität einer Übertragungsmatrix hat ihre Ursache in i) Abhängigkeit der Zeilen oder ii) Abhängigkeit der Spalten oder schließlich iii) Abhängigkeit von Zeilen und Spalten.

Abhängigkeit der Zeilen kann bei eigentlichen 2,2-Systemen in dieser Form notiert werden:

$$F(s) = \begin{bmatrix} \dfrac{Z_{11}(s)}{N_{11}(s)} & \dfrac{Z_{12}(s)}{N_{12}(s)} \\[2mm] \dfrac{Z_k(s)}{N_k(s)}\dfrac{Z_{11}(s)}{N_{11}(s)} & \dfrac{Z_k(s)}{N_k(s)}\dfrac{Z_{12}(s)}{N_{12}(s)} \end{bmatrix}; \quad \begin{array}{l} \delta\big(Z_{11}(s)\big) < \delta\big(N_{11}(s)\big), \\[1mm] \delta\big(Z_{12}(s)\big) < \delta\big(N_{12}(s)\big), \\[1mm] \delta\big(Z_k(s)\big) \leqq \delta\big(N_k(s)\big). \end{array} \tag{119}$$

$N_{11}(s)$ und $N_{12}(s)$ haben den größten gemeinsamen Teiler $T(s)$, was so festgehalten sei:

$$\begin{aligned} N_{11}(s) &= T(s)\,\tilde{N}_{11}(s), \\ N_{12}(s) &= T(s)\,\tilde{N}_{12}(s). \end{aligned} \tag{120}$$

Die Zählerpolynome sollen ferner so aufgeteilt werden, daß gilt:

$$Z_{11}(s) = \tilde{Z}_{11}(s)\, Z'_{11}(s),$$
$$Z_{12}(s) = \tilde{Z}_{12}(s)\, Z'_{12}(s) \tag{121a}$$

mit

$$\left.\begin{array}{l} \delta\big(Z'_{11}(s)\big) \leqq \delta\big(T(s)\big), \\[4pt] \delta\big(Z'_{12}(s)\big) \leqq \delta\big(T(s)\big), \\[4pt] \delta\big(\tilde{Z}_{11}(s)\big) \leqq \delta\big(\tilde{N}_{11}(s)\big), \\[4pt] \delta\big(\tilde{Z}_{12}(s)\big) \leqq \delta\big(\tilde{N}_{12}(s)\big). \end{array}\right\} \tag{121b}$$

Mit diesen Bezeichnungen kann der Hauptnenner aller Elemente von $F(s)$ geschrieben werden zu:

$$H(s) = T(s)\, \tilde{N}_{11}(s)\, \tilde{N}_{12}(s)\, N_k(s). \tag{122}$$

Aus Satz 15 folgt damit zunächst für die Dimension n_0 der Minimalrealisierungsmatrix A:

$$n_0 = \delta\big(T(s)\big) + \delta\big(\tilde{N}_{11}(s)\big) + \delta\big(\tilde{N}_{12}(s)\big) + \delta\big(N_k(s)\big), \tag{123}$$

woraus dann dieses Ergebnis ableitbar ist:

Satz 16. Zu einem singulären 2, 2-System mit der eigentlichen Übertragungsmatrix $F(s)$, deren Zeilen über eine eigentliche Übertragungsfunktion $K(s) = Z_k(s)/N_k(s)$ linear abhängig sind, kann eine Minimalrealisierung der Dimension n_0 derart angegeben werden, daß der Zustandsraum $\mathbf{R}_{n_0}$ aus vier Teilräumen besteht:

$$\mathbf{R}_{n_0} = \mathbf{R}_{n_1} + \mathbf{R}_{n_2} + \mathbf{R}_{n_3} + \mathbf{R}_{n_4} \tag{124}$$

mit den Eigenschaften:

$\mathbf{R}_{n_1}$ enthält alle Zustände, die nur von Eingang 1 abhängen:

$$n_1 = \delta\big(\tilde{N}_{11}(s)\big), \tag{125a}$$

$\mathbf{R}_{n_2}$ enthält alle Zustände, die nur von Eingang 2 abhängen:

$$n_2 = \delta\big(\tilde{N}_{12}(s)\big), \tag{125b}$$

$\mathbf{R}_{n_3}$ enthält die Zustände, die von beiden Eingängen beeinflußt werden und auch auf beide Ausgänge wirken:

$$n_3 = \big(\delta T(s)\big), \tag{125c}$$

$\mathbf{R}_{n_4}$ enthält die Zustände, die von beiden Eingängen abhängen, aber nur auf einen Ausgang wirken:

$$n_4 = \delta\big(N_k(s)\big). \tag{125d}$$

In Abb. VIII.3.13a ist ein Blockschaltbild dargestellt, das die in Satz 16 festgelegte Struktur erkennen läßt. Ist lineare Spaltenabhängigkeit bei einem singulären 2,2-System gegeben, dann läßt sich eine zu Satz 16 analoge Aufspaltung angeben, die in Abb. VIII.3.13b dargestellt ist. Liegt schließlich in einem System eine Abhängigkeit derart vor, daß die zweite Zeile das $\big(Z_{k_1}(s)/N_{k_1}(s)\big)$-

fache der ersten und die zweite Spalte das $\left(Z_{k_2}(s)/N_{k_2}(s)\right)$-fache der ersten ist, dann kann das System in der Struktur der Abb. VIII.3.13c dargestellt werden.

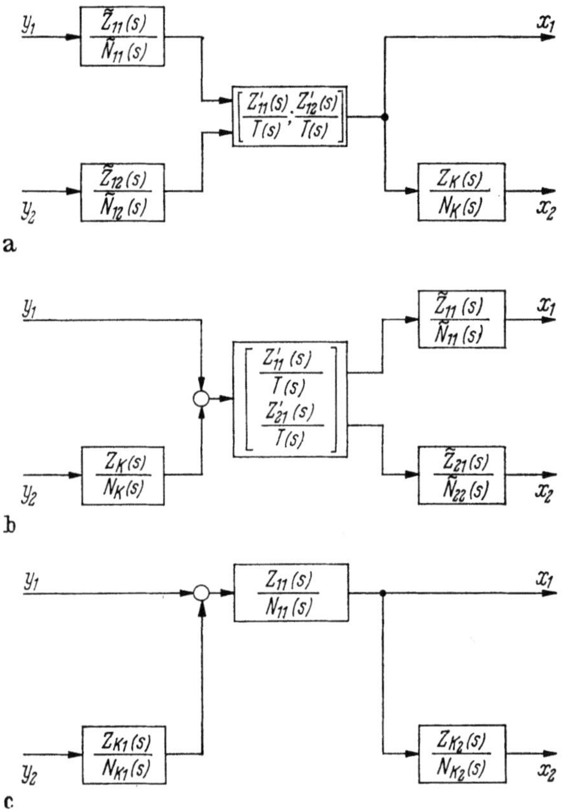

Abb. VIII.3.13 Strukturen singulärer Zweifachsysteme a) bei Zeilenabhängigkeit, b) bei Spaltenabhängigkeit, c) bei Zeilen- und Spaltenabhängigkeit

Schließlich soll noch der Zusammenhang zwischen den Eigenschaften der a-Steuerbarkeit eines Systems und der Singularität der zugehörigen Übertragungsmatrix diskutiert werden. Entwickelt man die rechte Seite von

$$F(s) = C(1s - A)^{-1} B \qquad (126)$$

in eine LAURENT-Reihe (vgl. auch Abschn. VIII.5.5), erhält man auch diese Darstellung für $F(s)$:

$$F(s) = s^{-1} C \cdot 1 B + s^{-2} C A B + \cdots$$

$$= \sum_{i=0}^{\infty} C A^i B s^{-(i+1)}, \qquad (127)$$

aus der der interessante Zusammenhang

$$\lim_{s \to \infty} s F(s) = C B \qquad (128)$$

abzuleiten ist. Für das singuläre p,p-System folgt hieraus dann weiter über:

$$|C B| = |\lim_{s \to \infty} s F(s)| = \lim_{s \to \infty} s^p |F(s)|,$$
$$|C B| = 0 \qquad (129)$$

als *notwendige* (aber nicht hinreichende) Bedingung für die Zeilen- und/oder Spaltenabhängigkeit in $F(s)$. Eine nur hinreichende Bedingung für die Singularität von $F(s)$ kann aus (126) und Rangüberlegungen abgeleitet werden:

Satz 17. Ein p, p-System $F(s)$ ist dann singulär, wenn für die Realisierung $\{A, B, C\}$ gilt:

$$\text{und/oder} \qquad \begin{aligned} \text{Rang}\,B &< p \\ \text{Rang}\,C &< p. \end{aligned} \qquad (130)$$

Betrachtet man das Kriterium für die a-Steuerbarkeit eines Systems mit eigentlicher Übertragungsmatrix:

$$\text{Rang}[C\,B \mid C\,A\,B \mid \cdots \mid C\,A^{m-1}\,B] = p, \qquad (131)$$

dann erkennt man, daß ein vollständig z-steuerbares und vollständig beobachtbares, aber nicht vollständig a-steuerbares System mit p Ein- und p Ausgängen immer eine singuläre Übertragungsmatrix $F(s)$ hat. Umgekehrt kann ein System mit singulärer Übertragungsmatrix sehr wohl doch a-steuerbar sein.

Nun wird der oben durch (110) definierte Fall b) betrachtet. Die 2,2-Systeme mit $|F(s)| = \text{const}$ haben diese McMILLAN-Normalform:

$$M(s) = \begin{bmatrix} \dfrac{1}{H(s)} & 0 \\ 0 & H(s) \end{bmatrix}, \qquad (132)$$

worin $H(s)$ der Hauptnenner der Elemente $F_{k\,l}(s)$ $(k, l = 1, 2)$ von $F(s)$ ist. Die Bedingung (110) lautet ausführlicher geschrieben:

$$\begin{aligned} |F(s)| &= \frac{Z_{11}(s)\,Z_{22}(s)\,\dfrac{H(s)}{N_{11}(s)\,N_{22}(s)} - Z_{12}(s)\,Z_{21}(s)\,\dfrac{H(s)}{N_{12}(s)\,N_{21}(s)}}{H(s)} \\ &= \frac{Z(s)}{H(s)} = K. \end{aligned} \qquad (133)$$

Der Grad von $Z(s)$ muß genau gleich dem von $H(s)$ sein:

$$\delta\big(Z(s)\big) = \delta\big(H(s)\big),$$

woraus diese Bedingung folgt:

$$\delta(Z(s)) = \max\left\{\delta\left(\frac{Z_{11}\,Z_{22}\,H}{N_{11}\,N_{22}}\right),\, \delta\left(\frac{Z_{12}\,Z_{21}\,H}{N_{12}\,N_{21}}\right)\right\} = \delta\big(H(s)\big). \qquad (134)$$

Unter der Bedingung $\delta\big(Z_{k\,l}(s)\big) \leqq \delta\big(N_{k\,l}(s)\big)$ $(k, l = 1, 2)$ lassen sich dann noch zwei Fälle unterscheiden:

$$\text{a)} \qquad \left. \begin{aligned} \delta\big(Z_{11}(s)\big) &= \delta\big(N_{11}(s)\big), \\ \delta\big(Z_{22}(s)\big) &= \delta\big(N_{22}(s)\big), \\ \delta\big(Z_{12}(s)\big) &\leqq \delta\big(N_{12}(s)\big), \\ \delta\big(Z_{21}(s)\big) &\leqq \delta\big(N_{21}(s)\big), \\ \delta\big(N_{11}(s)\,N_{22}(s)\big) &\geqq \delta\big(N_{12}(s)\,N_{21}(s)\big). \end{aligned} \right\} \qquad (135\,\text{a})$$

$$\text{b)} \qquad \left. \begin{aligned} \delta\big(Z_{12}(s)\big) &= \delta\big(N_{12}(s)\big), \\ \delta\big(Z_{21}(s)\big) &= \delta\big(N_{21}(s)\big), \\ \delta\big(Z_{11}(s)\big) &\leqq \delta\big(N_{11}(s)\big), \\ \delta\big(Z_{22}(s)\big) &\leqq \delta\big(N_{22}(s)\big), \\ \delta\big(N_{12}(s)\,N_{21}(s)\big) &\geqq \delta\big(N_{11}(s)\,N_{22}(s)\big). \end{aligned} \right\} \qquad (135\,\text{b})$$

Hieraus folgt dann dieses Ergebnis:

Satz 18. Ein 2, 2-System kann erst dann, aber auch schon dann eine Übertragungsmatrix mit konstanter Determinante haben, wenn in der Durchgangsmatrix $(\boldsymbol{D} \neq \boldsymbol{0})$ mindestens ein Paar der Diagonalelemente ungleich Null ist.

Damit kann $\boldsymbol{F}(s)$ mit $|\boldsymbol{F}(s)| = \text{const}$ niemals eine eigentliche Matrix, sondern bestenfalls eine reguläre Matrix sein und das KALMAN-Realisierungsverfahren ist nicht ohne weiteres anwendbar.

Ist $\boldsymbol{F}(s)$ aber regulär, d. h. $\boldsymbol{F}(\infty) = \text{const}$, dann kann $\boldsymbol{F}(s)$ so aufgespalten werden:

$$\boldsymbol{F}(s) = \boldsymbol{F}_1(s) + \boldsymbol{D}, \tag{136}$$

daß $\boldsymbol{F}_1(s)$ eine eigentliche, nach KALMAN realisierbare, Matrix wird. Dies soll anhand eines Beispiels erläutert werden.

Beispiel 3. Gegeben ist

$$\boldsymbol{F}(s) = \begin{bmatrix} 5\,\dfrac{s+1}{s+2} & 2\,\dfrac{s+3}{s+5} \\[2mm] \dfrac{s+5}{s+3} & 4\,\dfrac{s+2}{s+1} \end{bmatrix} \quad \text{mit} \quad |\boldsymbol{F}(s)| = 18.$$

Beseitigung der uneigentlichen Brüche in $\boldsymbol{F}(s)$ liefert:

$$\boldsymbol{F}(s) = \begin{bmatrix} 5 - \dfrac{5}{s+2}\,; & 2 - \dfrac{4}{s+5} \\[2mm] 1 + \dfrac{2}{s+3}\,; & 4 + \dfrac{4}{s+1} \end{bmatrix} = \begin{bmatrix} \dfrac{-5}{s+2} & \dfrac{-4}{s+5} \\[2mm] \dfrac{2}{s+3} & \dfrac{4}{s+1} \end{bmatrix} + \begin{bmatrix} 5 & 2 \\[1mm] 1 & 4 \end{bmatrix}.$$

Die eigentliche Matrix $\boldsymbol{F}_1(s)$ kann nun wieder nach der bekannten Methode realisiert werden.

Wir betrachten nun noch kurz den durch (111) charakterisierten Fall c). Aus dieser Festlegung folgt zunächst:

$$\text{und} \quad \begin{aligned} Z_{11}(s)\,Z_{22}(s) &= \tilde{K} \cdot Z_{12}(s)\,Z_{21}(s) \quad \text{mit} \quad \tilde{K}\,\dfrac{1}{1-K} \\ N_{11}(s)\,N_{22}(s) &= N_{12}(s)\,N_{21}(s). \end{aligned} \tag{137}$$

Für den Grad des Hauptnennerpolynoms $\delta(H(s))$ ergeben sich diese Schranken:

$$\delta\big(N_{11}(s)\,N_{22}(s)\big) \geqq \delta\big(H(s)\big) \geqq \max_{1,2} \delta\big(N_{ii}(s)\big). \tag{138}$$

Für den Fall, daß alle Zählerpolynome $Z_{kl}(s) = Z_{kl}$, also konstant sind, und wenn $H(s) = N_{11}(s)$, lautet die McMILLAN-Normalform:

$$\boldsymbol{M}(s) = \begin{bmatrix} \dfrac{1}{N_{11}(s)} & 0 \\[3mm] 0 & \dfrac{1}{N_{22}(s)} \end{bmatrix} \tag{139a}$$

und es lassen sich einfache, mit (114) auswertbare Beziehungen für die Transformationsmatrizen angeben:

$$\boldsymbol{P}(s) = \begin{bmatrix} Z_{11} & 0 \\[3mm] Z_{21}\,\dfrac{N_{11}(s)}{N_{21}(s)} & K\,Z_{22} \end{bmatrix} \quad (139\,\text{b}) \qquad \boldsymbol{Q}(s) = \begin{bmatrix} 1 & \dfrac{Z_{12}}{Z_{11}}\,\dfrac{N_{11}(s)}{N_{12}(s)} \\[3mm] 0 & 1 \end{bmatrix}. \quad (139\,\text{c})$$

Hier sind nun für die Minimalrealisierung zwei Systeme notwendig.

Beispiel 4. Gegeben ist ein $F(s)$ zu:

$$F(s) = \begin{bmatrix} \dfrac{10}{(s+1)(s+2)} & \dfrac{1}{(s+1)(s+2)} \\ \dfrac{2}{(s+2)} & \dfrac{10}{(s+2)} \end{bmatrix}.$$

Mit (124) ist

$$M(s) = \begin{bmatrix} \dfrac{1}{(s+1)(s+2)} & 0 \\ 0 & \dfrac{1}{s+2} \end{bmatrix},$$

$$P(s) = \begin{bmatrix} 10 & 0 \\ 2(s+1) & 9{,}8 \end{bmatrix}; \quad Q(s) = \begin{bmatrix} 1 & 0{,}1 \\ 0 & 1 \end{bmatrix},$$

woraus über (81), (83), (89) und (98) eine Realisierung zu

$$A = \begin{bmatrix} 0 & 1 & 0 \\ -2 & -3 & 0 \\ 0 & 0 & -2 \end{bmatrix}; \quad B = \begin{bmatrix} 0 & 0 \\ 1 & 0{,}1 \\ 0 & 1 \end{bmatrix}; \quad C = \begin{bmatrix} 10 & 0 & 0 \\ 2 & 2 & 9{,}8 \end{bmatrix}$$

bestimmt wird, die in Abb. VIII.3.14 als Signalflußdiagramm dargestellt ist.

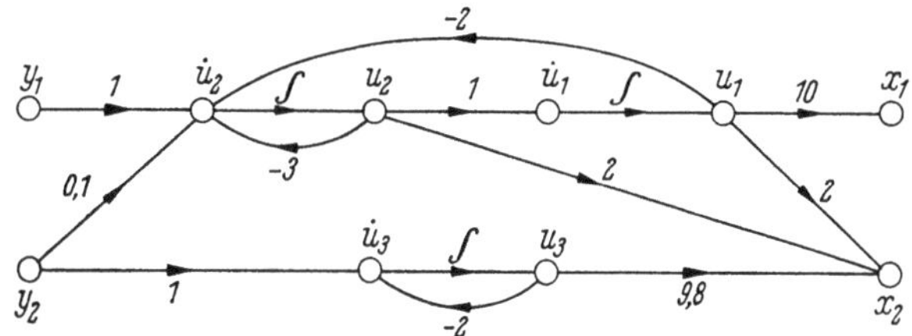

Abb. VIII.3.14 Signalflußdiagramm zu Beispiel 4

4 Rationale Systemmatrizen nach Rosenbrock

4.1 Einführung

In der bisherigen Darstellung der Beschreibung von Ein- und Mehrgrößensystemen durch mathematische Modelle waren zwei wesentliche Modelle behandelt worden: das Modell der Übertragungsfunktionen und Übertragungsmatrizen und das Modell der dynamischen Gleichungen. Wir hatten gesehen, daß zunächst an die rationalen Übertragungsmatrizen keine speziellen Anforderungen bezüglich des Grades der Zähler- und Nennerpolynome zu stellen waren, solange keine Realisierung durch ein dynamisches Gleichungssystem gewünscht war. Als eventuellen Nachteil des $F(s)$-Modells muß man in Kauf nehmen, daß eine rationale Übertragungsfunktion oder Matrix nur den sowohl z-steuerbaren als auch beobachtbaren Teil des Übertragungssystems beschreibt. Dagegen hat das dynamische Gleichungssystem in der bisher und auch in späteren Teilen dieser Darstellung verwendeten Form zwar den Vorteil, daß es ein System vollständig beschreibt, aber nur solange, als das Eingangssignal nicht öfter differenziert wird als das Ausgangssignal.

Das in diesem Abschn. 4 beschriebene Systemmodell, bei dem spezielle rationale Matrizen verwendet werden, gibt eine weitere Systembeschreibung für die Fälle, wo die vorstehend aufgezeigten Nachteile weitgehend vermieden werden

sollen. Mit der von ROSENBROCK [VIII.17 und VIII.18] eingeführten Systemdarstellung wird eine noch engere Verbindung zur Netzwerktheorie und den dort
eingeführten Analyse- und Synthesemethoden hergestellt. ROSENBROCK wurde
dabei wesentlich von BRYANT [VIII.19] angeregt, und die im folgenden erläuterten
Systemmodelle haben den gleichen mathematischen Aufbau wie die bei BRYANT
verwendeten Matrizen zur Charakterisierung von RLC-Netzwerken.

Es werden wieder lineare, zeitinvariante kontinuierliche Systeme mit konzentrierten Energiespeichern betrachtet, deren Systemgleichungen in bekannter
Form vorliegen, wobei hier und im folgenden verschwindende Anfangsbedingungen
angenommen sind:

$$\dot{\boldsymbol{u}}(t) = \boldsymbol{A}\,\boldsymbol{u}(t) + \boldsymbol{B}\,\boldsymbol{y}(t). \tag{1}$$

Nach Anwendung der LAPLACE-Transformation erhalten wir diese alternative
Form, die wir weiterbehandeln:

$$(s \cdot \boldsymbol{1}_n - \boldsymbol{A})\,\boldsymbol{U}(s) = \boldsymbol{B}\,\boldsymbol{Y}(s). \tag{1a}$$

Die LAPLACE-transformierte Beobachtungsgleichung soll nun aber diese Form
haben:

$$\boldsymbol{X}(s) = \boldsymbol{C}\,\boldsymbol{U}(s) + \boldsymbol{D}(s)\,\boldsymbol{Y}(s). \tag{2}$$

Der Zustandsvektor $\boldsymbol{U}(s)$ ist als n-Vektor und der Eingangsvektor $\boldsymbol{Y}(s)$ bzw.
der Ausgangsvektor $\boldsymbol{X}(s)$ als q- bzw. p-Vektor angenommen.

Der wesentliche Unterschied gegenüber der bisher üblichen Systemdarstellung ist, daß die Durchgangsmatrix $\boldsymbol{D}(s)$ nun als eine p,q-Polynommatrix angenommen wird, in der selbstverständlich die Fälle $\boldsymbol{D} \equiv \boldsymbol{0}$ der Systeme mit
eigentlichen und $\boldsymbol{D}(s) \equiv \boldsymbol{D}$ (für alle s) der Systeme mit regulären Übertragungsmatrizen eingeschlossen sind. Alle Konstanten in den Elementen von $\boldsymbol{A}$, $\boldsymbol{B}$, $\boldsymbol{C}$
und $\boldsymbol{D}(s)$ sind reelle oder komplexe Zahlen.

Das System von n Gleichungen 1. Ordnung in (1) kann durch geeignete
Transformationen in ein kleineres System von Gleichungen höherer Ordnung
umgeformt werden. Mit dem l-Vektor $\boldsymbol{Z}(s)$, der l,l-Polynommatrix $\boldsymbol{T}(s)$ und der
l,q-Polynommatrix $\boldsymbol{S}(s)$ erhält man dann eine zu (1a) korrespondierende Gleichung:

$$\boldsymbol{T}(s)\,\boldsymbol{Z}(s) = \boldsymbol{S}(s)\,\boldsymbol{Y}(s), \tag{3}$$

zu der die der Gl. (2) zugeordnete Beobachtungsgleichung gehört:

$$\boldsymbol{X}(s) = \boldsymbol{V}(s)\,\boldsymbol{Z}(s) + \boldsymbol{W}(s)\,\boldsymbol{Y}(s), \tag{4}$$

in der die p,l-Matrix $\boldsymbol{V}(s)$ und die p,q-Matrix $\boldsymbol{W}(s)$ auch wieder Polynommatrizen
sind.

Die komplexe Übertragungsfunktion $\boldsymbol{F}(s)$ kann dann entweder, ausgehend
von (1) und (2), in der bekannten Weise zu

$$\boldsymbol{F}(s) = \boldsymbol{C}(\boldsymbol{1}s - \boldsymbol{A})^{-1}\boldsymbol{B} + \boldsymbol{D}(s), \tag{5}$$

oder unter Verwendung von (3) und (4) — unter der Voraussetzung, daß $|\boldsymbol{T}(s)| \neq 0$
ist — zu:

$$\boldsymbol{F}(s) = \boldsymbol{V}(s)\,\boldsymbol{T}^{-1}(s)\,\boldsymbol{S}(s) + \boldsymbol{W}(s) \tag{6}$$

notiert werden: Ist $H(s)$ der Hauptnenner zu allen Nennern $N_{kl}(s)$ der Elemente
$F_{kl}(s) = Z_{kl}(s)/N_{kl}(s)$ der p,q-Matrix $\boldsymbol{F}(s)$, dann kann auch mit der p,q-Poly-

nommatrix $L(s)$ aus:

$$F(s) = H^{-1}(s)\, L(s) \tag{7}$$

der Zusammenhang zwischen dem Eingangssignalvektor $Y(s)$ und dem Ausgangssignalvektor $X(s)$ so notiert werden:

$$H(s)\, X(s) = L(s)\, Y(s). \tag{8}$$

Diese Gleichung korrespondiert zu einem weiteren Differentialgleichungssystem.

Die bei der Analyse physikalischer Systeme primär auftretenden Gleichungen haben häufig die Form der Gln. (3) und (4), wie wir beispielsweise in Abschn. VII.1 bei der Besprechung von Kreisgleichungen für elektrische Netzwerke sahen, wobei dann $T(s)$ aus Elementen zweiten Grades besteht. Die Aufgabe ist nun die, geeignete Transformationen — wenn solche existieren — zwischen den verschiedenen Systemdarstellungen so zu finden, daß die rationale Übertragungsfunktion $F(s)$ des Systems unverändert bleibt.

Von Rosenbrock wurde nun diese rationale Matrix

$$R(s) = \left[\begin{array}{ccc} \boldsymbol{1}_\alpha & \boldsymbol{0} & \boldsymbol{0} \\ \boldsymbol{0} & T(s) & S(s) \\ \hline \boldsymbol{0} & -V(s) & W(s) \end{array}\right] \tag{9}$$

zur Charakterisierung eines Übertragungssystems vorgeschlagen, wobei hier der Buchstabe $R(s)$ auf die Rosenbrock-Repräsentation hindeuten soll. Analog zu den im vorstehenden Abschnitt schon eingeführten Matrizen ist auch hier $T(s)$ wieder eine l,l-Matrix, $S(s)$ eine l,q-, $V(s)$ eine p,l- und $W(s)$ eine p,q-Matrix. Je nach Art der in (9) vorkommenden Untermatrizen unterscheidet Rosenbrock drei Systemformen, die so festgelegt sind.

Definition 1. a) Die Matrix $R(s)$ beschreibt ein System in erster Form, wenn $\alpha = 0$, $l = n$ und $T(s) = s \cdot \boldsymbol{1}_n - A$, $S(s) = B$, $V(s) = C$ und $W(s) = D(s)$ ist, also gilt:

$$R(s) = \left[\begin{array}{c|c} s\boldsymbol{1}_n - A & B \\ \hline -C & D(s) \end{array}\right]. \tag{10}$$

b) $R(s)$ ist in zweiter Form, wenn $T(s)$, $S(s)$, $V(s)$ und $W(s)$ Polynommatrizen sind, und wenn für die Ordnung n des Systems gilt:

$$n = \alpha + l = \delta(|T(s)|)^1 \quad \text{und} \quad |T(s)| \neq 0. \tag{11}$$

c) $R(s)$ ist in dritter Form, wenn $T(s)$, $S(s)$, $V(s)$ und $W(s)$ rationale Matrizen sind.

Wir betrachten nun diese Transformation, die zwei Rosenbrock-Systemmatrizen $R_1(s)$ und $R(s)$ verknüpfen möge:

$$R_1(s) = \left[\begin{array}{cc} P(s) & \boldsymbol{0} \\ K(s) & \boldsymbol{1}_p \end{array}\right] \cdot R(s) \cdot \left[\begin{array}{cc} Q(s) & L(s) \\ \boldsymbol{0} & \boldsymbol{1}_q \end{array}\right], \tag{12}$$

wobei p bzw. q wieder die Zahl der Aus- bzw. Eingänge des Übertragungssystems ist.

---

[1] Hier ist wieder mit $\delta(\cdot)$ der Grad einer Funktion oder Matrix und speziell mit $\delta(|T(s)|)$ der Grad des Determinantenpolynoms zu $T(s)$ gemeint.

Definition 2. Existiert die Transformation (12), dann gelten diese Beziehungen bzw. Bezeichnungen:

a) Für Systeme in erster Form ist

$$\left.\begin{aligned} \boldsymbol{K}(s) &= \boldsymbol{L}(s) = \boldsymbol{0}, \\ \boldsymbol{P}(s) &= \boldsymbol{T}, \\ \boldsymbol{Q}(s) &= \boldsymbol{T}^{-1}, \end{aligned}\right\} \tag{13}$$

und die Systeme $\boldsymbol{R}(s)$ und $\boldsymbol{R}_1(s)$ heißen einander ähnlich.

b) Für Systeme in zweiter Form sind $\boldsymbol{P}(s)$, $\boldsymbol{K}(s)$, $\boldsymbol{Q}(s)$ und $\boldsymbol{L}(s)$ Polynommatrizen, wobei $\boldsymbol{P}(s)$ und $\boldsymbol{Q}(s)$ unimodular sind, d. h.

$$\left.\begin{aligned} |\boldsymbol{P}(s)| &= k_1 \neq 0 \quad \text{für alle } s, \\ |\boldsymbol{Q}(s)| &= k_2 \neq 0 \quad \text{für alle } s. \end{aligned}\right\} \tag{14}$$

Die Systeme $\boldsymbol{R}(s)$ und $\boldsymbol{R}_1(s)$ heißen streng äquivalent.

c) Für Systeme in dritter Form sind $\boldsymbol{P}(s)$, $\boldsymbol{K}(s)$, $\boldsymbol{Q}(s)$ und $\boldsymbol{L}(s)$ rationale Matrizen, wobei

$$\left.\begin{aligned} |\boldsymbol{P}(s)| &\neq 0, \\ |\boldsymbol{Q}(s)| &\neq 0. \end{aligned}\right\} \tag{15}$$

Die Systeme $\boldsymbol{R}(s)$ und $\boldsymbol{R}_1(s)$ heißen äquivalent.

Im folgenden werden wir uns vorwiegend nur mit den Systemmatrizen in erster und zweiter Form beschäftigen.

4.2 Systeme minimaler Ordnung

Geht man von einer Übertragungsmatrix $\boldsymbol{F}(s)$ eines Systems aus, dann existiert, wie wir aus Abschn. VIII.3 wissen, ein System geringster Ordnung n_0, das $\boldsymbol{F}(s)$ erzeugt. Insbesondere dann, wenn eine Realisierung $\{\boldsymbol{A}, \boldsymbol{B}, \boldsymbol{C}, \boldsymbol{D}\}$ zu $\boldsymbol{F}(s)$ betrachtet wird, ist n_0 die Ordnung der n_0, n_0-Matrix $\boldsymbol{A}$ in der Minimalrealisierung zu $\boldsymbol{F}(s)$ (vgl. Abschn. 3.5). Schließlich sei daran erinnert, daß nur eine Minimalrealisierung vollständig z-steuerbar und beobachtbar ist. Während die Kriterien für die vollständige z-Steuerbarkeit und Beobachtbarkeit eines durch ein Zustandsvariablenmodell beschriebenen Systems mittels algebraischer Überlegungen abgeleitet werden (vgl. auch Abschn. VIII.2), wird bei der ROSENBROCK-Darstellung ein anderer Weg eingeschlagen. Dabei ist die Frage, ob ein System in der zweiten ROSENBROCK-Form von kleinster Ordnung ist, eng mit der Frage verknüpft, ob zwei Polynommatrizen relativ prim sind. Zunächst gilt dieser in der Algebra bewiesene Satz:

Satz 1. Eine nichtsinguläre r, r-Polynommatrix $\boldsymbol{A}(s)$, mit $|\boldsymbol{A}(s)| \neq 0$, und eine r, q-Polynommatrix $\boldsymbol{B}(s)$ sind relativ prim, wenn die aus ihnen gebildete Matrix $[\boldsymbol{A}(s) \mid \boldsymbol{B}(s)]$ unimodular äquivalent einer von s unabhängigen SMITHschen Normalform vom Range $N = r$ ist:

$$[\boldsymbol{A}(s) \mid \boldsymbol{B}(s)] = \boldsymbol{P}(s)\,\boldsymbol{N}\,\boldsymbol{Q}(s) = \boldsymbol{P}(s)\,[\boldsymbol{1}_r \mid \boldsymbol{0}]\,\boldsymbol{Q}(s), \quad \text{für alle } s \tag{16a}$$

mit

$$\left.\begin{aligned} |\boldsymbol{P}(s)| &= k_1, \\ |\boldsymbol{Q}(s)| &= k_2 \end{aligned}\right\} \quad \text{für alle } s.$$

Der Inhalt dieses Satzes und insbesondere die Bedingung (16a) kann auch in einer alternativen Form angegeben werden, die bei der Rosenbrockschen Systembeschreibung benötigt wird:

Satz 1a. Eine nichtsinguläre r,r-Polynommatrix $A(s)$ und eine r,q-Polynommatrix $B(s)$ sind relativ prim, wenn eine q,r-Polynommatrix $C(s)$ und eine r,r-Polynommatrix $D(s)$ derart existieren, daß gilt

$$A(s)\,D(s) + B(s)\,C(s) = 1_r \quad \text{für alle } s. \tag{16b}$$

Für $r = q = 1$ geht diese Beziehung (16b) in die bekanntere Beziehung für relativ prime Polynome über.

Ausgehend von den in den vorstehenden Sätzen festgelegten allgemeinen Ergebnissen für Polynommatrizen hat Rosenbrock diesen Satz gefunden:

Satz 2. Eine Systemmatrix in der zweiten Form von Rosenbrock:

$$R(s) = \begin{bmatrix} 1_\alpha & 0 & 0 \\ 0 & T(s) & S(s) \\ 0 & -V(s) & W(s) \end{bmatrix}; \quad n = \alpha + l = \delta(|T(s)|) \tag{17}$$

beschreibt dann und nur dann ein System geringster Ordnung, wenn sowohl die Polynommatrizen $T(s)$ und $S(s)$ als auch $T^T(s)$ und $V^T(s)$ relativ prim sind:

$$\begin{aligned} [T(s) \mathrel{\vdots} S(s)] &= P_1(s)\,[1_l \mathrel{\vdots} 0]\,Q_1(s), \\ |P_1(s)| &= P_1 \\ |Q_1(s)| &= Q_1 \end{aligned} \quad \text{für alle } s \tag{18a}$$

und

$$\begin{aligned} \begin{bmatrix} T(s) \\ -V(s) \end{bmatrix} &= P_2(s)\begin{bmatrix} 1_l \\ 0 \end{bmatrix}Q_2(s), \\ |P_2(s)| &= P_2 \\ |Q_2(s)| &= Q_2 \end{aligned} \quad \text{für alle } s. \tag{18b}$$

Die recht lange Ableitung dieses Satzes, die hier aus Platzgründen nicht gebracht wird, ist in [VIII.18] zu finden. Die Forderung (18) kann recht anschaulich gedeutet werden, wenn man sich an (6) erinnert:

$$F(s) = V(s)\,T^{-1}(s)\,S(s) + W(s).$$

Wären die Matrizen $V(s)$, $T(s)$ und $S(s)$ nicht relativ prim, dann gäbe es „gemeinsame Faktoren" in ihnen, die man beseitigen könnte, womit dann ein System $R(s)$ geringerer Ordnung zu finden wäre.

Betrachtet man ein System in der ersten Form von Rosenbrock, die ja den in der zweiten Form enthaltenen Spezialfall $T(s) = [s \cdot 1 - A]$, $S(s) = B$, $V(s) = C$ und $W(s) = D(s)$ bedeutet, dann geht Satz 2 in diese spezielle Form über:

Satz 3. Ein System in der ersten Form von Rosenbrock

$$R(s) = \begin{bmatrix} s\,1_n - A & \vdots & B \\ \hline -C & \vdots & D(s) \end{bmatrix},$$

ist dann und nur dann ein System geringster Ordnung n_0, wenn gilt:

und
$$\text{Rang}\,[B \mid AB \mid \cdots \mid A^{m-1}B] = n \tag{19a}$$

$$\text{Rang}\,[C^T \mid A^T C^T \mid \cdots \mid (A^T)^{m-1}B] = n. \tag{19b}$$

Dies sind die bekannten Kriterien für die vollständige z-Steuerbarkeit und Beobachtbarkeit eines Systems, wobei auch hier wieder m der Grad des Minimalpolynoms von A ist. Es ist hier aber festzustellen, daß die Bedeutung der Begriffe der vollständigen z-Steuerbarkeit und Beobachtbarkeit eine andere ist als die des Begriffes „geringste Ordnung" eines Systems, wio or hior bosprochon wurde. Der letztere gilt dabei besonders in Richtung auf die Synthese von Netzwerken, die eine vorgegebene Übertragungsmatrix haben.

Untersucht man $\delta(|T(s)|)$, also den Grad der l,l-Determinanten $|T(s)|$ für ein System geringster Ordnung n_0, dann findet man diese Beziehung, als Folgerung von (18) bzw. (19):

$$\delta\big(|T(s)|\big) = n_0. \tag{20}$$

Eine Folgerung hieraus wieder ist, daß in der zweiten Form von $R(s)$, also in (9) zusammen mit Definition 1b, die Ordnung der Matrix 1_α immer

$$\alpha = n_0 - l \tag{21}$$

sein muß, wenn $R(s)$ ein System geringster Ordnung beschreiben soll.

Schließlich ist noch festzuhalten, wie die Invarianten der zu $F(s)$ gehörenden McMillan-Form $M(s)$:

$$\left.\begin{array}{l} F(s) = P(s)\,M(s)\,Q(s), \\[4pt] |P(s)| = P \\ |Q(s)| = Q \end{array}\right\} \quad \text{für alle } s \tag{22}$$

mit den Invarianten der zur Rosenbrock-Matrix äquivalenten Smithschen Normalform zusammenhängen. Auch wieder in [VIII.18] ist dieses Ergebnis ausführlicher abgeleitet:

Satz 4. Die invarianten Polynome der Smithschen Normalform zur Systemmatrix

$$R(s) = \begin{bmatrix} 1 & 0 & 0 \\ 0 & T(s) & S(s) \\ 0 & -V(s) & W(s) \end{bmatrix}$$

eines Systems geringster Ordnung hängen mit den Polynomen der McMillan-Form

$$F(s) = P(s) \begin{bmatrix} \dfrac{Z_1(s)}{N_1(s)} \ddots & & 0 \\ & \ddots & \\ & & \ddots \dfrac{Z_l(s)}{N_l(s)} \\ 0 & & \end{bmatrix} Q(s)$$

in dieser Form zusammen:

$$R(s) = P_1(s)\, N_1(s)\, Q_1(s) = P_1(s) \begin{bmatrix} Z_1(s) & & 0 \\ & \ddots & \\ 0 & & Z_r(s) \end{bmatrix} Q_1(s),$$

$$\left. \begin{array}{l} |P_1(s)| = P_1 \\ |Q_1(s)| = Q_1 \end{array} \right\} \text{ für alle } s, \tag{23}$$

$$T(s) = P_2(s)\, N_2(s)\, Q_2(s) = P_2(s) \begin{bmatrix} N_1(s) & & 0 \\ & \ddots & \\ 0 & & N_r(s) \end{bmatrix} Q_2(s),$$

$$\left. \begin{array}{l} |P_2(s)| = P_2 \\ |Q_2(s)| = Q_2 \end{array} \right\} \text{ für alle } s. \tag{24}$$

In diesem Satz sind $N_1(s)$ bzw. $N_2(s)$ jeweils SMITHsche Normalformen. In Worten bedeutet das vorstehende Ergebnis also, daß die Zählerpolynome $Z_i(s)$ der McMillan-Form gleich den Elementarpolynomen der SMITHschen Normalform zu $R(s)$ und die Nennerpolynome $N_i(s)$ in $M(s)$ die Elementarpolynome der zu $T(s)$ gehörenden SMITHschen Normalform sind.

4.3 Ein Algorithmus zur Ermittlung der minimalen Systemordnung

Gegeben ist die p,q-Übertragungsmatrix eines Systems zu:

$$\left. \begin{array}{l} F(s) = F_1(s) + D(s), \\ \lim\limits_{s \to \infty} F_1(s) = 0, \end{array} \right\} \tag{25}$$

wobei $D(s)$ eine p,q-Polynommatrix ist. Es soll nun wieder die Frage nach der geringsten Ordnung n_0 eines Systems, das $F_1(s)$ erzeugt, behandelt werden. Wir haben in Abschn. VIII.3 zwar gesehen, wie über die McMillan-Normalform $M(s) \overset{M}{\sim} F(s)$ eine vollständige Lösung des Problems der Minimalrealisierung gefunden werden kann. Einerseits ist diese vollständige Lösung numerisch sehr aufwendig. Zum anderen genügt es häufig, die Ordnung n_0 alleine zu wissen; z. B. dann, wenn eine Minimalrealisierung mittels der Signalflußdiagramm-umwandlung gesucht wird und n_0 als Anhalt und Kontrolle dienen soll. In Abschnitt 3.4 wurde gezeigt, wie über die Residuenmatrizen für die Fälle der Grad n_0 bestimmt werden kann, in denen in jedem Element $F_{kl}(s)$ jeder Pol nur einfach vorkommt. Außer dieser Einschränkung haftet diesem Verfahren aber der wesentliche Nachteil an, daß zur Bestimmung aller Residuen die Pole einzeln bekannt sein müssen.

Von Rosenbrock wurde nun ein rein algebraisches Verfahren angegeben [VIII.18], mit dem die Frage nach der minimalen Ordnung n_0 eines Systems mittels sehr einfacher Rechenoperationen beantwortet werden kann. Es sei $H(s)$ der Hauptnenner aller Elemente von $F(s)$ mit diesen Koeffizienten:

$$H(s) = h_0 + h_1 s + \cdots + h_r s^r, \tag{26}$$

dann kann $F_1(s)$ aus (25) in dieser Form notiert werden:

$$F_1(s) = H^{-1}(s)\, L(s) = H^{-1}(s)\, [L_0 + s\, L_1 + \cdots + s^{r-1} L_{r-1}], \tag{27}$$

worin die L_i reelle p,q-Matrizen sind. Aus diesen Matrizen L_i werden nun nach diesem Algorithmus weitere Matrizen Q_{ij} $(1 \leq i, j \leq r)$ erzeugt:

$$Q_{10} = 0; \quad Q_{1j} = L_{j-1}, \quad j = 1, 2, \ldots, r. \tag{28a}$$

$$Q_{i0} = 0; \quad Q_{ij} = Q_{i-1,j-1} - h_{j-1} Q_{i-1,r}, \quad \begin{cases} i = 2, 3, \ldots, r, \\ j = 1, 2, \ldots, r. \end{cases} \tag{28b}$$

Bildet man nun aus diesen Hilfsmatrizen Q_{ij} die r,r-Blockmatrix:

$$\boldsymbol{\Theta} = \begin{bmatrix} Q_{11} & Q_{12} & \cdots & Q_{1r} \\ Q_{21} & Q_{22} & \cdots & Q_{2r} \\ \cdots\cdots\cdots\cdots\cdots \\ Q_{r1} & Q_{r2} & \cdots & Q_{rr} \end{bmatrix}, \tag{29}$$

dann ist die gesuchte Minimalordnung n_0 gerade

$$n_0 = \text{Rang } \boldsymbol{\Theta}. \tag{30}$$

Der Nachweis der Richtigkeit soll hier dargestellt werden, da er einen interessanten Einblick in die lineare Systemtheorie vermittelt. Die eigentliche Übertragungsmatrix $F_1(s)$ in (25) sei durch diese Minimalrealisierung erzeugt:

$$\begin{aligned} \dot{\boldsymbol{u}}(t) &= \boldsymbol{A}\,\boldsymbol{u}(t) + \boldsymbol{B}\,\boldsymbol{y}(t), \\ \boldsymbol{x}(t) &= \boldsymbol{C}\,\boldsymbol{u}(t), \end{aligned} \tag{31}$$

dann ist die Systemantwort für $t \geq t_0 = 0$:

$$\boldsymbol{x}(t) = \boldsymbol{C}\,e^{\boldsymbol{A}t}\,\boldsymbol{u}_0 + \int_0^t \boldsymbol{G}(t - \tau)\,\boldsymbol{y}(\tau)\,d\tau \tag{32}$$

mit

$$\boldsymbol{G}(t - \tau) = \boldsymbol{C}\,e^{\boldsymbol{A}(t-\tau)}\,\boldsymbol{B}.$$

Die Ordnung n des Systems (31) ist genau gleich der Dimension des Vektorraums $\boldsymbol{R}_n$, der von der Funktion $e^{\boldsymbol{A}t}\,\boldsymbol{u}_0$ für beliebige $\boldsymbol{u}_0$ und $t > 0$ aufgespannt wird. Dieser gleiche Vektorraum wird aber auch von den Spalten von

$$\left[\boldsymbol{G}(t) \;\vdots\; \dot{\boldsymbol{G}}(t) \;\vdots\; \cdots \;\vdots\; \overset{(m-1)}{\boldsymbol{G}}(t) \right]$$

aufgespannt wegen:

$$\left[\boldsymbol{G} \;\vdots\; \dot{\boldsymbol{G}} \;\vdots\; \cdots \;\vdots\; \overset{m-1}{\boldsymbol{G}} \right] = \boldsymbol{C}\,e^{\boldsymbol{A}t}\,[\boldsymbol{B} \;\vdots\; \boldsymbol{A}\,\boldsymbol{B} \;\vdots\; \cdots \;\vdots\; \boldsymbol{A}^{m-1}\boldsymbol{B}]. \tag{33}$$

Nun ist aber

$$\text{Rang}\,[\boldsymbol{B} \;\vdots\; \boldsymbol{A}\,\boldsymbol{B} \;\vdots\; \cdots \;\vdots\; \boldsymbol{A}^{m-1}\boldsymbol{B}] = n, \tag{34}$$

und aus (26) und (27) folgt weiter:

$$h_0\,\boldsymbol{G}(t) + h_1\,\dot{\boldsymbol{G}}(t) + \cdots + h_r\,\overset{(r)}{\boldsymbol{G}}(t) = 0 \quad \text{für } t > 0. \tag{35}$$

Das aber bedeutet, daß die Matrizen $\overset{(r)}{\boldsymbol{G}}(t)$, $\overset{(r+1)}{\boldsymbol{G}}(t), \ldots,$ $\overset{(m-1)}{\boldsymbol{G}}(t)$ linear abhängig von $\boldsymbol{G}(t), \dot{\boldsymbol{G}}(t), \ldots, \overset{(r-1)}{\boldsymbol{G}}(t)$ sind, und damit ist n die Dimension des Vektorraums, der von den Spalten $[\boldsymbol{G}(t) \;\vdots\; \dot{\boldsymbol{G}}(t) \;\vdots\; \cdots \;\vdots\; \overset{(r-1)}{\boldsymbol{G}}(t)]$ aufgespannt wird.

Durch die Laplace-Transformation wird nun eine Eins-zu-Eins-Korrespondenz zwischen den Spalten von $\boldsymbol{G}(t), \dot{\boldsymbol{G}}(t), \ldots, \overset{(r-1)}{\boldsymbol{G}}(t)$ für $t \geq 0$ und den *eigentlichen*[1] Teilen der Spalten von $F_1(s)$, $s\,F_1(s)$, $\ldots$, $s^{r-1}\,F_1(s)$ hergestellt. Damit ist n die Dimension des Raumes, der von allen Spalten dieser Polynommatrix gebildet wird:

$$[L(s) \mid s\,L(s)\,(\mathrm{mod}\,H(s)) \mid \cdots \mid s^{r-1}\,L(s)\,(\mathrm{mod}\,H(s))]. \tag{36}$$

Darüber hinaus besteht eine Eins-zu-Eins-Beziehung zwischen den Spalten der Polynommatrix

$$L(s) = L_0 + s\,L_1 + \cdots + s^{r-1}\,L_{r-1}$$

und denen der Matrix:

$$[L_0 \mid L_1 \mid \cdots \mid L_{r-1}]^T.$$

Damit ist der Algorithmus (28) verifiziert.

Für den Spezialfall

$$F(s) = H^{-1}(s)\,L(s) = H^{-1}(s)\,L_0, \tag{37}$$

wird die Matrix $\boldsymbol{\Theta}$ in (29) besonders übersichtlich:

$$\boldsymbol{\Theta} = \left.\begin{bmatrix} L_0 & & & \\ & L_0 & & \boldsymbol{0} \\ & & \ddots & \\ & \boldsymbol{0} & & \ddots \\ & & & L_0 \end{bmatrix}\right\} r\text{-mal.} \tag{38}$$

An zwei einfachen Beispielen soll das vorstehend erläuterte und letztlich in den Gln. (28), (29) und (30) zusammengefaßte Verfahren erhellt werden.

Beispiel 1. Gegeben ist

$$F(s) = \frac{1 + s}{1 + 2s + 3s^2 + 2s^3} = \frac{\tfrac{1}{2} + \tfrac{1}{2}s}{\tfrac{1}{2} + s + \tfrac{3}{2}s^2 + s^3}.$$

Aus (27) und (28) folgt:

$$Q_{10} = 0; \quad Q_{11} = L_0 = \tfrac{1}{2}; \quad Q_{12} = L_1 = \tfrac{1}{2}; \quad Q_{13} = L_2 = 0,$$

$$Q_{20} = 0; \quad Q_{21} = Q_{21} - h_0 Q_{13}; \quad Q_{22} = Q_{11} - h_1 Q_{13}; \quad Q_{23} = Q_{12} - h_2 Q_{13},$$
$$= \quad 0 \qquad\qquad = \quad \tfrac{1}{2} \qquad\qquad = \quad \tfrac{1}{2},$$

$$Q_{30} = 0; \quad Q_{31} = Q_{20} - h_0 Q_{23}; \quad Q_{32} = Q_{21} - h_1 Q_{23}; \quad Q_{33} = Q_{22} - h_2 Q_{23},$$
$$= \quad -\tfrac{1}{4} \qquad\qquad = \quad -\tfrac{1}{2} \qquad\qquad = \quad -\tfrac{1}{4}.$$

Damit wird aus (29):

$$4\boldsymbol{\Theta} = \begin{bmatrix} 2 & 2 & 0 \\ 0 & 2 & 2 \\ -1 & -2 & -1 \end{bmatrix}.$$

Mittels des Gaussschen Algorithmus (VII.2) kann hieraus die Dreiecksmatrix

$$\boldsymbol{\Theta}_1 = \begin{bmatrix} 2 & 2 & 0 \\ 0 & 2 & 2 \\ 0 & 0 & 0 \end{bmatrix}$$

und damit

$$\text{Rang } \boldsymbol{\Theta} = 2$$

ermittelt werden, ein Ergebnis, das bei diesem einfachen Beispiel direkt an $F(s)$ ablesbar gewesen wäre.

---

[1] Vgl. hierzu die Definition 3.1 einer eigentlichen rationalen Funktion oder Matrix auf S. 213.

Beispiel 2. Gegeben ist

$$\boldsymbol{F}(s) = \begin{bmatrix} \dfrac{1}{s+1} & \dfrac{2}{s+1} \\[2mm] \dfrac{-1}{(s+1)(s+3)} & \dfrac{1}{s+3} \end{bmatrix}.$$

Der Hauptnenner ist $H(s) = (s+1)(s+3) = s^2 + 4s + 3$ und damit

$$\boldsymbol{F}(s) = H^{-1}(s)\,\boldsymbol{L}(s) = H^{-1}(s) \begin{bmatrix} s+3 & 2s+6 \\ -1 & s+1 \end{bmatrix}$$

$$= (3 + 4s + s^2)\left[\begin{bmatrix} 3 & 6 \\ -1 & 1 \end{bmatrix} + s \begin{bmatrix} 1 & 2 \\ 0 & 1 \end{bmatrix} \right].$$

Mit $r = 2$ ist eine 2×2-Blockmatrix von 2×2-Matrizen zu ermitteln

$$\boldsymbol{Q}_{10} = \boldsymbol{0}; \qquad \boldsymbol{Q}_{11} = \boldsymbol{L}_0 = \begin{bmatrix} 3 & 6 \\ -1 & 1 \end{bmatrix}; \qquad\qquad \boldsymbol{Q}_{12} = \boldsymbol{L}_1 = \begin{bmatrix} 1 & 2 \\ 0 & 1 \end{bmatrix},$$

$$\boldsymbol{Q}_{20} = \boldsymbol{0}; \qquad \boldsymbol{Q}_{21} = \boldsymbol{Q}_{10} - h_0\,\boldsymbol{Q}_{12} = \begin{bmatrix} -3 & -6 \\ 0 & -3 \end{bmatrix}; \qquad \boldsymbol{Q}_{22} = \boldsymbol{Q}_{11} - h_1\,\boldsymbol{Q}_{12} = \begin{bmatrix} -1 & -2 \\ -1 & -3 \end{bmatrix}.$$

Daraus wird die Testmatrix aufgebaut zu:

$$\boldsymbol{\Theta} = \begin{bmatrix} 3 & 6 & \vdots & 1 & 2 \\ -1 & 1 & \vdots & 0 & 1 \\ \cdots & \cdots & \vdots & \cdots & \cdots \\ -3 & -6 & \vdots & -1 & -2 \\ 0 & -3 & \vdots & -1 & -3 \end{bmatrix},$$

bei der man feststellt:

$$\operatorname{Rang} \boldsymbol{\Theta} = 3,$$

womit geklärt ist, daß 3 Energiespeicher ausreichen, um $\boldsymbol{F}(s)$ zu realisieren.

5 Algebraische Realisierungen nach Ho-Kalman

5.1 Einführung

Das Problem der Realisierung und speziell der Minimalrealisierung für lineare Systeme ist von großer Bedeutung im Rahmen dieser Darstellung der linearen Systemtheorie. Einmal bilden die Realisierungen die entscheidende Klammer zwischen den in Band I behandelten Verfahren und Methoden auf der Basis der Übertragungsmodelle. Zum anderen sind sie eine Grundlage für eine wirksame Systembeschreibung aus Daten, die bei der Messung des Klemmenübertragungsverhaltens gewonnen werden. Der zweite Punkt ist bei all den Systemen von besonderem Interesse, bei denen nur ungenügende oder überhaupt keine Kenntnisse über den inneren Systemaufbau vorliegen; hierzu gehören z. B. Systeme

a) der chemischen Verfahrenstechnik,

b) der Energieerzeugung (Wärmetauscher, Kessel),

c) der Biologie,

d) in denen der Mensch als Operator ein wesentliches Glied des Regelkreises bildet.

In den Abschn. 3 und 4 hatten wir schon gezeigt, wie zu vorgegebenen Übertragungsfunktionen und Matrizen — für kontinuierliche Systeme im Bereich der Variablen $s = \sigma + i\omega$ und für diskrete Systeme im Bereich der Variablen $z = e^{sT}$ — Realisierungen gewonnen werden können. Diese Realisierungen bestehen aus dem Tripel $\{\boldsymbol{A}, \boldsymbol{B}, \boldsymbol{C}\}$ bzw. Quadrupel $\{\boldsymbol{A}, \boldsymbol{B}, \boldsymbol{C}, \boldsymbol{D}\}$ der Matrizen eines vollständig z-steuerbaren und beobachtbaren Zustandsvariablenmodells. Wesentliche Prozeduren, die oben besprochen wurden, waren die Methode der Residuenmatrizen und die Kalman-Realisierung. Nun kann die Gewinnung einer Realisierung aus einem Übertragungsmodell durchaus als Umweg angesehen werden, wenn es darum geht, aus Meßdaten eine Realisierung zu gewinnen. Denn das Aufstellen eines Übertragungsmodells aus den Meßdaten ist ein gesondertes und nicht zu unterschätzendes Problem.

In seiner Arbeit [VIII.21] hat Ho gezeigt, wie aus geeigneten Meßdaten direkt eine Realisierung zu bestimmen ist, aus der dann wiederum recht einfach Übertragungsmodelle berechnet werden können. Es handelt sich hierbei um ein rein algebraisches Verfahren, bei dem in Matrizenfolgen dargestellte Datenfolgen einem speziellen Algorithmus unterworfen werden. Wesentliche Gesichtspunkte, die für dieses Verfahren sprechen, sind:

a) Die Prozedur ist für jede Eingangs-Ausgangs-Beschreibung gültig, sowohl im Zeitbereich als auch im Bereich der komplexen Variablen $s = \sigma + i\,\omega$ bzw. $z = e^{sT}$.

b) Die notwendigen Rechenoperationen sind ganz besonders einfacher Natur und bieten eine Gewähr für einen erfolgreichen Digitalrechnereinsatz.

c) Die zugrunde liegenden Theoreme der linearen Algebra gestatten die Angabe einfacher Beweise allgemeiner Theoreme zum Realisierungsproblem.

d) Bei der Berechnung einer Realisierung eines endlich dimensionalen Systems ist es nicht erforderlich, die minimale Ordnung n_0 des Systems durch spezielle Strukturuntersuchungen im voraus zu bestimmen.

e) Die zugrunde liegende Theorie gestattet die Formulierung eines weiteren Systemmodells, das wesentlich von den bisher behandelten Modellen der Zustandsraumdarstellung, der rationalen Übertragungsmatrizen oder der Rosenbrock-Matrizen abweicht.

Diese Punkte sind so bedeutsam, daß in diesem Abschnitt, [VIII.21] folgend, eine ausführlichere Darstellung der Ho-Kalman-Realisierung gebracht wird. Eine wesentliche Absicht ist dabei, die Wirksamkeit rein algebraischer Theorien und Methoden für Regelungsprobleme zu zeigen. An dieser Stelle ist schließlich noch zu bemerken, daß eine enge Verbindung zwischen dem hier zu besprechenden Problem und dem „Momentenproblem" von Stieltjes [VIII.22] aus der Mechanik besteht, bei dem aus den vorgegebenen Trägheitsmomenten die Massenverteilung entlang einer Geraden ermittelt werden soll.

5.2 Die algebraische Realisierung

Das uns interessierende Ziel ist, eine geeignete Systemdarstellung eines linearen zeitinvarianten Systems zu finden. Es zeigt sich, daß, wie bei vielen Problemen in der modernen Regelungstheorie, dies als ein rein algebraisches Problem aufgefaßt werden kann. Wir beginnen deshalb zunächst mit der Besprechung einer „algebraischen Realisierung" und definieren:

Definition 1 (algebraisches Realisierungsproblem).

a) Das algebraische Realisierungsproblem besteht in der Aufgabe, einer unendlichen Folge von reellen (konstanten) p,q-Matrizen M_i $(i = 0, 1, 2, \ldots)$ drei reelle Matrizen endlicher Zeilen- und Spaltenzahl $\{A, B, C\}$ derart zuzuordnen, daß gilt

$$C\,A^i\,B = M_i. \tag{1}$$

In (1) sind A bzw. B bzw. C n,n- bzw. n,q- bzw. p,n-Matrizen.

b) Eine Lösung des Problems heiße eine algebraische Realisierung $\{A, B, C\}$ der Folge M_i.

c) Eine Lösung mit der minimalen Ordnung n_0 der Matrix A heißt eine Minimalrealisierung.

Im folgenden werden die Existenz und Eindeutigkeit der Realisierungen untersucht. Ein wesentliches Hilfsmittel hierzu sind die verallgemeinerten HANKEL-Matrizen, die aus einer Folge von p,q-Matrizen M_i ($i = 0, 1, 2, \ldots$) so aufgebaut werden:

$$H_r = \begin{bmatrix} M_0 & M_1 \ldots M_{r-1} \\ M_1 & M_2 \ldots M_r \\ M_2 & M_3 \ldots M_{r+1} \\ \cdots\cdots\cdots\cdots \\ M_{r-1} & M_r \ldots M_{2r-2} \end{bmatrix} = [M_{i+j-2}], \quad i, j = 1, 2, \ldots, r. \tag{2}$$

Sind die M_i 1,1-Matrizen, also Skalare, dann ist H_r die klassische HANKEL-Matrix, die in [VII.1] besprochen ist und die eine symmetrische unendlich- oder endlich-dimensionale Matrix ist. Im allgemeinen Fall der Matrix H_r in (2) ist diese nur symmetrisch, wenn alle M_i symmetrische p,p-Matrizen sind. Charakteristisch für die HANKEL-Matrizen ist, daß sie auch im Falle unendlicher Ordnung einen endlichen Rang haben.

Ein weiteres Hilfsmittel für die Beschreibung der Realisierungen mit algebraischen Argumenten ist der *Schiftoperator* Γ, der so definiert ist:

Es sei $H_r = [M_{i+j-2}]$, dann ist:

$$\Gamma^k H_r = [M_{i+j+k-2}], \quad i, j = 1, 2, \ldots, r. \tag{3}$$

Mit (2) ist z. B.:

$$\Gamma H_r = \begin{bmatrix} M_1 & M_2 \ldots M_r \\ M_2 & M_3 \ldots M_{r+1} \\ \cdots\cdots\cdots\cdots \\ M_r \ldots\ldots\ldots M_{2r-1} \end{bmatrix}. \tag{4}$$

Der Schiftoperator bewirkt also bei Γ^k eine Verschiebung um k Spalten nach links, wobei die ersten k (Block-) Spalten wegfallen und von rechts entsprechend viele neue Spalten nachgeschoben werden. Mit Hilfe der vorstehend definierten Matrizen werden wir diesen Satz beweisen, der die Existenz einer Realisierung sicherstellt:

Satz 1. a) Zur Folge M_i gibt es eine Realisierung dann und nur dann, wenn eine ganze Zahl v und v Konstanten $a_1, a_2, \ldots, a_v$ derart existieren, daß gilt

$$M_{v+j} = \sum_{i=1}^{v} a_i\, M_{v-i+j} \quad \text{für alle } j \geqq 0. \tag{5}$$

b) Es sei

$$E_p^T = [\mathbf{1}_p \quad \mathbf{0}_p \quad \mathbf{0}_p \ldots \mathbf{0}_p] \tag{6}$$

eine p,pr-Matrix und F die *Block*-Begleitmatrix:

$$F = \begin{bmatrix} \mathbf{0}_p & \mathbf{1}_p & \ldots\ldots & \mathbf{0}_p \\ \mathbf{0}_p & \mathbf{0}_p & \ldots\ldots & \mathbf{0}_p \\ \vdots & & & \\ \mathbf{0}_p & \mathbf{0}_p & \ldots\ldots & \mathbf{1}_p \\ a_r\mathbf{1}_p & a_{r-1}\mathbf{1}_p & \ldots & a_1\mathbf{1}_p \end{bmatrix}, \tag{7}^1$$

dann hat die Realisierung $\{A, B, C\}$ (im allgemeinen nicht minimaler Ordnung) diese Matrizen:

$$\left.\begin{aligned} A &= F, \\ B &= H_r\,E_q, \\ C &= E_p^T. \end{aligned}\right\} \tag{8}$$

Wegen der Bedeutung dieses Satzes für das Folgende und um die hier benützten Gedankengänge aufzuzeigen, wird hier der Beweis aus [VIII.21] zitiert:

Beweis (zu Satz 1). Angenommen, eine Realisierung existiere und

$$\psi(z) = b_0\,z^m + b_1\,z^{m-1} + \cdots + b_m, \quad \text{mit} \quad b_0 = 1$$

sei ein annullierendes Polynom zu $F = A$ (vgl. auch Abschn. VII.3.2), dann ist

$$0 = C\,A^j\,\psi(A)\,B = \sum_{i=0}^{m} b_i\,C\,A^{m-i+j}\,B.$$

Damit gilt (5) mit $v = m$ und $a_i = -b_i$.

Nun sei die Gültigkeit von (5) unterstellt, was dann impliziert:

$$F^i\,H_r = \Gamma^i\,H_r, \quad i = 1, 2, \ldots, \tag{9}$$

denn der erste Block oben links von $\Gamma^i\,H_r$ ist mit (3) gerade gleich M_i, und wir erhalten damit ferner:

$$M_i = E_p^T\,\Gamma^i\,H_r\,E_q = E_p^T\,F^i\,H_r\,E_q. \tag{10}$$

Damit ist aber schon gezeigt, daß (8) tatsächlich eine Realisierung gemäß der Definition in Gl. (1) ist, womit Satz 1 bewiesen ist.

Ist man, wie normalerweise, an einer Minimalrealisierung interessiert, dann könnte im Prinzip, ausgehend von (8), eine Minimalrealisierung durch Verkleinerung der Ordnung r vorgenommen werden, z. B. dadurch, daß aus der Realisierung der nicht z-steuerbare und nicht beobachtbare Teil eliminiert wird. Tatsächlich wird dies auch implizite mit dem im nächsten Satz formulierten Algorithmus getan, während in der Praxis bei der Anwendung die Minimalrealisierung direkt aus den Ausgangsdaten bestimmt wird, ohne eine allgemeine Realisierung der Form (8) vorher bestimmen zu müssen. Der Satz 1 hat im Rahmen des hier behandelten Problems nur die Aufgabe, die *Existenz* einer Realisierung sicherzustellen.

---

^{1} $\mathbf{0}_p$ bzw. $\mathbf{1}_p$ sind p-reihige Null- bzw. Einheitsmatrizen. F ist also genau wie eine Frobenius-Matrix aufgebaut, nur daß in (7) die Elemente selbst p,p-Matrizen sind.

Das uns wesentlich interessierende Ergebnis ist in diesem Satz zusammengefaßt:

Satz 2 (der Realisierungsalgorithmus).

Existiert eine Realisierung von $\{M_i\}$, dann kann eine Minimalrealisierung in diesen Schritten gefunden werden:

a) Aus den M_i wird eine verallgemeinerte HANKEL-Matrix H_r mit $r = v$ gemäß (5) (gegebenenfalls kann $r < v$ sein, wenn Rang $H_r = v$) aufgebaut.

b) Es werden nichtsinguläre Transformationsmatrizen P und Q derart bestimmt, daß

$$P\,H_r\,Q = \begin{bmatrix} 1_n & 0 \\ 0 & 0 \end{bmatrix} = E_n\,E_n^T \tag{11}$$

ist, wo $n = \mathrm{Rang}\,H_r$ und E_n entsprechend (6) definiert ist.

c) Die Minimalrealisierung $\{A, B, C\}$ von $\{M_i\}$ hat dann die Form:

$$\left.\begin{aligned} A &= E_n^T\,P\,(\Gamma\,H_r)\,Q\,E_n, \\ B &= E_n^T\,P\,H_r\,E_q, \\ C &= E_p^T\,H_r\,Q\,E_n. \end{aligned}\right\} \tag{12}$$

Der Beweis kann folgendermaßen geführt werden. Wir führen eine weitere Block-FROBENIUS-Matrix ein:

$$N = \begin{bmatrix} 0_q & 0_q & \dots & a_r\,1_q \\ 1_q & 0_q & \dots & a_{r-1}\,1_q \\ 0_q & 1_q & \dots & a_{r-2}\,1_q \\ \vdots & \vdots & & \vdots \\ 0_q & 0_q & \dots & a_1\,1_q \end{bmatrix}. \tag{13}$$

Da voraussetzungsgemäß eine Realisierung existiert, gilt:

$$\Gamma^i\,H_r = F^i\,H_r = H_r\,N^i, \tag{14}$$

wobei der Index r der HANKEL-Matrix in geeigneter Weise entsprechend (5) festgelegt ist. Als nächstes wird die Pseudoinverse (vgl. auch Abschn. VII.2.6) $H_r^\dagger$ eingeführt mit:

$$H_r^\dagger = Q\,E_n\,E_n^T\,P \tag{15}$$

(mit den Eigenschaften $H_r^\dagger\,H_r\,H_r^\dagger = H_r^\dagger$ und $H_r\,H_r^\dagger\,H_r = H_r$).

Beginnend mit der Realisierung entsprechend Satz 1 werden nacheinander Umformungen der Gl. (10) in dieser Weise vorgenommen:

$$\begin{aligned} M_i &= E_p^T\,F^i\,H_r\,E_q \\ &= E_p^T\,F^i\,H_r\,H_r^\dagger\,H_r\,E_q \\ &= E_p^T\,H_r\,N^i\,H_r^\dagger\,H_r\,E_q \\ &= E_p^T\,H_r\,H_r^\dagger\,H_r\,N^i\,H_r^\dagger\,H_r\,E_q \\ &= E_p^T\,H_r\,(Q\,E_n\,E_n^T\,P)\,H_r\,N^i\,(Q\,E_n\,E_n^T\,P)\,H_r\,E_q \\ &= (E_p^T\,H_r\,Q\,E_n)\,(E_n^T\,P\,H_r\,N^i\,Q\,E_n)\,(E_n^T\,P\,H_r\,E_q) \\ &= (E_p^T\,H_r\,Q\,E_n)\,(E_n^T\,P\,H_r\,N\,Q\,E_n)^i\,(E_n^T\,P\,H_r\,E_q) \\ &= (E_p^T\,H_r\,Q\,E_n)\,(E_n^T\,P\,\Gamma\,H_r\,Q\,E_n)^i\,(E_n^T\,P\,H_r\,E_q). \end{aligned} \tag{16}$$

Damit ist gezeigt, daß (12) eine Realisierung ist. Ferner ist gezeigt, daß der Rang $H_r = n$ ist und damit in jedem Fall eine Realisierung der Dimension n mit einer n,n-Matrix A existiert.

Es bleibt der Nachweis, daß n die minimale Ordnung, also (12) eine Minimalrealisierung ist. Es sei:

$$V = [C^T \mid A^T C^T \mid \cdots \mid (A^T)^{r-1} C^T],$$
$$W = [B \mid A B \mid \cdots \mid A^{r-1} B], \tag{17}$$

dann kann H_r in dieser bedeutsamen Form faktorisiert werden:

$$V^T W = \begin{bmatrix} C B & C A B \ldots C A^{r-1} B \\ C A B & C A^2 B \ldots C A^r B \\ \cdots\cdots\cdots\cdots\cdots\cdots\cdots\cdots \\ \cdots\cdots\cdots\cdots\cdots\cdots\cdots\cdots \\ C A^{r-1} B & C A^r B \ldots C A^{2r-2} B \end{bmatrix} = H_r, \tag{18}$$

wie durch Vergleich der Gln. (16) und (2) zu sehen ist. Angenommen, es existiere eine Realisierung der Dimension $n_0 < n = \operatorname{Rang} H_r$, dann müßte wegen (17) und (18) sein:

$$\operatorname{Rang} H_r \leqq \min(\operatorname{Rang} V, \operatorname{Rang} W) \leqq n_0 < n = \operatorname{Rang} H_r.$$

Das ist aber ein Widerspruch, womit Satz 2 bewiesen ist.

Der wesentliche Teil des Algorithmus in Satz 2 betrifft die Bestimmung der Matrizen P und Q in (11). Dies ist aber ein Standardrechenproblem, zu dem in [VII.1] Lösungen angegeben sind und das relativ einfach für eine Digitalrechenmaschine zu programmieren ist. Hat man P und Q ermittelt, dann braucht die um 1 nach links geschiftete HANKEL-Matrix H_r nur noch mit P und Q multipliziert werden. Der n,n-Block in der oberen linken Ecke ist die gesuchte Systemmatrix A. Entsprechend ist für B und C zu verfahren.

Aus dem Satz 2 folgen diese weiteren Ergebnisse, die hier ohne Beweis angegeben sind:

Satz 3. a) Falls zu $\{M_i\}$ eine Realisierung existiert, dann ist die Ordnung der Minimalrealisierung genau

$$n_0 = \operatorname{Rang} H_r. \tag{19}$$

b) Seien V_0 und W_0 die entsprechend (17) definierten Matrizen der Minimalrealisierung $\{A_0, B_0, C_0\}$, dann gilt:

$$\operatorname{Rang} V_0 = \operatorname{Rang} W_0 = \operatorname{Rang} H_r = n_0. \tag{20}$$

Dieses Ergebnis ist für die Systemtheorie bedeutsam. In Abschn. VIII.3 haben wir gesehen, daß mit (20) die Zahl n_0 gerade die Dimension des vollständig z-steuerbaren und beobachtbaren Teils des n-dimensionalen Vektorraums des Zustandsvektors war. Die Tatsache, daß in diesem Abschnitt diese Zahl n_0 auf einem wesentlich anderen, rein algebraischen Weg gefunden wurde, der zunächst nichts mit dem Übergangsverhalten eines dynamischen Systems zu tun hat, ist ein weiteres Indiz dafür, daß die Begriffe der Steuerbarkeit und Beobachtbarkeit eine wesentlich allgemeinere Bedeutung für die Struktur physikalischer und mathematischer Probleme haben.

In [VIII.21] ist schließlich noch nachgewiesen, daß eine nach Satz 2 bestimmte Minimalrealisierung bis auf Ähnlichkeitstransformationen eindeutig ist. Das heißt in anderen Worten, daß zwei Minimalrealisierungen der gleichen Datenfolge $\{M_i\}$ isomorph sind und durch Ähnlichkeitstransformation

$$F_1 = T^{-1}\, F\, T; \quad B_1 = T^{-1}\, B; \quad C_1 = C\, T$$

ineinander übergeführt werden können. Werden die Transformationsmatrizen P und Q in (11) in geeigneter Weise gewählt, erscheint die Systemmatrix A in der Minimalrealisierung $\{A, B, C\}$ in der gewünschten kanonischen Struktur.

Damit ist die algebraische Realisierungstheorie vollständig. Es sollen noch einmal kurz die wesentlichen Ergebnisse zusammengefaßt werden.

a) Zu einer unendlichen Folge von p,q- (Daten-) Matrizen $\{M_i\}$ existiert eine endlich-dimensionale Realisierung $\{A, B, C\}$, wenn die Bedingung (5) in Satz 1 erfüllt ist. Damit ist eine unten noch weiter zu diskutierende Zahl v festgelegt.

b) Existiert überhaupt eine Realisierung, dann gibt es auch eine der minimalen Dimension $n_0 = \mathrm{Rang}\, H_r$ mit $r \leq v$.

Wie groß die Zahlen v bzw. r im einzelnen zu sein haben, wie ferner die Datenfolge $\{M_i\}$ überhaupt beschaffen sein muß, wenn das algebraische Realisierungstheorem 1. zur Systemidentifizierung oder 2. zum Auffinden einer Minimalrealisierung zu einem Übertragungsmodell (im Zeit- oder Frequenzbereich) herangezogen werden soll, ist Gegenstand der folgenden Abschnitte.

5.3 Anmerkungen zur verallgemeinerten Hankel-Matrix

Wir beginnen mit der Diskussion der Größe r der aus $\{M_i\}$ $(i = 0, 1, 2, \ldots)$ zu bildenden verallgemeinerten HANKEL-Matrix $H_r = [M_{i+j-2}]$ $(i, j = 1, 2, \ldots, r)$. In dem Algorithmus (Satz 2) wird mit einer r,r-Blockmatrix H_r bei $r = v$ begonnen, in der die p,q-Matrizen M_i die Elemente sind. Vielfach wird es möglich sein, mit einer kleineren Zahl $r < v$ zu beginnen, d. h. eine kleinere Matrix H_r zu benützen.

Entscheidend für die Größe r ist zunächst die Zahl v, die in der Rekursionsbeziehung (5) definiert ist. Als nächstes Ergebnis ist dieser Satz als weitere Folge aus Satz 2 in [VIII.21] bewiesen:

Satz 4. Zwei HANKEL-Matrizen H_r und H_v mit $r < v$, aus der gleichen unendlichen Folge $\{M_i\}$ $(i = 0, 1, 2, \ldots)$ gebildet, haben die gleiche Minimalrealisierung $\{A, B, C\}$ dann und nur dann, wenn gilt

$$\mathrm{Rang}\, H_r = \mathrm{Rang}\, H_v. \tag{21}$$

Während nun die Zahl v niemals kleiner als die Zahl m des Minimalpolynoms der Realisierungsmatrix A sein kann,

$$v \geq m, \tag{22}$$

denn die Minimalrealisierung ist ja gerade so konstruiert, daß von den Eigenschaften eines annulierenden Polynoms Gebrauch gemacht wird, kann die Zahl r, also die Größe der Matrix H_r, beträchtlich kleiner sein. In Sonderfällen sogar $r = 1$. Je kleiner diese Zahl r ist, um so geringer ist der Rechenaufwand bei der tatsächlichen Benützung des Algorithmus von Satz 2. Es ist dann die Aufgabe des Bearbeiters, von Fall zu Fall geeignete Überlegungen anzustellen, die die Frage betreffen, welcher Art die Daten $\{M_i\}$ sind, zu denen eine Realisierung zu bestimmen ist. Denn der Algorithmus von Satz 2 ist denkbar einfach, wenn die Zahl v oder r einmal festgelegt ist.

Es sollen vier Fälle unterschieden werden:

a) Der einfachste Fall liegt dann vor, wenn $\{M_i\}$ direkt als lineare Rekursionsbeziehung vorgegeben wurde, die die Form von (5) hat. Hierzu gehören die im nächsten Abschnitt behandelten Beispiele der Fibonnaci- und der Lucas-Folgen.

b) Ein wichtiger Fall ist der, bei dem $\{M_i\}$ die Koeffizienten einer Potenzreihenentwicklung einer rationalen Funktion oder einer rationalen Matrix sind. Zum Beispiel in [VII.1] ist gezeigt, daß die M_i dann eine Rekursionsbeziehung entsprechend (5) erfüllen, wobei v gerade gleich dem Grad des Hauptnenners aller Elemente $F_{kl}(s)$ der rationalen Matrix $F(s)$ ist. Dieser Fall wird uns weiter unten noch besonders beschäftigen.

c) die M_i können auch die Koeffizienten einer Taylor-Entwicklung einer analytischen Funktion um einen geeigneten Punkt sein. Auch dieser Fall wird weiter unten noch diskutiert.

d) Schließlich kann $\{M_i\}$ direkt als Liste von Daten vorgegeben sein. Dieser Fall soll nun an dieser Stelle schon diskutiert werden.

Es sei angenommen, daß $\{M_i\}$ eine unendliche Folge sei. Eine direkte Folgerung aus den oben besprochenen Sätzen ist diese:

Satz 5. Eine Realisierung zu $\{M_i\}$ ($i = 0, 1, 2, \ldots$) existiert dann und nur dann, wenn

$$\operatorname{Rang} H_l = \text{const} \quad \text{für alle} \quad l \geq l_0. \tag{23}$$

Der Algorithmus in Satz 2, angewendet auf $r = l_0$, liefert die Minimalrealisierung.

In der Praxis existiert selbstverständlich keine unendliche Folge $\{M_i\}$, also keine unendlich große Liste von Daten. Ohne eine a-priori-Kenntnis der Größe v in der Rekursionsbeziehung (5) steht der Bearbeiter vor der Aufgabe, ein Näherungsproblem zu lösen, wobei aber sichergestellt ist, daß diese Näherung in einer endlichen Zahl von Schritten konvergiert, wenn eine Realisierung existiert, was auf diesen Beobachtungen begründet ist:

1. Falls für ein l gilt: $\operatorname{Rang} H_l = \operatorname{Rang} H_{l+1}$, dann ist l ein möglicher Kandidat für den Algorithmus in Satz 2, also $r = l$.

2. Nach Anwendung des Algorithmus erhält man eine Näherungslösung in dem Sinne, daß mindestens $2l$ Ausdrücke der Folge $\{M_i\}$ realisiert sind. Denn $\operatorname{Rang} H_l = \operatorname{Rang} H_{l+1}$ impliziert nicht, daß für ein $k > l + 1$ nicht ein H_k gefunden werden kann mit einem $\operatorname{Rang} H_k > \operatorname{Rang} H_l$.

3. Ist aber l genügend groß gewählt, dann wird — wenn eine Realisierung existiert — die Näherung gleich der exakten Lösung.

Ein wesentliches Merkmal des algebraischen Realisierungsalgorithmus bei der Anwendung zur Systemidentifikation ist, daß die Ordnung n der Matrix A nicht vorher bekannt sein muß. Dies ist ein ganz wesentlicher Vorteil dieses Verfahrens gegenüber anderen Parameterbestimmungsverfahren, bei denen eine geeignete Zahl n der Parameter angenommen werden muß. Im Gegensatz dazu muß hier nur eine obere Schranke angegeben werden, denn im allgemeinen ist die Ordnung n von A nicht gleich der Ordnung der HANKEL-Matrix H_r: $n = \mathrm{Rang}\,H_r$ und $n \leq r$.

Einige weitere Resultate aus [VIII.21], die aus den vorstehenden Sätzen und der Matrizenalgebra folgen, seien noch in Form von Sätzen zitiert:

Satz 6. Es existiere zu $\{M_i\}$ eine Realisierung und es sei:

$$P\,H_r\,Q = E_n\,E_n^T,$$

dann gilt:

a)
$$E_n^T\,P\,(\Gamma^k\,H_r)\,Q\,E_n = A^k, \tag{24a}$$

$$E_n^T\,P\,(\Gamma^k\,H_r)\,E_q \quad = A^k\,B, \tag{24b}$$

$$E_n^T\,(\Gamma^k\,H_r)\,Q\,E_n \quad = C\,A^k. \tag{24c}$$

b) für eine Minimalrealisierung:

$$P\,V^T = E_n, \tag{25a}$$

$$W\,Q = E_n^T. \tag{25b}$$

In (25) sind V bzw. W die in (17) definierten Matrizen, die wir aus Abschnitt VIII.2 auch zur Bestimmung des Steuerbarkeits- und Beobachtbarkeitsindex kennen.

Satz 7. Es sei $n_0 > 0$ die Dimension der Minimalrealisierung einer *skalaren* Folge $\{M_i\}$, dann ist H_{n_0} die größte nichtsinguläre Matrix unter allen möglichen, mit $\{M_i\}$ gebildeten HANKEL-Matrizen[1].

5.4 Beispiele zur algebraischen Realisierung

Um das Verständnis für die in den vorstehenden Abschnitten dargelegten Ergebnisse zu vertiefen, werden zur Erläuterung nun zwei einfache Beispiele zur Anwendung des algebraischen Realisierungstheorems gebracht.

Beispiel 1. Die FIBONNACI-Folge genügt dieser Rekursionsbeziehung:

$$X_{i+1} = X_i + X_{i-1} \tag{26}$$

mit
$$X_0 = 0$$

und
$$X_1 = 1,$$

und ist deshalb in dieser Form zu realisieren:

$$X_i = C^T\,F^i\,B.$$

Die ersten Glieder der skalaren Folge (26) lauten ausführlich:

$$X_0 = 0; \quad X_1 = 1; \quad X_2 = 1; \quad X_3 = 2; \quad X_4 = 3; \quad X_5 = 5; \quad X_6 = 8; \quad \ldots$$

Wir bilden nun aus den vorstehenden Elementen die zweireihige HANKEL-Matrix H_r mit $r = 2$, da wegen der vorgegebenen Rekursionsformel (26) die Bedingung (5) mit $r = v = 2$

---

[1] Die zugehörige HANKEL-Matrix $H_r = [M_{i+j-2}]$ $(i, j = 1, 2, \ldots, r)$ hat dann skalare Elemente und liegt in der Form vor, die in [VII.1] besprochen ist.

schon erfüllt ist:

$$H_2 = \begin{bmatrix} X_0 & X_1 \\ X_1 & X_2 \end{bmatrix} = \begin{bmatrix} 0 & 1 \\ 1 & 1 \end{bmatrix} \quad \text{und} \quad \Gamma H_2 = \begin{bmatrix} X_1 & X_2 \\ X_2 & X_3 \end{bmatrix} = \begin{bmatrix} 1 & 1 \\ 1 & 2 \end{bmatrix}.$$

Nun ist Rang $H_2 = 2$, und diese Matrizen

$$P = \begin{bmatrix} -1 & 1 \\ 1 & 0 \end{bmatrix} \quad \text{und} \quad Q = \begin{bmatrix} 1 & 0 \\ 0 & 1 \end{bmatrix}$$

leisten die Transformation von H_2 auf die Normalform:

$$P H_2 Q = 1_2.$$

Damit aber ist über (12) die Minimalrealisierung $\{A, B, C\}$ schon bestimmt zu:

$$A = E_2^T P (\Gamma H_2) Q E_2 = \begin{bmatrix} 0 & 1 \\ 1 & 1 \end{bmatrix},$$

$$B = P H_2 E_1 = \begin{bmatrix} -1 & 1 \\ 1 & 0 \end{bmatrix} \begin{bmatrix} 0 & 1 \\ 1 & 1 \end{bmatrix} \begin{bmatrix} 1 \\ 0 \end{bmatrix} = \begin{bmatrix} 1 \\ 0 \end{bmatrix},$$

$$C = E_1^T H_2 Q = [0 \quad 1].$$

Die Fibonnaci-Folge (26) kann also neben (26) auch so dargestellt werden:

$$X_i = C F^i B = [0 \quad 1] \begin{bmatrix} 0 & 1 \\ 1 & 1 \end{bmatrix}^i \begin{bmatrix} 1 \\ 0 \end{bmatrix}. \tag{27}$$

Beispiel 2. Die skalare Lucas-Folge genügt der gleichen Rekursionsformel (26) wie im Beispiel 1, aber mit den Anfangszahlen:

$$X_0 = 1; \quad X_1 = 3,$$

woraus dann ferner folgt:

$$X_2 = 4; \quad X_3 = 7; \quad X_4 = 11; \quad \dots$$

Damit ist dann

$$H_2 = \begin{bmatrix} 1 & 3 \\ 3 & 4 \end{bmatrix}; \quad \Gamma H_2 = \begin{bmatrix} 3 & 4 \\ 4 & 7 \end{bmatrix}.$$

Die Normalform $N = 1_2$ zu H_2 ist hier mit den Transformationsmatrizen

$$P = \begin{bmatrix} -\frac{4}{5} & \frac{3}{5} \\ \frac{3}{5} & -\frac{1}{5} \end{bmatrix}; \quad Q = 1_2$$

zu erreichen. Anwendung von (12) liefert:

$$A = E_2^T P (\Gamma H_2) Q E_2 = \begin{bmatrix} 0 & 1 \\ 1 & 1 \end{bmatrix},$$

$$B = P H_2 E_1 = \begin{bmatrix} 1 \\ 0 \end{bmatrix}; \quad C = E_1 H_2 Q = [1 \quad 3],$$

womit eine Darstellung der Lucas-Folge zu

$$X_i = [1 \quad 3] \begin{bmatrix} 0 & 1 \\ 1 & 1 \end{bmatrix}^i \begin{bmatrix} 1 \\ 0 \end{bmatrix}$$

gefunden ist.

5.5 Algebraische Realisierungen linearer dynamischer Systeme

Wir betrachten nun wieder dynamische Systeme, und zwar lineare, zeit-invariante Systeme mit konzentrierten Speicherelementen. Unter dem Problem der Realisierung eines solchen Systems wird nun wieder wie in den Abschn. VIII.3 und VIII.4 die Aufgabe verstanden, einem durch sein Klemmenverhalten beschriebenen Übertragungssystem ein Zustandsvariablenmodell zuzuordnen. Es wird sich zeigen, daß diese Aufgabe in übersichtlicher Weise mit Hilfe ·des in den vorstehenden Abschnitten eingeführten algebraischen Realisierbarkeitstheorems (Satz 2) gelöst werden kann. Als besonderen Vorteil wird es sich erweisen, daß diese Art der Realisierung unabhängig davon ist, ob ein kontinuierliches oder ein zeitdiskretes System vorliegt, ja es ist sogar gleichgültig, ob das System im Zeitbereich oder im Bereich der verallgemeinerten Frequenzvariablen $s = \sigma + i\,\omega$ bzw. $z = e^{sT}$ behandelt wird. Als wesentliches Hilfsmittel werden die unten zu definierenden MARKOV-Parameter auftreten.

Wir beginnen mit einer Zusammenstellung der Systemmodelle, die im folgenden betrachtet werden:

1. Kontinuierliche Systeme werden beschrieben durch:

$$\begin{aligned}
\dot{u}(t) &= A\,u(t) + B\,y(t),\\
x(t) &= C\,u(t)
\end{aligned} \tag{28}$$

mit der n,n-Matrix A, der n,q-Matrix B und der p,n-Matrix C. Die Systemantwort lautet mit $u(t_0) = u_0$, wie aus Kap. VI bekannt:

$$u(t) = e^{At}\,u_0 + \int_0^t e^{A\,(t-\tau)}\,B\,y(\tau)\,d\tau, \tag{29}$$

$$x(t) = C\,e^{At}\,u_0 + \int_0^t C\,e^{A\,(t-\tau)}\,B\,y(\tau)\,d\tau. \tag{30}$$

Ferner benötigen wir die Matrix der Impulsantwort:

$$G(t) = C\,e^{At}\,B, \quad t \geq 0. \tag{31}$$

Dem System ist in üblicher Weise die p,q-Übertragungsmatrix $F(s)$ zugeordnet:

$$F(s) = C\,(1s - A)^{-1}\,B \tag{32}$$

mit

$$F(s) = \{\mathfrak{L}G(t)\}. \tag{33}$$

Die Matrizen $G(t)$ und $F(s)$ beschreiben also die Eingangs-Ausgangs-Übertragungseigenschaften des Systems (28).

2. Das zeitdiskrete System genügt diesem Zustandsmodell:

$$\begin{aligned}
u(k+1) &= A\,u(k) + B\,y(k),\\
x(k) &= C\,u(k),
\end{aligned} \tag{34}$$

zu dem diese (s. auch Abschn. VI.5.4) Systemantwort für $u(t_0) = u_0$ gehört:

$$u(k) = A^k\,u_0 + \sum_{i=0}^{k-1} A^i\,B\,y(k-i-1), \qquad k = 1, 2, \ldots, \tag{35}$$

$$x(0) = C\,u_0,$$

$$x(k) = C\,A^k\,u_0 + \sum_{i=0}^{k-1} C\,A^i\,B\,y(k-i-1), \quad k = 1, 2, \ldots \tag{36}$$

Die Folge

$$\{G(k)\} = \{C\,A^k\,B\}, \quad k = 0, 1, 2, \ldots \tag{37}$$

heißt in Analogie zum kontinuierlichen System die Impulsantwortfolge.

Die Übertragungsmatrix des diskreten Systems ist mit

$$F(z) = C\,(1z - A)^{-1}\,B \tag{38}$$

bezeichnet, wobei zwischen $G(k)$ in (37) und $F(z)$ dieser Zusammenhang besteht:

$$F(z) = \sum_{k=0}^{\infty} G(k)\, z^{-k}. \qquad (39)$$

Das Problem der Realisierung eines Systems, das durch seine Klemmenübertragungsmatrizen beschrieben ist, ist nun wieder so definiert:

Definition 2. a) Das Matrizentripel $\{A, B, C\}$ heißt eine Realisierung

i) eines kontinuierlichen Systems, wenn bei vorgegebener Impulsantwort $G(t)$ bzw. Übertragungsmatrix $F(s)$ die Beziehungen (31) bzw. (32) erfüllt sind

$$G(t) = C\, e^{At}\, B, \qquad (31)$$

$$F(s) = C\,(1s - A)^{-1}\, B, \qquad (32)$$

ii) eines zeitdiskreten Systems, wenn bei vorgegebener Impulsantwortfolge $\{G(k)\}$ bzw. Übertragungsmatrix $F(z)$ die Beziehungen (37) bzw. (38) erfüllt sind

$$\{G(k)\} = \{C\, A^k\, B\}, \qquad (37)$$

$$F(z) = C\,(1z - A)^{-1}\, B. \qquad (38)$$

b) Die Realisierungen mit den Matrizen A kleinstmöglicher Ordnung n_0 heißen Minimalrealisierungen.

Im folgenden werden diese mit der vorstehenden Definition zusammenhängenden Fragen besprochen, wenn vorausgesetzt ist, daß Klemmenübertragungsmatrizen $G(t)$, $F(s)$, $G(k)$ oder $F(z)$ zu einem System vorliegen:

1. Unter welchen Bedingungen haben solche Klemmenübertragungsfunktionen eine Realisierung?
2. Wie ist eine Minimalrealisierung zu konstruieren?
3. Ist die Minimalrealisierung eindeutig?
4. Was bedeutet physikalisch, daß eine Realisierung minimal ist?

Es wird zunächst gezeigt, daß das Realisierungsproblem gemäß Definition 2 äquivalent zu dem algebraischen Realisierungsproblem aus Abschn. 2 ist. Ein wesentliches Hilfsmittel hierzu sind die so definierten Markov-Parameter (vgl. auch [VI.1]):

Definition 3. Die Markov-Parameter eines Übertragungsmodells sind die Glieder der unendlichen Folge $\{M_i\}$ ($i = 0, 1, 2, \ldots$), die für die verschiedenen Systemkenngrößen durch diese Gleichungen festgelegt sind:

a) für kontinuierliche Systeme

$$G(t) = \sum_{i=0}^{\infty} M_i\, \frac{t^i}{i!}\,, \qquad (40)$$

$$F(s) = \sum_{i=0}^{\infty} \frac{M_i}{s^{i+1}}\,; \qquad (41)$$

b) für zeitdiskrete Systeme:

$$G(i) = M_i\,, \qquad (42)$$

$$F(z) = \sum_{i=0}^{\infty} \frac{M_i}{z^{i+1}}\,. \qquad (43)$$

Die Begründung dieser Definition und vor allem einfach zu handhabende Beziehungen zur expliziten Bestimmung der Parameter werden in den Abschn. 5.6 und 5.7 nachgeholt werden. Zum Verständnis des Folgenden sei aber schon vorweggenommen, daß die Entwicklung einer Matrix $F(s)$ gemäß (41) bedeutet, zunächst alle Elemente $F_{kl}(s) = \dfrac{Z_{kl}(s)}{N_{kl}(s)}$ der Matrix $F(s)$ so zu entwickeln, wie es in dem folgenden kleinen Beispiel erläutert wird. Alsdann werden die Terme gleicher Potenzen in s^{-i} gesammelt und zu den Matrizen M_i zusammengefaßt.

Beispiel. Gegeben ist $F(s) = \dfrac{s+a}{s^2+bs+c}$, gesucht die Zerlegung entsprechend (41)

$$\frac{s+a}{s^2+bs+c} = \frac{M_0}{s} + \frac{M_1}{s^2} + \frac{M_2}{s^3} + \cdots$$

Werden beide Seiten mit dem Nenner (s^2+bs+c) multipliziert, erhält man:

$$s+a = M_0 s + M_1 + \frac{M_2}{s} + \frac{M_3}{s^2} + \cdots$$
$$+ b M_0 + \frac{b M_1}{s} + \frac{b M_2}{s^2} + \cdots$$
$$+ \frac{c M_0}{s} + \frac{c M_1}{s^2} + \cdots$$

Ein Koeffizientenvergleich beider Seiten ergibt: $M_0 = 1$; $M_1 = a - b$; $M_2 = -bM_1 - cM_0 = -b(a-b) - c$; $M_i = -bM_{i-1} - cM_{i-2}$ $(i \geq 2)$. Ab Glied M_2 werden also alle Glieder durch eine Rekursionsformel entsprechend (5) beschrieben.

Ausgehend von der Definition 3, soll nun die Existenz und Eindeutigkeit von Realisierungen gemäß Definition 2 nachgewiesen werden.

Hilfssatz 1. Jedes realisierbare Klemmenmodell hat MARKOV-Parameter.

Beweis. a) Damit $G(t)$ eine Realisierung haben kann, d. h. in Form von (31) darstellbar ist, muß $G(t)$ analytisch sein, denn e^{At} ist analytisch. Damit kann aber $G(t)$ in eine MACLAURIN-Reihe entwickelt werden (40). Aus Definition 3 folgt, daß MARKOV-Parameter zu $G(t)$ existieren.

b) Falls $F(s)$ oder $F(z)$ realisierbar sind, d. h. Gln. (32) und (38) existieren, sind sie eigentliche rationale Matrizen mit $\lim\limits_{s\to\infty} F(s) = 0$ bzw. $\lim\limits_{z\to\infty} F(z) = 0$. Das heißt aber, daß für sie für hinreichend große s bzw. z eine TAYLOR-Entwicklung um den Ursprung existiert. Damit ist aber auch die Existenz der MARKOV-Parameter (41) bzw. (43) gesichert, womit der Hilfssatz bewiesen ist.

Satz 8. Das Realisierungsproblem für jedes (realisierbare) Klemmenmodell ist äquivalent zu dem algebraischen Realisierbarkeitsproblem:

$$M_i = C A^i B. \tag{44}$$

Dies ist der wesentliche Schritt zu dem Ziel, für dynamische Systeme Realisierungen zu finden. Für die hier betrachteten Klemmenmodelle $G(t)$, $G(k)$, $F(s)$ und $F(z)$ ist Satz 8 so zu prüfen:

a) Die Beziehung (31) für $G(t)$ wird auf beiden Seiten in eine MACLAURIN-Reihe entwickelt:

$$G(t) = C\,e^{At}\,B,$$
$$G(t) = \sum_{i=0}^{\infty} M_i \frac{t^i}{i!} = C\left(\sum_{i=0}^{\infty} A^i \frac{t^i}{i!}\right) B = \sum_{i=0}^{\infty} C A^i B \frac{t^i}{i!}. \tag{45}$$

Ein Koeffizientenvergleich in (45) zeigt die Richtigkeit von (44).

b) Für $F(s)$ entwickeln wir beide Seiten von (32) in eine Potenzreihe negativer Potenzen in s um den Ursprung für genügend große s:

$$F(s) = C(1s - A)^{-1}B,$$

$$F(s) = \sum_{i=0}^{\infty} M_i\, s^{-(i+1)} = C \sum_{i=0}^{\infty} A^i\, s^{-(i+1)}\, B = \sum_{i=0}^{\infty} C\, A^i\, B\, s^{-\,i+1)}. \qquad (46)^{[1]}$$

Auch hier ergibt Koeffizientenvergleich beider Seiten die Gl. (44).

c) Für $F(z)$ braucht in (46) nur s durch z ersetzt zu werden.

d) Für $G(k)$ implizieren die Gln. (37) und (42) direkt Gl. (44).

Satz 9. Eine Realisierung existiert dann und nur dann, wenn die Markov-Parameter M_i $(i = 0, 1, 2, \ldots)$ existieren *und* diese die Rekursionsformel

$$M_{v+j} = \sum_{i=1}^{v} a_i\, M_{v-i+j} \qquad \begin{array}{l} \text{für alle } j \geqq 0 \\ \text{und ein } v \end{array} \qquad (47)$$

befriedigen.

Wenn eine Realisierung existiert, dann existieren auch, wie in Hilfssatz 1 festgestellt wurde, Markov-Parameter. Benützt man nun (44) zusammen mit dem Ergebnis von Satz 1, wird man auf (47) geführt. Werden umgekehrt Markov-Parameter und die Gültigkeit von (47) vorausgesetzt, dann sichern Satz 1 und Satz 8 die Existenz einer Realisierung, was Satz 9 beweist.

Die Sätze 8 und 9 stellen also die Existenz einer Realisierung zu dem Klemmenmodell eines linearen, zeitinvarianten Übertragungssystems sicher. Für die Eindeutigkeit der Minimalrealisierungen — denn das algebraische Realisierungstheorem (Satz 2) liefert ja Minimalrealisierungen — gilt das, oben für die algebraischen Realisierungen festgestellte: Alle Minimalrealisierungen eines Systems sind isomorph, d. h. bis auf Ähnlichkeitstransformationen bestimmt. Schließlich ist noch festzustellen, daß die Minimalrealisierungen ein vollständig z-steuerbares und beobachtbares System liefern. Diese Tatsache folgt aus Satz 3 mit (17) und (19).

5.6 *H*-Modelle für lineare Systeme

In diesem Abschnitt werden einige für die Anwendung der algebraischen Realisierungsmethode noch wesentliche Punkte zu den oben in Definition 3 festgelegten Markov-Parametern besprochen. Vor allem aber wird gezeigt, wie mittels der zu Hankel-Matrizen H_r zusammengefaßten Markov-Parameter eines Systems ein zu den Gewichtsmatrizen $G(t)$ und komplexen Übertragungsmatrizen $F(s)$ vollständig gleichwertiges Klemmenübertragungsmodell angegeben werden kann, das erhebliche Vorteile bei der numerischen Problembearbeitung

---

[1] Die Entwicklung der Matrix $C(s) = (1s - A)^{-1}$ in eine Potenzreihe geschieht formal ganz analog, wie es oben in dem Beispiel für eine rationale Funktion gezeigt wurde. Macht man den Ansatz $(1s - A)^{-1} = \sum_{i=0}^{\infty} R_i\, s^{-(i+1)}$ und multipliziert auf beiden Seiten mit $(1s - A)$, dann erhält man: $1 = (1s - A)\left(\dfrac{R_0}{s} + \dfrac{R_1}{s^2} + \cdots\right)$. Ein Koeffizientenvergleich ergibt dann:

$$(1s - A)^{-1} = \sum_{i=0}^{\infty} A^i\, s^{-(i+1)}.$$

bietet. Wir wollen diese Modelle hier $\boldsymbol{H}$-Modelle nennen und denken dabei an die HANKEL-Matrizen und vor allem auch an Ho, der diese Systembeschreibung in [VIII.21] einführte.

Für die Darstellung der $\boldsymbol{H}$-Modelle benötigen wir noch einige Festlegungen, die sich auf ein Übertragungssystem entsprechend Abb. 5.1 beziehen.

Abb. VIII.5.1a u. b Lineares Übertragungssystem
a) kontinuierlich; b) zeitdiskret

Definition 4. Mit $\boldsymbol{y}(-1, \infty)$ wird die Systemeingangssignal-Folge bezeichnet:

$$\boldsymbol{y}(-1, \infty) = [\boldsymbol{y}_{-1}^T \mid \boldsymbol{y}_0^T \mid \boldsymbol{y}_1^T \mid \boldsymbol{y}_2^T \mid \cdots]^T, \tag{48}$$

in der die $\boldsymbol{y}_i$ q-Vektoren mit $(i = -1, 0, 1, 2, \ldots)$ sind. Entsprechend wird der Systemausgang bezeichnet mit:

$$\boldsymbol{x}(0, \infty) = [\boldsymbol{x}_0^T \mid \boldsymbol{x}_1^T \mid \boldsymbol{x}_2^T \mid \cdots]^T. \tag{49}$$

Die verallgemeinerte TOEPLITZ-Matrix $\boldsymbol{T} = \boldsymbol{T}(0, \infty)$ bzw. die verallgemeinerte HANKEL-Matrix $\boldsymbol{H} = \boldsymbol{H}(r, \infty)$ haben diese Formen:

$$\boldsymbol{T}(0, \infty) = \begin{bmatrix} \boldsymbol{M}_0 & & & \boldsymbol{0} \\ \boldsymbol{M}_1 & \boldsymbol{M}_0 & & \\ \boldsymbol{M}_2 & \boldsymbol{M}_1 & \boldsymbol{M}_0 & \\ \vdots & \vdots & \vdots & \end{bmatrix}, \tag{50}$$

$$\boldsymbol{H}(r, \infty) = \begin{bmatrix} \boldsymbol{M}_0 & \boldsymbol{M}_1 & \boldsymbol{M}_2 \ldots \boldsymbol{M}_{r-1} \\ \boldsymbol{M}_1 & \boldsymbol{M}_2 & \boldsymbol{M}_3 \ldots \boldsymbol{M}_r \\ \boldsymbol{M}_2 & \boldsymbol{M}_3 & \boldsymbol{M}_4 \ldots \boldsymbol{M}_{r+1} \\ \vdots & \vdots & \vdots & \vdots \end{bmatrix}. \tag{51}$$

In $\boldsymbol{T}$ und $\boldsymbol{H}$ sind die $\boldsymbol{M}_i$ $(i = 0, 1, 2, \ldots)$ p,q-Matrizen.

Mittels der so definierten Größen wird nun das $\boldsymbol{H}$-Modell eines Systems festgelegt:

Definition 5 (das $\boldsymbol{H}$-Modell).

Für das $\boldsymbol{H}$-Modell eines linearen Systems — das H-System — werden diese Elemente zur Beschreibung der Systemdynamik benötigt:

1. Eine Folge reeller p,q-Matrizen $\{\boldsymbol{M}_i\}$, die MARKOV-Parameter heißen und dieser linearen Rekursionsformel genügen:

$$\boldsymbol{M}_{v+j} = \sum_{i=1}^{v} \alpha_i \boldsymbol{M}_{v+j-i}, \quad \begin{array}{l} \text{für alle } j \geq 0 \\ \text{und ein } v > 0. \end{array} \tag{52}$$

2. Die den MARKOV-Parametern zugeordneten Matrizen $\boldsymbol{T}(0, \infty)$ und $\boldsymbol{H}(r, \infty)$ gemäß Gln. (50) und (51).

3. Ein Zustandsvektor $\boldsymbol{\beta}$ (ohne physikalische Dimension) mit $q\,n$ Elementen, wobei q die Zahl der Eingänge des Systems und $n = \text{Rang}\,\boldsymbol{H}(r, \infty)$ ist.

4. Die Beziehung, die die Ausgangssignalfolge $x(0, \infty)$ [Gl. (4a)] mit dem Zustandsvektor β und der Eingangssignalfolge verknüpft:

$$x(0, \infty) = T(0, \infty)\, y(-1, \infty) + H(r, \infty)\, \beta \tag{53}$$

oder ausgeschrieben:

$$\begin{bmatrix} x_0 \\ x_1 \\ x_2 \\ \vdots \end{bmatrix} = \begin{bmatrix} M_0 & & & \\ M_1 & M_0 & & \mathbf{0} \\ M_2 & M_1 & M_0 & \\ \vdots & \vdots & \vdots & \vdots \end{bmatrix} \begin{bmatrix} y_{-1} \\ y_0 \\ y_1 \\ \vdots \end{bmatrix} + \begin{bmatrix} M_0 & M_1 & M_2 \ldots M_{r-1} \\ M_1 & M_2 & M_3 \ldots M_r \\ M_2 & M_3 & M_4 \ldots M_{r+1} \\ \vdots & \vdots & \vdots & \vdots \end{bmatrix} \beta. \tag{53b}$$

Das so definierte Modell eines linearen Systems hängt in ganz spezifischer Weise mit bekannten, uns geläufigeren Systemmodellen zusammen. Das eigentliche System besteht aus den oben eingeführten TOEPLITZ- und HANKEL-Matrizen, die unendlich dimensionale Blockmatrizen mit p,q-Matrizen — den MARKOV-Parametern — als Elemente sind. Bevor weiter unten wesentliche Eigenschaften der H-Modelle besprochen werden, soll zunächst gezeigt werden, wie H-Modelle zusammengesetzter Systeme beschaffen sind.

Da das H-Modell eine lineare Systembeschreibung ist, gelten für die Systemkombination alle die Regeln des Matrizenkalküls, die in Kap. II zusammengestellt sind. Für die Parallelschaltung und die Serienschaltung werden die Beziehungen angegeben, wobei die Systeme durch den Index a bzw. b gekennzeichnet sind. Voraussetzung ist selbstverständlich, daß die auftretenden Systeme die jeweils zueinander passende Anzahl von Eingangs- bzw. Ausgangsklemmen haben.

a) *Parallelschaltung* zweier H-Systeme (Abb. VIII.5.2)

Für den Systemausgang $x(0, \infty)$ gilt:

$$x(0, \infty) = x_a + x_b = T_a\, y_a + T_b\, y_b + H_a\, \beta_a + H_b\, \beta_b. \tag{54a}$$

Ist ferner $y_a = y_b$, dann vereinfacht sich (54a) zu:

$$x(0, \infty) = (T_a + T_b)\, y(-1, \infty) + H_a\, \beta_a + H_b\, \beta_b. \tag{54b}$$

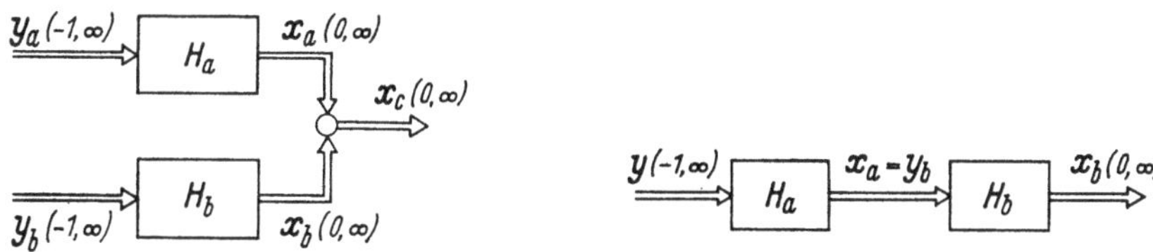

Abb. VIII.5.2 Zur Parallelschaltung zweier H-Modelle   Abb. VIII.5.3 Zur Serienschaltung zweier H-Modelle

b) *Serienschaltung* zweier H-Systeme (Abb. VIII.5.3)

Für den Systemausgang $x(0, \infty)$ der Reihenschaltung gilt:

$$\begin{aligned} x(0, \infty) = x_b &= T_b\, y_b + H_a\, \beta_b = T_b(T_a\, y_a + H_a\, \beta_a) + H_b\, \beta_b \\ &= T_b\, T_a\, y(-1, \infty) + T_b\, H_a\, \beta_a + H_b\, \beta_b. \end{aligned} \tag{55}$$

Als nächstes wird der Zusammenhang zwischen den H-Modellen und den Zustandsmodellen eines dynamischen Systems dargestellt; dabei wird vorausgesetzt, daß die MARKOV-Parameter des Systems vorhanden sind. Wie diese zu gewinnen sind, wenn vorher nicht ein explizites Klemmen- oder Zustandsmodell vorliegt, ist Gegenstand des nächsten Abschnittes. Wir unterscheiden wieder zwischen a) den kontinuierlichen Systemen und b) den zeitdiskreten Systemen.

a) Kontinuierliche Systeme.

Wir gehen von einem vollständig z-steuerbaren und beobachtbaren System mit n Zuständen, q Eingängen und p Ausgängen aus:

$$\dot{u}(t) = A\,u(t) + B\,y(t),$$
$$x(t) = C\,u(t)$$

mit
$$F(s) = C(1s - A)^{-1}\,B$$

und setzen voraus, daß:

1. die MARKOV-Parameter $\{M_i\}$ des Systems vorliegen [z. B. mit (45) oder (46) zu $\{M_i\} = \{C\,A^i\,B\}$] und

2. das Eingangssignal $y(t)$ für ein bestimmtes (interessierendes) Intervall so dargestellt werden kann:

$$y(t) = y_{-1}\,\delta(t) + y_0 + y_1\,t + y_2\,\frac{t^2}{2!} + y_3\,\frac{t^3}{3!} + \cdots + , \tag{56}$$

worin $\delta(t)$ wieder wie üblich die DIRACsche Deltafunktion ist.

Dann definieren wir die Eingangssequenz $y(-1, \infty)$ entsprechend (48) mit den Entwicklungskoeffizienten (Vektoren) in (56) zu:

$$y(-1, \infty) = [y_{-1}^T \mid y_0^T \mid y_1^T \mid y_2^T \mid \cdots]^T. \tag{57}$$

Analog zu (56) sei ferner das Ausgangssignal $x(t)$ zerlegbar:

$$x(t) = \sum_{i=0}^{\infty} x_i\,\frac{t^i}{i!}, \tag{58}$$

woraus wir $x(0, \infty)$ formen zu:

$$x(0, \infty) = [x_0^T \mid x_1^T \mid x_2^T \mid \cdots]^T. \tag{59}$$

Wird nun aus den MARKOV-Parametern $\{M_i\}$ die HANKEL-Matrix $H(r, r)$ gebildet und sei P und Q so gegeben, daß mit Satz 2 gilt:

$$P\,H(r, r)\,Q = P\,H_r\,Q = E_n\,E_n^T, \tag{60}$$

dann gilt für den Zustandsvektor β des H-Modells:

$$\beta = Q\,E_n\,u_0 \quad \text{mit} \quad u_0 = u(t_0). \tag{61}$$

Damit ist der gewünschte Zusammenhang gegeben, wobei nur noch offen ist, wie im Einzelfalle die MARKOV-Koeffizienten tatsächlich zu bestimmen sind. Rein formal war ja in Definition 3 auf S. 273 angegeben, wie die MARKOV-Parameter mit den Kenngrößen der anderen uns hier wesentlich interessierenden Systemmodelle zusammenhängen sollen.

b) Zeitdiskrete Systeme.

Es liege ein zeitdiskretes System in der Form

$$u(k + 1) = A\,u(k) + B\,y(k),$$
$$x(k) = C\,u(k)$$

bzw.
$$F(z) = C(1z - A)^{-1}\,B$$

mit n Zuständen, p Aus- und q Eingängen vor, und es gelte folgendes:

1. $\{M_i\}$ seien die Markov-Parameter des Systems [z. B. mit (42) $\{M_i\} = \{G(i)\}$],

2.
$$y_i = y(i), \quad i = -1, 0, 1, 2, \ldots \tag{62}$$

3.
$$x_i = x(i), \quad i = 0, 1, 2, \ldots \tag{63}$$

4. P und Q seien Matrizen so, daß für die aus $\{M_i\}$ geformte Hankel-Matrix $H(r, r) = H_r$ dieser Zusammenhang besteht:

$$P H_r Q = E_n E_n^T, \tag{64}$$

dann gilt analog zu dem kontinuierlichen Fall für den Zustandsvektor des H-Modells

$$\beta = Q E_n u_0 \quad \text{mit} \quad u_0 = u(k)|_{k=0}. \tag{65}$$

Damit ist gezeigt, wie die verschiedenen Systembeschreibungen einander zugeordnet werden können, wenn wir uns gleichzeitig an die in früheren Abschnitten besprochenen Beziehungen zwischen dem Zustandsmodell und dem Klemmenmodell G und F erinnern. Zwischen den Klemmenübertragungsmodellen $G(t)$, $F(s)$ und H_r bzw. $G(k)$, $F(k)$ und H_r existiert dabei ein eindeutiger und auch

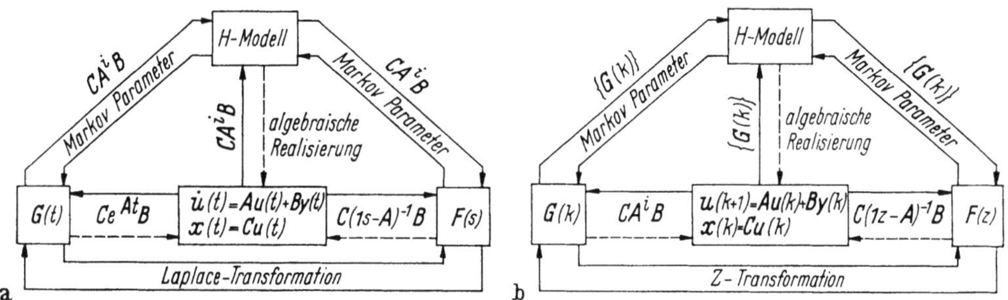

Abb. VIII.5.4a u. b Schema zum Zusammenhang der verschiedenen Systemmodelle linearer Systeme
a) Kontinuierliche Systeme;   b) zeitdiskrete Systeme

eindeutig umkehrbarer Zusammenhang. Auch vom Zustandsmodell zu einem der drei Klemmenmodelle ist die Zuordnung eindeutig, dagegen ist eine Zuordnung von den Klemmenmodellen zum Zustandsmodell nur dann eindeutig, wenn eine Minimalrealisierung erzwungen wird. Ansonsten können beliebig viele nicht steuerbare und beobachtbare Systemteile hinzugefügt werden. In Abb. VIII.5.4 ist die Zuordnung der verschiedenen Systemmodelle schematisch angedeutet.

5.7 Zur Bestimmung der Markov-Parameter linearer Systeme

Nun werden Möglichkeiten zur Bestimmung von Markov-Parametern zu einem linearen System ausführlicher besprochen, wobei der Fall in erster Linie interessiert, bei dem der „innere" Aufbau des Systems unbekannt ist und die Markov-Parameter aus den Daten an den System-Ein- und -Ausgängen ermittelt werden müssen.

Als erstes wird der Fall betrachtet, bei dem als bekannt vorausgesetzt werden kann, daß die Anfangsbedingungen Null sind. Wir schreiben die wesentliche

Beziehung (53) der H-Beschreibung in dieser alternativen Form:

$$[x_0|x_1|x_2|\ldots]=[M_0|M_1|M_2|\ldots]\left\{\begin{bmatrix} y_{-1} & y_0 & y_1 & y_2 & \cdots \\ & y_{-1} & y_0 & y_1 & \cdots \\ & & y_{-1} & y_0 & \cdots \\ & & & y_{-1} & \cdots \\ 0 & & & & \cdots \end{bmatrix}+\begin{bmatrix} \beta_1 & & & & 0 \\ \beta_2 & \beta_1 & & & \\ & \beta_2 & \beta_1 & & \\ \beta_\mu & & \beta_2 & \cdots & \\ & \beta_\mu & & \ddots & \\ 0 & & & & \ddots \end{bmatrix}\right\}. \tag{66}$$

In dieser Beziehung haben die Vektoren x_i wieder p und y_i je q Komponenten, und M_i sind p,q-Matrizen. Nun werden diese Bezeichnungen eingeführt:

$$[x_{0,r}] = [x_0 \mid x_1 \mid \cdots \mid x_r], \tag{67a}$$

$$[M_{0,r}] = [M_0 \mid M_1 \mid \cdots \mid M_r], \tag{67b}$$

$$[y_{-1,r}] = \begin{bmatrix} y_{-1} & y_0 & y_1 & \cdots & y_r \\ & y_{-1} & y_0 & \cdots & y_{r-1} \\ & & y_{-1} & \cdots & y_{r-2} \\ 0 & & & & \vdots \\ & & & & y_{-1} \end{bmatrix}, \tag{67c}$$

$$[\beta_{1,r}] = \begin{bmatrix} \beta_1 & & & & \\ \beta_2 & \beta_1 & & & 0 \\ & \beta_2 & & & \\ \beta_r & & \ddots & & \\ & \beta_r & & \ddots & \beta_1 \\ & & & & \beta_2 \\ 0 & & & & \beta_r \end{bmatrix}. \tag{67d}$$

Im Falle der zunächst vorausgesetzten verschwindenden Anfangsbedingungen ist der zweite Summand in (66) gleich Null, und wir erhalten mit den vorstehenden Abkürzungen (67) für (66):

$$[x_{0,r}] = [M_{0,r}]\,[y_{0,r}]. \tag{68}$$

Als erstes Ergebnis folgt hieraus:

Satz 10. Für das System mit einem Eingang (y_i sind Skalare), p Ausgängen *und* verschwindenden Anfangsbedingungen sind die MARKOV-Parameter bestimmbar zu

$$[M_{0,r}] = [x_{k+1,k+r+1}]\,[y_{k,k+r}]^{-1} \quad \begin{array}{l} \text{für alle } r \geqq 0 \tag{69} \\ \text{und } y_k \neq 0. \tag{69a} \end{array}$$

In diesem Satz ist y_k das erste nichtverschwindende Element des Eingangssignals. Wegen (69a) existiert die inverse Matrix in (69) immer. Für den wichtigen Spezialfall

$$y_{-1} = 1,$$
$$y_i = 0 \quad \text{für } i = 0, 1, 2, \ldots \tag{70}$$

ist in (69)

$$[y_{-1, -1+r}]^{-1} = \mathbf{1}_{r+2}, \tag{71}$$

und das Ausgangssignal liefert direkt die Markov-Parameter zu

$$M_i = \boldsymbol{x}_i, \quad i = 0, 1, 2, \ldots \tag{72}$$

Dies ist aber genau die Impulsantwort des zeitdiskreten Systems, wie sie vor allem in Abschn. VI.5 eingeführt wurde.

Anders als im Falle des Systems mit einem Eingang — die Zahl der Ausgänge war beliebig gleich p — wird für das System mit mehreren Eingängen von der Eingangssignalfolge mehr verlangt, als daß mindestens ein Nullelement vorkommt. Nun muß eine geeignete Eingangssequenz derart gewählt werden, daß die aus ihr gebildete Matrix (67c) invertierbar wird. Damit ergibt sich diese Erweiterung des Satzes 10 auf Systeme mit mehr als einem Eingang:

Satz 11. Die Markov-Parameter M_j eines Mehrgrößensystems ergeben sich zu:

$$[\boldsymbol{M}_{0, j-1}] = [\boldsymbol{x}_{k+1, k+r+1}] \, \boldsymbol{A}^{-1} \, \boldsymbol{E}_{jq} \tag{73}$$

mit

$$[\boldsymbol{y}_{k, k+r}] \, \boldsymbol{A} \, \boldsymbol{E}_{jq} = \boldsymbol{E}_{jq}, \tag{74}$$

wobei k so zu wählen ist, daß das erste Element $y_k \neq \boldsymbol{0}$ ist.

Die Bedingung (73) ist ganz analog zu (69), doch stellt (74) nun sicher, daß eine *geeignete* Eingangsfolge verwendet wurde. Die Matrix $\boldsymbol{A}$ kann als Kenngröße für die zu wählende Eingangsfolge betrachtet werden. Es ist aber festzustellen, daß dies eine *Signal*kenngröße ist und keinen Bezug zu dem, mit diesem Signal zu vermessenden, System hat. Die Matrix $\boldsymbol{E}_{jq}$ ist hier wie in (6) definiert, nur daß jq Eins-Elemente vorkommen.

Nun sei der Fall betrachtet, bei dem die Eingangs- und Ausgangssignalfolgen eines Systems vorliegen, das unter dem Einfluß einer nicht näher bekannten Anfangsbedingung steht. Dazu wird zunächst das System im Zustandsmodell betrachtet:

$$\dot{\boldsymbol{u}}(t) = \boldsymbol{A}\,\boldsymbol{u}(t) + \boldsymbol{B}\,\boldsymbol{y}(t), \quad \boldsymbol{u}_0 = \boldsymbol{u}(t_0),$$
$$\boldsymbol{x}(t) = \boldsymbol{C}\,\boldsymbol{u}(t). \tag{75}$$

Die Systemantwort dieses Systems ist identisch mit der des leicht modifizierten Systems

$$\dot{\boldsymbol{u}}(t) = \boldsymbol{A}\,\boldsymbol{u}(t) + [\boldsymbol{B} \mid \boldsymbol{u}_0] \begin{bmatrix} \boldsymbol{y}(t) \\ \delta(t) \end{bmatrix}, \tag{75a}$$

bei dem $\delta(t)$ wie üblich die Diracsche Deltafunktion bedeutet.

Analog erhalten wir für das diskrete System:

$$\boldsymbol{u}(k+1) = \boldsymbol{A}\,\boldsymbol{u}(k) + \boldsymbol{B}\,\boldsymbol{y}(k), \quad \boldsymbol{u}_0 = \boldsymbol{u}(k)|_{k=0},$$
$$\boldsymbol{x}(k) = \boldsymbol{C}\,\boldsymbol{u}(k) \tag{76}$$

das äquivalente System

$$u(k+1) = A\,u(k) + [B \mid u_0]\begin{bmatrix} y(k) \\ \delta(k+1) \end{bmatrix}, \qquad (76\,\text{a})$$

wo $\delta(k+1)$ das KRONECKER-Delta bedeutet (vgl. auch Abschn. VI.5.8). In der Sprache der H-Modelle besteht die vorstehende Modifikation jeweils darin, daß modifizierte Eingangssignalfolgen und MARKOV-Parameter auftreten:

$$\tilde{y}_{-1} = \begin{bmatrix} y_{-1} \\ 1 \end{bmatrix},$$

$$\tilde{y}_i = \begin{bmatrix} y_i \\ 0 \end{bmatrix}, \quad i = 0,1,2,\ldots, \qquad (77)$$

$$\tilde{M}_i = [M_i \mid C\,A^i\,u_0], \qquad (78)$$

wo $\tilde{M}_i$ $p,q+1$-Matrizen sind. Für das modifizierte System sind die Anfangsbedingungen wieder gleich Null, und es kann wieder Satz 11 angewendet werden, um die MARKOV-Parameter zu bestimmen. Die Anwendung des algebraischen Realisierungstheorems Satz 2 auf $\{\tilde{M}_i\}$ liefert dann die ursprünglichen Systemmatrizen $\{A,B,C\}$ *und* die Anfangsbedingung u_0. Ist $\{\tilde{A},\tilde{B},\tilde{C}\}$ die Minimalrealisierung zu $\{\tilde{M}_i\}$, dann gilt dieser Zusammenhang mit $\{A,B,C\}$ des ursprünglichen, unter dem Einfluß von Anfangsbedingungen stehenden Systems:

$$\left.\begin{aligned} A &= \tilde{A}, \\ B &= \tilde{B}\,E_q, \\ C &= \tilde{C}, \\ u_0 &= \tilde{B}\,E_1. \end{aligned}\right\} \qquad (79)^1$$

Während das System $\{\tilde{A},\tilde{B},\tilde{C}\}$ sicherlich vollständig z-steuerbar und beobachtbar ist, ist $\{A,B,C\}$ aus (79) nur noch vollständig beobachtbar und möglicherweise in bezug auf den durch u_0 aufgespannten Unterraum nicht mehr vollständig z-steuerbar.

Im Vorstehenden wurde gezeigt, wie durch rein algebraische Manipulationen aus geeigneten Testsignalsequenzen ein dynamisches Systemmodell des Testobjektes gewonnen werden kann. Die einfachen Rechenoperationen sind aber so zahlreich, daß zur Anwendung dieser Methode ein (möglichst „on line") digitaler Prozeßrechner unumgänglich notwendig ist. Wesentlich an dem Verfahren ist, daß keinerlei Strukturannahmen vorher erforderlich sind. Insbesondere ist nicht erforderlich, den Grad der Komplexität des Systems, d. h. den Grad der zugehörigen rationalen Matrix oder, gleichbedeutend, die Zahl der Energiespeicher zu kennen. In der Tat ist es nicht einmal erforderlich zu wissen, ob das System linear oder nichtlinear ist. Das über die, aus den Signalsequenzen bestimmten, MARKOV-Parameter mittels des algebraischen Realisierbarkeitstheorems gewonnene Systemmodell ist selbstverständlich linear und in jedem Fall die beste (minimale) lineare Näherung im Sinne des mittleren quadratischen Fehlers eines gegebenenfalls nichtlinearen Prüflings.

---

[1] Der Vektor E_1 hat hier die Form: $E_1 = [0,0,,..,0,1]^T$.

Im Rahmen dieser Schrift ist, wie oben schon dargelegt, das Problem der Realisierung von Systemmodellen, die als rationale Übertragungsmatrizen vorliegen, von besonderem Interesse, da damit eine Brücke zwischen den Methoden in Band I und denen im vorliegenden Band geschlagen wird. Aus diesem Grund wird jetzt die Gewinnung von Markov-Parametern aus rationalen Matrizen, die zwar im Prinzip in (41) und (43) erklärt ist, etwas eingehender besprochen.

Es seien

$$\boldsymbol{M}_i = [M_{i,kl}], \quad \begin{aligned} k &= 1, 2, \ldots, p \\ l &= 1, 2, \ldots, q \\ i &= 0, 1, 2, \ldots \end{aligned} \tag{80}$$

$$\boldsymbol{F}(s) = [F_{kl}(s)], \quad \begin{aligned} k &= 1, 2, \ldots, p \\ l &= 1, 2, \ldots, q, \end{aligned} \tag{81}$$
$$\lim_{s \to \infty} \boldsymbol{F}(s) = \boldsymbol{0}.$$

Wir betrachten nun die Elemente von $\boldsymbol{M}_i$ bzw. $\boldsymbol{F}(s)$ und haben zunächst mit (41):

$$F_{kl}(s) = \frac{Z_{kl}(s)}{N_{kl}(s)} = \frac{b_n + b_{n-1}s + \cdots + b_2 s^{n-2} + b_1 s^{n-1}}{a_n + a_{n-1}s + \cdots + a_2 s^{n-2} + a_1 s^{n-1} + s^n} = \sum_{i=0}^{\infty} \frac{M_{i,kl}}{s^{i+1}}, \tag{82}$$

wobei bei den Zähler- und Nennerkoeffizienten der Index k, l fallengelassen wurde, um die Übersichtlichkeit nicht weiter einzuschränken. Selbstverständlich sind die folgenden Manipulationen mit jedem Element $F_{kl}(s)$ aus $\boldsymbol{F}(s)$ auszuführen. Multiplikation von (82) auf beiden Seiten mit $N(s)$ und Koeffizientenvergleich ergibt den allgemeinen Zusammenhang zwischen den Koeffizienten b_r und a_r mit den M_i:

$$\left.\begin{aligned} M_0 &= b_1 \\ M_1 + a_1 M_0 &= b_2 \\ M_2 + a_1 M_1 + a_2 M_0 &= b_3 \\ \cdots\cdots\cdots\cdots\cdots\cdots\cdots\cdots\cdots\cdots \\ M_{n-1} + a_1 M_{n-2} + \cdots + a_{n-1} M_0 &= b_n \end{aligned}\right\} \tag{83a}$$

$$\left.\begin{aligned} M_n + a_1 M_{n-1} + a_2 M_{n-2} + \cdots + a_{n-1} M_1 + a_n M_0 &= 0 \\ M_{n+1} + a_1 M_n + a_2 M_{n-1} + \cdots + a_{n-1} M_2 + a_n M_1 &= 0 \\ \vdots \qquad \vdots \qquad \vdots \qquad \qquad \vdots \qquad \vdots \qquad \vdots \end{aligned}\right\} \tag{83b}$$

Diese beiden (Teil-) Gleichungssysteme lassen sich in diese Form kleiden:

$$\begin{bmatrix} M_0 \\ M_1 \\ M_2 \\ \vdots \\ M_{n-1} \end{bmatrix} = \begin{bmatrix} 1 & & & & \\ a_1 & 1 & & \boldsymbol{0} & \\ a_2 & a_1 & 1 & & \\ \vdots & \vdots & & & \\ a_{n-1} & a_{n-2} & a_{n-3} \ldots a_1 & 1 \end{bmatrix}^{-1} \begin{bmatrix} b_1 \\ b_2 \\ \vdots \\ \vdots \\ b_n \end{bmatrix}, \tag{84a}$$

$$\begin{bmatrix} M_q \\ M_{q+1} \\ M_{q+2} \\ \vdots \\ M_{q+n-1} \end{bmatrix} = \begin{bmatrix} 0 & 1 & & & \\ 0 & 0 & 1 & \boldsymbol{0} & \\ \cdots & \cdots & \cdots & \cdots & \\ 0 & 0 & 0 & \ldots 1 & \\ -a_n & -a_{n-1} & -a_{n-2} \ldots -a_1 \end{bmatrix}^q \begin{bmatrix} M_0 \\ M_1 \\ \vdots \\ \vdots \\ M_{n-1} \end{bmatrix} \quad \text{für alle } q \geqq n. \tag{84b}$$

Damit sind alle M_i für das Element $F_{kl}(s)$ bestimmt, und insbesondere ist mit (84b) die für die algebraische Realisierung notwendige vorausgesetzte Rekursionsformel gegeben. Wird entsprechend für alle $F_{kl}(s)$ vorgegangen und werden alle dann zusammengehörenden $M_{i,kl}$ zu Matrizen M_i zusammengefaßt, dann ist die Folge der MARKOV-Parameter M_i bestimmt.

Zum Abschluß werden noch zwei Darstellungen der Übertragungsfunktion $F(s)$ eines Einfachsystems mittels der MARKOV-Parameter zusammengestellt. Es seien $\{M_i\}$ die MARKOV-Parameter einer Eingangs-Ausgangs-Klemmenbeschreibung und H_r die aus ihnen gebildete HANKEL-Matrix.

a) In dem algebraischen Realisierungstheorem (Satz 2) wird gewählt:

$$P = H_r^{-1}, \quad Q = 1_n.$$

Damit ergibt Satz 2 diese kanonische Darstellung des Systems:

$$
\begin{aligned}
A &= H_r^{-1}\, \Gamma\, H_r; \quad B = [1 \quad 0 \quad 0 \quad 0]^T, \\
C &= [M_0 \mid M_1 \mid \cdots \mid M_{n-1}],
\end{aligned}
\tag{85}
$$

womit dann für $F(s)$ folgt:

$$
F(s) = C(s\,1_n - A)^{-1}\,B = [M_0 \mid M_1 \mid \cdots \mid M_{n-1}]\,[s\,1_n - H_r^{-1}\,\Gamma\,H_r]^{-1}
\begin{bmatrix} 1 \\ 0 \\ \vdots \\ 0 \end{bmatrix}.
\tag{86}
$$

b) Wird $P = 1$ und $Q = H_r^{-1}$ gewählt, folgt aus Satz 2:

$$
F(s) = [1 \mid 0 \mid \cdots \mid 0]\,[s\,1_n - \Gamma\,H_r\,H_r^{-1}]^{-1}
\begin{bmatrix} M_0 \\ M_1 \\ \vdots \\ M_{n-1} \end{bmatrix}
\tag{87}
$$

und schließlich nach einigen Umformungen hieraus:

$$
F(s) = [1 \mid 0 \mid \cdots \mid 0]\,[s\,H_r^{-1} - H_r^{-1}(\Gamma\,H_r)\,H_r^{-1}]^{-1}
\begin{bmatrix} 1 \\ 0 \\ \vdots \\ 0 \end{bmatrix}.
\tag{88}
$$

Es ist selbstverständlich, daß die hier gezeigten Zusammenhänge für die rationale Übertragungsmatrix $F(s)$ kontinuierlicher Systeme vollständig analog denen für $F(z)$ der zeitdiskreten Systeme sind.

5.8 Beispiele zur Realisierung dynamischer Systeme

An zwei Beispielen wird nun das Realisierungsverfahren, das Gegenstand dieses Abschnittes war, noch einmal zusammenfassend erläutert. Die Beispiele sind einfach gehalten, da der, mathematisch gesehen, sehr einfache Algorithmus einen numerischen Aufwand für die Anwendung bedeutet, der nur bei Zuhilfenahme eines Digitalrechners zu dem gewünschten schnellen Erfolg führt. Um den Aufwand leichter abschätzen zu können und um ferner zu sehen, zu welcher Struktur die algebraische Realisierung führt, wurden zwei Beispiele gewählt, die in Abschn. VIII.3 schon mit einem anderen Verfahren bearbeitet wurden.

Beispiel 1. Es wird die Übertragungsmatrix $F(s)$ aus Beispiel 2 in Abschn. VIII.3.9, S. 248, gegeben:

$$F(s) = \left[\begin{array}{c|c} \dfrac{4}{(s+1)(s+2)} & \dfrac{1}{s+1} \\[2mm] \hline \dfrac{4}{(s+1)(s+2)} & \dfrac{1}{s+1} \end{array} \right],$$

zu der eine Realisierung $\{A, B, C\}$ mittels des Realisierungstheorems Satz 2 berechnet werden soll.

Als erstes werden mittels (83a) die Markov-Parameter $M_{i,kl}$ für die Elemente $F_{kl}(s)$ ($k, l - 1, 2, \ldots$) bestimmt. Dabei ist darauf zu achten, daß die Koeffizienten b_i des Zählerpolynoms richtig gewählt werden. Für $F_{11}(s)$ und $F_{21}(s)$ ist jeweils $b_1 = 0$, $b_2 = 4$ und $b_i = 0$ ($i \geqq 3$). Es ergeben sich dann für die ersten Glieder diese Werte:

$$M_{11} = 0, 4, -12, 28, \ldots; \qquad M_{12} = 1, -1, 1, -1, \ldots;$$
$$M_{21} = 0, 4, -12, 28, \ldots; \qquad M_{22} = 1, -1, 1, -1, \ldots,$$

die dann zu den Markov-Parametern M_i in Matrizenform zusammengefaßt werden:

$$M_0 = \begin{bmatrix} 0 & 1 \\ 0 & 1 \end{bmatrix}, \quad M_1 = \begin{bmatrix} 4 & -1 \\ 4 & -1 \end{bmatrix}, \quad M_2 = \begin{bmatrix} -12 & 1 \\ -12 & 1 \end{bmatrix}, \quad M_3 = \begin{bmatrix} 28 & -1 \\ 28 & -1 \end{bmatrix}, \ldots$$

Aus diesen Parametern ist nun eine Hankel-Matrix H_r geeigneter Ordnung aufzubauen. Die Ordnung r ist dabei nicht größer als der Grad des Hauptnenners aller Elemente zu wählen, da alle Markov-Parameter mit einem Index größer diesem Grad durch eine Rekursionsformel entsprechend (84b) bestimmbar sind, wodurch dann die Hankel-Matrizen H_r mit einer Ordnung höher als diesem größten Grad keinen Rangzuwachs mehr haben. Da hier der Hauptnenner $H(s)$ von $F(s)$ den Grad $\delta(H(s)) = 2$ hat, wird H_2 gewählt:

$$H_2 = \begin{bmatrix} M_0 & M_1 \\ M_1 & M_2 \end{bmatrix} = \begin{bmatrix} 0 & 1 & 4 & -1 \\ 0 & 1 & 4 & -1 \\ 4 & -1 & -12 & 1 \\ 4 & -1 & -12 & 1 \end{bmatrix}.$$

Wegen der sogleich erkennbaren Zeilenabhängigkeit ist Rang $H_2 = 2$, was aber besser routinemäßig durch Transformation auf die Normalform

$$N = \begin{bmatrix} 1 & & & & \\ & 1 & & & \boldsymbol{0} \\ & & 1 & & \\ & & & 1 & \\ & & & 0. & \\ \boldsymbol{0} & & & & \ddots \end{bmatrix}$$

festgestellt wird, um so mehr, als die Transformationsmatrizen P und Q noch explizite benötigt werden:

$$P H_2 Q = N = \begin{bmatrix} 1 & & \boldsymbol{0} \\ & 1 & \\ \boldsymbol{0} & & 0 \\ & 0 & & 0 \end{bmatrix}.$$

Diese Matrizen leisten die gewünschte Transformation:

$$P = \begin{bmatrix} 1 & 0 & 0 & 0 \\ \tfrac{1}{4} & 0 & \tfrac{1}{4} & 0 \\ -1 & 1 & 0 & 0 \\ 0 & 0 & -1 & 1 \end{bmatrix}; \quad Q = \begin{bmatrix} 0 & 1 & 2 & 0 \\ 1 & 0 & -4 & 1 \\ 0 & 0 & 1 & 0 \\ 0 & 0 & 0 & 1 \end{bmatrix}.$$

Für (12) wird noch ΓH_2 benötigt:

$$\Gamma H_2 = \begin{bmatrix} M_1 & M_2 \\ M_2 & M_3 \end{bmatrix} = \begin{bmatrix} 4 & -1 & -12 & 1 \\ 4 & -1 & -12 & 1 \\ -12 & 1 & 28 & -1 \\ -12 & 1 & 28 & -1 \end{bmatrix}.$$

Damit sind alle wesentlichen Stücke zur Berechnung der Realisierung schon bestimmt und (12) liefert:

$$A = E_2^T\, P\, \Gamma\, H_2\, Q\, E_2 = \begin{bmatrix} -1 & 4 \\ 0 & -2 \end{bmatrix},$$

$$B = E_2^T\, P\, H_2\, E_2 = \begin{bmatrix} 0 & 1 \\ 1 & 0 \end{bmatrix},$$

$$C = E_2^T\, H_2\, Q\, E_2' = \begin{bmatrix} 1 & 0 \\ 1 & 0 \end{bmatrix}.$$

In Abb. VIII.5.5 ist ein Signalflußdiagramm dieser Realisierung dargestellt. In diesem Fall liefert die algebraische Realisierung ein besonders übersichtlich gebautes System. Wird der „Koppel"-Faktor 4 in der Matrix A eliminiert und an der Stelle B_{21} in B untergebracht,

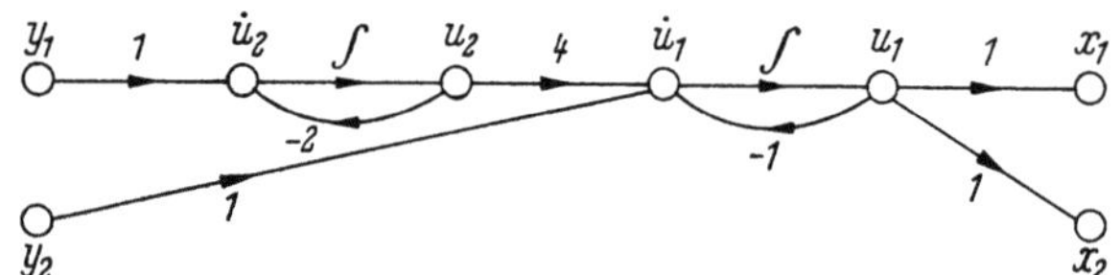

Abb. VIII.5.5 Signalflußdiagramm zu Beispiel 1

liegt die Systemmatrix sogar in kanonischer Form der Reihendarstellung vor. Im allgemeinen muß aber wie schon das nächste Beispiel zeigt, eine spezielle Strukturuntersuchung und anschließende Transformation auf die entsprechende kanonische Struktur vorgenommen werden, wenn die algebraische Realisierung eine kanonische Realisierung liefern soll.

Beispiel 2. Nun ist zu $F(s)$ aus Beispiel 2, Abschn. 3.8, S. 243:

$$F(s) = \begin{bmatrix} \dfrac{1}{(s+1)^2} & \dfrac{-(s-2)}{(s+1)^2} \\[2ex] \dfrac{(s+3)}{(s+1)^2} & \dfrac{2(s+4)}{(s+1)^2} \end{bmatrix}$$

eine algebraische Realisierung gesucht. Mit (38a) lauten die ersten MARKOV-Parameter:

$$M_0 = \begin{bmatrix} 0 & -1 \\ 1 & 2 \end{bmatrix}, \quad M_1 = \begin{bmatrix} 1 & 4 \\ 1 & 4 \end{bmatrix}, \quad M_2 = \begin{bmatrix} -2 & -7 \\ -3 & -10 \end{bmatrix}, \quad M_3 = \begin{bmatrix} 3 & 10 \\ 5 & 16 \end{bmatrix}, \dots$$

Da der Hauptnenner $H(s)$ aller Elemente $F_{kl}(s)$ wieder den Grad $\delta(H(s)) = 2$ hat, wird als Index r der HANKEL-Matrix H_r auch 2 gewählt:

$$H_2 = \begin{bmatrix} M_0 & M_1 \\ M_1 & M_2 \end{bmatrix} = \begin{bmatrix} 0 & -1 & 1 & 4 \\ 1 & 2 & 1 & 4 \\ 1 & 4 & -2 & -7 \\ 1 & 4 & -3 & -10 \end{bmatrix}.$$

Die Transformation von H_2 auf Normalform liefert:

$$P\, H_2\, Q = N = \begin{bmatrix} 1 & & & \\ & 1 & & 0 \\ & & 1 & \\ & 0 & & 0 \end{bmatrix}$$

mit

$$P = \begin{bmatrix} 0 & 1 & 0 & 0 \\ -1 & 0 & 0 & 0 \\ -2 & 1 & -1 & 0 \\ -2 & 1 & -2 & 1 \end{bmatrix}; \quad Q = \begin{bmatrix} 1 & -2 & -3 & -3 \\ 0 & 1 & 1 & 1 \\ 0 & 0 & 1 & -3 \\ 0 & 0 & 0 & 1 \end{bmatrix}.$$

Ferner ist

$$\Gamma\, H_2 = \begin{bmatrix} M_1 & M_2 \\ M_2 & M_3 \end{bmatrix} = \begin{bmatrix} 1 & 4 & -2 & -7 \\ 1 & 4 & -3 & -10 \\ -2 & -7 & 3 & 10 \\ -3 & -10 & 5 & 16 \end{bmatrix}.$$

Damit ist über (12) eine Realisierung $\{A, B, C\}$ bestimmbar zu:

$$A = E_3^T \, P \, \Gamma \, H_2 \, Q \, E_3 = \begin{bmatrix} 1 & 2 & -2 \\ -1 & -2 & 1 \\ 1 & 1 & -2 \end{bmatrix},$$

$$B = E_3^T \, P \, H_2 \, E_2 = \begin{bmatrix} 1 & 2 \\ 0 & 1 \\ 0 & 0 \end{bmatrix},$$

$$C = E_2^T \, H_2 \, Q \, E_3 = \begin{bmatrix} 0 & -1 & 0 \\ 1 & 0 & 0 \end{bmatrix}.$$

Ein Vergleich dieses Ergebnisses mit dem auf S. 244 zeigt, daß hier mit einem geringeren mathematischen Aufwand, aber wesentlich formaler, eine viel weniger durchsichtige Struktur des Systems gefunden wurde.

An den vorliegenden Beispielen ist, vor allem, wenn die einzelnen Rechenschritte nachvollzogen werden, erkennbar, daß für die manuelle Bearbeitung sehr viele, aber recht einfache, Rechenschritte zu vollziehen sind, die bei realistischeren Zahlenwerten und Systemen der Praxis ohne maschinelle Hilfe kaum fehlerfrei auszuführen sind. Beachtenswert an diesen Beispielen ist ferner, daß die Zahlenwerte der MARKOV-Parameter schon nach relativ wenigen Gliedern sehr groß werden, so daß auch hier, wie bei sehr vielen numerischen Problemen der Praxis, erhebliche Schwierigkeiten auftreten können. Diese Schwierigkeiten, die die Genauigkeit der Rechnungen betreffen, müssen gegebenenfalls durch geeignete Skalierungsoperationen umgangen werden [VIII.23].

6 Systeme zur Zustandsschätzung aus Systemausgangssignalen

6.1 Einführung

Die Zustandsvektormodelle von dynamischen Systemen, die in diesem Band im Vordergrund der Betrachtung stehen, sind für die numerische Problemlösung besonders geeignet. Diese Modelle, die gleichermaßen für lineare wie nichtlineare Systeme aufgestellt werden können, bilden darüber hinaus aber auch die Basis moderner Syntheseverfahren der Regelungstechnik. Wesentliche Syntheseverfahren sind dabei die, die auf geeignet formulierten Optimierungsstrategien beruhen. In Kap. IX werden wir speziell solche Optimierungsverfahren behandeln, die auf Variationsprobleme führen. Diese Optimierungstheorien gehen dabei von einem gegebenen System in der Zustandsdarstellung

$$\dot{u}(t) = f(u(t), y(t)), \qquad u_0 = u(t_0) \tag{1}$$

aus. Gesucht ist dann eine Steuer- oder Stellgröße

$$y(t) = g(u(t), t) \tag{2}$$

derart, daß ein vom Zustands- und/oder Stellvektor, also $u(t)$ bzw. $y(t)$, abhängendes „Güte"- oder „Kosten"-Funktional zu einem Extremum, normalerweise bei technischen Aufgaben zu einem Minimum, wird:

$$J = J(u(t), y(t), t) \overset{!}{=} \text{extr.} \tag{3}$$

Bei diesen oder ähnlichen Fragestellungen und deren Lösungen wird dabei immer vorausgesetzt, daß der Zustandsvektor $u(t)$ oder zumindestens einige besonders interessierende Komponenten $u_i(t)$ tatsächlich zugänglich sind. Bei sehr vielen technischen Systemen und vor allem bei Anlagen, bei denen Mehrgrößenregelstrecken über geeignet entworfene Regelkreisschaltungen zu regeln sind, ist ein Zustandsvektor normalerweise von außen nicht zugänglich. Das heißt, über die an einer Anlage vorhandenen Meßgeräte, die die Regel- und gegebenenfalls „Hilfsregel"-Größen liefern, sind keine Signale erhältlich, die den Systemzustand explizite anzeigen, wie es z. B. bei einer optimalen Regelstrategie verlangt wird. Setzt man voraus, daß ein dynamisches System und speziell eine Regelstrecke vollständig beobachtbar ist, dann sind alle Zustandsgrößen $u_i(t)$ über die Ausgangsmatrix C in dem Modell $\{A, B, C\}$ mit den Ausgangssignalen $x_i(t)$ des Systems verknüpft. Für den Bearbeiter eines Problems, bei dessen Lösung die Zustandsgrößen explizite verlangt werden, besteht dann u. a. eine wesentliche Aufgabe darin, geeignete Maßnahmen zu treffen, z. B. in Form spezieller Meßeinrichtungen, um die gewünschten Informationen über den Systemzustand zu erhalten.

Geräte oder Einrichtungen, die aus den an der Anlage vorhandenen Signalen — den p Ausgangssignalen (Regelgrößen) $x_i(t)$ und gegebenenfalls den q Eingangssignalen (Stellgrößen) $y_j(t)$ — den Zustandsvektor $u(t)$ mit seinen n Komponenten $u_i(t)$ bzw. eine möglichst genaue Schätzung $\hat{u}(t)$ des Vektors $u(t)$ erzeugen, sollen hier und im folgenden *Beobachter* (englisch *observer*) heißen. In Abb. VIII.6.1 ist das hier zu besprechende Prinzip in Form eines Blockschaltbildes skizziert. In diesem Abschn. 6 werden einige wesentliche Methoden, mit denen Beobachter konstruiert werden können, behandelt werden.

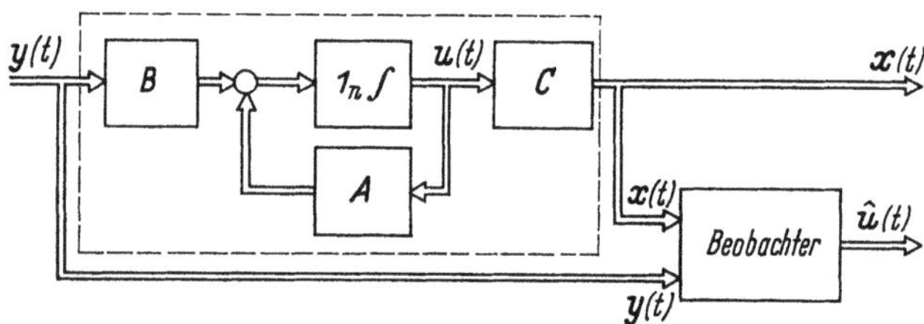

Abb. VIII.6.1 Prinzip eines Beobachtungssystems (Beobachters)

Handelt es sich um ein lineares kontinuierliches Einfachsystem, also ein System mit einem Ein- und einem Ausgang, und setzt man die Zustandsvariablen identisch mit den aus den Ableitungen des Ausgangssignals gebildeten Phasenvariablen (s. auch Kap. VI), dann könnten im Prinzip durch $(n-1)$-maliges Differenzieren des Ausgangssignals $x(t)$ die n Komponenten des Zustandsvektors $u(t)$ eines Systems mit n Energiespeichern gefunden werden. In diesem Sinne ist also z. B. der PID-Regler ein System, das neben seiner Funktion als Signalintegrierer näherungsweise drei Zustandsvariable aus der Regelstrecke verarbeitet, nämlich einmal das Ausgangssignal selbst und dann deren, durch (näherungsweise) Differentiation gewonnenen, ersten beiden Ableitungen. (Diese näherungsweise Differentiation entspricht den beiden Nullstellen der komplexen Übertragungsfunktion dieses Reglers.)

Ein allein auf differenzierende Elemente aufgebauter Beobachter ist selbst bei Einfachsystemen unbrauchbar, da die durch ihn gelieferten Signale schon bei der geringsten Anwesenheit von Störungen nicht mehr die tatsächlichen Systemzustände mit der gewünschten Genauigkeit erkennen lassen. Darüber hinaus ließe sich dieses Bauprinzip auch nicht ohne weiteres auf Mehrgrößensysteme ausdehnen.

In diesem Abschnitt werden zwei Typen von Beobachtern besprochen, einer für kontinuierliche und einer für zeitdiskrete Signale. Dabei steht hier die Fragestellung für nichtgestörte Ausgangssignale $x_i(t)$ im Vordergrund. Das in Kap. IX behandelte KALMAN-BUCY-Filter kann dann in gewissem Sinne als Verallgemeinerung der Beobachtungssysteme für den Fall gestörter Signale aufgefaßt werden.

6.2 Das Beobachterprinzip nach Luenberger (Einfachsysteme)

Wir beginnen mit der Beschreibung eines Beobachtersystems für kontinuierliche lineare Systeme, das von LUENBERGER [VIII.24] vorgeschlagen wurde. Wir beschränken uns zunächst auf Systeme mit einem Ein- und einem Ausgang, die diesem Zustandsmodell genügen (Abb. VIII.6.2):

$$\dot{u}(t) = A\,u(t) + B\,y(t), \qquad (4\,\text{a})$$

$$x(t) = C\,u(t). \qquad (4\,\text{b})$$

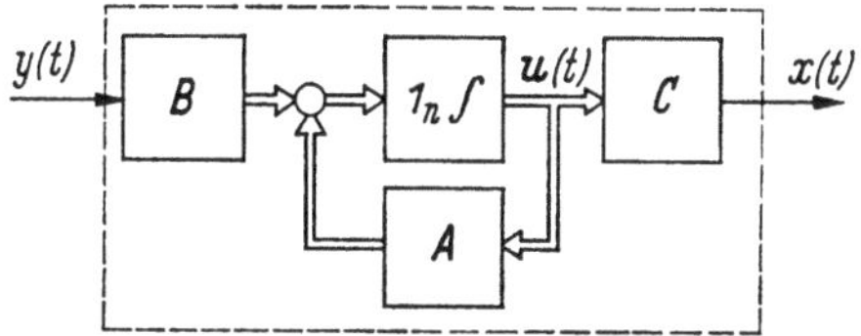

Abb. VIII.6.2 Blockschaltbild eines Einfachsystems [Gl. (4)]

Von diesem System stehen nur das Eingangssignal $y(t)$ und das Ausgangssignal $x(t)$ zur Verfügung, und es besteht die Aufgabe, ein System zu entwerfen, das eine möglichst genaue Schätzung $\hat{u}(t)$ des Zustandsvektors $u(t)$ des Systems (4) liefert, von dem vorausgesetzt ist, daß es vollständig beobachtbar ist, daß also gilt (vgl. Abschn. VIII.2):

$$\text{Rang}[C^T \mid A^T C^T \mid \cdots \mid (A^T)^{m-1} C^T] = n. \qquad (5)$$

Das Problem vereinfacht sich, wenn von dem gesuchten Beobachtungssystem nicht eine Schätzung $\hat{u}(t)$ des Zustandsvektors $u(t)$ selbst, sondern eine lineare Transformation

$$z(t) = T\,u(t), \qquad (6)$$

des Zustandsvektors betrachtet wird. Ist dann $z(t)$ bekannt und ist ferner T invertierbar, dann kann von $z(t)$ auf $u(t)$ geschlossen werden. Im folgenden wird aber zunächst nicht die Invertierbarkeit von T vorausgesetzt. Insbesondere wird auch nicht verlangt, daß $z(t)$ die gleiche Dimension wie $u(t)$ hat, d. h., T darf auch eine rechteckige v,n-Matrix sein. Der Vektor $z(t)$ sei der v-dimensionale Zustandsvektor des Beobachtungssystems, der diesem Zustandsmodell genügt:

$$\dot{z}(t) = F\,z(t) + H\,u(t), \qquad z(0) = T\,u(0). \qquad (7)$$

Hierin ist $u(t)$ der Zustandsvektor des zu beobachtenden Systems (Abb. VIII.6.3). In dieser Abbildung ist zunächst durch den gestrichelt gezeichneten Signalweg des Zustandsvektors $u(t)$ nur eine Illustration von (7) skizziert. Unten wird dann gezeigt, wie H gewählt werden muß, damit aus dem tatsächlich nur zur

Verfügung stehenden Ausgangssignal $x(t)$ auf den nicht direkt zur Verfügung stehenden Zustandsvektor geschlossen werden kann.

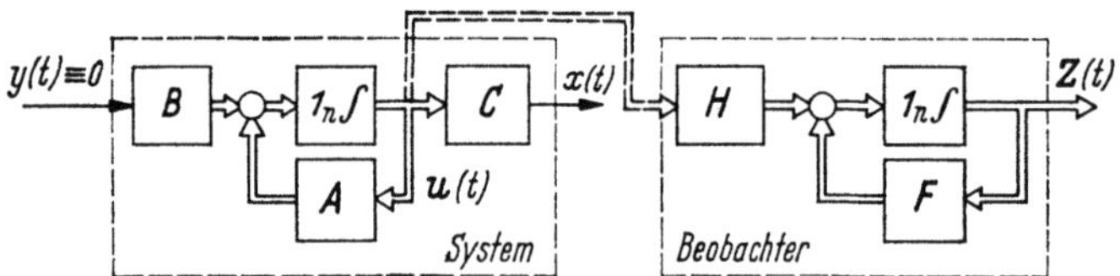

Abb. VIII.6.3 Zur Definition eines Beobachters zu einem Einfachsystem ohne Eingangserregung

Wir betrachten nun zunächst den Fall des nicht durch ein Eingangssignal erregten Systems, in (1) sei also $y(t) = 0$, und prüfen dieses, von LUENBERGER gefundene Ergebnis:

Satz 1. Es sei ein nichterregtes System $\dot{u} = A\,u(t)$ und ein Beobachter $\dot{z}(t) = F\,z(t) + H\,u(t)$ so gegeben, daß F und A keine gemeinsamen Eigenwerte haben:

$$\lambda_i(F) \neq \lambda_j(A) \quad \begin{array}{l} \text{für alle} \quad i = 1, 2, \ldots, v, \\ \phantom{\text{für alle} \quad} j = 1, 2, \ldots, n, \end{array} \tag{8}$$

dann existiert eine lineare Transformation T derart, daß mit $z(t_0) = T\,u(t_0)$ gilt:

$$z(t) = T\,u(t), \quad t \geq t_0. \tag{9}$$

Für den Beweis setzen wir zunächst die Existenz von T voraus, also

$$z(t) = T\,u(t) \quad \text{für alle} \quad t \geq t_0. \tag{10}$$

Wird nun (4a) bei $y(t) \equiv 0$ von links mit T multipliziert und (10) in (7) eingesetzt, dann ergibt sich:

$$\begin{aligned} T\,\dot{u}(t) &= T\,A\,u(t), \\ T\,\dot{u}(t) &= F\,T\,u(t) + H\,u(t), \end{aligned} \tag{11}$$

woraus weiter folgt, daß die Transformationsmatrix T dieser algebraischen Gleichung genügen muß:

$$T\,A - F\,T = H. \tag{12}$$

Mit der Voraussetzung (8), beide Matrizen A und F haben keine gemeinsamen Eigenwerte, folgt aus der allgemeinen Matrizentheorie [VII.1 und VII.2], daß die lineare Transformation T existiert.

Es bleibt noch zu zeigen, daß die durch (12) definierte Matrix T die Gl. (9) des Satzes 1 erfüllt. Hierzu wird die von links mit T multiplizierte Systemgleichung von der Beobachtergleichung abgezogen:

$$\dot{z}(t) - T\,\dot{u}(t) = F\,z(t) - T\,A\,u(t) + H\,u(t),$$

woraus mit (12) diese Differentialgleichung 1. Ordnung in der Variablen $(z(t) - T\,u(t))$ folgt:

$$\dot{z}(t) - T\,\dot{u}(t) = F\big(z(t) - T\,u(t)\big), \tag{13}$$

deren Lösung gerade (9):

$$\begin{aligned} z(t) - T\,u(t) &= e^{Ft}\big(z(t_0) - T\,u(t_0)\big), \\ z(t) &= T\,u(t) + e^{Ft}\big(z(t_0) - T\,u(t_0)\big) \end{aligned} \tag{9}$$

ist.

Das hier gezeigte Ergebnis läßt sich für den Fall des durch ein Stellsignal $y(t)$ erregten Systems erweitern, wenn auch dem Beobachter dieses Stellsignal zugeführt wird (Abb. VIII.6.4):

$$\dot{z}(t) = F\,z(t) + H\,u(t) + T\,B\,y(t).\qquad(14)$$

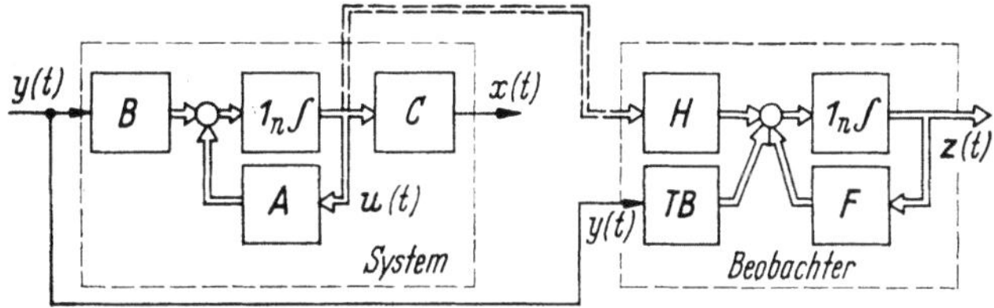

Abb. VIII.6.4 Beobachter zu einem unter dem Einfluß eines Eingangssignals stehenden System

Anstelle von (11) tritt dann mit (4a) und (14):

$$\begin{aligned}
T\,\dot{u}(t) &= T\,A\,u(t) + T\,B\,y(t),\\
T\,\dot{u}(t) &= F\,T\,u(t) + H\,u(t) + T\,B\,y(t)
\end{aligned}\qquad(15)$$

ein Gleichungssystem, das auch die Beziehungen (12) und (13) und damit (9) liefert.

Bis hierher war nur eine allgemeine Ableitung für die Beobachtergleichungen gegeben. Es fehlt noch die Synthesevorschrift für die Matrizen T und H, damit anstelle von $u(t)$ in (7) oder (14) die tatsächlich nur vorhandenen Signale treten. Wir ersetzen deshalb in (14) die Gleichung des Beobachters durch:

$$\dot{z}(t) = F\,z(t) + G\,x(t) + T\,B\,y(t),\qquad(16)$$

wo jetzt $x(t)$ das tatsächlich am Ausgang des Einfachsystems zur Verfügung stehende Signal ist. Wird in (16) dann (4b) eingesetzt, erhält man durch Koeffizientenvergleich zunächst die Beziehung

$$H = G\,C,\qquad(17)$$

und damit aus (12):

$$T\,A - F\,T = G\,C.\qquad(18)$$

Eine mögliche Wahl für T ist $T = 1_n$, womit einmal auch dem Beobachter n Zustandsvariablen $z_i(t)$ mit $v = n$ zugeordnet werden. Zum anderen folgt daraus die Synthesevorschrift

$$F = A - G\,C,\qquad(19)$$

in der A und C durch die zu beobachtende Strecke vorgegeben und nur noch G frei wählbar ist. Diese Lösung des Problems ist in Abb. VIII.6.5 dargestellt, wobei im Teilbild b) die physikalischen Zusammenhänge leichter erkennbar sind. Mit den n freien Parametern in der noch freibleibenden Matrix G des Beobachters (B und G bzw. C sind Spalten- bzw. Zeilenmatrizen wegen des vorausgesetzten Einfachsystems) werden nun die Eigenwerte der Systemmatrix F so gewählt, daß der Einschwingvorgang des Beobachtersystems möglichst schnell ist und der Fehler

$$\|\varepsilon(t)\| = \|T\,u(t) - T\,\hat{u}(t)\| = \|T\,u(t) - z(t)\|\qquad(20)$$

zwischen dem „wahren" Zustandsvektor $u(t)$ und seiner Schätzung $\hat{u}(t)$ möglichst klein wird.

Die Wahl von $T = 1_n$ liefert zwar eine besonders einfache und übersichtliche Lösung des Beobachtersystems, doch ist das so gewonnene System redundant, d. h. es kann gezeigt werden, daß ein Beobachtersystem mit $(n - 1)$

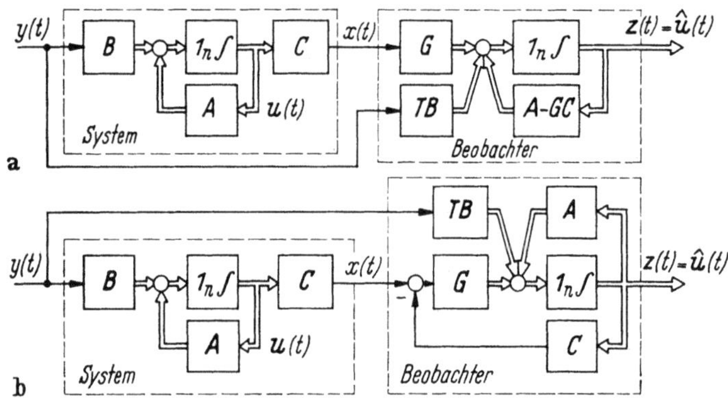

Abb. VIII.6.5a u. b Ein Beobachterentwurf für Einfachsysteme
a) Blockschaltbild zu Gl. (19); b) abgewandeltes Blockschaltbild zur physikalischen Deutung des Beobachters

Energiespeichern ausreicht, die n Komponenten $u_i(t)$ des Zustandsvektors $u(t)$ für das zu beobachtende System zu schätzen. Das soll nun kurz gezeigt werden. Es wird vorausgesetzt, daß das zu beobachtende System in der speziellen kanonischen Form (vgl. auch Abschn. VIII.7.2) vorliegt:

$$\dot{u}(t) = \begin{bmatrix} -\alpha_1 & 1 & 0 \ldots 0 \\ -\alpha_2 & 0 & 1 \ldots 0 \\ \cdots\cdots\cdots\cdots\cdots \\ -\alpha_n & 0 & 0 \ldots 0 \end{bmatrix} u(t) + \begin{bmatrix} b_1 \\ b_2 \\ \vdots \\ b_n \end{bmatrix} y(t),$$

$$x(t) = [\; 1 \quad 0 \quad 0 \ldots 0\;] u(t). \tag{21}$$

Abb. VIII.6.6 Illustration der Gl. (21)

Diese in Abb. VIII.6.6 skizzierte Form kann jederzeit aus einer allgemeinen Matrix A über eine Ähnlichkeitstransformation $T^{-1} A\, T$ erzeugt werden. Wird der Beobachter so gewählt, daß er durch ein analoges System

$$\dot{z}(t) = \begin{bmatrix} -\beta_1 & 1 & 0 \ldots 0 \\ -\beta_2 & 0 & 1 \ldots 0 \\ \vdots \\ -\beta_n & 0 & 0 \ldots 0 \end{bmatrix} z(t) + \begin{bmatrix} \beta_1 - \alpha_1 \\ \beta_2 - \alpha_2 \\ \vdots \\ \beta_n - \alpha_n \end{bmatrix} u_1(t) + T \begin{bmatrix} b_1 \\ b_2 \\ \vdots \\ b_n \end{bmatrix} y(t) \tag{22}$$

beschrieben wird, dann ist gerade die vorstehend besprochene Synthesevorschrift $T = 1_n$ in der Gleichung:

$$T A - F\, T = G\, C \tag{18}$$

erfüllt. In (22) ergibt sich die spezielle Eigenschaft $x(t) = u_1(t)$ gerade aus der in (21) gewählten Phasenvariablen-kanonischen Form. Wird nun ein Beobachter mit $(n-1)$ Zustandsvariablen $z_i(t)$ in dieser Form gewählt:

$$\dot{z}(t) = \begin{bmatrix} -\beta_1 & 1 & 0 \dots 0 \\ -\beta_2 & 0 & 1 \dots 0 \\ \dots\dots\dots\dots\dots \\ -\beta_{n-1} & 0 & 0 \dots 0 \end{bmatrix} z(t) +$$

$$+ \begin{bmatrix} -\beta_1(\beta_1 - \alpha_1) + (\beta_2 - \alpha_2) \\ -\beta_2(\beta_1 - \alpha_1) + (\beta_3 - \alpha_3) \\ \dots\dots\dots\dots\dots\dots\dots \\ -\beta_{n-1}(\beta_1 - \alpha_1) - \alpha_n \end{bmatrix} u_1(t) + T \begin{bmatrix} b_1 \\ \vdots \\ b_n \end{bmatrix} y(t), \quad (23)$$

dann ist leicht zu verifizieren, daß (18) durch

$$T = \begin{bmatrix} -\beta_1 & 1 & 0 \dots 0 \\ -\beta_2 & 0 & 1 \dots 0 \\ \dots\dots\dots\dots\dots \\ -\beta_{n-1} & 0 & 0 \dots 0 \end{bmatrix} \quad (24)$$

erfüllt wird, womit dann für den Zusammenhang der geschätzten Zustandskomponenten $\hat{u}_i(t)$ mit den Zustandsvariablen $z_j(t)$ des Beobachters gilt:

$$\hat{u}_1(t) = x(t),$$
$$\hat{u}_i(t) = z_{i-1}(t) + \beta_{i-1}\hat{u}_1, \quad i = 2, 3, \dots, n. \quad (25)$$

In [VIII.24] ist gezeigt, daß für das Einfachssystem $n-1$ die kleinstmögliche Zahl von Energiespeichern in einem Beobachter ist, mit dem der vollständige Zustandsvektor $u(t) = [u_1(t), \dots, u_n(t)]^T$ eines linearen kontinuierlichen Systems mit n konzentrierten Speichern aus dem Ein- und dem Ausgangssignalverlauf geschätzt werden kann. Diese Schätzung $\hat{u}(t)$ ist um so besser (und damit der Fehler $\varepsilon(t)$ in (20) um so kleiner) je genauer zum Einschaltzeitpunkt die Anfangsbedingungen $z(t_0)$ mit $T \cdot u(t_0)$ übereinstimmten und je „schneller" das Beobachtersystem ist.

An einem einfachen Beispiel sei das Vorstehende noch einmal zusammenfassend erläutert:

Beispiel. Gegeben ist ein Einfachsystem durch dieses Modell (Abb. VIII.6.7):

$$\dot{u}(t) = \begin{bmatrix} -2 & 1 \\ 0 & 1 \end{bmatrix} u(t) + \begin{bmatrix} 0 \\ 1 \end{bmatrix} y(t),$$
$$x(t) = [\ 1 \quad 0\ ] u(t).$$

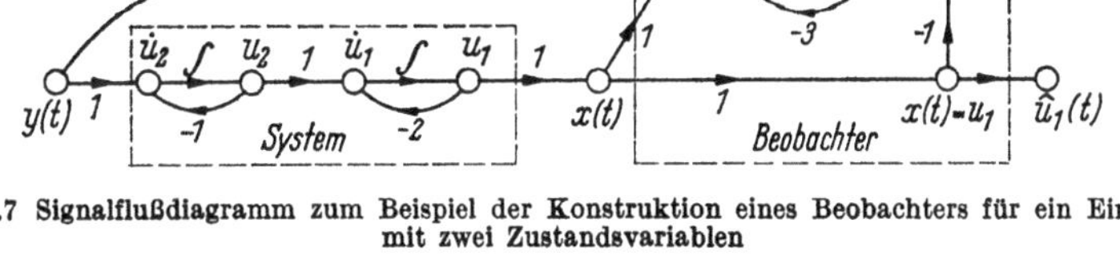

Abb. VIII.6.7 Signalflußdiagramm zum Beispiel der Konstruktion eines Beobachters für ein Einfachsystem mit zwei Zustandsvariablen

Ein Beobachter benötigt hier nur einen Energiespeicher ($n - 1 = 2 - 1 = 1$), dessen zugehöriger Eigenwert frei wählbar ist. Es wird (willkürlich) gewählt $\lambda_B = -3$. Damit wird aus (14) zunächst

$$\dot{z}(t) = -3z(t) + [1 \quad 0]\,\boldsymbol{u}(t) + K\,y(t),$$

worin K wegen der vorgegebenen Wahl von $F = -3$ nun eindeutig über die Beziehung (19) festgelegt ist. Zunächst ist $\boldsymbol{T}$ über (18) bestimmbar:

$$\boldsymbol{T} = [T_1 \mid T_2],$$

$$[T_1 \mid T_2] \begin{bmatrix} -2 & 1 \\ 0 & -1 \end{bmatrix} + 3[T_1 \mid T_2] = [1 \quad 0],$$

$$\boldsymbol{T} = [1 \mid -\tfrac{1}{2}].$$

Damit folgt aber für

$$K = \boldsymbol{T}\,\boldsymbol{B} = [1 \quad -\tfrac{1}{2}] \begin{bmatrix} 0 \\ 1 \end{bmatrix} = -\tfrac{1}{2}.$$

In Abb. VIII.6.7 ist der Aufbau des Gesamtsystems gezeigt.

6.3 Beobachter für Mehrfachsysteme

Die im vorstehenden Abschnitt behandelten Beobachter nach LUENBERGER für Einfachsysteme sollen nun für Mehrfachsysteme erweitert werden. Wir betrachten nun das vollständig beobachtbare System mit n Zuständen, q Eingangssignalen und p Ausgangssignalen:

$$\left.\begin{array}{l} \dot{\boldsymbol{u}}(t) = \boldsymbol{A}\,\boldsymbol{u}(t) + \boldsymbol{B}\,\boldsymbol{y}(t), \\[4pt] \boldsymbol{x}(t) = \boldsymbol{C}\,\boldsymbol{u}(t), \\[4pt] \text{Rang}\,[\boldsymbol{C}^T \mid \boldsymbol{A}^T\boldsymbol{C}^T \mid \cdots \mid (\boldsymbol{A}^T)^{m-1}\boldsymbol{C}^T] = n. \end{array}\right\} \qquad (26)$$

Es kann gezeigt werden [VIII.25], daß ein Beobachter mit $n - p$ Zuständen $z_i(t)$ ausreicht, um die n Zustandsvariablen $u_i(t)$ aus $\boldsymbol{x}(t)$ und den $z_i(t)$ zu gewinnen. Die wesentliche Idee von LUENBERGER besteht darin, das gegebene System so umzuformen, daß die Ausgangssignale $x_i(t)$ jeweils zu einem einzelnen System mit jeweils einem Ausgang gehören. Hierbei ist dann noch der in Abschn. VIII.2 eingeführte Beobachtbarkeitsindex

$$\text{Rang}\,\boldsymbol{P} = \text{Rang}\,[\boldsymbol{C}^T \mid \boldsymbol{A}^T\boldsymbol{C}^T \mid \cdots \mid (\boldsymbol{A}^T)^{v-1}\boldsymbol{C}^T] = n, \qquad (27)$$

der die kleinste Potenz von $\boldsymbol{A}$ ist, die (27) erfüllt, von besonderem Interesse.

Satz 2. Ein vollständig beobachtbares System (26) mit Rang $\boldsymbol{C} = p$ kann so durch eine geeignete Koordinatentransformation in p Teilsysteme der jeweiligen Ordnung n_i umgeformt werden, daß jedes Ausgangssignal $x_i(t)$ die lineare Kombination der n_i Zustandsvektoren des i-ten Teilsystems ist mit

$$n = \sum_{i=1}^{p} n_i. \qquad (28)$$

Der Beweis dieses Satzes kann konstruktiv erfolgen, indem ein entsprechender Transformationsalgorithmus entwickelt wird. In Abschn. VIII.7 wird eine geeignete Transformation im Rahmen weiterer spezieller kanonischer Strukturen noch behandelt werden. Die wesentliche Idee, die dem Satz 2 zugrunde liegt, ist dabei, daß wegen der vollständigen Beobachtbarkeit in der Matrix $\boldsymbol{P}$ n linear unabhängige Spalten existieren, die ein Koordinatensystem in dem Vektorraum $\mathbf{R}_n$ des Zustandsvektors $\boldsymbol{u}(t)$ bilden. Der Vektorraum $\mathbf{R}_n$ wird dann mittels des

GRAM-SCHMIDT-Orthogonalisierungsverfahrens (Abschn. VII.2.6) so in p Unterräume $\mathbf{R}_{n_i}$ der jeweiligen Dimension n_i ($i = 1, 2, \ldots, p$) zerlegt, daß jedem dieser Unterräume ein Ausgangssignal zugeordnet wird, das jeweils die lineare Überlagerung der Teilvektoren $\boldsymbol{u}_i(t) \in \mathbf{R}_{n_i}$ ist (Abb. VIII.6.8).

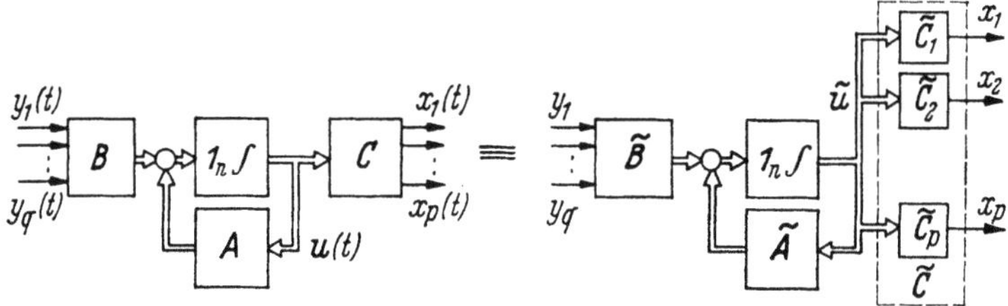

Abb. VIII.6.8 Zur Transformation eines Mehrfachsystems auf „Beobachtungs"-kanonische Form

Nun kann aber jedem dieser Teilsysteme mit dem skalaren Ausgang $x_i(t)$ ein Beobachter analog zu dem Fall der Einfachsysteme zugeordnet werden. Jeder dieser Teilbeobachter hat $n_i - 1$ Zustandsvariablen $z_j(t)$, womit dann dieses Ergebnis folgt:

Satz 3. Einem vollständig beobachtbaren linearen Mehrfachsystem mit n Zustandsvariablen $u_j(t)$ und p Ausgangssignalen $x_i(t)$, dessen Ausgangsmatrix C den Rang $C = p$ hat, kann ein Beobachter mit $n - p$ Zustandsvariablen $z_k(t)$ zugeordnet werden. Die $n - p$ Eigenwerte λ_k der $n - p, n - p$-Matrix F des Beobachters können in weiten Grenzen beliebig gewählt werden.

An einem einfachen Beispiel soll die Konstruktion eines Beobachters für ein System mit mehreren Ausgängen gezeigt werden.

Beispiel 1. Gegeben ist ein System (Abb. VIII.6.9) mit

$$\dot{\boldsymbol{u}}(t) = \begin{bmatrix} -2 & 1 & 0 & 0 \\ & -2 & 1 & 0 \\ & & -1 & 1 \\ \boldsymbol{0} & & & 0 \end{bmatrix} \boldsymbol{u}(t) + \begin{bmatrix} 0 \\ 0 \\ 0 \\ 1 \end{bmatrix} y(t),$$

$$\boldsymbol{x}(t) = \begin{bmatrix} 1 & 0 & 0 & 0 \\ 0 & 0 & 1 & 0 \end{bmatrix} \boldsymbol{u}(t),$$

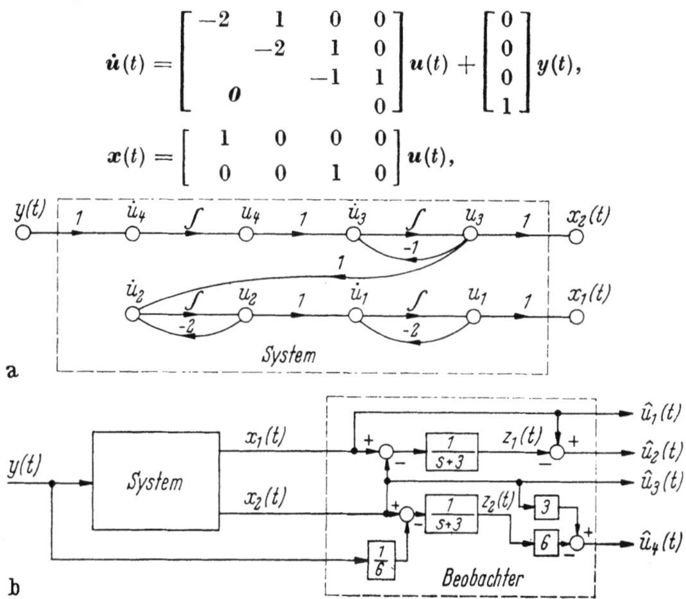

Abb. VIII.6.9a u. b Signalflußbilder zum Beispiel eines Beobachters für ein System mit 2 Ausgängen
a) Signalflußdiagramm der gegebenen Strecke; b) vereinfacht dargestellte Strecke mit nachgeschaltetem Beobachter

das schon in der in Satz 2 festgelegten kanonischen Struktur vorliegt; die Ausgangssignale $x_1(t)$ und $x_2(t)$ sind lineare Kombinationen der Zustandsvariablen $u_1(t)$, $u_2(t)$ bzw. $u_3(t)$, $u_4(t)$, wie es aus Abb. VIII.6.9 zu ersehen ist. Wegen der zwei linear unabhängigen Ausgangssignale $x_1(t)$ und $x_2(t)$ und mit $n = 4$ werden hier zwei Beobachter benötigt, die von $x_1(t)$ und $x_2(t)$ bzw. $x_2(t)$ und $y(t)$ erregt werden. Um die Übersichtlichkeit zu erhöhen, werden für beide Beobachter die gleichen Eigenwerte $\lambda_i = -3$ gewählt. Die beiden Beobachter werden nun nacheinander getrennt dimensioniert, wobei für jedes Beobachtungssystem so vorgegangen wird, wie es im vorstehenden Abschnitt erläutert wurde.

Für den Beobachter der Schätzungen $\hat{u}_1(t)$ und $\hat{u}_2(t)$, der durch $x_1(t)$ und $x_2(t)$ erregt wird, ergibt sich $\boldsymbol{T}_1$ für $z_1 = \boldsymbol{T}_1 \begin{bmatrix} u_1(t) \\ u_2(t) \end{bmatrix}$ aus (18)

$$\boldsymbol{T}_1 \boldsymbol{A}_1 - \boldsymbol{F}_1 \boldsymbol{T}_1 = \boldsymbol{G}_1 \boldsymbol{C}_1.$$

Wird nun $\boldsymbol{G}_1 = 1$ und $\boldsymbol{F}_1 = -3$ gewählt, folgt über

$$\boldsymbol{T}_1 \begin{bmatrix} -2 & 1 \\ 0 & -2 \end{bmatrix} + 3\,\boldsymbol{T}_1 = [1 \quad 0];$$

$$\boldsymbol{T}_1 = [1 \mid -1].$$

Damit lautet das dynamische Gleichungssystem des Beobachters 1 mit (16), wenn berücksichtigt wird, daß hier $\tilde{y} = x_2$ und $\boldsymbol{B}_1 = [0 \quad 1]^T$ gilt:

$$\dot{z}_1(t) = \boldsymbol{F}_1 \boldsymbol{z}_1(t) + \boldsymbol{G}_1 x_1 + \boldsymbol{T}_1 \boldsymbol{B}_1 x_2,$$
$$\dot{z}_1(t) = -3z_1(t) + x_1 - x_2.$$

Für die Schätzungen $\hat{u}_1(t)$ und $\hat{u}_2(t)$ gilt dann ferner

$$z_1(t) = \boldsymbol{T}_1 \begin{bmatrix} \hat{u}_1(t) \\ \hat{u}_2(t) \end{bmatrix} = \hat{u}_1(t) - \hat{u}_2(t).$$

Nun ist aber $\hat{u}_1(t) = x_1(t)$ und damit $\hat{u}_2(t) = x_1(t) - z_1(t)$.

Für das zweite Beobachtersystem wird analog vorgegangen, mit $G_2 = 1$ und

$$\begin{bmatrix} \dot{u}_3(t) \\ \dot{u}_4(t) \end{bmatrix} = \begin{bmatrix} -1 & 1 \\ 0 & 0 \end{bmatrix} \begin{bmatrix} u_3(t) \\ u_4(t) \end{bmatrix} + \begin{bmatrix} 0 \\ 1 \end{bmatrix} y(t),$$

$$x_2(t) = [\; 1 \quad 0\;] \begin{bmatrix} u_3(t) \\ u_4(t) \end{bmatrix}$$

wird $\boldsymbol{T}_2$ bestimmt aus

$$\boldsymbol{T}_2 \begin{bmatrix} -1 & 1 \\ 0 & 0 \end{bmatrix} + 3\,\boldsymbol{T}_2 = [1 \quad 0],$$

$$\boldsymbol{T}_2 = [\tfrac{1}{2} \mid -\tfrac{1}{6}],$$

und damit ist der Beobachter 2 über $\dot{z}_2(t) = \boldsymbol{F}_2 \boldsymbol{z}(t) + \boldsymbol{G}_2 x_2(t) + \boldsymbol{T} \boldsymbol{B}_2 y(t)$ bestimmt zu

$$\dot{z}_2(t) = -3z_2(t) + x_2(t) - \tfrac{1}{6} y(t).$$

Mit $\hat{u}_3(t) = x_2(t)$ ist

$$z_2(t) = \boldsymbol{T}_2 \begin{bmatrix} \hat{u}_3(t) \\ \hat{u}_4(t) \end{bmatrix} = \tfrac{1}{2} x_2(t) - \tfrac{1}{6} \hat{u}_4(t),$$

also $\hat{u}_4(t) = 3x_2(t) - 6z_2(t)$.

In Abb. VIII.6.9b ist das so bestimmte Beobachtungssystem als Blockschaltbild dargestellt.

Nicht in jedem Fall der Regelkreissynthese auf der Basis der Zustandsvariablenmodelle wird der vollständige Zustandsvektor $\boldsymbol{u}(t)$ des zu regelnden Systems benötigt, sondern es mag genügen, nur einen Teil der Zustandsvariablen $n_i(t)$ zu benützen. Dann genügt auch, nur die betreffenden Variablen, die wieder als nicht direkt meßbar angenommen sind, über einen Beobachter entsprechend

geringerer Ordnung zu schätzen. Die Beobachtungssysteme vereinfachen sich
darüberhinaus dann erheblich, wenn nicht die $\hat{u}_i(t)$ selbst, sondern lineare Funktionale dieser geschätzten Zu-
standsvariablen benötigt werden.
Dieses Funktional möge von der
Form

$$f(t) = \boldsymbol{\alpha}^T \boldsymbol{u}(t) = \sum_{i=1}^{n} \alpha_i\, u_i(t) \quad (29)$$

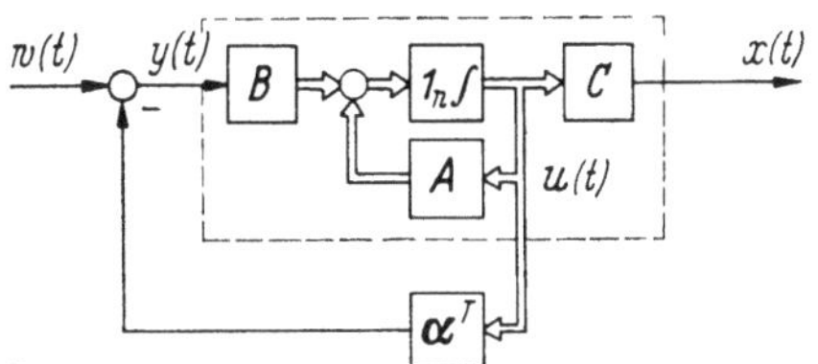

sein. Ein typisches Beispiel ist die
Regelung eines linearen zeitinvarianten Einfachsystems über eine
lineare zeitinvariante Rückkopplung der Zustandsvariablen, wie
es in Abb. VIII.6.10 skizziert ist.

Betrachtet man den allgemeinen Fall eines Systems mit mehreren Ausgängen, zu dem ein
Beobachter mittels der Ergebnisse der Sätze 2 und 3 konstruiert wurde, dann ergibt sich

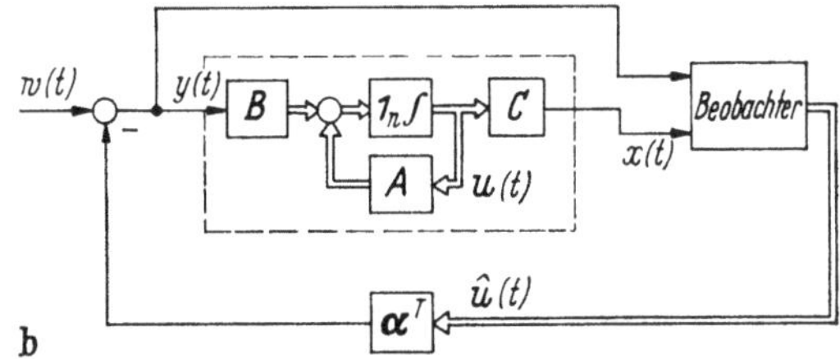

Abb. VIII.6.10a u. b Regelkreisstruktur eines Regelkreises
mit Einfachregelstrecke und linearem Rückkopplungsgesetz
a) Der Zustandsvektor $\boldsymbol{u}(t)$ ist explizite meßbar angenommen;
b) Das Regelgesetz muß den über einen Beobachter
geschätzten Vektor $\hat{\boldsymbol{u}}(t)$ verarbeiten

für die Erzeugung eines linearen Funktionals der Zustandsvariablen genauer
ihrer Schätzungen eine Struktur gemäß Abb. VIII.6.11.

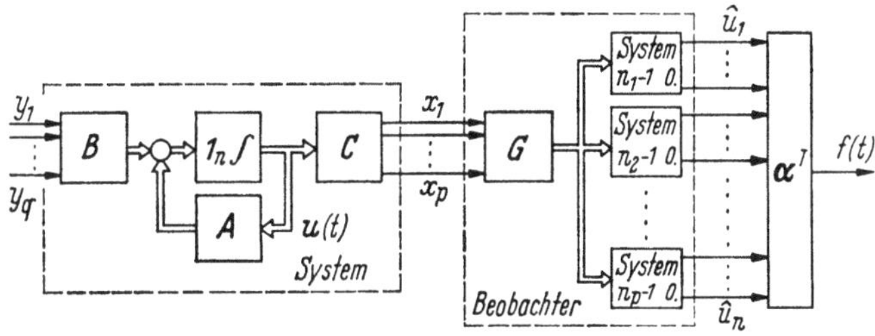

Abb. VIII.6.11 Zur Erzeugung eines linearen Funktionals aus geschätzten Zustandsvariablen $\hat{u}_i(t)$

Aus den p Systemen der jeweiligen Ordnung $n_i - 1$ $(i = 1, 2, \ldots, p)$ habe
der Block mit der größten Ordnung die Ordnung $\nu - 1$, also $\nu - 1$ Pole, die, wie
oben gezeigt wurde, frei wählbar sind. Diese $\nu - 1$ Pole seien gewählt, dann
können für alle anderen Beobachtersysteme, die von niederer (oder höchstens
gleicher) Ordnung sind, Pole gewählt werden, die eine geeignete Untermenge
der schon gewählten $\nu - 1$ Pole des größten Systems sind. Betrachtet man
nun das Übertragungsverhalten vom Systemausgang $x_k(t)$ des zu beobachtenden
Systems zu $f(t) = \boldsymbol{\alpha}^T \hat{\boldsymbol{u}}(t)$, dann kann dafür eine komplexe Übertragungsfunktion

$$\frac{F(s)}{X_k(s)} = F_k(s) = \frac{Z_k(s)}{N(s)}, \quad k = 1, 2, \ldots, p \quad (30)$$

angegeben werden, bei der $N(s)$ das Nennerpolynom des Systems mit dem höchsten
Grad $\nu - 1$ ist:

$$\delta\big(N(s)\big) = \nu - 1, \quad (31)$$

und $Z_k(s)$ ein Polynom von höchstens gleichem Grade ist:

$$\delta\big(Z_k(s)\big) \leqq \nu - 1. \tag{32}$$

Insbesondere wenn Teilsysteme des Beobachters von kleinerer Ordnung als $\nu - 1$ sind, sind wegen der vorstehend formulierten Syntheseschritte einzelne Nullstellen von $Z_k(s)$ mit denen von $N(s)$ identisch. Es kann nun geschlossen werden, daß der Beobachter, bei dem (30) verwendet wurde, und der in Abb. VIII.6.12 in seinem prinzipiellen Aufbau gezeigt ist, identisch mit dem

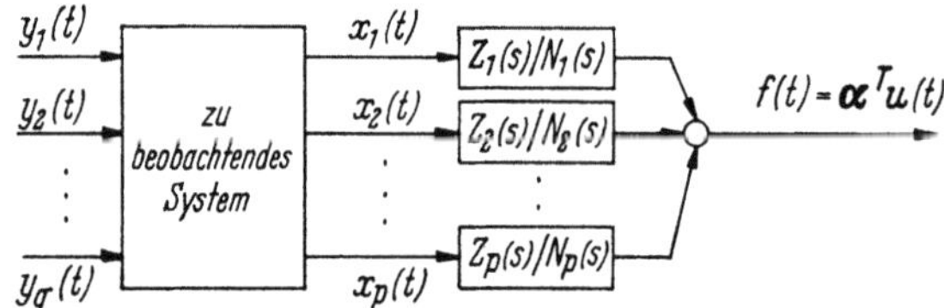

Abb. VIII.6.12 Zur Ableitung des Beobachters reduzierter Ordnung

in Abb. VIII.6.11 gezeigten ist. Ein solches System kann aber durch ein System $(\nu - 1)$-ter Ordnung realisiert werden, wo $\nu - 1 \leqq n - p$ ist. Interessanterweise ist dabei ν gerade der mit (27) definierte Beobachtbarkeitsindex des Systems.

Satz 4. Ein lineares Funktional des Zustandsvektors $u(t)$ eines Systems kann mittels eines Beobachters mit $\nu - 1$ Eigenwerten beobachtet werden. Die Zahl ν ist der Beobachtbarkeitsindex des Systems $\{\boldsymbol{A}, \boldsymbol{B}, \boldsymbol{C}\}$:

$$\operatorname{Rang} \boldsymbol{P}_\nu = \operatorname{Rang} [\boldsymbol{C}^T \mid \boldsymbol{A}^T \boldsymbol{C}^T \mid \cdots \mid (\boldsymbol{A}^T)^{\nu-1} \boldsymbol{C}^T] = n, \tag{33}$$

und liegt in den Schranken:

$$\frac{n}{p} \leqq \nu \leqq n - p + 1. \tag{34}$$

Beispiel 2. Als Beispiel betrachten wir das gleiche System wie in Beispiel 1:

$$\dot{\boldsymbol{u}}(t) = \begin{bmatrix} -2 & 1 & 0 & 0 \\ & -2 & 1 & 0 \\ & & -1 & 1 \\ \boldsymbol{0} & & & 0 \end{bmatrix} \boldsymbol{u}(t) + \begin{bmatrix} 0 \\ 0 \\ 0 \\ 1 \end{bmatrix} y(t),$$

$$\boldsymbol{x}(t) = \begin{bmatrix} 1 & 0 & 0 & 0 \\ 0 & 0 & 1 & 0 \end{bmatrix} \boldsymbol{u}(t)$$

und nehmen nun an, daß nicht die $u_i(t)$ selbst, sondern

$$f(t) = \sum_{i=1}^{4} \alpha_i u_i(t) \approx \sum_{i=1}^{4} \alpha_i \hat{u}_i(t)$$

beobachtet werden sollen. Setzen wir hierin die Lösung aus Beispiel 1 ein, also:

$$\hat{u}_1(t) = x_1(t),$$
$$\hat{u}_2(t) = x_1(t) - z_1(t),$$
$$\hat{u}_3(t) = x_2(t),$$
$$\hat{u}_4(t) = 3x_2(t) - 6z_2(t),$$

also:

$$f(t) = (\alpha_1 + \alpha_2)\, x_1(t) \; - \alpha_2 z_1(t) \; + (\alpha_3 + 3\alpha_4)\, x_2(t) \; - 6\alpha_4 z_2(t)$$

bzw.

$$F(s) = (\alpha_1 + \alpha_2)\, X_1(s) - \alpha_2 Z_1(s) + (\alpha_3 + 3\alpha_4)\, X_2(s) - 6\alpha_4 Z_2(s)$$

und liest man ferner aus Abb. VIII.6.9 ab:

$$Z_1(s) = \frac{1}{s+3}\left(X_1(s) - X_2(s)\right),$$

$$Z_2(s) = \frac{1}{s+3}\left(X_2(s) - \tfrac{1}{6}\,Y(s)\right),$$

gelangt man zu:

$$F(s) = (\alpha_1 + \alpha_2)\,X_1(s) + \frac{1}{s+3}\left[\alpha_2\left(X_2(s) - X_1(s)\right) - 6\alpha_4\,X_2(s) + \alpha_4\,Y(s)\right] +$$
$$+ (\alpha_3 + 3\alpha_4)\,X_2(s).$$

Der so vereinfachte Beobachter ist in Abb. VIII.6.13 dargestellt.

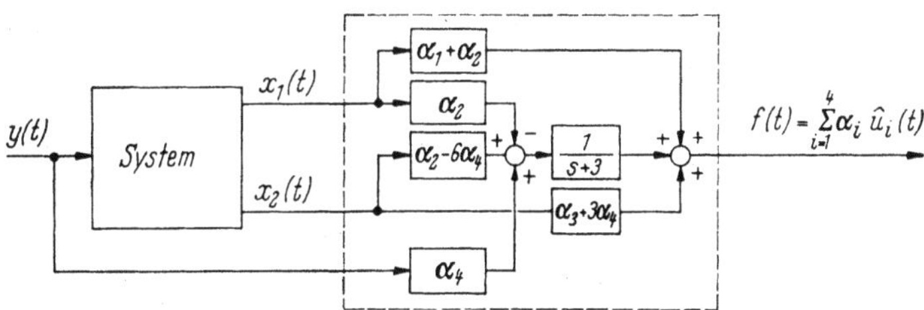

Abb. VIII.6.13 Blockschaltbild zu Beispiel 2: vereinfachter Beobachter zur Erzeugung eines linearen Funktionals des Zustandsvektors

Wir fassen noch einmal die wesentlichen Ergebnisse des vorstehend geschilderten Beobachtungsprinzips zusammen. Zur Beobachtung von nicht direkt meßbaren Zustandsvariablen linearer zeitinvarianter kontinuierlicher Systeme mit n Zuständen und p Ausgängen können lineare kontinuierliche Systeme mit $n - p$ frei wählbaren Eigenwerten eingesetzt werden. Die Zustandsvariablen $z_i(t)$ des Beobachters liefern über eine zu berechnende und im Anwendungsfall einmalig als Gerät zu realisierende Transformation Schätzungen $\hat{u}_i(t)$ des gesuchten Zustandsvektors, die um so besser sind, je „schneller" der Beobachter ist. Eine wesentliche Voraussetzung ist allerdings, daß eine (beobachtbare) Realisierung $\{A, B, C\}$ des zu messenden Systems bekannt ist und daß die Parameter dieser Realisierung sich nicht wesentlich ändern. Werden für den Beobachter Eigenwerte mit nur negativen Realteilen gewählt, wird an dem Stabilitätsverhalten eines Systems nichts geändert, bei dem zwischen Regelstrecke und Regler ein Beobachter zwischengeschaltet ist. Diese, das Stabilitätsverhalten betreffenden Fragen werden im allgemeinen Zusammenhang in Abschn. VIII.8 noch behandelt werden.

Ferner ist noch zu beachten, daß die hier vorgeführten LUENBERGER-Beobachter ganz analog für zeitdiskrete Systeme aufzubauen sind. Anstelle der Energiespeicher (Integrierer) treten dann nur Einheitsverzögerungen, die durch das Argument z^{-1} zu charakterisieren sind.

6.4 Beobachter nach Gilchrist

Die in den vorstehenden Abschnitten besprochenen LUENBERGER-Beobachter wurden zunächst als zeitinvariable lineare kontinuierliche Systeme zur Zustandsschätzung linearer zeitinvarianter kontinuierlicher Strecken eingeführt. Damit sind diese Beobachter vor allem als „festverdrahtete", auf analoger Basis arbeitende Vorrichtungen — ja man kann direkt sagen, Meßgeräte — anzusehen und einzusetzen. Das nun zu besprechende, von GILCHRIST [VIII.27] ausführlicher behandelte, Beobachtungsprinzip geht von einer etwas anderen Basis aus, die weiter unten dargelegt wird. Ein wesentliches Merkmal ist, daß es sich bei diesem Verfahren um ein zeitdiskretes handelt, bei dem fortlaufend ein nicht unerheblicher Rechenaufwand zu leisten ist. Damit ist es aber eine direkt auf den Einsatz von Prozeßrechnern zugeschnittene Methode, die letztlich einen von Fall zu Fall zu programmierenden Algorithmus zur Zustandsberechnung aus vorgegebenen Daten beinhaltet. Ein wesentlicher Vorteil gegenüber den oben betrachteten Beobachtern besteht darin, daß völlig analog sowohl zeitvariante kontinuierliche als auch zeitdiskrete Systeme mit der gleichen Idee erfaßt werden. Der Übersichtlichkeit halber werden im folgenden aber nur Einfachsysteme mit einem Ein- und einem Ausgang betrachtet.

Das nun interessierende Problem besteht darin, bei einem vollständig beobachtbaren System aus n geeigneten abgetasteten Werten des Ausgangssignals $x(t_i)$ mit $t_i = t_0 - h_i$ $(i = 1, 2, \ldots, n)$ und aus dem als vollständig meßbar vorausgesetzten Systemeingang $y(t)$ auf den Systemzustand $u(t_0)$ zu dem Beobachtungszeitpunkt zu schließen. In Abb. VIII.6.14 ist das Problem in Form eines Signalbildes skizziert. Eine wesentliche weitere Voraussetzung ist auch hier die Annahme, daß das System und seine Signale nicht durch zusätzliche Störsignale beeinflußt ist.

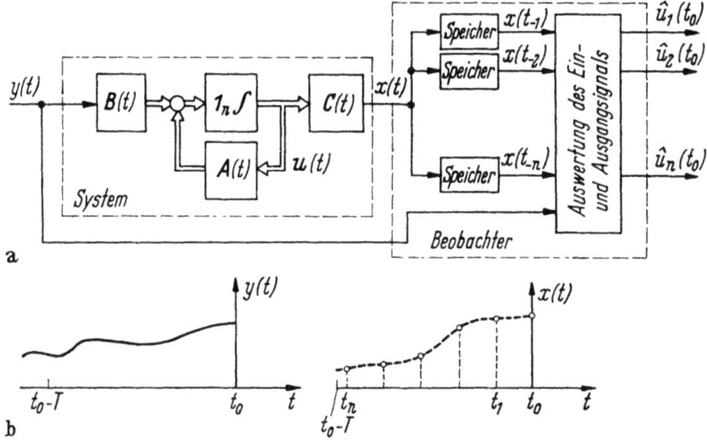

Abb. VIII.6.14a u. b Zum Beobachterprinzip nach GILCHRIST
a) Schematischer Aufbau des Beobachters; b) vorausgesetzte Signalverläufe

Wir betrachten das lineare Einfachsystem mit n Zuständen:

$$\begin{aligned}
\dot{u}(t) &= A(t)\, u(t) + B(t)\, y(t), \\
x(t) &= C(t)\, u(t), \\
u_0 &= u(t_0),
\end{aligned} \right\} \tag{35}$$

dessen Systemantwort durch diese Beziehungen gegeben ist (vgl. auch Abschn. VI.4):

$$\begin{aligned}
u(t) &= \Phi(t, t_0)\, u_0 + \int_{t_0}^{t} \Phi(t, \tau)\, B(\tau)\, y(\tau)\, d\tau, \\
x(t) &= C(t)\, u(t),
\end{aligned} \tag{36}$$

in der $\boldsymbol{\Phi}(t, t_0)$ die Fundamentalmatrix des Systems (35) mit

$$\boldsymbol{\Phi}(t, t) = \boldsymbol{1}_n \quad \text{und} \quad \boldsymbol{\Phi}^{-1}(t, t_0) = \boldsymbol{\Phi}(t_0, t)$$

ist.

Definition 1. Das System (35) heiße n-beobachtbar zur Zeit t_0 für das Intervall $[t_0 - T, t_0]$, wenn der Systemzustand $\boldsymbol{u}(t_0)$ aus n Proben $x(t_i)$ zu Zeitpunkten t_i im Intervall $[t_0 - T, t_0]$

$$t_i = (t_0 - h_i) \in [t_0 - T, t_0], \quad i = 1, 2, \ldots, n,$$
$$h_{i-1} < h_i, \quad h_n = T > 0 \tag{37}$$

und der Kenntnis des Verlaufes des Eingangssignals $y(t)$

$$y = \{y(t) : t \in [t_0 - T, t_0]\} \tag{38}$$

bestimmbar ist.

Es ist zu beachten, daß diese Definition der n-Beobachtbarkeit sich wesentlich von der der vollständigen Beobachtbarkeit unterscheidet, die in Abschn. VIII.2.3 behandelt wurde. Dort wurde verlangt, daß bei *Abwesenheit* eines Eingangssignals aus dem als vollständig bekannt vorausgesetzten Verlauf des Ausgangssignals über ein Intervall $[t_0, t_0 + T]$ auf den Anfangszustand $\boldsymbol{u}(t_0)$ geschlossen werden kann. Hier aber soll der Systemzustand aus dem Verlauf des Systemeingangssignals und aus n *Proben* des Ausgangssignals aus der *Vergangenheit* für einen bestimmten Zeitpunkt *voraus* berechnet werden.

Für das Folgende ist es zunächst von Interesse, den Systemausgang $x(t_0 - h_i)$ zum Zeitpunkt $t_0 - h_i$ in Beziehung zu dem Systemzustand $\boldsymbol{u}(t_0)$ zum Zeitpunkt t_0 und zum Verlauf des Eingangssignals über das Intervall $[t_0 - h_i, t_0]$ zu setzen. Aus (36) folgt durch Einsetzen:

$$x(t_0 - h_i) = \boldsymbol{C}(t_0 - h_i)\,\boldsymbol{\Phi}(t_0 - h_i, t_0)\,\boldsymbol{u}(t_0) - \boldsymbol{C}(t_0 - h_i) \int_{t_0 - h_i}^{t_0} \boldsymbol{\Phi}(t_0 - h_i, \tau)\,\boldsymbol{B}(\tau)\,y(\tau)\,d\tau. \tag{39}$$

Als nächstes führen wir die Abkürzung $\hat{x}(t_0 - h_i)$ ein:

$$\hat{x}(t_0 - h_i) = \boldsymbol{C}(t_0 - h_i)\,\boldsymbol{\Phi}(t_0 - h_i, t)\,\boldsymbol{u}(t_0)$$
$$= x(t_0 - h_i) + \boldsymbol{C}(t_0 - h_i) \int_{t_0 - h_i}^{t_0} \boldsymbol{\Phi}(t_0 - h_i, \tau)\,\boldsymbol{B}(\tau)\,y(\tau)\,d\tau, \tag{40}$$

wodurch das modifizierte Systemausgangssignal in Beziehung zum Systemzustand gesetzt ist.

Satz 5. Das System (35) ist dann und nur dann n-beobachtbar zum Zeitpunkt t_0, wenn für n durch (37) festgelegte Zeitpunkte $t - h_i$ gilt:

$$\text{Rang} \begin{bmatrix} \boldsymbol{C}(t_0 - h_1)\,\boldsymbol{\Phi}(t_0 - h_1, t_0) \\ \boldsymbol{C}(t_0 - h_2)\,\boldsymbol{\Phi}(t_0 - h_2, t_0) \\ \cdots\cdots\cdots\cdots\cdots\cdots \\ \boldsymbol{C}(t_0 - h_n)\,\boldsymbol{\Phi}(t_0 - h_n, t_0) \end{bmatrix} = n. \tag{41}$$

Diese Gl. (41) ist nichts anderes als eine Kurzform für die Bedingung, daß die Zeilenvektoren in (41) für n verschiedene Zeitpunkte $t_i = t_0 - h_i$ linear unabhängig sind. Denn aus (40) folgt zunächst:

$$[\hat{x}(t_0 - h_i)]_1^n = [\boldsymbol{C}(t_0 - h_i)\,\boldsymbol{\Phi}(t_0 - h_i, t_0)]_1^n\,\boldsymbol{u}(t_0) \tag{42a}$$

oder ausgeschrieben:

$$
\begin{bmatrix} \hat{x}(t_0 - h_1) \\ \hat{x}(t_0 - h_2) \\ \vdots \\ \hat{x}(t_0 - h_n) \end{bmatrix} = \begin{bmatrix} C(t_0 - h_1)\,\boldsymbol{\Phi}(t_0 - h_1, t_0) \\ C(t_0 - h_2)\,\boldsymbol{\Phi}(t_0 - h_2, t_0) \\ \cdots\cdots\cdots\cdots\cdots \\ C(t_0 - h_n)\,\boldsymbol{\Phi}(t_0 - h_n, t_0) \end{bmatrix} \begin{bmatrix} u_1(t_0) \\ u_2(t_0) \\ \vdots \\ u_n(t_0) \end{bmatrix}. \tag{42 b}[1]
$$

Dieses lineare Gleichungssystem für die n Komponenten $u_i(t_0)$ des Zustandsvektors zum interessierenden Zeitpunkt t_0 ist nur dann nach $\boldsymbol{u}(t_0)$ auflösbar, wenn (41) erfüllt ist. Dann aber kann (42) nach dem gesuchten Wert $\boldsymbol{u}(t_0)$ aufgelöst werden:

$$
\boldsymbol{u}(t_0) = \begin{bmatrix} C(t_0 - h_1)\,\boldsymbol{\Phi}(t_0 - h_1, t_0) \\ \cdots\cdots\cdots\cdots\cdots\cdots\cdots \\ C(t_0 - h_n)\,\boldsymbol{\Phi}(t_0 - h_n, t_0) \end{bmatrix}^{-1} \begin{bmatrix} \hat{x}(t_0 - h_1) \\ \vdots \\ \hat{x}(t_0 - h_n) \end{bmatrix}. \tag{43}
$$

Damit ist im Prinzip das Problem gelöst, aus n Proben des Ausgangssignals aus der Vergangenheit den gegenwärtigen Zustand $\boldsymbol{u}(t_0)$ zu errechnen. Wesentlich ist aber, daß die Kenntnis der Fundamentalmatrix vorausgesetzt werden muß. Da bekanntlich für zeitvariable Systeme keine allgemeine Form hierzu für das System (35) bekannt ist, kann dieser Fall hier nicht weiter behandelt werden, da im Anwendungsfall jeweils $\boldsymbol{\Phi}(t, t_0)$ mindestens als Näherungs- oder Iterationslösung bestimmt werden muß. Die Darstellung einschlägiger Verfahren geht aber über den hier gesetzten Rahmen hinaus. Weitergehende Aussagen können aber für die zeitinvarianten Systeme gemacht werden.

Wir betrachten das System

$$
\begin{aligned}
\dot{u}(t) &= A\,u(t) + B\,y(t), \quad u_0 = u(0), \\
x(t) &= C\,u(t).
\end{aligned} \tag{44}
$$

Die Fundamentalmatrix $\boldsymbol{\Phi}(t, t_0)$ hat nun die bekannte Form

$$
\boldsymbol{\Phi}(t, t_0) = e^{A(t - t_0)}, \tag{45}
$$

wobei ohne Beschränkung der Allgemeingültigkeit nun zunächst $t_0 = 0$ gesetzt werden kann. Ferner kann für die Zeitpunkte $t_i = t_0 - h_i$ nun mit $t_0 = 0$ auch $t_i = -h_i$ gesetzt werden, womit sich (41), (42) und (43) wesentlich vereinfachen. Zum Beispiel erhält man aus (41):

$$
\operatorname{Rang} \begin{bmatrix} C\,e^{-Ah_1} \\ C\,e^{-Ah_2} \\ \cdots\cdots\cdot \\ C\,e^{-Ah_n} \end{bmatrix} = n. \tag{41 a}
$$

Die Folgerung aus Satz 5 ist zunächst die, daß das System (44) n-beobachtbar im Zeitpunkt t ist, wenn es im Intervall $(-\infty, t]$ n Zahlen h_i gibt, für die (41 a) erfüllt, d. h. die Zeilenvektoren $C\,e^{-Ah_i}$ $(i = 1, 2, \ldots, n)$ linear unabhängig sind. Es kann aber weiter gezeigt werden [VIII.27], daß jedes vollständig be-

---

[1] Es ist zu beachten, daß wegen des vorausgesetzten Einfachsystems $C(t)$ und damit auch $C(t)\,\boldsymbol{\Phi}(t, t_0)$ eine Zeilenmatrix ist.

obachtbare System, für das also gilt:

$$\text{Rang} \begin{bmatrix} C \\ C\,A \\ \vdots \\ C\,A^{n-1} \end{bmatrix} = n, \tag{46}$$

auch n-beobachtbar ist. Anstelle von (43) tritt für das System (44) dann die Beziehung

$$u(t) = \begin{bmatrix} C\,e^{-A\,h_1} \\ \vdots \\ C\,e^{-A\,h_n} \end{bmatrix}^{-1} \begin{bmatrix} \hat{x}(t-h_1) \\ \vdots \\ \hat{x}(t-h_n) \end{bmatrix}, \tag{47}$$

mit

$$\hat{x}(t-h_i) = x(t-h_i) + \int\limits_{t-h_i}^{t} C\,e^{A\,(t-h_i-\tau)}\,B\,y(\tau)\,d\tau. \tag{48}$$

Für den Aufbau eines Beobachters nach dem GILCHRIST-Verfahren für ein System (44) z. B. als Rechenalgorithmus für einen *on-line* betriebenen Prozeßrechner ist dann so zu verfahren: a) Ermittlung von n geeigneten Zahlen h_i so, daß (41a) erfüllt ist. b) Dann ist (nur einmalig) mit diesen Zahlen die inverse Matrix in (47) zu bestimmen. c) Diese Matrix stellt nun eine lineare Beziehung zwischen den immer wieder neu zu berechnenden Werten $\hat{x}(t-h_i)$ in (48) und den Komponenten des Zustandsvektors dar.

Von Interesse ist noch, daß für $y(t) = 0$, also dem unerregten System in (44), der Zustandsvektor als lineare Überlagerung der Beobachtungswerte durch (47) bestimmt ist. In [VIII.26] ist u. a. gezeigt, wie mittels analoger Bauelemente, z. B. der Rechenelemente eines Analogrechners, eine Simulation der Beziehungen (47) und (48) im Prinzip möglich ist. Der Aufwand ist dann aber erheblich größer als bei dem LUENBERGER-Verfahren, da das GILCHRIST-Verfahren direkt auf den Einsatz von Digitalrechnern zugeschnitten ist.

6.5 Beobachter für lineare zeitdiskrete Systeme

Wir betrachten nun noch Beobachter für lineare zeitdiskrete Systeme nach dem GILCHRIST-Verfahren. Solche Systeme treten u. a. dann auf, wenn ein kontinuierliches System am Ein- *und* am Ausgang abgetastet wird z. B. durch einen on-line betriebenen Prozeßrechner (vgl. auch Abschn. VI.5). Die hier betrachteten Systeme genügen diesem Zustandsmodell:

$$\left. \begin{aligned} u[(k+1)\,T] &= A(kT)\,u(kT) + B(kT)\,y(kT), \\ x(kT) &= C(kT)\,u(kT), \\ u_0 &= u(t_0) = u(kT)_{k=0}. \end{aligned} \quad k = 0,1,2,\dots \right\} \tag{49}$$

Für die weitere Behandlung wird ohne Einbuße an Allgemeingültigkeit die Tastperiode T auf $T = 1$ normiert. Die Systemantwort läßt sich mittels der Fundamentalmatrix

$$\boldsymbol{\Phi}(k,j) = \prod_{i=j}^{k-1} A(i), \quad k > j \tag{50}$$

dann angeben zu

$$u(k) = \boldsymbol{\Phi}(k, 0)\, \boldsymbol{u}_0 + \sum_{l=1}^{k} \boldsymbol{\Phi}(k, l)\, \boldsymbol{B}(l-1)\, y(l-1), \tag{51a}$$

$$x(k) = \boldsymbol{C}(k)\, \boldsymbol{\Phi}(k, 0)\, \boldsymbol{u}_0 + \boldsymbol{C}(k) \sum_{l=1}^{k} \boldsymbol{\Phi}(k, l)\, \boldsymbol{B}(l-1)\, y(l-1). \tag{51b}$$

Definition 2. Das System (49) heißt n-beobachtbar, wenn es eine ganze Zahl $T \geqq n$ und n Zeitpunkte

$$k_0 - T, k_0 - T + 1, k_0 - T + 2, \ldots, k_0 \tag{52}$$

mit der zugehörigen Eingangssignalsequenz

$$y(k_0 - T), y(k_0 - T + 1), \ldots, y(k_0) \tag{53}$$

und n Ausgangssignalproben

$$x(k_0 - h_i) \tag{54}$$

zu den Zeitpunkten

$$\begin{aligned} k_0 - h_i \quad (i = 1, 2, \ldots, n) \\ 0 \leqq h_1 < h_2 < \cdots < h_n \leqq T \end{aligned} \tag{55}$$

derart gibt, daß der Systemzustand $\boldsymbol{u}(k_0)$ aus den Sequenzen (53) und (54) vorausbestimmbar ist.

Analog zu dem Vorgehen im vorstehenden Abschnitt wird nun zunächst ein Zusammenhang zwischen den vergangenen Ein- und Ausgangssignalen und dem gegenwärtigen Systemzustand hergestellt. Durch Einsetzen in (51b) erhalten wir:

$$\begin{aligned} x(k - h_i) = \boldsymbol{C}(k - h_i)\, \boldsymbol{\Phi}(k - h_i, k)\, \boldsymbol{u}(k) - \\ - \boldsymbol{C}(k - h_i) \sum_{l=k-h_i+1}^{k} \boldsymbol{\Phi}(k - h_i, l)\, \boldsymbol{B}(l-1)\, y(l-1). \end{aligned} \tag{56}$$

Auch hierzu läßt sich wieder eine Abkürzung so angeben:

$$\begin{aligned} \hat{x}(k - h_i) &= \boldsymbol{C}(k - h_i)\, \boldsymbol{\Phi}(k - h_i, k)\, \boldsymbol{u}(k) \\ &= x(k - h_i) + \boldsymbol{C}(k - h_i) \sum_{l=k-h_i+1}^{k} \boldsymbol{\Phi}(k - h_i, l)\, \boldsymbol{B}(l-1)\, y(l-1), \end{aligned} \tag{57}$$

die den wesentlichen Ansatz für den Beobachtungsalgorithmus liefert.

Satz 6. Ein System (46) ist zu dem Zeitpunkt k_0 dann und nur dann n-beobachtbar, wenn mit den durch (52) bis (54) bestimmten Signalsequenzen gilt:

$$\operatorname{Rang} \begin{bmatrix} \boldsymbol{C}(k_0 - h_1)\, \boldsymbol{\Phi}(k - h_1, k_0) \\ \boldsymbol{C}(k_0 - h_2)\, \boldsymbol{\Phi}(k - h_2, k_0) \\ \cdots\cdots\cdots\cdots\cdots\cdots\cdots \\ \boldsymbol{C}(k_0 - h_n)\, \boldsymbol{\Phi}(k - h_n, k_0) \end{bmatrix} = n. \tag{58}$$

Auch hier ist analog zu den kontinuierlichen Systemen Gl. (58) eine notwendige und hinreichende Bedingung dafür, daß das mit (57) aufgestellte lineare Gleichungssystem

$$\begin{bmatrix} \hat{x}(k_0 - h_1) \\ \hat{x}(k_0 - h_2) \\ \cdots\cdots\cdots \\ \hat{x}(k_0 - h_n) \end{bmatrix} = \begin{bmatrix} \boldsymbol{C}(k_0 - h_1)\, \boldsymbol{\Phi}(k - h_1, k_0) \\ \boldsymbol{C}(k_0 - h_2)\, \boldsymbol{\Phi}(k - h_2, k_0) \\ \cdots\cdots\cdots\cdots\cdots\cdots\cdots \\ \boldsymbol{C}(k_0 - h_n)\, \boldsymbol{\Phi}(k - h_n, k_0) \end{bmatrix} \begin{bmatrix} u_1(k_0) \\ u_2(k_0) \\ \vdots \\ u_n(k_0) \end{bmatrix} \tag{59}$$

nach $u(k_0)$, also dem Wert des Zustandsvektors zu dem interessierenden Zeitpunkt $kT = k_0$, aufgelöst werden kann:

$$u(k_0) = \begin{bmatrix} C(k_0 - h_1)\, \boldsymbol{\Phi}(k - h_1, k_0) \\ C(k_0 - h_2)\, \boldsymbol{\Phi}(k - h_2, k_0) \\ \cdots\cdots\cdots\cdots\cdots\cdots \\ C(k_0 - h_n)\, \boldsymbol{\Phi}(k - h_n, k_0) \end{bmatrix}^{-1} \begin{bmatrix} \hat{x}(k_0 - h_1) \\ \hat{x}(k_0 - h_2) \\ \cdots\cdots \\ \hat{x}(k_0 - h_n) \end{bmatrix}. \tag{60}$$

Diese Beziehung (60) liefert zusammen mit (57) die Basis eines Beobachteralgorithmus. Im Fall des zeitinvarianten diskreten Systems vereinfacht sich vor allem (60) so, daß die dortige inverse Matrix nur einmal bestimmt werden muß, um dann den immer gleichartigen, nur von der Tastperiode abhängenden linearen Zusammenhang zwischen den Ein- und Ausgangssignalfolgen $x(k)$ und $y(k)$ und dem Systemzustand $u(k_0)$ zu liefern. Selbstverständlich muß dann noch immer fortlaufend $\hat{x}(k - h_i)$ aus (57) berechnet werden.

In Kap. IX wird das Problem des Systembeobachters in der erweiterten Form von Meßfiltern noch einmal aufgegriffen werden. Auch dort werden zeitdiskrete Filter, die durch Rekursionsalgorithmen realisiert werden, von Interesse sein.

7 Systeme mit Zustandsmodellen spezieller kanonischer Form

7.1 Einleitung

In diesem Abschn. 7 werden Systemmodelle auf der Basis der Zustandsgleichungen behandelt, die in speziellen, für die jeweilige Aufgabenstellung besonders angepaßten kanonischen Strukturen vorliegen. Die hier zu besprechenden Ergebnisse schließen einmal an die an, die im vorstehenden Abschnitt über Beobachtungssysteme besprochen wurden. Zum anderen bildet das Folgende eine Ergänzung zu dem Abschn. VII.4, in dem kanonische Matrizenstrukturen besprochen wurden, die mehr aus mathematischer Sicht von Interesse sind.

Es werden nur lineare zeitinvariante kontinuierliche Systeme behandelt, die diesem Zustandsmodell mit n Zuständen, q Ein- und p Ausgängen genügen:

$$\begin{aligned} \dot{u}(t) &= A\,u(t) + B\,y(t), \\ x(t) &= C\,u(t). \end{aligned} \tag{1}$$

Für diese Systeme (1) wird vollständige z-Steuerbarkeit und vollständige Beobachtbarkeit vorausgesetzt. Neben der vor allem in Kap. VII betrachteten Ähnlichkeitstransformation

$$\tilde{A} = T\,A\,T^{-1} \tag{2}$$

mit

$$\tilde{u} = T\,u \tag{3}$$

werden nun noch weitere nichtsinguläre Transformationsmatrizen P und Q benötigt, mit denen die Ein- und Ausgangsvektoren $y(t)$ bzw. $x(t)$ transformiert werden:

$$\tilde{x}(t) = P\,x(t), \tag{4}$$

$$\tilde{y}(t) = Q\,y(t), \tag{5}$$

so daß neben (1) auch Systeme dieser Form

$$\dot{\tilde{u}}(t) = \tilde{A}\,\tilde{u}(t) + \tilde{B}\,\tilde{y}(t),$$
$$\tilde{x}(t) = \tilde{C}\,\tilde{u}(t) \tag{6}$$

betrachtet werden, wo dann $\tilde{A}$ durch (2) und $\tilde{B}$ und $\tilde{C}$ mit (4) und (5) so erklärt sind:

$$\tilde{B} = T\,B\,Q^{-1}, \tag{7}$$
$$\tilde{C} = P\,C\,T^{-1}. \tag{8}$$

Diese Art der Transformation ist wegen der vorausgesetzten vollständigen Steuer- und Beobachtbarkeit und, weil alle Ein- und Ausgangssignale zugänglich sein sollen, auch physikalisch sinnvoll.

7.2 Kanonische Formen für Einfachsysteme

Als erstes werden Einfachsysteme, also Systeme mit je einem skalaren Ein- und Ausgangssignal, behandelt:

$$\dot{u}(t) = A\,u(t) + B\,y(t),$$
$$x(t) = C\,u(t). \tag{9}$$

Für diese Systeme werden zwei kanonische Systemformen, a) die phasenvariablen-kanonische Form und b) die reduzierte phasenvariablen-kanonische Form definiert. Diese Formen schließen an die kanonische Systemdarstellung für Einfachsysteme in den Abschn. VI.3.2 und VI.3.3 an und bilden letztlich auch eine Voraussetzung für den LUENBERGER-Beobachter für Einfachsysteme (vgl. auch Abschn. VIII.6.2). Schließlich sind sie die Basis für die im nächsten Abschnitt betrachtete Verallgemeinerung für Mehrfachsysteme.

a) Die phasenvariablen-kanonische Form von Einfachsystemen.
Definition 1. Ein Einfachsystem hat die phasenvariablen-kanonische Form, wenn die Basis des Zustandsraumes des Systems so gewählt ist, daß gilt:

$$\left. \begin{aligned} u_1(t) &= x(t), \\ u_2(t) &= \frac{d}{dt}\,x(t) - c_{n-1}\,x(t) - b_{n-1}\,y(t), \\ &\cdots\cdots\cdots\cdots\cdots\cdots\cdots\cdots\cdots\cdots\cdots\cdots \\ u_n(t) &= \frac{d^{n-1}}{dt^{n-1}}\,x(t) - \sum_{i=1}^{n-1} c_{n-i}\,\frac{d^{n-1-i}}{dt^{n-1-i}}\,x(t) - b_1\,y(t). \end{aligned} \right\} \tag{10}$$

Da die Wahl der Basis des Zustandsvektors $u(t) \in \mathbf{R}_n$ beliebig ist, kann durch eine geeignete Transformation immer die spezielle Form (10) erreicht werden. Es ist aber zu beachten, daß hier dem Begriff *Phasenvariable* eine engere Bedeutung gegenüber der des Zustandsvektors zugeordnet wird. Wichtig ist ferner, daß im allgemeinen die Phasenvariablen als eine spezielle Zustandsvariablenwahl nicht mehr direkt einzelnen Energiespeichern in einem Netzwerk mit einem Ein- und einem Ausgang zugeordnet werden können. Nur in dem Fall, wo z. B. am Analogrechner eine Kette von n Integrierern in Reihe geschaltet ist (Abb. VIII.7.1), repräsentiert jede Phasenvariable genau den Energiezustand eines Speichers. Mit (10) ist die phasenvariablen-kanonische Form des Einfach-

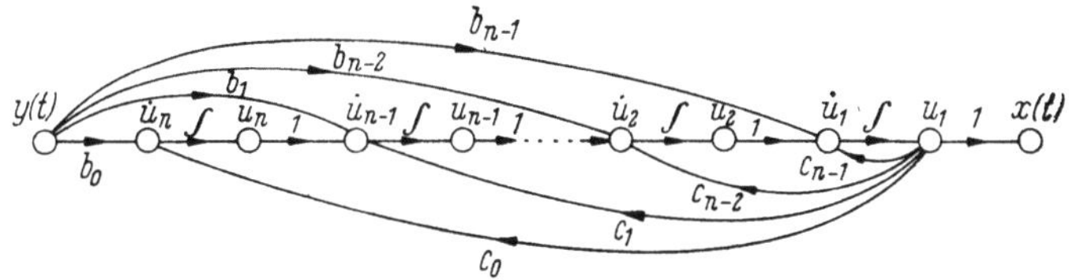

Ab. VIII.7.1 Signalflußdiagramm zur phasenvariablen-kanonischen Form der Gl. (11)

systems durch dieses ausführlicher notierte dynamische Gleichungssystem charakterisiert:

$$
\begin{bmatrix} \dot{u}_1(t) \\ \dot{u}_2(t) \\ \vdots \\ \dot{u}_{n-1}(t) \\ \dot{u}_n(t) \end{bmatrix} = \begin{bmatrix} c_{n-1} & 1 & 0 \dots 0 \\ c_{n-2} & 0 & 1 \dots 0 \\ \vdots & \vdots & \vdots & \vdots \\ c_1 & 0 & 0 \dots 1 \\ c_0 & 0 & 0 \dots 0 \end{bmatrix} \begin{bmatrix} u_1(t) \\ u_2(t) \\ \vdots \\ u_{n-1}(t) \\ u_n(t) \end{bmatrix} + \begin{bmatrix} b_{n-1} \\ b_{n-2} \\ \vdots \\ b_1 \\ b_0 \end{bmatrix} y(t),
$$

$$
x(t) = \begin{bmatrix} 1 & 0 & 0 \dots 0 \end{bmatrix} \boldsymbol{u}(t).
$$

(11)

Hierin sind die c_i die Koeffizienten des charakteristischen Polynoms:

$$
C(\lambda) = \lambda^n - c_{n-1}\lambda^{n-1} - \cdots - c_1\lambda - c_0.
$$

(12)

Schließlich gehört zu (11) diese komplexe Übertragungsfunktion:

$$
F(s) = \frac{Z(s)}{N(s)} = \frac{b_0 + b_1 s + b_2 s^2 + \cdots + b_{n-1} s^{n-1}}{s^n - c_{n-1} s^{n-1} - \cdots - c_1 s - c_0}.
$$

(13)

Anders als bei den später zu besprechenden Mehrgrößensystemen ist die phasenvariablen-kanonische Form des Einfachsystems eindeutig. Faßt man (11) durch diese Matrizenbezeichnungen zusammen:

$$
\begin{aligned}
\dot{\boldsymbol{u}}(t) &= \boldsymbol{A}_p\,\boldsymbol{u}(t) + \boldsymbol{B}_p\,y(t), \\
x(t) &= \boldsymbol{C}_p\,\boldsymbol{u}(t),
\end{aligned}
$$

(11a)

dann ist durch einfaches Nachrechnen zu zeigen, daß durch diese Transformationsmatrix

$$
\boldsymbol{T}_p = \boldsymbol{D}\,\boldsymbol{M}
$$

(14)

jedes System (9) durch Ähnlichkeitstransformation

$$
\boldsymbol{A}_p = \boldsymbol{T}_p\,\boldsymbol{A}\,\boldsymbol{T}_p^{-1}
$$

(15)

in die Form (11) übergeführt werden kann. In (14) bedeutet $\boldsymbol{D}$ die untere, aus den Koeffizienten des charakteristischen Polynoms $C(\lambda)$ gebildete Dreiecksmatrix:

$$
\boldsymbol{D} = \begin{bmatrix} 1 & 0 & 0 \dots & 0 & 0 \\ -c_{n-1} & 1 & 0 \dots & 0 & 0 \\ -c_{n-2} & -c_{n-1} & 1 \dots & 0 & 0 \\ \multicolumn{5}{c}{\dotfill} \\ -c_2 & -c_3 & -c_4 \dots & 1 & 0 \\ -c_1 & -c_2 & -c_3 \dots & -c_{n-1} & 1 \end{bmatrix},
$$

(16)

und $\boldsymbol{M}$ ist die Beobachtbarkeitsmatrix

$$
\boldsymbol{M} = [\boldsymbol{C}^T \mid \boldsymbol{A}^T \boldsymbol{C}^T \mid \cdots \mid (\boldsymbol{A}^T)^{n-1} \boldsymbol{C}^T].
$$

(17)

20*

Um ein in beliebiger Form vorliegendes System (9) auf die Form (11) zu transformieren, müssen, vom numerischen Standpunkt aus betrachtet, relativ einfache Operationen ausgeführt werden: a) Bestimmung der Koeffizienten c_i des charakteristischen Polynoms von A, z. B. mittels des FADEJEV-Verfahrens; b) Berechnung der Matrix M; c) Berechnung von T_p und schließlich d) Ausführung der Ähnlichkeitstransformation. Wesentlich ist, daß keine Eigenwertermittlung, die im Anwendungsfall immer erhebliche Schwierigkeiten bereitet, erforderlich ist.

Die durch Definition 1 und vor allem (11) festgelegte kanonische Form hat den besonderen Vorzug, daß sie die einfache Ermittlung eines LUENBERGER-Beobachters gestattet (Abschn. VIII.6.2). In (VIII.6.19) vereinfacht sich die Systemmatrix F des Beobachters mit (11) zu:

$$F = A_p - G\,C_p$$

$$= A_p - \begin{bmatrix} G_1 \\ \vdots \\ \vdots \\ G_n \end{bmatrix} \begin{bmatrix} 1 \\ 0 \\ \vdots \\ 0 \end{bmatrix}^T = \begin{bmatrix} c_{n-1} - G_1, & 1 \dots 0 \\ c_{n-2} - G_2, & 0 \dots 0 \\ \dots\dots\dots\dots\dots\dots \\ c_1 - G_{n-1}, & 0 \dots 1 \\ c_0 - G_n, & 0 \dots 0 \end{bmatrix}. \tag{18}$$

Dies ist der Grund, daß die kanonische Form (11) in der Literatur auch beobachtungs-kanonische Form genannt wird, denn der LUENBERGER-Beobachter hat genau die gleiche Struktur wie das beobachtete System.

b) Reduzierte phasenvariablen-kanonische Form.

Das in Abschn. VIII.6.2 gefundene Ergebnis, daß ein Beobachter der Form (18) redundant ist, d. h. daß das Beobachtersystem auf $(n-1)$-te Ordnung reduziert werden kann, ist Anlaß zu dieser Festlegung:

Definition 2. Das System in reduzierter phasenvariablen-kanonischer Form hat diese System- und Ausgangsmatrizen:

$$A_r = \begin{bmatrix} \beta & \begin{matrix} 1 & 0 \dots 0 \\ \hline & F_r \end{matrix} \end{bmatrix}, \tag{19}$$

$$C_r = [\,1 \quad 0 \dots\dots 0\,]$$

mit der Spaltenmatrix:

$$\beta = \begin{bmatrix} c_{n-1} \\ c_{n-2} \\ \vdots \\ c_1 \\ c_0 \end{bmatrix} - \begin{bmatrix} \gamma_{n-2} \\ \gamma_{n-3} \\ \vdots \\ \gamma_0 \\ 0 \end{bmatrix} + (c_{n-1} - c_{n-2}) \begin{bmatrix} 0 \\ \gamma_{n-2} \\ \vdots \\ \gamma_1 \\ \gamma_0 \end{bmatrix} \tag{20}$$

und

$$F_r = \begin{bmatrix} \gamma_{n-2} & 1 \dots 0 \\ \gamma_{n-3} & 0 \dots 0 \\ \vdots & \\ \gamma_1 & 0 \dots 1 \\ \gamma_0 & 0 \dots 0 \end{bmatrix}. \tag{21}$$

Die Matrix F_r in (19) und (21) ist gerade die Systemmatrix des Beobachters in reduzierter Ordnung $n-1$. Die frei wählbaren Koeffizienten γ_i sind die Polynomkoeffizienten des charakteristischen Polynoms des Beobachters.

Durch Nachrechnen ist zu zeigen, daß die Transformation T_1 ein allgemein vorgegebenes System (9) auf die Form der Matrix A_r in (19) transformiert:

$$A_r = T_1\, A\, T_1^{-1},$$
$$T_1 = T_r\, T_p.$$
(22)

In (22) ist T_p durch (14) und T_r zu

$$T_r = \begin{bmatrix} 1 & & & \\ \gamma_{n-2} & 1 & & \mathbf{0} \\ \gamma_{n-3} & 0 & \ddots & \\ \vdots & \vdots & & \ddots \\ \gamma_0 & 0 & & 1 \end{bmatrix}$$
(23)

erklärt.

Die durch Definition 2 eingeführte kanonische Form hat wieder den Vorzug, daß der zugehörige Beobachter reduzierter Ordnung $(n-1)$ den besonders einfachen und übersichtlichen Aufbau (21) hat, was für Systeme der Form (19) auch zu der Bezeichnung *reduzierte beobachtungs-kanonische* Form führt.

7.3 Die beobachtungskanonische Form für Mehrgrößensysteme

Nun werden die Ergebnisse des vorstehenden Abschnittes für Mehrgrößensysteme erweitert. Es zeigt sich, daß, anders als beim Einfachsystem, für Mehrgrößensysteme keine eindeutige phasenkanonische Form angegeben werden kann. Allerdings ist es möglich, Systemstrukturen derart anzugeben, daß die diesen Strukturen nachgeschalteten Beobachtersysteme ähnlich übersichtlich wie bei Einfachsystemen werden. Dies ist der Anlaß, die Bezeichnung *beobachtungskanonische* Struktur einzuführen.

Definition 3. Ein Mehrgrößensystem (1) hat die beobachtungskanonische Struktur I, wenn seine Systemmatrix A und seine Ausgangsmatrix C diese Blockmatrizenformen haben

$$A_I = \begin{bmatrix} F_1 & & & & \\ K_{2,1} & F_2 & & \mathbf{0} & \\ & & & & \\ K_{p-1,1} & K_{p-1,2} & \cdots & F_{p-1} & \\ K_{p,1} & K_{p,2} & \cdots & K_{p,p-1} & F_p \end{bmatrix},$$
(24)

$$C_I = \begin{bmatrix} \gamma_1 & \gamma_2 & \cdots & \gamma_p \end{bmatrix}.$$
(25)

Hierin sind die F_i FROBENIUS-Matrizen von Untersystemen in phasenkanonischer Form

$$F_i = \begin{bmatrix} c_{i,n_i-1} & 1 \ldots 0 \\ c_{i,n_i-2} & 0 \ldots 0 \\ & \\ c_{i,1} & 0 \ldots 1 \\ c_{i,0} & 0 \ldots 0 \end{bmatrix}$$
(26)

und die $\boldsymbol{K}_{ij}$ sind Matrizen, die bis auf die nicht näher allgemein bestimmbare letzte Zeile Nullmatrizen sind:

$$\boldsymbol{K}_{ij} = \begin{bmatrix} 0 & \ldots \ldots & 0 \\ 0 & 0 \ldots & 0 \\ \times & \times \ldots & \times \end{bmatrix}, \quad \begin{array}{l} i = 2, 3, \ldots, p, \\ j = 1, 2, \ldots, p-1, \\ j < i. \end{array} \tag{27}$$

Schließlich sind die Matrizen $\boldsymbol{\gamma}_i$, bis auf das Element in der ersten Spalte und i-ten Zeile, Nullmatrizen:

$$\boldsymbol{\gamma}_i = \begin{bmatrix} 0 & 0 \ldots 0 \\ 0 & 0 \ldots 0 \\ 1 & 0 \ldots 0 \\ 0 & 0 \ldots 0 \\ 0 & 0 \ldots 0 \end{bmatrix} \quad \ldots i\text{-te Zeile.} \tag{28}$$

Bei einem System in der durch Definition 3 festgelegten Struktur existieren p Untersysteme entsprechend der Zahl der vorhandenen Systemausgänge. Jeweils die erste Zustandsvariable jedes dieser Untersysteme bildet einen Systemausgang. Die Ordnung jedes der Systeme sei n_i, dann gehört auch jeweils eine Untermenge von n_i Zustandsvariablen zu jedem Teilsystem mit

$$\sum_{i=1}^{p} n_i = n. \tag{29}$$

Über die Eingangsmatrix $\boldsymbol{B}_I$ werden die Zustandsvariablen direkt von den q Eingangssignalen erregt. Die Zustandsvariablen eines Teilsystems werden nur von den Zustandsvariablen der Teilsysteme erregt, die eine niedrigere Ordnungszahl haben, z. B. können die Variablen von $\boldsymbol{F}_1$ auch die von $\boldsymbol{F}_2$ erregen, aber nicht umgekehrt. Die Zustandsgrößen von $\boldsymbol{F}_3$ können von denen von $\boldsymbol{F}_1$

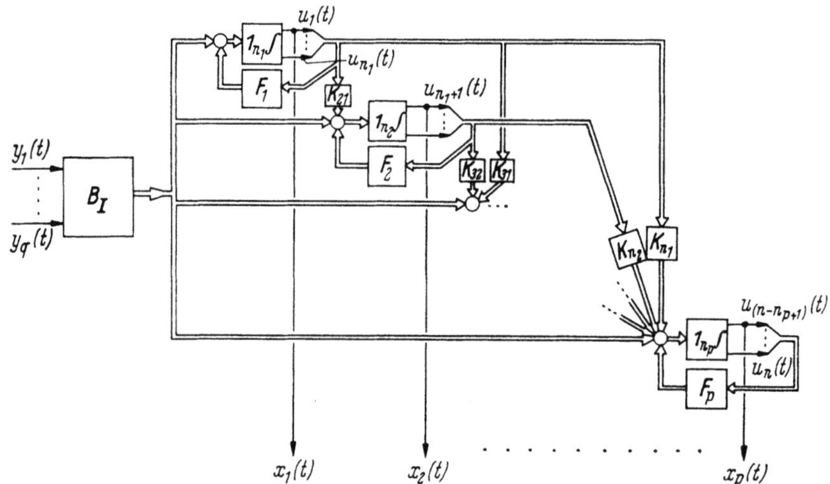

Abb. VIII.7.2 Schematische Skizze der beobachtungskanonischen Form I für Mehrgrößensysteme

und F_2 erregt werden usw. In bezug auf die Zustandsvariablen besteht also nur eine „Vorwärtskopplung". In Abb. VIII.7.2 ist die Struktur des beobachtungskanonischen Systems I mittels eines Signalflußdiagramms skizziert.

Liegt ein Mehrfachsystem in der beobachtungskanonschen Struktur I vor, dann lassen sich Beobachter nach dem gleichen Verfahren wie bei Einfachsystemen besonders übersichtlich angeben. Für die praktische Anwendung ist diese Struktur im allgemeinen aber weniger geeignet, da in [VIII.32] gezeigt wird, daß, ausgehend von der allgemeinen Systemdarstellung (1), ein großer Rechenaufwand, verbunden mit einer Eigenwert- und Strukturanalyse, notwendig ist, um das allgemeine System auf die Form der Definition 3 zu transformieren. Aus diesem Grunde wird eine weitere, mit der in Definition 3 eng zusammenhängende kanonische Struktur eingeführt.

Definition 4. Ein Mehrfachsystem hat die beobachtungskanonische Struktur II, wenn die System- und die Ausgangsmatrix diese Blockmatrizenstruktur hat

$$A_{II} = \begin{bmatrix} F_1 & & \\ K_{21} & F_2 & \mathbf{0} \\ \cdots\cdots\cdots\cdots\cdots \\ K_{m1} & K_{m2} & F_s \end{bmatrix}, \tag{30}$$

$$C_{II} = \left.\begin{bmatrix} 1 & 0\ldots0 & 0 & 0\ldots0 & & \mathbf{0} \\ 0 & 0\ldots0 & 1 & 0\ldots0 & & \\ & \mathbf{0} & & \mathbf{0} & 1 & 0\ldots0 \\ \hline & \gamma_1 & & \gamma_2 & & \gamma_s \end{bmatrix}\right\}\begin{matrix}s\\[6pt]\\ p-s.\end{matrix} \tag{31}$$

In (30) sind die F_i wieder Begleitmatrizen in phasenvariabler-kanonischer Form entsprechend (26), und auch die Koppelmatrizen K_{ij} haben die gleiche Form wie in (27). Im allgemeinen ist die Zahl s der Untersysteme in (30) aber kleiner als die Zahl p der Systemausgänge, also $s \leq p$. Damit sind auch die Koeffizienten in den Begleit- und Koppelmatrizen in (30) andere als in (24). Die Elemente der Matrizen γ_i ($i = 1, 2, \ldots, s$) in (31) sind normalerweise alle ungleich Null.

Die beobachtungskanonische Struktur II der Definition 4 hat zwei Vorzüge. Einmal ist die sie erzeugende Transformation, die anschließend erläutert wird, vom numerischen Standpunkt her gesehen denkbar einfach zu finden, und die damit auszuführenden Operationen dürften normalerweise keine Schwierigkeiten bereiten. Diese, die Berechnungsarbeiten begünstigende Struktur, hat in der englischen Literatur deshalb u. a. auch den Namen „computational observable canonic representation". Zum anderen zeigt sich [VIII.32], was hier aus Platzgründen nicht weiter ausgeführt ist, daß die Zahl s genau die Zahl der Ausgänge eines Systems ist, die zur Beobachtung *aller* Zustandsvariablen $u_i(t)$ ($i = 1, 2, \ldots, n$) des Systems ausreicht.

Die Transformationsmatrix T_{II}, mit der ein in beliebiger Form vorliegendes System (1) auf die Struktur der Definition 4 mittels Ähnlichkeitstransformation (2) der Systemmatrix A gebracht werden kann, setzt sich zunächst so zusammen:

$$T_{II} = D\,M_{II}. \tag{32}$$

Die Matrix M_{II} wird aus der pm,n-Beobachtbarkeitsmatrix

$$M = \begin{bmatrix} C \\ C\,A \\ \vdots \\ C\,A^{m-1} \end{bmatrix} \tag{33}$$

so gewonnen, daß aus den $p \cdot m$ Zeilen n linear unabhängige Zeilen in noch zu besprechender Weise ausgewählt werden. Da das System (1) voraussetzungsgemäß vollständig beobachtbar sein soll, hat die pm,n-Matrix M immer den Rang $M = n$. In (33) sind m bzw. n, wie durchweg in dieser Schrift, der Grad des Minimalpolynoms zu A, also $m = \delta\big(M(\lambda)\big)$, bzw. die Zahl der Zustände des Systems, also $n = \delta\big(C(\lambda)\big) = \delta(|\lambda \cdot \mathbf{1}_n - A|)$.

Bezeichnet man mit C_i $(i = 1, 2, \ldots, p)$ die Zeilen der Ausgangsmatrix C des Systems, dann werden aus dieser Vektorfolge

$$C_1^T, A^T C_1^T, \ldots, (A^T)^{m-1} C_1^T, C_2^T, A^T C_2^T, \ldots, (A^T)^{m-1} C_2^T, C_3^T, \ldots, (A^T)^{m-1} C_p^T, \tag{34}$$

die ersten n linear unabhängigen Vektoren ausgewählt. Wird ferner mit n_i $(i = 1, 2, \ldots, s)$ jeweils die Potenz von A^T bezeichnet, bei der der Vektor $(A^T)^{n_i} C_i^T$ von den vorangegangenen linear abhängig wird, dann bekommt die in (32) enthaltene Matrix M_{II} diese Gestalt:

$$M_{II} = \begin{bmatrix} C_1 \\ C_1\,A \\ \vdots \\ C_2 \\ C_2\,A \\ \vdots \\ C_2\,A^{n_2-1} \\ \vdots \\ C_s\,A^{n_s-1} \end{bmatrix}. \tag{35}$$

In dieser Matrix können einzelne Zeilen C_i ganz überschlagen sein, wenn mit $n_i = 0$ schon der Zeilenvektor C_i selbst von allen in (34) vorstehenden Vektoren abhängig ist. An dieser n,n-Matrix ist bemerkenswert, daß einmal normalerweise nicht alle p Zeilen der Ausgangsmatrix $C = \begin{bmatrix} C_1 \\ \vdots \\ C_p \end{bmatrix}$ auftreten, sondern die ersten s Zeilen genügen, die n linear unabhängigen Zeilen zusammen mit geeigneten Potenzen von A zu erzeugen. Ist darüber hinaus die Systemmatrix A in (1) zyklisch, also das Minimalpolynom $M(s)$ gleich dem charakteristischen $M(s) = C(s)$ und $m = n$, dann kann durchaus der Fall eintreten, daß das erste Ausgangssignal $x_1(t)$ ausreicht, das System vollständig zu beobachten. Das bedeutet, daß dann die n Vektoren $C_1^T, A^T C_1^T, \ldots, (A^T)^{n-1} C_1^T$ linear unabhängig sind und mit ihnen die Matrix M_{II} in (31) gebildet werden kann. Zum anderen sind die n_i gerade die Ordnungszahlen der Begleitmatrizen F_i in (34), es ist also

$$\sum_{i=1}^{s} n_i = n, \quad s \leqq p \tag{36}$$

und

$$F_i = \begin{bmatrix} c_{i,\,n_i-1}, & 1 \ldots 0 \\ c_{i\ n_i-2}, & 0 \ldots 0 \\ & \\ c_{i,\,1}, & 0 \ldots 1 \\ c_{i,\,0}, & 0 \ldots 0 \end{bmatrix}. \tag{37}$$

Hierdurch ist die Matrix M_{II} in (32) hinreichend definiert. Die Matrix D ist eine verallgemeinerte Diagonalmatrix dieser Form:

$$D = \begin{bmatrix} D_1 & & & 0 \\ & D_2 & & \\ & & \ddots & \\ 0 & & & D_s \end{bmatrix}, \tag{38}$$

in der die D_i aus den Koeffizienten der Begleitmatrizen F_i gebildete untere Dreiecksmatrizen sind:

$$D_i = \begin{bmatrix} 1 & & & 0 \\ -c_{i,\,n_i-1} & 1 & & \\ -c_{i,\,n_i-2} & -c_{i,\,n_i-1} & & \\ & & & \\ -c_{i,\,1} & -c_{i,\,2} \ldots\ldots 1 \end{bmatrix}. \tag{39}$$

Damit ist die Transformation der Systemmatrix A auf A_{II} festgelegt. Die Ausgangsmatrix C_{II} hat die Form:

$$C_{II} = P\,C\,M_{II}^{-1}\,D^{-1}. \tag{40}$$

Neben der Matrix M_{II} aus (35) bzw. ihrer Inversen ist noch eine Ausgangstransformationsmatrix P erforderlich, die auf diesem Wege zu bestimmen ist. Es sei

$$\tilde{C} = P\,C, \tag{41}$$

wobei sich $\tilde{C}$ von C nur durch eine andere Anordnung der Zeilen unterscheidet. In $\tilde{C}$ sind zuerst (von oben nach unten) in steigender Reihenfolge die Zeilen C_i angeordnet, die in M_{II}, also in (35), erscheinen. Daran anschließend werden die Zeilen in steigender Reihenfolge angeordnet, die bei dem Eliminationsprozeß als linear abhängig von den vorstehenden Vektoren [nun in (34)] gefunden wurden. Somit ist P nur eine Zeilenvertauschungsmatrix.

Wir fassen die einzelnen Schritte zur Erzeugung der beobachtungskanonischen Struktur II nochmals stichwortartig zusammen:

a) Bestimmung der Zahl s und der Gradzahlen n_i durch Untersuchung von (34).

b) Bildung der Matrix M_{II} entsprechend (35).

c) Die Ähnlichkeitstransformation $\tilde{A}_{II} = M_{II}\,A\,M_{II}^{-1}$ liefert eine Systemmatrix $\tilde{A}_{II}$, die ähnlich (30) aufgebaut ist, nur daß die Begleitmatrizen F_i in der „normalen" FROBENIUS-Form vorliegen:

$$F_i = \begin{bmatrix} 0 & 1 & \dots & 0 \\ 0 & 0 & \dots & 0 \\ \cdots\cdots\cdots\cdots \\ 0 & 0 & \dots & 1 \\ c_{i,0} & c_{i,1} & \cdots & c_{i,n_i-1} \end{bmatrix}. \tag{42}$$

Damit sind aber auch alle Koeffizienten $c_{i,j}$ $(i = 1, 2, \ldots, s;\; j = 0, 1, \ldots, n_i)$ bekannt, so daß

d) die Matrix D aufgestellt werden kann.

e) Die Ähnlichkeitstransformation $A_{II} = D\,\bar{A}_{II}\,D^{-1}$ liefert die Systemmatrix der beobachtungskanonischen Form II.

f) Es wird die zeilenvertauschte Ausgangsmatrix $\tilde{C} = P\,C$ gebildet, indem zuerst die bei der Bildung von M_{II} beteiligten Zeilen C_i notiert und darunter die ausgelassenen bzw. fehlenden Zeilen C_j $(j \neq i)$ angeordnet werden.

g) Transformation der Eingangs- und Ausgangsmatrizen B und $\tilde{C}$ auf $B_{II} = T_{II}\,B$ und $C_{II} = \tilde{C}\,T_{II}^{-1}$ vollendet die gewünschte Operation.

In Abb. VIII.7.3 ist die Systemstruktur des beobachtungskanonischen Systems II durch ein Signalflußdiagramm verdeutlicht. Bemerkenswert ist noch, daß durchaus Fälle existieren, bei denen die Zahl $s = p$, also gleich der Zahl aller Systemausgänge ist. In diesem Fall sind dann die beobachtungskanonischen Strukturen I und II identisch.

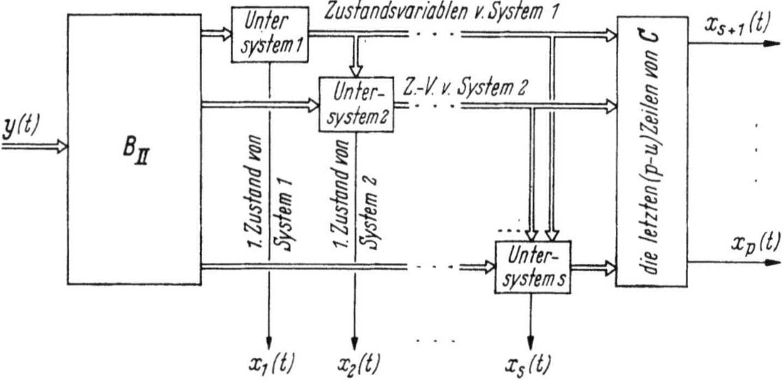

Abb. VII.7.3 Schematische Skizze der beobachtungskanonischen Form II für Mehrfachsysteme

Beispiel. An einem einfachen System wird das Vorstehende erläutert. Gegeben ist:

$$A = \begin{bmatrix} 1 & 1 & 0 \\ 0 & 1 & 0 \\ 0 & 0 & 2 \end{bmatrix}, \quad B = 0,$$

$$C = \begin{bmatrix} 1 & 2 & 0 \\ 3 & 1 & 0 \\ 0 & 0 & 1 \end{bmatrix},$$

also ein System mit 3 Zustandsvariablen $u_i(t)$ und 3 Ausgangssignalen $x_l(t)$. Wir beginnen mit der Untersuchung der Beobachtungsmatrix durch Untersuchung der Vektorfolge (34):

Die Zeilen

$$C_1 = [1 \quad 2 \quad 0]$$

und

$$C_1 A = [1 \quad 3 \quad 0]$$

sind linear unabhängig, aber für $C_1 A^2$ gilt:

$$C_1 A^2 = [2C_1 A - C_1],$$

damit sind die ersten beiden Zeilen von M_{II} in (35) gefunden. Für die Zeile C_2 gilt:

$$C_2 = [11C_1 - 7C_1 A],$$

sie ist also linear abhängig von den vorherstehenden und fällt deshalb aus. Die Zeile C_3 ist aber wieder linear unabhängig von den vorherstehenden. Damit ist zunächst:

$$M_{II} = \begin{bmatrix} 1 & 2 & 0 \\ 1 & 3 & 0 \\ 0 & 0 & 1 \end{bmatrix}$$

mit der Inversen

$$M_{II}^{-1} = \begin{bmatrix} 3 & -2 & 0 \\ -1 & 1 & 0 \\ 0 & 0 & 1 \end{bmatrix}.$$

Die Ausgangsmatrix $\tilde{C} = P C$ hat hier die Form

$$\tilde{C} = \begin{bmatrix} C_1 \\ C_3 \\ C_2 \end{bmatrix} = \begin{bmatrix} 1 & 2 & 0 \\ 0 & 0 & 1 \\ 3 & 1 & 0 \end{bmatrix} = \begin{bmatrix} 1 & 0 & 0 \\ 0 & 0 & 1 \\ 0 & 1 & 0 \end{bmatrix} C,$$

da nur die 1. und 3. Zeile zu M_{II} beigetragen haben und diese deshalb auf den ersten Plätzen erscheinen, gefolgt von der Zeile, die nicht zu M_{II} beigetragen hat.

Als nächstes wird $\tilde{A}_{II} = M_{II} A M_{II}^{-1}$ berechnet zu

$$\tilde{A}_{II} = \begin{bmatrix} 0 & 1 & 0 \\ -1 & 2 & 0 \\ 0 & 0 & 2 \end{bmatrix}.$$

Damit sind die Polynomkoeffizienten der Begleitmatrix $F_1 = \begin{bmatrix} 0 & 1 \\ -1 & 2 \end{bmatrix}$ und $F_2 = 2$ bestimmt.

Die Dreiecksmatrix D aus (38) und (39) erhält deshalb dieses Aussehen:

$$D = \begin{bmatrix} 1 & 0 & 0 \\ -2 & 1 & 0 \\ 0 & 0 & 1 \end{bmatrix}$$

mit

$$D^{-1} = \begin{bmatrix} 1 & 0 & 0 \\ 2 & 1 & 0 \\ 0 & 0 & 1 \end{bmatrix},$$

woraus dann schließlich das Endergebnis

$$A_{II} = D \tilde{A}_{II} D^{-1} = \begin{bmatrix} 2 & 1 & 0 \\ -1 & 0 & 0 \\ 0 & 0 & 2 \end{bmatrix}$$

und

$$C_{II} = P C M_{II}^{-1} D^{-1} = \begin{bmatrix} 1 & 0 & 0 \\ 0 & 0 & 1 \\ -2 & -5 & 0 \end{bmatrix}$$

folgt. In Abb. VIII.7.4 sind das gegebene und das transformierte System als Signalflußdiagramme dargestellt.

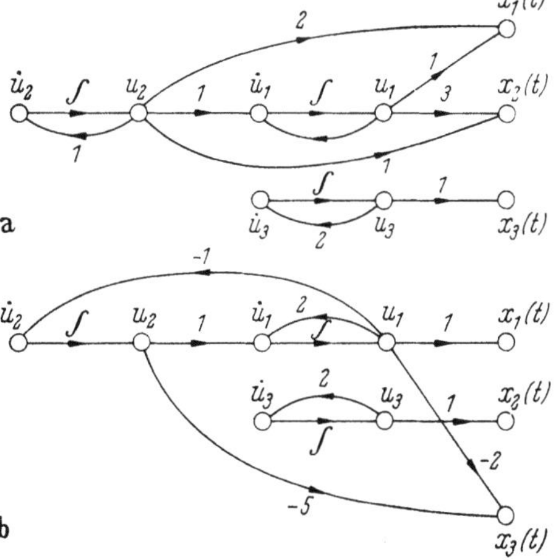

Abb. VII.7.4a u. b Signalflußdiagramme zu einem Beispiel
a) Gegebenes System; b) auf beobachtungskanonische Struktur transformiertes System

7.4 Steuerungskanonische Strukturen

Zu den in den vorstehenden Abschnitten für eine möglichst übersichtliche Zustandsbeobachtung angegebenen kanonischen Strukturen existieren analoge Strukturen, die eine möglichst übersichtliche Steuerung des Systems garantieren. Diese Strukturen stellen entsprechend dem in Abschn. VIII.2 eingeführten Dualitätsprinzip für die Zustandssteuerung und Zustandsbeobachtung duale Strukturen zu den oben angegebenen dar. Die nun einzuführenden steuerungskanonischen Strukturen erlauben eine besonders günstige und übersichtliche Darstellung von Regelgesetzen, die auf eine geeignete (— oft optimale — vgl. auch Kap. IX) Zustandssteuerung zielen.

Definition 5. Das Einfachsystem (9) hat die steuerungskanonische Struktur, wenn für die Systemmatrix A und die Eingangsmatrix B gilt:

$$\tilde{A} = T\,A\,T^{-1} = \begin{bmatrix} 0 & 1 & \dots & 0 \\ 0 & 0 & \dots & 0 \\ \multicolumn{4}{c}{\dots\dots\dots} \\ 0 & 0 & \dots & 1 \\ c_0 & c_1 & \dots & c_{n-1} \end{bmatrix}, \tag{43}$$

$$\tilde{B} = T\,B = [\,0 \quad 0 \quad \dots \quad 1\,]^{T}. \tag{44}$$

Die c_i $(i = 0, 1, \dots, n-1)$ sind die Polynomkoeffizienten des charakteristischen Polynoms $C(\lambda) = |\lambda \cdot \mathbf{1}_n - A|$.

Auch hier ist beim Einfachsystem die steuerungskanonische Struktur, die in Abb. VIII.7.5 skizziert ist, wieder eindeutig durch (43) und (44) festgelegt. Die

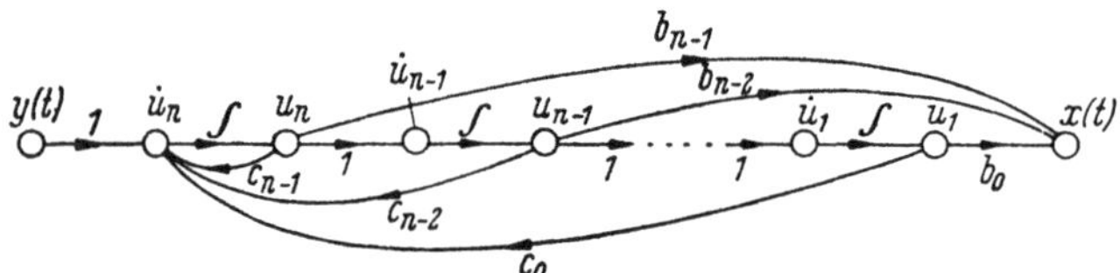

Abb. VIII.7.5 Einfachsystem in steuerungskanonischer Struktur

Struktur der Definition kann durch diese Transformationsmatrix erreicht werden:

$$T = D_s\,N_s \tag{45}$$

mit

$$N_s^{-1} = [A^{n-1}\,B \mid A^{n-2}\,B \mid \cdots \mid A\,B \mid B] \tag{46}$$

und

$$D_s^{-1} = \begin{bmatrix} 1 & & & \\ -c_{n-1} & 1 & & \mathbf{0} \\ -c_{n-2} & -c_{n-1} & 1 & \\ \multicolumn{4}{c}{\dots\dots\dots\dots\dots} \\ -c_1 & -c_2 & \dots\dots & -c_{n-1} & 1 \end{bmatrix}. \tag{47}$$

Analog zu den Systemen reduzierter Ordnung in Definition 2 kann gegebenenfalls auch eine entsprechende steuerungskanonische Struktur reduzierter Ordnung erhalten werden.

Definition 6. Ein Einfachsystem (9) hat die steuerungskanonische Struktur reduzierter Ordnung, wenn die Matrizen A und B so vorliegen:

$$\tilde{A} = T_r A T_r^{-1} = \begin{bmatrix} 0 & 1 & 0 & \dots & 0 & 0 \\ 0 & 0 & 1 & \dots & 0 & 0 \\ \vdots & \vdots & \vdots & & \vdots & \vdots \\ -\alpha_0 & -\alpha_1 & -\alpha_2 & \dots & -\alpha_{n-2} & 1 \\ & & \beta^T & & & \end{bmatrix}; \quad \tilde{B} = T_r B = \begin{bmatrix} 0 \\ 0 \\ \vdots \\ \vdots \\ 1 \end{bmatrix} \qquad (48)$$

mit beliebigen α_i $(i = 0, 1, 2, \ldots, n - 2)$.

Eine Transformationsmatrix T_r läßt sich angeben zu:

$$T_r = T_1 T, \qquad (49)$$

worin T durch (45) mit (46) und (47) und T_1 mit

$$T_1 = \begin{bmatrix} 1_{n-1} & \vdots & 0 \\ \text{-----------} & \vdots & \text{---} \\ -\alpha_0 & -\alpha_1 \ldots -\alpha_{n-2} & \vdots & 1 \end{bmatrix} \qquad (50)$$

gegeben ist.

Anders als beim Einfachsystem sind die nun für Mehrgrößensysteme definierten kanonischen Strukturen nicht eindeutig.

Definition 7. Ein Mehrfachsystem (1) mit q Eingängen $y_1(t) \ldots y_q(t)$ hat die steuerungskanonische Struktur I, wenn gilt:

$$A_I = T_I A T_I^{-1} = \begin{bmatrix} F_1 & & & \\ K_{21} & F_2 & & \mathbf{0} \\ \vdots & & \ddots & \\ K_{q1} & K_{q2} & \ldots & F_q \end{bmatrix}; \quad B_I = T B = \begin{bmatrix} \gamma_1 \\ \gamma_2 \\ \vdots \\ \gamma_q \end{bmatrix} \qquad (51)$$

mit

$$F_i = \begin{bmatrix} 0 & 1 & 0 & \dots & 0 \\ 0 & 0 & 1 & \dots & 0 \\ & & \cdots & & \\ 0 & 0 & 0 & \dots & 1 \\ c_{i,0} & c_{i,1} & c_{i,2} & \ldots & c_{i,n_i-1} \end{bmatrix}, \quad i = 1, 2, \ldots, q, \qquad (52)$$

$$K_{ij} = \begin{bmatrix} \times \\ \times & & \mathbf{0} \\ \vdots \\ \times \end{bmatrix}, \quad \begin{matrix} i = 2, 3, \ldots, q, \\ j = 1, 2, \ldots, q - 1, \\ j < i, \end{matrix} \qquad (53)$$

$$\gamma_i = \begin{bmatrix} \mathbf{0} \\ 0 & 0 \ldots 0 & 1 & 0 \ldots 0 \end{bmatrix}, \quad i = 1, 2, \ldots, q. \qquad (54)$$

$$\uparrow \; i\text{-te Spalte}$$

In (53) deuten die Kreuze in der ersten Spalte auf nicht näher bestimmte Elemente, die normalerweise ungleich Null sind. Das System in der Struktur der

Definition 7 ist als Signalflußdiagramm in Abb. VIII.7.6 skizziert. Die Transformationsmatrizen sind erst nach ausführlicher Eigenwert- und Eigenwert-

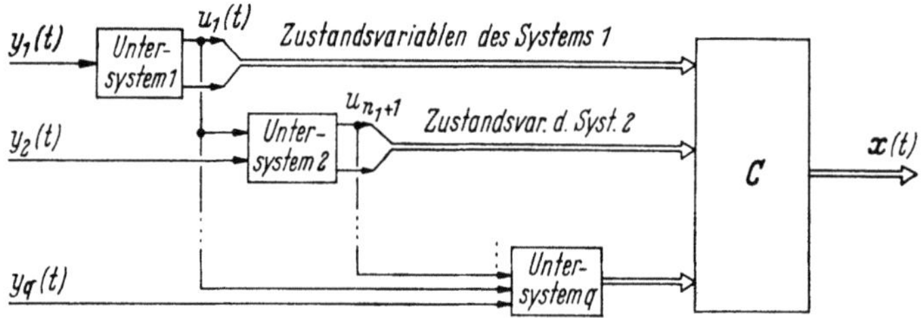

Abb. VIII.7.6 Signalflußbild der steuerungskanonischen Struktur I

struktur-Analyse angebbar [VIII. 32]. Aus diesem Grunde ist diese Struktur für die Anwendung geeigneter:

Definition 8. Ein Mehrfachsystem (1) mit q Eingangssignalen $y_1(t) \dots y_q(t)$ hat die steuerungskanonische Struktur II mit:

$$A_{II} = T_{II} A T_{II}^{-1} = \begin{bmatrix} F_1 & & & \mathbf{0} \\ K_{21} & F_2 & & \\ \vdots & & \ddots & \\ K_{s1} & K_{s2} & \dots & F_s \end{bmatrix}, \quad s \leqq q, \tag{55}$$

$$B_{II} = T_{II} B Q = \begin{bmatrix} \gamma_1 & \\ \gamma_2 & \\ \vdots & \boldsymbol{\Theta} \\ \gamma_s & \end{bmatrix}. \tag{56}$$

In (55) und (56) sind die F_i, K_{ij} und γ_i ganz analog zu den entsprechenden Matrizen in Definition 7 aufgebaut. Für $s < q$ hat die Matrix $\boldsymbol{\Theta}$ in (56) normalerweise nicht durchweg verschwindende Elemente, die sich bei der Transformation ergeben. Die Transformationsmatrizen T_{II} und Q werden analog zu den Matrizen in (32) gefunden, nur sind jetzt hier die Spalten der Steuerbarkeitsmatrix

$$N = [B \mid A B \mid \cdots \mid A^{n-1} B]$$

geeignet auszuwählen. In Abb. VIII.7.7 ist ein Signalflußdiagramm des Systems nach Definition 8 gezeigt.

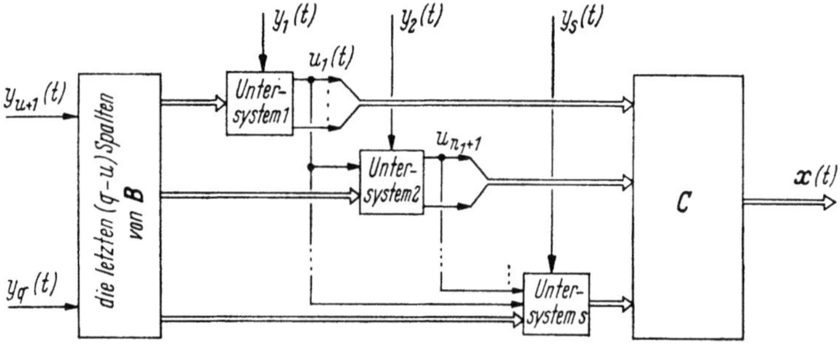

Abb. VIII.7.7 Signalflußbild der steuerungskanonischen Struktur II

8 Stabilitätsanalyse nach Ljapunov

8.1 Einleitung

Der Begriff der Stabilität ist für die Theorie dynamischer Systeme von grundlegender Bedeutung. Speziell in der Theorie der selbsttätigen Regelung entscheidet das Ergebnis der Stabilitätsanalyse eines Systems ganz wesentlich die Brauchbarkeit des Systems für einen praktischen Verwendungszweck. Eine wichtige Aufgabe der Regelungstechnik liegt auch gerade darin, zunächst instabile Systeme durch geeignete Maßnahmen — normalerweise Rückkopplungsschleifen — zu stabilisieren. Die theoretische Stabilitätsuntersuchung eines technischen Systems geschieht dabei immer anhand eines geeigneten mathematischen Modells dieser Anlage.

Wenn der Ingenieur und speziell der Regelungstechniker den Begriff der Stabilität normalerweise intuitiv erfaßt und bei seiner Arbeit auch so verwendet, so kann in einer systemtheoretischen Darstellung auf eine präzisere Definition des vielschichtigen Stabilitätsbegriffs nicht verzichtet werden. Bei der Darstellung der linearen kontinuierlichen Mehrfachsysteme durch rationale Übertragungsfunktionen und -matrizen im Band I dieser Schrift reichte es zunächst aus, die Stabilität so zu definieren, wie es in den Gln. (I.1.3) und (III.3.4) formuliert ist.

Beschreibt man aber dynamische Systeme durch dynamische Gleichungssysteme in Form von Vektordifferentialgleichungen, dann ist es sinnvoll und für einige Fragestellungen auch unumgänglich notwendig, auf schärfere Stabilitätsdefinitionen und darauf aufbauende Ergebnisse und Verfahren zurückzugreifen. Zu den bedeutendsten Forschungen und Theorien auf dem Gebiet der Stabilität dynamischer Systeme gehören die, die auf LJAPUNOV [VIII.33] zurückgehen. LJAPUNOV, ein Zeitgenosse von HURWITZ und ROUTH, behandelte das Stabilitätsproblem in sehr allgemeiner und mathematischer Weise, wovon seine bekannteste, 1882 veröffentlichte Arbeit [VII.33] zeugt. In der deutschen Literatur wurden LJAPUNOVS Arbeiten vor allem durch HAHN [VIII.34 und VIII.37] weiter bekannt gemacht, der auch die moderne Regelungstheorie wesentlich beeinflußte [VIII.36; VI.17].

In diesem Abschnitt wird eine knappe Einführung in LJAPUNOVS zweite oder direkte Methode so weit gegeben, daß vor allem die Bedeutung für die Regelungstheorie erkennbar wird. Dabei wird weitgehend von den in [VIII.34] mehr in mathematischer Sicht formulierten Ergebnissen Gebrauch gemacht. Der interessierte Leser, dem die hier gebotene, sich auf das Wesentliche beschränkende Darstellung nicht ausreicht, sei neben [VIII.34] vor allem auf [VIII.36] und die dort zitierte Literatur sowie auf [VIII.38] verwiesen.

8.2 Stabilitätsdefinitionen

Die im folgenden eingeführten Stabilitätsdefinitionen und die weiter unten darauf aufbauenden Stabilitätssätze und -kriterien beziehen sich auf die Bewegung dynamischer Systeme, die durch gewöhnliche, auch nichtlineare Differentialgleichungen beschrieben werden. Obwohl hier in dieser systemtheoretischen Darstellung die linearen kontinuierlichen Systeme im Vordergrund stehen, sollen die wesentlichen Ergebnisse der LJAPUNOVschen Stabilitätstheorie, so allgemein wie in diesem Rahmen möglich, angegeben werden. Dies vor allem deshalb, um einmal diese Resultate auch auf komplexere Systeme anwenden zu können. Zum anderen, um zu zeigen, daß die für lineare zeitinvariante kontinuierliche Systeme durchweg bekannten und in jedem Lehrbuch zu findenden Stabilitätskriterien in der allgemeinen Stabilitätstheorie von LJAPUNOV als Spezialfälle enthalten sind. Es erweist sich so, daß die LJAPUNOVsche Theorie insbesondere in ihrer Weiterführung zu den geschlossensten Analyse- und auch Synthesemethoden, die in der Regelungstheorie zur Verfügung stehen, gehört. Allerdings ist trotz (oder gerade wegen) dieser umfassenden Theorie ihre Anwendung im praktischen Anwendungsfall oft recht schwierig wenn nicht gar unmöglich.

Wir wollen im folgenden, so lange nichts anderes vereinbart ist, ein dynamisches System durch dieses mathematische Modell beschreiben:

$$\dot{u}(t) = f\big(u(t), y(t), t\big), \quad \begin{aligned} u &\in \mathbf{R}_n, \\ y &\in \mathbf{R}_q. \end{aligned} \tag{1}$$

Hierzu werden nun zunächst einige Festlegungen getroffen:

Definition 1. Ein System (1) heißt

a) frei (oder unerregt), wenn

$$\dot{u}(t) = f\big(u(t), t\big), \tag{2}$$

b) stationär, wenn

$$f\big(u(t), y(t), t\big) \equiv f\big(u(t), y(t)\big), \tag{3}$$

c) autonom, wenn es sowohl frei als stationär ist, also

$$\dot{u}(t) = f\big(u(t)\big). \tag{4}$$

Unter der Voraussetzung der Existenz und Eindeutigkeit von Lösungen für (1) durch eine Anfangsbedingung $u_0 = u(t_0)$ (vgl. auch Abschn. 4.2), lautet die Lösung zu (1)

$$\varphi(t; u_0, t_0), \quad u_0 = u(t_0) \tag{5}$$

mit

$$\varphi(t_0; u_0, t_0) = u_0. \tag{5a}$$

Definition 2. Unter *Bewegung* des dynamischen Systems (1) wird eine Trajektorie $\varphi(t; u_0, t_0)$ verstanden, die Lösung zu (1) ist und in einem beliebigen Punkt $u_0 \in \mathbf{R}_n$ des n-dimensionalen Zustands- (Vektor-) Raumes beginnt.

Definition 3. Ein Gleichgewichtszustand u_g ist der Zustand eines freien Systems, für den gilt:

$$f(u_g, t) \equiv 0 \quad \text{für alle } t \tag{6}$$

oder gleichbedeutend

$$\varphi(t; u_g, t_1) = u_g \quad \text{für alle } t \geq t_1. \tag{7}$$

Diese Definition bedeutet also in anderen Worten auch, daß eine Bewegung, die durch einen Gleichgewichtszustand führt, dort für alle Zeit verharrt, zumindest solange sie nicht gestört wird. Weiter unten wird gezeigt, daß für das hier besonders wichtige lineare zeitinvariante System

$$\dot{u}(t) = A\,u(t) \tag{8}$$

genau ein Gleichgewichtszustand existiert, wenn A nichtsingulär ist, und daß für $|A| = 0$ unendlich viele Gleichgewichtslagen vorhanden sind. Ein nichtlineares System mag eine oder auch mehrere Gleichgewichtslagen haben. Der Gleichgewichtszustand eines Systems korrespondiert mit der konstanten Lösung (7), wobei die Kenntnis eines Gleichgewichtszustandes nicht die Kenntnis der gesamten Lösung bedeutet.

Hat ein System mehrere Gleichgewichtszustände und sind diese voneinander isoliert, dann spricht man von isolierten Gleichgewichtszuständen.

Schließlich ist noch festzuhalten, daß ohne Beschränkung der Allgemeingültigkeit bei den folgenden Definitionen der Stabilität von Gleichgewichtszuständen immer angenommen werden kann, daß der betrachtete Gleichgewichtszustand der Basisursprung des Vektorraums, also $u_g = 0$, ist. Denn durch eine geeignete Koordinatentransformation in $\mathbf{R}_n$ kann immer erreicht werden, daß das Koordinatensystem in dem gerade betrachteten Gleichgewichtszustand beginnt. Damit werden neben (6) und (7) auch diese speziellen Formen betrachtet

$$f_1(0, t) \quad \equiv 0 \quad \text{für alle } t, \tag{6a}$$

$$\varphi_1(t; 0, 0) = 0 \quad \text{für alle } t \geq 0, \tag{7a}$$

wobei hier durch einen Index auf das transformierte System hingewiesen wurde, der aber im folgenden fallengelassen wird.

Auf die vorstehenden Definitionen kann nun ein weiteres System von Definitionen zur Stabilität aufgebaut werden. Dabei zeigt es sich, daß insbesondere bei der Analyse nichtlinearer Systeme der Begriff der Stabilität sehr komplex ist, was zur Folge hat, daß eine sehr große Zahl von Stabilitätsdefinitionen existiert, die sich größtenteils nur in sehr subtiler Weise voneinander unterscheiden. Vielfach hängen diese Definitionen und ihre jeweiligen Unterschiede eng mit den zugrunde liegenden Konvergenzdefinitionen zusammen. Aus diesem Grunde sei hier ausdrücklich festgehalten, daß die folgenden Definitionen nur eine gezielte Auswahl darstellen, die in dem Zusammenhang dieser Darstellung bedeutungsvoll ist.

Wir beginnen mit den beiden wesentlichen Festlegungen, bei denen davon ausgegangen wird, daß sich das System (1) in einem Gleichgewichtszustand befindet und nun ein wenig gestört wird, um dann festzustellen, wohin die auf diese kleine Störung folgende Bewegung des Systems führt.

Definition 4 (LJAPUNOV-Stabilität).

Ein Gleichgewichtszustand u_g eines freien dynamischen Systems (2) heißt stabil im Sinne von LJAPUNOV — oder L-stabil — wenn für *jede* reelle Zahl $\varepsilon > 0$ eine reelle Zahl $\delta(\varepsilon, t_0) > 0$ derart existiert, daß

$$\|u_0 - u_g\| \leq \delta(\varepsilon, t_0) \tag{9}$$

impliziert:

$$\|\varphi(t; u_0, t_0) - u_g\| \leq \varepsilon \quad \text{für alle } t \geq t_0. \tag{10}$$

Die in (9) und (10) verwendete EUKLIDische Norm weist also zunächst darauf hin, daß bei der hier vorliegenden Stabilitätsdefinition der „Abstand" im metrischen Vektorraum $\mathbf{R}_n$ ein wesentlicher Begriff ist. Die Gln. (9) und (10) bedeuten in Worten auch, daß die Lösung (5) des Systems (1) in der Umgebung des Gleichgewichtszustandes beschränkt ist. Bemerkenswert ist ferner, daß bei der L-Stabilität der Abstand δ sowohl von der vorgegebenen (kleinen) Zahl ε, als auch von der Beobachtungszeit abhängt. Für den zweidimensionalen Zustandsraum $\mathbf{R_2}$ ist in Abb. VIII.8.1 der wesentliche Inhalt der Definition 4 verdeutlicht. Die L-Stabilität ist ein lokales Konzept und bezieht sich nur auf kleine Auslenkungen vom Gleichgewichtszustand, da a priori nicht bekannt ist, wie klein δ gewählt werden muß.

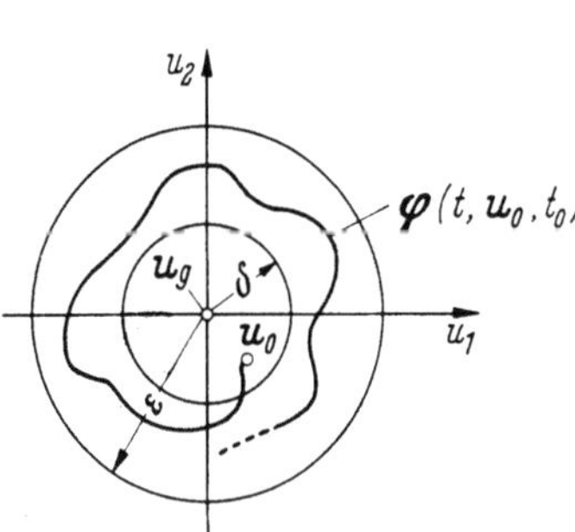

Abb. VIII.8.1 Zur Definition der L-Stabilität

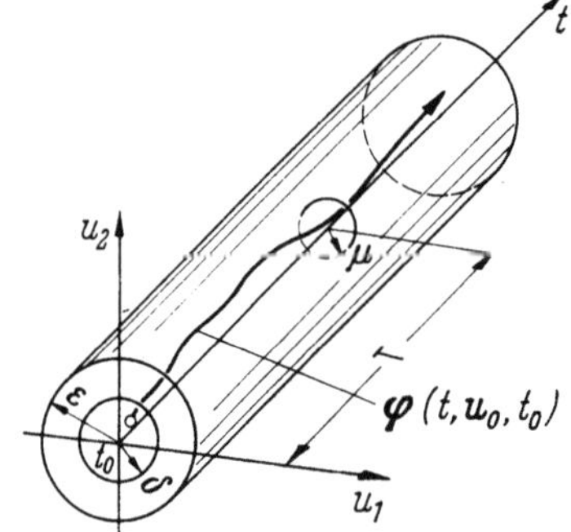

Abb. VIII.8.2 Zur Definition der a-Stabilität

Definition 5 (gleichmäßige L-Stabilität).

Der Gleichgewichtszustand $\boldsymbol{u}_g$ in Definition 4 heißt gleichmäßig L-stabil, wenn er L-stabil ist derart, daß in (9) δ nicht von t_0 abhängt:

$$\delta(\varepsilon, t_0) = \delta(\varepsilon). \tag{11}$$

Neben der Bezeichnung *gleichmäßig* ist vielfach auch *uniform* gebräuchlich.

Für Ingenieuraufgaben und speziell in der Regelungstechnik benötigt man normalerweise einen strengeren Stabilitätsbegriff, derart, daß die Bewegung eines gestörten Gleichgewichts in den Gleichgewichtszustand zurückführen soll.

Definition 6 (asymptotische Stabilität).

Ein Gleichgewichtszustand $\boldsymbol{u}_g$ eines freien dynamischen Systems (2) ist *asymptotisch* stabil — a-stabil —, wenn

a) $\boldsymbol{u}_g$ L-stabil ist und

b) jede in einer gewissen Umgebung von $\boldsymbol{u}_g$ beginnende Bewegung mit $t \to \infty$ gegen $\boldsymbol{u}_g$ konvergiert. Also, es existiere eine reelle Konstante $\delta(t_0)$ und zu jeder rellen Zahl $\mu > 0$ korrespondiere eine reelle Zahl $T(\mu, \boldsymbol{u}_0, t)$ derart, daß

$$\|\boldsymbol{u}_0 - \boldsymbol{u}_g\| < \delta(t_0) \tag{12}$$

impliziert

$$\|\boldsymbol{\varphi}(t; \boldsymbol{u}_0, t_0) - \boldsymbol{u}_g\| \leq \mu \quad \text{für alle } t \geq t_0 + T(\mu, \boldsymbol{u}_0, t), \tag{13}$$

In Abb. VIII.8.2 ist die Bedeutung dieser Stabilitätsdefinition für ein System 2. Ordnung erläutert. Auch die a-Stabilität ist wie die L-Stabilität ein lokales Konzept.

Definition 7 (gleichmäßige a-Stabilität).

Die Gleichgewichtslage $\boldsymbol{u}_g$ in Definition 6 heißt gleichmäßig a-stabil, wenn in (12) und (13) δ und T nicht von t_0 abhängen.

Die vorstehend definierte gleichmäßige a-Stabilität impliziert über die Definitionen 5 und 6 auch gleichmäßige L-Stabilität.

In der Literatur, z. B. [VIII.36], sind Beispiele angegeben, die zeigen, daß die vorstehenden Definitionen nicht ausreichen, ein zufriedenstellendes Stabilitätsverhalten dynamischer Systeme zu begründen, was Anlaß zu dieser verschärften Definition gibt:

Definition 8. Der Gleichgewichtszustand u_g eines freien dynamischen Systems heißt gleichmäßig a-stabil im Großen, wenn

a) u_g gleichmäßig a-stabil ist und

b) das System gleichmäßig beschränkt für beliebig große $\delta > 0$ in (11) ist für alle Punkte des Zustandsraumes, für die die Bewegungsgleichungen (1) definiert sind.

In der ausschließlich der LJAPUNOVschen Theorie gewidmeten Literatur, in der naturgemäß die Theorie ausführlicher und mit mehr Feinheiten dargestellt ist, wird neben der Stabilität im *Großen* auch noch die im *Ganzen* unterschieden. Von der ersteren spricht man (wie auch hier), wenn alle Punkte u_0 gemeint sind, von denen überhaupt Bewegungen ausgehen können, für die also (1) definiert ist. Der Begriff im Ganzen ist dann anzuwenden, wenn der gesamte Zustandsraum $\mathbf{R}_n$ als Definitionsbereich der Bewegungsgleichung gemeint ist.

Als erste Konsequenz der Definition 8 folgt die notwendige Bedingung für a-Stabilität im Großen, daß nur ein Gleichgewichtszustand im vollständigen Zustandsraum $\mathbf{R}_n$ existiert.

Die Sicherstellung oder der Nachweis der a-Stabilität im Großen ist bei der Bearbeitung regelungstechnischer Systeme anzustreben. Ist ein System nicht a-stabil oder wenigstens L-stabil im Großen, so besteht die schwierige Aufgabe darin, das Stabilitätsgebiet abzugrenzen und dann sicherzustellen, daß es größer als die größte zu erwartende Störung ist.

Abschließend halten wir noch fest, was unter Instabilität verstanden werden soll.

Definition 9. Ein Gleichgewichtszustand u_g heißt instabil, wenn er weder L- noch a-stabil ist.

8.3 Ljapunovs direkte Methode

In der auf LJAPUNOV zurückgehenden Stabilitätstheorie werden zwei Stabilitätsanalyseverfahren unterschieden: a) die 1. Methode und b) die 2. oder direkte Methode. In dem uns hier beschäftigenden Zusammenhang ist nur die direkte Methode von Interesse, da sie wesentlich neue Gesichtspunkte bringt. Zur Abgrenzung soll aber kurz der Inhalt der 1. Methode skizziert werden.

Die 1. Methode umfaßt alle die Verfahren zur Stabilitätsanalyse dynamischer Systeme der Form (2), bei denen eine explizite Kenntnis der Lösung (5) vorausgesetzt wird. Die Lösungen liegen dabei vielfach als Reihenentwicklungen vor. Dabei wird jeder Gleichgewichtszustand getrennt für sich untersucht. Ein wesentliches Verfahren für nichtlineare Systeme ist hierbei, daß über TAYLOR-Entwicklungen um die Gleichgewichtszustände linearisierte Systeme untersucht werden.

War insbesondere das untersuchte System autonom,

$$\dot{u}(t) = f\big(u(t)\big), \tag{14}$$

dann hat die lineare Näherung um die Gleichgewichtslage $u_g = 0$ die Form

$$\dot{u}(t) = A\,u(t) \tag{15}$$

mit

$$A = f_u\big(u(t)\big)\Big|_{u=0} = \frac{\partial}{\partial u} f\big(u(t)\big)\Big|_{u=0}. \tag{16[1]}$$

Unter gewissen Voraussetzungen kann aus den Eigenwerten $\lambda_i(A)$ auf das Stabilitätsverhalten von (14) für den betrachteten Gleichgewichtszustand geschlossen werden. So konnte LJAPUNOV z. B. zeigen, daß, wenn alle $\lambda_i(A)$ nur negative Realteile haben, die Gleichgewichtslage u_g a-stabil ist, wogegen u_g dann instabil ist, wenn mindestens ein $\lambda_i(A)$ einen positiven Realteil hat. Hat A aber einen oder mehrere Eigenwerte mit verschwindendem Realteil, dann spricht man von den „kritischen Fällen", bei denen eine weitergehende Untersuchung des Stabilitätsverhaltens von (14) notwendig ist. Das Stabilitätsverhalten der kritischen Fälle hängt von den Eigenschaften der Glieder höherer Ordnung der TAYLOR-Entwicklung um u_g ab.

Ein wesentlicher Nachteil der 1. Methode ist, daß sie einmal getrennte Untersuchungen für alle vorkommenden Gleichgewichtszustände verlangt und dann auch nur lokale Ergebnisse, also für kleine Abweichungen von der Gleichgewichtslage, liefert. Andererseits liefert die 1. Methode wegen den als bekannt vorausgesetzten exakten oder Näherungslösungen wesentlich mehr Informationen als gerade die über das Stabilitätsverhalten.

Bei der 2. oder direkten Methode wird versucht, Aussagen über die Stabilität der Gleichgewichtslagen u_g eines Systems zu finden, ohne die Lösungen $\varphi(t; u_0, t_0)$ kennen zu müssen, indem die Differentialgleichungen selbst in geeigneter Weise untersucht werden. Die gegebenenfalls gefundenen Stabilitätsaussagen sind dann exakt und beruhen nicht auf einer wie auch immer gearteten Näherung. Die Idee der 2. Methode besteht in einer Verallgemeinerung des Energiekonzepts der klassischen Mechanik. So ist beispielsweise bekannt, daß ein mechanisches System stabil ist, wenn seine Gesamtenergie $T(\dot{u}, u) + U(u)$ kontinuierlich abnimmt. Zu bemerken ist ferner, daß die Gesamtenergie eine positiv definite Funktion ist, da sowohl die kinetische Energie T als auch (vielfach) die potentielle Energie U als positive Quantitäten festgelegt sind. Von hier beginnend wurde von LJAPUNOV ein verallgemeinertes Energiefunktional $V\big(u(t), t\big)$ eingeführt, von dem verlangt wird, daß es positiv definit ist. Zusammen mit dem Vorzeichen der zeitlichen Ableitung $\dot{V}\big(u(t), t\big)$ kann dann auf a- oder L-Stabilität oder Instabilität des betrachteten Systems geschlossen werden. Diese direkte Methode eignet sich sowohl für lineare als auch nichtlineare Systeme und gehört damit zu den wenigen Stabilitätsanalyseverfahren, die für allgemeine nichtlineare Systeme existieren. Wir werden bei der Besprechung der wichtigsten LJAPUNOVschen Sätze zunächst auch den allgemeinen nichtlinearen Fall einschließen, obwohl hier in dieser Systemtheorie nahezu ausschließlich die linearen Systeme behandelt

---

[1] Vgl. auch (VII.2.91)

werden. Dies, um einen möglichen Weg zur Erweiterung der linearen Systemtheorie für spezielle Systeme aufzuzeigen, die mit den sonst üblichen Verfahren
nicht mehr bearbeitet werden können. Sicherlich kann die Ljapunovsche
Theorie im Falle der linearen Systeme keine Ergebnisse liefern, die auf anderem
bekannten Wege nicht auch gefunden werden könnten. Doch zeigt sich, daß
die dieser Theorie zugrunde liegenden Ideen in ganz außerordentlichem Maße
die auf den Zustandsvariablenmodellen gegründete „moderne" Regelungstheorie
beeinflußt haben.

Wir betrachten nun das erste für uns wesentliche Ergebnis der direkten
Methode. Das auf Stabilität zu untersuchende System werde durch das freie
System

$$\dot{\boldsymbol{u}}(t) = \boldsymbol{f}(\boldsymbol{u}(t), t) \tag{17}$$

beschrieben. Ferner sei $\boldsymbol{u}_g = \boldsymbol{0}$ die betrachtete Gleichgewichtslage. Das im folgenden auftretende Ljapunov-Funktional $V(\boldsymbol{u}(t), t)$, dessen Eigenschaften
weiter unten ausführlicher diskutiert werden, ist eine skalare Funktion der
n Komponenten $u_i(t)$ des Zustandsvektors $\boldsymbol{u}(t)$ und der Zeit t:

$$V(\boldsymbol{u}(t), t) = V(u_1(t), \ldots, u_n(t), t), \tag{18}$$

wobei die $u_i(t)$ nur reellwertige Zeitfunktionen sein sollen, da die Anwendung
der direkten Methode nur auf das Reelle beschränkt ist. Sind gegebenenfalls
zunächst auch komplexe $u_i(t)$ vorhanden, dann treten diese wegen der vorausgesetzten physikalischen Systeme immer paarweise konjugiert komplex auf,
und man kann durch geeignete Transformationen nur reelle $u_i(t)$ erhalten.
Andernfalls muß man für eine komplexe Ausgangsgleichung durch Zerlegung
in Real- und Imaginärteil ein System reeller Gleichungen finden.

Die zeitliche (totale) Ableitung der Ljapunov-Funktion $\dot{V}$ lautet:

$$\frac{d}{dt} V(\boldsymbol{u}(t), t) = \dot{V}(\boldsymbol{u}(t), t) = \frac{\partial}{\partial u_1} V \dot{u}_1 + \frac{\partial}{\partial u_2} V \dot{u}_2 + \cdots + \frac{\partial}{\partial u_n} V \dot{u}_n + \frac{\partial V}{\partial t}$$

$$= [\operatorname{grad} V(\boldsymbol{u}(t), t)]^T \dot{\boldsymbol{u}}(t) + \frac{\partial}{\partial t} V(\boldsymbol{u}(t), t) = V_{\boldsymbol{u}}^T(\boldsymbol{u}(t), t) \dot{\boldsymbol{u}}(t) +$$

$$+ \frac{\partial}{\partial t} V(\boldsymbol{u}(t), t). \tag{19}$$

Satz 1 (Ljapunov). Sei $\boldsymbol{u}_g = \boldsymbol{0}$ eine Gleichgewichtslage des Systems (17).
Diese Gleichgewichtslage ist dann uniform a-stabil im Großen, wenn eine Funk-
tion $V(\boldsymbol{u}(t), t)$ mit stetigen Ableitungen nach $\boldsymbol{u}(t)$ und t mit diesen Eigenschaften
zu finden ist:

a) $V(\boldsymbol{u}(t), t)$ ist positiv definite, also

$$V(\boldsymbol{u}(t), t) > 0 \quad \text{für alle } \boldsymbol{u}(t) \neq \boldsymbol{0}, \tag{20a}$$

$$V(\boldsymbol{0}, t) \quad = 0 \tag{20b}$$

und

$$V(\boldsymbol{u}(t), t) \geqq \alpha(\|\boldsymbol{u}(t)\|) \quad \begin{array}{l} \text{für alle } \boldsymbol{u}(t) \neq \boldsymbol{0} \\ \text{und } t \geqq t_0, \end{array} \tag{20c}$$

worin α eine stetige nicht abnehmende skalare Funktion mit $\alpha(0) = 0$ ist.

b) $\dot{V}\big(u(t),t\big)$ ist negativ definite, also

$$\dot{V}\big(u(t),t\big) < 0 \quad \text{für alle } u(t) \neq 0, \tag{21a}$$

$$\dot{V}(0,t) \;\;= 0 \tag{21b}$$

und
$$\dot{V}\big(u(t),t\big) \leqq -\gamma\big(\|u(t)\|\big) < 0 \qquad \begin{array}{l}\text{für alle } u(t) \neq 0 \\ \text{und } t \geqq t_0,\end{array} \tag{21c}$$

worin γ eine stetige nicht abnehmende skalare Funktion mit $\gamma(0) = 0$ ist.

c) Es existiere eine stetige nicht abnehmende skalare Funktion $\beta\big(\|u(t)\|\big)$ mit $\beta(0) = 0$, die $V\big(u(t),t\big)$ majorisiert:

$$V\big(u(t),t\big) \leqq \beta\big(\|u(t)\|\big). \tag{22}$$

d) Schließlich gelte für $\alpha\big(\|u(t)\|\big)$ in (20c):

$$\alpha\big(\|u(t)\|\big) \to \infty \quad \text{für} \quad \|u(t)\| \to \infty. \tag{23}$$

Der Beweis dieses Satzes, der ausführlich in [VIII.34] dargestellt ist, soll kurz skizziert werden, um die zugrunde liegenden Ideen zu erläutern:

Zunächst folgt aus der Forderung b), daß $V\big(u(t),t\big)$ eine mit $\varphi(t)$ abnehmende Funktion entlang einer von u_0 ausgehenden Lösung zu (17) ist:

$$V\big(\varphi(t;u_0,t_0),t\big) - V(u_0,t_0) = \int_{t_0}^{t} \dot{V}\big(\varphi(\tau;u_0,t_0),\tau\big)\,d\tau < 0 \quad \text{für } t > t_0. \tag{24}$$

Hiervon ausgehend wird der Satz in 3 Teilschritten bewiesen.

i) (gleichmäßige L-Stabilität) Da β eine stetige Funktion mit $\beta(0) = 0$ ist, kann ein $\delta(\varepsilon) > 0$ derart gewählt werden, daß $\beta(\delta) < \alpha(\varepsilon)$ für jedes $\varepsilon > 0$ ist. In Abb. VIII.8.3 sind die Verhältnisse skizziert. Falls nun $\|u_0\| < \delta$ bei beliebigem t_0 ist, folgt insbesondere wegen (24):

$$\alpha(\varepsilon) > \beta(\delta) \geqq V(u_0,t_0) \geqq V\big(\varphi(t,u_0,t_0),t\big) \geqq \alpha\big(\|\varphi(t,u_0,t_0)\|\big) \quad \text{für alle } t > t_0.$$

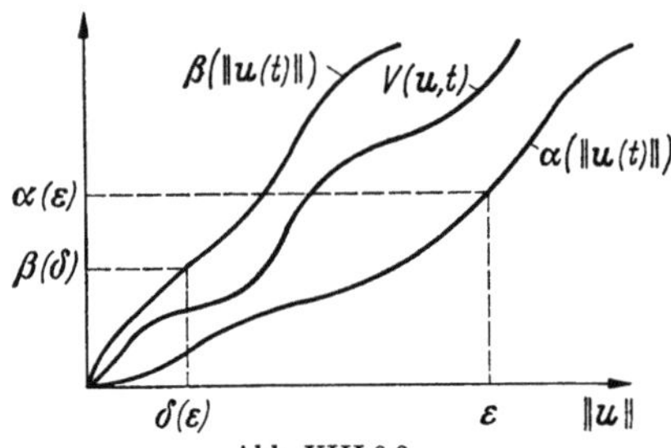

Abb. VIII.8.3
Zum Beweis des Satzes von LJAPUNOV

Da voraussetzungsgemäß α eine monoton steigende und positive Funktion ist, folgt hieraus weiter

$$\|\varphi(t;u_0,t_0)\| < \varepsilon \qquad \begin{array}{l}\text{für } t > t_0, \\ \text{und } \|u_0\| < \delta.\end{array}$$

Damit ist dargelegt, daß der Ursprung gleichmäßig L-stabil ist (vgl. auch Definitionen 4 und 5).

ii) Als nächstes wird gezeigt, daß $\|\varphi(t;u_0,t_0)\| \to 0$ mit $t \to \infty$ gleichmäßig für alle t_0 und $\|u_0\| < \delta$ gilt. Es wird eine Funktion $\nu(\mu)$ so gewählt, daß mit $0 < \mu < \|u_0\|$ und $\nu(\mu) > 0$ die Ungleichung $\beta(\nu) < \alpha(\mu)$ gilt. Mit $\varkappa(\mu,\delta) > 0$ sei das Minimum der stetigen nicht abnehmenden Funktion $\gamma(\|u\|)$ über der kompakten Menge $\nu(\mu) \leqq \|u\| \leqq \varepsilon(\delta)$ bezeichnet. Nun wird eine Zeit

$$T(\mu,\delta) = \frac{\beta(\delta)}{\varkappa(\mu,\delta)} > 0$$

eingeführt. Unterstellt man nun $\|\varphi(t;u_0,t_0)\| > \nu$ im Zeitintervall $t_0 \leqq t \leqq t_1 = t_0 + T$, dann ergibt sich diese Ungleichung:

$$0 < \alpha(\nu) \leqq V\big(\varphi(t_1;u_0,t_0),t_1\big) \leqq V(u_0,t_0) - (t_1 - t_0)\varkappa \leqq \beta(\delta) - T\varkappa = 0,$$

die einen Widerspruch enthält. Daraus kann geschlossen werden, daß für einige t im Intervall $t_0 \leqq t \leqq t_1$, die mit t_2 bezeichnet seien, gelten muß

$$\|\boldsymbol{u}_2\| = \|\boldsymbol{u}(t_2)\| = \|\boldsymbol{\varphi}(t_2; \boldsymbol{u}_0, t_0)\| = \nu,$$

damit dann auch

$$\alpha\big(\|\boldsymbol{\varphi}(t; \boldsymbol{u}_0, t_0)\|\big) \leqq V\big(\boldsymbol{\varphi}(t; \boldsymbol{u}_2, t_2), t\big) \leqq V(\boldsymbol{u}_2, t_2) \leqq \beta(\nu) < \alpha(\mu)$$

für alle $t > t_2$. Deshalb ist dann

$$\|\boldsymbol{\varphi}(t; \boldsymbol{u}_0, t_0)\| < \mu \quad \text{für alle } t \geqq t_0 + T(\mu, \delta) \geqq t_2,$$

womit die gleichmäßige asymptotische Stabilität bewiesen ist.

iii) Schließlich folgt aus Bedingung (23), daß für beliebig große δ eine Konstante $\varepsilon(\delta)$ derart existiert, daß $\beta(\delta) < \alpha(\varepsilon)$ ist. Darüber hinaus ist $\boldsymbol{\varphi}(t; \boldsymbol{u}_0, t_0)$ gleichförmig beschränkt, da $\varepsilon(\delta)$ nicht von t_0 abhängt, was nun die gleichmäßige a-Stabilität im Großen beweist.

Satz 1, der Hauptsatz für den Teil der Ljapunovschen Stabilitätstheorie, der in der Regelungstheorie von besonderem Interesse ist, kann nun vor allem durch Abschwächungen der Bedingungen a) bis d) so abgewandelt werden, daß notwendige und hinreichende Bedingungen für die einzelnen, im vorstehenden Abschnitt definierten Stabilitätsdefinitionen entstehen. Vor allem für die weiter unten wieder im Vordergrund stehenden linearen Systeme sind die abgeschwächten Bedingungen ausreichend. Nachdem der Gedankengang bei der Durchführung des Beweises zu Satz 1 skizziert wurde, werden die folgenden Ergebnisse weitgehend nur in Form von Sätzen zitiert, wobei wieder wegen der Beweise vor allem auf Hahn [VIII.34] verwiesen sei.

Definition 10. Eine Funktion $V\big(\boldsymbol{u}(t), t\big)$, die den Bedingungen a) bis d) in Satz 1 genügt, heißt eine zur Differentialgleichung (17) gehörende Ljapunovsche Funktion.

Aus dieser Definition folgt, daß eine Ljapunovsche Funktion $V\big(\boldsymbol{u}(t), t\big)$ eine skalare positiv definite Funktion ist, die stetig und nach all ihren Argumenten stetig differenzierbar innerhalb eines Gebietes $\boldsymbol{\Gamma} \subset \mathbf{R}_n$ um die Gleichgewichtslage $\boldsymbol{u}_g \in \boldsymbol{\Gamma}$ ist. Darüber hinaus hat $V\big(\boldsymbol{u}(t), t\big)$ eine zeitliche Ableitung entlang der Lösung $\boldsymbol{\varphi}(t; \boldsymbol{u}_0, t_0)$ der Gl. (17), die negativ definite oder — später bei den abgeschwächten Bedingungen — negativ semidefinite ist. Dabei ist die vollständige Ableitung nach der Zeit entsprechend (19) zu bilden. Aus $\dot{V} < 0$ folgt, daß V in bezug auf t eine abfallende Funktion ist. Es ist hier schon festzuhalten, daß eine Ljapunov-Funktion für ein System nicht eindeutig ist. Darin liegt einerseits eine besondere Stärke des Verfahrens, denn es kann von Fall zu Fall nach einer geeigneten Ljapunov-Funktion gesucht werden, womit eine große Freiheit bei der Synthese gegeben ist. Andererseits liegt aber darin auch das besondere Problem, da es kein allgemeingültiges „rezeptartiges" Verfahren gibt, das zum Auffinden einer Ljapunov-Funktion verhilft. Schließlich ist noch dies wichtig:

a) In einem stabilen Gleichgewichtszustand existiert immer mindestens eine Ljapunov-Funktion.

b) Gelingt es nicht, eine Ljapunov-Funktion zu finden, dann kann keine Aussage über das Stabilitätsverhalten gemacht werden.

c) Ist eine vorliegende LJAPUNOV-Funktion nur in einem Gebiet $\Gamma \subset \mathbf{R}_n$ mit $\boldsymbol{u}_g \in \Gamma$ gültig, dann heißt dies nicht, daß das Stabilitätsgebiet nicht über das Gebiet Γ hinausgeht.

Die Eigenschaften b) und c) stellen einen durchaus gravierenden Nachteil des Verfahrens der direkten Methode dar. Denn ist es bei der Systemanalyse nicht gelungen, eine geeignete LJAPUNOV-Funktion zu finden, so ist die gesamte, eventuell aufwendige Arbeit vergebens gewesen, da keinerlei Aussagen über das Stabilitätsverhalten gemacht werden können.

Satz 2 (gleichmäßige a-Stabilität).

Es sei $\boldsymbol{u}_g = \boldsymbol{0}$ eine Gleichgewichtslage des Systems (17). Läßt sich eine LJAPUNOV-Funktion $V(\boldsymbol{u}(t), t)$ angeben derart, daß

$$
\left. \begin{array}{ll} \text{a)} & V(\boldsymbol{u}(t), t) > 0 \quad \text{für alle } \boldsymbol{u}(t) \neq \boldsymbol{0}, \\ & V(\boldsymbol{0}, t) = 0 \end{array} \right\} \text{für alle } t. \tag{25a}
$$

$$
\left. \begin{array}{ll} \text{b)} & \dot{V}(\boldsymbol{u}(t), t) < 0 \quad \text{für alle } \boldsymbol{u}(t) \neq \boldsymbol{0}, \\ & \dot{V}(\boldsymbol{0}, t) = 0 \end{array} \right\} \text{für alle } t, \tag{25b}
$$

dann ist $\boldsymbol{u}_g$ gleichmäßig a-stabil.

Die in diesem Satz verwendeten, gegenüber Satz 1 abgeschwächten Bedingungen bewirken, daß die Stabilitätsaussagen nur noch eine lokale Gültigkeit für ein $\Gamma \subset \mathbf{R}_n$ und $\boldsymbol{u}_g \in \Gamma$ haben. Läßt man für $\dot{V}(\boldsymbol{u}(t), t)$ auch negativ semidefinite Funktionen zu, erhält man

Satz 3. (gleichmäßige L-Stabilität).

Läßt sich für die Gleichgewichtslage $\boldsymbol{u}_g = \boldsymbol{0}$ des Systems (17) eine LJAPUNOV-Funktion derart angeben, daß

$$
\left. \begin{array}{ll} \text{a)} & V(\boldsymbol{u}(t), t) > 0 \quad \text{für alle } \boldsymbol{u}(t) \neq \boldsymbol{0}, \\ & V(\boldsymbol{0}, t) = 0 \end{array} \right\} \text{für alle } t, \tag{26a}
$$

$$
\left. \begin{array}{ll} \text{b)} & \dot{V}(\boldsymbol{u}(t), t) \leqq 0 \quad \text{für alle } \boldsymbol{u}(t) \neq \boldsymbol{0}, \\ & \dot{V}(\boldsymbol{0}, t) = 0 \end{array} \right\} \text{für alle } t, \tag{26b}
$$

dann ist $\boldsymbol{u}_g$ gleichmäßig L-stabil.

Neben den Stabilitätssätzen sind die sogenannten *Instabilitäts*sätze für die Anwendung wichtig, die ebenso hinreichende Bedingungen liefern. Wir fassen die wichtigsten dieser Ergebnisse so zusammen:

Satz 4 (Instabilität).

Es sei $\boldsymbol{u}_g = \boldsymbol{0}$ eine Gleichgewichtslage zu (17). Existiert zu $\boldsymbol{u}_g$ eine LJAPUNOV-Funktion derart, daß

$$
\left. \begin{array}{ll} \text{a}_1) & V(\boldsymbol{u}(t), t) > 0 \quad \text{für alle } \boldsymbol{u}(t) \neq \boldsymbol{0}, \\ & V(\boldsymbol{0}, t) = 0, \\ \text{b}_1) & \dot{V}(\boldsymbol{u}(t), t) > 0 \quad \text{für alle } \boldsymbol{u}(t) \neq \boldsymbol{0}, \\ & \dot{V}(\boldsymbol{0}, t) = 0 \end{array} \right\} \text{für alle } t \tag{27a}
$$

oder

$$\begin{aligned}
\left. \begin{array}{ll}
\text{a}_2) & V\big(\boldsymbol{u}(t), t\big) < 0 \quad \text{für alle } \boldsymbol{u}(t) \neq \boldsymbol{0}, \\[4pt]
& V(\boldsymbol{0}, t) = 0, \\[8pt]
\text{b}_2) & \dot{V}\big(\boldsymbol{u}(t), t\big) < 0 \quad \text{für alle } \boldsymbol{u}(t) \neq \boldsymbol{0}, \\[4pt]
& \dot{V}(\boldsymbol{0}, t) = 0
\end{array} \right\} \text{ für alle } t,
\end{aligned} \qquad (27\,\text{b})$$

dann ist $\boldsymbol{u}_g$ instabil.

An einem einfachen, in der Literatur bekannten Beispiel sei die Anwendung der 2. Methode gezeigt.

Beispiel. Gegeben ist das nichtlineare autonome System 2. Ordnung

$$\dot{\boldsymbol{u}}(t) = \boldsymbol{f}\big(u_1(t), u_2(t)\big) = \begin{bmatrix} \dot{u}_1(t) \\ \dot{u}_2(t) \end{bmatrix} = \begin{bmatrix} u_2(t) - a\,u_1(t)\,\big(u_1^2(t) + u_2^2(t)\big) \\ -u_1(t) - a\,u_2(t)\,\big(u_1^2(t) + u_2^2(t)\big) \end{bmatrix}$$

mit der positiven Konstanten $a > 0$. Offensichtlich ist $\boldsymbol{u}_g = \boldsymbol{0}$ ein Gleichgewichtszustand mit $\dot{\boldsymbol{u}}(t) = \boldsymbol{0}$. Das Stabilitätsverhalten für diesen Punkt ist zu prüfen. Es wird (willkürlich, aber mit Intuition) eine positiv definite skalare Funktion dieser Form

$$V\big(\boldsymbol{u}(t), t\big) = u_1^2(t) + u_2^2(t)$$

definiert und geprüft, ob dies eine LJAPUNOV-Funktion ist. Dazu wird $\dot{V}$ zunächst allgemein gebildet:

$$\dot{V}\big(\boldsymbol{u}(t), t\big) = 2u_1(t)\,\dot{u}_1(t) + 2u_2(t)\,\dot{u}_2(t),$$

und dann entlang der Trajektorie genommen, d. h. $\dot{u}_1(t)$ und $\dot{u}_2(t)$ aus dem gegebenen System werden eingesetzt:

$$\dot{V}\big(\boldsymbol{u}(t), t\big) = -2a\,[u_1^2(t) + u_2^2(t)]^2.$$

Es ist also $\dot{V}\big(\boldsymbol{u}(t), t\big)$ negativ definite und $\dot{V}(\boldsymbol{0}, t) = 0$, was bedeutet, daß $V\big(\boldsymbol{u}(t), t\big)$ eine monoton fallende Funktion ist. Damit ist aber $V\big(\boldsymbol{u}(t), t\big)$ eine LJAPUNOV-Funktion und das gegebene System hat in $\boldsymbol{u}(t) = \boldsymbol{0}$ eine gleichmäßig a-stabile Gleichgewichtslage. Da darüber hinaus $V\big(\boldsymbol{u}(t), t\big) \to \infty$ gleichmäßig mit $\|\boldsymbol{u}(t)\| \to \infty$ geht, ist $\boldsymbol{u}_g = \boldsymbol{0}$ sogar a-stabil im Ganzen, da der Gültigkeitsbereich des gegebenen Differentialgleichungssystems der vollständige Vektorraum $\mathbf{R}_2$ ist.

In Abb. VIII.8.4 sind die Verhältnisse skizziert, wobei die LJAPUNOV-Funktion $V\big(\boldsymbol{u}(t),\,t\big) = u_1^2 + u_2^2$ für konstante Werte $V_i = C_i$ ($i = 1, 2, \ldots$) angedeutet ist. Aus dieser Darstellung ist hier deutlich zu erkennen, daß V auch die Bedeutung eines „verallgemeinerten Abstands" hat. Ferner ist ersichtlich, daß (als geometrische Deutung) die Trajektorie $\boldsymbol{\varphi}(t;\,\boldsymbol{u}_0, t_0)$ die Sphären C_i immer von außen nach innen durchdringen muß, damit die Bewegung a-stabil auf die Gleichgewichtslage führt.

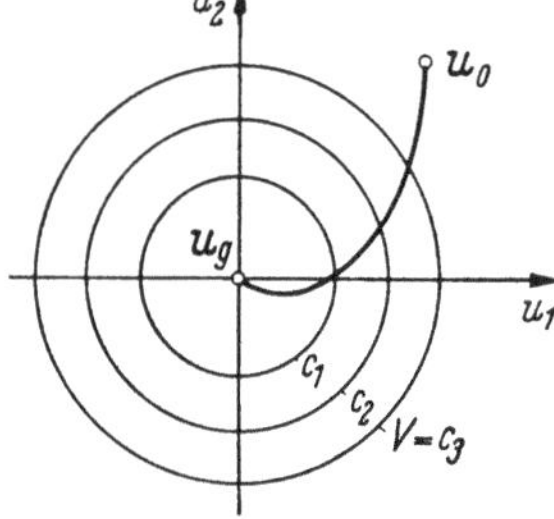

Abb. VIII.8.4
Zur Deutung des Beispiels 1

8.4 Lineare kontinuierliche Systeme

Die im vorstehenden Abschnitt eingeführten allgemeinen Ergebnisse der direkten Methode werden nun als erstes für lineare zeitinvariante kontinuierliche Systeme spezialisiert. Wir betrachten das autonome System

$$\dot{\boldsymbol{u}}(t) = \boldsymbol{A}\,\boldsymbol{u}(t). \qquad (28)$$

Über Satz 1 folgt für dieses System das Ergebnis:

Satz 5. Die Gleichgewichtslage $\boldsymbol{u}_g = \boldsymbol{0}$ des Systems (28) ist a-stabil dann und nur dann, wenn für eine positiv definite HERMITEsche Matrix $\boldsymbol{G}$ eine positiv definite HERMITEsche Matrix H derart existiert, daß gilt:

$$A^* H + H A = - G. \qquad (29)^1$$

Die skalare Funktion (HERMITEsche Form)

$$V\big(u(t)\big) = u^*(t)\, H\, u(t) \qquad (30)$$

ist eine LJAPUNOV-Funktion des Systems (28).

Der Beweis erfolgt in zwei Schritten. Daß (29) hinreichend für a-Stabilität ist, ist leicht zu zeigen. Wir definieren die skalare Funktion (30) und bilden die zeitliche Ableitung:

$$\dot V\big(u(t)\big) = \frac{d}{dt}\big(u^*(t)\, H\, u(t)\big) - \dot u^*(t)\, H\, u(t) + u^*(t)\, H\, \dot u(t)$$

und nach Einsetzen von (28):

$$\dot V\big(u(t)\big) = u^*(t)\, A^*\, H\, u(t) + u^*(t)\, H\, A\, u(t)$$
$$= u^*(t)\, [A^* H + H A]\, u(t).$$

Findet man nun ein $G = - [A^* H + H A]$, dann ist

$$\dot V\big(u(t)\big) = - u^*(t)\, G\, u(t).$$

Dies ist aber eine negativ definite HERMITEsche Form, wenn G positiv definite ist, so daß

$$\dot V\big(u(t)\big) < 0 \quad \text{für} \quad u(t) \neq 0$$

gilt.

Als nächstes wird die Notwendigkeit der Bedingung (29) gezeigt, d. h. daß eine HERMITEsche und positiv definite Matrix H in $A^* H + H A = - G$ dann existiert, wenn $u_g = 0$ eine a-stabile Ruhelage für (28) ist. Wir betrachten die Matrixdifferentialgleichung

$$\dot X(t) = A^*\, X(t) + X(t)\, A \quad \text{mit} \quad X(0) = G = G^*. \qquad (31)$$

Diese Gleichung hat die Lösung:

$$X(t) = e^{A^* t}\, G\, e^{A t}, \qquad (32)$$

wie man sich leicht durch Einsetzen in (31) überzeugt. Integriert man nun beide Seiten von (31) von $t = 0$ bis $t = \infty$:

$$X(\infty) - X(0) = A^* \int_0^\infty X(\tau)\, d\tau + \left(\int_0^\infty X(\tau)\, d\tau\right) A \qquad (33)$$

und macht davon Gebrauch, daß A eine „a-stabile" Matrix, d. h. daß $\lim_{t \to \infty} X(t) = 0$ sein soll, dann folgt aus (33) mit (32):

$$- X(0) = - G = A^* \int_0^\infty X(\tau)\, d\tau + \left(\int_0^\infty X(\tau)\, d\tau\right) A.$$

Es wird nun

$$H = \int_0^\infty X(\tau)\, d\tau = \int_0^\infty e^{A^* \tau}\, G\, e^{A \tau}\, d\tau \qquad (34)$$

---

[1] Die Matrix A^* ist die konjugiert transponierte Matrix zu A (vgl. auch Kap. II).

gesetzt, wobei H immer existiert, da einmal die Exponentialfunktion Elemente hat, die endliche Summen von Ausdrücken $e^{\lambda_i t}$, $t\,e^{\lambda_i t}$ usw. sind. Zum anderen haben voraussetzungsgemäß alle λ_i negative Realteile.

Nun ist aber ferner $H^* = H$, da $G = G^*$ sein soll, womit H eine Hermitesche Matrix ist. Schließlich muß noch nachgewiesen werden, daß H ebenso wie G positiv definite ist. Betrachtet man die Hermitesche Form

$$u^* H u = u^* \int_0^\infty e^{A^* \tau}\, G\, e^{A \tau}\, d\tau\, u = \int_0^\infty (e^{A\tau} u)^*\, G\, (e^{A\tau} u)\, d\tau,$$

dann erkennt man, daß

$$u^* H u \begin{cases} > 0 & \text{für} \quad u \neq 0, \\ = 0 & \text{für} \quad u = 0 \end{cases}$$

ist. Damit ist Satz 5 bewiesen.

Wird in (29) für G die einfachste „Hermitesche Matrix" gewählt, nämlich $G = 1_n$, dann erhält Satz 5 diese alternative Form:

Satz 5a. Die Gleichgewichtslage $u_g = 0$ des Systems (28) ist a-stabil dann und nur dann, wenn eine positiv definite Hermitesche Matrix H derart angegeben werden kann, daß

$$A^* H + H A = -1_n \tag{35}$$

gilt. Die skalare Funktion $V\big(u(t)\big) = u^*(t)\, H\, u(t)$ ist eine Ljapunov-Funktion des Systems (28).

In den Sätzen 5 und 5a kann dann, wenn A nur reelle Elemente hat, H auch eine positiv definite symmetrische Matrix sein.

Im Anwendungsfall des Satzes 5 kann durch Elementevergleich in (29) oder (34) ein System von $n(n+1)/2$ linearen Gleichungen aufgestellt werden, das dann nach den Elementen von H aufgelöst werden muß. Solange kein Eigenwert oder die Summe zweier Eigenwerte den Wert Null hat, ist das System eindeutig auflösbar.

Die Bedeutung der direkten Methode für lineare zeitinvariante Systeme liegt aber nicht darin, daß auf jeden praktisch vorkommenden Fall der Satz 5 angewendet wird, sondern es ist so, daß mit dieser geschlossenen Stabilitätstheorie relativ einfach die Gültigkeit anderer, vor allem der algebraischen Stabilitätskriterien, wie das Routh- und das Hurwitz-Kriterium, nachgewiesen werden kann [VIII.39]. Diese beiden Kriterien sind in den Abschn. I.10.3 und I.10.4 angegeben. Darüber hinaus konnten mittels der direkten Methode noch andere weniger bekannte, für die numerische Auswertung mittels Digitalrechner günstige Kriterien entwickelt werden, z. B. das von H. R. Schwarz [VIII.40], das in dieser Form angegeben werden kann:

Satz 6. Die Systemmatrix A eines autonomen Systems (28) habe die Form

$$A = \begin{bmatrix} 0 & 1 & 0 & 0 \ldots\ldots 0 & 0 & 0 \\ -b_n & 0 & 1 & 0 \ldots\ldots 0 & 0 & 0 \\ 0 & -b_{n-1} & 0 & 1 \ldots\ldots 0 & 0 & 0 \\ \cdots\cdots\cdots\cdots\cdots\cdots\cdots\cdots\cdots\cdots\cdots\cdots\cdots \\ 0 & 0 & 0 & 0 \ldots -b_3 & 0 & 1 \\ 0 & 0 & 0 & 0 \ldots\ldots 0 & -b_2 & -b_1 \end{bmatrix} \tag{36}$$

mit reellen b_i $(i = 1, 2, \ldots, n)$. Die Gleichgewichtslage $u_g = 0$ ist dann und nur dann a-stabil, wenn gilt:

$$\text{alle} \quad b_i > 0, \quad i = 1, 2, \ldots, n. \tag{37}$$

Sind (im Instabilitätsfall) einige $b_i \leqq 0$, dann gibt die Zahl der positiven b_i die Zahl der Eigenwerte von A mit negativem Realteil an.

Die Koeffizienten b_i in (36) hängen mit den Polynomkoeffizienten des charakteristischen Polynoms zu A

$$C(\lambda) = |\mathbf{1}\lambda - A| = \lambda^n + c_1 \lambda^{n-1} + \cdots + c_{n-1} \lambda + c_n \tag{38}$$

in dieser Weise zusammen:

$$b_1 = \Delta_1 = c_1; \quad b_2 = \frac{\Delta_2}{\Delta_1}; \quad b_3 = \frac{\Delta_3}{\Delta_1 \Delta_2} \ldots; \quad b_i = \frac{\Delta_{i-3} \Delta_i}{\Delta_{i-2} \Delta_{i-1}}, \quad (i = 4, 5, \ldots, n). \tag{39}$$

Die Δ_i sind aus den c_i in dieser Weise zu bildende HURWITZ-Determinanten:

$$\Delta_i = \begin{vmatrix} c_1 & 1 & 0 & 0 & \ldots & 0 \\ c_3 & c_2 & c_1 & 1 & \ldots & 0 \\ c_5 & c_4 & c_3 & c_2 & \ldots & 0 \\ & & & & & \\ c_{2i-1} & c_{2i-2} & \cdots\cdots\cdots & c_i \end{vmatrix} \quad (i = 1, 2, \ldots, n). \tag{40}$$

Die im wesentlichen in Satz 5 festgelegten Ergebnisse für lineare zeitinvariante Systeme können relativ einfach auch auf zeitvariable Systeme erweitert werden. Wir betrachten zunächst freie Systeme mit

$$\dot{u}(t) = A(t)\, u(t), \tag{41}$$

die die Lösung

$$\varphi(t; u_0, t_0) = \Phi(t, t_0)\, u(t_0) \tag{42}$$

haben.

Ähnlich wie bei den zeitinvarianten Systemen mit (34) ist es auch hier wegen der Linearität des Systems möglich, das Stabilitätsverhalten für eine Gleichgewichtslage auf die Eigenschaften der Fundamentalmatrix zurückzuführen. Denn der Bewegungszustand zu jedem Zeitpunkt $t \geqq t_0$ kann mittels einer linearen Transformation, eben durch die Fundamentalmatrix $\Phi(t, t_0)$, auf den Systemzustand zum Zeitpunkt t_0 zurückgeführt werden. Zunächst aber formulieren wir diese Stabilitätsbedingung:

Satz 7. Das autonome System (41) habe eine Gleichgewichtslage $u_g = 0$, diese ist dann und nur dann gleichmäßig a-stabil, wenn zu einer gegebenen positiv definiten Matrix $G(t)$, also

$$0 < u^T(t)\, G(t)\, u(t) < \infty \quad \begin{matrix} \text{für alle } u(t) \neq 0 \\ \text{und alle } t, \end{matrix} \tag{43}$$

eine positiv definite *differenzierbare* Matrix $H(t)$

$$0 < u^T(t)\, H(t)\, u(t) < \infty \quad \begin{matrix} \text{für alle } u(t) \neq 0 \\ \text{und alle } t \end{matrix} \tag{44}$$

derart existiert, daß gilt

$$A^T(t)\, H(t) + H(t)\, A(t) = \dot{H}(t) = -G(t). \tag{45}$$

Die skalare Funktion

$$V\big(u(t), t\big) = u^T(t)\, H(t)\, u(t) > 0 \qquad (46)$$

ist dann eine LJAPUNOV-Funktion mit $\dot V = -u^T(t)\, G(t)\, u(t) < 0$.

Der Beweis dieses Satzes, der in [VIII.36] ausführlich dargestellt ist, verläuft analog zu dem für Satz 5, doch müssen natürlich nun genauere Aussagen über das Zeitverhalten der beteiligten Matrizen $A(t)$, $H(t)$ und $G(t)$ gemacht werden. Soll Satz 7 tatsächlich auf ein vorliegendes System angewendet werden, besteht ein wesentliches Problem darin, eine geeignete positiv definite Matrix $H(t)$ so zu wählen, daß für den gesamten vorkommenden Variationsbereich der Elemente von $A(t)$ die Matrix $G(t)$ positiv definite ist. Für die Anwendung mag dieser, zu Satz 7 gleichwertige, günstiger sein:

Satz 8. Das freie System (41) hat dann und nur dann eine gleichmäßig a-stabil Ruhelage $u_g = 0$, wenn für beschränkte Anfangsbedingungen

$$\|u_0\| < \infty \qquad (47)$$

die Lösung (42) von (41) für alle $t > t_0$ beschränkt ist. Das heißt, zu einem $\varepsilon > 0$ existiert ein $\delta(\varepsilon)$ derart, daß mit

$$\varepsilon \|u_0\| < \infty$$

gilt:

$$\|\varphi(t; u_0, t_0)\| = \|\Phi(t, t_0)\, u_0\| \leqq \delta(\varepsilon) < \infty \quad \text{für alle } t \geqq t_0 \qquad (48)$$

und

$$\|\Phi(t, t_0)\| < \mu \ \forall\, t > t. \qquad (49)^1$$

Mit diesem Satz wird, wie oben erwähnt, das Stabilitätsverhalten des Systems für einen betrachteten Gleichgewichtszustand auf das Verhalten der Fundamentalmatrix des Systems zurückgeführt. Der Beweis dieses Satzes ist implizite in dem des nächsten Satzes mitenthalten.

Wir betrachten nun den allgemeinen Fall des erregten linearen Systems mit der Vektordifferentialgleichung

$$\dot u(t) = A(t)\, u(t) + B(t)\, y(t). \qquad (50)$$

Satz 9. Die Lösung $\varphi_y(t; u_0, t_0)$ des Systems (50) ist dann beschränkt, wenn für

$$\|y(t)\| \leqq c_1 < \infty$$

gilt

a) $\qquad \|\Phi(t, t_0)\| \leqq c_2 < \infty \qquad (51)$

und

b) $\qquad \lim_{t \to \infty} \int_{t_0}^{t} \|\Phi(t, t_0)\, \Phi^{-1}(\tau, t_0)\, B(\tau)\|\, d\tau \leqq c_3 < \infty.$

Mit diesem Satz, in dem die gleichzeitige Beschränktheit des Eingangssignals, der Fundamentalmatrix und des, die Systemantwort auf ein Eingangssignal bestimmenden Terms b) in (51) gefordert wird, wird ein erster Anschluß zu dem in Band I für das Klemmenübertragungsverhalten definierten Stabilitätsbegriff hergestellt. Der Beweis von Satz 9 kann so erfolgen: Die Lösung zu (50) lautet

$$\varphi_y(t; u_0, t_0) = \Phi(t, t_0)\, u_0 + \int_{t_0}^{t} \Phi(t, t_0)\, \Phi^{-1}(\tau, t_0)\, B(\tau)\, y(\tau)\, d\tau,$$

---

^{1} Die Matrixnorm ist definiert durch $\|A\| = \sup_{x} \dfrac{\|A\, x\|}{\|X\|}$.

woraus für die Norm der Lösung folgt:

$$\| \boldsymbol{\varphi}_y (t; \boldsymbol{u}_0, t_0) \| = \| \boldsymbol{\Phi}(t, t_0) \boldsymbol{u}_0 + \int\limits_{t_0}^{t} \boldsymbol{\Phi}(t, t_0) \boldsymbol{\Phi}^{-1}(\tau, t_0) \boldsymbol{B}(\tau) \boldsymbol{y}(\tau) \, d\tau \| \leqq$$

$$\leqq \| \boldsymbol{\Phi}(t, t_0) \| \, \| \boldsymbol{u}_0 \| + \int\limits_{t_0}^{t} \| \boldsymbol{\Phi}(t, t_0) \boldsymbol{\Phi}^{-1}(\tau, t_0) \boldsymbol{B}(\tau) \| \, \| \boldsymbol{y}(\tau) \| \, d\tau \leqq$$

$$\leqq \| \boldsymbol{\Phi}(t, t_0) \| \, \| \boldsymbol{u}_0 \| + \lim_{t \to \infty} \int\limits_{t_0}^{t} \| \boldsymbol{\Phi}(t, t_0) \boldsymbol{\Phi}^{-1}(\tau, t_0) \boldsymbol{B}(\tau) \| \, \| \boldsymbol{y}(\tau) \| \, d\tau .$$

Aus (51) folgt dann weiter:

$$\| \boldsymbol{\varphi}_y (t; \boldsymbol{u}_0, t_0) \| \leqq c_2 \| \boldsymbol{u}_0 \| + c_1 c_3 ,$$

womit gezeigt ist, daß die Systemantwort beschränkt ist.

In [VIII.37 und VIII.38] ist gezeigt, daß Satz 9 gleichbedeutend mit den Aussagen ist, daß a) das *freie* System (50) mit $\boldsymbol{y}(t) \equiv \boldsymbol{0}$ für die Gleichgewichtslage $\boldsymbol{u}_g = \boldsymbol{0}$ gleichmäßig a-stabil ist und b) die skalare Funktion

$$V\big(\boldsymbol{u}(t), t\big) = \int\limits_{t}^{\infty} \boldsymbol{u}^T \boldsymbol{\Phi}^T(\tau, t_0) \boldsymbol{G}(\tau) \boldsymbol{\Phi}(\tau, t_0) \boldsymbol{u} \, d\tau \tag{52}$$

eine LJAPUNOV-Funktion ist, wobei $\boldsymbol{G}(t)$ eine positiv definite Matrix mit der Bedingung (43) ist.

Abschließend ist festzuhalten, daß einmal in Satz 9 und in den Bedingungen (51) das erregte zeitinvariante System mitenthalten ist. Zum anderen ist wichtig zu sehen, daß im allgemeinen Fall des zeitvarianten Systems die gleichmäßige a-Stabilität nicht notwendigerweise eine beschränkte Systemantwort bei beschränktem Eingangssignal zur Folge hat, wie auch umgekehrt die beschränkte Systemantwort die a-Stabilität nicht gegenseitig impliziert.

Beispiel. Betrachtet man als erstes das skalare zeitvariable System mit der Differentialgleichung

$$u(t) = \frac{1}{1 + t} u(t) + y(t),$$

die die Lösung

$$u(t) = \frac{1 + t_0}{1 + t} u_0 + t \, c$$

für $y(t) = c$ hat, dann ist leicht zu erkennen, daß das freie System mit $y(t) = 0$ a-stabil ist, während die Lösung des erregten Systems bei beschränktem (konstantem) Eingangssignal (ungleich Null) mit t über alle Schranken wächst.

Umgekehrt hat das System mit

$$\dot{u}(t) = u(t) + y(t), \qquad u(0) = u_0$$

für $y(t) = c$ die Lösung:

$$u(t) = e^t u_0 + (e^t - 1) c, \quad t > 0,$$

eine instabile Ruhelage bei $u = 0$, doch kann durch ein geeignetes beschränktes Eingangssignal, z. B.

$$y(t) = c = -u_0$$

(zumindest theoretisch) erreicht werden, daß $u(t)$ beschränkt bleibt auf $u(t) = u_0$.

8.5 Der Satz von Krasovskii

Im vorstehenden Abschnitt wurde gezeigt, wie über LJAPUNOVs direkte Methode Stabilitätskriterien für lineare Systeme gewonnen werden können. Bemerkenswert war dabei vor allem, daß die LJAPUNOV-Funktionen in Gestalt quadratischer Formen (30) oder (52) notwendige *und* hinreichende Bedingungen lieferten. Wie oben schon ausgeführt wurde, ist die direkte Methode aber gerade auch für nichtlineare Systeme anwendbar. Es liegt dann allerdings das wesentliche Problem darin, für jeden speziellen Anwendungsfall eine geeignete LJAPUNOV-Funktion zu finden. In diesem Abschnitt wird ein Verfahren besprochen, mit dem für spezielle, auch für die Regelungstheorie interessante nichtlineare Systeme geeignete LJAPUNOV-Funktionen in systematischer Weise gefunden werden können. Es sei betont, daß es kein allgemeingültiges „Rezept" gibt, mit dem eine LJAPUNOV-Funktion für ein vorgelegtes Problem gefunden werden kann, oder das aussagt, daß keine solche Funktion existiert, daß das betrachtete System also instabil ist. Das hier zu besprechende Verfahren liefert für nichtlineare Systeme nur hinreichende Stabilitätsbedingungen, die gegebenenfalls abgeschwächt werden können. Schließlich ist bemerkenswert, daß lineare zeitinvariante freie Systeme a-stabil im Ganzen sind, wenn ihre Ruhelage nur a-stabil ist, wogegen nichtlineare Systeme durchaus mehr als eine Gleichgewichtslage haben können, wobei dann lokale a-Stabilität einer Ruhelage keine a-Stabilität im Großen oder gar im Ganzen impliziert.

Es wird das autonome nichtlineare System

$$\dot{u}(t) = f(u(t)) \tag{53}$$

betrachtet. Für das Folgende wird die in Abschn. VII.2.8 eingeführte JACOBI-Matrix

$$J(u(t)) = f_u(u(t)) \tag{54}$$

benötigt, bei der vorausgesetzt ist, daß die Vektorfunktion $f(u(t))$ nach allen Komponenten $u_i(t)$ $(i = 1, 2, \ldots, n)$ stetig differenzierbar ist.

Satz 10 (KRASOVSKI).

Das System (53) habe eine Gleichgewichtslage für $u_g = 0$, und es existiere ferner die JACOBI-Matrix $J(u(t))$ für den gesamten Zustandsraum und eine positiv definite Matrix B mit konstanten Elementen derart, daß die mit J und B gebildete HERMITEsche (symmetrische) Matrix

$$H(u(t)) = J^*(u(t)) B + B J(u(t)) \tag{55}$$

für ein Gebiet Γ_n um die Gleichgewichtslage $u_g \in \Gamma_n \subset \mathbf{R}_n$ negativ definite ist:

$$H = u^*(t) H(u(t)) u(t) < 0 \quad \text{für} \quad \begin{matrix} u(t) \neq 0, \\ u(t) \in \Gamma_n \subset \mathbf{R}_n, \end{matrix} \tag{56}$$

dann ist u_g a-stabil. Ferner ist

$$V(u(t)) = f^*(u(t)) B f(u(t)) \tag{57}$$

eine LJAPUNOV-Funktion. Gilt darüber hinaus

$$V(u(t)) \to \infty \quad \text{mit} \quad \|u(t)\| \to \infty, \tag{58}$$

dann ist u_g a-stabil im Ganzen.

Der in [VIII.34] ausführlicher dargestellte Beweis wird im wesentlichen so geführt, daß mit (57) und (55) die Ableitung $\dot{V}(u(t)) = f^*(u(t)) H(u(t)) f(u(t))$ gebildet wird, wobei wegen der Voraussetzung (56) gelten muß $\dot{V} < 0$. Für die

Anwendung wird man normalerweise die einfachste positiv definite Matrix $\boldsymbol{B} = \boldsymbol{1}$ wählen und anstelle von (56) auch fordern, daß

$$-H = -\boldsymbol{u}^*(t)\,\boldsymbol{H}\big(\boldsymbol{u}(t)\big)\,\boldsymbol{u}(t) > 0, \tag{56a}$$

also positiv definite ist.

Der Satz von KRASOVSKI liefert für nichtlineare Systeme nur hinreichende und im Falle linearer Systeme notwendige und hinreichende Bedingungen. Bemerkenswert ist zunächst noch, daß das Verfahren von KRASOVSKI kein übliches Linearisierungsverfahren mit Beschränkung auf kleine Abweichungen von der Gleichgewichtslage ist, sondern es werden LJAPUNOV-Funktionen unter den quadratischen (HERMITEschen) Formen der Systemfunktion $f\big(\boldsymbol{u}(t)\big)$ gesucht. Es wird also ein Weg aufgezeigt, auf dem systematisch nach LJAPUNOV-Funktionen gesucht werden kann, wobei allerdings die HERMITEschen Formen eine sehr beschränkte Klasse unter den möglichen LJAPUNOV-Funktionen sind.

In der Literatur sind eine Vielzahl weiterer Methoden zum systematischen Aufsuchen von LJAPUNOV-Funktionen bekannt, wie z. B. die „Methode der variablen Gradienten", das LUREsche und das LETOvsche Verfahren [VIII.41], auf die hier im Rahmen der im wesentlichen auf lineare Systeme beschränkten Systemtheorie nicht weiter eingegangen wird.

8.6 Lineare zeitdiskrete Systeme

Obwohl der weitaus größte Teil der der LJAPUNOV-Theorie gewidmeten Literatur kontinuierliche Systeme, also gewöhnliche Differentialgleichungen behandelt, kann gezeigt werden (HAHN [VIII.34]), daß unter geringfügigen Einschränkungen die direkte Methode auch auf zeitdiskrete Systeme der Form

$$\boldsymbol{u}(t_{k+1}) = f\big(\boldsymbol{u}(t_k),\, t_k\big) \tag{59}$$

angewendet werden kann. Eine wesentliche Voraussetzung ist hierbei, daß bei festem $t = t_k$ die Funktion f stetig nach $\boldsymbol{u}$ differenzierbar ist. Die durch (59) definierten Differenzengleichungen haben die Eigenschaft, daß nicht in jedem Fall eine bei $t_1 > t_0$ beginnende Lösung als Fortsetzung einer bei $t_0 < t_1$ beginnenden Lösung aufgefaßt werden kann. Diese Eigentümlichkeit muß bei den Stabilitätsdefinitionen dadurch berücksichtigt werden, daß man Stabilität unabhängig von dem jeweiligen Anfangspunkt fordert. Behält man dies im Auge, dann bleiben alle Stabilitätsdefinitionen aus Abschn. 2 (und auch andere, in der Literatur bekannte) unverändert auch für Systeme der Form (59) erhalten.

Ausgehend von den Stabilitätsdefinitionen können dann der Hauptsatz von LJAPUNOV und alle darauf aufbauenden Sätze leicht dadurch an die diskreten Systeme angepaßt werden, daß einmal anstelle der totalen Ableitung $\dot{V}\big(\boldsymbol{u}(t),\, t\big)$ die „totale" Differenz

$$\varDelta V\big(\boldsymbol{u}(t_k),\, t_k\big) = V\big(\boldsymbol{u}(t_{k+1}),\, t_{k+1}\big) - V\big(\boldsymbol{u}(t_k),\, t_k\big) \tag{60}$$

tritt. Zum anderen werden auftretende Integrale durch Summen ersetzt.

Nach diesen Vorbemerkungen werden kurz die wichtigsten Sätze für zeitdiskrete Systeme besprochen, wobei zur vereinfachten Darstellung nur periodisch getastete Systeme mit $t_k = kT$ betrachtet werden, bei denen darüber hinaus auch noch, wie häufig üblich, T auf 1 normiert wird. Wir beginnen mit dem freien System

$$u(k + 1) = f(u(k), k),\qquad(61)$$

das eine Gleichgewichtslage für $u_g = 0$ habe.

Satz 11. Die Gleichgewichtslage $u_g = 0$ des Systems (61) ist gleichmäßig a-stabil im Großen, wenn eine in u stetige skalare Funktion $V(u(k), k)$ derart existiert, daß diese Bedingungen gleichzeitig erfüllt sind:

a) $V(u(k), k)$ ist positiv definite, d. h., es existiert eine stetige nicht abnehmende skalare Funktion α so, daß

$$\left.\begin{aligned}\alpha(0) &= 0 \\ 0 < \alpha(\|u\|) &\leq V(u(k), k)\end{aligned}\right\}\ \begin{aligned}&\text{für alle } k, \\ &u \neq 0.\end{aligned}\qquad(62\,\text{a})$$

b) $\Delta V(u(k), k)$ ist negativ definite, d. h., es existiert eine skalare Funktion γ derart, daß mit $\gamma(0) = 0$ und für alle $u \neq 0$ und k entlang einer von $u(k)$ ausgehenden Bewegung gilt:

$$\Delta V(u(k), k) = V(\varphi(k + 1, u(k), k), k + 1) - V(u(k), k) \leqq$$
$$\leqq -\gamma(\|u\|) < 0.\qquad(62\,\text{b})$$

c) Es existiert eine stetige nicht abnehmende skalare Funktion β mit $\beta(0) = 0$ so, daß

$$V(u(k), k) \leqq \beta(\|u\|)\quad\begin{aligned}&\text{für alle } k, \\ &u \neq 0.\end{aligned}\qquad(62\,\text{c})$$

d) Für die unter a) definierte Funktion α gelte ferner:

$$\alpha(\|u\|) \to \infty\quad\text{mit}\quad \|u\| \to \infty.\qquad(62\,\text{d})$$

In diesem wesentlichen Satz, dessen Beweis analog zu dem des Satzes 1 geführt wird, können nun je nach Anwendungsfall einzelne Bedingungen abgeschwächt werden. So liefern die Bedingungen a), b) und c) allein nur lokale gleichmäßige a-Stabilität. Die Bedingungen a) und b) garantieren lokale L-Stabilität. Für das autonome System

$$u(k + 1) = f(u(k))\qquad(63)$$

folgt aus Satz 11:

Satz 12. Die Gleichgewichtslage $u_g = 0$ des autonomen Systems (63) ist a-stabil im Großen, wenn eine skalare Funktion $V(u)$ derart existiert, daß gilt:

$$\left.\begin{aligned}\text{a)}\quad & V(u(k)) > 0 \\ \text{b)}\quad & \Delta V(u(k)) < 0\end{aligned}\right\}\ \text{für alle } u \neq 0,\qquad(64\,\text{a})$$

$$\left.\begin{aligned}\text{c)}\quad & V(u(k))\ \text{ist stetig in } u \\ \text{d)}\quad & V(u(k)) \to \infty\quad\text{mit}\quad \|u\| \to \infty\end{aligned}\right\}\ \text{für alle } k.\qquad(65)$$

In diesem Satz kann die Bedingung b) dann noch dadurch ersetzt werden, daß verlangt wird

$$\left.\begin{aligned}\Delta V(u(k)) &\leqq 0\quad\text{für alle } u, \\ \Delta V(\varphi(k; u_0, 0))\ &\begin{aligned}&\text{verschwindet nicht identisch} \\ &\text{für alle } u_0 \neq 0,\ k \geqq 0.\end{aligned}\end{aligned}\right\}\qquad(64\,\text{b})$$

Für den nächsten Satz benötigen wir noch diese Festlegung:

Definition 11. Eine Vektorfunktion $f(u)$ heißt eine *Kontraktion*, wenn gilt

$$\|f(u)\| < \|u\| \quad \text{für} \quad u \neq 0,$$
$$f(0) = 0. \tag{66}$$

In (66) ist zunächst offen, wie die verwendete Norm speziell definiert ist, wir nehmen hier aber der Einfachheit wegen die EUKLIDische Norm. Mit Definition 11 läßt sich nun ein weiteres Ergebnis formulieren.

Satz 13. Es sei $f(u)$ in (63) eine Kontraktion für alle $u \in \mathbf{R}_n$, dann ist $u_g = 0$ eine a-stabile Gleichgewichtslage. Eine LJAPUNOV-Funktion ist

$$V(u) = \|u\|. \tag{67}$$

Der Beweis ist einfach zu führen. Zunächst ist in (67) $V(u)$ positiv definite. Bildet man die totale Differenz $\varDelta V$, dann ergibt sich mit (63)

$$\varDelta V\big(u(k)\big) = V\big(u(k+1)\big) - V\big(u(k)\big) = V\big(f(u(k))\big) - V\big(u(k)\big)$$
$$= \|f(u(k))\| - \|u(k)\|.$$

Wegen der Voraussetzung und (66) aber ist $\varDelta V$ negativ definite, und damit ist Satz 13 bewiesen.

Ausgehend von diesen allgemeineren Ergebnissen werden nun die hier wesentlich interessierenden linearen Systeme behandelt. Wir beginnen mit dem autonomen linearen System

$$u(k+1) = A\,u(k). \tag{68}$$

Satz 14. Die Gleichgewichtslage $u_g = 0$ des Systems (68) ist a-stabil im Ganzen dann und nur dann, wenn zu einer positiv definiten HERMITEschen (symmetrischen) Matrix G eine positiv definite HERMITEsche (symmetrische) Matrix H derart existiert, daß gilt:

$$A^* H A - H = -G. \tag{69}$$

Die Funktion

$$V\big(u(k)\big) = u^*(k)\,H\,u(k) \tag{70}$$

ist eine LJAPUNOV-Funktion zu (68) mit

$$\varDelta V\big(u(k)\big) = -u^*(k)\,G\,u(k). \tag{71}$$

Der Beweis dieses Satzes folgt analog zu dem des Satzes 5, indem zunächst gezeigt wird, daß (69) hinreichend für a-Stabilität ist, dann wird die Notwendigkeit von (69) geprüft.

Eine wesentliche Folgerung aus dem vorstehenden Satz ist

Satz 15. Das System (68) hat eine a-stabile Gleichgewichtslage im Ganzen dann und nur dann, wenn sämtliche Eigenwerte von A einen Betrag kleiner 1 haben:

$$|\lambda_i(A)| < 1 \qquad (i = 1, 2, \ldots, n). \tag{72}$$

Denn nur wenn (72) gilt, kann für eine positiv definite Matrix G eine positiv definite Matrix H derart existieren, daß (69) erfüllt ist.

Als letztes wird das zeitinvariante erregte lineare zeitdiskrete System

$$u(k + 1) = A\,u(k) + B\,y(k) \tag{73}$$

betrachtet.

Satz 16. Die Lösung $\varphi_y(k; u(o), 0)$ des Systems (73) ist beschränkt, wenn

a) $y(k)$ beschränkt ist:

$$\|y(k)\| \leqq c < \infty \tag{74}$$

und

b) mit $k \to \infty$ die Lösungen $\varphi(k; u(o), 0)$ des zu (73) gehörenden autonomen Systems $u(k + 1) = A\,u(k)$ gegen Null streben

$$\lim_{k \to \infty} \varphi\big(k; u(o), 0\big) = 0. \tag{75}$$

Der Beweis kann in diesen Schritten erfolgen. Die Lösung φ_y zu (73) lautet (vgl. Abschn. VI.5.4) mit Gl. (VI.5.3):

$$\varphi_y\big(k; u(o), 0\big) = \Phi(k)\,u(o) + \sum_{l=0}^{k-1} \Phi(k - l - 1)\,B\,y(l)$$

$$= A^k\,u(o) + \sum_{l=0}^{k-1} A^{k-l-1}\,B\,y(l). \tag{76}$$

Bildet man nun auf beiden Seiten von (76) die (EUKLIDsche) Norm, dann gilt (vgl. auch Abschn. VII.2.4)

$$\|\varphi_y\| \leqq \|A^k\|\,\|u(o)\| + \sum_{l=0}^{k-1} \|A^{k-l-1}\|\,\|B\|\,\|y(l)\|$$

und mit (74)

$$\|\varphi_y\| \leqq \|A^k\|\,\|u(o)\| + c \sum_{l=0}^{k-1} \|A^{k-l-1}\|\,\|B\|. \tag{77}$$[1]

Aus der Voraussetzung (75), daß für das freie System $u_g = 0$ a-stabil ist, folgt zunächst, daß es zwei Konstanten m und r $(0 < r < 1)$ derart gibt, daß

$$0 < \|A^k\| = \|A\|^k < m \cdot r^k.$$

Damit ist aber auch

$$\lim_{k \to \infty} \sum_{l=0}^{k-1} \|A\|^{k-l-1} < \lim_{k \to \infty} \sum_{l=0}^{k-1} m \cdot r^{k-l-1} = m\,\frac{r}{1 - r}.$$

Mit dieser Beziehung folgt aus (77)

$$\|\varphi_y\| < \|A^k\|\,\|u(o)\| + \lim_{k \to \infty} c \sum_{l=0}^{k-1} \|A^{k-l-1}\|\,\|B\| < \|A^k\|\,\|u(o)\| + c\,\|B\|\,m\,\frac{r}{1 - r},$$

womit gezeigt ist, daß φ_y beschränkt ist.

8.7 Systemsynthese mittels der direkten Methode

Die direkte Methode von LJAPUNOV ist nicht nur ein elegantes, wenn auch nicht immer einfach anzuwendendes Konzept zur Systemanalyse, sondern kann auch zur Systemsynthese eingesetzt werden. Wird bei der Synthese in der klassischen Regelungstechnik normalerweise so vorgegangen, daß zunächst ein System entworfen und dann sein Verhalten analysiert wird, so wird in der modernen

---

[1] Siehe Fußnote S. 333.

Regelungstheorie die Systemspezifikation vorgegeben und nach einer geschlossenen Lösung der Synthese gesucht. In diesem Sinne kann die direkte Methode einmal so angewendet werden, daß die Stabilitätsbedingungen beim Entwurf vorgegeben werden und dann das System gesucht wird, das diese Bedingungen erfüllt. Zum anderen kann gezeigt werden, daß für eine große Klasse von Regelungssystemen eine direkte Beziehung zwischen zugehörigen LJAPUNOV-Funktionen und der auf verallgemeinerten Kostenfunktionalen basierenden Optimierungstheorie, die Gegenstand des Kap. IX ist, besteht. Der Arbeit von KALMAN und BERTRAM [VIII.36] folgend, werden die vorstehenden Gesichtspunkte etwas weiter ausgeführt.

Als erstes wird ein Zusammenhang zwischen dem Übergangsverhalten eines Systems und einer dem System zugeordneten LJAPUNOV-Funktion gezeigt, der darauf beruht, daß eine LJAPUNOV-Funktion ein Maß für den Abstand des Systemzustandes von der Ruhelage darstellt. Liegt für ein a-stabiles System eine LJAPUNOV-Funktion vor, dann kann diese auch als ein Anhalt für die Geschwindigkeit der Systemantwort auf kleine Störungen oder Parameteränderungen dienen. Wir definieren für die a-stabile Ruhelage $u_g = 0$ die Größe

$$\eta = \frac{1}{T} = \min_{u}\left[-\frac{\dot{V}(u(t),t)}{V(u(t),t)}\right], \quad \begin{matrix} u \in \boldsymbol{\Gamma} \subset \mathbf{R}_n, \\ u \neq 0. \end{matrix} \tag{78}$$

Darin ist η der minimale Wert des negativen Verhältnisses von $\dot{V}/V$ für die Systemzustände, die innerhalb eines Gebietes $\boldsymbol{\Gamma}$ um den Ursprung liegen, wobei der Ursprung selbst, die Gleichgewichtslage $u_g = 0$, ausgeschlossen ist.

Aus der Definition (78) folgt dann auch:

$$-\frac{1}{T} \geqq \frac{\dot{V}(u(t),t)}{V(u(t),t)}. \tag{79}$$

Integration von (79) über t von t_0 bis T_e liefert

$$\ln\left[\frac{V(u(T_e),T_e)}{V(u_0,t_0)}\right] \leqq -\frac{T_e - t_0}{T} \tag{80a}$$

oder

$$V(u(T_e),T_e) \leqq V(u_0,t_0)\, e^{-\frac{T_e-t_0}{T}}. \tag{80b}$$

Diese Beziehung stellt eine obere Schranke für den Wert von $V(u(T_e),T_e)$ dar, wenn der Wert $V(u_0,t_0)$ für den Anfangszustand gegeben ist. Mit anderen Worten bedeutet dies aber auch, daß, ausgehend von dem Anfangszustand u_0, der Systemzustand $u(T_e)$ nach der Dauer T_e innerhalb eines Bereiches mit der Hyperfläche

$$V(u) = V(u_0)\, e^{-T_e/T}$$

liegt. Die Dauer T_e kann als Beruhigungszeitkonstante bezeichnet werden. Damit ist die in (78) eingeführte Zahl η bzw. $1/T$ als ein Gütemaß zu betrachten Je größer der Wert von η bzw. je kleiner der von T ist, desto schneller ist die Systemreaktion. Da es für ein vorgegebenes System keine eindeutige LJAPUNOV-Funktion gibt, ist andererseits η auch ein Maß für die „Brauchbarkeit" der zugrunde liegenden LJAPUNOV-Funktion. Da eine LJAPUNOV-Funktion für ein System gefunden werden kann, ohne die Lösung der zugehörigen Differentialgleichung selbst zu kennen, ist mit (78) bzw. (80) im Prinzip eine Möglichkeit gegeben, in den Fällen, wo die gefundene L-Funktion einigermaßen einfach ist, die Güte eines Systems zu beurteilen, ohne die Systemantwort selbst kennen zu müssen. Für das lineare zeitinvariante System soll der vorstehend skizzierte Gedankengang etwas weiter ausgeführt werden.

Wir betrachten das homogene System mit

$$\dot{\boldsymbol{u}}(t) = \boldsymbol{A}\,\boldsymbol{u}(t). \tag{81}$$

Im Falle der a-Stabilität, d. h., daß die Realteile aller Eigenwerte von $\boldsymbol{A}$ negativ sind:

$$\operatorname{Re}\lambda_i(\boldsymbol{A}) < 0, \quad i = 1, 2, \ldots, n,$$

ist die L-Funktion bzw. ihre zeitliche Ableitung jeweils eine quadratische Form

$$V\bigl(\boldsymbol{u}(t)\bigr) = \boldsymbol{u}^T(t)\,\boldsymbol{H}\,\boldsymbol{u}(t) \tag{82a}$$

bzw.

$$\dot{V}\bigl(\boldsymbol{u}(t)\bigr) = -\boldsymbol{u}^T(t)\,\boldsymbol{G}\,\boldsymbol{u}(t) = -\boldsymbol{u}^T(t)\,(\boldsymbol{A}^T\boldsymbol{H} + \boldsymbol{H}\boldsymbol{A})\,\boldsymbol{u}(t). \tag{82b}$$

Damit wird aus (78):

$$\eta = \min_{\boldsymbol{u}} \frac{\boldsymbol{u}^T(t)\,\boldsymbol{G}\,\boldsymbol{u}(t)}{\boldsymbol{u}^T(t)\,\boldsymbol{H}\,\boldsymbol{u}(t)}, \quad \boldsymbol{u} \neq \boldsymbol{0}. \tag{83}$$

Da sowohl $\boldsymbol{G}$ als auch $\boldsymbol{H}$ positiv definite sind, ist η solange erklärt, wie $\boldsymbol{u} \neq \boldsymbol{0}$ gilt. Für das *lineare* System (81) bleibt die relative Gestalt und Größe von $V(\boldsymbol{u})$ und $\dot{V}(\boldsymbol{u})$ für alle $\boldsymbol{u}$ im ganzen Zustandsraum die gleiche, so daß es bequemer ist, (83) für eine konstante Hyperfläche $V(\boldsymbol{u}) = $ const auszuwerten. Der Einfachheit halber wird $V(\boldsymbol{u}) = 1$ gewählt, womit anstelle von (83) diese gleichwertige Bedingung tritt:

$$\eta = \min_{\boldsymbol{u}} \{\boldsymbol{u}^T(t)\,\boldsymbol{G}\,\boldsymbol{u}(t);\ \boldsymbol{u}^T(t)\,\boldsymbol{H}\,\boldsymbol{u}(t) = 1\}, \tag{84}$$

d. h., es wird das Minimum über $\boldsymbol{u}$ von $\dot{V}(\boldsymbol{u})$ bei der Nebenbedingung $V(\boldsymbol{u}) = 1$ gesucht. Das aber ist ein Problem, das zweckmäßigerweise mittels der Methode eines LAGRANGEschen Multiplikators gelöst wird. Es sei μ ein solcher Multiplikator, dann geht (84) über in

$$\eta = \min_{\boldsymbol{u}} [\boldsymbol{u}^T\,\boldsymbol{G}\,\boldsymbol{u} - \mu(\boldsymbol{u}^T\,\boldsymbol{H}\,\boldsymbol{u} - 1)] \tag{85}$$

oder, da $\boldsymbol{G}$ und $\boldsymbol{H}$ symmetrisch sind

$$\eta_{\boldsymbol{u}} = 2\boldsymbol{G}\,\boldsymbol{u} - \mu \cdot 2\boldsymbol{H}\,\boldsymbol{u} = \boldsymbol{0},$$

wobei für das Auftreten eines Minimums bei $\boldsymbol{u}_{\min}$ notwendig ist, daß

$$(\boldsymbol{G} - \mu\,\boldsymbol{H})\,\boldsymbol{u}_{\min} = \boldsymbol{0} \tag{86}$$

gilt. Das heißt aber auch, daß mit $\boldsymbol{u}^T(t)\,\boldsymbol{H}\,\boldsymbol{u}(t) = \boldsymbol{1}$

$$\boldsymbol{u}_{\min}^T\,\boldsymbol{G}\,\boldsymbol{u}_{\min} = \mu\,\boldsymbol{u}_{\min}^T\,\boldsymbol{H}\,\boldsymbol{u}_{\min} = \mu > 0 \tag{87}$$

folgt, was nur dann ein Minimum ist, wenn μ ein solches ist. Nun ist aber (86) ein allgemeines Eigenwertproblem und damit μ ein Eigenwert der Matrix $\boldsymbol{H}^{-1}\boldsymbol{G}$. Ein Vergleich von (84) und (87) liefert also das Ergebnis:

$$\eta_{\min} = \mu_{\min}(\boldsymbol{H}^{-1}\,\boldsymbol{G}). \tag{88a}$$

Nun kann aber für η bzw. $1/T$ nicht nur die untere, sondern mit einer analogen Ableitung auch die obere Schranke angegeben werden zu:

$$\eta_{\max} = \mu_{\max}(\boldsymbol{G}^{-1}\,\boldsymbol{H}). \tag{88b}$$

Beispiel. An einem übersichtlichen System wird die Abschätzung der Beruhigungszeit mittels der vorstehend erläuterten Methode gezeigt, Das System genüge dieser Beziehung

$$\dot{\boldsymbol{u}}(t) = \begin{bmatrix} 0 & 1 \\ -2 & -3 \end{bmatrix} \boldsymbol{u}.$$

Gesucht ist eine obere Schranke für die Zeit, die die von $\boldsymbol{u}_0 = [1 \quad 0]^T$ beginnende Trajektorie benötigt, um in den Bereich zu gelangen, der durch den Kreis

$$u_1^2 + u_2^2 = 0,01$$

beschrieben wird (Abb. VIII.8.5). Das bedeutet aber auch, daß als erstes ein größter Wert von K so zu bestimmen ist, daß das durch $V(\boldsymbol{u}(t)) = K$ beschriebene Gebiet vollständig innerhalb des vorstehend gekennzeichneten Kreises liegt. Dabei hängt selbstverständlich $V(\boldsymbol{u}(t))$ davon ab, welcher Wert für $\dot{V}(\boldsymbol{u}(t))$ gewählt wurde. Es wird (beliebig) die positiv definite Matrix

$$\boldsymbol{G} = \begin{bmatrix} 4 & 0 \\ 0 & 4 \end{bmatrix}$$

gewählt, damit ist dann die Matrix $\boldsymbol{H}$ in (82b)

$$-\boldsymbol{G} = \boldsymbol{A}^T \boldsymbol{H} + \boldsymbol{H}\boldsymbol{A}$$

festgelegt zu:

$$\boldsymbol{H} = \begin{bmatrix} 5 & 1 \\ 1 & 1 \end{bmatrix}.$$

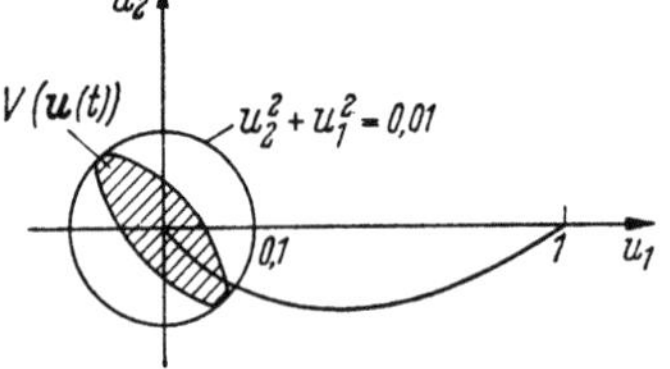

Abb. VIII.8.5 Zur Deutung der Aufgabe in dem Beispiel

Die zugehörige LJAPUNOV-Funktion $V(\boldsymbol{u}(t))$ lautet

$$V(\boldsymbol{u}(t)) = \boldsymbol{u}^T(t) \begin{bmatrix} 5 & 1 \\ 1 & 1 \end{bmatrix} \boldsymbol{u}(t) = 5u_1^2 + 2u_1 u_2 + 1u_2^2.$$

Als nächstes ist der Wert der LJAPUNOV-Funktion $V(\boldsymbol{u}) = K$ zu berechnen, bei dem das durch K bestimmte Gebiet gerade noch innerhalb des vorgegebenen Kreises um den Ursprung liegt (Abb. VIII.8.5). Der Wert K, bei dem $V(\boldsymbol{u})$ und der Kreis gemeinsame Punkte mit gleicher Steigung haben, ist $K \approx 7,64 \cdot 10^{-3}$.

Zur Lösung der gegebenen Aufgabe wird (80a) für $t_0 = 0$ herangezogen und dabei $V(\boldsymbol{u}(T_e), T_e) = K$ eingesetzt:

$$T_e \leqq -T_{\max} \ln\left[\frac{K}{V(\boldsymbol{u}_0, t_0)}\right].$$

Der Wert von $V(\boldsymbol{u}(t))|_{\boldsymbol{u}=\boldsymbol{u}_0}$ bei der oben angegebenen LJAPUNOV-Funktion und dem gegebenen Anfangswert $\boldsymbol{u}_0 = [1 \quad 0]^T$ ist $V(\boldsymbol{u}_0) = 5$. Als letztes ist noch $T_{\max}$ über (88) als der größte Eigenwert von

$$\boldsymbol{G}^{-1}\boldsymbol{H} = \begin{bmatrix} \frac{5}{4} & \frac{1}{4} \\ \frac{1}{4} & \frac{1}{4} \end{bmatrix}$$

zu bestimmen: $\mu_{\max}(\boldsymbol{G}^{-1}\boldsymbol{H}) \approx 1,31$. Damit sind alle Stücke zur Berechnung der oberen Schranke für die Einschwingzeit T_e ermittelt:

$$T_e \leqq -1,31 \ln\frac{7,64 \cdot 10^{-3}}{5} \approx 8,48 \, \text{sec}.$$

Die so gefundene Abschätzung liefert aber mehr als gerade die Einlaufzeit für die bei $\boldsymbol{u}_0 = [1, 0]^T$ beginnende Trajektorie. Alle in dem durch $V(\boldsymbol{u}(t)) = V(\boldsymbol{u}_0) = 5$ beschriebenen Gebiet beginnenden Trajektorien sind spätestens nach 8,48 sec in das durch $V(\boldsymbol{u}) = 7,64 \cdot 10^{-3}$ umrandete Gebiet eingetreten. Schließlich ist noch zu betonen, daß durch die willkürliche Vorgabe von $\boldsymbol{G}$ über $\boldsymbol{H}$ die Gestalt der betrachteten LJAPUNOV-Funktion $V(\boldsymbol{u})$ festgelegt wurde. Das heißt, im Anwendungsfall muß im allgemeinen noch geprüft werden, ob alle interessierenden Anfangszustände innerhalb der durch $V(\boldsymbol{u}) = $ const beschriebenen Gebiete liegen.

Abschließend wird nun noch ein Zusammenhang zwischen L-Funktionen und verallgemeinerten Güte- oder Kostenfunktionalen aufgezeigt. Es wird wieder das lineare homogene System

$$\dot{u}(t) = A\, u(t) \tag{89}$$

betrachtet. Es ist nun ferner ein zu minimierendes Gütekriterium gegeben,

$$J\big(u(t), t_0\big) = \int_{t_0}^{\infty} u^T(t)\, Q\, u(t)\, dt \overset{!}{=} \min, \tag{90}$$

das für das gegebene System erfüllt sein soll und in dem $L\big(u(t)\big) = u^T(t)\, Q\, u(t)$ eine positiv definite quadratische Form ist, die den „Preis" repräsentiert. Die mit (90) zusammenhängenden Fragen laufen auf die Probleme der optimalen Systeme bzw. der optimalen Steuerungen gegebener Systeme hinaus, die in Kap. IX eingehender betrachtet werden.

Es wird nun zu dem System (89) eine L-Funktion gewählt zu

$$V\big(u(t)\big) = u^T(t)\, H\, u(t) \quad \text{mit} \quad \dot{V}\big(u(t)\big) = -u^T(t)\, Q\, u(t),$$

wo H und Q so miteinander verbunden sind:

$$A^T H + H A = -Q.$$

Das Kostenfunktional in (90) kann dann mittels der L-Funktion umgeschrieben werden:

$$\begin{aligned}
J\big(u(t), t_0\big) &= \int_{t_0}^{\infty} u^T(t)\, Q\, u(t)\, dt = -\int_{t_0}^{\infty} \dot{V}\big(u(t)\big)\, dt \\
&= -V\big(u(\infty)\big) + V\big(u(t_0)\big) \\
&= V\big(u(t_0)\big) = u_0^T\, H\, u_0.
\end{aligned} \tag{91}$$

In (91) wurde davon Gebrauch gemacht, daß wegen der vorausgesetzten Stabilität $[V\big(u(t)\big)$ ist eine L-Funktion] $V\big(u(\infty)\big) = 0$ ist.

Der hier zu erkennende Zusammenhang zwischen L-Funktionen und allgemeinen quadratischen Güte- oder Kostenfunktionalen wird sich als nützlich bei der Synthese optimaler Systeme erweisen.

9 Stabilität linearer Mehrfachregelkreise

9.1 Einführung

In diesem Abschnitt sollen nun die vorstehend allgemeiner behandelten Stabilitätsprobleme so in expliziterer Form aufbereitet werden, daß sie für die Analyse und Synthese von Mehrfachregelsystemen einfacher anwendbar werden. Darüber hinaus bedarf es noch einer Darstellung des Zusammenhangs der Stabilitätsdefinitionen für dynamische Systemmodelle und derer der Übertragungsmodelle.

Wir beschränken uns jetzt wieder auf das lineare zeitinvariante System mit n konzentrierten Energiespeichern, das durch (Abb. VIII.9.1a):

$$\begin{aligned}
\dot{u}(t) &= A\, u(t) + B\, y(t), \\
x(t) &= C\, u(t) + D\, y(t)
\end{aligned} \tag{1}$$

oder unter Voraussetzung der vollständigen z-Steuerbarkeit und Beobachtbarkeit gleichwertig durch (Abb. VIII.9.1b)

$$F(s) = \left[\frac{Z_{kl}(s)}{N_{kl}(s)}\right], \qquad \delta\big(Z_{kl}(s)\big) \leqq \delta\big(N_{kl}(s)\big), \qquad \begin{aligned} k &= 1, 2, \ldots, p, \\ l &= 1, 2, \ldots, q \end{aligned} \qquad (2)$$

D
y(t)
B
$1_n \int$
u(t)
C
x(t)
A
a
y_1
x_1
F(s)
y_q
x_p
b

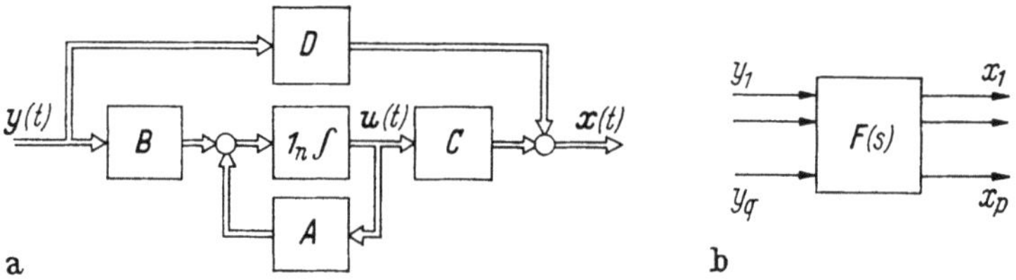

Abb. VIII.9.1a u. b. Blockschaltbilder von Mehrfachsystemen. Darstellung a) des dynamischen Gleichungssystems, b) der Übertragungsmatrix

beschrieben wird, wobei zwischen (1) und (2) der bekannte Zusammenhang

$$\left.\begin{aligned} F(s) &= C(1s - A)^{-1} B + D \\ &= \frac{1}{C(s)} C[1s - A]_{\text{adj.}} B + D \\ &= \frac{1}{M(s)} C K(s) B + D \end{aligned}\right\} \qquad (3)$$

besteht. In (3) ist $C(s) = |C(s)| = |1s - A|$ das charakteristische Polynom und $M(s)$ das Minimalpolynom, das dann ungleich $C(s)$ ist, wenn $C(s)$ und alle Minoren $(n - 1)$-ter Ordnung von $C(s) = 1s - A$ gemeinsame Teiler (Determinantenteiler) (vgl. auch Abschn. VII.4) haben.

In den nächsten Abschnitten werden die durch (1) beschriebenen Systeme *Zustandsmodelle* und die durch (2) charakterisierten *Übertragungsmodelle* genannt werden.

9.2 Stabilitätsdefinitionen zum Zustandsmodell

Die nun folgenden Stabilitätsdefinitionen für physikalische Systeme, die durch Zustandsmodelle (1) beschrieben werden, stehen in einem engen Zusammenhang zu den Definitionen, die der LJAPUNOVschen Theorie zugrunde liegen und die in Abschn. 8.2 eingeführt wurden. Da die uns interessierenden physikalischen Systeme und speziell die Regelungssysteme der Signalübertragung dienen bzw. als Signalübertragungssysteme aufgefaßt werden, werden nun die Ein- und Ausgangssignale wieder mehr in den Vordergrund gerückt. Das System (1) hat die Systemantwort (vgl. auch Abschn. VI.4):

$$\varphi_y(t; u_0, t_0) = \underbrace{e^{At} u_0}_{3} + \int_0^t e^{A(t-\tau)} B y(\tau)\, d\tau, \qquad (4)$$

$$\begin{aligned} x(t) &= C \varphi_y(t, u_0, t_0) + D y(t) \\ &= C e^{At} u_0 + \int_0^t C e^{A(t-\tau)} B y(\tau)\, d\tau + D y(t). \end{aligned} \qquad (5)$$

In diesen Beziehungen wurde der bei der vorausgesetzten Zeitinvarianz beliebige Anfangszeitpunkt $t_0 = 0$ gesetzt. Für das Ausgangssignalverhalten des Systems sind die durch die Klammern angedeuteten 4 Terme von besonderem Interesse.

Definition 1. Das Zustandsmodell (1) heißt *total Z-stabil*, wenn für alle beschränkten Eingangssignale

$$\|\boldsymbol{y}(t)\| = \sup_{t \in [0, \infty)} \left[\sum_{i=1}^{q} y_i(t)^2 \right]^{\frac{1}{2}} \leqq M < \infty \tag{6}$$

und beschränkten Anfangsbedingungen

$$\|\boldsymbol{u}_0\| \leqq N < \infty$$

der Zustandsvektor (4) beschränkt bleibt:

$$\|\boldsymbol{\varphi}(t; \boldsymbol{u}_0, \boldsymbol{y}(t))\| \leqq K < \infty, \quad \forall t \in [0, \infty). \tag{7}$$

Definition 2. Das Systemmodell (1) heißt *total a-stabil*, wenn für alle beschränkten Eingangssignale

$$\|\boldsymbol{y}(t)\| \leqq M < \infty$$

und beschränkte Anfangsbedingungen

$$\|\boldsymbol{u}_0\| \leqq N < \infty$$

der Ausgangssignalvektor (5) beschränkt bleibt:

$$\|\boldsymbol{x}(t)\| \leqq L < \infty. \tag{8}$$

Die in Definition 1 festgelegte totale Z-Stabilität ist eine schärfere Bedingung als die der A-Stabilität, da bei der letzteren nur die vollständig beobachtbaren Komponenten des Zustandsvektors berücksichtigt werden.

Bezogen sich die beiden vorstehenden Definitionen auf die Terme 1 bzw. 2 in (4) bzw. (5), so beziehen sich die beiden wichtigsten Stabilitätsdefinitionen für das autonome System

$$\dot{\boldsymbol{u}}(t) = \boldsymbol{A}\,\boldsymbol{u}(t),$$

die in den Definitionen 8.4 bzw. 8.6 erklärte L- bzw. a-Stabilität (S. 321 u. 322) und hier nicht wiederholt seien, auf den Term 3 in (4). Dabei ist zu beachten, daß wegen der vorausgesetzten Linearität und Zeitinvarianz des Systems (1) die L- bzw. a-Stabilität jeweils auch die gleichförmige L- bzw. a-Stabilität im Ganzen impliziert. Im nächsten Abschnitt werden im wesentlichen nur die mit der L- und a-Stabilität zusammenhängenden Bedingungen untersucht.

Für die Stabilitätsbetrachtungen bei Übertragungsmodellen ist wegen der dort im allgemeinen zu Null angenommenen Anfangsbedingung noch diese Definition von Interesse, die in (5) nur den Term 4 berücksichtigt:

Definition 3. Das Zustandsmodell ist *NZA-stabil*, wenn für $\boldsymbol{u}_0 = \boldsymbol{0}$ bei beschränktem Eingangssignalvektor

$$\|\boldsymbol{y}(t)\| \leqq M < \infty, \quad \forall t \in [0, \infty)$$

der Ausgangssignalvektor beschränkt ist:

$$\|\boldsymbol{x}(t)\| \leqq N < \infty, \quad \forall t \in [0, \infty).$$

Der Stabilitätsbegriff, der bei der ausschließlich auf dem Übertragungsmodell basierenden Theorie in Band I verwendet wurde (I.1.3 und III.3.4), ist mit der vorstehenden Definition der Nullzustandausgangs- (NZA) Stabilität gleichbedeutend.

9.3 Stabilität des Zustandsmodells

Es wird das homogene System

$$\dot{u}(t) = A\,u(t), \quad u_0 = u(0),$$
$$x(t) = C\,u(t) \tag{9}$$

betrachtet.

Satz 1. Das homogene System (1) ist dann und nur dann L-stabil, wenn

a) alle Eigenwerte der Systemmatrix A nichtpositive Realteile besitzen *und*

b) das Minimalpolynom $M(\lambda)$ der Matrix A auf der imaginären Achse der λ-Ebene höchstens einfache Nullstellen besitzt.

Der Teil a) des Satzes folgt direkt aus Satz 8.5; wenn dort in (29) zunächst statt der positiv definiten Matrix G positiv semidefinite Matrizen G zugelassen werden, dann wird der Satz 8.5 auf L-Stabilität eingeschränkt. Aus der Gl. (8.29) folgt dann aber, daß A nur Wurzeln mit nichtpositiven Realteilen haben darf, damit bei vorgegebener positiv semidefiniter HERMITEscher (symmetrischer) Matrix G und vorgegebener Matrix A eine positiv definite HERMITEsche (symmetrische) Matrix H existiert. Für den Teil b) in Satz 1 muß die Fundamentalmatrix zu (9):

$$\Phi(t) = e^{At} \tag{10}$$

betrachtet werden. Es sei $J = T^{-1}A\,T$ die JORDAN-Normalform zu A, dann kann für (10) geschrieben werden:

$$e^{At} = T\,e^{Jt}\,T^{-1}. \tag{10a}$$

Sei J_k ein m_k-reihiges JORDAN-Kästchen eines rein imaginären Eigenwertes $\lambda_k = i\,\omega_k$:

$$J_k = \begin{bmatrix} \lambda_k & 1 & 0 \ldots 0 \\ 0 & \lambda_k & 1 \ldots 0 \\ \cdots\cdots\cdots\cdots \\ 0 & 0 & 0 \ldots \lambda_k \end{bmatrix}, \tag{11}$$

dann hat der zugehörige Teil der Fundamentalmatrix die Form

$$e^{J_k t} = \begin{bmatrix} e^{i\omega_k t} & t\,e^{i\omega_k t} & \ldots & \dfrac{t^{(m_k-1)}}{(m_k-1)!}\,e^{i\omega_k t} \\ 0 & e^{i\omega_k t} & \ldots & \dfrac{t^{(m_k-2)}}{(m_k-2)!}\,e^{i\omega_k t} \\ \cdots\cdots\cdots\cdots\cdots\cdots\cdots \\ & & & e^{i\omega_k t} \end{bmatrix}. \tag{12}$$

Es ist leicht zu erkennen, daß bei geeigneten Anfangsbedingungen der Teilvektor $u_l(t)$

$$u_l(t) = e^{J_k t}\,u_l(0)$$

mit $t \to \infty$ über alle Schranken wächst: $\| \boldsymbol{u}_l(t) \| \to \infty$. Damit das System (9) für alle Anfangsbedingungen L-stabil bleibt, dürfen die JORDAN-Kästchen zu seinem Eigenwert mit verschwindendem Realteil nur einreihig (Skalare) sein. Daraus folgt dann der Teil b) des Satzes 1, da das Minimalpolynom bekanntlich (vgl. auch Abschn. VI.4) alle Wurzeln des charakteristischen Polynoms mit der jeweiligen Vielfachheit hat, die gleich der Reihenzahl des jeweils größten JORDAN-Kästchens ist.

Ein wesentliches Ergebnis des Satzes 1 und der vorstehenden Überlegungen ist, daß die L-Stabilität durch das Minimalpolynom $M(\lambda)$ und nicht durch das charakteristische Polynom $C(\lambda)$ bestimmt ist. So ist die Parallelschaltung zweier Integrierer, die durch das homogene System

$$\dot{\boldsymbol{u}}(t) = \begin{bmatrix} 0 & 0 \\ 0 & 0 \end{bmatrix} \boldsymbol{u}(t),$$

$$x(t) = [\, c_1 \quad c_2 \,]\, \boldsymbol{u}(t)$$

beschrieben wird, L-stabil, während die Reihenschaltung mit

$$\dot{\boldsymbol{u}}(t) = \begin{bmatrix} 0 & k \\ 0 & 0 \end{bmatrix} \boldsymbol{u}(t),$$

$$x(t) = [\, c_1 \quad c_2 \,]\, \boldsymbol{u}(t)$$

instabil ist (Abb. VIII.9.2).

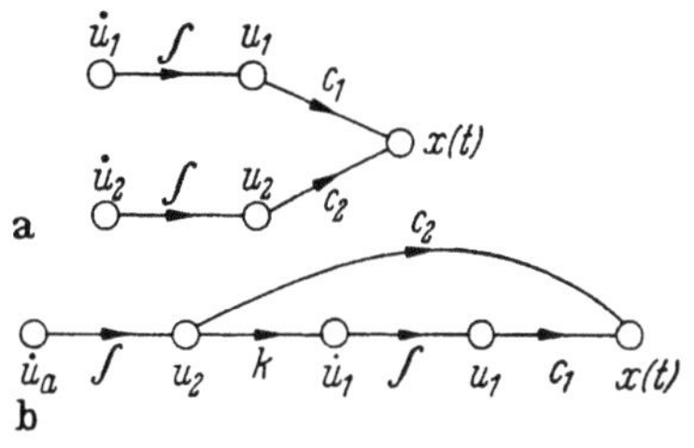

Abb. VIII.9.2a u. b. Zur L-Stabilität
a) L-stabiles, b) instabiles System

Für praktische Aufgaben ist die L-Stabilität normalerweise nicht ausreichend, sondern es muß asymptotische (a-) Stabilität verlangt werden.

Satz 2. Das homogene System (9) ist dann und nur dann a-stabil, wenn die Systemmatrix A nur Eigenwerte mit negativen Realteilen hat

$$\mathrm{Re}\,\lambda_i(A) < 0 \qquad (i = 1, 2, \ldots, n). \tag{13}$$

Dieses bekannte Ergebnis folgt direkt aus Satz 8.5.

Betrachtet man nun das durch Eingangssignale erregte System (1), dann gilt mit den Definitionen 1, 2 und 3:

Satz 3. Ein Zustandssystem ist total Z-stabil oder total A-stabil oder NZA-stabil dann und nur dann, wenn das zugehörige homogene System (9) a-stabil ist.

Dieses wichtige Ergebnis ist eine Folgerung aus Satz 8.9, denn nur dann, wenn die Systemmatrix A nur Eigenwerte mit negativen Realteilen hat, sind die Bedingungen b) und c) in (51) für das zeitinvariante lineare System (1) erfüllt.

Es zeigt sich also, daß das Stabilitätsproblem für die Zustandsmodelle zunächst ein rein algebraisches Problem, und zwar ein Eigenwertproblem mit

$$|\boldsymbol{1}\lambda - A| = 0 \tag{14}$$

ist. Darüber hinaus ist die Stabilitätsaussage für das Zustandsmodell im allgemeinen Fall vollständiger als die für das Übertragungsmodell. Wurde die Systemmatrix A in KALMAN-kanonische Form (vgl. auch Abschn. VIII.2.4) zerlegt, dann kann für (14) ausführlicher geschrieben werden:

$$|1_n\lambda - A| = \begin{vmatrix} (1_{ns}\lambda - A_{SS}) & -A_{SG} & -A_{SN} & -A_{SB} \\ 0 & (1_{nG}\lambda - A_{GG}) & 0 & -A_{GB} \\ 0 & 0 & (1_{nN}\lambda - A_{NN}) & -A_{NB} \\ 0 & 0 & 0 & (1_{nB}\lambda - A_{BB}) \end{vmatrix}$$

$$= |1_{ns}\lambda - A_{SS}|\,|1_{nG}\lambda - A_{GG}|\,|1_{xN}\lambda - A_{NN}|\,|1_{nB}\lambda - A_{BB}| = 0. \quad (15)$$

Bei der Stabilitätsuntersuchung am Zustandsmodell werden also auch alle die Eigenwerte erfaßt, die zu den nicht steuerbaren und/oder nicht beobachtbaren Systemteilen gehören, während bekanntlich das Übertragungsmodell nur die sowohl steuer- als beobachtbaren Systemteile erfaßt.

Eine wesentliche Aufgabe der Theorie der selbsttätigen Regelung besteht darin, das dynamische Verhalten und speziell das Stabilitätsverhalten physikalischer Systeme durch geeignete Rückkopplungsschleifen in möglichst günstiger Weise zu beeinflussen. Aus theoretischer Sicht bestehen im Fall des Zustandsmodells hierzu zwei prinzipielle Möglichkeiten: a) die äußere Rückführung und b) die Zustandsrückführung (Abb. VIII.9.3). Im Fall a) lautet die charakteri-

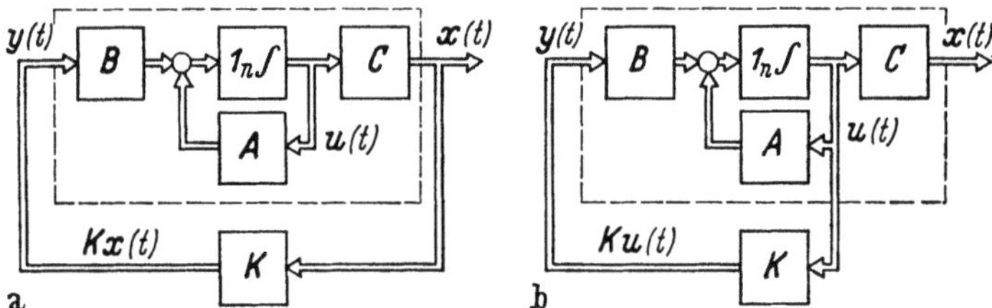

Abb. VIII.9.3a u. b. a) Äußere Rückführung; b) Zustandsrückführung

stische Gleichung des Gesamtsystems mit Gl. (2.52), wobei zur Erhöhung der Übersichtlichkeit die Durchgangsmatrix $D = 0$ angenommen wurde:

$$|1_n\lambda - (A + BKC)|$$
$$= |1\lambda - A_{SS}|\,|1\lambda - (A_{GG} + B_G KC_G)|\,|1\lambda - A_{NN}|\,|1\lambda - A_{BN}|. \quad (16)$$

Diese Beziehung zeigt deutlich, daß durch äußere Rückführung nur die Eigenwerte des sowohl steuerbaren als auch beobachtbaren Systemteils zu verändern sind.

Im Fall b) der Zustandsrückführung über eine Matrix K hat das Gesamtsystem die charakteristische Gleichung

$$|1_n\lambda - (A + BK)|$$
$$= \begin{vmatrix} 1\lambda - (A_{SS} + B_S K_S); & -(A_{SG} + B_S K_G) \\ -B_G K_S & ; \quad 1\lambda - (A_{GG} + B_G K_G) \end{vmatrix} |1\lambda - A_{NN}|\,|1\lambda - A_{BB}| = 0. \quad (17)$$

Hier ist zu erkennen, daß nun auch das Spektrum des nur z-steuerbaren Systemteils zu verändern ist. Die Zustandsrückführung ist einmal dann notwendig, wenn die Dynamik des z-steuerbaren Systemteils nicht den Anforderungen entspricht, wenn also z. B. instabile Eigenwerte vorhanden sind. Zum anderen kann aber durch Verändern der Eigenwerte in speziellen Fällen erreicht werden, daß zunächst nicht beobachtbare Systemzustände beobachtbar werden. Denn die bei den nichtbeobachtbaren Systemteilen vorhandene lineare Abhängigkeit der Vektoren $C\,e^{At}$ im Vektorraum $\mathbf{R}_n$ mit $C\,e^{At} \in \mathbf{R}_n$ kann u. U. durch Verändern einzelner Eigenwerte vor allem dann beseitigt werden, wenn einzelne Eigenwerte mehrfach vorkommen.

9.4 Stabilität von Übertragungsmodellen

Es werden nun Übertragungsmodelle der Form

$$F(s) = \left[\frac{Z_{kl}(s)}{N_{kl}(s)}\right], \qquad \delta\big(Z_{kl}(s)\big) \leqq \delta\big(N_{kl}(s)\big), \qquad \begin{array}{l} k = 1, 2, \ldots, p, \\ l = 1, 2, \ldots, q \end{array} \tag{18}$$

betrachtet, die immer so aufgespalten werden können, daß mit

$$F(s) = \tilde{F}(s) + F(\infty) \tag{19}$$

die Matrix $\tilde{F}(s)$ nur echt gebrochen rationale Funktionen als Elemente hat:

$$\tilde{F}(s) = F_{kl}(s)] = \left[\frac{\tilde{Z}_{kl}(s)}{N_{kl}(s)}\right], \qquad \delta\big(\tilde{Z}_{kl}(s)\big) < \delta\big(N_{kl}(s)\big), \qquad \begin{array}{l} k = 1, 2, \ldots, p, \\ l = 1, 2, \ldots, q. \end{array} \tag{20}$$

Es wird im folgenden zunächst nur der Systemteil mit $\tilde{F}(s)$ betrachtet. Der Anschluß an die Stabilitätsdefinitionen im Zeitbereich wird über die der komplexen Übertragungsmatrix $\tilde{F}(s)$ zugeordneten Gewichtsmatrix

$$\tilde{G}(t) = [\tilde{G}_{kl}(t)] = \mathcal{L}^{-1}\{\tilde{F}(s)\}, \qquad \begin{array}{l} k = 1, 2, \ldots, p, \\ l = 1, 2, \ldots, q \end{array} \tag{21}$$

hergestellt, deren Elemente als die Systemantworten auf an den Eingängen (nacheinander) einwirkende DIRACsche Deltafunktionen gedeutet werden können. Hier wird wie üblich vorausgesetzt, daß alle n im System vorhandenen Energiespeicher zum Zeitpunkt $t_0 = 0$ energiefrei sind, d. h., die Anfangsbedingungen werden durchweg zu Null angenommen.

Definition 4. Ein Übertragungsmodell (18) heißt *NZA-stabil*, wenn alle durch (19), (20) und (21) erklärten Elemente $\tilde{G}_{kl}(t)$ der Matrix $\tilde{G}(t)$ für $t \in [0, \infty)$ beschränkt sind

$$\sup_{\substack{t \in [0, \infty) \\ k, l}} \tilde{G}_{kl}(t) \leqq M < \infty. \tag{22}$$

Definition 5. Ein Übertragungsmodell (18) heißt *streng NZA-stabil*, wenn der Ausgangssignalvektor $x(t)$ beschränkt ist für beschränkte Eingangssignale

$$\text{für} \qquad \begin{aligned} \sup_{t \in [0, \infty)} \|x(t)\| &\leqq M < \infty \\ \sup_{t \in [0, \infty)} \|y(t)\| &\leqq N < \infty. \end{aligned} \tag{23}$$

Ist $\{A, B, C\}$ eine Realisierung zu $\tilde{F}(s)$ bzw. $\tilde{G}(t)$ (vgl. auch Abschn. VIII.3 und VIII.4), dann ist die NZA-Stabilität des Zustandsmodells (Definition 3) identisch mit der strengen NZA-Stabilität des zugehörigen Übertragungsmodells. Die vorstehenden Definitionen 4 und 5 für Übertragungssysteme unterscheiden sich analog zu denen der L- und der a-Stabilität für lineare homogene Vektor-differentialgleichungen. Im Falle der NZA-Stabilität werden für $F(s)$ bzw. deren Elemente noch Pole auf der imaginären Achse der s-Ebene zugelassen.

Mit den vorstehenden Definitionen kann nun die Stabilität eines Übertragungs-modells $F(s)$ auf die Überprüfung jedes Elements $\tilde{F}_{kl}(s)$ in $\tilde{F}(s)$ zurückgeführt werden, wie es beispielsweise in Abschn. III.9 gezeigt wurde. Um die Verbindung zu den Zustandsmodellen herzustellen, gehen wir nun aber etwas allgemeiner vor. Es sei $H(s)$ der Hauptnenner aller Elemente $F_{kl}(s)$ in (18), d. h., $H(s)$ ist das kleinste gemeinsame Vielfache aller $N_{kl}(s)$, dann ergibt sich für das Stabilitäts-verhalten von Übertragungssystemen:

Satz 4. Das Übertragungsmodell $F(s)$ in (18) ist NZA-stabil dann und nur dann, wenn

a) alle Nullstellen von $H(s)$ nichtpositive Realteile haben:

$$H(s) \neq 0 \quad \text{für} \quad \text{Re}\, s > 0 \tag{24}$$

und

b) Nullstellen mit verschwindenden Realteilen jeweils nur einfach sind.

Dieses Ergebnis ist einfach zu überprüfen, wenn man bedenkt, daß nach Voraussetzung kein Element $F_{kl}(s)$ in (18) einen Pol höherer Vielfachheit als die der zugehörigen Nullstelle in $H(s)$ hat. Damit braucht aber nur das zeitliche Verhalten von

$$h(t) = \mathfrak{L}^{-1}\left\{\frac{1}{H(s)}\right\}, \tag{25}$$

z. B. mittels einer Partialbruchentwicklung nach den Nullstellen von $H(s)$ über-prüft zu werden.

Das zur Definition 5 zugeordnete Ergebnis lautet:

Satz 5. Das Übertragungsmodell $F(s)$ in (18) ist streng NZA-stabil dann und nur dann, wenn der Hauptnenner aller Elemente $F_{kl}(s)$ nur Nullstellen mit negativen Realteilen hat:

$$H(s) \neq 0 \quad \text{für} \quad \text{Re}\, s \geqq 0. \tag{26}$$

In Abschn. VIII.3.4 war als wesentliche Invariante der Übertragungsmodelle $F(s)$ der Grad einer rationalen Matrix $\delta(F(s))$ eingeführt worden. Der Grad $\delta(F(s))$ ist gleich der minimalen Zahl von Energiespeichern, die notwendig sind, ein System mit der Übertragungsmatrix $F(s)$ aufzubauen. Die Zahl $\delta(F(s))$, für die gilt

$$\delta(F(s)) \geqq \delta(H(s)), \tag{27}$$

ergibt sich aus den Gradzahlen der Nennerpolynome der McMillan-Normal-form (Abschn. VIII.3.2) zu:

$$\delta(F(s)) = \sum_{i=1}^{r} \delta(N_i(s)). \tag{28}$$

Enthält der Hauptnenner auch alle Polstellen von $F(s)$, so können diese doch in $F(s)$ (insgesamt) häufiger vorkommen als in $H(s)$, worauf sich die Ungleich-heit in (27) bezieht.

Betrachtet man nun eine Minimalrealisierung $\{A, B, C\}_{\min}$ zu $F(s)$ bzw. zu

$$M(s) = P(s)\, F(s)\, Q(s),$$

dann erhält man diese wichtigen Ergebnisse:

Satz 6. Ein Übertragungsmodell $F(s)$ ist

a) NZA-stabil oder
b) streng NZA-stabil

dann und nur dann, wenn das autonome System der zugehörigen Minimalrealisierung $\{A, B, C\}_{\min}$

a) L-stabil oder
b) a-stabil

ist.

An dieser Stelle ist daran zu erinnern, daß das Übertragungsmodell (und dessen Minimalrealisierung) nur den sowohl z-steuerbaren als auch beobachtbaren Teil eines physikalischen Systems erfaßt. Die L- bzw. a-Stabilität eines Zustandsmodells ist also in jedem Fall hinreichend, aber nicht notwendig für die NZA- bzw. strenge NZA-Stabilität des zugehörigen Übertragungsmodells

$$F(s) = C\,(1s - A)^{-1}\,B + D,$$

und nur dann auch notwendig, wenn das Zustandsmodell vollständig z-steuerbar und beobachtbar ist.

Zur Untersuchung der Lage der Polstellen einer rationalen Matrix $F(s)$ und damit des Stabilitätsverhaltens des durch $F(s)$ beschriebenen Systems ist der sicherste Weg der, der von dem Hauptnenner $H(s)$ ausgeht.

Sei $H(s)$ der Hauptnenner, dann ist mit

$$F(s) = \frac{1}{H(s)}\, L(s) \tag{29}$$

$L(s)$ eine Polynommatrix. War $F(s)$ eine quadratische nichtsinguläre p,p-Matrix mit $|F(s)| \neq 0$, dann folgt auch zunächst:

$$F^{-1}(s) = H(s)\, L^{-1}(s) = \frac{H(s)}{|L(s)|}\, L_{\text{adj.}}(s). \tag{30}$$

Für eine p-reihige quadratische Matrix A gilt

$$|A_{\text{adj.}}| = |A|^{p-1}$$

und

$$|K A| = K^p\, |A|,$$

womit aus (30) auch folgt:

$$|F^{-1}(s)| = H^p(s)\, |L(s)|^{-1}. \tag{30a}$$

In der Literatur wird teilweise der Ausdruck

$$|F^{-1}(s)| = 0 \tag{31}$$

als charakteristische Gleichung des Systems mit der Übertragungsfunktion $F(s)$ bezeichnet. Hier ist im allgemeinen aber große Vorsicht geboten. Denn in (30) können Linearfaktoren $(s_i - s)^{h_i}$, und damit Polstellen von $F(s)$, in $H^p(s)$ als auch in $|L(s)|$ mit der gleichen Vielfachheit $h_i\, p$ vorkommen, so daß dann einzelne Polstellen übersehen werden können.

Beispiel. Gegeben sei

$$F(s) = \begin{bmatrix} \dfrac{1}{N_{11}(s)} & 0 \\[2ex] \dfrac{1}{N_{21}(s)} & \dfrac{1}{N_{22}(s)} \end{bmatrix}$$

mit

$$H(s) = N_{11}(s)\,N_{22}(s)\,N_{21}(s).$$

Mit (29) ist

$$L(s) = \begin{bmatrix} N_{21}(s)\,N_{22}(s) & 0 \\[1ex] N_{11}(s)\,N_{22}(s) & N_{11}(s)\,N_{21}(s) \end{bmatrix}$$

und aus (30) erhält man

$$|F^{-1}(s)| = (N_{11}(s)\,N_{21}(s)\,N_{22}(s))^2\,(N_{11}(s)\,N_{21}^2(s)\,N_{22}(s))^{-1} = N_{11}(s)\,N_{22}(s).$$

Das bedeutet, daß in (31) die Pole von $F_{21}(s)$ nicht berücksichtigt werden.

9.5 Stabilität zusammengesetzter Mehrfachsysteme

Ausgehend von den vorstehenden und den in Abschn. VIII.3 erörterten Ergebnissen werden nun Bedingungen behandelt, die die Stabilität von Mehrfachsystemen betreffen, die aus mehreren Teilsystemen bestehen. Jedes dieser Teilsysteme sei vollständig z-steuerbar und beobachtbar. Es werden die wesentlichen Kombinationsmöglichkeiten a) Parallelschaltung, b) Serienschaltung und c) Einheitsrückführung behandelt.

a) Parallelschaltung (Abb. VIII.9.4).

Für das aus den beiden p,q-Systemen $F_1(s)$ und $F_2(s)$ bestehende parallelgeschaltete p,q-System $F_p(s)$ gilt:

$$F_p(s) = F_1(s) + F_2(s) \tag{32}$$

und ferner mit Satz 3.4:

$$\delta\big(F_p(s)\big) \leqq \delta\big(F_1(s)\big) + \delta\big(F_2(s)\big). \tag{33}$$

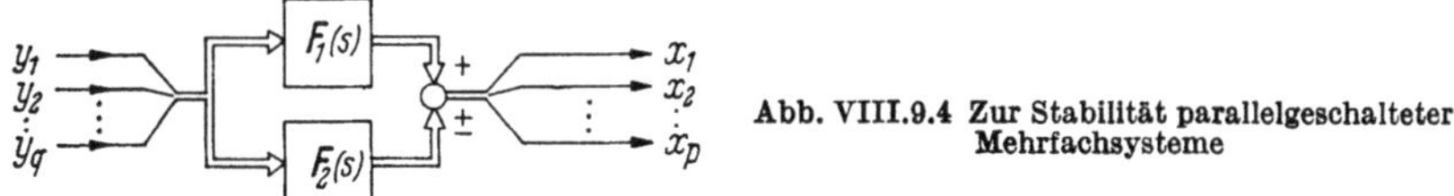

Abb. VIII.9.4 Zur Stabilität parallelgeschalteter Mehrfachsysteme

Satz 7. a) Für die (strenge) NZA-Stabilität eines aus zwei parallelgeschalteten Systemen $F_1(s)$ und $F_2(s)$ bestehenden Systems $F_p(s)$ ist hinreichend, daß $F_1(s)$ und $F_2(s)$ für sich (streng) NZA-stabil sind.

b) Nur wenn gilt

$$\delta\big(F_p(s)\big) = \delta\big(F_1(s)\big) + \delta\big(F_2(s)\big) \tag{34}$$

kann von der (strengen) NZA-Stabilität von $F_p(s)$ auf die entsprechenden Eigenschaften der Teilsysteme geschlossen werden.

Dieses Ergebnis beruht darauf, daß nur dann, wenn (34) gilt, das Gesamtsystem $F_p(s)$ vollständig z-steuerbar und beobachtbar ist.

b) Serienschaltung (Abb. VIII.9.5).

Für das aus den o,q- und p,o-Systemen $F_1(s)$ und $F_2(s)$ zusammengesetzte Seriensystem $F_s(s)$ gilt:

$$F_s(s) = F_2(s)\,F_1(s). \tag{35}$$

Satz 8. Das System $F_s(s)$ in (35) ist *NZA*-stabil, wenn

a) $F_1(s)$ und $F_2(s)$ für sich NZA-stabil sind *und*

b) $\delta\big(F_s(s)\big) = \delta\big(F_1(s)\big) + \delta\big(F_2(s)\big)$ ist. $\qquad(36)$

Die für die vollständige z-Beobachtbarkeit und Steuerbarkeit notwendige und hinreichende Bedingung (36) liefert eine (nur) hinreichende Bedingung dafür, daß gegebenenfalls vorhandene einfache Pole auf der $i\,\omega$-Achse in $F_1(s)$ und $F_2(s)$ auch nur einfach in $F_s(s)$ vorkommen.

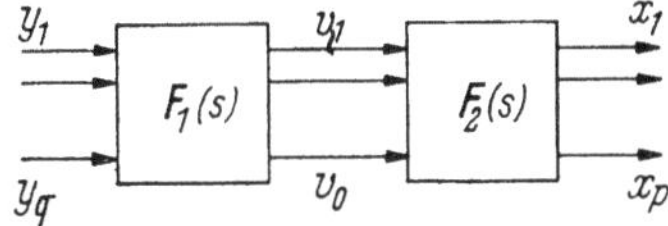

Abb. VIII.9.5 Zur Stabilität in Reihe geschalteter Systeme

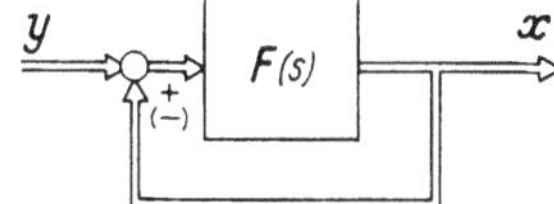

Abb. VIII.9.6 System mit Einheitsrückkopplung

c) Einheitsrückführung (Abb. VIII.9.6).

Das offene System $F(s)$ muß nun zwangsläufig eine *quadratische* p,p-Matrix haben. Für das rückgekoppelte System

$$F_r(s) = \big(1 \mp F(s)\big)^{-1} F(s) = \big(F^{-1}(s) \mp 1\big)^{-1} \qquad(37)$$

gilt zunächst (vgl. auch Abschn. 3.4):

$$\delta\big(F_r(s)\big) = \delta\big(F_r^{-1}(s)\big) = \delta\big(1 + F(s)\big) = \delta\big(1 + F(s)\big)^{-1} \quad \text{für} \quad |F(s)| \neq 0, \qquad(38)$$

d. h., solange $F(s)$ nicht für jeden Wert von s identisch singulär ist, behält das vollständig-steuerbare und beobachtbare offene System auch nach Einheitsrückführung diese Eigenschaften. Das bedeutet weiter, daß durch die Einheitsrückkopplung alle Pole des Systems beeinflußt werden. Bekanntlich kann aber ohne speziellere Untersuchungen aus dem Stabilitätsverhalten des offenen Systems nicht auf das des rückgekoppelten geschlossen werden. Wegen der Stabilitätsanalyse des allgemeineren Mehrfachregelkreises mit Vorwärts- und Rückwärtsreglern sei auf die Abschn. III.8.12, III.8.13 und III.8.15 und III.9 verwiesen.

9.6 Stabilität des Regelkreises mit Beobachtern

Im Rahmen dieses, das Stabilitätsverhalten von Mehrfachsystemen behandelnden Abschn. 9 sind noch Ergebnisse nachzutragen, die das lineare zeitinvariante System mit Zustandsrückkopplung betreffen. Es wird das Zustandsmodell einer Regelstrecke betrachtet:

$$\begin{aligned}
\dot{u}(t) &= A\,u(t) + B[y(t) + z(t)], \\
x(t) &= C\,u(t).
\end{aligned} \qquad(39)$$

Sind alle Zustandsvariablen des Systems als Signale für einen Regler verfügbar und ist das System vollständig z-steuerbar, dann genügt ein „konstantes" lineares Regelgesetz (Abb. VIII.9.7) der Form

$$y(t) = R\,u(t), \qquad(40)$$

mit der q,n-Matrix $\boldsymbol{R}$, um dem System jedes gewünschte dynamische Verhalten zu geben. Denn Kombination von (39) und (40) liefert:

$$\dot{\boldsymbol{u}}(t) = [\boldsymbol{A} + \boldsymbol{B}\,\boldsymbol{R}]\,\boldsymbol{u}(t) + \boldsymbol{B}\,\boldsymbol{z}(t),$$
$$\boldsymbol{x}(t) = \boldsymbol{C}\,\boldsymbol{u}(t), \tag{41}$$

d. h., die Pole des rückgekoppelten Systems sind nun die Eigenwerte der durch Rückkopplung entstandenen neuen Systemmatrix $\boldsymbol{A}_r = \boldsymbol{A} + \boldsymbol{B}\,\boldsymbol{R}$.

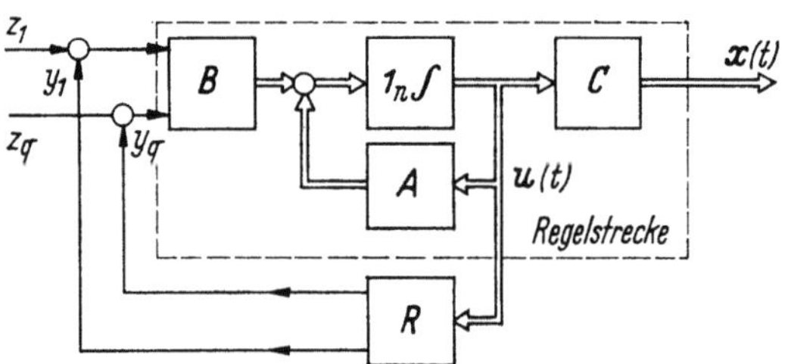

Abb. VIII.9.7 Mehrgrößenregelkreis mit Zustandsrückführung

Die Eigenwerte aus

$$|\boldsymbol{1}\,\lambda - \boldsymbol{A} - \boldsymbol{B}\,\boldsymbol{R}| = 0 \tag{42}$$

lassen sich durch geeignete Wahl des Regelgesetzes so vorgeben, daß das Gesamtsystem das gewünschte dynamische Verhalten zeigt. In Kap. IX werden noch allgemeinere Syntheseverfahren für Regelgesetze der Form $\boldsymbol{y}(t) = \boldsymbol{R}\big(\boldsymbol{u}(t)\big)$ angegeben werden, so daß hier nicht weiter auf die Details zur Auswertung von (42) eingegangen wird.

Im allgemeinen sind bei einer Regelstrecke nicht alle Zustandsvariablen als Signale außen verfügbar. Ist das System aber vollständig z-steuerbar *und* vollständig über die Ausgangssignale $\boldsymbol{x}(t)$ beobachtbar, dann kann ein Beobachtungssystem (vgl. auch Abschn. 6), z. B. ein LUENBERGER-Beobachter der Form

$$\dot{\boldsymbol{v}}(t) = \boldsymbol{F}\,\boldsymbol{v}(t) + \boldsymbol{G}\,\boldsymbol{x}(t) + \boldsymbol{T}\,\boldsymbol{B}\,\boldsymbol{y}(t) \tag{43}$$

mit

$$\boldsymbol{F}\,\boldsymbol{T} = \boldsymbol{T}\,\boldsymbol{A} - \boldsymbol{G}\,\boldsymbol{C} \tag{44}$$

angegeben werden. Gilt für die Anfangsbedingung $\boldsymbol{v}_0 = \boldsymbol{T}\,\boldsymbol{u}_0$ und

$$\lambda_i(\boldsymbol{A}) \neq \lambda_j(\boldsymbol{F}), \qquad \begin{aligned} i &= 1, 2, \ldots, n,\\ j &= 1, 2, \ldots, m \leqq n, \end{aligned} \tag{45}$$

dann liefert das Beobachtungssystem die Schätzung $\hat{\boldsymbol{u}}(t)$ des Zustandes des beobachteten Systems als die lineare Überlagerung

$$\hat{\boldsymbol{u}}(t) = \boldsymbol{L}\,\boldsymbol{u}(t) + \boldsymbol{K}\,\boldsymbol{v}(t), \tag{46}$$
$$\boldsymbol{L} + \boldsymbol{K}\,\boldsymbol{T} = \boldsymbol{1} \tag{47}$$

mit in weiten Grenzen frei wählbaren Matrizen $\boldsymbol{K}$ und $\boldsymbol{L}$, die nur Beziehung (47) genügen müssen.

Wird nun als Regelgesetz für die Regelstrecke (39) wieder ein lineares dieser Form gewählt:

$$\boldsymbol{y}(t) = \boldsymbol{R}\,\hat{\boldsymbol{u}}(t), \tag{48}$$

dann folgt dieses wichtige Ergebnis:

Satz 9. Das durch Zustandsrückkopplung mittels eines Beobachters entstandene Rückkopplungssystem hat die $m + n$ Eigenwerte λ_i

$$\begin{aligned} &\lambda_i(A + BR), \quad i = 1, 2, \ldots, n, \\ &\lambda_j(F), \qquad\quad\; j = 1, 2, \ldots, m \leqq n. \end{aligned} \tag{49}$$

Die Eigenwerte des Gesamtsystems setzen sich also aus denen des Beobachters und denen des Rückkopplungssystems ohne Beobachter zusammen. Dies ist so zu zeigen: Einsetzen von (46) und (48) in (39) und (43) liefert:

$$\left.\begin{aligned} \dot{u}(t) &= (A + BRL)\,u(t) + BRK\,v(t) + B\,z(t), \\ \dot{v}(t) &= (GC + TBRL)\,u(t) + (F + TBRK)\,v(t), \\ x(t) &= C\,u(t) \end{aligned}\right\} \tag{50}$$

mit dem homogenen System

$$\begin{bmatrix} \dot{u}(t) \\ \dot{v}(t) \end{bmatrix} = \left[\begin{array}{c|c} A + BRL & BRK \\ \hline GC + TBRL & F + TBRK \end{array}\right] \begin{bmatrix} u(t) \\ v(t) \end{bmatrix}. \tag{51}$$

Dazu gehört das Eigenwertproblem:

$$(A + BRL)\,u(t) + BRK\,v(t) = \lambda\,u(t), \tag{52a}$$

$$(GC + TBRL)\,u(t) + (F + TBRK)\,v(t) = \lambda\,v(t). \tag{52b}$$

Wird hier die Teilgleichung a) von links mit T multipliziert und Gleichung b) von a) subtrahiert,

$$(TA - GC)\,u(t) - F\,v(t) = \lambda\big(T\,u(t) - v(t)\big),$$

dann wird unter Verwendung von (44) gefunden:

$$F\big(T\,u(t) - v(t)\big) = \lambda\big(T\,u(t) - v(t)\big)$$

oder

$$(1\,\lambda - F)\,\big(T\,u(t) - v(t)\big) = 0. \tag{53}$$

Diese Gleichung wird für die Eigenwerte $\lambda_j(F)$ oder für $T\,u(t) = v(t)$ erfüllt. Somit sind die Eigenwerte von F Polstellen des Gesamtsystems. Wird in (52a) $v(t) = T\,u(t)$ eingesetzt:

$$(A + BRL + BRKT)\,u(t) = \lambda\,u(t)$$

und noch (47) verwendet, entsteht das Eigenwertproblem

$$[1\,\lambda - (A + BR)]\,u(t) = 0, \tag{54}$$

womit dann das Ergebnis (49) folgt.

Die Synthese eines Mehrfachregelsystems mittels Zustandsrückführung erfordert also diese Teilschritte:

a) Festlegung der Eigenwerte des geschlossenen Systems (42) bzw. (54) durch Wahl eines geeigneten Regelgesetzes.

b) Ermittlung der Zahl $m \geqq n - p$ der Energiespeicher des Beobachtungssystems, wobei n die Zahl der Speicher der gegebenen Regelstrecke und p die Zahl der Regelgrößen $x_k(t)$ ist.

c) Ermittlung der beobachtungskanonischen Struktur der Strecke (vgl. auch Abschn. 7.3).

d) Wahl der Transformationsmatrix T.

e) Wahl der Matrix F bzw. ihrer Eigenwerte und damit der Matrix G.

f) Wahl der Matrix K und damit L.

Im Anwendungsfall kann gegebenenfalls die Matrix R des Regelgesetzes mit in die Festlegung der frei wählbaren Matrizen des Beobachters einbezogen werden. In Abb. VIII.9.8 ist das Prinzip einer Regelkreisstruktur für den übersichtlicheren Fall skizziert, bei dem ein redundanter Beobachter mit $T = 1_n$ und daraus folgend $L = 0$ [wegen $\hat{u}(t) = u(t)$] gewählt wurde.

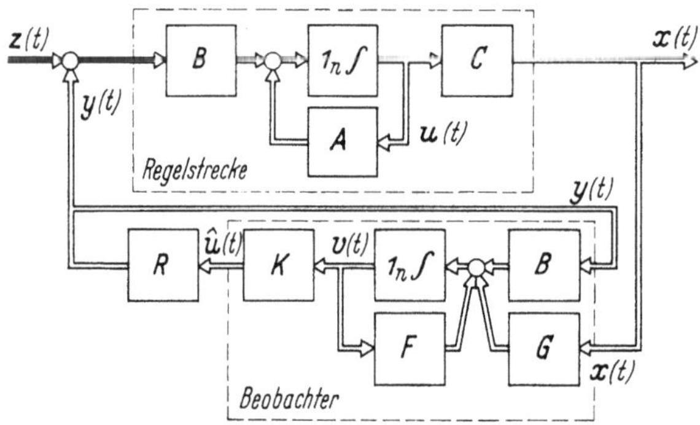

Abb. VIII.9.8 Mehrfachregelkreis mit Zustandsrückführung der durch ein Beobachtungssystem geschätzten Zustände $\hat{u}(t) = K v(t)$

Es konnte ferner gezeigt werden [VIII.25], daß auch dann, wenn ein nichtlineares Regelgesetz $y(t) = R(\hat{u}(t))$ zusammen mit einem LUENBERGER-Beobachter verwendet wird, das Stabilitätsverhalten des Gesamtsystems nicht durch ein *stabiles* Beobachtersystem verändert wird. Es sei

$$\dot{u}(t) = A\,u(t) + B\,R(u(t)) \tag{55}$$

das homogene System des mit dem Rückkopplungsgesetz $R(u(t))$ rückgekoppelten Systems, wenn alle Zustandsvariablen direkt meßbar sind und

$$\dot{u}(t) = A\,u(t) + B\,R(\hat{u}(t)) \tag{56}$$

das homogene Gleichungssystem des über das Regelgesetz $R(\hat{u}(t))$ rückgekoppelten Systems, wenn $\hat{u}(t)$ der über einen Beobachter der Form (43) mit (46) und (47) geschätzter Zustandsvektor ist, dann gilt:

Satz 10. Das System (56) ist gleichförmig a-stabil im Großen, wenn

a) das System (55) gleichförmig a-stabil im Großen ist,

b) das Regelgesetz $R(u(t))$ einer gleichförmigen LIPSCHITZ-Bedingung genügt und

c) der Beobachter nur Eigenwerte mit negativen Realteilen hat.

Der Beweis wird mit Hilfe des Satzes von LJAPUNOV geführt, indem gezeigt wird, daß für das Gesamtsystem (56) eine LJAPUNOV-Funktion existiert, wenn voraussetzungsgemäß für das System (55) bzw. den Beobachter solche Funktionen existieren [VIII.25].

IX. Optimale Regelungssysteme

1 Einführung

In der Theorie der selbsttätig geregelten Systeme sind bekanntlich zwei wesentliche Problemgruppen zu unterscheiden: a) die Analyse eines vorgegebenen Systems und b) die Synthese eines Systems zur Lösung einer vorgegebenen Aufgabe. In der „klassischen" Regelungstheorie steht die Analyse eines Systems im Vordergrund des Interesses. Auch dann, wenn ein System zu synthetisieren ist, wird hier vorwiegend so vorgegangen, daß ein im wesentlichen durch Intuition oder durch die Technologie des zu regelnden Prozesses beeinflußter Regelkreisentwurf durch Analyseverfahren auf seine Brauchbarkeit hin untersucht wird. Im Gegensatz dazu wird etwa seit Ende der 50er Jahre zunehmend versucht, für die Synthese von Regelsystemen geschlossene Entwurfsverfahren zu entwickeln, die ein formaleres Vorgehen begünstigen. Ein wesentlicher Teil der gerne mit „modern" bezeichneten Regelungstheorie umfaßt solche Synthesemethoden.

Bei der Synthese eines Systems hat der Regelungstechniker normalerweise davon auszugehen, daß ein Teil des Systems — die Regelstrecke — vorgegeben ist, während ein anderer — der Steuer- oder Reglerteil — so zu entwerfen ist, daß vorgegebene Anforderungen erfüllt werden. Sind diese Anforderungen in eine geschlossene, wenn möglich analytische Form von *Optimierungsbedingungen* zu bringen, dann kann eine *optimale* Synthese verlangt werden.

Innerhalb der Optimierungsprobleme sind nun wieder zwei wichtige Klassen zu unterscheiden: α) die Parameteroptimierung und β) die System- (oder Global-) Optimierung. Bei der Parameteroptimierung ist die Struktur des Gesamtsystems vorgegeben, und es bleibt nur die Aufgabe, einzelne schon vorgesehene, in gewissen Grenzen frei einstellbare Parameter K_i so anzupassen, daß die gestellten Forderungen „möglichst gut" erfüllt werden. In Abb. IX.1.1 ist diese Aufgabe

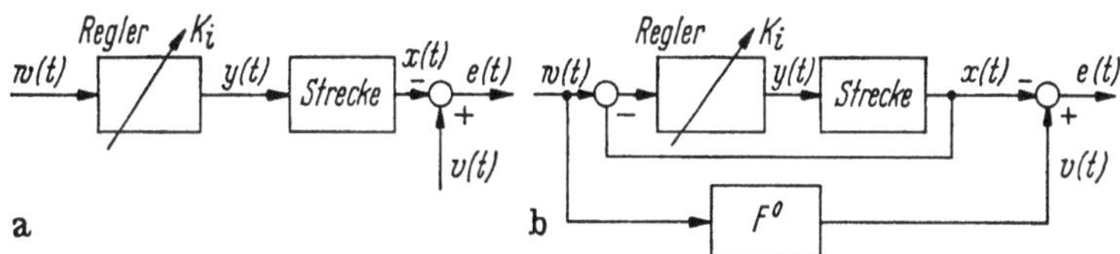

Abb. IX.1.1a u. b. Zur Parameteroptimierung eines Systems. a) Steuerung; b) Regelkreis

anhand von Blockschaltbildern verdeutlicht. Das Teilbild a) zeigt eine Steuerkette und b) den in der Regelungstechnik besonders wichtigen Fall des geschlossenen Regelkreises, bei dem nur noch die Parameter K_i frei einstellbar sind. Typisch für diese Aufgabenstellung ist die Einstellung von x_p, T_v und T_n an PID-Reglern in Einfach- und Mehrfachregelkreisen.

Auch bei dieser, in der klassischen Regelungstechnik und vor allem in der Verfahrenstechnik nur kurz „Optimierung" genannten Aufgabe muß dabei für die analytische Lösung zunächst ein geeigneter „Fehler" definiert werden, wie es in Abb. IX.1.1 durch das Fehlersignal $e(t)$ angedeutet ist. Das Fehlersignal wird durch Vergleich der Regelgröße $x(t)$ mit einem Vergleichssignal $v(t)$ gebildet. In Abb. IX.1.1b ist darüber hinaus angedeutet, daß $e(t)$ anzeigt, wie in

jedem Zeitpunkt t die Regelgröße $x(t)$ von dem durch ein „optimales" Vergleichs-
system F^o aus der Führungsgröße $w(t)$ abgeleiteten Vergleichssignal $v(t)$ abweicht. Ist eine Fehlerfunktion definiert, muß in einem zweiten Schritt ein Güte-
oder Kostenfunktional (englisch: performance index)

$$J = J\big(e(t)\big) \tag{1}$$

angegeben werden, mit dessen Hilfe der Systemfehler [die Fehlerfunktion $e(t)$]
bewertet werden soll. Das Kostenfunktional dient dabei also zur Objektivierung
der Optimierungsaufgabe. Normalerweise sollen die Kosten, die hier bei dem
Parameteroptimierungsproblem wesentlich von den Parametern K_i abhängen,
minimiert werden, so daß die Optimierungsaufgabe mit (1) dann lautet:

$$J^0 = \min_{K_i} J\big(K_i, e(t)\big) \qquad (i = 1, 2, \ldots, p). \tag{2}$$

Eine notwendige Bedingung für die Existenz eines Minimums des Kostenfunktionals J ist das Verschwinden aller partiellen Ableitungen in einem Punkte

$$\frac{\partial}{\partial K_i} J\big(K_i, e(t)\big) = 0 \qquad (i = 1, 2, \ldots, p). \tag{3}$$

In der Regelungstechnik besonders häufig verwendete Kostenfunktionale sind
von der Form

$$\text{a)} \quad J = \int_{t_0}^{t} e^2(\tau)\, d\tau,$$

$$\text{b)} \quad J = \int_{t_0}^{t} |e(\tau)|\, \tau\, d\tau,$$

$$\text{c)} \quad J = \int_{t_0}^{t} e^2(\tau)\, \tau\, d\tau.$$

Die mit der Lösung von Parameteroptimierungsproblemen zusammenhängenden
Fragen sollen im folgenden nicht behandelt werden. Dieses, die optimalen Regelungssysteme behandelnde Kap. IX, befaßt sich im Gegensatz zu der vorstehend
skizzierten Aufgabenstellung mit dem Problem, für ein vorgegebenes System,
eine Regelstrecke, eine optimale Stellfunktion $y(t)$ derart zu finden, daß die
Regelgrößen in optimaler Weise vorgegebenen Führungsfunktionen folgen bzw.
bestimmte Sollwerte erreichen. Es erweist sich dabei als sinnvoll, ja bei vielen
Aufgaben als unumgänglich, nicht das Klemmenübertragungsmodell der optimal
zu steuernden Strecke zu benützen, sondern die Bewegungsgleichungen des Zustandsvektors des dynamischen Systems heranzuziehen. Die Regelstrecke S wird
also allgemein durch dieses Gleichungssystem

$$\begin{aligned} \dot{u}(t) &= f\big(u(t), y(t)\big), \qquad u_0 = u(t_0), \\ x(t) &= g\big(u(t), y(t)\big) \end{aligned} \tag{4}$$

oder im Falle des linearen Systems mit konzentrierten Energiespeichern durch

$$\begin{aligned} u(t) &= A(t)\, u(t) + B(t)\, y(t), \qquad u_0 = u(t_0), \\ x(t) &= C(t)\, u(t) + D(t)\, y(t) \end{aligned} \tag{5}$$

beschrieben. Das uns weiter interessierende Optimierungsproblem lautet dann
in Worten:

„Gesucht ist eine optimale Steuerfunktion $y^o(t)$ derart, daß der Zustandsvektor $u(t)$, ausgehend von einem Anfangszustand u_0, einen Endzustand u_e derart annimmt, daß ein vorgegebenes Kostenfunktional

$$J = J\big(u(t), y(t)\big) \tag{6}$$

einen Extremalwert (normalerweise ein Minimum) annimmt."

Die für technische Fragestellungen interessierenden Kostenfunktionale hängen, wie in (6) angedeutet, von dem Zustandsvektor $u(t)$ und von der gesuchten Stellgröße $y(t)$ und vielfach von dem Anfangszeitpunkt t_0 sowie dem vorgeschriebenen Endzeitpunkt t_e ab. Die Optimierungsaufgabe, bei der nach der optimalen Stellfunktion $y(t)$ gesucht wird, unterscheidet sich ganz wesentlich von der Parameteroptimierung und darf nicht damit verwechselt werden. Die Lösung des optimalen Steuerungsproblems liefert zunächst nur einen Ausdruck für $y(t)$ — das *Steuergesetz* —, der dann in ein Regelungsgesetz umgeformt werden muß, das dann auch als Bauvorschrift für einen apparativen Regler dienen kann. Diese Bauvorschrift liefert eine Globalsynthese derart, daß nicht nur spezielle Reglerparameter, sondern die gesamte Reglerstruktur synthetisiert werden. Diese Art der Systemsynthese ist ähnlich der bei dem in Kap. IV geschilderten WIENER-schen Optimalfilterproblem. Gewisse Querverbindungen zwischen den optimalen Systemen und den Optimalfiltern, bei denen das KALMAN-BUCY-Filter in Abschn. 7 ein wesentliches Zwischenglied darstellt, werden noch Gegenstand dieser Darstellung sein.

Das Problem der optimalen Systemsteuerung geht, wie auch in (6) angedeutet, davon aus, daß der Systemzustand in optimaler Weise von einem Systemzustand, dem Anfangspunkt im n-dimensionalen Vektorraum $\mathbf{R}_n$, zu einem anderen Punkt oder auch zu einer Mannigfaltigkeit $\mathbf{U}$ (Unterraum von $\mathbf{R}_n$), zu führen ist. Interessiert in Wahrheit das optimale Verhalten des Systemausgangs $x(t)$, dann muß das Problem, wie an einfachen Beispielen gezeigt werden wird, entsprechend an die allgemeinen Lösungsverfahren angepaßt werden, bei denen im Prinzip immer mit dem Zustandsvektor gearbeitet wird.

2 Das Problem der optimalen Steuerung

2.1 Aspekte der Variationsrechnung

Die Lösungen der weiter unten zu formulierenden Probleme der optimalen Steuerung und Regelung technischer Systeme beruhen weitgehend auf einer konsequenten Anwendung der klassischen Variationsrechnung. Aus diesem Grunde beginnen wir diesen der Problemformulierung optimaler Systeme dienenden Abschnitt mit einem sehr konzentrierten Abriß der Aufgaben und Lösungsmethoden der Variationsrechnung, der selbstverständlich nicht das gegebenenfalls notwendige Studium der umfangreichen Spezialliteratur, z. B. [IX.1 bis IX. 5], ersetzen kann.

In der Variationsrechnung besteht eine wesentliche Aufgabe darin, Funktionalen der Form

$$J = J(x, \dot{x}, t) = \int\limits_{t_0}^{t_e} L\big(x(t), \dot{x}(t), t\big)\, dt \tag{1}$$

einen Extremwert — ein Maximum oder ein Minimum — zu erteilen. Das Funktional (1) ist die Funktion von Funktionen und ordnet einer Funktion eine *Zahl* (hier J) zu. Der Integrand in (1), also $L(x, \dot{x}, t)$ ist selbst ein Funktional des n-dimensionalen Vektors $x(t)$, seiner Ableitung $\dot{x}(t) = \dfrac{d}{dt}\, x(t)$ und der Variablen t. Bei vielen Problemen ist t identisch mit der Zeit. Variationsprobleme, deren zu minimierende Funktionale die Form der Gl. (1) haben, heißen LAGRANGEsche Probleme.

Die Aufgabe besteht nun weiter darin, innerhalb von zugelassenen Funktionenklassen für $x(t)$ ein solches $x(t)$ zu finden (wenn ein solches $x(t)$ überhaupt existiert), daß bei eventuell noch einzuhaltenden Nebenbedingungen

$$g_i\big(x(t), \dot{x}(t), t\big) \equiv 0 \qquad (i = 1, 2, \ldots, r \leq n), \tag{2}$$

das Funktional (1) einen extremalen Wert annimmt.

Eines der ältesten und berühmtesten Probleme ist das der Brachystochrone. Bei diesem Problem ist nach der Zwangsbahn gefragt, der ein reibungslos im Schwerefall sich bewegender Körper folgen muß, wenn er von $x_0 = x(t_0)$ in kürzester Zeit $T = t_e - t_0$ nach $x_e = x(t_e)$ gelangen soll (Abb. IX.2.1). Dem so gestellten Problem kann auf unterschiedliche Weise ein Funktional der Form (1) zugeordnet werden. Geht man von (1) aus, dann kann das Problem leicht in die weiter unten zu definierenden *zeitoptimalen* Probleme eingereiht werden, bei denen die Endzeit t_e in (1) variabel und

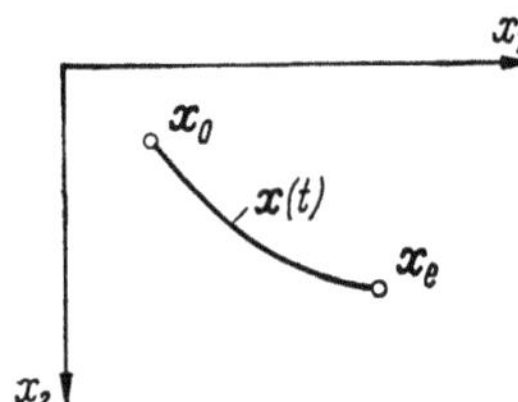

Abb. IX.2.1
Zum Brachystochromen-Problem
der Variationsrechnung

$$L\big(x(t), \dot{x}, t\big) = 1 \tag{3}$$

ist. Dazu gehören dann die Nebenbedingungen $x(t_0) = x_0$ und $x_e = x(t)\,|_{t = t_e}$. Die optimale Trajektorie $x^0(t)$ ist dann so zu bestimmen, daß $x(t)$

a) der Bewegungsgleichung

$$\dot{x}(t) = f\big(x(t)\big), \qquad x_0 = x(t_0),$$

b) dem Endwert x_e auf einer Hyperfläche $\boldsymbol{\Gamma}$ im n-dimensionalen Vektorraum $x_e \in \boldsymbol{\Gamma} \subset \mathbf{R}_n$ und

c) der Forderung

$$J = \int\limits_{t_0}^{t_e} 1\, dt \overset{!}{=} \min$$

genügt.

Die Grundidee bei der Lösung von Variationsaufgaben des vorstehend skizzierten Typs besteht darin, *zunächst* einmal die *Existenz* einer Lösung des Problems *vorauszusetzen*. Dieses Vorgehen entspricht weitgehend dem bei der Lösung gewöhnlicher Extremwertaufgaben der Differentialrechnung. Wird mit $x^0(t)$ die optimale Trajektorie bezeichnet, dann wird eine hiervon um einen kleinen „Betrag" abweichende Vektorfunktion

$$x(t) = x^0(t) + \varepsilon\, h(t) = x^0(t) + \delta x(t)\,^1 \tag{4}$$

----

[1] Vielfach wird die Zahl ε auf 1 normiert, wie es im folgenden der Übersichtlichkeit halber geschieht.

oder

$$\delta x(t) = x(t) - x^o(t) \qquad (5)$$

eingeführt und der Einfluß dieser variierten Funktion auf das Kostenfunktional J, d. h. die Veränderung der Kosten, betrachtet. Dies führt auf den Begriff der Variation des Funktionals (Abb. IX.2.2), wobei der Name *Variation* zuerst von LAGRANGE eingeführt wurde. Die optimale Trajektorie $x^o(t)$ wird auch als Extremale des Problems bezeichnet. Für das Folgende wird vorausgesetzt, daß $x^o(t)$ in dem Intervall $[x_0, x_e]$ stetig und zweimalig stetig differenzierbar sei. Wesentlich für das Folgende ist ferner noch, daß auch die variierte Extremale durch die jeweiligen Randpunkte führen soll, womit dann gelten muß:

$$\boldsymbol{h}(t)|_{t=t_0} = \boldsymbol{h}(t)|_{t=t_e} \equiv \boldsymbol{0}. \qquad (6)$$

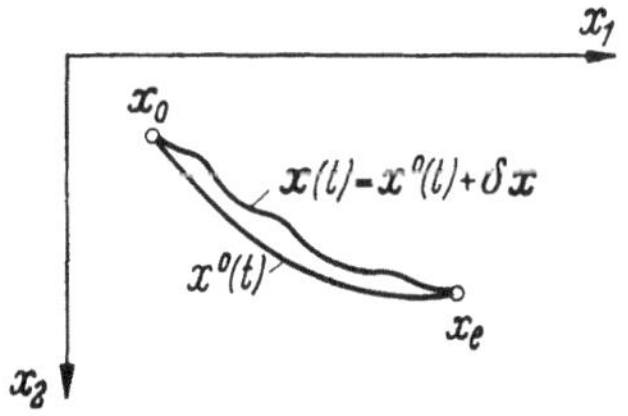

Abb. IX.2.2 Zur Erläuterung der Variation $\boldsymbol{x}(t) = \boldsymbol{x}^0(t) + \delta\boldsymbol{x}(t)$ einer optimalen Trajektorie $\boldsymbol{x}^0(t)$

Wird nun die variierte Extremale (4) in das Kostenfunktional (1) eingeführt, findet man das variierte Kostenfunktional $J(\boldsymbol{h})$:

$$J(\boldsymbol{h}) = \int_{t_0}^{t_e} L\big(x^o(t) + \boldsymbol{h}(t), \dot{x}^o(t) + \dot{\boldsymbol{h}}(t), t\big)\, dt$$

$$= \int_{t_0}^{t_e} L\big(x_1^o(t) + h_1(t), \ldots, x_n^o(t) + h_n(t), \dot{x}_1^o(t) + \\ + \dot{h}_1(t), \ldots, + \dot{x}_n^o(t) + \dot{h}_n(t), t\big)\, dt. \qquad (7)$$

Mit $J^o = J\big(x^o(t), \dot{x}^o(t)\big)$ wird das Optimum des Kostenfunktionals bezeichnet, das mit der optimalen Trajektorie $x^o(t)$ erreicht wurde, so daß dann die Abweichung des Kostenfunktionals von dem Optimum

$$\Delta J(\boldsymbol{h}) = J(\boldsymbol{h}) - J^o = \int_{t_0}^{t_e} [L(x^o + \boldsymbol{h}, \dot{x}^o + \dot{\boldsymbol{h}}, t) - L(x^o, \dot{x}^o, t)]\, dt \qquad (8)$$

ist. Wird nun der Integrand der rechten Seite in (8) in eine TAYLOR-Reihe um $x^o(t)$ entwickelt, die nach dem ersten Glied abgebrochen wird — zweimalige Differenzierbarkeit der Extremalen $x^o(t)$ war oben schon vorausgesetzt worden —, dann erhält man

$$\Delta J(\boldsymbol{h}) = \int_{t_0}^{t_e} [L(x^o, \dot{x}^o, t) + L_{x^o}^T(x^o, \dot{x}^o, t)\,\boldsymbol{h} + L_{\dot{x}^o}^T(x^o, \dot{x}^o, t)\,\dot{\boldsymbol{h}} - L(x^o, \dot{x}^o, t)]\, dt + \cdots$$

$$= \int_{t_0}^{t_e} [L_{x^o}^T(x^o, \dot{x}^o, t)\,\boldsymbol{h} + L_{\dot{x}^o}^T(x^o, \dot{x}^o, t)\,\dot{\boldsymbol{h}}]\, dt + \cdots$$

$$= \delta J(\boldsymbol{x}, \dot{\boldsymbol{x}}, t) + \cdots \qquad (9)[1]$$

(Existieren höhere Ableitungen, dann kann die TAYLOR-Entwicklung fortgeführt werden mit $\Delta J(\boldsymbol{h}) = \delta J + \dfrac{\partial^2}{2!} J + \dfrac{\partial^3}{3!} J + \cdots$) Analog zur gewöhnlichen

---

[1] In Abschn. VII.2.8 war der Gradient L_x einer skalaren Funktion als Spaltenvektor definiert worden, so daß hier bei der Bildung des skalaren Produktes der Gradientenvektor transponiert werden muß.

Differentialrechnung wird mit δJ die *erste Variation*, mit $\delta^2 J$ die zweite Variation usw. bezeichnet.

Zwischen der Differentialrechnung und der Variationsrechnung existieren zahlreiche weitere Analogien. So wie bei gewöhnlichen Extremwertaufgaben für die Existenz eines Extremums an der Stelle $t = t_0$ notwendig ist, daß

$$\frac{d}{dt}\, \boldsymbol{x}(t)\,\Big|_{t\,=\,t_0} = \boldsymbol{0}$$

ist, stellt die Variationsrechnung dieses wichtige Ergebnis bereit:

Satz 1. Notwendig für die Existenz eines Extremums des Funktionals $J(\boldsymbol{x})$ entlang der Extremalen ist, daß

a) J eine erste Variation δJ hat und

b) $\quad \delta J(\boldsymbol{x})|_{\boldsymbol{x}\,=\,\boldsymbol{x}^0} = 0$ (10)

existiert.

Wendet man (10) auf (9) an, wird als notwendige Bedingung für ein Extremum für $J(\boldsymbol{x}, \dot{\boldsymbol{x}}, t)$ zunächst gefunden:

$$\delta J(\boldsymbol{x}, \dot{\boldsymbol{x}}, t) = \int_{t_0}^{t_e} [L_x^T\, \boldsymbol{h} + L_{\dot{x}}^T\, \dot{\boldsymbol{h}}]\, dt = 0. \tag{11}$$

Von LAGRANGE schon wurde der Kunstgriff eingeführt, den zweiten Summanden mittels partieller Integration umzuformen, so daß anstelle von (11) tritt:

$$\delta J(\boldsymbol{x}, \dot{\boldsymbol{x}}, t) = L_{\dot{x}}^T\, \boldsymbol{h}\,\big|_{t_0}^{t_e} + \int_{t_0}^{t_e} \left[L_x^T\, \boldsymbol{h} - \frac{d}{dt}\, L_{\dot{x}}^T\, \boldsymbol{h} \right] dt = 0, \tag{12a}$$

da aber in (6) verabredet wurde, daß $\boldsymbol{h}(t)\,|_{t\,=\,t_0} = \boldsymbol{h}(t)\,|_{t\,=\,t_e} = \boldsymbol{0}$ gelten soll, kann (12a) vereinfacht werden zu:

$$\delta J(\boldsymbol{x}, \dot{\boldsymbol{x}}, t) = \int_{t_0}^{t_e} \left[L_x(\boldsymbol{x}, \dot{\boldsymbol{x}}, t) - \frac{d}{dt}\, L_{\dot{x}}(\boldsymbol{x}, \dot{\boldsymbol{x}}, t) \right]^T \boldsymbol{h}(t)\, dt = 0. \tag{12b}$$

Um diesen Ausdruck weiter umformen zu können, muß nun das Fundamentallemma der Variationsrechnung herangezogen werden, das aussagt:

Satz 2. Ist $M(t)$ eine stetige Funktion und ist für *jede beliebige* einmal stetig differenzierbare Funktion $\eta(t)$, für die $\eta(t_0) = \eta(t_1) = 0$ ist,

$$\int_{t_0}^{t_1} M(t)\, \eta(t)\, dt = 0,$$

dann muß $M(t)$ im Intervall $[t_0, t_1]$ identisch gleich Null sein.

Bei der Variation der Extremalen $\boldsymbol{x}^0(t)$ in (4) war die Funktion $\boldsymbol{h}(t)$ als eine kleine Abweichung angenommen worden, die aber ungleich Null sein soll. Damit und mit dem Hilfssatz 2 tritt anstelle von (12) die notwendige Bedingung für ein Extremum des Kostenfunktionals

$$L_x(\boldsymbol{x}, \dot{\boldsymbol{x}}, t) - \frac{d}{dt}\, L_{\dot{x}}(\boldsymbol{x}, \dot{\boldsymbol{x}}, t) = 0. \tag{13}$$

Das Gleichungssystem (13) wird als EULERsche Differentialgleichung des Variationsproblems bezeichnet. Da die gesuchte Extremale $x^o(t)$ ein n-Vektor ist, repräsentiert (13) ein System von n partiellen Differentialgleichungen zweiter Ordnung mit den Komponenten $x_i(t)$:

$$\frac{\partial}{\partial x_i} L(x, \dot{x}, t) - \frac{d}{dt} \frac{\partial}{\partial \dot{x}_i} L(x, \dot{x}, t) = 0 \qquad (i = 1, 2, \ldots, n), \qquad (13\,\mathrm{a})$$

oder nach Ausführung der impliziten Differentiation des zweiten Summanden:

$$L_{x_i}(x, \dot{x}, t) - L_{t\dot{x}_i}(x, \dot{x}, t) - L_{x_i\dot{x}_i}(x, \dot{x}, t)\,\dot{x}_i - L_{\dot{x}_i\dot{x}_i}(x, \dot{x}, t)\,\ddot{x}_i = 0 \qquad (13\,\mathrm{b})$$
$$(i = 1, 2, \ldots, n).$$

Die Lösung des gestellten Variationsproblems kann dann gefunden werden, wenn es gelingt, durch Integration der im allgemeinen nichtlinearen Differentialgleichungen 2. Ordnung (13) die Extremalen $x^o(t)$ zu finden und dann unter den Extremalen durch Auswertung der $2n$ Randbedingungen $x_i(t_0)$ und $x_i(t_e)$ gerade die auszuwählen wird, die das Problem befriedigt.

Im einzelnen Anwendungsfall ist ein beachtlicher Rechenaufwand zu leisten, wobei vorher durch Auswertung weiterer, in der Spezialliteratur der Variationsrechnung diskutierter Kriterien sichergestellt werden muß, daß die anfangs als vorhanden vorausgesetzte Lösung tatsächlich existiert. Denn die vorstehend gefundenen EULERschen Differentialgleichungen liefern nur notwendige, aber keine hinreichenden Bedingungen für die Existenz einer Lösung.

Ein System von n Differentialgleichungen 2. Ordnung kann gegebenenfalls durch geeignete Substitutionen in ein System von $2n$ Differentialgleichungen 1. Ordnung übergeführt werden. Eine besonders übersichtliche Umformung der EULERschen Gln. (13), auch in bezug auf die Anforderungen, die an die einzelnen im Problem auftretenden Funktionen im Hinblick auf ihre Stetigkeit und Differenzierbarkeit zu stellen sind, ist die von HAMILTON eingeführte. Nach HAMILTON werden zuerst diese kanonischen Koordinaten eingeführt:

$$\mu_i = L_{\dot{x}_i}(x, \dot{x}, t) \qquad (i = 1, 2, \ldots, n), \qquad (14)$$

was unter der Voraussetzung möglich ist, daß diese JACOBI-Determinante nicht verschwindet:

$$|[L_{\dot{x}_k\dot{x}_l}]| = \begin{vmatrix} \dfrac{\partial}{\partial \dot{x}_1} L_{\dot{x}_1} & \dfrac{\partial}{\partial \dot{x}_2} L_{\dot{x}_1} & \cdots & \dfrac{\partial}{\partial \dot{x}_n} L_{\dot{x}_1} \\ \cdots\cdots\cdots\cdots\cdots\cdots\cdots\cdots \\ \dfrac{\partial}{\partial \dot{x}_1} L_{\dot{x}_n} & \dfrac{\partial}{\partial \dot{x}_2} L_{\dot{x}_n} & \cdots & \dfrac{\partial}{\partial \dot{x}_n} L_{\dot{x}_n} \end{vmatrix} \neq 0. \qquad (15)$$

Dann wird ein (skalares) HAMILTON-Funktional $H(x, \dot{x}, \mu, t)$ definiert:

$$H = -L(x, \dot{x}, t) + \dot{x}^T \mu = -L(x, \dot{x}, t) + \sum_{i=1}^{n} \dot{x}_i \mu_i. \qquad (16)$$

Differentiation der HAMILTON-Funktion nach $\mu(t)$ bzw. $x(t)$ liefert:

$$\frac{\partial}{\partial \mu_i} H = \frac{d}{dt} x_i(t) \qquad (i = 1, 2, \ldots, n),$$
$$\frac{\partial}{\partial x_i} H = -L_{x_i} \qquad (i = 1, 2, \ldots, n) \qquad\qquad (17)$$

oder nach Auswertung der EULERschen Differentialgleichungen (13) und der Beziehung (14):

$$\frac{\partial}{\partial x_i} H = -\frac{d}{dt}\frac{\partial}{\partial \dot{x}_i} L = -\frac{d}{dt}\mu_i \qquad (i = 1, 2, \ldots, n), \qquad (18)$$

so daß die Extremalen $x^o(t)$ nun diesen übersichtlich aufgebauten Gleichungen genügen müssen

$$\begin{aligned} \frac{d}{dt}x_i &= \frac{\partial}{\partial \mu_i}H \\ \frac{d}{dt}\mu_i &= -\frac{\partial}{\partial x_i}H \end{aligned} \qquad (i = 1, 2, \ldots, n), \qquad (19)$$

die abgekürzt in Vektorform zu schreiben sind

$$\begin{aligned} \dot{x}(t) &= H_\mu(x, \dot{x}, \mu, t), \\ \dot{\mu}(t) &= -H_x(x, \dot{x}, \mu, t). \end{aligned} \qquad (20)$$

Da die HAMILTON-Gleichungen (20) nur eine kanonische Darstellung der EULERschen sind, liefern sie auch nur notwendige Bedingungen für die Extremalen $x^o(t)$.

Die bisher skizzierten Gesichtspunkte der Variationsrechnung werden im folgenden bei den zu besprechenden optimalen Systemen noch wesentlich sein.

2.2 Formulierung des optimalen Steuerungsproblems

In diesem Abschnitt werden die wichtigsten optimalen Steuerungs- und Regelungsprobleme so formuliert und erläutert, daß die enge Verwandtschaft mit den vorstehend skizzierten klassischen Variationsproblemen deutlich wird. Es wird davon ausgegangen, daß das optimal zu steuernde System durch seine Bewegungsgleichungen in der Form des Zustandsmodells

$$\dot{u}(t) = f\big(u(t), y(t), t\big), \qquad u_0 = u(t_0) \qquad (21)$$

beschrieben wird. Gesucht ist eine optimale Stellfunktion $y(t)$ derart, daß das Kostenfunktional

$$J\big(y(t), u_0\big) = M\big(u(t), t\big)|_{t=t_e} + \int_{t_0}^{t_e} L\big(u(t), y(t), t\big)\, dt \qquad (22)$$

einen Extremwert annimmt. Das Kostenkriterium (22) dient wieder zur Objektivierung der Aufgabe und könnte auch „Objektivierungs"-Funktional genannt werden.

Ein erster Unterschied dieser Problemstellung gegenüber der in der klassischen Variationsrechnung liegt darin, daß J nicht explizite von der Ableitung $\dot{u}(t)$ der Bewegungstrajektorie, sondern statt dessen von der Stellgröße $y(t)$ abhängt. Dieser Unterschied ist aber nicht wesentlich, wenn es gelingt, aus der Bewegungsgleichung (21) $y(t)$ als Funktion von $\dot{u}(t)$ zu erklären und dann in (22) einzusetzen. Ein weiterer Unterschied in (22) gegenüber (1) ist der, daß jetzt statt des dort behandelten LAGRANGEschen Problems das allgemeinere BOLZAsche Problem eingeführt wurde. Für $M\big(u(t), t\big) \equiv 0$ geht (22) in ein LAGRANGEsches Problem über. Für $L \equiv 0$, also $J = M\big(u(t), t\big)|_{t=t_e}$ spricht man von einem MEYER-Problem. In der einschlägigen Literatur der Variationsrechnung, z. B. [IX.5], ist gezeigt, daß die drei Probleme im Kern identisch sind und unter relativ milden Bedingungen ineinander übergeführt werden können, wie es weiter unten noch angedeutet werden wird.

Aus der Sicht der Steuerungs- und Regelungsprobleme können zunächst einmal diese wesentlichen Problemgruppen unterschieden werden:

1. *Endwertsteuerungen.*

Hier besteht die Aufgabe darin, den Systemzustand $u(t)$ so dicht wie eben möglich an einen Zustand $u_e = u(t)|_{t=t_e}$ zu führen. Es handelt sich dabei um ein MEYER-Problem, bei dem $L \equiv 0$ ist und $M(u(t), t)|_{t=t_e}$ den „Abstand" zwischen $u(t)$ und Endpunkt u_e beschreibt. Ein typisches Problem dieser Art ist das Plazieren eines künstlichen Erdsatelliten auf eine vorgeschriebene Bahn, wobei dann normalerweise der „Ziel"- oder „End"-Punkt in einer Untermenge des n-dimensionalen Zustandsraums, auch *Endmannigfaltigkeit* genannt, enthalten ist.

2. *Zeitoptimale Steuerungen.*

Bei diesen Problemen besteht die Aufgabe darin, den Zustand u_e, ausgehend von dem Anfangszustand u_0, in kürzestmöglicher Zeit zu erreichen. Dies ist ein spezielles LAGRANGEsches Problem mit $L = 1$ und $M \equiv 0$, so daß (22) übergeht in

$$J(y(t), u_0) = \int_{t_0}^{t_e} dt = t_e - t_0. \tag{23}$$

Hierzu existiert normalerweise aber nur dann eine Lösung, wenn die Stellgröße $y(t)$ gewissen Beschränkungen unterworfen wird (vgl. Abschn. 3).

3. *Optimale Regelung.*

Ein zum Zeitpunkt t_0 sich im Anfangszustand u_0 befindliches System soll so in die Gleichgewichtslage u_g übergeführt werden, daß ein Kostenfunktional minimiert wird. Die skalaren Funktionale M und L im Kostenfunktional, das nun ein BOLZA-Problem charakterisiert, werden dabei durchweg als nichtnegative Funktionen gewählt, dabei hat das Problem normalerweise nur dann eine Lösung, wenn das LAGRANGE-Funktional explizite von der Stellgröße $y(t)$ abhängt.

Ein wichtiger Sonderfall dieser Probleme ist das spezielle LAGRANGE-Problem, bei dem das Kostenfunktional als quadratische Form in $u(t)$ und $y(t)$ vorgegeben ist:

$$J(y(t), u_0) = \int_{t_0}^{t_e} [u^T(t)\, Q_1\, u(t) + y^T(t)\, Q_2\, y(t)]\, dt. \tag{24}$$

Solche Probleme und ihre allgemein angebbaren Lösungen werden in Abschn. 5 ausführlicher behandelt.

4. *Zielverfolgungsprobleme.*

Hier wird die Bahn $\boldsymbol{\xi}(t)$ eines sich bewegenden Zieles vorgegeben. Die Trajektorie des optimal zu steuernden Systems $u(t)$ soll so dicht *und* schnell wie möglich an die des Zieles geführt werden. Probleme dieser Art sind eine Verallgemeinerung des Problems der zeitoptimalen Steuerung der Gruppe 2.

5. *Führungsregelungsprobleme.*

Analog zu den Verhältnissen in der klassischen Regelungstheorie sind diese Probleme eine Verallgemeinerung der Problemgruppe 3. Der Systemzustand $u(t)$ soll einem vorgeschriebenen Zustandsverlauf $w(t)$ während des Zeitintervalls $[t_0, t_e]$ möglichst nahe kommen, wobei gegebenenfalls auch der Fall $t_e \to \infty$ interessiert.

6. *Probleme minimaler Energie.*

Bei diesen wird gewünscht, das System von einem Anfangszustand u_0 zu einem fixen Endzustand u_e mit minimalem Energieaufwand zu bringen. Dies ist ein spezielles LAGRANGE-Problem, bei dem die „Fehlerfunktion" L eine nichtnegative Funktion der Stellgröße $y(t)$ alleine ist:

$$J\big(y(t)\big) = \int\limits_{t_0}^{t_e} L\big(y(t)\big)\, dt. \tag{25}$$

7. *Isoperimetrische Probleme.*

Bei Problemen unter diesem Namen treten neben dem Kostenfunktional (22) noch eine Reihe (und zwar $r < n$, wo n die Dimension des Zustandsvektors ist) von sogenannten isoperimetrischen Bedingungen auf, denen der Zustandsvektor $u(t)$ bzw. einzelne seiner Komponenten $u_i(t)$ unterworfen werden:

$$\int\limits_{t_0}^{t_e} f_{n+k}\big(u(t), y(t), t\big)\, dt \leqq \alpha_k \qquad (k = 1, 2, \ldots, r < n). \tag{26}$$

Diese Problemgruppe könnte zwar unter den vorstehenden eingeordnet werden, wenn die weiter unten zu besprechenden allgemeinen Beschränkungen oder Nebenbedingungen für alle oder einzelne der Variablen berücksichtigt werden. Doch ist die gesonderte Aufzählung vor allem auch deshalb von Interesse, da die isoperimetrischen Probleme zu den ältesten und berühmtesten der Variationsrechnung gehören.

Durch einen Kunstgriff lassen sich die isoperimetrischen Aufgaben in LAGRANGEsche Probleme überführen. Dazu wird die Dimension des Zustandsraums formal auf $n + r$ erhöht, indem die Variablen $u_{n+k}(t)$ $(k = 1, 2, \ldots, r)$ definiert werden, die den aus (26) abgeleiteten Differentialgleichungen

$$\frac{d}{dt} u_{n+k}(t) = f_{n+k}\big(u(t), y(t), t\big) \qquad (k = 1, 2, \ldots, r) \tag{27}$$

und den Anfangsbedingungen $u_{n+k}(t_0) = 0$ sowie den Bedingungen $u_{n+k}(t_e) \leqq \alpha_k$ genügen.

Die Einführung geeigneter neuer Variabler ist auch die Methode, die oben unterschiedenen Probleme von LAGRANGE, MEYER und BOLZA ineinander zu überführen. Wird z. B. in (22) für das Integral in dem Kostenfunktional eine zusätzliche „Zustands"-variable $u_{n+1}(t)$ so eingeführt, daß

$$\dot{u}_{n+1}(t) = L\big(u(t), y(t), t\big) \quad \text{mit} \quad u_{n+1}(t_0) = 0$$

gilt, dann geht das BOLZA-Problem (22) in ein MEYER-Problem mit

$$J\big(y(t), u_0\big) = u_{n+1}(t_e) + M\big(u(t), t\big)|_{t = t_e} \tag{28}$$

über. Dieses Funktional hängt nun nur noch von dem $n + 1$-dimensionalen Zustandsvektor $[u^T(t) \mid u_{n+1}]^T$ ab.

Unter der Voraussetzung, daß $M\big(\boldsymbol{u}(t), t\big)$ erste Ableitungen nach allen Argumenten für die in Frage kommenden Intervalle besitzt, kann das BOLZAsche Problem dadurch in eines von LAGRANGE übergeführt werden, daß

$$L_1\big(\boldsymbol{u}(t), \boldsymbol{y}(t), t\big) = \frac{d}{dt} M = M_u^T \cdot \dot{\boldsymbol{u}} + \frac{\partial}{\partial t} M$$

definiert wird, womit dann für (22) geschrieben werden kann

$$J\big(\boldsymbol{y}(t), \boldsymbol{u}_0\big) = \int_{t_0}^{t_e} \big[L\big(\boldsymbol{u}(t), \boldsymbol{y}(t), t\big) + L_1\big(\boldsymbol{u}(t), \boldsymbol{y}(t), t\big)\big]\, dt + M(\boldsymbol{u}_0, t_0). \tag{29}$$

Da $M(\boldsymbol{u}_0, t_0)$ nicht von der Stellgröße $\boldsymbol{y}(t)$ abhängt, ist für eine Optimierung in bezug auf die Stellgröße $\boldsymbol{y}(t)$ Gl. (29) gleichwertig mit:

$$J\big(\boldsymbol{y}(t), \boldsymbol{u}_0\big) = \int_{t_0}^{t_e} (L + L_1)\, dt. \tag{29a}$$

Obwohl die einzelnen Probleme formal und oft auch von der Fragestellung her identisch sind, ist die unterschiedliche Formulierung der Kostenfunktionale für die optimalen Steuer- und Regelprobleme doch von besonderem Interesse. Mag es manchmal günstiger sein, generelle theoretische Ergebnisse aus der MEYERschen Problemstellung abzuleiten, so wird im Anwendungsfall die Berechnung numerischer Ergebnisse dann einfacher, wenn ein Zustandsvektor geringstmöglicher Dimension verwendet wird. So wird immer dann, wenn die Formulierung eines BOLZA-Problems die Dimension des Zustandsvektors um 1 erniedrigt, diese auch verwendet.

2.3 Optimale Systeme mit Nebenbedingungen

Die weiter oben schon kurz ʻerwähnten, aus mathematischen und vor allem auch aus technisch-physikalischen Gründen einzuführenden Nebenbedingungen bei Fragestellungen der optimalen Steuer- oder Regelungssysteme sollen nun näher erläutert werden. Im wesentlichen sind drei Gruppen solcher Bedingungen zu unterscheiden:

1. Beschränkungen der Stellgrößen,
2. Endzustandsbedingungen,
3. Bedingungen für die Bewegungstrajektorie,

die nun einzeln zu besprechen sind.

1. Beschränkungen der Stellgrößen.
Hierunter werden solche Nebenbedingungen verstanden, denen der Vektor $\boldsymbol{y}(t)$ der Stellsignale eines Systems unterworfen ist. Innerhalb des q-dimensionalen Vektorraums $\mathbf{R}_q$ des Stellvektors $\boldsymbol{y}(t) \in \mathbf{R}_q$ wird ein zulässiges Bereich $\mathbf{Y}$ mit $\mathbf{Y} \subset \mathbf{R}_q$ so definiert, daß eine zulässige Stellfunktion der Bedingung

$$\boldsymbol{y}(t) \in \mathbf{Y} \quad \text{für alle } t \in [t_0, t_e] \tag{30}$$

genügen möge.

Um die Existenz und Eindeutigkeit der Lösungen von Optimierungsproblemen sicherzustellen, muß in jedem einzelnen Fall bei der gründlichen theoretischen Formulierung und Untersuchung eines jeden Problems der Bereich $\mathbf{Y}$ in (30) sehr sorgfältig definiert und abgegrenzt werden. Bei der Besprechung einzelner Probleme wird dies weiter unten noch geschehen.

Technisch wichtige Einschränkungen für $y(t)$ sind z. B. die Betragsbeschränkungen der Komponenten:

$$|y_i(t)|) \leqq \alpha_i, \quad t \in [t_0, t_e] \quad (i = 1, 2, \ldots, q), \tag{31}$$

so daß **Y** ein Parallelepiped ist:

$$\mathbf{Y} = \{y(t) : |y_i(t)| \leqq \alpha_i; (i = 1, 2, \ldots, q); t \in [t_0, t_e]\}. \tag{31a}$$

Eine andere, häufig anzutreffende Nebenbedingung ist die beschränkte Norm des Stellvektors:

$$\mathbf{Y} = \{y(t) : \|y(t)\|^{\ddagger} \leqq \alpha; t \in [t_0, t_e]\}. \tag{32}$$

Beide Bedingungen (31) und (32) sind für technische Fragestellungen sinnvoll, da sie zum Ausdruck bringen, daß jede technisch-physikalische Apparatur, die einen Energiestrom zu steuern hat, bei genügend großer Aussteuerung an „Anschläge" gelangt. So wird man kein Optimierungsproblem mit technischer Aufgabenstellung finden, bei dem keine Beschränkung der Steuerfunktion formuliert ist.

2. *Endzustandsbedingungen* sind Beschränkungen, die den Endpunkt der zu optimierenden Systemzustandstrajektorie betreffen und die *zusätzlich* zu den vorstehend definierten Stellgrößenbeschränkungen existieren mögen. Eine wichtige Klasse solcher Bedingungen legt den Endpunkt (Zielpunkt) u_e eindeutig fest z. B. bei den zeitoptimalen Problemen. Diese Probleme werden dabei häufig durch geeignete Koordinatenverabredungen so formuliert, daß der Endpunkt u_e der Ursprung des Koordinatensystems ist: $u_e = 0$.

Andere Beschränkungen, z. B. wieder typisch bei Raketenproblemen, betreffen nur einige Komponenten des Zustandsvektors bzw. des Endpunktes einer Trajektorie, so daß dann (wieder zusätzlich zu den Stellbedingungen) gelten mag:

$$g_i\big(u(t), t\big)\big|_{t=t_e} = 0, \quad (i = 1, 2, \ldots, r \leqq n). \tag{33}$$

Man spricht dann auch davon, daß der Endpunkt u_e auf einer r-dimensionalen Hyperfläche (Mannigfaltigkeit) im n-dimensionalen Zustandsraum fixiert ist.

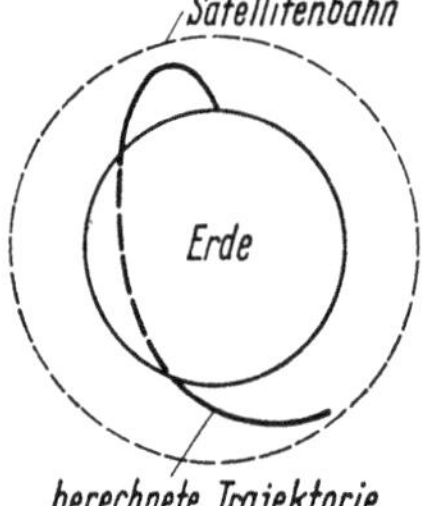

Abb. IX.2.3 Zur Erläuterung der Nebenbedingungen für Bewegungstrajektorien

3. *Bedingungen für die Bewegungstrajektorie* müssen dann (auch wieder zusätzlich zu den vorstehenden) eingeführt werden, wenn im n-dimensionalen Zustandsraum Bereiche definiert sind, durch die die Zustandstrajektorie $u(t)$ allein nur führen darf oder die andererseits unbedingt zu vermeiden sind. Auch hier liefert die Raumfahrttechnik ein durchsichtiges Beispiel. In Abb. IX.2.3 ist skizziert, wie eine mögliche „optimale" Trajektorie eines auf eine Umlaufbahn um die Erde zu bringenden Satelliten aussehen mag, die aber unbedingt durch geeignete Nebenbedingungen ausgeschlossen werden muß. Die Trajektorie mag allen gestellten weiteren Anforderungen genügen, doch würde sie die Trägerrakete wieder zum Erdboden zurückführen.

Die hier in Betracht kommenden Bedingungen haben die allgemeine Form:

$$R_i\big(\boldsymbol{u}(t)\big) \geqq 0 \qquad (i = 1, 2, \ldots, \varrho \leqq n) \quad \forall t. \tag{34}$$

Mit diesen Bedingungen (30), (33) und (34) lautet das optimale Steuer- und Regelproblem ganz allgemein:

„Ein durch die Bewegungsgleichungen

$$\dot{\boldsymbol{u}}(t) = \boldsymbol{f}\big(\boldsymbol{u}(t), \boldsymbol{y}(t), t\big), \quad \boldsymbol{u}_0 = \boldsymbol{u}(t_0) \tag{35}$$

beschriebenes System ist dann optimiert, wenn eine zulässige Stellfunktion $\boldsymbol{y}^o(t) \in \boldsymbol{Y}$ derart existiert, daß für das Kostenfunktional

$$J\big(\boldsymbol{u}_0, \boldsymbol{y}(t)\big) = M\big(\boldsymbol{u}(t), t\big)\big|_{t-t_e} + \int\limits_{t_0}^{t_e} L\big(\boldsymbol{u}(t), \boldsymbol{y}(t), t\big)\, dt \tag{36}$$

bei Gültigkeit von

$$g_i\big(\boldsymbol{u}^o(t), t\big)\big|_{t-t_e} = 0 \qquad (i = 1, 2, \ldots, r \leqq n) \quad \forall t \tag{37}$$

und

$$R_i\big(\boldsymbol{u}^o(t), t\big) \geqq 0 \qquad (i = 1, 2, \ldots, \varrho \leqq n) \quad \forall t \tag{38}$$

gilt:

$$J^o = J\big(\boldsymbol{u}^o, \boldsymbol{y}^o(t)\big) \leqq J\big(\boldsymbol{u}^o, \boldsymbol{y}(t)\big)." \tag{39}$$

In den vorstehenden Gleichungen ist mit $\boldsymbol{u}^o(t)$ die optimale Trajektorie oder Extremale, mit $\boldsymbol{y}^o(t)$ die Stellgröße, die $\boldsymbol{u}^o(t)$ liefert, und mit J^o der Wert des Kostenfunktionals entlang der Extremalen bezeichnet. Die letzte Gl. (39) steht in enger Beziehung zu dem unten noch zu besprechenden Optimalitätsprinzip von PONTRJAGIN. In (39) ist implizite das Minimum des Kostenfunktionals als optimal bezeichnet. Dies entspricht der überwiegenden Mehrzahl der technischen Problemstellungen, bei denen die „Kosten" zu minimieren sind. Doch ist die Allgemeingültigkeit durch (39) nicht eingeschränkt, denn es kann jederzeit dann, wenn ein Maximum von J [1] verlangt wird, durch Einführung von $\hat{J} = -J$ wieder mit der Definition (39) weitergerabeitet werden. In diesem Sinne wird im folgenden immer von dem Minimum des Kostenfunktionals als dem Optimum und gelegentlich auch von PONTRJAGINS „Minimumprinzip" anstelle des in der Originalarbeit [IX.11] verwendeten „Maximumprinzips" gesprochen werden.

Bevor in den nächsten Abschnitten weiter Einzelprobleme und deren Lösungsmöglichkeiten besprochen werden, soll nochmals ausdrücklich darauf hingewiesen werden, daß bei den hier gestellten Optimierungsproblemen immer davon ausgegangen wird, daß durch Beobachtung des Ausgangssignals $x(t)$ oder der Ausgangssignale $\boldsymbol{x}(t)$ des zu optimierenden Systems in jedem Zeitpunkt der vollständige Systemzustand $\boldsymbol{u}(t)$ erfaßt werden kann. Wurde die optimale Stellfunktion $\boldsymbol{y}^o(t)$ ermittelt, dann kann diese häufig in die Form eines Regelungsgesetzes

$$\boldsymbol{y}^o(t) = \boldsymbol{R}\big(\boldsymbol{u}(t)\big) \tag{40}$$

gefaßt werden, so daß dann aus dem optimalen Steuerungs- ein optimales Regelungssystem wird. Umgekehrt kann ein optimales Regelungssystem so gefunden

---

[1] Jetzt kann das Gütemaß auch als Gewinnfunktional (engl. pay-off function) bezeichnet werden.

werden, daß zunächst nach der (vielleicht leichter zu findenden) optimalen Stellfunktion gesucht wird. In einfach gelagerten Fällen, insbesondere bei linearen Regelstrecken und quadratischen Kostenfunktionalen, ist das Regelgesetz (40) von relativ übersichtlicher Form, so daß für $R(u(t))$ z. B. mittels elektronischer Bauelemente ein Regler in Form eines Übertragungssystems aufgebaut werden kann. Damit wurde dann ein optimaler Regler synthetisiert, und zwar seine Struktur *und* seine Parameter. Aber auch dann, wenn $R(u(t))$ mittels eines universellen (Prozeßrechner) oder eines speziellen Digitalrechenautomaten fortlaufend im geschlossenen Regelkreis berechnet wird, wird $R(u(t))$ häufig als „Regler" bezeichnet.

In vielen praktischen Anwendungsfällen wird man aber die für die Optimierungsrechnung benötigten Zustandsvariablen $u(t)$ nicht alle zur Verfügung haben. Dann muß, nachdem das Regelgesetz (40) bestimmt wurde, in einem weiteren Schritt ein Beobachtungssystem synthetisiert werden, mit dem aus

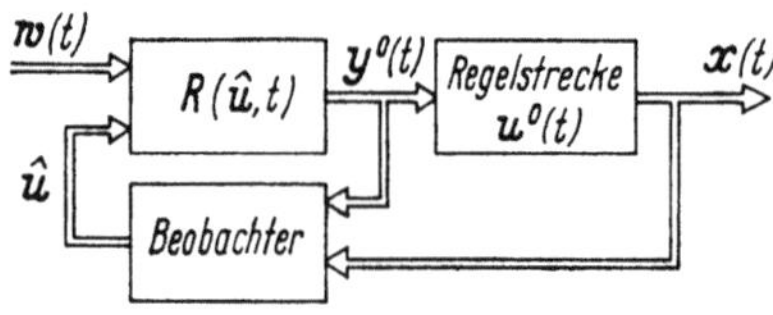

Abb. IX.2.4 Prinzipieller Aufbau eines optimalen Regelungssystems

den tatsächlich vorhandenen Systemausgangssignalen eine bestmögliche Zustandsschätzung $\hat{u}(t)$ fortlaufend ermittelt wird. Als Beobachtungssysteme sind in einfacheren Fällen (Systeme ohne Störsignale) z. B. LUENBERGER-Beobachter (vgl. auch Abschnitt VIII.6) zu verwenden. In komplizierten Fällen muß ein weiteres Optimierungsproblem, z. B. ein KALMAN-BUCY-Filterproblem (Abschn. 7) gelöst werden, um ein brauchbares Beobachtersystem zu finden. In Abb. IX.2.4 ist in Form eines Blockschaltbildes der mögliche Aufbau eines optimalen Regelungssystems gezeigt.

In den folgenden Abschnitten zu den Optimierungsproblemen wird immer vorausgesetzt, daß der Systemzustand $u(t)$ oder wenigstens eine brauchbare Schätzung $\hat{u}(t)$ vorhanden ist.

3 Lösungsmethoden optimaler Steuerungsprobleme

3.1 Einführung

In diesem Abschn. 3 werden, von den vorstehend definierten Problemstellungen ausgehend, zwei Lösungswege zur Konstruktion der gesuchten optimalen Stellfunktionen $y^o(t)$ beschrieben. Dabei ist das Ziel gesetzt, die durchaus schwierige Optimierungstheorie zunächst in einer heuristischen Weise darzustellen. Es wird also darauf verzichtet, die für das prinzipielle Verständnis nicht unbedingt notwendige mathematische Beweisführung nachzuvollziehen, die z. B. in [IX.8, IX.10 oder IX.11] zu finden ist. Dies ist um so mehr zu vertreten, da bei der Lösung spezieller Probleme eine gründliche Konsultation der einschlägigen Spezialliteratur, vielfach in Kongreßberichten und Zeitschriftenaufsätzen, unumgänglich ist. Bei den uns wesentlich interessierenden linearen Systemen werden die Voraussetzungen und Beweismöglichkeiten wieder ausführlicher behandelt werden (Abschn. 5). Die Darstellung dieses Abschnittes ist in wesentlichen Teilen durch FRANKLIN [IX.6] angeregt und berücksichtigt in erster Linie mehr die ingenieurmäßige Ausleuchtung der Probleme.

3.2 Empfindlichkeitsvektoren für Meyer-Probleme

Genau wie in der klassischen Variationsrechnung besteht auch bei den daraus abgeleiteten Optimierungsverfahren der Steuer- und Regelungstechnik die Grundidee aller Verfahren darin, daß der Einfluß kleiner Änderungen bzw. Abweichungen von Parametern oder Funktionen von vorgegebenen Werten oder Funktionen betrachtet wird. In jedem Fall wird zunächst die Existenz eines Optimums vorausgesetzt oder unterstellt, und dann werden Abweichungen von diesem Optimum betrachtct. Da dicsc Abwcichungen nur sehr klein (infinitesimal) sein sollen, kann die Untersuchung mittels linearer Störungsanalysen erfolgen.

Bei dem ersten hier zu schildernden Verfahren besteht eine weitere Idee darin, für die Störungsanalyse *Einfluß-* oder *Empfindlichkeits*koeffizienten einzuführen, die als Zahlen den Zusammenhang zwischen kleinen Abweichungen von Nominalwerten und den daraus resultierenden Wirkungen anzugeben gestatten.

Es wird ein dynamisches System mit der im allgemeinen nichtlinearen Bewegungsgleichung

$$\dot{u}(t) = f\big(u(t), y(t), t\big), \quad u_0 = u(t_0) \tag{1}$$

und ein Kostenfunktional vom MEYER-Typ

$$J = M\big(u(t), t\big)\big|_{t=t_e} \tag{2}$$

betrachtet. Zur Veranschaulichung dieser Gleichungen und der darauf aufbauenden weiteren Darstellung kann an einen chemischen Chargenprozeß gedacht werden, der durch (1) beschrieben sein möge. Der Anfangszustand u_0 repräsentiert die Anfangszusammensetzungen der Ausgangsstoffe. Zum Zeitpunkt t_e (der Ziel- oder Endzeit) werde der Prozeß unterbrochen und die Qualität $M\big(u(t_e)\big)$ des Prozesses untersucht. Es sei ferner unterstellt, daß alle Ausgangskomponenten von $u(t_0)$ in das Endprodukt und das Kostenfunktional (hier vielleicht auch Gewinnfunktional) eingehen, wobei der Zusammenhang möglicherweise verwickelt sein kann. Eine technisch durchaus interessante Frage, die weiter unten dann behandelt wird, ist, den jeweiligen *Einfluß* festzustellen, den die einzelnen Komponenten auf das Endprodukt, also den Wert von M haben.

Die Aufgabenstellung kann auch an einem weiteren Beispiel illustriert werden. Die Gl. (1) beschreibe die Bahnkurve einer Rakete im ballistischen Flug, nachdem zum Zeitpunkt t_0 und im Flugzustand u_0 der Antrieb abgestellt wurde. In diesem Fall ist J in (2) ein Maß für den Abstand der Rakete vom Ziel. Speziell die Raketenmotorensteuerung wird wesentlich durch den relativen Einfluß des Fehlers in Geschwindigkeits- und Positionskomponenten, die wiederum von u_0 abhängen, bestimmt.

Eine explizite Angabe der exakten Abhängigkeit des Funktionals $M\big(u(t), t\big)$ von dem Anfangszustand u_0 ist in vielen praktischen Anwendungsfällen unmöglich und oft auch unnötig. Eine linearisierte Analyse für kleine Abweichungen ist vielfach ausreichend und führt auch zu der gesuchten optimalen Lösung. Der Zweck einer solchen Untersuchung ist also, einen Koeffizientenzusammenhang zu finden, der den Einfluß kleiner Änderungen der Anfangsbedingungen u_0 auf das „Endergebnis" $J = M(u_e)$ beschreibt.

Hierzu wird die um δu_0 variierte Anfangsbedingung $u_0 + \delta u_0$ eingeführt, die eine variierte Trajektorie $u(t) + \delta u(t)$ und ein variiertes Kostenfunktional $M\big(u(t) + \delta u(t)\big)\big|_{t=t_e}$ bewirken. Wenn δu_0 hinreichend klein ist und vorausgesetzt werden kann, daß $f\big(u(t), t\big)$ in bezug auf u und t einmal stetig differenzierbar ist, kann eine TAYLOR-Entwicklung der Bewegungsgleichung (1) angesetzt und nach dem linearen Glied abgebrochen werden:

$$\dot{u}(t) + \delta\dot{u}(t) = f\big(u(t), t\big) + f_u \cdot \delta u(t) + \cdots. \tag{3}$$

Hierin bedeutet f_u die in Abschn. VII.2.8 eingeführte JACOBI-Matrix der partiellen Ableitungen des n-Vektors f nach den Komponenten $u_i(t)$ des Zustandsvektors $u(t)$. Ein Vergleich der Gln. (1) und (3) ergibt diesen Zusammenhang der infinitesimalen Änderungen:

$$\delta\dot{u}(t) = f_u\big(u(t), t\big)\,\delta u(t); \quad \delta u_0 = \delta u(t_0). \tag{4}$$

Wird die Endzeit t_e festgehalten, dann ergibt sich für das variierte Kostenfunktional, wenn auch hier eine TAYLOR-Entwicklung nach dem linearen Glied abgebrochen wird:

$$J(u + \delta u) = M\big(u(t) + \delta u(t)\big)\big|_{t=t_e} = M(u_e) + M_u^T \cdot \delta u_e + \cdots \tag{5}[1]$$

Da die Gl. (4) als Ergebnis eines Linearisierungsprozesses eine *lineare* Beziehung ist, hängt $\delta u(t)$ linear von kleinen Änderungen der Anfangsbedingungen δu_0 ab. Es ist dabei zu beachten, daß die JACOBI-Matrix f_u, gebildet aus den partiellen Ableitungen von f nach den $u_i(t)$, im allgemeinen zwar nichtlinear von den $u_i(t)$ abhängt, aber in bezug auf die „Variablen" $\delta u(t)$ ist f_u eine zeitvariable Matrix, deren Elemente unabhängig von $\delta u(t)$ sind. Die Gl. (4) stellt also für $\delta u(t)$ ein zeitvariables lineares Gleichungssystem dar, wobei auch gesagt werden kann, daß (4) ein lineares Differentialgleichungssystem entlang der Trajektorie $u(t)$ beschreibt. Die Konsequenz aus diesem Sachverhalt ist, daß die Abweichung δu_e vom Endzustand u_e, bedingt durch die variierten Anfangsbedingungen, mittels der Fundamentalmatrix $\boldsymbol{\Phi}(t, t_0)$ zu (4) beschrieben werden kann:

$$\delta u(t_e) = \boldsymbol{\Phi}(t_e, t_0)\,\delta u_0. \tag{6}$$

Die Fundamentalmatrix $\boldsymbol{\Phi}(t, t_0)$ hängt selbstverständlich genau so von der zugrunde liegenden Trajektorie $u(t)$ ab, wie das Differentialgleichungssystem (4) selbst. Aus (6) folgt dann mit (5) für den linearen Term des Kostenfunktionals, wenn dieser mit δM bezeichnet wird:

$$\delta M\,\big|_{t=t_e} = M_u^T\,\boldsymbol{\Phi}(t_e, t_0)\,\delta u_0. \tag{7}$$

Der Vektor $M_u^T(u_e) \cdot \boldsymbol{\Phi}(t_e, t_0)$ ist nun das gesuchte Maß für den Einfluß der einzelnen Komponenten in u_0 auf das Kostenfunktional, und wir wollen diesen Vektor den *Empfindlichkeitsvektor* (engl. sensitivity-vector) des Systems (1) nennen[2]. Da die Fundamentalmatrix die Lösungen von (4) für jeden Anfangszeitpunkt $t = t_0$ liefert, gibt der Empfindlichkeitsvektor auch ein Maß für den Einfluß einer kleinen Änderung des Zustandsvektors $u(t)$ zu jedem Zeitpunkt t:

$$\mu = M_u^T(u_e) \cdot \boldsymbol{\Phi}(t_e, t). \tag{8}$$

---

[1] Da der Gradient M_u als Spaltenvektor eingeführt ist, muß er für das skalare Produkt in transponierter Form als Zeilenvektor notiert werden.

[2] Der Empfindlichkeitsvektor ist hier zunächst als Zeilenvektor definiert.

Nun ist die Fundamentalmatrix für ein aus einem allgemeinen nichtlinearen System (1) abgeleiteten System (4) mühsam zu bestimmen, so daß nach einfacher zu handhabenden Rechenvorschriften zur Ermittlung des Empfindlichkeitsvektors gesucht werden soll. Normalerweise wird die Fundamentalmatrix $\boldsymbol{\Phi}(t, t_0)$ eines linearen Systems in Abhängigkeit ihres zweiten Arguments, der Anfangszeit t_0, bestimmt. In den vorstehenden Gleichungen, insbesondere (8), ist aber $\boldsymbol{\Phi}(t_e, t)$ in Abhängigkeit des ersten Arguments t_e gesucht, was die Idee nahelegte, das zu (4) adjungierte System zu untersuchen:

$$\dot{\boldsymbol{\mu}}(t) = -\boldsymbol{f}_u^T \, \boldsymbol{\mu}(t), \tag{9}$$

wo $-\boldsymbol{f}_u^T$ der zu $\boldsymbol{f}_u$ adjungierte Operator ist. Das homogene adjungierte System hat die Lösung

$$\boldsymbol{\varphi}(t) = \boldsymbol{\Phi}^T(t_e, t) \, \boldsymbol{\mu}(t_e), \tag{10}$$

worin $\boldsymbol{\Phi}^T$ die transponierte Fundamentalmatrix des Problems (4) ist. Wird nun die spezielle Randbedingung definiert:

$$\boldsymbol{\mu}(t_e) = M_u(t_e), \tag{11}$$

dann ist $\boldsymbol{\mu}(t)$ die Lösung zu (9) und der Empfindlichkeitsvektor des ursprünglichen Problems. Die Variation des Kostenfunktionals erhält anstelle von (7) die Form:

$$\delta M = \boldsymbol{\mu}^T(t_0) \, \delta \boldsymbol{u}_0, \tag{12}$$

da (10) für alle t und darum auch für $t = t_0$ gelten soll. Hinter dem hier mit physikalischen Argumenten eingeführten Empfindlichkeitsvektor $\boldsymbol{\mu}(t)$ steht die mathematische Idee der Aufspaltung eines Randwertproblems in zwei Anfangswertprobleme. Die Komponenten des Empfindlichkeitsvektors $\boldsymbol{\mu}(t)$ zeigen an, wie empfindlich das Kostenfunktional in bezug auf einzelne Komponenten von $\boldsymbol{u}(t)$ bzw. speziell $\boldsymbol{u}_0$ ist. So ist der so eingeführte Vektor ein beachtliches Hilfsmittel für die Systemanalyse. Daneben ist aber $\boldsymbol{\mu}(t)$ auch ein Schlüssel für die Synthese und speziell die Optimierung von Systemen. Denn da der Empfindlichkeitsvektor $\boldsymbol{\mu}(t)$ über die Gradienten $\delta f_i/\delta \boldsymbol{u}$ in der JACOBI-Matrix $\boldsymbol{f}_u$ von der Trajektorie $\boldsymbol{u}(t)$ abhängt, leiten sich die expliziten Optimierungskriterien aus der Forderung ab, die Steuerfunktion (Stellfunktion) $\boldsymbol{y}(t)$ so (optimal) zu wählen, daß der Vektor $\boldsymbol{\mu}(t)$ entlang der optimalen Trajektorie (Extremalen) $\boldsymbol{u}^o(t)$ die geringste Empfindlichkeit des Systems anzeigt.

3.3 Adjungierte Systeme

Der Begriff der adjungierten Systeme ist eng mit dem der adjungierten Operatoren im Vektorraum $\mathbf{R}_n$ verbunden (Definition VII.2.18, S. 114). Für die Lösung des homogenen linearen zeitvariablen Differentialgleichungssystems

$$\dot{\boldsymbol{x}}(t) = \boldsymbol{A}(t) \, \boldsymbol{x}(t), \quad \boldsymbol{x}_0 = \boldsymbol{x}(t_0) \tag{13}$$

ist die Fundamentalmatrix $\boldsymbol{\Phi}(t, t_0)$ wesentlich (vgl. auch Abschn. VI.4.4), die bekanntlich diese Eigenschaften hat:

$$\left. \begin{aligned} \boldsymbol{\Phi}(t_0, t_0) &= \boldsymbol{1}_n, \\ \boldsymbol{\Phi}(t_0, t_1) \, \boldsymbol{\Phi}(t_1, t_2) &= \boldsymbol{\Phi}(t_0, t_2), \\ \boldsymbol{\Phi}^{-1}(t, t_0) &= \boldsymbol{\Phi}(t_0, t), \\ \dot{\boldsymbol{\Phi}}(t, t_0) &= \boldsymbol{A}(t) \, \boldsymbol{\Phi}(t, t_0). \end{aligned} \right\} \tag{14}$$

Zu dem mittels des adjungierten Operators A^* gebildeten zu (13) adjungierten System

$$\dot{\eta}(t) = -A^*(t)\eta(t) \tag{15}$$

gehört die Fundamentalmatrix $\psi(t, t_0)$ mit den gleichen Eigenschaften (14), die für $\Phi(t, t_0)$ gelten.

Zwischen den Fundamentalmatrizen $\Phi(t, t_0)$ des ursprünglichen Systems (13) und der Fundamentalmatrix $\psi(t, t_0)$ des adjungierten Systems (15) gilt dieser Zusammenhang:

$$\psi^*(t, t_0) = \Phi^{-1}(t, t_0) = \Phi(t_0, t). \tag{16}$$

Dies kann gezeigt werden, indem

$$\Phi(t, t_0)\,\Phi^{-1}(t, t_0) = 1$$

auf beiden Seiten nach t differenziert wird:

$$\dot{\Phi}\,\Phi^{-1} + \Phi\,\dot{\Phi}^{-1} = 0.$$

Daraus folgt dann weiter mit (14):

$$A\,\Phi\,\Phi^{-1} + \Phi\,\dot{\Phi}^{-1} = 0,$$
$$\dot{\Phi}^{-1}(t, t_0) = -\Phi^{-1}(t, t_0)\,A(t),$$
$$\dot{\Phi}^*(t_0, t) = -A^*(t)\,\Phi^*(t_0, t)$$

und daraus schließlich (16).

Eine für die Rechenpraxis wichtige Eigenschaft der adjungierten Systeme im Fall der zeitinvarianten Systeme mit $A(t) = A$ für alle t ist, daß alle Eigenwerte λ_i gleich den an der $i\,\omega$-Achse gespiegelten Eigenwerten von $-A^*$ sind. Denn werden A und $-A^*$ jeweils auf JORDAN-Form transformiert, dann folgt aus

auch
$$T^{-1}A\,T = J$$
$$T^T - A^*(T^T)^{-1} = -J^*. \tag{17}$$

Da aber bei physikalischen Systemen die komplexen Eigenwerte immer als konjugiert komplexe Paare auftreten, folgt aus (17) im einzelnen, daß alle stabilen Eigenwerte des Systems (13) instabile Eigenwerte des dazu adjungierten Systems (15) sind. Hat A nur stabile Eigenwerte, dann bereitet die numerische Berechnung der Fundamentalmatrix

$$\psi(t, t_0) = e^{-A^*(t-t_0)} \tag{18}$$

erhebliche Schwierigkeiten, da ψ sehr empfindlich auf kleine Rechen- oder Abweichungsfehler reagiert. Da im allgemeinen eine Lösung für (13) oder (15) nur in einem Intervall $[t_0, t_e]$ interessiert, besteht ein häufig angewandtes Verfahren zur Berechnung von (18) für Matrizen A mit nur stabilen Eigenwerten darin, daß mit der Substitution $t = -t$ das System (18) „rückwärts" von $t_e \to t_0$ betrieben wird, womit dann nur „stabile" Lösungen auftreten.

3.4 Empfindlichkeitsvektoren für Lagrange-Probleme

Für das LAGRANGE-Problem, bei dem für das System

$$\dot{u}(t) = f(u(t), t), \quad u_0 = u(t_0)$$

ein Kostenfunktional der Form

$$J = \int\limits_{t_0}^{t_e} L\big(\boldsymbol{u}(t)\big)\, dt \tag{19}$$

gegeben ist, kann analog zu der Vorgehensweise bei dem in Abschn. 2 betrachteten MEYER-Problem ein Empfindlichkeitsvektor entwickelt werden. Hierzu wird der Zustandsvektor $\boldsymbol{u}(t)$ zunächst um die Komponente $u_{n+1}(t)$ erweitert, indem diese Differentialgleichung definiert wird:

$$\dot{u}_{n+1}(t) = L\big(\boldsymbol{u}(t)\big), \quad u_{n+1}(t_0) = 0. \tag{20}$$

Die Empfindlichkeit des Systems gegenüber kleinen Änderungen der Anfangswerte ist im wesentlichen durch eine geeignete Notierung aus den schon bekannten Ergebnissen abzuleiten. Zunächst gilt für den Wert von J zum Zeitpunkt t_e:

$$J(t_e) = u_{n+1}(t)\,|_{t=t_e}. \tag{21}$$

Aus den erweiterten Systemgleichungen

$$\begin{bmatrix} \dot{\boldsymbol{u}}(t) \\ u_{n+1}(t) \end{bmatrix} = \begin{bmatrix} \boldsymbol{f}(\boldsymbol{u}(t),\,t) \\ L\big(\boldsymbol{u}(t)\big) \end{bmatrix} \tag{22}$$

folgt für kleine Abweichungen $\delta u_i(t)$ bzw. den aus ihnen gebildeten Vektor nach einer Linearisierung mittels einer nach dem linearen Term abgebrochenen TAYLOR-Entwicklung analog zu (4):

$$\begin{bmatrix} \delta\dot{\boldsymbol{u}}(t) \\ \delta\dot{u}_{n+1}(t) \end{bmatrix} = \begin{bmatrix} \boldsymbol{f}_{\boldsymbol{u}}\big(\boldsymbol{u}(t)\big) & \boldsymbol{0} \\ \hline L_{\boldsymbol{u}}^T\big(\boldsymbol{u}(t)\big) & 0 \end{bmatrix} \begin{bmatrix} \delta\boldsymbol{u}(t) \\ \delta u_{n+1}(t) \end{bmatrix}. \tag{23}^1$$

Zu dieser Gleichung, die zwar zeitvariabel, aber linear für die $\delta u_i(t)$ mit ($i = 1, 2, \ldots, n+1$) ist, gehört wieder eine mittels der zugehörigen Fundamentalmatrix angebbare Lösung:

$$\begin{bmatrix} \delta\boldsymbol{u}(t) \\ \delta u_{n+1}(t) \end{bmatrix} = \boldsymbol{\Phi}(t,\,t_0) \cdot \begin{bmatrix} \delta\boldsymbol{u}(t_0) \\ \delta u_{n+1}(t_0) \end{bmatrix}. \tag{24}$$

Um das korrekte LAGRANGE-Problem zu erhalten, wird $\delta u_{n+1}(t_0) = 0$ definiert, da auch $u_{n+1}(t_0) = 0$ war und die variierten Kurven jeweils durch die gleichen Anfangs- und Endpunkte mit den nichtvariierten Funktionen gehen sollen.

Für die Variation des Kostenfunktionals (21) erhalten wir analog zu (7):

$$\delta J = \delta M\,|_{t=t_e} = M_{\boldsymbol{u}}^T(t_e) \cdot \boldsymbol{\Phi}(t_e,\,t_0) \begin{bmatrix} \delta\boldsymbol{u}(t_0) \\ 0 \end{bmatrix}. \tag{25}$$

Wird das zu (23) adjungierte System eingeführt

$$\begin{bmatrix} \dot{\boldsymbol{\mu}}(t) \\ \dot{\mu}_{n+1}(t) \end{bmatrix} = -\begin{bmatrix} \boldsymbol{f}_{\boldsymbol{u}}^T & L_{\boldsymbol{u}} \\ \hline \boldsymbol{0}^T & 0 \end{bmatrix} \begin{bmatrix} \boldsymbol{\mu}(t) \\ \mu_{n+1}(t) \end{bmatrix}, \tag{26}$$

dann lautet dessen Lösung mittels der in (24) erklärten Fundamentalmatrix $\boldsymbol{\Phi}(t,\,t_0)$

$$\begin{bmatrix} \boldsymbol{\mu}(t) \\ \mu_{n+1}(t) \end{bmatrix} = \boldsymbol{\Phi}^T(t_e,\,t) \begin{bmatrix} \boldsymbol{\mu}(t_e) \\ \mu_{n+1}(t_e) \end{bmatrix}. \tag{27}$$

---

[1] Mit $\boldsymbol{0}$ ist eine Spaltenmatrix mit n Nullelementen bezeichnet.

Da bei dem hier aus dem LAGRANGEschen Problem entwickelten MEYER-Problem die Kosten zum Zeitpunkt $t = t_e$ nur von $u_{n+1}(t)$ abhängen, lautet mit $\bar{u} = \begin{bmatrix} u \\ u_{n+1} \end{bmatrix}$ der Gradient zu M:

$$M_{\bar{u}} = \begin{bmatrix} 0 \\ 1 \end{bmatrix}, \tag{28}$$

Womit dann analog zu (11) die Randwerte $\bar{\mu}(t_e)$ des Empfindlichkeitsvektors definiert werden zu

$$\bar{\mu}(t_e) = \begin{bmatrix} \mu(t_e) \\ \mu_{n+1}(t_e) \end{bmatrix} = M_{\bar{u}}\big(u(t_e)\big) = \begin{bmatrix} 0 \\ 1 \end{bmatrix}. \tag{29}$$

Mittels des Empfindlichkeitsvektors $\bar{\mu}(t)$ kann die Abhängigkeit der Kosten von Änderungen der Anfangsbedingungen δu_0 dann so notiert werden:

$$\delta M \big|_{t=t_e} = [\mu^T(t_0) \; \vdots \; \mu_{n+1}(t_0)] \begin{bmatrix} \delta u(t_0) \\ \delta u_{n+1}(t_0) \end{bmatrix} = \mu^T(t_0)\, \delta u(t_0), \tag{30}$$

da ja $\delta u_{n+1}(t_0) = 0$ sein soll. Aus (26) folgt $\dot{\mu}_{n+1}(t) = 0$ und in (29) ist $\mu_{n+1}(t_e) = 1$, so daß auch $\mu_{n+1}(t) \equiv 1$ gelten muß. Damit vereinfacht sich dann (26) zu

$$\dot{\mu}(t) = -f_u^T\big(u(t), t\big) \cdot \mu(t) - L_u\big(u(t)\big), \quad \mu(t_e) = 0, \tag{31}$$

dem adjungierten System des LAGRANGEschen Problems, das sich von dem des MEYER-Problems um den Term $-L_u\big(u(t)\big)$, also den Gradienten des LAGRANGEschen Fehlerfunktionals unterscheidet. Mit der Lösung dieses speziellen adjungierten Systems (31), dem Empfindlichkeitsvektor $\mu(t)$, kann dann schließlich die Kostenvariation des ursprünglichen Problems in bezug auf Anfangswertänderungen so notiert werden

$$\delta J = \delta M \big|_{t=t_e} = \mu^T(t_0)\, \delta u(t_0). \tag{32}$$

Bemerkenswert ist, daß in (31) und (32) die zunächst für den Ansatz eingeführten zusätzlichen Variablen $u_{n+1}(t)$ bzw. $\mu_{n+1}(t)$ nicht mehr vorkommen.

Der Empfindlichkeitsvektor für das BOLZA-Problem mit dem Kostenfunktional

$$J = M\big(u(t_e), t_e\big) + \int\limits_{t_0}^{t_e} L\big(u(t)\big)\, dt \tag{33}$$

kann durch Überlagerung der gefundenen Ergebnisse für das MEYER- und das LAGRANGE-Problem leicht angegeben werden zu

$$\dot{\mu}(t) = -f_u^T\big(u(t), t\big)\, \mu(t) - L_u\big(u(t)\big); \quad \mu(t_e) = M_u\big(u(t_e)\big). \tag{34}$$

Wird die Lösung dieses Systems in (32) eingesetzt, hat man die Variation der Kosten beim BOLZA-Problem in Abhängigkeit der Anfangswertänderungen ermittelt.

3.5 Die Steuerungsempfindlichkeit

In den vorstehenden Abschn. 3.2 und 3.4 war die Empfindlichkeit der verschiedenen Kostenfunktionale in bezug auf die Anfangsbedingungsänderungen mittels des speziell eingeführten Empfindlichkeitsvektors $\mu(t)$ analytisch bestimmt worden. Bei den dort betrachteten Problemen waren die Stellgrößen $y(t)$ des

Systems zu Null angenommen worden. War beispielsweise das durch (1) beschriebene System eine Rakete, dann war nur der ballistische antriebslose Flug untersucht worden. Da andererseits die Festlegung der Anfangsbedingungen in weiten Grenzen willkürlich ist, war gleichzeitig die Abhängigkeit der Kostenfunktionale von kleinen Abweichungen von der Nominaltrajektorie schon erfaßt worden. Da bei vielen Optimierungsproblemen, vor allem bei der optimalen Regelung, während der Systembewegung korrigierend (optimierend) eingegriffen werden soll, muß mit ähnlichen Argumenten, wie sie oben gebraucht wurden, auch die Empfindlichkeit der Kostenfunktionale von kleinen Änderungen der Steuerfunktion analytisch erfaßt werden. Bei dem Beispiel des Raketenflugs bedeutet dies, daß nun der Flug unter Schub betrachtet wird. Beim oben gebrachten Beispiel eines chemischen Reaktors werden nun fortlaufend gewisse Steuergrößen wie z. B. Wärmemengen zu- oder abgeschaltet.

Als erstes soll der Einfluß kleiner Stellgrößenänderungen eines Systems mit

$$\dot{u}(t) = f(u(t), y(t), t), \quad u_0 = u(t_0) \quad (35)$$

auf Kostenfunktionale vom MEYER-Typ

$$J = M(u(t_e)) \qquad (36)$$

behandelt werden. Dabei sollen die Anfangsbedingungen nun fixiert bleiben. Es wird eine um $\delta y(t)$ variierte Stellfunktion

$$y_1(t) = y(t) + \delta y(t)$$

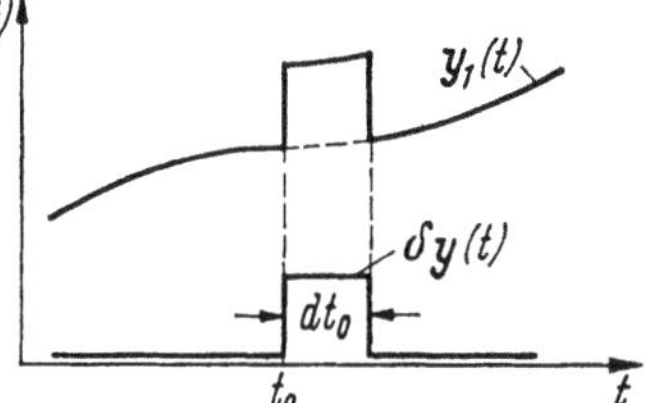

Abb. IX.3.1. Zur Ermittlung der Stellgrößenempfindlichkeit eines Systems

betrachtet, bei der $\delta y(t)$ nur für *ein sehr kurzes* Zeitintervall $[t_0, t_0 + dt_0]$ auf das System einwirken soll (Abb. IX.3.1) und $\delta y(t)$ für dieses Intervall konstant sei. Die so variierten Bewegungsgleichungen lauten

$$\dot{u}(t) + \delta \dot{u}(t) = f(u(t), y(t) + \delta y(t)) \cong f(u(t), y(t)) + f_y \, \delta y. \qquad (37)$$

Am Ende des Zeitintervalls dt_0 hat sich der Zustandsvektor dann um

$$\delta u(t)\,|_{t_0 + dt_0} = \int\limits_{t_0}^{t_0 + dt_0} f_y \, \delta y \, dt \cong f_y \, \delta y \, dt_0 \qquad (38)$$

geändert. Diese Beziehung gibt an, wie eine kurzzeitig geänderte Stellfunktion sich auf die Bewegungstrajektorie auswirkt, nämlich so, als ob die Anfangsbedingungen geändert worden wären um

$$\delta u_0 \cong f_y \, \delta y \, dt_0. \qquad (39)$$

Damit ist aber schon der Anschluß an die oben behandelten Probleme gefunden worden, denn mit den Änderungen der Anfangsbedingungen kennt man auch die dadurch hervorgerufenen Änderungen des Kostenfunktionals:

$$\delta J = \mu^T(t_0) \, \delta u_0, \qquad (40)$$

wo der Empfindlichkeitsvektor μ wieder dem adjungierten System

$$\dot{\mu}(t) = -f_u^T(u(t), y(t)) \, \mu(t), \quad \mu(t_e) = M_u(u(t_e)) \qquad (41)$$

genügen muß. Hier ist nur zu beachten, daß die JACOBI-Matrix f_u nun im allgemeinen von $u(t)$ und von der Stellgröße $y(t)$ abhängt, nachdem die Systemfunktion $f\big(u(t), y(t)\big)$ partiell nach allen $u_i(t)$ abgeleitet wurde. Da es auch jetzt unerheblich ist, zu welchem Zeitpunkt t_0 die kurzfristige Änderung der Stellgröße einwirkte, gilt auch für beliebige Zeiten $t = t_0$ mit (39) und (40):

$$\delta J = \boldsymbol{\mu}^T(t)\, \delta u(t) = \boldsymbol{\mu}^T(t)\, f_y\big(u(t), y(t)\big)\, \delta y(t)\, dt. \tag{42}$$

Wirkt die kleine Stellgrößenänderung δy nicht nur in einem kurzen Zeitabschnitt dt, sondern während des ganzen Beobachtungszeitraumes, dann folgt durch Integration aus (42) eine Variation der Kosten zu:

$$\delta J = \int_{t_0}^{t_e} \boldsymbol{\mu}^T f_y\big(u(t)\, y(t)\big)\, \delta y(t)\, dt, \tag{43}$$

worin $\boldsymbol{\mu}$ wieder der Gl. (41) genügen muß. Die durch die letzte Gleichung repräsentierten Überlegungen sind nur so lange richtig, wie unterstellt werden darf, daß die während des ganzen Zeitintervalls $[t_0, t_e]$ wirkende Stellfunktionsänderung $\delta y(t)$ so klein ist, daß auch die Trajektorie $u(t)$ sich nur sehr wenig, also um $\delta u(t)$, gegenüber ihrem Nominalpfad ändert. Unter dieser Voraussetzung zeigt (43) dann aber, daß der über die JACOBI-Matrix f_u gewonnene Vektor $\boldsymbol{\mu}(t)$ auch der Empfindlichkeitsvektor für Stellgrößenänderungen $\delta y(t)$ ist, wobei aber eine zweite JACOBI-Matrix f_y als Bewertungsmatrix in bezug auf die Stelländerungen dient.

Wird nun das entsprechende BOLZA-Problem betrachtet:

$$\dot{u}(t) = f\big(u(t), y(t), t\big), \quad u_0 = u(t_0), \tag{44a}$$

$$J = M\big(u(t)\big)\big|_{t=t_e} + \int_{t_0}^{t_e} L\big(u(t), y(t), t\big)\, dt, \tag{44b}$$

dann folgt über

$$\left[\begin{array}{c} \dot{u}(t) \\ \dot{u}_{n+1}(t) \end{array}\right] = \left[\begin{array}{c} f\big(u(t), y(t), t\big) \\ L\big(u(t), y(t), t\big) \end{array}\right], \quad u_{n+1}(t_0) = 0 \tag{45}$$

mit den gleichen Überlegungen wie vorstehend als erstes

$$\begin{aligned} \delta u(t_0) &= f_y\big(u(t), y(t), t\big)\, \delta y(t)\, dt_0, \\ \delta u_{n+1}(t_0) &= L_y^T\big(u(t), y(t), t\big)\, \delta y(t)\, dt_0. \end{aligned} \tag{46}$$

Ferner wird das adjungierte System (26) aus Abschn. 4 wieder verwendet:

$$\left[\begin{array}{c} \dot{\boldsymbol{\mu}}(t) \\ \dot{\mu}_{n+1}(t) \end{array}\right] = - \left[\begin{array}{c|c} f_u^T & L_u \\ \hline O^T & 0 \end{array}\right] \left[\begin{array}{c} \boldsymbol{\mu}(t) \\ \mu_{n+1}(t) \end{array}\right]. \tag{47}$$

Mit (45) gilt für (44b) aber auch:

$$J = \big[u_{n+1}(t) + M\big(u(t)\big)\big]\big|_{t=t_e}. \tag{48}$$

Für die Randbedingungen in (47) folgt damit

$$\boldsymbol{\mu}(t_e) = M_u\big(u(t_e)\big), \quad \mu_{n+1}(t_e) = 1. \tag{49}$$

Für die Kostenänderung kann nun zunächst

$$\begin{aligned} \delta J &= [\boldsymbol{\mu}^T(t_0), \mu_{n+1}(t_0)] \left[\begin{array}{c} \delta u(t_0) \\ \delta u_{n+1}(t_0) \end{array}\right] \\ &= \boldsymbol{\mu}^T(t_0)\, \delta u(t_0) + \mu_{n+1}(t_0)\, \delta u_{n+1}(t_0) \end{aligned} \tag{50}$$

geschrieben werden, wobei die $\mu_i(t)$ Lösungen von (47) mit den Randbedingungen (49) sind.

Mit $\mu_{n+1}(t) \equiv 1$ folgt aus (46) und (50) aber auch:

$$\delta J = \boldsymbol{\mu}^T(t_0)\,\boldsymbol{f_y}\,\delta \boldsymbol{y}\,dt_0 + \boldsymbol{L_y^T}\,\delta \boldsymbol{y}\,dt_0 \tag{51}$$

oder für die Änderung über $t = \{t\colon [t_0, t_e]\}$:

$$\delta J = \int\limits_{t_0}^{t_e} \left[\boldsymbol{\mu}^T(t)\,\boldsymbol{f_y}(\boldsymbol{u}(t), \boldsymbol{y}(t), t) + \boldsymbol{L_y^T}(\boldsymbol{u}(t), \boldsymbol{y}(t), t)\right]\delta \boldsymbol{y}(t)\,dt. \tag{52}$$

Hierbei sind $\boldsymbol{f_y}$ und L_y entlang der nominalen Trajektorie $\boldsymbol{u}(t)$ entwickelt. Genau wie in Abschn. 3.4 kann man mit $\mu_{n+1}(t) \equiv 1$ das adjungierte System (47) noch vereinfachen zu:

$$\dot{\boldsymbol{\mu}}(t) = -\boldsymbol{f_u^T}\,\boldsymbol{\mu}(t) - L_u, \quad \boldsymbol{\mu}(t_e) = M_u\big(\boldsymbol{u}(t)\big)\big|_{t=t_e}. \tag{53}$$

3.6 Methode der Lagrangeschen Multiplikatoren

Bis hierher wurde im Abschn. IX.3 vorausgesetzt, daß eine nominale (eventuell auch optimale) Trajektorie und ein Anfangszustand hierzu in den dynamischen Systemgleichungen gegeben waren. Dabei interessierten wir uns für kleine Änderungen (Variationen) um diese Trajektorie und deren Einflüsse auf die Kostenfunktionale der verschiedenen Grundtypen. Es hatte sich herausgestellt, daß dieser Einfluß durch einen Empfindlichkeitsvektor $\boldsymbol{\mu}(t)$ oder im skalaren Fall des Systems mit nur einem Energiespeicher durch den Parameter $\mu(t)$ beschrieben werden konnte. Der Empfindlichkeitsvektor war die Lösung des adjungierten Systems zu den linearisierten Systemgleichungen. Man sagt auch, der Empfindlichkeitsvektor ist ein adjungierter Vektor.

Die letztlich gesuchte Kostenänderung kann aber auch in Anlehnung an die klassische Variationsrechnung unter Einführung von LAGRANGEschen Multiplikatoren abgeleitet werden, wie es jetzt gezeigt werden wird. Gegeben sind wieder die Systemgleichungen

$$\dot{\boldsymbol{u}}(t) = \boldsymbol{f}(\boldsymbol{u}(t), \boldsymbol{y}(t), t), \quad \boldsymbol{u}_0 = \boldsymbol{u}(t_0) \tag{54}$$

und ein Kostenfunktional vom BOLZA-Typ:

$$J = J\big(\boldsymbol{u}(t), \boldsymbol{y}(t), t\big) = M\big(\boldsymbol{u}(t), t\big)\big|_{t=t_e} + \int\limits_{t_0}^{t_e} L\big(\boldsymbol{u}(t), \boldsymbol{y}(t), t\big)\,dt. \tag{55}$$

Im Sinne der Variationsrechnung kann nun die Systemgleichung (54) als Nebenbedingung aufgefaßt werden, die mittels LAGRANGEscher Multiplikatoren

$$\boldsymbol{p}^T(t) = [p_1(t), \ldots, p_n(t)]$$

in das Kostenfunktional eingeführt werden

$$J = M\big(\boldsymbol{u}(t), t\big)\big|_{t=t_e} + \int\limits_{t_0}^{t_e} \left[L(\boldsymbol{u}, \boldsymbol{y}, t) + \boldsymbol{p}^T(\boldsymbol{f}(\boldsymbol{u}, \boldsymbol{y}, t) - \dot{\boldsymbol{u}})\right]dt. \tag{56}$$

Wird nun die Stellgröße variiert: $\boldsymbol{y}_1(t) = \boldsymbol{y}(t) + \delta \boldsymbol{y}(t)$, sowie entsprechend $\boldsymbol{u}_0 + \delta \boldsymbol{u}_0$ und $t_e + \delta t_e$ eingeführt — die Endzeitänderung interessiert später noch bei der allgemeinen Optimalisierungsanalyse — dann wird hierdurch die Nominaltrajektorie des Systems (54) variiert zu $u(t) + \delta u(t)$, und die resultierende Kostenvariation hat die Form:

$$J = J\big(u_0 + \delta u_0, y(t) + \delta y(t), t + \delta t\big)$$

$$= M\big(u(t) + \delta u(t), t\big)|_{t=t_e+\delta t_e} + \int_{t_0}^{t_e+\delta t_e} [L(u + \delta u, y + \delta y, t) +$$

$$+ p^T\big(f(u + \delta u, y + \delta y, t) - \dot{u} - \delta\dot{u}\big)]\,dt. \quad (57)$$

Unter der Voraussetzung, daß L, M und f nach ihren Argumenten stetig differenzierbar sind, kann das variierte Kostenfunktional (57) entlang der Nominaltrajektorie $u(t)$ mittels eines Taylor-Reihenansatzes linearisiert werden. Diese Linearisierung hat die Form:

$$\hat{J}(u + \delta u, y + \delta y, t + \delta t) = [M(u, t) + M_u^T\,\delta u + M_u^T\,\dot{u}\,\delta t_e + M_t\,\delta t_e]_{t=t_e} +$$

$$+ \int_{t_0}^{t_e+\delta t_e} [L(u, y, t) + L_u^T\,\delta u + L_y^T\,\delta y]\,dt +$$

$$+ \int_{t_0}^{t_e+\delta t_e} p^T[f(u, y, t) + f_u\,\delta u + f_y\,\delta y - \dot{u} - \delta\dot{u}]\,dt. \quad (58)$$

In einem nächsten Schritt wird die obere Grenze des ersten Integrals zu t_e geändert und die Integration über die Abweichung δt_e getrennt betrachtet, wobei alle Terme mit Differentialen höherer Ordnung vernachlässigt werden:

$$\hat{J} = [M\big(u(t), t\big) + M_u^T\,\delta u(t) + M_u^T\,\dot{u}\,\delta t_e + M_t\,\delta t_e]\,|_{t=t_e} +$$

$$+ \int_{t_0}^{t_e} L(u, y, t)\,dt + L(u, y, t)\,\delta t_e + \int_{t_0}^{t_e} [L_u^T\,\delta u + L_y^T\,\delta y]\,dt +$$

$$+ \int_{t_0}^{t_e+\delta t_e} p^T[f_u\,\delta u + f_y\,\delta y - \delta\dot{u}]\,dt. \quad (59)$$

In dem letzten Integral wurde dabei noch von Gl. (54): $f - \dot{u} = 0$ Gebrauch gemacht. Damit das Kostenfunktional $\hat{J}$ nur von δu, δy und δt_e abhängt, wird nun der im letzten Integral in (59) enthaltene Summand noch nach der Produktintegrationsregel umgeformt:

$$\int_{t_0}^{t_e+\delta t_e} -p^T\,\delta\dot{u}\,dt = -p^T\,\delta u\big|_{t_0}^{t_e+\delta t_e} + \int_{t_0}^{t_e+\delta t_e} \dot{p}^T\,\delta u\,dt. \quad (60)$$

Die Variation δJ des Kostenfunktionals wird nun wieder als die Differenz der Nominalkosten und der linearen variierten Kosten definiert:

$$\delta J = \hat{J}\big(u(t) + \delta u(t), y(t) + \delta y(t)\big) - J\big(u(t), y(t)\big). \quad (61)$$

Kombination von (57), (59) und (61) führt mit (60) auf:

$$\delta J = \int_{t_0}^{t_e} [L_u^T\,\delta u + L_y^T\,\delta y]\,dt + \int_{t_0}^{t_e+\delta t_e} [\dot{p}^T\,\delta u + p^T(f_u\,\delta u + f_y\,\delta y)]\,dt +$$

$$+ [L + M_u^T\,\dot{u} + M_t]_{t=t_e} \cdot \delta t_e + [M_u^T - p^T]_{t=t_e} \cdot \delta u(t_e) + p^T(t_0)\,\delta u_0. \quad (62)$$

In dem zweiten Integral kann nun die obere Grenze durch t_e ersetzt werden, da die Integration von t_e bis $t_e + \delta t_e$ Ausdrücke liefert, die mit 2. Ordnung gegen Null gehen, wenn die Differentiale gegen Null streben. So folgt zusammen mit einer kleinen Umstellung:

$$\delta J = \int\limits_{t_0}^{t_e} [L_u^T + \dot{p}^T + p^T f_u]\, \delta u\, dt + \int\limits_{t_0}^{t_e} [L_y^T + p^T f_y]\, \delta y\, dt +$$

$$+ \left[L + M_u^T\, \dot{u} + \frac{d}{dt}\, M \right]_{t=t_e} \cdot \delta t_e + [M_u^T - p^T]_{t=t_e} \cdot \delta u(t_e) + p^T(t_0)\, \delta u_0. \quad (63)$$

Bis hierher war über den LAGRANGEschen Multiplikator $p(t)$ bzw. seine n Komponenten $p_i(t)$ noch nicht verfügt worden, sondern es war (stillschweigend) vorausgesetzt worden, daß die $p_i(t)$ beschränkte, stetige und stetig differenzierbare Zeitfunktionen sind. Nun wird $p(t)$ so gewählt, daß (63) vereinfacht wird. Um das bisher noch nicht angepackte Optimierungsproblem zu lösen, wozu ja die vorstehenden Ableitungen der Kostenvariation dienen, ist es sinnvoll, $p(t)$ so einzurichten, daß die Kostenvariation δJ nicht mehr explizite von $\delta u(t)$, der durch die Stellgrößenvariation $\delta y(t)$ hervorgerufenen Trajektorienvariation, abhängt. Das kann dann erreicht werden, wenn der Klammerausdruck im ersten Integranden verschwindet, was auf die Differentialgleichung

$$\dot{p}(t) = -f_u^T\big(u(t), y(t), t\big)\, p(t) - L_u\big(u(t), y(t), t\big) \quad (64)$$

führt, die gerade das zu $\dot{u}(t) = f_u\, u(t)$ adjungierte System beschreibt. Als nächstes wird über die Anfangsbedingungen für $p(t)$ so verfügt, daß der 4. Summand in (63) verschwindet:

$$p(t_e) = M_u\big(u(t_e), t_e\big). \quad (65)$$

Unter der Voraussetzung, daß mit (65) eine Lösung für (64) existiert, vereinfacht sich so (63) zu:

$$\delta J = \int\limits_{t_0}^{t_e} [L_y^T + p^T f_y]\, \delta y\, dt + p^T(t_0)\, \delta u(t_0) +$$

$$+ \left[L(u, y, t) + \frac{d}{dt}\, M(u, t) + M_u^T\, \dot{u} \right]_{t=t_e} \cdot \delta t_e. \quad (66)$$

Diese Gleichung stimmt weitgehend mit (52), dem Endergebnis, das über den Empfindlichkeitsvektor gefunden wurde, überein, nur daß jetzt in (66) auch noch der Einfluß einer Endzeitvariation δt_e und der Anfangswertvariation δu_0 miterfaßt wurde.

Als wichtiges Ergebnis dieses Abschnittes ist festzuhalten, daß der Vektor $p(t)$ der LAGRANGEschen Multiplikatoren $p_i(t)$ identisch mit dem aus physikalisch-technischen Gründen eingeführten Empfindlichkeitsvektor $\mu(t)$ ist. Wir werden im folgenden hierfür einheitlich immer $\mu(t)$ als Bezeichnung verwenden. Ein weiterer wichtiger Punkt ist der, daß der Empfindlichkeitsvektor oder der Vektor der LAGRANGEschen Multiplikatoren ein adjungierter Vektor ist, der die Lösung eines speziellen adjungierten Differentialgleichungssystems ist. Es ist notwendig, sich beim Studium der speziellen Literatur über optimale Systeme daran zu erinnern, denn je nach Aufgabenstellung oder auch Neigung der Autoren ist jede der drei Interpretationen und die damit jeweils verknüpfte spezielle mathematische

Ableitung zu finden. Da die adjungierten Systeme sehr elegant mit den Mitteln der modernen Algebra auch geometrisch gedeutet werden können, hat der Begriff des adjungierten Vektors und der von ihm ausgespannte adjungierte Vektorraum eine besondere Bedeutung. Vor allem ist es gelungen, das weiter unten in dieser Darstellung nur für lineare Systeme besprochene PONTRJAGINsche *Prinzip* auch auf speziell nichtlineare Systeme in besonders eleganter Form mittels geometrischer Argumente anzuwenden.

3.7 Notwendige Bedingungen für ein Optimum

Nachdem in den vorstehenden Abschnitten die Einflüsse erster Ordnung auf das Kostenfunktional berechnet wurden, die von Änderungen der Stellgröße, der Anfangsbedingungen und der Endzeit hervorgerufen werden, stehen genügend Beziehungen zur Verfügung, um nun notwendige Bedingungen für das Erreichen eines Optimums bei einem gegebenen System zu erarbeiten. Dabei wird hier wieder, wie durchgehend in dieser Darstellung, unter Optimum immer ein Minimum des Kostenfunktionals verstanden.

Im folgenden wird vorausgesetzt, daß a priori bekannt ist, daß ein Optimum oder auch in anderen Worten (mindestens) eine optimale Stellfunktion existiert. Bei vielen physikalisch-technischen Problemen ist diese Voraussetzung aus der Aufgabenstellung heraus klar und auch erfüllt. Vom mathematischen Standpunkt her sind in dieser Voraussetzung die meisten und gravierendsten Probleme verborgen. So beschäftigt sich ein großer Teil der Literatur über die Variationsrechnung und die mathematische Optimierungstheorie mit der Klärung der Frage, unter welchen Bedingungen die Existenz eines Optimums tatsächlich streng vorausgesetzt werden darf.

Existiert eine optimale Steuerung $y^o(t)$ des Systems (die optimale Regelung ist in vielen Fällen dann mit eingeschlossen. Vgl. auch Abschn. 5) und liegt $y^o(t)$ für alle t des interessierenden Zeitintervalls innerhalb des zulässigen Bereichs **Y** des Vektorraums $\mathbf{R}_q$ des Stellvektors:

$$y^o(t) \in \mathbf{Y} \subset \mathbf{R}_q \quad \text{für alle} \quad t \in [t_0, t_e],$$

dann verursachen kleine Änderungen von diesem *nominalen* Weg der Steuerfunktion die oben berechneten Änderungen 1. Ordnung in dem BOLZAschen Kostenfunktional

$$\delta J = \int\limits_{t_0}^{t_e} [L_y^T + \boldsymbol{\mu}^T f_y]\, \delta y\, dt + \boldsymbol{\mu}^T(t_0)\, \delta u(t_0) +$$
$$+ \left[L + M_u^T \dot{u} + \frac{d}{dt} M(u, t) \right]_{t=t_e} \cdot \delta t_e, \tag{67}$$

wobei der Empfindlichkeitsvektor (LAGRANGEscher Multiplikator) $\boldsymbol{\mu}(t)$ das System

$$\dot{\boldsymbol{\mu}}(t) = -f_u^T \boldsymbol{\mu}(t) - L_u,$$
$$\boldsymbol{\mu}(t_e) = M_u\big(u(t_c), t_e\big) \tag{68}$$

erfüllen muß. War die Stellfunktion $y(t)$ optimal, was mit $y^o(t)$ bezeichnet sei, dann führen per definitionem alle Änderungen $y^o(t) + \delta y(t)$ zu größeren Werten des Kostenfunktionals J, selbst dann, wenn es sich nur um lokales Optimum

(Extremwert im Kleinen) handelte. Da der Einfluß kleiner Änderungen in erster (linearer) Näherung durch (67) beschrieben ist, werden die notwendigen Bedingungen für ein Optimum für die wesentlichen Terme (Summanden) in (67) getrennt untersucht. Dazu werden jeweils die Änderungen δy, δu_0 oder δt_e abwechselnd gleich Null gesetzt und dann der Einfluß jeder einzelnen Variation getrennt studiert.

Eine erste notwendige Bedingung für ein Optimum in bezug auf die Stellfunktion allein, wenn $\delta u_0 = 0$ und $\delta t_e = 0$ gesetzt wird, liefert das Fundamentallemma der Variationsrechnung Satz 2 (S. 362). Denn wenn δJ nicht negativ werden soll für positive oder auch negative Variationen $\delta y(t)$, dann muß in (67) gelten:

$$L_y^T + \boldsymbol{\mu}^T \boldsymbol{f}_y = \boldsymbol{0}^T \quad \text{für} \quad t \in [t_0, t_e].\tag{69}$$

Entsprechend folgt für $\delta y \equiv 0$ und $\delta u_0 \equiv 0$ für die Variation δt_e allein:

$$\left[L + M_u^T \, \dot{\boldsymbol{u}}(t) + \frac{d}{dt} M(\boldsymbol{u}(t), t) \right]_{t=t_e} = 0.\tag{70}$$

Wird in diese Gleichung die Systemgleichung (54) und die Randbedingung (65) des adjungierten Vektors eingeführt, dann lautet die neben (69) zweitwichtigste notwendige Optimierungsbedingung:

$$L\big(\boldsymbol{u}(t), \boldsymbol{y}(t), t\big) + \boldsymbol{\mu}^T(t) \boldsymbol{f}\big(\boldsymbol{u}(t), \boldsymbol{y}(t), t\big) = -\frac{d}{dt} M\big(\boldsymbol{u}(t), t\big) \quad \text{für} \quad t = t_e.\tag{71}$$

Die hier abgeleiteten notwendigen Bedingungen (69) und (71) lassen sich, zusammen mit den dazugehörigen Gleichungen für den adjungierten Vektor, in wesentlich übersichtlicherer und kompakterer Form notieren, wenn man die aus der theoretischen Mechanik bekannte HAMILTONsche Funktion benützt. Wir definieren ein HAMILTON-Funktional (vgl. auch Abschn. IX.2.1) zu:

$$\begin{aligned} H\big(\boldsymbol{u}(t), \boldsymbol{\mu}(t), \boldsymbol{y}(t), t\big) &= \boldsymbol{\mu}^T(t) \boldsymbol{f}\big(\boldsymbol{u}(t), \boldsymbol{y}(t), t\big) + L\big(\boldsymbol{u}(t), \boldsymbol{y}(t), t\big) \\ &= \boldsymbol{f}^T\big(\boldsymbol{u}(t), \boldsymbol{y}(t), t\big) \boldsymbol{\mu}(t) + L\big(\boldsymbol{u}(t), \boldsymbol{y}(t), t\big). \end{aligned}\tag{72}$$

Damit lauten dann die notwendigen Bedingungen für ein Optimum des BOLZA-Problems:

a) $\quad \dot{\boldsymbol{u}} = H_{\boldsymbol{\mu}}$ $\qquad$ (die Bewegungsgleichung), $\hfill$ (73)

b) $\quad \dot{\boldsymbol{\mu}} = -H_{\boldsymbol{u}}$ $\qquad$ (Gleichung des Empfindlichkeits- oder adjungierten Vektors), $\hfill$ (74)

c) $\quad H_{\boldsymbol{y}} = \boldsymbol{0}$ $\qquad$ (Steuergesetzgleichung), $\hfill$ (75)

d) $\boldsymbol{\mu}(t_e) = M_{\boldsymbol{u}}\big(\boldsymbol{u}(t_e), t_e\big) \;\Big\}$ (Randbedingungen), $\hfill$ (76)
$\quad\; \boldsymbol{u}_0 = \boldsymbol{u}(t_0)$

e) $H(\boldsymbol{u}, \boldsymbol{\mu}, \boldsymbol{y}, t)|_{t=t_e} = -\dot{M}(\boldsymbol{u}(t), t)|_{t=t_e}$ $\quad$ (Endzeitbedingung). $\hfill$ (77)

Nun wird noch die totale zeitliche Ableitung der HAMILTON-Funktion (72) gebildet:

$$\frac{d}{dt} H = H_{\boldsymbol{u}}^T \, \dot{\boldsymbol{u}} + H_{\boldsymbol{\mu}}^T \, \dot{\boldsymbol{\mu}} + H_{\boldsymbol{y}}^T \, \dot{\boldsymbol{y}} + \frac{\partial}{\partial t} H.\tag{78}$$

Ist in einem speziellen Problem weder die Bewegungsfunktion $\boldsymbol{f}(\boldsymbol{u}(t), \boldsymbol{y}(t))$ noch die LAGRANGEsche Fehlerfunktion $L\big(\boldsymbol{u}(t), \boldsymbol{y}(t), t\big)$ explizite von der Zeit abhängig, dann ist

$$H_t = \frac{\partial}{\partial t} H = 0 \tag{79}$$

und damit auch

$$\dot{H} = \frac{d}{dt} H = 0. \tag{79a}$$

Denn mit (75) ist $H_y = 0$ und mit (72) und (73) gilt:

$$H_u^T \dot{u} + H_\mu^T \dot{\mu} = -\dot{\mu}^T \dot{u} + \dot{u}^T \dot{\mu} = 0. \tag{80}$$

Aus (79a) folgt dann aber ferner, daß für nicht explizite von der Zeit abhängige Systeme gelten muß:

$$H(u, \mu, y, t) = \text{const.}$$

Schließlich sei darauf hingewiesen, daß die fünf Gln. (73) bis (77) ein System mit Randbedingungen für $t = t_0$ und $t = t_e$ darstellen. Die notwendigen Bedingungen für ein Optimum sind hier also als ein 2-Punkte-Randwertproblem formuliert. Wird die Gl. (75) dazu herangezogen, die Steuergröße $y(t)$ aus (73) und (74) zu eliminieren, dann werden die EULER-LAGRANGE-Gleichungen der Variationsrechnung in kanonischen Koordinaten gefunden.

Das HAMILTON-Funktional (72) wurde in enger Anlehnung an die in der theoretischen Mechanik gebräuchliche Form eingeführt. Der wesentliche Unterschied ist der, daß in (72) vor $\mu^T f$ hier das positive Vorzeichen gewählt wurde, während in der Mechanik üblicherweise das negative steht. Das hat hier den Vorteil, daß einerseits für die optimalen Werte ein Minimum als Extremum erscheint, wie es normalerweise bei regelungstechnischen Aufgaben gefordert ist. Zum anderen wird auch ein leichterer Übergang zu den Optimierungsmethoden der „linearen Programmierung" ermöglicht. Als wesentlicher Schönheitsfehler bleibt, daß das „Maximumprinzip" von PONTRJAGIN bei der hier benützten Vorzeichenwahl, die sich mit der von USA-Autoren überwiegend benützten deckt, als „Minimumprinzip" erscheint. Das rührt daher, daß PONTRJAGIN bei der Entwicklung seiner Theorie mit einer HAMILTON-Funktion mit der Vorzeichenwahl der Mechanik arbeitete.

4 Lösung des Optimierungsproblems nach Hamilton-Jacobi-Carathéodory

4.1 Einführung

Ein durchschaubarer Zusammenhang zwischen der klassischen Variationsrechnung und den modernen Theorien der Systemtheorie, wesentlich verbunden mit den Namen PONTRJAGIN und BELLMAN, ist besonders dann herstellbar, wenn der Standpunkt von HAMILTON-JACOBI verfolgt wird. Einer der Vertreter dieser Arbeitsrichtung, der die Theorie noch einmal ein wesentliches Stück weitergetrieben hat, war CARATHÉODORY [IX.5]. Seine Arbeiten, die vor allem auch von KALMAN [IX.12, IX.13] aufgegriffen wurden, haben die moderne Optimierungstheorie wesentlich beeinflußt. Ein signifikanter Unterschied der modernen Systemoptimierungstheorie gegenüber den klassischen Methoden besteht vor allem darin, daß die auch hier benötigte HAMILTON-Funktion nicht über die sogenannte „LEGENDRE-Transformation" [IX.1], sondern mittels des „Prinzips von PONTRJAGIN" definiert wird. Diese PONTRJAGINsche Idee hat eine große Klasse von Problemen, wie z. B. das der zeitoptimalen Systeme mit abgeschlossenen zulässigen Gebieten für die Stellgrößen, die mit klassischen Methoden nicht lösbar sind, einer Lösung zugeführt. Wird dieser Weg weiter verfolgt, wird man auf die partiellen Differentialgleichungen von Hamilton-Jacobi geführt, so daß sich das Problem der Lösung optimaler Steuer- und Regelungsaufgaben auf die Lösung dieser partiellen Differentialgleichungen zurückführen läßt. Dabei sind dann die Euler-Lagrangeschen Differentialgleichungen die Charakteristiken dieser partiellen Differentialgleichungen von Hamilton-Jacobi und liefern die notwendigen Bedingungen für das Optimierungsproblem.

4.2 Ein Lemma von Carathéodory

Die Lösung des uns interessierenden Problems liegt im wesentlichen in einem Lemma von Carathéodory begründet, das hier zitiert und besprochen werden soll. Das Optimierungsproblem hat wieder die gleiche Form wie in den vorstehenden Abschnitten. Insbesondere wird das optimal zu steuernde System beschrieben durch:

$$\dot{u}(t) = f\big(u(t), y(u, t), t\big); \quad u_0 = u(t_0).\tag{1}$$

Der n-dimensionale Vektorraum $\mathbf{R}_n$ des Zustandsvektors $u(t) \in \mathbf{R}_n$ und $\mathbf{R}_1$ mit $t \in \mathbf{R}_1$ bilden zusammen den $n+1$-dimensionalen *Phasenraum* $\mathbf{R}_{n+1} = \mathbf{R}_n \times \mathbf{R}_1$.

Die Stell- oder Steuergröße $y(t)$ heiße zulässig, wenn sie mindestens stetig ist und vollständig innerhalb eines Unterbereiches $\mathbf{Y}$ des q-dimensionalen Vektorraumes $\mathbf{R}_q$ liegt:

$$y(t) \in \mathbf{Y} \subset \mathbf{R}_q \quad \text{für alle } t \tag{2}$$

und wenn $y(t)$ das System (1) von einem Anfangszustand u_0 zu einem vorgeschriebenen Gebiet $\mathbf{U} \subset \mathbf{R}_{n+1}$ führt. Um im Anfang die Durchsichtigkeit der Darstellung zu vergrößern, soll zunächst $\mathbf{Y}$ ein offenes Gebiet sein, damit die Differenzierbarkeit an den Berandungen sichergestellt werden kann.

Für jede zulässige Anfangsphase (u_0, t_0) und jede zulässige Stellgröße existiert eine eindeutige, stetige Trajektorie

$$\varphi(t) = {}_y\varphi(t; u_0, t_0),\tag{3}$$

die die Systemgleichung (1) erfüllt und für die gilt:

$$\varphi(t_0) = \varphi(t_0; u_0, t_0) = u_0.\tag{4}$$

Der Index y in (3) soll andeuten, daß es sich um die Lösung des gestörten Systems handelt, ${}_y\varphi(t)$ also die Systembewegung auf Grund einer Anfangsbedingung *und* der Stellgröße beschreibt. Für einen Endzeitpunkt t_e erreicht φ eine Hyperfläche $\mathbf{E}$ im Phasenraum: $\mathbf{E} \subset \mathbf{R}_{n+1}$.

Mit diesen Bezeichnungen formulieren wir das Bolzasche Kostenfunktional zur Objektivierung des gewünschten Optimierungsproblems:

$$J(u_0, t_0, \mathbf{E}; y) = M\big({}_y\varphi(t_e; u_0, t_0), t_e\big) + \int\limits_{t_0}^{t_e} L\big({}_y\varphi(t; u_0, t_0), y(t), t\big)\, dt.\tag{5}$$

Die Idee von Carathéodory besteht nun darin, daß er Klassen von *äquivalenten* Variationsproblemen, genauer von Lagrangeschen Problemen, untersucht. Sei zunächst ein Optimierungsproblem zusammen mit den Systemgleichungen (1) gegeben durch:

$$J(y) = \int_{t_0}^{t_e} L\big(u(t), y(t), t\big)\, dt. \tag{6}$$

Ferner existiere eine Funktion $S(u, t)$, die in all ihren Argumenten stetig differenzierbar sei. Damit wird eine zweite LAGRANGE-Funktion definiert zu

$$\hat{L}(u, y, t) = L(u, y, t) + \frac{\partial}{\partial t} S(u, t) + \sum_{i=1}^{n} \left(\frac{\partial}{\partial u_i} S(u, t) \right) f_i(u, y, t)$$

$$= L(u, y, t) + \dot{S}(u, t), \tag{7}$$

mit dem zugehörigen Kostenfunktional entsprechend (6):

$$\hat{J}(y) = J(y) + \int_{t_0}^{t_e} \dot{S}(u, t)\, dt$$

$$= J(y) + S(u, t)\Big|_{t_0}^{t_e}. \tag{8}$$

Für bestimmte vorgegebene u_0 und u_e hängt der zweite Term auf der rechten Seite von (8) nicht von der Steuerung $y(t)$ und der Trajektorie $_y\varphi(t)$ der Lösung von $\dot{u}(t) = f(u, y, t)$ zwischen u_0 und u_e ab und ist daher eine bekannte Konstante. Deshalb optimiert eine zulässige Steuerung $y^o(t)$, die Gl. (6) optimiert, auch (8) und umgekehrt. Da die Funktion $S(u, t)$ in weiten Grenzen beliebig ist, gibt es eine ganze, durch $S(u, t)$ bestimmte Klasse von äquivalenten Optimierungsproblemen derart, daß sie alle durch die gleiche optimale Stellfunktion $y^o(t)$ gelöst werden. Die Lösung eines speziellen Problems *kann* (braucht aber nicht) dadurch möglich gemacht werden, daß man ein $S(u, t)$ so festzulegen sucht, daß das gegebene Problem möglichst vereinfacht wird. Diese Idee kann so formuliert werden:

Satz 1 (Lemma von CARATHÉODORY).

Es sei $y^o(t) = R(u(t), t)$ eine für $t \in [t_0, t_e]$ in all ihren Argumenten stetig differenzierbare Steuerfunktion so, daß mit der Bewegungsgleichung (1) und dem Kostenfunktional (5) für alle $(u(t), t)$ in einem Gebiet $\mathbf{G} \subset \mathbf{R}_{n+1}$ gilt:

a) $\qquad\qquad R\big(u(t), t\big) \in \mathbf{Y}.$ $\hfill (9a)$

b) $\qquad\qquad L\big(u(t), R(u(t), t), t\big) = 0, \quad t \in [t_0, t_e].$ $\hfill (9b)$

c) $\qquad\qquad L\big(u(t), y(t), t\big) > 0 \quad \text{falls} \quad y(t) \neq y^o(t).$ $\hfill (9c)$

Es werden durch $y^o(t)$ hervorgerufene Trajektorien $_{y^o}\varphi^o$, die Lösungen der Bewegungsgleichung

$$\dot{u}(t) = f\big(u(t), R(u(t), t), t\big),$$

betrachtet. Ferner sei $M\big(u(t), t\big)$ identisch Null auf $\mathbf{E} \subset \mathbf{R}_{n+1}$:

$$M\big(u(t), t\big) = 0, \quad \text{für} \quad (u, t) \in \mathbf{E}. \tag{10}$$

Dann gilt für alle Trajektorien $_{y^o}\varphi^o$ die vollständig innerhalb $\mathbf{G}$ verlaufen und (u_0, t_0) mit einer Phase $(u(t), t) \in \mathbf{E}$ verbinden:

A) Der Wert des Integrals (5) ist Null.

B) Die Trajektorie $_{y^o}\varphi^o$ bewirkt das absolute Minimum von (5) in bezug auf jede andere Trajektorie φ, die $(\boldsymbol{u}_0, t_0)$ mit $\boldsymbol{\mathsf{E}}$ verbindet:

$$0 = J(\boldsymbol{u}_0, t_0, \boldsymbol{\mathsf{E}}, \boldsymbol{y}^o(t)) < J(\boldsymbol{u}_0, t_0, \boldsymbol{\mathsf{E}}, \boldsymbol{y}(t)). \tag{11}$$

Der Beweis dieses Satzes ist nach den vorstehenden Überlegungen einfach. Der Teil A) folgt direkt aus den Voraussetzungen, vor allem aus (9b) und (10). Die Richtigkeit des Teiles B) folgt aus der Stetigkeit von $\boldsymbol{y}^o(t)$. Denn existierte ein $\boldsymbol{y}^1(t) \neq \boldsymbol{y}^o(t)$ mit $J(\boldsymbol{y}^1) \leq J(\boldsymbol{y}^o)$, dann würde dadurch eine Bewegung (Trajektorie) $_{y^1}\varphi^1$ bewirkt, so daß mit (10) und (9c) für (5) gilt:

$$
\begin{aligned}
J(\boldsymbol{u}_0, t_0, \boldsymbol{\mathsf{E}}, \boldsymbol{y}^1) &= \int\limits_{t_0}^{t_e} L\big(_{y_1}\varphi(t; \boldsymbol{u}_0, t_0), \boldsymbol{y}^1(t), t\big)\, dt \\
&\geq \int\limits_{t_0}^{t_e} L\big(_{y^o}\varphi^1(t; \boldsymbol{u}_0, t_0), \boldsymbol{y}^o(t), t\big)\, dt \\
&\geq 0 = J(\boldsymbol{u}_0, t_0, \boldsymbol{\mathsf{E}}, \boldsymbol{y}^o),
\end{aligned} \tag{12}
$$

was den Satz beweist.

Der Satz 1 liefert nun hinreichende Bedingungen, unter denen das System (1) bei dem Kostenfunktional (5) optimal arbeitet. Zu diesem Zweck sind geeignete Lagrangesche Funktionen aufzusuchen derart, daß diese einmal mit dem gegebenen Kostenfunktional in Einklang sind und darüber hinaus die Bedingungen (9) und (10) erfüllen.

4.3 Die Hamilton-Jacobi-partiellen Differentialgleichungen

Es wird nun versucht, geeignete Lagrange-Funktionen zu konstruieren, die dem Satz 1 genügen sollen. Unter der Annahme, daß eine Kostenfunktion $J^o(\boldsymbol{u}, t)$ nach all ihren Argumenten differenzierbar sei, gilt mit (1):

$$
\begin{aligned}
\int\limits_{t_0}^{t_e} \dot{J}^o(\boldsymbol{u}, t)\, dt &= \int\limits_{t_0}^{t_e} [J_t^o(\boldsymbol{u}, t) + J_u^{oT}(\boldsymbol{u}, t)\, \dot{\boldsymbol{u}}]\, dt \\
&= \int\limits_{t_0}^{t_e} [J_t^o(\boldsymbol{u}, t) + J_u^{oT}(\boldsymbol{u}, t) \cdot \boldsymbol{f}(\boldsymbol{u}, \boldsymbol{y}, t)]\, dt \\
&= J^o(\boldsymbol{u}, t)\Big|_{t_0}^{t_e} = J^o\big(\boldsymbol{u}(t_e), t_e\big) - J^o(\boldsymbol{u}_0, t_0)
\end{aligned} \tag{13}
$$

für jede Trajektorie φ, die die Phasen $(\boldsymbol{u}_0, t_0)$ und $(\boldsymbol{u}_e, t_e) \in \boldsymbol{\mathsf{E}}$ verbindet. Es wird nun $J^o(\boldsymbol{u}, t) = M(\boldsymbol{u}, t)$ für $(\boldsymbol{u}(t), t) \in \boldsymbol{\mathsf{E}}$ definiert, wo M das Meyer-Funktional des Problems ist. Dann wird ein äquivalentes Problem für $\hat{J}$ mit $\hat{M} = 0$ formuliert, zu dem eine Lagrange-Funktion $\hat{L}$ so angesetzt wird:

$$\hat{L}(\boldsymbol{u}, \boldsymbol{y}, t) = L(\boldsymbol{u}, \boldsymbol{y}, t) + J_t^o(\boldsymbol{u}, t) + J_u^{oT} \boldsymbol{f}(\boldsymbol{u}, \boldsymbol{y}, t) = L + \dot{J}^o. \tag{14}$$

Damit ist

$$\hat{J} = \int\limits_{t_0}^{t_e} \hat{L}\, dt = \int\limits_{t_0}^{t_e} L\, dt + M(\boldsymbol{u}, t)\,|_{t=t_e} - J^o\,|_{t=t_0}, \tag{15}$$

so daß sich das ursprüngliche Problem von dem äquivalenten nur um $J^o(\boldsymbol{u}_0, t_0)$ unterscheidet, wobei aber $J^o(\boldsymbol{u}, t)$ nicht von der Steuerung $\boldsymbol{y}(t)$ abhängt.

Es wird nun ein reeller n-Vektor $\boldsymbol{\mu}$ eingeführt, der sich später als der Empfindlichkeitsvektor deuten läßt. Mit diesem Vektor wird ein HAMILTON-Funktional gebildet:

$$H(\boldsymbol{u}, \boldsymbol{\mu}, \boldsymbol{y}, t) = L(\boldsymbol{u}, \boldsymbol{y}, t) + \boldsymbol{\mu}^T(t)\, \boldsymbol{f}(\boldsymbol{u}, \boldsymbol{y}, t). \tag{16}$$

Wir unterstellen nun, daß H für alle t und für

$$\begin{aligned} \boldsymbol{y}^o(t) &= \boldsymbol{C}\big(\boldsymbol{R}(\boldsymbol{u}, t), \boldsymbol{\mu}, t\big), \\ \boldsymbol{y}^o(t) &\in \mathbf{Y}, \end{aligned} \tag{17}$$

wo $\boldsymbol{R}(\boldsymbol{u}, t)$ das Steuer- oder auch Regelgesetz ist, ein Minimum hat:

$$\begin{aligned} H^o(\boldsymbol{u}, \boldsymbol{\mu}, t) &= \min_{\boldsymbol{y}(t) \in \mathbf{Y}} H(\boldsymbol{u}, \boldsymbol{\mu}, t, \boldsymbol{y}) \\ &= L\big(\boldsymbol{u}, \boldsymbol{C}(\boldsymbol{u}, \boldsymbol{\mu}, t), t\big) + \boldsymbol{\mu}^T \boldsymbol{f}(\boldsymbol{u}, \boldsymbol{C}(\boldsymbol{u}, \boldsymbol{\mu}, t), t). \end{aligned} \tag{18}$$

Die so definierte neue HAMILTON-Funktion H^o, die eng mit dem weiter unten zu besprechenden PONTRJAGINschen Prinzip zusammenhängt, wird in erster Linie eingeführt, um die auftretenden Funktionale unabhängig von der Steuerfunktion $\boldsymbol{y}(t)$ notieren zu können.

Erfüllt nun $J^o(\boldsymbol{u}, t)$ die HAMILTON-JACOBIsche Differentialgleichung

$$\frac{\partial}{\partial t} J^o + H^o(\boldsymbol{u}, J_{\boldsymbol{u}}^o, t) = 0 \tag{19a}$$

mit der Randbedingung

$$J^o(\boldsymbol{u}, t_e) = M(\boldsymbol{u}, t)\,|_{t=t_e}, \tag{19b}$$

dann werden mit $\boldsymbol{\mu} = J_{\boldsymbol{u}}^o(\boldsymbol{u}, t)$ offensichtlich die Bedingungen des Satzes 1 (Lemma von CARATHÉODORY) erfüllt, denn einmal ist

$$\hat{L}(\boldsymbol{u}, \boldsymbol{y}^o, t) = \frac{\partial}{\partial t} J^o + H^o\big(\boldsymbol{u}, J_{\boldsymbol{u}}^o(\boldsymbol{u}, t), t\big).$$

Damit folgt zunächst:

$$\text{A)} \qquad\qquad\qquad \hat{L} = 0$$

oder mit (14)

$$0 = J_t^o + L + J_{\boldsymbol{u}}^T \boldsymbol{f} = J_t^o + H^o.$$

B) Voraussetzungsgemäß ist $\hat{L}$ wegen (18) auch immer größer Null für alle $\boldsymbol{y}(t) \neq \boldsymbol{y}^o(t)$.

Das Regelgesetz lautet somit mit den vorstehend eingeführten Bezeichnungen:

$$\boldsymbol{R}(\boldsymbol{u}, t) = \boldsymbol{C}\big(\boldsymbol{u}, J_{\boldsymbol{u}}^o(\boldsymbol{u}, t), t\big). \tag{20}$$

Konnte das äquivalente Problem gelöst werden, d. h. wurde das Funktional $\hat{J} = \int_{t_0}^{t_e} \hat{L}\, dt$ minimiert, wird mit CARATHÉODORYs Lemma auch das ursprüngliche Problem

$$J^o(\boldsymbol{u}_0, t_0) = M\big(\boldsymbol{\varphi}^o(t_e), t_e\big) + \int_{t_0}^{t_e} L\big(\boldsymbol{\varphi}^o(t; \boldsymbol{R}(\boldsymbol{\varphi}^o(t)), t), t\big)\, dt \tag{21}$$

entlang der Trajektorie $\boldsymbol{\varphi}^o$, die die Bewegungsgleichung (1) erfüllt, gelöst:

$$J^o(\boldsymbol{u}, t) = \min_{\boldsymbol{y}} J(\boldsymbol{u}_0, t_0, \mathbf{E}, \boldsymbol{y}). \tag{22}$$

Das heißt, daß J^o das absolute Minimum in bezug auf zulässige Steuerungen $\boldsymbol{y}(t) \in \mathbf{Y}$ ist. Damit beschreibt Gl. (20) auch das optimale Steuergesetz, das eventuell durch Einführung geeigneter Rückführungen in ein Regelgesetz verwandelt werden kann. Dieses Eregbnis wird zusammengefaßt in:

Satz 2 (hinreichende Optimierungsbedingung).

Sei H^o das absolute Minimum von $H = L + \boldsymbol{\mu}^T \boldsymbol{f}$ über $\boldsymbol{y}(t) \in \mathbf{Y}$. Ferner sei $\boldsymbol{y}^o(t) = C$ stetig differenzierbar und J^o genüge der Hamilton-Jacobischen Differentialgleichung (19): $J_t^o + H^o(\boldsymbol{u}, J_u^o, t) = 0$ für ein Gebiet $\mathbf{G} \subset \mathbf{R}_{n+1}$, und für $(\boldsymbol{u}, t) \in \mathbf{E}$ sei $J = M$, dann gilt

A) Das Funktional $J^o(\boldsymbol{u}, t)$ ist das absolute Minimum des gegebenen Bolza-Funktionals für alle Trajektorien $\boldsymbol{\varphi}$, die die Phase (u_0, t_0) mit der Phase $(u_e, t_e) \in \mathbf{E}$ verbinden, und

B) Die Gl. (20) liefert das optimale Steuergesetz, das jede Trajektorie, die $\mathbf{E}$ erreicht ohne das Gebiet $\mathbf{G}$ zu verlassen, optimiert.

Durch die Einführung der Hamilton-Funktion H^o ist das Optimierungsproblem für das Bolzasche Funktional in ein gewöhnliches Minimierungsproblem übergeführt worden. Um die optimale Steuerfunktion $\boldsymbol{y} = C$ zu finden, mußte auch hier wieder ein Hilfsvektor $\boldsymbol{\mu}$ eingeführt werden, der aber (zwar sicherlich identisch den Lagrangeschen Multiplikatoren oder dem Empfindlichkeitsvektor) hier über $J^o(\boldsymbol{u}, t)$, und zwar zu $\boldsymbol{\mu} = J_u^o(\boldsymbol{u}(t), t)$, eingeführt wurde, wobei J^o die Lösung der Hamilton-Jacobi-Differentialgleichung mit der Randbedingung $J^o(\boldsymbol{u}_e, t_e) = M(\boldsymbol{u}, t)_{t = t_e}$ ist. Es ist aber festzuhalten, daß die in Satz 2 festgelegten Bedingungen nur hinreichend sind und darüber hinaus nur lokal gelten. Denn alle Aussagen bezogen sich auf ein Gebiet $\mathbf{G}$ des Phasenraums $\mathbf{R}_{n+1}$, das die optimale Trajektorie nicht verlassen durfte. Nur dann, wenn $\mathbf{G} = \mathbf{R}_n \times (t_0, t_e)$ gilt, wo (t_0, t_e) das Zeitintervall der Systemdefinition ist, gelten die Optimierungsbedingungen auch global. Schließlich ist noch zu bemerken, daß die hier eingeführte Minimumoperation eine enge Verwandtschaft zum Pontrjaginschen Prinzip hat, doch leistet das letztere (vgl. auch Abschn. 4.5) erheblich mehr, da es wesentlich geringere Anforderungen an die zulässigen Steuerfunktionen stellt.

Es wird nun noch kurz gezeigt, daß die optimalen Kosten die Hamilton-Jacobi-Gleichungen erfüllen müssen. Um die Bedingungen des Satzes 1 zu erfüllen, muß mit (7) gelten:

$$\hat{L} = L + \sum_{i=1}^{n} \left(\frac{\partial}{\partial u_i} S\right) f_i + S_t, \tag{23}$$

wo $S(\boldsymbol{u}, t)$ so bestimmt wurde, daß gilt:

$$\min_{\boldsymbol{y} \in \mathbf{Y}} \hat{L} = 0. \tag{24}$$

Diese Bedingung lautet ausgeschrieben — S hängt nicht explizite von $\boldsymbol{y}$ ab —:

$$\min_{\boldsymbol{y} \in \mathbf{Y}} \left[L(\boldsymbol{u}, \boldsymbol{y}, t) + \sum_{i=1}^{n} \left(\frac{\partial}{\partial u_i} S(\boldsymbol{u}, t)\right) f_i(\boldsymbol{u}, \boldsymbol{y}, t) \right] + S_t(\boldsymbol{u}, t) = 0. \tag{24a}$$

Sind L und alle f_i in bezug auf die $y_k(t)$ $(k = 1, 2, \ldots, q)$ stetig differenzierbar, dann folgt aus der letzten Gleichung als notwendige Bedingung für ein Minimum in bezug auf $\boldsymbol{y} = [y_1, \ldots, y_q]^T$:

$$\frac{\partial}{\partial y_k} L(\boldsymbol{u}, \boldsymbol{y}, t) = -\sum_{i=1}^{n} \left(\frac{\partial}{\partial u_i} S(\boldsymbol{u}, t) \right) \frac{\partial}{\partial y_k} f_i(\boldsymbol{u}, \boldsymbol{y}, t) \qquad (k = 1, 2, \ldots, q). \tag{25}$$

Hierbei ist ferner vorausgesetzt, daß $\boldsymbol{Y}$ ein offenes Gebiet ist, d. h. daß jeder Punkt $\boldsymbol{y} \in \boldsymbol{Y}$ einen Nachbarpunkt hat, der auch zu $\boldsymbol{Y}$ gehört. Wird nun wieder ein Hilfsvektor $\boldsymbol{\mu}(t)$ eingeführt zu:

$$\boldsymbol{\mu}(t) = S_{\boldsymbol{u}}(\boldsymbol{u}, t), \tag{26}$$

dann folgt aus (25) auch:

$$L_{\boldsymbol{y}}(\boldsymbol{u}, \boldsymbol{y}, t) = -\boldsymbol{\mu}^T f_{\boldsymbol{y}}(\boldsymbol{u}, \boldsymbol{y}, t). \tag{27}$$

Es sei angenommen, daß diese Gleichung für eine Funktion $\boldsymbol{y}(t) = \boldsymbol{C}(\boldsymbol{u}, \boldsymbol{\mu}, t)$ lösbar ist — dabei mögen auch mehrere Lösungen existieren —, dann wird aus $\hat{L} = 0$ gewonnen:

$$S_t(\boldsymbol{u}, t) + \sum_{i=1}^{n} \mu_i f_i\big(\boldsymbol{u}, \boldsymbol{C}(\boldsymbol{u}, \boldsymbol{\mu}, t), t\big) + L\big(\boldsymbol{u}, \boldsymbol{C}(\boldsymbol{u}, \boldsymbol{\mu}, t), t\big) = 0 \tag{28}$$

oder mit der HAMILTON-Funktion:

$$H = \boldsymbol{\mu}^T f\big(\boldsymbol{u}, \boldsymbol{C}(\boldsymbol{u}, \boldsymbol{\mu}, t), t\big) + L\big(\boldsymbol{u}, \boldsymbol{C}(\boldsymbol{u}, \boldsymbol{\mu}, t), t\big)$$

auch

$$S_t(\boldsymbol{u}, t) + H\big(\boldsymbol{u}, S_{\boldsymbol{u}}(\boldsymbol{u}, t), t\big) = 0. \tag{29}$$

Dies ist aber genau die HAMILTON-JACOBI-Differentialgleichung diesmal, in S mit der Randbedingung:

$$S(\boldsymbol{u}, t) \Big|_{t_0}^{t_e} = J(\boldsymbol{y}^o). \tag{30}$$

Das Ergebnis der Ableitungen dieses Abschnittes kann so zusammengefaßt werden: Wird von dem Lemma von CARATHÉODORY ausgegangen, dann ist das Optimierungsproblem dann lösbar, wenn es gelingt, eine Steuerfunktion $\boldsymbol{y}^o(t)$ derart zu finden, daß (25) erfüllt ist. Zu jeder dieser Steuerungen existiert eine korrespondierende HAMILTON-JAKOBI-Differentialgleichung. Die Lösung dieser Differentialgleichung stellt die Lösung des Problems sicher. Zwar ist die HAMILTON-JACOBI-Gleichung ein gekoppeltes System von n partiellen Differentialgleichungen nur 1. Ordnung, doch sind diese Gleichungen normalerweise nichtlinear, so daß einer expliziten Lösung zur Auffindung der geeigneten Funktion $S(\boldsymbol{u}, t)$ bzw. J^o vielfach große, wenn nicht unüberwindbare, Schwierigkeiten entgegenstehen. Die hier aufgezeigten Zusammenhänge sind deshalb vielfach nur von theoretischem Interesse. Sie dienen vor allem dazu, die Lösungen, die auf anderem Wege, z. B. mit physikalischen Überlegungen, gefunden wurden, auf ihre Richtigkeit und vor allem Eindeutigkeit zu überprüfen.

An dieser Stelle muß auch schon auf eine weitere Möglichkeit aufmerksam gemacht werden. In den Fällen, die uns weiter unten noch besonders aus praktischen Gründen interessieren, wo die LAGRANGEschen Funktionen und die $f_i(\boldsymbol{u}, \boldsymbol{y}, t)$ nur linear von der Steuerfunktion abhängen, ist die Bedingung (25) nicht mehr explizite von $\boldsymbol{y}(t)$ abhängig. Die hier aufgezeigte allgemeine Methode ist dann nicht anwendbar. In der Spezialliteratur werden diese linearen Probleme auch vielfach als singuläre Systeme bezeichnet, die dann spezieller Lösungsmethoden bedürfen.

4.4 Kanonische Differentialgleichungen

Im vorstehenden Abschnitt wurde gezeigt, wie die Lösung des Problems der optimalen Steuerung eines Systems unter der Objektivierungsbedingung eines Bolza-Kostenfunktionals auf die Lösung der partiellen Hamilton-Jacobi-Differentialgleichungen zurückgeführt werden kann. Man kann nun, Carathéodory und Jacobi folgend, einen Schritt weitergehen und die Lösung dieser partiellen Differentialgleichungen auf die Lösung gewöhnlicher Differentialgleichungen — den Charakteristiken der partiellen Differentialgleichungen — zurückführen. Die Charakteristiken stellen ein System von $2n$ gewöhnlichen Differentialgleichungen dar, wenn die zugehörigen partiellen Differentialgleichungen ein System von n Gleichungen 1. Ordnung umfaßten. Es zeigt sich ferner, daß die Charakteristiken die Euler-Lagrangeschen Gleichungen in kanonischer Form oder einfach die kanonischen Gleichungen des Problems sind, wobei in Abschn. 2.1 gezeigt wurde, daß diese Gleichungen notwendige Bedingungen für die Lösung eines Optimierungsproblems darstellen. Auf diesem Weg läßt sich also eine Verbindung zwischen den klassischen Variationsproblemen und den Problemen der optimalen Steuer- oder Regelsysteme herstellen. Um zu zeigen, ob die dann gefundenen „Lösungen" tatsächlich optimal sind, d. h. ob sie auch die hinreichenden Bedingungen erfüllen, muß man dann aber mit Hilfe der charakteristischen Lösung die Lösung der Hamilton-Jacobi-Gleichungen tatsächlich berechnen. Diese explizite Lösung $J^o(u, t)$ bzw. $S(u, t)$ — je nach dem Standpunkt bei der Herleitung — wird vor allem dann benötigt, wenn eine explizite Darstellung der optimalen Steuerfunktion bzw. des Steuer- oder Regelgesetzes benötigt wird, was bei technischen Problemen normalerweise der Fall ist.

Der Theorie der partiellen Differentialgleichungen z. B. in [IX.5, IX.17] sind die folgenden wichtigen Ergebnisse zu entnehmen. Die Charakteristiken oder, bei den Systemen partieller Differentialgleichungen 1. Ordnung, die charakteristischen Streifen, sind Kurven auf den Lösungsflächen im Phasenraum (u, t). Auf der Lösungsfläche ist jede Kurve durch die Funktion der Tangentialfläche festgelegt. Die gesuchte Lösungskurve setzt sich somit aus Punkten zusammen, an denen die durch die partielle Differentialgleichung gegebene Lösungsflächenschar und die Tangentialflächenschar an diese Lösungsfläche sich berühren. Um ein Integral der gegebenen partiellen Differentialgleichungen zu finden, muß man die Lösungsflächen und die Tangentialflächen hierzu getrennt untersuchen. Anstelle der Funktionen der Tangentialflächen können gleichbedeutend auch die der Normalvektoren auf die Kurven entlang der Lösungsfläche untersucht werden. Im Falle der hier zu untersuchenden Hamilton-Jacobi-Differentialgleichungen wird sich zeigen, daß die charakteristischen Streifen über die Bewegungsgleichungen des zu untersuchenden Systems und die zugehörigen adjungierten Gleichungen bestimmt werden.

Die zu untersuchende Gleichung lautet:

$$S_t\big(u(t), t\big) + H\big(u(t), S_u\big(u(t), t\big), t\big) = S_t\big(u(t), t\big) + H\big(u(t), \mu(t), t\big) = 0 \qquad (31)$$

mit der Hamilton-Funktion

$$H\big(u(t), \mu(t), y^o(t), t\big) = \mu^T(t)\, f\big(u(t), y^o(t), t\big) + L\big(t, u(t), y^o(t)\big), \qquad (32)$$

bei der $y^o(t)$ die gesuchte optimale Steuerung ist. Es sei $z = S(u, t)$ eine Lösungs-fläche der Gl. (31) im (t, u, z)-Raum und $z_0 = S(u_0, t_0)$ ein Punkt auf dieser Fläche. Es soll die Bedingung dafür gefunden werden, daß ein Streifen, der durch die Lösungskurve und die Normalenvektoren hierzu bestimmt ist und mit der Fläche und der Normalen in z_0 zusammenfällt, ein charakteristischer Streifen zu (31) ist. Um den charakteristischen Streifen zu beschreiben, betrachten wir die charakteristische Kurve $u(t)$ und die Normalen oder Gradienten auf der Fläche:

$$\mu(t) = S_u\big(u(t), t\big) \tag{33}$$

zu dieser Kurve $u(t)$. Der Zustandsvektor möge die Bewegungsgleichung für eine spezielle Steuerung $y(t)$ erfüllen:

$$\dot{u}(t) = H_\mu\big(u, S_u(u(t), t), t\big) = f\big(u(t), y(t, u, S_u), t\big). \tag{34}$$

Für die Anfangsbedingung u_0 integriert wird hieraus $u(t)$ und damit

$$z(t) = S\big(u(t), t\big)$$

erhalten. Mit (33) und (34) wird durch Differentiation von (33) nach der Zeit gefunden:

$$\frac{d}{dt}\mu(t) = \dot{\mu} = \frac{d}{dt}S_u\big(u(t), t\big) = S_{tu} + S_{uu}\dot{u}$$

$$= S_{tu} + S_{uu}H_\mu(u, \mu, y, t). \tag{35}$$

Die partielle Differentiation der HAMILTON-JACOBI-Gleichung (31) nach $u(t)$ ergibt:

$$S_{tu} + H_u + \mu_u H_\mu = 0 \tag{36}$$

mit $\mu_u = S_{uu}$. Ein Vergleich von (36) mit (35) ergibt:

$$\dot{\mu}(t) = -H_u\big(u(t), \mu(t), y(t), t\big). \tag{37a}$$

Diese Gleichung liefert zusammen mit (34)

$$\dot{u}(t) = H_\mu\big(u(t), \mu(t), y(t), t\big) \tag{37b}$$

die kanonischen Differentialgleichungen der Variationsrechnung. Die $u(t)$ und $\mu(t)$, die (37) befriedigen, beschreiben einen charakteristischen Streifen zu (31).

Es sollen nun noch H_u^o und H_μ^o für die optimale Steuerfunktion $y^o(t)$ berechnet werden, wobei angenommen ist, daß sowohl H als auch die optimale Steuerung $y^o(t)$ von den $2n + 1$ Variablen $\big(t, u_1(t), \ldots, u_n(t), \mu_1(t), \ldots, \mu_n(t)\big)$ abhängen. Aus Gl. (32) folgt:

$$H_\mu^o\big(u(t), \mu(t), t\big) = f(t, u, y^o) + \mu^T[f_y\, y_\mu^o(t) + L_y^T\, y_\mu^o(t)]. \tag{38}$$

Mit der Minimierungsbedingung (25) wird hieraus aber

$$H_\mu^o\big(u(t), \mu(t), t\big) = f\big(u(t), y^o(t), t\big). \tag{39}$$

Für H_u wird analog gefunden:

$$H_u^o\big(u(t), \mu(t), t\big) = \mu^T(t)\,[f_u\big(u(t), y^o(t), t\big) + f_y(u, y, t)\cdot y_u^o] +$$

$$+ L_u(u, y^o, t) + L_y^T(u, y^o, t)\, y_u^o$$

$$= \mu^T(t)\,f_u(t, u, y^o) + L_u(t, u, y^o). \tag{40}$$

Damit ist das Ergebnis gefunden, daß die charakteristischen Streifen der HAMIL-
TON-JACOBI-Differentialgleichungen für die optimale Steuerfunktion beschrieben
werden durch:

$$\dot{u}(t) = f\big(u(t), y^o(u(t), \mu(t), t), t\big), \tag{41a}$$

$$\dot{\mu}(t) = -\mu^T(t)\, f_u\big(u(t), y^o(u(t), \mu(t), t), t\big) - L_u\big(u(t), y^o(u(t), y(t), t), t\big). \tag{41b}$$

Die Gl. (41a) ist gleich der gegebenen Systemgleichung und (41b) das dazu-
gehörende adjungierte System; beide mit der optimalen Steuerung $y^o(t)$, die die
Minimierungsbedingung (25) erfüllt. Das heißt in anderen Worten, daß dann,
wenn $y^o(t)$ eine optimale Steuerfunktion ist, die charakteristische Kurve $u(t)$
gerade durch die optimale Trajektorie $_y\varphi^o(t)$ beschrieben wird.

4.5 Pontrjagins Theorem

Es soll nun kurz auf den Zusammenhang zwischen dem für die moderne
Optimierungstheorie so wesentlichen „Maximumprinzip" von PONTRJAGIN und der
bisher vorwiegend betrachteten „HAMILTON-JACOBI-CARATHÉODORY-Theorie"
der klassischen Variationsrechnung eingegangen werden. Dazu wird das grundlegende Theorem von PONTRJAGIN betrachtet, das in [IX.11] ausführlich bewiesen ist.

Gegeben ist die Bewegungsgleichung eines zeitinvarianten Systems mit

$$\dot{u}(t) = f\big(u(t), y(t)\big), \quad u_0 = u(t_0) \tag{42a}$$

bzw.

$$\frac{d}{dt}\, u_i(t) = f_i\big(u(t), y(t)\big), \quad u_{i0} = u_i(t_0) \quad (i = 1, 2, \ldots, n). \tag{42b}$$

Dazu kommt das Kostenfunktional in der LAGRANGEschen Form:

$$J = \int_{t_0}^{t_e} L\big(u(t), y(t)\big)\, dt. \tag{43}$$

Werden diese Bezeichnungen eingeführt:

und

$$\begin{aligned} f_0(u, y) &= L(u, y) \\ u_0(t) &= J, \end{aligned} \tag{44}$$

dann kann (43) alternativ so notiert werden:

$$\dot{u}_0(t) = f_0(u, y), \quad u_0(t_0) = 0. \tag{45}$$

Wird das ursprüngliche n-dimensionale System (42) um (45) erweitert, dann
erhält man die $n + 1$ Differentialgleichungen in Vektorform:

$$\dot{\tilde{u}}(t) = [\dot{u}_0(t), \dot{u}^T(t)]^T = \tilde{f}(u, y), \quad \tilde{u}_0 = \tilde{u}(t_0) = \begin{bmatrix} 0 \\ u_0 \end{bmatrix}. \tag{46}$$

Es ist dabei zu beachten, daß alle $f_i(u, y)$ $(i = 0, 1, \ldots, n)$ nicht von $u_0(t)$
abhängen. Die Lösung des Differentialgleichungssystems (46) ist nun so zu bestimmen, daß die Randbedingung $u_e = u(t_e)$ erfüllt ist und gleichzeitig $u_0(t_e)$ ein
Minimum wird. Diese Aufgabe kann geometrisch in einem $(n + 1)$-dimensionalen

Vektorraum so gedeutet werden, wie es in Abb. IX.4.1 skizziert ist. In einem $(n+1)$-dimensionalen Vektorraum $\mathbf{R}_{n+1}$ ist also der Punkt u_0 der Anfangsbedingung

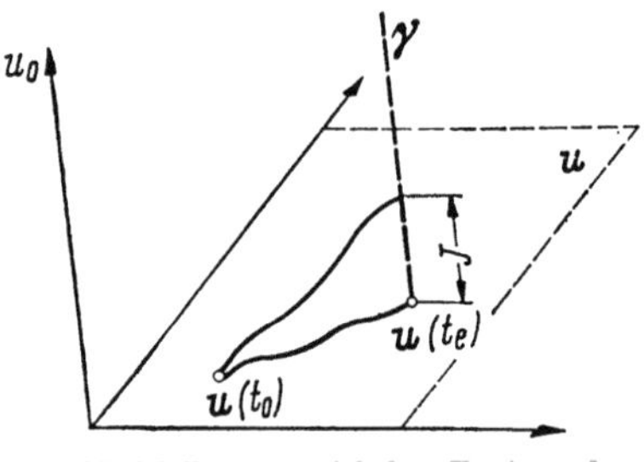

und eine Gerade γ gegeben. Die Gerade γ läuft parallel zur $u_0(t)$-Achse durch den Endpunkt $u_e = u(t_e)$, der ebenso wie u_0 auf der Hyperfläche $u(t)$ liegt. Unter allen zulässigen Steuerfunktionen $y(t)$, die Trajektorien $\tilde{u}(t)$ erzeugen, so daß $\tilde{u}(t)$ den Punkt u_0 mit der Geraden γ verbindet, sind solche zu finden (falls sie überhaupt existieren), mit denen $u_0(t_e) = J$ ein Minimum wird, d. h. $u_0(t_e)$ die kleinstmögliche Koordinate erhält.

Abb. IX.4.1 Zur geometrischen Deutung des Optimierungsproblems

Die hier betrachteten *zulässigen* Steuerungen $y(t)$ sollen folgende Eigenschaften haben:

1. $y(t) \in \mathbf{Y} \subset \mathbf{R}_q$, wobei $\mathbf{Y}$ ein geschlossenes und beschränktes Gebiet im q-dimensionalen Vektorraum $\mathbf{R}_q$ ist.

2. $y(t)$ soll stückweise stetig sein.

Die so definierten zulässigen Stellfunktionen unterliegen bei PONTRJAGIN also wesentlich schwächeren Bedingungen als es jene sind, die bei der vorstehend behandelten klassischen Variationsrechnung vorausgesetzt werden mußten. Denn bisher waren nur Steuerungen zugelassen, die stetig und stetig differenzierbar in einem allseitig offenen Gebiet waren; und die bisher gefundenen Ergebnisse waren nur für diese $y(t)$ gültig.

Als nächstes wird ein Gleichungssystem mit der Hilfsvariablen $\tilde{\boldsymbol{\mu}}(t) = [\mu_0, \mu_1, \ldots, \mu_n]^T$ eingeführt:

$$\dot{\tilde{\boldsymbol{\mu}}}(t) = -\tilde{\boldsymbol{f}}_{\tilde{u}}^{T}(\tilde{u}, y)\, \tilde{\boldsymbol{\mu}}(t) \tag{47}$$

oder ausgeschrieben

$$\dot{\mu}_i(t) = -\sum_{\alpha=0}^{n} \frac{\partial}{\partial u_i} f_\alpha\, \mu_\alpha(t) \qquad (i = 0, 1, 2, \ldots, n). \tag{47b}$$

Für eine gegebene Trajektorie $u(t)$ und eine zulässige Steuerung $y(t)$ ist dieses System linear und homogen für $\tilde{\boldsymbol{\mu}}(t)$, so daß eine eindeutige Lösung sichergestellt ist. Die Gln. (46) und (47) werden durch diese HAMILTON-Funktion zusammengefaßt:

$$H(\tilde{\boldsymbol{\mu}}, u, y) = \tilde{\boldsymbol{\mu}}^T \tilde{\boldsymbol{f}}(u, y) = \sum_{i=0}^{n} \mu_i f_i(u, y)$$

$$= \mu_0 L(u, y) + \sum_{k=1}^{n} \mu_k f_k(u, y). \tag{48}$$

Da (47b) für $i = 0$ die Form $\dot{\mu}_0 = 0$ annimmt (die f_i sind nicht von μ_0 abhängig), ist μ_0 eine Konstante, die zu $\mu_0 = 1$ gewählt wird. Damit erhält die HAMILTON-Funktion die spezielle Form:

$$H(\boldsymbol{\mu}, u, y) = L(u, y) + \boldsymbol{\mu}^T f(u, y). \tag{48a}$$

Die Wahl von $\mu_0 = +1$ hat zur Folge, daß das in der Originalliteratur [IX.11] „Maximumprinzip" genannte Theorem von PONTRJAGIN im folgenden als „Minimum"-Prinzip erscheint.

Mit der Hamilton-Funktion (48a) können das Bewegungsgesetz und das dazu adjungierte System wieder notiert werden zu:

$$\dot{u}(t) = H_\mu\big(u(t), \mu(t), y(t)\big) = f\big(u(t), y(t)\big),$$
$$\dot{\mu}(t) = -H_u\big(u(t), \mu(t), y(t)\big) = -L_u\big(u(t), y(t)\big) - f_u^T\big(u(t), y(t), \mu(t)\big)\,\mu(t) \tag{49a}$$

bzw.

$$\left.\begin{array}{l} \dfrac{d}{dt}\,u_i(t) = \dfrac{\partial}{\partial \mu_i}\,H\big(u(t), \mu(t), y(t)\big) \\[2mm] \dfrac{d}{dt}\,\mu_j(t) = -\dfrac{d}{du_j}\,H\big(u(t), \mu(t), y(t)\big) \end{array}\right\} \begin{array}{l} i = 1, 2, \ldots, n, \\[1mm] \mu_0 = 1, \\[1mm] j = 0, 1, 2, \ldots, n. \end{array} \tag{49b}$$

Mit den so eingeführten Bezeichnungen lautet das Pontrjaginsche Prinzip für zeitinvariante Systeme:

Satz 3. Es sei $y^o(t)$ für $t \in [t_0, t_e]$ eine zulässige Steuerung so, daß die dadurch erzeugte Trajektorie $u^o(t)$ des Systems (42a) bei $u_0 = u(t_0)$ beginnend für $u_e = u(t_e)$ erstmalig die Gerade γ trifft. Damit $y^o(t)$ und $u^o(t)$ optimal sind, ist notwendig, daß

1. eine nicht identisch verschwindende Vektorfunktion $\mu^o(t) = [\mu_0^o(t), \mu_1^o(t), \ldots, \mu_n^o(t)]^T$ passend zu $y^o(t)$ und $u^o(t)$ existiert derart, daß (49) für die Randbedingungen $u(t_0) = u_0$ und $u(t_e) = u_e$ erfüllt ist,

2. für alle $t \in [t_0, t_e]$ die Hamilton-Funktion $H(\mu, u, y)$ in Abhängigkeit der Variablen $y(t)$ ihr Minimum für $y(t) = y^o(t)$ annimmt:

$$H^o\big(\mu^o(t), u^o(t), y^o(t)\big) \leqq H\big(\mu^o(t), u^o(t), y(t)\big) \tag{50}$$

oder

$$H^o(\mu^o, u^o, y^o) = \min_{y \in Y} H(\mu^o, u^o, y), \tag{51}$$

3. für alle $t \in [t_0, t_e]$ das Funktional $H^o(\mu^o(t), u^o(t), y^o(t))$ verschwindet

$$H^o\big(\mu^o(t), u^o(t), y^o(t)\big) = 0, \quad \text{für} \quad t \in [t_0, t_e]. \tag{52}$$

Beschränkt man sich auf stetige und stetig differenzierbare Steuerfunktionen in einem offenen Gebiet $Y \in R_q$, dann kann Pontrjagins Prinzip direkt über das Lemma von Carathéodory (Satz 1, S. 386) aus der Hamilton-Jacobi-Theorie der Variationsrechnung abgeleitet werden. Ein Vergleich der Gln. (18) und (50) offenbart die Identität dieser Beziehungen. Ist darüber hinaus $J^o\big(u(t), t\big)$ eine hinreichend glatte Funktion, dann kann die adjungierte Vektorfunktion $\tilde{\mu}(t)$ bzw. $\mu(t)$ direkt als $J_u^o\big(u(t), t\big)$ und schließlich als Vektor Lagrangescher Multiplikatoren gedeutet werden. Die Bedeutung des hier nur zitierten, in [IX.11] über eine spezielle erste Variation der Steuerung $y^o(t)$ bewiesenen Prinzips von Pontrjagin liegt aber gerade darin, daß wegen der hier wesentlich geringeren Anforderungen an $y^o(t)$ — $y(t)$ braucht nur stückweise stetig in dem abgeschlossenen Gebiet Y zu sein — Probleme, wie z. B. das zeitoptimale Regelungsproblem einer geschlossenen Lösung zugeführt werden, die mit klassischen Theorien nicht zu bearbeiten sind. Bei der Behandlung spezieller Probleme in Abschn.6 wird das Pontrjaginsche Prinzip, das neben [IX.11] vor allem in [IX.7] ausführlich untersucht ist, noch weitergehend besprochen werden.

4.6 Nebenbedingungen für den Endzustand

Bei den bisher behandelten Optimierungsproblemen war der Endzustand $u_e = u(t_e)$ des Systems, also der Endpunkt der Bewegungstrajektorie beliebig. Die optimale Steuerung $y^o(t)$ war alleine unter dem Gesichtspunkt gewählt worden, daß die Kosten bei beliebigem Endzustand minimiert werden. In vielen praktischen Problemen enthalten die Problemstellungen aber zusätzliche Bedingungen, die für den Zustandsvektor bestimmte Endwerte vorschreiben, die eingehalten werden müssen. Beispiele hierzu sind einmal die Raketenbahnoptimierung, bei der die Rakete oder ein Satellit in eine vorgeschriebene Erdumlaufbahn gebracht werden muß, oder auch das Zeitoptimierungsproblem, bei dem, ausgehend von einem Anfangszustand, das System in kürzester Zeit in den Nullzustand $u_e = u(t_e) = 0$ zu bringen ist. Alle Bedingungen dieser Art sind *zusätzliche* Zwangs- oder Nebenbedingungen, die jede zufriedenstellende Trajektorie einhalten muß. Im folgenden werden die notwendigen Bedingungen für die optimale Steuerung so abgeändert, daß die Endzustandszwangsbedingungen miterfaßt werden.

Die hier zu behandelnden Nebenbedingungen werden in dieser mathematischen Form notiert

$$g\big(u(t), t\big)\big|_{t=t_e} = 0. \tag{53}$$

Der r-Vektor g mit $(r \leq n)$ definiert eine Endmannigfaltigkeit im Zustandsraum, auf der die zu optimierenden Trajektorien enden müssen. Für die folgenden Ableitungen von notwendigen Bedingungen wird wie üblich vorausgesetzt, daß eine optimale Steuerung $y^o(t)$ existiert, die eine optimale Trajektorie $u^o(t)$ zur Folge hat, für die wiederum (53) erfüllt wird. Ferner sollen in der Nachbarschaft von $y^o(t)$ weitere Steuerungen $y(t)$ existieren, die ebenfalls (53) befriedigen. Dann kann eine Lösung analog zu den in Abschn. 3 behandelten Methoden auf dem Wege gesucht werden, daß in das Kostenfunktional neben der Bewegungsgleichung

$$\dot{u}(t) = f(u(t), y(t), t)$$

auch Gl. (53) mittels LAGRANGEscher Multiplikatoren eingebaut wird.

Es wird zunächst das MEYER-Problem behandelt:

$$J(u_0, y) = M(u, t)\big|_{t=t_e} - v^T g(u, t)\big|_{t=t_e} + \int_{t_0}^{t_e} \mu^T[f(u, y, t) - \dot{u}]\, dt. \tag{54}$$

War die Steuerung optimal, dann werden kleine Variationen hiervon, entsprechend der hier durchweg verwendeten Definition von „optimal", zu höheren Kosten führen. Die Variation δy sei so klein, daß $y^o + \delta y$ in der Nachbarschaft von $y^o(t)$ verläuft. Damit folgt aus (54):

$$J(y^o + \delta y, u_0) = M(u^o + \delta u, t)\big|_{t=t_e+\delta t_e} - v^T g(u + \delta u, t)\big|_{t=t_e+\delta t_e} +$$
$$+ \int_{t_0}^{t_e+\delta t_e} \mu^T[f(u + \delta u, y + \delta y, t) - \dot{u} - \delta\dot{u}]\, dt. \tag{55}$$

Eine TAYLOR-Entwicklung um y^o und u_0 unter Vernachlässigung aller Glieder, die von höherer als 1. Ordnung klein sind, liefert:

$$J = M(u^o, t)\big|_{t_e} + M_u^T \delta u\big|_{t_e} + [M_u^T \dot{u} + M_t]_{t_e} \cdot \delta t_e -$$
$$- v^T g(u, t)\big|_{t_e} - v^T g_u \delta u\big|_{t_e} - [v^T g_u \dot{u} + v^T g_t]_{t_e} \cdot \delta t_e +$$
$$+ \int_{t_0}^{t_e} \mu^T[f(u, y, t) + f_u \delta u + f_y \delta y - \dot{u} - \delta\dot{u}]\, dt + \cdots \tag{56}$$

Der Term $\int\limits_{t_e}^{t_e+\delta t_e}\ldots$ wurde dabei vernachlässigt, da er nur Glieder liefert, die von 2. oder höherer Ordnung klein sind, ebenso wie die weiteren durch $(+\cdots)$ angedeuteten Terme. Ist δy hinreichend klein wählbar, dann ist der Zuwachs der Kosten δJ bestimmt zu

$$\delta J = J(y^o + \delta y, u_0) - J(y^o, u_0) \tag{57}$$

oder

$$\delta J = [M_u^T - v^T g_u]\,\delta u|_{t_e} +$$
$$+ [M_u^T \dot u + M_t - v^T g_u \dot u - v^T g_t]|_{t_e}\cdot \delta t_e +$$
$$+ \int\limits_{t_0}^{t_e}\mu^T f_y\,\delta y\,dt + \int\limits_{t_0}^{t_e}(\dot\mu^T + \mu^T f_u)\,\delta u\,dt - \mu^T\,\delta u\Big|_{t_0}^{t_e}. \tag{58}$$

Der Integrand des letzten Integrals enthält den Summanden $\dot\mu$, der aus einer partiellen Integration des Integranden $\mu^T\cdot\delta\dot u$ in (56) zusammen mit dem letzten Summanden in (58) entstanden ist.

Als nächster Schritt werden die Lagrangeschen Multiplikatoren μ und v so gewählt, daß die Nebenbedingungen in dem Problem verarbeitet werden. Der Vektor $\mu(t)$ wird als erstes so festgelegt, daß er das adjungierte System

$$\dot\mu^T(t) = -f_u^T\big(u(t), y(t), t\big)\cdot\mu(t) \tag{59}$$

erfüllt. Gegenüber der Vorgehensweise in Abschn. 3 werden die Randbedingungen nun aber so abgeändert, daß der Koeffizient vor $\delta u(t_e)$ in (58) verschwindet:

$$\mu(t_e) = [M_u\big(u(t), t\big) - v^T(t)\,g_u(t)]|_{t=t_e}. \tag{60}$$

Der Vektor $v(t)$ ist so zu bestimmen, daß die r Zwangsbedingungen $g = 0$ erfüllt sind. Mit (59) und (60) kann (58) jetzt vereinfacht werden zu:

$$\delta J = \int\limits_{t_0}^{t_e}\mu^T f_y\,\delta y\,dt + (\mu^T f + M_t - v^T g_t)|_{t_e}\cdot\delta t_e + \mu^T(t)\,\delta u(t)|_{t_0}. \tag{61}$$

Werden bei der Kostenvariation zunächst einmal der Anfangswert u_0 und die Endzeit t_e festgehalten, dann sind δt_e und δu_0 gleich Null. Weiterhin wird die Variation der Steuerung $\delta y(t)$ so gewählt, daß sie überall bis auf die Nachbarschaft eines Punktes $t_1 \in (t_0, t_e)$ gleich Null ist (vgl. Abb. IX.3.1). Damit wird aus der Kostenvariation zunächst

$$\delta J = \mu^T f_y\,\delta y|_{t_1}\,dt_1. \tag{62}$$

Wenn δJ nicht negativ für alle zulässigen Variationen um die (gegebene) optimale Steuerung $y^o(t)$ sein soll, dann muß $\mu^T f_y$ gleich Null sein. Denn wäre dies nicht richtig, könnte ein δy so gewählt werden, daß

$$\delta y = -\varepsilon f_y^T \mu$$

ist, worin ε genügend klein ist und eine resultierende Variation δJ aus (62)

$$\delta J = -\varepsilon\,\|\mu^T f_y\|^2|_{t_1}\cdot dt_1 \tag{63}$$

liefert. Dies führt aber zu einem Widerspruch, und es kann geschlossen werden, daß die optimale Steuerung geliefert wird durch

$$\mu^T(t)\,f_y\big(u(t), y(t)\big) = 0^T. \tag{64}$$

Entsprechend wird die Kostenvariation betrachtet, die bei $\delta y = 0$ und $\delta u_0 = 0$ von der Endzeitvariation δt_e allein herrührt:

$$\delta J = [\boldsymbol{\mu}^T \boldsymbol{f} + M_t - \boldsymbol{\nu}^T \boldsymbol{g}_t]|_{t_e} \cdot \delta t_e. \tag{65}$$

Mit den gleichen Argumenten wie vorstehend wird wieder geschlossen, daß t_e so zu wählen ist, daß gilt:

$$\boldsymbol{\mu}^T(t)\,\boldsymbol{f}\big(\boldsymbol{u}(t), \boldsymbol{y}(t), t\big)\big|_{t=t_e} = [\boldsymbol{\nu}^T(t)\,\boldsymbol{g}_t(\boldsymbol{u}(t), t) - M_t(\boldsymbol{u}(t), t)]_{t=t_e}. \tag{66}$$

Die Gln. (59), (60), (64) und (66) sind die notwendigen Bedingungen für das Optimum eines MEYER-Problems mit Endzustandszwangsbedingungen.

Die Ausdehnung der hier vorgeführten Überlegungen auf ein BOLZA-Problem kann ähnlich erfolgen, wie es in Abschn. 3.4 dargestellt wurde. Für das BOLZA-Problem mit Endzustandszwangsbedingungen werden die notwendigen Bedingungen für ein Optimum in der HAMILTON-Form nur zitiert. Die Bewegungsgleichung des Systems sei von der Form:

$$\dot{\boldsymbol{u}}(t) = \boldsymbol{f}\big(\boldsymbol{u}(t), \boldsymbol{y}(t), t\big), \quad \boldsymbol{u}_0 = \boldsymbol{u}(t_0) \tag{67}$$

mit den Nebenbedingungen

$$\boldsymbol{g}\big(\boldsymbol{u}(t), t\big)\big|_{t=t_e} = 0. \tag{68}$$

Die optimale Steuerung $\boldsymbol{y}(t)$ ist so zu wählen, daß das Kostenfunktional

$$J\big(\boldsymbol{y}(t), \boldsymbol{u}_0\big) = \int\limits_{t_0}^{t_e} L\big(\boldsymbol{u}(t), \boldsymbol{y}(t), t\big)\, dt + M\big(\boldsymbol{u}(t), t\big)\big|_{t=t_e}. \tag{69}$$

minimiert wird. Mit der HAMILTON-Funktion

$$H\big(\boldsymbol{u}(t), \boldsymbol{\mu}(t), \boldsymbol{y}(t), t\big) = \boldsymbol{\mu}^T(t)\,\boldsymbol{f}\big(\boldsymbol{u}(t), \boldsymbol{y}(t), t\big) + L\big(\boldsymbol{u}(t), \boldsymbol{y}(t), t\big) \tag{70}$$

müssen der Zustandsvektor, die optimale Steuerung und die LAGRANGEschen Multiplikatoren bzw. die Empfindlichkeitsvektoren diesen Bedingungen für das gesuchte Optimum genügen:

$$\dot{\boldsymbol{u}}(t) = H_\mu\big(\boldsymbol{u}(t), \boldsymbol{\mu}(t), \boldsymbol{y}(t), t\big) \qquad \text{(Bewegungsgleichung)}, \tag{71}$$

$$\dot{\boldsymbol{\mu}}(t) = -H_u\big(\boldsymbol{u}(t), \boldsymbol{\mu}(t), \boldsymbol{y}(t), t\big) \qquad \text{(Empfindlichkeitsgleichung)}, \tag{72}$$

$$H_y\big(\boldsymbol{u}(t), \boldsymbol{\mu}(t), \boldsymbol{y}(t), t\big) = 0 \qquad \text{(Steuerbedingung)}, \tag{73}$$

$$\boldsymbol{\mu}(t_e) = [M_u\big(\boldsymbol{u}(t), t\big) - \boldsymbol{g}_u^T\big(\boldsymbol{u}(t), t\big)\,\boldsymbol{\nu}(t)]_{t=t_e} \qquad \text{(Transversalitätsbedingung)}, \tag{74}$$

$$H\big(\boldsymbol{u}(t), \boldsymbol{\mu}(t), t\big)_{t=t_e} = -[M_t\big(\boldsymbol{u}(t), t\big) - \boldsymbol{\nu}^T(t)\,\boldsymbol{g}\big(\boldsymbol{u}(t), t\big)]_{t=t_e}$$
$$\text{(Endzeitbedingung)}. \tag{75}$$

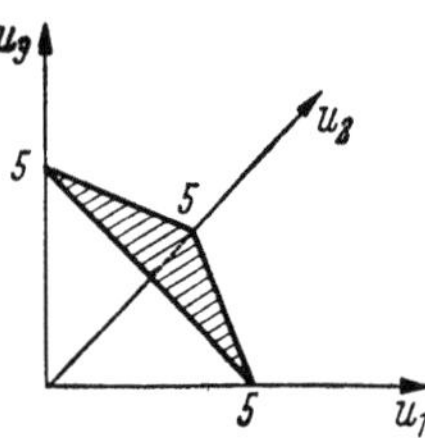

Abb. IX.4.2 Zur Erläuterung der Transversalitätsbedingung

Die Randbedingung (74) wird auf Grund einer geometrischen Interpretation als Transversalitätsbedingung bezeichnet. Im vorliegenden Fall steht der Vektor $\dfrac{\partial}{\partial \boldsymbol{u}}\, g_1(\boldsymbol{u}_0)$ senkrecht auf der Fläche $g_1\big(\boldsymbol{u}(t)\big) = 0$ im Punkte $\boldsymbol{u}_0$.

Beispiele. Für $g_1 = u_1 + u_2 + u_3 - 5$ definiert $g_1 = 0$ eine Ebene (Abb. IX.4.2). Der Vektor $\boldsymbol{a} = \dfrac{\partial}{\partial \boldsymbol{u}}\, g_1(u_1, u_2, u_3) = [1, 1, 1]^T$ steht senkrecht zu dieser Ebene.

Ebenso ist, falls $g_2(\boldsymbol{u}) = \boldsymbol{u}^T \boldsymbol{u} - 25$ ist, $g_2(\boldsymbol{u}) = 0$ eine Fläche, die aus einer Kugelschale um den Ursprung besteht und $\dfrac{\partial g_2}{\partial \boldsymbol{u}} = 2\boldsymbol{u}$ ist orthogonal zu dieser Fläche.

Zwei skalare Funktionen $g_1(u)$ und $g_2(u)$ im dreidimensionalen Vektorraum, die gleichzeitig zu Null gesetzt werden, definieren eine Schnittkurve der durch die Funktionen beschriebenen Flächen. Die beiden Gradienten $\frac{\partial}{\partial u} g_1(u)$ und $\frac{\partial}{\partial u} g_2(u)$ definieren eine Ebene, die senkrecht zu der Schnittkurve steht. Für Vektorräume höherer Dimension lassen sich analoge Betrachtungen anstellen. Wenn die Zwangsbedingungen $g_1(u), g_2(u), \ldots, g_r(u)$ alle gleich Null gesetzt werden, dann bilden Punkte von $u(t)$ eine Schnittkurve dieser Zwangsbedingungen im n-dimensionalen Zustandsraum R_n. Ist der Zustandsraum dreidimensional, dann definiert eine Zwangsbedingung eine Fläche, die eine zweiparametrige Untermenge $R_2 \subset R_3$ bildet. Zwei Zwangsbedingungen im Vektorraum R_3 definieren eine Schnittkurve, die eine einparametrige Untermenge $R_1 \subset R_3$ ist. Für den n-dimensionalen Vektorraum bilden r Zwangsbedingungen eine $(n-r)$-parametrige „Fläche" von Schnitten. Die Gradientenvektoren der Zwangsbedingungen definieren eine Hyperfläche, die senkrecht zu der Schnittfläche steht. Die Zahl der Gradientenvektoren ist gleich der Zahl der Zwangsbedingungen, und unter der Annahme, daß keine der Zwangsbedingungen eine Tangente an einem Punkt der Schnittkurve ist, was den Gradientenvektor dieser Zwangsbedingung an diesem Punkt parallel machen würde, ist die „Dimension" der „Ebene" gleich der Zahl der Zwangsbedingungen. Die durch die Gradientenvektoren definierte Ebene schneidet quer durch die Schnittkurve der Zwangsbedingungen, was den Namen Transversalebene begründet.

Wird die Randbedingung (74) des Empfindlichkeitsvektors $\mu(t)$ betrachtet, dann ist zu erkennen, daß dann, wenn keine Endzustandskosten definiert sind, also $M(u(t), t) = 0$ ist, μ eine Linearkombination der Gradientenvektoren g_u ist. Deshalb liegt dann $\mu(t)$ für den Endpunkt t_e in dieser Transversalebene zu den Zwangsbedingungen. Dies ist der Grund für den Namen *Transversalitätsbedingung*, unter dem die Randbedingung (74) üblicherweise zitiert wird.

Die Lagrangeschen Multiplikatoren v in (54) können ebenso wie die $\mu(t)$ physikalisch interpretiert werden, was nützlich zur Abschätzung der Bedeutung der Zwangsbedingungen $g(u, t) = 0$ für den Wert des Kostenfunktionals ist. Ähnlich wie die $\mu(t)$ ein Maß für die Empfindlichkeit des Kostenfunktionals gegenüber dem Zustandsvektor darstellen (Abschn. 3.2 und 3.4), so geben die $v(t)$ die Empfindlichkeit der Kosten gegenüber den Zwangsbedingungen an. Diese Deutung ist besonders einfach aus der Analyse des Meyer-Problems zu finden, wo das Kostenfunktional gegeben ist durch:

$$J\big(u(t)\big) = [M\big(u(t), t\big) - v^T(t)\, g\big(u(t), t\big)]_{t=t_e}. \tag{76}$$

Für die vorliegende Betrachtung ist t_e als fest angenommen, und damit sind M und g nicht explizite von t abhängig. Die Steuergleichung (73) hat auch die Bedeutung, daß die Glieder 1. Ordnung in der Taylor-Entwicklung der Kosten für optimale Steuerfunktionen gleich Null sind:

$$\delta J = \big[M_u^T\big(u(t), t\big) - v^T(t)\, g_u\big(u(t), t\big)\big]_{t_e} \cdot \delta u(t)\big|_{t_e} = 0. \tag{77}$$

Daraus folgt aber weiterhin, daß gelten muß

$$M_u^T\big(u(t), t\big)\, \delta u(t)\big|_{t=t_e} = v^T(t)\, g_u\big(u(t), t\big)\, \delta u(t)_{t=t_e}. \tag{78}$$

Nun sind aber die Kosten durch $M\big(u(t)\big)$ so festgelegt, daß (78) für die Entwicklungsglieder 1. Ordnung auch bedeutet:

$$\delta J = v^T(t)\,\delta g\big(u(t)\big). \tag{79}$$

Diese Beziehung zeigt, daß $v(t)$ ein Maß für die Empfindlichkeit des Kostenfunktionals gegenüber den Zwangsbedingungen $g_i\big(u(t)\big)$ angibt. Das bedeutet, daß, wenn ein $v_i(t)$ sehr groß ist, eine wesentliche Verringerung der Kosten dadurch zu erreichen ist, indem die damit verknüpfte Zwangsbedingung $g_i\big(u(t)\big)$ gemildert oder gelockert wird. Umgekehrt zeigen kleine v_i, daß die durch $g_i\big(u(t)\big)$ hervorgerufenen Kosten nicht wesentlich sind. Offensichtlich ist aber (79) nur eine differentielle Beziehung, so daß die damit beschriebenen Eigenschaften nur lokal gelten.

5 Lineare Systeme mit quadratischen Kostenfunktionalen

5.1 Problemstellung

Die linearen Regelungssysteme sind für Theorie und Praxis von besonderem Interesse, und in dieser Darstellung werden vorwiegend nur diese Systeme behandelt. In einem linearen System ist die Steuer- oder Stellgröße $y(t)$ als lineare Funktion des Systemausgangs oder, bei den Zustandsmodellen, des Systemzustandes angebbar. Bei den Zustandsmodellen ist das Regelgesetz durch die Beziehung

$$y(t) = R(t)\,u(t)$$

gegeben, wie weiter unten noch ausführlicher gezeigt werden wird. Die „klassische" Regelungstheorie, wesentlich verbunden mit den Namen BODE, NYQUIST und EVANS, beruht vor allem auf Frequenzbereichtechniken. Diese haben gemeinsam, daß ein lineares *und zeitinvariantes* Regelgesetz so an eine gegebene Strecke angepaßt wird, daß vorgeschriebene Spezifikationen wie Phasenwinkel, Dämpfung usw. zu einem stabilen System mit „guten" dynamischen Eigenschaften führen. Die auf diesen Methoden basierenden Optimierungsverfahren, vorwiegend auch mit quadratischen Optimierungskritieren, führen auf Parameteroptimierungsprobleme.

Durch die Verfügbarkeit von digitalen Rechenautomaten gewinnen nun aber zusehends Syntheseverfahren, auch auf der Basis quadratischer Kostenfunktionale zur Objektivierung der Aufgabe, an Bedeutung, die auf eine geschlossene Systemanalyse führen. Der notwendige Formelapparat folgt direkt aus den in den vorstehenden Abschnitten behandelten allgemeineren Optimierungsaufgaben. Neben der vorausgesetzten Linearität des zu optimierenden Systems führt vor allem die Beschränkung auf quadratische Kostenfunktionale auf eine übersichtliche Prozedur.

Es wird die Bewegungsgleichung eines linearen zeitvariablen Systems betrachtet:

$$\dot{u}(t) = A(t)\,u(t) + B(t)\,y(t),$$
$$u_0 = u(t_0). \tag{1}$$

Für das Folgende wird immer vorausgesetzt, daß alle Zustandsvariablen $u(t)$ für die Erzeugung einer geeigneten Stellfunktion zur Verfügung stehen. Bei den üblicherweise vorkommenden Regelsystemen ist diese Voraussetzung sicherlich nicht ohne weiteres erfüllt. Durch Einführung spezieller „Beobachter" (vgl. Abschn. VIII.6 oder IX.7.8) kann dann aber eine mehr oder weniger gute Schätzung $\hat{u}(t)$ des Zustandsvektors erzeugt werden, die dem optimalen Regelungsgesetz (Regler) zugeführt wird.

Das Kostenfunktional, das der Optimierung des Systems (1) zugrunde gelegt wird, ist von quadratischem Typ:

$$J(u(t),y(t)) = \tfrac{1}{2}\left[\int\limits_{t_0}^{t_e}[u^T(t)\,Q_1(t)\,u(t) + y^T(t)\,Q_2(t)\,y(t)]dt + u^T(t_e)\,Q_3(t)\,u(t_e)\right], \quad (2)$$

d. h. die einzelnen Summanden sind quadratische Formen der Variablen $u(t)$ und $y(t)$. Im übrigen soll die Endzeit t_e zunächst fest sein. Über die quadratischen Formen $Q_1(t)$, $Q_2(t)$ und $Q_3(t)$ und die Struktur der Regelstrecke (1) müssen noch einige weitere Festlegungen vereinbart werden, damit die Problemstellung physikalisch-technisch interpretierbar wird und zu technisch sinnvollen Lösungen führt. Als erstes sollen die $Q_i(t)$ $(i = 1, 2, 3)$ symmetrisch[1] und nichtnegativ definite sein, damit sichergestellt ist, daß die Kosten J für alle Stellgrößen und Zustandstrajektorien nie negativ werden. Im einzelnen soll gelten:

$$\left.\begin{array}{ll} Q_1(t) & \text{positiv semidefinite} \\ Q_2(t) & \text{positiv definite} \\ Q_3(t) & \text{positiv semidefinite} \end{array}\right\} \text{ für alle } \; t \in [t_0, t_e]. \qquad (3)$$

Die Matrix $Q_1(t)$ bestimmt den Preis des Fehlers des Systemzustandes bzw. des Verlaufs der Zustandstrajektorie und muß so gewählt werden, daß jede Zustandstrajektorie zu nichtnegativen Kosten führt. Wäre dies nicht so, könnte es Kombinationen von Systemzuständen geben, die die Kosten verringerten, und es könnte passieren, daß eine „optimale" Steuerung nur diese Zustände erfaßte. Die quadratische Form $Q_1(t)$ braucht nicht positiv definite mit $|Q_1(t)| \neq 0$ für $t \in [t_0, t_e]$ zu sein, sondern es sind auch positiv semidefinite Matrizen zugelassen. Ist $Q_1(t)$ positiv semidefinite mit $|Q_1(t)| = 0$ für einige $t \in [t_0, t_e]$, dann werden einzelne Systemzustände wegen der linearen Abhängigkeit in $Q_1(t)$ nicht in den Kosten erfaßt. Dies ist einfacher zu verstehen, wenn man sich erinnert (Abschn. VII.2.7), daß jede quadratische Form durch Kongruenztransformation auf die Summe von Quadraten transformiert werden kann. Da Q_1 semidefinite sein soll, kann Q_1 transformiert werden auf:

$$C^T(t)\,Q_1(t)\,C(t) = N_r. \qquad (4)$$

Hierin ist N_r die SMITHsche Normalform vom Range $Q_1(t) = r$ für $t \in [t_0, t_e]$. Mit $u = C\,\hat{u}$ lautet die quadratische Form für den Zustandspreis ausgeschrieben:

$$u^T Q_1 u = \sum_{i=1}^{n}\sum_{j=1}^{n} Q_{ij}\,u_i\,u_j = \hat{u}^T C^T Q_1 C\,\hat{u} = \sum_{i=1}^{r} \hat{u}_i^2, \qquad (5)$$

wo leicht zu erkennen ist, daß $(n - r)$ Zustandsvariable nicht im Kostenfunktional erfaßt werden.

---

[1] Ist Q_i nicht symmetrisch, dann werden in den zugehörigen quadratischen Formen doch nur die symmetrischen Anteile verwertet.

Die Matrix $Q_2(t)$ bestimmt den Preis der Steuerungskosten. Da $Q_2(t)$ positiv definite ist, trägt jede Steuerung $y(t) \neq 0$ zu den Kosten bei. Es wird sich zeigen, daß, aus Gründen der Existenz einer eindeutigen Lösung von optimalen Regelungsproblemen in endlicher Zeit, $Q_2(t)$ immer positiv definite mit $|Q_2(t)| \neq 0$ für alle $t \in [t_0, t_e]$ sein muß. In der Spezialliteratur wird der Summand

$$\int\limits_{t_0}^{t_e} y^T(t)\, Q_2(t)\, y(t)\, dt$$

häufig auch mit *Stellenergie* bezeichnet. Probleme, die nur diesen Term im Kostenfunktional enthalten, sind vom LAGRANGE-Typ und heißen Minimumenergieprobleme. Sie spielen eine besondere Rolle in der Raketentechnik, bei der die in den Raketen mitgeführte Antriebsenergie begrenzt ist.

Die Matrix $Q_3(t)$ erfaßt den Endfehler des Systems, indem sie das System mit Kosten belegt, wenn der Endzustand vom Sollzustand abweicht. In technischen Optimierungsproblemen wird die Matrix $Q_3(t)$ und damit der Endzustandsfehler nur dann eingeführt, wenn dieser Fehler von besonderer Bedeutung ist.

Schließlich ist an dieser Stelle festzuhalten, daß insbesondere auch aus Stabilitätsgründen die vollständige z-Steuerbarkeit des Systems vorausgesetzt werden muß, damit über geeignete Stell- oder Steuerfunktionen jeder Zustand, der zu geringeren Kosten des Optimierungsprozesses führt, auch erreicht werden kann.

5.2 Die Optimierungsbedingungen

Die notwendigen Bedingungen für ein optimales System mit der Bewegungsgleichung (1) und dem Kostenfunktional (2) lassen sich einfach aus den allgemeinen Beziehungen in Abschn. 3 ableiten. Als erstes wird eine HAMILTON-Funktion zu

$$H\big(u(t), \mu(t), y(t)\big) = \mu^T(t)\,[A(t)\,u(t) + B(t)\,y(t)] + \tfrac{1}{2}u^T(t)\,Q_1(t)\,u(t) +$$
$$+ \tfrac{1}{2}y^T(t)\,Q_2(t)\,y(t) \qquad (6)$$

definiert. Der Empfindlichkeitsvektor $\mu(t)$ muß der Beziehung

$$\dot{\mu}(t) = -H_u(u, \mu, y)$$
$$= -Q_1(t)\,u(t) - A^T(t)\,\mu(t) \qquad (7)$$

mit der Randbedingung

$$\mu(t_e) = Q_3(t_e)\,u(t_e) = Q_3(t_e)\,u_e \qquad (8)$$

genügen.

Die Steuerbedingung folgt aus

$$H_y(u, \mu, y) = 0$$

zu

$$B^T(t)\,\mu(t) + Q_2(t)\,y^o(t) = 0$$

oder

$$y^o(t) = -Q_2^{-1}(t)\,B^T(t)\,\mu(t). \qquad (9)$$

Einsetzen der Gl. (9) in (1) liefert, zusammen mit (7), die EULER-LAGRANGEschen Gleichungen dieses Problems:

$$\dot{u}(t) = A(t)\,u(t) - B(t)\,Q_2^{-1}(t)\,B^T(t)\,\mu(t),$$
$$\dot{\mu}(t) = -Q_1(t)\,u(t) - A^T(t)\,\mu(t), \qquad (10)$$

mit den (Zweipunkt-) Randwerten:

$$\boldsymbol{u}(t_0) = \boldsymbol{u}_0,$$
$$\boldsymbol{\mu}(t_e) = \boldsymbol{Q}_3(t_e)\,\boldsymbol{u}_e. \tag{11}$$

Mit den Gln. (9), (10) und (11) sind notwendige Bedingungen für die optimale Steuerung des Systems (1) unter dem Kostenfunktional (2) abgeleitet worden für den Fall, daß weder für den Zustandsvektor noch für den Stellvektor Zwangs- oder Nebenbedingungen existieren. Ferner ist wegen der verwendeten allgemeinen Ableitung des Abschn. 3 vorausgesetzt, daß alle Funktionen hinreichend glatt und stetig differenzierbar sind. In Abschn. 5.4 wird dann gezeigt, daß die vorstehenden Optimierungsbedingungen auch hinreichend sind.

Während im allgemeinen eine Lösung eines Zweipunkt-Randwertproblems nicht angegeben werden kann, ist im Falle des linearen Systems (10) eine eindeutige Lösung gesichert. Aus Gründen der Übersichtlichkeit wird aber zunächst der Fall des zeitinvarianten Systems mit der Bewegungsgleichung

$$\dot{\boldsymbol{u}}(t) = \boldsymbol{A}\,\boldsymbol{u}(t) + \boldsymbol{B}\,\boldsymbol{y}(t) \tag{12}$$

und den konstanten Matrizen $\boldsymbol{Q}_1(t) = \boldsymbol{Q}_1$, $\boldsymbol{Q}_2(t) = \boldsymbol{Q}_2$ und $\boldsymbol{Q}_3(t) = \boldsymbol{Q}_3$ getrennt untersucht. Damit geht (10) in ein lineares System mit konstanten Koeffizienten über, und die Stabilitätseigenschaften der Lösungen dieses Systems hängen nur von den Wurzeln der zugehörigen charakteristischen Gleichung ab. Aus den Eigenschaften des adjungierten Systems (Abschn. VII.3) folgt, daß wenn s_1 eine Wurzel der charakteristischen Gleichung ist, auch $-s_1$ eine Wurzel ist. Dies kann aber auch auf diesem Wege gezeigt werden, indem (10) zunächst mit

$$\boldsymbol{B}\,\boldsymbol{Q}_2^{-1}\,\boldsymbol{B}^T = \boldsymbol{S} \tag{13}$$

notiert wird zu:

$$\begin{bmatrix} \dot{\boldsymbol{u}}(t) \\ \dot{\boldsymbol{\mu}}(t) \end{bmatrix} = \begin{bmatrix} \boldsymbol{A} & -\boldsymbol{S} \\ -\boldsymbol{Q}_1 & -\boldsymbol{A}^T \end{bmatrix} \begin{bmatrix} \boldsymbol{u}(t) \\ \boldsymbol{\mu}(t) \end{bmatrix} = \boldsymbol{K} \begin{bmatrix} \boldsymbol{u}(t) \\ \boldsymbol{\mu}(t) \end{bmatrix}. \tag{14}$$

Die Matrix $\boldsymbol{K}$ hat eine spezielle Symmetrie, denn mit

$$\boldsymbol{G} = -\boldsymbol{G}^T = -\boldsymbol{G}^{-1} = \begin{bmatrix} \boldsymbol{0} & -\boldsymbol{1} \\ \boldsymbol{1} & \boldsymbol{0} \end{bmatrix} \tag{15}$$

gilt:

$$\boldsymbol{G}\,\boldsymbol{K} = [\boldsymbol{G}\,\boldsymbol{K}]^T = \boldsymbol{K}^T\,\boldsymbol{G}^T = -\boldsymbol{K}^T\,\boldsymbol{G}, \tag{16}$$

wenn man beachtet, daß $\boldsymbol{Q}_1$ und $\boldsymbol{S}$ symmetrisch sind ($\boldsymbol{Q}_1$ und $\boldsymbol{Q}_2$ nach Voraussetzung und damit auch $\boldsymbol{B}\,\boldsymbol{Q}_2^{-1}\,\boldsymbol{B}^T$). Um zu zeigen, daß, wenn s_1 ein Eigenwert von $\boldsymbol{K}$ ist, auch $-s_1$ ein solcher ist, nehmen wir an, daß $\boldsymbol{\xi}$ ein Eigenvektor von $\boldsymbol{K}$ sei:

$$\boldsymbol{K}\,\boldsymbol{\xi} = s_1\,\boldsymbol{\xi}. \tag{17}$$

Multiplikation dieser Gleichung mit $\boldsymbol{G}$ liefert in folgenden Teilschritten:

$$\left. \begin{aligned} \boldsymbol{G}\,\boldsymbol{K}\,\boldsymbol{\xi} &= s_1\,\boldsymbol{G}\,\boldsymbol{\xi}, \\ \boldsymbol{K}^T\,\boldsymbol{G}^T\,\boldsymbol{\xi} &= s_1\,\boldsymbol{G}\,\boldsymbol{\xi}, \\ \boldsymbol{K}^T\,\boldsymbol{G}\,\boldsymbol{\xi} &= -s_1\,\boldsymbol{G}\,\boldsymbol{\xi}. \end{aligned} \right\} \tag{18}$$

Wird mit $\boldsymbol{G}\,\boldsymbol{\xi}$ ein neuer Eigenvektor definiert, dann ist sogleich zu erkennen, daß, wie behauptet, $-s_1$ auch ein Eigenwert von $\boldsymbol{K}$ ist. Die Folge hiervon ist, daß (10) bzw. (14) ein Gleichungssystem repräsentiert, das im Falle der zeit-invarianten Systeme *fast immer* instabile Lösungen hat, weswegen bei der nume-rischen Lösung immer besondere Vorsicht geboten ist.

Kehren wir nun zur allgemeinen Lösung von (10) zurück. Es wird nach einer linearen Transformation gesucht, die den Zustandsvektor $u(t)$ und den adjungier-ten Vektor $\mu(t)$ verbindet. Auf die Möglichkeit der Existenz einer solchen Transformation wird man durch die Tatsache geführt, daß die Gln. (10) linear sind und $u(t)$ und $\mu(t)$ linear von den Anfangsbedingungen dieser Gleichungen abhängen. Gelingt es, die Anfangsbedingungen zu eliminieren, sollten $u(t)$ und $\mu(t)$ linear voneinander abhängen. Aus physikalisch-technischer Sicht bedeutet die Suche nach einem funktionalen Zusammenhang zwischen $u(t)$ und $\mu(t)$ die Suche nach einem Rückkopplungsgesetz. Denn das Steuergesetz in der Form (9) liefert zunächst einen Zusammenhang zwischen dem Stellvektor $y(t)$ und dem Empfindlichkeitsvektor, während in einem technischen System (wenn überhaupt) nur der Zustandsvektor verfügbar ist, um einem „Regler" zugeführt zu werden. Für eine mögliche Lösungsform der EULER-LAGRANGEschen Gleichungen und wegen des Rückkopplungsgesetzes wird also diese Transformation angesetzt:

$$\mu(t) = V(t)\,u(t) \quad \text{für alle} \quad t \in [t_0, t_e]. \tag{19}$$

Die zeitliche Ableitung $\dot{\mu}(t)$ lautet dann

$$\dot{\mu}(t) = \dot{V}(t)\,u(t) + V(t)\,\dot{u}(t). \tag{20}$$

Einsetzen von $\dot{\mu}(t)$ und $\dot{u}(t)$ aus (10) in (20) liefert zusammen mit (19) für (20):

$$[\dot{V}(t) + V(t)A(t) + A^T(t)V(t) - V(t)B(t)Q_2^{-1}(t)B^T(t)V(t) + Q_1(t)]u(t) = 0. \tag{21}$$

Da die Transformation (19) für alle $u(t)$, also auch für $u(t) \neq 0$, gelten soll, folgt aus (21) auch

$$\dot{V}(t) = -V(t)A(t) - A^T(t)V(t) + V(t)B(t)Q_2^{-1}(t)B^T(t)V(t) - Q_1(t). \tag{22}$$

Diese nichtlineare Matrix-Differentialgleichung ist vom RICCATI-Typ und in der mathematischen Literatur recht ausführlich diskutiert [IX.18, IX.19, IX.20]. In Abschn. 5.4 werden einige wesentliche Eigenschaften der RICCATI-Gleichung noch besprochen werden. Zu (22) gehört mit (11) und (19) die Randbedingung

$$V(t_e) = Q_3(t_e). \tag{23}$$

Aus der Symmetrie von Q_3 folgt auch die von $V(t)$:

$$V(t) = V^T(t) \quad \text{für alle} \quad t \in [t_0, t_e], \tag{24}$$

was auch durch Einsetzen in (22) zu zeigen ist.

Die Transformationsmatrix $V(t)$ kann noch weitergehend physikalisch ge-deutet werden, womit ein Anschluß an Ergebnisse aus Abschn. 4 gewonnen wird. Zu diesem Zweck wird das Kostenfunktional (2) betrachtet und die optimale Steuerung $y^o(t)$ mit (9) darin eingeführt:

$$J^o = J\big(u(t), y^o(t)\big) = \tfrac{1}{2} \int_{t_0}^{t_e} [u^T(t)\,Q_1(t)\,u(t) + \mu^T(t)\,B(t)\,Q_2^{-1}(t)\,B(t)\,\mu(t)]\,dt +$$
$$+ \tfrac{1}{2}u_e^T\,Q_3(t_e)\,u_e. \tag{25}$$

Der gesuchte Zusammenhang ist leichter mittels der EULER-LAGRANGEschen Gl. (10) zu erkennen, wenn statt $\boldsymbol{\mu}(t)$ der transponierte Vektor $\boldsymbol{\mu}^T(t)$ eingeführt wird:

$$\dot{\boldsymbol{u}}(t) = \boldsymbol{A}(t)\,\boldsymbol{u}(t) - \boldsymbol{B}(t)\,\boldsymbol{Q}_2^{-1}(t)\,\boldsymbol{B}^T(t)\,\boldsymbol{\mu}(t),$$
$$\dot{\boldsymbol{\mu}}^T(t) = -\boldsymbol{u}^T(t)\,\boldsymbol{Q}_1(t) - \boldsymbol{\mu}^T(t)\,\boldsymbol{A}(t). \tag{26}$$

Wird die erste Gleichung von links mit $\boldsymbol{\mu}^T(t)$ und die zweite von rechts mit $\boldsymbol{u}(t)$ multipliziert, und werden die so erhaltenen Gleichungen addiert, wird erhalten:

$$\boldsymbol{\mu}^T(t)\,\dot{\boldsymbol{u}}(t) + \dot{\boldsymbol{\mu}}^T(t)\,\boldsymbol{u}(t) = -[\boldsymbol{u}^T(t)\,\boldsymbol{Q}_1(t)\,\boldsymbol{u}(t) + \boldsymbol{\mu}^T(t)\,\boldsymbol{B}(t)\,\boldsymbol{Q}_2^{-1}(t)\,\boldsymbol{B}(t)\,\boldsymbol{\mu}(t)]. \tag{27}$$

Die rechte Seite ist gerade der negative Integrand von (25), und die linke Seite ist gleich

$$\frac{d}{dt}\big(\boldsymbol{\mu}^T(t)\,\boldsymbol{u}(t)\big),$$

so daß für die Kosten der optimalen Steuerung geschrieben werden kann:

$$J^0 = \frac{1}{2}\int\limits_{t_0}^{t_e} -\frac{d}{dt}\big(\boldsymbol{\mu}^T(t)\,\boldsymbol{u}(t)\big)\,dt + \frac{1}{2}\,\boldsymbol{u}_e^T\,\boldsymbol{Q}_3(t_e)\,\boldsymbol{u}_e.$$

Integration dieser Gleichung liefert mit $\dfrac{d}{dt}\boldsymbol{\mu}^T\boldsymbol{u} = \dfrac{d}{dt}\boldsymbol{u}^T\boldsymbol{\mu}$:

$$J^0 = \tfrac{1}{2}\boldsymbol{u}^T(t)\,\boldsymbol{\mu}(t)\big|_{t_0} - \tfrac{1}{2}\boldsymbol{u}^T(t)\,\boldsymbol{\mu}(t)\big|_{t_e} + \tfrac{1}{2}\boldsymbol{u}_e^T\,\boldsymbol{Q}_3(t_e)\,\boldsymbol{u}_e.$$

Mit (19) und (23) wird hieraus dann schließlich:

$$J^0 = \tfrac{1}{2}\boldsymbol{u}_0^T\,\boldsymbol{V}(t_0)\,\boldsymbol{u}_0. \tag{28}$$

Da $\boldsymbol{Q}_2(t)$ positiv definite für $t \in [t_0, t_e]$ und $\boldsymbol{Q}_1(t)$ so vorgegeben ist, daß jede Trajektorie des Systems zu positiven Kosten führt, ist J^0 für alle $\boldsymbol{u}_0$ positiv und damit $\boldsymbol{V}(t_0)$ positiv definite. Aus der vorstehenden Ableitung folgt ferner, daß $\boldsymbol{V}(t)$ ein Maß für die Kosten des Systems ist, das für $t = t_0$ startet. Da (28) für alle $t \in [t_0, t_e]$ gelten muß, ist $\boldsymbol{V}(t)$ positiv definite für alle $t \in [t_0, t_e)$, mit dem einseitig offenen Intervall deshalb, da für $\boldsymbol{Q}_3$ auch positiv semidefinite Matrizen zugelassen sind, so daß $\boldsymbol{V}(t_e) = \boldsymbol{Q}_3(t_e)$ gegebenenfalls semidefinite werden kann.

Die Realisierung der optimalen Steuerung konnte so auf die Lösung der Matrix-RICCATI-Differentialgleichung zurückgeführt werden, wobei bei dieser Gleichung nur noch ein Randwert berücksichtigt werden muß, so daß jetzt nur noch ein Ein-Punkt-Randwertproblem zu lösen ist.

Die bisher gefundenen Ergebnisse können zunächst so zusammengefaßt werden:

Satz 1. Für die Existenz einer optimalen Steuerung des Systems (1) unter dem Kostenfunktional (2) ist notwendig, daß die Lösungsvektoren $\boldsymbol{u}(t)$ und $\boldsymbol{\mu}(t)$ der EULER-LAGRANGEschen Differentialgleichungen des Systems (10) durch eine positiv definite Matrix $\boldsymbol{V}(t)$, der Lösung der RICCATI-Gleichung (22) mit (23), verknüpft sind.

Die numerische Lösung der RICCATI-Gleichung bereitet im Anwendungsfall aber erhebliche Schwierigkeiten, so daß dann, wenn nur eine numerische Lösung alleine gefordert ist, normalerweise das Problem durch numerische Integration der EULER-LAGRANGEschen Gleichungen gelöst wird. Die RICCATI-Gleichung ist aber einmal von erheblichem theoretischem Interesse, da es mit ihrer Hilfe gelingt, interessante Querverbindungen der Optimierungstheorie zur KALMAN-BUCY-Filtertheorie und damit auch zur WIENERschen Optimalfiltertheorie herzustellen (Abschn. IX.7). Wesentlich ist die RICCATI-Gleichung aber auch dann, wenn ein apparativer Regler zur Verwirklichung des Steuergesetzes eingesetzt werden soll. Mit (9) und (19) erhalten wir aus dem Steuergesetz ein Rückkopplungsgesetz:

$$y^o(t) = -Q_2^{-1}(t)\, B^T(t)\, V(t)\, u(t)$$
$$= -R(t)\, u(t). \tag{29}$$

Der Koeffizient $R(t) = Q_2^{-1}(t)\, B^T(t)\, V(t)$ ist das Regelgesetz, das in geeigneter Weise apparativ zu realisieren ist. Dies ist darum immer möglich, da $Q_2^{-1}(t)$ und $B(t)$ gegebene Stücke sind und $V(t)$ unabhängig von den Zuständen ist, da $V(t)$ als Lösung der RICCATI-Differentialgleichung (22) nicht von dem Anfangszustand $u_0 = u(t_0)$ abhängt. In Abb. IX.5.1 ist der prinzipielle Aufbau eines optimalen linearen Regelsystems mit quadratischen Kostenfunktionalen skizziert.

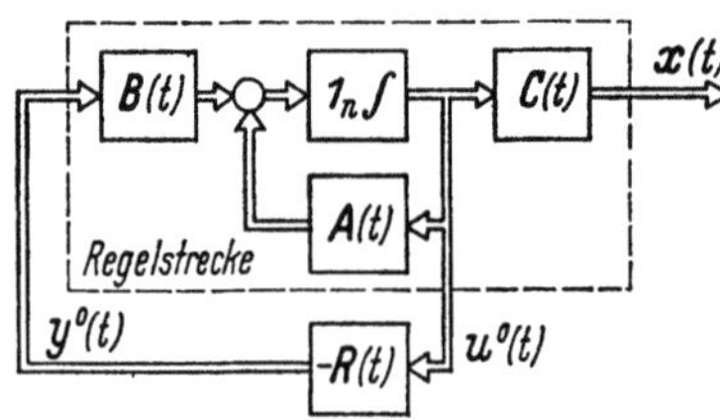

Abb. IX.5.1
Prinzipieller Aufbau eines optimalen Regelsystems mit $R(t) = Q_2^{-1}(t)\, B^T(t)\, P(t)$

Hier ist noch bemerkenswert, daß $V(t)$ vorstehend durch die Suche nach einem Zusammenhang zwischen dem Zustandsvektor $u(t)$ und dem adjungierten oder Empfindlichkeitsvektor $\mu(t)$ gefunden wurde. Dieser Weg ist von der Idee her verschieden von dem, den z. B. KALMAN in [IX.12 und IX.13] beschreitet, wo $V(t)$ als Lösung der RICCATI-Differentialgleichung so eingeführt wird, daß das Lemma von CARATHÉODORY erfüllt wird.

Das Endwertproblem in Gln. (22) und (23) kann für eine Vereinfachung der Lösung einfach in ein Anfangswertproblem dadurch umgewandelt werden, daß eine „Zeitumkehr" durch die Substitution

$$\hat{V}(t) = V(t_e - t)$$

eingeführt wird. Die RICCATI-Gleichung hat dann die Form mit $\hat{V}(t) = V(t_e - t)$:

$$\dot{\hat{V}}(t) = \hat{V}(t)\, A(t_e - t) + A^T(t_e - t)\, \hat{V}(t) + Q_1(t_e - t) -$$
$$- \hat{V}(t)\, B(t_e - t)\, Q_2^{-1}(t_e - t)\, B^T(t_e - t)\, \hat{V}(t). \tag{30}$$
$$\hat{V}_0 = Q_3(t_e).$$

Ist das zu optimierende System zeitinvariant, sind also A, B sowie Q_1, Q_2 und Q_3 konstante Matrizen, dann kann (30) auch für $t_e \to \infty$ integriert werden. Je länger integriert wird, je größer wird t_e in $\hat{V}(t)$. Da $V(t)$ positiv definite und, wie gezeigt werden kann, auch beschränkt ist, wird $\hat{V}(t)$ für große t gegen einen positiv definiten Gleichgewichtszustand streben, der dadurch ausgezeichnet ist, daß $\dot{V}(t) = 0$ wird, und aus (30) ein algebraisches Gleichungssystem der Form:

$$V(t)\, A + A^T\, V(t) + Q_1 - V(t)\, B\, Q_2^{-1} B^T\, V(t) = 0 \tag{31}$$

entsteht. Gl. (31) wird in der Literatur bisweilen auch als entartete RICCATI-Gleichung bezeichnet.

Für das zeitinvariante System mit zeitinvarianten „Preis"-Matrizen ist also für $t \to \infty$ die Matrix $V(t)$ eine konstante Matrix und damit das Regelgesetz (29) auch ein zeitinvariantes konstantes Gesetz. Man hat durch die Lösung von (29) mit (31) eine echte Alternative zu den klassischen Entwurfsverfahren, die letztlich auf der Untersuchung der charakteristischen Gleichung des Regelsystems beruhen. Ein besonderer Vorteil ist dabei wieder der, daß der Fall der Mehrfachregelsysteme mit eingeschlossen ist.

5.3 Beispiel eines einfachen Systems

An einem einfachen, analytisch leicht berechenbaren, Beispiel soll die Bestimmung des Regelgesetzes für ein lineares System mit quadratischem Kostenfunktional erläutert werden. Gegeben sind die Bewegungsgleichungen einer Strecke (Abb. IX.5.2) zu

$$\begin{bmatrix} \dot{u}_1(t) \\ \dot{u}_2(t) \end{bmatrix} = \begin{bmatrix} 0 & 1 \\ 0 & -1 \end{bmatrix} \cdot \begin{bmatrix} u_1(t) \\ u_2(t) \end{bmatrix} + \begin{bmatrix} 0 \\ 1 \end{bmatrix} y(t),$$

$$x(t) = \begin{bmatrix} 1 & 0 \end{bmatrix} \quad u(t).$$

Aus physikalischen Gründen sei dieses System die Regelstrecke eines Folgesystems, und zwar einer Positionsregelung, so daß diese quadratischen Formen für die Kostenobjektivierung eingesetzt werden.

$$Q_1 = \begin{bmatrix} 1 & 0 \\ 0 & 0 \end{bmatrix} \quad \text{und} \quad Q_2 = K.$$

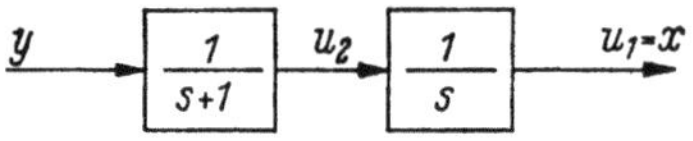

Abb. IX.5.2 Regelstrecke eines Beispiels

Der Wert K der wegen des skalaren Eingangs zu einem Skalar entarteten Matrix Q_2 soll zunächst offen bleiben, um eine Parameterstudie der Kostenabhängigkeit und der Systemdynamik durchführen zu können. Wir interessieren uns ferner für den stationären Zustand mit $t \to +\infty$, so daß das erwartete konstante Regelgesetz vor allem mit (31) bestimmt wird.

Mit $V = \begin{bmatrix} V_1 & V_2 \\ V_2 & V_3 \end{bmatrix}$ wird aus (31) mit den gegebenen Stücken:

$$\begin{bmatrix} 0; & V_1 - V_2 \\ 0; & V_2 - V_3 \end{bmatrix} + \begin{bmatrix} 0; & 0 \\ V_1 - V_2; & V_2 - V_3 \end{bmatrix} + \begin{bmatrix} 1 & 0 \\ 0 & 0 \end{bmatrix} - \frac{1}{K}\begin{bmatrix} V_2^2 & V_2 V_3 \\ V_2 V_3 & V_3^2 \end{bmatrix} = 0$$

oder

$$1 - \frac{V_2^2}{K} = 0; \quad V_1 - V_2 - \frac{V_2 V_3}{K} = 0; \quad 2(V_2 - V_3) - \frac{V_3^2}{K} = 0.$$

Die positiv definite Lösung hierzu ergibt:

$$V_2 = +\sqrt{K}; \quad V_3 = K\left[\sqrt{1 + \frac{2}{\sqrt{K}}} - 1\right]; \quad V_1 = \sqrt{K}\,\sqrt{1 + \frac{2}{\sqrt{K}}}.$$

Das Rückkopplungsgesetz (29) hat hiermit für den vorliegenden Fall die Form:

$$R = Q_2^{-1} B^T V = \frac{1}{K}\begin{bmatrix} 0 & 1 \end{bmatrix} \cdot \begin{bmatrix} V_1 & V_2 \\ V_2 & V_3 \end{bmatrix}$$

$$= \frac{1}{K}\begin{bmatrix} V_2 & V_3 \end{bmatrix} = \begin{bmatrix} \frac{1}{\sqrt{K}} ; & \sqrt{1 + \frac{2}{\sqrt{K}}} - 1 \end{bmatrix}.$$

An der Form von R ist zu erkennen, daß das Rückkopplungssystem unbeschränkt wird, wenn die Kosten der Steuerung über K gegen Null gehen sollen. In Abb. IX.5.3 ist der Aufbau eines optimalen Regelsystems skizziert.

Es wird nun noch die Dynamik des gefundenen Systems durch Untersuchung der Wurzeln der charakteristischen Gleichung des Systems diskutiert. Für das rückgekoppelte System lautet die charakteristische Gleichung:

$$C(s) = 1 + \frac{1}{\sqrt{K}\, s(s + a + 1)} \quad \text{mit} \quad a = \sqrt{1 + \frac{2}{\sqrt{K}}} - 1$$

bzw.

$$s^2 + s\sqrt{1 + \frac{2}{\sqrt{K}}} + \frac{1}{\sqrt{K}} = 0.$$

Daraus folgt mit $s^2 + 2D\omega_0 s + \omega_0^2$ für

$$\omega_0^2 = \frac{1}{\sqrt{K}} \quad \text{und für die Dämpfung:}$$

$$D = \sqrt{\frac{2 + \sqrt{K}}{4}}.$$

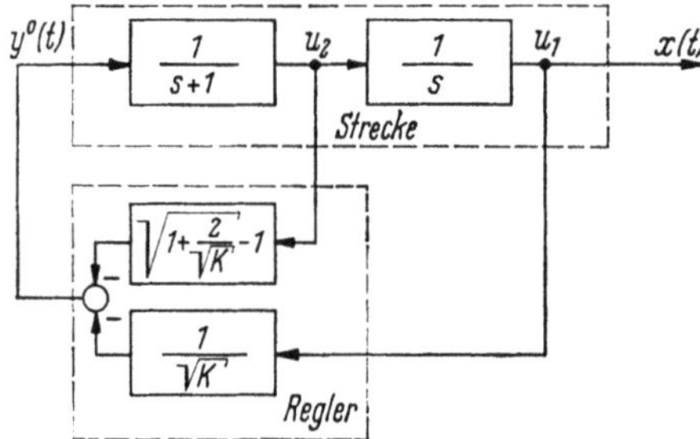

Abb. IX.5.3 Prinzipieller Aufbau des optimalen Regelsystems des Beispiels

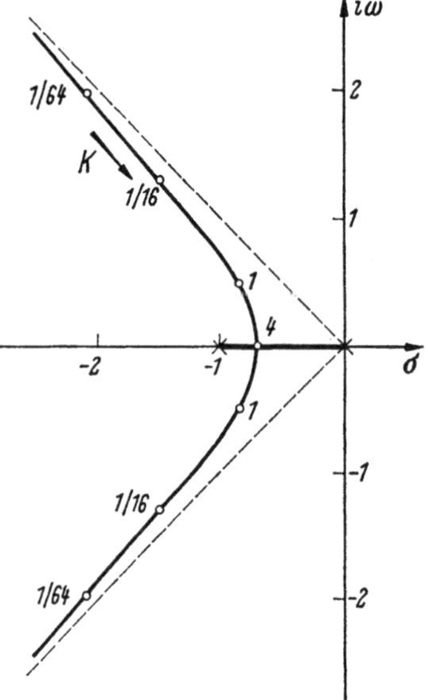

Abb. IX.5.4 Wurzelortskurve des Beispiels

Der Wurzelort der Wurzeln des geschlossenen Systems ist eine Funktion von K und in Abb. IX.5.4 skizziert. Die kritische Dämpfung ist bei $K = 4$ erreicht. Das bedeutet hier, daß dann, wenn die Kosten der Steuerung viermal höher als die Kosten des Zustandes u_1 — oder gleichwertig: der Regelgröße x — sind, gerade die kritische Dämpfung erreicht ist. Kleiner werdende Werte der Steuerungskosten führen zu höher frequenten Eigenwerten, deren Dämpfung aber niemals kleiner als 0,707 ist.

5.4 Optimierungsbedingungen aus der Hamilton-Jacobi-Theorie

Die in Abschn. 5.2 abgeleiteten Optimierungsbedingungen für das System (1) und die Kostenfunktion (2) sollen nun auch über die HAMILTON-JACOBI-partielle Differentialgleichung (4.19)

$$H^o\big(u(t),\, J_u^o(u^o(t),\, t),\, y(t),\, t\big) + \frac{\partial}{\partial t} J^o\big(u^o(t),\, t\big) = 0 \tag{4.19}$$

gesucht werden. Die aus der EULER-LAGRANGEschen Theorie — durch Anwendung der allgemeinen Ergebnisse in Abschn. IX.3 — gefundene Lösung war voraussetzungsgemäß nur notwendig. Da die hinreichende Bedingung (4.19), wie gezeigt wird, das gleiche Ergebnis liefert, ist die Lösung der EULER-LAGRANGEschen Gleichung oder gleichbedeutend die der RICCATI-Matrix-Differentialgleichung sowohl notwendig als hinreichend für die Problemlösung der optimalen Steuerung des Systems.

Für die HAMILTON-JACOBI-Theorie lautet die HAMILTON-Funktion des Problems:

$$H\big(u(t),\, J_u^o,\, y(t),\, t\big) = J_u^{oT}\big(A(t)\, u(t) + B(t)\, y(t)\big) + \tfrac{1}{2} u^T(t)\, Q_1(t)\, u(t) +$$
$$+ \tfrac{1}{2} y^T(t)\, Q_2(t)\, y(t). \tag{32}$$

Rein formal unterscheidet sich also (32) von (6) nur dadurch, daß der adjungierte Vektor $\boldsymbol{\mu}(t)$ durch den Gradienten des optimalen Kostenfunktionals ersetzt ist. Aus Satz 4.2 folgt für das Regelgesetz:

$$\frac{\partial}{\partial t} H = 0,$$

oder auch

$$\boldsymbol{y}^o(t) = -\boldsymbol{Q}_2^{-1}(t)\,\boldsymbol{B}^T(t)\,J_u^o. \tag{33}$$

Diese optimale Steuerung $\boldsymbol{y}^o(t)$ liefert das absolute Minimum H^o von H über die Steuergröße $\boldsymbol{y}(t)$, also:

$$\begin{aligned}
H^o\big(\boldsymbol{u}(t), J_u^o, \boldsymbol{y}(t), t\big) &= J_u^{oT}\,\boldsymbol{A}(t)\,\boldsymbol{u}(t) - J_u^{oT}\,\boldsymbol{B}(t)\,\boldsymbol{Q}_2^{-1}(t)\,\boldsymbol{B}^T(t)\,J_u^o + \\
&\quad + \tfrac{1}{2}\boldsymbol{u}^T(t)\,\boldsymbol{Q}_1(t)\,\boldsymbol{u}(t) + \tfrac{1}{2}J_u^{oT}\,\boldsymbol{B}(t)\,\boldsymbol{Q}_2^{-1}(t)\,\boldsymbol{B}^T(t)\,J_u^o \\
&= J_u^{oT}\,\boldsymbol{A}(t)\,\boldsymbol{u}(t) - \tfrac{1}{2}J_u^{oT}\,\boldsymbol{B}(t)\,\boldsymbol{Q}_2^{-1}(t)\,\boldsymbol{B}^T(t)\,J_u^o + \\
&\quad + \tfrac{1}{2}\boldsymbol{u}^T(t)\,\boldsymbol{Q}_1(t)\,\boldsymbol{u}(t).
\end{aligned} \tag{34}$$

Einsetzen dieser Gleichung in die HAMILTON-JACOBI-Gleichung (4.19) liefert:

$$J_u^{oT}\,\boldsymbol{A}(t)\,\boldsymbol{u}(t) - \tfrac{1}{2}J_u^{oT}\,\boldsymbol{B}(t)\,\boldsymbol{Q}_2^{-1}(t)\,\boldsymbol{B}^T(t)\,J_u^o + \tfrac{1}{2}\boldsymbol{u}^T(t)\,\boldsymbol{Q}_1(t)\,\boldsymbol{u}(t) + \frac{\partial}{\partial t}J^o = 0. \tag{35}$$

Da das Kostenfunktional $J^o\big(\boldsymbol{u}(t), t\big)$ im Falle der optimalen Steuerung $\boldsymbol{y}^o(t)$ nur noch von der optimalen Trajektorie $\boldsymbol{u}^o(t)$ abhängt und wegen den der Optimierung zugrunde gelegten quadratischen Formen (2) immer positiv ist, liegt es nahe, J^o durch diese quadratische positiv definite Form zu ersetzen:

$$J^o\big(\boldsymbol{u}(t), t\big) = \frac{1}{2}\,\boldsymbol{u}^T(t)\,\boldsymbol{V}(t)\,\boldsymbol{u}(t). \tag{36}$$

Mit

$$\frac{\partial}{\partial \boldsymbol{u}} J^o = \boldsymbol{V}(t)\,\boldsymbol{u}(t) \tag{37}$$

und

$$\frac{\partial}{\partial t} J^o = \frac{1}{2}\,\boldsymbol{u}^T(t)\,\dot{\boldsymbol{V}}(t)\,\boldsymbol{u}(t) \tag{38}$$

folgt dann aus (35):

$$\tfrac{1}{2}\boldsymbol{u}^T(t)\,[2\boldsymbol{V}(t)\,\boldsymbol{A}(t) - \boldsymbol{V}(t)\,\boldsymbol{B}(t)\,\boldsymbol{Q}_2^{-1}(t)\,\boldsymbol{B}^T(t)\,\boldsymbol{V}(t) + \boldsymbol{Q}_1(t) + \dot{\boldsymbol{V}}(t)]\,\boldsymbol{u}(t) = 0. \tag{39}$$

Da diese Beziehung für alle $\boldsymbol{u}(t)$ gelten soll, folgt, daß der Ausdruck in der Klammer gleich Null sein muß. Da es sich bei (39) um eine quadratische Form handelt und, wie in Abschn. VII.2.7 gezeigt, nur der symmetrische Teil der Matrix in einer quadratischen Form entscheidend ist, braucht nur der symmetrische Teil in der Klammer betrachtet zu werden. Außer dem Ausdruck $\boldsymbol{V}(t)\,\boldsymbol{A}(t)$ sind alle Summanden aber schon symmetrisch.

Mit dem symmetrischen Anteil von $\boldsymbol{V}(t)\,\boldsymbol{A}(t)$:

$$\mathrm{sym}\,[\boldsymbol{V}(t)\,\boldsymbol{A}(t)] = \tfrac{1}{2}[\boldsymbol{V}(t)\,\boldsymbol{A}(t) + \boldsymbol{A}^T(t)\,\boldsymbol{V}^T(t)] = \tfrac{1}{2}[\boldsymbol{V}(t)\,\boldsymbol{A}(t) + \boldsymbol{A}^T(t)\,\boldsymbol{V}(t)] \tag{40}$$

folgt aus (39):

$$\dot{\boldsymbol{V}}(t) + \boldsymbol{V}(t)\,\boldsymbol{A}(t) + \boldsymbol{A}^T(t)\,\boldsymbol{V}(t) - \boldsymbol{V}(t)\,\boldsymbol{B}(t)\,\boldsymbol{Q}_2^{-1}(t)\,\boldsymbol{B}^T(t)\,\boldsymbol{V}(t) + \boldsymbol{Q}_1(t) = 0, \tag{41}$$

also die gleiche Matrix-RICCATI-Differentialgleichung, die in Abschn. 5.2 als notwendige Bedingung für ein Optimum gefunden wurde. Wir fassen dieses Ergebnis zusammen:

Satz 2. Für das lineare System (1) mit dem Kostenfunktional (2) sind die minimalen Kosten $J^o\big(\boldsymbol{u}(t), t\big)$, die der HAMILTON-JACOBI-Differentialgleichung (34) genügen, gegeben durch (36), worin die positiv definite symmetrische Matrix $V(t)$ die Lösung der RICCATI-Differentialgleichung (41) mit den Randbedingungen $V(t_e) = Q_3$ ist.

Da die Lösung der RICCATI-Gleichung sowohl für die notwendigen Bedingungen der EULER-LAGRANGEschen Gleichungen als auch für die hinreichenden Bedingungen der HAMILTON-JACOBI-Gleichung erforderlich ist, stellt die Existenz von $V(t)$ eine notwendige und hinreichende Bedingung für die Existenz der Lösung des hier betrachteten Optimierungsproblems eines linearen Systems mit quadratischem Kostenfunktional dar.

5.5 Die Matrix-Riccati-Differentialgleichung

In den Abschn. 5.2 und 5.4 wurden wir bei der Lösung des Optimierungsproblems eines linearen Systems mit quadratischer Kostenfunktion auf die Matrix-RICCATI-Differentialgleichung geführt. Diese Gleichung bzw. ihre Lösung ist zunächst vor allem aus theoretischer Sicht für die moderne Regelungstheorie von besonderem Interesse, da mit ihrer Hilfe im Prinzip eine analytische Lösung für lineare Systemoptimierungen und auch für die Optimalfiltertheorie angegeben werden kann. Einige wesentliche weitere Gesetzmäßigkeiten zur Matrix-RICCATI-Gleichung sollen nun kurz besprochen werden. Überwiegend kommt die RICCATI-Gleichung in der Regelungstheorie in dieser Form vor:

$$\dot{V}(t) + V(t)\,A(t) + A^T(t)\,V(t) - V(t)\,S(t)\,V(t) + Q(t) = 0, \qquad (42)$$
$$V(t_e) = M.$$

Alle vorkommenden Matrizen sind symmetrische (n, n)-Matrizen, von denen angenommen wird, daß jedes ihrer Elemente für das Intervall $t_0 \leq t \leq t_e$ absolut integrabel ist. Die Randbedingung M sowie auch der Koeffizient $Q(t)$ können gegebenenfalls identisch 0 sein. Die Gl. (42), die in $V(t)$ *quadratisch* ist, kann dadurch einer Lösung zugeführt werden, daß *zwei* geeignete *lineare* Matrixdifferentialgleichungen definiert und zur Lösung herangezogen werden:

$$\dot{X}(t) = A(t)\,X(t) - S(t)\,Y(t),$$
$$\dot{Y}(t) = -Q(t)\,X(t) - A^T(t)\,Y(t). \qquad (43)$$

Die Variablen $X(t)$ und $Y(t)$ sind n, n-Matrizen. Kann in (43) eine für $t_0 \leq t \leq t_e$ nichtsinguläre Matrix $X(t)$ gefunden werden, dann kann die Lösung der RICCATI-Gleichung (42) so angegeben werden:

$$V(t) = Y(t)\,X^{-1}(t). \qquad (44)$$

wie leicht nachgewiesen werden kann. Denn mit (44) ist:

$$\dot{V}(t) = \dot{Y}(t)\,X^{-1}(t) + Y(t)\,\dot{X}^{-1}(t). \qquad (45)$$

Ferner folgt aus

$$X(t)\,X(t)^{-1} = 1$$

und

$$\frac{d}{dt}\left(X(t)\,X^{-1}(t)\right) = X\,\dot{X}^{-1} + \dot{X}\,X^{-1} = 0$$

auch

$$\dot{X}^{-1}(t) = -X^{-1}(t)\,\dot{X}(t)\,X^{-1}(t).$$

Damit ergibt Einsetzen von (43) in (45):

$$\dot{V}(t) = [-Q(t)X(t) - A^T(t)Y(t)]X^{-1}(t) - Y(t)[X^{-1}(t)(A(t)X(t) - S(t)Y(t))X^{-1}(t)],$$

und mit (44) folgt schließlich:

$$\dot{V}(t) = -Q(t) - A^T(t)V(t) - V(t)A(t) + V(t)S(t)V(t),$$

die umgestellte Gl. (42). Ist $Q(t) = 0$, dann kann $Y(t)$ unabhängig von $X(t)$ in (43) bestimmt werden. Im allgemeinen muß das lineare System (43) mittels einer geeigneten Fundamentalmatrix gelöst werden. Dazu schreiben wir statt (43) die lineare Vektordifferentialgleichung — also ein EULER-LAGRANGEsches System — an:

$$\begin{bmatrix} \dot{u}(t) \\ \dot{\mu}(t) \end{bmatrix} = \begin{bmatrix} A(t) & -S(t) \\ -Q(t) & -A^T(t) \end{bmatrix} \begin{bmatrix} u(t) \\ \mu(t) \end{bmatrix} = K(t) \begin{bmatrix} u(t) \\ \mu(t) \end{bmatrix}, \qquad (46)$$

von der wir wissen, daß $V(t)$ eine lineare Transformationsmatrix ist, die den Vektor $u(t)$ und den adjungierten Vektor $\mu(t)$ verknüpft.

Mit der $(2n, 2n)$-Fundamentalmatrix $\Phi(t, t_0)$ zu diesem linearen System gilt dieser Zusammenhang:

$$\begin{bmatrix} u(t) \\ \mu(t) \end{bmatrix} = \Phi(t, t_0) \begin{bmatrix} u(t_0) \\ \mu(t_0) \end{bmatrix}, \qquad (47)$$

$$\begin{bmatrix} u(t_e) \\ \mu(t_e) \end{bmatrix} = \Phi(t_e, t) \begin{bmatrix} u(t) \\ \mu(t) \end{bmatrix}. \qquad (48)$$

Wird die $(2n, 2n)$-Fundamentalmatrix $\Phi(t_e, t)$ in die vier (n, n)-Untermatrizen aufgeteilt:

$$\Phi(t_e, t) = \begin{bmatrix} \Phi_{11}(t_e, t) & \Phi_{21}(t_e, t) \\ \Phi_{12}(t_e, t) & \Phi_{22}(t_e, t) \end{bmatrix}, \qquad (49)$$

dann folgt aus (48) auch:

$$\begin{aligned} u(t_e) &= \Phi_{11}(t_e, t)\,u(t) + \Phi_{12}(t_e, t)\,\mu(t), \\ \mu(t_e) &= \Phi_{21}(t_e, t)\,u(t) + \Phi_{22}(t_e, t)\,\mu(t), \end{aligned} \qquad (50)$$

mit der Randbedingung aus (8):

$$\mu(t_e) = M\,u_e = M\,u(t_e), \qquad (51)$$

bei der nun aus Gründen der Übersichtlichkeit die Matrix der Endzustandskosten mit M bezeichnet ist. Wird in (50) die erste Gleichung von links mit M multipliziert und dann von der zweiten abgezogen, dann folgt bei gleichzeitiger Verwendung von (51) dieser Zusammenhang zwischen $\mu(t)$ und $u(t)$:

$$\mu(t) = [\Phi_{22}(t_e, t) - M\Phi_{12}(t_e, t)]^{-1}[M\Phi_{11}(t_e, t) - \Phi_{21}(t_e, t)]\,u(t), \qquad (52)$$

wenn vorausgesetzt werden darf, daß die Inverse existiert. Ein Koeffizientenvergleich mit (19) zeigt, daß mit (52) eine weitere Darstellung der Lösung $V(t)$ der Matrix-RICCATI-Gleichung gefunden ist:

$$V(t) = [\Phi_{22}(t_e, t) - M\Phi_{12}(t_e, t)]^{-1}[M\Phi_{11}(t_e, t) - \Phi_{21}(t_e, t)]. \qquad (53)$$

In [IX.12 und IX.21] ist gezeigt, daß die Inverse in (52) bzw. (53) tatsächlich für $t \in [t_0, t_e]$ existiert. Es ist einfach nachzuweisen, daß (53) auch die Randbedingung $V(t_e) = M$ erfüllt. Aus den allgemeinen Eigenschaften jeder Fundamentalmatrix:

$$\boldsymbol{\Phi}(t, t) = \boldsymbol{1}$$

folgt nämlich für (49):

$$\boldsymbol{\Phi}_{11}(t_e, t_e) = \boldsymbol{\Phi}_{22}(t_e, t_e) = \boldsymbol{1}_n,$$
$$\boldsymbol{\Phi}_{21}(t_e, t_e) = \boldsymbol{\Phi}_{12}(t_e, t_e) = \boldsymbol{0}_n. \tag{54}$$

Dies in (53) eingesetzt, liefert gerade:

$$V(t_e) = M.$$

Die hier aufgezeigten Darstellungsmöglichkeiten von $V(t)$ haben für die Anwendung im Falle des allgemeinen linearen Systems nur einen bedingten Wert, da es normalerweise schwer fallen wird, die notwendige Fundamentalmatrix (49) zu finden. Ist das zu optimierende System aber zeitinvariant, dann lautet die Fundamentalmatrix zu dem System

$$\begin{bmatrix} \dot{u}(t) \\ \dot{\mu}(t) \end{bmatrix} = \begin{bmatrix} A & -S \\ -Q & -A^T \end{bmatrix} \begin{bmatrix} u(t) \\ \mu(t) \end{bmatrix} = K \begin{bmatrix} u(t) \\ \mu(t) \end{bmatrix}: \tag{55}$$

$$\boldsymbol{\Phi}(t, 0) = e^{Kt}. \tag{56}$$

Diese Beziehung kann zumindest im Prinzip mittels einer geeigneten Digitalrechnerprozedur leicht ausgewertet werden.

5.6 Optimale Regelung der Ausgangssignale

Bis hierher waren nur solche Optimierungsprobleme behandelt worden, deren Zustandsvariablen einmal direkt zugänglich sein sollten und zum anderen dem Kostenfunktional unterworfen waren. Es ergab sich im Falle des linearen Systems ein Regelschema, wie es in Abb. IX.5.5 angedeutet ist, wobei im Reglerblock des Regelgesetzes (29) zu erkennen ist, daß er aus zwei Teilen besteht; dem Teil $Q_2^{-1}(t)\, B^T(t)$, der vom Problem her gegeben ist und unverändert bleibt, und der „Verstärkungsmatrix" $V(t)$, die als Lösung der RICCATI-Gleichung von der Endzustandsforderung M bzw. Q_3 und vor allem von der vorgeschriebenen Regelzeit $T = t_e - t_0$ abhängt. Denn auch im Falle der zeitinvarianten Regelstrecke ist der Regler, genauer die Verstärkungsmatrix $V(t)$ solange zeitvariabel, wie die Regelzeit T endlich ist. Nur im Falle der unendlichen Ausregelzeit $T \to \infty$ entartet die RICCATI-Gleichung zu einer algebraischen Gleichung, womit nur dann das System eine konstante Rückkopplungsverstärkung V erhält.

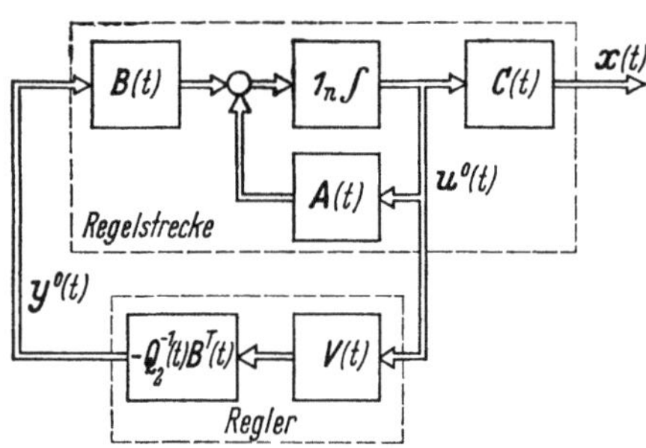

Abb. IX.5.5 Schema der optimalen Zustandsregelung

In der regelungstechnischen Praxis ist häufig nun aber nicht verlangt, die gegebene Regelstrecke in bezug auf die Zustandsvariablen zu optimieren, sondern die Systemausgänge $x(t)$ sind geeignet zu regeln. Im Falle der linearen

Systeme ist dieses Problem aber sehr einfach auf das schon behandelte zurückzuführen. Das Optimierungsproblem sei durch das Zustandsmodell

$$\dot{u}(t) = A(t)\,u(t) + B(t)\,y(t),$$
$$x(t) = C(t)\,u(t) \tag{57}$$

und das zu minimierende Kostenfunktional

$$J\big(x(t),\,y(t)\big) = \tfrac{1}{2} \int\limits_{t_0}^{t_e} [x^T(t)\,Q_1(t)\,x(t) + y^T(t)\,Q_2(t)\,y(t)]\,dt + \tfrac{1}{2}x^T(t_e)\,M\,x(t_e) \tag{58}$$

charakterisiert. Mit den p Regelgrößen $x_i(t)$ und q Stellgrößen $y_j(t)$ soll

$$\left.\begin{array}{lll} Q_1(t) & \text{eine } p,p \text{ positiv semidefinite} \\ Q_2(t) & \text{eine } q,q \text{ positiv definite und} \\ M & \text{eine } p,p \text{ positiv semidefinite} \end{array}\right\} \; t \in [t_0,\,t_e]$$

Matrix sein. Ferner ist vorausgesetzt, daß das System (57) für $t \in [t_0,\,t_e]$ vollständig z-steuerbar und beobachtbar sei.

Wird die Beobachtungsgleichung aus (57) in (58) eingesetzt, dann folgt:

$$J_1\big(u(t),\,y(t)\big) = \tfrac{1}{2} \int\limits_{t_0}^{t_e} [u^T(t)\,C^T(t)\,Q_1(t)\,C(t)\,u(t) + y^T(t)\,Q_2(t)\,y(t)]\,dt +$$
$$+ \tfrac{1}{2}u_e^T\,C^T(t_e)\,M\,C(t_e)\,u_e. \tag{59}$$

Dieses Kostenfunktional ist von der oben behandelten Form (2), und die schon
gefundenen Lösungen können dann verwendet werden, wenn $C^T(t)\,Q_1(t)\,C(t)$
und $C(t_e)\,M\,C(t_e)$ positiv semidefinite sind, solange $Q_1(t)$ und M diese Eigenschaft haben. Da $Q_1(t)$ und M symmetrisch sind, sind es auch $C_1^T(t)\,Q_1(t)\,C(t)$
und $C(t_e)\,M\,C(t_e)$. Darüber hinaus ist wegen der vorausgesetzten vollständigen
Beobachtbarkeit

$$C(t) \neq 0 \quad \text{für} \quad t \in [t_0,\,t_e], \tag{60}$$

damit gilt aber für die quadratische Form:

$$\left.\begin{array}{l} x^T(t)\,C^T(t)\,Q_1(t)\,C(t)\,x(t) \geqq 0 \\ x^T(t)\,C(t)\quad M\quad C(t)\,x(t) \geqq 0 \end{array}\right\}, \quad \begin{array}{l} \text{für } t \in [t_0,\,t_e] \\ \forall\, x(t) \neq 0, \end{array} \tag{61}$$

d. h., diese Matrizen haben die notwendige Eigenschaft, nie negativ definite zu
werden.

Das System (57) mit den Kosten (58) kann also mit dem *gleichen* Regelgesetz (29) $y^0(t) = -Q_2^{-1}(t)\,B^T(t)\,V(t)\,u(t)$ optimiert werden, nur ist jetzt $V(t)$
die Lösung dieser RICCATI-Differentialgleichung:

$$\dot{V}(t) = -V(t)\,A(t) - A^T(t)\,V(t) + V(t)\,B(t)\,Q_2^{-1}(t)\,B^T(t)\,V(t) -$$
$$- C^T(t)\,Q_1(t)\,C(t), \tag{62}$$
$$V(t_e) = C^T(t_e)\,M\,C(t_e).$$

Bemerkenswert ist, daß die Regelstruktur genau gleich der für das zustands-
optimale System (Abb. IX.5.5) ist. Dies mag auf den ersten Blick überraschen,
da ja nun die Regelgrößen $x(t)$ und nicht die Zustandsgrößen optimiert werden

sollen. Das Regelgesetz benötigt auch hier die Zustandsvariablen, die wegen der vorausgesetzten vollständigen Beobachtbarkeit des Systems aber über geeignete Beobachtersysteme aus den Regelgrößen gewonnen werden können. Das vollständige Regelsystem erhält also eine Struktur, wie sie in Abb. IX.5.6 skizziert ist.

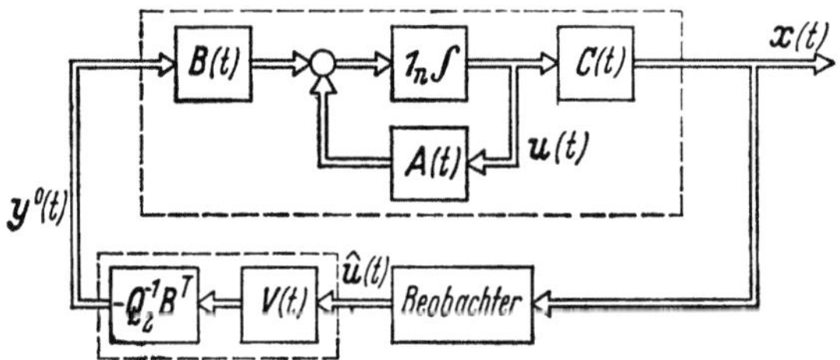

Abb. IX.5.6 Schema der optimalen Ausgangssignalregelung

5.7 Nebenbedingungen für den Endzustand

Es werden nun das lineare System (1) und die notwendigen Bedingungen für ein Optimum betrachtet, wenn neben dem Kostenfunktional

$$J = \tfrac{1}{2} \int\limits_{t_0}^{t_e} [u^T(t)\, Q_1(t)\, u(t) + y^T(t)\, Q_2(t)\, y(t)]\, dt + \tfrac{1}{2} u_e^T\, M\, u_e \tag{63}$$

noch r Nebenbedingungen

$$Z\, u_e = 0 \tag{64}$$

vorgeschrieben sind. Dieser Abschnitt schließt also an die Problemstellung und Lösung des allgemeineren nichtlinearen Systems in Abschn. 4.6 an, wobei jetzt $g(u_e) = Z\, u_e$ mit der r,n-Matrix Z ist. Im übrigen sollen die gleichen Voraussetzungen wie in den vorstehenden Abschnitten erfüllt sein, also vollständige z-Steuerbarkeit des Systems, ferner seien Q_1 und M positiv semidefinite und Q_2 positiv definite.

Die notwendigen Bedingungen für dieses Problem folgen aus (4.71) bis (4.75) zu:

$$H(u, \mu, y, t) = \mu^T(t)\, [A(t)\, u(t) + B(t)\, y(t)] + \tfrac{1}{2} u^T(t)\, Q_1(t)\, u(t) +$$
$$+ \tfrac{1}{2} y(t)\, Q_2(t)\, y(t), \tag{65}$$

$$\dot{u}(t) = A(t)\, u(t) + B(t)\, y(t), \tag{66}$$

$$\dot{\mu}(t) = -A^T(t)\, \mu(t) - Q_1(t)\, u(t), \tag{67}$$

$$0 = B^T(t)\, \mu(t) + Q_2(t)\, y^0(t), \tag{68}$$

$$\mu(t_e) = M \cdot u_e - Z^T\, v(t_e). \tag{69}$$

Aus der Steuergleichung (68) folgt wieder das Steuergesetz:

$$y^0(t) = -Q_2^{-1}(t)\, B^T(t)\, \mu(t), \tag{70}$$

mit dem aus (66) und (67) die EULER-LAGRANGEschen Gleichungen des Problems lauten:

$$\dot{u}(t) = A(t)\, u(t) - B(t)\, Q_2^{-1}(t)\, B^T(t)\, \mu(t),$$
$$\dot{\mu}(t) = -Q_1(t)\, u(t) - A^T(t)\, \mu(t). \tag{71}$$

Mit den Randwerten (64), (69) und den als bekannt vorausgesetzten Anfangsbedingungen der Bewegungsgleichung $u_0 = u(t_0)$.

Es ist also wieder ein Zweipunkt-Randwertproblem zu lösen, dessen Lösung im vorliegenden Fall des linearen Systems möglich ist, aber wegen der Nebenbedingungen (64) etwas mehr Mühe bereitet als für das einfachere Problem in Abschn. 5.2 bzw. 5.4. Versucht man wieder, eine lineare Transformation $V(t)$ zur Verknüpfung des Zustandsvektors $u(t)$ und des adjungierten Vektors $\mu(t)$ zu finden, wird man wieder auf eine RICCATI-Differentialgleichung geführt, für die aber, solange $Z \neq 0$ ist, keine Randbedingungen gefunden werden können. Das bedeutet, daß bei der Einbeziehung der Nebenbedingungen (64) keine so einfache Transformation gefunden werden kann. Es zeigt sich, daß der allgemeinere Ansatz

$$X^T(t)\, u(t) = Y^T(t)\, \mu(t) \tag{72}$$

mit den n,n-Matrizen $X(t)$ und $Y(t)$ zu einer Lösung führt. Differentiation nach t der Gl. (72) liefert:

$$\dot{X}^T(t)\, u(t) + X^T(t)\, \dot{u}(t) = \dot{Y}^T(t)\, \mu(t) + Y^T(t)\, \dot{\mu}(t).$$

Einsetzen von (66) und (67) hierin ergibt:

$$[\dot{X}^T(t) + X^T(t)\, A(t) + Y^T(t)\, Q_1(t)]\, u(t) = [\dot{Y}^T(t) - Y^T(t)\, A^T(t) +$$
$$+ X^T(t)\, B(t)\, Q_2^{-1}(t)\, B^T(t)]\, \mu(t). \tag{73}$$

Da diese Beziehung für alle $u(t)$ und $\mu(t)$ gelten soll, folgt hieraus, daß die Klammerausdrücke auf beiden Seiten jeder für sich gleich Null sein müssen, womit man auf:

$$\dot{Y}(t) = A(t)\, Y(t) - B(t)\, Q_2^{-1}(t)\, B^T(t)\, X(t),$$
$$\dot{X}(t) = -Q_1(t)\, Y(t) - A^T(t)\, X(t) \tag{74}$$

geführt wird. Es zeigt sich also, daß die beiden n,n-Matrizen $X(t)$ und $Y(t)$ die EULER-LAGRANGEschen Gleichungen befriedigen müssen, und zwar so, daß die Randbedingungen (64) und (69) erfüllt sind. Diese Randbedingungen liefern $n + r$ Gleichungen in den $2n + r$ unbekannten Komponenten von u_e, μ_e und v_e. Die Transformation (72) stellt Beziehungen in den $2n$ Komponenten von $u(t)$ und $\mu(t)$ her. Es müssen also r Variablen, und zwar genau die Komponenten des LAGRANGEschen Multiplikators v_e, eliminiert werden, damit (72) eine eindeutige Zuordnung liefert. Für diese Aufgabe gibt es keine eindeutige Methode, so daß eine einfache Näherung versucht wird. Diese besteht darin, r der Bedingungen in (69) zur Bestimmung von v_e heranzuziehen. Die Matrix Z soll voraussetzungsgemäß den Rang r haben, so ist die r,r-Matrix $Z\, Z^T$ nichtsingulär. Nach Multiplikation von (69) mit Z kann die dann entstandene Gleichung nach v_e aufgelöst werden:

$$-Z\, Z^T\, v_e = Z(\mu_e - M\, u_e), \tag{75}$$
$$v_e = -[Z\, Z^T]^{-1}\, Z(\mu_e - M\, u_e). \tag{76}$$

Einsetzen von (76) in (69) liefert einen Gleichungssatz zwischen den u_e und μ_e:

$$\mu_e = M\, u_e + Z^T[Z\, Z^T]^{-1}\, Z(\mu_e - M\, u_e) \tag{77}$$

oder

$$(1 - Z^T[Z\, Z^T]^{-1}\, Z)\, M\, u_e = (1 - Z^T[Z\, Z^T]^{-1}\, Z)\, \mu_e, \tag{78}$$

und zwar repräsentiert (78) wegen der Elimination von v nur noch genau $n - r$ Gleichungen zwischen den μ_e und u_e. Die restlichen Beziehungen sind aus (64), also aus

$$Z\,u_e = 0$$

zu finden. Multiplikation dieser Gleichung von links mit Z^T und anschließende Addition zu (78) ergibt:

$$(Z^T Z + M - Z^T [Z\,Z^T]^{-1} Z\,M)\,u_e = (1 - Z^T [Z\,Z^T]^{-1} Z)\,\mu_e. \tag{79}$$

Ein Koeffizientenvergleich von (79) und (72) zeigt, daß nun die gesuchten Randbedingungen für (74) gefunden sind, und zwar:

$$X(t_e) = Z^T Z + [1 - Z^T [Z\,Z^T]^{-1} Z]\,M, \tag{80a}$$

$$Y(t_e) = 1 - Z^T [Z\,Z^T]^{-1} Z. \tag{80b}$$

Diese Gleichungen sind wegen der Entstehungsgeschichte nicht eindeutig, aber hinreichend dafür, eine optimale Steuerung des Systems so zu bestimmen, daß die Stellgröße $y(t)$ über ein Regelgesetz eindeutig vom Systemzustand abhängt.

Um die Struktur der Gln. (80) etwas genauer zu studieren, werden die Zwangsbedingungen nun so geordnet, daß sie nur die ersten r der $u_i(t)$ und nicht die letzten $(n - r)$ betreffen. Betrachtet man ferner die spezielle Zwangsbedingung

$$Z = [\,1_r \mid 0\,] \quad \text{und} \quad M = 0, \tag{81}$$

dann reduzieren sich die Randbedingungen (80) zu:

$$X(t_e) = \begin{bmatrix} 1_r & 0 \\ \hline 0 & 0 \end{bmatrix}, \tag{82a}$$

$$Y(t_e) = \begin{bmatrix} 0 & 0 \\ \hline 0 & 1_{n-r} \end{bmatrix}. \tag{82b}$$

An dieser speziellen Form ist nun leichter zu erkennen, daß die Transformationsgleichung (72) die ersten r Komponenten von $u(t)$ und die letzten $n - r$ Komponenten von $\mu(t)$ zu Null setzt. Sieht man von der Matrix M ab, sind die Gln. (82) strukturell äquivalent zu denen in (80).

Das Steuergesetz für den vorliegenden Problemkreis mit Endzustandsbedingungen ist nun etwas verwickelter, da für $r < n$ die Matrix $Y(t_e)$ singulär ist. Ist $Y(t)$ nichtsingulär, dann kann die Transformationsbeziehung (72) zwischen $u(t)$ und $\mu(t)$ so aufgelöst werden, daß:

$$\mu(t) = [X(t)\,Y^{-1}(t)]^T\,u(t) = V(t)\,u(t), \tag{83}$$

und damit das bekannte Regelgesetz:

$$y^o(t) = -Q_2^{-1}(t)\,B^T(t)\,[X(t)\,Y^{-1}(t)]^T\,u(t) \tag{84}$$

gilt. Dieses Gesetz gilt sicher nicht für $t = t_e$, da $Y(t)|_{t=t_e}$ singulär ist. Andererseits sind aber, abgesehen von den Zwangsbedingungen, alle anderen Bedingungen, wie das Bewegungsgesetz und das Kostenfunktional, identisch denen für den oben behandelten Fall ohne Endzustandsbedingungen, so daß vermutet werden kann, daß das Regelgesetz gültig ist für das offene Intervall $t \in [t_0, t_e)$. Hierzu werden die Kosten betrachtet, die nach (19) und (28) bei der optimalen Steuerung entstehen:

$$J^o\big(u^o(t),\, \mu^o(t)\big) = \tfrac{1}{2}\,\mu^{oT}(t)\, u^o(t)$$

$$= \tfrac{1}{2} u^{oT}(t)\, [X(t)\, Y^{-1}(t)]\, u^o(t), \quad \text{für alle} \quad t < t_e. \tag{85}$$

Unter der Bedingung, daß das dynamische System vollständig z-steuerbar ist, ist J^o beschränkt von oben. Da Q_1 positiv semidefinite und Q_2 positiv definite sein sollen, ist J^o auch immer positiv. Das bedeutet aber, daß, solange eine optimale Steuerung existiert mit Kosten nach (85), die Matrix $Y(t)$ für $t < t_e$ nicht singulär sein kann. Da die Matrix $X(t)\, Y^{-1}(t)$ symmetrisch ist, genügt sie einer RICCATI-Differentialgleichung der Form (42) für $t < t_e$.

Zusammenfassend hat die Berechnung der optimalen Steuerung eines linearen Systems mit Endzustandszwangsbedingungen so zu erfolgen:

1. Die Matrizen $X(t)$ und $Y(t)$ müssen durch Lösung der EULER-LAGRANGE-Gleichungen bestimmt werden. Dazu werden diese Gleichungen von t_e bis t_0 (Zeitumkehr) mit den Randbedingungen — nach Zeitumkehr Anfangsbedingungen — (80) integriert.

2. Das Steuer- oder Regelgesetz muß dadurch gefunden werden, daß die für $t < t_e$ existierende Inverse zu $Y(t)$ in (83) bzw. (84) eingesetzt wird.

5.8 Ein Beispiel

An einem durchsichtigen Beispiel [IX.6] soll die im vorstehenden Abschnitt dargestellte Vorgehensweise erläutert werden. Gegeben ist das zeitinvariante Einfachsystem mit

$$\dot{u}(t) = \begin{bmatrix} 0 & 1 \\ 0 & 0 \end{bmatrix} u(t) + \begin{bmatrix} 0 \\ 1 \end{bmatrix} y(t),$$

$$x(t) = [\, 1 \quad 0\,]\, u(t),$$

das in Abb. IX.5.7a als Blockschaltbild dargestellt ist. Gesucht ist die optimale Steuerung für

$$J = \int_{t_0}^{t_e} y^2(t)\, dt, \quad \text{d. h.} \quad Q_1 = 0,\, Q_2 = 1,\, M = 0$$

unter der Endzustandszwangsbedingung $u_1(t_e) + u_2(t_e) = 0$ (Abb. IX.5.7b). Die Zwangsbedingung kann so umgeschrieben werden:

$$[1 \quad 1] \begin{bmatrix} u_1(t) \\ u_2(t) \end{bmatrix}_{t_e} = 0,$$

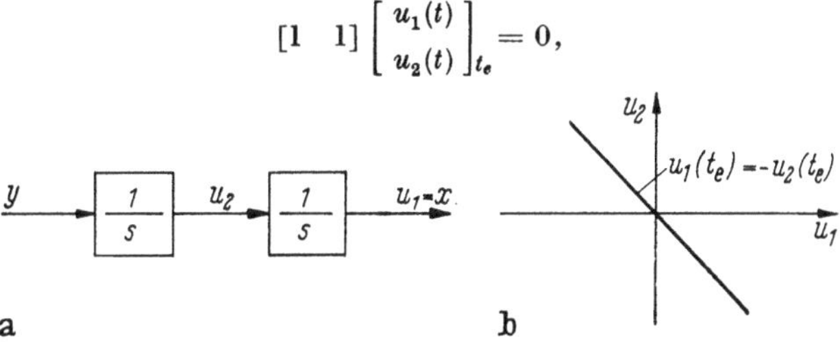

Abb. IX.5.7a u. b. a) Blockschaltbild und b) Endzustandsnebenbedingung des Beispiels

um den Anschluß an die allgemein gehaltenen Beziehungen des vorstehenden Abschnittes herzustellen, d. h. für die Matrix Z gilt $Z = [1 \quad 1]$. Damit lautet die Randbedingung für

$X(t_e)$ und $Y(t_e)$ aus (80) mit $M = 0$:

$$X(t_e) = Z^T Z = \begin{bmatrix} 1 \\ 1 \end{bmatrix} \begin{bmatrix} 1 & 1 \end{bmatrix} = \begin{bmatrix} 1 & 1 \\ 1 & 1 \end{bmatrix},$$

$$Y(t_e) = 1 - Z^T [Z Z^T]^{-1} Z$$

$$= 1 - \begin{bmatrix} 1 \\ 1 \end{bmatrix} \left\{ \begin{bmatrix} 1 & 1 \end{bmatrix} \begin{bmatrix} 1 \\ 1 \end{bmatrix} \right\}^{-1} \begin{bmatrix} 1 & 1 \end{bmatrix} = \begin{bmatrix} 1 & 0 \\ 0 & 1 \end{bmatrix} - \frac{1}{2} \begin{bmatrix} 1 & 1 \\ 1 & 1 \end{bmatrix} = \begin{bmatrix} \frac{1}{2} & -\frac{1}{2} \\ -\frac{1}{2} & \frac{1}{2} \end{bmatrix}.$$

Nun lassen sich die EULER-LAGRANGE-Gleichungen für $X(t)$ und $Y(t)$ lösen, wozu wir der Übersichtlichkeit wegen diese Variablen definieren:

$$X(t) = \begin{bmatrix} m(t) & n(t) \\ o(t) & p(t) \end{bmatrix}; \quad Y(t) = \begin{bmatrix} q(t) & r(t) \\ s(t) & v(t) \end{bmatrix}.$$

Mit den gegebenen Stücken erhalten die Gln. (74) diese Form:

$$\begin{bmatrix} \dot{q} & \dot{r} \\ \dot{s} & \dot{v} \end{bmatrix} = \begin{bmatrix} 0 & 1 \\ 0 & 0 \end{bmatrix} \begin{bmatrix} q & r \\ s & v \end{bmatrix} - \begin{bmatrix} 0 \\ 1 \end{bmatrix} 1^{-1} \begin{bmatrix} 0 & 1 \end{bmatrix} \begin{bmatrix} m & n \\ o & p \end{bmatrix}$$

$$\begin{bmatrix} \dot{m} & \dot{n} \\ \dot{o} & \dot{p} \end{bmatrix} = 0 - \begin{bmatrix} 0 & 0 \\ 1 & 0 \end{bmatrix} \begin{bmatrix} m & n \\ o & p \end{bmatrix}$$

oder:

$$\begin{bmatrix} \dot{q} & \dot{r} \\ \dot{s} & \dot{v} \end{bmatrix} = \begin{bmatrix} s & v \\ 0 & 0 \end{bmatrix} - \begin{bmatrix} 0 & 0 \\ o & p \end{bmatrix}$$

$$\begin{bmatrix} \dot{m} & \dot{n} \\ \dot{o} & \dot{p} \end{bmatrix} = - \begin{bmatrix} 0 & 0 \\ m & n \end{bmatrix}.$$

Bei diesem einfachen Beispiel lassen sich die Gleichungen, da die Gleichungssysteme ungekoppelt sind, direkt lösen, wenn man die Randbedingungen jeweils dahinter schreibt:

$$\dot{q} = s, \qquad q(t_e) = \tfrac{1}{2},$$
$$\dot{r} = v, \qquad r(t_e) = -\tfrac{1}{2},$$
$$\dot{s} = -o, \qquad s(t_e) = -\tfrac{1}{2},$$
$$\dot{v} = -p, \qquad v(t_e) = \tfrac{1}{2},$$
$$\dot{m} = 0, \qquad m(t_e) = 1,$$
$$\dot{n} = 0, \qquad n(t_e) = 1,$$
$$\dot{o} = -m, \qquad o(t_e) = 1,$$
$$\dot{p} = -n, \qquad p(t_e) = 1.$$

Beginnt man die Integration mit m, n, o und p, dann werden diese Lösungen erhalten:

$$q(t) = -\frac{1}{2} \left[-1 - (t_e - t) + (t_e - t)^2 + \frac{(t_e - t)^3}{3} \right],$$

$$r(t) = -\frac{1}{2} \left[1 + (t_e - t) + (t_e - t)^2 + \frac{(t_e - t)^3}{3} \right],$$

$$s(t) = -\frac{1}{2} + (t_e - t) + \frac{(t_e - t)^2}{2},$$

$$v(t) = \frac{1}{2} + (t_e - t) + \frac{(t_e - t)^2}{2},$$

$$m(t) = 1,$$
$$n(t) = 1,$$
$$o(t) = 1 + (t_e - t),$$
$$p(t) = 1 + (t_e - t).$$

Wird mit $\tau = t_e - t$ dieses Ergebnis in das Steuergesetz (84) eingesetzt, lautet dieses:

$$y(t) = - \left[\frac{1 + \tau}{|\boldsymbol{Y}|} \;\middle|\; \frac{(1 + \tau)^2}{|\boldsymbol{Y}|} \right] \left[\begin{array}{c} u_1(t) \\ u_2(t) \end{array} \right],$$

mit $|\boldsymbol{Y}| = \tau + \tau^2 + \dfrac{\tau^3}{3}$.

Sobald mit $t \to t_e$ die „inverse" Zeit τ sehr klein wird, strebt das Steuergesetz über alle Grenzen, bis $u_1(t_e) = - u_2(t_e)$ erreicht ist. Dann ist die Zwangsbedingung erfüllt und die Steuerfunktion strebt gegen Null.

6 Optimale Systeme mit Stellgrößenbeschränkung

6.1 Problemstellung

Bei vielen Folgeregelproblemen und speziell in der verfahrenstechnischen Regelung sind die Kosten der Steuerung (der Stellgrößen) zu vernachlässigen. Die Arbeitsweise des Systems wird von dem Verlauf der Zustandstrajektorie beherrscht, wogegen die Energie für die Betätigung der Steuerorgane uninteressant ist. Die Fehlerfunktion und damit die Kosten sind in diesen Fällen nicht explizite von den Stellfunktionen abhängig. Läßt man z. B. für das lineare Problem mit quadratischer Kostenfunktion aber die Steuerfehlermatrix $\boldsymbol{Q}_2$ immer „kleiner" werden, dann wird die Steuerfunktion:

$$y(t) = -\boldsymbol{Q}_2^{-1}(t)\, \boldsymbol{B}^T(t)\, \boldsymbol{\mu}(t) \tag{1}$$

für $\boldsymbol{Q}_2(t) \to \boldsymbol{0}$ über alle Grenzen wachsen. Physikalisch interpretiert wird die optimale Trajektorie des Systems um so schneller, je kleiner die Stellgrößenkosten sind. Im Grenzfall würde ein Stellgrößensignal von der Form eines Impulses oder einer anderen singulären Funktion entstehen, das zu einer Systemtrajektorie von extrem kurzer Dauer — im Grenzfall $[t_0, t_e] \to 0$ — führte. Solche Trajektorien und Stellfunktionen sind unrealistisch, da in der Praxis Stellgrößen nicht beliebig groß sind, sondern sie unterliegen Beschränkungen wie Anschlägen, Sättigung usw. Bei der mathematischen Formulierung des Optimierungsproblems müssen deshalb geeignete Zwangsbedingungen für die Stellgrößen definiert werden, unter denen das Problem dann zu lösen ist.

Im folgenden werden die Nebenbedingungen für die Stellgrößen so gefaßt, daß „zulässige Gebiete" im q-dimensionalen Vektorraum $\boldsymbol{R}_q$ der Stellgrößen $y(t)$ abgegrenzt werden. Eine der bekanntesten Abgrenzungen ist die, bei der jede Komponente des Stellvektors $y(t)$ beschränkt ist. Bezeichnet man das zulässige Gebiet für $\boldsymbol{Y}(t)$ mit

$$\boldsymbol{Y} \subset \boldsymbol{R}_q, \tag{2}$$

dann lautet die Definition für diesen auch in der Praxis wichtigen Fall:

$$\boldsymbol{Y} = \{y_i(t)\colon\; l_i \leqq y_i(t) \leqq h_i;\quad i = 1, 2, \ldots, q\}. \tag{3}$$

Diese Definition besagt, daß das zulässige Gebiet $\boldsymbol{Y}$ eine Untermenge in $\boldsymbol{R}_q$ umfaßt, das durch die maximal und minimal zulässigen Grenzen der Komponenten des Stellvektors abgegrenzt ist. Bemerkenswert ist, daß hier und im folgenden auch abgeschlossene Gebiete zugelassen sind.

Ein anderes Beispiel für die Definition eines zulässigen Stellgebietes ist:

$$\boldsymbol{Y} = \{y(t)\colon\; \|y(t)\|^2 \leqq r^2\}, \tag{4}$$

worin die EUKLIDische Norm des Stellvektors beschränkt ist. Die Forderung, daß der Stellvektor $y(t)$ sich nur innerhalb des zulässigen Gebietes befinden darf, wird in bekannter Weise so notiert:

$$y(t) \in \mathbf{Y}. \tag{5}$$

Die Festlegung eines geeigneten zulässigen Gebietes ist eine Ingenieuraufgabe. Ist diese gelöst, dann hat eine neue Formulierung der notwendigen Bedingungen zu erfolgen, die zu den gewünschten optimalen Steuerungen eines dynamischen Systems führt.

6.2 Ableitung notwendiger Optimierungsbedingungen

In den Abschn. IX.3 wurden die notwendigen Bedingungen für ein Optimum dadurch gewonnen, daß ein Empfindlichkeitsvektor, der sich später als adjungierter Vektor oder LAGRANGEscher Multiplikator herausstellte, betrachtet wurde, der ein Maß für die Empfindlichkeit der Kosten gegenüber Stellgrößenänderungen darstellt. Für das MEYER-Problem der Endzustandskosten und fester Endzeit lautet das Kostenfunktional:

$$J\big(y(t), u_0\big) = M\big(u(t), t\big)\,|_{t-t_e}, \tag{6}$$

unter dem ein durch

$$\dot{u}(t) = f\big(u(t), y(t), t\big), \quad u_0 = u(t_0) \tag{7}$$

beschriebenes System optimiert werden soll.

Folgt man nun wieder der obigen Methode, dann ist der Term der Glieder 1. Ordnung einer TAYLOR-Entwicklung für die Kosten, die von der Stellgrößenvariation um $\delta y(t)$ zu einer Zeit $t_1 \in [t_0, t_e]$ herrühren, anzugeben zu:

$$\delta J = \mu^T(t_e) f_u\, \delta y\, dt_1. \tag{8}$$

Auch hier ist $\mu(t)$ wieder der Empfindlichkeits- oder adjungierte Vektor. Damit δJ niemals negativ für $\delta y(t)$ mit beliebigen Vorzeichen wird, wird wieder gefolgert, daß der Koeffizient bei $\delta y(t)$ gleich Null sein muß.

Nun wird aber in Abwandlung der oben schon gelösten Aufgabe angenommen, daß die Stellgröße $y(t)$ aus einem durch (5), (2) und (3) charakterisierten Gebiet stammen muß. Ist dies der Fall, dann ist es durchaus zulässig, daß zu dem Zeitpunkt t_1, zu dem die Stellgröße $y(t)$ variiert wird, die i-te Komponente $y_i(t)$ von $y(t)$ sich gerade an der oberen Schranke für diese Komponente befindet. Damit ist die Variation $\delta y(t)$ nicht mehr beliebig, sondern kann für $y_i(t)$ nur in negative Richtung führen. Dies hat aber zur Folge, daß der oben vorgenommene Schluß, daß für alle $\delta y(t)$ auch δJ zwangsläufig Null sein müsse, nicht mehr richtig ist. Denn es kann durchaus sein, daß ein negatives $\delta y(t)$ zu positivem δJ — also Kostenzuwachs — führt. Aus diesem Grunde wird ein Ausdruck für die Kostenvariation δJ gesucht, der nicht mehr von $\delta y(t)$ abhängt.

Es wird wieder angenommen, daß für das System (7) eine optimale Trajektorie $u^o(t)$ und eine optimale Stellgröße $y^o(t)$ existieren. Anstatt nun den Einfluß einer stetigen Variation der optimalen Stellgröße auf die optimale Trajektorie zu studieren, wird eine spezielle Stellgröße $\tilde{y}(t)$ betrachtet, die überall bis auf ein Zeitelement dt_1 bei t_1 identisch mit $y^o(t)$ ist (Abb. IX.6.1a). Zur Zeit $t = t_1$ darf $\tilde{y}(t)$ alle zulässigen Werte annehmen, z. B. auch für $y_i(t_1)$ den maximalen

Wert h_i. Da aber $\boldsymbol{y}(t)$ insgesamt beschränkt ist, kann durch hinreichend kleine dt_1 immer erreicht werden, daß die von $\tilde{\boldsymbol{y}}(t)$ hervorgerufene Trajektorie $\boldsymbol{u}^o(t) + \delta\boldsymbol{u}(t)$ beliebig nahe zu der Trajektorie $\boldsymbol{u}^o(t)$ verläuft, die von der Steuerung $\boldsymbol{y}^o(t)$ hervorgerufen wird. Der Einfluß eines kurzen Impulses von großer, aber beschränkter Amplitude ist klein und kann direkt berechnet werden: Zum Zeitpunkt $t_1 - dt_1$ ist die Zustandsvariation gleich Null. Da nun mit

$$\dot{\boldsymbol{u}}(t) + \delta\dot{\boldsymbol{u}}(t) = \boldsymbol{f}(\boldsymbol{u} + \delta\boldsymbol{u}, \tilde{\boldsymbol{y}}(t), t);$$
$$\tilde{\boldsymbol{y}} = \boldsymbol{y}^o(t) + \delta\boldsymbol{y} \qquad (9)$$

und

$$\dot{\boldsymbol{u}}(t) = \boldsymbol{f}(\boldsymbol{u}, \boldsymbol{y})$$

folgt

$$\delta\dot{\boldsymbol{u}}(t) = \boldsymbol{f}(\boldsymbol{u} + \delta\boldsymbol{u}, \tilde{\boldsymbol{y}}, t) - \boldsymbol{f}(\boldsymbol{u}, \boldsymbol{y}^o, t), \quad (10)$$

kann ein Ausdruck für die Änderung des Zustandes für $t > t_1$ gefunden werden. Für die Glieder, die von 1. Ordnung klein sind, gilt mit (10):

$$\delta\boldsymbol{u}(t_1) = [\boldsymbol{f}(\boldsymbol{u} + \delta\boldsymbol{u}, \tilde{\boldsymbol{y}}, t) - \boldsymbol{f}(\boldsymbol{u}, \boldsymbol{y}^o, t)]\, dt_1. \quad (11)$$

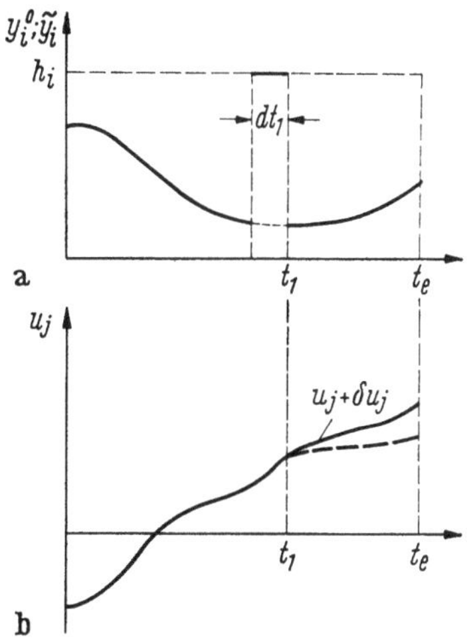

Abb. IX.6.1a u. b
a) Skizze zur Einführung einer speziellen Variation der Stellgröße. b) Die durch $y_i(t)$ hervorgerufene Änderung der j-ten Komponente des Zustandsvektors

Nachdem so der Effekt einer Störung bei t_1 bestimmt ist, kann die Methode aus Abschn. IX.3 angewendet werden, um den Einfluß von $\tilde{\boldsymbol{y}}(t)$ auf die Endwertkosten zu bestimmen. Mit

$$J = M\big(\boldsymbol{u}(t), t\big)\big|_{t_e}$$

lautet der Term der Variation von J:

$$\delta J = M_{\boldsymbol{u}}^T\big|_{t_e} \cdot \delta\boldsymbol{u}(t_e). \quad (12)$$

Durch Integration der Störungsgleichung kann dieser Ausdruck über eine Fundamentalmatrix mit der Störung zum Zeitpunkt $t = t_1$ verknüpft werden:

$$\delta J = M_{\boldsymbol{u}}^T(t_e)\,\boldsymbol{\Phi}(t_e, t_1)\,\delta\boldsymbol{u}(t_1). \quad (13)$$

Wie bei den früheren Ableitungen in Abschn. IX.3 ist der Koeffizient vor $\delta\boldsymbol{u}(t_1)$ der Empfindlichkeitsvektor des Systems, der ein Maß für den Einfluß der Systemzustandsänderung auf die Kosten darstellt. Unter Einführung von

$$\boldsymbol{\mu}^T(t) = M_{\boldsymbol{u}}^T\,\boldsymbol{\Phi}(t_e, t_1)$$

und (11) wird aus (13):

$$\delta J = \boldsymbol{\mu}^T(t)\,[\boldsymbol{f}(\boldsymbol{u}, \tilde{\boldsymbol{y}}, t) - \boldsymbol{f}(\boldsymbol{u}, \boldsymbol{y}^o, t)]\, dt_1. \quad (14)$$

Aus dieser Beziehung kann nun eine Forderung für die Bestimmung der optimalen Steuerung $\boldsymbol{y}^o(t)$ abgeleitet werden. Die Grundvoraussetzung ist wieder, daß δJ nicht negativ werden darf, denn nach Voraussetzung war δJ ja durch Variation um ein Optimum — und wir verstehen hier immer darunter ein Minimum — entstanden; andernfalls würde eine variierte Stellgröße $\tilde{\boldsymbol{y}}(t)$ zu kleineren als den optimalen Kosten führen. Eine wesentliche Bedingung lautet also:

$$\delta J \geqq 0, \quad (15)$$

oder, da in (14) $dt_1 > 0$ ist:

$$\boldsymbol{\mu}^T \boldsymbol{f}(\boldsymbol{u}, \tilde{\boldsymbol{y}}, t) - \boldsymbol{\mu}^T \boldsymbol{f}(\boldsymbol{u}, \boldsymbol{y}^o, t) \geqq 0 \tag{16a}$$

bzw.

$$\boldsymbol{\mu}^T \boldsymbol{f}(\boldsymbol{u}, \tilde{\boldsymbol{y}}, t) \geqq \boldsymbol{\mu}^T \boldsymbol{f}(\boldsymbol{u}, \boldsymbol{y}^o, t). \tag{16b}$$

In Worten heißt dies also, daß $\boldsymbol{\mu}^T \boldsymbol{f}(\boldsymbol{u}, \boldsymbol{y}^o)$ der kleinste Wert der Funktion $\boldsymbol{\mu}^T \boldsymbol{f}$ ist, der für t_1 erreicht werden kann. Da nun t_1 ein beliebiger Zeitpunkt $t_1 \in [t_0, t_e]$ war, kann aus dieser Beziehung (16) ein „Minimumprinzip" abgeleitet werden:

„Falls $\boldsymbol{y}^o(t)$ eine optimale Stellgröße ist, dann muß gelten:

$$\boldsymbol{y}^o(t) = \text{arg.} \min_{\tilde{\boldsymbol{y}}(t) \in \mathbf{Y}} \boldsymbol{\mu}^T(t) \boldsymbol{f}(\boldsymbol{u}, \tilde{\boldsymbol{y}}(t), t), \quad t \in [t_0, t_e], \tag{17}$$

d. h., $\boldsymbol{y}^o(t)$ ist das Argument, das die Funktion $\boldsymbol{\mu}^T \boldsymbol{f}$ zu einem Minimum macht."

Mit der HAMILTON-Funktion für das MEYER-Problem:

$$H(\boldsymbol{u}, \boldsymbol{\mu}, \boldsymbol{y}) = \boldsymbol{\mu}^T(t) \boldsymbol{f}(\boldsymbol{u}, \boldsymbol{y}, t) \tag{18}$$

können die wesentlichen Beziehungen für das vorliegende Optimierungsproblem in dieser übersichtlichen Form notiert werden:

$$\dot{\boldsymbol{u}}(t) = H_{\boldsymbol{\mu}} \qquad \text{(Systemgleichung)}, \tag{19}$$

$$\dot{\boldsymbol{\mu}}(t) = -H_{\boldsymbol{u}} \qquad \text{(adjungiertes System)}, \tag{20}$$

$$\boldsymbol{y}^o(t) = \text{arg.} \min_{\boldsymbol{y}(t) \in \mathbf{Y}} H \qquad \text{(Steuerbedingung)}, \tag{21}$$

$$\left. \begin{array}{l} \boldsymbol{u}_0 = \boldsymbol{u}(t_0) \\ \boldsymbol{\mu}(t_e) = M_{\boldsymbol{u}}(\boldsymbol{u}(t), t)|_{t = t_e} \end{array} \right\} \quad \text{(Randbedingungen)}. \tag{22}$$

In der vorliegenden Formulierung des Minimumprinzips ist der oben behandelte Fall ohne Stellgrößenbeschränkungen eingeschlossen, denn falls $\boldsymbol{y}^o(t)$ im Inneren des zugelassenen — jetzt aber unbeschränkten — Gebietes liegt, dann tritt anstelle von (21):

$$H_{\boldsymbol{y}}|_{\boldsymbol{y} = \boldsymbol{y}^o} = \boldsymbol{0}.$$

Das hier vorwiegend mit heuristischen Argumenten eingeführte Minimumprinzip ist also geeignet, auch die Systemoptimierungen für Systeme mit beschränkten Stellgrößen zu erfassen. Es können aber auch hier Schwierigkeiten auftreten, und zwar dadurch, daß nicht mehr jeder Anfangszustand zulässig ist, wenn mit beschränkten Stellgrößen eine fest vorgegebene Endmannigfaltigkeit

$$\boldsymbol{g}(\boldsymbol{u}) = \boldsymbol{0}$$

erreicht werden soll. Das bedeutet, daß in diesen Fällen gar keine Stellgröße, und schon gar keine optimale, existiert, die beide Zwangsbedingungen, 1. Stellgrößenbeschränkung und 2. Endzustandsbedingung, erfüllt.

Es ist typisch für das Vorgehen in der Theorie optimaler Systeme, daß die Existenz einer optimalen Steuerfunktion vorausgesetzt wird und daß dann ferner für eine variierte Funktion $\tilde{\boldsymbol{y}}(t) = \boldsymbol{y}^o(t) + \delta \boldsymbol{y}(t)$, die „dicht" daneben liegt, erwartet wird, daß auch sie eine Trajektorie liefert, die den vorgeschriebenen Endzustand erreicht. Ist diese Voraussetzung nicht erfüllt, dann ist das Problem *falsch formuliert*, und es muß in eine andere Form gebracht werden.

6.3 Das Minimumprinzip

Das Minimumprinzip wird nun ausführlicher behandelt und vor allem so formuliert, daß auch Endpunktbeschränkungen und freie Endzeitprobleme erfaßt werden können. Das zu optimierende System genügt wieder diesen Bewegungsgleichungen:

$$\dot{\boldsymbol{u}}(t) = \big(\boldsymbol{f}\boldsymbol{u}(t), \boldsymbol{y}(t), t\big),$$
$$\boldsymbol{u}_0 = \boldsymbol{u}(t_0) \tag{23}$$

und steht unter dem Einfluß zulässiger Stellgrößen $\boldsymbol{y}(t) \in \mathbf{Y}$, so daß dieses Kostenfunktional vom BOLZA-Typ minimiert wird:

$$J = \int_{t_0}^{t_e} L\big(\boldsymbol{u}(t), \boldsymbol{y}(t), t\big)\, dt + M\big(\boldsymbol{u}(t), t\big)\Big|_{t_e} \tag{24}$$

und gleichzeitig die r Endpunktzwangsbedingungen

$$\boldsymbol{g}\big(\boldsymbol{u}(t), t\big) = \boldsymbol{0}\,\big|_{t_e} \tag{25}$$

erfüllt werden. Es wird diese HAMILTON-Funktion definiert:

$$H\big(\boldsymbol{u}(t), \boldsymbol{\mu}(t), \boldsymbol{y}(t), t\big) = \boldsymbol{\mu}^T(t)\,\boldsymbol{f}\big(\boldsymbol{u}(t), \boldsymbol{y}(t), t\big) + L\big(\boldsymbol{u}(t), \boldsymbol{y}(t), t\big), \tag{26}$$

wobei der Empfindlichkeitsvektor $\boldsymbol{\mu}(t)$ das adjungierte System befriedigt:

$$\dot{\boldsymbol{\mu}}(t) = -\boldsymbol{f}_u^T\big(\boldsymbol{u}(t), \boldsymbol{y}(t), t\big)\,\boldsymbol{\mu}(t) - L_u\big(\boldsymbol{u}(t), \boldsymbol{y}(t), t\big) \tag{27}$$

mit der Randbedingung

$$\boldsymbol{\mu}(t_e) = [M_u\big(\boldsymbol{u}(t), t\big) - \boldsymbol{g}_u^T\big(\boldsymbol{u}(t), t\big)\,\boldsymbol{v}(t)]\,|_{t=t_e}, \tag{28}$$

worin $\boldsymbol{g}(\boldsymbol{u})$ Endzustandsbedingungen sind und $\boldsymbol{v}(t)$ ein zugehöriger Multiplikator ist. Die optimale Stellgröße muß so bestimmt werden, daß $H^o = H\big(\boldsymbol{y}^o(t)\big)$ ein Minimum, verglichen mit allen anderen zulässigen Stellgrößen, annimmt:

$$\boldsymbol{y}^o(t) = \text{arg.}\ \min_{\boldsymbol{y}(t) \in \mathbf{Y}} H\big(\boldsymbol{u}(t), \boldsymbol{\mu}(t), \boldsymbol{y}(t), t\big). \tag{29}$$

Neben dieser Bedingung muß bei *freier* Endzeit t_e gelten:

$$H\big(\boldsymbol{u}(t), \boldsymbol{\mu}(t), \boldsymbol{y}(t), t\big)\,|_{t=t_e} = -[M_t - \boldsymbol{g}_t^T\,\boldsymbol{v}]\,|_{t=t_e}. \tag{30}$$

In Abschn. IX.3.7 wurde mit (3.77) und (3.88) gezeigt, daß aus der Steuerbedingung für Systeme mit unbeschränkten Stellgrößen:

$$H_y = \boldsymbol{0}$$

für die zeitliche Ableitung der HAMILTON-Funktion folgt:

$$\dot{H}\big(\boldsymbol{u}(t), \boldsymbol{y}(t), t\big) = \frac{d}{dt}H = \frac{\partial}{\partial t}H, \tag{31}$$

was einschließt, daß die HAMILTON-Funktion nicht explizite von der Zeit abhängt. PONTRJAGIN konnte zeigen [IX.11], daß diese Beziehung (31) auch für die allgemeinere Steuerungsbedingung (29) gilt.

Es soll nun noch eine andere Herleitung des Minimumprinzips gezeigt werden, die auf einer geometrischen Betrachtung basiert und einen besseren Einblick in die Vielschichtigkeit der lösbaren Probleme gibt. Zu diesem Zweck wird ein MEYER-Problem mit dem Kostenfunktional M, fester Endzeit t_c und den Endzustandszwangsbedingungen $\boldsymbol{g}$ formuliert. Die Geometrie des Raumes für M und die g_i werden nun in Parameterabhängigkeit von dem Endzustand $u_e = u(t_e)$ und, über die dynamischen Gleichungen des Systems, von der Steuerung $y(t)$ betrachtet. Für jede Steuergröße $y(t)$ existiert ein Endzustand $u(t_e)$, zu dem Kosten $M(u_e)$ gehören, und für den die Nebenbedingungen $g_i\big(u(t)\big)$ bestimmte Werte $g_i(u_e)$ annehmen. Wie üblich bei all diesen Betrachtungen wird wieder vorausgesetzt, daß das zu optimierende System eine Dynamik derart hat, daß

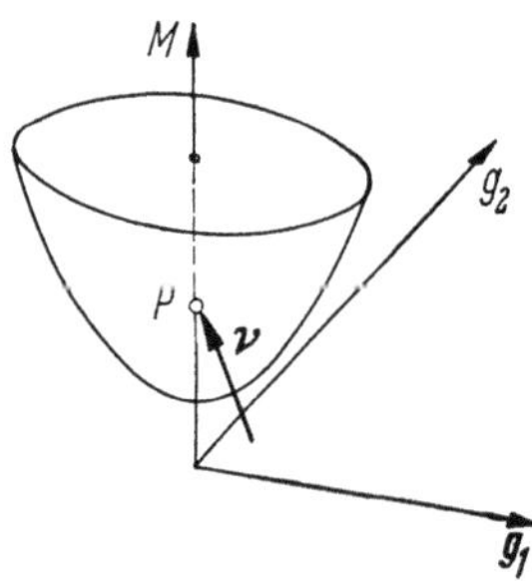

Abb. IX.6.2
Darstellung des erreichbaren Gebietes eines Optimierungsproblems mit beschränkten Stellgrößen

kleine Änderungen der Steuerung auch nur kleine Änderungen des Zustandes bewirken. So füllen dann alle betrachteten Steuerfunktionen einen kontinuierlichen Raum erreichbarer Kosten und erreichbarer Werte $g_i(u_e)$ aus. Für den Fall mit zwei Endzustandsnebenbedingungen stellt Abb. IX.6.2 eine Skizze der möglichen Verhältnisse dar.

Nun besteht das Optimierungsproblem darin, eine Stellgröße $y^o(t) = y_{\text{opt}}(t)$ derart zu finden, daß M möglichst klein wird, aber vor allem auch $g_i(u_e) = 0$ $(i = 1, 2, \ldots, r)$ erfüllt wird. Für die Verhältnisse in der Skizze Abb. IX.6.2 bedeutet das, daß $y^o(t)$ zu dem Punkt P führen muß, bei dem die Gerade $g(u) = 0$

das betrachtete Volumen durchstößt. Aus diesem Bild ist ferner zu erkennen, was PONTRJAGIN allgemein bewies, daß die Oberfläche die Eigenschaft hat, daß eine Hyperfläche existiert, die diese Oberfläche im Punkt P tangiert. Ferner liegen auf dem Rand der Fläche alle „lokalen" Punkte des Volumens auf einer Seite, was bedeutet, daß das Volumen *konvex* ist. Der Normalenvektor der Tangentenfläche im Punkt P, der in das Volumen hineinzeigt, sei $\tilde{v} = [v_0, v_1, \ldots, v_r]^T =$ $= [v_0, v^T]^T$, wobei dem Empfindlichkeitsvektor der r Zwangsbedingungen $g(u) = 0$ eine Komponente v_0 für M hinzugefügt wurde. Ist die der Abb. IX.6.2 zugrunde liegende Annahme richtig, dann hat jeder erreichbare Punkt in der Nähe des optimalen Punktes P ein nichtnegatives inneres Produkt mit $\tilde{v}$. Speziell gilt, wenn man um δM und δg_i $(i = 1, 2, \ldots, r)$ von P abweicht:

$$v_0\, \delta M - v_1\, \delta g_1 - \cdots - v_r\, \delta g_r \geqq 0,$$
$$v_0\, \delta M - v^T \delta g(u) \geqq 0. \tag{32}$$

Durch Entwicklung der gegebenen Funktionen werden die darin beteiligten Variationen bestimmt zu:

$$\delta M\big(u(t_e)\big) = M_u^T\, \delta u(t_e),$$
$$\delta g\big(u(t_e)\big) = g_u\, \delta u(t_e). \tag{33}$$

Nun kann die Zustandsänderung $\delta u(t_e)$ mit einer Änderung zum Zeitpunkt t_1 durch ein Fundamentalsystem bestimmt werden:

$$\delta u(t_e) = \boldsymbol{\Phi}(t_e, t_1)\, \delta u(t_1). \tag{34}$$

Damit wird aus (32)

$$[v_0\, M_u^T\, \boldsymbol{\Phi}(t_e, t_1) - v^T g_u\, \boldsymbol{\Phi}(t_e, t_1)]\, \delta u(t_1) \geqq 0. \tag{35}$$

Da $\delta u(t_1)$ wiederum ein Resultat einer starken (aber kurzzeitigen) Variation der Stellgröße zur Zeit $t = t_1$ sein soll (vgl. Abb. IX.6.1, S. 421), kann $\delta u(t_1)$

mit Gl. (11) ersetzt werden, so daß anstelle von (35)

$$[v_0 M_u^T - v^T g_u]\, \boldsymbol{\Phi}(t_e, t_1)\, [f(u + \delta u, \tilde{y}, t) - f(u, y^o, t)] \geqq 0 \qquad (36)$$

tritt. Wird nun ein adjungierter oder Empfindlichkeitsvektor $\mu(t)$ definiert, dann kann (36) abgekürzt geschrieben werden zu:

$$\mu^T(t)\, [f(u, \tilde{y}) - f(u, y^o)] \geqq 0, \qquad (37)$$

womit wieder das Minimumprinzip gefunden ist, das im Anschluß an (16) diskutiert wurde.

Die vorstehende Ableitung über eine geometrische Interpretation des Problems hat den Vorteil, daß nun relativ leicht einige Sonderfälle wie „normale" und „entartete" Probleme interpretiert werden können. In Abb. IX.6.2 ist der Vektor v definiert als der Vektor, der senkrecht auf der Hyperfläche steht, die die Oberfläche des erreichbaren Gebietes tangiert. Es werden nun die Probleme als „normal" bezeichnet, bei denen die Gerade $g\big(u(t_e)\big) = 0$, also die Kostengerade $J = M$, das erreichbare Gebiet durchdringt. Das heißt in anderen Worten, daß bei den normalen Problemen die Tangentenfläche nicht parallel zur M-Achse verläuft. Für die Komponente v_0 gilt dann also $v_0 \neq 0$, und sie kann weiter ohne Verlust an Allgemeingültigkeit auf $v_0 = 1$ normiert werden.

Wird das erreichbare Gebiet nicht von $g = 0$ durchdrungen, dann ist die Unterstützungsfläche des Gebietes parallel zur M-Achse, und das erreichbare Gebiet hat nur einzelne Punkte an seiner Oberfläche mit der Achse M gemeinsam. Dieser entartete Fall ist aber durch $v_0 = 0$ ausgezeichnet. Aus der Definition für die Unterstützungsfläche folgt, daß sie durch die Punkte δM und δg gegeben ist, die dieser Beziehung genügen:

$$v_0\, \delta M - v^T\, \delta g = 0. \qquad (38)$$

Wird eine spezielle Trajektorie $u(t)$ so ausgewählt, daß sie nahe der nominalen liegt und nur δM sowie δg_i beteiligt sind, vereinfacht sich (38) zu:

$$v_0\, \delta M - v_i\, \delta g_i = 0. \qquad (39)$$

Betrachtet man ein weiteres Problem, bei dem die Kosten M ungeändert bleiben, bei dem aber die Zwangsbedingung g_i um einen kleinen Betrag δg_i variiert wird, dann wird die Lösung dieses neuen Problems auf die Hyperfläche fallen, in der die Glieder 1. Ordnung um die durch g_i verursachte Kostenänderung δM durch (39) beschrieben werden. Dies führt zu einer weiteren Interpretation der v_i als Empfindlichkeitsparameter für die Kosten bei normalen Problemen, bei denen $v_0 = 1$ ist.

Denn wenn $v_0 = 1$ ist, folgt aus (39) auch:

$$v_i = -\frac{\delta M}{\delta g_i}. \qquad (40)$$

Im singulären Fall ist die Empfindlichkeit nicht mehr definiert, oder genauer auch unendlich. Eine kleine Änderung von g genügt, ein Problem zu definieren, das keine Lösung mehr hat, für das also keine optimale Steuerung angegeben werden kann.

6.4 Lineare zeitoptimale Systeme

Als Beispiel für die Lösung des Optimierungsproblems mittels des Minimumprinzips, wie es im vorstehenden Abschnitt dargestellt wurde, soll die Lösung linearer zeitoptimaler Probleme vorgeführt werden. Gegeben ist ein dynamisches System durch:

$$\dot{u}(t) = A\,u(t) + B\,y(t), \quad u(0) = u_0. \tag{41}$$

Das Kostenfunktional J ist dadurch bestimmt, daß der Zustandsvektor $u(t)$ in kürzester Zeit t_e in den Ursprung gelangen soll:

$$u(t_e) = 0, \tag{42}$$

so daß die Aufgabe als Langrange-Problem formuliert lautet:

$$J = \int\limits_{0}^{T} dt \tag{43}$$

mit

$$L = 1. \tag{44}$$

In (43) wurde die gesuchte Endzeit mit T bezeichnet, da für das zeitinvariante System (41) die Anfangszeit $t_0 = 0$ gewählt werden kann. Die Stellgröße $y(t)$ ist auf $\mathbf{Y}$ beschränkt:

$$y(t) \in \mathbf{Y}$$

und dieses Gebiet wird festgelegt zu:

$$\mathbf{Y} = \{y(t) : |y_i| \leqq 1, \quad (i = 1, 2, \ldots, q)\}. \tag{45}$$

Die Bedingung (42) kann in der allgemeinen Form von Endzwangsbedingungen so notiert werden:

$$g_i(u)|_{t=t_e} = u_i(T) = 0 \quad (i = 1, 2, \ldots, n). \tag{46}$$

Für das durch die vorstehenden Gleichungen beschriebene Problem wird diese Hamilton-Funktion definiert:

$$H(u, \mu, y) = \mu^T(t)\,[A\,u(t) + B\,y(t)] + 1 \tag{47}$$

mit

$$\dot{\mu}(t) = -H_u = -A^T\,\mu(t), \tag{48}$$

$$\mu(t) = v. \tag{49}$$

Der Vektor v der Lagrange-Multiplikatoren ist den Endbedingungen (46) zugeordnet.

Das Minimumprinzip liefert die notwendigen Bedingungen für die optimale Steuerung, die wiederum dem Funktional den kleinstmöglichen Wert verleihen muß. Da die Hamilton-Funktion (47) eine lineare Funktion von $y(t)$ ist, folgt die einfache Überlegung, daß $H(u, \mu, y)$ ein Minimum annimmt, wenn

$$P(\mu, y) = \mu^T(t)\,B\,y(t) \overset{!}{=} \min \tag{50}$$

gilt. Diese Gleichung ausgeschrieben lautet auch:

$$P = \sum_{i=1}^{n} \sum_{j=1}^{q} \mu_i\,B_{ij}\,y_j = \sum_{j=1}^{q} \mu^T\,B_j\,y_j \overset{!}{=} \min \tag{51}$$

und es ist zu erkennen, daß wegen der auf 1 normierten maximalen „Amplituden" der Komponenten von $y(t)$ P immer nur dann ein Minimum haben kann, wenn gilt:

$$y_j = -\operatorname{sign} \boldsymbol{\mu}^T(t)\, \boldsymbol{B}_j \qquad (j = 1, 2, \ldots, q). \tag{52}$$

Hierin wurde mit $\boldsymbol{B}_j$ der j-te Spaltenvektor von $\boldsymbol{B}$ bezeichnet. Gl. (52) bedeutet aber, daß die optimale Steuerfunktion dann bekannt ist, wenn der zeitliche Verlauf des adjungierten Vektors $\boldsymbol{\mu}(t)$ und damit die Vorzeichen der inneren Produkte $\boldsymbol{\mu}^T(t)\,\boldsymbol{B}_j$ bekannt sind. Die Komponenten des optimalen Steuervektors werden also immer zwischen ihren maximalen Amplituden $+1$ oder -1 umgeschaltet. Diese „Ein-Aus-Regelung" (englisch: bang-bang-control) kann mit einer Relaisschaltung realisiert werden.

Beispiel. Gegeben ist ein System mit

$$\begin{bmatrix} \dot{u}_1(t) \\ \dot{u}_2(t) \end{bmatrix} = \begin{bmatrix} 0 & 1 \\ -1 & 0 \end{bmatrix} \begin{bmatrix} u_1(t) \\ u_2(t) \end{bmatrix} + \begin{bmatrix} 1 & 0 \\ 0 & 1 \end{bmatrix} \begin{bmatrix} y_1(t) \\ y_2(t) \end{bmatrix},$$
$$|y_1| \leqq 1; \quad |y_2| \leqq 1.$$

Die HAMILTON-Funktion dieses Problems lautet:

$$\begin{aligned} H(\boldsymbol{u}, \boldsymbol{\mu}, \boldsymbol{y}) &= \boldsymbol{\mu}^T[\boldsymbol{A}\,\boldsymbol{u} + \boldsymbol{B}\,\boldsymbol{y}] + 1 \\ &= \mu_1(t)\,(u_2(t) + y_1(t)) + \mu_2(t)\,(-u_1(t) + y_2(t)). \end{aligned}$$

Die $\mu_1(t)$ und $\mu_2(t)$ werden aus dem adjungierten System $\dot{\boldsymbol{\mu}} = -\boldsymbol{A}^T \boldsymbol{\mu}$, also

$$\dot{\mu}_1(t) = \mu_2(t),$$
$$\dot{\mu}_2(t) = -\mu_1(t)$$

bestimmt. Die Lösung dieses Systems lautet:

$$\mu_1(t) = A \sin(t + \varphi),$$
$$\mu_2(t) = A \cos(t + \varphi),$$

wobei $A > 0$ und φ ($0 \leqq \varphi < 2\pi$) Konstante sind, die sich aus den gegebenenfalls noch vorzuschreibenden Randbedingungen ergeben. Auswertung von (52) liefert die Komponenten der optimalen Steuerung zu:

$$y_1(t) = -\operatorname{sign.} \mu_1(t) = -\operatorname{sign.} \sin(t + \varphi),$$
$$y_2(t) = -\operatorname{sign.} \mu_2(t) = -\operatorname{sign.} \cos(t + \varphi).$$

Bei diesem einfachen Beispiel ließen sich die Schaltpunkte — das Argument der sign.-Funktion — in einfacher Weise bestimmen.

Die Gln. (41), (51) und (52) stellen, wie auch oben in den anderen Abschnitten, ein Zweipunkt-Randwertproblem dar, bei dem der Zustandsvektor für $t_0 = 0$ zu $\boldsymbol{u}_0$ und für $t_e = T$ zu $\boldsymbol{u}(T) = \boldsymbol{0}$ bekannt ist. Unbekannt ist vor allem der Verlauf der Trajektorie des adjungierten Vektors. Da bei diesen Problemen aber die Gleichungen des adjungierten Vektors *nicht* von dem Systemzustand abhängen, ist es möglich, wesentliche Aussagen über die Struktur des vorliegenden Optimierungsproblems zu machen, ohne das Randwertproblem tatsächlich lösen zu müssen. Da bekannt ist, daß die optimale Steuerung eine Ein-Aus-Steuerung ist, ist nur alleine notwendig zu wissen, zu welchen Zeitpunkten die Stellvektorkomponenten umgeschaltet werden müssen. Man kann ferner zeigen [IX.11], daß die Schaltpunkte auf sogenannten „Schaltflächen" im Zustandsraum liegen. Die Schaltflächen in $\mathbf{R}_n$ teilen also den Zustandsraum in Teilgebiete oder Unterräume, so daß die einmalige Bestimmung der Schaltflächen die Angabe der richtigen Stellgrößenvorzeichen für jede beliebige Anfangsbedingung $u(t_0)$ und dann das jeweilige „Umschalten" beim Verlassen eines Teilgebietes gestattet. Es ist dadurch möglich, die Stellgrößen als Funktion des jeweiligen Systemzustandes anzugeben, so daß ein Rückkopplungsgesetz zu finden ist, das in einem Regler zur Ein-Aus-Betätigung der Stellgrößen realisiert werden kann. Allerdings zeigt es sich, daß die Bestimmung der Schaltebenen mit einem beachtlichen Aufwand verbunden ist, wenn die zu optimierenden Systeme nicht zu den einfachst denkbaren, als Beispiele gerne benützten Systemen gehören. So ist es nicht verwunderlich, daß in einer Fülle von Einzelveröffentlichungen Lösungsvorschläge hierzu angegeben sind, deren Darstellung den hier gesetzten Rahmen sprengte. Es sind dabei aber zwei prinzipielle Methoden erkennbar. Die erste beruht darauf, daß die Gleichungen des Systems und des adjungierten Systems in umgekehrter Zeitrichtung gelöst werden, um so die Struktur der *Schaltebenen* zu studieren. Bei der zweiten Methode wird die Struktur der adjungierten Systemgleichung diskutiert, um die Struktur der *Schaltzeiten* zu finden, die dann benützt wird, die Schaltzeiten des gerade vorliegenden Problems festzulegen. Der hier nur kurz gestreifte Problemkreis ist z. B. in [IX.7.11 und IX.7.24] ausführlicher behandelt.

7 Kalman-Bucy-Filter

7.1 Einleitung

Dieser Abschnitt steht in enger Beziehung zu dem Kap. IV im ersten Band. Es werden einige für die moderne Regelungstheorie wesentliche Ergebnisse besprochen, welche Übertragungs- und Regelungssysteme betreffen, die unter dem Einfluß von stochastischen Signalen stehen. Die nun zu behandelnden Ergebnisse basieren wesentlich auf den Zustandsmodellen linearer Systeme, und es wird sich zeigen, daß nahezu alle bis hierher besprochenen Gesetzmäßigkeiten der linearen Systemtheorie nun eingesetzt werden müssen.

Die hier im Vordergrund stehende KALMAN-BUCY-Filtertheorie stellt einmal eine Weiterentwicklung der in den Abschn. IV.5 und IV.9 behandelten WIENERschen Filtertheorie dar. Dabei stellt sich heraus, daß zwischen der Optimierungstheorie für lineare Systeme, wie sie in diesem Kap. IX dargelegt wurde, und der Filtertheorie ein enger Zusammenhang besteht, und zwar derart, daß beide von der Fragestellung grundverschiedene Probleme auf gleichartige Systemstrukturen für die linearen Systeme führen und daß bei beiden Problemkreisen die Matrix-RICCATI-Differentialgleichung eine Schlüsselposition innehat. Ein weiterer wesentlicher Aspekt der KALMAN-BUCY-Theorie ist der, daß sie einen eleganten Übergang von den bei der WIENER-Theorie alleine erfaßten kontinuierlichen Systemen zu den zeitdiskreten Systemen gestattet. Es zeigte sich sogar, daß bei den zeitdiskreten Systemen, die bei der Systembehandlung mittels Digitalrechner so wesentlich sind, einige, die Anwendbarkeit der WIENER- und KALMAN-BUCY-Theorien beeinträchtigende Voraussetzungen wesentlich abgemildert werden können.

Die heute mit den Namen KALMAN und BUCY verbundene Theorie wurde durch die Arbeiten [IX.25 und IX.26] initiiert und geht u. a. auf Arbeiten von

Pugachev [IX.28] zurück. Auch in dieser Theorie ist die Wiener-Hopfsche
Integralgleichung (IV.5.12) zunächst der wesentliche Kern. Doch wird diese
Gleichung nun nicht mittels Argumenten der Variationsrechnung abgeleitet. Denn
nachdem Pugachev [IX.26 und IX.27] bemerkte, daß die Wiener-Hopf-
Gleichung nichts anderes als eine spezielle Form des Theorems der orthogonalen
Projektion ist, kann nun die Wiener-Hopf-Gleichung auf gedanklich einfachere,
nur algebraische Methoden benützende, Weise abgeleitet werden. Kalman und
Bucy machten aber noch einen weiteren wesentlichen Schritt. Anstatt die
Wiener-Hopf-Gleichung zu lösen, substituierten sie diese durch eine äquivalente
Differentialgleichung. Dadurch war es möglich, auch Probleme mit nichtstationären stochastischen Signalen und/oder Filterprobleme mit endlicher Meßzeit
zu einer geschlossenen Lösung zu führen. Diese Lösung besteht in einem linearen
zeitvariablen Filter, das im Grenzfall für *stationäre* Gausssche Signale *und* unendliche Meßzeit in das Wienersche Optimalfilter übergeht, das bekanntlich
(vgl. Abschn. IV.5) ein zeitinvariantes lineares System ist. Schließlich ist bedeutsam, daß die Kalman-Bucy-Theorie sowohl kontinuierliche wie auch zeitdiskrete Systeme und Signale umfaßt.

Wesentliches Ziel der folgenden Abschnitte ist es, diese Ergebnisse so darzustellen, daß ihre Bedeutung für die Systemtheorie der Mehrfachregelungen
deutlich wird. Bei der Darstellung muß dabei wegen des begrenzten zur Verfügung stehenden Raumes auf die ausführlichere Begründung einiger Voraussetzungen und Beweise von Hilfssätzen verzichtet werden, die in [IX.25, IX.26,
IX.28 und IX.29] und der dort zitierten Literatur gegebenenfalls zu finden
sind.

Um die Übersichtlichkeit zu erhöhen, werden in den nächsten Abschnitten
einige weitere noch benötigte Definitionen und Ergebnisse der Theorie stochastischer Signale zusammengestellt, die über die in den Abschn. IV.2, IV.3 und IV.4
gebrachten hinausgehen. Anschließend wird die Ableitung der Wiener-Hopf-
Gleichung für das Wienersche Problem mittels des Projektionstheorems vorgeführt, um damit einen leichteren Übergang zu der im Vordergrund stehenden
Kalman-Bucy-Theorie zu finden.

7.2 Weitere Definitionen und Ergebnisse der Theorie
stochastischer Vorgänge

Da die zu behandelnden Probleme auch nichtstationäre stochastische Signale
einschließen, genügen im folgenden die einfachen Definitionen für die Kennzeichnung stochastischer Signale auf der Basis zeitlicher Mittelwerte nicht mehr.
Da ein stochastischer Prozeß x von der Zeit t und der statistischen Variablen ξ
abhängt:

$$x = x(t, \xi), \tag{1}$$

müssen bei der Definition der Kenngrößen der stochastischen Prozesse im allgemeineren Fall die nichtstationären statistischen Eigenschaften mitberück-
sichtigt werden. Zur vereinfachten Schreibweise wird ein stochastischer Prozeß
weiterhin mit $x(t)$ bzw. $\boldsymbol{x}(t) = [x_1(t), \ldots, x_p(t)]^T$ bezeichnet, doch werden
wesentliche Kenngrößen nun auf der Basis der Ensemblemittelung durch die
in Abschn. IV.2.4 erklärten Erwartungswerte oder -funktionen definiert.

Definition 1. 1. Mittelwert:

$$m_x(t) = E[x(t)] = \int\limits_{-\infty}^{+\infty} x(t)\, w(x, t)\, dx. \tag{2a}$$

2. Autokorrelationsfunktion:

$$\boldsymbol{\Phi}_{xx}(t_1, t_2) = E[x(t_1), x(t_2)] = \int\limits_{-\infty}^{+\infty} x(t_1)\, x(t_2)\, w(x_1, x_2; t_1, t_2)\, dx(t_1)\, dx(t_2). \tag{2b}$$

3. Autokovarianzfunktion:

$$\begin{aligned} \boldsymbol{\Gamma}_{xx}(t_1, t_2) &= E\big[(x(t_1) - E[x(t_1)]), (x(t_2) - E[x(t_2)])\big] \\ &= E\big[(x(t_1) - m_x(t_1)), (x(t_2) - m_x(t_2))\big]. \end{aligned} \tag{2c}$$

4. Kreuzkorrelationsfunktion:

$$\boldsymbol{\Phi}_{xy}(t_1, t_2) = E[x(t_1), y(t_2)]. \tag{2d}$$

5. Kreuzkovarianzfunktion:

$$\boldsymbol{\Gamma}_{xy}(t_1, t_2) = E\big[(x(t_1) - m_x(t_1)), (y(t_2) - m_y(t_2))\big]. \tag{2e}$$

Mit diesen Grunddefinitionen, die z. B. in [IX.29] ausführlicher dargestellt und behandelt sind, kann nun leicht eine entsprechende Verallgemeinerung auf Signalvektoren vorgenommen werden. Es gelten dabei die gleichen Verabredungen und Rechenregeln, die in Abschn. IV.6 besprochen wurden. So ist beispielsweise die Autokorrelationsmatrix nun definiert zu:

$$\boldsymbol{\Phi}_{xx}(t_1, t_2) = E[\boldsymbol{x}(t_1), \boldsymbol{x}^T(t_2)] = [E[x_i(t_1), x_j(t_2)]], \quad i, j = 1, 2, \ldots, m. \tag{3}$$

Für die lineare Transformation eines Vektors stochastischer Signale:

$$\boldsymbol{y}(t_1) = \boldsymbol{A}(t_1)\, \boldsymbol{x}(t_1)$$

folgt dann für die Autokorrelationsmatrix

$$\begin{aligned} \boldsymbol{\Phi}_{yy}(t_2, t_1) &= E[\boldsymbol{A}(t_1)\, \boldsymbol{x}(t_1), \boldsymbol{x}^T(t_2)\, \boldsymbol{A}^T(t_2)] \\ &= \boldsymbol{A}(t_1)\, E[\boldsymbol{x}(t_1), \boldsymbol{x}^T(t_2)]\, \boldsymbol{A}^T(t_2) \\ &= \boldsymbol{A}(t_1)\, \boldsymbol{\Phi}_{xx}(t_1, t_2)\, \boldsymbol{A}^T(t_2). \end{aligned} \tag{4}$$

Wesentliche Ergebnisse der modernen Filtertheorie konnten durch Anwendung algebraischer Methoden gefunden werden. Ein wesentlicher Schritt hierzu ist, die Theorie der linearen Vektorräume zur Beschreibung stochastischer Vorgänge heranzuziehen. Im folgenden werden also Definitionen und Ergebnisse benötigt, die in Kap. VII zusammengestellt sind. So wird zunächst der stochastische Prozeß oder ein stochastisches Signal $\boldsymbol{x}(t)$ als Element eines Vektorraums aufgefaßt:

$$\boldsymbol{x}(t) = \in \mathbf{R}_n, \tag{5}$$

womit sich dann die folgenden Bezeichnungen und Ergebnisse leichter deuten lassen.

Definition 2. Zwei stochastische Prozesse heißen

a) *unkorreliert*, wenn gilt:

$$\boldsymbol{\Phi}_{xy}(t_1, t_2) = E[\boldsymbol{x}(t_1), \boldsymbol{y}^T(t_2)] = E[\boldsymbol{x}(t_1)]\, E[\boldsymbol{y}(t_2)]^T = \boldsymbol{m}_x(t_1)\, \boldsymbol{m}_y^T(t_2), \tag{6a}$$

oder gleichbedeutend:

$$\boldsymbol{\Gamma}_{xy}(t_1, t_2) = \boldsymbol{0}. \tag{6b}$$

b) *orthogonal*, wenn gilt:

$$\boldsymbol{\Phi}_{xy}(t_1, t_2) = E[\boldsymbol{x}(t_1), \boldsymbol{y}^T(t_2)] = \boldsymbol{0}. \tag{6c}$$

Die Bedingung (6c) stellt hier nichts anderes als die Definition eines speziellen inneren Produktes $\langle \boldsymbol{x}(t_1), \boldsymbol{y}(t_2) \rangle$ dar, das dann verschwindet, wenn die beiden Vektoren $\boldsymbol{x}(t_1)$ und $\boldsymbol{y}(t_2)$ orthogonal sind.

Definition 3. Seien $\mathbf{P} \subset \mathbf{R}_n$ und $\mathbf{E} \subset \mathbf{R}_n$ zwei komplementäre orthogonale Unterräume des linearen Vektorraums

$$\mathbf{R}_n = \{\boldsymbol{x}(t): \boldsymbol{x}(t) = [x_1(t), \ldots, x_n(t)]^T\} \tag{7}$$

mit

$$\mathbf{P} \perp \mathbf{E},$$
$$\mathbf{P} \cup \mathbf{E} = \mathbf{R}_n, \tag{8}$$

dann gilt für $\boldsymbol{p}(t) \in \mathbf{P}$ und $\boldsymbol{e}(t) \in \mathbf{E}$

$$E[\boldsymbol{p}(t)\, \boldsymbol{e}^T(t)] = \boldsymbol{0}. \tag{9}$$

Ferner ist

$$\boldsymbol{x}(t) = \boldsymbol{p}(t) + \boldsymbol{e}(t). \tag{10}$$

Der Vektor $\boldsymbol{p}(t)$ heißt die orthogonale Projektion des Vektors $\boldsymbol{x}(t)$ auf $\mathbf{P}$.

Mit dieser Definition wird der Anschluß an die entsprechenden allgemeinen Ergebnisse in Abschn. VII.2.5 hergestellt. Wird die *Norm* eines stochastischen Prozesses definiert zu

$$\|\boldsymbol{x}(t)\| = E[\boldsymbol{x}^T(t), \boldsymbol{x}(t)], \tag{11}$$

dann folgt aus dem verallgemeinerten Satz des Pythagoras Gl. (VII.2.42):

Satz 1 (Projektionstheorem).

Die Norm $\|\boldsymbol{e}(t)\| = \|\boldsymbol{x}(t) - \boldsymbol{p}(t)\|$ hat ihr Minimum dann und nur dann, wenn $\boldsymbol{p}(t)$ die orthogonale Projektion von $\boldsymbol{x}(t)$ auf $\mathbf{P}$ ist:

$$\|\boldsymbol{e}(t)\| = \|\boldsymbol{x}(t) - \boldsymbol{p}(t)\| = \min \quad \text{für} \quad \begin{cases} \boldsymbol{p}(t) \perp \boldsymbol{e}(t) \\ \text{oder } \boldsymbol{\Phi}_{pe}(\tau) = \boldsymbol{0}. \end{cases} \tag{12}$$

Neben den den bisher verwendeten Erwartungswertdefinitionen zugrunde liegenden Begriffen der Wahrscheinlichkeits- und Verbundwahrscheinlichkeitsfunktionen ist für die Anwendung noch die *bedingte* Wahrscheinlichkeit und der *bedingte* Erwartungswert wichtig.

Definition 4. Unter der bedingten Verteilungsfunktion

$$W(x \mid \varkappa) = \mathfrak{W}(\xi \leq x \mid \varkappa) = \frac{\mathfrak{W}(\xi \leq x, \varkappa)}{\mathfrak{W}(\varkappa)} \tag{13}$$

wird die Wahrscheinlichkeit dafür verstanden, daß die statistische Variable ξ unterhalb der Schranke x liegt und gleichzeitig in einer Menge $\varkappa$ enthalten ist:

$$\xi \in \varkappa. \tag{14}$$

Bei der bedingten Verteilungsfunktion wird also nach der Wahrscheinlichkeit dafür gefragt, mit der ein statistisches Ereignis innerhalb eines vorgegebenen Wertebereiches gefunden werden kann.

Beispiel. Für $W(x \mid x \leq a)$ mit der Konstanten a ergibt (13)

$$W(x \mid x \leq a) = \frac{\mathfrak{W}(\xi \leq x, \xi \leq a)}{\mathfrak{W}(\xi \leq a)}.$$

Nun ist aber für $x > a$ die Wahrscheinlichkeit $\mathfrak{W}(\xi \leq x, \xi \leq a) = \mathfrak{W}(\xi \leq a)$, womit folgt

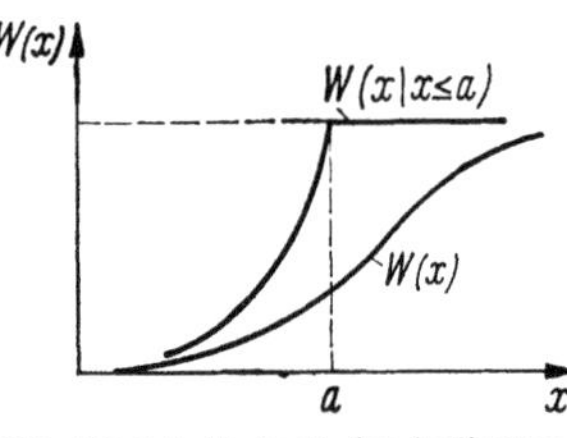

Abb. IX.7.1 Verlauf der bedingten Wahrscheinlichkeitsverteilungsfunktion eines Beispiels

$$W(x \mid x \leq a) = \frac{\mathfrak{W}(\xi \leq a)}{\mathfrak{W}(\xi \leq a)} = 1 \quad \text{für} \quad x \geqq a.$$

Für $x \leq a$ ist $\mathfrak{W}(\xi \leq x, \xi \leq a) = \mathfrak{W}(\xi \leq x)$, also

$$W(x \mid x \leq a) = \frac{\mathfrak{W}(\xi \leq x)}{\mathfrak{W}(\xi \leq a)} = \frac{W(x)}{W(a)} \quad \text{für} \quad x < a.$$

In Abb. IX.7.1 ist der prinzipielle Verlauf von $W(x \mid x \leq a)$ und $W(x)$ dargestellt.

Ist eine Wahrscheinlichkeitsverteilungsfunktion stetig, dann ist die zugehörige Verteilungsdichtefunktion $w(x \mid \varkappa)$ analog zu Gl. (IV.2.7) definiert:

$$w(x \mid \varkappa) = \frac{d}{dx} W(x \mid \varkappa). \tag{15}$$

Ausgehend von der bedingten Verteilungsdichtefunktion sind die bedingten Erwartungswerte erklärt zu

$$E[g(x) \mid \varkappa] = \int\limits_{-\infty}^{+\infty} g(u)\, dW(u \mid \varkappa) = \int\limits_{-\infty}^{+\infty} g(u)\, w(u \mid \varkappa)\, du. \tag{16}$$

Hier ist zu beachten, daß die bedingten Erwartungswerte von statistischen Variablen selbst wieder statistische Variable sind. Auch die bedingten Erwartungswerte können wieder analog zu den obigen Definitionen auf mehrere Variable x_i und Vektoren $\boldsymbol{x}(t)$ ausgedehnt werden.

Die bedingten Erwartungswerte interessieren in der zu besprechenden Filtertheorie vor allem in der Form der optimalen Schätzung:

Definition 5. Der optimale Schätzwert $\hat{\boldsymbol{x}}(t_1 \mid t)$ eines stochastischen Signals $\boldsymbol{x}(t)$

$$\hat{\boldsymbol{x}}(t_1 \mid t) = \int\limits_{t_0}^{t} \boldsymbol{A}(t_1, \tau)\, \boldsymbol{z}(\tau)\, d(\tau), \quad t_1 \geqq t \tag{17}$$

wird aus bekannten Beobachtungen $\boldsymbol{z}(\tau)$ für $\tau \in [t_0, t]$ so gewonnen, daß eine in beiden Argumenten stetig differenzierbare Matrix $\boldsymbol{A}(t_1, \tau)$ derart bestimmt wird, daß der Erwartungswert einer quadrierten linearen skalaren Fehlerfunktion minimiert wird:

$$E[L\{\boldsymbol{x}(t_1) - \hat{\boldsymbol{x}}(t_1 \mid t)\}^2] \overset{!}{=} \min \quad \text{für alle } L\{\cdot\}. \tag{18}$$

In dieser allgemeinen Definition ist die häufig benützte Norm des Fehlers

$$L\{\boldsymbol{x}(t_1) - \hat{\boldsymbol{x}}(t_1 \mid t)\} = \|\boldsymbol{x}(t_1) - \hat{\boldsymbol{x}}(t_1 \mid t)\|$$

als Sonderfall enthalten.

Ausgehend von der Normalverteilung einer statistischen Variablen Gl. (IV.2.13) wird die Normalverteilung eines Vektors so festgelegt:

Definition 6. Ein Vektor $\boldsymbol{x} = [x_1, \ldots, x_n]^T$ heißt normal, oder ein Vektor statistischer Variabler mit GAUSS-Verteilung, mit einer nichtsingulären Verteilungsmatrix, wenn die quadratische Form mit seiner Kovarianzmatrix $\boldsymbol{\Gamma}_{xx}$ positiv definite ist *und* die zu $\boldsymbol{x}$ gehörende Verteilungsdichtefunktion diese Form hat:

$$w(\boldsymbol{x}) = \frac{1}{(2\pi)^{n/2}\,|\boldsymbol{\Gamma}_{xx}|} \exp\left[-\frac{1}{2}(\boldsymbol{x}-\boldsymbol{m}_x)^T\,\boldsymbol{\Gamma}_{xx}^{-1}(\boldsymbol{x}-\boldsymbol{m}_x)\right]. \tag{19}$$

Für die so definierten normalverteilten stochastischen Prozesse stellt die mathematische Statistik diese Ergebnisse bereit, die in der Filtertheorie mit großem Nutzen verwendet werden:

Satz 2. a) Lineare Funktionen von normalen Prozessen sind normale Gausssche Prozesse.

b) Orthogonale Gausssche Prozesse sind voneinander unabhängig (unkorrelliert).

c) Zu jedem (beliebig verteilten) stochastischen Prozeß mit bekanntem Mittelwert $E[\boldsymbol{x}(t)]$ und bekannter Kovarianz $E[\boldsymbol{x}(t_1),\boldsymbol{x}(t_2)]$ existiert genau ein normaler (Gaussscher) Prozeß mit gleichem Mittelwert und gleicher Kovarianz.

Unter den in Teil a) dieses Satzes gemeinten linearen Operationen gehören vor allem auch die bedingten Erwartungswerte vom Typ der Gl. (17).

7.3 Gauß-Markov-Prozesse

Es ist nützlich, für das Folgende einige schärfere Definitionen der stochastischen Prozesse zu geben, die bei der Optimalfiltertheorie vorausgesetzt werden sollen. Wir beginnen zunächst mit dem für die Theorie sich als einfacher erweisenden Fall der Gauss-Markov-Folgen:

Definition 7 (Gauss-Markov-Folge).
Unter einer Gauss-Markov-Folge wird eine Folge von Zufalls-Signalvektoren $\boldsymbol{u}(t), \boldsymbol{u}(t+1), \boldsymbol{u}(t+2), \ldots$ verstanden, die durch diese Rekursionsbeziehung erzeugt werden:

$$\boldsymbol{u}(t+1) = \boldsymbol{\Phi}(t+1,t)\,\boldsymbol{u}(t) + \boldsymbol{\Theta}(t+1,t)\,\boldsymbol{w}(t). \tag{20}$$

Hierin ist $\boldsymbol{w}(t_0)$, $\boldsymbol{w}(t_0+1)$ eine Folge von Gaussschen (also normalverteilten) Zufallsvektoren, von denen jeweils zwei zu verschiedenen Zeiten voneinander unabhängig sind:

$$E[\boldsymbol{w}(t_i),\boldsymbol{w}^T(t_j)] = \boldsymbol{0} \quad \text{für} \quad t_i \neq t_j. \tag{21}$$

Für das Folgende wird ohne Beschränkung der Allgemeingültigkeit vorausgesetzt, daß die Vektorfolge $\boldsymbol{w}$ einen Mittelwert

$$m_w = E[\boldsymbol{w}(t)] = \boldsymbol{0} \quad \text{für alle } t \tag{22}$$

hat. Damit ist $\boldsymbol{w}(t)$ wegen der vorausgesetzten Normalverteilung eindeutig durch die Kovarianzmatrix

$$\boldsymbol{\Gamma}_{ww}(t) = \boldsymbol{Q}(t) \tag{23}$$

bestimmt.

Die Gl. (20) beschreibt ein zeitdiskretes zeitvariables dynamisches System, das als „Formfilter" für die oben definierte Gauss-Markov-Folge dient. Die Beschreibung (20) ist aber solange nicht vollständig, bis ein Anfangszustand $\boldsymbol{u}(t_0)$

des dynamischen Systems festgelegt ist. Es ist naheliegend, auch für $u(t_0)$ anzunehmen, daß dies eine Zufallsvariable, und zwar wieder eine GAUSSsche Variable unabhängig von $w(t)$ mit verschwindendem Mittelwert und beliebiger Kovarianzmatrix ist. Da Linearkombinationen von GAUSSschen Signalen wieder GAUSSsche Signale sind, folgt, daß $u(t_0), u(t_0 + 1), \ldots$ eine Folge GAUSSscher Zufallsgrößen mit verschwindendem Mittelwert ist. Mehrmalige Anwendung von (20) liefert diese Rekursionsbeziehung:

$$u(t_k) = \boldsymbol{\Phi}(t_k, t_0)\, u(t_0) + \sum_{t_l = t_0 + 1}^{t_k} \boldsymbol{\Phi}(t_l, t)\, \boldsymbol{\Theta}(t_l, t - 1)\, w(t - 1). \tag{24}$$

Da die Vektoren $w(t)$ für verschiedene Zeiten unabhängig sind, folgt für $t_1 > t_0$ für die bedingte Wahrscheinlichkeit:

$$W\{u_1(t_1) \leqq \xi_1, \ldots, u_n(t_n) \leqq \xi_n \mid u(t_0), u(t_0 - 1)\}, \ldots\}$$
$$= W\{u_1(t_1) \leqq \xi_1, \ldots, u_n(t_n) \leqq \xi_n \mid u(t_0)\}, \quad t_1 > t_0. \tag{25}$$

Das bedeutet, daß die bedingte Wahrscheinlichkeitsverteilung von $u(t_1)$ für gegebene $u(t_0)$ *und* alle vorher beobachteten Werte des Zustandsvektors $u(t)$ identisch mit der Wahrscheinlichkeitsverteilung von $u(t_1)$ ist, wenn nur die letzte Beobachtung $u(t_0)$ gegeben ist. Die Beziehung (25) wird in der Literatur als *Markov-Eigenschaft* bezeichnet.

Analog zu dem üblichen Sprachgebrauch wird das Signal $w(t)$ mit den oben erläuterten Eigenschaften als (GAUSSsche) Folge eines weißen Rauschens bezeichnet. Damit ist die GAUSS-MARKOV-Folge der Systemzustand eines linearen zeitdiskreten dynamischen Systems, das durch ein GAUSSsches weißes Geräusch erregt wird, wobei hier an die Definition eines GAUSSschen oder normalverteilten Zufallsvektors erinnert sei (1a).

Die Folge (20) ist ein idealisiertes lineares Modell für Zufallsprozesse, die in der Natur zu beobachten sind. Im allgemeinen ist der Zustand $u(t)$ in (20) eine abstrakte Größe, die nicht direkt physikalisch gemessen werden kann. Um eine bessere Annäherung an die realen Verhältnisse zu erhalten, wird das Modell (20) durch die Annahme erweitert, daß die tatsächlich beobachtbaren Zufallsfunktionen eine lineare Funktion des Zustandes $u(t)$ seien. Das Modell (20) wird also ergänzt durch:

$$y(t) = C(t)\, u(t) + r(t) = s(t) + r(t). \tag{26}$$

Hierin ist $r(t)$ wieder die Folge eines weißen Geräusches, beschrieben durch:

$$\left. \begin{aligned} \boldsymbol{\Gamma}_{rr}(t_1, t_2) &= E[r(t_1), r^T(t_2)] = \boldsymbol{0} \quad \text{für} \quad t_1 \neq t_2, \\ m_r &= E[r(t)] = \boldsymbol{0} \qquad\qquad \text{für alle } t, \\ \boldsymbol{\Gamma}_{rr}(t) &= \boldsymbol{R}(t). \end{aligned} \right\} \tag{27}$$

Mit der Addition von $r(t)$ in (26) wird zum Ausdruck gebracht, daß eine physikalische Messung niemals mit beliebiger Genauigkeit durchgeführt werden kann.

Die beobachtete Zufallsfolge $y(t)$ ist aber mit dem Systemzustand $u(t)$ korreliert. Einmal hängt $y(t)$ nicht nur direkt von $u(t)$ ab, sondern darüber hinaus mag auch noch eine Korrelation zwischen $w(t)$ in (20) und $r(t)$ in (26) existieren:

$$\boldsymbol{\Phi}_{wr}(t) = E[w(t)\, r^T(t)] = \boldsymbol{F}(t) \neq \boldsymbol{0}. \tag{28}$$

Das so entwickelte Modell einer Gauss-Markov-Folge kann als Blockschaltbild Abb. IX.7.2 dargestellt werden. In [IX.31] ist gezeigt, daß jede Gauss-Markov-

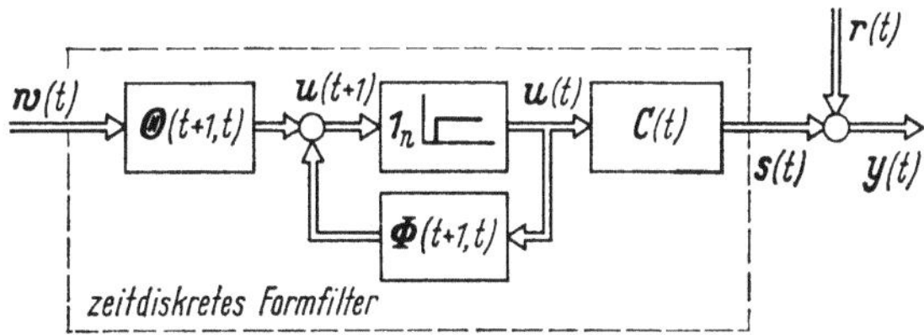

Abb. IX.7.2 Zur Erläuterung einer Gauss-Markov-Folge

Folge durch ein solches Modell dargestellt werden kann. Wir fassen dies zusammen in:

Definition 8. Eine 1-parametrige Schar von Zufallsvektoren $u(t_k)$ $(k = \cdots -1, 0, 1, \ldots)$ ist eine Gauss-Markov-Folge, wenn sie diese Eigenschaften hat:

a) Sie ist eine Gauss-Folge, d. h. für zwei feste Zeiten t_k und t_l haben die Vektoren $u(t_k)$ und $u(t_l)$ eine Gaußsche Verbundverteilung mit den Mittelwerten $m_u(t_k)$ und $m_u(t_l)$ und eine Autokovarianz $\Gamma_{uu}(t_k, t_l)$.

b) Sie ist eine Markov-Folge, für die die strikte Markov-Bedingung (25) gilt.

Innerhalb der Markov-Folge unterscheidet man dann noch die *homogenen* Markov-Folgen, bei denen die bedingte Wahrscheinlichkeitsdichtefunktion

$$W(u_n \mid u_{n-1}, u_{n-2}, \ldots) = W(u_n \mid u_{n-1})$$

unabhängig von n ist. Ist die bedingte Wahrscheinlichkeitsdichte darüber hinaus für jedes n gleich, dann heißt die Folge *stationär*.

Die hier dargestellten Überlegungen lassen sich auf kontinuierliche Signale und Systeme erweitern. Das Formfiltermodell habe diese Systemgleichungen:

$$\dot{u}(t) = A(t)\,u(t) + B(t)\,w(t), \tag{29a}$$

$$y(t) = C(t)\,u(t) + r(t). \tag{29b}$$

Die Signalvektoren $w(t)$ und $r(t)$ werden als der Grenzfall der vorstehend definierten Gauss-Markov-Folgen aufgefaßt. Betrachtet man für eine heuristische Herleitung das System (29) zunächst als durch weiße Geräuschfolgen zu diskreten Zeiten $t_k = t + k$ erregt, wobei angenommen wird, daß über Halteglieder nullter Ordnung der Signalvektor am Systemeingang jeweils für die Intervalle zwischen aufeinanderfolgenden Zeitpunkten konstant sei, und beobachtet man den Systemzustand $u(t)$ und den Systemausgang $y(t)$ zu eben diesen diskreten Zeitpunkten, dann erhalten wir anstelle des kontinuierlichen Modells (29) ein diskretes Modell (20) als „abgetastetes" kontinuierliches System. Wir wissen aus Abschn. VI.5, daß dieses diskrete System sehr wohl definiert ist und eindeutig über die Fundamentalmatrix $\Phi(t, \tau)$ des homogenen Systems (29a) verknüpft ist. Um den Übergang von der diskreten Zufallssignalfolge heuristisch zu bewerkstelligen, lassen wir die Zeitintervalle — mit q^{-1} bezeichnet — zwischen den diskreten Zeitpunkten

$$t_{k+1} = t_k + q^{-1}$$

mit $q \to \infty$ gegen Null streben. Dabei werden gleichzeitig, damit die dem Modell zugeführte „Energie" konstant bleibt, die Kovarianzmatrizen in (23) und (27) mit q multipliziert. Wird dieser Grenzübergang wie üblich mittels der DIRAC-schen Deltafunktion $\delta(t - \tau)$ notiert, dann erhalten wir diese Kenngrößen für die kontinuierlichen GAUSSschen weißen Geräusche $w(t)$ und $r(t)$ in (29):

$$\left.\begin{aligned}
E[w(t)] &= 0 && \text{für alle } t, \\
\Gamma_{ww}(t, \tau) &= E[w(t), w^T(\tau)] = Q(t)\,\delta(t - \tau) && \text{für alle } t, \tau, \\
E[r(t)] &= 0 && \text{für alle } t, \\
\Gamma_{rr}(t, \tau) &= E[r(t), r^T(\tau)] = R(t)\,\delta(t - \tau) && \text{für alle } t, \tau.
\end{aligned}\right\} \quad (30)$$

Ein GAUSS-MARKOV-Prozeß kann analog zu der entsprechenden Folge durch ein dynamisches System erzeugt werden, das als Blockschaltbild in Abb. IX.7.3 dargestellt ist, und wir fassen das für diese Darstellung wesentliche zusammen:

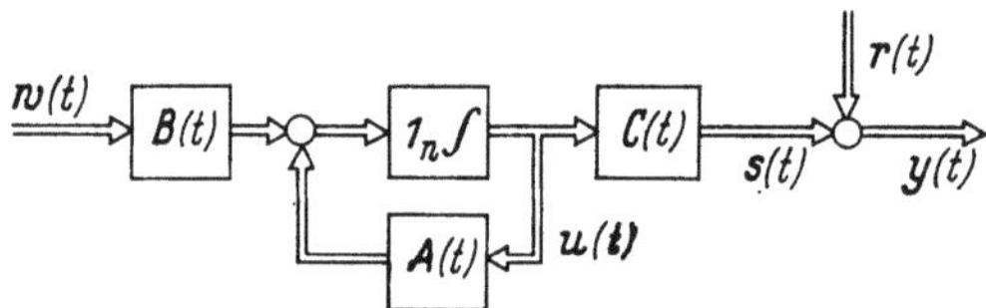

Abb. IX.7.3 Darstellung eines GAUSS-MARKOV-Prozesses

Definition 9. Eine 1-parametrige Schar von Zufallsvektoren $u(t)$ (für eine reelle Zahl t) ist ein GAUSS-MARKOV-Prozeß, wenn für t, τ (beliebige reelle Zahlen) diese Eigenschaften gegeben sind:

a) $u(t)$ ist GAUSSisch, d. h. $u(t)$ und $u(\tau)$ haben eine GAUSSsche Verbundverteilung mit den Mittelwerten $m_u(t)$ und $m_u(\tau)$ und der Autokovarianzmatrix $\Gamma_{uu}(t, \tau)$.

b) $u(t)$ genügt der strikten MARKOV-Eigenschaft:

$$W\{u(t_n) \leq \xi_n \mid u(t) \text{ für alle } t \leq t_{n-1}\} = W\{u(t_n) \leq \xi_n \mid u(t_{n-1})\}. \quad (31)$$

c) Die Matrix $\Gamma_{uu}(t, t)$ ist nicht singulär, während $\Gamma_{uu}(t, \tau)$ eine stetig differenzierbare Funktion für alle (t, τ) ist.

Abschließend ist zu bemerken, daß der kontinuierliche GAUSS-MARKOV-Prozeß mit den vorstehenden Eigenschaften nicht ohne wesentlich tiefergehende Überlegungen exakt begründet werden kann, die weit über die vorstehend skizzierte Plausibilitätsüberlegung hinausgehen und wesentlich auf der Theorie verallgemeinerter Funktionen (Distributionen) beruhen.

7.4 Lösung des Wienerschen Filterproblems mittels des Projektionstheorems

Wir wenden uns nun dem uns wesentlichen Filterproblem zu und knüpfen vor allem an das in den Abschn. IV.5 und IV.9 ausführlicher behandelte Optimalfilterproblem von WIENER an. Das Problem fassen wir so zusammen:

Definition 10. Gegeben sind die über ein Zeitintervall tatsächlich beobachteten Werte eines stochastischen Prozesses. Das Filterproblem besteht darin, eine *bedingte* Wahrscheinlichkeit aller Werte eines anderen mit dem beobachteten Prozeß zusammenhängenden Prozesses zu finden. Werden alle in den gegebenen Daten enthaltenen Informationen herangezogen, dann wird der Filterprozeß optimal genannt.

Dieser allgemein gehaltenen Definition ordnet sich auch das in Abb. IX.7.4 skizzierte Problem unter. Am Eingang des linearen zeitvarianten Filters $G(t)$ steht das beobachtete Signal $y(t) = s(t) + r(t)$ zur Verfügung, das ein stationärer GAUSS-MARKOV-Prozeß sei, der sich aus der additiven Überlagerung eines Nutzsignals $s(t)$ und eines Störgeräusches $r(t)$ zusammensetzt. Die Filteraufgabe besteht darin, ein zeitinvariantes System derart zu finden, daß der aus der beobachteten Funktion $y(t)$ erzeugte Schätzwert

$$\hat{s}(t) = \int_{-\infty}^{\infty} G(u)\, y(t-u)\, du \qquad (32)$$

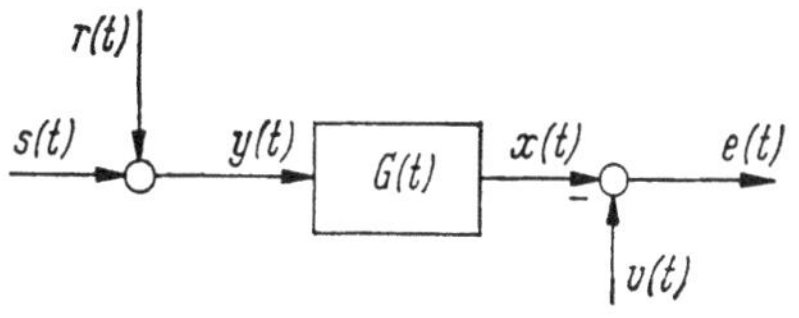

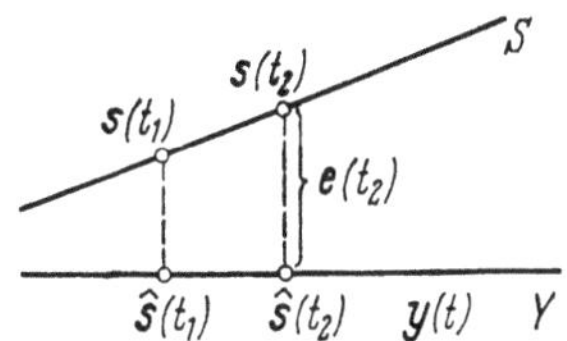

Abb. IX.7.4 Zum Filterproblem

im „quadratischen Mittel" das Signal $s(t)$ optimal annähert:

$$E[\|s(t) - \hat{s}(t)\|^2] = E[\|e(t)\|^2] \overset{!}{=} \min. \qquad (33)$$

Diese Aufgabe ist sicher dann erfüllt, wenn die lineare Funktion $\hat{s}(t) = L\{y(t)\}$ der Beobachtung $y(t)$ die orthogonale Projektion des Signals auf die Menge der Beobachtungen ist. In Abb. IX.7.5 sind die Verhältnisse skizziert. **S** ist der Vektorraum, der die Signale $s(t) \in$ **S** enthält. Die Menge **Y** enthält alle Beobachtungen $y(t)$ *und* die linearen Funktionen $\hat{s}(t) = L\{y(t)\}$ dieser Beobachtungen. In der Skizze ist angedeutet, daß der „Abstand" eines Punktes $s(t_1) \in$ **S** zur Menge **Y** am geringsten ist, wenn der durch die lineare Operation (32) aus $y(t)$ erzeugte Schätzwert $\hat{s}(t)$ die orthogonale Projektion von $s(t_1)$

Abb. IX.7.5 Zur Erläuterung der Bedeutung des Projektionstheorems für das lineare Filter

auf **Y** ist. Anders formuliert ist also (33) dann erfüllt, wenn der Fehlervektor $e(t)$ orthogonal zu $\hat{s}(t)$ ist. Für jeden Vektor $y(t_2) \in$ **Y** muß also gelten

$$E[e(t_1),\, y^T(t_2)] = E[(s(t_1) - \hat{s}(t_1)),\, y^T(t_2)] = 0, \qquad t_1,\, t_2 \text{ beliebig.} \qquad (34)$$

Bis hierher ist noch nicht Gebrauch davon gemacht worden, daß in (32) $G(t)$ ein kausales System mit $G(t) = 0$ für $t < 0$ sein soll. Beachtet man dies und die vorausgesetzte Stationarität, dann folgt aus (34) die Bedingung für das optimale realisierbare Filter:

$$\boldsymbol{\Phi}_{ey}(\tau) = 0 \quad \text{für} \quad \tau > 0 \qquad (35\,\text{a})$$

oder

$$E\left[\left(s(t_1) - \int_0^\infty G(u)\, y(t_1-u)\, du\right),\, y^T(t_2)\right]$$

$$= E[s(t_1),\, y^T(t_2)] - \int_0^\infty G(u)\, E[y(t_1-u),\, y^T(t_2)]\, du$$

$$= \boldsymbol{\Phi}_{sy}(\tau) - \int_0^\infty G(u)\, \boldsymbol{\Phi}_{yy}(\tau - u)\, du = 0 \quad \text{für} \quad \tau > 0. \qquad (35\,\text{b})$$

Dies ist aber genau die WIENER-HOPFsche Integralgleichung des Problems, die in Abschn. IV.5.2 mit Hilfe der Variationsrechnung abgeleitet wurde. In [IX.28] ist nachgewiesen, daß allgemein die Operationen der Erwartungswertbildung und einer jeden linearen Operation vertauscht werden dürfen, so daß diese Vertauschung in (35) gerechtfertigt ist. Im Falle des stationären Prozesses $y(t)$ und des zeitinvarianten Systems $G(t)$ kann die WIENER-HOPF-Gleichung mittels der Methode von BODE und SHANON gelöst werden, wie es in Abschn. IV.5 gezeigt wurde.

7.5 Problemstellung von Kalman-Bucy

Ausgehend von der WIENERschen Optimalfiltertheorie wird nun das KALMAN-BUCY-Filterproblem und seine Lösung besprochen. Es soll auch hier wieder aus einem beobachtbaren Signal $y(t)$ das Nutzsignal $s(t)$ bzw. sein optimaler Schätzwert $\hat{s}(t)$ ermittelt werden. Das beobachtete Signal setze sich als ein GAUSS-MARKOV-Prozeß so zusammen:

$$y(t) = C(t)\,s(t) + r(t), \tag{36}$$

worin das ursprüngliche Nutzsignal $s(t)$ aus einem Zustandsformfilter dieser Form

$$\dot{s}(t) = A(t)\,s(t) + B(t)\,w(t) \tag{37}$$

entstanden gedacht ist. Die stochastischen Prozesse $r(t)$ und $w(t)$ sind voneinander unabhängig (weiße Geräusche, vgl. Definition 9) mit verschwindenden Mittelwerten und den Kovarianzmatrizen

$$\left.\begin{aligned} \Gamma_{ww}(t,\tau) &= Q(t)\,\delta(t-\tau) \\ \Gamma_{rr}(t,\tau) &= R(t)\,\delta(t-\tau) \\ \Gamma_{rw}(t,\tau) &= 0. \end{aligned}\right\} \ \forall t,\tau. \tag{38}$$

Die Matrizen $Q(t)$ und $R(t)$ seien symmetrisch und stetig nach t differenzierbar, darüber hinaus sei $Q(t)$ nichtnegativ definite und $R(t)$ positiv definite. Das Nutzsignal $s(t)$, das aus dem im allgemeinen Fall zeitvariablen linearen Zustandsformfilter (37) stammt, kann dann auch mit Hilfe der Fundamentalmatrix zu (37) notiert werden zu:

$$s(t) = \Phi(t,t_0)\,s(t_0) + \int_{t_0}^{t} \Phi(t,\tau)\,B(\tau)\,w(\tau)\,d\tau. \tag{39}$$

In Abb. IX.7.6 ist die Problemstellung als Blockschaltbild skizziert. Das Optimalfilter soll nun so ausgelegt werden, daß entsprechend der Definition 5 aus den

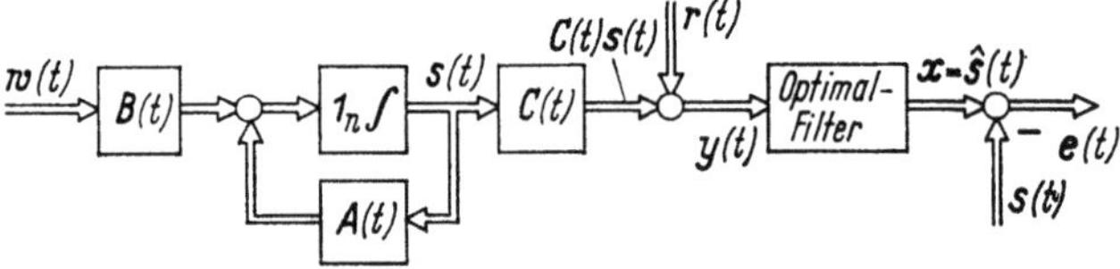

Abb. IX.7.6 Zur Problemformulierung des KALMAN-BUCY-Filters. Ist das Filter optimal ausgelegt, dann erscheint an seinem Ausgang $x(t)$ der optimale Schätzwert $\hat{s}(t)$

Beobachtungen von $y(t)$ für das Zeitintervall $t_0 \leq \tau \leq t$ ein Schätzwert $\hat{s}(t_1|t)$, $t_1 \geq t$ für $s(t_1)$ mittels eines linearen Filters entsprechend dieser allgemeinen

Faltungsbeziehung

$$\hat{s}(t_1 \mid t) = \int_{t_0}^{t} \boldsymbol{F}(t_1, \tau)\, \boldsymbol{y}(\tau)\, d\tau \tag{40}$$

ermittelt wird derart, daß gilt

$$E[L\{\boldsymbol{s}(t_1) - \hat{s}(t_1, t)\}^2] \overset{!}{=} \min \quad \text{für alle } L\{\cdot\}. \tag{41}$$

Wesentlich an dieser Problemstellung und der dazu angebbaren Lösung ist, daß der zu bestimmende Matrixoperator $\boldsymbol{F}(t, \tau)$ unabhängig von dem speziellen linearen skalaren Operator $L\{\cdot\}$ ist, für den der Erwartungswert (41) minimiert werden soll. Die Erweiterungen gegenüber dem ursprünglichen Wiener-Problem betreffen also vor allem diese drei Punkte:

a) Der zu filternde Prozeß braucht nicht stationär zu sein, d. h. es werden auch zeitvariable Formfilter zugelassen.

b) Das Beobachtungsintervall reicht nicht unbedingt mehr von $-\infty$ bis t, sondern darf auch endlich sein. Insbesondere wird betrachtet $\sigma \in [t_0, t]$.

c) Das Optimierungskriterium umfaßt den Erwartungswert des Quadrates *aller* linearen Fehlerfunktionen und führt, wie gezeigt werden kann, für alle diese Fehlerfunktionen zur gleichen Lösung.

Den wesentlichen Schlüssel zur Lösung des Problems liefert dieses Ergebnis.

Satz 3. Damit $\hat{s}(t_1 \mid t)$ ein linearer Schätzwert kleinster Varianz ist, ist notwendig und hinreichend, daß die Matrixfunktion $\boldsymbol{F}(t_1, \tau)$ die Wiener-Hopf-Gleichung

$$\boldsymbol{\Gamma}_{sy}(t_1, \sigma) = \int_{t_0}^{t} \boldsymbol{F}(t_1, \tau)\, \boldsymbol{\Gamma}_{yy}(\tau, \sigma)\, d\tau \tag{42}$$

erfüllt, oder gleichbedeutend gilt

$$\boldsymbol{\Gamma}_{ey}(t_1, \sigma \mid t) = E[(\hat{s}(t_1 \mid t) - \boldsymbol{s}(t)),\, \boldsymbol{y}^T(\sigma)] = \boldsymbol{0}, \quad \forall \sigma \in [t_0, t]. \tag{43}$$

In Gl. (43) wurde die Abkürzung

$$\boldsymbol{e}(t_1 \mid t) = \hat{s}(t_1 \mid t) - \boldsymbol{s}(t)$$

und

$$\boldsymbol{\Gamma}_{ey}(t_1 \mid t, \sigma) = E[\boldsymbol{e}(t_1 \mid t),\, \boldsymbol{y}^T(\sigma)]$$

benützt. Der Beweis des Satzes 3 wird, wie von Kalman-Bucy vorgeschlagen, sehr elegant mittels des Projektionstheorems (Satz 1) geführt. Dazu ist es zunächst zweckmäßig, zu dem Vektor $\boldsymbol{s}(t)$ einen Kovektor $\tilde{s}$ derart zu definieren, daß die skalare lineare Operation $L\{\boldsymbol{s}(t)\}$ so notiert werden kann:

$$L\{\boldsymbol{s}(t)\} = \tilde{s}^T \boldsymbol{s}(t) = \sum_{i=0}^{n} \tilde{s}_i\, s_i(t). \tag{44}$$

Es wird mit S der Vektorraum aller skalaren statistischen Variablen $L\{\boldsymbol{s}(t_1)\}$:

$$\mathsf{S} = \{S : S = \tilde{s}^T \boldsymbol{s}(t_1)\} \tag{45}$$

und mit U der Unterraum aller skalaren statistischen Variablen $L\{\boldsymbol{x}(t_1)\} = \tilde{s}^T \boldsymbol{x}(t_1)$

$$\mathsf{U} \subset \mathsf{S}, \tag{46a}$$

$$\mathsf{U} = \left\{ U : U = \tilde{s}^T \boldsymbol{x}(t_1) = \tilde{s}^T \int_{t_0}^{t} \boldsymbol{F}(t_1, \tau)\, \boldsymbol{y}(\tau)\, d\tau \right\} \tag{46b}$$

bezeichnet. In (46b) ist $\boldsymbol{F}(t,\tau)$ eine n,q-Matrix, die stetig nach beiden Argumenten differenzierbar sein soll. Es wird mit $U_0 \in \mathsf{U}$ die lineare Funktion des *optimalen* Schätzwertes $\hat{\boldsymbol{s}}(t_1 \mid t)$ bezeichnet:

$$U_0 = L\{\hat{\boldsymbol{s}}(t_1 \mid t)\} = \tilde{\boldsymbol{s}}^T \hat{\boldsymbol{s}}(t_1 \mid t). \tag{47}$$

Damit die Norm $\|L\{\boldsymbol{e}(t)\}\| = \|L\{\boldsymbol{s}(t) - \hat{\boldsymbol{s}}(t)\}\|$ ein Minimum wird, folgt über das Projektionstheorem, daß jeder Fehlervektor $\boldsymbol{e}(t)$ — bzw. hier allgemeiner die lineare Funktion $L\{\boldsymbol{e}(t)\}$ — orthogonal zu U sein muß. Das bedeutet aber auch, daß das spezielle innere Produkt

$$\langle L\{\boldsymbol{e}(t)\}, L\{\boldsymbol{x}(t_1)\}\rangle = E[L\{\boldsymbol{e}(t)\}, L\{\boldsymbol{x}(t_1)\}] \tag{48}$$

für alle $\boldsymbol{x}(t_1)$ verschwinden muß. Schreibt man die skalaren linearen Funktionen entsprechend (45) und berücksichtigt, daß die linearen Operationen mit der Erwartungswertbildung vertauscht werden dürfen, dann folgt aus (48):

$$E[\tilde{\boldsymbol{s}}^T \boldsymbol{e}(t_1 \mid t), \tilde{\boldsymbol{s}}^T \boldsymbol{x}(t_1)] = E[\tilde{\boldsymbol{s}}^T \boldsymbol{e}(t_1 \mid t), \boldsymbol{x}^T(t_1)\tilde{\boldsymbol{s}}]$$
$$= \tilde{\boldsymbol{s}}^T E[\boldsymbol{e}(t_1 \mid t), \boldsymbol{x}^T(t_1)]\tilde{\boldsymbol{s}}. \tag{49}$$

Wird nun hierin (46b) eingeführt und dann die Reihenfolge von Integration und Erwartungswertbildung vertauscht, was wegen der vorausgesetzten Stetigkeit aller beteiligten Funktionen bzw. Matrizen erlaubt ist, so folgt aus (49) weiter:

$$\tilde{\boldsymbol{s}}^T E\left[\boldsymbol{e}(t_1 \mid t), \left\{\int_{t_0}^t \boldsymbol{F}(t_1,\tau)\,\boldsymbol{y}(\tau)\,d\tau\right\}^T\right]\tilde{\boldsymbol{s}} = \tilde{\boldsymbol{s}}^T \int_{t_0}^t E[\boldsymbol{e}(t_1 \mid t), \boldsymbol{y}^T(\tau)]\,\boldsymbol{F}^T(t_1,\tau)\,d\tau\,\tilde{\boldsymbol{s}}$$
$$= \tilde{\boldsymbol{s}}^T \int_{t_0}^t \boldsymbol{\Gamma}_{ey}(t_1 \mid t, \tau)\,\boldsymbol{F}^T(t_1,\tau)\,d\tau\,\tilde{\boldsymbol{s}} = 0. \tag{50}$$

Da diese Beziehung für jeden Kovektor $\tilde{\boldsymbol{s}}$ gelten muß, folgt hieraus zunächst, daß Gl. (43) hinreichend ist. Um die Notwendigkeit zu prüfen, wird $\boldsymbol{F}(t_1,\tau) = \boldsymbol{\Gamma}_{ey}(t_1,\tau)$ gesetzt. Die symmetrische Matrix $\boldsymbol{F}\boldsymbol{F}^T$ ist sicherlich positiv semidefinite. Aus der Stetigkeit des Integrals in (50) folgt aber ferner, daß $\boldsymbol{F}\boldsymbol{F}^T$ und damit $\boldsymbol{F}(t_1,\tau)$ für alle $\tau \in [t_0, t]$ verschwinden muß.

Es ergibt sich also das interessante Ergebnis, daß das Problem dann gelöst ist, wenn ein lineares, gegebenenfalls zeitvariables, System so bestimmt wird, daß eine Integralgleichung vom WIENER-HOPF-Typ gelöst wird, denn die Bedingungen (42) und (43) sind gleichwertig, da gilt:

$$\boldsymbol{\Gamma}_{ey}(t_1 \mid t, \sigma) = E[\boldsymbol{e}(t_1 \mid t), \boldsymbol{y}^T(\sigma)] = E[(\hat{\boldsymbol{s}}(t_1 \mid t) - \boldsymbol{s}(t_1)), \boldsymbol{y}^T(\sigma)]$$
$$= E\left[\int_{t_0}^t \boldsymbol{F}(t_1,\tau)\,\boldsymbol{y}(\tau)\,d\tau, \boldsymbol{y}^T(\sigma)\right] - E[\boldsymbol{s}(t_1), \boldsymbol{y}^T(\sigma)]$$
$$= \int_{t_0}^t \boldsymbol{F}(t_1,\tau)\,E[\boldsymbol{y}(\tau)\,\boldsymbol{y}^T(\sigma)]\,d\tau - E[\boldsymbol{s}(t_1)\,\boldsymbol{y}^T(\sigma)] = \boldsymbol{0}. \tag{51}$$

Die allgemeine WIENER-HOPF-Gleichung (42) mit zeitvariablen Kovarianzmatrizen kann nun nicht mehr mittels Methoden aufgelöst werden, die auf der FOURIER-Transformation beruhen. KALMAN-BUCY zeigten aber, daß die WIENER-HOPF-Gleichung in eine äquivalente Differentialgleichung umgewandelt werden kann, deren Lösung auf die dynamischen Gleichungen des optimalen Filters führten. Das optimale Filter muß diesen dynamischen Gleichungen in der sogenannten kanonischen Form genügen:

$$\dot{\hat{s}}(t \mid t) = A(t)\,\hat{s}(t \mid t) + K(t)\,[y(t) - C(t)\,\hat{s}(t \mid t)]. \tag{52}$$

Wird eine Prediktion für den Zeitpunkt t_1 gewünscht, dann muß zu (52) noch

$$\hat{s}(t_1 \mid t) = \Phi(t_1, t)\,\hat{s}(t \mid t), \qquad t_1 \geqq t \tag{53}$$

hinzugefügt werden, wobei $\Phi(t_1, t)$ die Fundamentalmatrix des freien Systems (52) ist. In diesem Zusammenhang ist wichtig, daß diese Beziehung (53) im allgemeinen nur für die Extrapolation, also $t_1 \geqq t$, gilt. Für $t_1 < t$, also die Interpolation, kann keine entsprechend allgemeingültige Beziehung angegeben werden, da hier im allgemeinen nicht geprüft werden kann, ob das Eingangsrauschen $w(t)$ und das daraus erzeugte Signal $s(t)$ für das betrachtete Zeitintervall statistisch unabhängig sind. Das Optimalfilter setzt sich also wesentlich — mit $A(t)$ und

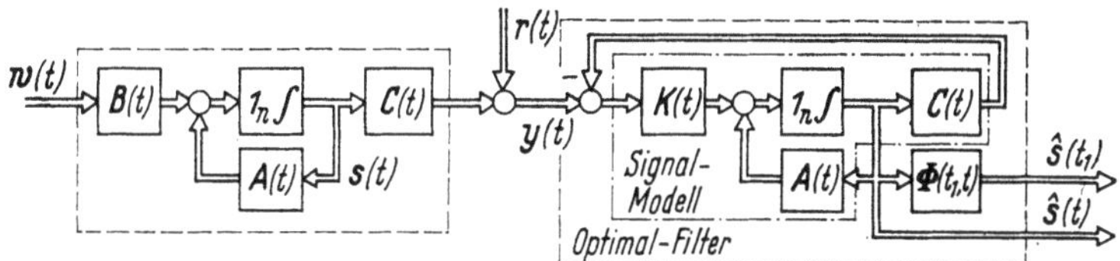

Abb. IX.7.7 Interpretation des Optimalfilters nach Kalman-Bucy

$C(t)$ — aus der Nachbildung des Formfilters für das zu bestimmende Nutzsignal $s(t)$ und einer zeitvariablen „Verstärkung" zusammen (Abb. IX.7.7). Die Matrix $K(t)$ muß dieser Beziehung genügen:

$$K(t) = P(t)\,C^T(t)\,R^{-1}(t), \tag{54}$$

worin $R(t)$ die Kovarianzmatrix des Störsignals $r(t)$ ist, und $P(t)$ die Lösung einer Riccati-Gleichung:

$$\dot{P}(t) = A(t)\,P(t) + P(t)\,A^T(t) - P(t)\,C^T(t)\,R^{-1}(t)\,C\,(t)\,P(t) +$$
$$+ B(t)\,Q(t)\,B^T(t) \tag{55}$$

mit

$$P_0 = P(t_0) = E[s(t_0)\,s^T(t_0)] \tag{55a}$$

ist. Es erweist sich ferner, daß $P(t)$ die Varianz des Fehlersignals ist:

$$P(t) = \Gamma_{ee}(0 \mid t) = E[e(t \mid t),\, e^T(t \mid t)]. \tag{56}$$

Ein wesentliches weiteres allgemeines Ergebnis ist, daß sich das lineare Optimalfilterproblem als *duales* Problem zu dem Problem der optimalen Steuerung mit quadratischen Kostenfunktionalen erweist. Denn definiert man

$$\tilde{t} = -t,$$

$$\tilde{A}(\tilde{t}) = A^T(t),$$

$$\tilde{B}(\tilde{t}) = C^T(t),$$

$$\tilde{C}(\tilde{t}) = B^T(t),$$

dann geht die vorstehende Lösung in die Lösung des optimalen Steuerungsproblems über, die in Abschn. 5.4 gezeigt wurde. Das Kalman-Bucy-Filter hat für die Regelungstechnik die besondere Bedeutung, daß es als Zustandsbeobachter in den Fällen eingesetzt werden kann, bei denen die zur Verfügung stehenden Systemausgänge verrauscht sind und aus ihnen die Zustandsvariablen des zu regelnden Systems ermittelt werden müssen. Auf dieses Problem wird in Abschn. 7.8 noch kurz eingegangen.

7.6 Ableitung der kanonischen Filtergleichungen

Es soll nun kurz gezeigt werden, auf welchem Wege die im vorstehenden Abschnitt zunächst nur zitierten Gleichungen des Optimalfilters ausgehend von der WIENER-HOPF-Gleichung (42), gefunden werden können. Diese Ableitung ist deshalb interessant, da dieser Lösungsweg nur im Zeitbereich typisch für das Vorgehen in der modernen Regelungstheorie ist.

Wie oben schon angedeutet, wird die WIENER-HOPF-Gleichung in eine äquivalente Differentialgleichung übergeführt. Dazu wird Gl. (42) nach der Zeit abgeleitet, was in zwei Schritten erledigt wird. Zunächst wird die linke Seite differenziert und es wird vor allem für $\dot{\mathbf{s}}(t)$ die Gl. (37) des Formfilters eingesetzt:

$$\frac{\partial}{\partial t} \boldsymbol{\Gamma}_{sy}(t, \sigma) = \frac{\partial}{\partial t} E[\mathbf{s}(t)\, \mathbf{y}^T(\sigma)] = E\left[\frac{\partial}{\partial t} \mathbf{s}(t)\, \mathbf{y}^T(\sigma)\right]$$
$$= E[(\boldsymbol{A}(t)\, \mathbf{s}(t) + \boldsymbol{B}(t)\, \boldsymbol{w}(t))\, \mathbf{y}^T(\sigma)]$$
$$= \boldsymbol{A}(t)\, \boldsymbol{\Gamma}_{sy}(t, \sigma) + \boldsymbol{B}(t)\, \boldsymbol{\Gamma}_{wy}(t, \sigma)$$
$$= \boldsymbol{A}(t)\, \boldsymbol{\Gamma}_{sy}(t, \sigma). \tag{57}$$

Der letzte Schritt folgt daraus, daß für $\sigma < t$ die Signale $\boldsymbol{w}(t)$ und damit $\mathbf{s}(t)$ und $\boldsymbol{r}(t)$ voneinander statistisch unabhängig sind, wie mit (38) vorausgesetzt wurde. Entsprechend wird die rechte Seite von (42) behandelt:

$$\frac{\partial}{\partial t} \int_{t_0}^{t} \boldsymbol{F}(t, \tau)\, \boldsymbol{\Gamma}_{yy}(\tau, \sigma)\, d\tau = \int_{t_0}^{t} \frac{\partial}{\partial t} \boldsymbol{F}(t, \tau)\, \boldsymbol{\Gamma}_{yy}(\tau, \sigma)\, d\tau + \boldsymbol{F}(t, t)\, \boldsymbol{\Gamma}_{yy}(t, \sigma). \tag{58}$$

Mit der Abkürzung $\boldsymbol{C}(t)\, \mathbf{s}(t) = \boldsymbol{z}(t)$ und $\boldsymbol{y}(t) = \boldsymbol{z}(t) + \boldsymbol{r}(t)$ kann neben (58) noch dieser Zusammenhang gegeben werden, wobei vor allem auch von (38) und der Ausblendeigenschaft der Deltafunktion Gebrauch gemacht wird:

$$\frac{\partial}{\partial t} \int_{t_0}^{t} \boldsymbol{F}(t, \tau)\, \boldsymbol{\Gamma}_{yy}(\tau, \sigma)\, d\tau = \frac{\partial}{\partial t} \int_{t_0}^{t} \boldsymbol{F}(t, \tau)\, (\boldsymbol{\Gamma}_{zz}(\tau, \sigma) + \boldsymbol{\Gamma}_{rr}(\tau, \sigma))\, d\tau$$
$$= \int_{t_0}^{t} \frac{\partial}{\partial t} \boldsymbol{F}(t, \tau)\, \boldsymbol{\Gamma}_{zz}(\tau, \sigma)\, \sigma + \boldsymbol{F}(t, t)\, \boldsymbol{\Gamma}_{zz}(t, d\tau) +$$
$$+ \frac{\partial}{\partial t} \boldsymbol{F}(t, \sigma)\, \boldsymbol{R}(\sigma). \tag{59}$$

Die Kovarianzmatrix $\boldsymbol{\Gamma}_{zz}$ kann noch mit bekannten Stücken angegeben werden zu

$$\boldsymbol{\Gamma}_{zz}(t, \sigma) = E[\boldsymbol{z}(t), (\boldsymbol{y}(\sigma) - \boldsymbol{r}(\sigma))^T]$$
$$= \boldsymbol{C}(t)\, \boldsymbol{\Gamma}_{sy}(t, \sigma)$$
$$= \boldsymbol{C}(t) \int_{t_0}^{t} \boldsymbol{F}(t, \tau)\, \boldsymbol{\Gamma}_{yy}(\tau, \sigma)\, d\tau. \tag{60}$$

In dieser Beziehung wurde von der statistischen Unabhängigkeit von $s(t)$ und $r(t)$ für $\sigma < t$ und von (42) Gebrauch gemacht.

Aus (42), (57) und (58) folgt zunächst

$$A(t)\,\Gamma_{sy}(t,\sigma) - \int_{t_0}^{t} \frac{\partial}{\partial t} F(t,\tau)\,\Gamma_{yy}(\tau,\sigma)\,d\tau - F(t,t)\,\Gamma_{zz}(t,\sigma) = 0\,.$$

Wird hierin $\Gamma_{sy}(t,\sigma)$ mit (42) ersetzt und für Γ_{zz} die Bedingung (60) eingeführt, folgt:

$$\int_{t_0}^{t}\left[A(t)\,F(t,\tau) - \frac{\partial}{\partial t}F(t,\tau) - F(t,t)\,C(t)\,F(t,\tau)\,\Gamma_{yy}(\tau,\sigma)\right]d\tau = 0\,, \quad \sigma \in [t_0,t)\,. \tag{61}$$

Diese Gleichung ist erfüllt, wenn der *optimale* Matrixoperator (oder die zeitvariable Gewichtsmatrix) $F(t,\tau)$ diese Differentialgleichung erfüllt:

$$A(t)\,F(t,\tau) - \frac{\partial}{\partial t}F(t,\tau) - F(t,t)\,C(t)\,F(t,\tau) = 0\,, \quad \tau \in [t_0,t)\,. \tag{62}$$

In [IX.26] ist gezeigt, daß diese Bedingung nicht nur hinreichend, sondern auch notwendig ist, da $R(t)$ in (38) als positiv definite vorausgesetzt wurde.

Um die dynamischen Gleichungen des Optimalfilters zu erhalten, wird die allgemeine Filtergleichung (40) nach der Zeit abgeleitet:

$$\dot{\hat{s}}(t\mid t) = \frac{d}{dt}\int_{t_0}^{t} F(t,\tau)\,y(\tau)\,d\tau = \int_{t_0}^{t} \frac{\partial}{\partial t}F(t,\tau)\,y(\tau)\,d\tau + F(t,t)\,y(t)\,.$$

Wird hierin (62) eingesetzt, dann folgt zunächst:

$$\dot{\hat{s}}(t\mid t) = \int_{t_0}^{t} [A(t)\,F(t,\tau) - F(t,t)\,C(t)\,F(t,\tau)]\,y(\tau)\,d\tau + F(t,t)\,y(t)$$

$$= [A(t) - F(t,t)\,C(t)]\int_{t_0}^{t} F(t,\tau)\,y(\tau)\,d\tau + F(t,t)\,y(t)\,. \tag{63}$$

Wird nun $K(t) = F(t,t)$ und (40) eingeführt, wird schließlich (52), also die kanonische Filtergleichung, erhalten:

$$\dot{\hat{s}}(t\mid t) = A(t)\,\hat{s}(t\mid t) + K(t)\,[y(t) - C(t)\,\hat{s}(t\mid t)]$$

$$= (A(t) - K(t)\,C(t))\,\hat{s}(t\mid t) + K(t)\,y(t)\,. \tag{52}$$

Um einen expliziten Ausdruck für $K(t)$ zu finden, wird die Wiener-Hopf-Gleichung (42) mit (37), (38) und $y(t) = z(t) + r(t)$ umgeformt zu:

$$\Gamma_{sy}(t,\sigma) = \int_{t_0}^{t} F(t,\tau)\,\Gamma_{zz}(\tau,\sigma)\,d\tau + F(t,\sigma)\,R(\sigma)\,. \tag{64}$$

Verwendet man $\Gamma_{zz}(\tau,\sigma) = E[z(\tau), z^T(\sigma)] = E[y(\tau), z^T(\sigma)]$, die letztere Bedingung wegen $y(t) = z(t) + r(t)$ und $\Gamma_{rz}(t,\sigma) = 0$, dann folgt aus (64) mit (40) auch

$$A(t,\sigma)\,R(\sigma) = E[s(t), y^T(\sigma)] - E[\hat{s}(t,t), y^T(\sigma)]$$

$$= -E[(\hat{s}(t\mid t) - s(t)), y^T(\sigma)]$$

$$= -E[e(t\mid t), y^T(\sigma)]\,.$$

Wegen der vorausgesetzten Stetigkeit aller Funktionen muß diese zunächst nur für $t_0 \leqq \sigma < t$ gültige Beziehung auch gelten für $t = \sigma$, woraus dann mit $K(t) = A(t, t)$ und $y(t) = C(t)\, s(t)$ folgt

$$K(t)\, R(t) = - E[e(t \mid t),\, s^T(t)]\, C^T(t)$$

$$\overset{d}{=} - \boldsymbol{\Gamma}_{es}(0 \mid t)\, C^T(t). \tag{65}$$

Da $R(t)$ positiv definite vorausgesetzt wurde, existiert die Inverse. Wird noch

$$P(t) \overset{d}{=} - \boldsymbol{\Gamma}_{es}(0, t)$$

definiert, dann kann (65) in die alternative Form

$$K(t) = P(t)\, C^T(t)\, R^{-1}(t) \tag{66}$$

übergeführt werden.

Als nächstes bestimmen wir die Differentialgleichung des Fehlersignals $e(t \mid t)$ durch Kombination von (52) und (37):

$$\dot{e}(t \mid t) = \dot{s}(t \mid t) - \dot{s}(t) = \big(A(t) - K(t)\, C(t)\big)\, e(t \mid t) + K(t)\, r(t) - B(t)\, w(t). \tag{67}$$

Es zeigt sich also, daß sowohl die Filtergleichung (52) als auch die Fehlergleichung die gleiche Fundamentalmatrix $\boldsymbol{\Phi}(t, \tau)$ haben. Mittels dieser Fundamentalmatrix kann der erwartete Fehler angegeben werden zu:

$$e(t \mid t) = \boldsymbol{\Phi}(t, t_0)\, e(t \mid t_0) + \int_{t_0}^{t} \boldsymbol{\Phi}(t, \tau)\, \big(K(\tau)\, r(\tau) - B(\tau)\, w(\tau)\big)\, d\tau. \tag{68}$$

Wird mit dieser Gleichung die Kovarianzmatrix $\boldsymbol{\Gamma}_{ee}(t \mid t) = E[e(t \mid t)\, e^T(t \mid t)] = P(t)$ gebildet, dann folgt zunächst nach Bildung des Erwartungswertes und Auswertung von (38):

$$P(t) - \boldsymbol{\Phi}(t, t_0)\, P(t_0)\, \boldsymbol{\Phi}^T(t, t_0) =$$

$$= \int_{t_0}^{t} \boldsymbol{\Phi}(t, \tau)\, [B(t)\, Q(\tau)\, B^T(\tau) + K(\tau)\, R(\tau)\, K^T(\tau)]\, \boldsymbol{\Phi}^T(t, \tau)\, d\tau. \tag{69}$$

Durch Differentiation beider Seiten nach t und unter Verwendung von (66) wird man nach einigen Zwischenschritten auf die RICCATI-Gleichung

$$\dot{P}(t) = A(t)\, P(t) + P(t)\, A^T(t) - P(t)\, C^T(t)\, R^{-1}(t)\, C(t)\, P(t) + B(t)\, Q(t)\, B^T(t) \tag{55}$$

geführt. Die Anfangsbedingung ergibt sich aus (40) über $\hat{s}(t_0 \mid t_0) = 0$ zu

$$P(t_0) = E[e(t_0 \mid t_0),\, e^T(t_0 \mid t_0)] = E[s(t_0),\, s^T(t_0)]. \tag{55a}$$

7.7 Zeitdiskrete Filter

Für die Lösung praktischer Aufgaben sind die zeitdiskreten Optimalfilter von besonderem Interesse, da die Berechnung der in den vorstehenden beiden Abschnitten dargestellten Beziehungen den Einsatz von Digitalrechnern praktisch unumgänglich macht. Wird insbesondere ein Prozeßrechner auch „on-line" betrieben, dann ergeben sich zwangsläufig zeitdiskrete Filterprobleme. Die Problemstellung kann, ausgehend von einem diskreten GAUSS-MARKOV-Prozeß, leicht durch reine Analogiebetrachtungen von dem vorstehend dargestellten kontinuierlichen Problem auf die zeitdiskreten Filter übertragen werden. Interessanterweise stellte sich dabei aber heraus, daß das im kontinuierlichen Fall unbedingt vorausgesetzte weiße Störgeräusch $r(t)$, das die Messungen $y(t)$ korrumpiert, im zeitdiskreten Fall gegebenenfalls identisch verschwinden darf. Tatsächlich wurde das allgemeine Filterproblem zunächst von KALMAN [IX.25] für den diskreten Fall gelöst, bevor später die Lösung zusammen mit BUCY auf kontinuierliche Systeme erweitert wurde. Um das zeitdiskrete WIENER-Filter einzuschließen, wird in dem nachfolgend aufgeführten Problem und seiner Lösung der allgemeinere Fall des gestörten Beobachtungssignals eingeschlossen.

Es wird wieder ein GAUSS-MARKOV-Prozeß vorausgesetzt, dessen beobachtete Werte durch dieses lineare Prozeßmodell beschrieben seien:

$$s(k+1) = A(k)\,s(k) + B(k)\,w(k), \tag{70}$$

$$y(k) \qquad = C(k)\,s(k) + r(k). \tag{71}$$

Ist der Prozeß durch periodische Abtastung aus einem kontinuierlichen System hervorgegangen, dann gilt für

$$A(k) = \boldsymbol{\Phi}(k+1, k)$$

und

$$B(k) = \boldsymbol{\Phi}(k+1, k)\,\tilde{\boldsymbol{B}}(k),$$

wenn $\boldsymbol{\Phi}(t, \tau)$ die Fundamentalmatrix und $\tilde{\boldsymbol{B}}(t)$ die Steuermatrix des ursprünglich kontinuierlichen Systems sind.

Die statistischen Eigenschaften der Signale $w(k)$ und $r(k)$ werden so zusammengefaßt:

$$\left.\begin{aligned}
E[w(k)] &= E[r(k)] = \boldsymbol{0}, \\
\boldsymbol{\Gamma}_{ww}(k, l) &= E[w(k), w^T(l)] = Q(k)\,\delta(k, l), \\
\boldsymbol{\Gamma}_{rr}(k, l) &= E[r(k), r^T(l)] = R(k)\,\delta(k, l), \\
\boldsymbol{\Gamma}_{rw}(k, l) &= \boldsymbol{0}, \quad \forall\, k, l.
\end{aligned}\right\} \tag{72}$$

In diesen Beziehungen ist $\delta(k, l)$ das in Abschn. VI.5 erklärte KRONECKER-Delta.

Wird nun ein lineares Optimalfilter wieder so gesucht, daß aus allen vorliegenden Beobachtungen $y(k)$ die beste Schätzung $\hat{s}(k)$ für $s(k)$ berechnet wird, so daß der Erwartungswert des Quadrates einer linearen skalaren Fehlerfunktion zum Minimum wird, dann muß das Optimalfilter diesem Modell genügen:

$$\hat{s}(k+1 \mid k) = A(k)\,\hat{s}(k \mid k-1) + K(k)\,\big(y(k) - C(k)\,\hat{s}(k \mid k-1)\big), \tag{73}$$

worin $\hat{s}(k)$ der optimale Schätzwert für $s(k)$ ist. Der optimale Fehler

$$e(k) = \hat{s}(k) - s(k) \tag{74}$$

erfüllt diese Differentialgleichung:

$$\dot{e}(k+1 \mid k) = [A(k) - K(k)\,C(k)]\,e(k \mid k-1) - B(k)\,w(k) + K(k)\,r(k). \tag{75}$$

Für die zeitvariable „Verstärkung" $K(k)$ gilt:

$$K(k) = P(k)\,C^T(k)\,R^{-1}(k). \tag{76}$$

Ist $R(k) = \boldsymbol{0}$, d. h. die Beobachtungen $y(k)$ sind nicht gestört, dann tritt anstelle von (76) [IX.25]:

$$K(k) = A(k)\,\tilde{P}(k)\,C^T(k)\,[C(k)\,\tilde{P}(k)\,C^T(k)]^{-1}. \tag{76a}$$

Die Fehlervarianzmatrix $\boldsymbol{P}(k)$ in (76) muß eine zeitdiskrete RICCATI-Gleichung

$$\boldsymbol{P}(k+1) = \boldsymbol{A}(k)\,\boldsymbol{P}(k) + \boldsymbol{P}(k)\,\boldsymbol{A}^T(k) + \boldsymbol{B}(k)\,\boldsymbol{Q}(k)\,\boldsymbol{B}^T(k) -$$
$$-\,\boldsymbol{P}(k)\,\boldsymbol{C}^T(k)\,\boldsymbol{R}^{-1}(k)\,\boldsymbol{C}(k)\,\boldsymbol{P}(k) \tag{77}$$

befriedigen, während für $\tilde{\boldsymbol{P}}(k)$ in (76a) gilt:

$$\tilde{\boldsymbol{P}}(k+1) = \boldsymbol{A}(k)\,\tilde{\boldsymbol{P}}(k)\,(\boldsymbol{1} - \boldsymbol{C}^T(k)\,[\boldsymbol{C}(k)\,\tilde{\boldsymbol{P}}(k)\,\boldsymbol{C}^T(k)]^{-1})\,\tilde{\boldsymbol{P}}(k)\,\boldsymbol{A}^T(k) + \boldsymbol{Q}(k). \tag{77a}$$

Mit der Fundamentalmatrix $\boldsymbol{\Phi}(k, l)$ des Filters (73) läßt sich eine Extrapolation um j Zeiteinheiten angeben zu

$$\hat{\boldsymbol{s}}(k+j \mid k) = \boldsymbol{\Phi}(k+j, k+1)\,\hat{\boldsymbol{s}}(k+1 \mid k). \tag{78}$$

In Abb. IX.7.8 ist eine Blockschaltbilddarstellung des zeitdiskreten Optimalfilterproblems angegeben. Die vorstehend aufgeführten Beziehungen vereinfachen

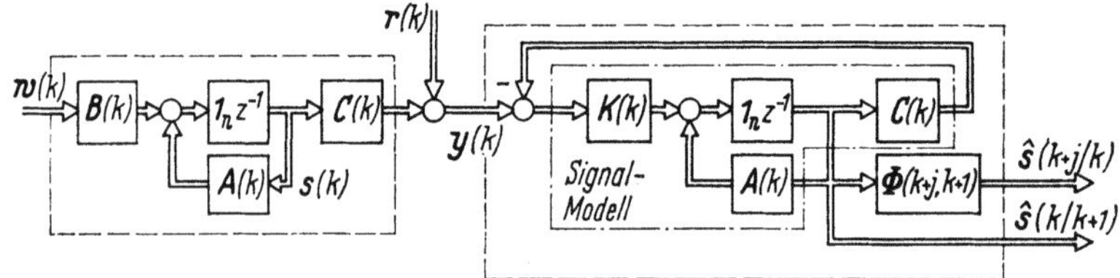

Abb. IX.7.8 Blockschaltbild des zeitdiskreten Optimalfilters

sich im Falle eines stationären Prozesses zu einfachen Rekursionsbeziehungen, die leicht mittels Digitalrechner auswertbar sind.

7.8 Kalman-Bucy-Filter als Beobachter

Wie oben schon angedeutet wurde, liegt die Bedeutung des KALMAN-BUCY-Filters für die Regelungstechnik vor allem darin, daß es als Beobachter in all den Fällen eingesetzt werden kann, bei denen die für die Regelgesetze erforderlichen Zustandsvariablen nicht direkt meßbar sind und der wesentlich einfachere LUENBERGER-Beobachter, der nur für zeitinvariante (kontinuierliche und zeitdiskrete) Systeme verwendbar ist, nicht eingesetzt werden kann. Das Problem ist leicht anhand der Abb. IX.7.9 zu erläutern. Es wird angenommen, daß die lineare Regelstrecke durch ein Störsignal $\boldsymbol{z}(t)$ am Eingang gestört wird und

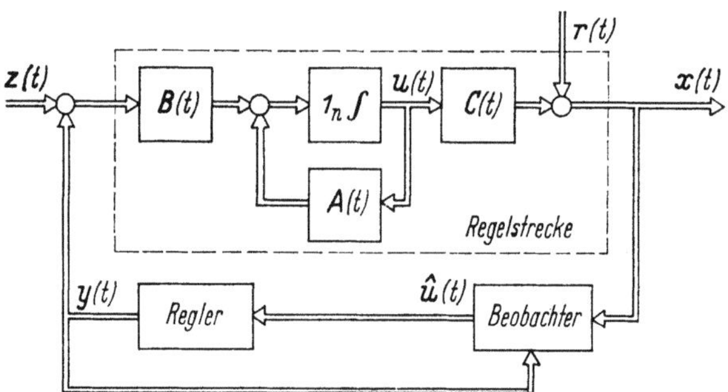

Abb. IX.7.9 Das Beobachtungsproblem bei Regelstrecken mit stochastisch gestörten Regelgrößen $\boldsymbol{x}(t)$ und gestörten Eingangssignalen

darüber hinaus die meßbaren Regelgrößen $x(t)$ durch ein stochastisches Störsignal $r(t)$ korrumpiert seien. Ferner soll ein Regelgesetz angewendet werden, das die Zustandsvariablen $u(t)$ bzw. die optimalen Schätzungen $\hat{u}(t)$ verwendet. Ein solches Regelgesetz möge z. B. über das optimale Steuerproblem bei quadratischem Kostenfunktional bestimmt worden sein. Die Regelstrecke soll also diesem Modell genügen:

$$\begin{aligned}
\dot{u}(t) &= A(t)\, u(t) + B(t)\, \big(z(t) - y(t)\big), \\
x(t) &= C(t)\, u(t) + r(t), \\
y(t) &= K_R(t)\, u(t).
\end{aligned} \qquad (79)$$

Es wird für die Störsignale $z(t)$ und $r(t)$ wieder angenommen, daß sie durch diese Erwartungswerte zu beschreiben sind:

$$\begin{aligned}
E[z(t)] &= E[r(t)] = 0, \\
E[z(t), z^T(\tau)] &= Z(t)\, \delta(t - \tau), \\
E[r(t), r^T(\tau)] &= R(t)\, \delta(t - \tau), \\
E[r(t), z^T(\tau)] &= 0.
\end{aligned} \qquad (80)$$

Gehen wir nun von der Definition eines optimalen Filters aus, das dann optimal sei, wenn alle zur Verfügung stehenden Daten zur Ermittlung des besten Schätzwertes herangezogen werden, dann ist sogleich zu erkennen, daß dem Beobachter auch die manipulierten Stellgrößen des Systems, also die Reglerausgänge, zugeführt werden müssen. Beachtet man ferner, daß das Optimalfilter als wesentlichen Kern eine Nachbildung des Formfilters des zu beobachtenden Prozesses enthält, dann folgt aus diesen Überlegungen sogleich der Aufbau des optimalen Beobachters mittels eines Kalman-Bucy-Filters analog Gl. (52) zu

$$\dot{\hat{u}}(t \mid t) = A(t)\, \hat{u}(t \mid t) + K_B[x(t) - C(t)\, \hat{u}(t \mid t)] + B(t)\, y(t). \qquad (81)$$

Die Verstärkung $K_B(t)$ des Beobachters bestimmt sich genau entsprechend Gl. (54):

$$K_B(t) = P(t)\, C^T(t)\, R^{-1}(t), \qquad (82)$$

wobei die Kovarianzmatrix $P(t) = E[e(t \mid t), e^T(t \mid t)]$ des Fehlers

$$e(t \mid t) = \hat{u}(t \mid t) - u(t) \qquad (83)$$

einer Riccati-Gleichung analog zu (55) genügt:

$$\dot{P}(t) = A(t)\, P(t) + P(t)\, A^T(t) - P(t)\, C^T(t)\, R^{-1}(t)\, C(t)\, P(t) + Z(t), \qquad (84)$$

$$P(t_0) = E[u(t_0), u^T(t_0)]. \qquad (84\,\mathrm{a})$$

Vergleicht man diese Gleichung mit (5.41) der Riccati-Gleichung des optimalen Regelproblems, dann ist die oben schon erwähnte Dualität der Probleme zu erkennen. Neben der anderen Bedeutung der Matrizen $R(t)$ und $Z(t)$ in (84) gegenüber $Q_1(t)$ und $Q_2(t)$ in (5.41) sowie der Vertauschung der Steuermatrix $B(t)$ mit der Ausgangsmatrix $C(t)$ ist vor allem das Minuszeichen auf der linken Seite von (5.41) bedeutsam. Dies deutet direkt darauf hin, daß bei dem Filterproblem in „normaler" Zeitrichtung die Gl. (84) berechnet wird, während beim Optimierungsproblem, ausgehend von der vorgegebenen Endzeit, die zugehörige Riccati-Gleichung in „rückwärts laufender Zeit" berechnet wird.

In Abb. IX.7.10 ist das Blockschaltbild des allgemeinen Mehrgrößenregel-
systems mit KALMAN-BUCY-Filter als Beobachter dargestellt. Sind die Regel-
strecken und die Kovarianzmatrizen $\boldsymbol{R}$ und $\boldsymbol{Z}$ zeitinvariant und wird gleichzeitig
$t_0 \to -\infty$ gesetzt, d. h. es wird angenommen, daß die Regelstrecke schon sehr
lange beobachtet wird, dann geht das Beobachtungssystem (81) in ein zeitinvariantes System vom Typ eines WIENER-Filters über. Insbesondere die Ver-
stärkung $\boldsymbol{K}_B$ wird konstant, da in (82) bzw. (84) $\boldsymbol{P}(t) = \boldsymbol{P}$ wird, was dem Gleichgewichtszustand in (84) mit $\dot{\boldsymbol{P}}(t) = \boldsymbol{0}$ entspricht. Dieses Verhalten ist analog

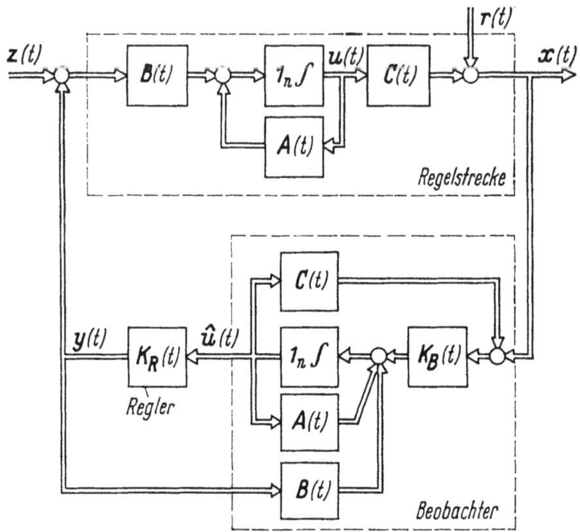

Abb. IX.7.10. Aufbau eines Mehrfachregelsystems mit linearem Regelgesetz und KALMAN-BUCY-Filter
als Zustandsbeobachter

oder besser dual zu dem Verhalten der optimalen Reglerverstärkung $\boldsymbol{K}_B$ beim
optimalen Steuerproblem, wenn bei der zeitinvarianten Regelstrecke mit quadratischer Kostenfunktion die Endzeit $T_e \to +\infty$ strebt. Schließlich ist die
Tatsache bedeutsam, daß wegen der Linearität der Regelstrecke die Synthese
eines optimalen Mehrgrößensystems in zwei voneinander unabhängigen Schritten
erfolgen kann. Der eine Teil umfaßt den Entwurf und die Berechnung eines
optimalen Regelgesetzes, während in einem davon völlig unabhängigen zweiten
Schritt der optimale Beobachter entworfen und berechnet wird. Diese geteilten
Probleme berühren sich in der praktischen Auswertung nur dadurch, daß für
beide Probleme, so lange quadratische Kosten verwendet werden, die gleiche
Rechenroutine insbesondere für die Matrix-RICCATI-Gleichung verwendbar ist.

Literaturverzeichnis

VI.1. LEONHARD, A.: Die Untersuchung von mehrfach geregelten Systemen mit Hilfe der Operatorenrechnung. Elektrotechnik und Maschinenbau 61 (1943) H. 27/28, S. 329—333.

VI.2. KALMAN, R. E.: Mathematical Description of Linear Dynamical Systems. J. SIAM Control Ser. A, Vol. I, No. 2 (1963).

VI.3. PRALLE, H.: Zur Analyse linearer, zeitinvarianter Mehrfachsysteme. Diss. TU Hannover 1967.

VI.4. ZADEH, L. A., DESOER, C. H.: Linear System Theory. New York: McGraw-Hill 1963.

VI.5. MACFARELANE, A. G. J.: Analyse technischer Systeme. Mannheim: BI 1967.

VI.6. OGUZTÖRELI, M. N.: Time-Lag Control Systems. New York: Academic Press 1966.

VI.7. MESCHKOWSKI, H.: Mathematisches Begriffswörterbuch. Mannheim: BI 1966.

VI.8. WEISS, L., KALMAN, R. E.: Contributions to Linear System Theory. Int. J. Engng. Sci., Vol. 3, S. 141—171, Pergamon Press 1965.

VI.9. TAKAHASHI, Y.: Control Theory in State Space. Unveröffentlichtes Vorlesungsmanuskript, U. C. Berkeley 1966.

VI.10. PESTEL, E., KOLLMANN, E.: Grundlagen der Regelungstechnik. Braunschweig: Vieweg 1968.

VI.11. SCHWARZ, H.: Einführung in die moderne Systemtheorie. Braunschweig: Vieweg 1968.

VI.12. OPPELT, W.: Kleines Handbuch technischer Regelvorgänge. Weinheim: Verlag Chemie 1964.

VI.13. DUSCHEK, A.: Vorlesungen über höhere Mathematik. Wien: Springer 1960.

VI.14. HALANAY, A.: Differential Equations. New York: Academic Press 1966.

VI.15. CODDINGTON, E. A., LEVINSON, N.: Theory of Ordinary Differential Equations. New York: McGraw-Hill 1955.

VI.16. GANTMACHER, F. R.: Matrizenrechnung. Berlin: VEB Deutscher Verlag der Wissenschaften 1965.

VI.17. PORTER, W. A.: Modern Foundations of Systems Engineering. New York: Macmillan 1966.

VI.18. SCHWARZ, R. J., FRIEDLAND, B.: Linear Systems. New York: McGraw-Hill 1965.

VI.19. OGATA, K.: Space Analysis of Control Systems. Englewood Cliffs: Prentice-Hall 1967.

VI.20. TOU, J. T.: Modern Control Theory. New York: McGraw-Hill 1964.

VI.21. RAGAZZINI, J. R., FRANKLIN, G. F.: Sampled-Data Control Systems. New York: McGraw-Hill 1958.

VI.22. FREEMAN, H.: Discrete-Time Systems. New York: John Wiley & Sons 1965.

VI.23. ZURMÜHL, R.: Matrizen. Berlin/Göttingen/Heidelberg: Springer 1964.

VI.24. ZURMÜHL, R.: Praktische Mathematik. Berlin/Göttingen/Heidelberg: Springer 1963.

VI.25. JURY, E. I.: Sampled-Data Control Systems. New York: John Wiley 1958.

VI.26. GELFOND, A. O.: Differenzenrechnung. Berlin: VEB Deutscher Verlag der Wissenschaften 1958.

VI.27. THOMA, M.: Theorie linearer Regelungssysteme. Braunschweig: Vieweg 1970.

VI.28. OLDENBOURG, R. C., SARTORIUS, H.: Dynamik selbsttätiger Regelungen. München: Oldenbourg 1951.

VI.29. LANGWITZ, D.: Ingenieurmathematik I. Mannheim, BI-Nr. 59/1964.

VI.30. DOETSCH, G.: Anleitung zum praktischen Gebrauch der LAPLACE-Transformation. München: Oldenbourg 1961.

VI.31. Bellman, R., Cooke, K. L.: Differential-Difference Equations. New York: Academic Press 1963.
VI.32. Halanay, A.: Differential Equations. New York: Academic Press 1966.
VI.33. Oguztöreli, M. N.: Time-Lag Control Systems. New York: Academic Press 1966.
VI.34. Pinney, E.: Ordinary Difference-Differential Equations. Berkeley/Los Angeles: University of California Press 1958.
VI.35. Myschkis, A. D.: Lineare Differentialgleichungen mit nacheilendem Argument. Berlin: VEB Deutscher Verlag der Wissenschaften 1955.
VI.36. Scheel, K. H.: Zur Darstellung nichtlinearer kontinuierlicher Mehrgrößensysteme. IFAC Symposium über Mehrgrößenregelsysteme, Düsseldorf Okt. 1968.
VI.37. Meerov, M. V.: Multivariable Control Systems. Jerusalem: Israel Program of Scientific Translations 1968.

VII.1. Gantmacher, F. R.: Matrizenrechnung. Berlin: VEB Deutscher Verlag der Wissenschaften 1965.
VII.2. Zurmühl, R.: Matrizen. Berlin/Göttingen/Heidelberg: Springer 1964.
VII.3. Bellman, R.: Introduction to Matrix Analysis. New York: McGraw-Hill 1960.
VII.4. Birkhoff, G., Bartee, W.: Preliminary Edition of Modern Applied Algebra. New York: McGraw-Hill 1967.
VII.5. Bickhoff, G., Maclane, S.: Algebra. New York: Macmillan 1967.
VII.6. Spiegel, M. R.: Vector Analysis. New York: Schaum 1959.
VII.7. Ayres, F.: Modern Algebra. New York: Schaum 1965.
VII.8. Penrose, R.: On Best Approximate Solutions for Linear Matrix Equations. Proc. Cambridge Phil. Soc. 52 (1956) S. 17−19.
VII.9. Laugwitz, D.: Ingenieurmathematik IV. Mannheim, BI-Nr. 62/62a, 1967.
VII.10. Zurmühl, R.: Praktische Mathematik. Berlin/Göttingen/Heidelberg: Springer 1963.
VII.11. Rane, D. S.: A Simpliefied Transformation to (Phase-Variable) Canonical Form. IEEE Tr. AC (July 1966) S. 608.

VIII.1. Hund, F.: Theoretische Physik. Stuttgart: Teubner 1956.
VIII.2. Schultz, D. G., Melsa, J. L.: State Functions and Linear Control Systems. New York: McGraw-Hill 1967.
VIII.3. ter Haar, D.: Elements of Hamiltonian Mechanics. Amsterdam: North-Holland Publ. 1961.
VIII.4. Kalman, R. E.: On the General Theory of Control Systems. Proc. 1st IFAC Moscow 1960. London: Butterworth 1961, Vol. 1, p. 481.
VIII.5. Kalman, R. E., Ho, Y. C., Narendra, K. S.: Controllability of Linear Dynamical Systems. Contributions to Differential Equations. Vol. 1, No. 2 (1962).
VIII.6. Gilbert, E. G.: Controllability and Observability in Multivariable Control Systems. J. SIAM. Control Ser. A, Vol. 3, No. 1 (1963).
VIII.7. Kreidler, E., Sarachik, P. E.: On the Concepts of Controllability and Observability of Linear Systems. IEEE Control AC 9 (1964) p. 129.
VIII.8. Kalman, R. E.: Mathematical Description of Linear Dynamical Systems. J. SIAM Control Ser. A, Vol. 1, No. 2 (1963).
VIII.9. Morgan, B. S.: The Synthesis of Linear Multivariable Systems by State Variable Feedback. Diss. University of Michigan 1963.
VIII.10. Pralle, H.: Zur Analyse linearer zeitinvarianter Mehrfachsysteme. Diss. TU Hannover 1967.
VIII.11. Schwarz, H.: Zur Struktur linearer getasteter Mehrfachsysteme. Regelungstechnik 17 (1969) H. 6.
VIII.12. McMillan, B.: Introduction to Formal Realizability Theory. J. Bell System Technical 31 (1952) S. 217−279 und 541−600.
VIII.13. Kalman, R. E.: Irreducible Realizations and the Degree of a Rational Matrix. J. SIAM Control 13 (1965) S. 520−544.
VIII.14. Dewey, A. G.: A Computational Procedure for the Minimal Factorization of Transfer-Function Matrices. Report May 1967: Centre for Computing and Automation, Imperial College of Science and Technology, University of London.

VIII.15. Birkhoff, G., Maclane, S.: A Survey of Modern Algebra. New York: Macmillan 1953.

VIII.16. Behrens, E. A.: Algebra. Mannheim, BI-Nr. 97/97a, 1965.

VIII.17. Rosenbrock, H. H.: On Linear System Theory. Proc. IEEE Vol. 141, No. 9 (1967) S. 1353—1359.

VIII.18. Rosenbrock, H. H.: Contribution to Discussion on Multivariable Control Systems. IFAC Symposium über Mehrgrößenregelsysteme, Düsseldorf Okt. 1968.

VIII.19. Bryant, P. R.: The Order of Complexity of Electrical Networks. Proc. IEEE (1959), C 106, S. 174—188.

VIII.20. Ho, B. L., Kalman, R. E.: Effectiv Construction of Linear State-Variable Models from Input/Output-Functions. Regelungstechnik 14 (1966) S. 545—548.

VIII.21. Ho, B. L.: On Effectiv Construction of Realizations from Input/Output-Descriptions. Diss. University of Stanford (California, USA) 1966.

VIII.22. Stieltjes, T.: Recherches sur les fractions continues. Anns. Fac. Sci. Univ. Toulouse, Vol. 8, S. J1—J122, Vol. 9, S. A5—A47.

VIII.23. Kalman, R. E., Englar, T. S.: A Users Manual for ASPC. RIAS-Report (1965), RIAS Baltimore (Maryland, USA).

VIII.24. Luenberger, D. G.: Observing the State of a Linear System. IEEE Tr. MIL-8, No. 2 (1964) S. 74—80

VIII.25. Luenberger, D. G.: Observers for Multivariable Systems. IEEE Tr. AC-11, No. 2 (1966) S. 190—197.

VIII.26. Zimmermann, J.: Bestimmung der Zustandsvariablen eines Systems aus den Ausgangsgrößen. Diplom-Arbeit, Inst. f. Regelungstechnik TU Hannover 1968.

VIII.27. Gilchrist, J. D.: n-observability for Linear Systems. IEEE Tr. AC-11, No. 3 (1966) S. 388—395.

VIII.28. Singer, R. A., Frost, P. A.: New Canonical Forms on General Multivariable Linear Systems with Application to Estimation and Control. IFAC Symposium über Mehrgrößenregelungen, Düsseldorf Okt. 1968.

VIII.29. Luenberger, D. G.: Canonical Forms for Linear Multivariable Systems. IEEE Tr. AC-12 (1967) S. 290—293.

VIII.30. Johnson, C. D., Wonham, W. M.: Another Note on the Transformation to Canonical (Phase-variable) Form. IEEE Tr. AC-11, No. 3 (1966) S. 609.

VIII.31. Tuel, W. G.: Canonical Forms for Linear Systems, I und II. IBM Research Report RJ 375 und RJ 390 (1966).

VIII.32. Singer, R. A.: The Design and Synthesis of Linear Multivariable Systems with Application to State Estimation. Technical Report No. 6302-8, Stanford Univ., System Theory Lab. (1968).

VIII.33. Ljapunov, M. E.: Le Problème général de la stabilité du mouvement. Anns. Fac. Sci. Toulouse Vol. 9 (1907) S. 203—474; franz. Übersetzung der 1893 erschienen Arbeit in Comm. Soc. math. Kharkow.

VIII.34. Hahn, W.: Theorie und Anwendung der direkten Methode von Ljapunov. Berlin/Göttingen/Heidelberg: Springer 1959.

VIII.35. La Salle, J., Lefschetz, S.: Die Stabilitätstheorie von Ljapunov. Mannheim, BI-Nr. 194/1967.

VIII.36. Kalman, R. E., Bertram, J. E.: Control System Analysis and Design Via the „Second Method" of Ljapunov, I und II. ASME J. Basic Engineering, Ser. D 82 (1960) S. 371—400.

VIII.37. Malkin, J. G.: Theorie der Stabilität einer Bewegung. München: Oldenbourg 1959.

VIII.38. Zubov, V. I.: Methods of A. M. Ljapunov and their Applications. Groningen: Noordhoff Ltd. 1964.

VIII.39. Parks, P. C.: A New Proof of the Hurwitz Stability Criterion by the Second Method of Ljapunov with Applications to Optimum Transfer Functions. JACC preprint (1963) S. 471—478.

VIII.40. Schwarz, H. R.: Eine Methode zur Stabilitätsbestimmung von Matrizen-Differentialgleichungen. Z. angew. Math. Phys. 7 (1956) S. 473—500.

VIII.41. Gibson, J. E.: Nonlinear Automatic Control. New York: McGraw-Hill 1963.

VIII.42. Schwarz, H.: Realisierung singulärer Zweifachsysteme. Regelungstechnik 18 (1970) H. 1, S. 32, 33.

IX.1. FUNK, P.: Variationsrechnung und ihre Anwendung in Physik und Technik. Berlin/ Göttingen/Heidelberg: Springer 1962.

IX.2. D'AKHIEZER, N. L.: The Calculus of Variations. New York: Blaisdell 1962.

IX.3. GELFAND, I. M., FOMIN, S. V.: Calculus of Variations. Englewood Cliffs: Prentice-Hall 1963.

IX.4. ELSGOLE, L. F.: Calculus of Variations. New York: McGraw-Hill 1962.

IX.5. CARATHÉODORY, C.: Variationsrechnung und partielle Differentialgleichungen erster Ordnung. Leipzig: Teubner 1935.

IX.6. FRANKLIN, G. F.: Optimal Control. Unveröffentlichtes Vorlesungsmanuskript, Stanford 1967.

IX.7. ATHANS, M., FALB, P. L.: Optimal Control. New York: McGraw-Hill 1966.

IX.8. LEE, E. B., MARKUS, L.: Foundations of Optimal Control Theory. New York: Wiley 1967.

IX.9. LEITMANN, G.: Optimization Techniques. New York: Academic Press 1962.

IX.10. LEITMANN, G.: Optimal Control. New York: McGraw-Hill 1966.

IX.11. PONTRJAGIN, L. S.: Mathematische Theorie optimaler Prozesse. München: Oldenbourg 1964.

IX.12. KALMAN, R. E.: Contributions to the Theory of Optimal Controls. Bol. Soc. Mat. Mexicana, Second Ser., Vol. 5 (1960) S. 102—119.

IX.13. KALMAN, R. E.: The Theory of Optimal Control and the Calculus of Variations. Chapter 16 in „Methamatical Optimization Techniques". Herausg. R. BELLMAN, Los Angeles: University of California Press 1963.

IX.14. KALMAN, R. E.: When is a Linear Control System Optimal? J. Basic Eng. (März 1964) S. 51—60.

IX.15. KALMAN, R. E., EUGELAR, T. S.: An Automatic Synthesis Program for Control and Optimization. Final Report on Contract NAS 2-1107, RIAS Baltimore 1963.

IX.16. SNOW, D. R.: CARATHÉODORY-HAMILTON-JACOBI Theory in Optimal Control. J. of Math. Analysis and Applications 17 (1967) S. 98—118.

IX.17. COURANT, R., HILBERT, D.: Methoden der Mathematischen Physik. Berlin/Heidelberg/New York: Springer 1968.

IX.18. RADON, J.: Zum Problem von LAGRANGE. Abb. Math. Seminar, Universität Hamburg (1928) S. 273—299.

IX.19. REID, W. T.: A Matrix Differential Equation of RICCATI Type. Amer. J. Math. 68 (1946) S. 237—246.

IX.20. LEVIN, J.: On the Matrix RICCATI Equation. Amer. Math. Soc. 10 (1959) S. 519 bis 524.

IX.21. WONHAM, W. M.: On Matrix Quadratic Equations and Matrix RICCATI Equations. Techn. Rep. 67-5 (1967), Brown University USA, Div. of Appl. Math.

IX.22. FEL'DBAUM, A. A.: Optimal Control Systems. New York: Academic Press 1965.

IX.23. MERIAM, II C. M.: Optimization Theory and the Design of Feedback Control Systems. New York: McGraw-Hill 1964.

IX.24. OLDENBOURG, R.: Optimal Control. New York: Holt, Rinehart and Winston 1966.

IX.25. KALMAN, R. E.: A New Approach to Linear Filtering and Prediction Problems. J. of Basic Engineering, ASME Trans., Vol. 82, Part D (1960) S. 35—45.

IX.26. KALMAN, R. E., BUCY, R. S.: New Results in Linear Filtering and Prediction Theory. ASME Trans., Vol. 83, Part D (1961) S. 95—108.

IX.27. PUGACHEV, V. S.: The Use of Canonical Expansions of Random Functions in Determining an Optimum Linear System. Automatics and Remote Control, Vol. 17 (1958) S. 308—323.

IX.28. PUGACHEV, V. S.: Random Theory of Functions. Oxford/London: Pergamon 1965.

IX.29. PAPOULIS, A.: Probability, Random Variables, and Stochastic Processes. New York: McGraw-Hill 1965.

IX.30. DEUTSCH, R.: Estimation Theory. Englewood Cliffs: Prentice-Hall 1965.

IX.31. KALMAN, R. E.: New Methods and Results in Linear Prediction and Filtering Theory. Technical Report 61-1, RIAS Baltimore.

Sachverzeichnis